心理学译丛·教材系列

# 人类发展

## （第八版）

# Human Development 8th Edition

詹姆斯·W·范德赞登 (James W. Vander Zanden)

［美］托马斯·L·克兰德尔 (Thomas L. Crandell)    著

科琳·海恩斯·克兰德尔 (Corinne Haines Crandell)

俞国良　黄　峥　樊召锋　译

雷　霄　俞国良　审校

中国人民大学出版社

·北京·

# 心理学译丛·教材系列
## 出版说明

我国心理学事业近年来取得了长足的发展。在我国经济、文化建设及社会活动的各个领域，心理学的服务性能和指导作用愈发重要。社会对心理学人才的需求愈发迫切，对心理学人才的质量和规格要求也越来越高。为了使我国心理学教学更好地与国际接轨，缩小我国在心理学教学上与国际先进水平的差距，培养具有国际竞争力的高水平心理学人才，中国人民大学出版社特别组织引进"心理学译丛·教材系列"。这套教材是中国人民大学出版社邀请国内心理学界的专家队伍，从国外众多的心理学精品教材中，优中选优，精选而出的。它与我国心理学专业所开设的必修课、选修课相配套，对我国心理学的教学和研究将大有裨益。

入选教材均为欧美等国心理学界有影响的知名学者所著，内容涵盖了心理学各个领域，真实反映了国外心理学领域的理论研究和实践探索水平，因而受到了欧美乃至世界各地的心理学专业师生、心理学从业人员的普遍欢迎。其中大部分版本多次再版，影响深远，历久不衰，成为心理学的经典教材。

本套教材以下特点尤为突出：

● 权威性。本套教材的每一本都是从很多相关版本中反复遴选而确定的。最终确定的版本，其作者在该领域的知名度高，影响力大，而且该版本教材的使用范围广，口碑好。对于每一本教材的译者，我们也进行了反复甄选。

● 系统性。本套教材注重突出教材的系统性，便于读者更好地理解各知识层次的关系，深入把握各章节内容。

● 前沿性。本套教材不断地与时俱进，将心理学研究和实践的新成果和新理论不断地补充进来，及时进行版次更新。

● 操作性。本套教材不仅具备逻辑严密、深入浅出的理论表述、论证，还列举了大量案例、图片、图表，对理论的学习和实践的指导非常详尽、具体、可行。其中多数教材还在章后附有关键词、思考题、练习题、相关参考资料等，便于读者的巩固和提高。

希望这套教材的出版，能对我国心理学的教学和研究有极大的参考价值和借鉴意义。

中国人民大学出版社

# 译者前言

## Foreword

　　成长与发展是人类永恒且愈议愈新的话题。这本书的书名就叫"人类发展"，细细读来更是引人入胜。这看起来既熟悉又陌生，既古老又极富生命力的书名，令人感慨万千，浮想联翩。"认识你自己"，这句古希腊哲学家苏格拉底的名言，成就了世界上又一个难解之谜。实际上，本书聚焦的主要论题就是人们所熟悉的"发展心理学"。作者之所以称之为"人类发展"，其主要寓意是要强调人类的毕生发展观，强调一种跨学科、多学科的视角。毋庸置疑，关于对人类发展特点及规律的认识，确实可以整合多个学科的研究成果来进行解读，包括心理学、社会学、生物学、化学、医学、老年学、遗传学、生理学、人类学、妇女研究、性别研究和社会心理学、跨文化心理学等诸多学科的研究成果。因此，本书适合心理学和社会学专业以及哲学、法学、文学、历史、教育学、经济管理、新闻传播和社会工作等相关专业的读者阅读，也可作为对人类发展持有浓厚兴趣的大学生、研究生及党政工作者、科研工作者和教育工作者的参考。

　　当然，书中呈现这些学科的丰硕研究成果，并未使其成为一个多学科"拼凑"的大杂烩，而是着重于其在个体心理发展上的意义。比如，婴幼儿期神经系统及身体发育对儿童的环境探索、自我感的发展有何意义，青春期的身体发育对青少年的自我认同、人际关系有何影响，人口老龄化与中年人的压力应对有何关系等。这些都不断丰富和深化着我们对人类心理与行为发展的认识。

　　本书由著名社会学家、美国俄亥俄州立大学荣誉教授詹姆斯·W·范德赞登所著，第八版是心理学家托马斯·克兰德尔教授夫妇在原书基础上的修订本。三位作者根据不同的人生阅历、教育背景和职业经验，共同向我们展示了一幅人类身体和认知发展、情绪和社会性发展的美丽图卷。全书语言通俗易懂、深入浅出、生动活泼、妙趣横生，内容新颖精致，资料丰富翔实。特别是全书结构清晰、富有条理、逻辑性强，各章前都有"批判性思考"，帮助我们唤醒问题意识，激发阅读兴趣，有创意地思考习以为常的生活现象；"概要"部分则提纲挈领地简要介绍了该章内容，帮助我们建立学习内容的基本轮廓，实现"会当凌绝顶，一览众山小"的阅读效果；而"专栏"部分则把理论与实践结合起来，引导我们从学术角度和研究前沿的视角分析生活现象，解释或预测、控制或促进人类发展。全书共分十个部分。第一部分（第1~2章）界定了人类发展的概念和研究方法，并介绍了形形色色的发展理论；第二部分（第3章）阐述了人类的生殖、遗传与出生前（胎儿期）的发展；第三部分

（第4~6章）介绍了人类最初两年（婴儿期）认知和语言、情绪与社会性的发展；第四部分（第7~8章）、第五部分（第9~10章）、第六部分（第11~12章）、第七部分（第13~14章）、第八部分（第15~16章）和第九部分（第17~18章）分别论述了童年早期（2~6岁）、童年中期（7~12岁）、青少年期、成年早期、成年中期和成年晚期的身体和认知发展，以及情绪和社会性发展；第十部分（第19章）作为生命的尾声，论述了临终和死亡的主题。显然，贯穿全书的一条红线便是人类的身体和认知发展，以及情绪和社会性发展。统览全书，我们可以明了人类从出生至死亡的成长与发展脉络，也可以完整地勾勒出人类成长与发展的基本轨迹，而我们人类的每个个体则无一例外地"走在生的路上，死的途中"。

这部书与其他同类著作相比一个显著的特点是，作者试图以一种叙述故事的方式娓娓道来，在潜移默化中来阐释人类发展的特点及规律，在不经意中就使我们把这部书一页页地翻读下去，而人类发展的方方面面就可能像我们看完一本故事书一样，在头脑中留下生动鲜活的印象，与现实生活遥相呼应，从而达到"随风潜入夜，润物细无声"的阅读境界。

固然，作者是立足于美国社会中的个体心理发展的，但是其意义和价值并不会囿于一国之内。认真阅读此书，既可以让我们通过人类发展的共通性，来认识和把握更为广泛的人类发展特点，也可以让我们借助书中呈现的内容及关注的问题，在研究方法及研究思路上有所裨益。更为重要的是，它将激发我们关注人类发展热点问题的责任感和使命感。

此外，该书第八版独具匠心的专栏设计也值得充分首肯。

其一，"进一步的发展"专栏，对一些令人关注的人类发展热点问题进行了深入分析，可以让那些对此类问题感兴趣的读者有更加透彻的认识和理解。

其二，"实践中的启迪"专栏，通过从事某个专业实践服务资深专家的现身说法，对一些关乎个体发展中的职业进行全方位的剖析，可以让我们深切感受研究人类发展的应用价值。

其三，"人类的多样性"专栏，则从跨文化角度来呈现不同文化背景下个体心理发展的差异性、特殊性，使五彩缤纷、富有不同文化特色的个体心理发展轨迹跃然纸上。

其四，"可利用的信息"专栏，针对个体心理发展过程中的一些棘手问题，开出了可以"药到病除"的药方，让我们不仅能了解个体心理发展的特点，也能够预测、掌控个体发展的方向和发展速度。

本书是课题组团结协作的劳动成果。由我和博士后黄峥、博士研究生樊召锋共同完成，各章具体分工如下：俞国良译第1~2章、第19章和术语索引，黄峥译第3~10章，樊召锋译第11~18章。其中，研究生戴维和博士生郑璞、沈卓卿等协助我做了许多具体工作，策划编辑陈红艳女士更是持续努力并付出了辛勤劳动。最后，全部译稿由雷雳教授和我进行了审校、定稿。在此，谨向本书译校过程中提供了诸多支持与帮助的各位同学和朋友表示诚挚的感谢！

虽然我们在翻译过程中兢兢业业，如履薄冰，毕二年于一役，希望精益求精，更上一层楼，但由于译者水平和能力有限，缺点和错误之处在所难免，敬请专家学者和读者朋友批评指正。

俞国良<br>于中国人民大学心理研究所<br>2010 年 6 月

# 目 录

# 第三部分　出生和婴幼儿：最初的两年

# 第四部分　童年早期（2～6岁）

# 第十部分　生命的尾声

# 第一部分
# 人类发展研究

第1章　人类发展的概念
第2章　发展的理论

人类发展过程的跨文化研究，既给人们提供了一个改善人类生活条件的机会，也给人们提供了有希望获得更令人满意生活所必需的知识。有鉴于此，人们开始对许多社会科学家和生命科学家（全称为发展学家）所从事的人类毕生发展课题有了基本认识。本篇讨论的内容包括科学社会的目标、毕生发展研究的认知框架，以及人类发展研究中已经得到广泛检验的发展领域和被广泛采用的科学方法。第2章讨论了100多年来，社会科学家、生物学家和化学家各自研究人类发展时所形成的主要发展理论。早期研究潜意识经验的内省方法和后期显微镜下研究遗传密码、神经细胞和激素的测量证据，都有助于人们理解人类的生活条件。目前，许多研究者正从方兴未艾的跨文化研究视角，来整合人类发展的理论和科学发现。

# 第1章

# 人类发展的概念

## 概要

### 科学的关注点

- 发展的连续性和变化性
- 人类发展的研究
- 发展心理学家的目标

### 发展研究的框架

- 发展的主要领域
- 发展的过程
- 发展的环境
- 发展事件的时间

### 毕生阶段的划分：文化和历史的视角

- 古老的命题：我是谁？
- 文化的变异性
- 年龄概念的变化
- 历史上的"关注领域"

### 发展研究的方法

- 研究设计
- 纵向设计
- 横断设计

### 批判性思考

1. 人的发展变化表现在三个基本方面：身体、认知和情感—社会性。截至目前，你认为自己哪一方面的发展变化最为重要？以后又是哪一方面的发展变化更为重要呢？

2. 对你近十多年来上述三个方面的发展变化进行比较，并列表示意。如何评价你三个方面中既是"动态的"又是"稳定的"方面？

3. 如果有人曾研究过你的成长史，那么，研究者认为你过去最大的变化在哪里？最小的呢？如果他们继续研究，他们有可能会发现数十年后你最大和最小的系列变化在哪里，对此，你的意见是怎样的呢？

4. 假设人们通过持续地考察从出生到死亡彼此相互影响的十个个体，借此能回答人类发展的重要问题，那么，从此研究中所获知识的价值能证明把他们的生活从现实世界隔离开来是值得的吗？

- 混合设计
- 实验设计
- 个案研究方法
- 社会调查方法
- 自然观察法
- 跨文化研究

**研究分析**

- 相关分析

**人类发展心理学研究的伦理道德**

**专栏**

- 人类的多样性：反思女性生物学
- 进一步的发展：空间关系的进与退
- 可利用的信息：观察儿童的技巧

　　人类发展可以描述为人成为不同个体，而不同个体一直与自己保持某些相似之处的过程。个体发展表现在三个基本领域——身体、认知和情绪—社会性。换言之，发展总是体现在身体、心理和社会关系的改变上。但是，教育机构、社会和家庭等许多因素会影响个体，促进或抑制个体的发展。

　　年龄是一个个体应该做什么的最重要的决定因素。20世纪以来，发展研究者的工作主要集中在情绪、认知、自我、行为、思维和人的自然性等方面。对于理解人类发展，研究是必需的；为了获得可分析的信息，多样化研究方法同样也是必需的。毋庸置疑，科学研究发现有助于人们改善毕生的生活质量。

##  4　科学的关注点

　　一个西方牛仔酒吧的醒目招牌上写道："我不是我应该成为的人。我不是我将要成为的人，但我更不是我已经成为的人。"

　　这句话的意思恰好反映了一种对人类发展研究感兴趣的情绪。正是这种对知识的渴望，使人们生活得更长寿、健康和幸福，并且有助于人们获得自我认同、自我实现的知识和人们改善自身生活条件的机会。

### 发展的连续性和变化性

　　认真思考吸引人们注意到酒吧招牌的箴言，它还反映了另一个事实，这便是人类生活始终处于变化之中。确实，生命不是静止的而是动态发展的。自然界也不是铁板一块，而是处于不断的运动和变化中。根据现代物理学中量子力学的观点，人们正常情形下看到和感受到的物体由能量形态构成，并处于不断的运动和变化中。从电子到星系，从变形虫到人类，从家庭到社会，无不如此。人的生命始于小小的受精卵，其间经历了婴儿、幼儿、青少年、成人和老年期的戏剧性变化。从生命的起点走到生命的终点；从少不更事逐渐长大，直至老死。如此代代繁衍，周而复始。

　　发展涉及生物学、心理学和社会学等多个学科领域。人类毕生发展的视角聚焦于人类行为的长期结果和变化模式。在探索贯穿于毕生的个体发展和变化的方式上，这种视角是独一无二的。

个体的生命不仅是变化的，也是连续的。在许多方面，一个70岁的个体与5岁或25岁的个体是一样的。个体相同的生物组织、性别角色和思维过程贯穿于不同的生命阶段。个体生命的持续性和连续性特征，使个体无论何时都具有同一性和稳定感。作为这种连续性的结果，大多数人不是从支离破碎的点滴和片段，而是从广阔、相互联系的整体上拥有自我、接纳自己。事实上，个体生活中的许多变化并不是突发的或偶然的。

## 人类发展的研究

科学家认为，变化性和恒常性要素贯穿于人类毕生的发展。**发展**可以定义为：有机体从胚胎到死亡随时间而发生的有序和连续的变化。发展既表现在有机体内部生物性编程的过程，又表现在有机体发生变化时与环境相互作用的过程。

如前所述，贯穿于毕生的人类发展是一个变化性和恒常性融于一体的过程。也许，人类的独特性在于发展的永无止境。生命往往是一笔没有完成的"生意"，死亡仅仅是这笔"生意"的休止符。

传统的人类毕生发展基本源于心理学家的证据。毕生发展的大部分领域可以称之为发展心理学，或者说，如果把毕生发展定位于儿童，便是儿童发展或儿童心理学。心理学常常把自己规定为行为和心理过程的科学研究。**发展心理学**是心理学的一个分支学科，它研究个体在保持某些方面稳定的同时如何随年龄发生变化。

目前，毕生发展的领域不断扩大，不仅包括婴儿心理学、幼儿心理学、青少年心理学和成人心理学，而且也包括生物学、妇女研究、医学、社会学、老年学、遗传学、人类学和跨文化心理学。这种多学科方法提供了毕生发展崭新的研究视角，同时也能有力地促进其发展。

## 发展心理学家的目标

一般地，研究人类发展的科学家往往聚焦下面四个主要目标：

1. 描述贯穿于人类毕生的典型变化。例如，儿童一般何时出现言语？第一次言语的性质是什么？言语会随着时间而改变吗？一般儿童按何顺序把语调与词或句子的形式连接起来？

2. 解释这些变化——详细说明发展变化的决定因素。例如，什么行为成为儿童第一次使用这些词的基础？在这个过程中，生物性的"前调音（pre-tuning）"或"前调弦（prewiring）"发挥了什么作用？在言语获得中学习的作用是什么？言语学习过程能加速吗？什么因素导致了儿童言语和学习困难？

3. 预测发展过程中的变化。6个月大的婴儿可能达到14个月大的婴儿的言语能力是指什么？或者说，如果某个儿童患有先天性言语障碍，那么，其言语发展的期望结果是什么？

4. 运用知识去干预事件发展的过程，以达到控制的目的（Kipnis，1994）。例如，研究者已发现，如果对一个出生后的婴儿采取特殊的饮食控制，那么，其源于先天性失调的智力损伤（苯丙酮酸尿症，PKU）就有可能降到最低（Welsch et al.，1990）。

然而，恰恰是在科学家追求知识和控制时，他们很可能会使自己陷入诚如著名物理学家J. Robert Oppenheimer（1955）所描述的伦理危险之中，"获取知识意味着展开了控制人们做什么和怎样想的可怕前景"。我们将在本章稍后的内容中重新讨论科学研究中的伦理标准。在专栏"人类的多样性"中的《反思女性生物学》一文中可以看到上述事实中针对女性的消极言外之意，因为历史上的科学家主要是男性。无论如何，当人们审视本书中人类发展的不同内容和理论时，描述、解释、预测和控制发展变化这四个科学目标应该牢记心中。

> **思考题**
>
> 怎样定义发展的概念？人类发展研究中的四个主要目标是什么？

## 发展研究的框架

如果人们要对人类发展中多维视角的信息进行组织，就需要一些有价值和易管理的知识框架。研究人类发展必须考虑到许多细节。而这个框架则给人们提供了整合少量令人可信的有关他人信息的范畴，而范畴使人们简化和类化了大量信息。在一个异常复杂和多样化的学科领域里，框架能够帮助人们找到适合自己的方式。其中一种有效地组织发展信息的方式便是下列四种范畴：

- 发展的主要领域
- 发展的过程
- 发展的内容
- 发展事件的时机

在人们考察了上述范畴后就会发现，这些范畴蕴涵在已知的知识框架中。

### 发展的主要领域

诚如前述，个体的发展变化表现在三个基本方面：身体、认知和情绪—社会性。请想一下自从进入学校后，个体发生的许多变化。身体方面的变化是显而易见的，而个体与他人的相互作用则是"自我"已发生的变化和将会继续经历的重要变化。

**身体发展**指的是发生在个体身上的生物学变化，包括身高和体重的改变；大脑、心脏和其他组织结构和过程的变化；以及影响运动技能的骨骼、肌肉和神经特征的变化。这里，不妨考察一下发生在青少年期，被人们称为"青春期身体变化"的现象。在青春期，青少年在生长和发展上经历了一场革命性的变化。青少年在体格和力量的发展上突然赶上了成人。与这些相伴的是迅速发展的生殖系统和迅速提高的生殖能力，即他们已具有繁衍后代的能力。

**认知发展**指的是发生在心理活动方面的变化，包括感觉、知觉、记忆、思维、推理和言语的变化。这里，同样以青少年为例加以说明。青少年逐渐获得了几种重要的智力能力。例如，与儿童相比，青少年能思考诸如民主、公平和道德等抽象概念。同时，他们已具有分析假设情境的能力，以及管理和控制心理体验和思维过程的能力。

**情绪—社会性发展**包括个体人格、情绪和人际关系的变化。所有社会都强调个体作为儿童和成人之间的差别，以及儿童人际关系与成人人际关系的本质差异。青少年是一个重新定义其社会性的阶段。在这个时期，他们会经历社会角色和社会地位的改变。现代社会把"未达法定年龄"或未成年人和那些已达到法定年龄的人或成年人区别开来。成人允许驾车、喝酒、服役和选举。社会上每个独特的成人均可视为个人的"自我"和社会环境之间相互作用的结果。在第11章我们会看到，在某些社会中青少年期或进入成年期会有特定的标志性仪式。

虽然人们人为地区分了这些发展领域，但是，切不可割裂了个体的整体属性。身体、认知和情绪—社会性因素在个体发展的各个方面是相互包容的，科学家们正越来越清醒地意识到，个体一方面的改变很大程度上依赖于另一方面的变化。

### 人类的多样性

#### 反思女性生物学

过去十多年，人们已目睹了"认同政治"（identity politics）的出现。基于群体和一个与主流社会群体有相似之处群体的差别，边缘化群体一直在坚持要求平等（Bem，1998；Armstrong，2004）。这些观点在学术界早已显现出来了，因为研究者正面临着反思描述客观世界的方法的挑战。阅读这段文字时，请认真思考一下，如果人们不是被社会强有力地影响而成为现实的"男性"或"女性"，他们的发展很可能会与目前有差别。人们运用上述观点去评价和归纳，就会明白下面这句话的意思："儿童成长是全社会全方位影响的产物。"

女性生物学是一种社会结构和一个政治概念。它不仅是一个科学问题，而且至少还有三种表述方式。首先，诚如 Simone de Beauvoir 的名言："个体不是一出生就是女人，而是逐渐成为女人的。"这并不是说环境塑造了性别，而是说"女人"和"男人"的概念是小女孩和小男孩随着自身的成长，试图去适应的一种社会结构。对此，现实生活中有些人比其他人做得更好，但人们都在努力。人们努力后既有生物性的结果，也有社会性的结果。事实上，由于人的生物性归因和社会性归因是相互关联的，因此，这是一个人为的两分法。人们怎样动作，穿什么衣服，参加何种比赛，吃什么、吃多少，上哪种类型的学校，在家里或外面干什么工作，如何面对婚姻生活并抚养孩子，诸如此类的问题都会影响人们业已存在的生物性和社会性，人们无法回避。在这个意义上，个体确实不是生下来便是男人或女人，而是逐渐发展形成的。

女性生物学概念既是一种社会结构也是一个政治概念的第二层表述方式认为，生物性并不是定义女性的主要维度。因为历史原因，女性生物学往往是由男性医生和科学家来描述的，他们基于自己良好的经济特权和所接受的大学教育，有强烈的个人偏好和政治兴趣，用女性的"自然性"这种方式来描述其在女性发展中的作用，这样对男性的生存以及作为男性群体的个人显得更为重要。男性的这种自利，以及对女性生物学思想观念的描述，可以追溯到亚里士多德。历史上的科学家和他们的理论都认为女性的特征是柔弱、情绪性和母性的仁慈，他们"塑造"着女性去关注自己生殖器官的功能。纵观历史，没有人认为男性仅在生殖能力方面有价值，但是，女性却往往因具有孕育功能的卵巢和子宫而被视为如此。目前在有些文化中，关于女性的作用仍有有价值和无价值之说，他们认为女性的能力便是生育儿子，以作为父亲的继承人；在另一些文化中，女性则被认为是丈夫的"附属品"（Armstrong，2004；Moreau & Yousafzai，2004）。

卡尔金斯（Mary Whiton Calkins，1863—1930），早期的发展学家和美国心理学会首任女性主席

7  在20世纪初期，当美国女性试图进入学院或大学接受高等教育时，有科学家古怪地认为女性不能接受高等教育，因为她们的大脑太小了。当上述奇谈怪论逐渐站不住脚时，科学家们认为女性可以像男性一样接受教育，但问题在于妇女是否应该接受教育，即高等教育是否适合女性。他们根据自己研究的关注点，认为女孩必须用更多的精力来发挥卵巢和子宫的合理功能；并进一步认为，如果女性把这部分精力转移到大脑的研究活动中，她们的生殖器官就会枯萎，就会贫瘠，并且人类作为物种就会消失。大多数男性和女性却认为，女性应千方百计发展自己的智力，忍受困难和奚落，以便为后代开辟道路，树立榜样。一个世纪后，获得心理学博士学位的人中，有接近一半是美国女性。更令人欣喜的是，最近的阿富汗，在经历了5 000多年的严厉父权制压迫后，妇女逐渐赢得了作为合法公民所拥有的教育权、健康权、选举权和职业权（Armstrong，2004）。

禁止女性接受教育和从事职业的"科学"逻辑，是彻头彻尾的性别偏见和阶级偏见。女性生殖器官需要细心培育的观念，常常把上层女性和年轻女性从高等教育中排除出去。但是，对于那些在工厂和上层阶层家里劳动的工薪阶层、贫穷或少数民族女性来说，接受高等教育常常是必要的。如果有变化的话，只能说这些女性有很多孩子而无暇顾及接受高等教育。实际上，尽管这些贫穷女性工作很艰苦，但她们却有能力养育许多孩子，这足以证明她们比上层女性更少接受高等教育。

**思考题**

历史上美国社会为女性和男性确定的应该怎样做、做什么和能成为什么样的人的行为规范（大多数明确的行为标准）是什么？

## 发展的过程

人人都处于发展中，这是真理。婴儿从出生后开始发展。两岁儿童在春天穿的夹克到冬天已穿不进去了。在青春期，个体发展的标志是突然长高的身体和第二性征的出现。随后个体离开父母，开始以职业为目标，建立家庭，并目睹自己的孩子离开，直至退休，如此等等。生长、成熟和学习这几个概念，对于人们理解上述生活事件至关重要。

**生长**通过个体内的新陈代谢过程来实现。个体早期发展中一个最引人注意的特征，便是随年龄递增身高的增加。有机体吸收许多养料，消化后转变成化合物，然后把它们重新聚合成新物质。8 大多数有机体在其接近性成熟后生长水平会逐渐降低，某些有机体，如植物和鱼类等，其生长过程会持续至死亡。

**成熟**关注一系列相关生物潜能的自然展开，这是一种不可逆转的结果，无论生长还是成熟均包括生物学方面的变化。生长意味着个体细胞的大量增加，而成熟则关注个体器官功能的发展，它反映了遗传素质、遗传预设或行为模式的展开。上述变化与环境事件无关，也与已有的正常环境条件无关。在第4章我们将会看到，婴儿的运动发展在出生后按照某种有规律的程序展开——抓、坐、爬行、站立和行走。与此相类似，从10岁到14岁的青春期伴随着许多变化，包括女孩的初潮和男孩的遗精，这些生理变化会导致生物潜能的再现。

**学习**是个体通过环境中习得的经验而导致相关行为的永久性改变的过程。学习贯穿于人的一生——在家庭、学校、工作、同辈之间以及其他场合，我们都在学习。学习与成熟的区别在于后者没有任何特殊的经验或生活实践。然而，学习又依赖于生长和发育，例如个体阅读时肯定有多种身体或心理活动的参与。个体的学习能力清楚地表明，所有人都在适应不断变化的环境条件。因此，我们可以说，学习已成为个体行为可塑性的要素。

当我们强调上面的观点时，也就意味着生长和成熟的生物力量与生活环境中的学习力量不应该进行比较。大多数关于天性—养育的争论都是基于天性或养育的二分法出现的。实际上，遗传

**入会仪式和宗教典礼**

13岁的犹太男孩被强制阅读圣经戒律。这些戒条是一种可以选择的入会仪式，具有过渡阶段的特征。青年人认为，犹太人感恩祷告或朗诵经文，这是他们准备承担成人权利和责任的一个标志，包括参与宗教服务、入教和结婚时的宣誓。

和环境之间的相互作用，赋予了他或她作为一个生命个体的独特性。当我们持有人与世界相互作用的观点时，当我们行动、改造和改变世界时，实际上我们也被行动的结果所改造和改变（Kegan，1988；Piaget，1963；Vygotsky，1978）。毫无疑问，我们确实通过行动来改变自己。纵观人的一生，其生物机体无不被节食措施、活动水平、酒精和药物滥用、吸烟习惯、疾病、X射线照射和原子辐射等而改变。因此，大多数人在经历了入学、完成学业、寻找工作、结婚、选择职业、生育孩子、升任祖父母以及退休后，从而获得了新的自我概念。我们无论以何种方式与环境相互作用，都渴望自己的生命能受到锻炼和塑造，从而使生命更有意义（Charles & Pasupathi，2003；Eamon，2001）。总之，发展贯穿于人的一生，胎儿期、婴儿期、儿童期、青少年期以及成年期和老年期，无一例外。

> **思考题**
>
> 你如何理解生长、成熟和学习之间的相互关系？如果个体学习能力相对生长和成熟发展较快，可以称之为"早熟"。那么，如果个体成熟较迅速，则可能意味着什么呢？

## 发展的环境

为了理解人类发展，我们必须充分考虑个体所处的环境。尤里·布朗芬布伦纳（1917—2005）（1979，1986，1995，1997）在其发展**生态理论**研究中谈到发展时认为，研究个体发展的影响必须包括个体与环境的相互作用，即个体发生变化的物理环境和社会环境，这些环境间的相互作用，以及社会中已被嵌入的环境对个体发展过程是如何发挥影响的。布朗芬布伦纳提出了伴随这种个体发展和背景改变，共有的四种环境影响水平组成：微系统、中系统、外系统和宏系统（见图1—1）。

这里以玛丽亚和佳米为例加以说明。两人都是生活在英国某大城市的七年级学生，具有相似的生活环境和社会环境，但她们生活在两个截然不同的世界里。当你阅读了下面的详情描述后，就会对两人的重要差别一目了然。

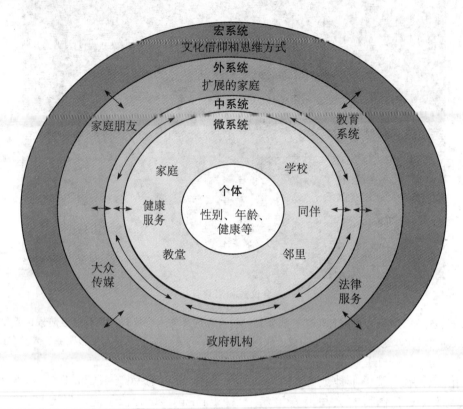

**图1—1  布朗分布伦纳关于发展的生态理论**
该图图示了四种环境影响水平：微系统、中系统、外系统和宏系统。

玛丽亚是全家三个孩子中的老大，当她还是婴儿时全家移民到了英国。她父母都离家并有全日制工作，但他们能妥善安排时间，以保证有一人留在家里照顾放学后的孩子。如果他们因故耽搁了，孩子们也知道去邻居家——和一个祖母般的老人共度下午时光。玛丽亚经常帮助母亲或父亲准备晚餐。就同原来全家在尼加拉瓜生活一样。家庭中没有参加晚餐准备的成员，必须完成晚餐后的洗刷任务。家务活主要由玛丽亚和她父母承担。只有当玛丽亚和父母完成家务活后，才允许孩子们看电视。父母要求孩子们在家里说西班牙语，但在外面则坚持要他们说英语。玛丽亚热衷于收集蝴蝶。她有点孤僻，因为她只有一个密友。

佳米，12岁，她和父母、哥哥生活在一起。父母都有全日制工作，因而需要他们每天轮流抽出一个多小时照顾放学后的孩子。平时，每天早晨上学和上班时，父母大吵大闹的情况时有发生。在晚上父母回家前，佳米经常一个

人待在家里。佳米的父母有时甚至周末也常常加班加点。佳米的母亲承担了传统意义上的晚餐责任，但快餐菜肴开始有规律地替代了居家饮食的菜肴。佳米的父亲从不做家务，他不工作时，常常会和朋友一起待在当地的酒吧里。虽然佳米意识到接受良好的教育非常重要，但她在学校里很难集中精力。于是，她用大量时间和朋友待在一起，她们都喜欢一起坐大巴去电影院。在那些场合，她们会毫无目的地四处"闲逛"，并偶尔会到商店行窃或吸食带有少量大麻的香烟。父母对她的朋友很失望，而佳米则仍和朋友待在一起。

根据布朗芬布伦纳的生态理论，**微系统**由个体生活中天天面对的社会关系和物理环境网络构成。据此，玛丽亚的微观系统包括两个同胞、父母亲、邻居、同伴和学校等。同样，佳米的微系统包括父母和哥哥等。**中系统**由个体发展中面对的各种环境的相互关系构成。无论玛丽亚还是佳米都来自双亲工作的家庭，但她们不同的家庭环

境对其学校生活产生了重要的影响。玛丽亚的家庭环境有助于其学术成就的发展。毫无疑问，玛丽亚的父母采用了苏联教育家马卡连柯（A. S. Makarenko，1967）的教育原则。马卡连柯在 20 世纪 20 年代对工读学校青少年的教育获得了巨大成功，他认为"最大的支持必定伴随着最大的挑战"。由于佳米的父母对孩子在学校良好表现的重要性缺乏认识，所以佳米无法学会礼貌、责任和规范，也无法像玛丽亚一样不断受到鼓励，培养和发展青少年应该具备的能力。佳米的家庭缺乏愉悦的家庭自律气氛来促进其成长。因此，佳米表现为过分依赖同伴，这是青少年问题行为最有力的预测源之一（Eamon，2001；Tolan，Gorman-Smith & Henry，2003）。

个体发展的"外部"环境称之为**外系统**。外系统由直接或间接影响个体生活的社会结构组成，如学校、工作单位、大众传媒、政府机构和各种形式的社会网络。像玛丽亚和佳米这种年龄的儿童的发展，不仅受自身所处环境事件的影响，而且他们也受到父母所处环境事件的影响。父母工作单位的压力常常会带回家，从而影响其婚姻的满意度。在家庭中感到无助或面临冲突的儿童，他们很难在学校里集中注意力。像佳米一样的儿童，他们往往寻找与自己有相似境遇的同伴群体，既没有受人欢迎的地方可去，也很少有挑战性的事情可做，于是，只好到街上去寻找刺激。尽管碰到与佳米父母相似的工作压力，但玛丽亚的父母却尽最大努力合理安排时间，从而有效处理好了玛丽亚的情感疏远。

10

**宏系统**由渗透在家庭、教育、经济、政治、宗教机构中的宏观文化模式构成。前面我们已经看到，父母工作单位是如何造成了佳米家庭的情感疏远。当我们观察更广阔的社会背景时，注意到美国在提供儿童服务机构和促进家庭幸福感的福利待遇方面，已开始赶上其他工业化国家（参见第 6 章和第 8 章）。但是，只有部分美国父母把这些福祉用来享受两人时光，与孩子玩耍，自由支配时间，对分配工作做准备，以及照顾患病的孩子。和今天大多数美国家庭一样，玛丽亚和佳米的家庭正处于不断扩大的家庭、邻居和其他支持系统机构的帮助中，而在过去的岁月里，则

往往集中于孩子、父母的健康和幸福感。

生态学观点认为，人们讨论个体发展时总是围绕着已有的环境结构，然后再延伸至其他。最直接的生态系统是个体开展日常活动的环境，接着是范围较广泛的环境，最后是范围更广泛或达到社会化水平的环境。这些动态的相互联系的环境，使人们在发展各个水平上都须考虑冒险和发展机遇。例如，流浪者、儿童虐待和被忽视、校园暴力和精神病理学这些问题，都能直接观察到，并作为个体和志愿者机构、个体和家庭成员相互作用的背景因素（Acs & Nelson，2002；Tolan，Gorman-Smith & Henry，2003）。

生态理论让我们看到，人们并不是处在某些精心策划的实验真空中，而是处于现实世界的日常生活中。设想一下，如果要求一个研究者记录被试的日常生活事件，那么，聚在一起的如此繁多的外部信息就是研究者面对被试时的现实环境。然而，这个表面上的优势也是生态理论的主要劣势：由于许多变量摆在面前，人们发现要对此进行深入分析，几乎是无法下手，也确实是不可能的。看来，仅当人们控制了一系列相关变量后，才能保证对其中的一些变量进行研究。关于这个问题，我们在后面的章节中考察发展研究的性质时，再展开详细论述。

布朗芬布伦纳在评论自己的生态学模型时清醒地意识到，该研究模型确实需要结合生物学、心理学和个体行为方面的研究工作。鉴于上述原因，现在他把这个模型作为一种发展的生物生态学理论。因此，他认为这个模型有必要增加时间维度，即增加他称之为"**时间系统**"的另一个系统，这表明无论个体还是社会，都是可变性和稳定性的统一。诚如他所说，"相同年龄的个体具有相同的生活经历，但相同年龄不同辈分的个体，却很可能具有非常不同的生活经历，这取决于他们生活的时代"（Bronfenbrenner，2005）。

---

**思考题**

举例说明每种生态系统是怎样影响你个人发展的？

## 发展事件的时间

在个体发展过程中，时间尤疑发挥了重要作用。传统上，时间进程作为个体不同年龄的象征，它强调个体随着时间递增逐渐变老。近来，社会科学家和行为科学家已经扩大了视野。他们认为，不但个体随着时间发生改变，而且环境也会随着时间发生变化，这两个基本的过程是一种动态关系。Paul Baltes 和 Margret Baltes 认为有三种环境影响间接地通过个体、行为以及交互作用，引起了个体的发展，这为人们更好地理解上述变化作出了重要贡献 (Baltes & Baltes, 1998; Schulz & Heckhausen, 1996)。

1. **正常的年龄阶段的影响**和不同年代的个体具有密切联系。在青少年早期的某个阶段，诚如前面已讨论的玛丽亚和佳米，这些影响包括生理的、认知的和心理社会性的变化。玛丽亚和佳米正处于青春期，这与生理成熟有关。但她们还需经受这个年龄阶段的社会影响，诸如从一所高度结构化的小学环境到另一所缺乏有效组织的小学环境，再到一所高度复杂的中学环境或大学环境的突然转变。

2. **正常的历史阶段的影响**涉及历史因素。即使考虑到各个社会成员的文化相似性，不同年龄阶段的个体也是独特的，因为这反映了某一历史阶段的特殊性。某个**年龄同辈**（age-cohort）（也称为出生同辈），意味着一群相同年龄的人。不同年龄同辈的个体会在同一时间内经历儿童期、青少年期、成年期和老年期。因此，他们会在相同的时候经历确定的经济、社会、政治和军事事件。例如，20 世纪 30 年代的经济大萧条、第二次世界大战、50 年代的繁荣景象、越南战争、通信信息化时代以及 2001 年 9 月 11 日的"9·11"事件和全球恐怖主义。个体作为曾生活或正生活在特定历史时期受特殊事件影响的结果，每代人都在某种程度上形成了自己独特的思维风格和生活方式。

3. **非正常生活事件的影响**指的是特殊的生活改变，尤指个体生活方向的某种改变。一个人可能在一次意外中遭到严重伤害，在一次彩票中赢得百万大奖，被迫接受某种宗教信仰的改变，在同一时期孩子接二连三地降生，婚姻解体，或者人到中年下岗待业面临新的职业选择，诸如此类。非正常生活事件并非对所有人都会造成冲击，它发生时也不易辨别结果或形态。尽管这些决定因素对个体生命历史而言是有意义的，但是，它与年龄阶段或历史因素无甚关系。

毫不奇怪，20 世纪 80 年代后的美国年轻一代，与人们一般想象的年轻人有些差别。这代人所面临的环境不同于他们的前辈（见表1—1）。对某个人的年龄同辈的清醒认识，可以帮助心理学家、社会工作者和其他人类服务工作者有效地评估个体的世界观和特殊需要。

由于个体处于不同的年龄同辈，因而与历史有关的影响并不会仅按一个方向发生。它们也不是简单地对社会结构和历史结构发挥作用。因为不同年龄同辈的个体会以不同的方式，促成社会变革和历史变革进程的改变。所以，社会会随着时间、形势和作用的变化而发生改变。拥有牢固社会地位的成员不断被接受了新生活经验洗礼的年轻人所替代。许多年轻人的流动会导致文化资源的缺失、文化构成的变革，并为文化注入新的生命力。

值得注意的是，虽然父母一辈在熏陶孩子价值观和行为方式上发挥了决定性作用，但是，晚辈并无必要完全接受长辈的观点和认识。这些现象迫使人们必须对个体发展中的文化和历史因素发挥的作用引起高度重视。美国和西方社会中的真理并不是放之四海而皆准的，犹如 21 世纪 20 年代的真理并不适合 20 世纪 60 年代或 18 世纪 70 年代。据此，社会科学家和行为科学家如果希望能确定他们的发现把握了人类行为的一般规律，那么，必须观察那个社会和历史时期来检验他们的观点。从跨文化的视角考察人类行为是当今心理学研究经常采用的方法。因为随着电信的出现，人们很容易就可以对权威杂志上的相关观点和研究发现，与具有相同特征的数据、图片、图表、录像和录音资料进行评估。21 世纪科学技术的发展为研究者提供了便利，同时也为他们探索人类发展提供了更为广阔的视野。

### 思考题

看了表1—1"代"中的图片，然后想象一下，这是哪个年龄同辈的人们，并思考他们所生活的时代。你认为通过媒体如电影、音乐和文学，可以证实他们生活在什么时期吗？要理解那个时期人们的生活感受困难吗？

非正常生活事件

　　有的人会在生活中碰到具有重大转折性和挑战性的某个生活事件。然而，究竟是什么使这些生活事件具有如此大的挑战性呢？

12　表1—1　　　　　　　　　　　　　　　　　　　　　代

社会与人口统计学家认为每一代人共同构建该时代的历史性的、全球性的社会事件，形成相近的态度、价值观及共同爱好（如服装、发型、音乐、娱乐），且共同度过了关键性时刻（如战争、自然灾害）。

| 年龄群 | 历史性事件 | 人数 | 总体特征 |
|---|---|---|---|
| 1925—1945年，沉默年代 | | 60～80岁人群 | 度过了1929年股票市场总崩溃后的经济大萧条时期及第二次世界大战，流浪、施舍、避难所，遍及整个美国。他们努力工作，经济上很保守，并且有着很强的价值观念。他们认为大学教育是一种特权，确保自己的孩子可以上大学则是重要的。他们中越来越多的人还要养育子孙一代，或与子孙生活在一起。 |
| 1946—1964年，婴儿潮世代 | | 到2030年为止，将会飙升至美国总人口的20%，约有7 600万人 | 越来越多的人在完成自己的教育和职业目标之后，才会计划或继续延迟为人父母。这一代的女性开始上大学。他们的成长伴随着摇滚音乐。如今成了夹在父辈和新千年的子女中间的"三明治"，比任何其他世代都更有保护意识。在20世纪60年代后期，这一代大学生抗议战争、宵禁、着装规范，获取了更多的独立性和自我管理权。婴儿潮世代重新界定每个他们已经度过的生活阶段，喜欢改变老化及过时的许多观念。 |

续前表

| 年龄群 | 历史性事件 | 人数 | 总体特征 |
|---|---|---|---|
| 1964—1981年，X世代，又称"生育低谷世代" | | 约6 000万人 | 可能被养育在日托中心，可能被放置在一边以便父母能实现他们的目标。经常被认为是冒险的、被忽视的、攻击性的、抱怨的、自我中心的、逃避工作的、被疏远的。伴随着在政治、社会、经济及文化变革中较低的社会标准成长，包括计算机技术和网络的出现。许多人在完成大学学业后回到父母家里，偿还大学贷款。如果真要结婚的话，他们更可能会同居而推迟婚姻，且不太可能会参与慈善机构。 |
| 1982—2002年，新千年世代，又称回声潮世代、Y世代 | | 约7 800万~8 000万人（约占美国人口的1/3），更多地呈现了种族和民族多样化 | 可能是家族中第一个上大学的；被描述为受庇护的、自信的、富有团队精神的、有成就的、有压力的、符合习俗的。尊敬长者，服从规则，通过社区服务创造积极改变。他们中绝大多数人关心和保护着具有高度结构化童年生活的子女。他们来自于小家庭，被证明有着更传统的观念及强烈的家庭回归依恋。青年期的社会性支持减少，高中毕业和上大学的比例增加。具备使用无线电网络、即时通信、手机、DVD、电子游戏、借记卡、ATM、在线银行等技术的悟性。 |

来源：Donovan, J. （2002—2003）. Changing demographics and generational shifts: Understanding and working with the families of today's college students. *Student Affairs in Higher Education*, 12. Retrieved October 17, 2004 from http: // www. sahe. colostate. edu/journal - archive. asp.

## 毕生阶段的划分：文化和历史的视角

### 古老的命题：我是谁？

因为大自然赐予个体的生物周期是从出生到老年直至死亡，任何社会都必须正确对待这个生命周期。年龄是社会组织的一个主要维度。

例如，任何社会都以年龄作为认可或否决其行为的依据，如救济金领取、竞选活动和冒险运动（endeavors），并按照他们所具有的能力或品质分配各自的角色。像个体的性别一样，年龄是一种主要属性，它决定个体的其他属性，且有别于他人。在美国，年龄直接影响其作为驾驶员在高速公路上行驶（近来，许多州把驾车年龄从16岁提升至18岁）、选举权（18岁）、竞选总统（35岁）和获得社会保险退休金（62岁）的一个标准。年龄还间接影响其承担与年龄相关的其他社会角色。例如，与年龄相关的生殖能力限制了其承担父母的角色，与年龄相关的12年小学教育和中学教育限制了其进入大学的可能性。

由于年龄是个体的主要属性，因此，随着年龄的增加，个体的一个重要改变便是贯穿于生命全程所承担角色的改变。从进入学校、完成学业到获得第一份工作，从结婚、生育孩子到工作中的升职，从最大的孩子结婚、成为祖父母到退休安度晚年，如此等等。近年来，"代"的概念在某种程度上有所倒退，因为出现了同居者的孩子或非婚子女现象。然而，无论个体属于自己还是属于他人，对其发展而言，年龄仍是一个评判的维度（Settersten, Furstenberg & Rumbaut, 2005）。

进一步举例来说，大学生联谊会的某项活动可能吸引了新生代的大学生，或者对其毫无吸引力。在上述情形下，作为中年人的父母愿意加入大学生联谊会的活动吗？如果父母很想参加这项活动，孩子们会欢迎已到中年的父母吗？

年龄的作用作为一个影响因素，为人们处于多样化社会网络（诸如家庭、学校、宗教场所和工作场所）中的"什么地方"和"哪个节点"上进行了定位。这是人们回答"我是谁"这个命题的一个组成部分。总而言之，这有助于人们建立自我认同。

## 文化的变异性

当人们比较不同社会的文化现实时，已经凸显了"社会定义"（social definitions）中所划分的生命周期。**文化**涉及人们的社会遗产，诸如学习思维方式、情感，以及代与代之间行为方式的传递。随着个体年龄的变化，社会提供了多样化的社会准备。在一种文化背景下人们可能希望一个14岁的女孩成为一个中学生，而在另一种文化背景下，人们则希望她成为两个孩子的母亲。在一种文化背景下，45岁的中年人可能处于其商业生涯的顶峰，却转到从事政治活动而受到崇拜；而在另一种文化背景下，从橄榄球队的主力队员位置上退休直至死亡则会受到顶礼膜拜。所有社会都把个体的生物时间划分为社会相应的部分，出生、青春期和死亡均是生命的生物学事实，社会赋予上述阶段各具特色的意义，并分配其社会结果。

据上所述，任何社会都被划分为**"年龄层"**，社会阶层也是以年龄层为基础的。由年龄层构成的社会，与由地质层构成的地球外壳非常相似，由年龄层构成的群体也与阶层构成具有相似性。无论个体千差万别还是处于不同社会阶层，穷人或富人、群众或领导，均是如此。这不像阶层梯级的上升或下降，个体通过年龄层的流动并不依靠个体的动机因素和健康因素，从一个年龄阶段到另一个年龄阶段的流动更多由生物学因素决定，并且这是不可逆转的。

不同年龄层个体的行为必须符合**社会规范**或社会期望的要求，这能较好地说明处于生命各个阶段中适宜或不适宜的行为。在某些情境中，一个非正式的一致性行为给人们提供了判别该年龄阶段其他人行为的标准。因此，"年龄与行为相符"的理念表现在生活的很多方面。例如，美国人普遍认为，要一个6岁的孩子给其他更小的孩子让座，其年龄实在太小了。同样的道理，要一个60岁的老人参加"派对"，其年龄又实在太大了。在另一些情境中，对许多公共机构领域，法律则规定了其最低和最高的行为准则。例如，一些法律涉及结婚无须父母同意，劳动权利，以及享受社会保险和医疗福利的权利。我们只要思考一下儿童、少年、青年文化、青少年期、高级公民和代沟这些术语，就能意识到年龄在决定其所处社会所期望行为中的力量。确实，人们发现，公寓设计专门适合于某个特殊的年龄群体，如单身年轻人，甚至城市设计也专门适合于某个特殊年龄群体，如退休者。

## 年龄概念的变化

在美国，人们普遍认为，生命周期涉及婴儿期、儿童期、青少年期、成年期、中年期和老年期的一系列发展变化。诚如法国历史学家菲利普·阿雷兹（Philippe Ariès, 1962）所说，童年中期概念并不是人们今天所知道的意思，即他们曾被认为是一个小成人。抚养孩子就意味着孩子几乎不能参与成人的活动。关于童年期的新概念大约在17世纪才出现。

200年以来，有足够的证据表明儿童生活的另一个根本性变化。儿童入学率（学校注册人数）迅速提高到一个前所未有的水平（Federal Interagency Forum 对儿童和家庭的统计，2003）。1870—1940 年的 70 年间，7～13 岁儿童的入学率从 50％ 上升至 95％，14～17 岁儿童的入学率从 50％ 上升到 79％。对此，全日制学校的入学人数毋庸置疑。因为对 5～16 岁的适龄儿童的强制性入学要求，今天的儿童入学率已接近儿童人口总数的 100％。根据 2000 年的统计，超过美国人口 1/4 的大约 7 600 万儿童，正接受从幼儿园到大学的正规教育，而花较少的时间与父母和同胞相处（见图 1—2）。此外，由于更多母亲进入劳动力市场养家糊口，从而使更多的幼儿在日托中心和学前教育机构（见图 1—3）受到良好照顾。以上述社会变化为基础的动机性力量符合父母们改变他们家庭的社会和经济地位的要求（Acs & Nelson，2002）。

青春期的概念始于近代，它可以追溯到 19 世纪末 20 世纪初的美国，当时颁布了义务教育法、儿童劳工法，以及儿童产品法，这些法律的内容均包括儿童必须经过更高阶段的学习，才能进入青春期的社会事实。现在人们则把介于青春期和成年期的这个新阶段称之为"**成年初期**"（Arnett，2000；Furstenberg，2000）。近来的发展趋势表明，随着 20 世纪 90 年代经济的快速发展，以及 21 世纪初期经济转型的实现，人们受教育的水平不断提高，后工业社会巨大的高等教育需求，使受教育年限延伸到了成年期（Goldscheider & Goldscheider，1999；Settersten，Furstenberg & Rumbaut，2005）。

在西方，"老年期"的概念正面临改变。文艺复兴时期文学作品中的证据表明，当时 40 岁的男人已被认为是一个老人了。现在，出现了一个区分"年轻的老人"和"年老的老人"的情形。年轻的老人突出了退休后的重要性，这是一个新的休闲期，一个新的社会服务和自我实现的机会。过去的年老的老人是以年轻人的照顾和支持为特征的（Neugarten，1982a，1982b）。近来，对一个年过七旬者人们所具有的年老化的"知识"产生的疑问不断增加，许多科学研究正在设法寻找年龄处于 60～70 岁的老化证据。当给一个人贴上所谓的"老年"标签时，人们可能很有必要对年轻的老人和年老的老人加以区分（Baltes & Baltes，1998）。

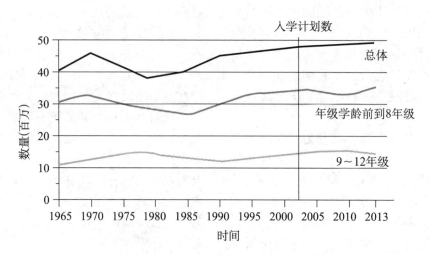

**图 1—2    对从托儿所到 12 年级登记入册的公立初级和中级学校人数的预测：**
**1965—2013 年的人数（包括幼儿园和绝大多数托儿所的注册人数）**

美国学校注册人数的增加绝大部分取决于 1981—1994 年期间出生的人口数量，在此期间，人口数每年增加了 400 万。未来预测趋势是什么呢？

来源：U. S. Department of Education.（2003）Projections of education statistics to 2013，Tables 1 and 4. *Digest of Education Statistics 2003.*

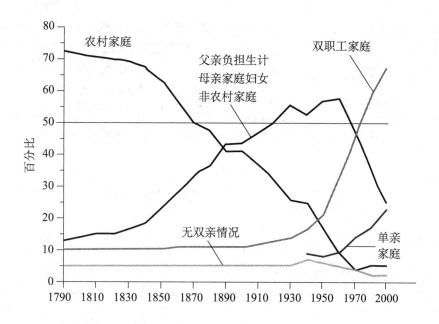

**图 1—3 有达到 17 岁的孩子的家庭类型：1790—2000**

注意最近双职工家庭和单亲家庭的激烈增加。

来源：U. S. Bureau of the Census.

上述这些区别模糊了人们对社会年龄的权利和责任应受到尊重的假设。纵观成年期，年龄已无法预测随时间推移发生的重要生活事件，如健康、工作状况、家庭状况、兴趣和需要。如 Bernice L. Neugarten 和 Dail A. Neugarten (1987) 所言："我们面临一幅比年龄刻板印象更严重的冲突画面：一个 70 岁老人坐在轮椅上，另一个 70 岁老人却活跃在网球场上；一个 18 岁青年已结婚并养家糊口，另一个 18 岁青年正上大学并每星期把脏衣服带回家交给母亲。"（pp. 30～32）。

虽然有些人的年龄目标失去了意义，但有些人的年龄目标却完全实现了。如果一个人到了 35 岁尚没有实现有意义生活的年龄目标，那么，他就会感到失败。一个年轻女人因为职业缘故，耽搁了结婚年龄，一直拖到 30 岁后或更晚的中年期才结婚，她就会笼罩在婚姻和养育孩子的巨大压力之下。确实，社会年龄的历史内涵会影响人们对已有生命阶段意义的评价，既包括对其他人的适应，也包括对过去和未来的思考。

**思考题**

传统的年龄因素是怎样融入现代社会的社会网络中的？在美国文化中，长大成人的观念有何变化？对一个典型的"老年人"，你有什么想法？

## 历史上的"关注领域"

我们选择三个历史时期——早期的发展心理学、20 世纪 50 年代到 60 年代、当今时代，来反映"什么样的研究才是时代所需要的"这一观念是怎样随着时代变化而发生改变的，而过去的研究主题一直保持在今天的人类发展研究领域中。

**早期发展学家关心什么？** 在 20 世纪初，人类发展已经出现了五个主要的研究领域，并且这些研究领域一直延续至今：

情绪发展

生物学和行为研究

认知发展

15

意识和无意识思维
自我概念

**进入 20 世纪**　这个时期的人类发展研究者主要关注人类发展的科学发现和解释。当时科学和科学方法作为解释人类发展现象的新途径而得到广泛应用，这对于破解自然和人类之谜提供了一个乐观的思路。

纵观情绪发展领域，查尔斯·达尔文（Charles Darwin）提出情绪表达是先天的，而非后天的、习得的行为，他认为同样的生物过程存在于不同文化的许多个体中。鉴于此，他收集了来自不同文化中个体的照片，其中显露的诸如愤怒、悲伤、喜悦和惊愕等情绪显示出跨文化的一致性。

研究者感兴趣的第二个领域是行为的生物学基础。这里有两种观点曾发生过剧烈的争论：一个是进化和发展的关系，另一个是遗传和教养的关系以及它们对发展的影响。这两种观点在达尔文和弗洛伊德的研究工作中都有证据（Cairns，1983）。

早期发展研究的第二个领域是认知发展。就像我们将在第 2 章中看到的，让·皮亚杰被认为是认知发展研究领域的奠基人。当然，这里还有早期其他研究者的贡献。其中对皮亚杰认知发展思想产生重要影响的是阿尔弗雷德·比奈（Alfred Binet）。比奈以第一个智力（IQ）测验的编制者闻名于世，他还认为成人思维与儿童思维有质的差异，并且正是由比奈编制了证实这些差异的工具。

第四个研究领域是对意识和无意识思维的区分。比奈和弗洛伊德都提出了这个观点。在弗洛伊德创立其理论之前，人们尚不能想象还有"隐藏"在内心深处的东西在引导其行为（Cairns，1983）。

第五个研究领域是在发展中自我的作用。该领域早期的研究者都聚集于自我的概念。对此，无人能与 J. Mark Baladwin 匹敌，他的两部创新性著作，《儿童与种族的心理发展》（*Mental Development in the Child and the Race*，1895）、《心理发展中的社会性和伦理注释》（*Social and Ethical Interpretations of Mental Development*，1897）是对这个时期发展心理学家的巨大挑战。其中，《心

理发展中的社会性和伦理注释》则是由美国心理学家撰写的首部儿童社会认知发展著作。50 年来，这个研究主题影响深远。

**20 世纪 50 年代至 60 年代**　20 世纪中期，约翰·华生（John Watson）的行为主义理论主导了心理学，这对发展心理学产生了巨大的影响。许多研究虽然致力于检验精神分析理论提出的假说，但使用的语言却是行为主义理论，也有一些研究致力于理解个体毕生的人格和社会性发展。

另一个主要的研究兴趣是建构儿童的行为模式。行为主义心理学家斯金纳（B. F. Skinner）研究了儿童学习的基本原理，20 世纪 50 年代到 60 年代，一项关于婴儿是怎样知觉世界的深入调查，为其提供了证据。

**现在的研究**　今天研究者对行为的生物学、化学基础，情绪发展，社会关系的建立，以及人类毕生的认知能力实验研究产生了浓厚的兴趣。

研究者专注于行为的生物学基础，主要原因在于行为遗传学领域的进展。发展学家对遗传生物因素在个体毕生的行为表现中所发挥的作用感兴趣。例如，什么基因可能对个体特定的特质，如内倾或外倾有反应？对婴儿和青少年来说，荷尔蒙是怎样影响行为的？

在过去的 30～40 年间，许多研究集中在情绪发展的进程和情绪对社会交互作用的影响上。近期对情绪的研究包括自我意识情绪如胆怯或羞耻、内疚、羞怯、自豪、空虚和嫉妒等。自从弗洛伊德对这些情绪进行了考察之后，很少有人问津，直到现在才引起广泛注意。

今天研究者竭尽全力试图解释社会交互作用过程，特别是社会关系是否健康的性质，作为对亲子依恋的研究（见第 6 章）的说明。在这里，家庭的定义被拓宽了，它不但包括母婴关系，而且包括父亲、同胞兄妹、祖父母和继父母在其中的作用。

现在研究者重新研究个体发展中的意识、反映和动机的作用。研究者发展了一些方法，可以用来检测无意识过程中的认知效果。这些方法已被应用于有系统的一组课题，包括从眼动证据到适应性。

20 世纪 60 年代以来，研究者还进一步解释了儿童期显著的早熟，即他们发展出理解生理现象

和知觉现象的能力，比我们以前认为的还要早。

**展望未来**　为什么我们需要回顾历史？第一，我们的前辈是富有远见和创新精神的思想家，他们提出了有启迪性和生命力的问题；第二，作为发展学家，他们建立了该学科，通过运用因工业技术发展而引起的先进方法和统计技术，使我们能够重新审视早期的问题，并运用现代技术和更加复杂的研究方法来进行研究，从而使学科不断发展完善。在后面部分，我们将要学习人类发展研究中使用的现代研究方法和技术。

> **思考题**
>
> 　　一个世纪前曾研究的哪些发展课题今天仍有生命力？哪些人类发展课题是目前社会科学家或生物学家关注的焦点？

 ## 发展研究的方法

　　科学的任务是为了使世界变得更加美丽。爱因斯坦曾说过："所有科学都是为了提升日常生活的思维而不为别的。"因此，我们从事科学研究，更多是从日常生活中提出问题和获得结论。我们提出猜想和错误；就结论与其他人讨论；提出观点寻找证据，并放弃毫无证据的观点。这是科学研究不同于一般调查研究的一个重要特征，即科学研究需要详细说明收集事实的具体过程，并对此做出合理解释。这个过程又可称之为**科学方法**，它包括一系列步骤：清晰地表达研究对象、研究方法以及研究结论，充足的证据意味着他人可以重复我们的研究并验证研究结论。科学方法的上述步骤为客观研究提供了一个框架：（1）选择有研究价值的问题；（2）形成**假设**：一个能够被验证的试验性命题；（3）验证假设；（4）由假设得出结论；（5）在科学讨论中验证研究成果的可用性。

　　我们怎样才能利用研究方法来帮助自己理解和解释人类发展呢？首先，让我们来思考人们可能会询问的一些发展问题：在童年期是否有可测定的因素，能预测不同地区成年期生活的成功吗？哪一类儿童更具有暴力倾向，怎样才能教会这些孩子解决冲突的技能？谁有可能受厌食症的困扰，采取哪些步骤才能挽救其生命？每个人的记忆力是否会随着年龄减退？个性和社会能力的哪些方面与长寿相关？对于男人和女人来说，存在性活动频率的高峰，还笼统地随年龄增强或减弱？显然，选择上述任一问题并作为一个研究课题，这是很容易的。也许你凭借阅读和生活经验，就能提出一个假设——这个假设有可能得到科学的验证——这样就找到了某个问题的有效答案。接下来的工作就有必要来验证这个假设。于是，我们就需要选择研究设计，从而提供有效（精确）和可信（一致）的信息来支持或否定假设。

### 研究设计

　　发展心理学的研究往往聚焦于个体随时间或年龄的变化而变化。这里，普遍使用的有三种基本的研究设计：（1）纵向设计；（2）横断设计；（3）混合设计。实验设计虽然有效，但很少应用在发展研究中，因为它不可能通过施加控制来满足实验设计的需要。那些令人感兴趣的变量，如**空间能力**（在不同维度中的心理上操作表象的能力）、记忆能力和生理特征，研究者无法安排到实验组中或在定性或定量呈现的一系列操作中。因此，发展研究更多采用其他研究方法，包括个案研究、观察方法、调查和跨文化研究（见表1—2）。

17

表1—2                                                                   研究设计

| 研究类型 | 优势 | 局限 |
|---|---|---|
| 纵向设计——研究同一个体在生命过程中的发展变化 | 研究者可以描述个体发展变化的连续性，并能洞察为什么个体在成年期会出现相似性与差异性 | 无法控制的非规范事件，选择性损耗，时间消耗和花费测验和测验者一致性 |
| 横断设计——比较不同年龄组在某阶段的发展变化 | 花费和时间消耗比纵向设计少 | 年龄和同时代人的混淆 |
| 混合设计——测量多个年龄段个体随时间发生的变化 | 解决混淆年龄和同时代人的问题 | 花费、计划复杂和随时间的分析 |
| 实验设计——测量 $x$ 变量作为影响因素之一是否会引起或否定 $y$ 特征的发生 | 最严格的客观研究设计之一 | 对有些变量较难控制，要求遵奉伦理标准，实验室中的人类行为可能并不代表现实生活中的行为，花费多、耗费时间 |

## 纵向设计

研究同一个体的不同生活阶段经常采用**纵向设计**。这样，我们就能对实验组在规定区间、所描述的行为以及令人感兴趣的特征进行比较。这种方法让我们看到了个体变化的连续性，同时也让我们洞察了为什么成年期会出现个体的相似性与差异性。

推孟的"生命周期研究"（The Terman Life-Cycle Study）是一个经典的纵向研究，也是该研究领域的开山鼻祖。推孟作为心理学家进行此项研究始于 1921—1922 年间（Cravens，1992；Friedman & Brownell，1995）。他从加利福尼亚公立学校中挑选了从青年前期到成年期的 1 528 名天才男孩和女孩，这些儿童后来被他昵称为"白蚁"。控制组被试处于平均智力水平。被试年龄间隔为 5～10 年。所选择的 856 名男孩和 672 名女孩都以智商（在斯坦福—比奈智力测验中，智商为 135～200）为基准，据说这些天才在总人口中仅占 1%。推孟发现这些天才比拥有平均智商的年轻人在身高、体重和强壮程度方面都更有优势。而且，他们倾向于参加更多的社会活动，比平均智商的孩子成熟得更快（Terman & Merrill，1937）。这个研究的一个效应便是消除了人们关于在学校中加速天才发展有害的观点。

推孟去世后，其他心理学家继续该项目的研究，并提供了有关宗教和政治、健康、婚姻、情绪发展、家庭历史和职业、寿命以及死因的纵向研究数据（Holahan & Chapman，2002；Martin & Friedman，2000；Tucker et al.，1999）。值得注意的是近来的发现，这些离异家庭中成长的"白蚁"具有更高的早期死亡风险（男性的平均死亡年龄为 76 岁，而那些完整家庭被试的平均死亡年龄为 80 岁，女性则分别为 82 岁和 86 岁）。研究者认为，与父母亲冲突伴随而来的紧张与焦虑，导致了天才出现更高的早期死亡率（Martin & Friedman，2000）。

**纵向设计的局限**　尽管纵向设计可以研究个体随时间发生的变化，但它也存在一些缺陷。两个主要问题是被试的退出和选择性损耗。被试的退出主要是因为疾病或死亡，搬家而难以找到新地址，或者其对后续研究毫无兴趣。被试**选择性损耗**简单地说就是退出的个体不同于留下来的个体。例如，那些留下来的被试对实验高度合作，有稳定的家庭，或者更聪明、更成功。这些改变可能会使人对被试的样本产生偏见，因为样本随时间变得越来越小（令人大吃一惊的是 1995 年，只有 10% 的被试"白蚁"未被解释）。其他问题包括测验和测验者的一致性会随长时间的研究而受到损耗。对每个被试按时间表测查每一个项目是不可能的。人们会生病或需要度假，他们由此会变得心烦意乱，因此，有些测查项目应该省略。有的被试还可能拒绝某些项目的测查，而且有的儿童或父母偶尔会忘记了预约（Bayley，1965；

18

Willett，Singer & Martin，1998）。这样就不可能在每个时间区间从每个项目中完整收集可比较的数据。此外，同样的变化诸如迁移或火灾有时也会发生；在测验或观察的工作场合，实验的工作人员也会导致测验实施的不一致性。

尤其重要的是，在人类群体的毕生发展中，纵向设计无法控制个体的日常生活事件。诸如经济和社会事件的影响，会使一般化的结论难以从某个年龄段推及相隔 10～20 年的另一个相同的年龄段中去，并可能歪曲个体所报告发生变化的数量或方向：

　　战争、抑郁、文化变迁和技术进步都会产生很大的冲击。两岁的婴儿由抑郁引起的恐惧和无安全感会来自电视或其他媒体，或者监护人精确的饮食（strict-diet）、让他啼哭、毫不纵容地按时间规定办事、拥抱、丰富的爱意等变化的氛围，其不同的影响效应是什么呢？（Bayley，1965，p.189）

一般地，对完成一个长期研究所需的时间和金钱是有限制的（Brooks-Gunn，Phelps & Elder，1991）。例如，20 家国际机构每年联合为研究美国儿童的主观幸福感提供经费和报告（America's Children，2004），结果呢，他们发现问题时成了"事后诸葛亮"，而这些相关问题是在以前就应该考

虑到的。当更先进的技术可能改进原来的研究设计时，一旦确定了课题的意图就很难进行改变了。例如，在某种网页上进行程序化测验或调查，会使记录数据更加容易，比把被试带入实验室能减少费用。然而，这些数据能与前期收集到的数据进行比较吗？难道没有主试—被试间的相互作用所造成的什么影响吗？被试的计算机经验或熟练程度会影响被试的反应吗？

尽管存在这些缺陷，但纵向研究确实能给人们提供重要的信息。例如，如果我们的研究兴趣是考察年龄对必要的生活技能（即空间能力）的影响，那么，我们可以设计下面的研究：选择一组 20 岁的被试样本，并测量其空间能力。空间能力测验可以测量个体对大小、距离、容量、次序和时间的理解水平，同时也包括从记忆中勾画特殊的三角形，根据给定的模型重新创造性地安排空间，或者阅读仪表盘、图表和地图（见图 1—4）。空间能力测验常常用来测定职业技能、预测特殊的学校相关课程（如几何原理、化学分子结构、机械制图图解、地图阅读和学会驾驶汽车穿过繁忙城市街道）成功的可能性，等等（参见本章专栏"进一步的发展"中的《空间关系的进与退》一文）。研究者每隔十年把上述同组被试带到实验室，重复这种测量。图 1—4 说明了研究者在

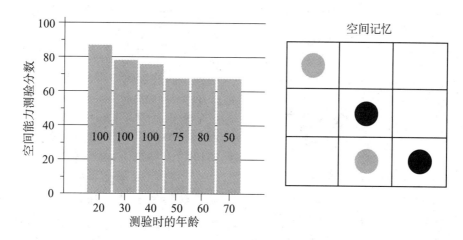

**图 1—4　纵向设计表明年龄在空间记忆能力上的影响**

在这个研究中，间隔 10 年时间，对同一群成人被试进行测试。空间记忆是抽象材料的短期视觉记忆的一个指标。工作任务是在 5 秒钟内呈现一个 3×3 的棋盘格，然后根据记忆按照同样的模式，在一个空的格子上摆上红色（图中以浅灰色代表红色）和黑色的棋子。这里的结果显示了被试在各个年龄的平均测试成绩。每个柱形里显示的数字是参加测试的成人人数。该图显示了年龄对空间记忆的什么影响呢？

19  空间能力测验中的理论假设结果。研究者每隔一
段时间对被试进行测量，并记录测量时的年龄。

**思考题**

根据图 1—4 描述的结果，为什么可以说年龄和被试的空间能力随时间发生改变？

## 横断设计

纵向设计的特点是能成功用于同一个体的测量。相反，**横断设计**则是通过同时比较不同年龄组来研究其发展。与纵向研究中所述例子不同的是，它通过选择 20 岁年龄组、30 岁年龄组、40 岁年龄组，依此类推，一直到 70 岁年龄组，来研究空间能力和年龄。这样一来能够同时测量六个年龄段个体的空间能力。这能节约多少时间和费用啊！为了收集完整的数据，研究者不必为核查被试的地址和带他们回实验室重复测量而焦虑。职业变化不是问题，典型个案也不是问题，问题只在于被试的合作和测验的不一致性。图 1—5 总结了空间能力和年龄的横断研究的理论假设结果，

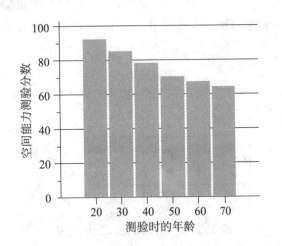

**图 1—5   横断设计表明年龄在空间能力上的影响**
在这个研究中，对不同年龄的成人进行空间能力测试。这里的分数是每个年龄组的平均测验分数。

这个发现符合个体空间能力随年龄降低的假说

（见图 1—4），但我们能这样说吗？在这些所选择的被试组间是否有其他差异（除年龄外）会影响空间能力呢？

**横断设计的局限**   在横断研究中，年龄和同辈的混淆是其主要缺点。在研究中**混淆**意味着各要素的混合，这样各要素就无法辨别和分离。我们不能确定报告中被试组间与年龄相关的差异，不是被试组间其他的差异的产物。例如，某个年龄组可能社会环境、智力或饮食控制不同。因此，只有通过精确取样和测量技术，才能使被试组的可比性处于稳定。例如，如果你要调查祖父母接受了多少年的正规学校教育，以便与父母和自己比较，那么，你很可能要推测祖辈拥有的资源去获得更高水平的教育，推迟参加工作的状况和很可能推迟生育孩子。我们知道，今天 20 岁年轻人的生活经验与 20 世纪 30 年代或 50 年代的 20 岁年轻人有着巨大差别。

在这些问题中最引人注目的是关于智力的横断研究。这些研究一致地表明，在智力测验上的平均得分在 20 岁后开始下降，并且在整个成年阶段持续下降。但是，正如我们在第 15 章将要看到的一样，横断设计并不能解释智力测验成绩的同辈差异。每一代美国人都比他们的前一代接受更多的学校教育。因此，每一代美国人的智力测验成绩总体来看都是提高的。由教育水平提高导致的智力测验成绩提高，使人们得出了这样的错误结论，认为智力随年龄的增加而下降（参见第 15 章）。

## 进一步的发展

### 空间关系的进与退

你可能会问，为什么有人会做空间关系的研究呢？空间关系是一种很复杂的感觉，在幼儿期发展起来，是贯穿我们生命的认识世界的功能的重要部分。婴儿用他们的眼睛和手开始去认识和他们相关的物体的形状、大小、位置和距离以获得如远和近、第一和最后、顶和底、上和下、高和低、"如此大"和"如此小"等概念。空间技能包括大小、距离、位置、形状、体积、运动和时间间隔等。婴儿把他的手移近或远离他的脸，把小东西放进茶杯或取出，翻转，爬过一块小地毯再爬回来，站起来，坐下去，早上醒来，晚上再睡觉，等等。

有两种空间技能——视觉—空间和运动空间，在很多情况下，儿童通过完成他们周围的任务来协调这两种技能。一个蹒跚学步的婴儿或幼儿会通过不停地在不断扩大的世界里玩耍来协调空间感觉。走过或跑过房间就包含了视觉技能和运动技能，还有对距离的觉察。把两个小东西成功地放在一起包含了对小物体形状和大小的觉察，接近一个特殊的物体，并准确地把小物体放进特殊的位置。把球抛或踢进一个特定的地方，如家庭用的盘子、棒球手套或篮球筐等，包括了协调使用这些技能。

儿童为学业成功需要发展的其他重要空间技能包括通过键盘打出并写出26个字母，打出数字0～9，在线条内为图画涂上颜色，画物体，为加法题中的数据排队，认识阅读的词汇中字母的顺序，写出自己的名字，认识一天有多少个小时，一周有哪几天，一年有哪几个月，一年有哪几个季节——知道其名字。

因为青少年通过高中和大学的教育系统得到进步，要求他们能形象化地理解生物学中植物或有机体的内部结构，化学中分子的结构和排列；认识、创造并理解集合形状（角度、图表、写出逻辑证据）；在更复杂的短文中理解英语语法的规则、标点以及大写字母的使用（或许在另一种语言中也一样）；记住重要历史事件的顺序；记住并使用高等数学课程中的公式；开车时遵守道路交通规则，记住怎样驾车通过社区并回家等等。另一种对学业成功有用的空间技能是对次序的感觉——即有组织且及时地完成任务。那些没有次序感和时间观念的人经常不能准时或彻底地完成任务。我们中的一些人在选择职业时会自然地依赖良好的视觉—运动空间技能，举几个例子来说，如职业运动员、生物学家、化学家、遗传学家、数学家、计算机程序员、工程师、建筑师、外科医生、网站开发者、美术设计员，以及出版编辑等。

试着用你自己的视觉—运动空间技能，到JigZone.com上去做做最简单的六块拼图游戏（是定时的！）然后回到这一页。你是怎样做的？你喜欢这个简单的游戏吗？还是感到很挫败？

有些儿童在发展和使用这些空间技能时比其他孩子更困难。有的被认为在空间技能上比较"弱"，有的被贴上了"机能障碍"的标签或在视觉—运动—空间技能学习有障碍。从Linda Silverman（2002）在天才发展中心（www.gifted_development.com，科罗拉多丹佛的天才发展中心）20年的研究，我们可以发现一些对这个领域很有挑战性的空间技能的学习品质的重要信息。

来源：Silverman, L. K. (2002) *Upside-down brilliance*: *The visual-spatial learner*. Denver, CO: DeLeon Publishing.

## 混合设计

所有的**混合设计**随着时间的变化不只测量一群被试。混合设计采用随时间的推移和跨组收集数据的方法，克服了横断设计中发现的年龄—同辈混淆和纵向设计中的单一事件的影响。如果我们再来看年龄和空间能力的例子，这次我们可以选择一个25岁的样本和一个35岁的样本，测量他

21 们的空间能力，然后经过特定的时间间隔后，把每组被试带回来做后续的测量。图1—6是使用混合设计提供的一些真实的空间能力的数据。对1930年出生的成人，在其35岁、45岁、55岁和65岁时测量其空间能力，对1940年出生的成人，在其25岁、35岁、45岁和55岁时进行测量。表中报告的每种空间能力成绩是每组被试在一定叫间间隔的平均成绩。首先是1930年组在不同时间的分数，然后是1940年组的分数。最后，比较两组被试在特定年龄的得分，例如，当两组被试都是35岁时进行测量。

**混合设计的局限**　如果研究中的纵向测量被试有很大差异，混合设计要去分析，就会比较复杂和困难。例如，在1935年测量的25岁年龄组被试的空间能力得分显著低于在1965年测量的25岁年龄组的被试的得分。要把这些得分结合起来做总体的计算就很困难。这样做会歪曲研究中空间能力的序列变化。当任何一组被试要跟踪较长一段时间的话，时间和金钱等相关问题仍然是个限制。

|  | 出生年份 | | | |
|---|---|---|---|---|
|  | 1930 | | 1940 | |
| 1965 | 70 | (50) | 75 | (50) |
| 1975 | 65 | (49) | 70 | (48) |
| 1985 | 60 | (45) | 65 | (45) |
| 1995 | 55 | (10) | 00 | (40) |

（测量空间能力的年份）

**图1—6　一个检验年龄对空间记忆能力影响的混合设计研究**

1965—1995年间，每隔十年对两组被试的空间能力（一组出生于1930年，一组出生于1940年）测量四次。括号中显示的是每次测试的人数，表中报告的数据是每次时间间隔后参与测验的各组被试的平均成绩。行代表的是不同组被试的横断研究数据，列代表的是同组被试的纵向研究数据。

**思考题**

在生命全程中，经常采用哪三种研究设计来描述发展变化？针对每种设计请你描述一下研究者分别在什么情况下使用最适合。

## 实验设计

**实验设计**是一种最严格、客观的科学研究技术。一个**实验**就是研究者控制一个或多个变量，然后测量在其他变量上引起的改变，以找出导致特定行为的原因。实验是"向实质提问"，是建立原因—结果关系的唯一有效的手段。在这种关系中，一种特性或事件（X）是导致另一种特性或事件变化（Y）的原因。科学家们利用实验设计，研究因素 X 是否导致因素 Y。如果说 X 导致了 Y，就表明只要 X 发生，Y 就会接着发生。

在一个实验中，研究者试图发现两个变量 X 和 Y 间是否存在因果关系。他们系统地改变第一个变量 X，然后观察其在第二个变量 Y 上产生的影响。在实验中，被操作的因素 X 是**自变量**，是独立于被试的。自变量被假定为导致被研究行为产生的因素。研究者还必须控制**无关变量**，无关变量会混淆研究结果；因为无关变量可能包括被试的年龄、性别，在一天中的哪个时间做研究，被试受教育的程度等等（见图1—7）。

实验设计中，研究是有计划的，**实验组**的被试接受自变量控制（有的也叫"处理"）。相比之下，**控制组**（也叫对照组）除了不受自变量处理外，和实验组接受一样的工作任务。

我们需要确定自变量对实验组被试是否产生了影响。我们把实验的最后结果——被影响的因素称为**因变量**，它测量了被试的某些行为。例如，因变量经常用纸笔测验或成就测验的形式来实施，研究者需要用一些可以测量的方法来量化因变量。然后，研究者用不同的统计分析方法去比较结果，看是否有显著的差异。（例如，实验组的成绩和控制组的成绩有何差异？）

让我们再来看看年龄和空间能力之间的关系。在一个真实的实验中，我们需要系统地改变年龄以测量其对空间能力的影响。问题是我们不能控制年龄——不能把同一个人安排到不同年龄组。但是，如果在阅读过我们关于纵向研究和横断研究的文献的结果后，我们推测年老的被试空间能 22

力的下降是否与近期缺乏空间能力工作经验有关？如果我们想要检验这一假设，就可以设计一个如图1—7所呈现的实验。

在这个空间能力实验中，我们给年老的被试安排一个两周的培训和练习课程，让他们能有机会练习解决特殊的空间能力问题。我们可以随机地把一半年年老被试分配到练习课程中（实验组接受训练），而另一半被试（控制组）在一起接受两周时间的信息分享和社会性谈话。在这个例子中，空间关系训练是自变量（接受空间关系练习对比不接受练习）。在两周结束后，我们可以用一些纸笔测验或成就测验来测量因变量（空间能力）。如果接受过训练的被试的空间能力平均得分明显地高于没有接受过训练的被试的平均得分，我们的假设就得到了支持。

任何重要的理论在引人注目地被证实之前，其他研究者必须用不同的被试组对实验进行重复，看结果是否具有一致性。

**发展心理学中实验设计的局限** 在发展心理学中，使用实验设计的方法是困难的，原因有以下几点。第一，正如在前面已经表明过的，要把被试分配到感兴趣的变量是不可能的。发展心理学

家对很多他们研究的变量是不能控制的——如年龄、性别、被虐待的家庭背景或种族。这些变量与被试的许多其他变量一起，当我们对其因变量受到的影响进行解释时，会产生混淆作用。第二，我们所研究的很多问题包含了有压力或危险的经历的影响，如烟草或酒精的使用、医疗程序或者不做处理才是有益的。如果不是不可能，操作这些变量便是不道德的。第三，有人认为个体在实验室情景下的行为表现和他们在"真实世界"情景中的行为表现是不同的。第四，正如你在图1—8所呈现的一个真实的小群体实验中可以看到的，计划、设计、执行和评价一个真实验设计既耗时又费钱。

23

**思考题**

为什么说实验设计是唯一可以确定特定行为原因的设计？为什么在很多发展研究中很少使用实验设计？

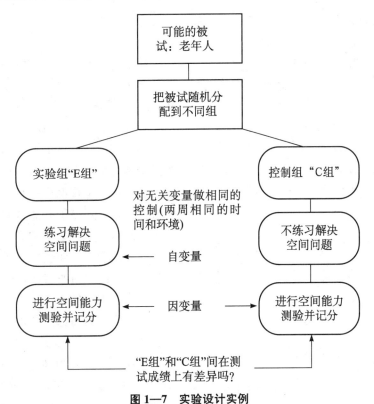

**图1—7 实验设计实例**
评估空间能力练习对老年人空间记忆能力成绩的影响的部分心理实验。

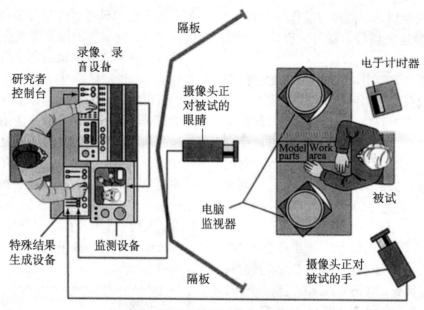

**图 1—8   小组实验中的实验设计**

许多大学为研究者做实验和观察被试提供特殊装备和设备。这个小组实验由被房间隔板分隔出的两个基本的区域组成。研究者在控制台可以观察实验区内的被试，被试自己并不知道自己被观察（这样才不会干扰被试的自发行为）。这个小组实验还包含录像设备，因此研究者可以通过电视屏幕看到被试在实验区内的行为。实验设计是被试不能互相观察和影响，也不能讨论要完成的工作。另外，录像设备使研究者能记录被试的行为，之后能进行更严密的分析（在这个研究中，对被试在工作任务中手的动作一秒一秒地进行分析，分析被试看图形指令或文字、图形的指令时，能否正确地完成工作任务）。

## 个案研究方法

**个案研究方法**是一种研究单个被试，而不是一群被试的纵向研究（见表 1—3）。个案研究方法的目标和其他纵向方法一样——收集发展的信息。个案研究的一个早期形式是"婴儿传记"。在过去两个世纪，有一小部分父母为他们的孩子的行为写了记录详细的观察日记。例如，查尔斯·达尔文（Charles Darwin）就为他的幼子写了传记材料。

瑞士著名发展心理学家皮亚杰早期的大量工作就是基于个案研究方法的（Gratch & Schatz, 1988; Wallace, Franklin & Keegan, 1994）。皮亚杰（1952）仔细地观察了他的三个孩子的行为，在此基础上形成了认知发展的假设。他最著名的个案研究涉及其数学守恒概念研究中特殊的技术。一开始，皮亚杰给孩子呈现两个一样的用泥做的球，让孩子拿着球玩，直到孩子同意这两个球含有相同数量的泥土。然后，当着孩子的面，皮亚杰把一个泥球压扁为薄饼的形状。他会问孩子两部分泥土是否一样多，或者是泥球的泥多还是薄饼的泥多。4～5 岁的孩子始终认为球的泥多。而到了 6～7 岁进行测试，孩子们始终认为两部分的泥土是一样多的，这是认知成熟的标志（Piaget, 1952）。

个案研究还用在对失调和情绪困扰的临床处理中。西格蒙德·弗洛伊德和他的追随者们强调早期经验在心理疾病中的重要作用。根据这个观点，治疗师的任务就是帮助病人重建他们的过

**表 1—3                研究方法**

| 类型 | 局限 |
|---|---|
| 个案研究——聚焦于单个个体的一种纵向研究 | 很难从一个个案归纳数据，研究的随意性和客观性相协调，研究本身和被试的熟悉性会妥协于客观性 |
| 社会调查——个案的抽样调查 | 低反应率，误差 |
| 自然观察法——对人在其自然环境中的行为进行深入观察 | 无法控制，没有自变量，误差 |
| 跨文化研究——比较来自两个或更多社会或文化中的数据 | 变量数据的质量受到局限，研究问题不一定有应用性，很少能提供个体差异的信息 |

去，在这个过程中，他们能够重新解决自己的内部冲突。20 世纪 50 年代后期发表的一个经典个案研究的例子——《伊娃的三张脸》（The Three Faces of Eve），就是关于一个具有多种人格障碍的女人的研究。最近，临床方法被扩展应用到健康个体的研究中。个案研究往往被研究者用来展现不同于规范的例外行为，如对天才或杀人犯等的研究经常使用个案研究方法。

**个案研究方法的局限**　个案研究有一些缺点。数据记录仅仅是来自一个个案，要把一个个案的结果推广到感兴趣的整个人群是困难的。当然，如果像皮亚杰对孩子所做的研究那样，对许多个体重复做多次个案研究，其结果会更有价值。个案研究的第二个问题是观察者或实验者与被研究对象之间的交互作用。因为个案研究通常需要一段较长的时间，这期间研究者和被试会经常接触，彼此变得很熟悉，这样结果的客观性就会有问题。实验者会成为被试处理的一部分，而不同的研究者可能得不到同样的结果。

## 社会调查方法

研究者用**社会调查方法**研究特定行为或态度在一大群人中的发生率（见表 1—3）。假设研究者想要探究那些在家里教育自己孩子的人们的普遍性和特点，或者青少年使用药物的频率和类型，以及公众运动对提高高级日托的效果等，研究者使用社会调查的方法，向有可能被影响的人群的一个有代表性的样本问一些问题。这些问题可以通过个人访谈的方式进行，也可以通过电话、信件或者网上问卷调查的方式。用信件的方式进行调查时，研究者要依赖于被挑选出来回答问题的人们寄回问卷以做分析。例如，在美国过去的几十年，户口调查人员登门调查，对我们进行访谈，并填写一个很长的问卷。2000 年开始，国家户口调查不再用这种方式进行，因为那样花费太多人力物力，而很多人在白天户口调查员工作的时候都在外面工作。户口调查员还必须访谈那些无家可归的和被拘留的美国人以及外国移民。在这样大规模的调查中，人口调查局还有一个逻辑上很可怕的工作，即要花数年时间去分析和报告收集到的数据。

为了使调查研究得到有用的结果，样本被试必须具有代表性，问题设计要好、清楚、容易回答。例如，要求较长答案的开放式问题可能就比简单的检查表的回收率更低。但是，开放式问题会给研究者提供关于被试态度和习惯的更详细的信息。一个过长或过于详细的调查，不管其问题多么有意义或及时，都不可能有较高的回答率。

样本的代表性取决于**随机抽样**。有几种不同的随机抽样方法，但基本的前提是被抽样人群中的每个人都有同样的被抽取的可能性。这样研究者就能把他（她）从样本中得到的研究发现推广到感兴趣的人群。换言之，如果我们要讨论青少年怀孕这个社会问题，就不能仅仅调查来自一所高中的 500 名学生，其结果就不能代表全国青少年（例如，城市中学生可能就不能代表郊区或农村中学生）。如果我们访谈的学生 100 名来自坦帕，100 名来自纽约，100 名来自托皮卡，100 名来自科科莫，100 名来自圣博娜迪诺，也许我们可以说这是一个全国性量表。当问卷通过邮寄的方式寄出时，被试在理解问题时不能得到帮助，因此，问题设计清楚就特别重要。社会科学家对调查感兴趣，经常利用统计方法去研究怎样设计和分析一个可靠的调查。

**社会调查方法的局限**　调查研究最大的担心是反应率和误差。选择做出反应的被试（回收率不足 50％ 是很普遍的）与那些选择不完成调查或接受访谈的被试不一样吗？这和纵向研究中的选择性损耗问题相似。另外，许多被调查的人在回答问题时会给出他们认为研究者期望的答案，或者是他们认为能使自己显得成熟或"好"的答案。而其他一些被试在作答时会有夸大。许多成人对那些涉及个人隐私的问题（如性行为、收入、政治或宗教信仰等）比较敏感，不能或不愿意对这些问题做出真实的回答。最后，调查方法对儿童使用时受限制，不能对所有婴儿使用。

25

"下一个问题：我相信人的一生是不断趋于平衡的，需要不断在道德和需要之间做出权衡，伴随着欢乐与悲伤，铸就喜忧参半的回忆，直到他滑倒并走向不可避免的死亡。你同意还是不同意？"

**调查问题要简短，便于理解**

## 自然观察法

在自然观察法中，当行为发生时，研究者集中观察并通过记事本、录像带或其他方法进行记录（见表1—3）。观察者必须很小心不要打扰或影响了正在调查的事件。这种方法比社会调查法更仔细，更有深度（Cahill，1990；Willems & Alexander，1982），但是只有对小部分被试有效。例如，自然观察法曾广泛地应用到托儿所和学前班中观察幼儿的相互作用，但是，要用到成人的工作情景中就比较困难（参见本章专栏"可利用的信息"中的《观察儿童的技巧》一文）。

自然观察法的一个优点是在报告所提供的问题时不受被试的能力和意愿的影响。许多人在告诉研究者关于自己行为的某些方面时缺乏足够的自我洞察力，或者是当其行为是非法的，不被社会所接受或离经叛道时，他们就不愿意谈论这些行为。

使用更系统的技术，通过观察可以使收集和分析数据更客观。一种叫**时间抽样**的技术，就是在相同的时间间隔中，数特定行为发生的次数。一个例子就是在30秒的时间间隔中，数出两个孩子相互作用的次数。不愿意错过事件发生的顺序流的研究者会聚焦于课堂行为，如操场上的打闹，记录每一个事件的时间间隔。这种方法叫做**事件抽样**。也有其他一些研究者事先给行为种类进行编码。他们事先决定要观察哪些行为，并用编码符号记录这些行为。观察研究中的录像带制作为研究者进行编码时提供了更高的可靠性，同时在选择观察事件和行为时有了更多的弹性。

**自然观察法的局限**　自然观察法为广泛的未来研究提供了丰富的思想资源。但它在检验假设时并非一种特别有力的技术。研究者对被观察的被试的行为缺乏控制。而且，没有"被操作"的自变量。因此，通过自然观察创立学说（如试图找出行为发生的原因）就是推测性的。观察者可能有偏差，带着自己的预期去记录那些他们期望的行为。这种方法的另一个问题是，观察者的出现可能会改变他/她正在观察的行为——当我们知道自己正在被密切地监视时，每个人都会倾向于表现得不一样。尽管存在这些缺点，自然观察法仍因其观察在自然情景中自然地发生的行为而受到支持。实际上，一些研究者认为在自然情景中观察被试的行为，为丰富的、真实的、有活力的人类生活提供了更多公平。

> **思考题**
>
> 下面几种研究方法的优势和局限是什么：实验研究、个案研究、社会调查和自然观察？

---

## 可利用的信息

26

### 观察儿童的技巧

研究儿童最好的方法之一是去观察他们。为了能提供接近充满戏剧性事件和丰富多彩的儿童世界的机会，许多研究者让他们的学生在实验室或运动场上观察儿童。下面是观察儿童时可能有用的一些技巧：

在观察中一般需要的有小帮助的东西包括：纸、笔、钟表和书写板，记录日期、时间间隔、地点、情景、被试的年龄和性别等。

很多观察是在托儿所进行的。在你的报告中加入在公园、街道、商店、城市空地、家庭和游泳池等地方对儿童的观察，以丰富报告的内容。

在头脑中牢记你的研究目的。你应该事先明确地界定和限制你要观察的情景和行为的范围。你需要观察整个操场？详细地描述整个事情吗？你要把注意力集中在一个或两个个体身上吗？你要记录整个小组的活动吗？或者你只需要聚焦在某一类型的行为上，如攻击行为？

一旦确定了目标行为，就既要描述这种行为，也要描述其发生的社会情景。不仅包括一个孩子所说和所做的，而且包括其他孩子对这个孩子所说和所做的。报告口头语言、哭泣、尖叫、吃惊反应、跳跃、跑开以及相关的行为。

描述相关的身体语言——通过身体动作和手势表达的非言语交流的意义。身体语言包括微笑、皱眉、愁容、威胁的手势、扭曲以及其他表示紧张和感动的行为动作。

对行为进行描述，而不是对行为概括地解释。

用及时的速记方法做笔记。在观察片段过后及时地把你的记录转化为一篇完整的记录报告。你的观察和完整报告记录之间的时间间隔越长，你的报告就越不准确、越不详细，并有更多误差。

把你的观察时间限制在半小时内，只有在此期间，研究者才有足够的警觉去感知并记住大量的顺序发生的事件。

有时，孩子会注意到你在观察他们。如果他们问你在做什么，如实地、开放地、坦诚地向其解释。根据 Wright 和 Barker（1950）的研究，九岁以下的儿童在被观察的情景下较少表现出自我意识。

记住观察中不可靠的最大来源是受研究者自己的需要和价值取向影响的选择性观念。例如，对攻击行为持强烈否定态度的研究者倾向于过度记录这些行为。时刻记住客观性是你的目标。

对一些观察使用时间抽样。每隔一分钟甚至是 30 秒钟数一数你的现场记录，你可能希望根据助人、反抗、服从、给予以及其他反应来记录儿童的行为。

有些观察使用行为序列抽样或事件抽样。Helen Dawe 在 1934 年关于学前儿童争吵的研究就提供了一个很好的范例。Dawe 在事先准备好的表格上使用速记，这个表格可以记录：（a）每个被试的姓名、年龄、性别；（b）争吵的持续时间；（c）在争吵情景中孩子们正在做什么；（d）争吵的原因；（e）每个被试的角色；（f）特殊的动作和语言行为；（g）结果；（h）后续效果。事件抽样的优点在于能够对自然情景中的行为进行结构化的观察。

**自然观察**
在这种情景中你要研究什么？你会使用时间抽样还是事件抽样？这种研究方法的优势和局限是什么？

## 跨文化研究

你是否注意到，世界在以很快的速度发生着变化？这些变化影响到你的生活了吗？或者说这些变化对你个人的发展、你的价值观和思想产生影响了吗？例如，最近你打电话寻求计算机技术帮助或预定商品、服务的时候，是否是在跟一个外国人讲话？最近，你或者你身边的人有没有从伊拉克或阿富汗出差回来？有移民搬进你居住的社区吗？你是否打算到国外学习？作为一个大学生，你的同学或实验室同伴里是不是有国际学生？

自从 25 年前本文初次发表以来，社会学家 James VanderZanden 又收入了不同社会环境中有关人类发展的研究结果。然而历史上，在过去的一个世纪，大多数发展研究者的兴趣仅仅局限于研究欧裔美国人，这并不能得到一个人类发展的精确的记录（Wainryb，2004）。另外，目前我们很多对人类发展的理解的来源局限于几十年来对欧裔美国人社区的主流成员（尤其是男性）的研究分析。已经有人指出："社会中拥有更多权力的阶层有能力定义哪些知识是重要的，有能力让知识的定义看上去更自然而不是刻意构造的"（Gjerde，2004，p.145）。

21 世纪初，这种权力结构明显改变了。越来越多的美国移民，更多合作和交流的全球化进程，全世界不同社会、民族、宗教群体间的融合使多样性的观念成为必需。这种观念引导着对跨文化的人类发展进行更广泛的研究和做更丰富的理解。目前，让人振奋的消息是跨文化研究正在加速发展，对不同社会、种族、民族、性别、教育和宗教的相同和不同进行研究，当然也包括美国社会中的少数民族群体（Chia & Poe，2004）（见表1—3）。

发展心理学家们用**跨文化方法**研究哪些理论对所有社会都是适用的，哪些只对某一类群体适用，哪些仅仅只对某一个群体适用。不同社会的文化是各不相同的。因此，孩子们成长的社会环境中对社会行为的定义也是不同的，对特定年龄段的人有些定义可能是合适的，有些则不合适。

当研究者们比较来自两种或更多社会文化的数据时，文化代替个人成为分析的对象。跨文化研究关注的可能只是一个主题，如孩子的养育，青春期的仪式，一生中可能出现的抑郁，老人的生活状况，或者是更广泛的行为或风俗（Denmark，2004；Harkness，1992；Nugent，Lester & Brazelton，1991）。一个人的文化定位对他的自我概念、人际关系、价值观、道德观念、发展道路有很大的影响（Wainryb，2004）。然而 McLeod（2004，p.188）提醒我们，在文化环境中的不同种族或民族的个体间的观念也存在很大差异，如"社会阶层、宗教认同、国家的起源、家族历史、移民的近因、文化适应、语言偏好等"。

对祖父母的研究是跨文化研究的一个很好的例子。人类学家 A. R. Radcliffe-Brown（1940）认为，父母与孩子间的紧张压力可以让祖父母与孩子变得亲近。为了检验这一假设，一些研究者分析了跨文化的实验数据（Apple，1956；Nadel，1951）。他们发现只有在祖父母不是信奉严格纪律的人的文化环境里，祖父母和孩子的关系才是亲近而温暖的。在祖父母是信奉严格纪律的人的地方，祖父母与孩子不会是轻松友好、可以闹着玩的关系。其他研究者发现，不同民族祖父母的角色类型有很大不同（Ponzetti，2003）。比如，相比英国的祖父母，墨西哥裔美国人的祖父母更倾向于生活在有三代人的家庭里，跟他们的孙子孙女建立同情、支持的关系，给予孩子更多的帮助（Kazdin，2000；Williams & Torrez，1998）。

这样的实验研究越来越多地发表在心理学、社会学、教育学、医学以及人类服务等方面的杂志上，与每个人如何在自己服务的不同人群中开展工作密切相关。美国心理协会的第 45 分支、少数民族心理学研究协会、国际跨文化心理学联盟、跨文化研究中心提出研究的目标是促进全世界文化多样性及不同民族群体的相互理解。本文收纳了不同社会环境的社会行为及价值观的研究，涉及出生前的照料、出生、新生儿的照料、孩子的养育、教育、维护健康、性别角色、家庭结构、工作角色与死亡及死后有关的风俗。

**跨文化研究的局限** 跟其他的研究方法一样，跨文化研究有它的局限性。第一，研究数据的质量是参差不齐的。有些数据可能是研究者随意的、不专业的记录；有些则很精确，出自经过训练的人类学家、社会学家、心理学家之手。第二，很多研究缺乏多种文化背景的数据。第三，研究数据主要关注的是群体的典型行为，而极少关注个体差异。尽管如此，就如著名人类学家 George Peter Murdock 所说，已经可以看出跨文化研究对研究欧裔美国社会的科学家来说是不太可靠的，但对研究整个人类有其深远的影响（Murdock，1957，p.251）。

例如，一个社会学家想在美国和日本的青少年中研究害羞这种人格特质的普遍性。美国对孩子害羞的定义（有人拜访时表现得尴尬，很安静、顺从等等）对日本青少年来说可能是很普遍的，因为在日本，社会规范要求孩子要谦虚、自律，对师长要尊重。因为取得最高的分数或因最好的表现被点名，对一个接受儒家强调团结思想的日本孩子来说，可能是件难为情的事情。然而，在美国社会，人们倾向于奖励坦率、有冲劲的孩子，他们认为这样的孩子会出人头地。研究者们要特别小心不要将自己文化的观点强加到研究中去。

**思考题**

跨文化研究的优缺点是什么？

## 研究分析

研究设计完成后，选择被试进行测量，数据收集好了，准备进行数据分析。在发展心理学研究领域，我们常进行两类分析。第一，我们可以通过简单计算平均值比较不同年龄组变量的数据，进行纵向研究和横断研究的时候通常会这样做，然后报告样本的平均值、方差，并进行一系列统计检验来确定差异有多大可能是由偶然因素造成的。

第二，我们可以使用相关分析来研究两个变量的关系。这种分析可以帮助我们了解两个变量相关的方向以及相关的程度。

## 相关分析

有时候，社会学家和医学家们需要了解两种或多种行为在多大程度上相关。**相关研究**并不能证明因果关系，但可以用于预测（Aronson, Brewer & Carlsmith, 1985）。例如，美国过去这十几年，我们在媒体上得知吃高脂肪食物与健康状况欠佳（如体重突增，患心脏病风险提高等）之间存在关联。同样地，我们得知经常食用蔬菜水果可以显著降低人体内胆固醇的水平，提高健康状况。这些都是相关的例子。胆固醇低本身并不能让一个人身体很好，但它是一个人身体好的众多指标之一。

如果两个变量总是一起上升或下降，我们就说它们正相关。例如，吃巧克力棒和高胆固醇水平是相互联系的。也就是说，当第一个变量（吃的巧克力量）上升时，第二个变量（胆固醇水平）也会上升。这是一个正相关的例子。然而，当两个变量总是朝着相反的方向变化——如当人们食用更多水果蔬菜时，他们的胆固醇水平会下降——我们说这两个变量负相关。医学家和社会学家们一直在努力确定这样的联系，从而改善我们的健康状况。

将数据描在图表上，或使用一个数学公式都可以帮我们确定两个变量相关的程度和方向。**相关系数** $r$ 是对两变量相关程度的量化描述。相关系数的取值范围为 $-1.00$ 到 $+1.00$。当相关系数为

30

1.00 时，我们说两变量是完美的正相关的关系（一个变量增加时，另一个变量也增加）。当相关系数为 $-1.00$ 时，我们说两变量是完美的负相关关系（一个变量增加时，另一个变量则减少）。当相关系数接近 0 的时候，两个变量没有相关关系。比如，如果研究每天吃的巧克力的量与智商的关系，我们可能得到以下结果：二者根本就没有关系（$r=0$）（见图 1—9）。

在社会学和发展心理学研究中，我们极少发现完美相关，但正向或反向中等程度的强相关对我们解释变量间的关系是很有帮助的。例如，同卵双胞胎智商分数间的相关是已知的正向强相关之一。同卵双胞胎中的一个的智商分数可以很好地预测另一个的智商分数。负相关的一个很好的例子是儿童看电视的时间与他们的分数之间的关系：孩子每天看电视的时间越长，他的分数就越低。

> **思考题**
>
> 该如何验证"学生学习越努力，获得的分数越高"这一假设？你该测量哪些变量？这是什么类型的相关？

### 相关分析

| 完美的负相关关系 | | 中度负相关关系 | | 没有关系 | | 中度正相关关系 | | 完美的正相关关系 | |
|---|---|---|---|---|---|---|---|---|
| 完美 $-1.00$ | 强烈 $-0.75$ | 中度 $-0.50$ | 微弱 $-0.25$ | 零点 $0$ | 微弱 $+0.25$ | 中度 $+0.50$ | 强烈 $+0.75$ | 完美 $+1.00$ |

图 1—9    相关分析的图形

**人类发展心理学研究的伦理道德**

　　任何人类发展心理学的研究都会带来一些伦理问题的风险，然而对人类的研究，对理解人类的发展过程又是十分重要的。我们如何既能研究人们是如何互动、如何养育子女、如何决定自己的婚姻和事业的，同时又能保护他们的隐私？任何时候我们研究人类，都必须平衡好获得知识和保护个人权利、隐私的关系。以下由美国心理协会（2003）提出的准则在研究使用人类被试时都应该被遵守。

　　**知情同意**：首先，研究者应该与每位被试签署知情同意书。被试必须是自愿的。例如，研究通常是在大学校园里进行的，我们很容易想象参与实验与分数特别是学分联系起来，或者是一些潜在的好处比如获得某个教授的青睐，在申请学校或工作时获得老师的推荐。在实验前、实验中和实验后，被试都有权保留自己的知情同意。其次，研究者必须告知被试研究的目的以及被试参与实验的好处及风险，特别要强调参与实验是完全自愿的，并保证在研究中被试能够跟研究者进行交流。最后，被试要明了自己需要做什么，以及做这些的目的、利弊及结果。当认知有障碍的人、儿童和青少年做被试的时候，需要特别照顾，以保护他们的权利不受侵害。

　　**隐私权**：研究者必须保证被试的个人信息及行为记录会保密。所有的资料都必须保密，报告的时候不能泄露被试的身份，除非取得被试同意。既不能提被试的姓名，也不能报告个人案例。

　　在 2003 年 6 月 1 号，美国心理协会更新了以上准则。新的心理学工作者伦理准则和操作规范规定，如果来访者签署了书面文书，则他们可以使用测验数据。这让他们在做与自己健康有关的决策时有更多的自主权。该准则也定义了测验数据和测验材料的概念，并保障从事心理治疗工作的心理学毕业生的权利（Smith，2003）。

　　儿童发展研究协会（The Society for Research in Child Development，SRCD）也出台了一系列规则，他们把所有的规则放到了网站（www.srcd.org）上的儿童研究伦理规则板块。以儿童为被试的研究之所以会涉及很多复杂而敏感的问题，是因为实验在法律和道德上的合法性主要取决于被试的知情同意（Stanley & Sieber，1992）。儿童一般不能给予完全的知情同意，很小的儿童甚至完全不能。尽管如此，研究发现九岁以上的儿童已经可以理智地决定是否参与实验（Fields，1981；Thompson，1990）。即使父母或监护人有权决定孩子是否参加研究，孩子也绝对不能被简单地看成是可以操纵的棋子。最后，美国心理协会和儿童发展研究协会提出研究者必须为删除或更改试验中被试不符合预期的研究数据承担责任。

　　随着互联网的广泛使用，在网上进行的心理测试和调查也增多了。网上测试的很多新问题也出现了。进行一个网上测试的时候，那些很少或没有接触过电脑或网络的人是处于劣势的。网上测试涉及的一些伦理问题有：缺乏专业的测试环境，测验的合适问题，测验、评价者的资质，隐私安全问题，知情同意问题，结果的解释，测试数据的合理使用，以及过时测验的使用（Naglieri et al.，2004）。

**思考题**

　　我们如何保护被试在研究中不受伦理侵害？

续

正如我们看到的，人类发展心理学的研究是个动态发展的过程，来自不同社会不同学科的研究者们帮我们更深更广地理解人类的行为。个人和群体的成长、学习、成熟过程在多种文化环境中被研究着，因为在不同文化社会中，对同一行为的定义及是否正常的判断是不一样的，而这影响着人们的生活。发展心理学家们通过研究心理现象的各个方面、过程、发生背景、持续时间等都助了解人类行为的变化和持续性。

所有社会都用年龄来划分生命全程，把人从生到死划分为不同的阶段。每个社会赋予不同年龄群体特别是孩子和老人的权利是不一样的。同样地，社会对不同年龄群体行为的期待也是不一样的。在过去200年，西方社会的家庭发生的变化有：从农村搬到了城市或郊区，家庭规模更小了，在学校学习的时间更多了，更多的单亲家庭，更多妇女外出工作，父母和孩子相处的时间更少了，更多寿命更长的中产阶级出现了。一个世纪以前发展心理学家们研究的问题至今仍受到关注：遗传作用与人类行为，人的自我意识是如何发展的，一个人所处的环境是如何影响他的情绪及社会性发展的，认知能力的发展与成熟，个人生活质量的提高。多种研究方法被用于研究个人和群体生命全程的发展过程。

当我们的研究以人为被试时，我们研究者该承担主要责任。我们应该用严谨的态度来研究人类行为，客观地收集和分析数据，诚实地报告我们的研究成果。同时，我们有责任保护被试的个人权利和隐私不受侵害。

在本书的第2章，我们将概述人类认知、道德、情绪以及社会性发展的有关理论的优势和不足之处。

## 总结

### 科学的关注点

1. 人类发展心理学的研究包括变化性和连续性两个方面。那些研究人类毕生发展的科学家被统称为发展心理学家。

2. 发展心理学研究有四大目标：（a）描述贯穿于人类毕生的变化；（b）解释这些变化；（c）预测发展过程中的变化；（d）能运用知识干预事件发展的过程以达到控制的目的。

### 发展研究的框架

3. 人类一生的变化主要体现在三个方面：身体发展、认知发展、情绪—社会性发展。这三方面中的任何一个都与人类发展的其他方面息息相关。

4. 生长、成熟、学习这几个概念对我们理解人类发展的过程是很重要的。我们绝不能把生长和成熟这样的生物学因素的作用与对学习起作用的环境因素对立起来，事实上，正是遗传与环境的交互作用赋予了每个人独一无二的特性。

5. 布朗芬布伦纳的发展生态理论中描述了发展中的个人与四个层次的延伸环境的适应和相互作用：微系统由一个人日常生活所处的社会关系和物理场景网络组成；中系统由个人生活所处的多种场景中的社会关系组成；外系统由直接或间接影响个人生活的社会结构组成；而宏系统由渗透在家庭、教育、经济、政治、宗教机构中的宏观的文化模式构成。还有一个时间系统由随时间的持续和变化的环境的各个方面组成。

6. 时间在发展心理学中是个很重要的概念。一般时间是由实际年龄来表示的，但社会学家和行为学家们不仅记录个人随时间发生的变化，也记录环境随时间发生的变化及二者的相互作用。这些变化可分为：标准年龄阶段的影响、标准历史阶段的影响、非标准生活事件的影响。每个人都和他的同辈群体一起向前，经历着同样的历史事件。

## 毕生阶段的划分：文化和历史的视角

7. 所有社会都会以自己的方式将人的一生划分为不同的年龄阶段，这种划分在不同的文化环境和历史时期都是不一样的。

8. 年龄在毕生发展中有着主导的地位，所以人一生中角色的变化都是伴随着年龄的增长而发生的。年龄作为一个指标，指导着人们在各个年龄段应该处在社会网络的哪个位置。每种文化都赋予不同年龄段不同的含义和需要承担的社会责任。从古至今，各种文化对待老人和孩子们的态度都是不一样的。

9. 年龄段的划分让社会变得有组织，人们在不同年龄段的行为需要符合社会规范或人们的期待。

10. 在美国，我们把人的一生划分为：婴儿期、儿童期、青少年期、成年期和老年期。有些发展心理学家提出应该还有一个介于青少年期和成年期之间的成年初期。还有，因为很多美国人都能活到八九十岁，所以老年期应该再细分为老年早期和老年晚期。

11. 在 20 世纪初的时候，研究者们研究的问题有：情绪发展、生物学与行为研究、认知发展、意识和无意识思维、自我概念。如今的发展心理学家们使用更先进的实验手段和统计方法研究这些问题。很多经典的研究已经被保存在档案和网上的数据库中，以便进一步的分析研究。

12. 如今的发展心理学家们对以下问题尤其感兴趣：行为的生物学、化学及遗传学基础，情绪发展，良好社会关系的建立，以及儿童、青少年、成人的认知能力。

33 ## 发展研究的性质

13. 运用科学的研究方法，发展心理学研究人类心理随时间或年龄发生的变化。科学的实验方法包括以下步骤：选择一个有研究价值的问题，形成假设，验证假设，由假设得出结论，在科学讨论中验证研究成果的可用性。

14. 发展心理学研究有三类基本设计：（1）纵向设计；（2）横断设计；（3）混合设计。

15. 纵向设计是每隔固定的一段时间对同一人群从生到死进行研究。这种设计让研究者可以描述连续的变化过程，并解释为什么成年后人们的行为表现有相同和不同的地方，例如开始于 20 世纪 20 年代早期的推孟的生命周期研究。然而，纵向研究不能控制被试生活中的意外事件的影响，而且费时又昂贵。

16. 为了弥补纵向设计的不足，横断设计在同一时间研究比较不同年龄群体的心理现象。然而，横断研究的不足之处是年龄与同辈效应可能会造成混淆。

17. 混合设计对多个年龄群体随时间的变化进行测量。这种跨越时间和不同年龄群体的收集数据的方法可以克服纵向研究和横断研究的不足。进行混合设计的实验同样花费巨大，操作复杂。

18. 实验设计是最严密的研究方法之一。它是唯一可以确定因果关系的研究方法。实验是为了确定一个变量（$X$）是否是另一个变量（$Y$）发生的原因。我们所研究的变量为自变量，我们假设它是导致实验组与对照组结果差异的原因。两个组的结果分数将经过一系列统计分析看它们是否有显著差异，进而确定因果关系是否存在。在一个实验中对无关变量的控制是很困难的；且要严格遵循伦理原则；人们在实验室里的行为可能跟在现实生活中的表现是不一样的；而且，实验通常花费很多，很费时间。

19. 个案研究方法是对某一个体随时间的行为

变化进行的纵向研究。这种方法能够提供丰富的细节和记录资料，但它的研究结论并不能简单地推广到其他个体、其他环境、其他历史时段中去。个案研究通常用于一些特殊的案例，比如高智商儿童。

20. 社会调查方法是使用问卷、访谈、调查来了解从目标人群总体中抽取的样本的态度及行为。调查的结果（如美国人口普查）常用于法律的制定，政策的调整，或某些社会项目的资金投入调整。分析和推广调查结果可能要花费几年的时间。

21. 自然观察法使得研究者可以研究人们在自然状态下的行为表现。这种方法所使用的具体操作手段有自由报告，以及在实验室里不施加控制条件下的摄像。自然观察法的一个局限是容易出现观察者的偏见。

22. 跨文化研究让科学家们可以研究哪些理论对所有社会都是适用的，哪些只对某一类群体适用，哪些仅仅只对某一个群体适用。一项跨文化研究通常关注一个主题，如孩子的养育、青春期的仪式、老人的生活状况。目前跨文化研究再次成为热点。研究者们要特别小心不要将自己文化的观点强加到研究中去。

## 研究分析

23. 人类发展心理学的研究数据可以用描述的方式进行分析。相关分析可以量化两个或多个变量间的关系，看它们是正相关还是负相关，以及这种相关的程度，但不能证明因果关系。可以根据相关关系的方向及程度来进行预测。相关系数可由公式计算出，取值在 $-1.00$ 到 $+1.00$ 之间。

## 人类发展心理学研究的伦理道德

24. 研究者在研究过程中必须尊重被试，保护被试的隐私和权利。研究者必须取得被试的知情同意，保证被试的安全，告知被试对他们的表现都将严格保密。美国心理协会和儿童发展研究协会出台了严格的规则，这些规则在研究过程中必须被遵守。

 ## 关键词

36

---

① 括号内的页码为原书页码，即本书边码。全书同。——译者注

# 网络资源

本章内容可以参考人类发展心理学研究领域专业机构的网站。请点击网址 www. mhhe. com/vzcrandell8 获取以下机构的最新网址：

**美国心理协会（The American Psychological Association，APA）**

美国心理协会第 7 分支：发展心理学

美国心理社区

跨文化心理学国际协会

社会科学

儿童发展研究协会（SRCD）

# 第2章
# 发展的理论

## 概要

- **理论：一种定义**
- **精神分析理论**
  - 弗洛伊德：发展的心理性欲阶段
  - 埃里克森：发展的心理社会性阶段
- **行为主义理论**
- **人本主义理论**
- **认知理论**
  - 皮亚杰：发展的认知阶段
  - 认知学习
- **生态学理论**
- **社会文化理论**
- **争议**
  - 机械论和机体论模型
  - 发展中的连续性与非连续性
  - 先天与教养
  - 行为遗传学
  - 进化的适应

### 批判性思考

1. 假设有人提出一个新的发展理论"食物理论"，认为可以用我们所吃的食物来解释人类的发展：因为不可能有两个人吃完全一致的食物，所以不可能有两个人按照完全一致的方式发展。如果你认可或反对这一理论，那么理由是什么？

2. 如果一个基因学家取出你的一个细胞进行克隆，然后给予这个克隆儿与你一样的抚养照顾。你是否认为最后这个克隆儿会与你非常相像？

3. 发展理论是通过提供框架来帮助我们理解呢，还是通过强迫性的联系来限制我们呢？

4. 试图解释人类如何发展的理论在哪些方面与试图解释宇宙如何发展的理论相似呢？

理论使得我们能够一致地看待世界，并按照合理的方式作用于世界。在过去的一个世纪里，西方文化中的许多理论不断进化发展，试图解释这样一些问题：人类的人格如何形成，为什么我们表现出某种行为，什么样的环境条件使得我们按照某种方式行动以及这些因素间是如何相互关联的。对于这些问题的解释，有的理论建诸于个体早期生活中重要的物理和社会—情感环境；有的理论建诸于个体家庭、社会以及文化等环境影响上；有的建诸于个体的特异性学习和思考过程；有的建诸于人生各个阶段具体的发展"任务"的成功完成；还有的理论建诸于健康或不健康的自我感是如何塑造个体个性和行为的。在过去的一个多世纪里，一些传统的发展理论模型的广泛适用性不断受到挑战。本章列出的许多经典理论都是由西方白种男性心理学家针对同一类型的人群所建立的，而一些比较新的理论正在努力解释女性、非白种人以及处在非西方文化中人们的发展。

　　进行跨文化研究的社会学家们正应用这些早先的理论模型，在更广阔的范围内进行检验，包括在大学、国际会议、聊天室以及在线讨论群里进行学术讨论。这些举动会促成对所有领域的个体发展的新理解和观点的产生。最近，美国心理协会成立了一个分支——国际心理学，并有超过 30 个跨文化协会名列美国心理社会网站。这鼓励了各个学科的专家们团结合作并在全球范围内考察人类的发展。

# 理论：一种定义

　　许多美国人轻视理论，认为"理论"这个词意味着脱离，如象牙塔般与日常生活毫无关联。大学生们经常抱怨"为什么我们一定要学这些理论？为什么不让事实来为自己发言"！不幸的是，事实通常不会"为自己发言"而只能保持沉默。在事实可以对我们说话之前，我们必须找出它们之间的关系。例如，你可能照顾过婴儿或自己的弟弟妹妹，你也许已经有自己的孩子或想要孩子。当他们做错事了，你会怎么办？你是批评、威胁他们，还是打他们一巴掌，不让他们干自己喜欢的事？是向他们讲道理、忽视他们，还是向他们示范你所期待的正确行为？无论你是否意识到，你所做的正是依据你自己关于孩子如何学习的理论。这一理论也许可以用一句谚语或格言来描述，如"不打不成器"、"必须要磨炼孩子以适应生活"、"给孩子大量的爱"、"棍棒教育导致孩子情感问题"或是"观察而非倾听儿童"。然而，只有在我们定义了"理论"的概念后，理论的各种功能才会变得更清晰，才能对一些人类发展的主要理论予以检验。

　　**理论**用一系列相关描述来解释一类事件。它是"一种把多个事件联系起来的方法，使得个体能够迅速理解这些事情"（G. A. Kelly，1955，p. 18）。理论应用所产生的知识价值在于它给予我们对经验的控制。理论是行动的指南。通过形成理论，我们试图理解我们的经历。我们一定要在不经意间"抓住"那些飞逝的事情并找到方法来描述和解释它们。只有如此我们才能够预测并影响周围的世界。正如一件漂亮的衣服是由多种布片和线组成，经仔细地缝纫而制成的，以供人们在某一场合下使用，理论也是我们为实现这些目标而织成的"纺织成品"。

　　更详细地说，理论有许多功能。首先，它令我们将观察结果组织起来，并处理那些信息，使之变得有意义而不是混乱无用的。正如法国数学家 Jules-Henri Poincar（1854—1912）所说："科学是由事实构筑的，正如房子是由石头构筑的，但是一堆事实的罗列并不能构成科学，正如一堆石头不能成为房子。"其次，理论让我们看到事实间的联系，并从那些孤立的数据中发现隐藏的含义。最后，当我们搜寻行为的许多不同且常带有迷惑性的知识时，理论会促进我们去质疑、探寻。

一个理论可以促进那些用来验证、反驳或者修改该理论的研究。因此，研究可以不断地推动我们去创造新的、更好的理论（见图2—1）。与其他的社会和行为科学一样，人类的发展心理学同样很难证实某项证据能够确凿地支持某个理论，更不用说还要在众多理论中选择出合适的理论了。相对而言，判断某一证据是否与该理论相协调是件更容易的事情（Lieberson，1992）。

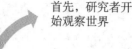
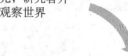
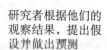

首先，研究者开始观察世界

研究者根据他们的观察结果，提出假设并做出预测

然后，研究者收集数据，分析并解释数据以检验他们的假设

最后研究者提出理论来解释数据，并把他们的结果与其他理论相联系，从而引发新的观察

**图2—1　理论、科学方法以及对世界的观察之间的联系**

**思考题**

一个好的理论的目的是什么？一个好的理论在哪些方面对我们的生活有帮助？

## 精神分析理论

不论及弗洛伊德的贡献就无法谈心理学乃至20世纪的历史。无论是支持者还是反对者，都把他的人格理论看作人类思想史上的一个具有革命意义的里程碑（Macmillan，1991；Robinson，1993）。许多哲学家、社会学家、精神病学家及其他精神健康领域的从业者都将他关于行为动机的理论不断加以扩展细化。同样地，无数戏剧和小说中人物的塑造也依据弗洛伊德对个体的看法。

**精神分析理论**的中心观点是当个体经历不同的心理性欲阶段时，其人格也随之逐步形成发展。弗洛伊德还提出人们的行为是受个体的三种状态调控：寻求自我满足的"本我"，道德约束下的"超我"和合理协调二者的"自我"。接下来，让我们了解一下精神分析理论。

### 38　弗洛伊德：发展的心理性欲阶段

弗洛伊德出生在1856年，大半生都在维也纳度过。孩童时代，他是一个有天分的学生和学者。在事业的早期阶段，他用催眠来治疗精神紊乱的患者。但是不久之后，他就厌倦了这种方法。他发现一些精神病人本质上并非存在身体上的异常，因此他假设一定有一些病人察觉不到的因素导致其精神上的抑郁。于是他采用自由联想、释梦以及催眠的方法来挖掘病人潜意识里的想法，并由此提出了他著名的精神分析的方法。许多美洲和欧洲的心理学家及精神病学家都直接或间接受到弗洛伊德理论的影响。

**无意识的作用**　弗洛伊德强调无意识动机——源自意识水平之下的冲动——在我们行为中的作用。在弗洛伊德看来，人类行为源于社会禁令和与性、攻击性有关的本能驱力之间的斗争。因为有些行为不被允许而且会受到惩罚，许多本能驱力在我们人生的早期阶段就被驱逐出意识范围。但是它们却仍然影响着我们的行为，通过絮语（弗洛伊德式的片段）、梦、精神紊乱的某些奇异症状、宗教、艺术、文学以及信仰表现出来。对弗洛伊德来说，儿童早期阶段有着非常重要的作用；个体生命后期所发生的不过是其五六岁时所形成的人格结构的一种反映。

**心理性欲阶段**　弗洛伊德认为每一个人从婴儿期开始都经历了一系列的**心理性欲阶段**。每一阶段都由对身体某一性快感区域的敏感性发展支配。弗洛伊德心理性欲发展的三个最主要阶段是口唇期、肛门期和性器期，其特征详见图 2—2。每一个阶段都存在唯一的冲突，要想进入下一阶段，个体必须解决这一冲突。如果不能成功地解决，随之而来的挫败感就会长期存在，并成为个

| 特征 | 口唇期 | 肛门期 | 性器期 |
|---|---|---|---|
| 时间范围 | 从出生到 18 个月左右 | 18 个月左右到 3 岁 | 3 岁左右到 7 岁 |
| 带来快感的身体部位 | 嘴、唇、舌头 | 肛门、直肠、膀胱 | 性器 |
| 最能产生快感的行为 | 早期吮指，之后啃咬 | 早期排粪和排尿，之后憋粪和憋尿 | 手淫 |
| 冲突来源 | 终止母乳喂养 | 如厕训练 | 男孩，恋母情结：男孩对母亲产生性爱恋，把父亲当成对手而怀有敌意，害怕父亲会对自己进行阉割惩罚。<br>女孩，恋父情结：女孩对父亲产生性爱恋，把母亲当成对手而怀有敌意，认为自己已经被阉割了（因为她们没有阴茎）。她们的被阉割感使女孩们产生一种低人一等的感觉，表现为"阴茎崇拜"。 |
| 与固着有关的常见问题 | 不成熟、依赖性人格，表现为对母亲的照顾索求无度；喋喋不休以及苛刻性人格；或者是表现为过度"口唇"行为式的人格，如嗜烟酒、强迫性贪食、啃指甲等。 | 敌意反抗型人格，表现为很难服从权威人士；极端顺从型人格，表现为对原则、管理、路线、顺序的死板遵守以及洁癖或者吝啬贪婪型人格。 | 成年期的性问题——阳痿或性冷淡；同性恋；不能处理情敌问题 |
| 社会关系 | 婴儿不能区分自我和非我。因此他们以自我为中心，只考虑自己的需要。 | 由于父母的干涉，孩子们的快感减少，于是对他们的父母产生矛盾性态度。当孩子们解决了对父母爱的需求与本能快感间的矛盾后，他们就发展出贯穿其一生的态度，包括如何对待洁癖、秩序、惩罚、顺从和反抗。 | 解决生殖器冲突的一个有效方法是孩子对同性父母形成性别认同。在这一过程中，孩子形成男性或女性感受，并放弃对异性父母的乱伦要求。 |

图 2—2　弗洛伊德的关键性心理性欲阶段

体心理组成结构的一个中心特质。另一种可能是个体对某一阶段的快感非常着迷，不愿意进入下一阶段。无论是挫败感或是过度沉湎，后果都是个体在某一发展阶段产生固着或情结。**固着**是指维持在某一阶段的倾向。个体受到该阶段冲突特征的困扰并借助该阶段的特定性行为来缓解紧张。

除此之外，弗洛伊德还定义了后面两个阶段，即潜伏期和生殖期。他认为这两个阶段对于基本人格结构的发展，在重要性上不及从出生到七岁的阶段。潜伏期对应着儿童中期，在这一阶段，弗洛伊德认为儿童压抑了大部分性冲动并把兴趣投向游戏、运动和同性之间的友谊。性欲的重新唤醒发生在青春期，这标志着进入生殖期。在这一阶段，潜伏期的平衡被打破了。年轻人开始醉心于浪漫的感觉，情感上发生巨变并需要拥有一个满意的性伙伴。

**对弗洛伊德理论的评价**　弗洛伊德的理论在临床治疗中风行了数十年。对很多人来说，弗洛伊德开启了一个全新的心理学世界。他强调环境，而非生物或遗传，是个体精神健康和疾病的关键因素，这一看法给了人们希望。事实上，人们是如此迷恋于弗洛伊德理论的新颖性以至于很少有人质疑它的真实性。尽管如此，科学家们已经认识到弗洛伊德的理论很难评估。它几乎没有能被科学程序进行检验的预测（Colby & Stoller, 1988；Roazen, 1990）。弗洛伊德的信奉者们认为，只有个体的精神分析能够反映该理论论断的真实性。根据定义，无意识动机并不能存在于意识层面上。因此，科学家们缺乏

39

可以客观观察和研究这些动机的方法。

**1939 年弗洛伊德和他的女儿安娜**

虽然弗洛伊德的声誉从 1919 年到其去世的 1939 年间达到顶峰，但他的精神分析理论的多数观点都是在 1893—1903 年提出的。安娜在其父的研究基础上，于精神分析和儿童治疗上颇有建树。

　　弗洛伊德将他的发展阶段理论几乎全部建立在对成年病人的推断上。近期的历史研究将弗洛伊德描述成在治疗领域一片空白的条件下，横空出世的一个领军人物，他压制或扭曲案例事实以证明他的理论观点（Crews，1998）。此外，弗洛伊德虽然强调早期阶段的重要性，却很少研究儿童。与之相反，其他的儿童心理学家，比如他的女儿安娜，却把他的理论应用于对儿童的治疗中。

　　女权主义学者认为对女性的精神分析假设——"阴茎崇拜"很有问题，该假设建立在 19 世纪后期男权文化下的维多利亚时代，有泛性化的倾向（Slipp，1993，参见第 1 章的专栏"人类的多样性"中《反思女性生物学》一文）。有一位女权主义学者甚至认为弗洛伊德认同对妇女和女童们实施的性虐待（Rush，1996）。虽然弗洛伊德在他早期的"诱惑理论"（seduction theory）中，承认性虐待和神经衰弱症之间存在某种联系，但他在其以后的理论中，摒弃了这一说法，消除了来自施虐者的谴责。他所谓的"恋父情结"、"恋母情结"则把成年后的精神衰弱的根源，归

结为儿童的性崇拜，Rush（1996）认为这些都是对维多利亚时代的乱伦和虐待儿童的一种掩饰。在当时，乱伦和虐待儿童非常猖獗，也恰恰是在那时，弗洛伊德遇到了他的众多女性病人。如果女性们遭受到的虐待不为人知，那么对女性来说是非常不利的，而事实上，受害者反倒会受到谴责。

　　弗洛伊德理论的追随者们不仅无视女性的遭遇，而且因为他人的心理问题来谴责女性。例如，在 20 世纪 50 年代，一位精神分析学家 Bruno Bettleheim，宣称孤独症是由于孩子们被冷漠的母亲抚养，缺乏温暖和关爱所导致的，并把这种母亲称为"冰箱妈妈"。对于当时试图理解患有孤独症的孩子的母亲们来说，这一头衔无疑给她们带来了沉重且不必要的负担。

　　与弗洛伊德的理论不同，精神病学家 Jean Baker Miller 提出了"关系理论"（relational theory）。她认为关系是人类发展的关键需要，当关系无法联结时，问题就会出现。人格的发展是在关系内进行的，儿童能够回应其养育者的情感，目的是继续形成亲密关系，而非寻求自治或者个体化（Miller，1991；Miller & Striver，1997）。

　　最后一点，批评家认为弗洛伊德的理论对于健康的人格毫无指导意义，因为他的研究对象全都是患有情感问题的病人（参见本章专栏"人类的多样性"中的《心理学研究和精神传统》一文）（Torrey，1992）。

**Jean Baker Miller 及其女性发展**

精神病学家 Miller 博士拓展了精神分析的理论，并提出了女性发展的关系理论。

在过去的 35 年里，人们对母乳喂养的持续期、断奶的严肃性、如厕训练的年纪以及其他精神分析变量的兴趣已经逐渐减退，精神分析的治疗方法也已被证明是难以捉摸的。用精神分析的方法来治疗病人，经常会历时弥久。到 20 世纪 70 年代早期，美国新一代的精神病学家都转向了生理心理学，认为精神疾病的首要因素是生理缺陷而非抚养问题。这些精神病学家宣称精神病以及上瘾可以用神经化学因素而非童年创伤来解释，因此他们摒弃了父母的错误教养方式，转而研究基因和大脑的生化因素，以此来解释精神病代代相传的问题。这一转变并不能抹杀弗洛伊德具有革命意义的伟大贡献。最重要的是，他开始关注人类发展中早期社会经历的重要性，并研究这些经历会如何影响以后的人生阶段。这足以为他赢得极高的荣誉。

## 思考题

弗洛伊德理论的典型特征是什么？他的理论有什么优缺点？许多当代心理学家是如何看待弗洛伊德的理论的？

## 人类的多样性

### 心理学研究和精神传统

藏传佛教的僧侣与西方研究型心理学家之间有什么共同点？也许表面看来并非明显，事实上，二者都对人类精神和情感过程感兴趣，这一点虽然不明显，却更为精准。许多研究型心理学家已经开始意识到那些僧侣们有许多可学之处，他们成百上千年来的宗教练习给他们的工作提供了新的指导。

藏传佛教强调从对自己经历的自省中获取知识。训练的一部分是藏传佛教的僧侣们练习一种冥想，通过感受自己的情感和精神状态并控制对它们的反应，僧侣们变得思维敏捷。这些感觉本身能够被感知和认识，却不可控制。这一点与西方传统不同，后者建议我们努力控制我们的情绪。"不要生气"、"不要紧张"，这些话说起来容易，做起来难。我们到底应该如何对待这些情绪呢？

佛教徒们认识到诸如害怕和生气之类的情感是生命中难以避免的。但我们却可以从冥想训练中学会控制对情绪的反应，即佛教所说的"见微知著，防微杜渐"（the spark before the flame）。研究型心理学家正在试图证明这一点是可以做到的。

**藏传佛教的喇嘛们**
通过研究藏传佛教僧侣们具有百年传统的冥想练习，心理学家们对于我们如何通过情绪来维持心理健康有深入的了解。

加州德克利大学的两位教授 Paul Ekman 和 Robert Levenson 在他们的研究进程中，发现了一个永不会被惊吓到的人。在这一系列尚未被公开的实验中，Ekman 呈现给一个藏传佛教徒一个强度相当于鞭炮的突然声音刺激，并监测该名被试在听到信号时的血压、肌肉运动、心率以及皮肤温度。也许是因为很长时间都通过冥想来调节自己的情绪，该名僧侣几乎没有表现出任何的异常信号（Dingfelder，2003）。

通过研究僧侣们的冥想练习，研究型心理学家们深入了解了情绪是如何影响我们的，我们又是如何反过来凭借情绪来工作的。这是一种保持精神健康的防御性练习方式。这是一个特殊的范例，有别于西方的模式，因为后者关注的是那些深受情感损伤后果之苦的人们。

心理学家们感兴趣的另一个领域是藏传佛教僧侣们的"创造性精神表象"训练。一些如佛教的神或曼陀罗（一种以和谐有序、完美智慧为标志的几何设计图案）之类的图像可以用来安抚思绪。Marlene Behrmann 说："除了冥想之外，精神表象对许多任务都极为重要，无论是预想下一步棋该怎么走还是判断新沙发是否适合起居室。"她推测现在对精神表象的研究主体都集中在业余者的技能上，具体来说，就是西方的大学二年级学生。她说："如果能把研究被试扩大到包含视觉化专家，如藏传佛教僧侣们，那么心理学家也许就能够了解到人类视觉化的上限是什么样子的"（Dingfelder，2003），进而从这种研究中得到的成果也可以反过来帮助佛教徒们来完善他们的冥想和视觉化技术。

来源：Dingfelder, S. F.（2003, December）. Tibetan Buddhism and research psychology: A match made in Nirvana? *Monitor on Psychology*, 34（11），46—48.

## 40    埃里克森：发展的心理社会性阶段

弗洛伊德的一项主要贡献是他促进了其他理论学家和研究者的工作。埃里克森是这些理论家中最具天分和最有想象力的一位。身为丹麦的一位新精神分析学家，他于 1933 年来到美国。埃里克森（1902—1994）承认弗洛伊德的天才及不朽的贡献，但他不认可弗洛伊德理论中暗含的宿命论，质疑其关于人格主要建立在生命前五六年的说法。他认为如果一切都归因于儿童早期，那么一切都成为其他人的过错，这不利于人们对自己能力的信任。

于是埃里克森认为人格在整个生命阶段都不断发展。这一说法更为乐观，强调成功、伟大以及人类潜力的释放。随着他的研究工作的不断进展，他在其他方面也背离了弗洛伊德。他补充了弗洛伊德关于思维的内部维度的概念，添加了文化、社会、历史等外部因素。

**心理发展的本质**　埃里克森主要关注的是**心理社会性发展**，或者是个体在社会背景下的发展。与之相反，弗洛伊德主要关注性能量寻求释放时所产生的紧张，或者说是心理的性欲发展。埃里克森将发展分为八个主要的阶段（见表2—1），但在他死后，他的妻子 Joan 出版了他关于第九个阶段的理论，该阶段为老年晚期（埃里克森本人也曾经历过的）。每一个阶段都有唯一的发展任务并伴随有一个个体必须克服的危机（埃里克森更喜欢"机遇"这个概念）。在埃里克森眼中（1968a，p. 286），危机并不是"一种灾难的威胁，而是一个转折点，一个易感性提高、潜力发挥的关键时期"。更重要的是，他指出，"要记住，冲突和紧张是成长、力量和责任的来源"（Erikson & Erikson，1997）。他认为，那些历史上的著名人物，如德国改革家马丁·路德、印度哲学家及和平主义者甘地、南非前总统曼德拉、教皇 John Paul II 以及加尔各答的德雷莎修女，都是通过把他们的个体危机与其所处的时代危机完美契合，方成就各自的伟大。他们通过各自的思想所表露出来的这种方法，成为解决更多社会问题的文化策略。有人也许会认为前任纽约市长朱利安尼（Rudy Giuliani）（在"9·11"事件前后帮助纽约市民以及整个国家）以及 Oprah Winfrey（为媒体人士和慈善家）是当代自我实现的代表人物。也许你们中的任何一个都能在自己身边发现符合这一独特框架的人物。

**埃里克森和妻子**
　　埃里克森是研究人类成长和发展的心理社会性领域的领军人物，他提出了九个阶段，每个阶段都有必须解决的冲突或危机。他和妻子在其90多岁时撰写和修订了他的理论。

　　在埃里克森看来（1959；1982；Erikson &

Erikson，1997），个体通过控制"身体内外部的危险"来培养一种"健康的人格"。发展遵循**后成原则**，这一概念是他从生物学中引用的，即"每一个生长的个体都有一个发展的计划，各个部分按照计划来生长。每一部分都有各自专门的主导期，直至最后所有的部分都形成一个功能性整体"（Erikson，1968b，p. 92）。因此，根据弗洛伊德的理论，人格的每一部分都有各自特定的发展期，在该时期里必须得到发展，否则就无法发展好。这特别像胎儿在子宫里的发展，人体的每一部分都必须在各自的发展期发展。如果一项能力没有按照计划发展，个体人格的其他部分就会发生不利的改变，于是个体就会在有效地应对现实上遇到阻碍。然而，埃里克森却极为强调我们遇到的每一个危机双方间的和谐平衡。例如，第一个发展阶段处理良好的人，会培养占据优势地位的信任感，但同时也应该产生一定的不信任感：你不能相信在街上遇到的每一个人并避免灾祸——你必须培养一点不信任感以适应这个世界。但是最后你仍然应该以一种信任而非不信任的心态来与这个世界交流，以此来促进心理社会性的健康发展。

　　**埃里克森的九阶段**　　埃里克森是第一个提出毕生发展模型的理论家。表2—1描述了他的九个阶段，从"信任 vs. 不信任"开始，以"绝望 vs. 希望和信仰"结束。

43　表2—1　　　　　　　　　　　　埃里克森的九个心理社会性发展阶段

|  | 发展时期 | 阶段特征 | 有利的结果 |
|---|---|---|---|
| 信任 vs. 不信任 | 婴儿期（出生到1岁） | 遭遇对自己及他人的信任或不信任 | 形成对自我、父母及世界的信任感 |
| 自主 vs. 羞怯和怀疑 | 2～3岁 | 运动能力增强，判断是否可以体会自己的意志 | 形成自我控制感和自尊 |
| 主动 vs. 内疚 | 4～5岁 | 好奇，操纵物体 | 学会指导并了解活动的目的 |
| 勤奋 vs. 自卑 | 6～12岁 | 对物体是怎么做的、它们是如何工作的感到好奇 | 形成操纵感和能力感 |
| 自我认同 vs. 角色混乱 | 13～15岁 | 思考"我是谁"的问题 | 形成对自我的一致性看法 |
| 亲密 vs. 孤独 | 成年早期 | 能够接触外界并与他人建立联系 | 与他人形成亲密关系，把工作当成职业 |
| 繁衍 vs. 停滞 | 成年中期 | 除了关心自我，把关注也投向社会和下一代 | 开始组建家庭，形成对家人以外的人或事的关注 |
| 统一完善 vs. 失望 | 成年晚期 | 回顾过去 | 从回顾过去中产生满足感 |
| 绝望 vs. 希望和信仰 | 老年晚期（80多岁以后） | 面对由衰老的身体和照顾的需要而引起的新的自我感觉 | 形成新的智慧和成就感 |

**对埃里克森理论的评价** 埃里克森的理论是对传统弗洛伊德理论的一个平衡，这一改进使得其理论更受欢迎。他不仅没有忽视儿童早期经历的重要影响，而且把注意投向人格的持续性发展，该发展贯穿整个人生阶段。与弗洛伊德的理论相比，埃里克森的观点更为积极。因为弗洛伊德首要关注的是病理学的结果，而埃里克森更为关注的是个体解决自我认同危机的积极有效措施。埃里克森对于生命周期的描述，使得那些被错过的机遇、未采取的方法有了"重来第二次的可能"。美国的个人主义历来有一个普遍原则，即人们可以通过改变社会环境来完善自身，并不断改变自己的命运，而埃里克森的观点恰恰符合美国公众们的这一想象。美国人在看待青春期以及成人后的考验和苦难时，他所提出的概念如"自我认同"、"自我认同危机"、"生命周期"等扮演了重要的角色（Turkle，1987）。

一个对埃里克森理论的合理批评是他的心理传记的所有被试以及绝大多数样本都为男性（Josselson，1988）。然而，自从20世纪70年代早期开始，心理学家已经开始利用埃里克森的自我认同理论作为基础，对女性的自我认同发展做进一步的研究（Marcia，1991）。Josselson（1988）研究了女性自我认同的情况，发现妇女在接近青春期时的自我认同构成她成年时期的模板。对于这些女性被试来说，最重要的因素是社会—情感和宗教，而不是职业或政治。Josselson的发现与Jean Baker Miller的关系理论相一致：当女性们能够产生并进而维持亲密和关系的时候，她们的自我意识变得非常系统化（Josselson，1988）。吉利根（1982a；Gilligan，Sullivan & Taylor，1995）的理论同样认为女性的自我认同是源自同他人的联系及关系：女性用不同的方式来看待和体会世界，男人和女人们按照不同的内部模型行事（Gilligan，1982a，p.7）。一个全面的自我概念必须同时包含男性和女性的发展方式（Pescitelli，1998）（参见专栏"进一步的发展"中的《情绪或思维游戏理论》一文）。

---

**思考题**

埃里克森的心理社会性发展理论与弗洛伊德的人格发展理论有什么不同？埃里克森的各个心理社会性阶段是以什么危机或者机遇为特征的？整个生命周期中，每个阶段安然度过的最好结果是什么？

---

**44  进一步的发展**

### 情绪或思维游戏理论

你最近是否因为获得（失去）奖学金，在赌场及娱乐场所赢得（输掉）一大笔钱或在宿舍里玩"情绪过山车"而情绪高涨（低落）呢？扑克一直以来风靡全国校园，在学生中极为流行并吸引越来越多的人。每一个玩扑克的高手都知道对手能够通过玩家的面部表情，尤其是在他（她）虚张声势的时候，"阅读"对方的情绪状态。很多名人都热衷于玩扑克，包括Ben Affleck，Matthew Perry，Cheryl Hines以及Angela Bassett，他们无一不善于表现自己的情绪。"情绪过山车"的许多规则的名字都反映了玩家的情绪性行为，譬如虚张声势（bluff）、悄悄移动（edge）、快速移动（streak）、告诉（tells）以及倾斜（tilt）。

此外，在所谓"优雅地老去"的公共领域里，越来越多的人正在使用Botox来去除因变老而产生的皱纹，这使得个体难以表达某些情绪，并使其看起来情感更加淡漠（在John Kerry竞选总统期间，记者们常用的一个词）。也许在恰当的时候表露或隐藏情绪是有利的。

几百年来，哲学家和研究者们都在试图理解我们的情绪是如何表露自己以及情绪表达的广度是否存在跨文化的普遍性。直到最近，研究者们才积极检验了对情绪和认知的兴趣。情绪之所以一直以来被学术界放在"次要地位"的一个原因在于情绪很难量化和测量，而且情绪历来被认为与异常或者非理性行为相连。

例如亚里士多德认为体液的平衡决定一个人的气质。他把愤怒与血液过多地相联系，并认为想向伤害或者侵犯自己的人报复的欲望会带来无尽的愤怒。笛卡尔相信思想是内在的、身心是分离的实体。他试图把情绪定位于神经系统。斯宾诺莎把情绪看成是过多的冲动，提出合理的自控是把自我从"情绪束缚"中释放出来的一种方式。卢梭认为婴儿天生带有高尚的情绪，后来被社会所污染。康德认为内在的气质有好坏之分，人们需要通过生活的经历以及自由的自我表达来得到指导以控制产生的情绪。

**Texas Hold' Em：一种情绪性的过山车**
来源：Chad Woolbert and the Digital Collegian at Penn State.

达尔文认为强烈的情绪对于物种的生存很重要——例如，"害怕"作为对危险的一种强烈的情绪反应，可以使个体逃跑，从而能够活着面对以后的日子。霍尔认为诸如高兴、悲伤、害怕、愤怒等情绪在儿童期和青年期，更为频繁和强烈地被表达。而在成年后，社会压力开始重新指导情绪的表达，产生其他的方式，譬如暴力。

弗洛伊德对于用催眠来治愈病人的情感冲突的可能性很感兴趣。他把害怕和焦虑归因于出生时的损伤。后来他推翻了这一观点，认为情绪紊乱与其他神经症没有什么太大不同，只是在程度上存在差异。威廉·詹姆斯认为情绪包含对体内器官变化的感觉或知觉，例如，如果一个人看到一个危险的对象时，他战栗、逃跑，然后感到害怕，所以说情绪是身体运动之后才产生的。

与詹姆士的理论相对应，哈佛大学的一些研究者们在 20 世纪早期提出不同意见，认为情绪依赖于大脑皮层的神经活动。他们切除了一只猫的下丘脑的一部分，声称这只猫再无愤怒反应。杜威认为大脑和身体的其他部分彼此间和谐联系，共同行使功能，根据所处的环境，产生一系列的感觉。华生从他的观察和实验中推断出：害怕、愤怒和爱是天生的或在出生后很短时间内形成的，其他的情绪是以后通过经典条件反射习得的。

最近，对情绪的研究开始涉及基因以及环境因素的影响。加利福尼亚大学旧金山分校的 Paul Ekman 研究面部表情和情绪的生理机制长达 40 多年。Ekman 在美国、日本、巴西、巴布亚新几内亚岛调查了普遍性的面部表情，并根据他的研究结果，撰写了两篇文章：《揭露面部真相：从面部表情来认识情绪》(Unmasking the Face：A Guide to Recognizing Emotions from Facial Expressions，2003) 以及《情绪的反映：认识面部表情来提高交流技巧和情绪生活》(Emotions Revealed：Recognizing Faces and Feelings to Improve Communication and Emotional Life，2003)。他的研究提出有 10 000 种面部情绪的表达在很大程度上是普遍共通的。现在他正以一些人际间的欺骗为参考，为安全领域设计一种方法，该方法能够通过与一些典型的面部表情相匹配的方式，筛选出合格的人才进入高安全领域。

特拉华大学的伊扎德同样也是一位全国公认的研究儿童情绪发展的权威——尤其在儿童的攻击性方面（Schultz, Izard & Bear, 2004）。他的研究表明每个人都有六种基本情绪：高兴、惊奇、害怕、悲伤、厌恶及愤怒，面部的42块肌肉用于表达这些情绪。他已经出版了包括《情绪心理学》（*The Psychology of Emotions*, 2004）在内的几本著作。

身兼研究者和作家双重身份的 Daniel Goleman 出版了《情商：为什么比智商更重要》（*Why It Can Matter More than IQ*）一书，提出情商（emotional quotient, EQ）的五个维度：自我知觉、控制情绪、动机、同情和社交技巧（Goleman, 1995）。他的贡献在于使得其他研究者提出的"情商"得到了空前的重视，并引发了全球范围内的大量实证研究。

来源：Originally adapted from Samuel Smith, *Ideas of the Great Psychologists* (1983), and Kirn, W., & Ressner, J. (2004, July 26). Poker's new face: Hot game in town. *Time*, 164 (4), p. 30.

# 行为主义理论

精神分析理论关注塑造人格的精神和情感过程。它所凭借的资料大多来自于由内省提供的自我观察。行为主义理论与这种方法完全不同。正如其名字所暗示的那样，**行为主义理论**关注的是人们可以观察到的行为——他们实际上说了什么、做了什么。行为主义心理学家相信只有当数据可以直接观察和测量时，心理学才能称得上是科学。

行为主义的理论家把行为称为"**反应**"的集合，而把环境称为"**刺激**"的集合。行为主义者们对人们怎样学会按照某种方式行事感兴趣，因此这一方法也被称作"学习理论"。行为主义历来强调两种学习：（1）经典条件反射，（2）操作条件反射。（见图2—3）。

经典条件反射的奠基人是俄国生理学家巴甫洛夫（1849—1936）。他曾经因为早期研究胃液在狗的消化中的作用而获得诺贝尔奖，并在国际上享有盛誉。随后，在做狗的胃液实验时，他继续观察。最初，他发现只有当食物放在嘴里时，狗才会分泌唾液。然而随着时间的流逝，狗在吃到食物之前也会流唾液。事实上，仅仅是看到食物或者是听到实验者脚步的声音都会使狗流唾液。

巴甫洛夫对狗的这种预测性流唾液感兴趣，他把这一现象称作"精神分泌"（psychic secretion）。他把对"精神分泌"的研究看作研究有机体如何适应环境的一种有效且客观的方法。所以他设计了一系列实验，在实验中，在给狗喂食之前，都会给予铃声。这样进行许多次后，即使食物尚未端来，狗也会在听到铃声时流唾液。

在实验中，巴甫洛夫研究狗的先天性遗传行为——流唾液反射，该反射在生理上有一定的程序，是由放在动物嘴巴里的食物这一刺激而引发不自觉的、无须学习的反应。通过把铃声和食物匹配，巴甫洛夫在刺激（铃声）和反应（流唾液）间建立了之前并不存在的新联系。这一现象叫做"**经典条件反射**"，在该过程中，一个本为新异的、中间的刺激成为能够引发反应的某刺激的替代物。下面两个例子也许能帮助你理解这一概念：试想一个聪明的学生，当他面对考试情境时，会极度害怕，伴之而来的是严重的恶心。这是因为当他还是一个小孩子时，遇到一位老师，那位老师对待考试成绩不好的学生非常严厉，给他们额外布置作业。再试想一个例子，一个又瘦又小的男孩之所以特别害怕上体育课，是因为他之前曾被迫和那些又高又壮的孩子们比赛，知道自己很可能是那些欺凌弱小者的目标。也许你曾经打开橱柜（一个刺激）拿食物喂你的宠物，所以当你再次打开橱柜时，你的宠物立刻跑进房间来（反应）。

经典条件反射立足于呈现新的刺激时，之前的反射依然会发生。换句话说，你本来已经拥有了一些反射。然而，因为我们通常缺少一些可与新刺激相联系的先前的非条件刺激，所以这种条件反射对我们的指导意义并不太大。因此，心理学家一直在寻求替代性机制。如果你曾经看过动物的表演杂技，你可能就会熟悉其中的一种机制。当海豚表演高难度的跳跃后，它们会立刻得到食物的奖励。在这一程序中，海豚要做出某一动作，然后才能得到鱼的奖励，鱼与反应或杂技相伴，强化了该行为。当教海豚表演杂技时，训练师就运用了**操作条件反**

**射**——一种学习机制，行为的结果改变了行为的强度。操作性行为能够通过改变随之而来的结果而对其加以控制，它们是操作或作用于环境的反应，并产生一定的结果。因此，当海豚从事某一可以带来食物的行为时，该行为被食物强化，因此更可能在将来再次发生（与经典条件反射不同，后者是食物产生行为）（见图 2—3）。

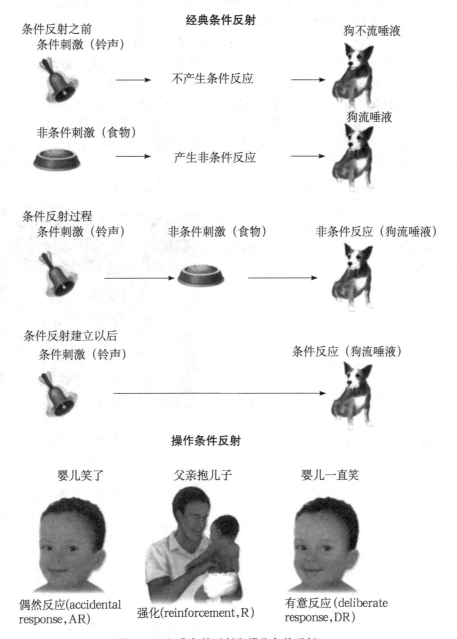

**图 2—3　经典条件反射和操作条件反射**

操作条件反射图示来源：Diane E. Papalia，Sally W. Olds，and Ruth D. Feldman，*Human Development*，7th edition. Copyright © 1998 by The McGraw-Hill Companies，Inc. Reprinted with permission of The McGraw-Hill Companies，Inc.

总而言之，经典条件反射原自先前就已存在的反射，而操作条件反射并非如此。在经典条件反射中，刺激引发反应，而在操作条件反射中，反应先于刺激。在经典条件反射中，前因决定反应频率，而在操作条件反射中，结果决定反应频率。

我们认为行为主义学家华生（1878—1958）的早期研究颇具贡献，他认为人们并非经历各个不同的阶段，而是经历一个连续的过程，该过程中，环境影响造成行为的变化。之后，哈佛大学的斯金纳（1904—1990）促进了我们对于操作条件反射的理解，尤为强调了奖励和惩罚的作用。在20世纪五六十年代，斯金纳在美国心理学界的贡献和影响力是无与伦比的。在他提出的众多概念中，"强化"是最广为人知的，它是指一件事情加强了另一件事情发生频率的过程。斯金纳认为生活的大部分是由受到强化的结果或"反馈"构建的。例如，老板们给那些表现良好的雇员们以工资、佣金、奖金等奖励，老师们使用各种积极的表扬和奖励来激励那些努力学习更难概念的学生。同样，心理治疗师让来访者设置目标以减少无效行为，或者通过让来访者自己选出可以起到积极强化作用的奖励以增加其有效行为。

许多学习原则应用于**行为矫正**中。这一方法把学习理论和实验心理学应用于改变非适应性行为的问题中。在行为主义学家看来，病理性行为和普通行为一样，都是通过学习获得的。他们声称杜绝一个不被赞赏行为的最简单方法通常就是不再予以强化。非常有趣的是，通过关注孩子们的不适宜行为（如通过斥责），我们却能够强化我们本想制止的行为。你下次到杂货店的时候，观察一下当孩子在收银处嚷着要一袋糖果时，其家长是如何反应的。家长可能开始不同意，但后来因为不想造成混乱而对孩子妥协。你能试着猜想一下，下一次这个孩子又来到这个杂货店的收银台时，会发生什么事情吗？（记住，糖果是强化物。）

然而行为矫正也包括更多的有意干预，通常是以奖励或惩罚的形式。行为将被改正的个体通常会选择奖励作为强化物。行为矫正已经帮助肥胖的人成功减肥，帮助人们克服各种病症，如恐高症、考试恐惧症、性不适、幽闭空间恐惧症、众人面前不敢说话及许多其他病症。

在过去的300年里，我们对于条件反射的理解经历了巨大的转变（Chiesa，1992；Rosales-Ruiz & Baer，1997）。心理学家不再把条件反射看作个体简单机械地把两个发生时间相近的事件联系的过程。环境背景——掩蔽某些刺激、阻断某些刺激以及使其他刺激凸显——是最重要的。认知学习的观点认为，有机体只有在事情与预期不符时才会产生学习（Williams，LoLordo & Overmier，1992）。随着时间的推移，有机体建立起对外部世界的映像，并逐渐把这一映像与现实对比，选择性地把信息含量最高的或者最有预见性的刺激与某些事件相联系。

要想发生条件反射，刺激必须告诉有机体一些其不知道的关于某些事情的有用信息。例如，假设你从有毒的草丛中捡回你的棒球。几个小时之后，你的皮肤变得又红又肿，并起了一些小疙瘩。你自然不可能会把这两件事相联系。但是当医生、朋友或者同伴向你指出，你是对有毒的藤蔓过敏时，你就会了解疙瘩和防御性植物间的关系。于是你就会注意以后避免和有毒的藤蔓接触。这样你就已经在学习了。

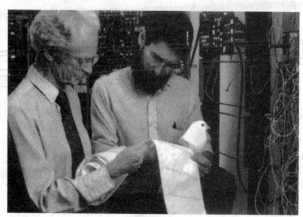

48

**斯金纳**

在第二次世界大战后的20年里，斯金纳（左边）是美国心理学界的领军人物。他对鸽子的实验性研究开展了行为理论许多方面的先河。作为严格的行为学家，斯金纳并不关注机体内部发生了什么，他强调学习过程（环境驱力）在机体习得各种行为的过程中所发挥的作用。他的理论在教育和治疗领域非常流行。

**思考题**

想一下年轻人中越来越严重的饮食障碍问题——神经性厌食症。运用行为主义心理学家的理论，你如何来解释该条件反射的发展？运用上面描述的行为主义原理，你将提出怎样的计划来减少这一有害行为？

## 人本主义理论

在过去的 40 多年里，心理学界出现了"第三势力"，与传统的精神分析和行为主义学派相对应。一般定义的**人本主义心理学**认为人类不同于其他生物，因为人类主动参与事情，控制自身的命运并改变周围的世界。人本主义心理学家，如马斯洛（1968，1970）和罗杰斯（1970），都关注人类自我指导的潜力和选择自由的最大化。他们采取**整体观**（holistic approach），即从整体上来看待人类，每一个人远非生理、社会和心理成分的组合体（Schneider，Bugental & Pierson，2002）。

马斯洛提出的一个关键概念是**需要层次**（见图 2—4）。他认为人类有一些基本需要，人们必须先满足这些需要，然后才能够继续实现他们其他的发展需要。在马斯洛金字塔模型的底部是生存需要（包括对食物、水和性的需要）和安全需要。接着，他又提出了归属（爱）和自尊的心理需要。在金字塔的顶部，是将个人潜能最大化的需要，也就是他所谓的"自我实现"的需要。在马斯洛看来，林肯、爱因斯坦、瓦特、罗斯福、马丁·路德·金、Reverend Billy Graham 和 Maya Angelou 博士都是自我实现者的绝佳例子。从他们的生平经历中，他总结了他认为的自我实现者的必备条件（Maslow，1970）。他们：

- 对现实有坚定的认识。
- 能够接受自己、他人和他们所处的世界。
- 通常思想和行为同步。
- 以问题为中心而不是以自我为中心。
- 有独立的空间和独处的需要。
- 独立自主。
- 抵制机械化和程式化的社会行为，但并非有意或标新立异式的反传统。
- 对其他人的处境深表同情，并努力寻求提高民众的财富。
- 与几个人建立深入而有意义的联系，而不

是与许多人建立肤浅的联系。

- 有民主的世界观。
- 改变环境而不仅仅是适应环境。
- 有大量的创造资本。
- 很容易获得巅峰体验，譬如高兴、幸福、洞察的感受。

马斯洛和其他人本主义心理学家认为科学探索应该致力于帮助人们获取自由、希望、自我实现以及强烈的身份意识。人本主义疗法的目标是帮助人们更好地自我实现，即引导来访者进行自我指导，并产生改变，建立自信（与精神分析和行为矫正不同，他们是由治疗者予以指导）。然而，许多心理学家质疑人本主义流派。的确，这三者在各自的知识体系上存在很重要的区别（Kimble，1984）。精神分析和行为主义心理学家把扩充科学知识的容量当作他们的首要任务，而人本主义学家首要在于提高人类的条件。而且，前两者把行为看作由内部规律决定，该规律可以通过科学方法反映出来。而许多人本主义学家认为除了数据统计出来的平均水平外，并没有什么关于人类行为的规律；他们通过直觉和思考来研究行为。另外，批评家认为人本主义心理学使人们关注内心世界，鼓励他们关注自我，容易养成自恋的态度。还有人说如果我们每一个人都致力于变得更加自我，那么一些社会问题如种族主义、无家可归、饥荒以及恐怖主义将变得猖獗。

**思考题**

人本主义心理学家的首要任务是什么？人本主义心理学家会怎样指导一个人来改变他的不受欢迎的行为？

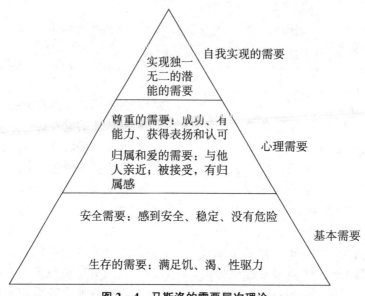

**图 2—4 马斯洛的需要层次理论**

根据人本主义心理学家马斯洛和罗杰斯的观点，必须满足基本需要后，个体才能进入到心理需要的层次中，同理，自我实现的需要也是如此。

来源：From Maslow/ Frager，*Motivation and Personality*，3/c，©1987. Adapted by permission of Pearson Education，Inc，Upper Saddle River，New Jersey.

 **认知理论**

行为主义在其早期形成阶段将人类生命历程看成是一个"黑箱子"，其支持者认为输入或刺激从"箱子"的一端进入，输出或反应从另一端导出。他们并不关注箱子内部有什么。但是在经过了50年以后，心理学家逐渐对箱子内部的过程感兴趣。他们将箱子内部的因素定义为"**认知**"——认识的行为或过程。**认知理论**反对行为主义的很多原则。认知涉及我们在设计自身行为时，如何表征、组织、处理和转换信息。它包括诸如感觉、知觉、想象、记忆保持、问题解决、推理和思维等诸多成分。

认知心理学家最为感兴趣的是认知结构和对事件的心理表征过程。瑞士心理学家皮亚杰（1896—1980）的研究推动了美国认知心理学的发展。

### 皮亚杰：发展的认知阶段

与弗洛伊德一样，皮亚杰也被视作20世纪心理学界的巨人之一（Beilin，1992）。任何同时研究过弗洛伊德和皮亚杰的人都很难再用相同的方式来看待儿童。弗洛伊德主要关注的是人格与发展，而皮亚杰却集中于儿童思维模式的变化。皮亚杰的主要研究成就在于发展的**认知阶段**——个体在成长过程中思维能力的发展过程，在这些阶段中，个体不断获取知识、了解自己和感受环境。

**适应过程** 当上个世纪20年代皮亚杰开始研究儿童时，思维的发展过程尚不为人所知。多数心理学家都假定儿童与成人有同样的推理方式。皮亚杰不久之后就质疑了这一观点。他坚持婴儿和儿童的思维并不是成人思维的一个微缩模型，彼此间存在质的差别。当儿童长大后，思维模式就发生变化。当儿童认为"影随身走"或者"梦穿过窗户而降临"时，他们并非不合逻辑。相反，他们只是在运行一个有别于成人的思维框架。

皮亚杰将儿童描述为"不断参与与环境的互动交流"。他们作用于所处的世界，并不断转化和修正它。同时，他们也不断被自身行为的结果所塑造和修改。新的经验作用于已有的思维结构或模式，进而改变了结构，使之有更好的适应。而修正后的结构又影响了儿童的新知觉，这些知觉体验就被纳入一个更为复杂的结构。在这一模式中，体验改变了结构，而结构也改变了体验。因此，皮亚杰将个体和环境看做是不断相互作用的过程。这种相互作用产生了对世界的新知觉以及知识的新结构（Beilin，1990，1992；Brown，1996）。

从本质而言，皮亚杰将发展视作"**适应**"。婴儿出生时只有简单的反射，儿童在成长过程中逐渐修正其行为以满足环境的需要。通过在游戏和其他活动中与环境的相互作用，儿童构建了一系列的图式——概念或模型——以应对世界。根据皮亚杰的理论，**图式**是人们在应对环境中各种具体情境时，逐渐进化而来的认知结构。因此，正如皮亚杰所描述的那样，儿童的思维并不仅仅反映其获得信息的碎片，还包括对环境中信息的解释图式或表征框架。

皮亚杰所谓的"适应"包括两个过程：同化和顺应。"**同化**"是吸收并解释新信息，使之与已有的模型相吻合的过程。皮亚杰认为儿童能够尽可能地延伸图式，使之与新的观察结果相适应。但是生活会不时地使他们"遭遇"到那些与已有图式不相符的事实。于是"**失衡**"（disequilibrium）或不平衡就产生了，儿童不得不重组其对世界的看法以适应新的经验。伴随着其成长，儿童能够不断形成更好地有关世界的图式或理论。"**顺应**"是改变个体图式，使之更好地契合真实世界的过程。与同化不同，顺应并不是将经历纳入已有的看待世界的概念体系中，而是改变某种概念以更好地理解世界。不妨举例来阐述一下这些概念，有的儿童认为一些被称之为"鱼"的动物生活在海洋里（即"同化"），但是在看到鲸鱼跃出海面时，他发现鲸鱼不是鱼类而是需要呼吸空气的哺乳动物。于是这个儿童就通过"顺应"更好地理解了生活在海洋里的动物。

同化和顺应之间的协调状态就是"**平衡**"（equilibrium）。当处在平衡时，儿童将新经验同化到其通过顺应建立起来的模型之中。然而平衡最终会让位给顺应，并创造出新的图式或模型。因此，正如皮亚杰所说，认知发展是以不断更替的平衡与失衡状态为特征。每一个阶段都包含了特定的图式集合，在发展的某些点上处于相对平衡的状态。

在一项研究中，皮亚杰和其他研究者们询问儿童是否做过噩梦。一个四岁的儿童说她曾经梦到过一个巨人，并解释道："是的，我很害怕，我的肚子在哆嗦，我大声哭并告诉妈妈有关巨人的事。"当被问到："那是一个真正的巨人，还是一个伪装的巨人呢？"，她回答道，"它真的在那里，但是在我醒来的时候离开了，我看到地板上有它的脚印"（Kohlberg & Gilligan，1971，p. 1057）。

**工作中的皮亚杰**

皮亚杰花费了 50 多年的时间，在非正式环境下观察儿童，他提出了认知发展的阶段理论。他的工作使他确信儿童的思维并非成人的微缩版本。我们经常忽略一个事实，即我们是在用成人的逻辑来试图教导小孩子。

在皮亚杰看来，这个儿童的回答并不应该被看做是胡乱想象而被忽视。根据其当前的图式观点来看，梦中发生的事情是真实的。当儿童长大后，她会有新的经历，引起她对当前图式的质疑。譬如她有可能发现地板上事实上并没有脚印。对新信息的同化会导致失衡。通过顺应过程，她能够改变她的图式，从而与现实更好地契合。她将会发现梦并非真实的事实，进而形成新的图式，建立新的平衡。在这个新图式中，那个年龄的儿童会将梦描述为"虚构的戏剧"，但是她仍会相信别人也能够看到她的梦。

通过类似的其他步骤，顺应过程不断持续。在儿童意识到梦非真实之后不久，她就能够发现梦无法为他人所见。接下来，儿童就会认为梦是发生在内部的实体性事件。最后，在大约6至8岁时，儿童就认识到梦是产生于其头脑中的想法。

**皮亚杰认知阶段的特征**　皮亚杰声称生理上的成长伴随着儿童与环境的相互作用，从而形成一系列独立的、与年龄有关的阶段。"阶段"的概念表明发展的过程是可以被分成不同的阶梯水平的。当儿童进入到高一级的阶段时，会发生显著的变化，而且也不可能跳过某个阶段。虽然教育和经历能够加速或者减缓发展，但是皮亚杰认为这二者都无法改变阶段的基本顺序（Piaget，1970）。他把认知或智力的发展分成四个阶段，表2—2简单陈述了这四个阶段，更为详细的介绍可参照后面有关认知发展的章节。

**表 2—2　　　　　　　　　　　　　　　皮亚杰的认知发展阶段**

| 发展阶段 | 主要认知能力 | 举例 |
| --- | --- | --- |
| 感觉运动阶段（2岁以前） | 婴儿发现感觉和运动行为之间的关系。 | 意识到手是自身的一部分，而球不是。 |
| | 儿童掌握了物体恒常性的原则。 | 皮亚杰观察到四五个月大的婴儿在玩球时，如果球滚到某个玩具的后面而不在他们视线时，即使可以够到，婴儿也不会去寻找。皮亚杰认为这说明婴儿并没有意识到物体有独立的存在。大概在8个月时，婴儿意识到了物体的恒常性，并开始寻找从视野中消失了的玩具。 |
| 前运算阶段（2~7岁） | 儿童形成使用符号，尤其是语言的能力。 | 儿童能够使用符号从内部的角度来描述外部世界，譬如，谈论一个球，并形成内部意象。 |
| | 以自我为中心。 | 4~5岁的孩子认为他们自己的观点是唯一可能的观点。他们并不能够设身处地、站在他人的立场上。当问一个5岁的儿童为什么会下雪时，他的回答会是："这样孩子们就可以在雪中玩了。" |
| 具体运算阶段（7~11岁） | 儿童开始出现理性活动，能够掌握质量、重量、数目、长度、面积和体积的守恒。 | 儿童逐渐掌握各种逻辑运算，如算术、类和集合关系、测量和等级结构的概念。在这一阶段之前，儿童并不能理解一个黏土做的球可以变成香肠的形状，同时黏土的重量保持不变。 |
| | 儿童有能力掌握数量守恒。 | 在此之前，儿童不能够理解当满满一玻璃杯的水倒入另一个更宽的杯子中时，虽然水的总量是并没有变化，但水只占杯子的一半。儿童一次只能聚焦于现实的某一方面。他们看到第二个杯子有一半空着，就认为水变少了。而在这一阶段，儿童就能够逐渐明白水的总量是保持不变的。 |
| 形式运算阶段（11岁及以上） | 年轻人掌握了抽象思维的能力。年轻人能够科学思考。 | 当儿童遭遇"如果煤是白的，那么雪是——"这样的问题时，他们会坚持煤是黑的。但是青少年就会回答雪是黑的。在这一阶段，年轻人则讨论球形物体运动的牛顿定律。 |

**对皮亚杰理论的评价**　虽然美国科学家直到1960年才开始正视皮亚杰的发现，但在如今，对于发展过程中认知因素的研究却是美国心理学家非常感兴趣的。在很大程度上，心理学家认为皮

亚杰的贡献在于将人们的注意力转到一种可能性上，即儿童智力发展的某些方面存在一个未知次序（Levin & Druyan, 1993）。然而很多皮亚杰的早期追随者，譬如 John H. Flavell，却不再沉迷于皮亚杰的模型之中。Flavell（1992）谈到"阶段"的定义暗含了长期的稳定性以及随后的突然变化，但他认为发展并非如此产生，最重要的变化是逐渐产生，经年累月形成的。简而言之，人类的认知发展在机制、路线、速率上大不相同，很难用一个稳定的阶段理论来进行精确的描述。根据 Flavell 所说，成长比皮亚杰认为的要更不容易预测。

大量的身体证据同样也表明皮亚杰低估了婴儿和儿童早期的认知能力。例如，皮亚杰在 18 个月大的婴儿身上发现的记忆类型，如今研究者在 6 个月大的婴儿身上就已经发现。当然不可否认，皮亚杰在当时并没有像如今的学者所能利用的诸多方法，如用来测量脑电活动的仪器和程序。研究者们调查了对婴儿的非叫喊式发声的社会反馈（成人反应）对言语学习的影响（Goldstein & West, 1999）。他们的结论是社会反馈通过给予婴儿发声以社会意义，在其交流技能的发展中扮演重要角色。此外，2～7 岁儿童的操作思维能力也远比皮亚杰认识到的要高（Novak & Gowin, 1989）。

对其他文化的研究也发现，儿童在不同的认知任务上的表现有令人惊讶的相似性和差别。在这些文化中，儿童认知发展的某些阶段似乎与皮亚杰的假设并不同（Chieh, 2000；Chieh & Nuttall, 1999；Maynard & Greenfield, 2003）。我们应该牢记没有哪个理论——特别是对发展提供全面解释的理论——能够不经历批评而接受更深调查的检验（Beilin, 1990；Brown, 1996）。

现在谈论皮亚杰的理论对我们理解认知发展的影响尚为时过早。但是我们必须承认如果没有皮亚杰的丰碑式贡献，我们就不可能对儿童的智力发展有如此多的了解。他指出了许多儿童有别于成人的地方，并且探究了成人如何获得诸如空间、时间、道德和因果关系等概念（Sugarman, 1987）。当前的研究者们试图将皮亚杰的理论整合到认知学习和信息加工理论之中，后两者将在下一节予以讨论（Brown, 1996；Demtrious, 1988）。

### 思考题

皮亚杰经常被看做是发展心理学中一位伟大的"阶段"理论家。用你自己的话，你如何来解释认知发展理论？为什么他的研究结果最近屡遭批评呢？

## 认知学习

皮亚杰的研究推动了认知心理学的发展，并将研究推向人类行为的内部精神活动方面（Sperry, 1993）。认知心理学家把有意识体验的内容及其主观质量看成是大脑活动的动态、自然的性质（与大脑的细胞和生活特性、过程密不可分）。认知理论家颠覆了经典的行为主义概念，坚持认为我们所居住的世界不仅仅是由无意识的物理力量所驱动，还受到主观的人类态度、价值观和目标的影响。

譬如，这些心理学家发现心理图式——通常被称为"脚本"或"框架"——能够作为一个选择性机制而发挥作用，影响个体关注的信息、如何构建、赋予信息多大的权重以及如何应对信息（Markus, 1977；VanderZanden, 1987）。正如我们在这章前面部分所提到的那样，心理学家还发现学习不仅仅是把两个事件联系起来。人们不可能只受到外部刺激的作用。他们也能够积极作用于环境，评估不同的刺激，并据此来设计自己的行为。

经典行为理论同样无法解释在社会背景下，人们相互交流所带来的许多行为变化。诚然，如果我们单从直接经验中学习——通过行为所获得的奖励或惩罚，那么我们绝大多数都很难活到成年。譬如，如果我们依照直接经验来学会如何过马路，那么很可能我们大部分人都成为交通事故的遇难者。同样，如果我们被局限于只能通过直接强化来学习，那么我们也不可能学会打棒球、开车、解决数学问题、做饭甚至刷牙的技能。通过模仿社会上有能力的榜样，我们能够避免冗长、高成本、试误式的不断实验。通过观察他人，我们无须亲身体验，就能够学到新的应对反应。这一过程就被定义为"**认知学习**"（也被称为"观察学习"、"社会学习"和"社会模仿"）。班杜拉（1977，1986，1989a）、华生（1973）以及罗森塔尔和济默曼（Barry J. Zimmerman）（1978）的研究专著中都描述了这一方法。

班杜拉的认知学习理论（1989a，1989b）极为依赖信息加工理论，后者认为个体对信息进行一系列详细的心理操作，然后将加工过程中得到的结论在头脑中储存（Mayer，1996）。班杜拉的理论强调儿童和成人如何对其社会经历进行内部操作，以及这些内部操作如何反过来影响个体行为的。人们能够抽象概括和整合他们在其社会化进程中获得的信息，包括他们受到的榜样影响、言语讨论以及受到的惩戒。

通过抽象概括和整合，个体能够对其环境和自身进行心理表征，特别是在他们所持有的对行为结果的期待以及对行为实际效果的知觉方面。班杜拉认为人们并非是气象风向标，需要不断地改变行为以适应当前的影响，而是价值、社会标准和责任的主管。也就是说，个体能够判断和管理他们自己的行为。他们不断进化对其自身具体能力和特征的信念（即班杜拉所谓的"自我效能"），然后利用这些信念来塑造其所言所行。而且，儿童和成人不仅能够对环境做出反应，还能够选择各种类型的环境（Grusec，1992）。

认知学习理论家认为，我们使用符号的能力是我们理解和应对环境的有效方法。语言和想象使得我们能够表征事件、分析我们的知觉经历、与他人交流、计划、创造、设想和预见行为。信号是反射性思维的基础，使得我们能够无须尝试所有可能的解决措施而解决问题。事实上，如果能够首先对刺激和强化进行内部表征，那么它们对我们的行为影响甚微（Bandura，1977；Rosenthal & Zimmerman，1978）。

认知理论家反对将儿童描述为"白板"，只能被动、毫无选择地模仿呈现于眼前的环境。相反，他们认为儿童是主动、建设性的思想者和学习者。儿童的认知结构和加工策略使得他们能够从一系

列的感觉输入中选择有意义的信息，并将这些信息进行内部表征和转化。儿童能够积极地搜寻信息，形成自身关于周围世界的理论，并逐渐将这些理论置于知识—扩展和知识—提炼的测试之中。因此，在某种程度上，儿童通过与环境的交互作用来操控其自身发展（Flavell，1992）。

**社会模仿经常影响儿童的行为**
我们对儿童模仿行为知之甚少。

认知学习理论同样也遭到批评，认为它忽略了那些影响行为的重大发展变化。班杜拉在其后来的理论著作中试图回应这一问题，但是他和助手却很少进行能够解决发展问题的相应研究。因此，对于很多发展心理学家而言，最感兴趣的就是找到能够更为清晰地强调发展过程中与年龄有关的变化的途径（Grusec，1992）。

**思考题**

认知学习理论的主要特点是什么？与这一理论有关的著名理论家有哪些？

## 生态学理论

正如第 1 章所说，布朗芬布伦纳（1917—2005）提出**生态学理论**，关注发展中的个体与不断变化的环境系统之间的关系。这种互动关系在实验室里并不能完全捕捉到，因此，布朗芬布伦纳（1979，p.27）指出，"发展不可能在真空中产生，它总是包含在特定的情境中，并通过行为来表现"。在临床背景下，与个体相关的社会、物理和文化环境相脱离，一个人不可能仅仅通过观察和测量个体行为来了解人类发展。当然，变化必然随时间而产生，所以布朗芬布伦纳将时间系统纳入其中，以理解发展在不同系统内外的动态性。**"时间系统"**指的是在个体内的变化和随时间而产生的环境变化，以及两种过程间的关系。例如，如果在学前期儿童的父母离婚，那么较之青少年期或者成人早期，影响必然是不同的。

布朗芬布伦纳的观点受到弗洛伊德、皮亚杰、维果茨基等人的影响，其中，影响最大的是勒温。根据勒温的场论，个体与环境的"对话"可以通过公式 $B=f(PE)$ 予以阐述：行为（Behavior）是由个体（Person）和环境（Environment）的相互作用决定的。布朗芬布伦纳修改了这个等式以反映行为和发展之间的区别，因而他的公式是 $D=f(PE)$：发展（Development）是个体（Person）和环境（Environment）相互作用的结果。通过把等式中的行为替换为发展，他强调了时间的重要性以及在时间范畴内变化及纵向研究的重要性，这些都对理解人类条件反射有重要意义。

通过提出生态模型作为研究工具，布朗芬布伦纳想要消除以往的传统观点，即不再把环境或者个体单独看做是发展的最重要成分，而忽略了二者之间的关系。进一步来说，他想关注的是发展过程而非在某一孤立时间点上的孤立变量。想一下你认识的某个退学或者考虑过退学的人，布朗芬布伦纳认为，如果仅关注诸如家庭年收入、智力水平或种族等因素，以此来解释学生的退学行为，那么会漏掉许多与学生处境有关的因素。与其试图为某些结果分类或贴标签，研究者不如正视不同环境中变量间的关系。如果你在一本研究杂志上读到一篇文章，试图通过将你的朋友归为某一类型，来解释他（她）的退学行为，那么你多半会对这种解释不满意，认为原因远比研究者所提供的要复杂得多或者有一定的历史渊源。

最后，布朗芬布伦纳的理论对于了解人们如何理解环境以及这种理解如何反过来影响其行为是极为重要的。但是同样存在可能，即在同种情境下，许多人对同种经历有不同的反应。每个人如何定义情境取决于他或她的个体历史、期待、感觉等等，这又决定了他或她如何做出行为。在研究发展时，不仅需要牢记不同的人看待事物不同，还要明白即使是同一个人，当他或她在认知、身体、心理社会性方面不断发展时，也有可能在整个生命历程中对同一现象的看法不同。例如，在某个人参战前或参战后，他对某部关于战争的影片的反应很可能不同。

### 思考题

每天早上，当太平洋基里巴斯岛上的某个妇女起床时，她都会从头上拔下一根头发，放在一个容器内，然后出去检查她的渔网。你需要提出一个原因来解释她为什么这么做。你有两种收集数据和理解其行为的可能途径。一种方法是你不会说当地语言，但是你可以雇用翻译一天，另一种方法是可以观察她一周，但不能跟她交谈。在你看来，之前的诸多理论中，哪个最能解释她的行为？说出你的理由。

## 社会文化理论

维果茨基，创建了苏联一所杰出心理学院的俄罗斯心理学家，因其心理发展的**社会文化理论**而闻名。他的主要理论如下：

● 个体的发展在其早期形成过程中产生，有具体的历史性特征、内容和形式；换句话说，发展因你成长的时间和地点的不同而不同。

● 发展在个体的社会情境变化时或个体活动变化时产生。

● 活动通常是在社会交往过程中，在小组内完成的。

● 个体观察一项活动，并将其内化成活动的基本形式。

● 信号和符号（如语言）系统必须能够内化活动。

● 个体通过与某个文化中的他人相互作用，将该文化的价值观同化。

必须指出的是维果茨基假定个体的发展是由团体行为决定的。儿童与他人相互交流，同化活动的社会化方面，获取信息并内化它。通过这种方式，社会价值观会变成个人的价值观（Vygotsky, 1978）。

因此，在维果茨基看来，为了理解某种思维，我们必须首先理解这种思维方式的功能是怎样被心理过程，尤其是语言所塑造的。维果茨基的理论提供了一个发展的视角，即诸如思维、推理和

记忆之类的心理功能是如何通过语言得到促进，以及这些功能如何根植于儿童的人际关系之中（Tappan, 1997）。根据维果茨基的观点，儿童将会观察发生在他人之间的事情，然后能够摄取观察结果，并在内部将其消化。维果茨基的一个例子就是儿童使用语言的方式。首先，儿童被父母告知要说"请"和"谢谢"，儿童也会看到人们彼此间说"请"和"谢谢"。接着，儿童就开始大声地说这些词语。通过大声说的举动，当儿童处于社交情境时，就内化了这些词语和概念。只有在同化这些词汇的意思之后，儿童才能开始礼貌待人。在维果茨基看来，发展是一个社会过程，儿童在和成人的交流中扮演着重要角色（Berk & Winsler, 1995）。所以对维果茨基而言，通过观察个体的社会活动来理解发展的方式并不令人惊讶（参见本章专栏"可利用的信息"中的《维果茨基的洞见：人类发展模型的相互依赖》一文）。

### 思考题

哪一位杰出的心理学家提出了社会文化理论？根据他的理论，如何解释儿童习得诸如思维、推理和记忆等功能？

### 可利用的信息

#### 维果茨基的洞见：人类发展模型的相互依赖

将人类发展看作个体活动是很荒谬的。但是如果人们检验美国父母偏好的和实际的行动，就会发现他们在孩子出生时就极为强调个体主义和独立性。一项普遍的智力练习就是在婴儿出生后不久，将其置于一个单独的房间以鼓励其独立性。父母同样强化孩子对物体而非人的偏好，以之作为应对困境的方法。当儿童沮丧或者受挫时，他们依赖于被提供的布偶、橡皮奶头和填充动物玩具来安慰自己，而不是父母或他人。当儿童逐渐长大后，父母和儿童会在睡觉安排上变成对手。"可怕的二人世界"会纠结于儿童的独立需求。而且，人们会期待，有时甚至鼓励儿童竞争，无论是在家庭、学校内外还是以后的工作场合。

在许多其他文化中，儿童教养强调相互依赖，有时也被称作关注与家庭的联系的"集体主义"，而不是独立性或个体主义。儿童社会化中会将自己看作群体或社团的一部分，而不是与附近他人争执的

个体。例如，在太平洋群岛的 Kiribati，婴儿在出生后的第一年里，与大家庭的某个成员一直保持联系，同睡同吃，家人上班的时候也跟着。这些婴儿卷入父母每天的社会活动之中。当婴儿能够了解社会和文化信息后，家庭中的三代人都围绕着婴儿唱传统的歌曲。在这里不会出现与父母争论独立性的问题，教养者们满足婴儿的需要，因为他们都是按照既定路线行动的，所以不会有争执。

相互依赖的观点与美国所推崇的独立性各自为政。但是对于人类活动而言，相互依赖是自然而然的，并能够提供发展的不同轨道，也符合维果茨基对发展的一项观点"所有的较高级（心理）功能来源于人类个体间的关系"（1978）。

**概述**

这篇文章的后面部分描述了在南加州一所小学发生的真实情况，墨西哥裔美国人的母亲每天早上到学校喂自己孩子吃免费早餐，并和他们一起食用免费早餐。你会发现这些母亲属于相互依赖型。假设你是一个未来的小学教师或学校领导或督导，你将如何应对这种敏感情境？毕竟母亲并没有资格享用免费早餐，而老师们又想孩子们学会更能负责任和更独立。

来源：Adapted from Barbara Rogoff. (1990). *Apprenticeship in thinking*. Oxford: Oxford University Press.

## 争议

56

每一项理论都有拥护者和批判者，但理论之间并非彼此对立，我们没有必要只接受某一观点而摒弃其他所有观点。正如我们在本章开始所指出的，理论仅仅是工具——帮助我们看待（即描述和分析）事物的内部结构。任何理论都限制了观察者的经验，仅是管见所及。但是一个好的理论也能够开拓我们的视野，就像一副双目镜。它提供了推断依据、如何去发现新关系、理论能够扩展到何种程度（见表 2—3）。

进一步来说，不同的任务需要不同的理论。例如，行为主义理论帮助我们理解为什么美国儿童学

英语，俄罗斯儿童学俄语。同时动物行为学（进化适应理论的一种）将我们的注意引向人类机体神经系统如何预设了某些活动，从而在与适当环境作用的过程中，儿童发现他们语言的获得相当"自然"——简单学习的一种。而精神分析理论则告诉我们要考虑人格差异以及影响儿童学习语言的不同教养经历。认知理论则鼓励我们考虑发展的不同阶段以及语言习得的内部加工过程。社会文化理论提醒我们影响个体发展的影响范围，即从个体属性到家庭特征，再到社会和文化的影响。机械论和机体论模型之间的差别有助于阐述这些理论。

表 2—3　　　　　　　　　　　　　人类发展的理论

| 理论 | 理论家 | 描述 |
|---|---|---|
| 精神分析理论 | 弗洛伊德（心理性欲）<br>埃里克森（心理社会性） | 关注早期经验对于人格和无意识动机的重要性 |
| 行为主义理论 | 华生，斯金纳，班杜拉 | 关注在环境中学习对于引导个体行为的作用 |
| 人本主义理论 | 马斯洛，罗杰斯 | 关注人类潜力的最大化，声称人能够控制自身的命运和塑造世界 |
| 认知理论（观察学习，社会性学习，社会模仿） | 皮亚杰 | 关注心理能力的重要性和帮助人们适应和应对的问题解决能力 |
| 生态学理论 | 勒温，布朗芬布伦纳 | 关注发展中的个体与变化的环境之间的相互作用 |
| 社会文化理论 | 维果茨基 | 关注个体和他人在社会环境中的相互作用以及个体如何习得文化意义 |

## 机械论和机体论模型

一些心理学家试图把发展的理论分为两个基本类型：机械论观点和机体论观点（见表2—4）。

**机械模型**将宇宙看作是由运动的基本微粒组成的机器。所有的现象，无论多么复杂，最终都可被削减成一些基本的单位及其之间的关系。每一个人类个体都被看做是一种物体，一个精细的机器。与机器的其他部分相似，机体在本质上是静止的。只有当存在外力作用时，才能被动地做出反应。这一观点叫做"反应性机体模型"。这种观点把人类发展描述成"逐步的、连续的、链状的事件序列"有人会质疑机器是否能被称作"发展"，因为只有在某些外力增加、减少或者改变其零件时，机器才会发生变化（Sameroff & Cavanagh, 1979）。没有环境的影响，变化是不会产生的。机械论最为关注个体差异，行为学习理论就属于这一范畴。

表 2—4                                                机械模型与机体模型

| 特征 | 机械模型 | 机体模型 |
|---|---|---|
| 比喻 | 机器 | 有机体 |
| 关注点 | 部分 | 整体 |
| 动力来源 | 本质是被动的 | 本质是主动的 |
| 发展本质 | 组成部分逐渐地、无间断地增加、减少或是改变（连续性） | 离散地、按等级或状态一步一步进行的（非连续性） |

相反，**机体模型**的关注点不是基本粒子而是整体。低层次的各部分之间的联系赋予总体各部分本身不具有的特征。因此，总体和部分是不同的。人类被看作有组织的整体。有机体从本质上说是主动的——它的来源是其本身的活动而不是被外力激活。这种观点就是"主动性机体模型"。从这种观点来看，人类的发展是离散的，按等级或状态一步一步进行的。人类在不断重建自身中发展。环境与有机体间的相互作用决定了所形成的新结构（Gottlieb, 1991）。弗洛伊德、埃里克森和皮亚杰的阶段理论都属于机体论的观点。

然而，大多数心理学家更喜欢**折中**的研究路径，这种视角可以使研究者从不同的理论和模型中选择不同方面以适应他们手头的研究描述和分析的需要。也许我们考虑一下发展中的连续性和非连续性，就可以更好地理解和欣赏这些争议了。

> **思考题**
>
> 你能比较和对比关于人类发展的机械论、机体论和折中论的主要假设吗？

## 发展中的连续性与非连续性

大多数心理学家认为发展包括一系列改变，这依赖于个人与环境互动过程中的成长和成熟。另一些心理学家强调改变的非连续性。支持连续性的学者认为发展是平滑的、逐渐增加的改变。强调连续性的学者属于典型的机械论阵营，强调非连续性的学者则是属于机体论的阵营。

两种不同的发展模型可以用两个比喻来区分。根据连续性模型，人类的发展类似于叶子的生长。在叶子从种子中发芽以后，它只是简单地越长越大。强调学习在行为中的作用的心理学家倾向于持此种观点。他们将学习过程看作是从婴儿到成人阶段缺少明显转折的发展状态。学习乃是自身的不断积累。

根据非连续模型，人类的发展类似于蝴蝶的

发展。一旦毛虫从卵里孵化出来，它就依靠植物过活。经过一段时间后毛虫把自己固定在一个树枝上并用茧包住自己，从而形成蛹。然后某一天，蝴蝶破茧而出。支持非连续性模型的心理学家将人类发展过程看作类似于昆虫蜕变的过程。每个人都会经历一系列的阶段，在每个阶段组成部分都发生了改变，而不只是程度的改变。每个阶段的特征都在自我形成、自我认同或思维上存在唯一的特征。

我们如何看待发展，在一定程度上取决于我们更为倾向哪种观点。回到我们的比喻，当我们第一次观察到毛虫变成蝴蝶的过程时，我们惊讶于动态的质变。但是当我们观察到茧里的变化过程时，我们就会有不同的印象。我们会看到毛虫逐渐获得蝴蝶的特征，因此我们会把这个过程说成是"连续的"（Lewis & Starr, 1979）。但是，如果我们看到一粒种子，然后再看一棵树，我们就会对变化的巨大印象深刻。

在关于连续性与非连续性的问题上，心理学家不会把他们自己分为明显对立的阵营，他们也认识到这取决于个体的主导观点，因此学者们看到在人一生发展中连续性和非连续性都存在（Colombo, 1993；Lewis, 1993）。总而言之，社会学家和行为学家逐渐认为发展存在于生物体与环境的联系中——存在于交流或合作中：人们与环境一同工作并且影响环境；反过来，环境也与人们一同工作并影响他们。

58

> **思考题**
>
> 你如何解释人一生发展过程中的连续性与非连续性模型？你认为哪种模型更准确？为什么？

## 先天与教养

虽然学术界一次又一次地声明遗传—环境问题已经不存在，已经能够明确地回答了。但是每一代都会重提这些问题，重新拿出来讨论，然后最终认为这个问题会永远归于沉寂。例如，当代美国社会广泛讨论的问题是为什么我们的孩子和成年人中有一些人相当暴力。是孩子遗传了有暴力倾向的基因缺陷，是家庭环境的影响，还是两种因素的结合？与先天—教养的争论有关的某些困境来源于研究者经常基于不同的假设进行研究。不同的研究视角会提出不同的问题从而得出不同的答案。我们如何表述问题决定了我们如何回答问题。

科学家一开始是研究遗传和环境哪一种因素导致某一特征，如精神紊乱或是某一智力水平。后来，他们开始研究人们之间的差异有多少是遗传差异造成的，有多少是环境差异造成的。在人类智力这个方面，遗传学研究比其他研究获得了更多信息。研究者迫切希望利用从人类基因组计划中得到的数据来识别决定智力遗传的基因（Plomin & Spinath, 2004）。最近，一些科学家认为成果最多的一个问题就是，某一遗传和环境因素如何相互作用来影响不同的特征（Anastasi, 1958；Colledge et al., 2002）。每一个问题都导引了各自的理论、解释和研究方法。

**"哪一个"的问题**　大多数学生都会记得在课堂上对"遗传和环境哪一个更重要？"的争论。然而大多数科学家不同意这种提法。他们认为将这个问题表述成"遗传"与"环境"会给科学界以及整个社会带来无穷的麻烦。将遗传与环境相对立类似于争论食盐中钠和氯哪个重要。关键是如果我们无法同时摄入钠和氯，就不能说我们吃了食盐（见图 2—5）。

**"多少"的问题**　当科学家们逐渐意识到"哪一个"问题不准确时，一些人重新表述了这个问题。在承认遗传和环境对特征形成都很重要的前提下，他们提出"每种因素对于某一特征的形成有多大的影响"？例如，他们会提出，"一个人的智力水平百分之多少是由遗传决定的，百分之多少是由环境决定的？"对于心理障碍也可以提出同样的问题。

科学家通过测量家庭成员在某一特征上的相似度来回答"多少"的问题（Segal, 1993）。植物

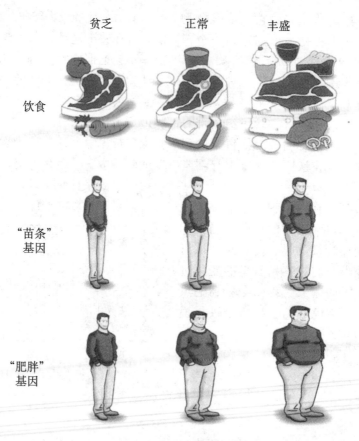

贫乏          正常          丰盛

饮食

"苗条"
基因

"肥胖"
基因

**图 2—5　基因—环境相互作用**

　　肥胖是最严重的健康问题之一，其形成是由于能量的摄入和消耗的不匹配，包括行为因素（饮食行为和运动时间）和生理因素（基础代谢和运动时的消耗）。两者都受到环境和基因的影响。如果一个有"肥胖"基因的人比"瘦"基因的人吃得少，那么前者的体重可能会比后者少。

学家用相似的程序来测量遗传和环境各自的贡献。他们从同一株植物上切下几段种在不同的环境中：一段种在海洋地带，一段种在过渡地带，还有一段种在高山地带。在不同的环境中，每一段都长成一株新的植物。因为这三段的基因是相同的，在生命力、大小、叶子、茎和根上观测到的任何差异都可以直接归因到环境的差异（Dobzhansky，1962）。

　　对人类不可能设计这样的实验。然而，自然界有时为我们提供了天然的实验材料。在偶然的情况下，受精卵会分裂成两部分，这会形成同卵双生子。从基因角度看，他们是彼此的复制品。对同卵双生子在不同环境下养育成长的研究最接近植物实验（见本章后面的"明尼苏达双生子项目"）。

　　与同卵双生子不同的是由两个不同精子分别

和不同卵子结合而形成的异卵双生子。他们仅仅是同时在子宫里各自发育的兄弟姐妹，并且（通常）同时出生。通过将同卵双生子分开抚养和异卵双生子共同抚养，可以进行比较并获得重要的证据。许多科学家们认为这样的比较反映了遗传和环境对某一特质或行为的相关贡献，而这些信息是非常重要的（Boomsma，Busjahn，& Peltonen，2002）。

　　通过研究那些在出生后就被养父母收养的孩子，研究者可以将这些孩子的某些特征，如 IQ 分数或者某些身体或心理疾病，与其养父母和生父母之间做一个比较。研究者试图通过这种模式，将基因因素和家庭环境的影响做一个权衡。

　　**"怎么样"的问题**　许多科学家，譬如心理学家 Anne Anastasi（1958），都认为科学的任务就是探索遗传和环境因素如何共同作用于行为。他们

59　争论"多少"的问题，就像"哪一个"的问题一样，都是毫无收获的。"多少"的问题假设先天和后天是以某种方式彼此相关的，一个的贡献可以累加到另一个之上，从而产生特殊的行为。

Anastasi 以及其他一些人（Lykken et al.，1992；Thelen，1995）都认同这一观点。她认为对于人类生活而言，无论是遗传还是环境都不是单独存在的。它们是彼此相关，逐渐相互作用的。因此，Anastasi 认为辨别由"哪一个"因素产生特定行为或者贡献"多少"都是毫无意义的。但是，Anastasi 认为遗传因素在发展的某些方面，要比其他因素更为关键。于是她提出了**"间接连续体"**（continuum of indirectness）的概念。在连续体的一端是遗传的最直接贡献——身体特征，如眼睛的颜色和染色体紊乱病症，如唐氏综合征。在连续体的另一端是遗传的间接贡献——如某个社会中成员的社会印象，与肤色和发质有关的部分。

Medawar（1977）也指出我们可能无法得到遗传和环境各自贡献的百分率。因为遗传和环境的相互作用是不断变化的，在一种背景下，遗传起主要作用，但在另一种背景下，环境则起主要作用。一个例子就是苯丙酮尿症（phenylketonuria，PKU），这是一种由基因引起的严重智力发展障碍的疾病。PKU 是因为机体无法代谢苯基丙氨酸——饮食中包含的一种成长所必需的蛋白质成分——而引起的。但是如果一个有罹患 PKU 风险的孩子被给予不含苯基丙氨酸的食物，那么就不会产生有毒成分，孩子的发展也比较正常。因此，PKU 可以看作完全由环境决定的，原因在于只有当有苯基丙氨酸存在时，疾病才产生。

遗传和环境通过复杂的方式相互作用。基因影响我们探寻的环境类型、关注的环境以及我们从中学到什么（Plomin & Daniels，1987；Scarr，
60　1997）。例如，心理学家 Sandra Scarr 和 Kathleen

McCartney（1983）声称，儿童心理发展的每个阶段都是由其生理上的不断成熟所引导的。儿童只有在生理上能够接受之后，环境方能对其行为发展有重要作用。Scarr 和 McCartney 认为基因预设决定了儿童以三种方式来应对环境——被动型、反应型和主动型：

● 被动型关系：父母给予儿童基因和有利于（或者不利于）某种能力发展的环境。例如，擅长社交的父母能够给儿童一个社交广阔的环境。

● 反应型关系：因为基因影响，儿童会被他人诱发出某种行为。例如，卷入社交的儿童较之被动、严肃的儿童，更容易被他人诱发出社交活动。

● 主动型关系：儿童主动寻找与其性格和基因成分相容的环境。例如，社会化的儿童主动寻找玩伴，如果当前找不到，甚至会创造出虚拟的玩伴。

简而言之，儿童在任一环境中的体验都是其基因个体性和发展性水平共同作用的结果（Phillips et al.，2000；Scarr，1997）。于是科学家逐渐能够对先天—后天的争论运用一些严格的测量工具。特别需要指出的是，一些有价值的观点产生于一个快速发展的研究领域，即包含、整合心理学和遗传学的新学科——行为遗传学。

**思考题**

　　长久以来，当科学家研究遗传—环境的争论时，他们研究了哪些类型的问题？当今的研究者如何看待这一问题？

## 行为遗传学

**行为遗传学**关注的是个体差异，并探讨为什么同一物种内的个体表现出不同的行为。心理学领域越来越接受遗传对个体差异的影响（Plomin & Colledge，2001）。行为学派和精神分析理论曾

经把对行为的遗传方面的兴趣扼杀了长达半个世纪之久，而对生物因素的重新关注，一部分源于微生物学和遗传学的新发现（先进的技术使得我们能够在显微镜水平和化学水平上检验细胞结构），一部分

源于社会科学家们并没有从环境经历和行为结果间测出一致的强相关。钟摆似乎从环境学家的这一端摆到了生物学家的那一端。事实上，有些学者担忧钟摆过于快速地转到生物决定论，这会与早期社会学家和行为学家所坚持的行为的环境决定论同样极端（Kagan，1994；McDonald，1994）。

**凯根：羞怯研究**　最近的一个研究领域是极度羞怯。凯根（Jerome Kagan）和他的助手（Kagan，1989；Kagan & Snidman，1991）对41个孩子进行了8年的纵向研究，探究的是"行为抑制"。研究者发现有10%～15%的孩子，似乎生来就特别害怕陌生的人、事件、物体，甚至于玩具。这些孩子对心理压力有强烈的身体反应：瞳孔扩大、心跳加快、唾液皮质醇（唾液中包含的激素）的含量增加。这些都表明即使是轻度压力条件，也会加速他们的神经系统反应。

其他研究者发现害羞的父母更倾向于有害羞的孩子——即使孩子是由社交能力出众的养父母所养大的（Daniels & Plomin，1985）。此外，较之同伴，害羞的男孩更可能延迟进入婚姻、要孩子和找到稳定的工作，更少获得职业成就和稳定感，而且因为较晚获得稳定的事业，因此婚姻会不稳定。较之同伴，害羞的女孩更可能遵循传统的婚姻、生育和持家模式（Caspi，Elder & Bem，1988）。虽然一些孩子在遗传上受到抑制，容易紧张，但是良好的教养方式会帮助他们克服羞怯。换句话说，先天预设的羞怯可以通过后天的教养过程被加强或减弱，但是无法根除。Kagan还额外提出一点建议："观察一下儿童是否快乐。一些害羞而快乐的孩子，通常在学校里表现很好……他们成为计算机专家、历史学家。我们也需要这样的人"（quoted by Elias，1989，p. 1D）。

**思考题**

简单总结一下凯根的羞怯研究结果。

**明尼苏达双生子项目**　明尼苏达大学正在进行的一个项目的结果同样表明基因组成对外表、人格、健康因素和智力有显著影响（Bouchard et al.，1990；Lykken，Bouchard，McGue &

Tellegen，2004）。研究者调查了348对同卵双生子，其中包括44对分开抚养的，在6天之内对他们进行大量的测试，包括血液分析、脑电波、智力和过敏反应。所有的双生子都进行了一些人格测验，回答了15 000多道题目，涉及个人兴趣和价值观、鉴赏能力、看电视和阅读的习惯等多个方面。

在研究分析的11项关键人格特质或特质群中，有7项受遗传因素的影响要比教养因素更大。明尼苏达的研究者们发现遗传影响最大的人格特质群是"社会能力"（领导或统治的倾向），影响最小的是"社会亲密"（亲密、舒适和助人的需要）。虽然他们并没有期待"传统主义"（对权威的服从和严格的纪律性）更受遗传影响，但结果却表明它是受遗传影响最大的特质之一。明尼苏达研究者们并不相信一个简单的基因能够引起某些特质，相反，他们认为每一个特质都由许多基因共同起作用，所以遗传的类型是相当复杂的，也就是所谓的"**多基因遗传**"（见第3章）。

这些研究结果并不意味着环境因素不重要。遗传决定的并非完全的人格而仅仅是一种倾向或预测。一些家庭因素，诸如极度剥夺、乱伦或虐待都有很大的负面影响，远非明尼苏达研究所能揭示。

这些信息对父母而言，并不是说他们的教养对儿童影响甚微，而是想告诉他们不要千篇一律地对待所有的孩子。儿童能够——并且经常——对同一事件有不同的体验，这种唯一性推动他们的人格向不同的方向发展。在对科罗拉多州、瑞典和英国的成千上万儿童进行的研究中，研究者发现兄弟姐妹们经常会对同一事件（如父母不在、盗窃）以不同的方式来反应，对同一行为（如母亲的社交装扮）有不同的解释（Plomin & Spinath，2004）。出生次序、学校经历、朋友和机会事件经常叠加，造成兄弟姐妹间不同的童年（Leman，2004；McGuire et al.，1994）。

少年们通过各自独特的过滤器来感知事件，而这些过滤器受到其早期经历的影响。因为每个孩子都作用于自身习惯化的环境，所以即使是在同一个家庭中长大，兄弟姐妹间也并不相同。即使是14个月大的婴儿也能够精确地知觉到父母情感和注意在自身和其他兄弟姐妹间的微小差异，这可以通过不断展现能够吸引关注的技能中得到证实。想一碗水端平的父母经常会为自身的努力而感到挫败，因为他们无法控制儿童感知其努力的

**出生后就分开抚养的同卵双生子表现出惊人的相似**

分开抚养的同卵双生子很少，因此对科学研究的价值很大。在墨西哥的 Guadalajara 自出生起就被分开抚养的同卵双胞胎姐妹 Adriana Scott 和 Tamara Rabi，各自的家庭都在 New York City，相距不过几英里。在 Hofstra 上学的 Adriana，屡屡被她的同学误认为 Tamara，后者在 Adelphi 大学上学。当通过邮件交流后，她们发现彼此同一天出生，都被收养和当作独生子女教养。她们互相见面，发现彼此在行为和生活上有惊人的相似：都是心理学专业，平均成绩都为 B，都不擅长数学，喜欢音乐和跳舞，使用相似的表达和肢体语言，养父都死于癌症。她们成为 CBS 纪录片的主人公，并见到了生母 Norma de la Cruz。

方式。所以在指导和塑造儿童的过程中，父母应该尊重他们的个体性，适应它，并培养儿童应对生活的各项品质。对于一个羞怯的孩子，好的教养方式包括提供经历体验，使得儿童能够体验成功进而鼓励他们更多冒险。而对于一个胆大无畏的儿童，好的教养方式则应该包括培养能够缓解冒险行为的品质，并予以明智的警醒。尽管如此，我们仍要记住，不同的文化在看待诸如冒险或羞怯这些人格特征上存在差异，所以好的教养方式应随文化的不同而不同。

一些学者担心有的人会用明尼苏达的研究结果来指责那些穷人和受压迫的人的不幸，政治自由主义者长期以来也相信犯罪和贫穷主要是不健康的社会环境的副产品。所以他们不相信行为的生物或遗传学解释。其他一些学者指出该研究有助于开发预防性药物，如果学者们可以找到各种障碍疾病在遗传上的预设条件，那么我们接下来就可以通过饮食、药物或者其他干涉措施改变我们的环境。例如，如果能够在嗜酒者的后代身上找到导致嗜酒的基因，那么从少年时代就可以教育孩子远离酒精。科学家们还可以研制新的疗法，例如，如果他们找到了能够增加一个人精神分裂或双相障碍风险（也被称作是"躁狂抑郁症"）的基因，那么研究者就可以找到该基因编码所合成的蛋白质，并且可以更好地理解这些疾病的基本机制。一旦他们了解了基本机制，他们就可以寻找新的方法去治疗这种疾病。总之，基因研究的潜在危险很大，但是潜在的效益也很大。

**思考题**

你如何总结明尼苏达双生子研究的主要发现？我们说的多基因遗传是什么意思？

## 进化的适应

有机体在遗传上被预设了某些反应（Eibl-Eibesfeldt，1989）。例如很多昆虫和高等动物的学习过程都是由有机体内在的基因成分信息来予以指导的（MacDonald，1992）。有机体先天预设了学习特定的事物以及学习的特定方式。

正如我们将在第 5 章看到的那样，乔姆斯基（Noam Chomsky）认为，人类语言的基本结构是由先天的语言产生机制所引导的。这样的机制也有助于我们解释为什么我们学习语言的速度要比学习类似加减运算这样的简单任务要容易得多。

**洛伦兹**

在此，小鹅跟随著名的澳大利亚生态学家而不去找自己的妈妈，因为他是它们在关键印象期间第一次看到的可移动的目标，所以它们喜欢他胜过一切其他目标。

　　持生物学观点（被称之为**习性学**）来研究有机体行为方式的习性学家们，认为婴儿先天就具有像哭、笑、发出"咕咕"声这样的行为系统来引起成人对他们的照顾（Zebrowitz, Olson & Hoffman, 1993）。类似地，婴儿也具有讨人喜欢的特征，他们大大的脑袋、小小的身子和不同的面部表情，吸引着其他人想要去抱起并且抚慰他们。习性学家把这些行为和特征称之为"**释放刺激**"。它们是教养行为的潜在发动器。许多心理学家，其中鲍尔比（John Bowlby）（1969）可能是最著名的一位，都对成年看护者与其后代之间依恋纽带的发展和在一些鸟类和动物中发生的印刻过程进行比较。**印刻**是一个依恋过程，它只在一个相对短的时间发生并

且很难改变，使得该行为貌似是天生的。获得诺贝尔奖的习性学家洛伦兹（Konrad Lorenz）（1935）发现，在小鹅和小鸭子出生后很短的一段时间里，它们会盲从于看到的第一个移动的物体——妈妈、人类，甚至是一个球。一旦印刻产生，就不可改变。这个物体也变成了这些鸟类的"妈妈"，因此对它的偏好超过了其他任何事物，而且事实上也不会再跟随任何其他物体。印刻（洛伦兹用他母语德语中的词"prgung"来形容，其字面意思是"打上烙印"）至少在两方面不同于其他任何形式的学习。其一，印刻发生在一个相对很短的时期，称之为"**关键期**"（例如家禽印刻效应的峰值时刻是它们被孵化出后的 17 个小时，之后印刻效应迅速衰减）。其二，之前已经提到，印刻是不可逆转的，它极其不易改变，甚至被认为是与生俱来的。

　　一些发展心理学家已经将习性学的理论运用于人类的发展。然而很多人相对于"关键期"，更偏好用"敏感期"，因为后者暗含了时间维度上的弹性，并且其后的过程更具可逆性。根据这个概念，特定的经历在特定的时期对有机体发展的影响要远远超过其他时期（Bornstein, 1989）。正如我们之前在讨论弗洛伊德时所提出的那样，敏感期的概念是精神分析思想的中心。弗洛伊德认为婴儿时期是塑造个人人格的关键期，这一观点是其名言"没有一个患神经机能症的成人，在其婴儿时没有该症状"的基础。

　　但是多数毕生发展学家反对"孩子五岁之前的时期都非常重要"的观点。最近的研究显示短暂的、创伤性的事件的长期效应对于小孩来说基本上可以忽略不计（Werner, 1989）。凯根（1984）和其助手在为危地马拉自 1971 年开始的研究的基础上得出了类似的结论。

**思考题**

　　习性学家都有谁？他们对于我们理解人类发展都有哪些贡献？进化的适应理论是如何应用于人类发展的？

### 续

在第 2 章我们讨论了人类发展的几种主要理论：

● 精神分析的理论把我们的注意力引向早期经历对塑造人格的重要性以及无意识动机的作用上。

● 行为理论强调在环境中学习对人们表现出某种行为的作用。

● 人本主义理论试图将人类自我指导的潜力和选择的自由权最大化，以达到自我实现的目的。

● 认知理论强调各种思维能力和解决问题能力的重要性，这些能力让人类有适应和解决问题的潜能。

● 生态学理论集中于发展的过程，并且强调个体发展和环境变化间关系的重要性。

● 社会文化理论关注在社会活动中个体和他人之间的相互影响以及个人如何同化和内化文化意义。

从第 3 章开始，我们将带你开启一段穿越生命不同时期的旅行，从怀孕出生开始，经历婴儿期、儿童早期、儿童中期、儿童晚期、青少年期、成人早期、成人中期、成人晚期、垂死，直到死亡。在每一个生命阶段，你都需要理解第 2 章所论述的发展理论。

我们还写了这篇文章来帮助你从其他几个方面扩展你对人类发展的理解。在接下来的章节中，你将看到谨慎地融合了不同研究结果和理论的文章，它包含了像生物学、化学、遗传学这样艰涩的科学，也包含了像心理学、社会学、人类学、历史学、政治学这样的社会科学。此外，我们还纳入了跨文化研究的一些成果。你将逐渐了解当代的发展学家在世界各地的生活和工作，在全球水平上开展研究与合作，公布其研究成果，从而使得"最新"的理论较之以往更容易为大家所知。我们期望你能用批判性思维去评价你所遇到的各种理论，无论是在我们的书中，在你的课堂上，还是在网络上。

 ## 总结

### 理论：一种定义

1. 理论的框架使得我们能够组织大量事实以帮助我们理解。如果我们能明白自然如何运作，那么我们就有控制自身命运的前景。

2. 有关人类发展的理论能够提供信息或者充当以合理方式作用于世界的指南，它们能够刺激或激励对行为的更深入探讨或研究。

3. 一些较新的理论试图解释女性和非白人的发展。

4. 跨文化研究的社会科学家们正在全球的不同文化中，检验以往发展理论模型的普适性。

### 精神分析理论

5. 弗洛伊德提出精神分析理论，即人格的发展包括一系列的心理性欲阶段：口唇期、肛门期、性器期、潜伏期和生殖期。每一个阶段都是以对身体某一快感区的敏感性为特点，并有一个特定冲突，在个体步入下一阶段之前必须要解决。如果没有健康的解决措施，个体就会固着在人格发展的一个早期阶段。

6. 弗洛伊德提出人受个体的三种状态调控：寻求自我满足的本我，追求道德高尚的超我和合理协调二者的自我。

7. 弗洛伊德使用各种治疗技术，如催眠、自由联想和释梦，来探究病人的无意识思维。他认为这种无意识思维才是病人抑郁的根源。

8. 批评者们认为弗洛伊德的理论很难评价，原因在于它是对无意识状态的预测，很难被科学的研究程序所观察和检验。弗洛伊德的理论受批评的另一个原因是他宣称儿童早期是发展的重要阶段，但其研究对象却是有心理障碍的成年病人。

9. 弗洛伊德的女儿安娜继续其父的研究，将精神分析理论应用于儿童治疗。

10. 当代女权主义者认为弗洛伊德的理论有问题，他忽视了对女性发展和在历史背景下出现的心理问题的研究。精神病学家 Jean Baker Miller 提出女性经常以生活中的关系为框架来体验世界。

11. 埃里克森，一位新精神分析学家，将人类毕生发展历程分为九个阶段，每一个阶段个体都有一个健康的心理社会性发展所必须要克服的主要任务（危机）（见表2—1）。埃里克森的理论将我们的注意引向毕生人格发展的连续过程，甚至是到生命循环的终点。

12. 埃里克森从生物学中纳入后成原则，认为在生命的整个历程中，人格的每一部分都有特定的发展阶段，错过了就得不到完全的发展。

13. 埃里克森的心理社会性发展观点比弗洛伊德的更乐观。但是，对他的一个主要批评在于其被试主要是男性，研究方法主要是心理传记法。许多当代的研究者认为女性的自我认同植根于与他人的联系和关系之中。

## 行为主义理论

14. 行为主义理论与精神分析理论对比鲜明。行为主义的拥护者，譬如华生和斯金纳，认为如果心理学想要成为一门科学，就必须考察可以直接观测的数据，而不能仅仅依靠个体的内省和自我观察。

15. 行为主义者对个体如何学会按某种方式行事尤为感兴趣。人们学会了对环境中的刺激做出反应，他们的反应又塑造了行为。一些学习是基于经典条件反射，利用的是主体的反射性/内部反应，但是其他的学习源自操作条件反射，行为的结果改变了行为的强度。

16. 行为主义者将学习称为"条件化"过程，即个体因其在环境中的经验结果，而在两个事件之间建立某种联系。

17. 行为主义者使用诸如强化（奖励或惩罚）的概念，来塑造想要获得的行为。强化物增加了另一个事件的发生频率。

18. 行为矫正是一种应用行为/学习理论来改变不适当行为的方法，譬如各种癖好、减重或增重、考试焦虑、上瘾等等。

## 人本主义理论

19. 人本主义心理学有时也被称作心理学的"第三势力"，与精神分析和行为主义鼎足而立。它认为人类不同于其他所有的有机体，因为人类可以主动参与事件过程，从而控制自身命运，建设周围的世界。其拥护者们试图将自我指导的潜能和选择的自由度最大化。

## 认知理论

20. 与行为主义直接对立的认知理论检验的是内部的心理过程，譬如感觉、知觉、想象、保持、复述、问题解决、推理、思维和记忆。认知包括儿童和成人如何表征、处理和转化信息，从而改变行为。

21. 对皮亚杰而言，研究儿童成长的关键问题是他们如何适应所处的世界。通过与世界相互作用，儿童形成图式或心理框架。适应包括对图式的同化和顺应。当处于平衡时，儿童将新经验同化到其通过顺应而建立的模型之中。

22. 皮亚杰提出认知发展的四个渐进阶段：感觉运动阶段、前运算阶段、具体运算阶段和形式运算阶段（见表 2—2）。

23. 认知学习理论家认为我们使用符号的能力是个体理解和应对环境的有效工具。言语和假想符号令我们得以表征事件、分析自己的意识体验、与他人交流、计划、创造、想象和参与预测活动。

24. 一些当代的认知心理学家认为皮亚杰低估了婴儿和小孩的认知能力；而一些儿童认知发展的跨文化研究也发现他的理论并不是特别适用。

25. 认知学习和信息加工理论家建诸于皮亚杰的理论之上，他们的研究结果表明心理"图式"作为选择性机制，能够影响个体关注何种信息、如何构建信息、如何权衡信息的重要性以及如何处理信息。

26. 通过认知学习过程（也称作"观察学习"、"社会学习"或"社会模仿"），人们无须亲自做出反应就可以学会新的反应。人类有很强的使用符号的能力来理解和应对环境。

## 生态学理论

27. 布朗芬布伦纳提出生态学理论，关注发展中的个体和变化的环境的四种扩大的水平之间的关系，从家庭到更广阔的文化背景（微系统、中系统、外系统和宏系统，参见第 1 章）。

28. 布朗芬布伦纳增加了时间系统的概念，以体现发展在系统内和系统间的动态性。

## 社会文化理论

29. 维果茨基提出社会文化理论，关注个体和他人在某项社会活动中的相互作用以及个体如何同化和内化文化的意义。语言促进了诸如思维、推理和记忆等心理功能，这些功能在儿童活动（譬如玩耍）时，扎根于其人际关系。

30. 美国似乎推崇儿童的独立性和个人主义，而世界上的一些其他文化强调抚养儿童过程中的相互依赖。

## 争论

31. 每种发展理论都有其拥护者和批评者。但是理论之间并非互相对立，我们没有必要只接受一种而排斥其他。发展的不同任务和成分需要不同的理论——一些是机械的（有机体是被动地予以回应的），还有一些机体的（机体天生是主动的）。但是，多数心理学家对发展持折中观点。

32. 发展的连续性理论认为人类发展是逐渐的、不间断的，而非连续模型则认为人类经历了一系列阶段，每个阶段都以自我形成、自我认同或思维的不同状态为特征。

33. 当科学家意识到"哪一个"问题的不适宜之后，一些人就开始采用略有不同的观点。他们试图探究个体之间的差别"有多少"可归于遗传、多少可归于环境。最近，科学家们认为探究遗传和环境"如何"共同作用，影响各种特征的问题是更为有效的方法。

34. 凯根及其哈佛大学的同事发现遗传在极度羞怯中的重要作用。Bouchard 及其明尼苏达大学的同事同样在双生子（主要是那些在出生后分开抚养）的研究中，检验了遗传对人格的作用。

35. 习性学家提出人类（在进化中）天生形成某些适应性的行为系统，如哭、笑、嘟囔以及其他吸引成人关注的行为，这些特点是获得父母照顾的重要发动器。一些发展学家正在密切检验人生早期发生的某一发展的关键（敏感）期的概念，与此同时有人则反对它。

**关键词**

| | | |
|---|---|---|
| 顺应（50） | 关键期（62） | 机体模型（57） |
| 适应（50） | 折中观（57） | 多基因遗传（61） |
| 同化（50） | 生态学理论（53） | 精神分析理论（37） |
| 行为矫正（46） | 后成原则（42） | 心理性欲阶段（38） |
| 行为遗传学（60） | 平衡（50） | 心理社会性发展（42） |
| 行为主义理论（45） | 习性学（62） | 强化（46） |
| 时间系统（54） | 固着（38） | 释放刺激（62） |
| 经典条件反射（46） | 需要层次（48） | 反应（45） |
| 认知（49） | 整体观（48） | 图式（50） |
| 认知学习（52） | 人本主义心理学（48） | 自我实现（48） |
| 认知阶段（49） | 印刻（62） | 社会文化理论（54） |
| 认知理论（49） | 机械模型（56） | 刺激（45） |
| 间接连续体（59） | 操作条件反射（46） | 理论（37） |

 **网络资源**

这一章的网站主要关注的是人类发展的历史性研究以及发展各个方面的主要理论。登录课本网站 www.mhhe.com/vzcrandell8，获得如下主题及时更新的链接：

**APA 心理学史分会**

**美国心理学史档案**

**心理学史名著**

**埃里克森心理社会性发展的八个阶段**

**心理学的主要理论家**

**女性心理学历史**

**日本心理学历史**

**英国心理学历程**

**皮亚杰协会**

**心理学史资源**

**双生子研究**

# 24

# 第二部分
# 生命的开始

## 第3章　生殖、遗传与出生前发展

　　在第3章中，我们将讨论遗传、生殖以及出生前发展的生物学基础。今天，我们自认为对生命的肇始有了更多了解，然而医学研究仍然不断地令我们震惊，并促使我们继续追寻关于"生命从何时开始"的答案。人类基因组工程是一项国际性的合作研究，它已经绘制出全部人类基因，将引领我们更好地理解基因缺陷，并可能对其进行治疗。第3章解释了精巧的基因检查和辅助生育技术，这些技术提高了生育率。近期技术的进步还使得绝经后怀孕也成为可能。出生前的发展准备阶段也是如此，精妙绝伦的技术使得我们得以观察最微小的人类是如何为子宫之外的生活做准备的。

# 第3章

# 生殖、遗传与出生前发展

## 概要

## 批判性思考

1. 你能否想象，在不久的将来，人类生育可以从根本上实现增强儿童基因特征的技术，从而减少罹患疾病的可能性？你希望把什么特征复制在你自己孩子的身上？

2. 在自然月经周期中，是否存在一个最佳时机来怀孕或避孕，抑或这只是一种传说？

3. 相比创造胎儿，法律为何在毁灭胎儿方面给予人们更多的自由？

4. 我们已经知道某些生物化学药剂会危害胎儿健康。对于那些仍使用此类药剂虐待腹中胎儿的女性，我们应该对她们做什么处理？这些有出生缺陷的儿童在整个成年期都需要社会的治疗和照料，为此耗费的金钱数以百万计甚至更多。大量的教育举措是否足够？还是应该对反复虐待胎儿的女性处以更严厉的惩罚？

- 胚胎阶段
- 胎儿阶段
- 流产的损失
- 产前环境影响
- 主要药物和化学致畸剂

 专栏

- 进一步的发展：干细胞研究：是进步还是打开了潘多拉之盒？
- 可利用的信息：避孕产品、计划和政策制定：当下与未来
- 实践中的启迪：遗传咨询师、理学硕士 Luba Djurdjinovic
- 人类的多样性：遗传咨询和检查

> 5. 一个孩子死后，父母中的一方想通过孩子遗留的头发或牙齿来克隆这个孩子，而另一方则不想这样做。谁拥有这个天折孩子的 DNA？

像所有其他生物一样，绝大多数人类个体也都能生育新的个体，以确保物种存活。很多在过去将注定无法生育的人，如今可以利用辅助生育技术（如人工授精、人类卵子与精子捐赠、低温保存、植入技术等）和生产选择［如选择替代母亲（surrogacy）、子宫内手术、祖母生育自己的祖孙等］选择生育。很多无法生育的夫妇以及单身者——无论是女性还是男性——现在都可以选择拥有他们自己的血亲后代，而不必领养孩子或终生无儿无女。另一项技术奇迹是，日本研究者在 1997 年公布的第一台人造"子宫箱"。这一技术奇迹将对 2010 年以前的生育产生潜在的根本性影响。而关于人类克隆的想法，一度仅仅是科幻小说中的未来主义念头，而现在——尽管还存在伦理质疑——已成为可能。

似乎女人＋男人＝孩子的想法对于繁衍物种来说已经过时了。一度曾经是私密体验的事情，现在已成为公众网络的娱乐和巨大商机。对于拥有这些资源的人们来说，这自然是各种生育机会的万花筒。

## 生殖

70

"生殖"（reproduction）是生物学家使用的术语，用于描述有机体创造更多的从属于自身物种的有机体的过程。生物学家把生殖描述成所有生命过程中最重要的一环。

在人类的生殖过程中，有两种成熟的生殖细胞**配子**（gamete）：雄性配子，也称"**精子**"（sperm）；雌性配子，也称"**卵子**"（ovum, egg or oocyte）。在**受精/融合**（fertilization/fusion）的过程中，男性的精子进入女性的卵子并与其结合，形成**合子**（zygote）（受精卵）。精细胞只有一毫米的 6%（0.000 24 英寸）那么长，肉眼无法看到。它由一个卵形的头部、一个鞭状的尾部以及二者中间的联结部分（或称轴环）组成，通过猛摆尾部向前游动。一个正常成年男子的睾丸每天可以产生三亿或更多成熟的精子，每一个都由独一无二的基因构成。

另一方面，卵子并非是自我推进式的，而是沿着女性生殖道中的微纤毛结构移动（见表 3—1）。通常，女性从青春期到绝经期，在整个生殖期间中每个月至少释放一个卵子，有时可能释放更多（Park et al.，2004）。每一个卵子也由独特的基因物质构成，大小就跟英文句点差不多，刚好可以被肉眼看到。对于绝大多数女性来说，只有大约 400～500 个未成熟的卵子最终会达到成熟，其余将退化并被身体吸收（Nilsson & Hamberger，1990）。

表 3—1　　　　　　　　　　　　　　　　　精子与卵子

|  | 描述 | 脆弱性 |
|---|---|---|
| 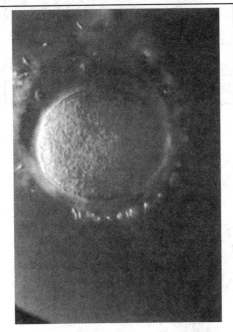 | 精子是异乎寻常的小细胞，只有很少量的细胞质。精子一旦随着精液射入女性的阴道后，便努力通过宫颈和子宫，然后会有少量精子进入输卵管。在进入阴道的数百万个精子中，只有几百个能够完成这一旅程。当一个精子成功地刺破并进入卵子后，卵子的细胞壁会发生一种生物化学变化，阻止任何其他精子的穿越。卵子（卵细胞）是人类最大的细胞，直径在 0.1～0.2 毫米之间。 | 来自男性和女性的配子（生殖细胞）携带着它们各自独特的基因物质。它们的基因携带着显性和隐性的遗传特征。三染色体细胞 21（Trisomy 21）（唐氏综合征）就是一个遗传性障碍的例子，发生于精子与卵子开始将基因物质配对、合子开始形成的时刻。如果男性和女性在性活动前或受精后罹患疾病、滥用物质，或在工作和家庭场所接触到生物化学危险物质，他们的生殖细胞就会变脆弱。这些因素可能导致不孕或不育。 |

**精子与卵子**

图中央是较大的卵子，卵子周围环绕着小得多的精子，每一个都试图穿透细胞壁并释放其基因物质。

来源：Nilsson, Lennart. (1993). *How was I born?* New York：Dell.

## 男性生殖系统

　　男性基本生殖器官是一副**睾丸**，正常情况下位于体外的阴囊袋状结构中（见图 3—1）。精子产生和存活的温度（大约华氏 96 度）略低于正常体温。阴囊托住并保护睾丸，使之与较暖的人体隔开一段距离。睾丸产生精子和男性荷尔蒙，也叫"雄激素"（androgen）。雄激素主要有睾丸激素（testosterone）和雄酯酮（androsterone）。雄激素负责产生男性第二性征，包括面部胡须和身体毛发、增加的肌肉块和较低沉的嗓音。

　　精子产生于每个睾丸内部缠绕的细管内。然后它们便被转移入附睾（epididymis）中，附睾是纤细狭长的螺旋形管道，精子就贮存在那里。在性唤起和射精的过程中，精子从附睾经肌肉管进入尿道（urethra）。在这个过程中它们与精囊（seminal vesicles）和前列腺（prostate gland）的分泌物混合（这些分泌物滋养它们以完成在男性体外和女性体内的旅程）。精子与分泌物的混合物被称为精液，将经由男性尿道射出，尿道是一个同时也连接膀胱的管道，外周包围着男性的外生殖器——**阴茎**（penis）。

　　精子的产生和存活受很多因素影响，包括男性自身的身体健康、工作以及休闲环境——甚至过紧的衣服也会因影响阴囊的温度从而对精子的发育有害。关于男性生育缺陷，我们从越战后返美的士兵身上可以了解到很多情况。那些接触过橙色剂（Agent Orange，一种强效化学落叶剂）的美国士兵和越南公民生育缺陷升高，甚至数年后仍然如此。在沙漠风暴行动（Desert Storm）中服役的美国士兵，被怀疑曾接触过多种接种疫苗或生物作战毒素，同样也接受了健康、神经和生殖影响方面的长期研究（Couzin，2004；Hotopf et al.，2004）。我们现在知道，吸烟、喝酒、摄取精神活性药物、化学制品或工作场所的辐射，以及无保护措施的性行为都会影响到男性的生殖器官健康和精子发育。然而，男性常常可以改善他们的健康和习惯，并且在非常高龄时仍能生育（Perloe & Sills，1999）。

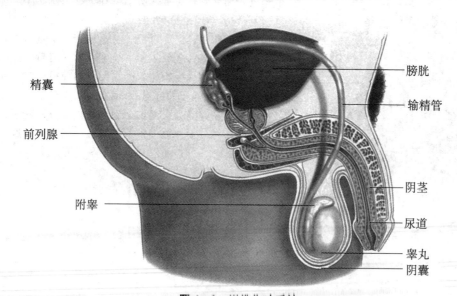

**图 3—1　男性生殖系统**
本图是男性骨盆区域的图例，展示了男性的生殖器官。
来源：Healthwise, Incorporated. PO Box 1989, Boise, ID 83702.

## 女性生殖系统

女性生殖系统由产生卵子的器官组成，这些器官参与性交过程，容许卵子受精，养育并保护受精卵直到其发育完全，并参与生产过程。女性基本生殖器官是位于骨盆中的一副杏仁状的卵巢（ovary）（见图 3—2）。雌性胚胎尚在母亲的子宫中时便开始了卵巢发育，产生大约40万个未成熟的卵细胞。进入青春期后，卵巢产生成熟卵子及雌性荷尔蒙、雌激素（estrogen）与孕酮（progesterone）。这些荷尔蒙负责女性第二性征的发育，包括乳房（乳腺）发育、身体毛发以及髋部的发育。

通常，按照每月的周期，两个卵巢之一按时排出一个或多个卵子。对于绝大多数女性来说，这个周期大约是28天。有些女性的排卵周期会发生变化，特别是在整个月经期的最初几年和最后几年。**月经期**（menstruation）是指子宫内膜周期性流出血液和细胞，作为一个周期循环的终结并开始下一个循环。**排卵**（ovulation）发生于卵巢中的卵泡释放卵子之时，当卵子通过**输卵管**（fallopian tube, or oviduct）时，如果输卵管中有精子的话，卵子就可能被受精。输卵管内部布满了细小的毛发状小突起，叫作"纤毛"（cilia），推动卵子经过输卵管进入子宫。这段距离很短的进程要持续几天；输卵管大约有六英寸长，粗细相当于一根人类的头发（Nilsson & Hamberger，2004）。

**子宫**（uterus）呈梨子形状，是一个中空而厚壁的肌肉器官，将收容并滋养发育中的**胚胎**（embryo），从**胚泡**（blastocyst）将自己植入子宫壁时开始，直至其发育成一个可辨识的人类胎儿。肌肉性的子宫每月都为可能出现的胚胎准备了血液丰富的内膜，如果没有发生受孕（受精），内膜就会每月脱落一次，持续4~6天（月经期）。未受精的卵子经由子宫狭窄的下端——与阴道连接的宫颈

(cervix)——排出体外。**阴道**（vagina）是一个肌肉性的通道，能够在很大范围内扩张。在性交过程中阴茎要插入阴道，而生产过程中婴儿也要通过阴道。围绕在阴道的外部开口处周围的是外生殖器（external genitalia），统称为"外阴"（vulva）。外阴包括被称为"阴唇"（labia）的多肉褶皱，还包括阴蒂（clitoris）——一个很小但高度敏感的能勃起的器官，在某些方面与男性的阴茎类似。

女性的家庭和工作环境、营养习惯、运动水平、生理保健以及性行为都会对其生殖系统的健康产生重大影响，而且，无论是在受孕之前还是之后，上述方面也都会对胎儿的健康具有很大影响。

> **思考题**
>
> 你能识别人类生殖过程中涉及的女性基本性器官吗？哪些状况会损害女性生殖器官？

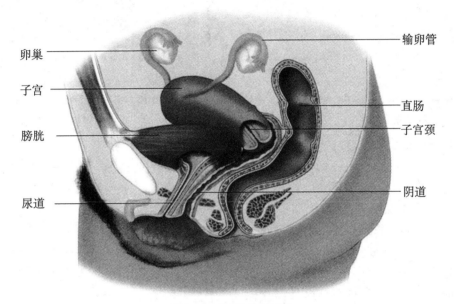

**图 3—2　女性生殖系统**
本图是女性骨盆区域的图例，展示了女性的生殖器官。
来源：Rolin Graphics，Brooklyn Park，MN 55443.

## 怎样和何时发生受精

**月经周期**　与女性**月经周期**（menstrual cycle）有关的一系列变化始于月经来潮，经历卵子成熟、排卵，最终经由阴道将未受精的卵子排出体外。健康女性通常在每 25～32 天之间至少排出一个成熟卵子或卵细胞，平均周期是 28 天（Park et al.，2004）。

女性的健康（病症、疾病、压力、营养不良或过度运动）会对其月经周期产生影响。排卵周期长短的变化对于女性来说是普遍且正常的。刚开始来月经的年轻女性，以及接近或处于 40 多岁的女性，周期很可能不规律，或者跳过一些周期。

月经的第一天也是周期的第一天。对于绝大多数女性来说，在每个月经周期的中段（大约第 13～15 天），通常某个卵巢中的卵泡里会有一个卵子达到成熟，经由一侧输卵管从卵巢进入子宫。如果发生受精，通常是发生于输卵管中。

这通常被视为受孕发生的最佳时机，因为成熟的卵子通常可存活大约 24 小时。如果卵子没有在输卵管中与精子结合，它在 24 小时后就开始退化，并将在月经中排出体外。然而，美国国家环境健康科学研究所（the National Institute of Environmental Health Sciences，NIEHS）的研究者

图中标注：卵巢、子宫、膀胱、尿道、输卵管、直肠、子宫颈、阴道

近期对 213 名健康女性进行了尿液与荷尔蒙水平的研究，其结果值得某些意外怀孕的女性保持警惕：

> 只有 30% 的女性是完全在受精的时间期限内——在她们月经周期的第 10～17 天内——完成的受孕。研究者发现，事实上对于某些女性来说，在月经周期中几乎没有哪一天是完全不会怀孕的。研究中的女性被试处于基本生育年龄（绝大多数在 25～35 岁之间），这时的月经周期已经非常规律了。NIE-HS 的研究者声称，对于十几岁的女孩子以及接近更年期的女性来说，受孕时间期限将更难以预测。（National Institute of Environmental Health Sciences，2000）

**排卵**　卵巢包含着很多卵泡，通常，在每个排卵周期中只有一个卵泡会达到完全成熟。然而，近期研究使用高辨析率的超声波（而非分析血液的荷尔蒙水平）对一个小样本的成年女性进行研究，发现将近 10% 的女性在每个周期中产生两个成熟卵子——而大约 10% 完全没有排卵（Baerwald，Adams & Pierson，2003）。这解释了为什么有些异卵双生子会在不同的日子里受孕。同时，这个发现将使得"自然家庭计划"面临挑战。通过测量受试者的荷尔蒙水平来预测排卵与卵巢的活动并不一致。最初在卵巢中的卵泡只包含一层细胞；但是，在它成长的过程中，细胞增生产生了一个充满液体的液囊包围原始的卵子，而卵子中包含着母亲的基因物质。绝大多数女性的卵巢似乎每隔一月释放一个卵子。但研究也发现当一侧卵巢患病或被摘除时，另一侧卵巢会每月排卵。

通过前脑中下丘脑（hypothalamus）的影响，指示垂体腺（pituitary gland）释放黄体荷尔蒙（luteinizing hormone，LH），卵巢里正在成熟的卵泡裂开，卵子被释放出来。卵子从卵巢里的卵泡中被释放出来的这一过程叫作"排卵"。当成熟的卵泡裂开并释放出卵子时，它要经历迅速的变化。卵泡将转化为黄体（corpus luteum），那是一小块儿具有可辨识的金黄色素的增生物质，仍然是卵巢的一部分。黄体将分泌孕酮（一种雌性荷尔蒙），进入血液循环，使子宫内壁黏膜保护可能发生的新受精卵植入。如果受精和植入没有发生，黄体就会退化并最终消失。如果发生受孕，黄体就会继续发育并产生孕酮，直到胎盘接管这一功能。而后黄体就会变成多余的，并消失殆尽（Nilsson & Hamberger，1990）。

---

**思考题**

月经的目的是什么？对于绝大多数女性来说，典型的月经周期中会发生哪些事情？在这一周期中，是否存在受孕的最佳时机？

---

**受精**　性交时，男性通常会将 1 亿～5 亿个精子射入女性阴道中。只有在女性宫颈张开并产生黏液束的关键几天内，精子才能够攀升至颈管（cervical canal），进入子宫和输卵管。由于精子的高度活跃性以及与精子健康有关的其他因素，它们在女性管道中的死亡率很高，但仍然有少量精子能够在女性生殖管道内存活 48 小时。与卵子结合的精子击败了为数众多的竞争者，从数以亿计的同类中脱颖而出。精子与卵子的结合（或融合）被称为"受精"，当这一过程成功完成后，我们就会说"受孕"（conception）已经发生。这一过程通常发生在输卵管较高的一端。当精子与卵子的染色体产生结合物时，被称为"受精卵"的新结构就产生了，它将具有独一无二的基因组成（见表 3—2）。然而，即使在这个时刻，受精卵仍然极度脆弱。因为各种各样的原因，1/3 的受精卵都在受精后不久就死亡了（Ellison，2001）。

如果没有发生受精，卵巢荷尔蒙（雌激素与孕酮）水平的下降通常导致在排卵后大约 14 天时出现月经。增厚的子宫内膜无须再为受精卵提供支持，所以它们就在 3～7 天内退化脱落，子宫壁上脱落下来的死细胞与少量血液和其他液体一起排到子宫之外。在月经结束之前，垂体腺分泌黄体荷尔蒙（LH）进入血液循环，致使另一个卵泡开始快速成长，开始了新一轮的月经周期。

表 3—2　　　　　　　　　　　　　　　　　　　受精

| | 描述 | 脆弱性 |
|---|---|---|
| 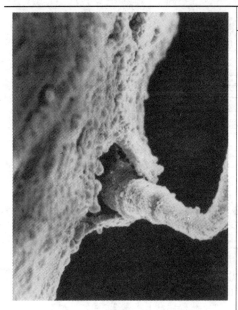 | 受精发生于两个配子（卵子和精子）结合之时。它们的 DNA 开始接合，创造出一个新的结构，称为"受精卵"。<br><br>其余没能刺入卵子细胞壁的精子（正常情况下大约有 100 个左右）继续试图刺破卵子的细胞壁。这种动作增加了输卵管内膜纤毛的运动，促进了受精卵的逆时针运动。受精卵将在输卵管中继续下行，这段约六英寸长的旅程要花上 3～4 天时间。 | 输卵管的粗细与人类头发差不多。如果输卵管有伤疤或阻塞，受精卵将无法前进。多种因素都可能导致输卵管损伤或阻塞，例如盆腔炎（PID）、性传染病（STIs）、子宫内膜异位等疾病。如果精子有缺陷或卵子细胞壁的生物化学成分未能良好地执行功能，也有可能发生不完全的结合。 |

**受精**

上图照片显示了一个精子鞭打着尾部刺入卵子内部，恰恰是在其释放基因物质之前的一刻。

来源：Nilsson, Lennart. (1990). *A child is born*. New York：Dell.

---

**思考题**

受精过程是怎样发生的？在何处发生？抑制或阻碍受精的因素有哪些？如果没有受精，卵子会怎样？

**多胞胎受孕**　如果有多于一个的卵子成熟并被释放，女性可能会多胞胎受孕，生育出异卵同胞（**双合子**或异卵双生）。同卵双生子（**单精合子双生**）源于一个受精卵在受孕后分裂成两个同样的部分。三胞胎或更多数目的多胞胎受孕可能是由于单一受精卵与异卵或同卵双生子的结合，但更可能是辅助生育的结果。

对于选择辅助生育方法的夫妇来说，多胞胎受孕现象也发生于医学实验室的皮式培养皿（petri dish）中。在合成晶胚（通常是几个）成长几天后，某些就被转移到女性的子宫中，希望其中至少有一个能够植入子宫壁并继续发育。自 1980 年以来，双胞胎的出生率增长了 65 个百分点；而三胞胎及更多数目的多胞胎出生率增长了 400 多个百分点。多胞胎生育的快速增长与受精治疗的进步有关，也与美国及其他工业化国家的女性选择在较大年龄时才生育有关（见图 3—3）（Martin et al.，2003）。

**减少大数目多胞胎怀孕**　超过两个以上的多胞胎怀孕会使妇女和胎儿的健康都面临更大风险，可能会导致流产或早产，而新生儿很可能会死亡或有先天缺陷。在上述情况下，可以考虑当事人及其伦理习俗是否能接受"选择性减产"（selective reduction），借此来减少胚胎数量，而不是无所作为。这种方法通常在怀孕的 9～11 周内进行。

很重要的一点是，这类选择性减产方法不应被视作是处理严格控制的不孕治疗的一种替代方法。如果确实是这样的话，大数目多胞胎怀孕将非常罕见［"妇产科的伦理事宜忠告"（Re-com-

mendations on Ethical Issues in Obstetrics and Gy-
necology），2000]。尽管从事生育领域的医学工作
者都并不把这种方法视为一种流产手段——因为
母亲的意图是继续怀孕——但另外一些人自己无
法决定流掉任何一个孩子，只能把决定权留给更
高的权威。无论父母本人是否亲自做出决定，这
都将是人生中遭遇的最困难的抉择之一（O'Brien，
2001）。（有对七胞胎的父母，他们决定不进行选
择性减产。）

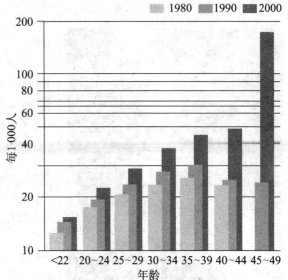

注意：1980 年的 45～49 岁妇女的生育率没有显
示，由于双胞胎的数量较少。比率是按照对数指标
作图的。

**图 3—3　双生子出生率与母亲年龄的关系：美
国，1980 年、1990 年与 2001 年**

自 1980 年以来，双生子的出生率在各年龄组均
有所攀升，而对于年龄在 45～49 岁的大龄母亲来
说，最大速率的攀升仍在持续。

来源：Martin，I. A. Hamilton，B. F.，Ventura，S. J.，
Menacker F.，Park，M. M. et Sutton，P. D.（2002，December
18）. Births：Final data for 2001. *National Vital Statistics Reports*，
51（2），1 - 103. Retrieved January 6，2005 from http：//
www.cdc.gov/nchs/data/nvsr/nvsr51/nvsr51 _ 02. pdf.

**思考题**

　　异卵双生子与同卵双生子的区别是什
么？为何多胞胎出生率自 1980 年以来急剧
上升？多胞胎怀孕的潜在风险是什么？"选
择性减产"是什么意思？

## 怀孕还是避孕

　　你和你的伴侣打算在不远的将来要个孩子吗？
或者你们并不打算在近期要孩子？你想知道女性在
什么时候最可能"怀上"吗？如前所述，通常，在
月经周期中段（绝大多数女性是这样，但并不是全
部）卵子在进入阴道前大约会在输卵管内停留 24 小
时，这一段时间内可以受孕。怀孕困难的女性必须
通过记录每日体温和/或进行高频率的超声波检查来
确定排卵时间，以便了解自身的最佳怀孕时机。

　　近期的调查研究还显示了一年中的最佳怀孕
时机。在一些地域，最佳受孕季节里结合的人们，
其怀孕机会是其他季节的两倍。最佳怀孕季节似
乎是在每日日照约 12 小时、气温在 50～70 华氏度
间徘徊时。这种季节差异很可能是由于内部生物

钟为日照长短所调节而造成的（Sperling，1990）。
但工业化国家的不孕率（infertility rate）在过去
30 年中有所增长。专家怀疑这可能与女性推迟了
生育（年长女性的卵子比年轻女性的卵子更不容
易受孕），盆腔炎和其他性传染病的增加，子宫细
胞在子宫外生长，子宫内膜异位的增加以及男性
精子数量的降低有关（Swan et al.，2003；Swan，
Elkin & Fenster，2000）。

**思考题**

　　是否存在更容易怀孕/受精的最佳年
龄？

## 不孕与辅助生育技术

1978 年，世界上第一个"试管婴儿"Louise Brown 诞生于英国。自那以后，研究者开发出很多受孕药物以及显微镜和手术方法，极大地改变了不孕治疗。仅就美国而言，据估计每六对夫妇中就有一对将面临不孕（Gosden，2000），而全世界大约有数百万的夫妇遭遇这一问题。很多这样的夫妇会寻求**辅助生育技术**（assisted reproductive technologies，ARTs）的帮助来增加怀孕机会。据美国疾病控制与预防中心（the Centers for Disease Control and Prevention，CDC）报告，2001 年美国已知进行的辅助生育周期为 107 587 个周期，最终生产出 26 550 个婴儿——约 25% 的成功率（Centers for Disease Control and Prevention，2003a）。到 2003 年 12 月份，美国共有 421 个生育医疗中心，而在世界其他地方还有数百个这样的中心。这些生育中心的目标是，为那些无儿无女的夫妇、单身妇女、同性恋伴侣以及因疾病、职业、晚婚或再婚而推迟了生育的人们提供希望（Centers for Disease Control and Prevention，2003a；Lemonick，1997）。女性在 35 岁以后的生育能力会显著下降。

**男性生育能力的下降**　对 2001 年美国进行 ART 治疗的夫妇进行的诊断发现，大约 20% 的男性有不育问题。就 1934—1996 年在世界范围内的 101 篇关于男性生育功能障碍的研究数据进行分析，其结果显示精液质量下降（见图 3—4）、不育问题增多以及睾丸障碍发生率上升（Claman，2004；Swan，Elkin & Fenster，2000）。英国以及亚欧其他国家的医学研究者也报告了男性精液质量（精子数量）的迅速下降，有些人口统计学家认为，新的人口数量快速下降期将要到来（Sobotka，2004；Yeoh & Chang，2003）。一些研究者指出，推迟生育是一个关键因素，因为在 20 多岁到 40 多岁及以上的这段时期内，精子的运动性会显著下降（Arnst，2003；Sobotka，2004）。

**辅助生育技术**（ARTs）　有几种辅助生育技术可供选择，因为性交过程中没能怀孕的原因也有很多种。男性的精子数量可能太低，睾丸可能受过伤或有疾病，也可能是由于精子不健康或运动速度很慢。女性的输卵管可能有阻塞、伤疤，或者曾因为疾病、受伤或手术而失去输卵管，其

卵巢中的卵泡也可能无法产生健康的卵子。女性可能因进行放射或化疗而损伤卵子（卵子可以通过低温贮藏保持存活）。子宫内膜可能无法接受一个发育中的胚胎。有时候，一对夫妇不能生育并没有生理原因（见图 3—4）。而另外一些时候，同性伴侣也希望拥有一个孩子。

**体外受精**（In vitro fertilization，IVF）是指在人体以外，即实验室环境下的皮氏培养皿中进行受精。受孕包含如下步骤：

1. 使用刺激卵泡的激素方案，刺激卵巢以产生一些可用的卵子。
2. 从卵巢中获得一些卵子。
3. 使用伴侣的精子或 IVF 实验室中捐赠的精子使一些卵子受精。
4. 让胚胎在皮氏培养皿的特殊培养基中发育 3～5 天；扩展胚胎培养基能够提供更多成功机会。
5. 将"最好的"胚胎放置在子宫中，等待观察它是否植入子宫壁；相比于多胚胎移植来说，单个胚胎的移植对胚胎和母亲来说风险都更小。

**配子输卵管内移植**（gamete intrafallopian transfer，GIFT）也利用上述很多步骤，但当女性卵子被从卵巢中取出之后，卵子和精子被放入女性的输卵管中，以促进体内的受精。

**合子输卵管内移植**（zygote intrafallopian transfer，ZIFT）与 GIFT 程序很类似，差别仅在于放入输卵管内的是实验室受精的胚胎（合子）。

**胞质内精子注射**（intracytoplasmic sperm injection，ICSI）是在显微镜下使用细针将精子直接注射入卵子。通常，当男性的精子数低时，采用 ICSI，但通过这种方法产生的胚胎有较高比例的染色体异常或流产风险（Schultz & Williams，2002）。法国的研究者目前建议，伴侣在进行 ICSI 之前要进行个体的基因构图（称为染色体组型）分析（Morel et al.，2004）。

体外受精程序也适用于绝经后的妇女。这些 IVF 程序能够使用女性自身的卵子和她们配偶的精子，也可以使用捐赠的卵子或捐赠的精子。2004 年，一位 56 岁的美国妇女使用 IVF 技术生育了一对双胞胎，随后一位 59 岁的妇女也生育了一对双胞胎（Rubin，2004）。因为这些技术，风险极高的多胎生

育在美国也有上升趋势（见图 3—5）（Martin et al.，2003）。而研究者正在尝试使用单胚胎植入提升生育    健康、足月胎儿的机会，而不是多胚胎移植。

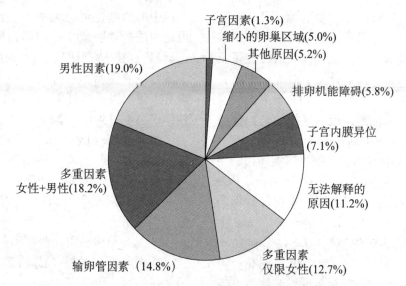

**图 3—4　辅助生殖技术（ART）治疗周期中使用新鲜非捐赠卵子或胚胎的夫妇诊断（2001 年）***
诊断从一方的单一不育因素到一方或双方的多重因素的变化。

来源：Centers for Disease Control and Prevention and American Society for Reproductive Medicine．（2004，December）．2001 Assisted reproductive technology success rates：National summary and fertility clinic reports. Retrieved November 15，2004，from http：//www.cdc.gov/reproductivehealth/ART01/PDF/ART2001.pdf.

* 圆周点和不等于 100%

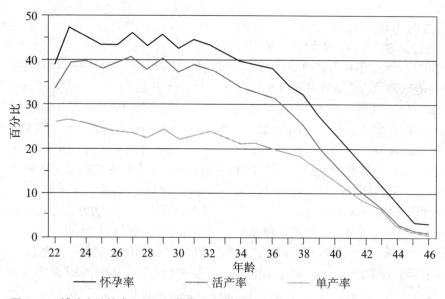

**图 3—5　辅助生殖技术（ART）的成功率随妇女年龄的变化而有所差异（2002 年）***
当使用女性自己的卵子时，她们的年龄是影响活产机会的最重要因素。20 多岁的女性，怀孕率、活产率以及单产儿比率都相对稳定，而从 30 岁中期开始，受孕几率随年龄下降，成功率也稳步下降。活产率和单生儿活产率有差异，因为多胞胎在整个活产婴儿中占较高比率。

来源：National Vital Health Statistics.（2004，December）．2002 Assisted reproductive technology success rates：National summary and fertility clinic reports，p.22.

* 为保持一致性，所有比率都是基于周期的开始。

"胚胎植入前基因治疗"（preimplantation genetic treatment，PGT）目前可以被视为一种替代方法，取代绒毛取样或羊水诊断。PGT 是对 IVE 产生的胚胎进行基因扫描。医生总是使用多种方法在一批 IVF 胚胎中选择"最好"的样本。而较新的程序能够从早期胚胎的一个单细胞中诊断某些遗传基因或染色体障碍，受到侵害的胚胎将被终止发育（Pearson，2004）。

"精子分离"（sperm sorting，or sperm separation）是为了预防伴性疾病或者家庭平衡的目的，将携带 X 的精子（女性）和携带 Y 的精子（男性）细胞分离，并进行简单的医学受精。

"胚胎收养"（embryo adoption），是另外一种生育选择，这是通过使用另外一个家庭捐赠的胚胎来完成的。该家庭在体外受精的过程中有不打算使用的多余胚胎。接受的父母可以在法律意义上收养胚胎并尝试怀孕。然后被收养的胚胎就被移植到接受的母亲或代孕母亲的子宫中（Davidson，2001；"Embryo Adoption"，2001）。

一些用于获取卵子和精子的技术已经发展起来，并能够将它们保持存活以备将来之需。"低温贮藏"（cryopreservation）科学（一种通过冷冻保存配子细胞或胚胎的技术）使人们保存卵子、精子和胚胎成为可能，被称为"冷冻胚胎移植"（frozen embryo transfer，FET），为未来的不测之需保存一段时间（Check et al.，2004）。对于罹患子宫癌、卵巢癌和睾丸癌而需要化疗、放射治疗或手术摘除生殖器官的患者，可以在进行其他治疗之前先获取并保存卵子或精子。女性的卵子比男性精子更脆弱，但是在 1997 年，一位妇女在捐赠人的卵子被冷冻两年之后，怀孕并产下一对男婴双胞胎。医生还会取下卵巢组织或睾丸组织，以便日后的再度培植。此外，人们还发展出一些方法延长胚胎在子宫外成长的时间，并在显微镜下将旧卵子的染色体和/或核子移植入较新的卵子中。

一种更新的方法——"细胞质移植"（cytoplasm transfer）——正处于早期阶段。细胞质是细胞的非核子部分，能够从年轻女性的卵子中取出，并注入年长女性的卵子中。到目前为止，细胞质移植只获得了很有限的成功（Opsahl et al.，2002）。

**未来的辅助生育技术**　帮助伴侣怀孕的科学探索成为世界范围内的研究议题。1978 年第一个"试管婴儿"出生在英格兰。澳大利亚宣布诞生了第一个来自于冷冻胚胎的婴儿。比利时实验室的研究者发现了直接将精子注入卵细胞的方法（Lemonick，1997）。2001 年，康奈尔的研究者将胚胎依附于实验室的子宫组织上进行发育（Moyer，2001）。佛罗里达大学和坦普尔大学（Temple University）的研究者进行了人造羊水的初步研究，能够使纤小的早产婴儿存活下来（Amniotic Boost，2004）。

而最引人注目的是，日本顺天堂大学（Juntendo University）的医学研究者正在开发一种人造子宫（或称"子宫箱"）。这是一个连通机器的腔室，机器能把氧和营养带给发育中的胎儿，而这一设施完全在女性身体之外。这种新的**体外发育科学**，使胎儿完全孕育于母体之外的外部环境中，可能唤起了奥尔斯德·赫胥黎（Aldous Huxley）的《勇敢新世界》（Brave New World）中的想象——但研究者们估计体外人工培育将在五年内变为现实（见图3—6）。在写到这一部分时，日本研究者已经在这样的腔室中孕育了山羊，而且，三个月后健康的山羊"出生了"（Farooqi，2003；Zimmerman，2004）。

当批评者把这样一种腔室称为非自然和丧失人性的，并引发了道德、社会和心理的困境时，得克萨斯 A & M 大学的 Farooqi（2003）声称："体外人工培育只是一种维持生命的人工手段，而且，从这种意义上来说，它与维持生命本身没有什么不同。如果说体外人工培育带来的是非自然的生产，那么剖宫产也是如此。"Farooqi 及其支持者提出，此类方法可以挽救非常早产的婴儿，使之能够离开生物意义上的母亲，在维持生命的腔室中发育，并在"出生"时被收养。然而批评者认为发育中的胎儿与母体之间至关重要的亲密联系将随着这一技术的使用而丧失殆尽（Welin，2004）。

从法律角度来看，全世界的法院可能都需要裁决此类方法是否具有合法性。来自亚利桑那州立大学法学院的律师 Michelle Hibbert（2004）指出，从法律的角度来说，尽管不育的夫妇（或独身者）拥有使用 ART 方法的自由和权利，但体外受精切断了基因父母与发育中胎

未来的婴儿

**体外发育：**
在实验室中于母体外制造婴儿。
一个母亲可以在她"怀孕"的过程
中随意走动，因为她不必带着婴儿。

**克隆：**
制造相同的人类副本。
危险是财富和力量也可复制到他们
的副本。（想象一下希特勒的百万大军！）

**女性农业：**
给女性特定配比的荷尔蒙来刺激她们
大量排卵来孕育下一代——
一个女性一次产生44个卵子。

**基因工程：**
给未来的后代任何一种特性：
肤色、身高、体型、智力、力量。

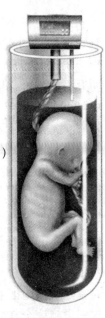

**图3—6 体外受精：未来的婴儿可能孕育于母亲的子宫之外**
生殖研究者预测，体外受精科学，也即胎儿孕育于母体之外部环境的过程，将在五年之内实现。此类方法在当前颇有争议。
来源：Squier, S. M. 1994. *Babies in Bottles：Twentieth-Century Visions of Reproductive Technology*. Rutgers University.

儿的联系。"机械孕育"的胎儿可能无法享有宪法的保护。

**关于ARTs程序的一些忠告** 据估计，世界上有3 500万～7 000万夫妇已经使用ARTs方法生育了孩子，而对ARTs程序的使用需求与日俱增（Schultz & Williams, 2002）。2004年，世界上大约有100万儿童是通过辅助生育技术降生的（Green, 2004）。然而，经更多跨越几个国家的研究证实，其流产率、早熟、初生儿的低体重、出生缺陷或发育迟滞以及婴儿死亡率，都高于正常怀孕的婴儿（Hansen et al.，2002；Schieve et al.，2002）。医学研究者正在改良这些技术，延长胚胎植入母体前的发育时间，并植入更少的胚胎，以降低较高数目多重怀孕的风险（Green, 2004）。但是当前的实际出生成功率在25%～30%之间，使得太多伴侣陷入失望。另一方面，那些生育了双胞胎或多胞胎的夫妇，又要面临他们自身的特殊挑战，应对庞大家庭的情感要求和开销。

**思考题**

美国夫妇中有多高比率的夫妇正在遭受伴有不育的复杂病症？我们所知的ARTs的成功率是多少，特别是，随着年龄的增长成功率有怎样变化？成功实现IVF包括哪些技术？

**21世纪的发展生物学与生殖** 克隆（cloning）是一种"无性体细胞核移植"（somatic cell nuclear transfer，SCNT）形式。第一步是移除女性卵细胞的细胞核，去除绝大部分基因物质——也即产生一个"去核卵"。第二步是移出一个普通体细胞（如表皮细胞）的细胞核，并将其注入去核卵中——也即核移植过程。第三步是使用微量电荷（或化学药剂）"电击"新的组合细胞，希望能够刺激其分裂和成长（正常情况下，这种分裂和成长是被精细胞触发的）。所以，一个新的胚胎对捐赠的体细胞可能有接近98%的基因复制——一些研究者把这称为"clonote"（Hansen, 2004；McHugh, 2004）。在"生殖性克隆"（reproductive cloning）中，被克隆的胚胎被置于一个女性的子宫内，希望它能够着床于子宫壁，并发育成胎儿，健康出生。尽管很多生物医学研究者、政策制定者、立法者、伦理学家以及神职人员认为，应该对生殖性克隆采取禁令，但对于治疗性克隆的反对声音似乎较少（Ulick, 2004）。

在"治疗性克隆"（therapeutic cloning）中，合成的胚胎被允许生长4～5天，进入胚泡阶段，而它的干细胞（stem cells）被萃取出来，并成长为其他体细胞或可能的身体组织（皮肤、血液、骨骼、胰腺细胞、神经元、精子、卵子等等）（见图3—7）。尽管激烈的反对者言称，绝不应该仅仅为了毁坏的目的而设计这样的人类胚胎（不尊重圣洁的生命），但热切的支持者声称，干细胞能用于治愈疾病（例如，癌症、糖尿病、帕金森症、阿尔茨海默症、脊椎受损等等）（Friedrich, 2004；Weiss, 2004b）。但就目前来说，治愈上述疾病仍是一种假想性的臆测（详见本章"进一步的发展"专栏中《干细胞研究：是进步还是打开了潘多拉之盒?》一文)。同样也处于假设阶段的是,人接受其自身的克隆组织细胞,或者一个移植的身体器官,就可能不会有免疫性排斥。然而其他发展生物学家对于不保持人类基因库的多样性持保留意见,因为基因库的多样性能够避免未来出现可能杀死上百万克隆人的病毒(Hansen,2004)。

早期克隆研究的目的是创造成群的基因完全一致的动物;现在,一些研究者想帮助不育的夫妇或同性恋者拥有他们的基因儿女。另一些研究者想要进行研究,以了解人类或动物疾病,并发展可能的治愈措施(Bowring,2004)。大不列颠罗斯林研究所(the Roslin Institute in Great Britain)的生育研究者报告,他们在经过 277 次尝试之后,终于在 1996 年使一只名叫多莉(Dolly)的"正常"绵羊诞生了。而 98% 的绵羊胚胎都没能着床,或者在妊娠期或出生后不久死亡。然而,自多莉以后,其他物种也得到了克隆:老鼠、猫、猪、山羊、骡子以及一些濒危物种。但是对于人类来说,估计生物医学研究者需要上百万的女性卵细胞——就像动物研究者所见证的一样(Hansen,2004)。然而,大不列颠、加拿大、澳大利亚、新西兰、日本、韩国以及许多欧洲国家都正在研究治疗性克隆,疾风骤雨般的日常报告可以见诸国际干细胞研究会(the International Society for Stem Cell Research,ISSCR)的网站上。

**限制**　1998 年,克林顿总统倡议美国实施一项禁令,禁止人类克隆,并成立了国家生物伦理学咨询委员会(the National Bioethics Advisory Commission,National Public Radio,1998)。2001 年和 2003 年,美国众议院通过了人类克隆禁止法令,使得所有对人类体细胞核移植的使用都成为违法行为,禁止了人类克隆,如果被证实企图或实行了人类克隆,或进口使用人类克隆制造的产品(但不包括在美国的用于治疗性干细胞研究的民间基金),将强制实行刑事和民事处罚。但是两院的成员不能就此达成一致(Weiss,2004b)。这些生物医学研究正在全世界的实验室中进行,而美国国家健康研究院(the U. S. National Institutes of Health)希望将来自于各个生育治疗中心的所有干细胞生产线都合成一个仓库,便于美国研究者利用。这将允许研究者更容易以较低成本获得标准化的条件和统一的质量,调控监管并检索干

细胞和胚胎研究(Knight,2004)。

**生物公司**　一个由雷尔(Raël,声称外星人在 25 000 年前克隆了人类)领导的雷尔派(Raëlians),还有一个法国化学家,声称他们的公司 Clonaid 在 2002 年创造了第一个克隆人类婴儿,但是并没有提供证据。截至 2004 年,他们宣称成功地克隆了 14 个人类婴儿,并在一个月之内创造了另外 10 个。他们最新的公司 Babytron,宣称已创造出第一个人造子宫,能够允许婴儿从怀孕到出生都待在女性子宫之外的机器中(世界上至少还有三个实验室宣称创造了第一个人造子宫)(McGovern,2003)。Clonaid 的另一个目标是,为客户提供永存不朽的服务。另外两个科学家,一位是美国的生育专家,另一位是意大利的妇科医生(声称创造了三个克隆人),正在公开为不育的夫妇和同性恋者提供克隆服务。2004 年 2 月,韩国科学家宣布他们通过克隆创造了 30 个人类胚胎,并获得了用于治疗性研究的干细胞(Boyce,2004;Fischer,2001)。

此类研究的爆炸性增长在持续。2004 年,哈佛医学院和波士顿儿童医院的科学家们宣布了继续进行干细胞研究的计划(并且,哈佛还恳请其伦理委员会批准其制造克隆胚胎)(Cook,2004)。而且,像本章专栏"进一步的发展"中的《干细胞研究:是进步还是打开了潘多拉之盒?》一文里提到的那样,2004 年加利福尼亚州为吸引全世界的生物医学研究者进行干细胞研究而通过的 30 亿债券法案正在起效,并被其他州迅速仿效。除非美国国会采取决定性行动,否则这必定会导致生殖性克隆(McHugh,2004)。

**思考题**

你能描述克隆创造人类胚胎的过程吗?你是否认为为进行干细胞研究目的而破坏人类胚胎等同于杀死人类婴儿,或者你认为这一研究会导致不育的人有更多需求?如果当前的规则只允许克隆胚胎在实验室发育 14 天,你是否认为存在一种"滑坡",导致未来的克隆胎儿将仅仅被用作身体的一部分?

## 进一步的发展

### 干细胞研究：是进步还是打开了潘多拉之盒？

　　干细胞是指有能力自身繁殖的细胞。它们能够分裂并在很长时期内自我更新，但不具有特定的功能，而是能异化成为人类220种细胞或组织中的任何一种。这一研究是非常具有争议性的，因为很多研究者提议，生成人体组织和器官的最佳干细胞资源是胚泡阶段的胎儿组织（子宫着床前的胎儿，大约有30～150个细胞）（见图3—7）（Miller，2001）。这样的胚胎干细胞（embryonic stem cells，ES）能够从胎儿组织中提取，而胎儿是由IVF创造的，是IVF程序中剩余的或冷冻的胚胎。然而，在胎盘和脐带组织中也发现了其他干细胞，而成人的干细胞能够在脂肪细胞、表皮、血液、骨髓和其他体细胞中发现（Chapman，Frankel & Garfinkel，1999）。

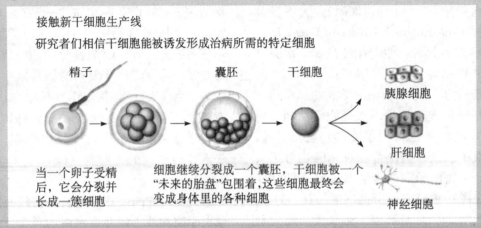

**图3—7　为科研和治疗收取胚胎干细胞**

　　在世界范围内，日益增加的研究试图考察如何使用胚胎干细胞和其他躯体细胞——诸如皮肤细胞、脂肪细胞以及脐带血细胞——来创造新的人类细胞和组织。

　　来源：Stephanie Nano，"Scientists Give Free Access to Stem Cell Lines，" Associated Press，March 3，2004. Copyright© 2004 Associated Press. Reprinted by permission.

#### 法律法规

　　2001年，布什总统限制美国联邦研究基金仅可给予那些留在生育医疗中心和指定处置的胚胎细胞株实验。布什总统与很多生物伦理学家和保卫生命提倡者一道，都关注无度创造和破坏额外的胚胎以及对女性的潜在剥削（Goldstein & Allen，2001）。然而，人类干细胞研究的民间实验并没有被法律监管或禁止，而总统和国会也支持并资助成人干细胞研究（National Institutes of Health，2004a）。2003年末，美国和世界上有60多家公司和1 000多位科学家在为开发治疗性产品寻找某种形式的ES研究（"Embryonic Stem Cell Research"，2004）。

　　2004年11月，联合国否决了对胚胎干细胞研究的禁令（Arieff，2004）。很多国家和地区——例如以色列、澳大利亚、新西兰、中国、韩国、中国台湾以及日本等国家和地区，都已经开始进行ES研究（Hoffman，2003；"Stem Cell Research"，2003；Tauer，2004；Wang，2003）。

#### 支持派

　　干细胞研究的支持者、很多生物医学家、一些受疾病折磨的人以及一些政治家和风险投资家预测，ES研究具有治愈多种人类疾病的潜力——他们说，这是改变疾病和人类痛苦，结束不育以及预防衰老和死亡的第一步（Tauer，2004）。2004年，哈佛的科学家为其他干细胞研究者免费提供了17个新的人类胚胎干细胞株，这些干细胞株不是由政府的资金培育出来的，他们希望能够借此推动相关研究（Nano，2004）。来自澳大利亚的干细胞科学有限公司也为学院和公司提供了一个干细胞株用以加速研究的开展（National Institutes of Health，2004c）。

2004 年，加利福尼亚的选民通过了 71 号提案——《加利福尼亚干细胞研究和治疗提案》（*California Stem Cell Research and Cures Initiative*），提案允许该州在 2014 年以前投资三亿资金用于干细胞研究。核准资金成立了再生医学研究院，并由该研究院分配基金，建立研究指导方针。加利福尼亚州宪法将得到修正，以确保生物学家进行 ES 研究的权利，并保护研究所不受立法机关的干涉和监督。支持者相信这将使加利福尼亚州在全球成为该领域的领军者，吸引国际上优秀的生物技术研究者来到加利福尼亚，并显示出资金上的优势。威斯康星州很快也出资 75 000 万美元建立探索研究院，引导干细胞研究（Seely，2004）。其他州接踵而至。这是一场投资了数以亿计美元的竞赛，很多人相信这类生物医学研究将是下一个"硅谷"（Kotkin，2004；Spar，2004）。

### 干细胞反对派

很多国家的公民持有不同的宗教信仰以及哲学和伦理学信仰，一些国家禁止为研究制造人类胚胎。此类研究的支持者认为任何道德层面上的反对都不重要，因为 ES 是一簇"看不见的细胞丛"，而"不是与你一样的真正生命"。然而，另外一些医学科学家、绝大多数牧师、政治家以及很多美国人，都相信人类生命始于受精。教皇是天主教教会及其数百万追随者的领袖，曾"谴责使用胚胎的干细胞研究，因为研究中破坏了胚胎；但并不反对从其他身体组织提取细胞来进行干细胞研究，因为在这一过程中没有威胁到生命"（Owen，2001）。

一些研究使用来自于人类早期胚胎的干细胞、来自于流产的胚芽和胎儿干细胞，还有胎儿的组织，这引发了伦理、法律和政治问题：哪些管理机构会出台规范并监督此类研究？为使此类研究持续进行，要从哪里得来那么多胚胎来满足研究持续和升级的需求？妇女会因为流产胚胎而得到报酬吗？胚胎干细胞会被允许发育到胎儿阶段，然后再被破坏吗？人类胚胎细胞会被用来和其他动物细胞连接吗？干细胞株可以用于制药公司研制新药物的试验吗？

这些反对者感到，将人类身体部件作为商业"货物"来贩卖或使用，而不是将其视为"奇迹"——像父母所认为的那样，通过自然受孕、发育和分娩诞生出这样的"奇迹"，这令他们焦虑不安（Sandel，2004）。现今仍缺乏相关管理法律、授权、规范和监督，以防止随意使用人类细胞的现象出现，避免打开新的高科技人种改良学大门。

### 折中派

"遗传研究中心及学会"号召，公众应对加利福尼亚州的干细胞提案负有监督义务与责任感，以避免滥用公众资金，同时也应保护为研究提供卵子的女性（Darnovsky，2004）。人们对于关于 ES 研究的争论带有很强烈的情绪色彩，但就目前来说，来自于不同渠道的资料均表明，正在进行干细胞研究的生物医学研究者至少已在过去十年中获得了一些成功。然而，仍然没有证据显示使用胚胎干细胞能够制造出其他健康的人类组织和器官（Kelly，2004；Koucheravy，2004）。该研究领域在全世界已经出现一种新的势头，各方面有关人员都同意的是，成人的其他干细胞、胎盘和脐带干细胞应该被用于探索治疗人类疾病及其他挽救生命的可能性的研究上。倘使一些生物医学研究者做出预言，倘使预言变为现实，人类就可以通过更换身体部件和器官，获得更好的生活质量，并且活得更长。

## 制造婴儿的伦理困境

绝大多数人都有强烈的生育愿望。很多生物　　医学研究者也认为，采取任何可能的手段来进行生殖都是人类的一项基本权利。通过运用精良的ARTs方法，妊娠率和正常足月出生率都已获得显著提高，有超过百万的不孕夫妇、同性恋伴侣或单身者生育了子嗣。而更令人吃惊的是，据生育专家预言，不孕将在不久的将来被终结。研究者正在使用新的化学治疗和显微装置，创造新的ARTs（包括人类克隆，将允许任何人拥有孩子），并计划制造和设计没有疾病和障碍的人类婴儿。在这方面，生物医学研究者已经：

● 改进了对不孕的诊断，并明确了怀孕的最佳时机。

● 改善了对自然怀孕的激素治疗。

● 改进了 IVF 技术，在子宫中植入较少（但健康）的胚胎，以避免有较高风险的多重怀孕。

● 使先天子宫缺失的妇女、正进行化疗或放疗的妇女以及绝经期妇女也能够怀孕。

● 设计合成羊水，以便维持人造子宫中的生命。

● 为体外胚胎移植制造人造子宫。

● 制造人造子宫箱来使发育早期阶段或后期阶段流产的胎儿成长和发育到足月（结束流产或因为不足月分娩导致的先天缺陷）。

● 改良三维和四维诊断成像，以便在出生前的所有阶段都能够评估胚胎及胎盘的健康。

● 通过在胚胎阶段替换有缺陷的基因，尝试移除基因缺陷。

所有这些技术中，最令人不安的是体外发育，即利用人造子宫箱。拥护者预言，这将终结人类自然怀孕——使胎儿在产前得以在科技监控下发育到足月，模拟子宫环境，能够进行简单的手术干预或基因转移，以纠正可见的缺陷（Osgood，2004；Tonti-Filippini，2003）。即将成为父母的人们可以观察他们的胚胎成长为一个 40 周的胎儿，而且有很高的几率可以健康"出生"。妇女会不会去做推广宣传：没有"晨吐"的妊娠反应，不会增重，也不会出现健康方面的并发症，不会为产科检查和休产假减少工作时间，而且还有一个"更健康"的孩子？

设计"完美"的婴儿听起来如同田园诗画般

美好，但是在这幅画卷中，母亲与发育中的婴儿之间自然的联结在哪里呢？对于男人与女人共同创造的人类生命的尊重哪里去了呢？然而，在 19 世纪后期，当出现为早产儿制造的孵化箱时，当 20 世纪 60 年代出现第一批避孕药时，当 1967 年进行首例人类心脏移植并引导了组织捐赠与器官移植时代时，当 1978 年通过 IVF 生育出第一个婴儿时，同样的伦理担忧也曾出现过。现如今，公众欢迎此类挽救生命或缔造生命的技术。然而，所有新的医学"奇迹"都应该有联邦规章和监督，因为已经发生过一些灾难事件。1957 年，用于减轻怀孕妇女"晨吐"和失眠的药物"反应停"（酞胺哌啶酮，thalidomide）在欧洲和加拿大出售。这造成了对母婴不幸的后果，有过万的婴儿先天矮小或没有四肢（然而，这一药物又在减轻 AIDS 和化疗所产生的呕吐中再度出现）（Public Affairs Committee，2000）。

经济因素也是人类繁衍和生育健康婴儿的一种驱力，因为在新生儿重症治疗监护病房（neonatal intensive care units，NICUs）中为早产儿提供的医疗保健每年需要耗费几十亿美元——而焦虑的父母为等待子女命运所耗费的情感代价更是难以估量（March of Dimes，2004c）。

社会科学家、医生、生物伦理学家、政治家、牧师以及非专业人士都提出了 ARTs 技术的合法性问题。胚胎被允许在实验室中发育多长时间（几天或几次细胞分裂）？是否应该按照特定的参数表设计胚胎？如果接受人改变了初衷，或者有畸形发生，该怎么办？研究者是否应该被许可毁坏掉发育中的胚胎或胎儿？这种破坏是优生学的一种形式吗？人类胎儿组织会被单独移植［也即，异种移植（xenotransplantation）］吗（Center for Biology Evaluation and Research，2004）？谁拥有实验室培育出的匿名胚胎？当通过克隆技术培育出的孩子了解到自己的身世时，他们将作何感受？在母体外发育会不会影响到自然母婴联结的过程？

尽管众议院和参议院提出了一系列相悖的法案，但国会并没有通过联合法规来管理 ARTs，以保护美国人不遭受科技的不当对待（Johnson & Williams，2004）。在这一飞速成长的工业中，由于缺乏一致的国家法律或州法律，而使得美国消费者处于一种脆弱的位置。一项法律（公法 108-

199）通过以一千万美元建立国家脐带血干细胞库，为研究提供从脐带血中提取的干细胞（Johnson & Williams，2004）。食品药物管理局（the Food and Drug Administration，FDA）在 2005 年 5 月 25 日颁布《人体细胞、组织及其产品优良操作现行规范：检查与强制措施》（*Current Good Tissue Practice for Human Cell，Tissue，and Cellular and Tissue-Based Product Establishments：Inspection and Enforcement*）。这一规定控制了研究使用的方法、使用的设备与管制办法，以及产品和记录保存，并建立了一套优质的科学程序——还打算改善对公民健康的保护，同时将负担调整到最小（McKeever，2004）。一些人预测美国最高法院可能会进行政策辩论，以决定无性生殖是否该受到宪法的保护。而更多的美国大学，如哈佛大学，则避开了布什总统 2001 年颁布的关于干细胞研究的行政命令，通过建立了私人研究所来获取联邦基金资助（Tanne，2004）。

第 57 界世界健康大会敦促其 192 个成员国，贯彻监督"人类细胞、组织、器官的获得、处理及移植，以确保人类肉体移植及追踪的责任"，使"全球实践工作和谐发展"，"考虑建立伦理委员会"，并"着手保护贫困和弱势群体……使其不会贩卖组织和器官"（Human Organ and Tissue Transplantation，2004，p. 2）。尽管很多欧盟国家、加拿大、澳大利亚、中国、日本、韩国以及美国的某些州，还没有出台上述草案，但已在研究进程中。

一些研究者、生育专家、政治家以及风险资本投资者支持包括克隆在内的 ARTs，并声称他们没有破坏任何道德规范。有些人说，他们正在通过帮助不孕的夫妇实现生育梦想，或通过消除人们的痛苦，而使人类更接近上帝（Talbot，2001）。然而很多人，特别是女性，在道德上对于重新定义母亲身份和人性仍然持保留态度——并对人类整体的未来表示严重担忧。

**思考题**

什么是克隆？什么是干细胞研究？胚胎干细胞研究为何被视为"最佳选择"？ARTs 为何如此具有争议性？美国法律为何关注这些生命与死亡的议题？

## 生育控制方法

避孕是女性看**妇科医生**（gynecologist，专攻女性生殖健康的医生）的首要原因，而看妇科医生的女性中有 75% 是 20 岁左右的女性（Frankel，2004）。在过去十年里，美国为降低十几岁少女怀孕和成年女性计划外怀孕实施了多种强化方法并卓有成效（见图 3—8）。在 1990 年的峰值之后，低龄少女（10～14 岁）生育的报告达到了 60 年里的最低水平。1990—2002 年，尽管低龄少女总人数有 16% 的上升，但其生育数量下降了 43%（Menacker et al.，2004）。

同样，在过去十年中，医疗保险制度提高了覆盖范围，例如，截至 2002 年，大部分保险计划覆盖五种主要的可逆避孕方法：子宫帽、一个月和三个月的血管注射、IUD 及口服避孕药（Sonfield et al.，2004）。自 1998 年来，美国食品与药物管理局（FDA）已批准了至少 14 种新的女性避孕产品。这些必要的计划为 6 000 万美国育龄妇女提供了生殖选择，而采用避孕措施的女性比例正在持续增加（"Facts in Brief"，2004）。

此外，性活跃的青少年与成人如今被更充分地告知了性行为的风险，包括 HIV 和 AIDS、性传染病以及较差的社会经济后果。他们也更好地意识到多种计划生育措施，以避免怀孕或合法堕胎及终止怀孕。

**避孕**　有很多种避孕产品和方法，有些可逆，有些不可逆，但是绝大多数避孕工具都不能保护当事人不感染 HIV 或其他性传染病。在世界范围内，多种试验性的男性避孕方法正在临床试验阶段，包括将一种液体注射入输精管，以及植入雄性激素和孕酮合成的荷尔蒙，这些方法已在一小部分被试样本中获得成功（Turner et al.，2003）。

很多生殖健康措施的倡议者都致力于通过保

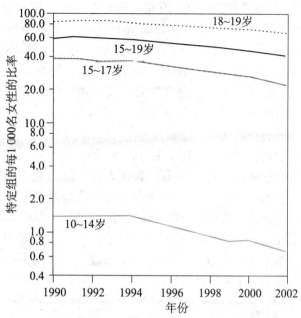

注意：基于1991—2002年人口比率的分布是2000年人口普查的滞后估计（inter-and postcensal）。1991—2001年的比例已经有所修改，与已经出版的数字有显著不同。这些比例分布在对数尺度标注上。

**图3—8　美国10～19岁女性生育率（1990—2002年）**

美国10～19岁青少年生育率已回落至30年来的最低水平，而降低所有年龄段青少年生育的长期计划仍在进行。10～14岁年龄组的生育数量比1990年减少了43%，尽管这一群体总人数增加了16%。超低龄的母亲生育对母婴双方的健康都会产生很高的风险。

来源：Menacker, F., Martin, J., MacDorman, M. F., et Ventura, S. J. (2004, November 15). Births to 19-14-year-old mothers 1990—2002: Trends and health outcomes. *National Vital Statistics Reports*, 53（7）. Washington, DC: CDC, U. S. Department of Health et Human Services.

险覆盖更多可用方法，使公众拥有更好的知情权，并宣传更有效的生育控制手段——包括双重拮抗药物（例如，促进头发生长并避孕）（更多内容请参见本章"可利用的信息"专栏中《避孕产品、计划和政策制定：当下与未来》一文）。同时，美国某些州的各类卫生保健人员（PAs、RNs、LPNs、药剂师以及医疗办公室助理）也在药店和社区诊所分发避孕药。药剂师还接受了通过注射进行紧急避孕的培训。

**禁欲**　道德观和价值观是少女怀孕问题的核心。所以，一些公共健康倡议者和政策制定者认为禁欲（abstinence）是关键因素，其首写字母也就是预防计划外怀孕或性传染病的ABCs计划中的

A［B是"对伴侣忠诚"（be faithful to your partner），C是"如果有性行为，使用避孕套"（if active, use a condom）（Cohen，2004）。他们认为，过去十年中少女怀孕大幅降低的一个主要原因是"婚前禁欲"或"成年前禁欲"计划的实施，这一计划是1996年《个人责任和工作机会协调法案》公共贤助的一项内容（HR 3734）。美国国会在2005年对禁欲教育继续资助了13 100万美元的联邦基金（Sherman，2004）。

然而，一些人士反对禁欲运动，他们希望在公共健康领域中教授更为综合的避孕方法预防怀孕和性传染病（sexually transmitted infections，STIs）问题。在这种对立的思想倾向下，这些人士认为关于禁欲计划的早期分析基本无效，或轻视这些分析结果。一项被称为"只有禁欲"的联邦研究十年项目在2006年结项。事实上，对立的双方在这一公共健康问题上应成为盟友而不是仇敌："预防青少年怀孕既是公共健康问题，也关乎道德与宗教价值观"，而且"十几岁少女中保持处女贞洁的最普遍原因是：性行为有违她们的宗教信仰或道德准则"（Whitehead，Wilcox & Rostosky，2001，pp.1，4）。同样，一些宗教团体也提倡禁欲，帮助青少年在道德与精神方面获得成长，提供丰富的青年发展活动，给予他们信心和对未来的希望，并使其与关爱他们的成人建立联系。

在近期一项对1 000名青少年和1 000名成人被试进行的全美调查中，绝大多数成年人（94%）和青少年（92%）表示，对于青少年来说，重要的是从社会获得强有力的信息，表明他们在高中毕业之前不应该有性行为（Albert，2003）。而更多年轻人对于早期和偶然的性行为很谨慎（Albert，2003；Bernstein，2004）。青少年意识到，HIV/AIDS和STIs都是大问题，而越来越多的青少年，特别是在贫困的少数民族社区中的青少年，希望读大学并改变他们的生活状况（Bernstein，2004）。然而，当代青少年对避孕有更多的认识，并且更容易采取避孕措施，他们也想更多地了解关系、亲密、爱以及与伴侣的交流（Bernstein，2004）。

**流产**　避孕并非绝对安全，在美国女性中，有将近50%的怀孕是意外的，而终止怀孕是一种合法选择。**流产**（abortion）是在胎儿有独立生存

能力之前自然或人为诱发排出体外。1973 年，美　　国最高法院在罗伊案（Roe v. Wade）中将堕胎

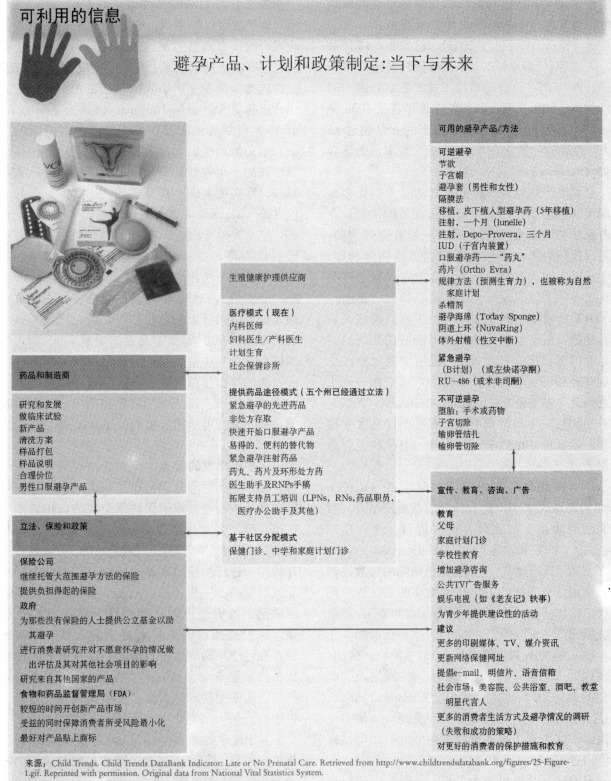

**可利用的信息**

**避孕产品、计划和政策制定：当下与未来**

**可用的避孕产品/方法**

**可逆避孕**
节欲
子宫帽
避孕套（男性和女性）
隔膜法
移植，皮下植入型避孕药（5年移植）
注射，一个月（Iunelle）
注射，Depo-Provera，三个月
IUD（子宫内装置）
口服避孕药——"药丸"
药片（Ortho Evra）
规律方法（预测生育力），也被称为自然
　家庭计划
杀精剂
避孕海绵（Today Sponge）
阴道上环（NuvaRing）
体外射精（性交中断）

**紧急避孕**
（B计划）（或左炔诺孕酮）
RU-486（或米非司酮）

**不可逆避孕**
堕胎：手术或药物
子宫切除
输卵管结扎
输卵管切除

**生殖健康护理供应商**

**医疗模式（现在）**
内科医师
妇科医生/产科医生
计划生育
社会保健诊所

**提供药品途径模式（五个州已经通过立法）**
紧急避孕的先进药品
非处方存取
快速开始口服避孕产品
易得的、便利的替代物
紧急避孕注射药品
药丸、药片及环形处方药
医生助手及RNPs手稿
拓展支持员工培训（LPNs，RNs,药品职员,
　医疗办公助手及其他）

**基于社区分配模式**
保健门诊、中学和家庭计划门诊

**药品和制造商**

研究和发展
做临床试验
新产品
清洗方案
样品打包
样品说明
合理价位
男性口服避孕产品

**立法、保险和政策**

**保险公司**
继续托管大范围避孕方法的保险
提供负担得起的保险
**政府**
为那些没有保险的人士提供公立基金以助
　其避孕
进行消费者研究并对不愿意怀孕的情况做
　出评估及其对其他社会项目的影响
研究来自其他国家的产品
**食物和药品监督管理局（FDA）**
较短的时间开创新产品市场
受益的同时保障消费者所受风险最小化
最好对产品贴上商标

**宣传、教育、咨询、广告**

**教育**
父母
家庭计划门诊
学校性教育
增加避孕咨询
公共TV广告服务
娱乐电视（如《老友记》轶事）
为青少年提供建设性的活动
**建议**
更多的印刷媒体、TV、媒介资讯
更新网络保健网址
提倡e-mail、明信片、语音信箱
社会市场：美容院、公共浴室、酒吧、教堂
　明星代言人
更多的消费者生活方式及避孕情况的调研
　（失败和成功的策略）
对更好的消费者的保护措施和教育

来源：Child Trends. Child Trends DataBank Indicator: Late or No Prenatal Care. Retrieved from http://www.childtrendsdatabank.org/figures/25-Figure-1.gif. Reprinted with permission. Original data from National Vital Statistics System.

85 合法化，从此之后，要求流产就成为一种合法的医学程序。大多数进行流产的女性是年轻的未婚女性，通常在怀孕后八周之内就进行流产，风险也最低（Strauss et al.，2004）。已发布的统计数字令人震惊：1973—2001年，被报告的流产案例超过4 500万例（总数还要高于这一数字，因为阿拉斯加州、加利福尼亚州和新汉普郡自从1998年以后都没有报告）。2001年，流产的女性超过85万人，然而这一数字在1990年后呈现出显著下降趋势（Strauss et al.，2004）。

手术流产的显著下降部分归功于人们更多地使用了紧急避孕药。紧急避孕药在美国出售，在没有保护措施的性交之后服下一剂紧急避孕药，就可以预防怀孕。少数州正在尝试培训药剂师、护士、医生助理以及住院医师分发这类紧急避孕药。米非司酮（Mifeprex）或氨甲蝶呤（methotrexate）能阻断孕酮受体并阻止子宫内膜植入或养育胚胎，从而预防怀孕。这可能要花几周的时间，并可能在化学引发的流产没有完成之前产生诸如痛经和流血等副作用。而手术流产在一个小时之内就可以完成（"Induced Abortion"，2003）。此类药物只在怀孕早期有效。有些团体在大学健康中心做宣传，提供全面的生殖、避孕和紧急避孕服务。

一个特别具有争议的问题是引产（partial-birth abortion），引产是在怀孕的最后三个月，当胎儿已经能在子宫之外存活时进行。这一程序［被称为"扩张和取出"（"dilation and extraction"）或"D & X"］包括首先把胎儿的脚放进产道，使用一个锋利的工具刺破胎儿的头，然后把它移出母体。2000年，美国进行了大约2 200例此类晚期流产（Schneider，2003）。支持流产的人士说，胎儿感受不到疼痛（Dailard，2004）。然而，如果观看了www.michaelclancy.com网站上"20世纪的照片"以及21周大的胎儿Samuel Armas在手术下的反应，人们可能会改变观点。他的母亲决定不流产这个患有脊柱裂的胎儿，而尝试在子宫内进行手术并获得成功。

流产问题是公民两大阵营——保护生命权和保护选择权两派支持者激烈且难以调和的冲突，而州与州之间的流产法律也有所不同，至少有30个州禁止引产（Dailard，2004）。

**保护生命权的观点**　保护生命权的支持者指出流产的很多不良后果，包括人类生命的广泛丧失、选择流产的女性所报告的长期心理伤害以及允许此类事件发生所引发的社会道德败坏。国家生命权利委员会（the National Right-to-Life Committee）以及其他心理学家把"流产后应激综合征"定义为某些妇女在选择流产并突然终止怀孕后出现的一组症状：抑郁、无价值感、人际关系障碍、性功能失调、自尊受损，还有一小部分女性自杀（MacNair，2001；Rue et al.，2004）。目前，整个美国有将近3 000个怀孕危机中心，为女性提供咨询，帮助其面对意外怀孕，并提供医疗、经济以及法律的援助（"Alternatives to Abortion"，2004）。1973年为保护安全且合法的堕胎而发起罗伊案诉讼的那位妇女，现在已成为一个直言不讳的保护生命主义者。自从1995年，美国国会通过立法禁止引产，这是被前总统克林顿所否决的。布什总统在法律上签署了限制令。一些批评者指出，该法令措辞模棱两可，可能限制了一些安全且可承担风险的程序（Greene & Ecker，2004）。

**保护选择权的观点**　保护选择权的支持者声称，流产为女性和伴侣提供了很多好处，他们可以选择不生孩子，或因无法承受经济负担而不要孩子，而每个女性都应享有对其身体的控制权，能决定在其身体上发生的事情。相比于现今在医疗机构中进行的堕胎来说，1973年以前的非法堕胎风险很高。一些夫妇的胎儿有很大可能携带基因缺陷，他们也可以选择继续怀孕还是终止怀孕。保护选择权的支持者还声称，对于母亲来说，在怀孕早期阶段进行流产，从统计上来说将 86 比生产要更安全。2001年，美国仅有11个妇女死于合法堕胎后的并发症（在85万例合法堕胎报告中）。

关于这个触及情感的议题，争论双方都在聚集更多力量，影响到州或国家竞选的结果，也影响着我们社会的未来。

## 扩大的生育年龄

引起医学工作者——特别是小儿科的内分泌科专家——极大关注的一个事实是，现在美国和欧洲的女孩比 25～30 年前的女孩更早进入青春期。20 世纪早期，女孩平均来说直到 14 岁才月经初潮。现在，有些女孩在 5 岁时就开始发育阴毛和胸部，而 8～9 岁时就月经初潮。白人女孩初潮时的平均年龄是 12.8 岁，非洲裔美国女孩的平均年龄是 12.2 岁。这被称为"发育周期压缩"（developmental compression），而经历早熟的青春期的少女，往往在低自尊和同伴社会压力下挣扎（Ellis & Garber，2000）。对于一些女孩来说，早熟的青春期还伴随着较早的性行为以及低龄怀孕。这是一个很重要的社会问题，因为这些年轻女孩还不具备养活自己和腹中胎儿的资源。保健系统、政府机构以及美国工商界正在联合起来，对美国年轻人进行关于十几岁（甚至更低龄）怀孕危险的教育。

迄今为止，关于青春期提前现象增多的原因，尚未有一致的科学结论，尽管研究者推测这与提早增重或进食带有类似激素物质的食品有关（Kaplowitz et al.，2001）。另外一些研究者则认为，从社会心理的观点来看，家庭关系压力以及继父的存在都是其影响因素（Ellis & Garber，2000）。而小儿科的内分泌科专家认为，女孩 8 岁前或男孩 9 岁前出现青春期发育需要进行临床评估和骨龄评估（Carel，Lahlou & Chaussain，2004）。10～14 岁女孩怀孕的发生在 20 世纪早期达到了有史以来的峰值，而到了 2002 年，这一报告数字达到了 60 年里的最低点（Menacker et al.，2004）。然而，美国的十几岁少女怀孕和生育在工业化国家中仍然是最高的（见图 3—8）（McNamera，2004）。

在整个人类历史中，女性的生育年龄一般都终止于最后的月经周期（平均来说是 50 岁左右），也称为"更年期"（menopause）。近期欧洲一项跨国研究对大样本的伴侣被试进行调查，发现女性在接近 30 岁时生育能力开始下降，而到接近 40 岁时有本质降低。男性的生育能力受年龄的影响较小，但在接近 40 岁时也显示出显著的下降（Dunson，Colombo & Baird，2002）。而今，通过 ARTs 方法，更多女性尝试在 40 多岁、50 多岁甚至更年期后生育。三四十岁的不孕妇女以及绝经后的妇女都需通过仔细的身体检查，有一些不适合做 ARTs。而适合做的人也有很高风险可能罹患怀孕并发症，同时，只有一小部分女性能够承担辅助生育的费用（有些人的医疗保险包括这一项目，而且根据当前法律，这项开销还可以作为医疗费用而免税）（Pratt，2004）。美国生育协会（the American Fertility Association）和美国生殖医学会（the American Society for Reproductive Medicine）已经启动了广泛的教育活动，教育的目标是那些准备怀孕的人："年龄增加会降低你的生育能力。"随着年龄的增加，只有一小部分妇女能怀孕并孕育健康的婴儿。例如在 2002 年，全美 50～55 岁的女性总共才生育了 263 个婴儿（而且其中一些还是多胞胎）（Heffner，2004）。

进入更年期的妇女自己没有能生育的卵子，所以就需要寻找二三十岁女性捐赠的卵子。更年期妇女本人也需要使用雌激素治疗以刺激子宫，使其能够进行 IVF。精液可以来源于其配偶或是另一个捐赠者，捐赠人通常都在 40 岁以下。受精发生在实验室里，几个胚胎会在实验室环境中发育几天，然后被植入该妇女的子宫。所以多重怀孕的风险很高。

此外，捐赠与购买卵子的国际商业化势头日益增长。近期的一项研究在 49 个国家中进行调查，结果显示，在关于 ART 临床技术、获取途径以及花费方面，各国的宗教信仰、指导方针和法律法规非常不一致（Jones & Cohen，2004）。尽管很多医疗领域工作者认为，出于伦理原因，捐赠人不应该因为捐赠卵子而获得报酬，但是，由于捐赠人牺牲了时间，同时抽取术也会带来一定的不便，所以她能够得到一定的补偿。卵子捐赠人通常能获得 7 500 美元或更高金额的补偿。现今，一些生殖中心在一流大学的校园里做广告，可能要求捐赠人进行基因检查，但尚不能对捐赠人提供

87

法律保护（Blackley，2003）。另一个主要担忧的问题是，那些具有购买权利的人会选择什么样的基因特质？父母会更多地选择生男孩吗？消费者希望孩子有哪些遗传特质？对于我们的外表、能力、缺陷和疾病以及我们的行为与生活潜力来说，遗传均具有显著贡献。

**思考题**

美国女性可以采用哪些计划生育方法？作为计划生育方法的堕胎有多普遍？关于堕胎，两派对立观点的主要争论是什么？而选择堕胎的女性通常在怀孕的哪个阶段进行？女性在停经后还有多大可能要一个孩子？成功的可能性有多大？

 ## 遗传与遗传学

或许，关于 ARTs 和扩大的生育年龄的争论核心在于，我们知道每个人的基因构成都是非常复杂和独特的，可能存在一系列瑕疵。在正常性交繁殖中，很多事情都可能出现故障。如果科学家获得许可，可以自由创造人类物种及其基因组合，将会发生什么事情？在我们接受"完美"胎儿之前，有多少胚胎将被创造又遭毁灭？"完美的宝宝"真的存在吗？我们是否真的想养育一个自身身体的复制品？

如前所述，心理学、心理生物学以及社会生物学领域中的一个主要争论是，在我们的躯体、智力、社会性和情绪逐渐发展的过程中，遗传和环境因素分别起到何种作用？这一争论被称为先天（生物）与教养（环境）之争。社会生物学家致力于确定多个物种在社会行为进化方面及生物性方面的规律。心理学家则倾向于把焦点放在心理机制的天性以及对环境的适应性方面。不同专业的工作者包括生物伦理学家之间的良性论战，帮助我们了解到生物性遗传的重要作用。

现在我们来看一看我们自身的生物性遗传，也称为"**遗传**"（heredity），也就是我们从生物性双亲身上继承的基因。每个人都从自己的生物性双亲那里继承了特定的基因编码，而受精是决定生物性遗传的主要事件。我们的生命始于一个单一的受精卵，或称"合子"，其中包含有来自父母及其祖先的所有遗传物质。在随后的九个月中，直至出生前，我们大约会拥有两千亿左右个细胞，均以这个原初细胞为精确蓝本。**遗传学**（Genetics）是遗传学家对生物性遗传进行的科学研究，2000 年，人类基因组工程（Human Genome Project）完成了人类的第一份基因蓝图。

### 人类基因组工程

1990 年，美国能源部和国家健康研究所的科学家开始与一家名为 Celera 的私企进行一场激动人心的科学赛跑，目的是发现**人类基因组**（human genome）的顺序，也就是在每个人类细胞中缠绕的 6 英尺长的染色体中所有基因的蓝图（Travis，2000）。自从第一份人类基因组草图在 2000 年被报告起，在全世界范围内，数百位科学家通力合作，使草图变为一个具有高度准确性的基因组序列，其中 99% 的部分已经完成。人类基因数量远比预期少得多——只有大约 2 万到 2.5 万个基因，而不像基因研究者曾经预测的那样能达到 10 万个（International Human Genome Sequencing Consortium，2004）。人类的基因数量只是果蝇或低等线虫的两倍。多令人惊奇啊！

基因的先后顺序保持了整套遗传说明，来制造、运行并维持器官，同时也再造了下一代。你身体上万亿细胞中的每一个，都包含着一份你的基因组复本。更重要的是，基因组是一种信息，影响着我们的行为与生理的方方面面。基因不仅影响着我们的外貌，而且基因中分子水平的错误还无疑对大约 3 000～4 000 种遗传疾病负有责任 ［National Human Genome Research Institute（NHGRI），1998b］。

简言之，基因组被分为染色体，染色体包含着基因，而基因是由 **DNA**（**脱氧核糖核酸**，deoxyribonucleic acid）构成的，DNA 告知细胞应该如何制造重要的蛋白质。"基因影响你的特点的途径是，通过告诉你的细胞该制造什么样的蛋白质、制造多少、何时制造、在哪儿制造"（DeWeerdt，2001）。现已发现，人类在基因序列上，有 99.9% 是一致的——而剩下的 0.1% 造成了我们外表和内在的差异。所以，没有任何两个人是完全相同的（Eisner，2000）。

生命基因组项目将作为精细基因研究的下一阶段继续进行，理想目标如下：（1）排列出其他物种基因组的顺序；（2）绘制基因组，并开放数据信息；（3）研究基因组的变异；（4）减少排序的计算时间和花费；（5）研究特定的疾病（Collins et al.，2003）。科研人员所了解的信息，最终将帮助医生预测、发现和治疗人类疾患——而对人类基因编码的某些"修正"可能在生命尚处于胚胎或胎儿阶段时就要达成。

> **思考题**
>
> ——————————————
>
> 科学家如何研究遗传和基因？迄今为止，基因学家在人类基因组项目中完成了哪些工作？在不久的将来，他们的目标是什么？
>
> 人类基因组中大约有多少基因？

## 什么是染色体和基因？

20 世纪早期，科学家使用显微镜研究细胞组织，这导致了染色体的发现。**染色体**（chromosomes）是由蛋白质和核酸构成的长长的索状结构，包含了任一细胞核中所具有的遗传物质。人类在受精时总共拥有 46 条染色体，通常被称为 23 对（参见后面"人类染色体组型"的照片）。至于正常配对以外的例外情况，我们会在本节稍后部分讨论。

每条染色体都包含有一条由数千个较小单元组成的序列，并分为几个被称为"**基因**"（genes）的区域，基因传递由生物性父母带给子女的遗传特征。它们就像一串珠子一样，每个基因在染色体上都有自己特定的位置。每个人类细胞包含大约 2 万～2.5 万个基因，还有大约 30 亿个化学编码，它们构成了 DNA。DNA 是基因中的活性生物化学物质，安排细胞制造重要蛋白质的程序，包括酶、激素、抗体以及其他结构性蛋白质 ［National Human Genome Research Institute（NHGRI），1998a］。生命的 DNA 编码由一个外形像双螺旋索梯一样的大分子所携带（见图 3—9）。

在人类身体中，几乎所有细胞都通过**有丝分裂**（mitosis）形成。在有丝分裂中，细胞中的每个染色体都纵向分裂，形成新的一对。细胞核通过这一过程分裂，而细胞则分裂成两个具有同样遗传信息的子细胞，从而复制了自身。卵细胞与精细胞与人体中的其他细胞不同，它们只有 23 条染色体，而不是 23 对。配子是通过一种更为复杂的细胞分裂形式——减数分裂——形成的。**减数分裂**（meiosis）包含两次细胞分裂，在这一过程中，染色体减至正常数量的一半。每个配子都只得到双亲细胞每对染色体中的一条。这是通常数量的一半，这使得双亲在受精时各自为染色体总数和遗传物质做出一半贡献。这样，通过受精，新形成的合子就具有 23 对染色体（见图 3—10）。

因为突变的缘故，每个人的基因组都有些微不同。突变是偶尔发生于 DNA 序列中的"错误"，而某些突变将表现为疾病或器官缺陷。遗传学家预测，未来 15～20 年里，科学家在很多疾病的早期发现和治疗方面将获得突破。基因治疗这一新兴科学的目标是修正或替换突变的基因。囊肿性

88

纤维化是高加索人种中最常见的致命性遗传疾病，其基因被发现于 1989 年，而对这一疾病的首例人类基因治疗临床试验正在等待联邦政府的审批。科学家既能够直接检查出这些疾病，也能在其出生前检测出来。该项目的年度经费预算中，大约有 5％被用于解决有关此类研究的伦理、法律和社会问题（Collins et al.，2003）。

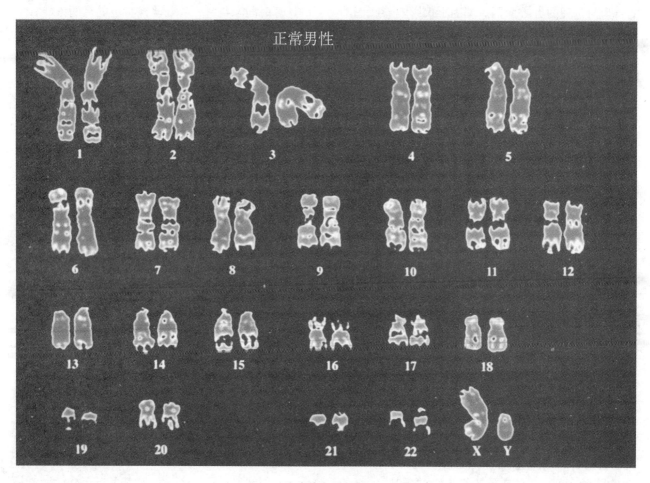

**人类染色体组型**

　　每个细胞核包含 23 对染色体——每种类型有两条。双亲各自提供一对染色体中的一条。染色体在大小和形状方面都有差异。为了便于讨论，科学家按照染色体大小递减为其排序并编号。每对染色体中的两条看起来都很相似，只有男性的第 23 对染色体有所不同。如图所示，第 23 对染色体是决定性别的染色体。这对染色体如果是 XX 型的，就会产生女性；而 XY 型的将会产生男性。男性的 Y 染色体较小。

　　来源：Lennart Nilsson ɛ Lars Hamberger.（2004）. *A child is born*. 4th Edition，Revised ɛ Updated. New York：Dell，p. 19.

## 89　胚胎性别的确定

　　即使在现今的很多社会中，男孩仍然被赋予很高的期望，包括继承家族的姓氏、接替家族的产业以及文化中的角色。所以，在很多文化中，生男孩值得庆祝，而生女孩则完全不同。

90　　历史资料中记录了很多事例，讲述一些妇女因为没能生育男婴而遭受挑剔、导致离婚甚至被杀害。然而，基因研究使我们得知，是男性的精子中携带了决定孩子性别的染色体。每个人类个体所拥有的 46 条（23 对）染色体中，男性和女性在其中 22 对的大小和形状方面都很相似，这 22 对被称为“**常染色体**”（autosomes）。第 23 对，**性染色体**（sex chromosomes）——一条来自母亲，一

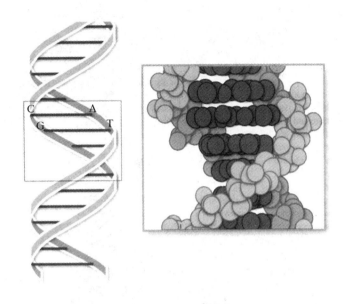

**图 3—9　DNA 分子模型**

DNA 分子的双索状结构呈螺旋形盘绕。在细胞分裂过程中，两条索链分离，就好像"拉开拉链"一样。每一半都成为自由的结构，能够与新的互补的一半结合。此图右边部分是基因的细节图，基因传输着遗传特征。基因中的 DNA 为细胞设定制造关键蛋白质物质的程序。

条来自父亲——决定了婴儿的性别。母亲每个卵子中的性染色体都是 X 染色体，而精子则既可能携带 X 染色体，也可能携带 Y 染色体。如果携带 X 染色体的卵子被携带 X 染色体的精子受精，合子就将是女性（XX）。如果携带 X 的卵子被携带 Y 的精子受精，合子就将是男性（XY）。Y 染色体决定了孩子的性别为男。胚胎发育到大约 6～8 周时，男性胚胎开始制造男性睾丸激素，促使男性特征得到发育。

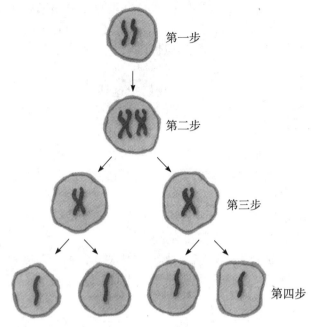

**图 3—10　减数分裂**

这个简图说明了配子（卵子和精子）是如何通过减数分裂形成的。在第一步中，每个染色体与其另一半组对。第二步里，发生第一次减数分裂；每对染色体中的两条都被复制。（为了简化说明，图中只举了一对染色体作为例子，而正常人类染色体是 23 对。）每条母染色体和它精确的复制品——都被称为染色单体——都在中心位置结合。第三步是第二次减数分裂。每条母染色体及其复制品变成一个中介细胞。第四步，每条染色单体（母染色体及其复制品）分离，进入独立的卵细胞或精细胞。因此，中介细胞没有经过染色体复制就进行了分裂。这一过程产生四个配子细胞。

---

### 思考题

遗传的机制是什么？双螺旋的功能是什么？母亲为合子的基因构成贡献了多少条染色体？父亲贡献了多少？每个人通常拥有的染色体总数是多少？女性和男性的性染色体基因构成分别是怎样的？

---

## 遗传法则

你是否曾想过自己的遗传如何影响着你的特征和发育？我们最初对基因的很多理解，还有基因这门科学，都来自于一位名叫孟德尔（Gregor Johann Mendel，1822—1884）的奥地利修道士的研究。孟德尔在其修道院的小花园里对不同种类的豌豆（短的、长的；红花的、白花的）进行杂交，据此形成了基本遗传法则。孟德尔假设，一些独立单元决定着遗传特征，他称这些独立单元为"因子"，而今天，我们把这些单元叫作"基因"。孟德尔进而推理，控制单一遗传特征的基因必然成对存在。微生物学和基因科学的进展证实了孟德尔的预测。基因是成对的，其中一条在母亲染色体上，而另外一条在相应的父亲染色体上。成对的两个基因在每条染色体上占据特定的位置。如前所述，人类基因组工程近期已将每个人类基因的位置与功能都绘制成图了。

**显性性状与隐性性状** 基因对中的两个基因都被称为"等位基因"。**等位基因**（allele）是在相应染色体中发现的一对基因，它们影响着同一种特质。每个人的任何一个特征，只有两个等位基因，分别来自于父亲和母亲（一条在母亲的染色体上，另一条在父亲的染色体上）。孟德尔论证说，拥有**显性性状**（dominant character）的等位基因将完全遮蔽或隐藏另一条拥有**隐性性状**（recessive character）的等位基因。孟德尔使用字母表中的大写字母来表示显性等位基因（A），用小写字母来表示隐性等位基因（a）。当来自父母双亲的等位基因相同时，就成为**纯合**（homozygous）性状［（AA）或（aa）］。当两个配对等位基因不同时，就被称为"**杂合**"（heterozygous）性状（Aa）。通常被表达出来的是显性等位基因的性状（A），除非出现的是一对隐性等位基因（aa）（见图3—11）。

并非所有的特性都是简单传递的。一些遗传特性或缺陷是很多基因复杂交互作用的结果，这被称为"**多基因遗传**"（polygenic inheritance）。人格、智力、性向和能力就是多基因遗传的例子。

91

**显型与基因型** 通过将红花豌豆与白花豌豆

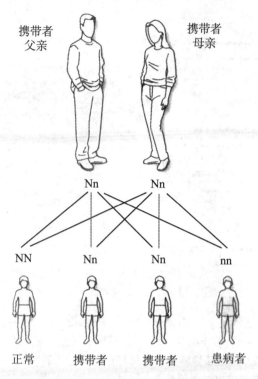

**图3—11 隐性单一基因缺陷的传递**

父母双方如果都携带着一个正常基因（N），支配了其有缺陷的隐性配对基因（n），通常他们自己都不会受到有缺陷基因的影响。而他们的孩子则面临如下可能：（1）25%的几率成为NN，正常遗传了两个N基因，从而就不再携带有缺陷的隐性基因；（2）50%的几率成为Nn，从而成为与其父母一样的携带者；（3）25%的风险成为nn，继承了"双剂量"的n基因，从而可能表现出一种严重的遗传疾病。

杂交，孟德尔证明了基因型与显型之间的区别。**基因型**（genotype）是器官的真实基因构成；**显型**（phenotype）则是器官可观察到的（或表现出的）性状。对于人类来说，显型包括身体的、生理的和行为的特性。如前所述，人类也拥有显性和隐性基因。

举例来说，想一想你眼睛的颜色。对于人类而言，在全世界范围内棕色眼睛都是显性性状。蓝色和绿色是隐性的眼睛颜色。当在镜子里（而不是颜色接触的镜头）看你自己的眼睛时，你就能观察到显型。然而，关于眼球颜色的潜在基因型有三种可能。如果用B来代表棕色的话，就有BB、Bb和bb三种类型。如果你的眼睛是棕色的，你既可能是BB基因型，也可能是Bb基因型。如果你是蓝眼或碧眼的人，你就继承了两条隐性的眼睛颜色等位基因，也就是 bb 基因型。你头发的自然颜色是深色还是浅色（金色或红色）？可观察到的自然发色是你的显型。我们如果再次使用 B 来表示棕色或黑色，则有三种可能的基因型：BB、Bb 或 bb。如果你的自然发色是深色，你的基因型可能是 BB 或 Bb。如果你的自然发色是浅色，那么你的基因型就是隐性的 bb 型。借用电视喜剧明星 Flip Wilson 的著名台词："看到的不一定都是真的。"

**多因素传递**　环境因素与基因因素交互作用，共同产生特性，科学家将这一过程称为**"多因素传递"**。如果我们认为遗传和基因为我们提供了基本的生物化学结构和在发育过程中的展开计划，环境［或像布朗芬布伦纳（Bronfenbrenner）所言的生态系统］在发育过程中所起的作用是什么？你就是因为传递给你的基因蓝本而是你自己吗？抑或你所处的环境促进或改变了这一蓝本？在你的生命发展中，有任何影响吗？

例如，想一想天生对音乐具有易感才能的 Leann Rimes。在很小的时候，她就喜欢唱歌，并公开演唱。在父母的鼓励和支持（赞扬、教授、时间、经济贡献和管理）下，她在童年生涯中发展了她的能力。在十岁出头时，她就获得了国内音乐领域顶级专家的赏识和赞扬。她的自我动机和来自他人的鼓励促进了她天赋能力的发展。如果在她的早年生活中没有这些鼓励和支持，她可能也无法发展其歌唱天才。此外，一些身体特性是多因素传递的结果。例如，青春期发育的年龄以及更年期开始的年龄，被认为是基因预设的，但是营养、身体健康、压力和疾病可能提前或延后这些预设的事件。

**伴性遗传性状**　只有基因是在不同染色体中时，才是独立遗传的。有联系的或出现在同一条染色体中的基因，被共同遗传。有联系基因的一个很好的例子是**伴性特征**。例如，X 染色体包含与性方面的特点无关的很多基因。血友病，一种遗传缺陷，妨碍了正常的血液凝结过程，就是一种伴随 X 染色体遗传的伴性性状。另外还有约 150 种疾病，包括一种营养失调、特定形式的夜盲、亨氏综合征（一种严重的精神迟滞）以及青少年青光眼（眼球内流体硬化）等，都是已知的伴性疾病。

绝大多数伴性遗传缺陷发生在男性中，因为男性只有一条 X 染色体。对于女性来说，一条 X 染色体上的有害基因通常被另一条染色体上的显性基因所抑制。所以，尽管女性自己通常都没有受到伴性疾病的影响，但她们可能是携带者。男性如果继承了母亲带有基因缺陷的 X 染色体，就会表现出疾病（见图 3—12）。男性不会从父亲那里得到不正常的基因。男性只将 X 染色体传递给女儿，而不会传递给儿子，因为儿子总是得到父亲的 Y 染色体。

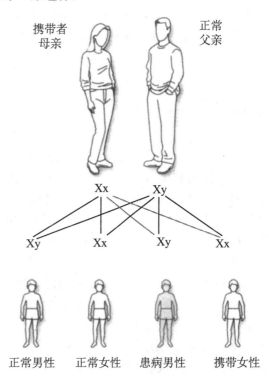

**图 3—12　伴性遗传缺陷**

在绝大多数伴性遗传障碍中，未患病的母亲（自己没有表现出障碍的女性）的女性性染色体携带了一条有缺陷的染色体（X）和一条正常染色体（X）。父亲携带了正常 X 染色体和 Y 染色体。每个男性孩子的统计几率是：（1）50% 的风险遗传这一缺陷（X）染色体，并表现出障碍；（2）50% 的几率遗传了正常的 X 和 Y 染色体。每个女性孩子的几率是：（1）50% 的风险遗传了有缺陷的（X）染色体，并成为一个像其母亲一样的携带者；（2）50% 的几率继承没有缺陷的基因。

关于伴性特点的常见例子是男性脱发（开始于男性头顶头发的稀疏，能够导致在接近 30 和 30 岁出头时扩大范围的谢顶）。母亲从其父亲那里继承了这种特点，但是她自己并不会受到影响。然而，她的儿子有 50% 的几率受到影响。伴性特点的另外一个例子是红绿色盲。这种疾病的绝大多数患者都是男性，而其自己常常意识不到他们自己看到的东西有什么"不同"，直到他们开始开车时，因为他们看红绿信号灯时有困难，才会有所意识。对于这些患者，这两种颜色看起来更像是一种褐色的颜色。新型信号灯带有百叶式的条纹遮挡，在红绿灯上快速发出和关闭，以发射出一种脉冲的明亮光源，所以这些红绿色盲患者就能够更准确地区辨信号。教给孩子认识颜色的托儿所和幼儿园老师，可能最先发现这些色盲儿童。

在很少的一些情况下，如果女性从母亲那里继承的 X 染色体和从父亲那里继承的 X 染色体都有致病基因，她也会继承这些疾病。

> **思考题**
>
> 基因型是什么？显型是什么？如果一个人的眼睛颜色基因是 Bb 型，他/她的眼睛是什么颜色的？你能够给出多因素传递的例子吗？为何绝大多数伴性缺陷都发生在男性身上？

## 遗传咨询与检查

在过去大约 20 年中，我们关于遗传的增长的知识带来了**遗传咨询**领域的扩大，一个由医师和专家来对夫妇进行咨询的过程，这些夫妇担心他们可能有遗传疾病的家族史。（参见"实践中的启迪"专栏中有关"遗传咨询"的内容。）决定是否要孩子的人，可能担心其家族背景中的遗传疾病，并寻求遗传咨询，以发现传递这种特定障碍或疾病的风险。一些遗传障碍的疾病在生命的第一年就会显现；另一些遗传疾病，其症状到很晚才会显现出来。一些疾病比另外一些严重得多。现在，多种诊断测验可以被有基因疾病实际家族史的父母所使用，还可以让出于任何原因希望确定胎儿是否有缺陷的夫妇所使用。一些基因缺陷在特定人种中发病率更高。例如，镰状细胞贫血症发生于非洲裔人群，而磷脂酶的特异位点（Tay-Sachs）疾病发生于德系犹太人中（参见本章"人类的多样性"专栏中《遗传咨询和检查》一文）。

即使遗传咨询在很多情况下都能够带来益处，伦理学家也对遗传咨询的利弊进行争论。对于胎儿该生还是该死的决定如何做出？我们的社会是否进入了一场伪优生学的运动？遗传信息是否应该保持隐私化？在法庭上，遗传信息是否可以为特定违法行为进行开脱？当我们检验出一个 2 岁孩子的疾病，发现其有遗传障碍时，我们该如何做？养育有严重残疾的孩子将有多少花费？家庭和社会潜在的情感和社会代价又是多少？这个问题有很多方面都还没有定论。

## 基因和染色体异常

一些障碍与过少或过多染色体（对于人类来说，不是正常的 23 对染色体）有关。一种常见的障碍是唐氏综合征，每 800 个活产儿中就有一例 [National Down Syndrome Society（NDSS），2004]。在美国，近 35 万个家庭中有唐氏儿。每年有大约 5 000 个唐氏儿出生。因为唐氏综合征的死亡率在减少，美国社会中唐氏综合征的发生率在增加。

唐氏综合征有三种原因，但是大约 95% 的案例都是因为第 21 条染色体的三个复本。在这些个体中，染色体总数是 47 条，而不是正常的 46 条。额外的染色体更改了发育过程，并引发与唐氏综合征有关的性格：面部扁平的轮廓，上斜的眼睛，突出的较低的下巴，较差的莫罗反射，屈曲过度，脖子上过多的皮肤，突出的下唇，小的口腔使得舌头突出，短脖子，每只手上非常短的五指，手

## 实践中的启迪

### 遗传咨询师、理学硕士 Luba Djurdjinovic

我是一个执行主管/主管遗传项目/遗传咨询师，在 Ferre 研究所（Ferre Institute）工作。遗传咨询是帮助人们理解和改变涉及医学、心理学以及家族疾病的基因因素的过程。家庭在生活方式的选择和基因构成方面传递了健康状况的遗产，而一些家庭希望理解这些状况为什么以及如何传递下来，还有他们在被认定是"高风险"的个体时，应该如何做出选择。个体基因的构成为一般健康状况（心脏病、癌症、中风、痴呆以及其他疾病）的发展提供了初始因素。一些家庭几代人都有共同的健康或生理疾病。

第一次会见为遗传风险评估和咨询前来的家庭时，我尽可能地多了解家庭的医疗史。家庭帮助我收集家庭医疗记录和信息，我回顾他们的健康信息，为家庭担忧的方面提供基因观点。我通过一种结构化教育和心理敏感的方式提供这样的信息。个体和家庭了解关于遗传、疾病的自然史以及在家庭中发生和重复的机会。基因检验选择也被探索，还有控制疾病的机会以及任何治疗性选择。一些家庭被介绍参与研究。咨询对于确保促进知情选择和提供恰当支持以改变风险信息和/或基因状况非常重要。

遗传咨询师完成两到三年的理学硕士，重点是在人类基因方面。允许成为遗传咨询师培训项目的候选人被鼓励获得直接经验，为受到残障挑战的病人工作，并展示出觉察能力，能够觉察到个体与家庭可能面临的心理挑战。他们被鼓励通过实习、观察和与遗传咨询师讨论，理解遗传咨询师的职业角色。在完成培训的时候，遗传咨询师被鼓励参加国家资格考试，有些州还要求遗传咨询师执照。遗传咨询师在医学院或主要医学中心必须完成一种临床转变，关于儿科遗传学、产前遗传学、癌症遗传学以及成人疾病遗传学领域。一些人寻求专业临床实习，与神经肌肉疾病、血液疾病、颅面障碍及其他疾病有关的临床实习。

遗传咨询师似乎享有共同的特点，例如关于人类困境以及对其适应行为的好奇。咨询师应该具有强大的人际技巧，并乐于在遗传咨询的过程中与来访者投入。来访者常常感到科学的信息"超越了他们的头脑"，而遗传咨询师的角色就是努力用各种办法辅助来访者学习和应用新的信息。人将成为一个"毕生的学习者"，因为理解科学和医学要求进行不断进步的教育。

我喜欢我的职业的很多方面，特别是与家庭会面。首先，我为家庭一代代为某种来自遗传的疾病挑战所做出的适应感到惊奇。我还很看重家庭正在为理解疾病发生原因，以及希望理解疾病重现所做出的努力。帮助每一个家庭的体验都让我为会见下一个家庭并了解他们的困境做好准备。最后，美国遗传职业的社会团体很小，却享有一种紧密的组织关系。

掌上长长的横断掌纹，通常有轻微到中度的精神迟滞，全面发育迟滞，以及呼吸、心血管疾病发生率的增加及其他表现（NDSS，2004）。

今天，早期干预为唐氏儿童提供服务，帮助其发展他们的全面潜能。那些接受到好的医学治疗、进入学校和社区活动的唐氏儿，可被期待成功地适应，发展社会技能，找到工作，参与影响他们的决定，为社会做出积极贡献。一些有唐氏综合征的成人也结婚并组建了家庭（有 21 号染色体三体性父母的儿童有 50% 的几率有正常后代）（NDSS，2004）。唐氏综合征的成人父母已注意到公众对残疾者接受度的改善，以及扩展的支持服务。

遗传咨询能预测谁会生出唐氏儿吗？现已发现某些相关因素。所有人种和经济水平的人群中都有唐氏综合征发生。产生唐氏综合征的多余染色体更可能源自母亲（95% 的几率），而较少源自父亲

**罹患唐氏综合征的年轻人：社会生产力的成员**

　　罹患唐氏综合征的三位年轻女性，居住在一个有专业员工的社区，完全支持她们加入社区学习和成长的需要，通过发展生活技能尽可能地独立，在很多方面自己做决定，在其全面潜能方面发展她们的能力和兴趣，被雇用并做出她们自己的贡献，积极参与社交和娱乐活动。罹患唐氏综合征的婴儿和儿童符合早期干预的条件，被编入班级，体验到同龄人更多的社会接纳。

　　（5％的几率）。较年长女性生出唐氏综合征患儿的风险更高。一位 35 岁的女性，有 1/400 的可能性生出唐氏儿，而 40 岁的女性有 1/110 的可能性，到了 45 岁，这个可能性变成 1/35（NDSS，2004）。然而，更年轻的女性也可能生出唐氏儿。一些基因研究者认为，现在的统计数据有一种误导。因为年长母亲（35 岁以上）的整体数量少于年轻母亲。很多其他障碍也与性染色体异常有关。

　　如果父母觉得自己很可能怀上了一个有基因障碍的胎儿，可以通过遗传咨询和检查来进行判断，这类检查对于确定胚胎是否带有缺陷有很高的精确度，能够帮助夫妇为一个可能有残障的孩子做准备，或者决定终止妊娠。

---

**思考题**

　　遗传咨询是做哪些工作的？在评估胚胎和胎儿的健康方面，可以用哪些诊断测验？羊膜穿刺术应该在何时进行？如何进行？为何要使用这种方法？胚胎诊断可能为父母带来哪些潜在的结果？

---

## 人类的多样性

### 遗传咨询和检查

　　**产前诊断**使用技术来确定未出生的胎儿的健康状况。先天畸形（出生时就存在的）有 20％～25％在围产期死亡。产前诊断有助于：（1）怀孕管理；（2）确定怀孕结果；（3）为生产过程并发症或新生儿健康风险做计划；（4）决定是否继续怀孕；（5）发现可能影响未来怀孕的疾病（Prenatal Diagnosis，1998）。

　　**遗传咨询师**（genetic counselor）有医学遗传和咨询方面的硕士学历、培训和经验，并且与一个保健团队一起工作，为那些可能有遗传疾病风险的人们提供信息和支持。遗传咨询师在医院、医疗机构、大学、企业（例如医药公司或基因检验公司）、HMOs 工作，或独立开业（National Society of Genetic Counselors，2004）。遗传检查被用于探测威胁生命的疾病，并在胎儿仍位于子宫内部时进行治疗。例如，医学科学家目前正在尝试将健康的基因直接植入受疾病侵袭的胎儿，以改变其基因蓝本。目的是将有缺陷的基因排除在婴儿遗传编码以外，以治疗其疾病。

　　入侵性和非入侵性技术都帮助识别很多产前发育中的基因和染色体问题。**羊膜穿刺术**是一种入侵性程序，通常在妊娠的第 14～18 周进行。医生插入一根长长的空心针，通过腹部进入子宫，抽出胎儿周围的少量羊水。胎儿超声波在这种程序之前使用，来观察胎儿器官和手足的位置（见图 3—13）。

　　羊水包含着胎儿细胞，它们在培养基中发育，可以做多种基因异常分析。基因和染色体曲线，例如唐氏综合征、脊柱裂以及其他遗传障碍，能够通过这种方法检查出来。随着父母年龄的增长，婴儿患有遗传问题的风险要高于这种程序导致流产的风险。羊膜穿刺术的风险很罕见，但是，除了流产之外，还包括母亲因子敏感（Rh sensitization），可以通过 RhoGAM 治疗。遗传咨询师确定每一个案例的风险因素。有些妇女说，羊膜穿刺术的风险太高（Prenatal Diagnosis, 1998）。

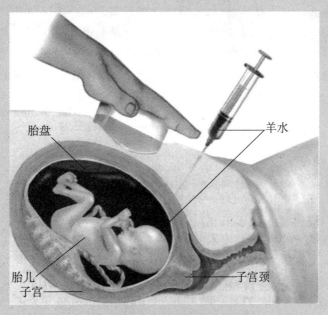

**图 3—13　羊水诊断**

来源：Yale New Haven Health System, 789 Howard Avenue, New Haven, CT 06519. Yalenewhavenhealth. org.

　　**超声波检查术**能够确定胎儿的大小和位置、胎盘的大小和位置、羊水量以及胎儿解剖器官的出现。这一非入侵性程序使用声波定位仪来将声波从胎儿身上弹回。在产前发育的第 6 周，胎儿就能够被显形。结果是一个图片，比标准 X 射线对母亲和胎儿都更安全（Prenatal Diagnosis, 1998）。另一种轻微入侵性程序——**胎儿镜检查**（fetoscopy），允许医生通过一组非常纤细的管道插入子宫的透镜观察12周之后的胎儿。这种程序比羊水诊断的风险还高。

　　另一种入侵性方法是**绒膜绒毛活检**（chorionic villus biopsy, CVS），经常在怀孕早期进行。绒膜绒毛是毛发状发散的隔膜，环绕在胚胎周围。医生在超声波的指引下，插入一根纤细的导管，或者是通过腹部，或者通过阴道和宫颈，进入子宫，并使用抽气机取下一小片绒毛组织。尽管绒毛膜不是胎儿本身的解剖部位之一，但它是胎儿的组织而不是母体器官。使用 CVS 所获得的细胞做的最常见检查是染色体分析，来确定胎儿的染色体组型。CVS 具有 3‰～5‰ 的流产风险，并可能导致母亲的因子敏感。

　　通过为胎儿血液细胞做选择性**母体血液取样**（maternal blood sampling），研究者已经能够通过分析脱落进入母亲血流的胎儿细胞，觉察唐氏综合征和其他先天缺陷。**母体血清甲胎蛋白检验**［maternal serum alpha-fetoprotein（MSAFP）test］分析两种主要血液蛋白、清蛋白和 α 胎甲球蛋白（AFP）。当胎儿有神经管缺陷，例如无脑或脊柱裂时，更多的 AFP 通过胎盘进入母体血液。MSAFP 可以在胎儿腹壁觉察缺陷，也能够使用通过扫描检查唐氏综合征和其他三染色体细胞障碍。MSAFP 在妊娠的第15～18周敏感性最佳。15～20 周的母体血清雌激素三醇检测将给出关于胎儿健康的一般指标（Prenatal Diagnosis, 1998）。

　　基因检查的结果可能带来安慰，也可能产生苦恼和悲痛。得知携带基因疾病的父母常常感到羞耻和内疚。他们还可能面临艰难的抉择，如果检查结果显示胎儿具有缺陷的高风险，要决定是否堕胎。如果父母得知他们所渴望的孩子是异常的，则可能经历心理问题，包括否认、严重的内疚、抑郁、终止性关系、婚姻不和谐以及离异。显而易见，一些父母需要在进行基因咨询的同时结合心理咨询。

　　人类基因组计划持续资助对于胎儿/新生儿基因扫描如何影响公共政策决定的研究，以及在保健环境中的研究伦理（Murray & Baily, 2002—2005）。基因扫描和出生前诊断可能产生歧视的新机会，残疾人权利团体声称，这样的检查增加了对残疾者的憎视（Davis, 2004；Parens & Asch, 2000）。你的基因剖图可能会被用来决定你可以与谁结婚，你可以申请什么工作，还有保险公司是否认为你具有高风险。另外一个困境是，如果你继承了一个有害的基因，你是否愿意知道？

94 　　## 出生前发育

　　无论怀孕是自然发生还是辅助生育技术的结果，在怀孕与生产之间，人类是从一个肉眼刚刚能够看到的单细胞，发育成大约 7 磅重、包含 2 000 亿个细胞的个体。

　　**出生前阶段**是指从怀孕到生产这一段时期。通常平均为 266 天，或者从最后一次经期开始计算是 280 天。胚胎学家将出生前发育分为三个阶段：第一个阶段是**胚芽阶段**，从怀孕到第二周结束；第二阶段是**胚胎阶段**，从第二周末尾到第八周末尾；而第三阶段，**胎儿阶段**是从第八周末尾到出生。发展生物学进步迅速，让我们得以更好地理解身体以及特定器官和组织是如何形成的（Barinaga, 1994；Visible Embryo Project, 1998）。

### 胚芽阶段

　　胚芽阶段（germinal period）具有如下特征：（1）授精之后受精卵发育；（2）受精卵与母体支持系统之间建立连接。授精发生之后，受精卵开始了一个 3～4 天的旅程，从输卵管进入子宫（见图 3—14）。受精卵沿着纤毛运动以及输卵管收缩的方向运动。在受精的几个小时之内，发育开始于有丝分裂。在有丝分裂过程中，受精卵分裂形成两个细胞，与第一个细胞构成完全相同。接下来，每个细胞继续分裂，成为 4 个细胞。然后 4 个细胞分裂成 8 个，8 个变成 16 个，16 个变成 32 个，依此类推。

96　　早期发育中的细胞有丝分裂被称为"卵裂"（cleavage），卵裂过程非常缓慢。最初的卵裂要花 24 小时；后续的每一次卵裂要花 10～12 个小时。这些细胞分裂使受精卵很快变为一个中空的、充满液体的细胞球，这个细胞球被称为"胚泡"（见表 3—3）。胚泡将继续发育，并进入子宫。当胚泡陷入输卵管时，怀孕就是异位的或宫外孕。宫外孕非常危险，而且将引发母亲的剧痛。必须通过手术将胚泡取出，否则输卵管将爆裂并引发出血。

　　一旦胚泡进入子宫腔，它就在其中自由漂浮 2～3 天。当它已有 6～7 天大，并由大约 100 个细胞组成时，胚泡就与子宫内膜，也就是子宫壁发生联系。子宫内膜开始变得有血管、腺体，并且增厚。胚泡通过酶的作用"消化掉"通往子宫内膜的道路，逐渐变成完全埋在其中。其结果是，胚胎在子宫壁内发育，而并不是在子宫腔里。胚泡入侵子宫会产生少量母亲血液。在胚芽阶段，机体的营养来自于侵蚀的组织和流动在胚泡外层细胞周围空间的母体血液。

　　到第 11 天，胚泡已彻底将自己埋在子宫壁中，这个过程叫作"植入"（implantation）（见表 3—3）。卵巢产生的孕酮激素为子宫内膜植入做好准备。孕酮的增加还会给大脑以该女性怀孕的信 97

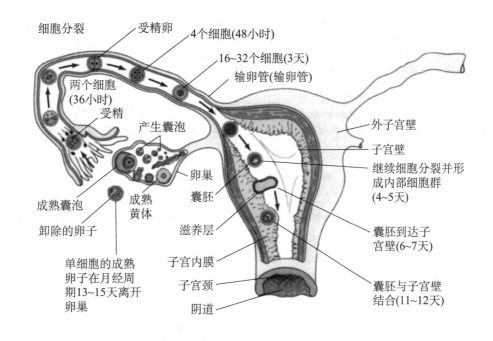

**图 3—14　早期人类发展：卵子和胚胎形成过程**
该图描述了女性生殖系统、卵子受精以及很快就变成胚胎的胚泡的早期成长情况。

表 3—3　　　　　　　　　　　　　　　　　　　　胚泡、卵裂、着床

胚泡的着床：大约第 9～11 天，胚泡着床到营养丰富的子宫内膜。

| 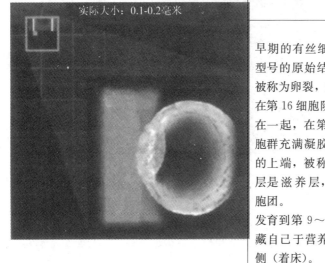 | 说明 | 不安全因素 |
|---|---|---|
| 实际大小: 0.1-0.2毫米 | 早期的有丝细胞分裂会产生相同型号的原始结构细胞。这个过程被称为卵裂，大量胚胎保持不变。在第 16 细胞阶段，细胞开始黏着在一起，在第 100 细胞阶段，细胞群充满凝胶状液体，进入子宫的上端，被称为胚泡。细胞的外层是滋养层，内层被称为内细胞团。<br>发育到第 9～11 天为止，胚泡隐藏自己于营养丰富的母体子宫内侧（着床）。 | 在着床期间，大量的化学物质（蛋白质和激素）通过胚胎进入母体血液中，开始了复杂的内部"信息"交换。母体的子宫可能会把胚泡当做一个陌生细胞（有着其不同于母体的独特的遗传构成）而予以拒绝。如果这个阶段出现了问题，母体自身免疫系统可能会毁坏胚泡（Nilsson & Hamberger，1990）。<br>如果母体子宫由于盆腔炎或性传播疾病而产生病变，胚泡就可能因无法移植到子宫壁而死去。 |

号，绝大多数怀孕的女性都会停经（在极个别的情况下，妇女可能继续来月经，而完全没有意识到她已经怀孕）。在这一发育阶段，机体大约有针头大小。到此时为止，母亲还几乎不会意识到任

何怀孕症状。胚泡，现在由几百个细胞组成，正在忙于在自身周围包围住化学物质，防止子宫免疫系统将其消灭，而宫颈也被一堆黏液塞住（Nilsson & Hamberger，1990）。

在植入过程中，胚泡开始分成两层。外层细胞叫作"**胚胎滋养层**"（trophoblast），负责把胚胎埋入子宫壁。胚胎滋养层的内表面变成胎盘（placenta）的非母体部分、羊膜和绒毛膜。**羊膜**（amnion）在胚胎周围形成一个封闭的液囊，里边充满羊水，保持胚胎湿润，并保护它免受冲撞和粘连。**绒毛膜**是环绕在羊膜外的一层隔膜，联结胚胎与胎盘。构成胚泡的内部圆盘或细胞群叫作"**内细胞群**"（inner cell mass），胚胎由此产生。整个过程由基因控制。一些基因随着胚胎迅速转变的发育；另外一些转变得比较缓慢；还有一些基因作用贯穿出生前阶段始终，并在出生后仍然运作。基因活性的模式复杂，并包含了很多种不同基因（Nilsson & Hamberger，1990）。

接近第二周末尾时，细胞有丝分裂过程变得更快。内部细胞团的胚胎部分开始分成三层：**外胚叶**（外胚层），是未来形成神经系统、感官器官、皮肤以及直肠下半部分的细胞资源；**中胚叶**（中胚层），将发育为骨骼、肌肉、循环系统和肾脏；而**内胚叶**（内胚层），将发育为消化器官（包括肝脏、胰腺和胆囊）、呼吸系统、膀胱以及部分生殖器官（Nilsson & Hamberger，1990）。

## 胚胎阶段

胚胎阶段从第二周的末尾持续到第八周。它跨越了从胚泡完全把自己植入子宫壁到发育的机体成为一个可辨识的人类胚胎的怀孕阶段。在这一时期内，发育中的机体被称为"胚胎"，并通常经历：(1) 快速发育；(2) 与母亲建立胎盘关系；(3) 所有主要器官的早期结构显现；(4) 至少在形式上，发育成一个可辨识的人类身体。所有主要器官现在都在发育中，除了性器官之外，性器官也将在几周之内开始发育；在这一时刻，男性胚胎开始产生睾丸激素，而男性的性器官开始显现出与女性器官的不同。

98　　胚胎开始经由胎盘附着在子宫壁上。**胎盘**（placenta）是半透膜，阻止两个机体之间的血液细胞通过。胎盘由子宫组织和胚胎滋养层形成，作为一个交换终端，允许养料和氧进入，而二氧化碳和代谢废物由胚胎排入母体血流中。这一特征提供了一种保护，使母亲的血液不会与胎儿的血液混合。如果母亲与胚胎的血液混合，母体将会把胎儿当作异物进行排斥。

胎盘与胎儿间的传递是通过一层手指状发散的网（绒毛）实现的，绒毛伸展入母体子宫的血液空间中。绒毛在第二周开始发育，从绒毛膜向外生长。当胎盘在怀孕的第七周已经发育完全时，它的形状像一个薄饼或圆盘，1 英寸厚，直径 7 英寸。从一开始，**脐带**（umbilical cord）就将胚胎与胎盘连接，脐带是一根管道，包含两根动脉和一根静脉。这根连接结构或者说生命线，附着在胎

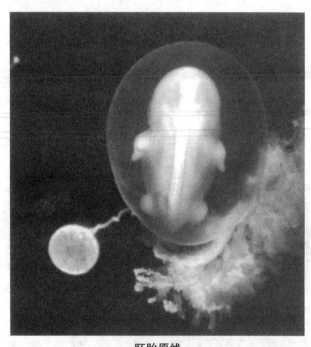

**胚胎原线**

胚胎在仅仅 6 周时，大约有 15mm（仅仅 1/2 英寸），是透明的且背对着我们。透过薄薄的皮肤看到的原线终将会变成脊髓。胚胎会被羊膜囊包围，有着参差不齐的绒毛和位于右侧的脐带。卵黄囊则徘徊在左侧。

来源：Lennart Nilsson（1990）．*A child is born*. New York：Dell.

儿腹部中央。

开始于大脑和头部然后下行发展的发育被称为"**从头至尾的**"（cephalocaudal）发育。这一发育方向确保足够多的神经系统支持其他系统的恰

当功能。在早期部分的第三周，发育中的胚胎开始形成梨形，宽阔而多节的一端将成为头部。胚胎中心部分的细胞也开始变厚，形成一条轻微突起的脊状物，也就是原肠胚（primitive streak）。原肠胚将发育中的胚胎分成左半部和右半部，最终将成为脊索。从原肠胚轴向相反方向生长的组织，这一过程叫作"从躯干到四肢的"（proximodistal）发育。从头至尾的发育和从躯干到四肢的发育在第 4 章中有插图说明。

到第 28 天，头部区域占据胚胎长度的大约 1/3。在这个时候，大脑和原始脊索也开始变得明显。当发育进展到第二个月，头部举起，颈部出现，鼻、眼、口和舌也有了雏形。另一个关键系统——循环系统——也是在早期发育的。在第三周末尾时，心脏管道已经开始以一种不完全的方式跳动。

在怀孕的第四周内，胚胎大约有 1/5 英寸长——比受精卵大了将近 1 万倍。在这个时候，母亲通常怀疑自己已经怀孕。她的月经已经推迟了两个星期。她可能感到乳房变重、变丰满，并且有刺痛感，同时，乳头和乳晕可能也变大变深。此时，所有怀孕妇女中大约有一半到三分之二的人会体验到清晨恶心和呕吐的感觉。这种状况被称为"晨吐"（morning sickness），可能持续几周甚至几个月，不同女性有很大的个体差异。

发育中的胚胎对于药物、疾病以及环境毒素对母体的入侵极其敏感，因为如此众多的主要身体系统都正在发育。母亲过度使用酒精、尼古丁或咖啡因，以及她使用其他更强效的化学制品如脱氧麻黄碱、高纯度可卡因、海洛因以及强力处方药物，必定会损害胚胎器官和结构的发育。每一个器官和结构都有**关键时期**，在其间它最为脆弱，最易受到破坏性影响。

## 胎儿阶段

出生前的最后阶段——胎儿阶段（fetal period）开始于第八周的末尾，在出生时结束。在这个时期内，有机体被称为"胎儿"，而它的主要器官系统继续发育，呈现出它们特定的功能。在第八周的末尾，有机体明确地像一个人类。它有完整的面孔、手臂、胳膊、手指、脚趾、基本躯干和头部肌肉，以及内脏器官。胚胎现在已有了雏形。

胎儿阶段的发育没有胚胎阶段那么富有戏剧性。然而尽管如此，还是有很多显著的变化发生：到第八周时，胎儿的面孔获得了一个真正人类的外观。在第三个月里，胎儿发育出骨骼和神经结构，为手臂、腿以及手指的自发运动奠定了基础。到第四个月，刺激胎儿的身体表面将激活多种反射性反应。大约在第五个月月初，母亲通常会开始感觉到胎儿的自发运动［称为"胎动初觉"（quickening），是在腹部的一种类似蝴蝶振翅的感觉］。同样在第五个月中，纤细柔软的绒毛［胎毛（lanugo hair）］也开始覆盖胎儿的体表。

六个月时，眉毛和睫毛已经轮廓分明；身体倾斜，但在比率方面已经明显是个人类；皮肤是褶皱的。七个月时，胎儿（现在大约 2.5 磅重，15 英寸长）呈现出上了年纪的、干瘪的外表，红色的褶皱皮肤外面披着一层柔软的外衣［胎儿皮脂（vernix）］。胎儿此时是一个能在子宫外存活的有机体，能够轻声哭泣。到第八个月，脂肪在身体内堆积，婴儿又增重两磅，其神经肌肉活动也有所增加。

第九个月，皮肤上黯淡的红色褪去，转变为粉红色，四肢变得浑圆，手指甲和脚趾甲也很好地成形。经过整个过程（40 周），身体变得丰满；皮肤脱掉了绝大部分胎毛，尽管身体仍然覆盖着胎儿皮脂；所有维持独立生命所必需的器官都在执行功能。胎儿现在已经准备好要出生——我们将在第 4 章中讨论。

**出生时机**　近来，生育研究者开始理解到：母亲、胎儿以及胎盘中的生物化学变化与控制出生时机相一致。内分泌学家发现，胎盘将一种被

99

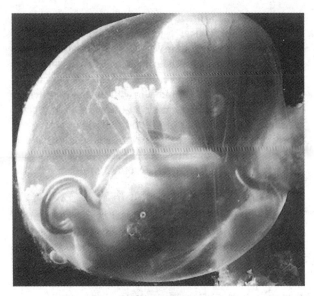

三个月大的胎儿

称为"促肾上腺皮脂激素释放荷尔蒙"（cortico-tropin-releasing hormone，CRH）的蛋白质释放入母亲和胎儿血液能够引起早产、足月或者延后分娩（Smith，1999）。就好像训练有素的管弦乐队在同时上演一样，关键荷尔蒙的精确水平必须由母亲、胎儿和胎盘释放，并以分娩告终。来自于胎儿垂体的CRH，导致胎儿肾上腺分泌皮脂醇（cortisol），

促进胎儿肺部成熟。胎儿垂体产生特殊的荷尔蒙，然后胎儿肾上腺分泌荷尔蒙——胎盘将其转变为雌激素。雌激素水平的增加导致子宫和宫颈在怀孕的最后两周发生很多变化——以结束生产和释放胎盘。

最近，新生儿中大约有6%～8%是早产，先天缺陷的风险也更大（Smith，1999）。关于触发CRH释放以及其他分娩相关激素的基因研究结果，可能将有早产风险的妇女筛选出来。这样的妇女可以考虑在提供新生儿密集护理单元的医院生产，或者，科学家预计，将来一种阻断剂就能延迟分娩，直到胎儿发育成熟（Romero，Kuivaniemi & Tromp，2002）。

> **思考题**
>
> 　　出生前阶段（怀孕时程）平均有多长？出生前的三个不同阶段是什么？每个阶段又有哪些重要的发育？胎盘的作用是什么？你怎样定义从头至尾的发育与从躯干至四肢的发育？

## 流产的损失

　　**流产**（miscarriage）发生于受精卵、胚胎或胎儿达到在母亲子宫之外能存活之前就被自然排出子宫。流产的医学术语是"**自然流产**"（spontaneous abortion），之前最可能伴有腹部绞痛或出血。据估计，美国已知的怀孕妇女中大约有10%～15%在怀孕的第一个或第二个三个月中流产，但仅有1%的女性会再次经历流产（Carson & Ware-Branch，2001）。世界上发展中国家的女性将经历更高比率的怀孕并发症、胎儿流产和母亲死亡，而很多组织都联合起来改善出生前和产科医疗服务（Safe Motherhood Initiative，2004）。所有流产女性都想知道导致其流产的原因。

　　大约有75%的流产发生于发育的12周之前，这通常表明在胚胎植入子宫壁时出现问题，某种基因突变导致胚胎异常，或暴露于传染性媒介中（Carson & Ware-Branch，2001）。更晚一些的流

产通常是子宫的某种构造问题、植入的问题或宫颈没有保持闭合而开始开放的结果（DeFrain，Millspaugh & Xiaolin，1996）。对于某些妇女来说，将宫颈暂时"缝合"以避免早产。怀孕的妇女还可能遭遇严重的事故、外伤或疾病，因而触发流产。此外，我们刚刚开始理解环境因素对产前发育或流产的重要影响。有时，流产是没有先兆也无法解释的，而对于经历再发流产的夫妇，50%以上都没有特定的诊断（Carson & Ware-Branch，2002）。

　　大量研究发现表明，母亲在流产后会经历数月甚至数年的深深的情绪悲痛，然而西方文化中并没有既已建立的哀悼流产丧失的孩子的仪式。在过去20多年中，研究者在关于这种丧失对母亲、父亲以及其他家庭成员的社会心理影响方面进行了实证性研究（Beutel et al.，1996；Geller，

Kerns & Klier，2004）。母亲和父亲此时非常需要社会和家庭的支持。尽管如此，女性仍然持续报告在流产之后来自于家庭、朋友、医生以及其他保健工作者的毫无帮助的反应（Geller，Kerns & Klier，2004）。建立的支持团体和神职人员的拜访通常对于家庭非常有帮助。一些妇女需要会见心理健康工作者以获得更进一步的支持。

像任何一个我们所爱的人的死亡一样，悲痛会持续很长一段时间。母亲和父亲都会报告受到噩梦的困扰，关于哭泣的婴儿，很多年后的闪回，"发疯"的感觉，内疚和谴责的感觉，还有自杀的念头。绝大多数父母在很长一段震惊、痛苦、混乱和重新定义之后，会解决这一问题（Geller，Kerns & Klier，2004）。互联网上有一些网站，专门纪念那些特殊的小生命，很多社区也提供小组支持。

## 产前环境影响

对于绝大多数人来说，"环境"的概念指的是人类个体在出生之后的周遭环境。事实上，环境在受孕的时刻起就开始有影响，甚至可能在更早以前受到母亲和父亲自身健康的影响。受精的卵子经过一周的危险之旅经由输卵管来到子宫附近，遭遇非常多变的化学活性介质。我们通常认为子宫为产前发育提供一种温暖而具有保护性的环境。但是，即便在胚胎将自己植入子宫之后，胚胎也仍然易受母亲的疾病、营养不良、感染、免疫障碍、使用烟草、处方药物和非法毒品、意外外伤或生物化学异常以及 X 射线暴露的影响。

绝大多数怀孕以正常、健康的婴儿出生而告终。然而，像我们前面所说的那样，在所有怀孕的美国妇女中，大约 10%～15% 会发生自发性流产或死婴（婴儿在出生前即死亡）。另外 3%～4% 的怀孕出生的婴儿有先天缺陷。The March of Dimes（2004e）将先天缺陷定义为"结构、功能或新陈代谢（身体化学）方面在出生时即显示出的异常，导致躯体或精神残障，而现已识别几千种先天缺陷"。科学家将任何导致先天缺陷或异常的环境因素称为"**致畸剂**"（teratogen），而研究先天缺陷的领域叫作"**畸形学**"（teratology）。

**母亲药物使用** 母亲药物使用导致 1%～3% 的出生缺陷（Scheinfeld & Davis，2004）。根据医学的看法，怀孕妇女不应该使用药物，除非疾病严重地威胁到她们的健康——在那样的情况下也必须在医生指导下用药。发生于 20 世纪 60 年代初的"反应停"让医学专业人士以及公众意识到药物对怀孕妇女的潜在危险。因为在怀孕的胚胎阶段恶心或"晨吐"而被给出"反应停"（一种镇静药）处方的欧洲、加拿大和澳大利亚女性，生产了将近 1 万个带有严重畸形的婴儿：缺少耳朵和手臂、天聋、面部缺陷，还有肠胃系统的畸形（Rajkumar，2004）。"反应停"现在在某些国家恢复了使用，因为它能减轻有多种健康问题的病人的恶心。我们知道很多药物和化学制剂通过胎盘影响胚胎和胎儿系统（Rajkumar，2004）。奎宁（一种治疗寄生虫性疟疾的药物）能够导致天聋。巴比妥酸盐（镇静剂）能够影响对胎儿的氧供给，从而导致大脑损伤。抗组胺剂能够增加母亲自发性流产的风险。

同样地，饮咖啡者中流产率和出生缺陷率也有升高，这促使食品药物管理局（FDA）建议妇女在怀孕期间停止或减少对带有咖啡因的咖啡、茶、巧克力、可乐饮料的使用（Wisborg et al.，2003）。需要系统类固醇的哮喘妇女更有可能在怀孕期间出现并发症（Beckmann，2003）。

育龄妇女中最广泛使用的处方药是爱优痛（Accutane），而其普通型（有些在互联网上非法出售）是开给有严重痤疮的人的处方药，能导致已知的先天缺陷（Honein，Paulozzi & Erickson，2001）。当使用爱优痛的时候，病人要签写关于生育后果的知情同意，必须进行怀孕测试，而且必须使用生育控制。在 2004 年 12 月，联邦登记处提出了更为严格的指导，因为胎儿死亡和先天畸形仍在发生（Krauskopf，2004）。育龄妇女在使用致畸性处方药物的时候必须非常谨慎。

**母亲的传染性和非传染性疾病** 在某些情况

下，引起母亲疾病的感染能够伤害胎儿。感染能够通过一些生食（例如，鸡肉、热狗、鱼、三明治）、宠物（清理猫食盒时要防护双手）以及接触感染人群特别是儿童而传播。在照料儿童或换尿布后一定要洗手（"Attention Pregnant Women"，1999）。感染还会通过阴道性交、口交和肛交传播。当母亲被直接感染时，病毒、细菌或疟疾性寄生虫可能穿越胎盘并感染孩子。另外一些案例中，胎儿可能被母亲的发烧或母亲体内的毒素间接感染。在母亲发生感染时胎儿发育中的精确时间，具有重要意义。像前面叙述的那样，婴儿的器官和结构按照固定的次序和时间表出现，每一个都有相应的关键时期，在其间最容易受到破坏性的影响。

**风疹及其他感染媒介**　如果母亲在怀孕的头三个月内感染了风疹（德国麻疹），胎儿就有极大的失明、耳聋、大脑损伤和心脏疾病的风险。在伴有风疹的怀孕中，有10%～20%会发生自发性流产或死婴。然而，如果母亲是在怀孕的最后三个月感染风疹，通常都不会带来什么大的损害。多种其他病毒、细菌和原生动物媒介也被怀疑要么是传递给了胎儿，要么是妨碍了正常发育。这些媒介包括肝炎、流感、小儿麻痹、疟疾、伤寒、斑疹性伤寒、腮腺炎、天花、猩红热、淋病、衣原体疾病、滴虫病、梅毒、疱疹以及细胞巨化病毒感染。

**衣原体疾病**　最常被报告的性传播感染（sexually transmitted infection，STI）是细菌引起的衣原体疾病（chlamydia），能够破坏女性的生殖器官或导致不孕。据估计，每年有280万的美国人被感染。女性症状常常很轻微并被忽视，直到发现不孕。多位性伙伴增加了遭遇衣原体疾病的风险。值得注意的症状还包括下腹痛、腰痛、恶心、发烧、性交疼痛或月经期之间出血。罹患衣原体疾病的男性可能注意到阴茎流出物的迹象、小便时的灼烧感或在阴茎龟头处有瘙痒或灼烧感。如果不及时医治，这种感染能够进入子宫或输卵管，并导致盆腔炎（pelvic inflammatory disease，PID）。PID可能导致生殖器官和周围组织的永久性损伤。感染衣原体的妇女感染HIV的可能性是一般群体的五倍，如果暴露的话。所有怀孕妇女都应该进行衣原体筛查，因为它可能引起早产或

从受感染的母亲在分娩时通过产道传给胎儿。未经医治的婴儿可能罹患结膜炎或失明或肺炎并发症。衣原体疾病可以通过抗生素进行治疗（Weinstock，Berman & Cates，2004）。

**滴虫病**　这种STI是由一种单细胞寄生虫引发的，男女双方都可能感染，而它也是一种可以治愈的疾病。女性会出现阴道症状，而男性会出现尿路感染。滴虫病引发生殖器炎症，这可能增加女性对HIV的易感性，如果她暴露于这种病毒的话。滴虫病通常能够被甲硝哒唑（灭滴灵）治愈，只要口服一剂。感染滴虫病的怀孕妇女可能早产，或生产出低体重婴儿（Weinstock，Berman & Cates，2004）。

**人类乳突淋瘤病毒**（Human Papillomavirus，HPV）　在美国，HPV也是最常见的STI之一，但是有很多类型的HPV。一些被认为低危险，但是另外一些就有很高的危险，可能导致生殖器疣或宫颈癌、阴户癌、阴道癌、肛门癌或阴茎癌。健康专家预测，在美国有两千万人已经被感染。HPV可能导致生殖器疣，而生殖器疣具有非常高的传染性，通过与一个被感染的伴侣的性行为传播。大多数与有生殖器疣的伴侣进行性交的人也会发展出疣，通常在几个月之内。性活跃的女性应该定期进行宫颈检查，来检测HPV感染。刮下来的宫颈细胞应该在显微镜下检查，看它们是否有癌变。HPV还没有已知的治愈方法，但是生殖器疣通常能够通过药膏、刮、手术、冷冻、灼烧或激光治愈。怀孕妇女不应使用药膏，因为药膏会被皮肤吸收，并可能导致胎儿的先天缺陷（National Institute of Allergy and Infectious Diseases，2004b）。

**梅毒**　梅毒是一种细菌性STI，发病不断上升，对于母婴来说都是严重的健康问题，特别是对于那些为毒品而卖淫或有多个性伙伴的女性来说（Altman，2004）。梅毒的发展有四个阶段：第一阶段出现生殖器疼痛；第二阶段皮肤出现皮疹；接下来的阶段是细菌感染身体主要器官；最后的阶段会导致血管和心脏问题、精神障碍、失明、神经系统问题甚至死亡（"Syphilis：What Happens"，2004）。先天性梅毒（Congenital syphilis）发生于感染的怀孕女性没有寻求医治的时候，而细菌性感染通过胎盘或在生产过程中传

递给胎儿。如果在出生的时候没有察觉，疾病将逐渐损毁大脑和脊髓，影响思维、说话、听觉和运动能力以及人格，直到儿童死亡（Tramont，2000）。

很多已知带有梅毒的怀孕妇女都没有显示出疾病的临床证据，所以也没有使用青霉素。所以，所有怀孕妇女都应该进行针对梅毒的 Wasserman 测试。使用青霉素进行抗生素治疗通常会治愈这种感染，但是并不能逆转它对身体已经造成的损伤（Tramont，2000）。

**生殖器疱疹**　将近 4 500 万美国人已经染上疱疹单形体 2 病毒（simplex 2 virus，HSV-2），通常被称为"生殖器疱疹"，但是自从 21 世纪初开始，报告的案例有所下降——特别是在青少年和男性中有所下降（Altman，2004）。患有生殖器疱疹的怀孕女性有流产的风险，而产道生产的婴儿也有感染这种疾病的风险。因为一些感染婴儿死亡，而另一些遭遇永久性脑损伤，产科医生建议通过剖宫产来使感染风险降到最低（Corey et al.，2004）。那些感染者体验到少量疼痛点和瘙痒发作以及类感冒症状诸如发烧、头痛、肌肉痛、小便痛以及阴道或尿道的流出物。感染者有大得多的风险感染 HIV（Randerson，2003）。没有治愈生殖器疱疹的方法，但 FDA 推荐了三种抗过滤性病原体药物，来减轻男性和未怀孕女性的症状：阿昔洛韦（Zovirax）、泛韦尔（Famvir）和盐酸伐昔洛韦胶囊剂（Valtrex）。医学专家力劝这些感染者寻求治疗来维持健康，并完全向伴侣袒露自己的状况，进行安全性行为，以降低 HSV-2 的传播。单独使用避孕套并不能预防疱疹的传播。一项关于异性恋伴侣的大型国际研究发现，每日使用一剂 Valtrex 将 HSV-2 的传播降低了 50%（Corey et al.，2004）。

**淋病**　淋病是一种可医治的细菌性 STI，它通常被称为"性病"。其症状与衣原体疾病相似：小便时的灼烧感和疼痛，阴道或阴茎的异常流出物，睾丸疼痛或肿胀，而在女性中有腹部和背部疼痛、性交疼痛、经期间出血、恶心或发烧，以及直肠或肛门区域的疼痛。感染的女性能够在分娩过程中传递这种感染，而新生儿可能会出现结膜炎（红眼）或肺炎并发症。在出生后立即对眼睛使用硝酸银或其他药物可以预防感染。治疗淋病患者的方法包括使用抗生素，但近来有些菌类对抗生素产生了抗药性（Brocklehurst，2004；Workowski & Levine，2002）。

**人体免疫缺陷病毒/艾滋病**　截至 2004 年，世界范围内的健康专家预测，感染"人体免疫缺陷病毒"（human immunodeficiency virus，HIV/AIDS）的女性有 4 000 万人，并持续以 50% 的速度迅速增长，而贫困国家的女性感染率高得多（"HIV Infection in Women"，2004）。HIV/AIDS 比率在东南亚、东欧和俄罗斯、中亚以及撒哈拉沙漠以南的非洲国家流行病发生率增加（"AIDS Epidemic Update"，2004）。除了日益增加的异性恋传播比率，一些携带 HIV/AIDS 的母亲是毒品使用者，因共用针头而面临着接触到 HIV 的风险（American Academy of Family Physicians，2002）。很多人对自己的 HIV 状况并没有意识，所以婚姻以及长期单配偶的关系也不能保护女性免受感染。HIV 的围产期传播（从母亲到孩子）占儿科 AIDS 案例的 90% 以上，而据专家估计，世界范围内有 1 000 万活着的儿童携带 HIV/AIDS，其中美国有将近 1 万儿童（"AIDS Epidemic Update"，2004）。世界卫生组织（World Health Organization，WHO）的专家估计，仅 2004 年，15 岁以下的儿童中因 HIV/AIDS 死亡的人数就超过 50 万（"AIDS Epidemic Update"，2004）。

一些携带 HIV 的母亲没有显示出疾病的外显迹象，但是一旦被诊断，健康机构报告说，母亲在怀孕、生产以及婴儿出生后六周时，分别使用三次 ZVD（Zidovudine）药物，会大大降低 HIV 母婴传播（Public Health Service Task Force，2004）。然而，那些被感染者将经历被损坏的免疫系统，使他们成为感染、毒瘤和夭折的牺牲者。有一半到三分之二感染了 HIV 的婴儿有明显的头面部畸形。绝大多数产前感染的婴儿在生命的头 12 个月里就发展出症状，包括循环发生的细菌感染、淋巴腺肿胀、无法成长、神经受损以及发育迟滞（Kirton，2003；Magder et al.，2005）。很多携带 HIV/AIDS 的母亲是贫穷的，缺少医疗保险或处方药覆盖（prescription coverage），并需要经济援助和社会服务（在世界上贫穷的地区常常不能获得）。因此，贫穷的母亲母乳喂养她们的婴儿，导致她们的婴儿处于极高的风险中（Heymann & Phuong，1999）。在过去几年中，世界卫生组织在 HIV/AIDS 资助、教育、治疗和看护方面投入了巨大努力（Public Health Service Task Force，2004）。

对于确诊携带 HIV 的怀孕妇女的健康管理草案将使新生儿的传染降低到 2%。草案内容包括：（1）所有怀孕妇女的知情同意，以及自愿进行 HIV 筛查；（2）HIV 咨询；（3）对携带 HIV 的妇女进行抗后病毒治疗，减少胎儿传染；（4）产前看护和分析女性的免疫状态，以便指导治疗选择；（5）在妊娠的第 38 周提供剖宫产，以减少胎儿在分娩过程中被传染的风险；（6）在出生后进行婴儿食品喂养代替母乳喂养（Krist，2001）。在美国，有将近 40% 的怀孕妇女没有进行检查，但是分娩妇女的快速 HIV 检查现在是可行的，而且是准确的（Bulterys et al.，2004；"Rapid HIV Testing of Woman in Labor"，2003）。

自从 20 世纪 80 年代初首次确诊 HIV/AIDS 以来，世界范围内因此死亡的人数已逾 2 000 万。然而，新近美国年鉴的近期医疗案例统计数字是充满希望的：在 1992 年有 952 例死亡，而 2002 年仅有 92 例死亡，而将近 1 万个出生就感染的美国儿童现在仍然活着（Stodgill，2002）。但是年轻育龄异性恋女性的个案有所上升，已占所有感染人数的 1/4。

HIV/AIDS，特别是围产期对婴儿的传播，必须受到认真对待。自从 1981 年第一批个案在同性恋群体中得到确诊，而后在异性恋群体中也被发现，美国疾病控制与预防中心已经报告了将近 100 万个案例，而死于 HIV/AIDS 的美国儿童已超过 5 000 人（"HIV/AIDS Surveillance Report"，2004）。

**糖尿病**　糖尿病是一种新陈代谢障碍，身体在将食物转换为能量的过程中出现问题，因为缺乏从胰腺分泌的胰岛素，在血液和尿液中有过剩的糖分。有两种类型糖尿病导致严重的健康并发症，需要定期监测血液葡萄糖（糖分）并注射人造胰岛素：（1）1 型糖尿病通常在儿童或年轻人身上被诊断（正式名称为"青少年糖尿病"）；（2）2 型与过度肥胖和锻炼过少有关（Chan et al.，2002）。在世界范围内，正在变化中的人口统计学数字，例如老龄化和增加的种族群体和更多肥胖儿童问题，使得 2 型糖尿病成为一种主要的健康问题（Barrett，2004；Eisenberg，2003）。

患有怀孕性糖尿病的女性患者必须仔细监控健康状况，并使用人造胰岛素。母亲的糖尿病非常可能导致不利的怀孕结果，例如流产、子宫内死亡、包括神经管缺陷在内的先天畸形、死婴以及分娩和生产并发症，包括新生儿呼吸困难综合征和胎儿肥大（Hampton，2004；Lauenborg et al.，2003）。患有怀孕性糖尿病的妇女必须定期看医生，优化葡萄糖控制，定期做超声波检查，并密切监控胎儿的活跃水平（"Introduction to Diabetes"，2004）。

**母亲敏感性：Rh 因子**　怀孕妇女还应该对其红血细胞的 Rh 因子进行常规检查。母亲和孩子的血细胞有不相容的可能，可能导致胎儿或新生儿严重并常常致命的贫血和黄疸——一种学名为"胎儿成红细胞增多症"（erythroblastosis fetalis）的障碍。白种人中大约有 85% 的人具有这种 Rh 因子，他们被称为 Rh-阳性（Rh+）。大约有 15% 没有这种因素，被称为 Rh 阴性（Rh-）。Rh 因子被血型所表达，例如 O+，O-，或 A+，B-，AB+。在黑人中，仅有 7% 是 Rh-，而亚洲人中这一数字不足 1%（Bowman，1992）。Rh+ 血液和 Rh- 血液不相容，但不利的结果是可以被预防的。每种血液因子都按照孟德尔规则进行基因传递，而 Rh+ 具有显性。一般来说，母亲和胎儿血液供给被胎盘所分离。然而，在个别情况下，母亲和胎儿血液混合。同样，某些混合通常发生在"出生后"排出胞衣的过程中，这时胎盘与子宫壁分离。

一种母婴间血液不相容的结果发生于 Rh- 的母亲怀上 Rh+ 血液的孩子。在这种情况下，母亲的身体产生抗体，穿过胎盘攻击婴儿的血细胞。"胎儿成红细胞增多症"先兆可以被预防，如果一位 Rh- 母亲在生产第一个孩子之后立即被给予抗 Rh 抗体（RhoGAM）。如果 Rh- 母亲已经通过几次怀孕被 Rh+ 血液激活，而没有进行 RhoGAM 治疗，那么她的孩子可以被施以子宫输血。

## 主要药物和化学致畸剂

**吸烟**　烟草中的尼古丁是一种温和的刺激性毒品。当怀孕的妇女吸烟时，她的血流吸收尼古丁并通过胎盘传递给胚胎，会增加胎儿的活动性并与早产和低出生体重有关。在一项纵向研究中，研究者追踪了 1 000 多名英格兰和爱尔兰严重的早产婴儿的健康状况，一直追踪到童年。这些儿童比同伴有更大范围的躯体和认知残障，在童年需要大得多的服务（Hopkin，2005；Marlow et al.，2005）。更多的先天异常在吸烟妇女的婴儿中发生（Zimmer & Zimmer，1998）。

**酒精**　酒精是最主要的致畸剂，胎儿很容易遭到暴露，而它可能导致一种可预防的精神迟滞（Fox & Druschel，2003）。"胎儿酒精谱系障碍"（fetal alcohol spectrum disorder，FASD）是一类酒精所引起的严重躯体和精神缺陷，损害了发展中的胎儿。出生后的照料不能消除成长迟滞、头面部畸形、骨骼、心脏和大脑的损伤（MedicineNet，1997）。近期国际研究发现表明，60％的女性在她们怀孕过程中的某个时间喝过酒，所以，公共保健必须更强调这方面的教育（Gilbert，2004）。

**大麻**　大麻，一种精神活性药物，是在美国最常使用的非法药品，超过 50％的十二年级学生报告说使用大麻（Hansen，2002）。大麻对于怀孕妇女有危害健康的后果，改变她的心境、记忆、运动控制、睡眠质量以及其他认知功能。一项关于躯体的研究表明，大麻的使用对胎儿发育和神经行为会产生危害，包括对视觉刺激反应的改变，增加的活动水平，高声调的哭泣，以及改变的神经学发育（Hansen，2002）。在子宫中接触到大麻的婴儿有时在出生时和新生儿阶段即可以识别，

因为出生体重低、身材小，有呼吸问题，体重增长缓慢，而婴儿猝死综合征风险也有所提高。很难将产前接触大麻的结果与其他药物使用对怀孕影响的结果分离开来（Kozer & Koren，2001）。

**口服避孕药**　在怀孕头三个月使用第一代口服避孕药（从 20 世纪 60—70 年代）的人，与出生缺陷有关（Nora & Nora，1975）。但是现今的口服避孕药是第三代产品，其中雌激素和孕酮的剂量更少。令人惊讶的是，公开发表的研究很有限，而笔者们只发现了一个研究，表明在怀孕后使用口服避孕药有较高风险导致先天尿道畸形（Li et al.，1995）。在当前的研究文献中，一个一致的信息是，口服避孕药对于绝大多数女性来说都是安全的，但是每位女性都必须经由其医生监督指导，小心使用。

**可卡因和其他烈性药物**　暴露于海洛因、美沙酮、可卡因及其派生物强效可卡因的胎儿，出现各种各样的出生畸形（Zimmer & Zimmer，1998）。在子宫中曾暴露于海洛因的新生儿，可以通过早产的大小和重量、过度震颤行为、盗汗、过度喷嚏、过度哈欠、糟糕的睡眠模式、糟糕的吞咽能力、糟糕的吮吸或进食能力以及 SIDS 的风险增加来识别（Calhoun & Alforque，1996）。"非正常婴儿"很小，出生体重低，有震颤行为，鼻子不通风，拖长的高声调哭泣，高体温，糟糕的吮吸或喂食能力，呼吸问题，反刍问题，过度活跃，以及僵硬刻板（rigidity）（Lester，1997）。这些新生儿体验到与成人同样的戒断症状。近期研究表明，并不存在"crack 综合征"这样的症候群，因为产前暴露于其他毒品，以及母亲 STIs 的流行，在整个怀孕发育过程中都暴露于这些状态

下的儿童最容易受到长期畸形的影响（Behnke et al.，2002；Vidaeff & Mastrobattista，2003）。母亲和新生儿死亡率与可卡因使用以及毒品/酒精联合使用有关。所以，识别滥用非法药物的怀孕女性的筛查草案、与毒品治疗项目的合作以及对使用毒品的妇女和她们的孩子进行追踪，对于改善死亡率结果非常重要（Wolfe et al.，2004）。烈性毒品使用在产生长期健康后果和浪费社会资源方面是令人震惊的。

**环境毒素**　怀孕妇女在日常环境中经常遭遇潜在的毒素物质，包括头发喷雾液、化妆品、杀虫剂、清洁剂、食物防腐剂以及污染的空气和水质。与这些物质相联系的危险仍需要被明确，但是化学落叶剂必须要回避。国家癌症研究所（the National Cancer Institute）已经证实了在越南落叶剂化学喷雾的使用导致越南儿童畸形的增加。在加利福尼亚的被高科技电力制造业污染了水质的区域，流产和出生缺陷也是平均水平的 2～3 倍（Miller，1985）。

**工作场所毒素**　医学权威关注工作场所中对生殖器官和生殖过程造成的风险。例如，研究表明，持续暴露于医院和牙科诊所所使用的各种气态麻醉剂物质下，与女性员工的自发性流产增加有关（Rowland et al.，1995；Sessler & Badgwell，1998）。她们的孩子也有较高的先天畸形发生率（Bronson，1977）。马萨诸塞大学公共健康学院发现，在被俗称为"洗衣房"中工作的女性半导体制造者——在那里洗衣币被酸性溶液和气体腐蚀——其流产率是国家平均水平的将近两倍（Meier，1987）。为明确视频显示器终端（video display terminals，VDTs）（放射离子射线波长）所引起的风险的研究正在进行中，在几个工厂报告 VDT 使用者中有较高流产率之后。产前暴露于汞元素与神经和肾脏障碍有关，而育龄妇女被建议在食用鱼类时遵照饮食指导，因为鱼类是汞的一种常见来源（Centers for Disease Control and Prevention，2004d）。

精细胞也像卵子一样容易受到环境毒素的伤害。畸形学和神经毒素学的大量研究报告，在生殖异常与男性暴露于化学物质、放射线以及痕量金属（trace metals）之间存在联系（Kalter，2004）。汞、溶剂以及多种杀虫剂和除草剂能够影响精子的基因，精子、附睾、精囊、前列腺的结构和健康，或由精液携带导致男性不育、自发性流产以及先天畸形。总而言之，在工作中有可能接触毒素的男性和女性都应该参加培训，并遵照暴露的预防指导：有规律地洗手，穿防护服，避免皮肤接触，保持工作场所整洁，把被污染的衣物和物品留在工作场所，在离开前换上便服。

**母亲的压力**　母亲的情绪对未来婴儿的影响长期以来一直是一个传说性的话题。我们绝大多数人都意识到怀孕女性被蛇、老鼠、蝙蝠或其他生物惊吓，也不会生出一个有与众不同的人格或带有胎记的孩子。然而，医学科学确实认为，未来妈妈如果经受长期的、严重的焦虑，会对孩子造成不良影响（Couzin，2002）。当母亲焦虑或处于压力之下时，多种激素，诸如肾上腺素和乙酰胆碱都会释放到血液中。这些激素能够通过胎盘进入胎儿的血液。如果怀孕的妇女感到她正在体验一种长时而且不同寻常的压力，那么她应该去看医生、训练有素的治疗师，或者某位神职人员。

母亲的压力和焦虑与怀孕并发症有关，对于相应的怀孕年龄来说主要是早产和低出生体重（Mulder et al.，2002）。Lou 及其同事（1994）追踪了 3 000 多位女性的整个怀孕期，通过问卷方法获得了关于她们的压力结果。他们发现，母亲的压力与吸烟具有独立并显著的作用，表现在较短的妊娠期（gestational age）、较低出生体重、较小的头围，以及在新生儿神经学测验方面较差的成绩（Lou et al.，1994）。某些压力和焦虑是即将成为母亲所不可避免的特征，但是太多的焦虑对于胎儿有长期影响（Couzin，2002）。

**母亲年龄**　在美国，所有 19 岁以下的女孩生育的数量自从 1972 年来已经有显著下降，但是国家数据显示，比起育龄期女性十几岁的女孩有更高比率的堕胎、流产、延迟或没有怀孕保健（见图 3—15）、婴儿早产、婴儿非常低的体重以及产前死亡（Henshaw，2004；Rowland & Vasquez，2002）。黑人、西班牙裔以及美国土著的十几岁少女更可能延迟寻找怀孕保健（Hamilton，Martin & Sutton，2004）。尽管十几岁的少女较之于更年长的女性来说通常有更良好的健康状况、遭受更少的慢性病、从事较少的冒险行为，但是这些不安全的结果还是发生了（Menacker et al.，2004）。因为年轻的母亲通常贫穷且较少受到教育，很多专家假定用她们的生活状况来解释她们的怀孕问题，但是近期数据显示，中产阶级的十几岁少女的早产率也接近更年长的妇女的两倍（Stevens-Simon, Beach & McGregor，2002）。同样地，研究者发现十几岁的母亲似乎提供更低质量的养育。怀孕和母亲身份对于青少年来说是很有压力的，尤其是当她们的孩子早产或低体重的时候。她将要同时处理养育要求和建立她自己的同一性，并在体验教育和经济局限以及复杂的家庭问题的同时，还要面对青少年的发展性任务（Menacker et al.，2004）。

当前人们大体倾向于认为，健康的女性在 30 多岁或 40 出头的时候，有很好的前景生育健康的婴儿，并保持良好的自我，只要在医学指导之下。这是一个特别的好消息，因为更多的女性推迟了生育，为了完成教育或建立事业（Hamilton, Martin & Sutton，2004）。超过 35 岁的女性有较高的风险面临怀孕困难、糖尿病、高血压以及其他健康问题、流产、胎儿染色体异常、子宫内死亡以及生产和分娩并发症（Byrom，2004；Jacobsson, Ladfors & Milsom，2004）。选择在绝经期之后（通过 ARTs）生育的妇女将要被仔细研究，以明确在中年晚期什么样的范围内她们的健康会受到怀孕的威胁。2002 年，263 例美国新生儿被报告母亲介于 50～54 岁之间（Heffner，2004）。2005 年，一位 67 岁的罗马尼亚大学教授生育了一个女婴，而 2003 年，一位 65 岁的印度妇女生育了一个健康的男婴（Caplan，2005）。

**母亲营养及产前照料**　未来婴儿的营养来自于通过胎盘的母亲的血液。营养糟糕的母亲的婴儿更可能在出生时体重不足，在婴儿期死亡，罹患软骨病，具有身体和神经缺陷，较低的生命力，某些形式的心理迟滞。糟糕的母亲营养——与战争、饥荒、贫穷、毒品成瘾和糟糕的饮食习惯有关——对于孩子的大脑成长和智力发展具有长期的有害后果（Rowland & Vasquez，2002）。所以，母亲的营养不良，特别是那些情况严重的母亲，被反映能改变孩子的基因、结构、生理和新陈代谢——使得这些个体倾向于在成年时罹患其他疾病（Grimm，2003；Guoyao et al.，2004）。

早期和规律的产前照料，服用产前维生素和叶酸，进行适度的运动，不吸烟，不使用有害药物，与生育适宜体重的婴儿并减少生产并发症有很显著的关系。女性应该在一旦知道自己怀孕的时候就去看医生，并且在之后也定期去看医生。开始于怀孕的头三个月的产前照料时间，自从 1990 年持续增加至将近 85%，仅有 3.5% 的美国怀孕妇女在第三个月才寻求照料，或者没有照料（见图 3—15）（Martin et al.，2003）。药物成瘾的比率和糟糕的产前照料在单身、年轻和少数民族女性中最高，她们可能出于恐惧失去现有的孩子，或被起诉，而决定不去寻求产前照料。尽管州法律在保护胎儿权益方面相对于母亲权益有所不同，但美国最高法院在 2001 年颁发的一部法律（Ferguson v. City of Charleston）中规定，在南加利福尼亚的一家公共医院中，当妇女寻求照料时秘密检查女性的潜在毒品使用违反了她们的第四项修正权益（Fourth Amendment rights）。没有哪个州有法律认为产前毒品使用犯有刑事罪，而只有关于持有和运输毒品、儿童虐待和忽视，或强迫杀人的刑法。34 个州已经将它们的儿童福利政策拓展到产前毒品暴露或死亡，放在了儿童虐待和忽视的民法中（Dailard & Nash，2000；Robbins，2004）。

过去 30 多年的研究压倒性地确认了早期和定期的产前照料是有所回报的，无论是在显著改善新生儿和母亲的健康方面，还是降低社会开支方面（Fiscella，1995）。

106

---

**思考题**

大约有多少比例的怀孕最终流产？那些能够对受精卵、胚胎和胎儿造成危害的产前环境影响和已知致畸剂是什么？怀孕妇女可以采取什么行动，在整个产前阶段为自己加强怀孕的安全，并为孩子提供最适宜的健康？

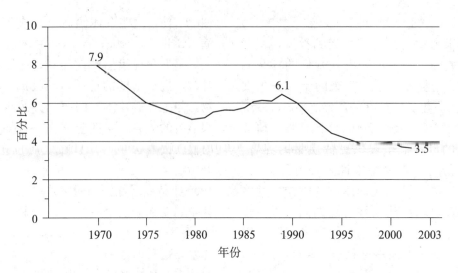

**图 3—15　较晚接受或没有接受孕期照料的母亲的生育率（选择的年份是 1970—2003 年）**

越来越多的美国各民族女性早早地寻找孕期照料。孕期照料通过提供健康照顾，建议以及实施长期的、与怀孕相关的健康措施，来提高怀孕的成效。到 2003 年为止，84％的母亲在第一胎怀孕期间接受孕期照料，较晚接受或者没有接受孕期照料的母亲的比率已经下降为仅有 3.5％。

来源：Child Trends Data Bank http：//www.childtrendsdatabank.org/indicators/25PrenatalCare.cfm.

\*　2003 年是初步估计。

**续**

在本章中，我们已经向你介绍了不可思议和错综复杂的女性和男性生殖系统。辅助生育技术（ARTs）已经为那些此前被归为不育的人们带来希望。显微镜可见的遗传密码从父母双方那里转换而来，在受孕过程中形成受精卵，为我们的躯体构成提供了蓝本，并在我们一生中在适宜的时间发生多种身体变化。要意识到我们每一个人都是始于这样一种复杂的密码，而该密码被置于比这句结尾的句点还小的受精卵中，这的确是"生命的奇迹"。

母亲子宫中的很多结构必须合适地发挥功能，以便在胚胎/胎儿的发育和出生过程中提供支持。然而，为了母亲和胎儿的最佳健康状态，准妈妈必须寻求早期和定期的产前照料，恰当地饮食和睡眠，不吸烟，不喝酒，不使用其他毒品，避免家庭和工作场所中的毒素，适度锻炼以便为分娩和生产做好准备，并尽可能把压力保持在最低程度。

在第 4 章中，我们将讨论为婴儿出生做准备的多种方法，用来使母亲和胎儿在分娩和生产中放松的方法，以及婴儿发育的令人兴奋和具有挑战性的头两年。

107　　**总结**

**■ 生殖**

1. 很多技术进步都可以被用来帮助更多人生　　育——而且还有更多的辅助生育计划正在不远将

来的酝酿之中。

2. 像所有其他生物一样，人类能够繁衍他们物种的新个体。在人类生殖中包含两类被称为"配子"的细胞：女性卵子和男性精子。在授精过程中，精子与卵子结合成为合子（受精卵），这一过程通常也被称为"怀孕"。通过授精，每个卵子和精子都向合子提供了它们独一无二的基因物质。

3. 男性基本生殖器官是一对睾丸，位于叫作"阴囊"的外部袋状结构中。健康的精子每日都产生于睾丸中，睾丸的温度比正常体温稍低（大约96 华氏度）。睾丸生产基本男性性激素，被称为"雄激素"（睾丸激素和雄酯酮），这些产生了男性的第二性征。

4. 在性唤起和射精的过程中，成熟的精子通过管道释放，倾入附睾，与前列腺和精囊产生的分泌物混合。这一混合物被称为"精液"，经由男性阴茎内的尿道射出男性体外。

5. 男性的精子质量（精子数量和健康）可能受到疾病、性传播感染以及在家庭、工作或娱乐场所的生物化学暴露所威胁。

6. 女性主要的生殖器官是位于骨盆深处的一对卵巢。每个卵巢产生成熟的卵子（卵细胞）和女性性激素、雌激素和孕酮。在正常的排卵和月经过程中，成熟的卵子进入输卵管，然后进入子宫，通过宫颈进入阴道，并通过阴道外部被称为"阴户"的褶皱皮肤排出体外。

7. 卵巢包含很多卵泡，正常情况下，一个月经周期中只有一个卵子发育成熟。成熟卵子从卵泡中释放的过程被称为"排卵"。通常，女性的两个卵巢交替释放卵子，每月一个。

8. 一系列规律的激素和生理变化与产生成熟卵子相联系，被叫作"月经周期"。周期始于妇女月经的第一天，周期的平均长度是 28 天（有个体差异）。成熟的卵子在每月的卵巢周期中段（一般是在第 13～15 天之间）产生，这个时候有一个卵子达到成熟并通过输卵管。受孕的时机有所变化，特别是对于十几岁的少女以及绝经期附近的妇女。如果精子存在，受孕可能发生在输卵管中。

9. 如果没有发生受孕，雌性激素水平的下降就会在 12～14 天之后导致月经（增厚的子宫内膜脱落）。对于绝大多数女性来说，这样的月经周期会持续 30～40 年，除非怀孕，或发生疾病、压力或手术。

10. 受孕——卵子与精子的结合，最常发生于输卵管的顶端，新的有机体被称为"受精卵"。少量精子在女性的生殖管道中能上行并存活 48 小时——但是大量精子会在阴道内死亡，因为阴道具有高度的酸性。卵子内部的生物化学变化只允许一个精子刺入。大约有 1/3 的受精卵会在受孕之后死亡。

11. 女性可能会孕育两个受精卵，也就是同胞子女（异卵双生），即一个月经周期中排出了两个或更多卵子。同卵双生子是一个受精卵在受孕后分裂成两个相同部分的结果。多重怀孕现今更频繁地发生，因为试管受孕程序，特别是对于 30 多岁或更高龄的妇女常使用这种治疗，多重怀孕发生频率变得更高。这样的怀孕将母亲和婴儿都置于更高的风险中。

12. 从黄体分泌的孕酮为受精卵植入子宫内膜做好了准备。

13. 很多美国妇女将生育推迟到 30 岁以后甚至更高龄的时候，但是 35 岁以上的女性将有更高的不孕比率。每六位美国妇女中大约就有一位经历不孕。在过去的 25 年中，医学研究者已经制造了受孕药物，并创造出辅助生育技术（ARTs）来帮助怀孕。

14. 常见的治疗是试管授精，在这个过程中，授精发生于子宫外部的医学实验室中。晶胚发育几周后被植入妇女（或者代理人）的子宫，等待潜在的植入和成熟发生。卵巢组织和/或精子能够被贮藏，为了潜在的未来使用。一些绝经后的妇女也开始可以怀孕。但是诸如克隆干细胞研究以产生人类胚胎的 ART 方法，为了生育和实验的目的，仍然存在很大争议。

15. 减少多重怀孕被称为"选择性减产"，这对于想要生育儿女的夫妻来说是非常复杂的决定。

16. 近期研究发现，在月经周期和一年不同的季节中存在最佳怀孕时间——然而不孕率仍然在世界范围内上升。不孕率上升的原因包括精子数量低、性器官的外伤或疾病，或者手术摘除性器官。在一些个案中，没有明确的原因。ARTs 成功率仍然低于 25%。

17. 一些生物医学研究者支持像胚胎植入前基因治疗这样的生育技术以筛查胚胎的健康，以及克隆、发育与父母单一体细胞完全同一的婴儿。在 2001—2003 年间，美国众议院通过了一项禁止人类克隆的法案。2004 年，加利福尼亚的投票者通过了一项法案促进干细胞研究，允许胚胎实验，并可能导致人类克隆。在世界范围内，这样的生物医学研究正在经历爆炸性增长，其目标是结束不孕。但仍缺乏立法以保护夫妇和胚胎。

18. 关于控制生育方法的公众教育运动，包括禁酒，正在以青少年、罹患 HIV 和 STIs 高风险的妇女以及有多个性伙伴的人为目标。FDA 已经批准了至少 14 种新的避孕产品。选择性流产在美国已经受到法律保护，而保护生命权和支持选择权的倡议者也通过强有力的政治手段进行辩论。偏爱性流产仍然极具争议。

19. 一些妇女怀孕的年龄比以前更年轻，而另外一部分则更高龄。十多岁（甚至更年幼）的少女以及更多绝经后的妇女都正在怀孕产子。最年轻的十来岁少女的怀孕率自从 1990 年代之后降低了 43%，然而美国在西方社会中仍然具有最高的少女怀孕率。不必要的怀孕造成了家庭和社会的巨大经济压力。一部分美国妇女的保险中覆盖了生育控制项目，但很多妇女仍然没有这一项保险。

## 遗传与遗传学

20. 我们的生物性遗传被称为"遗传"，而遗传学则是关于生物性遗传的科学研究。在发展学家中的一个主要争论是先天与教养之争。是我们染色体和基因中的遗传"蓝本"决定了我们是谁吗？养育和环境对于影响我们的人格、动机、技能和特征产生了多少贡献？

21. 人类基因组项目，由公众和私立研究共同发起，已经成功地绘制出人类基因组，并随后绘制出它们正确染色体中的所有基因的遗传蓝图。我们的个体基因组影响我们生理与行为的每个方面。很多类型的突变会导致遗传疾病。基因组被分入染色体中，染色体包含基因，而基因是由DNA 构成的，DNA 按顺序告诉细胞如何制造必需的蛋白质。人类在基因序列方面具有 99.9% 的相似性。生命基因组项目正在绘制其他物种的基因序列。

22. 染色体是长索状结构，由蛋白质和核酸构成，位于每一个细胞的细胞核中。染色体的形状像一个绳梯（或双螺旋），包含有 2 万～2.5 万个遗传标记，被称为"基因"（就好像线上的珠子）。基因由 DNA（脱氧核糖核酸）构成，DNA 主动编排细胞来制造生命所必需的物质。在正常的授精中，卵子的 23 条染色体和精子的 23 条染色体结合，产生一个具有 46 条染色体（23 对）的在基因上独一无二的合子。

23. 有丝分裂是细胞分裂的一种类型。通过有丝分裂，几乎所有人类细胞（除性细胞之外）都能复制自身。在细胞核中，每条单一的染色体纵向分裂成新的一对，成为子细胞。子细胞拥有与原始细胞相同的基因编码。减数分裂是配子（精子和卵子）的一种复制过程。减数分裂包含两次细胞分裂，在这个过程中染色体数量减半。每个配子只携带 23 条染色体，而不像其他细胞那样携带 23 对。只拥有半数染色体使用精子和卵子可以在受精时各贡献一半的基因。

24. 男性精子携带着决定婴儿性别的染色体。人类所拥有的 23 对染色体中，有 22 对在大小和形状方面都很相似，无论男女。这 22 对被称为"常染色体"。第 23 对（一条来自父亲，一条来自母亲）称为"性染色体"，决定着婴儿的性别。母亲的卵子贡献了一条 X 染色体，而精子贡献 X（女孩）或 Y（男孩）染色体。卵子（X）被携带 X 染色体的精子受精，就会生出女孩（XX）。如果卵子（X）被携带 Y 染色体的精子受精，就会产生男孩（XY）。来自于父亲的 Y 染色体决定了男性性别（XY）。大约在胚胎发育的 6～8 周时，Y 染色体会促进胚胎的男性化过程。

25. 成对基因中的每一个在染色体中都有特定的位置，称为"等位基因"。孟德尔显示了一条基因可能是显性的，隐藏了另外一条等位基因的特性，而另外一条就成了隐性基因。显性特征可以用大写字母表示，如（A），而隐性基因用小写字母（a）表示。当从双亲那里继承的等位基因一致时，就称为"纯合子"，表示为 AA 或 aa。如果从双亲那里继承的等位基因不同,其特征就是杂合的,表示为 Aa。人的特性并非来自于单一基因。例如人格、智力等特性是很多基因复杂交互作用的结果,被称为"多基因遗传"。

26. 有机体的基因型是其实际的基因结构,而表现型是其可观察到的特征。对于人类来说,表现型包括躯体、生理和行为特征。人类也拥有显性特征和隐性特征。例如,棕色头发是显性特征,红色头发是隐性特征。棕色头发的基因型可以是 BB 或 Bb,而红色头发的基因型只能是 bb。人类的环境因素与基因因素交互作用产生特征,这被称为"多因素传递"。

27. 在遗传过程中,基因也能够伴随发生。X 染色体能够携带一些伴性特征,例如血友病、红绿色盲以及大约 150 种其他特征和疾病。绝大多数伴性遗传的缺陷发生在男性身上。尽管女性也可以成为伴性遗传疾病的携带者,但她自己很少表现出这些疾病。

28. 遗传咨询和检查领域随着基因研究而兴起,并将基因和生殖、健康、康乐的知识面向应用领域。一些人可能担心关于某种遗传疾病的家族史。诊断性检查可以发现最可能受到影响的个体。很多已知疾病与染色体数目的增多或减少有关。

29. 产前诊断使用技术确定胎儿的健康和疾病状况。羊膜穿刺术是怀孕第四个月使用的入侵式医学程序,用来诊断很多遗传疾病。超声波扫描术现在可以进行 3D 或 4D(深度)的扫描,允许医生确定胎儿、胎盘、羊水和脐带的大小、位置及外形。胎儿镜检查能够直接观察到胎儿。绒膜绒毛活检(CVS)是在胚胎发育早期采用入侵式方法采集非常少量的绒毛组织进行检验。胎儿细胞可能流入怀孕母亲的血液,所以分析母体血液样本也可能会发现一些先天缺陷。唐氏综合征是一种染色体疾病,这种疾病在世界各地都比其他基因缺陷的发生率更高。年长的怀孕妇女生产唐氏儿的风险更高。

## 出生前发育

30. 出生前阶段通常持续 266 天,如果从末次月经算起是 280 天。胚胎学家将其分为三个阶段:胚芽阶段、胚胎阶段和胎儿阶段。

31. 胚芽阶段的特征是合子(受精卵)的发育,以及合子通过植入与母体支持系统建立最初的连接。合子进行有丝分裂。大约 6～7 天后,一个发育得更大的被称为"胚泡"的结构发展起来,开始分化为绒毛膜、滋养层和内细胞群。在第二周结束时,胚胎的内细胞群部分分化为三层:外胚层、中胚层和内胚层。

32. 胚胎期从第二周末尾持续到第八周末尾。胚胎飞速发育,建立了复杂的躯体隔膜,通过胎盘与母体交换,胎盘是早期分化出来的主要器官结构。此时胚胎的外观已经呈现出可辨识的人形特征。干细胞研究者从胚胎的内细胞群中收获细胞,导致胚胎的死亡。在胚期中,组织结构的发育基于两个原则:从头至尾(从大脑和头部向躯干和脚趾发育)的发育和从躯干到四肢(器官朝向与原肠胚——脊索的最早结构——相反的方向发育)的发育。

33. 女性可能无法预知自己会经历怎样的孕吐,通常也叫作"晨吐",这是由于其身体要调整孕期的荷尔蒙引起的。发育早期的胚胎对母亲摄取毒品、药物以及环境毒素非常敏感,而这些物质会对胚胎器官和组织的发育构成威胁。

34. 胎儿期始于第九周,到出生时结束,此阶段可称为"胎儿"。主要器官系统继续分化,器官开始有能力承担其特定功能。胎儿开始有感觉意识,并在母体子宫里变得活跃。它能够移动、吮吸手指、踢动双脚,还能够听到母亲子宫外边的声音。

35. 流产或自然流产是合子、胚胎或胎儿在获得独立存活能力之前被自然排出母体子宫之外。大约有 10%～15% 的怀孕会以自然流产告终,绝大多数都发生在 12 周之前。流产之后,父母通常会体验到很多情绪上的痛苦,并需要社会支持。丧子之痛会在双亲和同胞间持续很久。但大多数怀孕都会生产出正常、健康的婴儿。

36.家庭环境、工作场所和公共设施中的环境毒素（统称"致畸剂"）可能自怀孕起一直到胎儿出生整个过程都对有机体产生影响，通常导致先天缺陷。孕妇被告诫要远离烟草、咖啡、酒精以及其他精神活性物质，并且要保护自己免受性传播感染。孕妇还必须进行专业的产前保健（尤其是对于有健康问题的孕妇来说），摄取适宜的营养，获得充足的睡眠，避免过度焦虑，还要适度锻炼，以便做好准备健康地怀孕并足月分娩。

 关键词

流产（85）
羊膜（97）
胚泡（71）
绒膜绒毛活检（CVS，95）
关键时期（98）
显性性状（90）
等位基因（90）
辅助生育技术（ARTs，75）
从头至尾发育（98）
染色体（87）
脱氧核糖核酸（DNA，87）
外胚叶（97）
羊膜穿刺术（95）
常染色体（90）
绒毛膜（97）
克隆（78）
双合子（73）
阴茎（70）
多基因遗传（90）
从躯干向四肢发育（98）
排卵（71）
显型（91）
产前诊断（95）
卵子（70）
胎盘（97）
胎儿阶段（94）

胚胎（71）
输卵管（71）
胎儿镜检查（95）
基因（87）
遗传学（87）
妇科医生（82）
胚胎阶段（94）
受精/融合（70）
胎儿（98）
遗传咨询（92）
基因型（91）
遗传（87）
体外发育（77）
内胚叶（97）
胎儿阶段（94）
配子（70）
遗传咨询师（95）
胚芽阶段（94）
性染色体（90）
自然流产（99）
畸形学（100）
隐性性状（90）
伴性特征（91）
干细胞（80）
生殖（70）
精子（70）

纯合（90）
体外受精（IVF，76）
母体血清甲胎蛋白（MSAFP）检验（96）
月经期（71）
有丝分裂（88）
卵巢（71）
人类基因组（87）
内细胞群（97）
减数分裂（88）
中胚叶（97）
单精合子（74）
杂合（90）
植入（97）
母体血液取样（96）
月经周期（72）
流产（99）
多因素传递（91）
超声波检查术（95）
阴道（72）
睾丸（70）
脐带（98）
合子（70）
胚胎滋养层（97）
子宫（71）
致畸剂（100）

110

# 第三部分
# 出生和婴幼儿：
# 最初的两年

　　第 4 章描述母亲为产前阵痛、分娩、婴儿出生所做的准备。我们将会介绍几种出生和分娩的方法，包括自然出生及有准备的生育。早期婴儿照料结合不同的家庭结构所产生的影响也会被检测到，潜在的出生并发症和出生缺陷也会被检测到。然后，我们会转到婴儿出生头两年的生理、运动及感知发展。在第 5 章，我们检测认知和语言的发展，这允许婴儿能够更加控制他们的环境。第 6 章描述婴儿的情绪和社会的发展，包括依恋、气质及养育实践的显著影响。

# 第4章

# 出生和身体发育：最初的两年

## 概要

### 出生

- 家里添新丁
- 分娩前的准备
- 生产中的适应性调节
- 出生过程的各个阶段
- 宝宝的出生经验
- 照看者—婴儿的联结
- 妊娠和出生的并发症
- 妈妈和爸爸的产后体验

### 基本能力的发展

- 新生儿的状态
- 大脑的生长和发育
- 关键系统和脑的生长速度
- 运动的发展
- 感觉的发展

### 专栏

- 可利用的信息：服务于早期干预的各种职业
- 人类的多样性：共眠，跨文化的观点
- 进一步的发展：0~3岁儿童的身长和体重

### 批判性思考

1. 如果让你来设计一个"完美的"分娩经历，你会选择什么地点？你想要什么人来帮助你？如果你有一个稍大点儿的孩子，你会愿意让这个孩子参与其中吗？为什么或为什么不？

2. 大多数分娩都会生育出健康的新生儿。然而，假使你的新生儿有某种疾病，你认为你会如何反应？你会向谁求助？

3. 认识到父母教养方式有所不同后，你是否认为自己可能会成为"响应式"的父母，关注哭泣儿童的每个需要？你是否认为这样的方式是"溺爱孩子"？

4. 如果你即将成为照看孩子的人，要照料家里的学步幼儿，你打算提供给他们什么样的身体活动和感官刺激？

在过去 30 年中，有关产前生长发育的广泛研究已经揭示，幼小的人类个体就已经显示出躯体、认知和情绪方面的行为。非侵入式诊断和影像技术的例行使用，已使我们更有可能观察到出生前发育中的胚胎和胎儿。对于很多满怀期待的父母来说，第一次看到胎儿的超声波或听到胎儿的心跳，是他们生命的巅峰时刻。

触觉开始于子宫中，是胎儿的第一个感觉，也是人类体验和沟通的基石（Montagu，1986）。象征生命本身的第一个引人注目的动作是在受精三周后的第一次心跳。手到头、手到面部、手到嘴的动作，以及嘴的张开、闭合、吞咽动作出现在发育的第十周（Tajani & Ianniruberto，1990）。胎儿居住在声音、振动和运动的刺激性环境中，当母亲笑或者咳嗽时，她的胎儿会在数秒之内移动（Chamberlain，1998）。声音可以到达子宫，胎儿可以接收到音乐，还有音调和旋律模式。母亲的声音尤为强大（Shahidullah & Hepper，1992）。胎儿会对羊膜穿刺术（通常在第 14～16 个星期之间做）产生反应，通过收缩远离穿刺针，在超声波下可以很容易观察到反应。快速眼动（尽管眼睑保持闭合）睡眠是做梦的表现，最早可以在妊娠的第 23 周时观察到（Hopson，1998）。

值得注意的是，大多数足月婴儿在出生时就具有所有的知觉系统功能。婴儿是真实而独立的个体——而不是几十年以前人们所认为的"一块白板"。出生时的测试揭示出新生儿具有细腻的味觉和嗅觉辨识力以及明确的偏好，而视觉测试则显示出新生儿能惊人地模仿出多种面部表情。当新生儿醒着的时候，他们的眼睛持续地探索环境（Slater et al.，1991）。在新生儿生命的最初两年，随着躯体和认知系统的成熟，其情绪性和社会性也将得到显著发展。

 **出生**

114

## 家里添新丁

现今的美国宝宝出生在变迁的家庭和家族结构中，家庭中的孩子数变少了（Federal Interagency Forum on Child and Family Statistics，2004；Whitehead & Popenoe，2004）。结婚率、同居率、离婚率、出生率和死亡率这些人口统计学趋势都将影响家庭结构，所有这些因素又将影响到生活的质量以及我们最宝贵的资源——孩子。尽管有一小部分男性和女性选择不要孩子或罹患不孕不育，但是，超过 80% 的美国成人将会在 35 岁前为人父母（Child Trends，2002）。美国国家健康统计中心报告，在 20 世纪 90 年代出生人口数量逐年下降之后，自 2000 年起，美国每年将有超过 400 万个婴儿出生（Hamilton，Martin & Sutton，2004）。

显然，父母的婚姻状况和家庭结构对婴儿和成长中的儿童的经济状态、受支持的程度以及整体的健康状况有直接影响。通常情况下，亲生父母的婚姻提供儿童许多有益于身心的资源，尽管有子女的已婚夫妇的总体比例占大多数，数量却在持续减少（Child Trends，2002）。2003 年，有 68% 的儿童和已婚的双亲一起生活。23% 的儿童和他们的母亲居住，5% 和他们的父亲居住，其余的 4% 则没有与父母生活在一起。2003 年，美国所有生产的孕妇中超过 1/3 是未婚女性（Federal Interagency Forum on Child and Family Statistics，2004）。大约 40% 的未婚生产是同居情侣，然而同居时常是短期的（Child Trends，2002）。即使与父母一起生活，外祖父母在儿童养育中也扮演着重要角色。单亲母亲养育的儿童中有 10% 住在他们外祖父母的家里（Fields，2003）。

对于相当多的母亲和父亲来说，养育子女是他们生命中具有核心意义的事情，大多数成人表示见证他们孩子长大的过程是生活中最大的快乐（Child Trends，2002）。但是，与以往相比，较多的年轻母亲在外工作，在全职或者兼职的情况下抚养他们的孩子。结果，更多的新生儿将接受大量家庭之外的公共儿童保育项目。由于发展心理学家已经在婴儿最早的情绪体验如何影响大脑的组织方式方面有大量发现，可以确定婴儿照料的质量在发育平衡中是一个关键的因素。但是首先，我们来讨论会永远地把女人转变成母亲、把男人转变成父亲的事情——宝宝的降生。

## 分娩前的准备

在 20 世纪 40 年代，英国产科医师 Grantly Dick-Read（1944）开始普及一个观点——如果女性理解生产的过程并且获得适当的放松，产妇进行婴儿分娩的痛苦可以大大地减少。他称，分娩本质上是一个正常并且自然的过程。他训练孕妇有意识地放松、正确地呼吸、理解她们自身的解剖学和分娩的过程和透过专门的练习发展她们对分娩肌肉的控制。他还主张将父亲训练成为产前准备以及生产过程的积极参与者。

与此同时，俄国医生开始将巴甫洛夫的条件反射理论应用于临床分娩，将女性在生产期间的紧张和恐惧解释为受社会化影响。如果肛痛是社会化的条件反射，它可能会被更积极的其他反应所代替。因此，**心理预防分娩法**（psychoprophy-lactic method）开始逐渐发展，这个方法鼓励女性当子宫发生收缩的时候放松并且专注于她们的呼吸方式。

1951 年，法国产科医生拉梅兹（Fernand Lamaze）（1958）参观了苏联的妇产科门诊部。回到法国之后，他引入了心理预防方法的基本原理。拉梅兹强调在生产过程的每个阶段母亲的积极参与。他设计了一种精细且可控的呼吸训练方法，在一系列言语提示下让生产中的女性通过喘气、肌肉推动和呼气进行回应。拉梅兹的方法已经被证实在偏爱自然分娩的美国医师和准父母中广受欢迎，几乎每所医院和大部分私人医疗机构都提供拉梅兹分娩法的预备课程，并鼓励父亲、近亲或朋友的参与。

**自然分娩**　对于许多美国人来说，足月**自然分娩**（natural childbirth）已经开始与各种方法一样，强调母亲和父亲对分娩的准备以及他们在整个过程中的积极参与。但是足月实际上指的是一位头脑清醒的、有意识的和未接受药物治疗的准妈妈。采用拉梅兹无痛分娩法生产的女性，可以使用许多认知技术来转移她对产房活动的注意力，这些技术还能提供附加的支持性资源。这些技术包括使用视觉关注、吮吸硬糖或者冰片（Wideman & Singer，1984）。

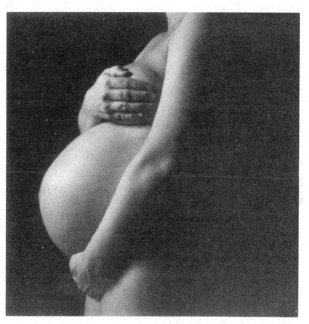

**为分娩做准备**

在妊娠的九个月中，女人的身体发生大幅度改变，给她自己时间为生活中最重要的改变——成为一个母亲——做准备。一个世纪前，女人会期待生下至少四个孩子，然而多数同时代的美国女人平均生育两个孩子。

自然分娩具有许多优点。分娩预备课程能够大大减轻母亲的焦虑和恐惧；随着自然分娩课程的进行，准父母可以增进对产房的了解。许多夫妇发现在分娩和生产中夫妻的共同参与是快乐且有意义的。此外，母亲在生产的最后时期不用使用药物或者应她的要求只谨慎地使用一些。对于这些止痛药物和镇静药物的效果已经有相关研究，但结果并不一致。一些研究表示，使用特定的药物能降低对剖宫生产的需求，而且能缩短生产时间（Votipka，1997）。另外一些研究显示，像在分娩和生产期间给予情绪支持这样的干预方法，能够充分地降低剖宫牛产率、减少产钳分娩、缩短生产的持续时间，以及减少对麻醉剂和药物治疗的使用（Bower，1991）。由于获准进入母亲躯体系统的物质可能在分娩和生产期间影响到宝宝，产科临床的安全实践倾向于建议注意这些药品的管理。

医学权威越来越多地得出结论，认为母亲不应该经历独自**分娩和生产**（Collins et al.，1993）。有证据显示，在分娩期间有很好同伴陪伴的女人可以较快速地、较简单地进行生产，较少出现并发症，对宝宝更温情。这个富有洞察力的看法已经引发多拉（doula，是一个希腊词语，意思是"养育且照顾新的母亲的人"）服务的再出现。多拉和助产士（midwives），作为产妇照料队的公认成员，提供情绪上的照料和身体上的安慰，而且通常是有执照的，属于**产科医生**（obstetricians，专长为受孕、产前婴儿的生长发育、出生和女性产后照料的医生）。在欧洲文化下，多拉或助产士几个世纪以来一直在分娩和生产中照顾女性，直到大约 17 世纪或 18 世纪。从那个时期起到 20 世纪 60 年代后期的这段时间，西方社会的医生要求将分娩和生产完全纳入到他们的医学领域里面。

虽然自然分娩显然为许多夫妇带来益处，但仅仅是对某些夫妇和某些出生的情况来说是更适当的。在某些情况下，疼痛非常严重以至于明智且有人性的临床实践要求进行药物治疗。尽管生产疼痛的平均强度相当高，实际上，女性各自的经验并不相同。即使她们感到疼痛和不适，大多数女人也都认为分娩是她们生命中如果不是最棒的体验，也是最棒的体验之一（Picard，1993）。无论如何，建议者和评论者都同意对于自然生产或者有所准备的生产，心理上或者身体上没有准备好的女性如果采取传统的方式，不应该将她们自己认作是不够格的或者不负责任的。的确，许多从业人员将准备分娩的训练和减轻疼痛的治疗方法视为可并立的和补充的措施。

## 生产中的适应性调节

由于家庭成员较少和分娩预备课程较多，大多数的夫妇都寻求将并不复杂的怀孕当作一个正常的过程而不是一种疾病的产科医生和医院。并且，他们会反对严格编制的和非个人化的医院例行常规，他们不想要他们宝宝的出生只是外科手术的一道道程序，除非这样的手术是必需的或者是计划中的。不过，在 2001 年出生的儿童有 99% 是在医院里生产的。医院外的生产，2/3 在家庭住所中，将近 1/3 发生在社区妇产中心（Martin et al.，2003）。

虽然绝大多数新生儿在医院里由医生进行接生，但是，其他的选择依然存在。对于产妇照料的选择之中，得到较广泛应用的是**助产术**。助产士参与生产的百分比已经从 1975 年的少于 1% 增加到 2002 年的 8%。增长的大部分是由于助产士参与在医院中的生产而有所增加（Martin et al.，2003）。全部 50 个州的法律已经将助产士所提供的产前保健和生产合法化，只要从业者是已注册的护士（Friedland，2000）。不是护士的助产士也正在寻求合法的身份。由于偏好较个人化的生产经验的中产阶级和大量职业女性的出现，对助产士的需求（通常认为直到 1940 年）陡然增加，这种需求还来源于女性对传统的助产方式和医学妇产科护理缺乏接触，或无法负担其高昂支出（Lyndon-Rochelle，2004）。

为响应在家里进行生产的运动，多数医院开始引入**产房**（birthing rooms）。这样的房间有着与私人住宅类似的气氛，贴有壁纸的墙壁、布帘窗帘、盆栽植物、彩色电视、一张双人床和其他一些可以让人放松的物品。医疗器材并没有真的离开产妇的视野。产妇可以有一个护士——助产士或一个产科医师，她的丈夫或其他伙伴可以协助生产。其他的亲戚、朋友，甚至宝宝的兄弟姐妹都可以在场。如果出现并发症，产妇可以很快地搬到正规的产房。家庭式生产这种安排在附近有急救设备的医院中是被允许的。母亲和婴儿在经历并不复杂的生产过程后大约 6~24 小时就可以返回家中。

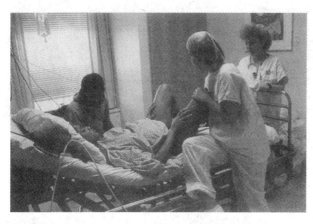

**产房**

上图反映了在带有母婴同室护理的产房里进行家庭中心式的新生儿接生。这与 20 世纪 50 年代美国的婴儿生产有什么样的不同？

其他的医院，当保持比较传统的分娩方式的时候，已经引入家庭中心式的医院护理，出生被当成是一种家庭经验。这个方法通常外加母婴同室护理，即一种将婴儿的摇篮留在母亲的床旁边的安排方式。这个习惯的执行与美国医院传统上将婴儿隔离于消毒的护理房中相反。**母婴同室护理**使得母亲更熟悉她的孩子，而且更早地将父亲整合入儿童保育过程之内。在护理人员的监督之下，父母获得看护/喂养、沐浴、换尿布的技能，而且可以照顾他们的婴儿。需要乳房喂养她们宝宝的女性可以在共情的帮助以及训练有素的医院职员的支持下开始这个过程。

**妇产中心**（birthing centers）将在许多都市的社区中开业。这些基础医护机构由于缺乏高科技设备，只能用于较低危险的婴儿分娩。如果并发症出现，患者会被转移到附近的医院（DeWitt，1993）。另一个最近的趋势已经缩短了新妈妈和她们的婴儿的住院时间。在目前医疗保健管理特别关注成本的环境下，产妇住院从 20 世纪 50 年代以及至今仍然在许多欧洲国家中普遍长达一星期缩短到平均大约两天半。目前对剖宫产来说三天是较普遍的情况。并不令人惊讶的是，许多医疗专业人士批评大多数的健康保险只允许短期住院，而母亲需要较多的住院时间休息复原并获得基本的儿童保育技能训练。尽管新生儿的许多问题暴露得较早，但某些情况往往只出现在出生后最初的六个小时之后，包括黄疸和心杂音，母亲自己在生产之后数小时也可能出现并发症（Lord，1994）。

---

**思考题**

在医院的产房、有医疗监督的妇产中心以及有多拉或助产士参与的家庭式生产之间的区别是什么？在做出这一重要选择时考虑的一些因素是什么？

---

## 出生过程的各个阶段

**出生**是一种转变，从依赖于子宫而存在到作为独立生物体的生命而存在。在不到一天的时间里，发生了根本性的变化。胎儿从子宫中温暖的、流动的、被庇护的环境被弹射到这个更宽大的世界中。婴儿被迫完全依赖自己的生理系统。因此，出生成为生命的两个阶段之间的桥梁。产前的生长发育通常在 266 天左右，一些因素促进子宫收缩和分娩，有人推测是荷尔蒙信号——包括脑下垂体到血液的催产素。在这一节，我们将会解释出生过程的各个阶段，包括分娩、生产以及出生时非常关键的新生儿评估。

在出生前数个星期，婴儿的头通常转为向下，这将确保头部首先出生（在臀部体位中，有少数的宝宝首先是臀部或脚先出生，通常情况下需要外科手术）。子宫同时向下和向前沉陷。这些变化被称为"**胎儿下降感**"。他们也"下降了"母亲的不适，现在她的呼吸更容易了，因为她的阴道隔膜以及肺的压力正在减少（见图 4—1）。几乎在同时，母亲可能开始体验到温和的"翘曲的"收缩，是分娩时较有力收缩的前奏曲。

**分娩**　出生过程有三个阶段：分娩、生产和胞衣的处理。在分娩开始的时候或在分娩过程中的某个时刻，包围胎儿具有缓冲作用的羊膜囊会破裂，释放羊水，然后羊水像清澈的液体从阴道流出。这"破堤而出的水"通常是给准母亲的第一个信号——分娩已经迫在眉睫，需要紧急打电话给她的产科医师、多拉或助产士。再次说明，女性不应该尝试独自生产。分娩的这个第一阶段非常依赖于一些因素而发生变化：妊娠母亲的年龄、她之前妊娠的次数以及妊娠的潜在并发症。在分娩期间，子宫的强壮肌纤维有节奏地收缩，将婴儿向下推向产道（阴道）。与此同时，肥厚并较低开口（子宫颈）的肌内组织会放松，变成较短并且较宽的允许婴儿通过的通道（见图4—1）。

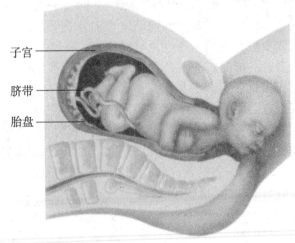

图4—1　正常生产

正常分娩和阴道生产机制的主要运动。

来源：Northwestern Memorial Hospital, http://health_info.nmh.org/hwdb/images/hwstd/medical/obgyn/n5551690.jpg.

通常女性分娩她们的第一个宝宝平均需要约14个小时。至少已经有一个宝宝的女性分娩平均需要约8个小时。最初，子宫收缩时间的间隔大约15～20分钟，每次持续大约25～30秒。当过程中间的间隔缩短为3～5分钟时，收缩变得更有力，持续大约45秒或更久。当母亲子宫的收缩强度增加且发生的频率更高时，她的子宫颈开口更宽（扩大）（见图4—1）。最后它将会扩大到足够让宝宝的头和身体通过。

**生产**　一旦婴儿的头经过子宫口（子宫的颈部），**生产**（delivery）就开始了，当宝宝经过产道完成穿越的过程时生产结束。这个阶段通常需要20～80分钟，但对于之后的孩子的生产可能需要的时间比较短。在生产期间，收缩持续60～65秒并出现2～3分钟的间隔。母亲用她的腹肌在最佳时期通过"全力以赴"（推动）帮助每次收缩。随着每次收缩，宝贝的头部和身体的露出

越来越多。

**着冠（crowning）**　发生在宝宝头部的最宽直径在母亲外阴（通往阴道的外部入口）的时候。如果疼痛太强烈，无痛分娩麻醉（epidural anesthetic）可以用于脊髓的外部表面，使女性腰部以下失去感觉（见图4—2）。胎儿留在母亲使用处方药物后的子宫越久，对胎儿的脑和中枢神经系统（CNS）的暴露也越强（Golub, 1996）。如果阴道的开口不够伸展足够让宝贝的头部通过，有时称为"外阴切开术"的切口可以开在阴道和直肠之间。这种类型的外科干预方法已经受到很多批评，但是在某些生产中可能是必需的，以避免生产的并发症。头部一旦通过产道，身体的其他部分也会很快地跟着通过。

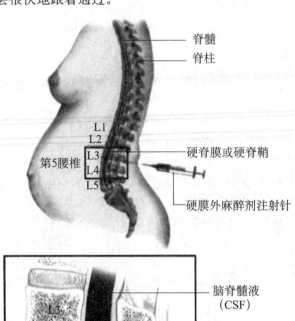

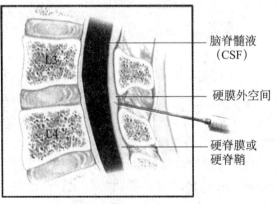

图4—2　无痛分娩麻醉

在分娩和生产时，无痛分娩注射剂将抗炎药物注射于硬膜外腔椎骨间的位置，以降低来自收缩时躯体下部的疼痛。这可以在剖宫术生产时被使用。

来源：Reproduced with permission from www.mydr.com.au. Copyright© 2005 CMPMedica Australia.

分娩的第二个阶段现在结束了，除非是多胞胎。医生或保健专家将很快地用手动操作的吸力装置从宝宝的咽喉吸出黏液。你将会在几分钟之内注意到这个称为"新生儿"的婴儿，仍然通过脐带与母亲连接。婴儿的注意力水平和健康的程度将会很快地被评估，然后可能被放置在母亲温暖的身体上，或者很快地清理胎儿皮脂（包裹婴儿身体的白色蜡质的物质）后被放置于父亲或母亲早在等候的双臂之内。

**胞衣**　在宝宝出生之后，通常子宫停止收缩数分钟。然后收缩重新开始，而且胎盘和剩余的脐带从子宫经过阴道被排出。这个排出**胞衣**的过程可能持续大约 20 分钟之久。在这期间，宝宝的父亲可以选择协助夹钳胞衣并"剪脐带"，以分开新生儿和母亲。

较新的技术可以用来收集和保存来自胎盘和脐带的血液，并使用低温贮藏让稍后的移植成为可能。"祖先"细胞（通常在骨髓中发现）对于治疗一些危及生命的疾病如白血病、某些类型的癌症、免疫的或遗传基因的病变是至关重要的。在一些医院中，父母可以选择储存来自他们宝宝脐带和胎盘的血液。在宝宝安全出生之后，需要五分钟来收集被包含在胎盘和脐带的血液。一些私人的血库公司力劝准爸爸妈妈收集并储存脐带血，

它将被送到进一步进行分离干细胞程序的机构。然而一些医生不鼓励这样做（"Cord Blood Banking Industry"，2004）。

大多数的父母珍视生育的奇迹，并看作他们生命的顶峰。但是，个人和文化的态度会缓冲个人对宝宝出生的反应。这个宝宝是早先计划中的并被期待的吗？母亲的健康已经通过某种方式受到影响了吗？宝贝出生时父亲在场吗？这个儿童是否已经被认识到有某些出生时的缺陷？这个家庭已经因许多孩子而超负荷了吗？这是一个年轻的未成年人的第一次怀孕吗？这是纵容强奸或近亲相奸的结果吗？是代理怀孕的吗？是否被纳入有计划的收养？现实中的这些情况无疑将影响母亲和父亲第一眼看到他们的新生儿时的接受程度和情绪反应。

**思考题**

通常什么是即将分娩的女性的首要迹象？在使出生结束和胞衣排出的分娩和生育期间，在渐进的各个阶段发生了什么事情？

## 宝宝的出生经验

在 1975 年，一个法国妇产科医师 Frederick Leboyer，通过他的最畅销书《没有激烈行为的出生》（*Birth without Violence*）（1975）引起了大众的注意。Leboyer 称，出生对于宝宝来说，是一种极度创伤的体验。Leboyer 要求保持产房中较低的声音和光线水平，让宝宝较温和地进入这个世界，通过按摩和抚摸、温和的暖浴迅速抚慰婴儿。

但是，Leboyer 的观点引起了极大争论。加拿大研究者已经发现，对于婴儿或者没有采用温和的传统生产方式的母亲来说，Leboyer 的方法不具备特别的临床或者行为上的优势（Nelson et al.，1980）。尽管其他研究员的报告表面上出现过，但正常生育中的应激反应通常不是有害的。对于胎儿异常地分泌高水平的应激激素，可以准备好肾

上腺素和去甲肾上腺素以抵抗出生的困难。荷尔蒙水平的猛增在生产期间保护婴儿免于窒息，并为婴儿在子宫外存活做好准备。帮助婴儿清理肺部且改变生理特质促进常态呼吸，同时确保丰富补给血液给心脏和大脑（Lagercrantz & Slotkin，1986）。出生的震动启动了宝宝急切地并努力地为自己呼吸。某些宝贝在被按传统的打屁股方式让其开始呼吸之前，就能够自己呼吸。

从正常的出生过程中的分娩所知，父母能够获得安慰，从宝宝的立场来说，分娩的困难可能是比通常所认为的不快乐更少并且更有益，因为婴儿的血液流通必须自己倒转，心脏的某个特定的瓣必须关闭，而且宝贝的肺需要开始靠他们自己行使职责。然而，我们同样知道，Leboyer 鼓励

了分娩管理中较有人情味的观点。

**电子式胎儿监听**　通常在医院环境的分娩过程和生产期间，一条带有尼龙搭扣的绳子连接于一个电子监视器上，以便环绕母亲的腹部和背部。胎儿的心跳被不断地监测而且在长条纸上记录。宝贝的脉搏在母亲强烈的收缩期间减慢，但是在两个强烈收缩期之间恢复它的最初速率。它的心跳速度可能相当于母亲心跳的两倍。即使通常宝宝的身体准备好抵抗分娩的困难，如果心脏速率监视器显示胎儿处于危难中，外科的干预方式可能也是必需的。这个监视器和较新的计算机装置的使用对一些宝宝的生存来说可能是决定性的。

**新生儿的外部特征**　出生的那一刻，婴儿身上布满胎儿皮脂，这是一种厚的、白色的、像蜡似的物质。一些婴儿仍然带有他们的细毛（胎儿精细的羊毛状的面毛和体毛），直到四个月大时消失。由于胎儿皮脂，他们的头发没有光泽，面容奇怪而苍白。

一般说来，一个足月的婴儿身长为19～22英寸，体重为5.5～9.5磅（最近一个糖尿病的巴西女性剖宫产下了一个16.7磅的男孩！）(Associated Press, 2005)。他们的头时常造型不佳而且由于塑型的结果被延长。在塑型（molding）中软颅骨"骨头"临时地扭曲经过产道以适应通道。通过剖宫出生的宝宝没有类似的这种被延长的外观。在大多数的婴儿中，下巴向后倾斜，而且较低的颌骨是未发育好的。具有弓形腿是通常可以见到的，而且足部可能是脚趾向内弯的。现在，将我们的注意力转到更具决定性的婴儿的行为状态。

**阿普加测试**　宝宝的平均出生体重约7磅6盎司（3.3公斤）(Department of Health and Human Services, 2003a; Hamilton, Martin & Sutton, 2003)。无论如何，体重是评估一个婴儿健康方面的唯一因素。在出生后宝宝情况的常态通常由医生或者护理医生根据阿普加评分系统评估的，这是麻醉专家阿普加（Virginia Apgar）(1953)提出的方法。在出生后一分钟，根据五种情况对婴儿进行评估：心率、呼吸运作、肌肉状况、反射敏感性和皮肤状况，出生后五分钟再次评估。每种情况被评分为0、1或2（见图4—3）。然后总计这五种情况的等级（可能得到的最高分是10）。在出生后60秒，约6%婴儿的得分为0～2，24%得分为3～7，70%得分为8～10。小于5的得分表示需要迅速地诊断和医疗方面的干预。阿普加得分较低的婴儿死亡率较高。

**Brazelton新生儿行为评估量表和临床新生儿行为评估量表**　T. Berry Brazelton博士是著名儿科医师、作家和电视及网络医师，设计了"新生儿行为评估量表"（the Neonatal Behavioral Assessment Scale, NBAS），用于出生后几个小时或出生后的一周内。另外，它被许多研究员用于研究婴儿的生长发育。一个主考者使用NBAS的这27个子测试评定生长发育的四个种类：生理机能、运动、情感状态，以及与他人的互动(Brazelton, Nugent & Lester, 1987)。低的得分表明新生儿可能具有潜在的认知损害或需要由早期干预方法提供较多的刺激。"临床新生儿行为评估量表"（the Clinical Neonatal Behavioral Assessment Scale, CNBAS）是Brazelton最初量表的更新版本。它是简明版的行为互动量表，有18个行为和反射条目，设计研究婴儿的生理机能的、运动的、情感状态的和社会化的能力(Brazelton, 2001)。

> **思考题**
>
> 从宝宝的自身出生经验中我们可以知道什么？在出生之后，一个典型的婴儿的特征和活动水平是怎样的？可以如何评估一个出生后的婴儿的健康？

## ▌照看者—婴儿的联结

在人类历史的大部分时间，宝宝出生后立刻被放置在他们母亲的身体上。根据人类学家Meredith Small (1998)的研究，在全球大多数的文化中，宝宝仍然被这样放置在他们的母亲身上。但是，在父母亲联结这个概念上的研究在最近几十年已经有了很大的改变。尽管在20世纪70年代时研究基于心理学/医学的模式，但现在更广泛的是从一种跨文化的观点来看。比较早的研究把重心集中在欧裔美国人，并带有以北美白人/欧洲为中心的视角。当对看护照看婴儿的跨文化研究的调查结果出现，并以历史的观点来审视早期的实践时，人们眼前就浮现出一幅不同的画面。据 Rogoff（2003）解释，"文化的研究引起对婴儿和照护者彼此依恋的共生方面的注意，包括共生的健康和经济情况、婴儿照料的文化目标和家庭生活的文化准备。"举例来说，一项最近的研究比较了乡村的非洲人和都市的欧洲人之间的婴儿生长发育的文化模型（Keller，2001）。

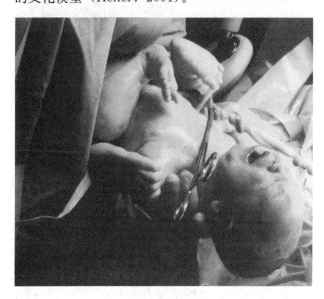

**出生的奇迹**

这个新生儿显然赢得了高的阿普加得分。

来源：Kristi Gilleland, ShutterPoint.com.

哈罗（Harry Harlow）实施并发表了猴子婴儿依恋实验的结果，发现猴子婴儿偏爱依附于覆盖在布料中的"电线母亲"（Harlow，1971）。鲍尔比的依恋理论提出依恋是由生存技能进化而来的机制。稍后可以见到在第二次世界大战后期，依恋被理解为在政治环境中不鼓励女人成为劳动力的反应。安斯沃斯（Ainsworth）的"陌生情景"的研究调查儿童—母亲的联结，因使用对于较宽泛的族群和更多样化的社会经济人口来说不具有代表性的小样本而受到批评。最近的研究也重视对于照看的观念和实践的政治环境（Ahnert & Lamb，2001）。

将宝宝与他们的母亲分离的习俗在过去 100 年

内已经出现，仅在西方文化中 Martin Cooney 发明第一个保温箱之后，用于援救早产婴儿并主张为了有益于健康使母亲和儿童分开（当最初发现微生物存在的时候这种做法得到了人们的支持）。直到 20 世纪 40 年代，保温箱成为大部分婴儿在医院中的标准惯例，而且较多的母亲选择在医院中生产而不愿在家。新妈妈通常是非常镇静，在被迅速移动到产妇病房以恢复体力之前，只瞥宝宝一眼，而宝宝则被迅速移动到儿童室（Small，1998）。20 世纪 60 年代后期，在西方世界中生产惯例开始改变。在 1976 年，两个产科医师 Marshall Klaus 和 John Kennell，提出对母亲—婴儿联结来说早期关键的 16 个小时的理论。直到 1978 年，美国医药协会（the American Medical Association）宣布促进婴儿和他们的母亲之间的联结成为正式策略（Small，1998）。

| 标志 | | 0 分 | 1 分 | 2 分 |
|---|---|---|---|---|
| A | 活动（肌肉质量） | 缺乏 | 手臂和腿屈曲 | 积极的活动 |
| P | 脉搏 | 缺乏 | 低于每分钟 100 下 | 高于每分钟 100 下 |
| G | 扮鬼脸（反射应激性） | 没有反应 | 扮鬼脸 | 打喷嚏，咳嗽，疏远 |
| A | 外貌（肤色） | 蓝灰色、全身苍白 | 正常，手足除外 | 全身正常 |
| R | 呼吸 | 缺乏 | 缓慢、不规则 | 良好，哭 |

**图 4—3　新生儿的阿普加得分**

在出生后 1 分钟和 5 分钟从每个指标得到的分数。如果宝宝有一些问题，可以根据出生后 10 分钟的情况计入附加得分。7～10 被认为正常，而 4～7 可能需要某些急救措施，阿普加分数为 3 以及低于 3 的宝宝需要马上急救。

来源：Adapted from V. A. Apgar, "A proposal for a new method of evaluation of the newborn infant," *Current Researches in Anesthesia and Analgesia*, Vol. 32 (1953), pp. 260 - 267. Reprinted by permission of Lippincott Williams et Wilkins.

**母亲的联结**　母亲联结的概念也已经有所变化，它在社会中的角色还在争论中。进化生物学家主张母亲和她们的婴儿联结在一起是自然的（适合的），要求亲密的接触、持续的互动和情绪上的依恋。因为人类的婴儿是附属于他人生存的，需要很多的照料、保护和教导，联结是我们这个物种尤其必需的。其他的学者认为"它培养了一种未获得承认的社会刻板印象——将母亲们描述为'情绪支持的源泉'"（Eyer，1992；Sluckin，Herbert & Sluckin，1983）。大多数的心理学家和医学专家现在认识到，最初的几分钟或者数小时不在一起度过也不会给关系造成永久的缝隙。"**父母—婴儿的联结**"（parent-infant bonding）主要是个互动的和相互关注的过程，随着时间的过去而发生并建立起情绪上的联结。

自然分娩的提倡者主张自然分娩促进了父母和他们的孩子之间的情绪联结。这是亲密的时刻，仅仅是父母—婴儿联结的开始。这是温和的碰触和观察彼此的时刻，并且是一些母亲可能选择母乳喂养她们孩子的时刻。

剖宫生产的母亲或者收养孩子的父母不应该做出这样的结论——他们已经错过了健康的儿童—父母关系的基础阶段。越来越多的研究实证提示，在生产后没有立刻接触他们孩子的父母能够像确实有这样的接触的父母一样，与孩子典型地建立同样强的联结（Eyer，1992）。

与一些照看者的联结是一些公有生活方式的社会所必备的。研究人员已经表示，刚果 Efé 森林的居民对儿童的养育有着非常灵活的习俗（Ivey，2000）。婴儿在村庄中被一些成人照顾。Efé 的婴儿可能和其他的照看者度过 50% 的日子，而且可能被任何一个正在哺乳期的女性看护。然而宝宝清楚地知道自己的母亲和父亲是谁（Tronick，Morelli & Ivey，1992）。

发展学家也认识到一些母亲和父亲在形成这样的依恋方面有困难。依恋对于那些经历特别复杂的生产和分娩，或者对于早产的、畸形的或在最初是多余的婴儿的母亲来说是困难的。由于一些分娩是高风险的，并不是每个父母—儿童的关系都从平静开始。

**父亲的联结**　在许多文化中，准爸爸由于他们的伴侣妊娠而可能经历**孕夫拟娩综合征**（couvade syndrome）——抱怨身体不适、饮食变化和体重增加（Small，1998）。一项对 Milwaukee 地区的 147 个准爸爸的研究发现，他们中大约 90% 经历了类似他们妻子的"妊娠"症状。举例来说，男人在妻子妊娠最初的三个月内有恶心的症状，并在最后三个月中有背痛的症状。多数的男人报告有 2～15 磅的体重增加幅度，在宝宝出生之后最

初四个星期内他们都会体重降低。拟娩可能是父亲对准妈妈表达共情联结和社会角色改变的某种方式（Lewis，1985）。除此之外，准爸爸普遍更关心他们供养和保护即将扩大的家庭的能力（Kutner，1990）。

**父亲—婴儿的联结**
　　研究揭示在养育儿童和儿童发育的过程中父亲的存在和参与赋予这两个过程非常多的好处。注意这个父亲的微笑，来自坦桑尼亚的达累斯萨拉姆的 Paulo，小心翼翼地紧紧抱着他的婴儿，促进了父亲—婴儿的联结。

人类学家已经发现，生父在家庭生活强大的社会中是非常重要的养育角色，在这种社会中女人献身于家庭生计，家庭是父母和后代的整合单位，男人并不对成为勇士全神贯注。虽然在整个文化中父亲的身份有不同程度的变化，但是人类的男性献身于照料婴儿的潜能非常大。也有较多的证据表明父亲参与他们孩子的生长发育的重要性（Horn & Sylvester，2004；Tamis-LeMonda & Cabrera，2002）。

从他们自身的利益出发，许多当代的美国爸爸将和准妈妈一起拜访产科医师、听宝宝的心跳、看第一个超声波或者羊膜穿刺、计划宝贝的降生、参加分娩预备课程、参与生产，而且在生产之后通过垫换尿布、喂养、洗澡等等帮助照顾宝宝。最近的研究评论指出，对他们孩子的认知、情绪和身体健康来说，父亲的爱和关心和母亲一样重要（National Fatherhood Initiative 2001；Rohner & Veneziano，2001）。

在出生之后，最初得到机会看到婴儿的时候，

父亲和母亲有相似的情绪，父亲用与母亲相同的模式探究新生宝宝的身体：首先是手指，然后是手掌、手臂、小腿，然后是躯干（Small，1998）。新爸爸像新妈妈一样，对他们的新生儿也直觉地提高他们说话的音高和声调［说一种称为"妈妈语（motherese）"的语言］。明显地，父亲与他们的宝宝接触越多，相互依恋的出现就越多（Small，1998）。

**不和父亲住在一起的美国儿童**　在美国，广泛的研究正在考察中，考察在单亲妈妈的数量逐渐增加的情况下，父亲缺席给儿童生活带来的影响。在所有种族间和同种文化的民族中，和双亲一起住的儿童百分比一直在降低。美国儿童中大约2/3生活在双亲家庭中，而有1/3不是这样的。将近2 400万个孩子居住在没有生父的家庭中（National Fatherhood Initiative，2004）。大约5％的孩子和单亲父亲一起居住（Child Trends，2002）。

**生父不明对儿童的影响**　除非你与全日制托儿所、学校、卫生保健或在其他的儿童保育机构中的儿童有联系，否则你可能没有意识到美国家庭结构的改变所造成的社会冲击。所有单亲母亲家庭中每年收入低于30 000美元的有65％，与之相比，所有双亲家庭中只有15％。虽然健康保险几乎覆盖了和双亲居住的所有孩子，但仅覆盖了86％与单亲妈妈一起居住的孩子和82％与单亲爸爸居住的孩子（Fields，2003）。根据美国户口普查局的一个报告（2003a）：

> 双亲家庭的孩子通常有较多经济资源和比较充足的与父母亲相处的时间。他们也更有可能参加课外活动，在学校中更稳定地取得进步，而且对他们的活动有较多的监督，比如看电视。双亲的存在一直都是孩子生命中最重要的保护因素之一。

**父亲的参与**　父亲的养育与母亲所能做的不同。母亲与儿童在一起时往往较多言语，然而父亲倾向于较多身体活动。父亲通常和他们的儿子一起玩混战游戏，我们发现男孩将此游戏作为练习，来发展出对他们的攻击性的控制。母亲的养育和父亲趋向鼓励成就的结合，都对童年经验有所贡献。父亲通常也提供女儿一些正性的榜样性角色。父亲和母亲的爱对于儿童的人格和心理逻辑的发育都有重要的影响，一些证据表明父爱甚至与一些方面的生长发育有更强的相关（Rhoner & Veniziano，2001）。

父亲提供不同方式的关心、训练和养育；这种特点还促使了被关注的儿童身体上和心理上更加健康的发展。研究已经显示，生父的存在和参与赠予给他们孩子的养育和生长发育的好处是任何替代的父亲都无法取代的，无论替代的父亲是以何种方式存在如祖父母、一位男性朋友还是继父母（Martin，1998）。

尽管如此，不幸的是，一些美国男人（来自所有的民族/种族和社会经济地位）仅付出一点点努力，或者没有努力建立与他们即将出生的孩子的联结或者支持他们，有些导致功能不良的生活或者是虐待，有些被关在监狱里，有些男人则与几位女性生了许多孩子，根本不关心母亲和儿童未来的福利。对许多被疏忽或被抛弃的儿童和美国社会来说，都会有深远的社会危害和经济后果。

---

**思考题**

促进照看者—婴儿联结的一些因素是什么？一位父亲可能用什么样的方式与他的婴儿建立联结？孩子无父的已知结果是什么？

---

## 妊娠和出生的并发症

虽然大多数的妊娠和出生过程没有并发症，但是也有例外的情况。由于妊娠之前原本的身体情况（包括糖尿病、骨盆异常、高血压和传染病），目前美国有超过1/7的女性在分娩和生产期间经历并发症（National Library of Medicine，1998）。在妊娠期间、分娩或出生过程中出现的并发症需要外科的干预。好的产前保健和医学监督之下的诊断目的就是要使并发症减到最少。但是如果并发症已经开始发展，通过医疗干预可以做很多事来帮助母亲和解救儿童。胎儿的超声波和其他的诊断应该常规地执行，以检查潜在的并发症。

举例来说，大约1％的宝宝出生时有**缺氧症**，在生产期间脐带在宝宝的颈部周围挤紧或者缠绕会引起氧缺乏。正如第3章所提到的，在一些妊娠的状态中，母亲和宝宝在他们的血液中有不相容的 Rh 因子，医疗手术能避免严重的并发症。如果有并发症，过去一直专注于解救母亲；如今解救母亲和婴儿同样重要。

科技革新已经减少了婴儿的死亡率。比较大的城市的医院可能有**新生儿重症监护病房**，配备人员为胎儿医学家和新生儿学家，他们的专长是处理复杂且高风险的妊娠、分娩和出生后的临床实践。在 2003 年，早产和低体重出生的婴儿的百分比继续上升，主要因为由辅助生殖技术引起的多胞胎数目的逐渐增加（Hamilton, Martin & Sutton, 2004）。在 2003 年，大约90％的婴儿在正常出生重量的范围里出生。下一段讨论分娩和生产的一些并发症，包括剖宫生产和处于危险中的婴儿。

**剖宫手术生产**　经历过分娩或生产并发症的一些女性将会采用的外科生产称为"剖宫产术"（"剖宫产"）。在这个外科方法中，医师通过腹部的切口进入子宫并取出婴儿。在 1970 年，剖宫生产的比率大约是 5％，2003 年比率是 27％，达到了有史以来的最高点（Hamilton, Martin & Sutton, 2004）。在美国剖宫生产的大幅度提高能被归因于许多因素：母亲较大龄进行生育；较高比率的双胞胎、三胞胎以及多胞胎妊娠；体重较大的宝宝；技术改良保护高风险的婴儿；女性选择预定外科手术生产；产科医生选择手术；担心性功能紊乱；骨盆基底损害；分娩的痛苦；不当治疗诉讼的提高。

如果母亲或者胎儿有已知的危险，有时剖宫产术是一个计划中的手术，比如，如果母亲是糖尿病患者、患有高血压、是艾滋病毒阳性患者，或**前置胎盘**在子宫中胎盘比胎儿的头更低，将首先被排出。另外一种情况是**先兆子痫**（preeclampsia，也称为"毒血症"），影响大约5％的女性且包括高血压（March of Dimes，2005）。胎盘剥落是一种严重的情况，胎盘部分地或完全地从子宫壁分离，必须采用外科干预来解救母亲和儿童。或者可能在分娩和生产期间发现紧急的剖宫生产是必需的——举例来说，当母亲的骨盆太小而无法允许婴儿头部通过的时候，或当宝宝位置异常的时候，比如臀部产位（臀部或脚在前并非头部在前）或者横向产位（向侧面或垂直的姿势）。所有剖宫生产中大约 4％～5％被接生的宝宝是臀位的。如果宝宝还没有转向头部先露的位置，大约在 37 周产科医生可能尝试叫做"外部视觉"的策略。如果业务熟练，60％～70％的宝宝会转动——但是这个方法并不是没有危险，而且可能引起早产（Sears & Sears，1994）。

剖宫生产是重要的手术并承担一定的风险，尤其对母亲来说。剖宫生产能激发焦虑，尤其是对于没准备好的女性。然而，借由硬膜外无痛注射剂在椎骨间的腔隙中的使用，腰部以下的疼痛感被阻塞（见图4—2）。母亲在生产期间可以是清醒的，而父亲可以在产房中，两人就能够分享出生的时刻。当女性选择全身麻醉的时候，她将不会意识到生产，而通常父亲也不被允许在产房里（虽然他可能几乎是在出生后立刻抱住婴儿）。

一些剖宫产的女性由于未经历自然生产会感觉"被欺骗"，但是大部分女性对于生出健康婴儿的这个选择是心存感激的。有的剖宫生产的女性也会典型地经历较多的不适和由于手术的恢复而伴随暂时的无能力感。作为对这些问题的回应，现在的分娩课程通常包括剖宫生产选择的单元，并用医院媒介的材料来推进主题，"做手术将有一个宝宝"。此外，较多的已经有过剖宫产经历的女性将采用阴道生产，这被称为 VBAC（vaginal birth after cesarean）。

研究员已经发现，在分娩和生产期间如果有被训练的女性朋友或多拉、助产士提供持续的支持，产妇能显著地减少对剖宫生产、产钳分娩和其他类似的措施的需要。然而，每个准妈妈应该计划在日程意料之外的事情发生时生产的地点和方式。

**处于危险中的婴儿**　处于危险中的婴儿的发育是一个越来越重要的主题。医学技术的进步正在解救许多先前无法幸存的婴儿。与此同时，尽管在美国出生的宝宝异乎寻常地少，但这个数字正在上升（Hamilton, Martin & Sutton, 2004）。

在美国平均每周[①]

77 341 个宝宝出生；

9 246 个早产的宝宝出生；

6 040 个低体重宝宝出生；

529 个宝贝在过第一个生日之前死亡。

**早产的婴儿**　由于早产/低出生体重是生命第一个月死亡的最主要因素，早产似乎是主犯（March of Dimes，2003）。在 2003 年，所有美国出生的婴儿中超过 12% 是早产的，其中 18% 的早产儿为黑人婴儿，12% 为南美裔婴儿，白种婴儿占 11%（Hamilton，Martin & Sutton，2004）。传统上将**早产的婴儿**（a premature infant）定义为出生时宝宝体重低于 5 磅 8 盎司的体重或妊娠周数少于 37 周。典型的非常早产（very preterm）的宝宝不到 32 周妊娠就出生了。非常低的出生体重（very low birth weight）用于描述出生时少于 3 磅 4 盎司体重的宝宝。虽然低出生体重与早产有关，但是，显然它是发展上的未成熟而非低出生重量，本质上，那是障碍的原发来源。多一半在美国出生的低出生体重的宝宝不是早产；**足月的小婴儿**（small-for-term infants）不管是独生的还是双胞胎或多胞胎，都典型地发展得很好。此外，由于试管受精方式多胞胎持续地增加，有较高的危险出现低出生体重、并发症和早产多胞胎。

但是，对于早产的婴儿，生存率与出生体重密切相关，越大而且越成熟的婴儿可以越好地生存。然而在一些国家较好的医院中，医师正在解救体重 2.2～3.2 磅婴儿中的 80%～85%，尤其是那些体重 1.6～2.2 磅婴儿中的 50%～60%。令人惊异的是，在 2004 年 9 月，全世界最小的宝宝幸存者 Rumasia Rahman，当她作为双胞胎之一早出生三个月的时候只有 8.6 盎司重（移动电话的大小）（Donavan，2004）。然而，处理早产儿几乎不是常规程序而且成本时常数千元一天。重要的是，March of Dimes（2004d）报告早产/低出生体重是在非洲裔美国人中所有婴儿死亡和引发死亡的第二个主要因素（见表 4—1）。

对早产宝宝的新生儿重症监护病房（NICUs）相当不适合尚未准备好在透明的保温箱中遇到他们婴儿的父母（Kolata，1991）。宝宝在早产婴儿保育箱中可能通过在鼻子或气管中插入塑料管获得氧气。电子设备和计算机化的成排装置的信号灯、闪烁的数字、警报的"哗哗"声监测着宝宝的生命体征。

另一种早产婴儿死亡的问题被称为"呼吸窘迫综合征"（respiratory distress syndrome，RDS）。每年约 8 000～10 000 个与 RDS 相联系的婴儿死亡；另外 40 000 个婴儿年复一年地受到它的折磨。困难在于早产婴儿缺乏一种熟知的表面活性物质，是在子宫中围绕胎儿的羊水中发现的一种润滑物。这种表面活性物质在肺中帮助空气囊膨胀，而且阻止肺在每次呼吸之后压扁或粘在一起。胎儿通常直到第 35 周左右才能逐渐获得表面活性剂。最近，研究员已经发现提供这种物质给早产的婴儿能避免许多其他致命的并发症，而且能解救宝宝的生命。

表 4—1　　　　美国各人种/种族的低出生体重的平均水平（2000—2002 年）

| 人种/种族 | 美国百分比 |
| --- | --- |
| 西班牙裔 | 6.5 |
| 白种人 | 6.8 |
| 印第安裔 | 7.1 |
| 亚裔 | 7.5 |
| 黑种人 | 13.2 |
| 平均 | 7.7 |

来源：March of Dimes，*Peristats*. Retrieved January 19，2005 from http：//www. marchofdimes. com/peristats/. Data from National Center for Health Statistics.

早产，尤其是非常早产的情况与患有幼年和童年期发展上的残疾和神经疾病相关（Marlow et al.，2005）。首先，由于应对出生和出生后生活的应激，早产的婴儿又相对未发育成熟，这使得其较难生存，同时更易受到感染性疾病的影响。其次，早产婴儿显示出发展上的困难，这可能与导致宝宝早出生的产前的相同问题有关（像是母亲营养不良、药品使用、经由性行为传染的感染性疾病、贫困以及糖尿病）。一些研究结果显示，早产婴儿的长期状态较可能与社会经济地位、教育和支持性的家庭环境相关，而不是早产的情况本

125

---

①　来源：March of Dimes，Perinatal Overview；United States，2003. From the National Center for Health Statistics，period linked infant birth/death data.

身。最后，在生产后，早产的婴儿通常被放在保温箱（早产婴儿保育箱）内，并接通许多管子和监听装置。

为了确保早产婴儿的生存，护士必须花费许多时间采用一种"程序性照料"——喂养、更衣、洗澡、采集生命体征、提供呼吸维持或者打针等等。然而，25 年以来的研究显示，如果未足月的婴儿被温和地抚摸和"安适地照看"——正常的皮肤接触、按摩和尤其来自父母的抚摸这样的一些其他刺激，他们就更有可能生存下来（Harrison，2001）。因此，一种称为"袋鼠照料"（Kangaroo Care）的计划正逐步展开以促进早产儿的状态复原。这种照料是在安静的微光的新生儿重症监护病房中，母亲或父亲和儿童进行皮肤与皮肤、胸部与胸部的接触（Kangaroo Care，1998）。健康状态包括肌肉活动水平降低、需氧量较少、行为不适较少、每日有较大幅度的重量增加和输血量较少，这有益于 26～33 周的早产婴儿（Harrison，2001）。

大多数的早产婴儿没有显示出异常情况或心智迟滞。英国前首相丘吉尔，出生时是早产儿，活到了 91 岁。他倡导积极和建设性的生活。关于监控早产儿的最新进展已经允许医师在许多情况下通过治疗性的干预或参与预防一些问题，将这些问题的危害减到最小。这样做的结果是与早产有关的全部并发症和死亡率的降低。医学将继续在帮助早产的宝宝方面创造至关重要的和令人兴奋的大幅度进步（Rowland & Vasquez，2002）。而对于某些婴儿来说，早产除了会有较高危险发生死亡之外，还可能导致的情况是发展上的延迟、慢性呼吸问题、视觉和听觉上的损害（March of Dimes，2003）。

一项最近的纵向研究对 23 组极端的低出生体重的孩子和他们足月出生的同胞进行比较，使用标准化的医学、社会学，以及认知的、肌肉运动的和语言的测试。结果表明那些极端的低出生体重的孩子较轻、身长较短，而且头圆周较小。他们 IQ 也可能较低，在斯坦福·比奈测试中得分较低，并且皮波迪（Peabody）肌肉运动商数较低。社会经济地位较高对认知的和语言的能力有正性影响，但是不影响肌肉运动的得分。研究结论是幼儿园阶段认知的和语言的功能受早产的状态和社会经济变量的影响；然而，肌肉运动只与早产的

**新生儿重症特别护理**
暖箱结合了许多其他技术上的改进，帮助大部分的早产婴儿保有生命，能够正常地生长。父母在一开始可能对于这种技术有些无法接受，但新生儿专家会训练家庭成员以帮助他们进行对新生命的护理。
来源：Lennart Nilsson．（1990）．*A child is born*．New York，NY：Dell．

状态相关（Kilbride，Thorstad & Daily，2004）。

**思考题**

早产的一些原因是什么？一些在分娩和婴儿生产期间可能出现的并发症是什么？通过医疗手段可以如何解救大部分在高风险情况下出生的这些宝宝？

**过度成熟儿**　经过子宫妊娠 40 周之后两个星期以上才出生的宝宝，通常被归类为**过度成熟儿**（postmature infant）。大多数过度成熟的宝宝很健康，但是他们必须被小心地照料一些日子。因为他们的母亲有糖尿病或糖尿病前期，或者由于过量的糖类物质穿过了胎盘，一些宝宝比较重。这样的宝宝在生产后的最初几天可能有新陈代谢方面的问题，需要进行比较细致的医疗检查。过度成熟的婴儿身形往往比较大，造成母亲和婴儿在生产期间较多的并发症。母亲可以选择进行引产和剖宫产。

**受药物影响的婴儿**　大多数刚出生的宝宝不会对任何物质成瘾。然而，某些情况下会受到法律制裁，包括许多怀孕的吸毒者会抵制产前保健。这些制裁可能是轻刑罪、虐待儿童罪甚至杀人罪。亚利桑那州、加利福尼亚州、夏威夷、纽约、南

科罗拉多州、得克萨斯州和犹他州的法律对怀孕妇女使用药物持积极态度（"Prosecutors Focusing on Pregnant Women"，2003）。没有产前保健的胎儿是暴露于有害的致畸物中的，并被剥夺了正常生长所需要的适当营养、血液和氧。

受药品影响的宝宝很有可能早产、出生体重低并且头部比正常尺寸小。在数周期间，这些婴儿会经历剧烈的疼痛和戒断症状，其中癫痫发作也许是表现最明显的迹象之一（Crump，2001）。通常，当被抱起来的时候，这些宝宝的背部往往呈弓形弯曲、体态呈向前冲的姿势、用高声尖锐的声音哭泣，直到自己精疲力竭。受可卡因影响的婴儿较紧张不安，肌肉常常处于绷紧的状态，因身体僵直而移动困难，不喜欢被碰触，而且进食困难（Turner，1996）。

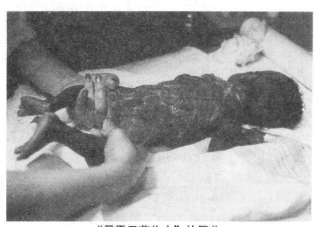

**"暴露于药物中"的婴儿**

　　沐浴是护士发现的可以安慰"暴露于药物中"的婴儿的一种方法。肥皂和温水可以使狂乱的宝宝安静。沐浴还可以去除包裹他们的汗水，让他们感觉像经历戒断一样。

　　来源：Ken Kobre，Photojournalism Professor，San Francisco State University，California.

这些行为会更进一步影响父母或者照看者如何对待宝宝，儿童如何成长和学习可能也会受到影响。尽管如此，最近对孕妇使用可卡因对其宝宝的影响进行了再评估研究，并没有发现对儿童的生长发育长期有害的影响。也许对宝宝来说更有害的是被贴上"快克（一种经过化学高度提纯的可卡因药丸，通过玻璃管吸食，很容易使人上瘾）儿童"的标签，以及阻碍宝宝的社会性、情绪、身体和心理发展的社会经济因素（Frank et al.，2001）。

**感染艾滋病病毒的宝宝**　　艾滋病病毒是一种引发艾滋病的阴险病毒，这里是一些令人吃惊的统计学数据：

● 女性几乎占全世界所有感染艾滋病病毒者/艾滋病患者的一半（在许多贫困国家中，女性在被传染者中比例更高）。

● 专家估计全球约有 1 000 万儿童和将近 1 万美国儿童携带艾滋病病毒。世界卫生组织的专家估计，仅在 2004 年就有超过 50 万个 15 岁以下儿童因艾滋病病毒/艾滋病而死亡（"AIDS Epidemic Update，"2004）。

● 自从艾滋病在 20 世纪 80 年代早期被首次鉴识之后，已经超过 5 000 个美国儿童因艾滋病病毒/艾滋病死亡（"HIV/AIDS Surveillance Report"，2004）。

● 到 2004 年为止，研究者估计由于艾滋病的传播，多于 1 500 万的儿童成为孤儿（"Worldwide HIV & AIDS Epidemic Statistics"，2004）。

美国公共卫生服务开始推动常规的、自愿的出生前艾滋病病毒测试和齐多呋定（zidovudine）治疗，以减少从母亲到儿童的艾滋病病毒传染途径。对携带艾滋病病毒的孕妇的最好建议是，尽早见她的保健提供者，并时常在妊娠期间关注自己以及胎儿的健康，为婴儿的出生和照料进行计划。不幸的是，尽管推荐将艾滋病病毒测试作为出生前护理的一部分，许多孕妇仍然没有进行此测试。另外一项研究在分娩过程中进行母婴迅速干预发现，对分娩中的女性提供快速艾滋病病毒测试大约 1 小时内可得到准确结果（Bulterys et al.，2004）。

宝宝可能在妊娠期间、分娩和生产期间或在母乳喂养期间感染艾滋病病毒。在妊娠、分娩和生产期间对婴儿采用抗后病毒药物结合被称为"蛋白酶抑制剂"（protease inhibitors）的治疗，会大幅度降低病毒传播的危险（U. S. Public Health Service Task Force，2002）。1994 年，在美国公共卫生服务发表这个治疗建议之后，小儿科的艾滋病病例减少了。目前的好消息是，由感染艾滋病病毒的母亲所生的超过 90％的美国宝宝没有感染艾滋病病毒。2002 年，据估计美国新的小儿科艾滋病病例（在年龄小于 13 岁的个体病例中）的数字下降到仅 92 例（"HIV/AIDS Surveillance Report"，2004）。

在一开始，携带艾滋病病毒女性的宝宝在艾滋病病毒抗体测试中都会得到阳性结果，但是这不表示宝宝已被传染。没被传染的宝宝将在 6～18 个月内消除母亲的抗体，并开始呈现艾滋病病毒检验结果阴性，而感染艾滋病病毒的宝宝的检验结果将会继续呈现为阳性（National Institute of Allergy and Infectious Disease，1997）。原本感染了艾滋病病毒的宝贝出生后表面上是正常的，但是其中的 10%～20% 在两岁时发展为艾滋病并死去。通过早期诊断和早期治疗，携带艾滋病病毒的孩子中有较高比例生命更加长久，多数可进入青少年期和成年期（Storm et al.，2005）。

从 20 世纪 80 年代开始的一项纵向研究，是欧洲协同合作的研究（European Collaborative Study），八个欧洲国家中登记在册的超过 1 500 个孩子由感染艾滋病病毒的母亲所生。与没被艾滋病病毒感染的孩子相比，感染的孩子成长非常地慢，且病情严重的孩子在所有年龄段的成长发育都较差。阻碍生长发育对于儿童的生活品质有不利的影响，尤其在他们进入青少年期之后（Newell et al.，2003）。感染艾滋病病毒的孩子通常带有功能性的损伤、行为问题、身体症状并在集体活动和学校表现中都受到限制。当他们进入青少年期和成年期的时候，他们也需要综合的医疗以使他们的潜能尽可能得到发挥（Storm et al.，2005）。国际艾滋病照料医师联盟（the International Association for Physicians in AIDS Care）和美国国际健康同盟（the American International Health Alliance）启动了一个项目，在许多国家为对艾滋病病毒呈现阳性反应的孩子创立儿科资源中心，建立全球的艾滋病学习和评价网络（the Global AIDS Learning and Evaluation Network，GALEN），并推动大量的儿科艾滋病病毒治疗和研究项目。

在携带艾滋病病毒的宝宝出生之后，父母和照顾者必须面对的不仅是照顾宝宝生病的情绪上的压力，也包括财务上的压力。国家儿科和家庭艾滋病病毒资源中心（the National Pediatric and Family HIV Resource Center，NPHRC）提供最前沿的科技信息给照顾艾滋病病毒携带儿童/艾滋病患儿的家庭和专业人士。同时，美国卫生及公共服务部在 www.AIDSinfo.nih.gov 网站上给家庭、研究员和医学团体提供综合的信息和指导。

**患胎儿酒精谱系障碍的宝宝**（FASD）　研究已显示，准妈妈在妊娠期间饮酒，不仅胎盘"像海绵一样将酒精吸收"，而且酒精在羊水中存留的时间比在母亲的体液系统中存留得更久。早期妊娠时日饮两杯这么少量或者一次将四杯酒全部喝完（一段狂欢作乐的插曲），会杀死宝宝发育中的脑细胞，并阉割发育中的身体器官。饮酒在妊娠期间会导致所知的一系列效应总称为"**胎儿酒精谱系障碍**"（FASD），"胎儿酒精综合征"（fetal alcohol syndrome，FAS）也包括在其中（National Organization on Fetal Alcohol Syndrome，2004a）。

FASD 的症状包括出生前和出生后的生长缺陷、导致较低 IQ 和学习障碍的中枢神经系统功能障碍、面部和头颅的生理畸形和生长迟缓，以及其他器官的机能障碍（参见第 3 章）。一项最近的研究发现，在妊娠期间过度饮酒的母亲生育的宝宝会遭受永久的神经损害（"Alcohol Consumption Among Women"，2004）。一些孩子被诊断为胎儿酒精效应（fetal alcohol effects，FAE），这是较少受这些影响的临床表现。在 2003 年，美国对 FASD 的花费超过 50 亿美元。一个 FASD 患者一辈子将承担超过 80 万美元的医疗费用（National Organization on Fetal Alcohol Syndrome，2004b）。FASD 是目前心智迟滞的首要预防因素，而且它在每个种族、社会阶层和文化中都存在。FASD 每年祸及多达 4 万个婴儿——比唐氏综合征、小儿脑瘫和脊柱裂加起来还要多（National Organization on Fetal Alcohol Syndrome，2004b）。

在 1998 年 7 月，南达科他州成为实施酗酒孕妇治疗项目的第一个州。朋友和亲戚可以把怀孕的酗酒女性交托给紧急解毒治疗中心，而且法官可以命令怀孕的酗酒女性进入治疗机构（Zeller，1998）。像出生时带有缺陷的其他孩子一样，出生时这些孩子有资格获得早期干预服务。父母、照顾者和老师应该认识到这些孩子可能在保持注意力、认知和理解模式、预测"具有常识的"结果或掌握数学和阅读方面的困难。他们注意力集中的时间可能很短、有记忆能力和解决问题方面的困难。认识到儿童在发育过程中不会出现 FASD 也很重要（National Organization on Fetal Alcohol Syndrome，2004b）。

**出生以前暴露于化学毒性物质的宝宝**　根据 Hallman 和同事（2003）的报告，从 1992 年以后，海湾战争的 69.7 万名退伍军人中超过 7 万名报告到过海湾战争健康注册处（the Gulf War Health Registry）。这些退伍军人中的大部分都经历了像是疲劳、肌肉和关节疼痛、皮疹、记忆力减退和注意力及其他问题的症状（Hallman et al，2003）。一项研究发现，肌萎缩性侧索硬化症异常高发——高于对照年龄组预期值达三倍之多（"ALS More Common"，2004）。

这些退伍军人称他们暴露于一些不同种类的"再生有毒物"之中，包括炭疽接种疫苗、抗食物中毒药物和废铀。在战争之后，这些退伍军人的孩子中有相当高百分比患有疾病或者出生时有先天缺陷（多重畸形在统计上是不可能由偶然因素造成的）。正如《VFW 杂志》（VFW Magazine）所报道的，研究员在五角大楼海军健康研究中心发现，在战争后出生的退伍军人的婴儿患有特定的肾脏缺陷，但在战争之前出生的他们的孩子中没有发现这个问题（"Gulf War Syndrome Update"，2003）。男性退伍军人的婴儿有较高比率的心瓣膜缺陷，而女性退伍军人所生的男婴有较高比率的生殖器—泌尿器官缺陷。

受影响的家庭大多情绪紧张、财物耗尽，并认为美国政府、军队、医生和保险制度未认识到他们的健康需求。然而，美国众议院议员提出了"2001 年海湾战争疾病赔偿法案"（Persian Gulf War Illness Compensation Act of 2001），详细阐明了为遭受特定的未诊断疾病的海湾退伍军人的赔偿标准。新闻稿说，"在海湾战争中打仗的美国人可能已经暴露于化学武器或其他有害的化学或生物药剂中"（Gallegly，2001a，p.1）。美国众议院议员批准将上述法案编入"2001 年退伍军人权益法案"（Veterans Benefits Act of 2001）（Gallegly，2001b）。尽管如此，医疗提供者、教育家和心理健康专业人士还是需要意识到生活中患有慢性疾病家庭群体的特别需要。

在 20 世纪 50 年代中期的日本水俣湾，由于当地企业造成海湾水银中毒而使鱼受到了污染，居民吃了后，导致婴儿、儿童和成人患有身体畸形和脑损伤。在 20 世纪 60 年代早期，由于对孕妇的"晨吐"广泛使用处方药物"反应停"，美国社会经历了相似的流产和四肢畸形高发的事件。退伍军人在 20 世纪 60 年代至 70 年代的越战期间暴露于橙色落叶剂中，许多他们的孩子出生时患有大脑损伤。20 世纪 70 年代，在水牛城的拉夫运河，靠近布法罗和纽约，出现流产高发和出生畸形现象，已被证明与空气和水污染直接相关。我们不能忘记，我们接触和吸收的东西，对于一个发育中的胚胎或胎儿来说是多么易受伤害。

**对患有障碍的宝宝的支持**　被诊断为任何出生时有障碍的婴儿父母可以立刻联系地方专业人士和聚焦于那种障碍的支持性团体。在这个早期阶段的知识能减轻很多恐惧和焦虑，并给予父母他们所需要的尽可能正常地养育这个儿童的希望。还有数以千计的支持性团体采用家庭互联网网站针对居住较偏远或孩子患有罕见障碍的家庭。虽然儿科医师和专家关于各种障碍的生理学方面的知识更多，但是，他们的医务训练时常不包括学习养育过程的困难对患有障碍儿童的社会性和情绪上的影响。像国家唐氏综合征协会（the National Down Syndrome Society，NDSS）这样的组织机构提供非常宝贵的信息、支持和研究，并提供地点让关注相同问题的父母进行接触和交流。

**公法 99-457：对出生于险境的婴儿的早期干预服务**　公法 99-457，最初在 1986 年 10 月由美国国会制定，是特意提供早期干预服务（免费的教育、训练和治疗性的服务）给从出生到五岁的残疾儿和有特别需要的年幼儿童家庭的。这个项目为促进残疾儿童和初学走路的婴儿的生长发育，并提高他们的家庭解决自己问题的能力而努力。其中婴儿的部分针对从出生到两岁的婴儿，而幼儿园的部分针对那些 3～5 岁的儿童。早期干预的一个目标是让较少的孩子在他们的正式学校教育的数年期间进入学校设立的特需教育班级。另外一个目标是让较多的孩子实现在家里和在社区中独立生活的目标，这样可以降低对专业机构的需要。这项法案在 1991 年被修订，成为众所周知的**"残疾人教育法案"**（the Individuals with Disabilities Education Act，IDEA）。2004 年，国会和布什总统将 IDEA 再次审批，成为"残疾教育改善法案"（PL-108-446）（Individuals with Disabilities Education Improvement Act）。在专栏"可利用的 信息"中你可以得到更多信息。

## 可利用的信息

### 服务于早期干预的各种职业

早期干预服务在"残疾人教育法案"中被定义为"计划用于满足每个合格儿童发展上的需要的服务……还用于满足与儿童发展水平提高有关的家庭需要"。重要的是，该法案在可能的最大范围内将父母和照护者囊括进来。此外，受训于此项服务的专家被鼓励在自然生活环境中对儿童进行评估。这些评估必须在多种视角下进行，而且要求包括多学科的方法（Addison，2004）。换句话说，它通过一些专业的受训人员提供尽可能完整的信息来反映儿童的整体情况。参与这个过程的人员包括听力学家、家庭治疗师、护士、营养学家、职业治疗师、医生和社会工作人员。

对于干预服务的各种需求，让我们简单地看一下这些专业人士提供的评估。

● 听力学家：识别听力损伤并确认丧失听力的范围。为药物治疗和其他服务开医嘱。提供听觉的训练、复原训练、教导如何进行口语阅读和使用助听器。

● 家庭治疗师：提供家庭训练和心理咨询。通过家访来帮助家庭理解儿童的特殊需求。

● 护士：评估儿童的健康状态以决定照料的准备而且防止出现健康问题。帮助儿童恢复或者改善功能。管理处方药。

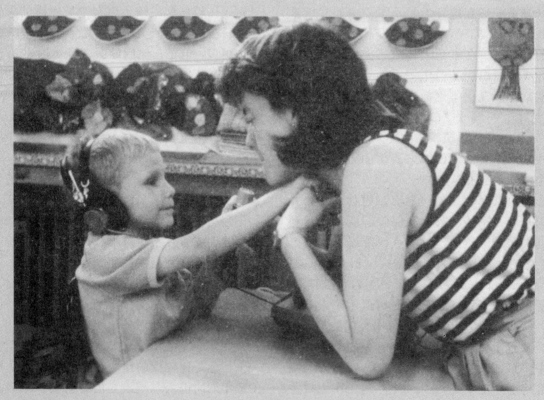

**说话—语言治疗**

说话治疗师，也称为"言语病理学家"，诊断、治疗并帮助孩子推进发音、语言、认知、交流、发声、吞咽、流利地说话以及治疗一些疾病。劳动部统计项目称雇用说话—语言病理学家可以让孩子快速成长。说话—语言病理学家要求具有硕士学位。

来源：Rainbow-Center. net.

130

● 营养学家：评估营养历史、饮食、喂养技能和食物习惯。制订饮食计划并监测其对营养的需求。

● 职业治疗师：提出儿童在适应性的发展、行为和游戏方面的需求，尤其是知觉、运动和姿势的发展。

● 医生：测量并且评估儿童的运动功能障碍。提出针对个体和群体的服务项目来对儿童的运动功能障碍进行预防、减轻和修正。

● 社会工作人员：评估儿童的家庭环境和与父母亲的互动。提供个体和家庭咨询并帮助加强社交技巧。协调和促进社区资源的使用。

如果你有兴趣进行早期干预服务的工作，你可以在校园职业发展中心或工作安置办公室中更进一步搜寻信息。那些办公室、校园图书馆和网站上可以获得多种资源，像《职业名称字典》（*Dictionary of Occupational Titles*，DOT）、《职业一览手册》（*Occupational Outlook Handbook*，OOH）、《职业名称字典》中定义的"职业特征精选"（Selected Characteristics of Occupations Defined in the *Dictionary of Occupational Titles*）、《工作人员特质数据书》（*The Worker Traits Data Book*）和《分析工作手册》（Handbook for Analyzing Jobs），都可以在美国劳动部网站上在线获得。专业组织的网站提供很多的特定职业的信息和一些可申请的奖学金。

### 早期干预服务的各种职业

| | | |
|---|---|---|
| 立法促进会 | 遗传学家 | 儿科（神经病学） |
| 特殊教育促进会 | 翻译员 | 残疾人体育学（身体适应性训练） |
| 特殊教育行政人员 | 活动疗法 | 内科治疗 |
| 艺术治疗 | 音乐治疗 | 成人精神病学 |
| 听力学 | 神经病学 | 儿童精神病学 |
| 行为治疗 | 护理学 | 精神分析 |
| 儿童发展专员 | 护理学（新生儿重症特别护理） | 儿童发展心理学 |
| 认知/行为治疗 | 学校护理学 | 临床心理学 |
| 初等教育 | 职业治疗 | 发展心理学 |
| 幼儿园教育 | 行为儿科 | 娱乐疗法 |
| 特殊教育 | 发展儿科 | 社会工作 |
| 家庭保健用药 | 普通儿科 | 语音—语言治疗 |

**婴儿死亡率**　婴儿不会事先被假定死去，感觉上这和生命的自然次序相反。结果，婴儿的死亡成为一种创伤的经历——大多数人将它称之为"一生中最坏的经历"。父母、家庭和朋友将会经历一段伤心和哀悼的时期，正如年长者所爱的人死去那样。**婴儿死亡率**（Infant mortality）是在出生后第一年内婴儿的死亡数占全年分娩数的比值。在2001年超过27 000个婴儿在生命的第一年死去。疾病控制和预防中心发布的报告称，平均婴儿死亡率在2001年达到历史低点，平均每1 000个出生的生命中有6.8例，在2002年上升至7.0例，黑人婴儿两倍于这个比率即每1 000个中有14.0例（"Infant Deaths Up in U. S."，2004）。2001年婴儿死亡率下降的主要原因在于出生后第一年内的"婴儿猝死综合征"（sudden infant death syndrome，SIDS）例数显著地减少，2000—2001年降低了11%，但是仍有约3 000个婴儿死于此病（National Center for Health Statistics，2004a）。2002年在婴儿死亡方面预想不到的提高被归因于早产的增加。

2002年在美国，婴儿死亡的主要因素是出生缺陷、早产和低出生体重、婴儿猝死综合征、妊娠母亲的并发症、脐带与胎盘并发症（见图4—4）（National Center for Health Statistics，2003a）。20岁以下女性的婴儿死亡率是最高的，而30～39岁的女性是最低的（March of Dimes，2004d）。除了母亲的年龄之外，婴儿死亡率对于没有接受出生前照料的女性来说较高，在怀孕期间吸烟和受较少教育的女性也比较高。婴儿死亡率对男婴、多胞胎、早产和低出生体重的婴儿来说是比较高的（National Center for Health Statistics, 2003a）。

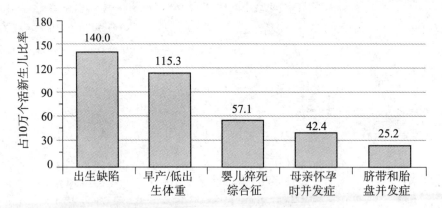

**图4—4　引起婴儿死亡的因素：美国，2002**
美国婴儿死亡的主要因素包括出生缺陷、早产/低出生体重、婴儿猝死综合征（SIDS）、妊娠的母体损伤以及脐带和胎盘并发症。

来源：March of Dimes, *PeriStats*. Retrieved January 19, 2005 from http://www.marchofdimes.com/peristats/. Reprinted with permission. Data from National Center for Health Statistics.

## 妈妈和爸爸的产后体验

无论一个婴儿是健康地出生还是生于险境，每一个新妈妈在孩子出生之后都需要时间调整并适应自己的身体和情绪。成为母亲通常被完全等同于满足和欢喜，而社会和媒体使得这个神话永不破灭。这些神话给女性创造出不切实际的期待。通常产后时期会持续好几个星期。然而，一些女性需要好几个月来适应。每个女性在生产之后都会经历一系列激素水平的变化，尤其怀有双胞胎或多胞胎的女性。她们的黄体激素水平在妊娠的进程中升高（一些女性说在怀孕的时候，她们的感觉最好）。现在她们的内分泌系统被高度地激活，正尝试把身体带回到怀孕前的某种平衡状态，而这会促使心境波动。早产儿的母亲相对于经历完整生产过程的母亲来说体验到较高水平的产后忧郁，而双胞胎或多胞胎的母亲在出生以前和产后时期更可能焦虑和抑郁。

大多数的女性，不管她们多么不舒服，在住院期间她们都想要尽可能多地与宝宝在一起。然而，许多产后的改变会导致女性感觉相当疲劳和惴惴不安，作为母亲、妻子或伴侣和可能成为其他孩子的母亲，她得面对自己所不熟悉的责任。"我怎么能应付这些？"她可能在心里问。

一些女性选择在生产之后数个小时将她们的宝宝留在医院；一些人则停留数日来从手术或并发症中恢复身体。产后时期也是父亲调整的时候。当开始适应新到来的宝宝的"爸爸"角色的时候，他很有可能尝试在家应对并开始做起来。母亲比往常更多地需要他的帮助，尤其是如果她正在尝试从手术中恢复或宝宝出生时的危险较高的话。某些女性（和男性）似乎需要更多时间在身体上和在情绪上去适应。虽然新妈妈有高百分比经历所谓的"婴儿忧郁"，包括忧虑、失眠和哭泣，大约 10% 的新妈妈会经历所谓的"**产后抑郁症**"（postpartum depression，PPD）。PPD 有生物化学的基础，且包括不能够应对的感受、不想照顾宝宝的想法、不切实际的恐惧或者想要伤害宝宝的想法。

婴儿需要很多时间和关注，包括晚间和白天，而且可能花费相当多时间哭泣——我饿了。我得换个姿势。我困了。我很冷。我需要安慰。我生病了。我想要被注意（Harnish, Dodge & Valenti，1995）。我们中大多数人从未让其他任何人像一个新生儿一样依赖我们！如果一个母亲出现产后忧郁症的征兆，她需要向她的妇科医生、医学医生以及/或熟悉 PPD 的治疗师寻求专业咨询，并寻求来自家庭和朋友的社会支持（大多数城市通过地区医院或社区中介有一些形式的女性健康诊所）。国家新生儿护理协会（the National Association of Neonatal Nurses）推荐临床医生进行检查以识别大部分处于 PPD 危险中的女性，在 NICU 推荐所有婴儿的母亲使用"产后抑郁预测工具"（Postpartum Depression Predictors Inventory，PDPI）的修订版。这个工具包括的变量有婚姻状况、社会经济地位、自尊、产前的抑郁、产前的焦虑、非计划性的/非必要性的怀孕、早先的抑郁史、社会支持、丈夫的满意度和婴儿的气质。（"Recognizing and Screening for PPD"，2003）

如果新妈妈的抑郁未经处理，它会继续存留，影响她的家庭尤其是孩子，孩子们在发育中也会有较高抑郁的风险（Abrams et al.，1995；DeAngelis，1997b）。演员 Marie Osmond 遭受了 PPD，而且正在大声说出如何应对她有关经历的苦闷和空虚。Andrea Yates，一位来自休斯敦的女性，承认淹死了她的五个孩子（年龄分别从 6 个月到 7 岁），被宣布精神上适合受审讯并被判处终身监禁。她的律师说她在她的第四个孩子诞生之后开始出现严重 PPD 的精神病型（psychotic form of severe PPD）。在犯罪时，她也正在服用抗抑郁药和安定药物（Thomas et al.，2001）。尽管一些专家质疑将 PPD 用作辩护理由，但是，全国女性组织（the National Organization for Women，NOW）为她进行了辩护，希望带给遭受不同程度 PPD 的女性更多关注。

由于在将自己调整为一个母亲承担新角色方面的困难，女性在生产前抑郁的症状将增加危险。由于没有与儿童发展出安全的依恋，除了危险增加之外，儿童的问题行为和获得能力的延迟时间也一并增多。巴基斯坦最近的一项对母亲和婴儿的研究，将母亲的抑郁与营养不良导致高比率的苗壮成长失败联系起来（Bower，2004）。

发展心理学家 Tiffany Field 博士一直致力于研究母亲抑郁对新生儿、婴儿和儿童的影响，并且发现抑郁的母亲也会产出抑郁的婴儿。"新生儿的各种应激激素处于高水平，提示大脑活动迟缓，表现为没有脸部表情和其他抑郁症状"（Field，1998）。抑郁的婴儿学习走路比较慢，体重比较低，而且与其他的宝宝相比较少做出回应。Field 博士对这些母亲和婴儿的干预策略包括，训练母亲与她们的宝贝互动，而且每天按摩婴儿的整个身体 15 分钟。这样的触觉为他们提供了共同的好处。

除了身体的照料之外，我们知道婴儿面临着认知的、情绪的和社会性的需要。为了正常发育，他们需要眼神的接触、跟他们说话、温和的按摩、和他们一起玩（Lamberg，1999）。最近，瑞典研究员在小样本中发现，儿童的抑郁状态可能保持至超过母亲抑郁心境的时期（Edhborg et al.，2001）。因此，很重要的是，检查母亲是否先前存在抑郁的情况并理解有关抑郁的环境风险背景（Carter et al.，2001）。

**思考题**

母亲如何与她的新生婴儿建立联结？产后忧郁症的一些征兆是什么，如果一个母亲经历这些症状，她应该做什么？母亲抑郁的婴儿表现出什么样的典型行为？对一个正在经历抑郁症状的新妈妈，作为干预策略你可以给她什么建议？

孩子出生后是一段新父母需要调整的时期

 基本能力的发展

对细心的观察者来说，新生儿持续地传达他们的感知和能力。婴儿告诉我们他们的所听、所见和所感，与其他的生物体的方式相同——通过对刺激性事件的系统性反应。简而言之，新生儿是有活力的人，热衷于了解并参与他们生理的和社会性的世界。生命的最初两年称为"婴儿期"（infancy），其标志是孩子花费巨大的能量来探究、学习，并掌握他们的世界。一旦婴儿能够走路，他们时常被称为"初学走路的婴儿"。没有比永不松懈并固执地追求能力更醒目的婴儿特征了。他们不断地发起能够与环境有效互动的活动。健康的孩子是有活力的人。他们寻求来自他们周围世界的刺激。反过来，他们与他们的世界互动，主要与照看者进行互动，又能够满足他们的需要。

133　　据睡眠研究员 James McKenna（quoted in Small, 1998, p. 35）称，"没有像婴儿这样的：一个婴儿和一个人就构成了整个世界。"McKenna 和其他的婴儿研究员已经发现，婴儿在生理上与负责照料他们的那些成人的身体形成亲密连接。这种共生的关系，称作"**生物体的内外偶联**"（entrainment），是"横跨两个生物体的一种生物反馈系统，其中一个的运动影响另一个……这两个个体的生理是如此缠绕，通过生理感觉，一个追从

另一个，反之亦然"（Small, 1998, p. 35）。内外偶联首先是身体上的关系（碰触、看护、清洁、抚摸等）。连接既是视觉的也是听觉的：婴儿认识母亲的声音（通常也包括父亲的声音），而且相比其他的声音较偏爱。

儿童发展专家 Edward Tronick 指出，宝宝最有效的、适应性的和必需的技能是请成年人在社会水平上满足自己需要的能力（Small, 1998）。一些婴儿研究员将内外偶联归类为婴儿及其照看者之间一种同步性的躯体反应。儿童专家 Brazelton 博士（1998）称，父母和婴儿之间的运动和躯体反应的这种同步性对婴儿的生长发育是至关重要的。他更进一步提出，发育不良的婴儿缺乏这种与他们母亲的身体支持（这种情况发生于当宝宝已形成惯常行为而母亲严重抑郁或药物依赖以致无法照顾婴儿的需要的时候）。**发育不良**（failure to thrive，FTT）的婴儿没有得到营养，因此相对于其年龄和性别来说严重地体重不足。发育不良源自一些因素，包括生理上和生物化学方面的反常、病毒感染、父母的体型、食物过敏或者对特定的食物过敏譬如说乳糜泻（celiac disease）、或像阻塞性睡眠呼吸暂停综合征这样的情况（Chan, Edman & Koltai, 2004；Core, 2003；Sanderson, 2004）。

## 新生儿的状态

研究者对婴儿睡眠模式的好奇已经与对新生儿状态的兴趣紧密联系在一起。术语"**状态**"（states），由 Peter H. Wolff（1966）提出，指警觉状态的连续统一体，警觉程度包括从一般的睡眠到精力充沛的活动（见表4—2）。著名的小儿科医师 T. Berry Brazelton（1978）认为状态是婴儿的第一道防御线。通过变更状态，婴儿会通过将特定的刺激挡在外面从而抑制自己的反应。在状态方面的改变也是婴儿准备积极地做出回应的方式（Blass & Ciaramitaro，1994）。因此，婴儿对各种不同状态的使用反映神经系统调控的高度秩序（Korner et al.，1988）。"Brazelton 新生儿行为评估量表"通过评估宝宝如何从睡眠状态转换到警觉的状态来评估一个婴儿的早期行为（Brazelton, Nugent & Lester，1987）。

表 4—2　　　　　　　　新生儿的状态

**规律的睡眠状态**：婴儿在充分地休息；很少出现甚至没有肢体活动；面部肌肉放松；无自发的眼运动；呼吸是规则且平缓的。

**不规律的睡眠**：婴儿进行一阵阵温和的四肢运动，并进行较普遍的摇动、蠕动和扭动；眼睛运动是偶然发生的且是快速的；面部歪扭（微笑、嘲笑、皱眉、嘟嘴和撅嘴）是时常发生的；呼吸的节奏是不规则的，比在一般的睡眠状态中要快速。

**困倦状态**：婴儿相对不爱活动；他们偶尔蠕动或扭动身体；他们间歇地睁开或闭合眼睛；呼吸的方式是规律的，但比在一般的睡眠中要快速。

**警觉的不活动状态**：虽然婴儿不活动，但他们的眼睛是睁开的，并闪着明亮的光；呼吸是规律的，但比在一般的睡眠期间还要快速。

**清醒状态**：婴儿可能是沉默的或者呻吟、发出"咕噜咕噜"声、或呜咽；散发出运动的活力是时常发生的；就像他们在哭喊的时候一样，他们的脸可能是放松或皱起的；他们的呼吸速度是不规则的。

**哭喊**：发声的方式是猛烈有力的；肢体活动是剧烈的；宝宝的面部是扭曲的；他们的身体发红。某些婴儿的眼泪早在出生后 24 个小时就可以观察到。

**反射**　婴儿具备许多行为系统，或称为"各种反射"，以准备被刺激。**反射**（reflex）是对一个刺激的相对简单、自然、天生的反应。换句话说，它是一个透过内置的反应环路被自动激活而引起的反应。一些反射，像是咳嗽、眨眼和打哈欠，持续于整个生命期间。过了第一个星期，其他的反射消失并将再出现，像婴儿的大脑和身体发育这样的自动习得行为一样。在动植物种类史的范畴内，可以见到反射是残存于低等动物的进化方式（Cratty，1970）。反射对于婴儿的神经发展是一个良好的指示器。研究者估计人类出生时至少有 70 种反射。表 4—3 举例说明了其中的一些。

表 4—3　　　　　　　　新生儿的一些反射

| 反射 | 描述 |
| --- | --- |
| 吸吮反射<br /> | 当新生儿的嘴或唇被碰触时，他会自动地进行吸吮他嘴里的物体。 |
| 学步反射 | 当宝宝从上方被抱起，仅让一只脚接触地面时，他将从容不迫地摆出"走路的样子"，就好像在走路一样。这个行为在第一周后消失，然后在数月中以主动行为的方式再次出现。 |
| 紧张性颈（击剑姿） | 当宝宝的头被转向一边时，他同侧的手臂将伸直，然后另一侧的手臂将弯曲，就像击剑的姿势一样。 |
| 抓握反射 | 当一个物体被放入婴儿的手掌时，他的手指将靠近这个物体，然后牢牢地抓住它。 |

**睡眠**　婴儿的主要"活动"是睡觉。通过七八次小睡，婴儿通常每天睡 16 小时或更多。睡眠和清醒轮流交替，一个周期大概四小时——睡眠

三小时而清醒一小时。除非他们生病或者不舒服，婴儿在任何地方都会睡觉（在婴儿床、婴儿车中，或在妈妈或爸爸的臂弯里）。直到第六个星期，由于在白天婴儿小睡只有 2～4 次，小睡变得比较长。在这一阶段，许多婴儿开始在睡眠中度过大部分的夜晚，尽管某些婴儿会整夜不睡很多个月。"缺乏睡眠尤其是破坏睡眠，是许多人养育中最差的部分"，英国心理学家 Penelope Leach（1998，p. 109）在她的书《你的宝宝和儿童》（*Your Baby and Child*）中如是说。当婴儿长到 1～2 岁开始初学走路时，睡眠时间通常减少至白天的一次午睡时间和晚间的一次延长的睡眠（参见本章"人类多样性"专栏中的《共眠，跨文化的观点》一文）。

**婴儿猝死综合征**（SID）　自从 20 世纪 90 年代全国回归睡眠运动开始以后，**婴儿猝死综合征**的死亡率在下降（见图 4—5），但是它在美国仍然是新生儿后期婴儿死亡的主要因素之一，最有可能发生在 2～4 个月之间（"Sudden Infant Death Syndrome"，2004）。2002 年因 SID 而死亡的比例为每 10 万个出生的小生命中有 57.1 例（见图 4—4）（MacDorman et al.，2005）。SID 在生命的第三或者第四个月期间最常发生，直到一岁之后它也会出现。父母将他们表面上健康的婴儿放下让他睡觉，而回来后发现婴儿已经死亡。通常没有征兆。SID 是婴儿死亡的主要因素之一（排名在出生缺陷和意外事故之后）。它是医学上未被解决的一个谜，不计其数的钱正在用于研究其原因。

尽管在最近十年内 SID 的比例整体上显著地下降了，SID 的发生率在印第安人和非洲裔美国人中仍很高，在墨西哥人和南美洲人中最低（U.S.

Department of Health and Human Services，2004b）。避免 SID 的一些措施包括：得到常规的出生以前的照料、好的营养、克制抽烟行为和使用药品、避免青少年期受孕（尤其是多次的青少年期生育），并且在两次生育之间至少等候一年。照料者一定要确认把婴儿放下后他是仰面睡觉的，在床里除了坚固的褥垫其他什么东西都不要放，避免婴儿房间过热，避免婴儿面对烟草的烟尘和有呼吸疾病的人，避免过度装饰这个婴儿，并且考虑使用小型的监视器（American SIDS Institute，2004）。

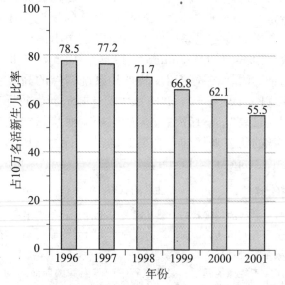

**图 4—5　美国患有新生儿猝死综合征的婴儿死亡率在下降（1996—2001 年）**

由于全国性的回归睡眠运动，婴儿头一年的生还率正有所改善。

来源：March of Dimes，*PeriStats*. Retrieved January 23，2005 from http：//www. marchofdimes/peristats/. Reprinted with permission. Data from National Center for Health Services.

135

## 人类的多样性

### 共眠，跨文化的观点

对婴儿睡眠安排的文化态度

因为民族儿科医生认为睡眠环境对婴儿的健康和发展是决定性的，所以民族儿科医生（ethnopediatricians，受 Vygotsky 的观点——儿童的发展是与社会和文化分不开的——影响的社会科学家）目前把重心集中在睡眠环境的重要性上。而且，研究全球文化的人类学家已经发现，在大部分的人类历史中，婴儿和儿童与他们的母亲，也许是双亲一起睡，由于他们住的是棚屋和单房间住处，此举亦属无奈。在全世界，大多数的人在单房间的住处中居住和睡觉，只有富人会有超过一个房间的住处（Small，1998）。

一代一代流传下来的文化、习俗和传统影响我们如何入睡、我们与谁一起睡觉和我们入睡的地方。一项对 186 个非工业社会的研究表明，各种文化中有 2/3 是儿童在他人的陪伴下入睡。更重要的是，在所有的 186 个社会中，婴儿与父母中的一位或双亲一起入睡直到一岁（Small，1998）。美国一贯是一个标新立异的社会，通常儿童被置于他们自己的床和他们自己的房间之内（Small，1998，p.112）。其他文化中的宝宝在各种不同的环境中入睡——在他们母亲的背上用布料包裹的襁褓中，在挂起的篮子中，在兽皮或纤维织物制成的吊床中，在蒲团上以及在以竹子制成的床垫上等等。

人类学家 Gilda Morelli 和同事（1992）在美国研究了父母和宝宝的睡眠安排，并在危地马拉研究一群玛雅人的印第安人。玛雅人的宝宝总是在第一年有时是第二年和他们的母亲睡。玛雅人的母亲没有报告睡眠的困难，因为无论何时宝宝都会由于饥饿而哭泣，父母需要轮流照顾自己的宝宝。玛雅人母亲也将母亲和儿童视为一个整体。在美国样本中，没有宝宝和他们的父母一起睡。18 个母亲中有 17 个报告夜间不得不因为喂奶醒来并起床。当玛雅人母亲发现美国宝宝被如此放置的时候，她们表示震惊和不赞成。她们将晚上母亲和宝贝之间的亲密视为所有父母都应该为他们的孩子做的（Morelli et al.，1992）。研究中的美国人报告，共眠令人烦恼，并且莫名其妙，在情绪和心理上也不健康。典型的是，小儿科医师和儿童保育专家劝告美国母亲，独自睡眠对宝宝来说是比较安全的。

**习俗和对婴儿睡眠的安排**

文化、习俗和传统影响婴儿是否被放置在母亲的背上、编织的篮子里、吊床上、蒲团上、竹制床垫上、独立房间的婴儿床上或者与父母一起睡。

共眠在韩国社会中被视为社会可接受的，而且是教养方式的简单自然的部分（Yang & Hahn，2002）。韩国人在地板上的床上睡觉，或在放置了蒲团样的床垫的地板上睡觉，这样的地板称为"yo"。"甚至睡在分开的单人大小的 yo 上，人可能在一臂距离之内一个挨一个地睡在一起，这样能够在身体上接触到……即使父母睡在床上，yo 被放置在床附近——使父母和儿童可以身体接触到的地方，因此，分享床和空间在韩国具有相同的意义。"（Yang & Hahn，2002）

日本母亲有一个小册子，告诉她们应该"具有响应性和温和性，并时常与她们的宝宝沟通，使婴儿和母亲缠在一起，而且将宝宝带入家庭环境中"（Wolf et al.，1996）。日本宝宝和孩子被放置在父亲卧室中的蒲团上，因为日本的家庭观念包括分享夜晚。日本母亲对于使她们的婴儿变得独立不感兴趣，而宁可确定他们成为母亲也就是相联结的社会人的一部分（Small，1998）。

共眠的非西方观点看起来会促进婴儿的依恋，而西方文化重视他们孩子的独立性和自我满足（Gordon，2002）。然而，在19世纪初美国出现住房扩大的时候，隐私的意识形态出现。美国父母被教导婴儿独自睡觉道德上是正确的（Small，1998）。其他一些工业化国家也对儿童的睡眠抱有期待。荷兰父母认为孩子应管理睡眠和所有其他事情。宝宝和儿童每天晚上需要在相同的时间入睡，而且如果他们醒来，他们应该自己可以娱乐。婴儿规律的日常习惯在荷兰家庭中是必须的（Small，1998）。

帮助宝贝在晚间睡觉

美国父母时常努力争取他们的婴儿在晚间睡觉。他们诱发睡眠的一些策略包括把安慰物放在宝贝的嘴里，摇宝宝，放置播放母亲心跳录音的婴儿床装置或者毛绒玩具，乘汽车兜风，使用自动的婴儿摇篮，用"白色噪音"机或者安静音乐来掩饰家中的其他噪音。在美国文化中，睡眠模式已经成为婴儿成熟和发展的一个标志：婴儿会在晚上一直睡觉吗？婴儿的睡眠模式较短促，但是在三四个月大时，婴儿大脑已经足够成熟以发展出生理节律——对白天和夜晚的大脑识别，这是它在子宫中没有经历过的（Rivkees，2003）。睡眠研究员James McKenna（1996）已经发现，宝宝像成人一样，睡觉的量不同，而且每种文化帮助决定应该进行多少睡眠。

McKenna也已经在睡眠实验室环境中进行了母亲和婴儿共眠的实验。他发现共眠者生理上被缠在一起，对彼此的行为和呼吸产生反应。因为宝贝出生时神经学上是不成熟的，他们时不时有呼吸暂停的现象。共眠的宝宝对母亲的呼吸模式和旋律有较多反应，McKenna认为这是教婴儿该如何管理呼吸的方法。共眠的母亲对她们的婴儿给予更多关注（亲吻、碰触、放回原位）。对McKenna（1996）来说，"管理呼吸的能力在三四个月大时逐渐地发展，正好是最容易发生婴儿猝死综合征的同一个时期——这可不是巧合"。

**哭闹**　婴儿的哭泣是天生的、自然而然的，是刺激父母的照看活动的高度适应性的反应。人们没有发现比婴儿的哭声更令人担忧和更容易把人吓坏的声音。生理学研究揭示，宝宝哭泣的声音可促使父母的血压和心率增加（Donate-Bartfield & Passman，1985）。一些父母因为那些哭闹感受到拒绝而反过来拒绝儿童。但是仅仅由于照看者在使宝宝停止哭闹方面存在困难，不能认为他们表现欠佳。哭闹是宝宝沟通的主要方法。不同的哭声——每个都有独特的音高、节奏和持续时间——传达不同的信息。

**哭闹的语言**　通常大多数的父母都能很快学会哭泣的"语言"（Bisping et al.，1990）。宝贝有表示饥饿的哭声、表示不舒服的哭声、需要注意的哭声、表示挫折的哭声，以及其他例如疼痛或疾病这样的问题引起的哭声。孩子的哭声随着时间越久会变得越复杂。在第二个月左右，无规律的或易激惹的哭声出现（Fogel & Thelen，1987）。在大约九个月的时候，儿童的哭声通过停顿变得较不连贯、断断续续，这时儿童会看看哭声是如何影响照看者的（Bruner，1983）。

如果由于母亲当时的特殊问题，宝宝出生以前暴露于可卡因和其他药品中，这些婴儿会普遍经历戒断症状，包括无规律的和不停断的尖锐哭声、无法睡觉、好动、反射活动亢进、抖颤和偶发痉挛。这些症状中的一些在婴儿经历戒断症状后会平息下来（Hawley & Disney，1992）。在非西方化的文化中，如果白天宝宝被紧紧地裹在母亲的胸前或者背上，他们较少表现哭闹，并且往往比美国宝宝更加顺从（Small，1998）。

**婴儿摇荡综合征**（Shaken Baby Syndrome）

如果他们不能让宝贝停止哭泣，一些父母或者照看者会被烦恼和无助的感受困扰而向宝宝表达愤怒。直到最近，"婴儿摇荡综合征"（shaken baby syndrome，SBS）是我们很少有人知道的医学诊断。当一个宝贝的头被激烈地来回摇动或者撞击某物的时候，会导致这种综合征，结果会造成淤伤或脑出血、脊髓受伤和眼部损伤。医疗和儿童保育专家如果怀疑宝贝已经被摇动或虐待，会查看婴儿的表情是否呆滞或者无精打采。淤伤和呕吐也会提示婴儿患有SBS（Duhaime et al.，1998）。每年被诊断为SBS的小于六个月的婴儿特别地易受伤害，其中 1/3 死亡、1/3 遭受脑损伤，另外 1/3 可得到复原。

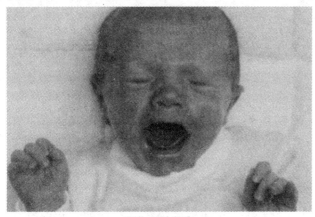

**新生儿的状态**
宝宝的主要工作是使自己的内部状态规律化，包括睡眠、进食、排泄和与照看者的交流。

研究员已经发现男性（父亲或男朋友）更有可能施以这种伤害，其次是女性保姆，然后是母亲（Duhaime et al.，1998）。男婴比女婴更可能是这种虐待的受害者（Duhaime et al.，1998）。SBS 通常起因于对婴儿的哭闹冲动且生气的反应。父母应该采取特别防范，小心地选择保姆，并且不要将儿童独自留给陌生人。较年幼的宝宝可能更容易接受新的保姆；然而，大多数婴儿在 7～8 个月的时候开始惧怕陌生人，称为"陌生人焦虑"，并且当与陌生的照看者一起留下时，更容易长时间哭闹。

如果父母因为婴儿不断地哭闹感到挫败，怎么办？首先，检查婴儿以确定没有错误的情况出现（请见下一段"抚慰婴儿"）。如果儿童躯体的和被安慰的需要已经被满足，害怕伤害儿童的父母应该离开房间，关上门，去另外一个房间，并冷静下来。打电话给一个值得信赖的家庭成员或朋友来帮忙可能会缓和一些。婴儿正在尝试表达自己的不舒服，而哭闹是唯一能与你沟通的方法。如果这经常地发生，婴儿需要由小儿科医师仔细地检查是否**腹绞痛**（colic）—不知原因的宝宝不舒服的一种情况，宝宝会哭闹一小时或更久，通常每天大约在同一个时间段，持续至好几个星期。

**抚慰婴儿**　满足身体和情绪的需要可能会抚慰一个哭闹的宝宝。如果宝宝哭闹是因为他很饥饿或者困乏，他可能会借由吸自己的手指简短地抚慰自己。这样一个使自己满足的宝宝可能不需要抚慰者。给宝宝一个抚慰者有利有弊。与学习嚎哭直到某人把安慰物放入他们口中的那些婴儿相比，能够习得安慰自己的婴儿将学会如何满足自己的需要。

第一优先的事情是试着弄清楚宝宝为什么哭泣。婴儿时常借由被包在一条软毛毯褓裸中而感到抚慰。他吃饱了吗？他够暖和吗？他的尿布是湿的吗？照看者最近给他安慰性的抚摸和对话了吗？在午睡时间或特定的应激时期，许多较大的婴儿喜欢有一个安慰物，像是一条特定的毛毯或玩具动物。一些婴儿喜欢富有节奏性的行为，像是椅子的摇摆或骑婴儿车。世界上许多文化中，宝宝的大部分时间是在成人背上或者身侧的背带中度过的，这个背带和身体的抚慰一样地温暖（参见本章"人类的多样性"专栏中《共眠，跨文化的观点》一文）。最重要的是，父母应该试着保持平静，而且不对宝宝表示愤怒和紧张，因为婴儿的行为时常反映照看者的行为（可回顾儿童和管理者之间的"同步性"概念，在这个章节中较前面的部分中提到）。

**喂养**　最初几个星期喂养新生儿可能是令人烦恼的，因为只有当婴儿的内部状态向其示意需要营养的时候，宝贝才会吃东西。在数个星期之后，照看者将会更了解喂养这个宝宝的特别模式。当完全醒着的时候，婴儿花费很多时间吃东西。的确，他们的饥饿和睡眠模式是紧密相连的。婴儿在白天可能吃 8～14 次东西。一些婴儿偏爱吃东西间隔短，整天也许都间隔 90 分钟。有些婴儿间隔 3～4 小时或更长。

幸运的是，当他们长大的时候，每天婴儿开始需要比较少的喂养。当他们一岁的时候，似乎大部分一天吃 3～5 餐。当他们发育成初学走路的婴儿时，所有的宝贝在一次吃多少和吃什么方面开始改变。开始吃非常少的儿童可能开始吃得更多，或者最初喂养很好的婴儿可能吃得非常少。儿童健康专家认为这是正常的，当他们需要非常多能量的时候，年幼儿童正经历"生长冲刺"，他们需要相当大的精力来适应他们身体发育的特殊时期。

**符合需求的喂养和有计划的喂养**　几十年以前，医生向婴儿推荐严格的喂养时间表。但是一些儿科医师认为宝宝的需求有显著的不同，当他很饥饿的时候，他们鼓励父母喂自己的宝贝——通过符合需求的喂养，让婴儿自己精选在 24 小时周期中的喂养时间。通常，儿科医师向双胞胎和多胞胎推荐有计划的喂养。无论父母和照看者的时间表是什么，他们必须决定宝宝吃母奶或配方奶。在 20 世纪之前，大多数母亲母乳喂养的婴儿或者雇用"奶妈"（奶妈是被雇用给别人的婴儿喂奶的妇女）。但是在随后几年内，当女性开始离开家进入工厂工作时，使用婴儿配方奶的奶瓶喂养逐渐流行，所以在 1946 年只有 38% 的女性留在医院照顾宝宝。1956 年这个数字降低到 20%。之后，母乳喂养又开始流行。2001 年，美国婴儿中的 2/3 在出生后是吃母乳的（Li et al.，2003）。

**母乳喂养** 很多实证表明，在生命的最初几个月母乳喂养的婴儿是最好的（Haynes et al.，2000）。母亲的、宝宝的以及父亲的大脑释放有益的化学信使催产素，在出生之前、期间和之后进入他们的血液循环，促进对碰触和联结本能的暗示和渴求。催产素也促使母亲释放母奶。反过来，护理引起催产素的持续释放，然后使母亲更放松、细心并注意孩子在躯体上、情绪上和社会性上的需要（Flower，2004；Palmer，2002，2004）。"宝宝和父母之间频繁的亲近和接触，会产生具有长期益处的强有力的家庭联结"（Palmer，2002）。在喂养母乳期间，催产素的释放也使女性的子宫收缩，并回到正常的大小。自从 20 世纪 90 年代早期以后，美国女性育后母乳喂养的数字实质上已经增加，但是多数在产后六个月之前就停止了。对于母亲和宝贝来说母乳喂养的其他优点包括：

● 最初 3～5 天的母乳是**初乳**，它提供一种增加新生儿免疫系统抗体的物质，保护婴儿以防多种传染和非传染性疾病。
● 母乳是给予婴儿营养最完整的形式。
● 生长发育中过敏反应或哮喘的机会减少和较少耳部感染，这些都被归因于喂养母乳的益处。
● 因为母乳比配方奶有更多的水乳，所以婴儿通常更容易消化母乳。
● 与喂养配方奶的宝宝相比，母乳喂养使婴儿大便浓度较稀，抽筋和便秘的不适降低，排便可能比较容易。

● 与购买和制备配方奶相比，喂养母乳也是较不昂贵和较不耗时的。母乳总是处于准备好的状态并处于适当的体温下。
● 母乳喂养的女性产后出血减少，可改善身体健康，并可使停经前乳癌和卵巢癌的危险降低。同时，母亲可更快速地使体重回到怀孕前。
● 如今，许多美国女性和来自非西方文化的女性相信，母乳喂养的亲密接触可以创造婴儿的安全感和健康，而这对她今后的人格将产生有益的影响。

母乳喂养的主要缺点是母亲每隔几小时必须对婴儿喂奶，不论是夜间还是白天。如果她需要回去工作，则相对困难，除非她将母乳挤出并在奶瓶中储存，以便父亲和其他照看者可以喂给儿童。现今有乳房泵让母亲为稍后的喂养释放她的母乳并使乳汁冷却。母乳喂养的另一个缺点可能是相比配方奶采用的精确标准的瓶子，母亲不知道宝宝吃到多少母乳。无论如何，每天增重和排泄数次的母乳喂养的宝宝将得到足够的营养。喂养母乳的另外一个不利之处是母亲可能需要限制摄取咖啡因（举例来说，在咖啡、苏打、巧克力、酒精和药物中可能含有咖啡因），因为咖啡因是作用温和的刺激物。其他的食物，像是绿花椰菜、花椰菜、卷心菜和辛辣食物也会影响宝宝发育中的胃肠系统并引起哭闹、易发脾气或过敏。同时，如果母亲自己有像艾滋病这样的先前存在的疾病，或正在接受药物治疗，她可能无法用母乳喂养。

**配方奶（奶瓶）喂养** 奶瓶（配方奶）喂养的优点是母亲的躯体自由，而且使父亲和其他的照看者变得容易参与婴儿的喂养。同时，采用药物治疗的母亲（举例来说，抗抑郁药、抗惊厥药、胰岛素、AZT）仍然可以喂他们的婴儿。商业化的婴儿配方奶往往较足量，因此，在两次喂养之间的间隔时间较长。采用奶瓶喂养的母亲与宝宝接触时可持续地提供营养。一个缺点是往往借助体积较大的工具，与母乳喂养的婴儿相比较，宝宝很可能经历便秘的不适。

**关于婴儿营养其他需注意的地方** 如果母亲正在接受药物治疗或吸毒，母乳喂养婴儿应该经

139 常接受保健专业人士的监测。像较早说明的那样，携带艾滋病病毒的母亲不应该用母乳喂她的宝宝，因为病毒可能通过母乳传染给宝宝。然而，在一些发展中国家母乳可能是婴儿唯一可获得的食物。此外，在美国儿科营养学术委员会（the Committee on Nutrition of the American Academy of Pediatrics）推荐的母乳喂养的婴儿补充特定物质，有像维生素 D、铁和氟化物等。

目前在发展中国家的母亲，普遍只关注婴儿配方奶的供应商，可能漫不经心地用受污染的水来制备配方奶——使得宝宝的健康处于危险之中（"Spotlight on the Baby Milk Industry"，1998）。儿科医生近年来较多发现证据证实了奶牛酶类和抗体可能是婴儿腹痛的原因，因为宝贝不成熟的消化和排泄系统无法处理这些酶类和抗体。使用大豆碱（植物碱）的配方奶不包含这样的成分。某些婴儿无法消化以奶制成的或者以大豆制成的配方奶，需要特别的儿科配方奶来满足维持他们生长发育的营养需要。

**对"规律的"进食的掌握**　在经历发育的最初两年之后，儿童将会逐渐开始"规律"地进食餐桌食物和饮料，像面包和谷类食品、捣烂的蔬菜和水果、果汁，最后是小部分肉类。儿科医师目前推荐在调甜谷类食品或果实之前添入捣烂的蔬菜，给最初六个月喂养母乳的婴儿食用。充分且均衡的饮食对持续的健康和大脑发育来说是极为重要的。当儿童能用食指和拇指拾起食物并拿起一个杯子用它喝水而不需要成人协助的时候，两个发育上的里程碑出现了。强烈建议父母在给婴儿调甜的食物和饮料方面适度地节制，因为儿童的乳牙可能被腐蚀。当尝到食物的滋味和材质的时候，所有的婴儿都展现出"喜欢"和"嫌恶"，但在最初的几年期间在儿童的饮食中引入多样化的口味和材质是一个好的观念（如坚硬的食物、软的食物、液体食物）。一个孩子在同一时间能吃多少是因人而异的，也因发育过程中的年龄大小而不同。

**如厕训练**　大约一岁半到两岁或者稍晚，大多数的年幼儿童表现出对如厕训练的兴趣。这是美国家庭中尤其重要的心理发育的里程碑，因为，大部分的儿童每天都有很长的时间被带入像托儿所和幼儿园这样的公共环境中。

与正在生长发育的身体的其他肌肉一起，随着让儿童走路、爬行或者跑，初学走路婴儿的肛门和泌尿道的肌肉也在发育中。当这些肌肉足够强壮的时候，儿童将会让照看者知道他或者她已经准备好被训练上厕所了。当儿童开始表示这样的判断的时候，提供"大男孩"或"大姑娘"内裤和称赞儿童的成功都可以使得儿童的努力得到回报。任何年幼儿童都不应该被迫长时间地坐在马桶上，并被独自留在厕所里。弗洛伊德在他的精神分析理论中说，一个人对性的态度形成于如厕训练期间，而且为一件他或她还无法控制的事羞辱儿童对儿童来说是很大的伤害。用于识别身体各个部分和消除排泄物的言语在不同的文化中是不同的，在各种文化和家庭中也会产生变化。

**对婴儿进行的各种检查和疫苗接种**　经常进行医疗检查是必要的，这样每个婴儿都会得到适当的医疗护理和疫苗接种（见图4—6）。所有的儿童在进入托儿所、幼儿园或公立和私立学校之前必须打几针。大多数的地区医疗诊所提供免费或最低费用的检查和必需接种的疫苗。接种疫苗可能使孩子生病之前有效地增强孩子的免疫系统，对某种疾病进行免疫。一些婴儿在离开医院之前应该接受他们出生后的第一针（乙肝）。其他的疫苗接种从两个月大开始。

最近，爆发了关于一些疫苗安全性的论争。在这个论争中涉及的是称为"硫柳汞"的一种防腐剂，它含有水银。"硫柳汞"和神经发育障碍相关联的例子是孤独症。然而，这个防腐剂已不再在疫苗中广泛使用了，儿童将不会再被接种含有"硫柳汞"的疫苗（"Link between neurodevelopmental disorders and thimerosal remains unclear"，2001）。

**思考题**

在生命的最初几年什么是宝宝将学习调节的一些状态？婴儿以何种方式开始管理自己的内部状态并吸收生长和发育所需的营养？关于婴儿的睡眠状态我们知道什么？在最初的两年有其他促进或者损害儿童健康和生长发育的因素吗？

推荐的儿童免疫计划表

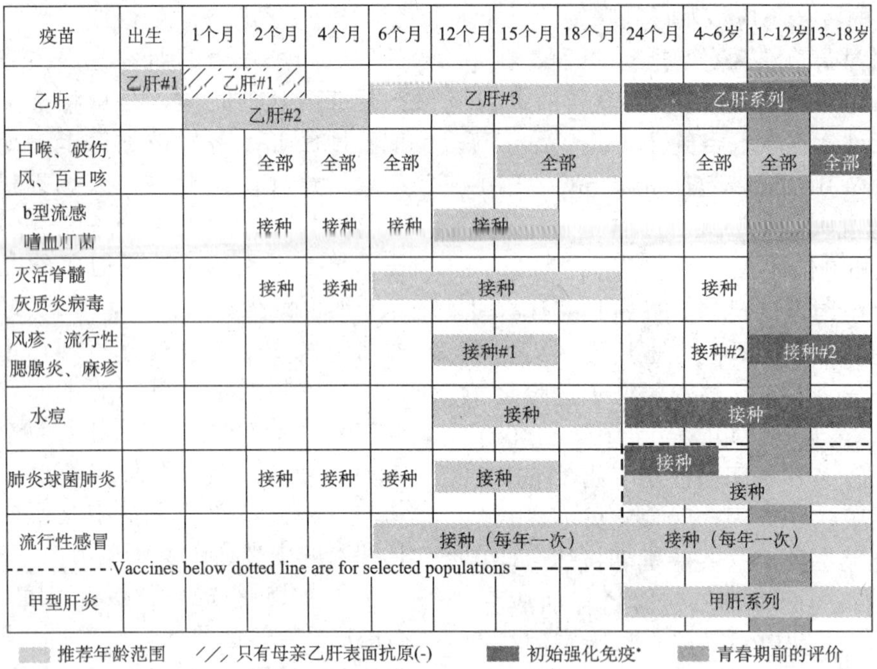

| 疫苗 | 出生 | 1个月 | 2个月 | 4个月 | 6个月 | 12个月 | 15个月 | 18个月 | 24个月 | 4~6岁 | 11~12岁 | 13~18岁 |
|---|---|---|---|---|---|---|---|---|---|---|---|---|
| 乙肝 | 乙肝#1 | 乙肝#1 | | | | | 乙肝#3 | | | 乙肝系列 | | |
| | | | 乙肝#2 | | | | | | | | | |
| 白喉、破伤风、百日咳 | | | 全部 | 全部 | 全部 | | 全部 | | | 全部 | 全部 | 全部 |
| b型流感嗜血杆菌 | | | 接种 | 接种 | 接种 | 接种 | | | | | | |
| 灭活脊髓灰质炎病毒 | | | 接种 | 接种 | | 接种 | | | | 接种 | | |
| 风疹、流行性腮腺炎、麻疹 | | | | | | 接种#1 | | | | 接种#2 | 接种#2 | |
| 水痘 | | | | | | 接种 | | | | 接种 | | |
| 肺炎球菌肺炎 | | | 接种 | 接种 | 接种 | 接种 | | | 接种 | | | |
| | | | | | | | | | 接种 | | | |
| 流行性感冒 | | | | | | 接种（每年一次） | | | 接种（每年一次） | | | |
| 甲型肝炎 | | | | | | | | | | 甲肝系列 | | |

- - - - - Vaccines below dotted line are for selected populations - - - - -

▨ 推荐年龄范围　　／／ 只有母亲乙肝表面抗原(-)　　■ 初始强化免疫*　　▥ 青春期前的评价

*这个计划表显示了目前有许可的儿童疫苗接种的推荐年龄，2004年12月1日的范围是从出生到18岁的所有儿童。任何没有在推荐年龄接种的药剂应该在任何随后的来访中接种，当医生指明并可行的时候。

**图4—6　美国童年期和青少年期的免疫推荐单（从出生至18岁），2005**

来源：Centers for Disease Control and Prevention.（2005, January 7）. Recommended Childhood and Adolescent Immunization Schedule-United States, 2005, *MMWR*, 53（51）, Q1-Q3. Department of Health and Human Services.

## 大脑的生长和发育

婴儿以惊人的速度和令人惊叹的方式变化并成长。他们的发育在生活的最初两年期间尤其快速。的确，我们可以看到从受抚养的新生儿到具备步行、说话、社会功能的儿童的变化，几乎仅仅用600天就完成了，这是卓越而杰出的。由于身体关键系统的生长，成熟的变化发生了。与下丘脑相连（由包紧的神经细胞束组成的脑基本结构）的垂体腺分泌的激素，在通常的儿童生长中扮演了重要角色（Guillemin, 1982）。过少的生长激素会使孩子长成矮子，而太多则长成巨人。

可预期的变化发生在不同年龄的各种水平上。许多研究者已经分析出各种特征和技能的发育序列（Gesell, 1928；Meredith, 1973）。在这些研究中，心理学家设计出标准，称为"**常模**"（norms），作为评估与儿童年龄群体的平均水平相关的儿童发育上的进步。虽然儿童在他们个体成熟的速度方面有相当大的不同，但是在发育变化的序列上显示出显著的相似性。婴儿的身高和体重是与行为的发展和表现最相关的指标（参见"进一步的发展"专栏中图4—7和图4—8所示的0~3岁的孩子生长图表）（Lasky et al., 1981）。

儿科医师办公室中的图表是基于常模的，显示的是相对平滑连续的生长曲线，表示儿童以稳定、缓慢的方式生长。与此相反，父母时常说他们的孩子"在一夜之间长大了"。Michelle Lampl和她的同事令人感兴趣的调查结果显示，生长峰值之间有较长的间隔，似乎显示宝宝的成长是一阵一阵的（Kolata, 1992a；Lampl et al., 1995）。她们发现宝宝在第2到63天保持相同的身长，然后在不到24小时中突然长1/5英寸到1英寸。另外，似乎在生长之前的数天，儿童时常变得很饥饿、爱挑剔、易激怒、不安和困乏。这项研究意味着生长的操作方式是关/闭的，很像电灯的开关。然而，有其他的研究者对这个调查结果提出异议，坚持称人类的生长是持续发生的（Heinrichs et al.，1995）。

## 进一步的发展

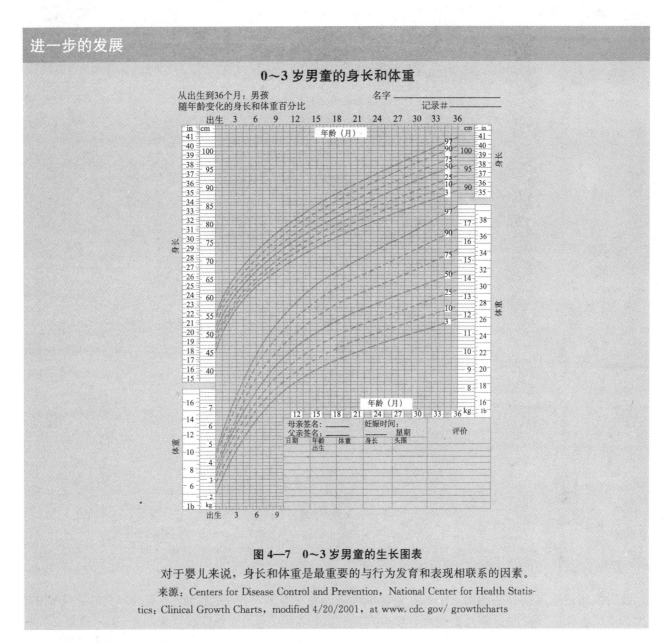

**0～3 岁男童的身长和体重**

从出生到36个月：男孩
随年龄变化的身长和体重百分比

名字 _____
记录# _____

**图 4—7　0～3 岁男童的生长图表**

对于婴儿来说，身长和体重是最重要的与行为发育和表现相联系的因素。

来源：Centers for Disease Control and Prevention，National Center for Health Statistics：Clinical Growth Charts，modified 4/20/2001，at www.cdc.gov/ growthcharts

## ■　关键系统和脑的生长速度

不是身体的所有部分都以相同的速度生长。淋巴组织——胸腺和淋巴结——的生长曲线与身体其他组织的就相当不同。在 12 岁时，淋巴组织比它在成年期内将会达到的体积的两倍还大；在12 岁之后，它会持续缩小直到成熟期。与之相反，生殖系统非常缓慢地生长，直到青少年期开始加速生长。内部器官，包括肾、肝、脾、肺和胃，与骨骼系统保持相同的生长速度，因此这些系统在幼年和青少年期中同样地显示出两个快速成长期。

**新生儿和大脑发育**　神经系统比其他的系统更

快速地发展。在出生时，脑重大约 350 克；在一岁时，大约 1 400 克；在七岁时，几乎达到成年期大

脑的重量和大小（Restak，1984）。在子宫中、出生时和在童年期每个计划中的医疗检查中，都使用超

进一步的发展

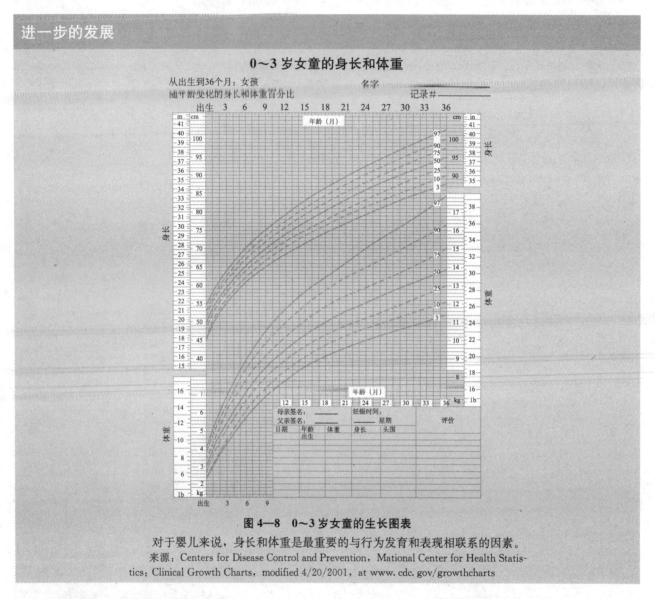

**图 4—8  0～3 岁女童的生长图表**

对于婴儿来说，身长和体重是最重要的与行为发育和表现相联系的因素。

来源：Centers for Disease Control and Prevention，Mational Center for Health Statistics；Clinical Growth Charts, modified 4/20/2001，at www.cdc.gov/growthcharts

声波图像测量宝宝颅骨的圆周，用作查证持续的大脑皮层生长。后脑的那些控制循环、呼吸和意识这些基本过程的部分，在出生时是起作用的。

大部分新生儿的反射，像吸吮、定向和抓握，建立于皮层下水平（大脑执行包括睡眠、心率、饥饿和消化的基本生理功能的部分）。大脑的这些部分控制包括身体的运动和语言的过程、出生后成熟的过程，对于即刻的生存来说比较不重要。在生命的最初两年期间，大脑的迅速生长与神经通路和神经元，特别是在大脑皮层中神经元的连接的发展有关（大脑的这个部分负责学习、思考、阅读和问题解

决）。比较有效率的脑髓特征是神经元的交互作用复合体和丰富的突触连接（见图 4—9），这是必要的营养、广泛的知觉体验和刺激在大脑成熟和认知功能中担任重要角色的原因。在最初 12 个月期间，皮层的迅速发展为孩子较少刻板的和较灵活的行为提供基础（Chugani & Phelps，1986）。

最近研究显示胎儿在发展的决定性阶段，仅暴露于少量化学药品就会导致神经元的破坏。不同的化学药品和不同的暴露时间会破坏大脑的不同区域。虽然目前胎儿的酒精综合征已经得到较充分的报道，但是，研究者已证实低度酒精就能杀死神经元；这在妊

娠的后半段中尤其重要。研究者还将证实胎儿在子宫口高度暴露与迟发的精神分裂症之间可能的联系（Marchant，2004）。科学家也正在致力于理解母亲的激素如何影响胎儿的大脑发育（"Maternal T3 and T4 levels in early pregnancy"，2004）。

**诊断和成像**　正电子发射断层脑显像（positron emission tomography，PET）扫描仪将提供大脑的生理的或代谢的活动，在出生和成年期之间经历的持续变化的证据。使用正电子发射断层脑显像扫描的神经科学家已经发现，宝宝大脑新陈代谢的速度大约是成人的 2/3。在两岁时接近成人的速度，发生在大脑皮层的活动快速增加。三或四岁儿童的新陈代谢速度大约是成人的两倍，直到 10 或 11 岁大脑还保持这种超动力。然后新陈代谢的速度逐渐变小，在大约 13 或 14 岁时达到成年人的速度（Blakeslee，1986）。多亏新的扫描和成像技术，也包括很强的大脑扫描，科学家现在能够形成大脑内部工作的非常清楚的图景。这使得对早期发育的较好洞察成为可能。

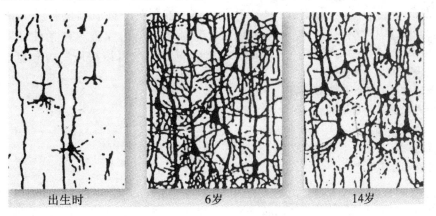

出生时　　　　　　6岁　　　　　　14岁

**图 4—9　人类大脑的突触后致密结构**
单个神经元可以与多达 15 000 个神经元连接。连接的复杂程度令人难以置信，结果是大脑时常
出现"网络化"或者"迂回化"的情形。适当的营养、锻炼和环境的刺激可以塑造大脑回路的形成。

**环境的刺激因素**　现今的研究员确认，父母在早年与孩子互动的方式和他们给予的经验，对于婴儿的情绪发展、学习能力和日后的功能发挥有很大的影响（"Brain Facts"，1999；Yarrow et al.，1984）。通过与周围世界的直接互动，宝宝出生时未发育完全的大脑发育出神经通路。从出生开始，宝贝的大脑将快速地创造神经元的连接。研究者发现与先前大多数人的设想比起来，对于大脑的发育，照看的质量通常具有更大的影响。当然，遗传也有影响。

最近的研究显示，父母爱的表达会影响大脑形成复杂性连接的方式：观察宝宝的眼睛、抱抱和抚摸宝宝会刺激大脑释放促进生长的激素；歌唱并和宝宝说话会刺激听知觉（"Brain Facts"，1999）。一些研究者提出这些如同"情绪的智力"。如果婴儿的大脑没有受到视觉或者听觉方面的锻炼，儿童将会有掌握语言方面的困难，并会在视觉和听觉工作上面临困难（"Brain Facts"，1999；Thompson，2001）。每个照看者都可能是宝宝的爱、学习、安慰的来源，继而会成为促进其大脑生长的刺激，每个家庭成员也是如此。

**生长发育的原则**　正如先前提到的，人类的发展依照两个主要的原则进行下去。依照**头尾原则**（the cephalocaudal principle）的发展是从头到脚进行。结构和功能的改善最开始在头部，然后是躯干，最后在腿部。在出生时，头部过大与身体不相称。成人的头部仅仅构成身体的 1/10 或 1/12，但是对于新生儿，头是身体的大约 1/4。与之相反，婴儿的手臂和腿部不成比例地短。

从出生到成年期，头部的大小翻倍，躯干的长度增加三倍，手臂和手的长度增至四倍，而腿部和脚长至五倍（Bayley，1956）。运动的发展同样符合头尾原则。婴儿首先学习控制头和颈的肌肉。然后，他们学习控制手臂、腹部，最后是腿部。因此，当他们开始爬行的时候，他们使用上身来推进自己，腿部在后面被动地拖着。直到较晚的时候，他们才开始将腿部用作爬行的辅助。

144

同样地，在他们获得能力保持坐姿之前，他们先学习支撑起头部，并且在他们学习行走之前，他们先得习得坐下（Bayley，1935；1936）。

**生长发育的头尾原则**

身体发育和运动发展最初是从头部和颈部开始的，然后是躯干和上半身，最后是腿部和脚。因此，当婴儿开始爬行时，他们使用他们的上半身来推进自己，让自己的腿在身后拖着。之后，他们开始使用四肢直起身子，在爬行中使用腿来辅助。

人类发展遵循的另一个主要模式是**近远原则**（the proximodistal principle）：发展由近到远，从身体的中央轴向外进行全外围部位。早在婴儿期，宝宝必须移动他们的头，抓握物体的时候将躯体转向他们的手。稍后他们才能单独地使用他们的手和腿，并且在他们能用手腕和手指进行精细的运动之前还有较长一段时间。大致上，当孩子开始能够逐渐进行精细和复杂的手指抓握操作时，对运动的控制是沿着手臂发展的。这里要说到的相同原则的另一个表达方式是，大体上，大块肌肉的控制在纤细肌肉的控制之前。因此，儿童发展跳跃、爬行和跑（包括使用大块肌肉的活动）的能力在发展拉拽或写（包括较小肌肉的活动）的能力之前。

## 运动的发展

触摸、抓握、爬行和步行——婴儿能够取得相当大的进步——这些已经被证明是高度复杂和棘手的工作，对于设计能运行这些任务的计算机和机器人的工程师来说就是如此。并且，在实验室测试中，专业运动员对于模仿宝宝的运动已经开始筋疲力尽。并不令人惊讶的是，大部分早期对运动发展的心理学研究，都是描述性的，正如我们对计算机或机器人的机械活动的描述一样（Halverson，1931；McGraw，1935）。

为了要爬行、行走、攀登并准确地抓住物体，宝宝的骨骼和肌肉的发展必须达到一定的水平。当他们的头相对于他们的身体变得较小时，他们的平衡感得到提高（想象他必须带着占整个身体大小1/4的头部到处移动是何等的困难）。当孩子的腿部变得更强壮而且更长时，他们会掌握各种机动性的活动。当他们的肩膀长得更宽并且他们的双臂加长时，他们利用手指和使用工具的能力增强。运动发展符合成熟的进程，这是内置于人体组织之内的，并由儿童和环境的互动活动激活的过程（Thelen，1981，1986，1995）。

**律动行为**　年幼婴儿显示的或许是最有趣的运动行为包括四肢、躯干或头部的迅速和重复运动的突然出现（Thelen，1981，1995）。婴儿会踢、摇晃、弹跳、敲击、摩擦、用力推挤和扭动。他们似乎坚持声明，"如果你确实能移动，那么就有律动地移动吧"。这样的行为与运动发展紧密联系，并给稍后出现的较有技巧性的行为提供基础。因此，包括腿部在内的节奏性模式，比如踢，大约在一个月时开始逐渐地增加，在儿童爬行开始之前大约六个月时立刻增至高峰，然后逐渐消失。同样地，节奏性的手部和手臂运动在复杂的手指技能出现之前。因此，有节奏的运动似乎是不协调的活动和复杂的自主运动控制之间的过渡行为。它们表现为运动的成熟过程中的某个状态，比在简单反射中出现的更复杂，相对于在稍后出现的受脑皮质约束的行为仍较少变化和较不灵活。

**移动能力**　婴儿行走的能力，在美国儿童中典型地在11～15个月之间发展出来，是一次长期的系列发展的高潮（Thelen，1986，1995）。这些发展的进程遵循头尾原则的顺序。

145

首先，孩子得到仰起头部的能力，稍后是胸部。紧接着，他们可以完成躯干区域的指令，使自己能够坐起来。最后，当他们学习站立和行走的时候，他们实现对自己腿部的控制。对于大多数七个月的婴儿来说，是运动发展的顶点。通常，孩子的发展从爬行（crawling）开始——通过与地板接触的腹部移动。他们借由扭转身体以及用双臂推动和牵引来控制。然后，他们可能发展为匍匐前进（creeping）当身体与地板平行的时候继续用手和膝盖移动。一些孩子也会搭便车（hitching）坐着并沿着地板滑动，"埋头苦干"而且用脚后跟向后推动自己。在移动的这种形式中，他们时常使用双臂帮助推进。的确，偶尔有婴儿在这种方式上自然变化，坐起来，然后，像钟摆一样使用两个手臂，从地板反弹到自己的臀部上。

到七八个月时，孩子会像永动机一样，因为他们没完没了地去应对新的任务。在八个月时，他们将自己拉起至站立的姿势，但是通常再坐回去时有困难。他们时常向后跌倒，但还是勇敢地继续练习。这个年龄的婴儿掌握新的运动技能的动力是如此强大，以至于碰撞、跌下、摔倒，以及其他的障碍只能暂时地使他们气馁。在一岁之前，许多婴儿可以缓慢巡行（cruising，通过抓紧家具站立和步行）。

新的视力、声音和经验挑战认知结构，反过来，认知结构引领儿童发展出新的运动技能。举例来说，孩子第一次发现他们能在楼梯上面爬行，他们会忘记，而且他们会不断地回到楼梯一再地重复这个过程；在他们知道该如何从楼梯下来之前，将很有可能会经过数个星期的时间，而且在这样的发展任务中他们需要父母亲的监督。当一个婴儿开始不受帮助地步行时是运动发展的主要里程碑，这既让人兴奋，也必须警惕——一般说来是大约一岁时。

运动发展的阶段和时间主要建立在对来自西方文化的婴儿研究上。而在对非洲婴儿的一些研究中，已提出不同文化之间在运动发展的时间上有相当大差异的可能性（Ainsworth，1967；Keefer et al.，1982）。Marcelle Geber 和 R. F. Dean（1957a，1957b）测试了住在乌干达城区的近 300 个婴儿。他们发现与美国的白种婴儿相比，这些宝宝在运动发展的速度上明显较快。乌干达婴儿的早熟程度在生命的最

初六个月期间最大，之后这两个群体之间的差距倾向于降低，到第二年底之前接近。文化差异在群体发展上的里程碑时间表之间的距离中起到作用。正如 Rogoff（2003）所解释的，"在一些社区中步行更快被认为有价值；在其他的社区中，它不被认可。在 Wogeo、新几内亚，人们不许婴儿爬行，且直到近两岁都不鼓励步行，这样他们可以知道该如何在自由地移动之前照顾他们自己并且避免危险"（p. 159）。

**无人帮助地行走**

行走是最令人激动的发展性的里程碑之一（对儿童和父母来说都是）。大约出现在学步儿童的第一个生日的前后。这躯体和运动发展上的顶点带给儿童在环境中更大的独立性和行动力。照看者需注意认真对待儿童的水平和儿童保护性的环境，一切为了预防危害，例如家具尖锐的棱角、敞开的电源开关阀、带有毒性叶子或花的植物、家用物品清洁剂、敞开的楼梯入口和松松地连接到较大家电上的电源接头。对于年幼儿童来说，偶发事故是引起严重伤害的最主要原因。

**手部使用技能**　经过一系列的有序阶段，儿童的手部使用技能发展进程符合近远原则——从身体的中心到外围。在婴儿两个月大时，仅仅用上体和双臂向物体挥击；他们不试图抓住物体。在三个月时他们可以完成笨拙的肩部和肘部运动。他们的目标是乏味的，且他们的手握成拳状。大约 16 个星期之后，孩子用打开的手接近物体。几乎同一时间，婴儿花费相当多的时间看他们自己的手。在 20 周左右，孩子有能力在手部的一次快速又直接的运动中碰触物体；有时，他们中的一些婴儿以笨拙的样子成功地抓住它。

24 周的婴儿可以采用通过手掌和手指进行围绕和挖抠的方法。在 28 周，他们开始用拇指相对

手掌和其他的手指运动。在 36 周，他们可以用拇指的顶端和食指协调他们的抓握。因为在接下来的好几个月中，婴儿几乎会把所有的物体放入他们的嘴里，所以一旦婴儿拾起小的物体，照看者就必须额外地注意。直到大约 52 周，婴儿掌握较复杂的食指抓握（Ausubel & Sullivan，1970；Halverson，1931）。在 24 个月时，大多数的孩子能握住并使用一支蜡笔或画笔、一个球或一把牙刷这样的东西作为用餐的器具。

**思考题**

　　从新生儿到两岁，躯体的和运动的技能发展上典型的进步是什么？如果你是一名当地的儿科医生，你会如何对担忧的父母解释他们的健康婴儿没有在 14 个月时开始步行？

## 感觉的发展

　　对婴儿来说世界是什么样的？渐渐地，复杂的监听设备将允许我们精确地定位婴儿见到、听到、闻到、尝到和感觉到的事物。社会和行为科学家现在认识到婴儿有能力做得更多，而且在早得多的时候做这些事情，甚至可能比过去所认为的早 20 年。的确，他们给我们的这些新技术和洞察结果，被一些心理学家推举为"科学的革命"。

　　在生命的最初六个月期间，婴儿强大的感觉能力和他们相对迟缓的运动发展非常不相符。他们的感觉装置产生远超过他们使用它进行知觉输入的能力。由于成熟、体验和实践，他们已经获得以惊人比率从环境中抽取信息的能力。在约七个月大的时候，开始运动发展过程中的突发性的大幅度加速，知觉能力开始与之相联系，以令人敬畏的方式激增。因此，在 10～11 个月之后，即第 18 个月开始，儿童已是一个不容置疑的社会人。让我们思考感觉和知觉的过程。感觉涉及我们的感觉器官的信息接收。知觉关系到我们归因于感觉的解释或意义。

　　**视觉**　一个足月的婴儿在出生时具备功能良好和完整无缺的视觉装置。尽管如此，眼睛仍是不成熟的器官。举例来说，视网膜和视神经还没有完全发育（Abramov et al.，1982）。婴儿似乎还缺乏视觉的调节。透视的控制肌肉没有完全发育。结果是，他们的眼睛有时焦点太近，有时太远。早期研究揭示，婴儿在他们的面部前方 7～10 英寸的视力最好。与之相反，比较近期的研究表明"婴儿在出生时通常是远视的"，在生命的第一年中过度成长（Hamer & Skoczenski，2001）。正

如我们所期待的，婴儿视觉的浏览能力随着时间的进程逐渐变得更加复杂精细（Bronson，1994，1997；Granrud，1993）。借由检查一些特定要素，我们可以近距离地看一下婴儿发育中的视觉能力（Hamer & Skoczenski，2001）：

- 视力（细节视觉）。在大约 2～3 个月以前，大多数的婴儿能正确地聚焦（Hamer & Skoczenski，2001）。到八个月时，婴儿的神经系统已经成熟，因此它几乎像正常成年人的一样敏锐（将近 20/20）。
- 对比敏感性。出生后，婴儿能在大的黑白斑纹中见到对比，到九周时，婴儿有非常好的敏感性。然后他们能见到他们环境中的面孔或物体的许多细微的阴影。
- 眼部协调性。新生婴儿的眼睛无法完全地协调，可能无目的地转动，甚至在不同的方向上转动。到了三个月时，婴儿的眼睛通常可以很好地协调。
- 监视能力（追踪）。婴儿会追踪物体，眼睛时常伴随着急跳。到 3 个月时，婴儿通常能更顺畅地追踪物体。
- 颜色视觉。像两周这么小的婴儿具有区别绿色中的红色的颜色视觉。婴儿也能看见大块的彩色图案和黑白图案。
- 物体和面孔识别。在出生时，婴儿的眼睛往往被物体的边缘吸引，虽然他们有足够的细部视觉以见到较大的面部特征。为了要看到母亲而不是一个陌生人的面孔形象，12～36 小时大的新生儿就会产生较重要的吸

吮反应（Walton，Bower & Bower，1992）。调查员使用的指标是婴儿的眼睛定向、吸奶速率、身体运动、皮肤电导、心率和条件反射等方面的变化。婴儿能分辨母亲或照看者的面部之间的不同，而且在 3～5 个月之间，可以分辨陌生人的面孔。到第 6～7 个月时，婴儿开始识别个体的面孔（Caron et al.，1973；Gibson，1969）。

● 视觉的恒常性。3～5 个月大的婴儿能够通过探测物体表面的分隔或轮廓，来认识物体的边界和物体组件（Spelke，von Hofsten & Kestenbaum，1989）。

● 深度知觉。在出生时，婴儿具有二维的视觉——不是三维的。三维视觉需要眼部肌肉进行很好的协调、脑和神经元足够的成熟，以及许多视觉的刺激。婴儿的双眼视觉——告知各种不同物体距离的能力和体验三维世界——在 3～5 个月之间突然出现（Yonas，Granrud & Pettersen，1985）。相当突然地和快速地提高能力的事实，提示心理学家，它表现在视觉皮层——负责视觉的大脑部分方面的改变。显然，这些发展上的变化可使双眼协调工作，并允许大脑提取可靠的来自知觉过程的三维信息。

Eleanor Gibson 在她的学生 Richard D. Walk 的协助下，在一次到科罗拉多大峡谷的家庭假期期间开始进行视崖实验（visual cliff experiment）（Gibson & Walk，1960）。他们设计出一种技术装置，将一个婴儿放在孩子能够爬行的两个玻璃表面之间的一块中心板上（见图 4—10）。在浅的一边铺上棋盘样的布料。在深的一侧，通过把棋盘样的布料置于玻璃下面几英尺以创造出悬崖的错觉。婴儿的母亲交替地站在较浅和较深的一侧并哄婴儿向她爬行。由于悬崖边看起来像一个深坑一样，如果婴儿能感知深度，他们应该愿意越过较浅的一侧而不是悬崖的一侧。

Gibson 和 Walk 测试了六个半月大和 14 个月大之间的 36 个婴儿。其中 27 个冒险一试远离中心板并通过浅的一侧爬向他们的母亲。但是，只有三个被哄着越过悬崖的一侧。当从深的一侧向他们招手时，一些婴儿的爬行实际上是在远离他们的母亲；其他一些婴儿哭闹，可能是因为他们不横越深坑就无法接触他们的母亲。一些婴儿在深的一侧轻拍玻璃，以确认它是固体，但还是离开了。显然，他们更依赖于由视觉提供的证据而不是由他们的触觉提供的证据。这个研究意味着，当他们开始能够匍匐爬行的时候，相当多的宝宝能够感知距离的急降并避开它。

**图 4—10　视崖实验**

在视崖实验中，儿童被放置在中心板上，板子是带有格子的玻璃板，在任何一边向外延伸。对照材料被放置在玻璃下方 40 英寸的一侧，因此造成了深度上的错觉。尽管婴儿的妈妈不断鼓励，并且玻璃表面是安全的，六个月大的婴儿通常不会爬过"深坑"。但是，这个婴儿会在铺上格子的一侧试图冒险穿过实验板以到达妈妈的那一侧。

来源：Adapted from E. J. Gibson and R. D. Walk，"The Visual Cliff，" *Scientific A-merican*，Vol. 202（1960），p. 65.

Karen Adolph（2000）研究了九个月大的婴儿，发现避开悬崖不仅仅依靠对深度的知觉。她的被试处在一个可调整的深沟技术装置中（类似图4—10的装置；在重复性试验中多次反复验证），以具有丰富体验的坐姿和爬行的两种姿态进行测试。然而，在这些试验中，深沟是敞开的和可变化的——当他或她为了摸到五彩缤纷的玩具到达或者爬过深沟的时候，实验者随时准备抓住每个婴儿。这些婴儿将以爬行的状态尝试所有的深沟距离，但是表现出处于坐姿时更有效地使用回避反射。婴儿的身体和平衡自己的技能每个星期都有相当大的变化，并且他们的反射也变得更好。这个研究的结果证明经验会促进学习如何平衡、控制，以及完成各种姿势上的里程碑（坐着、爬行和步行），包括"身体旋转的不同关键枢纽周围的各种区域"（Adolph，2000，p.291）。

总而言之，当他们长到6～8个月大的时候，我们看到婴儿已经发展出相当复杂精细的知觉能力了（Younger，1992）。

**听觉**　在出生的时候，通常婴儿的听觉器官得到很好的显著发展。的确，人类的胎儿在出生前三个月能听到噪音（Shahidullah，Scott & Hepper，1993）。但是，经历好几个小时甚至数天的生产之后，婴儿的听觉可能被略微地损害。胎盘和羊水时常在外耳道上停留，此时黏液阻塞了中耳。在出生后这些组织结构上的封锁快速地消失。然而，一般说来，在美国每天有33个宝宝（每年12 000个）遭受长期听觉损伤，每一千个宝宝中有四五个听觉损伤（"Fact Sheet"，2005）。尽早地识别出受到听觉损害的宝宝是势在必行的，42个州和哥伦比亚区域已经有了早期听觉检查和干预准则，在医院或妇产科门诊部可以筛查超过85％的出生婴儿（American Speech-Language Association，2005）。这是一个安全、简单以及无痛的评估，被识别出的婴儿将被转诊给小儿科听力学家。

耳部感染是在幼年期第二常见的（在感冒之后）并由多种因素所引起的疾病。耳部感染最明显的征兆是不间断的尖锐的哭泣——时常在婴儿被放平躺了一阵子之后。如果婴儿不回应父母的声音或者大声的噪音，而表现为惊愕反射或哭泣，或者在生命的最初几个月里不制造婴儿式的"咿呀"声或"咕咕"声，应该立刻检查婴儿的听觉

问题。不能听见的婴儿将无法习得人类的语言，也无法获得认知的或社交的技能，这些技能为稍后没有专业化干预的学校教育的成功提供基础。听觉损伤和耳聋的婴儿有资格接受早期干预服务。149显然，父母也会想要学习手语与他们的宝宝沟通。在语言发展之前，一些照看者对没有听觉损害的宝宝使用特定的宝宝手语（比手势），来教宝宝进行交流（"Signing with Your Baby"，2005）。

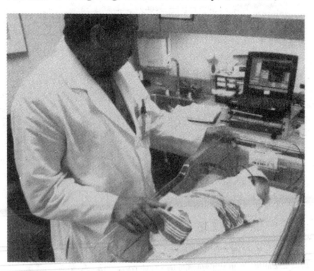

**在离开医院前新生儿的听力评估**
听力学家的听力筛查安全、简单并且无痛。尽快确认婴儿的听力损伤是必要的。

长久以来，教育家认识到听觉在孩子获得语言的过程中起到了关键性的作用。但是Condon和Sander的研究（1974a，1974b）结果显示，新生儿已适应成年言语的精细元素，这令科学界感到很惊讶。研究员录下了婴儿和成人之间的相互作用，并逐个地分析。对普通的观察者来说，婴儿的手、脚和头似乎是不协调地、笨拙地弯曲着，不自觉地抽搐着，并往四面八方移动。但是Condon和Sander近期的分析揭示，婴儿的运动与成人言语的声音模式是同步化的。举例来说，一个婴儿大约在开始说话的时候是局促不安的，婴儿协调眉毛、眼睛、四肢、肘部、髋部和口部运动的开始或停止，并随着成人的言语片段（音素、音节或词语）的边界而改变。从12小时至2天的婴儿可以同样有能力随着中文或英语而同步化他们的运动。Condon和Sander总结到，如果婴儿从出生时就用他们文化的言语模式生活于精确的、共享的韵律中，那么早在他们于交流中使用这些

之前，他们就参与了语言形式的数以百万次的重复。

　　然而，其他的研究者无法重复出 Condon 和 Sander 的实验结果。的确，John M. Dowd 和 Edward Z. Tronick（1986）总结到，语言运动的同步性要求的反应次数与婴儿有限的运动能力不相协调，Condon 和 Sander 所用的方法在许多方面都存在缺陷。因此我们再次回到陷于相当多论争的问题："婴儿知道多少，他们什么时候知道的？"

　　**味道和气味**　味道（味觉）和气味（嗅觉）出生时就存在。婴儿的味觉偏好能借由测量吸奶的行为来测定（Blass & Ciaramitaro，1994）。当给他们甜的液体时，婴儿会放松身体并满足地吸吮，尽管他们偏爱蔗糖多过葡萄糖（Engen, Lipsitt & Peck，1974）。婴儿通过扮鬼脸和不规则的呼吸对酸和苦的溶液产生反应（Jensen，1932；Rosenstein & Oster，1988）。对于咸味的感知的调查结果较不清晰；一些研究者发现婴儿无法区分不含有盐分的水和有盐分的水，然而其他的研究者发现咸味是新生儿的一种消极体验（Bernstein，1990）。Charles K. Crook 和 Lewis P. Lipsitt（1976）发现，当接受甜的液体，即他们品尝快乐味道的液体时，婴儿会降低他们的吸奶速度。这迎合了快乐主义者的观点，即味觉在出生时就存在（Acredolo & Hake，1982）。

　　嗅觉的系统在它回应什么和在它如何回应方面都是独特的。作为对环境的监视器，它似乎宁可小心谨慎，并偏爱熟悉的人胜于新奇的人。大部分时间，在没有生物体意识过程的状态下，嗅觉系统监测着环境。熟悉的人只是在背景中失去活力。但是一旦新奇的气味进入知觉范围，系统就敏捷地将它们带入有意识的注意。这个特征警示生物体潜在的危险，并为生物体的生存增加机会——说明了系统的进化价值（Engen，1991）。

　　婴儿对不同的气味有所反应，反应的效力与刺激物的强度和质量相关。Engen, Lipsitt 和 Kaye（1963）测试了两天大的婴儿的嗅觉。每隔一定间隔，他们将带有浸透大茴香油（具有甘草味）或者阿魏胶（闻起来类似煮过的洋葱）的棉花棒放在婴儿的鼻子下面。生理记录仪记录了宝宝的身体运动、呼吸和心率。当他们最初发现气味的时候，婴儿移动他们的四肢、呼吸加快，而

且他们的心率增加。然而，通过重复的暴露，婴儿开始逐渐地忽视刺激物。嗅觉的阈值在生命的最初几天大幅降低，也就是说婴儿对鼻子的刺激物变得逐渐敏感。其他研究员已经确认婴儿具有发育很好的嗅觉能力（Rieser, Yonas & Wikner，1976）。

　　**皮肤觉**　热、冷、压力和疼痛——四个主要的皮肤感觉新生儿生而有之（Humphrey，1978）。Kai Jensen（1932）发现，热的或冰的牛奶（在华氏124度以上或华氏72度以下）引起新生儿不规则的吸吮律动。然而婴儿大致上对热刺激的较小差异相对不敏感。婴儿也对身体压力有反应。碰触会激活许多在前面的章节中讨论过的反射。最后，我们从婴儿的反应推断他们体验了痛苦的感觉。举例来说，对新生儿和婴儿行为的观察显示，胃肠不适是使他们不舒服的主要来源。婴儿在生命的最初几年期间必须接种疫苗注射，他们感觉到的疼痛和不舒服相当明显（Izard, Hembree & Huebner，1987）。男婴在他们包皮环切手术期间哭闹增多，为新生儿能感到痛苦提供了一些证据。

　　**包皮环切**　每年在出生的几天之内，超过100万个美国男婴接受手术，现在许多医学专业人员认为是不必要的。包皮环切术是手术移除覆盖阴茎顶端（龟头）的包皮（阴茎包皮）。经过整个世纪，这个步骤已经成为犹太人和穆斯林的宗教性仪式。在一些非洲和南太平洋的民族中，包皮环切在青春期执行，作为年轻人转变至成年的标记。与之相反，包皮环切从未在欧洲流行。直到大约20年前，美国医师促进了包皮环切成为一种保健方法和预防措施以对抗阴茎癌（以及女性伴侣的子宫颈癌）。手术也被当作避免性病和泌尿道感染的方法。因为现在医师认为婴儿的日常包皮环切很少有有效的医学指征，这个惯常的举动已经减少。是否决定进行手术主要看父母的意见。

　　**各种感觉之间的互相联系**　我们的知觉系统通常是彼此合作的。我们预期见到我们所听到的、感觉到我们所见到的、闻到我们所品尝到的事物。我们时常采用从一个知觉系统得到的信息来"告知"我们其他的知觉系统（Acredolo & Hake，1982）。举例来说，在定位声音来源的努力过程中，连新生儿都移动他们的头部和眼睛，尤其当声音被模仿和保持的时候。

发展心理学家、心理生物学家和比较心理学家已经提出有关系统之间的互相联系如何发展的两个相反的理论。先看看婴儿的知觉和运动在协调合作方面的发展。一个观点坚持认为，当婴儿与他们的环境互动时，婴儿只逐渐获得眼—手活动的整合。在适应较大世界的过程中，婴儿逐渐锻炼出在他们的知觉和运动系统之间较紧密和较灵活的协调合作。据皮亚杰的观点，婴儿最初缺乏熟悉外部世界的认知结构。结果，心理图式将为建立自己的经验提供可能，他们必须积极地建构心理图式。

与之相反的理论认为，眼—手协调在出生时在生理上已预置于婴儿的神经系统中，并随着逐渐成熟的发展而出现。这个解释被 T. G. R. Bower（1976）证实。Bower 发现新生儿参与到视觉上的初步沟通中。显然，当婴儿看到一个物体并向它伸手的时候，看和伸手两者都是婴儿使他们自己指向物体这个相同反应的一部分（von Hofsten, 1982）。

然而，在接下来的数月中，视觉指导的增加在手快要能够触及物体的时候发生（Ashmead et al., 1993）。也许从这个研究得出的严谨结论是，婴儿和非常年幼的婴儿的眼—手协调是生理上预置的。但是当监测较大的宝贝时，眼—手协调的视觉指导变得更为重要，而且所见目标和所见的手之间的"距离"逐渐减小（McKenzie et al., 1993）。后来的"够物"动作也是如此，儿童必须注意自己的手。总之，眼—手协调在生命早期从使用感觉到的手到使用被见到的手而发生变化（Bushnell, 1985）。技能具有习得、失去和再习得的模式，生长发育时常以通过这个模式达到新的规模和水平为特点。

### 思考题

哪个知觉系统在出生时已经可以发挥作用了？当婴儿将清楚地见到、敏锐地听到，并区分味道、气味和触觉的性质时，你会告诉新父母什么？婴儿的感觉如何互相联系？

---

**续**

正如所有父母所知，婴儿积极地探索他们的环境并回应环境。对婴儿的运动和知觉能力发展的科学研究可以为这个观察到的事实作证。孩子具有天然的能力来预先安排自己开始学习世界如何在他们周围运作。当他们成熟时，他们逐渐提高自己从一个感觉获得信息并将这个信息传递给另一个感觉的能力。所有的感觉，包括视觉、听觉、味觉、嗅觉和触觉，产生于一个整体的系统。从多重系统得到的信息时常更重要，超过从某个感觉得到的信息，因为它是精确互动的。当代越来越多的实证研究揭示了发育变化具有多重因果关系、易变的、情境化的和自我组织的性质，发现运动行为和知觉是统一的，以及在新行为的出现中探索和选择的作用（Smith & Thelen, 2003）。

在第 5 章，我们将会把我们的注意转向认知和像语言的使用这样的成熟的智力能力，这个能力从我们已经在本章中讨论过的运动行为、感觉、知觉、照看者依恋的行为和经验因素的稳定发展中得到。

 **总结**

---

**出生**

1. 从 2000 年以后，美国每年有超过 400 万个宝宝出生——达到十年内最高的增长速度——进入到各个家族和家庭的组成变化中。有少数的已婚夫妇和较多从未结婚或离婚的单身父母养育孩子，尽管大多数人并不如此。一般说来，一个家庭只有两个孩子。较多母亲需要工作，而且现在的新生儿可能在他们的家庭之外接受儿童看护。

2. 婴儿出生（称为"新生儿"）将女性转变为母亲，并把男性转变为父亲。

3. 有多种心理助产法或天然的分娩方法来帮助母亲准备生产。拉梅兹无痛分娩法课程帮助准妈妈准备无药物的生产。一些女性得知因为自己先前的健康状况像是糖尿病或艾滋病，她们必须预定剖宫产。较多的女性将使用护士—助产士服务和多拉助产，即在妊娠期间及整个出生过程提供情绪护理。

4. 一些女性选择在医院的产房中、在生育中心或者在家里在富有经验的或多拉参与的情况下生产。多数的美国女性有产科医生（即在出生以前的照料、生产和出生后照料方面的专家）的帮助。

5. 大多数的美国医院和生育中心提供家庭式医院护理，分娩可能是一种家庭经验。自然地（准备好的）分娩和住宿是这些计划的普遍特征。

6. 人类婴儿从受精到出生的妊娠期是 266 天左右，将近九个月，开始于上次月经周期的最后一天。

7. 在出生前的数个星期，胎儿通常将自己头向下放置并处于子宫较低的位置，轻轻地转动时母亲会有一些不舒服。对这个较晚阶段胎儿的诊断可能指出胎位异常，需授权进行外科生产。来自大脑的荷尔蒙信号通过出血提示生产的开始。大多数女性在生产之前经历数个星期温和的"频率加快"的子宫收缩。

8. 生产过程有三个阶段：分娩、生产和胞衣的处理。在分娩开始时，羊膜破裂，释放缓冲胎儿的羊水。在分娩的几个小时期间，母亲子宫强壮的肌肉纤维有节奏地收缩，将宝贝推向产道。第一个周期的收缩大约 18～20 分钟，而且越靠近生产收缩越快越强烈。当婴儿的头刚刚露出的时候，生产开始，宝贝的头通过子宫颈，宝宝的行程在经过产道之后结束。当母亲的身体排出胞衣、剩余脐带和胎盘的时候，生产结束。

9. 较多的母亲会选择储存来自她们宝宝的脐带和胎盘的血液，可以用于干细胞研究和其他医疗用途。

10. Leboyer 生产法提倡婴儿需要一种比较温和的生产，较低的声音和柔和的光、较暖和的产房、婴儿按摩和温浴。然而大多数产科医生认为通常情况下的生产刺激没有超过婴儿身体或神经承受的能力范围。

11. 在医院环境中，胎儿的电子监听设备和计算机不断地评估胎儿的脉搏和心跳，以决定胎儿是否处于痛苦中，是否需要进行外科生产。

12. 一般说来，一个足月的婴儿有 19～22 英寸长，体重 5.5～9.5 磅，体外布满称为"胎儿皮脂"的像蜡一样的物质。大部分仍然有称为"胎毛"的细软体毛。自然生产的婴儿在最初几周与由剖宫产生产的婴儿相比，头部较长，"相当尖"。

13. 一些健康因素可以在一分钟和五分钟时用阿普加评分系统得到评估：心率、呼吸运作、肌肉状况、反射敏感性和皮肤状况。像 Brazelton 新生儿行为评估量表（NBAS）和较新的 CNBAS 这样的其他量表，可以在第一个星期用于评估新生儿的躯体行为、反射和社会化的能力。

14. 婴儿现在被称为"新生儿"，在生命的最初几个星期称为"新生儿期"。

15. 父母—婴儿的联结是父母和他们的婴儿之间的相互作用和相互关注的过程。依恋发生于密切地接近、持续地互动和情绪上依恋的时期，不论儿童是自然生产、剖宫产或是被收养的。

16. 未婚女性的生产率自从 20 世纪 80 年代早期以后就急剧升高，而且这些母亲和婴儿中的大部分极有可能受到贫穷的有害影响。通常，和儿童一起住的父母数目与人际沟通的次数和质量以及儿童可得到的资源都是密切相关的。

17. 对于父亲的作用和父亲缺失对婴儿和孩子的影响，已经有广泛的研究，并还在持续进行研究。在大多数例子中，母亲和父亲都会成为重要的养育角色。

18. 在很少的情况中，在妊娠和分娩期间会出现并发症。如果并发症发展，大部分会进行医疗干预，通过医疗技术来帮助母亲和婴儿。在出生时可能的并发症有缺氧症、在出生时氧气剥夺、Rh 因子不相容、早产或其他需要外科手术剖宫生产的并发症。由于较大的医院今天有新生儿病房帮助早产的极低体重婴儿出生，或帮助处于危险中的婴儿幸存，故婴儿死亡率较低。

19. 婴儿通常在子宫中受精 40 周之后生产，过度成熟的婴儿则再经历两个星期以上才会生产，通常是比较大和健康的。生产的选择包括引产或剖宫产。

20. 虽然多数的美国婴儿出生时没有并发症，但是，其中有小部分出生时早产或体重较小。另一些出生时有药物成瘾和戒断的经验。这些宝宝包括"缺陷宝宝"和那些胎儿酒精综合征（FAS）的宝宝。有小部分的儿童感染艾滋病病毒。一些宝宝出生缺陷的遗传基因病变来自出生以前暴露于化学有毒物或生产并发症。

21. 在出生或者在新生儿期被确定为处于风险中的婴儿，在法律上有资格接受从出生到学龄前的早期干预服务。针对有障碍的儿童有许多支持性团体、资源和网站。目前也有许多专业活动来支持这些特别的婴儿、儿童和他们的父母。

22. 很少有新生儿经历致命的事件或在出生后很快地死亡。由于出生缺陷、早产或者低体重、婴儿猝死综合征（SIDS）、母亲的怀孕时并发症、脐带和胎盘并发症等影响，婴儿会死亡。

23. 出生后，一些母亲经历产后抑郁症（PPD），可能包括哭泣的催眠状态、抑郁、睡眠变化、食欲变化、焦虑和不能够应付照顾宝宝的想法。母亲的抑郁对于婴儿的行为、情绪反应和认知发展有重要的影响，因此抑郁母亲应该为她自己寻求专业的支持和照料。

## 基本能力的发展

24. 出生后生命的第一年叫做"婴儿期"。一些婴儿研究者已经发现婴儿的生态与负责照料婴儿的成人的生态有密切联系。这种共生关系被称为"生物体的内外偶联"，首先是身体的关系（碰触、看护、清洁和按摩），还包括父母和婴儿之间的行为和反应的同步性。少数婴儿被认为是营养不良的，往往可能失去这种与照看者之间的同步性。

25. 睡眠、哭喊、进食和排泄是婴儿的主要行为。婴儿在任何特定时间的反应与她的状态有关。这些婴儿的状态已经被识别：规律的睡眠、不规律的睡眠、困倦状态、警觉的不活动状态、清醒状态和哭喊。同时，婴儿出生时就具备的反射行为是神经发展的优良指示器。反射是简单、无意的、先天的反应，如吸吮、咳嗽、眨眼、打哈欠、蹬踩和其他反应。

26. 婴儿的主要活动是睡觉，每天 16 小时或更多，通常四小时为一个周期。可能在数个星期或者数个月之后婴儿才会进行整晚的睡眠，花一天小睡也是正常的。针对与婴儿共眠和婴儿睡眠环境的态度，小儿科医师和社会科学家的调查表明这依赖于文化、习俗和传统。共眠的婴儿对他们母亲呼吸的模式和节奏回应更多。

27. 每年，将近 3 000 个美国家庭经历婴儿猝死综合征（SIDS）或婴儿床死亡的毁灭性悲剧和极大的痛苦。在过去的十年内，SIDS 死亡降低被归因于全国范围的教育运动，宣传放置婴儿时让宝宝背向下睡觉，并避免在宝宝周围抽烟。已经由于这个起因而形成一些理论，但是还没有答案。

28. 哭泣是婴儿的语言，是先天的、无意的又高度适应性的反应，可以激励父母的照顾活动。不同的哭声有独特的音高、节奏和持续时间，并传达给照看者不同的信息。由于暴露于药品而患出生疾病的婴儿通常不断地哭闹，并当他们经历戒断症状时，以高音调哭泣。

29. 一些照看者被婴儿哭声惹得非常恼怒，以致他们因挫败感而伤害婴儿，引起婴儿摇荡综合征。如果宝宝的头被来回地激烈摇动而引起淤血以及脑和脊髓出血，会造成大脑损伤并引起心智迟滞、脑死亡或婴儿死亡。父母被警告不要将儿童留给一个完全陌生的人。儿童不断哭泣可能是腹绞痛的征兆，这种原因未知的长期哭泣，可能持续好几个星期。

30. 婴儿将他们醒着的大部分时间用于进食，小儿科医师鼓励父母当婴儿很饥饿的时候再喂他们，这称为"符合需求的喂养"。喂养母乳和配方奶都各自显示出优点和缺点。大范围的研究提示，喂养母乳对健康的母亲和婴儿来说是最好的。经过最初的两年，婴儿会逐渐开始食用日常的食物和饮料，在口味和食物偏好上有较大的个体差异。

31. 伴随典型的身体和运动发展，肛门和泌尿道的肌肉也会发展，使孩子在一段可变化的时间内被训练上厕所。

32. 父母应该给孩子预定常规医学检查并接种疫苗，这样可以有效地帮助提高儿童成长中的免疫系统功能。在进入托儿所、幼儿园时需要出示接种疫苗的证明。

33. 不是所有的身体系统都以相同的速度生长，但是婴儿研究者已经发现并证明在各种不同的年龄水平发生的可预期的变化，而且已经建立了生长和成熟的标准或儿童年龄群体的平均水平，称为"常模"。

34. 不是身体的所有部分都以相同的速度生长。(a) 神经系统比其他系统生长更快速。环境的刺激和情绪的安慰物都可以刺激大脑生长。(b) 在 12 岁时，儿童的淋巴组织以双倍以上的速度生长，它在成年期将会长好；在 12 岁之后生长速度降低直到成熟期。(c) 直到青少年期之前生殖系统生长都非常缓慢，在青少年时它的生长加速。(d) 骨骼和内脏系统显示出两个生长冲刺期，一个在婴儿早期，另一个在青少年期。

35. 正常的生长发育遵循两个模式：头尾原则和近远原则。婴儿首先获得头部肌肉的运动技能，然后是躯干的肌肉，最后是小腿肌肉。经过一系列有序阶段，儿童用手进行操作的技能发展符合近远原则——从躯体的中心向肢体端点发展（向外发展指尖）。大致上，大块的肌肉控制先于精细的肌肉控制。

36. 年幼婴儿会突然出现四肢、躯干和头部的迅速、重复以及节奏性的运动。这些行为与运动的发展密切相关，并为稍后的、较熟练的行为打下基础。

37. 移动能力的发展有特定的顺序，但孩子的发育速度是有变化的。首先他们头部能够抬起然后是胸部；接着他们可以坐下、爬行和蹑足前进；之后可以在家具周围站立和缓慢地移动；最后他们在未受帮助的情况下行走，一般说来在一岁左右，但是有一些婴儿稍晚一些。

38. 感觉是通过我们的知觉器官对信息（刺激）的接收，然而知觉与我们赋予那个刺激的解释或者内涵相关。健康的婴儿出生时具有自己的感觉系统功能，在生命最初的几个月之内，这些系统和大脑将稳定地生长、适应并调整，以清楚地解释婴儿对新世界的感觉。

39. 出生时婴儿的眼睛是不成熟的。在婴儿的目光能明确地聚焦并协调地工作之前，会经历好几个月。婴儿能看到黑色、白色和灰色的图案；在这几个月之内，视网膜细胞将会发展，以便更清楚地识别颜色和明暗对比。视崖实验揭示孩子在几个月大时有深度知觉。最近，研究显示每个身体姿势的里程碑式的经历例如坐、爬行和站立，会推动学习平衡控制和对深度的知觉。对于婴儿聚焦和组织视觉事件的方式，婴儿通常接受其变化的模式化顺序。

40. 在出生时，婴儿听力通常得到很好的发展，已知胎儿在出生之前有听力。在婴儿获得语言的过程中，听觉担任非常重要的角色。虽然一些研究员提出婴儿可以根据成年照看者言语的声音、音高和节奏来协调他们的运动，另外一些人对这个发现怀有质疑。耳感染是婴儿期第二大常见（在感冒之后）疾病，由多种因素引起。

41. 味觉和嗅觉在出生时出现，婴儿展现出清楚的偏好。皮肤对热、冷、压力和疼痛的感觉也在出生时出现。对男婴包皮环切术的例行习惯正在消退。

42. 婴儿将积极地探索他们的环境并做出回应。从他们感觉得到的信息与对环境的体验、照看者照料的质量进行互动。

## 关键词

154

胞衣（118）　　　　　　胎儿酒精谱系障碍（FASD, 127）　　　　产科医生（115）

## 网络资源

本章网络资源聚焦于婴儿的出生、分娩、新生儿评估、婴儿发育及母婴依恋。请登录 www. mhhe. com/vzcrandell8 来获取以下组织和资源的最新网址：

妇女健康、产科及生育护理协会
**Childbirth. org**

产后抑郁

围产中心

美国文化技能中心

美国新生儿筛选和遗传资源中心

美国 SIDS 中心

帮助家庭成长的网站：**Parenthood. com**

## 视频梗概——http：//www. mhhe. com/vzcrandell8

在本章，你学习了阵痛、分娩及新生儿出生里面包括几种分娩方法的信息。使用 OLC（www. mhhe. com/vzcrandell8），回顾 Joe 和 Gina 关于怀孕的争论，听听他们关于婴儿出生的决策过程。

# 第5章

# 婴儿期：
# 认知和语言的发展

## 概要

### 认知发展

- 进行衔接
- 学习：一个定义
- 婴儿多大时开始学习
- 皮亚杰：感觉运动期
- 新皮亚杰理论和后皮亚杰理论的研究
- 布鲁纳关于认知表征的模式
- 自婴儿期以来认知发展的连续性

### 语言和思维

- 语言的重要作用
- 思维塑造语言
- 语言塑造思维

### 语言习得的理论

- 先天论者的理论
- 学习和相互作用理论
- 如何解决理论的分歧

### 语言发展

- 沟通过程

## 批判性思考

1. 对学习的定义可以根据三个标准：必须有在行为方面的一些改变，这些改变必须是相对稳定的，而且改变必须源于经验。如果只符合这三种情况中的两种，学习会发生吗？为什么会或者为什么不会？

2. 日本的一个研究者发明了一个手持式电子机械装置，称为"狗语翻译机"。称它能将狗的吠声翻译为几种基本的"情绪"。"快乐的"、"有乐趣的"、"令人苦恼的"和"失望的"等等少数几个选择。这项发明在狗的项圈上使用微型麦克风录下狗的吠声，其中高达200个字涉及狗的"情感"并连同相关的描绘传达给主人。你认为对研究者来说发明一个将人类宝宝多样性的哭声翻译成人类语言的装置可能吗？为什么可能或者为什么不可能？

3. 大多数的美国儿童在2～6岁之间

- 语言发展的顺序
- 双语
- 语言发展的重要性

理解并学会超过 14 000 个字；平均每天 6~9 个新字。他们为什么可以用这样的速度学习？当我们长大之后，为什么我们不继续以这样的速度学习呢？

4. 对语言初学者而言，言语发展经过一系列的阶段，止于他们学会两三个字构成的句子。如果经过相似的过程，你认为自己现在可以更轻松并更快速地学习第二语言吗？

我们的认知和语言能力或许是我们作为人类最与众不同的特征。认知技能使我们能够获得对我们社会和躯体环境的知识。语言使我们能够彼此沟通。缺了任何一个，人类的社会性组织都无从谈起。即使我们缺乏这些能力，我们仍然可能有家庭，因为家庭组织不是人类特有的——它也在动物王国中的其他地方出现。但是没有认知和语言的能力，我们的家庭或许没有我们所认识的典型的像人类一样的结构。我们会在乱伦、婚姻、离婚、遗传和领养方面缺乏规范。我们会没有政治的、宗教的、经济的或军事的组织；道德没有准则；没有科学、神学、艺术或文学。事实上我们将没有工具。总而言之，我们会失去我们的文化，而且我们将无法成为人类（White，1949）。这个章节具体描述从出生到两岁的婴儿早期认知和语言发展的各个阶段。

## 157 认知发展

正如第 2 章所讨论的，**认知**（cognition）是认识的过程，包括像感觉、知觉、想象、保持、记忆、再认、问题解决、推论和思考这样的现象。我们得到未加工的知觉信息并将之转换、详细地说明、存储、复原（回忆），而且在我们的日常活动中使用这些信息（Neisser，1967）。一些婴儿相比于按时获得沟通技能的多数婴儿，早期展现了较高的使用他们母语进行沟通的能力。一些婴儿被确认为有特定的语言损害——听力损害或者耳聋、心智迟滞、忽视或者照看者缺失及虐待、**孤独症**——一种典型的在童年早期出现而且以沟通和社会交往显著缺陷为特点的障碍。

### 进行衔接

心理活动让我们给知觉"赋予意义"。我们靠的是把一些在我们的经验中发生的事情和其他事件或物体行为联系起来。我们使用来自我们环境和记忆的信息，以做出有关我们说什么和做什么的决定。因为这些决定基于可获得的信息和我们理性地处理信息的能力，我们将它们视为理性的（Anderson，1990）。这种能力可以使我们在有意识地思考下干预事件的进程。

举例来说，如果我们给 13~24 个月的儿童看数个月步骤简单的"意大利面条制作"，使用陶土、蒜夹和一把塑料刀，然后让他们自己完成任务，他们能够再认步骤序列并重复它们——有时需要八个月。很明显，这些儿童正在获得来自他们感觉的知识，模仿他人的功能并记忆信息——这都是他们具有较高认知功能的证据。的确，许多实证表明 16~20 个月大的婴儿有能力组织他们新奇事件的回忆中围绕因果关系的信息——他们知道通过一个事件通常跟随另外的一个事件的方式，事件"偶然发生"并且这个相同序列未来将会以相同的方式再次展开（Bauer & Mandler，1989；Oakes，1994）。

心理学家、神经科学家、小儿科医师和其他的发展心理学家正在逐渐开始将婴儿看作有体验的、会思考并处理大量信息的非常复杂的人（Phillips，2004；Linnell，2002）。基于在第 4 章详细说明的发展能力，婴儿在他们生命的前几个月，开始形成他们自己的行为与外部世界事件之间的联系。当他们这样做的时候，他们逐渐地得到这个世界的一个概念，他们将其视为具有稳定的、再发生的和可靠的成分和模式。这样的概念让他们如同实际的人一样开始发挥功能，引发世界上有关他们的事件发生，并唤起与他人的社会反应（Henry，2001）。让我们用婴儿学习的例子开始探查这些问题吧。

## 学习：一个定义

学习是一个基本的人类过程。它允许我们借由对先前经验的构建来适应我们的环境。传统上心理学家根据三个标准定义学习：

- 一定有行为方面的一些改变。
- 这个改变一定是相对稳定的。
- 改变一定由经验产生。

那么，**学习**（learning）包括由经验产生的能力或者行为方面相对长久的改变。正如我们在第 2 章所讨论的，学习理论分为三个广泛的类型：

1. 行为理论强调人可能被正性或负性的强化刺激物影响。
2. 认知理论把重心集中在如何通过个体思考他们的环境而形成认知结构。
3. 社会学习理论强调需要提供给人模仿的榜样。

理论的这三个类型对于促进个体学习具有一些突出的共同影响力。

## 婴儿多大时开始学习

全世界越来越多的研究实例确认在子宫中最后三个月的胎儿正在学习。心理学家 Anthony DeCasper 和其他的研究人员已经检查了胎儿和婴儿的听知觉（DeCasper et al.，1994）。他们发现胎儿能区别常规人类言语里的多种低调声音，并且他们提出胎儿借由区别言语模式的不同类型来感知母亲情绪的可能性，像那些由愤怒或快乐产生的情绪（Henry，2001；LeCanuet et al.，2000）。他们相信在一定程度上学习已经出现，虽然他们不知道它的精确机制。研究人员设计了一个可以激活录音设备的乳头器。通过一种模式的吸吮，婴儿会听到他们自己母亲的声音；通过另外一种模式的吸吮，他们会听到另外一个女人的声音。宝宝（有些只有几个小时大）倾向于使用会让他们听到自己母亲声音的吸吮模式。研究者的结论是婴儿的偏好被他们出生前的听觉经验影响了。

在比较早的测试中，16 个孕妇在妊娠的最后六周给她们未诞生的孩子每天两次读 Seuss 医生的《在帽子中的猫》（The Cat in the Hat），共大约五小时。在他们出生之后，让婴儿借由他们吸奶的行为方式来选择，听他们的母亲读《在帽子中的猫》的录音，或者他们的母亲用不同的节奏读其他作家故事的录音。借由他们吸奶的反应，婴儿选择听《在帽子中的猫》。自从这个开创性的研究以后，其他的研究已经指出，到妊娠的第 30 个星期，胎儿能听到并区分声音，还证明出生后对那些熟悉的声音有像脉搏加速或降低这样的生理反应（Kisilevsky，1995；LeCanuet et al.，2000）。

在相似的跨文化研究中，Kisilevsky 和同事（2003）针对语言的听知觉研究了中国的 60 个胎儿，发现在母亲腹部附近播放母亲声音的录音时胎儿的心率增加。当他们辨认出他们母亲的声音时，胎儿变得"兴奋"了，而且他们清楚地将她的声音区分于陌生人的声音。这个研究确认了胎儿在子宫中有能力学习、记忆而且能维持注意力（Kisilevsky et al.，2003）。胎儿对音乐的听知觉也在妊娠的最后六个月期间习得。从比较年幼的胎儿到较大的胎儿都对五分钟的勃拉姆斯摇篮曲（Brahms' Lullaby）钢琴录音有反应。较大的妊娠超过33周的胎儿表现为心率的持续加速，而那些在35周以上的胎儿表现为躯体运动的改变和在注意力方面的改变（Kisilevsky et al.，2004）。

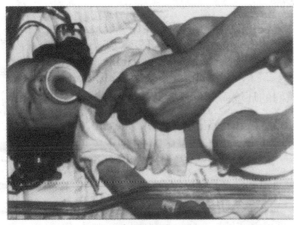

**胎儿能够学习吗？**

这个宝贝将参与 Anthony DeCasper 关于胎儿和婴儿学习的研究。婴儿通过吸吮来听录音带，上面有他妈妈怀孕的时候以一般的方式大声阅读的故事。相似的故事比没有听过的故事吸吮的比率更高，并且当妈妈读故事的时候比陌生人读的时候吸吮的比率更高。

婴儿出生时出现对音乐韵律（prosody）——节奏和音调的先天感知（Saffran & Thiesssen，2003）。Jónsdóttir（2001）发现，自从妊娠第三个月初期起，胎儿对音乐是敏感的而且清楚地听到川流不息的子宫的"嘶嘶"声（whoosh）、母亲的心跳和她的消化及呼吸的声音。有些人提出，语言的发展始于对这些先天的音乐的认识，因为语言学家已经依照他们的韵律性质对口语语音进行了分类（Loewy，2004；Ramus，Nespor & Mehler，1999）。一些父母将这些研究结果理解为他们能借由在出生前给他们的婴儿阅读或者播放古典音乐，使得婴儿得以超前发展。

DeCasper 和其他人的研究结果（DeCasper et al.，1994）推动了有关早产儿发育的研究，他们暴露于新生儿重症监护病房（NICUs）的许多声音之中，比如机器的"哔哔"声和陌生人交谈的"嗡嗡"声。音乐治疗者持续研究婴儿的哭泣、咿呀语和语言发展，为那些延迟说话的孩子设计早期干预方法。尽管许多父母认为电子媒体上的教育节目能加速宝宝的语言学习和认知的发展，美国儿科学会（American Academy of Pediatrics，AAP）（2001）发表了一份政策陈述，建议在最初两年父母不要让婴儿看和听电视（参见本章"进一步的发展"专栏中《穿尿布的婴儿、观看媒体和认知及语言结果？》一文）。在25年前，我们还不相信胎儿和婴儿具有认知和学习的能力。宝宝的许多反应似乎是对在生理上准备好的特定刺激的适应（Sameroff & Cavanagh，1979），因此稍后我们将会从另一个角度看皮亚杰的工作，特别是他关于感觉运动期的观念。

159

**进一步的发展**

**穿尿布的婴儿、观看媒体和认知及语言结果？**

目前，你会和宝宝或年幼儿童在家中一起看电视或者光碟吗？当你抱着你的宝宝时，你会看"周一晚间足球"（Monday Night Football）吗？或是"夜间新闻"（The Nightly News）？或"绝望主妇"（Desperate Housewives）？或者你会看"蓝色线索"（Blues Clues）、多拉探险家（Dora the Explorer）、"天线宝宝"（Teletubbies）或"比尔葛斯比的新冒险"（Bill Cosby's newest venture）、"小比尔"吗（Little Bill）？你认为看（和听）大量电视的稳定"饮食"对于两岁以下婴儿的认知和语言发展的影响是什么？你是否觉得你的孩子观看电视会提高你孩子的语言能力或理解力？我们是否会借由使他们的家庭环境充满带有环绕音响系统的家庭影院和大型高分辨率电视荧屏，而将我们的婴儿和初学走路的婴儿置于险境（Anderson & Pempek，2005）？

### 小心：在屏幕前的宝宝

美国儿科学会（AAP）（1999）建议照看者不要让两岁以下的孩子暴露于在电子屏幕上被呈现的媒体——举例来说，电视节目、录像、DVD、CD节目、电脑游戏或大屏幕电影。这项政策基于20世纪90年代的一个实验研究结果——媒体的攻击行为和暴力对较大孩子有不利影响。该结果显示，当媒体被用于家庭或者儿童保育中心的时候，孩子与照看者的互动较少，并且数据显示由于久坐的行为，如看电视和玩较多电视/电脑游戏，孩子会变得过度肥胖。然而，因为这个建议，较多的电视节目、家庭录像带和计算机软件为婴儿和初学走路的婴儿生产，例如爱因斯坦婴儿（Baby Einstein）产品。直到最近，很少有研究者调查媒体暴露对从出生到两岁的婴儿发展上的冲击。

**小心：屏幕前的宝宝**
从出生到两岁的较年幼的儿童正在暴露于电子化媒体中，尽管美国儿科学会建议照看者不要让两岁以下的孩子暴露于呈现在电子屏幕上的媒体中。

### 这代人的沟通途径是电子化的

宝宝典型地从如父母、同胞兄弟姐妹、其他家庭成员、照看者和电视或其他媒体这样的"环境刺激"中习得语言和词汇（Shonkoff & Phillips，2000）。然而，较早一代婴儿通过与成人和同胞兄弟姐妹的沟通以及纸制媒体接触到语言，现在这一代的宝宝则生于全方位电子媒体兴起的时代。Woodward 和 Gridina（2000）在1999年全国性地调查了超过1 000个父母，发现几乎所有的家庭都有两台或者更多的电视，而且其中几乎一半有录像机和DVD机、电视游戏设备、计算机和接入了互联网。

### 父母的报告内容

在2003年的一项全国电话调查中，超过1 000个父母表示婴儿和初学走路的婴儿平均每天会花多于两个小时在屏幕前（电视、录像或计算机）。反馈从不看电视到一天看电视的时间高达18个小时。令人惊讶的是，在两岁以下的美国儿童中超过1/4在他们的卧室中有一台电视，而且这些婴儿中有2/3每天看电视。较少有父母会监听孩子看电视的时间或内容；只有大约20%的父母认为他们的孩子看太多电视，而且他们认为教育节目对他们宝宝的智力发展是有好处的（见图5—1）（Rideout，Vandewater & Wartella，2003）。

然而一些质疑仍然存在，比如婴儿和初学走路的婴儿能够从家庭环境的电视中学习到什么或者电视是否影响婴儿的沟通能力。在 Linebarger 和 Walker（2005）的纵向研究中，有 51 个婴儿参加者的中等样本，父母保持每日记录婴儿的观看模式，而且婴儿在认知、词汇和表达性语言等多方面测量中被评估。父母报告最初婴儿在九个月大时显示出对看电视的兴趣，到 18 个月（一年半）时观看时间加速度增加。观看电视的时间随着儿童的年龄而增加，但是看儿童娱乐节目还是成年人的节目与词汇增长（表达性语言的产物）无显著相关，在 30 个月大（两岁半）时，父母报告儿童平均使用 438 个字。

160

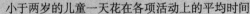

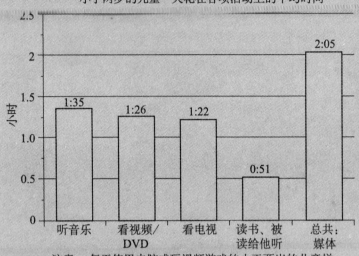

小于两岁的儿童一天花在各项活动上的平均时间

注意：每天使用电脑或玩视频游戏的小于两岁的儿童样本过少，与花在上述媒体的时间相比不能构成可信数据。

**图 5—1　日常活动与婴儿**

最近的父母调查结果显示，一般说来，两岁以下的儿童大约每天花两个小时在荧屏上看和听电子化媒体。其中一些父母报告孩子不看电视，然而另一些父母报告婴儿每天看电视的时间高达 18 个小时。

来源：From Rideout，V. J.，Vandewater，E. A.，ɛt Wartella，E. A，Zero to Six：*Electronic Media in the Lives of Infants*，*Toddlers and Preschoolers*（＃3378）。The Henry J. Kaiser Family Foundation，Fall 2003. This information was reprinted with permission of The Henry J. Kaiser Family Foundation. The Kaiser FamilyFoundation, based in Menlo Park, California, is a non-profit, independent national health care philanthropy and is not associated with Kaiser Permanente or Kaiser Industries.

### 节目内容是关键

看"多拉探险家"和"蓝色线索"的孩子与看"亚瑟和柯利弗德"（Arthur and Clifford）同孩子与不看这些节目的孩子相比，使用较多单字和叠字说话。看"芝麻街"和"天线宝宝"的孩子与不看的孩子相比，使用较少单字和叠字说话。看迪士尼节目与使用单字和叠字说话无关。这些电视节目中的每一个都有深入课堂的特定策略，来阻碍或者促进表达性语言和词汇的发展。举例来说，"蓝色线索"和"多拉探险家"有角色直接地跟儿童对话、积极地博得参与机会、分类物体，而且为儿童提供机会回应——因此促进了表达性语言和词汇的增长。"亚瑟和柯利弗德"和"龙的故事"使用带有词汇和定义的具有视觉感染力的故事书形式，而且已知在词汇及语言产生和阅读故事书之间存在正性关系。"天线宝宝"与表达性语言的词汇习得和使用负相关。因此，适当的节目是关键。

### 图画电视和配乐电视的比较

一些研究者对图画电视和配乐电视进行了严格区分。图画电视（foreground television）是一种儿童可以持续参与的电视节目，它是专为儿童设计的，并假定对儿童来说是可理解的，尽管看电视节目和理解它是两回事。为儿童设计的图画电视往往具有生动的音乐和明亮的色彩。对配乐电视，儿童显然并不关注——它不是为儿童所生产的，它对于儿童来说是不可理解的。大部分电视节目的播出在多数家庭中对于儿童来说都是配乐电视（background television），有高比例的小于两岁的美国婴儿长时间暴露于配乐电视中。非常年幼的儿童最初对电视节目并不关注，图画电视的数量随着他们的发展正在上升（Anderson & Pempek，2005）。另一些研究发现，20％以上的配乐电视减少了婴儿的游戏时间和游戏中注意力的专注程度，并且减少了父母和儿童之间的互动。

### 电视观看的缺点

Anderson 和 Pempek（2005）对儿童的电视观看、理解力和学习的研究文献进行了回顾，发现12～30个月大的儿童对于模仿现场示范已经没有困难，但是对模仿电视中的示范有较多困难。三岁的儿童在影像上看到捉迷藏游戏就可以在真实情境中将这个游戏进行得很好，但是两岁儿童很难完成这样一个目标再提取的工作。两岁或者更大的孩子能从电视和影像中习得词汇。10～12个月大的婴儿暴露在一个女演员分别用正性的方式和令人恐惧的方式谈论特定物体的影像中之后，会变得对这个特定物体感到畏惧。总的来说，婴儿从电视节目中学习有很大困难。

### 一个重要的个案研究

我们已经知道照看者不能只依靠电视节目教孩子说话。在 Sachs，Bard 和 Johnson 的一项经典研究（1981）中，一个父母耳聋的三岁男孩只通过电视接受英语学习。在三岁时，他习得一些词汇，但是他的语法是功能不全的。

### 父母的因素

在 2003 年超过 1 000 个父母的 Kaiser 家庭基础调查中，那些较少受到教育的人的孩子在家更有可能看大量电视，受到较多教育的父母家里更有可能拥有有益处的书，方便他们的孩子参与阅读和评价读物（Anand & Krosnick，2005）。收入较低的家庭让孩子暴露在电视前的时间阶段较长，也许是由于收入较少而使可供选择的娱乐项目不多。幼儿园的男孩比未满学龄的女孩更有可能看电视、玩更多的电视游戏和电脑游戏。已婚父母的孩子相对成为单身父母的孩子较少看电视，但是孩子和父母有时会一起看电视（Anand & Krosnick，2005）。

这项研究本身是针对婴儿期的，而且更多纵向的研究需要与宝宝参与者一起进行。

**新生儿的学习** 长久以来，发展心理学家对新生儿是否能够学习感兴趣——或者，很大程度上，他们是否能根据成功或失败调整他们的行为。Arnold J. Sameroff（1968）就新生儿吸吮技术的学习进行了一项研究，尝试性地提出这个答案是肯定的。通常认为两种吸奶的方式对婴儿来说是可能的——挤压的方式涉及用舌对着口的顶部压乳头并压挤出乳汁，而吸入的方式涉及通过在口内减少压力制造部分真空而牵引出来自乳头的乳汁。

Sameroff 设计了允许婴儿调节他所得到奶水的供给的实验乳头。只有当采用挤压的方式（挤压乳头）时，他提供奶水给第一组宝宝；只有当他们用了吸入方式的时候，他给予第二组宝宝奶水。他发现婴儿根据被强化的特定技术来调整他们的反应以适应环境。举例来说，当采用挤压方式时被给予奶水的那一组，他们的吸入反应减少——的确，在大多数情况下，他们在训练期间舍弃了吸入的方式。在第二个实验中，Sameroff（1968）能够诱使宝宝，再透过强化刺激，在两个不同的压力水平上挤压出乳汁。这些结果意味着学习能在 2～5 天大小的足月婴儿身上发生。婴儿还能将言语的多种节奏分类，而且能区分两种语言的声音（Ramus，2002）。似乎在节奏、音素（声音的基本单位，例如 ba）、音节结构和最后的字词学习之间有联系（Houston，Jusczyk & Jusczyk，2003；Ramus et al.，2000）。当我们最初听到外国语言的时候，我们不能够发现每个字之间的界限。正如"Itisasifeverythingrunstogether"，好像每件事都凑在一起了。然而，当听我们已经习得的一种语言的时候，我们能感知词界。这是婴儿与生俱来的语言速度和节奏中的一部分（见表5—1和图5—2）。

表5—1　　　婴儿如何学习区别语言中的语音

　　研究者认为年幼的婴儿能区分词语中的声音模式和词语的结束点。下面的波形是"词之间的沉默在哪里"？在威斯康星州立大学心理学系的婴儿学习实验室，Madison，这个婴儿在一个隔音小房间中坐在父母的膝盖上，听高保真喇叭中播放的声音。研究者把焦点放在成为学习词语基础的过程（音调、节奏、序列、记忆和词界）上。灰色的线指示短语中的沉默点，通常在字的中央而不是字与字之间。注意在"between"这个词中间的沉默点，而在"between"和"words"之间的边界上没有沉默点。你能在 www.waisman.wisc.edu/infantlearning/infantlang.html 上听到这个波形。

婴儿如何学习区别语言的声音

实验准备：Rachel Robertson 测试一个宝宝。

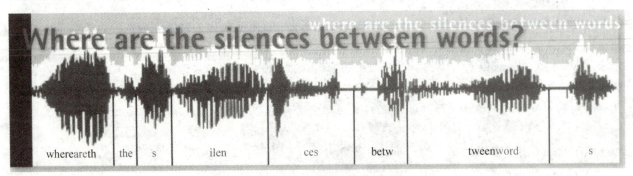

Where are the silences between words?

whereareth　the　s　ilen　ces　betw　tweenword　s

图5—2　　人类的婴儿是如何学习使用语言的

## 皮亚杰：感觉运动期

　　正如我们在第2章所看到的，瑞士发展心理学家皮亚杰对于我们理解孩子如何思考、推理和解决问题提供了很大的帮助。在过去50年内，也许比任何其他的人都重要，皮亚杰是造成人们对认知发展的兴趣迅速提高的原因。在许多方面，他工作的广度、想象力和创意使同一领域中的其他研究黯然失色。

　　皮亚杰将儿童逐渐构造复杂的世界观的阶段发展序列制成图表，他描述儿童如何在每个水平下行为，并且这些活动如何导致下一个水平的行动。他最详细的分析是关于生命的最初两年，他称为"感觉运动期"。在皮亚杰的命名方法中，感觉运动涉及运用知觉的输入（感知）进行运动活动的协调，它是**感觉运动期**（sensorimotor period）的主要工作。在发展的这个时期，宝宝发展出一种能力，通过视觉、听觉或触觉信息来观察发出他们所听到的声音的对象，并学习指导自己的抓握和行走。总的来说，婴儿开始整合运动和知觉的系统。这个整合为新的适应性行为的发展打下基础。

感觉运动期的第二个特性是宝宝发展出将外部世界视为永久存在的能力。婴儿形成**客体永久性**（object permanence）的观念——他们开始将一件事物视为超越他们自己当下感知和具有自身真实性的事物。身为成人，我们把这一个观念视为理所当然。然而，婴儿在感觉运动期的最初 6～9 个月期间未必这么做。在 6～9 个月之后的某个时间，宝宝开始有能力搜寻成人藏在布料之下的物体。儿童会根据这个物体去向的相关信息来搜寻它。在这样做的时候，婴儿理解即使当自己不能见到这个物体时，它也是存在的。这个发展能力提供了构造空间、时间和因果关系概念的结合点。

依照皮亚杰的观点，感觉运动期的第三个特点是婴儿无法对他们自己内在地描述世界。他们被限制于当下的此时此刻。因为他们不能够形成世界的象征性的心理表征，他们只透过他们自己 162 的知觉和他们自己对知觉的反应来"认识"世界。举例来说，在感觉运动阶段的孩子只知道食物是他们能够食用的并可以用他们的手指控制的东西，他们无法远离这些活动之外想象食物。仅当真实的知觉信息输入显示食物存在的情况下，婴儿有一张食物的心理画面。当知觉的信息输入停止的时候，这张心理画面就会消失。

依照皮亚杰的观点，婴儿在真实视觉的展示缺失时，不能够"在他们的脑中"形成食物的静态心理表征。"眼不见，心不想"是对感觉运动阶段的婴儿如何感知外部世界的适当描述。伴随着遗传基因上给予的超过 70 次的反射（举例来说，给任何健康的婴儿一个物体婴儿将会抓握它，通常最后被放入儿童的口中），婴儿进入感觉运动期。

总的来说，在感觉运动期的婴儿协调他们与他们的环境互动的方式，赋予环境永久性，而且开始"认识"环境，虽然他们对于环境的认识局限于他们与环境的知觉互动。然后，儿童进入下个发展期，为发展语言和其他描述世界的符号方式做准备。

**感觉运动发展和副交感神经系统的治疗**　副交感神经系统的西方式理解来自印度、中国、中东和北美治疗性按摩的远古传统。婴儿发展感觉运动技能的潜在能力是一个身体至关重要的生理系统，它被称为**"副交感神经系统"**（craniosacral system）——一个封闭系统，包括脑膜和脊柱膜内

的脑脊液泵出或脑脊液的流入物及流出物。脑脊液（Cerebrospinal fluid，CSF）在脑和脊髓的细胞之间循环，并填充细胞（神经元，正如你从普通心理学中回想起来的概念）之间的腔隙。这些液体具有一些重要的功能：（1）帮助大脑漂浮减少重力效应；（2）作为突然的运动或对头盖骨的打击的缓冲器（环绕大脑的颅骨的骨质部分）；（3）提供营养物给脑和脊柱以及垂体和松果体；（4）冲走新陈代谢的废弃物和毒性物质；（5）在中枢神经系统（CNS）的细胞之间起到润滑的作用，避免摩擦或伤害细胞壁；（6）帮助维持在产生和传递神经冲动时所需的电解质的适当浓度，神经冲动关系到认知、情绪和生理机能的运行（Upledger，2004）。副交感神经系统里面的液体体积以稳定的但有节奏的周期变化浮动。头盖骨可以有微小的调整以对这个有节奏的浮动留有余地。 163

自然的出生过程关系到正常的子宫收缩，使得胎儿的身体和头慢慢地移动进入到正常生产的转换位置。然而，对婴儿的头盖骨、面部或颈部的伤害，出生之前、出生的过程中或出生后，会限制脑脊液天然的节奏性变化——产生过多或者限制性的对精细大脑或脊柱不同区域的浮动压力。John Upledger 博士（2004，2003a，2003b）是一位整骨（osteopathy，DO）医生和生物力学教授，他发现婴儿可能在出生时经历副交感神经系统的问题，例如以下这些宝宝：出生很快，臀位分娩（脚最先出生），产道"附着"，一旦头部出现便用手拉或者推动母亲的身体，身体由于使用镊子或者真空提取（将一个吸力装置放置在胎儿的头上使生产更快速）被拉出，通过剖宫产出生，在出生时经历氧匮乏，或出生后嘴和鼻子被大力地抽吸（Upledger，2003 a，b）。为了较轻松地通过产道，婴儿的头盖骨板还是重叠的。（你已经注意到大多数婴儿"相当尖的头"的特征了吗？）这个重叠在几天之内会自己校正，但是在一些宝宝身上不会。另外一些具有副交感神经系统问题的宝宝出生时有异常的头部形状，以及脊髓、骨盆和髋部的问题。

副交感神经系统治疗（craniosacral therapy，CST）可以帮助处理在婴儿和儿童中出现的一些症状：进食问题（不能够使用吸吮反射）、腹痛和过度哭喊、消化问题（包括肠问题）、得不到休息、

头痛、鼻窦和耳充血、运动协调损伤、脊柱侧凸（弯曲）、抽搐障碍和较大孩子的学习问题，包括注意缺陷多动障碍、运动过度行为和诵读障碍（"Craniosa-cral Therapy for Children"，2004；Upledger，2003a，2001）。（CST被认为也可以帮助解决与成人的疼痛和功能紊乱有关的各类医学问题。）一个熟练的治疗者采用手轻触的方法检查颅骨、颅骨底部、背部和骨盆，监测副交感神经系统的节律，以觉察潜在的脑和脊髓约束因素和不平衡（见表5—2和图5—3）。

副交感神经系统治疗的目标是，让每个儿童达到其最佳的机能状态——这关系到整体的感觉运动发展。理想的是，副交感神经系统治疗会在产房或在出生后的最初几天内实行。而且整骨医生、内科治疗师、按摩治疗师和脊椎指压治疗师会通过轻触按摩技术来帮助宝宝和儿童正常地发展。这些专业人士通常作为早期干预团队的一部分一起工作。

**表 5—2**　　　　　　　　　　　　　　　副交感神经系统及按摩疗法促进感觉运动发展

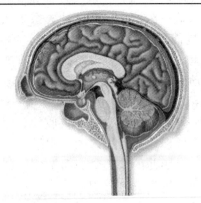

**图 5—3　副交感神经系统**

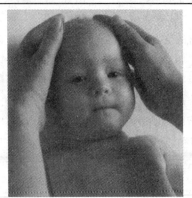

**副交感神经系统疗法（CST）**

CST促进增强身体自然愈合的能力的过程。治疗聚焦于去除副交感神经系统的限制性的外力和障碍。对副交感神经系统内的体液流动和交换的改善可以增强大脑、脊髓、植物神经系统、视觉、听觉、嗅觉和味觉系统以及免疫系统的功能。

## 新皮亚杰理论和后皮亚杰理论的研究

皮亚杰的工作已经激励了其他心理学家探求儿童的认知发展。婴儿与成人认识物体和事件的方式不同激起了他们的研究兴趣，他们特别研究了婴儿的物体永久性概念（Johnson et al.，2003）。这个持续的工作将调整和精炼皮亚杰的洞察。

举例来说，研究者已经发现婴儿具有一组物体搜寻技能，比皮亚杰想象的更复杂（Rochat & Striano，1998）。儿童在搜寻物体方面的大部分错误并不反映对物体和空间基本概念的缺失——甚至在四个月大时，他们就能理解当他们的视野被挡住的时候，一个物体的持续存在，但是他们可能尚未有能力协调搜寻这个物体的动作（Luo et al.，2003）。

**游戏是学习**　发展心理学家进而发现孩子并不是在社会性真空中发展对物体和控制物体技能

的兴趣。甚至照看者可以借由和他们"游戏"来为儿童设定他们所处的阶段，当他们应该做什么的时候提示宝宝关于什么是他们应该做的（Born-stein & O'Reilly，1993；Bruner，1991）。另外，通过和婴儿玩，父母提供了儿童独自一人无法产生的经验（Vygotsky，1978）。然而很多当代的父母正在用看电视来取代游戏时间（Anand & Krosnick，2005）。

在这些活动的过程中，婴儿获得并且加强他们的交互主观性（intersubjectivity），所以在第一年结束之前他们会与他人分享注意力、情绪感受和意图。所有的那个时期的婴儿得到对他们社会的文化感，并得到一些在那个文化中成长的必要技能。照看者——文化的监护人——传输对社会的有效参与来说必要的知识、态度、价值观和行为，而且他们帮助把婴儿逐渐转变成有能力操纵物体的真正的社会人，并与其他人共同行动。在和他们的儿童游戏方面，照看者为孩子稍后的认知和语言表达提供了社会文化性的指导（Rogoff，2003）。然而，母亲患临床忧郁症的儿童，时常不是这样的。

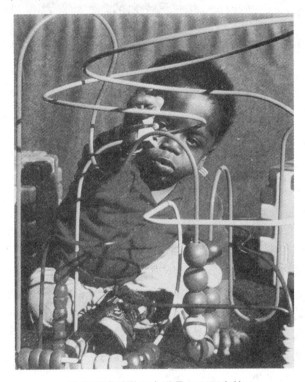

**游戏活动对学习来说是必不可少的**
婴儿在游戏期间协调他们的知觉和运动能力，看电视不能成为游戏时间的替代品。

**母亲抑郁的结果** 临床抑郁的母亲可能有很虚弱的症状，以致事实上没有能力满足他们孩子的需求。临床上的忧郁症是以持续长达数个月、甚至数年之久的以心境低落为特色的情绪障碍。当抑郁加重，通常带有失眠、在工作上失去兴趣、能量低、没有食欲、性欲减低、顽固性悲伤、感觉无希望和所有情绪上极深的绝望，甚至日常生活任务也很难完成。此外，许多抑郁的人报告注意力集中、记忆事物和将他们的想法组织起来等方面有困难。一些人在感到抑郁时，还受到焦虑的折磨。许多因素提示与在临床上的抑郁症有关。在一些女性中，由于药物滥用，她们的抑郁是复杂的。产后抑郁症至少在10%的美国女性中发生，但比率可能高达20%。历史中女性产后抑郁的比率是25%或更高（Clay & Seehusen，2004）。

由于母亲—婴儿相互作用被干扰，母亲抑郁

的孩子往往具有发展上的缺陷（Milgrom，Westley & Gemmill，2004）。健康专业人士报告，抑郁的母亲时常显得很忧愁，时常喜欢叹息，无法嬉戏式地与他们的孩子互相影响，似乎对她们宝宝的需要感觉迟钝，而且集中注意于向下凝视。有新生儿的贫困女性、近期移居的女性和没有同伴支持的那些女性是产后忧郁症的高危人群（"Shades of the Baby Blues"，2004）。

由于抑郁，母亲照看、养育和激励她们婴儿的能力减低。她们的孩子往往在认知适应方面落后，包括情绪性的言语和社会性的发展。Kaplan，Bachorowski 和 Zarlengo-Strouse（1999）观察发现，遭受抑郁的母亲不太可能使用儿童指示性的言语——唱歌式的旋律性言语被认为是获取和维持婴儿注意力的主要的声音方法。然而，抑郁的母亲往往使用单一声调和他们的婴儿说话，无法引起婴儿的注意。

抑郁女性的宝宝，比其他的儿童更退缩、反应迟钝和缺乏注意力。他们可能哭泣而且为了小事特别烦恼，显得淡漠和倦怠，有睡眠和饮食问题，而且无法正常成长，有时被诊断为发育不良（FTT）。目前关于发育不良的看法是有问题的母亲—婴儿的相互作用，尤其是母亲和儿童之间较少的碰触。一些研究者建议，"发育不良婴儿的行为特征可能与生理反应模式相关，尤其是自主神经系统的活动"（Feldman et al.，2004，Steward，Moser & Ryan-Wenger，2001，p.162）。Dawson和同事（1999）对13~15个月大的非抑郁母亲的婴儿控制组的大脑活动模式进行研究，以抑郁母亲的婴儿为样本。在多种情境下——包括与非抑郁成人互动——抑郁母亲的婴儿显示左侧额叶活性相对减低，而这典型地与正性情绪表达相关。在英国的一项超过11 000个婴儿的纵向研究揭示出父母的身高较低和宝宝体重增加缓慢之间的关系，并且母亲第四次生育或者并发妊娠（subsequent pregnancy）的婴儿表现为发育不良的可能性会加倍（Blair et al.，2004）。

由于母亲训练不当的表现可能是复杂的。举例来说，抑郁的母亲可能交替使用忽视他们的孩子或者用严厉的禁令批评他们。如此不一致的行为对儿童来说是不可理解、令人丧气的，他们可能以负性行为、挑战极限反应、憎恶惩罚作为回应，而且变得异常好辩。这种不满行为强化了母亲的抑郁和父亲的无力感，恶性循环可能相继发生。一项研究已经发现，如果抑郁是慢性的，可能具有长期的效应，出生时是男性或家庭遭受其他社会风险因素的婴儿是处于险境中的（Kurst-jens & Wolke, 2001）。临床上的抑郁症通常是一种可治疗的障碍，抗抑郁药物治疗和其他的心理治疗干预有一定作用。然而，在抑郁能有效地被治疗之前，它必须首先被意识到并得到适合的医学人员的注意，他们将对治疗效应密切监控并推荐成熟的心理治疗。

## 布鲁纳关于认知表征的模式

最先开始欣赏皮亚杰工作重要性的一个美国心理学家是布鲁纳（Jerome S. Bruner）。作为美国心理学协会的主席，布鲁纳凭他自身的头衔已经是一个杰出的心理学家。他大部分的研究显示出皮亚杰强大的影响力，尤其他对于认知发展阶段的论述。

然而，经过数年，布鲁纳和皮亚杰逐步显示出对于智力发展的根源和性质的不同意见。特别是两个人对于布鲁纳（1970）的观点"任何主题的基础可以在任何一种形式中教授给任何年龄的任何人"的分歧。与之相反，皮亚杰坚持认为存在严格的阶段性步骤，只有当这个阶段中特定主题的认识的所有成分存在而且适当地发展的时候，儿童才可以获得这种认识。

布鲁纳对我们理解认知发展的主要贡献之一是关于当儿童长大时，在孩子具有天赋的描述世界的模式中发生的变化（Bruner, 1990; Bruner, Oliver & Greenfield, 1966）。依照布鲁纳的观点，起先（在此期间皮亚杰称为"感觉运动期"）代表性的处理是角色扮演：孩子通过他们的运动描述世界。在托儿所和幼儿园的数年中，形象表征的方法很常见：孩子使用心理表象或者与感知紧密相连的画像。在中学的数年内，重点移转到符号性的表示方法：孩子使用基于个人喜好的和社会标准化的对事物的表示方法；这使他们能够内部化地使用符号来表示抽象的和合乎逻辑想法的特性。因此，依照布鲁纳的理论，我们通过三个方式"认识"某事：

- 通过完成它（角色扮演）
- 通过一张照片或它的表象（画像）
- 通过一些符号的方法例如语言（符号）

举例来说，我们"认识的"一个结（knot）。我们能通过捆绑来认识它；我们会有将结作为与法国号或"兔子耳"类似的物体的心理表象（或形成结的心理"运动画像"）；我们能借由结合四个用字母表示的符号语言描述一个结，k-n-o-t（或者借由一句一句地连接言辞来描述绑线的过程）。透过这三个常用的方法，人类增强了获得和使用知识的能力。

166

## 自婴儿期以来认知发展的连续性

心理学家长久以来对于了解能否从婴儿期认知表达预测在日后生活中的心理能力和智力感兴趣。直到相对较近的时期，心理学家认为在早期和稍晚期的能力之间几乎没有连续性。但是现在他们正在逐渐总结婴儿期心理表达的个体差异，也许超越整个童年期在中等程度上持续发展（Cronin & Mandich, 2005）。因此，预防和早期干预机构和政策已经建立，而且对于那些有认知的和语言延迟的婴儿所作的努力应该从生活的早年开始。认知连续性的概念与社会政策和未来研究有关系（Dawson，Ashman & Carver，2000）。

**注意力的降低和恢复**　智力的信息处理模型有助于这种再评估。由于人心理上描述和处理有关这个世界的信息是关于他们自己的，他们必须首先注意他们环境的各种不同方面。注意力的两个成分对儿童的智力似乎非常地具有预示性：

- **注意力的降低**（decrement of attention）——对观察一成不变的物体或事件失去兴趣
- **注意力的恢复**（recovery of attention）——当新的事物发生时重新恢复兴趣

当看或者听相同事物的时候，较快疲倦的儿童处理信息较有效率。偏爱新奇的事物超过普通的事物的儿童也是这样。这些婴儿典型地喜欢较复杂的工作，显示出超前的感觉运动发展，快速探查他们的环境，用相对复杂的方式游戏，而且快速地解决问题。相似地，学会事物的速度与他们测量出来的智力有关。如有相等的机会，相同时间下较聪明的人获悉的相对较不聪明的人更多。然后，并不令人惊讶的是，心理学家目前发现，对于婴儿发展，注意力的降低和恢复似乎比作较多传统测试更能精确地

预测童年期的认知能力。

孩子表现出来的专心于信息的模式反映了他们的认知能力，并且更特别的是，他们构造他们所见到和所听到的工作图式的能力。Harriet L. Rheingold（1985）指出，经过将新奇转化为熟悉，心理发展持续进行。环境中的每件事物开始时是新的东西，当婴儿将新的事物变成已知事物的时候，发展更进了一步。依次地，一旦你认识某事，对于认识什么是新的就有了前后关系，因此已知的东西为进一步的心理发展提供了基础。然后，熟悉的和新颖的东西都有吸引力，互惠的方式对终生适应很重要（参见"可利用的信息"专栏中《减少智力落后发生率并提高宝贝的脑力》一文）。

**思考题**

　　你同意布鲁纳说的可以某种形式将任何科目教授给任何年龄的任何人的理论基础吗？如果在这种情形下，是否所有的父母都应该尽力尽快地提高他们宝宝的大脑智力？什么研究和诊断的证据支持了对那些具有生理、认知和语言延迟问题婴儿的早期干预？

## 语言和思维

人类与其他动物不同的地方是他们高度发展的语言沟通系统。这个系统让他们可以获得并传递来自他们生活文化的知识和思想。的确，许多科学家宣称，在 12 个左右的黑猩猩中，语言使用的技能特性已经逐步发展出来（Savage-Rumbaugh et al.，1993）。但是，尽管黑猩猩展现的技能与人类的技能有明显的联系，但是这很难等同于我们复杂和精细的语言能力。而且黑猩猩必须依靠典型的训练得到的方法，与儿童自然产生的习得语

言的方式有相当大的不同。它们学习对信号的反应时是懒散的，并且通常只在与香蕉、可乐和巧克力豆一起使用之后（Gould，1983）。

**语言**（Language）是具有社会标准化含义的声音模式（字词和句子）的结构化系统。语言由一系列符号组成，相当彻底地对人类环境中的物体、事件和过程进行分类（DeVito，1970）。人类在大脑左半球皮层中处理并解释语言（见图 5—4）。

167　可利用的信息

## 减少智力落后发生率并提高宝贝的脑力

人们曾经认为人脑是固定连线的，而且它的线路可改变。然而，大量实证研究提出，丰富的环境能使发育中的大脑产生物理改变。使用像正电子放电断层扫描成像（PET）的技术，研究显示积极的环境变化和脑细胞间突触接合处的连接增加之间呈现正相关。通过丰富经验"在脑中按下了特定的按钮"——好的营养、玩具、玩伴、学习的机会和父母亲的咨询——能避免潜在的大量心智迟滞和发展上的缺陷：早期干预会为许多儿童创造更美好的将来，否则他们的成长会受到阻碍（Guralnick，1998）。

这些调查结果致使许多父母想知道是否他们也能提高他们宝宝的智力发展。心理学家长久以来注意到好的教养方式对青少年有着极有意义和正性的影响（Guralnick，1998）。父母—婴儿关系的情绪质量无疑在孩子的早期认知和语言能力中扮演关键性角色。父母亲的行为通过一些方式影响婴儿的反应能力（Olson，Bates & Bayles，1984）。首先，如果当孩子说或者做新奇的、富于创造力的或适应性的事情时，父母提供即刻的正性反应反馈给他们，孩子的学习会直接地被提高。其次，当父母提供非限制性的环境允许他们参与探索行为的时候，孩子发展上的反应能力得到鼓励。最后，安全地依恋于照看者的孩子往往比其他人更多地从事对他们环境的适当探索。有效的父母要知道他们孩子发展上的需要，并指导他们自己的行为来迎合这些需要。

这些调查结果既有正性的也有负性的影响。从正性的方面来说，研究结果鼓励了对处在像言语和语言发展的认知发展延迟这样危险中的婴儿的干预。在英国的一项研究关注来自贫困

168　家庭的双胞胎的阅读和语言损伤。矫正的主要干预包括像模仿和示范这样的策略（Bishop & Leonard，2000）。从负性的方面来说，研究调查结果已经导致一些父母沉迷于教育心理学家所说的"热居"（hot-housing）是什么或者试图让儿童"高起点"地迈向成功。当凝视白色闪光卡上的五个红点时，初学走路的婴儿大叫"五个！"或大声地读出《戴帽子的猫》的

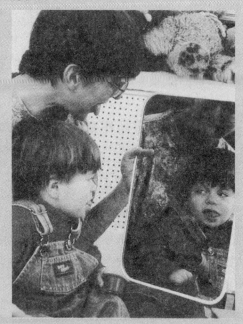

协助发展上延迟的儿童

最新的令人兴奋的科学证据（包括大脑扫描，像PET）表明"大脑"和"心理"之间的连接，是一条双行道。举例来说，科学家已经发现行为认知疗法的技术不只帮助解决一些参加者的心理问题，也改变他们大脑的生理结构。简单地说，通过一系列的行为技术学习抵抗各种不同的毁灭性冲动的参加者，最后改变了他们的大脑。这样的证据激励其他人追求新的探索和方法来帮助发展上延迟的孩子。模仿行为帮助这个儿童学习适当的口部运动来形成较好的表达性语言技能。

回忆带给许多父母的欢乐。然而太多父母对非常年幼的儿童逼迫得太急切，以致儿童无法得到学术取向的技能。迄今，学前计划唯一的受益人被证明是文化上被剥夺的儿童。通过不适当的方法被强迫学习的许多孩子开始讨厌学习。

年幼儿童从他们自己的经验中学到最多——从自我管理的活动、探索真实物体、与人说话和解决像是该如何平衡一堆积木这样的现实问题。他们受益于由他们自己可阅读的有一定基础的故事。当照看者闯入孩子自我管理的学习并坚持他们自己对孩子学习的优先权时，像数学、阅读或小提琴这样的学习，会干扰孩子自己的动力和主动性。然后，父母和照看者必须考虑对非常年幼的儿童来说什么是适当的学习方式（Elkind，1987）。

"哦，是的，的确。我们会密切注意那些细微的
似乎在低语'法律'或'医药'的线索"。

**急切逼迫孩子以致无法得到学习技能**
一些父母想要他们的孩子经过早期的丰富内容和刺激在语言或数学技能方面领先。

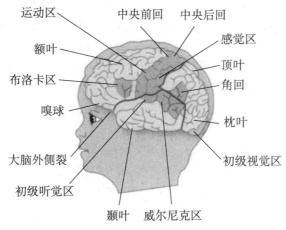

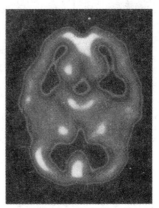

PET中的灰色显示大脑
最活跃的区域

**图 5—4　宝宝在哪里以及如何处理声音和语言**

左边的图画表示大脑皮层左半球。每个半球的颞叶可以解释每个耳朵听到的声音。通常，一侧比另外一侧具有更大的"支配权"，虽然两侧都听到给定的声音。大多数个体处理语音—语言位于布洛卡区和威尔尼克区。儿童会借由观察说话者的嘴和脸部表情学习语言，也会用到视觉皮层/枕叶。这真的是整个大脑的成就！注意用 PET 扫描右半球整个大脑都参与了语言表达。

婴儿积极地吸取语言中语音的经验塑造着大脑的生理结构。在经历了听一种语言数年之后，一个儿童能够典型地区别听到的声音，而且失去区别不常使用的那些声音的能力。在亚洲文化中，L 和 R 的发音对于较大的孩子和成人来说往往很难区分。PET 扫描已经显示这样的声音在说英语的人的特定大脑部位被解码，对来自亚洲文化的那些人来说，也是在大脑的相同部位。

## 167 语言的重要作用

语言对人类的生活有两个重要的贡献：它使我们能够彼此沟通（在个体之间的沟通），而且它促进个体思维（个体内的沟通）。第一个贡献，称为**"沟通"**（communication），是人们将信息、思想、态度和情绪传递给彼此的过程。语言的这个特征使得人类可以协调复杂的群体活动。他们根据他们传达给彼此的"信息"，使自己发展中的功能适合于他们活动的发展水平。因此，语言是家庭的基础，同时也是经济的、政治的、宗教性的和教育制度——的确，也就是作为社会本身——的基础。

168 语言赋予人类在所有生物中独一无二的使其超越生物进化的能力。进化的过程花了数百万年，有了两栖动物——可以依赖土地或在水中生活的人。与之对比的是，"两栖动物"的第二个类型——能在地球的大气下或者在大气之外的太空生活的太空人——也在相对比较短的时间内"进化"（Brown & Herrnstein，1975）。但是在第二个情况中，为了可以在太空中幸存，人类的解剖学结构没有改变。更正确的说法是，人类增加了他们的认识来弥补他们的解剖学结构；通过这个方式，他们使自己具有太空耐航力。

语言的第二个贡献是它促进了思维和其他的认知过程。语言使我们能够借由给我们的经验命名来编码这些经验。它为我们仔细剖析我们周围的世界，并对新的信息进行分类，概念化之后反馈给我们。因此，语言帮助我们将环境划分为与我们关注的东西相关和易处理的区域。语言还让我们可以处理过去的经验，并通过参考这些经验来预感将来的经历。它扩展了我们的环境和经验的范围。这第二个功能——语言与思维的关系，已经成为大家激烈争论的主题。让我们更近距离地、逐个地仔细分析这些功能吧。

## 思维塑造语言

持有思维塑造语言观点人指出，无论是否存在语言，思维都会出现。话语只有在向其他人传递想法时是必不可少的。举例来说，某些类型的思维是视觉的映像和"情感"。当某人要求你描述169 一件事——你的母亲、从你的房间向外看到的风景、你家乡的大街——的时候，你开始注意到作为传递思维的工具语言。你试图将心理图景翻译成话语。但是你可能发现，口述描述映像的工作是复杂和困难的。

皮亚杰（1952，1962）持有的一种观点是，结构化的语言需要以某些类型的心理表征优先发展为先决条件。根据他的研究，皮亚杰总结出语言在年幼儿童心理活动中作用有限。依照皮亚杰的说法，孩子形成物体（水、食物、球）和事件（喝、吸奶、抱球）的大脑映像是以大脑的再现或模仿为基础的，而不是词语的标签。因此，儿童获得话语的目标是把语言映射到他们先前已经存在的概念上。

在本书前面部分的讨论中，我们见到皮亚杰把问题过于简单化了。在某些方面，心理表征确实先于语言。举例来说，William Zachry（1978）发现，在心理表征中扎实的进步对于产生某些语言形式来说是必不可少的。他提出，儿童得到内部的表征作为映像的运动图式（特定的被普遍化的行动）的能力。因此，与各种不同功能有关的奶瓶将会被表征为像握住一个奶瓶、吸吮一个奶瓶、从一个奶瓶中倒出奶等等这样的心理图景。之后，儿童开始通过"奶瓶"这个词语表征"奶瓶行动"。然后，奶瓶这个词语成为一个与语意有关的"标记"，表征与一个奶瓶有关的各种特性——可被握住的、可被吸吮的以及可被倒出奶的等等。Zachry 说，在这一个事件中，词语开始作为代表心理图景的语意的标记来发挥作用。

通过对近期研究的回顾发现，当学习词语的意义的时候，年幼的儿童有搜寻隐藏着的、非明显的特征的趋向（Gelman，2004）。更明确的是，儿童似乎对名词更倾向于"整体物体"的意义——他们假设一个新的名词指代一个整个的物体而不是它的一个部分。让我们通过举例的方式来考虑名词"狗"。儿童必须了解"狗"这个词是指一个特定的物体和狗这个种类，然而词语"狗"不应用于物体的各个分开的方面（例如，它的鼻子或尾巴）；这个物体和其他的物体之间的关系（举例来说，一只狗和它的玩具）；或物体的行为（举例来说，狗的进食、吠叫或睡觉）。孩子权衡这些和其他数不清的可能意义以达成词语狗的正确映射之前，他们会被难以驾驭的与狗有关的信息海洋淹没。

　　儿童不需要跟随这样一条艰苦的路径而行。他们对于与他们相同的想法存有偏爱，这是一种"快速映射"的方式——获取经验的基本元素来排除其他经验。除此之外，孩子的认知偏向于表述关于互斥类别的假设（Taylor & Gelman，1989）。因此我们可以看到，语言的发展与一个先于概念上的发展而存在的状态相联系的一些方面。

　　像四个月大的婴儿似乎拥有将色彩光谱分开成为四种基本的颜色——蓝色、绿色、黄色和红色的能力。举例来说，婴儿不同地回应于从成年人色调相邻着的类别中选择的两个波长，比如 480 纳米的"蓝色"和在 510 纳米的"绿色"。然而，婴儿无法不同地回应于从成年人色调的相同类别中选择的两个波长，尽管相隔相同的物理距离（30 纳米），像在 450 纳米的"蓝色"和在 480 纳米的"蓝色"。然后，婴儿的心理表征被组织为蓝色、绿色、黄色和红色——而不是作为对成人来说形成色彩光谱的精确的波长编码（Bornstein & Marks，1982）。儿童唯一较迟开始的是为这些类别命名。

　　这样的调查结果提示色彩组织优先，并且色彩不是通过语言和文化进行分类（蓝色、绿色、

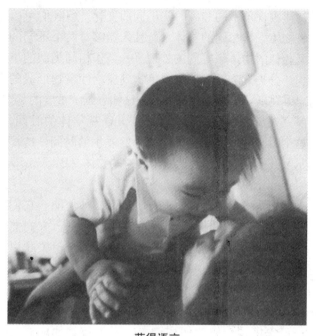

**获得语言**

　　婴儿从一个人直接地对他说话来习得语言，这种活动通常用夸张的表情或"父母语"仅仅说一个或一些字，典型的是距离儿童的面部大约 8～10 英寸。当儿童努力重复语音的时候，照看者可能奖励儿童大大的微笑和快乐的声音，像是："好女孩！"一些理论家表示儿童已经具有对字的内部理解，然而另外一些人称儿童必须首先学习词语，然后发展对这些字词的概念。在 1 岁之前，婴儿证明在能够说出词语之前具有接受性语言技能。要求这个年龄的儿童"去拿那个球"，他会典型地抓住那个球。

黄色和红色的文字标签）而产生的（Soja，1994）。一些研究确认，婴儿在前语言期，自然而然地形成分类（Roberts，1988）。然后，以某种形式，孩子的语言知识依赖于那些对于语言中会被提起的人类社会的概念的优先掌握（Coldren & Colombo，1994）。

## 语言塑造思维

　　第二种观点是语言发展同步于甚至优先于思维的发展。依照这个观点，语言塑造思维。这一个理论遵循了 George Herbert Mead（1934），Benjamin L. Whorf（1956）和 Lev Vygotsky（1962）的传统观点。

　　这个观点强调概念对我们的思维起作用的部分。借由将刺激划分成各个类别并与我们关注的东西相联系，生活变得更易管理。通过**概念化**（conceptualization）——基于特定的相似性，将知觉分组进入各个类别—孩子和成人一样能识别并且将信息化的知觉输入进行分类。在不具备分类的能力时，生活似乎是混乱的。通过使用分类，成人和婴儿"忽略"某种刺激并"觉察到"其他的刺激（Needham & Baillargeon，1998）。事实上，尽管

物体因视角不同和因时间不同而变化，但我们可以将物体看作相同的物体。而且人能够对两个不同的又相似的物体作等同的处理——当作相同类型的事物。分类方法以及从特殊事物到概括性事物形成的思维跳跃，关系到更加高级的认知思维。重要的是，研究人员发现，语言增加了婴儿注视物体的时间，这个时间超过了实际上的语言标签发生的时间，这提示婴儿偏爱着眼于有语言出现时的物体（Baldwin & Markman，1989）。

**概念**（concepts）还表现出第二种功能。它们使个体能够超越提供给他们的即刻信息。人们能在心理上操纵概念，并想象性地与它们相关联以形成新的适应性。概念的这个特点让人类可以补充性地推论没有观察到的物体和事件的性质（Bruner，Goodnow & Austin，1956）。由于我们在概念化过程中能使用词语，人类与其他动物相比之下具有优势。一些社会和行为科学家称，命名或贴语言标签的活动有三个优点：

- 借由产生整合性观念的语言学符号促进思维
- 经由语言编码加速了记忆贮存和提取
- 通过使人们对某些刺激敏感化并对其他刺激去敏感化来影响知觉

171

然而，批评者声称，过分地简单化和夸大语言和各种不同的认知过程之间的关系是很容易的。

Eric H. Lenneberg（1967）和 Katherine Nelson（1973）注意到，儿童的第一个词语时常是认知分类上已经存在的名称。正如在之前章节中指出的那样，婴儿的色彩组织先于习得由语言提供的分类。这里提示，语言不是思维所依赖的内部表征的唯一来源。语言也不是记忆中信息表征的唯一来源（Perlmutter & Myers，1976）。并且语言对知觉充其量只有较小的影响。

即使这些观点站在直接反对的立场上，许多语言学家和心理学家也相信有许多方法来仔细分析语言和思维之间的关系。一些理论家认为语言和思维不必是彼此的镜像。由于文化的力量和对意义的解释，语言的许多方面随着时间的流逝而变化（Malt，Sloman & Gennari，2003）。

**思考题**

在历史上，关于语言和思维之间的关系已经有两个对立的科学观点。第一个观点是思维塑造语言，第二个是借由个体心理将他们的知觉刺激分类为形成的概念或者种类，而得出语言塑造思维的观点。你是否认为，在无法思考或者甚至无法言语的情况下，这个人会充耳不闻并缺乏判断力？

## 语言习得的理论

在解释孩子言语的发展方面我们做得怎么样？人体为使用语言在遗传基因上和生理上已经"预编程式"了吗？或是通过学习过程获得语言？这些疑问暴露出在关于先天和教育之间的争论的敏感话题，即先天论者（遗传论者）与环境论者各自持有的针锋相对的观点——最近的实证研究支持了遗传和环境影响的相互作用。

### 先天论者的理论

如同在开始生活时就有了声道的特定解剖结构、大脑中就已具备言语中枢一样，幼儿也被认为具有日后言语知觉和理解的基础。先天论者

（遗传论者）主张通过使用语言的大脑回路，人类语言是"预配的"——语言习得的潜能已经通过基因"装入"人类体内，只需要被适当的"触发

机制"引出，就像营养引起生长一样。他们认为人类以某些比其他行为更容易和更自然的行为方式逐渐发展，例如语言习得。而且越来越多的实证调查结果支持多种遗传基因的影响。

最近研究的重要发现是听觉基因和突变基因与耳聋有关。研究正在迅速进行，以发现听觉和听觉损害潜在的分子机制。而且，哈佛医学院的其他令人兴奋的遗传基因研究阐明了听觉和听觉损害的秘密（Resendes，Williamson & Morton，2001）。特别突出的是在过去十年中，关于产生语言方面基因的作用，英国和美国研究人员将发现进一步的细节。

Noam Chomsky（1957，1965，1968，1980，1995），Eric H. Lenneberg（1967，1969），Peter D. Eimas（1985）和 Steven Pinker（1994，2001）的研究也把重点放在语言发展的环境情境中由人类带来的生理禀赋。

**乔姆斯基的先天论者理论**　麻省理工学院（the Massachusetts Institute of Technology）的乔姆斯基（Noam Chomsky）是一个有名的语言学家，在过去 50 年内已经提出对于教育和心理学产生主要影响的语言发展的先天论者理论（Noam Chomsky，1957，1965，1968，1975）。支持者和批评家都知道乔姆斯基理论解析的方式已经为语言学研究提供了许多新的方向。

乔姆斯基观点的核心是观察到成熟的话语者能理解并生产无穷多组的句子，甚至是他们从未听到、读到以后也不会学到的句子。对于这点的解释，乔姆斯基坚持认为，人类拥有一个天生的产生语言的机制，他称为**"语言习得装置"**（the language acquisition device，LAD）。乔姆斯基将人类的大脑看作装有电线的，借由对收入频率的分类而将言语的声音分流为 42 个可理解的**音素**（phonemes，最小的语言单位，像是 bāke 中的长音 A），来使听觉世界的混乱简单化（见表 5—3）。通过语言习得的过程，孩子只需要学习他们社会中的语言特质而不是语言的基本结构。虽然乔姆斯基的理论已经引起了很多的注意并引发争论，但是，由于建立科学的步骤进行测试很困难，因此至今仍然无法证明它是对的还是错的。

172　　　为了支持他的观点，乔姆斯基指出世界上的各种语言在表面结构上不一致——例如在他们使用的词语上。但是它们在组成上有基本的相似性，他称为"深层结构"。深层结构最普遍的特征包括具有名词和动词，提出疑问的能力，提出指令和表达否定。乔姆斯基提出，经过前语言的和直觉上的习惯——由转换生成的语法——个体将深层结构变成表面的结构，反之亦然。

表 5—3　　　　　　现代英语 42 个音素的一部分

| 音素 | 拼写和词语举例 | 具有代表性的名字 |
|---|---|---|
| 婴儿最初的"喔啊"声仅仅是一些元音，嘴张开，舌头和嘴唇几乎不动。 | | |
| /A/ | a（table 桌子），a _ e（bake 烘烤），ai（train 火车），ay（say 说） | 长音 A；Fonzie's greeting（Fonzie 的问候） |
| /E/ | e（me 我），ee（feet 脚），ea（leap 跳跃），y（baby 宝贝） | 长音 E；shriek（尖叫声） |
| /I/ | i（I 我），i _ e（bite 咬），igh（light 光），y（sky 天空） | 长音 I |
| /O/ | o（okay 好的），o _ e（bone 骨头），oa（soap 肥皂），ow（low 低） | 长音 O；Oh，I see（哦，我明白了） |

**双胞胎的早期发展研究**　普罗敏及其同事（Plomin & Dale，2000；Plomin & Colledge，2001；Colledge et al.，2002）一直致力于 1994 年在英格兰和威尔士出生的 3 000 对双胞胎的早期发展研究（the Twins' Early Development Study，TEDS）。这项行为遗传学的纵向研究的目标是识别多重基因系统的特定基因，这些基因造成在语言能力和语言障碍方面遗传上的影响（Colledge et al.，2002；Plomin & Dale，2000）。研究收集并分析了这些孩子的 DNA 样本及在两岁、三岁、四岁时的早期语言迟滞的测量数据。这些参与者在两岁时的研究结果证明其在病因学上有实质性差异，其表现处于常态范围与低水平之间。

语言能力受到遗传基因的影响，对四岁组双胞胎的研究，分析了语言损害是否也是如此。这项研究的结果确认了四项早先的双胞胎研究的调查结果，指出在语言损害上遗传基因的实质性影响力。研究发现语言障碍更多地受遗传影响，而不是语言能力（Spinath et al.，2004）。四岁双胞胎的另一项研究结果虽然有一些不同，但是遗传基因和环境在语言损害上对男孩和女孩的影响力是相似的（Viding et al.，2004）。

**剑桥的语言和语音项目**　英国研究人员估计，未受损害的孩子之中有 2%～5% 在获得语言方面具有显著的困难，即使他们有足够的智力和机会（Lai et al.，2001）。Steven Pinker（2001）和同事（Lai et al.，2001）已经在有严重的语音/语言障碍的三代英国家庭中识别出 FOXP2 基因的变异形式。

虽然 Pinker 不认为语言损害与单个的基因有关，在这个家庭中的基因变异似乎是造成他们的特定语言障碍的原因。这个基因在发展的早期阶段作用于一组蛋白质对大脑产生影响，导致语音和语言非正常地对大脑回路的需求。这是首例语音/语言障碍和一个特定的基因之间的直接相关。后来的研究调查结果质疑了特定的语言损害和 FOXP2 基因之间的联系（Newbury et al.，2002）。然而，已知特定的语言损害（specific language impairments，SLIs）通常在家庭中不间断："受到影响个体的第一近亲发展 SLI 的可能性七倍于一般人群中的人"（Williams et al.，2001，p.1）。

依照国际阅读障碍协会（the International Dyslexia Association）的资料，人群中 15%～20% 有阅读能力损伤，他们中相当多的人（85%）有诵读障碍（"What is Dyslexia?"，2000）。**诵读障碍**（dyslexia）是一种可能在某些方面自证的学习障碍。有诵读障碍症的人可能在阅读、拼写和/或说方面有困难。已经有许多研究来确认诵读困难的起因，一项研究使用磁共振成像（magnetic resonance imaging，MRI）来探究诵读障碍的神经系统可能的混乱（Shaywitz et al.，2002）。

自从 1982 年以后，在 Boulder 行为遗传学研究所的研究者已经研究超过 200 对同卵双胞胎和 150 对相同性别的异卵双胞胎，每对双胞胎中至少有一人符合阅读障碍的标准（使用许多行为测量方法）。显然，在同卵双胞胎中有 2/3 的双胞胎的两个成员均受到影响，然而相同性别的异卵双胞胎占了大约 1/3 的一致率（DeFries，1999）。

将复杂的统计分析技术应用到他们的数据中后，研究者发现了关于基因对于阅读困难的影响的重要证据。附加的分子基因方法被用于分析其他组的异卵双胞胎和相同基因型的同胞兄弟姐妹。染色体 6 的小区域与之相关的证据，现在已经被三

个独立的研究小组确认（DeFries，1999；Fisher et al.，1999）。这个发现提供了关于原发因素和阅读/语言障碍的神经学基础的最新资讯。最后研究员希望在作为亲戚受到影响的未满学龄的孩子中促进鉴别和干预的实施。

**孤独症的国际分子遗传学研究**　孤独症是一 173 种神经障碍，在大约两岁的"常态"儿童中出现，显示出沟通、社会交往方面的明显缺陷，语言损伤、专注于幻想、不寻常的重复性或过多的行为。孤独症和相关障碍的发生率高达 1/500，孤独症协会报告，发生率正在全世界逐步升高（举例来说，加州自从 1994 年以后就已经有 440 个百分点的增长）（Hanchette，2004）。孤独症儿童需要语音和语言治疗、职业治疗、适合的躯体教育，并且通常需要终生的监督和照料。学区报告，每个儿童每年的教育成本超过 5 万美元（Choi，2004）。过去的 20 年中，在英国、德国和美国对孤独症的家庭和双胞胎研究中，已经显示出基因在大多数孤独症案例中扮演重要角色。此外，这些研究还提出这些相同的基因可能参与其他发展障碍的发展，例如"阿斯伯格综合征"（Asperger's syndrome）和其他在沟通和社会交往方面的较轻微的障碍。在这个协会中的研究者继续研究家庭单受精卵的和双受精卵的双胞胎和同胞兄弟姐妹中有被确诊为孤独症的两个或更多的成员。

最新的数据报告揭示，孤独症被与染色体 2、7 和 16 上的特定位置相联系的复杂而强大的遗传基因的因素影响（"A Genome Wide Screen for Autism"，2001）。单卵（同卵双生）的双胞胎显示对孤独症相对较高的一致性，然而双受精卵（异卵双生）的双胞胎显示较小的一致性。同胞兄弟姐妹的递推风险远远高于一般人群（Hallmayer et al.，2002）。这些确实是当前支持语音/语言发展和损害的先天论者观点的研究结果的少数例子。这些研究员人员的目标是发现变异基因，识别那些最有可能受到听觉/语音/语言的病变影响的婴儿和年幼儿童，并设计医学/药理学干预方法来改善孩子的语言/沟通技能。在一种更宽广的视角下，加州大学戴维斯分校的研究者在 CHARGE（来自遗传的和环境的童年期孤独症风险，Childhood Autism Risks from Genetics and the Environment，CHARGE）研究中探查孤独症可能的原

因，包括遗传基因、环境的、毒性物质的或药物的可能病因。这是首次案例对照研究，将2 000名孤独症儿童、没有孤独症而具有发育延迟或心智迟滞的孩子和典型的发育中的孩子进行对照（Lowy，2004）。

**大多数儿童在获得语言方面有一点困难**  甚至非常年幼的儿童也能掌握难以置信的复杂并抽象的规则，把一系列声音转换成意义。例如，可以有3 628 800个方法将下题中的这十个字重新排列：

> 试着重新排列任何一句由十个字组成的普通句子。（Try to rearrange any ordinary sentence consisting of ten words.）

然而，这些字只有一种排列是文法上有意义的和正确的。先天论者称一个儿童从3 628 799种不正确的可能中区分出正确句子的能力，无法仅仅通过经验产生（Allman，1991）。类似地可以想象日语或者阿拉伯语这样的外国语言对你来说是多么可怕。

**成年人的言语是矛盾的、断章取义的和马虎的**  思考一会儿以你听起来不熟悉的语言持续地交谈会是怎样的；或许更像是一个庞大的字，而不是一组清晰的字。听两个成人之间的交谈，处处都是类似犯规起跑情况的字"嗯"和许多"填充性短语"，例如"你知道"。的确，语言学家已经尝试性地提出，如果不在语境中，通常我们甚至无法正确地理解词语，哪怕是我们自己的语言。从录音对话中，语言学家拼接个别的字，回放录音给这些人听，而且要求这些人识别出这些字。收听者通常只能理解大约一半的字，虽然相同的字在他们最初交谈时理解得非常清楚（Cole，1979）。

**儿童的言语不是成年人言语的机械性回放**  儿童以独特的方式结合词语以及拼凑词语。例如表达"我买"，"步行"，"比较好"，"吉米伤了他自己"等等，揭示儿童不以严格的方式模仿成年人的言语。然而，依照先天论者的观点，儿童的言语基于他们出生时具有的潜在的语言系统，因此特例最初不被掌握。

对遗传学者来说与令人兴奋的结果同时发生的是，越来越多的心理学家和其他社会科学家正在探究婴儿和儿童养育的支持性的语言环境（Werker & Tees，1999），比如社会地位的因素（Hoff-Ginsberg，1991）。

## 学习和相互作用理论

一些研究者，已经遵循斯金纳（B. F. Skinner，1957）的传统，主张语言与任何其他的行为一样以相同的方式被获得，即经过强化的学习过程（Hayes & Hayes，1992）。另外一些人研究了有助于语言习得的照看者和儿童之间的相互作用（Baumwell，Tamis-LeMonda & Bornstein，1997）。的确，语言的使用可能开始得相当早。

正如我们之前的章节中提到的，DeCasper的研究意味着宝宝甚至在出生之前，已经开始对语言具有敏感性。他们在子宫中的时候，我们认为他们听到了"语言的旋律"。出生后，这种敏感性提供给他们有关声音适当地结合在一起的线索。新生儿在他们母亲所讲的母语的言语样本和不熟悉的语言之间进行分辨的能力，源于在他们出生以前暴露于语言学信号中被发现的独特语调特征中（Fernald，1990）。相比于较高音的语调，年幼的婴儿对于低音语调的反应更平静，而且他们似乎尤其享受普通摇篮曲的旋律。对于似乎使宝宝更平静的旋律和节奏，每个文化都有它自己的艺术处理。如果你近来还没有听到过，花数秒听一首普通的摇篮曲（在 www.babycenter.com 上可以在摇篮曲歌词中听到一些），这里是一首普通的歌词：

> 一闪、一闪，小星星
> 我多么想知道你是什么！
> 在世界上这么高的地方
> 像天空中的一颗钻石
> 一闪、一闪，小星星
> 我多么想知道你是什么！
> (Twinkle, twinkle, little star
> How I wonder what you are!
> Up above the world so high

Like a diamond in the sky
Twinkle, twinkle, little star
How I wonder what you are.）

一些研究者提出，宝宝在最初的 6～8 个月，即他们加强听力练习之前，密集地收听他们母语的细微之处，最终开始忽视不存在于他们母语中的声音（Werker & Stager，1997）。

**照看者言语**　许多最近的研究已经把重点集中于照看者的言语。在照看者的言语中，母亲和父亲对婴儿和年轻人说话的时候，会系统地修正与成人说话时他们使用的语言。**照看者言语**不同于日常言语，包括单一化的词汇、较高的音高、夸张的声调、短而简单的句子和高比例的疑问句和祈使句。在许多欧洲语言、日语和中国的普通话中，父母对前语言期的婴儿使用照看者的言语（Fernald & Morikawa，1993；Papousek，Papousek & Symmes，1991）。

从年幼婴儿的角度来说，他们对照看者言语显示出听力上的偏好，即整体较高的音高、较宽的音域、较有特色的音高升降曲线、较慢的节奏、较长的停顿和增加强调重点的语调（Cooper & Aslin，1990；Fernald，1985）。研究者认为婴儿的听觉识别程度可预测童年早期的认知能力。一项研究，比较了由未患糖尿病的母亲所生婴儿和患糖尿病的母亲所生婴儿的声音识别的神经路径（deRegnier et al.，2000）。

以照看者言语主要的两个特点——单一化词汇和较高的音调——为特征的言语，术语是"儿语"（baby talk）。儿语可以在很多语言中找到：从 Gilyak 和 Comanche（小的、分离的语言以及文字以前的旧世界和新世界群落）到阿拉伯语和马拉地语（精通文学传统的人所说的语言）。此外还有成人留声机式地单一化的儿童词汇——"wa-wa"为水（water），"choo-choo"为火车（train），"tummy"为肚子（stomach）等等。儿语也喜欢带有言语标签的心理学功能（Moskowitz，1978）。

**照看者言语相互作用的本质**　照看者言语相互作用的本质实际上从出生开始（Rheingold & Adams，1980）。医院职员包括男性和女性，与他们照料的婴儿说话时使用照看者言语。这些言语主要把重点集中在宝宝的行为和特征上，以及成

人自己的照看活动中。而且，照看者说话的方式好像婴儿是理解他们的。他们所说的话显示，他们将婴儿视为具有情感、需要、希望和爱好的人。同样地，一个饱嗝儿、微笑、哈欠、咳嗽或喷嚏会代表性地引出来自照看者对婴儿的评论（Snow，1977）。通常以疑问的形式说话，然后照看者想象孩子可能回应般进行回答。如果宝贝微笑，父母可能说，"你很快乐，是不是呀？"如果儿童打饱嗝儿，照看者可能说"对不起！"。

的确，照看者将婴儿最早的行为归因于意图和目标，使婴儿比他们事实上的状态显得更老练。这些归因以自我实现的预言的方式促进了孩子大部分的语言学习。由于他们抑郁的母亲不太可能使用"妈妈语"（在下面可以见到）的夸张的音调变化，并且由于母亲对他们发声方式的早期尝试回应比较慢，抑郁母亲的婴儿因此发育受到阻碍（Bettes，1988）。最近，在发展中国家的研究关注了母亲抑郁与婴儿的健康和生长风险的关系（Rahman，Harrington & Bunn，2002）。

**"妈妈语"或"父母语"**　当婴儿仍然在他们发出咿呀声的时期，成人时常对他们说一些长的、复杂的句子。但是当婴儿开始回应成人的言语的时候，尤其当他们开始发出有意义的又可以确认的词语（在 12～14 个月左右）的时候，母亲、父亲和照看者总是说一种叫做"妈妈语"（motherese）或者最近更常在一些研究文献中被称为"**父母语**"（parentese）的言语——单一化的、冗余的和高度合乎文法的一种语言。

当说父母语的时候，父母往往被限制于用现在时态以及具体名词说话，对儿童正在做的或体验的事情发表意见。而且他们典型地聚焦于物体的命名（"那是一只小狗！"或"乔尼，这是什么？"）、物体的颜色（"带给我黄色的球。黄色的球。不，黄色的球。就是它。黄色的球！"）和物体的位置（"嗨，丽莎！丽莎！小猫在哪里？小猫在哪里？看见了吧。在台阶上。在三个台阶上。看一看！"）。照看者说话的音高与儿童的年龄是有相互联系的：儿童年纪越小，言语的音高越高。除此之外，婴儿指向的"父母语"的声调——在妈妈的言语中固定的音调——相对于成人或其他的成人指向的言语，为说话者的沟通意图提供更可靠的线索（Fernald，1990；Sokolov，1993）。

175

"父母语"似乎较少源自父母试图提供的简单语言课程，而是源自他们与孩子沟通的努力。而且正如我们在这个章节中稍后将会见到的，在婴儿征服传统的语言形式之前，也可以有效地使用声调表达愿望和意图（Lewis，1936/1951）。

简短地再次叙述一下，照看者的言语很简单、音调高并被用于与前语言期的婴儿说话，然而当照看者假定婴儿能开始回应并与环境互动的时候，他们使用"妈妈语"。"妈妈语"也时常伴随手势、物体运动和触觉，使它成为一个多重感知觉的沟通策略（Gogate & Bahrick，2000）。在令人入迷的观察中，婴儿，甚至在语言发展的单字阶段，伴随他们的言语自然而然地产生表情动作（Goldin-Meadow & Mylander，1998），听力损害的婴儿也是同样的（Goldin-Meadow，2000；Yoshinaga-Itano，1999）（参见"人类的多样性"专栏中《帮助耳聋或重听的婴儿》一文）。

## 如何解决理论的分歧

大多数心理学家同意语言有生物学的基础，但是对于其中有多少是来自父母和其他照看者，他们却一直争论不休。最满意的方式似乎是，综合每个理论的长处，聚焦于复杂性和许多方面——有助于语言能力发展的各方面。的确，语言学习无法借由单独分析习得或遗传基因的影响来理解。没有任何一个方面可以通过自身产生被人类使用的语言。我们需要研究这些影响因素动态地结合在一起所依据的行进过程，而非追问哪一个因素最重要。

总之，婴儿具有获得语言的生物学基础。他们持有在遗传基因上决定的计划，将他们引向语言的使用。为了语音上的区分，他们注意的和感知的设备看起来似乎在生物学上做了重新调整。但是仅仅因为人类具有获得语言的先天生物学基础，这并不意味着环境因素在语言习得上没有起到作用。的确，语言只在一个社会性的语境中被获得（Huttenlocher et al.，1991）。儿童最早的发声方式，甚至是他们的哭声，照看者都会进行解释，他们轮流使用这些解释来决定他们将如何回应儿童。

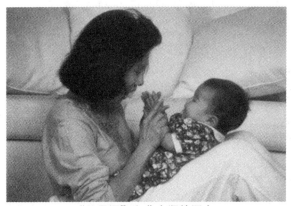

**"父母语"和非言语的语言**
男性和女性照看者典型地用高调、单一多余的和高度合乎语法的语言跟婴儿说话。宝贝在他们会说任何字之前，通过他们自己的非语言信息和手势与照看者沟通。

**思考题**

先天论者坚持认为，人类也许有与遗传密码相联系的天生的产生语言的机制，学习/相互作用论的研究者主张语言在一个环境的语境中被学习，关于语言/言语的习得你持有哪种观点呢？听力损害的儿童是如何开始使用一种沟通形式的？被用于支持他们语言发展的什么技术取得了大幅度突破？

## 语言发展

什么与学习说话有关？这个问题已经令人着迷　了长达数世纪之久。远古的希腊历史学家希罗多德（Herodotus）在对提库斯（Psammetichus）的研究中报告了这位公元7世纪的埃及统治者，在有记录的历史上对控制性生理学实验做了首次尝试。国王的研究以在遗传基因上传递的词汇概念为基础，而且孩子发出的咿呀声是来自世界最初语言的词汇：

> 提库斯……偶然看到一个普通的家庭中两个新生的婴儿，并把他们送给了一个牧羊人，让他在他的羊群中抚养，严格规定不能有人在他们面前说出一个音。他们被带到一间孤单的小屋中待着，牧羊者有时将山羊进来，为了让宝宝们有充足的奶水可以喝，以他们所需的任何方式照料他们。全部这些

都是提库斯安排的，因为他想发现孩子会首先说出什么字……计划成功了；牧羊者两年期间完成了每件被吩咐做的事情，两年之后突然他打开小屋的门……（两个孩子都跑向他并）说出了"becos."这个字（Herodotus，1964，pp. 102－103）。

当国王得知孩子发出"becos"的时候，他试图发现这是什么语言的词汇。从被他探究而产生的信息中，他将"becos"归结为佛里吉亚词语的"面包"。因此，埃及人不情愿地被迫放弃他们是最古老的人类的说法，而且承认佛里吉亚在古代生活中超越了他们。

## 人类的多样性

### 帮助耳聋或重听的婴儿

对于大部分婴儿来说，口语（话语）是环境的一部分，但是对于那些出生时耳聋或听力困难的婴儿来说则不是。听力损伤是最普遍的出生缺陷，但是采取早期测查措施能帮助儿童弥补这种伤残。在1999年，旨在筛查每个婴儿听力损伤的全国性项目得以启动。现在，40个州中儿童强制性筛检率达90%或更多（Yoo，2003）。

在全世界的新生儿听力筛查计划之前，早识别出的带有听觉损伤的大部分孩子是那些伤残程度在中度到重度的听力损伤，如严重的/重度的认知及神经损伤。那些听力达到二级残疾的带有中度到轻度丧失但没有次生障碍的婴儿首次开始得到早期干预服务（Yoshinaga-Itano，1999）。

对于那些听力有问题的婴儿，父母—婴儿服务商（干预主义者）应该解释测试结果和测试的局限性，还应该至少在婴儿期最初六个月内与父母和婴儿共同工作（Yoshinaga-Itano，1999）。如果想得到较进一步的关于言语—语言病理和听力职业方面的信息，请登录美国语音语言协会网站（the American Speech-Language Association Web site）阅读相关信息。

#### 新生儿的听力筛检

典型地，在医院中出生的宝宝出生前已经检查了是否存在听力丧失的问题。诊断的方法可以包括使用击打和/或声脉冲群的空气传导阈值测试。被诊断为**听觉神经病变**（听觉系统的一种疾病或者异常）的婴儿通常会在新生儿重症监护病房中度过一段时间。有严重听觉损失的儿童通常会在第二个月和第三个月之间被诊断出来。

#### 耳蜗植入物

耳蜗植入物的最新科技进步使"唤醒"一小部分耳聋或者重听的婴儿——例如12个月这样小的年幼儿童的听觉成为可能。耳蜗植入术之后的言语感知和说话方面的进步时常被认为是主要的好处，尤其是对于最年幼的孩子（Kileny，Zwolan & Ashbaugh，2001）。因此，早期鉴别和耳蜗植入对于理想的言语和语言发展是至关重要的。

#### 耳聋婴儿使用手势并产生手语

然而，如果耳蜗植入物不成功也无法再次选择，认识到耳聋婴儿设法产生他们自己的手语很重要——指代他们周围物体的固定手势。Susan Goldin-Meadow 和 Heidi Feldman（1977）研究了六个耳聋的孩子，年龄分布为17～49个月。孩子的父母有正常的听觉。尽管他们的孩子耳聋，但父母想要

孩子依靠口头的交流方式，因此，他们没有让孩子接触示范性的手语。研究者通过固定时间间隔在他们的家中观察孩子。当他们在实验中的时候，孩子学习很少的口语词汇。与之对比，每个儿童可以单独发展出类似语言的沟通系统，如同在有听力孩子的语言中发现的一样。

　　孩子会首先指向对行为有所反应的物体，然后是行为本身，最后是行为的接受者（如果有的话）。举例来说，一个儿童指着一只鞋，然后指着桌子要求把鞋（物体）放在（行为）桌子（接受者）上。有趣的是，当孩子正在独自地玩时，他们也使用手势跟他们自己"说话"，即使是有听力的孩子也一样。

　　一旦研究人员判定孩子习得手语，他们的下个任务是发现谁首先详细地说明手语，是孩子还是他们的父母。研究人员总结到，每个儿童的沟通系统大多产生于儿童自己而不是由父母发明的。一些孩子使用词语的复杂组合在他们的父母对他们使用之前。而且，虽然父母产生了像孩子一样多的各种特征化的手势，但是这些手势中只有大约 1/4 是父母和儿童通用的。因此，手势不仅仅反映的是理解；它们自身可能参与了认知变化的过程（Goldin-Meadow，2000；Goldin-Meadow & Mylander，1984）。

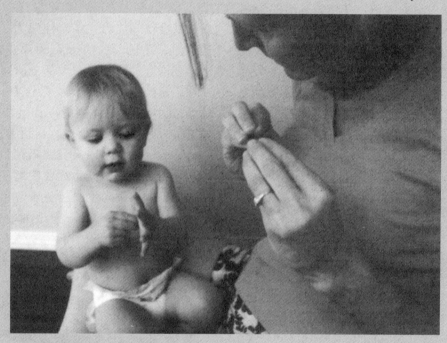

**学习手语**

据观察，关于发声方式，耳聋的孩子和有听力的孩子会经历相同的成熟阶段和同样的年龄阶段。对美国和中国的婴儿研究发展出咿呀语，不管是手势性的还是发自嗓音的，是获得语言时大脑成熟的一个固有特征。宝宝大约 6～8 个月大时就能学习手语，并能进行沟通。

## 沟通过程

　　变得有语言能力，不只是使用关于语音和意义规则的系统（Ellis，1992；Feyereisen 和 & de Lannoy，1991）。语言还包括使用这样的系统进行沟通的能力，并当一个人可以使用两种或更多方式的时候，进一步使这样的系统保持独立。

　　**非语言沟通或肢体语言**　　语言的本质是彼此说话的能力。然而口语只是作为信息传达的一种途径或形式。我们也根据肢体语言［也称"**人体动作学**"（kinesics）］进行沟通，它是指通过身体的运动和手势进行的非语言沟通。举例来说，我们眨眼表示亲密；我们在不信任时挑起一道眉毛；我们轻翘我们的手指表示不耐烦；摸我们的鼻或者擦我们的头表示我们迷惑。每个社会都发展具有它自己的模式和意义的这样的身体运动和手势，当旅行或搬到其他国家居住的时候，这样的沟通会被误解。同样地，当移民的孩子进入公立学校系统的时候，对老师的手势和非语言提示会有很大困惑。对沟通和语言感兴趣的一些社会学家已经建立致力于来自全球文化的非语言沟通的网站。

我们也通过注视来沟通；我们看另外一个人的眼睛和面孔，并使用眼神交流。我们使用凝视的一种方式是有先后顺序的，并作为言语的协调行为。典型地，当他们开始说话的时候，说话的人眼神远离听者，排除刺激，并规划他们将会说什么；在说话结束的时候，他们看向听者，示意他们已经结束，并不想让对方开口；在这两者之间，他们给听者简短的注视来得到反馈信息。

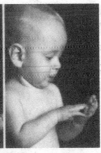

**婴儿使用手势沟通**

这个六个月大的男孩正在使用有明确目的的手势。暴露于可听到的语音中的儿童和听力损害的儿童都会使用多种手势进行沟通。

178　　在第二年年底，大多数的孩子似乎在模仿他们的环境中成人的眼神交流方式：当他们在说话的时候向上看，来示意他们结束了，而且当另一个人说话时从头至尾向上看，表示确认发言权将要还给他们。尽管如此，孩子在这些行为的一致性和频率上显示出相当大的差异（Rutter & Kurkin，1987）。而且一些群体实际上是避免眼神交流的，如在非洲裔文化中注视表示有攻击性，并且对于美国土著，注视是粗鲁无礼的。

其他的非语言行为是"指指点点"。指指点点可在两个月大的年幼婴儿中观察到，虽然指指点点在这样一个幼小的年龄不是有企图的动作（Trevarthen，1977）。与之相反，指指点点在第一年年

底是一个有企图的动作（Fogel & Thelen，1987）。它是语言的一个非语言先兆。当和他们的儿童说话的时候，母亲普遍使用指指点点。孩子使用手势来标记出一本书的特征，或引起对一个活动的注意。

沟通的另一种形式是**副语言**（paralanguage）——在我们沟通表达的意义方面所依据的发生方式的重音、音调和音量。副语言包括如何说某事而不是说什么。声音的音调、语速和非语言的语音（像是叹息）是副语言的例子。在咿呀语后期，婴儿已经控制了他们的说话人的音调或调节音高（Moskowitz，1978）。在大约九个月时，新的社会认知能力在结合注意力、社会参照和沟通性的手势中出现（Tomasello，1995）。

在语言发展方面的大部分研究已经把重点集中在语言产生上，孩子为了要以有意义的方式表达信息，增强了将不同的声音组合在一起的能力。直到最近，似乎没有研究探讨**语言接受程度**（language reception），即接受或粗筛信息的质量。然而孩子善于接纳的能力往往凌驾于他们的建设性能力之上。举例来说，甚至非常年幼的宝宝也能够分辨微小的语言差异——比如在语音"p"以及"b"之间（Eimas，1985）。

**指指点点**

在一岁的时候，婴儿把指指点点当成一种非语言先兆。父母一般使用指指点点，当他们对儿童说话的时候。孩子使用手势来标记一本书的特征，或引起对一个活动的注意。

相似地，较年长的孩子对细微差异的理解是优于其对语言的制造（Bates, Bretherton & Snyder，1988）。来看看目前已算是语言学家 Roger Brown 和年幼儿童之间的经典对话（Moskowitz，

1978)：儿童提到"fis"，Brown 重复"fis"。儿童对 Brown 这个字的发音感觉不满意。和儿童之间经过大量的交流之后，Brown 尝试说"fish"，儿童最后满意地答复"是的，fis。"虽然儿童目前为止无法说出"s"和"sh"之间的区别，但是，他知道这样的语音差异确实存在。

## 语言发展的顺序

直到几十年以前，语言学家假定儿童只会说有缺点版本的成年人语言，反映了儿童有限的注意力、有限的记忆范围以及其他认知缺陷的障碍。然而，语言学家现在通常接受儿童说他们自己的语言——具有通过一系列阶段发展出的特有模式的语言（Brownlee，1998；Tomasello，1992）。

孩子在语言发展的速度和形式上显示出巨大的个体差异（Fenson et al.，1994）。的确，直到进入他们生命的第三年之后，一些孩子才开始很好地说话，然而其他的孩子此时正在说长的句子。这样的差异似乎不仅对于成年的语言技能有意义，还提示儿童是否在其他方面发展正常。表 5—4 概述了"平均水平"的儿童的语言发展的代表性里程碑。

**从发声方式到咿呀语** 哭喊是新生儿发出的最引人注目的声音。正如我们在第 4 章看到的，发声方式有基本的节奏，包括"生气的"和"疼痛的"哭声。虽然作为婴儿沟通的主要方法，但是，哭泣不能被视为真实的语言（虽然一些母亲说她们能容易地区别出不同的哭声的意义）。年幼的婴儿也会生产一些其他的声音，包括哈欠、叹息、咳嗽、打喷嚏和打嗝。

在第 6~8 个星期之间，婴儿使他们发声的方式多元化，当独自玩的时候，采用新的噪音，包括"讥讽声"（Bronx cheers）、发出流动且如倒水的声音（gurgling）和舌触声音游戏（tongue noise games）。在他们大约第三个月时，婴儿开始发出"喔啊"的声音，并发出尖锐的叫声——发出流动且如倒水般的噪音，并能维持 15~20 秒的时间。

179 表 5—4

### 语言发展的里程碑

| 年龄 | 声音特点 |
|---|---|
| 1 个月 | 哭声；小的喉音。 |
| 2 个月 | 开始产生像元音一样的"喔啊"声，但是声音不像成人发出的元音。 |
| 3 个月 | 较少哭，"喔啊"声，在喉音后有重复间歇的短声笑，尖叫，"咯咯"声；有时"吃吃"地笑。 |
| 4 个月 | "喔啊"声变成被调整的音调；元音状的声音开始点缀于辅音之中；吵闹声；当他说话时微笑和发出"喔啊"声。 |
| 6 个月 | 元音中散布较多辅音（通常是 f、v、th、s、sh、z、sz 和 n），产生咿呀语（单一音节的话语）；用尖叫、"咯咯"声和以重复间歇的短声笑表示快乐，用咆哮声和发哼声表示不快乐。 |
| 8 个月 | 在咿呀语中显示出成人的声调；时常使用二音节的话语，像是"妈妈"（mama）或"爸爸"（baba）；模仿声音。 |
| 10 个月 | 理解一些字并结合手势（可以说"不"并摇头）；可以发出"爸爸"或者"妈妈"，并使用婴儿的单词语（带有许多不同意义的单字）。 |
| 12 个月 | 使用较多婴儿的单词语，如"宝宝"（baby），"再见"（bye-bye），和"嗨"（hi）；许多模仿物体的声音，如"汪汪"（bow-bow）；对语调模式有较好的控制；对手势赋予具有个人看法的一些字和简单的指令（如"给我看你的鼻子"）。 |
| 18 个月 | 掌握 3~50 个字；可以开始使用二字话语；仍有咿呀语，但是用复杂的音调模式使用一些音节。 |
| 24 个月 | 掌握超过 50 个字；更经常使用二字话语；表现出逐渐增加的对口头沟通的兴趣。 |
| 30 个月 | 加速学习新的字；言语有二或三个字甚至五个字；句子带有儿童特点的语法，并很少逐字模仿成年人的言语；言语的可理解性很低，虽然孩子在各方面有差异。 |
| 36 个月 | 约 1 000 个字的词汇量；大约 80% 的语言是可理解的，甚至是对陌生人说话；文法的复杂性略可比较于口语化的成年语言。 |
| 48 个月 | 很好地建立起语言；与成年人语言的差异更多在于方式而不是语法。 |

来源：Adapted from Frank Caplan, ed., *The First Twelve Months of Life*. New York：Grosset ɛt Dunlap, 1973；and Eric H. Lenneberg. *Biological Foundations of Language*. New York：Wiley, 1967. pp. 128-130.

**咿呀语**　在第六个月左右，所有文化中的婴儿产生一系列交替的元音和辅音，类似单一音节的话语，如"da-da-da"。的确，婴儿似乎和声音玩耍，享受这个过程并探究他们自己的能力。通常，咿呀学语的声音由"n"、"m"、"y"、"w"、"d"、"t"或"b"组成，跟着一个元音，如"bet"中"eb"的声音。在许多语言中，表示母亲和父亲的词语由这些声音开始不可能是巧合（举例来说，"mama"，"nana"，"papa"，"dada"，"baba"）。辅音，像是"l"、"r"、"f"和"v"，以及辅音连缀例如"st"是很少的。

得克萨斯大学的研究人员 MacNeilage 和 Davis（2000），分析了 6—18 个月大的一些婴儿的录音磁带，总结宝宝发出的咿呀语中和个别语言中的第一个字常见的辅音—元音组合的四个模式。他们称这些模式通过在说话时基本的口和颌骨的开口（元音）和闭合（辅音）运动而产生——而不是将咿呀语归因于任何遗传基因的或天生的语言机制——与传统语言学家的思想相反。

同时，婴儿的笑声也很典型地大约出现在这个时间。

聋的婴儿也经历"喔啊"声和咿呀语的时期，即使他们可能从未听到过任何说话的声音。他们与很多正常的婴儿一样以相同的方式咿呀学语，尽管事实上他们不能够通过这种方式听到他们自己的声音（Lenneberg，1967；Petitto & Marentette，1991）。这个行为意味着遗传机制成为早期"喔啊"声和咿呀语过程的基础。然而，稍后，聋的宝宝咿呀语的声音与可以听到的孩子相比，有一个略微更有限的范围。此外，除非天生聋的孩子经过特别的训练，否则他们的语言发展是迟滞的（Folven & Bonvillian，1991）。

最近一项由 Goldin-Meadow 执行的研究，考察来自美国和中国文化中耳聋的婴儿，确认婴儿对类似语言一样的沟通有强烈的偏好。这个研究中的父母的母语不同，养育儿童的习惯不一致，与言语相比使用手势的方式也不同——然而孩子自己会自然地把类似的语言结构引入他们的手势中（Goldin-Meadow & Mylander，1998）。

其他的研究者发现，聋父母的聋宝宝以相同的有节奏的和重复性的方式用他们的手咿呀学语，如同可以听到的儿童以他们的声音咿呀学语一样

（Petitto et al.，2001）。出现在有听力的宝宝周围的例如"goo-goo"和"da-da-da"的声音，作为咿呀语的标志，相同时间也会在耳聋的儿童之中出现打手势。耳聋婴儿的大部分手部运动是美国手语中的真实组成——这些手势本身没有任何意义，但具有潜能，连同其他的手势一起表示某种意义。

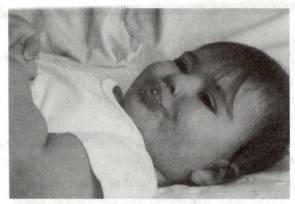

**早期交流："喔啊"声**
大约 3 个月的时候，婴儿开始发出"喔啊"声。通常张开嘴巴发出简单的元音，如"噢"、"呃"、"啊"。典型地，在婴儿 6 个月时表达较难的辅音字母之前，他们喜欢用嘴巴吹出一些口水泡泡，并且伴随产生一些唾液。图中的婴儿正在为准备说话开始学习移动自己的舌头和嘴唇。

重要的是，耳聋的孩子在声音的咿呀语方面，和在有听力的孩子身上看到的处于相同的阶段，在相同的时期经历：他们以很多相同的方式将手势和运动连贯起来，就像有听觉的儿童将声音连贯起来。这样的手势似乎具有与有听力的宝贝咿呀语声音相同的功能的重要性，因为他们相比于有听力儿童随机的手指摆动和牢牢攥紧拳头显得更有系统和深思熟虑得多（Kyle，McEntee & Ackerman，1998）。这样的调查结果意味着语言与言语不同，言语是我们彼此沟通可使用的唯一一个信号系统。除此之外，研究提示咿呀语无论是手动的或者由嗓子发出的，获得语言结构的时候，都是大脑成熟的一个固有特征。

这些观察意味着，虽然声音行为自然地浮现，但是它只活跃于在适当的环境刺激存在时。而且耳聋的宝宝，当然是无法"顶嘴"的，这是皮亚杰提出的声音的接触传染和模型模仿的过程。然而，孩子似乎不仅仅借由听到语言被说来学习它。一个有正常听觉的男孩，与耳聋的父母通过美式

手语沟通，他每天暴露于电视的目的可能是学会英语。他流利地使用手语，但他既无法理解也不能说英语。这个观察资料意味着，要学习语言，孩子就必须能够在语言上与人互动（Hoff-Ginsberg & Shatz，1982）。

**接受能会意的词汇**　在 6～9 个月之间，照看者将会注意到儿童理解了一些字。这是父母喜爱的时间，他们开始向宝宝提问："妈妈的鼻子在哪里？"而且向宝宝指着妈妈的鼻子。或者爸爸可能说"跟爸爸挥手说再见"，当孩子留在家里的时候，通过挥手再见证明理解了。还未说话的儿童当被要求拿回某种东西（如他或她的玩具或在厨房中的壶和平锅）的时候，能够适当地回应。所有这些功能证明早在他们说他们的第一个字之前，孩子已经发展了接受**能会意的词汇**——早于他们拥有**表达性词汇**（expressive vocabulary），即使用他们自己的字有效地传达意义、情感或心境。

**单词语**　多数发展心理学家同意大多数的孩子在大约 10～13 个月大时说他们的第一个字。然而，儿童达到这个里程碑的精确年龄时常难以确定。儿童的第一个字是被大多数父母如此热切地盼望，以至于他们在婴儿的咿呀语中曲解这种意图——举例来说，他们会注意到"妈妈"（mama）和"爸爸"（dada），但是忽视"tete"和"roro"。因此，一位观察者可能认为一个儿童已经会说"第一个字"，而另外的一位观察者不这样认为。行为理论家表示，此时父母用他们的微笑和鼓励强化或奖赏婴儿。反过来，儿童一再地重复相同的表达方式，例如"da"，很快地变成"爸爸"（dada）（或者我们解释为爸爸）。"d"的发音较容易被婴儿说出；"m"的发音［例如在"妈妈"（mama）中］需要儿童将唇皱在一起，因此可能再过几个月也无法听到这个发音。

孩子的第一个真正语言学上的话语是**单词语**——能传达不同意思的单个的字词，依赖于使用他们的语境。通过使用单词语，儿童能暗示一个完整的想法。G. DeLaguna（1929）在 75 年之前首先提出了单词语的特征：

> 正因为儿童的用字是如此模糊，以至于他们会准备非常多的用途……儿童所说的话并不……指明一个物体或者一个性质或者一

个动作；相反，它通过与儿童生活相联系的有趣特性和动作一起，松散地并含糊地表示物体。正因为儿童语言本身的名词非常模糊，因此特别的设置和语境决定了每种情况下特定的意义。为了理解宝宝正在说什么，你必须见到宝宝正在做什么。

话语"妈妈"，在英语语言的儿童早期指令表中很常见，是单词语的一个很好的例证。在一种情境中，它可能表示"我想要一块饼干"，在一个情境中表示"让我从婴儿床出去"，而在另外一个情境中表示"不要拿走我的玩具"。单词语最通常的情况是只有一个名词、一个形容词或一个自我发明的字。婴儿的早期语言事实上的和情绪的成分会逐渐地变得更清楚和更精确。

Nelson 及其同事（1978）发现儿童早期的语言学习典型地经历三个时期。大约 10～13 个月大时，他们开始有能力将成人使用的许多词汇搭配到现有的概念或大脑映像中，如在之前的章节中讨论过的"奶瓶"的概念。一项研究揭示 13 个月大的儿童平均理解大约 50 个字；与之对比的是，一般儿童直到 6 个月才说 50 个字（Benedict，1976）。这个发现也是有趣的，照看者已经成功地教会前语言期的孩子词汇符号，例如他们作为代替口语使用的"多的"（more）、"猫"（cat）和"饥饿的"（hungry）。

第二个阶段，通常在 11～15 个月之间发生，孩子自己开始说少数的字。这些字紧密地联系于一个特别的语境或行为。

**过分延伸**（Overextension）　第三个阶段在 16～20 个月，孩子产生许多字，但是他们往往超越一个字的核心意思，将其扩展（extend）或过度概念化（overgeneralize）。举例来说，儿童 Hildegard，首先将字"tick-tock"使用于她父亲的手表，但是接下来她拓宽了字的意义，首先包括所有的时钟，然后所有的手表，然后瓦斯量表，再然后是缠在线轴上的消防水龙带，接着是带有圆表盘的磅秤（Moskowitz，1978）。总的来说，孩子基于运动、质地、大小和形状的相似性过分扩展了意义。过度概念化显然起源于理解和制造之间的分歧。举例来说，儿童 Rachel，将她自己的口语产物中的汽车过分扩展到包括各类型的车辆

181

上。但是她可以挑选摩托车、脚踏车、卡车、飞机和直升机来取代它们的正确名字。一旦她的词汇扩大——一旦她获得了这些概念建设性的标签——各种不同的车辆开始从汽车群中浮现（Rescorla，1976）。

孩子倾向于首先获得与他们自己的活动或者他们参与的事件有关的字（Shore，1986）。Nelson（1973）注意到孩子从大多数突出性质是变化的物体开始取名——比如如下动态的物体：滚动（球）、奔跑（狗、猫、马）、吼叫（老虎）、不断地移动（时钟）、时断时续（光）和开走（汽车、卡车）。在孩子的早期词汇中，最明显被忽视的是不动的物体（沙发、桌子、箱子、人行道、树、草）。

当他们参与涉及单词语的活动时，孩子也典型地产生单词语。Marilyn H. Edmonds（1976，p.188）观察到当自己的被试努力把一个球从一只鞋上移开的时候，他们命名他们行为的对象，说"球"；当他们将他们的玩偶娃娃放在床上时，他们对他们放置物体的位置命名，说"床"；当他们摔倒的时候，他们命名他们自己的行为，说"倒下"；当他们发现被同胞兄弟姐妹窃用的物体时，他们声明所有权，说"我的"；当一头玩具母牛倒下时，他们否认他们的玩具的行动，大叫"不"；等等。

通常，儿童用单一字说话是如此紧密地与行为相联系，以至于行为和言语似乎融合在一起：在皮亚杰论者的观点中，单字被现有的感觉运动的图式——这个字适合于或者被合并于儿童现有的行为或者概念上的组织状态（参见第2章）——"同化"。好像儿童必须与行为合作来产生单字。Edmonds（1976，p.188）引用一个21个月大的儿童的情形作为例证，在30分钟内，当他玩耍一辆玩具汽车时，他说了41次"汽车"。

**两个字的句子**　在大约18～22个月大的时候，大多数的孩子开始使用两个字的句子。一些例子包括在洗手之后说"全部黏黏的"（Allgone sticky）；对成人请求大声地继续朗读时说"再一页"（More page）；当一扇门在儿童身后关闭之后，说"全部外面"（Allgone outside）（"allgone"被当做一个字，因为"all"和"gone"不会个别地出现在这些孩子的言语中）。大部分的两字句不是通常可接受的成人英文句子，而且大部分不是来自对

父母亲言语的模仿。典型的造句如"好湿"（More wet）、"不下"（No down）、"不确定"（Not fix）、"我喝"（Me drink）、"全部牛菜"（Allgone lettuce）和"别人确定"（Other fix）（Braine，1963；Clark，Gelman & Lane，1985）。两个字的句子表现出孩子透过他们自己的独特语言系统以他们自己的方式表达他们自己的尝试。

像单词语一样，一个人通常必须根据语境解释孩子的二字句。举例来说，Lois Bloom（1970）年幼的观察对象之一Kathryn，在两个不同的语境中以两个不同的意义使用了话语"妈妈袜子"（Mommy sock）。"妈妈袜子"可以意指妈妈为Kathryn穿上袜子的动作，或可以意指Kathryn刚发现一只属于妈妈的袜子。

孩子真实的话语比解释他们的语言学结构更简单（Brown，1973）。Dan I. Slobin（1972，p.73）看到，即使是两个字的水平，孩子也能表达许多意思：

鉴别："看小狗。"
位置："书那儿。"
重复："更多牛奶。"
不存在的事："全部事物。"
否定："不狼吞虎咽。"
所有物："我的糖果。"
特性："大汽车。"
人物—行为："妈妈走。"
人物—物体："妈妈书。"（意思是"妈妈看书"）
行为—位置："坐着椅子。"
行为—指示物体："打你。"
行为—间接物体："给爸爸。"
行为—工具："切刀。"
疑问："球呢？"

孩子也使用语调来区别意义，当儿童说"宝宝椅子"强调"宝宝"的时候指出所有物，并在说"宝宝椅子"中强调"椅子"来指出位置。

**电报语**　在两个或者三个字的组合中，孩子开始使用短而精确的字，表现出**电报语**和对语法最初的理解。第三个字通常表示二字陈述中所暗指的含义（Slobin，1972）。"需要那个"变成"杰瑞需要那个"，或者"妈妈奶"变成"妈妈喝奶"。

　　心理语言学家 Roger Brown（1973）认为电报语是两岁儿童语言的突出特点。Brown 评述说，电报中的字需要付钱，所以我们有好的理由简言之。例如信息"我的汽车坏了，而且我已经遗失了皮夹；把钱汇给我到巴黎的美国快递"（My Car has broken down and I have lost my wallet; send money to me at the American Express in Paris）。我们会在电报中这样说，"汽车故障；皮夹遗失；汇钱到美国快递巴黎"（Car broken down; wallet lost; Send money American Express Paris）。以这样的方式，我们省略了十一个字："my, has, and, I, have, my, to, me, at, the, in"。被省略的字是代词、介词、冠词、连词和助动词。我们保留了名词和动词：

> 　　英语的成年使用者在写电报的时候，在长度的限制之下进行，儿童在最初开始使用句子的时候，也在某种限制长度的极限之下进行。令人好奇的事实是，儿童造的句子像成年人的电报一样，因为他们主要结合名词

和动词（与一些形容词和副词），并且他们通常不使用介词、连词、冠词或助动词。（Brown, 1973, pp. 74 - 75）

　　在 12～26 个月之间，儿童最有可能使用名词和动词，伴随着一些形容词和副词，如"爸爸再见"，"我出去"，"我想要喝水"（Brown, 1973）。孩子尤其喜爱他们的父母和照看者以夸张的方式对他们阅读。

　　在 27～30 个月的时候，儿童开始衍生出复数："安妮想要饼干（cookies）"，"妈咪拿鞋子（shoes）"。冠词的使用"a, an 和 the"，现在出现于言语中是显然的："猫咪咪地叫"（The cat goes meow），或者"我要饼干"（I want a cookie）。一些介词（指明位置）也被使用："现在吉米在床上"（Jimmy in bed now）。尽管第一语言的习得有可预见的里程碑，但是第二语言技能的时间过程和最终获得却有很大变数（"Reaction Time Studies", 2005）。

## 双语

　　虽然儿童与成人相比在整体认知能力上较不精通，但新生儿是语言通用主义者。似乎正常又健康的婴儿能学习任何语言中的任何声音，而且在人类话语中区分发出的语音（Bjorklund & Green, 1992）。与之对比，成人是语言专家。他们在感知不出现在母语说话方式中的语音方面有相当多的困难。举例来说，日本婴儿能区分英语语音"la"和"ra"，但是因为日本成人的语言无法与这些语音形成对照，因此他们无法做到这一点（Kuhl et al. , 1992）。

　　一些语言学家主张，语言学习主要是发生于童年期，并且语言习得是有关键期的。神经系统的某些方面随着年龄的增长，似乎失去了可塑性，所以由于从青春期开始脑组织基本上已经固定下来，使得对新语言的学习变得困难（Lenneberg, 1967）。这个假设遇到了挑战：研究表明，决定双语获得的是语言的熟练水平，而非何时开始学习（Perani et al. , 1998）。

　　在这个情势下，难怪，对第二语言的熟练程度与开始暴露于这个语言的年龄有关（Stevens, 1999）。从另一方面看，在童年早期学习了第二语言的成人比在生活中较晚学习第二语言的成人对语言更精通。相似的结果也在较大的孩子中发现，或者学习美语手语作为他们的第一语言的听力缺陷的成人也是如此（Newport, 1990）。

　　这些证据意味着，关于获得第二语言的能力，并非在青春期突然地中断，而是穿过童年期逐渐地下降。的确，下降在生命中开始得非常早。Patricia K. Kuhl 和她的同事（1992）报告在孩子六个月大时，经验改变了语音认知。举例来说，对美国和瑞典的六个月大的宝宝进行的实验揭示美国儿童通常忽视"i"的不同发音，因为他们在美国听到的发音是相同的。但是美国婴儿能区别微小的"y"的发音差异。瑞典宝宝却相反——他们在"y"发音中忽视了差异，但是在"i"的发音中注意到了差异。

　　这些调查结果对于教育家具有重大意义。学习新的语言最合适的时间是生命早期。年幼儿童的认知结构似乎特别适合学习第一和第二语言。这个能力在整个童年期的数年中会逐渐地遗失。

虽然成人能够获得第二语言，但是，他们很少像童年期获得语言的个体一样，达到相同程度的精通（Bjorklund & Green，1992）。双语教育开始得越快，效果越好。

正如我们将在较后面涉及童年期的章节中见到的，在过去的十年内，移民儿童大量涌入美国，已经引起双语研究的热潮。最近来自一项第二语言习得研究的调查结果提出，说西班牙语的儿童被看作"迅速的学习者"，他们需要大约3～5年的时间，将英语当做第二语言在学习环境中成为

精通的使用者——然而，其他的孩子可能在将英语作为第二语言学习方面非常慢（"Reaction Time Studies"，2005）。

在横跨这个国家每所学区的基本挑战是，是否在数年期间学习英语的时候，应该以他们的母语教授年幼的儿童——或者是否非英语的儿童应该从幼儿园或托儿所的第一天起就浸泡在英语中。最近加州在学校改变它的早先语言支持对策，并立法要求把英语作为学校教学的第一语言。

## 语言发展的重要性

父母焦虑地等待他们年幼的孩子正常的语言发展，因为在许多文化中语言表达和理解被视为智力或智力发育迟滞的指标。孩子表达性语言出现的时间点大相径庭。父母和祖父母通常持续地跟初生儿说话，初生儿非常可能在发展的预期范围内或更早开始说话。有同胞兄弟姐妹的稍晚出生的孩子有时不一定要通过说话来得到他们想要的；如果较大的同胞兄弟姐妹照顾儿童就会预期到儿童的需要，那么很有可能这个儿童将会只是延迟语言表达。一些孩子非常少说话，然后突然他们说出短句子而使每个人吃惊！

然而，如果照看者注意到儿童不遵守简单的指导语，或者无法依照正常的时间表说出简单的发音或者字词，他们会被劝告预约儿童的小儿科医师进行一次检查。一些语言迟滞的孩子有听力缺陷；其他孩子可能需要言语治疗以促进正常的言语发展。我们确实知道，语言延迟的或者当他们

说话时不能够被理解的孩子，在参与像儿童看护中心、托儿所或幼儿园的群体教育活动时，具有社会性隔离的风险。

一些美国父母让他们的初学走路的婴儿进托儿所或学前班，在那里以第二语言的教育作为常规，然而最近移民到这个国家的父母正在努力使他们的孩子融入说英语的文化。一些孩子说双语的父母，似乎能更轻松地在家学习两种语言。

**思考题**

在发声方式上，如哭喊、说真实的句子，婴儿语言发展的一些里程碑是什么？谁或什么促进了与儿童的沟通？与成人相比较，对年幼儿童来说获得第二语言的容易之处在哪里？解释你的答案。

**续**

在美国不说英语的年幼儿童数逐渐增加的问题，已经引发了很多争论，何时应该学习语言，在生命的最初几年内什么教学方法最有效，在孩子的家里应该讲什么语言，并且所有这些计划如何得到资助。在医疗健康、社会服务、教育、早期儿童看护和刑事司法这样的领域工作的人们特别地理解，没有正常的语言沟通是多么困难。（我们鼓励本书的读者学习第二语言，因为当你找工作的时候，你将会发现它非常有益。）

在第6章中，我们将会讨论家庭环境和照看者对年幼儿童的情绪发展的影响，以及儿童在其中发展自我感的扩展的社会环境。

**总结**

认知的发展

1. 第 5 章介绍了从新生儿发展到整个婴儿期——从出生到两岁的认知和语言发展的过程。虽然一些婴儿表现出认知和语言发展上的较高能力，但还是有一些婴儿在出生时或在发展的过程中有认知性迟滞和特定的语言损伤。

2. 认知是认识和记忆的过程。当婴儿得到未加工的知觉信息（刺激）时，他们把这些数据转换成对他们日常活动和决策有意义的信息。越来越多的实证证据告诉我们，一个几个月的胎儿、新生儿和婴儿能够体验并处理非常大量的知觉信息。

3. 学习让我们可以借由在早先经验上构建适应我们的环境，学习被定义为稳定的并从经验产生的行为方面的改变。为了推动学习，我们能让人们建立条件反射，提供给他们榜样以供他们模仿，或塑造并形成个体在回想他们的外部世界方面所依据的认知结构。

4. DeCasper 和其他研究者研究胎儿和婴儿的听知觉，发现了一些学习类型出现的证据。婴儿的偏好和生理反应受他们在出生前和出生后的听觉经验影响。一个胎儿可以在出生之前数个月区分出母亲说话的声音，而且能借由区分她的言语模式来感觉母亲的情绪。

5. 一些研究者，例如 Sameroff，已经证明婴儿能够学习。他们设计了新生儿的吸吮技术和强化原理：婴儿可以学习控制两种吸吮方式中的任意一种，并使用不同的压力水平来进食。

6. 皮亚杰描述了作为感觉运动阶段的生命最初两年期间儿童认知发展的特点。儿童在婴儿期的主要任务是整合知觉和运动系统来逐步达成较适应性的行为。一些婴儿可以通过副交感神经系统评估和治疗方法来改善感觉运动机能。

7. 感觉运动期的另一个特点是儿童的客体永久性观念的逐步精细化。6～9 个月大的婴儿开始认识到物体的存在，即使当物体没有被见到的时候。

8. 皮亚杰 的工作已经激发了其他心理学家研究孩子的认知发展。新皮亚杰理论在不断修正和改进皮亚杰对认知的看法。他们发现婴儿持有更复杂的技能，超过皮亚杰的想象。而且，儿童必须拥有他们独自一人无法产生的经验，例如和其他人一起玩。

9. 父母和照看者传递给婴儿知识、态度、价值观和行为，对于孩子以后实际地参与到社会中来说是必不可少的。母亲抑郁的严重程度和她提供照料的质量之间有直接的关系。抑郁的母亲在看护、养育、刺激和与她们的婴儿说话方面能力降低。由此，她们的婴儿较退缩、反应迟钝、注意力不集中，而且有睡眠、进食方面的问题，甚至可能被诊断为营养不良。有抑郁母亲的学龄儿童时常表现出功能失常的行为。抑郁的母亲应该去看医生或心理治疗师，进行抗抑郁药治疗或其他治疗。

10. 根据美国心理学家杰布鲁纳的观点，任何科目的基础可能以某种形式在任何年龄被教给任何人。孩子首先透过他们躯体的/运动功能来描述世界，而且年幼儿童使用称为形象表征（表象或者画像）的心理形象，同时学龄儿童开始使用象征性表征（字母、数字、语言），具有逻辑性和抽象性思维的特点。

11. 婴儿期心理表现的个体差异很有可能横跨整个童年期持续地发展。儿童对信息的注意模式反映了他们的认知能力，特别是构建他们视觉和听觉世界的工作图式的能力。偏爱新奇事物超过熟悉事物的婴儿通常是信息的高效处理器，这是较高智力的体现。

12. 早期干预丰富了认知发展迟滞的婴儿的体验，包括好的营养、玩具、玩伴、学习机会和有效的教养方式——可以产生大脑发展中的生理变化，促进智力发展。照看者需要就他们婴儿的成就给予正性反馈，在安全的环境中鼓励探索行为，而且为他们与婴儿的联结付出努力。

## 语言和思维

13. 人类通过他们高度发展的语言沟通系统与其他动物区别开来。语言使人们彼此的沟通（个人之间的沟通）和推动思维（个体内的沟通）成为可能。

14. 从历史观点上说，关于语言和思维的关系已经有两种对立的科学观点：（1）思维的发生相对于语言的存在是独立的；（2）假如个体心理上将他们的知觉刺激分选为概念和类别，通过概念化，语言塑造了思维。分类是较高级的认知思维的基础。命名，或语言上的分类，具有许多优点。

## 语言习得的理论

15. 先天论者（遗传论者）和学习/相互作用研究者（环境论者）对于语言的影响因素持有不同意见。研究将快速地推动发现听知觉、听力损伤以及语言产生的遗传基因、化学和分子机制基础。乔姆斯基和其他语言学家坚持认为人类持有一个天生的产生语言的机制，叫做"语言习得装置"（LAD）。行为遗传学的近期研究已经支持了先天论者/遗传论者的观点。

16. 普罗敏及其同事一直在进行一项行为遗传学的纵向研究，以识别在双胞胎中两岁、三岁和四岁时导致语言能力和语言能力损伤的特定基因。调查结果显示，语言迟滞似乎具有高度遗传性，女孩在语言测量中得分显著高于男孩，男孩和女孩在不使用语言的测量中得分相同。

17. 英国研究者估计 2%～5% 的孩子在获得语言方面尽管未受损伤，但具有明显的困难，纵使他们有足够的智力和机会。特定的语言损害（SLIs）通常在家庭中不间断传递。Pinker 和同事在有严重的言语/语言障碍的英国的三代家庭中发现了特定基因的突变。

18. 有 5%～10% 的学龄儿童被发展上的诵读障碍影响，而且对于学习阅读和拼写有困难，纵使有足够的智力和机会。研究者现在掌握了诵读障碍遗传影响的重要证据，而且他们希望在受到影响的学前孩子中推动鉴别和干预的实施。

19. 在过去 20 年中，在三个国家的家庭和双胞胎研究中已经证实特定染色体的基因在孤独症和其他的发展障碍中扮演着重要角色。同卵双胞胎显示对孤独症的高一致性。

20. 学习和相互作用研究者（环境论者）主张通过强化的过程习得语言。孕期稍后期的胎儿和婴儿已经习得了区别陌生人的声音和他们母亲的声音。宝宝开始忽视他们的母语中没有的语音之前，最初的 6～8 个月"收听"他们母语的语音。当与尚未学会说话的婴儿互动的时候，父母使用照看者的言语模式。当婴儿开始回应并与他们的环境互动的时候，照看者开始使用被称为"妈妈语"或"父母语"的话语新模式。宝宝使用声音、非语言线索和手势沟通。

21. 美国越来越多的州（但不是全部）将批准全面的婴儿听力筛查计划，并发展标准化的诊断方案。在这些计划之前，有听觉神经病变的婴儿需要进入新生儿重症监护病房，但是现在那些轻度到中度的损伤可以被识别并接受早期干预服务。对于较大的婴儿和受到听力损伤影响的学前孩子，耳蜗植入物能"唤醒"听觉。耳聋的婴儿通过使用他们自己形成的手势化的手语，在相同的时间经历同样的成熟阶段，如同在有听力的婴儿身上观察到的一样。

22. 许多科学家已经总结到，语言的习得不能够借由把学习或遗传因素分离开来理解。复杂的相互作用发生于遗传基因的影响力、生物化学过程、成熟的因素、学习策略和社会的环境之间。

## 语言发展

23. 语言的本质是理解和传输信息的能力。一些语言学家提出语言习得有关键期。在童年早期学习第二语言的成人与在生命中稍后学习第二语言的成人相比，对语言更精通，这表明理解第二语言最适合的时间是生命早期。

24. 人们，包括婴儿，也通过非语言的肢体语言进行沟通，包括注视、指指点点和手势，以及称为副语言的多种重音、音高和音量。婴儿在大约九个月大时，新的社会/认知的能力在联合注意、社会参照和沟通性的手势中出现。虽然大多数的研究已经把重点集中在婴儿的产生语言的能力上，但是语言接受程度（对信息的获取和处理）得到很多研究的仔细研讨，而且人们通常认识到在他们自己产生语言之前，婴儿能理解对他们说的东西中的很多信息。

25. 语言学家现在认识到，孩子用自己有特点的模式说他们自己的语言。早期沟通和言语发展经过一系列的阶段：早期发音方式（主要时哭喊）、"喔啊"声和咿呀语、单字句的言语、两个字的句子，以及三字句。耳聋和那些有听力损伤的孩子也会经历相同的阶段，同时，观察到婴儿借由将自己产生的多种手势结合在一起而发出咿呀语。

26. 在 6～9 个月之间，婴儿已经明显地发展能会意的词汇——在他们使用表达性词汇之前很久。婴儿第一个真实的说话是单字语，即一个传达几种不同意义的字。两个字和三个字的组合证明电报语和我们称为"语法"的结构的首次使用。在 27～30 个月的时候，儿童通常开始使用复数、冠词和介词。

27. 孩子表达性语言出现的时间有很大不同。虽然一些孩子说话很早，但是一些孩子显示出延迟的迹象，可能需要由有资格的听力学家或者言语—语言治疗者测试，进行早期干预。一些年幼儿童直到他们的第三年才可能清楚地说话，说出完整的句子。

## 关键词

# 第6章

# 婴儿期：
# 情绪与社会联结的发展

## 概要

### 情绪发展

- 情绪能力的功能
- 婴儿期情绪发展
- 情绪智力
- 依恋
- 气质

### 人格发展理论

- 精神分析观点
- 心理社会性观点
- 行为（学习）观点
- 认知观点和信息加工
- 生态学观点

### 社会性发展

- 儿童人口统计学的变化
- 成为人类的艺术
- 早期关系与社会性发展
- 促进安全依恋
- 拟合度

## 批判性思考

1. 如果你的孩子总是喜欢别人抱，而不喜欢你来抱他，你会有什么感觉？你会努力改变孩子的偏好吗？

2. 为何我们有时会同时体验到两种情绪状态？例如，孩子会在同一时刻又哭又笑。你是否曾同时对某人爱恨交织？这种情况真的可能发生吗？

3. 婴儿被认为有不同的气质：有些很难养，有些很慢热，有些很好相处。如果你和你的孩子处于气质连续体上对立的两端，其中一方不得不做出改变，谁改变起来会更困难——你还是你的孩子？为什么？

4. 如果你不能在传统的家庭环境中（即双亲环境）抚养孩子，你会选择怎样做？——在一个扩展家庭中抚养孩子，以便很多成人都能照料孩子？在单亲家庭中抚养孩子？抑或是将孩子送到托儿所？你在做决定时都考虑了哪些因素？

　　在第 4 章和第 5 章中，我们集中讨论了婴儿在成长和认知方面的发展。在上述领域发展的基础上，我们现在将用多种方法考察婴儿如何通过社会化过程进入更大规模的人类群体。在美国，很多家庭已不再按照祖孙三代同堂的模式生活了，然而，在其他很多国家里，这种三代同居的生活方式则很常见。

　　当前，家庭结构呈现出更多差异性，双亲家庭在减少。产生这些复杂社会现象的同时，美国的人口统计学性质也发生了变化。随着越来越多的母亲离开家庭投身工作，职业妈妈的数量达到前所未有高度，因此，也有越来越多的家庭需要帮助，社区需要为孩子的成长提供高质量的托管服务。

　　美国有大量人员在照看儿童，规模空前，儿童从这一过程中得到社会化。过去 20 年里出台了很多种计划，来辅助这项重要任务。此外，电视也成为一种强大的社会化力量。对于研究依恋的社会科学家来说，这一点很值得关注，因为很多心理学家相信儿童早年生活的情感联结非常重要，这种联结会塑造他们日后人际关系的模式。最重要的是，在成功发展情绪和社会联结的过程中，儿童自己的人格和气质可能是潜在的影响因素。

## 情绪发展

189

　　情绪在我们的日常存在中扮演着至关重要的一部分。事实上，如果我们缺乏体验爱、欢乐、悲伤和愤怒的能力，我们就不成其为"人"。情绪奠定了很多人的生活基调，有时它们甚至超越了我们最基本的需求：恐惧可以取代食欲，焦虑可以毁掉学生的考试成绩，绝望可以使人开枪自杀。

　　绝大多数人都拥有一些来自五脏六腑的感觉，这是我们用"情绪"这个术语来指代的含义，然而我们很难把这种感觉转化成词汇。心理学家和其他发展科学家遭遇了类似的问题。事实上，他们使用不同的方式描述情绪。一些学者把情绪视为人体生理变化的一种反映，包括快速的心跳和呼吸、肌肉紧张、出汗以及胃部"下坠的感觉"。另外一些专家则把情绪描述为人们所体验到的一种主观感受——是我们为唤起状态贴上的一个"标签"。另外还有一些人把情绪描述为人们展示出的可见的表达性行为，包括哭泣、哀伤、大笑、微笑和皱眉。

　　然而对情绪最恰当的描述是上述所有内容的结合。我们认为，**情绪**（emotions）是如爱、欢乐、悲伤和愤怒的感受中涉及的生理改变、主观体验和表达性行为。

## 情绪能力的功能

所以，情绪不仅仅是"感受"，而是通过个体建立、维持和终止他们自己与所处环境之间的关系所加工的，（Campos et al.，1993）。例如，愉快地进入交谈的人更可能继续谈话，而他们的面部表情（facial expressions）和行为（behaviors）将向其他谈话者传递这样的信息，即他们也应该将这场互动继续下去；悲伤的人们倾向于感到自己不能成功地实现某个目标，他们的悲伤也将向他人传递需要帮助的信号（Bartlett et al.，1999）。

查尔斯·达尔文（Charles Darwin）对情绪表达很感兴趣，并为此提出一种进化论的理论。在《人类和动物的情绪表达》（*The Expression of Emotions in Man and Animals*）一书中，达尔文（1872）声称，我们表达情绪的很多方式是遗传下来的模式，具有生存价值。例如，他观察到，狗、老虎、猴子以及人类在发怒的时候都会露出牙齿。通过这种做法，他们将内心中的意向这些重要信息传递给同类物种中的其他个体或者是别的物种。当代的发展学家追随达尔文的引领，注意到情绪能够执行一系列功能（Mayer，Ciarrochi & Forgas，2001）：

● 情绪帮助人类生存并适应环境。例如，对黑暗的恐惧、对独处的恐惧以及对突发事件的恐惧均具有适应性，因为在这些令人恐惧的事物与潜在的危险之间存在某种联系。

● 情绪能指导和激发人类行为。也就是说，我们的情绪影响我们如何将事物分类，是归于危险还是获益，它们还为我们随后的行为模式提供动机。

● 情绪支持与他人的交流。通过读取他人的面部、手势、姿态和声音线索，我们间接地获取了他们的情绪状态。了解到朋友处

干恐惧或悲伤的状态，让我们能够更准确地预期朋友的行为，并对此做出恰当的反应。

能够"读取"他人的情绪反应还提供了**社会参照**（social referencing），这使得没有经验的人可以信赖更有经验的人对一件事的解释，来调整他/她随后的行为。一岁以前，绝大多数婴儿都在进行社会参照。当他们碰到新的或不寻常的事件时，通常都会看着父母。进而他们便根据父母交流的情绪和信息信号进行行为。由于神经生理方面的成长，他们控制情绪的能力也随着时间得到了发展（Izard & Abe，2004；Rosen Adamson & Bakeman，1992）。

Meltzoff 和 Moore（1977，1983，1997）已经证明社会参照起始于婴儿出生的最初几天，甚至是出生后的几个小时，婴儿具有天生的能力能够通过嘴巴张开以及舌头翘起来模仿父母的面部表情。很显然，婴儿不会很在乎传递这些信号的人是不是自己的父母（Hirshberg & Svejda，1990）。

十个月大的婴儿使用他人的情绪表达来评估诸如遭遇视崖这样的事件，这是 Gibson 和 Walk（1960）还有其他人（参见第4章）进行过的实验。当他们接近错觉上的"下跌"时，他们观察母亲的表情，并据此修改自己的行为。当母亲表现出愤怒或恐惧的面孔时，绝大多数婴儿都不会通过"悬崖"。但是当母亲表现出欢愉的面孔时，他们会爬过"悬崖"。婴儿对母亲传递恐惧或愉快的声音具有类似的反应。这个研究表明婴儿会主动寻求来自他人的信息来补充他们自己的信息，而且他们能够利用这些信息来推翻自己对事件的感知和评估（Hertenstein & Campos，2004）。

## 婴儿期情绪发展

190

有一件事是很清楚的：婴儿具有情绪（Klaus & Klaus，1998；Weinberg & Tronick，1994）。受动物行为学理论（ethological theory）影响的心理学研究者在近期关于儿童情绪生活的成长研究

中扮演了重要角色（参见第2章）。

Gosselin 和 Larocque（2000）以及神经生理学领域的其他研究者受到达尔文思想的影响，同时也受到近期 Paul Ekman（1972，1980，1994）工作的影

响，后者认为"情感加工是在进化上先于更复杂形式的信息加工的……较高级的认知要求情感加工提供指导"（Adolphs & Damasio，2001，p. 45）。

Ekman 和其他研究者展示了当被试（他们来自于不同的文化）看到西方社会的人脸照片时，他们的判断显示了六种基本情绪：快乐、悲伤、愤怒、惊奇、厌恶和恐惧。他们发现这些来自美国、巴西、阿根廷、智利、日本以及新几内亚的被试使用相同的情绪标定同一个面孔。跨文化研究的结果支持了人类将特定的表情与特定情绪进行联结，而这类研究的焦点在于识别不同情绪情境下的身体运动和声音（Camras et al.，2002；Rosenberg & Ekman，2003）。

Ekman 把这些发现作为证据，说明人类中枢神经系统在遗传上预置了情绪的面部表情：面孔提供了一扇窗子，通过面孔，他人能够获得通往我们内心的情绪生活的通道，而我们也获得通往他人内心生活的类似通道。但是这扇窗并不是完全敞开的。在生命早期我们学会伪装或抑制我们的情绪。即使是在抑郁的时候，我们也可以微笑，在愤怒的时候看起来很平静，还可以在危险时刻摆出一副自信的面孔。

心理学家伊扎德（Carroll E. Izard）是儿童情绪发展领域的重要人物，曾提出"差异情绪理论"（differential emotions theory）（Abe & Izard，1999；Izard，2002b）。像 Ekman 一样，伊扎德认为每种情绪都有其特定的面部模式。Izard 说，人的面部表情会影响思考中的大脑"感受"到什么。例如，与微笑相联系的肌肉反应会让你意识到你很愉悦。而当你体验到愤怒的时候，生理上与愤怒相联系的肌肉唤起模式会"通知"你的大脑你正在体验的是愤怒，而并不是痛苦或耻辱。所以，按照伊扎德的说法，面部及相关神经肌肉所产生的感官反馈产生不同的主观体验，被人识别为不同类型的感受（见表 6—1）。（你可以在阅读下一段落的时候微笑或皱眉，看看这是否对你的感受有影响。）

**表 6—1　　　　　　　　　　　　　　　　　　　　十种基本情绪**

| 在他的《情绪心理学》（*The Psychology of Emotions*）一书中，伊扎德（Izard，1991，2004）阐释了跨文化研究发现的十种基本情绪的特征。因为考虑到学生的高度兴趣，伊扎德还谈及"爱"的情绪，这是一种与很多他人（父母、兄弟姐妹、祖父母、配偶、子女、朋友）关联的感受或状态，这种情绪的存在强度有多种水平（例如"我就是**爱**那首音乐/那只动物/那部车……"）。 | 兴趣 |  |
| --- | --- | --- |
| | 享受 | |
| | 惊奇 | |
| | 悲伤 | |
| | 愤怒 | |
| | 厌恶 | |
| | 恐惧 | |
| | 害羞 | |
| | 羞耻 | |
| | 内疚 | 你如何解释这些婴儿的情绪？ |

伊扎德发现，婴儿从出生那一刻开始就有强烈的感受。但在最初，他们的内部感受仅限于痛苦（distress）、厌恶（disgust）和兴趣（interest）。在他们逐渐成熟的过程中，新的情绪——每个时段有一到两种——按照一定顺序逐步发展起来。伊扎德说，情绪在生物钟中被预先设定：婴儿在大约 4～6 周时获得社会性微笑（愉悦）；在 3～4 个月时获得愤怒、惊奇和悲伤；在 5～7 个月时获得恐惧；在大约 6～8 个月时获得羞耻、害羞和自我意识；在第二年获得轻蔑和内疚。伊扎德及其同事继续研究了异常儿童的情绪表达以及发展社会性能力的干预策略（Izard et al.，2002）。

心理学家坎波斯（Joseph Campos）不同意伊扎德的观点（Campos et al.，1993）。他认为所有的基本情绪在一出生时就存在，有赖于一种预设的过程，而并不需要体验或社会性输入。坎波斯说，婴儿的很多情绪直到晚些时候才能被观察到，所以最初的情绪体验并不总是与最初的表达相一致。

无论情绪是在出生时就存在，还是在成熟的过程中才逐渐浮现，我们都知道婴儿的情绪表达在一岁之后变得更高级、更精细、更复杂（Klaus & Klaus，1998）。此外，婴儿在最初五个月中表现出一种增长的能力，能区分出不同的声音线索和面部表情，特别是愉快、悲伤和愤怒（Soken &

191

Pick，1992）。甚至更显著的是，婴儿能够日益基于对母亲的情绪表现和行为的评估来修正自己的情绪表现和行为（Klaus & Klaus，1998）。

**思考题**

不同理论如何看待情绪功能？为何婴儿情绪发展获得了更多的研究关注？基于伊扎德的广泛研究，哪些情绪是按照生物钟预先设定的？

**儿童情绪发展阶段** 儿童精神病学家格林斯潘夫妇（Stanley Greenspan & Nancy Greenspan），过去是联邦政府的健康经济学家（1985），是最早提出0~4岁典型健康儿童情绪发展模型的研究者之一。按照格林斯潘模型（Greenspans' model），儿童甚至在婴儿期起就开始主动引导和调节环境。它们的阶段和出现的时刻表见表6—2。

**表6—2** 婴幼儿情绪发展的格林斯潘模型

根据格林斯潘夫妇（1985）的观点，典型地从出生到四岁的健康儿童将被观察到展示出下列情绪性行为

| 年龄 | 情绪发展里程碑 | 观察到的行为 |
|---|---|---|
| 0~3个月 | 自我调节和对世界感兴趣 | 婴儿学会让自己平静，他们发展出对世界的多感官通道的兴趣 |
| 2~7个月 | "坠入爱河" | 婴儿对人类世界发展出一种欢愉的兴趣，忙于吮吸、微笑和拥抱 |
| 3~10个月 | 发展有意图的交流 | 婴儿与他们生活中重要的人们发展出人类的交流（例如，他们会向照看者伸出手臂，递给照看者玩具，因照看者的讲话"咯咯"发笑，喜欢藏猫猫游戏） |
| 9~18个月 | 有组织的自我感浮现 | 幼儿学会如何将情绪与行为整合，他们开始获得有组织的自我感（例如，他们会奔向回家的父亲或母亲，饥饿时会带着照看者走到冰箱旁，而不再是只会哭闹） |
| 18~36个月 | 创造情绪性想法 | 幼儿开始获得创造自己关于世界的心理意象的能力，并学会使用想法表达情绪，调节心境 |
| 36~48个月 | 情绪性思维——幻想、现实和自尊的基础 | 儿童拓展了上述能力，并发展出"表征性区分"，或者称"情绪性思维"；他们能够区分不同的感受，并理解为何与自己有关；他们还学会区别幻想和现实 |

早期依恋关系导致有意图的交流，幼儿进而获得一种连续而积极的自我感。这些早期的成就为儿童使用语言、假装游戏以及"情绪性"思维的出现奠定了基础（Hyson，1994，p.58）。格林斯潘夫妇强调，越多的消极因素干扰儿童掌握情绪性里程碑，其后期的智力和情绪发展就越可能受到威胁。

例如，在小学教育中，如果孩子的爸爸妈妈刚刚分居，孩子可能在掌握最简单的"A"、"B"、"C"方面都碰到困难。在"当前事件"的讨论中，小学年龄的孩子会表达他们对于搬入新社区的恐惧，他们对于父母再婚、继父母子女搬入的焦虑，还有对爸爸因贩毒而入狱的焦虑。他们主要的担忧具有个人化、情绪化的色彩，而很多孩子只能将它们"爆发"出来。

"格林斯潘功能性情绪评估量表"（Greenspan Functional Emotional Assessment Scale）是一个对0~5岁儿童进行早期鉴定和危机干预的心理测量鉴定工具，这一量表以及格林斯潘博士对出生到五岁的儿童典型情绪发展的进一步解释都可以在学习障碍发展跨学科委员会（Interdisciplinary Council on Development and Learning disorders）的网站上找到（www.icdl.com）。

**情绪表达的稳定性** 伊扎德及其同事还发现了证据证明儿童的情绪表达具有连续性，或称"稳定性"（Abe & Izard，1999）。孩子在与母亲短暂分离时所产生的悲伤程度，能够预测该儿童在六个月后显示出的悲伤程度。而当孩子在2~7个月间接种时所显示的愤怒程度，能够预测该儿童在19个月大时所显示的愤怒程度（Izard & Malatesta，1987）。婴儿期晚期的情绪表达还能够预测学龄前其母亲对其所评定的人格（Abe & Izard，1999）。

伊扎德并不否认，在某些测量中，学习条件和体验修正了孩子的人格。例如，母亲的心境会影响到其婴儿的感受和行为（DeHaan et al.，2004）。当九个月大的婴儿的母亲表现出悲伤的表情时，她的孩子通常也会表现出相同的面部表情，并且比母亲高兴的时候更少地投入到精力旺盛的游戏中。伊扎德认为，"情绪发展的交互作用模型很可能是正确的。生物性提供了某个起点、某种限制，但是在这些限制内部，婴儿一定受到母亲的心境和情绪的影响"（quotedby Trot-ter，1987，p.44）。

事实上，很多父母养育的社会化过程直接指向教给孩子如何调整他们的感受和表达行为，以适应文化规范。一些研究发现，婴儿和幼儿在情绪自我调节方面会遭遇很多困难（Eisenberg et al.，1998）。另一些研究表明，四岁的儿童通常能够调节自己的情绪，这有赖于父母或照看者与其进行互动，还有赖于对这些情绪表达所期待的结果（Kochanska，2001；Zeman et al.，1997）。

## 情绪智力

当孩子处于 1～2 岁时，他们在认知上正在从感觉运动阶段向前运算阶段转换，这时他们开始获得象征性功能，这是自我意识情绪、新的应付和自我调节技能浮现之时（Vondra et al.，2001）。

**情绪智力**（Emotional Intelligence，EI）是由 John Mayer 和 Peter Salovey（1997）在十年前首先提出的概念，Daniel Goleman（1995）将其推广普及，在过去十年中产生了广泛的公众魅力和数量可观的研究成果。EI 也被称为"情绪智商"（EQ）或"情绪智力商数"（EIQ），包括能够激发自己的能力，在挫折面前坚持不懈的能力，控制冲动并延迟满足的能力，共情、希望和调节心境以便让痛苦不至于湮没自己思考的能力（Goleman，1995；Mayer，Ciarrochi & Forgas，2001）。关于 EI 的研究"广泛应用于临床心理病理学、教育、职场人际关系、卫生与金融事业以及健康心理学领域"（Mayer et al.，2001）。

随着人类大脑的进化，作为情绪中枢的边缘系统，在脑干之上发展起来。脑干控制诸如血压、睡眠/醒觉循环和呼吸作用等基本生命过程。继续的进化在边缘系统上边，围绕着边缘系统产生了大脑皮层。大脑皮层使我们能够思考、记录感觉，分析、解决问题，预先计划。边缘系统是脑干和大脑皮层的"中介"或"转换站"。

设想你在阅读这一段的时候很疲惫。按照"自下而上"的顺序，脑干记录身体很疲乏，要求睡眠，并将这些信号传递给边缘系统。边缘系统与皮层交流疲倦或烦躁的"感受"，这是在大脑中的决定的制造者。皮层感知到这些"感受"，并决定继续这一任务，还是停下来去睡觉。边缘系统是脑干和大脑皮层之间的媒介。

或者再设想你在开着收音机开车。按照"自上而下"的顺序，你的大脑皮层"听到"汽车收音机里传出一首熟悉的节奏欢快的歌曲。大脑皮层就扣动了边缘系统中愉快和兴奋情绪的扳机，边缘系统进而向更低级的脑干传递信息，在你哼唱的时候增强脉搏和呼吸。

新的扫描、影像和诊断方法能够像绘制功能那样绘制加工过程的地图，因而日益揭露出关于神经通路的新信息。我们曾经认为感官系统直接向大脑皮层的特定脑叶发送信息，然后再发送到边缘系统进行加工，以进行情绪性解释和反应：我们感觉，然后思考，然后感受，然后反应。然而神经科学的最新发现告诉我们，我们感觉，然后感受，然后几乎同时对我们正在体验到的内容进行反应和思考。这再次证明了当人们处于生命受到威胁的情境时，人们只是为保护性命做出反应，然后才去思考身处的情境，就像在 2001 年 9 月 11 日联邦航线 93 号机撞毁世贸大厦的灾难中那样，我们看到很多消防员和警官牺牲自己的生命来挽救他人。

从边缘系统到前额叶（解释和调节情绪信号）的正常神经通路对于有效的思维至关重要。从边缘系统杏仁核到前额叶皮质的强烈情绪信号（例如在儿童虐待中会发生的持续的惧怕和恐惧）能够使儿童的智力能力产生缺陷（deficits），削弱其

193 学习的能力（Izard et al.，2001）。我们对这一效果非常熟悉。当我们情绪低落（例如工作上出现了意料之外的结果）时，或者情绪过度喜悦（例如中了彩票）时，我们可能会说："我简直不能认真思考！"

强烈情绪所导致的智力缺陷可能表现在儿童的持续躁动和冲动性中。一项研究对小学中 IQ 达到平均数以上但在校表现很差的男孩们进行了神经心理学检查，发现这些男孩的前额叶皮质功能受损（Goleman，1995）。他们冲动行事、焦躁不安，在课堂上制造混乱，所有这些都显示了前额叶皮质对边缘系统的刺激在控制方面的问题。这些孩子日后将在学业失败、酗酒以及犯罪方面存在最高风险，因为他们的情绪生活是受损的。"这些情绪环路被童年经验所塑造，而离开这些经验就令我们彻底陷入危险之中"（Goleman，1995，p.27）。神经学家和大脑研究者假定，典型情况下，感受是理性决定必不可少的条件（Adolphs & Damasio，2001；Goleman，1995）。

"在某种意义上，我们具有两个大脑，或者说两套心智——也就是说完全不同的两种智力：理性的（rational）（由标准 IQ 来衡量）和情绪性的（emotional）。我们怎样生活取决于双方——并不仅仅是 IQ 在起作用，情绪智力同样重要。事实上，智力不可能在缺乏情绪智力的情况下发挥出最佳水平"

（Goleman，1995）。哈佛大学的心理学家加德纳（Howard Gardner，1983，1993b）在《心理结构》（Frames of Mind）一书中提出了多元智力的理论（参见第 8 章），其中就包括情绪智力。

**人际智力**（Interpersonal intelligence）是理解他人的能力：什么推动着他们，他们如何做事，如何与他们合作。成功的推销员、政治家、教师、临床医生以及宗教领袖很可能都具有高水平的人际智力。**内心智力**（Intrapersonal intelligence）是一种相关的能力，转向内心。这是一种将自己形成准确而真实的模型的能力，并能够使用这一模型在生活中有效地运作；有很多证据表明，善于在情绪上阅读他人感受并能对此做出反应的人非常具有优势（Gardner，2002）。支持 EI 概念的研究者声称，这些关键的能力应该被儿童所学习和改善，特别是当我们希望减少美国社会中青少年的攻击行为和成人的暴力时，这一点尤为重要。

**思考题**

格林斯潘夫妇提出的婴儿情绪发展的几个里程碑是什么？我们能够从婴儿早期的情绪表达预测出一个孩子的情绪稳定性吗？婴儿的哪些行为与情绪智力有关？

## 依恋

**依恋**（attachment）是一个个体与另一个个体之间形成的情感联结，能够跨越时空而经久不衰（Ainsworth，1992，1993，1995；Klaus & Klaus，1998）。行为中表达出的依恋促进了亲近与联系。婴儿的这类行为包括靠近、跟随、依附以及发出信号（微笑、哭泣和呼唤）。通过上述活动，儿童展示出某个特定人物是重要、令人满意且有回报的。一些作者把这种原发的社会性反应格局称为"依赖"，而非专业人士通常把它称为"爱"。

**什么是依恋过程？** Schaffer 和 Emerson（1964）对 60 个苏格兰婴儿进行了研究，通过考察他们生命最初的 18 个月，研究了依恋的发展过程。他们确定了婴儿社会性响应发展过程中的三个阶段：

● 在生命最初的两个月中，婴儿被周围环境中的所有内容唤起。他们从人类和非人类刺激中等同地寻找唤起物。

● 大约三个月左右，婴儿显示出无差别的依恋。在这个阶段中，婴儿变得把人类作为一般性刺激类群来响应。他们抗议任何人撤回关注，无论此人是熟悉的人还是陌生人。

● 当婴儿七个月左右时，他们显示出特定依恋的信号。他们开始展示出对特定人物的偏好，并在接下来的 3~4 个月当中，日益付出更多的努力以接近这个依恋对象。

儿童何时出现特定的依恋，在这方面有非常大的差异。在 Schaffer 和 Emerson 研究的 60 个婴儿中，一个在 22 周时就表现出特定的依恋，而有两个直到一周岁生日过后才表现出来。跨文化差异在这一发展过程中同样起到了一部分作用（Van IJzendoorn & Sagi，1999）。

安斯沃斯（Mary Ainsworth）发现，乌干达的婴儿在大约六个月时表现出特定依恋——比 Schaffer 和 Emerson（1964）研究的苏格兰婴儿大约提前一个月。类似地，研究发现危地马拉婴儿的分离抗议早于美国婴儿（Lester et al.，1974）。研究者将乌干达和危地马拉婴儿的早熟归因于文化因素。乌干达婴儿在绝大多数时间里都与他们的母亲有亲密的身体接触（他们被绑在母亲的后背上），很少与母亲分离。在美国，婴儿在出生后不久就被安置在自己的房间中。这样的分离在危地马拉是不为人们所知的，因为那里绝大多数乡下家庭都生活在只有一个房间的棚屋中。近期对于哥伦比亚母亲和婴儿的一个小样本研究的结果支持安斯沃斯依恋理论的概念（Posada et al.，2004）。

194

**培养安全的母婴依恋**
亲密的接近与接触提升了个体之间的情感联结。跨文化差异在依恋的发展中起着某种作用。

Schaffer（1971，1996）认为，分离抗议的出现与儿童客体永久性的发展水平直接相关。社会性依恋有赖于婴儿区分母亲和陌生人的能力，还有赖于他们认识到母亲即使在看不到的时候也存在的能力。第 5 章中列出的皮亚杰认知理论的术语中，这些能力在感觉运动阶段才出现。事实上，Silvia M. Bell（1970）发现，在某些情况下，**个人永久性**（person permanence）的概念——也就是说某个人的存在不依赖于知觉上的可见性——可能在儿童获得客体永久性概念之前就出现了。其他研究者的研究也证实了儿童对父母离开的抗议与其认知发展水平有关（Kagan，1997；Kagan，Kearsley & Zelazo，1978；Klaus & Klaus，1998）。

**依恋是怎样形成的？**　　心理学家提出了关于依恋的起源或决定因素的两种解释，一种是基于生态学（ethological）观点，另一种基于学习论（learning）观点。精神分析取向的生态学家约翰·鲍尔比（John Bowlby，1969，1988）指出，最好在达尔文进化论的视角下来理解依恋行为所具有的生物基础。对于人类物种，要在延长的婴儿期未成熟且脆弱的状态下存活，母亲和婴儿都被赋予一种先天的倾向，倾向于彼此接近。当人类以小规模的游牧群落生活时，这种互惠的联结发挥着保护婴儿免受食肉动物袭击的功能性作用（Bowlby，1969，1988）。

根据鲍尔比的观点，人类婴儿在生物上具有预适应性，预设了一组行为准备被环境中适宜的"诱发因素"或"释放刺激"所激活。例如，用来抚慰和平静不适的、吵闹的婴儿的亲密躯体接触——特别是拥抱、爱抚和摇动。事实上，婴儿的哭闹确实迫使养育者注意他，而微笑在很大程度上也达到了同样的目的（Spangler & Grossmann，1993）。Rheingold 观察到：

> 像听到哭闹很让人心烦一样，看到微笑又是一种回报。这对于目睹者有一种安抚和放松的效果，使得他也开始微笑。这种对于照看者的效果绝不夸大。父母普遍报告说，因为有了微笑，孩子变成了"人"。因为有了微笑，他还将被当成一个个体，在家庭中获得一个成员的地位，并在家人的眼中获得了人格。进而，母亲自发地相信婴儿的微笑使得

对他的付出是值得的。简而言之，婴儿学会了使用社会领域的表达方式。当他大一点时，具有更高的能力和判断，识别的微笑将出现；这种伴随着发声和拥抱的愉快反应是保留给照看者的。（Rheingold，1969a，p. 784）

吮吸、依附、呼唤、靠近和追随是促进接触和接近的另一些行为类型。从进化论的视角来看，儿童在遗传上预先设定了社会性世界的程序，而"这种感觉从一开始就是社会性的"（Ainsworth，Bell & Stayton，1974）。父母这一方则在遗传上预先倾向于对婴儿的行为进行互补性反应（Ainsworth，1993；Ainsworth et al.，1979；Klaus & Klaus，1998）。婴儿纤小的身躯、特殊的身体比例以及幼稚的头颅形状显然促发了父母的照料（Alley，1983）。一个近期的基因和环境对依恋的影响分析是在英国和荷兰的双胞胎被试中进行的。结果显示在亲子依恋行为中遗传是一个次要变量（Bokhorst et al.，2003）。

鲍尔比是第一个使用"母亲剥夺"这一术语的学者，他用这个词来反映不恰当养育的毁灭性后果。他的理论对于改变医院制度方面有所帮助，医院开始允许父母对生病的孩子进行陪护和亲密照料，以帮助改善其治疗效果（MacDonald，2001）。

195　与鲍尔比的观点相反，学习论者将依恋归因于社会化过程。根据 Robert R. Sears（1963，1972）、Jacob L. Gerwitz（1972）、Sidney W. Bijou 与 Donald M. Baer（1965）等心理学家的观点，母亲起初对孩子来说是一个中性的刺激。当她喂养、温暖、擦干和搂抱她的婴儿时，她带来了奖赏的特性，并降低了婴儿的痛苦和不适。因为母亲与满足婴儿需求相联系——她单纯的物理在场（她说话、微笑、做有情感的手势）本身也变得有价值。简言之，依恋发展起来。

学习论者强调依恋过程是一条双向通路。母亲也将对自己能终止孩子剌心哭喊的能力感到满意，同时这也能减轻她自己因这令人头疼的声音所带来的不适。同样，婴儿向他们的照看者回报以微笑和咕哝声。所以，按照学习论者的观点，社会化过程是互惠的，并源自相互的满意和强化的关系（Adamson，1996）。

**预先设定促成养育行为？**

著名的生态学家康拉德·洛伦茨（Konrad Lorenz）认为，人类在基因上预设了养育行为的程序，而照料技术被"可爱"所唤起。当洛伦茨将人类婴儿与小鸡和小狗比较时，他注意到它们好像都展示出一系列相似的刺激征象，能够唤起养育反应。显而易见，短短的脸、突出的额头、圆圆的眼睛以及丰满的脸颊，都激起了养育感觉。婴儿还向照看者回报以微笑和咕哝声！

**依恋的对象是谁？**　在对苏格兰婴儿的研究中，Schaffer 和 Emerson（1964）发现母亲是最常见的第一个特定依恋对象（在65%的个案中）。然而，5%的个案的第一个依恋对象是父亲或祖父母。而30%的个案的最初依恋同时发生于母亲和另一个人之间。此外，儿童依恋对象的数量也迅速增长。到18个月时，仅有13%的婴儿只对一个人表现出依恋，而大约1/3的婴儿都有五个以上的依恋对象。事实上，最初形成的依恋概念过于狭隘（Bronfenbrenner，1979）。因为婴儿也正在与他们的父亲、祖父母以及兄弟姐妹形成关系，这些心理学家认为理论和研究的焦点应放在关系网络上，即与重要他人之间的联系网（Stern，1985）。

**依恋的功能是什么？**　有生态学背景的心理学

家指出，依恋在保障婴儿存活方面具有适应性价值。它促进了无助的、依赖的婴儿与保护性的照看者之间的接近性。但依恋同时也培养了社会性和认知性技能。在一项对跨国收养儿童的纵向研究中，早期母婴互动和依恋的质量能够预测后来的认知的和社会情绪的发展（Stams, Juffer & Van IJzendoorn, 2002）。根据这一观点，有四组互补系统调节儿童的行为与环境（Lamb & Bornstein, 1987）：

● 依恋行为系统引导发展和维持与成人的接近和接触。

● 恐惧—警惕行为系统鼓励小孩回避可能成为危险源的人、物品和情境；这一系统常被称作"陌生人警惕"，我们将在这一章后半部分进行讨论。

● 一旦警惕反应减退，接纳行为系统将鼓励婴儿与其他人类成员进入社会关系。

● 探索行为系统为婴儿提供安全感，让他们在信任并值得信赖的成人的陪伴下知道自己是安全的，可以探索环境（Jones, 1985）。

## 气质

儿童情绪表达的连贯性与不连贯性的问题总是将研究者引向婴儿气质的问题，特别是儿童气质的差异性问题。一般来说，儿童自己的人格和气质是情绪和社会联结成功发展的潜在因素。这类联系对于自闭症或有弥散性发展障碍的儿童来说可能很困难，因为他们缺乏理解社会性线索的能力（Izard, 2001）。（参见本章"进一步的发展"专栏中《自闭症发生率的上升》一文。）

**气质**（temperament）指的是相对一贯性的、基本的脾气，对于人类的很多行为具有基础和调节作用。发展心理学家经常研究的气质的品质对于父母来说显而易见。气质包括兴奋性、愉快心境、容易被安抚、运动活跃性、社交性、警惕性、适应性、觉醒强度、觉醒状态的规律性以及拘谨性（Chess & Thomas, 1996; Goldsmith, 1997; Kagan, 1993）。

例如，像我们在第 2 章中提到的那样，凯根（Jerome Kagan, 1997）发现一些儿童天生有一种倾向，或称"易感性"，当面对陌生人或陌生情境时倾向于表现得非常拘谨，而另外一些儿童则不然。这种差异在他们长大后仍然持续存在，并产生不同的社会性结果。在第一天上学时，拘谨的儿童就倾向于待在活动的外围，安静地保持警觉，而不拘谨的孩子总是在微笑，并渴望接近其他孩子。

在美国文化下，不拘谨的人通常比拘谨者更受欢迎，而拘谨的孩子通常会受到来自父母和他人的压力，要使他们变得更开朗些。凯根认为这种偏见令人遗憾。他认为我们应该在合理范围内为孩子提供一种尊重个体差异的环境。尽管不拘谨的儿童可能成长为受欢迎的成人，但拘谨的儿童也可能投入更多的精力在学习上，如果他们能够进入看重学业成就的教育环境，他们可能成长为有才华的知识分子。凯根注意到，尽管美国人在努力促使拘谨的孩子朝向不拘谨不胆怯的一端发展，但另外一些文化，例如中国和日本，则倾向于认为无拘无束的行为是失礼和不合时宜的。

**气质的个体差异**　托马斯（Alexander Thomas）及其合作者对 200 多名儿童进行了研究，得出了与凯根很相似的结论（Thomas & Chess, 1987; Thomas et al., 1963）。他们发现婴儿在生命最初几周就显示出气质方面的个体差异，与他们父母如何对待他们以及父母的人格特点均无关。托马斯将气质视为行为的风格成分——即行为是如何进行的（how），而不是行为的原因（why，动机），也不是行为是什么（what，内容）。托马斯命名了三种最常见的婴儿类型：

困难型婴儿：这一类型的婴儿经常哭闹，有时暴怒，吃新的食物时会吐出，洗脸时尖叫扭动，进食和睡眠不规律，很难安抚（10% 的婴儿属于困难型婴儿）。

慢热型婴儿：这一类型的婴儿活跃水平较低，适应很慢，倾向于退缩，似乎处于某种程度的消极情绪状态，在新的环境中很警惕（15% 的婴儿属于慢热型）。

容易型婴儿：这一类型的婴儿通常具有开朗、欢愉的天性，对于新的作息、食物和人群都能很快地适应（40%的婴儿属于容易型）。

剩下35%的婴儿显示出混合型特征，并不单纯属于任何一种分类。托马斯和切斯（1987）还发现，所有婴儿都拥有气质的九项成分，在出生后很快会显现出来，并在进入成年期时都保持相对不变（见表6—3）。

### 思考题

关于婴儿依恋如何发生以及依恋在生命最初几年的功能，有哪些不同观点？照看者在这一重要过程中扮演什么角色？婴儿自己的气质以什么方式起作用？

**表6—3        气质的九项内容**

**活跃水平**：活跃时段和不活跃时段的比例
**节律性**：饥饿、睡眠、排便的规律性
**随境转移**：外来刺激引起行为改变的程度
**接近/退缩**：对新的人或物的反应
**适应性**：儿童适应变化的容易程度
**注意的广度和持久性**：儿童从事一项活动的时间长度，以及是否容易分心
**反应强度**：反应的能量
**响应阈值**：唤起响应所需要的刺激强度
**情绪质量**：愉快、友好行为的数量与不愉快、不友好行为数量的比例

197  **进一步的发展**

#### 自闭症发生率的上升

**自闭症**是一种复杂的、毕生的发展性障碍，通常出现于生命的最初三年中，它是一种神经障碍，影响了社会互动和交流技能领域的正常的脑部发育 [Autism Society of America（ASA），2005]。自闭症是被归于弥散性发育障碍（pervasive developmental disorder，PDD）这一类群中的五种障碍之一。它属于神经障碍，特点是"在若干发育领域的严重和普遍受损"（DSM-IV-TR，2000）。自闭症谱系障碍（Autism spectrum disorder）意指在每一个领域内的受损程度都处于一个从轻度到重度的连续体上。一个孩子可能有交流和社交方面的缺陷，感官灵敏，行为和情绪控制方面有困难，异常的运动和重复性行为，依恋于客体，对改变有阻抗。罹患自闭症的个体往往在言语和非言语交流、建立关系以及娱乐和玩耍方面有困难。他们通常需要一个持续不变的照料监督，而这在家庭中往往难以实现。

Leo Kanner 医生首先在 1943 年描述了自闭症儿童，但是很多人，包括医学、教育和职业工作者，仍然没有意识到自闭症如何影响人们，以及如何有效地治疗自闭症患者。与公众信念形成对照的是，很多自闭症儿童可以进行眼神接触，展现情感，表现不同的情绪，尽管程度有所不同（ASA，2005）。尽管每个有自闭症的人都是一个独特的个体，有着其自身的人格，但仍有一些自闭症患者所共有的特点。美国自闭症学会指出，罹患自闭症的人可能显示出如下特点（从轻度到重度）：

- 抗拒改变
- 表达需求很困难；使用手势或指示代替词汇
- 重复词汇或短语代替正常的、响应式的言语
- 因为一些对他人来说不明显的原因大笑、哭叫、显示出痛苦
- 倾向于独处；回避的举止
- 发脾气
- 很难与他人合群
- 持续不变的奇怪游戏；旋转物体
- 可能不喜欢拥抱或被拥抱
- 没有或较少有目光接触

- 对于正常的教导方法没有反应
- 对于物品的不恰当的依恋
- 对于疼痛明显地过于敏感或过于不敏感
- 对于危险没有真正的恐惧
- 身体方面显而易见的过度活跃或过度不活跃
- 粗/精细运动技能不均衡
- 对言语线索没有反应；虽然他们听力正常，但表现出的行为就好像他们听不见一样
- 感官可能过度活跃或过度不活跃

### 什么引发了自闭症？

自闭症谱系障碍的病因现在还是未知的，但是很多理论正在探索。通常被接受的是，自闭症患者大脑的外形和结构方面与非自闭症儿童有所不同（ASA，2005）。研究者正在寻找形质遗传、基因遗传以及医学问题之间的联系。在一些家庭中，好像有一种有遗传基础的自闭症模式，尽管还没有哪条或哪些基因被明确。例如，当前自闭症数据显示，同卵双生子的共病率接近90%（Blaxill，2004）。遗传疾病发生率并不在某一代中突然改变，但是自闭症的发生率在过去十年中却发生了引人注目的上升（见图6—1）。

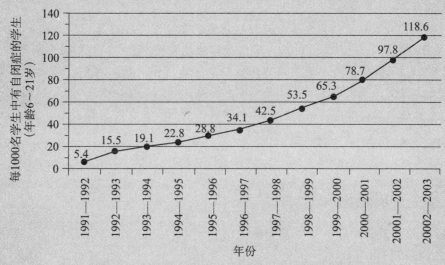

图6—1　美国学校诊断为自闭症的儿童（1991—2003）

自闭症是最普遍的消极发展障碍，每166个儿童就有1个患有该症（AAP，2004）。美国自闭症的比例从每年小于6%的到以10%～17%的速度增加。在自闭症中，男性占70%（Kurtz et al.，2003；U. S. Department of Education，1999）。

来源：U. S. Department of Education Annual Reports to Congress（IDEA）. In Yazbak, F. E.（2003，Winter）. Autism in the United States. *Journal of American Physicians and Surgeons*, 8（4），103—107.

学者们正在探索有关自闭症的理论，关于怀孕或分娩时的问题，还有病毒感染、新陈代谢不均衡以及环境中的化学物质影响。最近发表的研究发现，与正常健康的儿童相比，在自闭症儿童身上存在一种独特而一贯的代谢不均衡（James et al.，2004，2005）。在一些有特定医学疾病——包括脆性X染色体综合征（fragile X syndrome）、结节性脑硬化（tuberous sclerosis）、先天性风疹综合征（congenital rubella syndrome）以及苯丙酮酸尿（phenylketonuria，PKU）——的患者身上，自闭症倾向于更经常发生（ASA，2005）。

牛痘疫苗与自闭症之间的关系持续在辩论中。一些研究正在探索牛痘疫苗所包含的硫汞撒与自闭症之间的关系，包括CDC正在承担的一项研究（Verstraeten，2004）。大量过时的理论已被抛弃：

自闭症并不是由糟糕的养育引起的，也不是一种精神疾病。还没有已知的儿童发育中的心理因素显示会引发自闭症。

**如何诊断自闭症？**

没有哪种医学检查能够显示自闭症的存在，自闭症的诊断是基于某些特定行为的存在或缺失。因为很多与自闭症有关的行为也在其他障碍中出现，多种医学检验可能被用于排除或明确其他潜在的原因。任何被怀疑可能罹患自闭症的孩子都应该由多位受过训练的专家所构成的"多学科小组"（multidisciplinary team）所评估，包括儿童心理学家或精神病专家、言语病理学家、受过感觉统合训练的作业治疗师，以及发展儿科医师或儿科神经医师等其他专业人士。

**治疗自闭症的有效方法**

诊断低龄儿童的自闭症谱系障碍是非常必要的，因为治疗越早开始就越可能有效。从出生到三岁的被诊断为自闭症的儿童可以获得早期干预服务，而超过三岁的孩子将通过学区获得服务。多种类型的治疗可用于自闭症儿童，包括应用行为分析、听觉整合训练、饮食干预、音乐治疗、包括感觉统合在内的作业治疗、躯体治疗、言语/语言治疗、TEACHH（Treatment and Education of Autistic and related Communication Handicapped Children）计划、视觉治疗以及关系发展干预计划等，治疗方法还不仅限于上述类型。

2003年，美国自闭症学会估计治疗150万自闭症患者的花费每年是900亿美元，到2010年将上升至2 000亿～4 000亿美元（ASA，2003）。除了治疗的经济代价之外，自闭症影响整个家庭，家庭必须为他们所爱的这个罹患自闭症的人提供照料。我们正活在一个时代，可供利用的处置和治疗比几年前更多。很多父母、医生、研究者和教育者每天都在努力工作，来发现自闭症的病因和可能治愈的方法；他们获得了一些进展，自闭症患者的生活也正在随着这一领域日新月异的变化而得到改善。

# 人格发展理论

在过去的20年中，很多家庭中家庭结构和稳定性的变化都促进了一种不断增加的紧迫感，使得在个人和社会层面上都要发现"最佳"的教养方式，提升所有婴儿和儿童的最健康的情绪—社会性发展。因为更多的父母成为单亲抚养者，或者工作过度、长期压力、过劳、抑郁或不健康，很少有时间或精力恰当地喂养、刺激或保护婴儿和小孩。

在当代美国社会，家庭暴力、长期忽略以及虐待儿童的报告屡见不鲜，高达25％的成人本身在童年时就是受害者（Cohn，Salmon & Stobo，2002）。"童年心理社会性失调……已经成为众所周知的最为普遍、长期的儿童和青少年疾病"（Jellinek & Murphy，1999a）。

因此，如果你是或准备成为健康、教育、心理以及人类服务的职业工作者，那么你将在确保处于危险的儿童及其父母获得他们所需要的帮助方面起到重要作用（Cohn，Salmon & Stobo，2001）。所以，接下来我们将回顾过去一个世纪中所提出和研究的主要人格理论。这些理论整合了促进每个孩子健康自我感的抽象概念，包括情绪性发展、亲密依恋的作用、自我意识感、自我调节和自我控制、个人气质以及不断成长的社会性理解感觉（关系、学习合作、遵从行为限制、与他人共情以及处理挫败和冲突）。

在20世纪早期，精神分析和心理社会科学家开始聚焦于在婴儿期和童年早期健康情绪发展的长期发展性影响。后来，行为和认知理论开始出现。而近期，还有学者提出了生态理论（Thomas，Chess & Birch，1970）。

199

## 精神分析观点

在 19 世纪末 20 世纪初，西格蒙德·弗洛伊德强调婴儿期和童年期的早年经历在形成成人人格方面起着重要作用，革新了西方关于婴儿期的观念（参见第 2 章）。弗洛伊德的核心思想是成人神经症（neurosis）根植于童年冲突，而童年冲突与诸如吮吸、排便以及自我张扬和快感这些本能性需求的满足有关（Freud，1930/1961）。在过去的 70 年里，弗洛伊德的观点对美国的儿童养育实践产生了重要影响。根据弗洛伊德派的观点，能够产生在情绪上健康的人格的婴儿照料系统应包括哺乳、延长的看护期、逐渐的断奶、根据自己需要而定的喂养时刻表、推迟并耐心的排便训练以及避免过度惩罚。

很多儿科医生、临床心理学家和家庭咨询师都接受了弗洛伊德派理论的主要宗旨，特别是通过后来的斯波克（Benjamin Spock）博士最初于 1946 年出版（最新版发行于 1998 年）的畅销书《婴儿和儿童照料》（Baby and Child Care）而广为人知。经过很多修订和改版，据说该书已经被译为 39 种语言在世界范围内出版发行，并成为发行量仅次于《圣经》的书籍。

弗洛伊德强调，如果婴儿没有被允许获得持续养育，从乳房或奶瓶中进行吮吸，直到他们在身体上准备好并有动机从杯子里边喝水，那么他们将"固着"于口欲期。同样，斯波克博士提出在婴儿期执行一种由需要而定的养育时间表，而不是由儿科医生决定的每两个小时喂养一次的刚性时间表。他极力主张父母拥抱婴儿，给予能够使他们更快乐更安全的情感。儿科医生和其他专家在 WWW. DrSpock. com 这一网站上继承着斯波克博士的遗产。

很多心理学家，特别是受弗洛伊德派思想影响的心理学家，认为儿童的人际关系（特别是与母亲之间的关系）在早年极其重要，并将成为其日后人际关系的原型。从这种观点出发，某人人际关系的特性、成熟度和稳定性源自于其早年的情绪—社会性生活联结。精神分析治疗的目标是使用治疗性技术发现并讨论童年早期的任何创伤性事件，它们隐蔽于病人的潜意识当中，并可能导致病人的人格困扰。

然而，精神分析研究很少带来实证性的研究发现，而是更多依赖于个案研究和观察记录。Sewell 和 Mussen（1952）在一项对于儿童养育实践的大规模研究中发现，小学生在婴儿期获得的养育类型与诸如咬指甲、吮吸拇指以及口吃等口欲期症状之间没有联系。今天，很多心理学家认为，儿童具有相当的心理弹性，而并不像弗洛伊德所认为的那样那么容易被创伤事件和情绪压力所损伤（Werner，1990）。父母也无法期待通过给孩子灌输爱，就能够让他们抵御未来的任何困难、灾难、痛苦和心理疾病。

## 心理社会性观点

像我们在第 2 章中提到的那样，埃里克森主张婴儿期的关键任务，**口唇感觉阶段**（oral-sensory stage），如果照看者在喂养婴儿的时候响应及时并且稳定可靠，婴儿便可以发展出对他人的基本信任。他认为，在婴儿期，儿童学会世界到底是一个好的、令人满意的地方，在这里需求能够被他人所满足，还是不适、挫败和痛苦的来源。如果儿童的基本需求得到真诚而敏感的照料的满足，儿童便发展出对人的"基本信任"以及自我信任的基础（一种"良好"和完整的自我感）。

在埃里克森的观点中，婴儿第一个社会性成就是自发地让母亲离开视线范围，而不至于过度焦虑或愤怒，因为"除了外部可预见性之外，她已经成为一个内部确定事实"（Erikson，1963，p. 247）。心理社会性心理学家高度强调解决渐进冲突对于健康的情绪和社会毕生发展的重要性。

## 行为（学习）观点

20 世纪初的约翰·华生（John Watson）以及后来的斯金纳的严格行为主义（也称学习理论）在 20 世纪 40 年代到 50 年代实质上将情绪研究排除在行为科学课程之外。华生声称，他可以将一打健康的婴儿打造成任何他想要他们成为的样子。行为主义者承认婴儿被赋予了先天的情绪（包括恐惧、愤怒和爱），然而他们并不关心儿童的潜意识或内心感受。他们更关注于通过可观察的行为显示出的情绪外部表现，然后奖励"适宜的"行为或消灭"不适宜的"行为。

通过敏锐的观察和奖励与惩罚系统，儿童的行为能够得以塑造或控制。强化时间表、暂停以及其他行为技术被用于创造希望的行为和情绪表达模式。绝大多数童年早期教育项目都遵循传统行为主义理论的原则，而并没有优先考虑情绪发展（Hyson，1994）。通过掌握特定的学业和自我调节技术，儿童被假定获得了积极的感受和自信。

## 认知观点和信息加工

自 20 世纪 60 年代以后，更多发展心理学家和认知心理学家将研究聚焦于认知发展的成分和阶段，皮亚杰关于儿童认知发展的著作遗产是其基础。大批儿童心理学家和神经科学家将注意力投向儿童如何进行推理和问题解决，以婴儿的感官刺激体验开始。过去他们把情绪视为次要的，只有当它干扰到理性思考，或以心理疾病的方式不正常地表达时，才对它感兴趣。

然而，在过去大约十年中，情绪研究的一个更新的兴趣在于，纠正人类发展的行为或认知的主导观点。在这一过程中，信息加工研究者和心理学家开始抛弃人类作为简单的"刺激—反应黑箱子"或"思维机器"的意象（Goode，1991；Kagan，1993）。当代理论试图检验将情感（情绪）与思维和行为联系起来的认知、信息加工机制（Mayer，Ciarrochi & Forgas，2001）。

在美国和其他国家行为与情绪问题日益普遍的情况下，儿童情绪健康方面的跨文化研究攀升，儿科医生比以往任何时候都更加关注识别和治疗情绪和/或心理受损的儿童。因为大约有 13% 的学前儿童和 12%～25% 的美国学龄儿童表现出心理社会问题，很多儿科医生认为"儿科症状检查表"（Pediatric Symptom Checklist，PSC）应当成为儿童健康检查的一部分（Jellinek & Murphy，1999b）。PSC（图 6—2）的设计能反映父母对其子女的心理社会功能的看法。近期美国儿童全国性的一个样本调查结果表明，生活在贫困家庭、单亲家庭、有心理疾病家族史，或生活在这样的看护下的儿童在行为/情绪方面有很高的发病率。

## 生态学观点

布朗芬布伦纳的生态学理论（1997）假设，多种环境影响——从儿童的家庭、学校和社区经历到全球经济力量——都对儿童的情绪和社会性发展有贡献（参见第 2 章）。家庭的核心、兄弟姐妹、单亲父母、祖父母、继父母、同居伴侣或主要养育者无疑具有最主要的影响，至少是原初的影响。像我们已知的那样，很多小孩还会上托儿所或学前班，这意味着老师和照看者每天也会对孩子施加几个小时的影响。社区中是否拥有高质量的儿童照料、低成本的营养配餐项目以及低成本的儿童卫生保健直接影响到每个儿童的发展。社区的职业机会能够塑造或毁坏家庭——代价可能是某种严重疾病。

国家立法者制订的政策也将影响地方上为家庭提供的服务，特别是教育和继续教育项目、居住和卫生保健。联邦政府为保护经济稳定因而向

## 儿科症状检查表（PSC）

201　　情绪和躯体健康对儿童来说是一体的。因为父母首先注意的往往是儿童的行为、情绪或学习问题，你可能可以通过回答下列问题帮助孩子获得最佳照料。请画出哪个陈述最适合描述你的孩子。

**请在每个项目后标记出关于你的孩子的最佳描述：**

| | | 从不 | 有时 | 经常 |
|---|---|---|---|---|
| 1. 抱怨有疼痛感 | 1 | | | |
| 2. 花越来越多的时间独处 | 2 | | | |
| 3. 容易疲倦，精力较差 | 3 | | | |
| 4. 坐立不安 | 4 | | | |
| 5. 与老师相处有麻烦（只适用于 6～16 岁的儿童） | 5 | | | |
| 6. 对学校的兴趣减少（只适用于 6～16 岁的儿童） | 6 | | | |
| 7. 好像被一个发动机驱动一样行动 | 7 | | | |
| 8. 过多白日梦 | 8 | | | |
| 9. 容易心烦意乱 | 9 | | | |
| 10. 害怕新环境 | 10 | | | |
| 11. 感到忧伤，不开心 | 11 | | | |
| 12. 易怒，生气 | 12 | | | |
| 13. 感到绝望 | 13 | | | |
| 14. 集中注意困难 | 14 | | | |
| 15. 对朋友兴趣较少 | 15 | | | |
| 16. 和其他孩子打架 | 16 | | | |
| 17. 逃学（只适用于 6～16 岁的儿童） | 17 | | | |
| 18. 学习成绩下降（只适用于 6～16 岁的儿童） | 18 | | | |
| 19. 自卑 | 19 | | | |
| 20. 看医生但却没查出任何毛病 | 20 | | | |
| 21. 睡眠有困难 | 21 | | | |
| 22. 很多担心 | 22 | | | |
| 23. 比过去更想跟您待在一起 | 23 | | | |
| 24. 感觉他/她自己不好 | 24 | | | |
| 25. 冒不必要的风险 | 25 | | | |
| 26. 经常受伤 | 26 | | | |
| 27. 好像欢乐较少 | 27 | | | |
| 28. 行为比同龄的孩子显得幼稚 | 28 | | | |
| 29. 不守规则 | 29 | | | |
| 30. 不表现感受 | 30 | | | |
| 31. 不理解他人的感受 | 31 | | | |
| 32. 戏弄他人 | 32 | | | |
| 33. 为他/她的麻烦谴责他人 | 33 | | | |
| 34. 拿不属于自己的东西 | 34 | | | |
| 35. 拒绝分享 | 35 | | | |

总分＿＿＿＿＿＿＿＿

您的孩子有任何需要帮助的情绪或行为问题吗？　（　）否　（　）是
您希望孩子在上述问题方面得到的帮助和服务吗？　（　）否　（　）是
如果是的话，希望得到哪种服务？＿＿＿＿＿＿＿＿＿＿

**图 6—2　儿科症状检查（英语和西班牙语版）**

　　这是一个由父母填写的筛查问卷，作为常规基本保健检查的一部分，目的是可以帮助识别儿童的行为/情绪问题。描述特定行为和情绪的 35 个项目，父母评估他们的孩子在多大程度上符合每个项目，在下面这个标尺上打分：0 为不符合（据您所知）；1 为某种程度或有时符合；2 为非常符合或经常如此。对于 2～5 岁的儿童，第 5、6、17、18 题忽略不答，剩余 31 题的得分就是总分数。对于 2～5 岁的儿童，24 分及以上是临界分数。对于 6～16 岁的学龄儿童来说，28 分及以上是有社会心理损害的标志。接待护士或临床助理将计算检查表上的分数，并为后续儿科追踪所用。

大企业倾斜的分配基金决策，通常意味着诸如在父母休假外出时的儿童照料这些项目上获得的资助将减少。联邦法律既能够将家庭聚在一起，也可以通过福利激励或法律规定，强化那些在外不归的父亲，或在最小限度上导致贫困的后果变大。

在文化层面上，一个社会的观点能够影响如何看待传统核心家庭、单亲家庭、再婚家庭、同居家庭、同性恋家庭或关于家庭最小公民的健康和福利等方面的价值。尽管一些欧洲国家有关于父母休假的国家政策，对儿童早期照料进行补偿，然而美国没有这样的政策。美国国会于1993年通过了"家庭和医疗休假法案"（Family and Medical Leave Act，FMLA），授权给合格的雇员在每12个月中可以有12周的无报酬、保留工作的休假，因为特定的家庭或医疗原因，其覆盖的雇员从公共机构到雇用了50人及以上员工的私营企业。

政府和社会对于家庭影响的一个突出例子是关于家庭计划生育和流产问题的激烈辩论。美国最高法院1973年在罗伊案中规定，妇女有堕胎的权利。到2001年，全美至少进行了4 500万例合法流产（Strauss et al.，2004）。CDC报告2001年总共有85万人次，反映了自20世纪90年代初以来的显著下降。然而这些图表数据仅反映了47个州的情况（Strauss et al.，2004）。如果美国妇女报告近半数的怀孕都是非计划的、不想要的——而其中又有一半遭到流产——那么，意外怀孕在美国将继续成为与个人、社会、医疗和经济攸关的问题（Fu et al.，1998）。在国际层面上，随着更多的科学家、医疗工作者以及公民力主利用人类胚胎干细胞作为"治疗选择"和"组织替换治疗"，美国、欧洲、亚洲和澳洲关于未出生胎儿的政策、立法以及观念都将继续变化（Darnovsky，2004）。（参见第3章专栏"进一步的发展"中的《干细胞研究——是进步还是打开了潘多拉之盒？》一文）

202

**思考题**

精神分析的、心理社会性的、行为的、认知的以及生态学的各种观点关于生命早年对于健康人格发展的核心焦点分别是什么？你是否认为某种人格理论涵盖了婴儿人格发展的所有方面？解释你的观点。

# 社会性发展

## 儿童人口统计学的变化

随着我们步入21世纪，家庭结构的多样性增加，双亲家庭数量减少。相应地，美国儿童的人口学性质也在发生改变（见图6—3）。美国儿童的数量自1950年后显著增加。到2002年，儿童构成美国人口比例的25%。美国人口普查局预计，到2020年，尽管19岁以下的儿童数量会增加，但他们在总人口中所占比例会减小，因为有超过两亿人将长大成人，进入成年人口数量。因为单亲父母和职业母亲的数量高于以往任何时期，大量的家庭需要从更大范围的社区获得高质量照料、情绪培养和稳定性，以及对易感儿童的督导（Feder-al Interagency Forum on Child and Family Statistics，2004）。

**这些统计数据的要点是什么？**　你可能对自己说，谁关心图6—3中的那些数据？这对我来说毫无意义！再思考一下。你想从事什么职业？10年内你所选择的领域是否有工作？20年呢？30年呢？婴儿和学前儿童的稳固增长对你在儿童照料、学前或"提前教养"（Head Start）、儿科、护理、牙科、谈话治疗、躯体治疗、职业治疗、听力学、视力验光、儿童心理学、社会工作、精神病学以及很多社会科学专业或咨询职业的长期就业机会有着深远影响——还对于想为婴儿和儿童写书或设计软件、运动场、玩具、服装和家具的这些职业都有影响。

计划进入商业经营或管理领域的读者，应该考虑下面这些问题：你是计划为你未来的高技术员工提供工作场所的婴儿照料保险，还是你会允许更多已成为父母的员工在家里利用电脑弹性工作？你今天所付出的时间、努力和金钱应该根据你未来希望服务的对象的人口趋势来进行评估。为了那些希望从事为更大一点的少年服务的职业的读者，我们将在童年和青少年中期那一章节重新再来看这张图表。

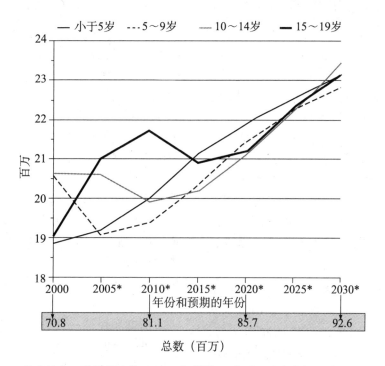

**图 6—3　儿童的人口统计学变化：2000 年美国 19 岁以下儿童人数及对 2030 年的估计**
　　注意美国人口普查局预计在未来的 25 年中 5 岁以下儿童人口稳定上升（见细黑线）。当前，儿童构成了美国人口总数的 25%。而在未来这一比例会有所下降，因为随着现在的年轻人进入成年期，美国成人人口将超过两亿。这一预计走势会对社会诸多领域产生显著影响，包括很多以婴儿、幼儿和青少年为服务对象的行业。
　　　　　　Source：U. S. Bureau of the Census. No. 13, Resident Population Projections by Sex and Age：2005—2050. *Statistical Abstract of the United States*：2003.

## 成为人类的艺术

比其他都重要的是，婴儿是社会性生物，需要通过社会化进入他们自己的人类群体。像发展心理学家 Harriet L. Rheingold（1969b，p. 781）所说的那样：“人类婴儿出生于社会性环境；他只能在社会性环境中存活下来，而从出生那一刻起，他就在这一环境中站定了这种位置。”所以，人性是一种社会性产物（Candland，1993；O'Connor & Rutter，2000；Wolff & Fesseha，1999）。

在这一章中，你已经学习了早期情绪发展和依恋的典型过程，以及它们对我们所谓的存在意识的影响。然而通过对许多孤立、失怙、被遗弃或在专门机构中遭遇严重剥夺和忽略的非典型婴儿和儿童的仔细研究，我们发现人类的社会性接触使我们真正成为“人”。而上述强烈的情绪体验往往能够对受害者造成深远的消极影响。

**早年严重剥夺的个案研究**　没有社会性互动，

人类婴儿无法学会直立行走；无法使用语言来传达需求；无法将感官刺激整合进意识经验；似乎也无法获得自我感、自我调节、理性记忆或者任何关于未来的想法。或许你已经阅读了 David Pelzer 撰写的《名叫"它"的孩子》（*A Child Called It*）这本书，或者它的续篇《迷路男孩》（*The Lost Boy*）。他关于极端的童年忽视和虐待的故事出版的时间正是专业工作者受委任被要求报告这样的受害情况之时，这样的孩子可以被移交，离开危险的环境，但是在其童年和更早的时间里，遭到忽视和虐待的儿童，例如 David，没有什么地方可去。让我们看几个著名的案例。

**长期忽视、虐待和隔绝**　当婚外生育是一件非常可耻的事情时，两个婴儿同时在美国出生了：Anna 和 Isabelle 是私生的，她们的母亲多年来一直把她们藏在与世隔绝的房间里。她们都只接受到仅够保持她们存活下来的照料。被发现时，她们都极度迟钝，几乎不能显示出人类的能力或反应。在 Anna 的案例中：

> （孩子）不会说话、走路或做任何表现智力的活动。她极端瘦弱，营养不良……完全漠然，无精打采地仰卧着，保持静止不动，面无表情，对任何事物都无动于衷。Anna 被送到一个智力发育迟滞的儿童机构，在十岁时因黄疸病变出血而死亡。（Davis, 1949, pp. 204-205）

然而，Isabelle 得到了俄亥俄州立大学专职工作者的专门训练。一周之内，她尝试了第一次发声。通过美国儿童通常进行的社交和文化学习，Isabelle 进步迅速。她在 14 岁时完成了六年级的学业，并被认为是一个合格的和适应良好的学生。Isabelle 完成了高中学业，结婚并建立了正常的家庭。报告这个案例的社会学家 Kingsley Davis（1949，pp.207-208）得出结论：

> 与世隔绝地生活到六岁，没有获得任何说话能力，也不理解任何文化意义，并不妨碍日后仍能够获得这些……绝大多数我们认为人类既有的行为并不能自发产生，而需要训练和来自他人的示范。绝大多数我们认为人类自然具有的心理特点并不会自发出现，除非与他人发生社交联系。

30 年后的 1970 年 11 月 4 日，在洛杉矶附近，一个被研究者称为"Genie"（化名）的 13 岁女孩被带到一位社工那里，社工以为她只有 6 岁，有躯体残疾和自闭症。让社工震惊的是，Genie 浑身赤裸，在过去的 11 年里，她白天被绑在一个儿童坐便器上，晚上被关在笼子里。她的父亲自从她两岁起就这样锁着她，"保护她免受外面世界的伤害"。她被禁止发出声音，家人也不准当着她的面讲话，否则她就会遭到殴打。她的卧室没有任何物品。父亲用一把荷枪实弹的猎枪控制家庭成员。

Genie 被发现时 13 岁，她非常安静，只懂得 20 个单词，会吐口水、嗅东西和抓东西。她成为密集型康复及语言和行为研究的一个被试。在一位语言学家坚持不懈的训练下，Genie 学会了事物的名字，但始终没能完全掌握英语句法（按照正确顺序说出单词，连成意义）。与心理学家/研究者共同居住了几年后，她在好几个被虐待者抚养家庭中生活。1994 年，她成为获奖纪录片《野孩子的秘密》（*Secret of the Wild Child*）的主人公。她现在居住在一个有智力发育迟滞成人的家庭中（"Donation or Coercion", 2001）。

**遗弃和情绪—社会性剥夺**　20 世纪 80 年代末，另一个四岁的孩子 John 被发现在遭到遗弃之后有严重的问题，他曾目睹他的亲生母亲被谋杀。几年后，一些乌干达妇女发现他和一群黑长尾猴生活。BBC 的一部电影《活证》（*Living Proof*）记录了一对充满爱心的传教士夫妇如何对他进行营救、教育和使其回归社会（"The Boy Who Lived with Monkeys", 1999）。John 有了显著的进步，1999 年他 14 岁的时候曾飞往美国参加残奥会的足球比赛，又飞往英国参加一个儿童唱诗班。

Bucknell 大学的心理学和动物行为学教授 Douglas Candland 是《野孩子和聪明的动物》（*Feral Children and Clever Animals*）一书的作者，他为 John 做了检查并得出结论：John 显然与动物生活了一段时间，但是我们无从知道他与动物生活了多久，动物对他做了什么。鉴于 John 学会了基本的言语技能，这就是"社会因素对获得言语具有重要意义"的证据（"Studies of Feral Children", 2001）。

**慈善机构与严重剥夺**　自 20 世纪 90 年代初起，很多研究者开始研究一些罗马尼亚婴儿的躯体、情绪、认知和社会性发展，这些婴儿起初在孤儿院中，后来被美国、加拿大和欧洲家庭所收养，总数超过十万人。1989年，随着罗马尼亚政府和经济体制的瓦解，有成千上万的罗马尼亚婴儿被遗弃到孤儿院，而大一点的孩子直接流落在大街上。这些婴儿在拥挤和缺乏物资的慈善机构中被抚养长大，被剥夺了正常的刺激，也缺乏来自任何重要养育者的培养。尽管如此，他们还是被视为"幸运儿"，因为他们至少有食物和庇护所。在过度拥挤和人员不足的孤儿院里，他们只有基本的生理需求能被满足，而他们的认知—情绪—社会性注意被严重剥夺了（Kaler & Freeman，1997）。

英国和罗马尼亚收养研究小组（*English and Romanian Adoptees Study Team*）基于纵向研究设计考察被收养的幸存者早期严重剥夺的有害后果。研究者将一些被收养的罗马尼亚儿童随机分成两组：月龄在24个月以前被收养的和24～42个月期间被收养的。比较的控制组是同一地区被更早安置、没有经历剥夺的被收养者。研究者在这些儿童4～6岁期间进行了大量评估，结果发现，剥夺时间更长的儿童在认知、社会性、躯体和健康方面有更多缺陷（例如，营养不良、头围偏小、发育迟滞）。儿童被收养得越早，其心理弹性越好，而心理干预在恢复认知技能方面具有显著作用（O'Connor et al.，2003）。

当家庭面临迟发性收养时，重要的是要意识到儿童所面临的风险和易感性。对于跨国收养的儿童，在进入新家庭环境的头几年里，应该进行各种学科的全面教育和后续评估。早期干预服务可以将社会性—情绪、认知、运动、言语和感觉统合等问题作为目标，根据需要配备治疗师（Berger，2004）。请参阅专栏"实践中的启迪"中有关注册社会工作者的内容。

**反应性依恋障碍**　尽管在被收养后，绝大多数儿童显示出惊人的躯体和认知回复力，但这些被收养的罗马尼亚孩子中有一小部分被诊断为**反应性依恋障碍**（reactive attachment disorder，RAD）。这种临床诊断包括情绪上的退缩/抑制；此类儿童很少寻求安慰，对他人的安慰也没有反应，还像无差别/抑制类型的儿童一样对养育者没有什么偏好，无差别/抑制类型的儿童毫无选择地从不同养育者那里寻求

情感，即便对陌生人也是一样，而不会显示出对陌生人应有的拘谨（DSM-IV和ICD 10）。研究者对这些儿童进行了研究，追踪其从罗马尼亚慈善机构被收养后的数月到数年，结果显示依恋障碍的模式和无差别/抑制类型的发生都更为普遍（O'Connor et al.，2003；Zeanah，2000）。

一些儿童早期经历过多个养育者（例如一连在几个收养家庭生活过），也出现了这种障碍（Albus & Dozier，1999）。那些有残疾的、意外怀孕导致的、"难养"的、没精打采的、罹患慢性病的婴儿或从父母那里经历过分离的婴儿都有较高的患RAD风险（Tibbits-Kleber & Howell，1985）。父母/养育者可能导致患有RAD的儿童的个性风险因素有父母抑郁、隔离、缺乏社会支持，还有在自己成长经历中发生过极端的剥夺和虐待（Culbertson & Willis，1993）。家庭社会问题的增加（例如，分居、忽视和虐待或异族收养）可能提高了这种障碍的发生率（DeAngelis，1997a）。一些收养父母也加入了研究团队，并建立支持性小组来处理孩子早期躯体、情绪问题和社会性忽视所带来的严重后果（Kaler & Freeman，1997；O'Connor et al.，2003）。

在过去的一个世纪中，研究者证实了躯体接触和感官刺激可以改善社会福利机构中儿童的感觉运动功能（Saltz，1973；White，1969）。事实上，甚至很小一部分额外处理也显示出"丰富"的价值，至少在短期之内会起到作用（Wolff & Fesseha，1999）。像第2章指出的那样，尽管一些孩子显示出比儿童心理学家几十年前预期的更大的心理弹性，但另一些孩子显示出在剥夺经历中更多的脆弱性（Langmeier & Matějcěk，1974；Rutter，1974，1998；Rutter et al.，1999）。总体来说，对福利院婴儿的研究支持这样的观点：早期收养和收养家庭的作用要好于福利院。

205

**思考题**

心理学家强调儿童早年的情绪联结对日后的关系模式至关重要。我们从Anna，Isabelle，Genie和John这几个严重的情感—社会性剥夺的儿童个案身上学到了什么？

## 实践中的启迪

### 注册社会工作者，Licensed Certified Social Worker，（LCSW）：Carole A. Rosen

我是一个注册社会工作者，在纽约州宾厄姆顿市（Binghamton）的高危生育临床中心工作。我现在的工作对象是有残疾儿童的家庭或先天有危险的婴儿。我的主要任务是完成儿童和家庭评估，提供短程危机干预咨询，并担任社区机构的联系人。我可以使用流畅的美式手语，所以我能够辅助有残疾婴儿或幼儿的聋人父母来获得必要的服务。

我获得了社会学和人类学学士学位和社会工作学的硕士学位，并且获得了纽约州的资格认证，还是一个美国注册社会工作者（American Certified Social Worker，ACSW）。当我是一个发育中心的社工时，我为心理发育迟滞、发育残疾和脑损伤的患者提供计划、评估并执行临床目标，还在咨询和行为管理技术治疗性小组里为新来的社工提供适应、培训和督导。我还在纽约的一所社区大学里工作，提供个体咨询、职业咨询和学业咨询；管理纽约北部四郡县的法庭判决青少年看护项目；在机构和私人开业的工作室里为个体、伴侣和家庭提供心理治疗，包括对儿童的游戏治疗。

喜欢社会工作的人需要具备的个性特点是：同情心、耐心和宽容。任何寻求社会工作领域的实习、督导或工作经历的人需要喜欢与不同背景的家庭和孩子打交道，拥有与健康、社会问题以及发育残疾有关的知识，有社区服务的知识以及能够为个体和家庭做治疗评估的能力。同时，你还要有在工作机构和家庭环境中灵活工作的能力。

我认为社会工作是一个非凡的职业，因为你能够在各种不同的背景中与各种各样的人一起工作。这是一个令人兴奋的领域，在这里，你总能够从你的服务对象身上学到新的东西，也能在该领域中不断探索研究。

## 早期关系与社会性发展

206　　过去几十年中，很多社会科学家对早期母婴关系（或婴儿和养育者的关系）质量及其对儿童社会性发展的各种影响效果进行了研究。

**母亲响应与陌生情境**　安斯沃斯（Mary Ainsworth）及其同事设计了一种叫作"陌生情境"的程序，借此来考察亲子关系中的依恋质量（Ainsworth，1983；Ainsworth & Wittig，1969）。在**陌生情境**（Strange Situation）研究中，母亲和其婴儿进入一个陌生的游戏室，游戏室里有一些有趣的玩具和一个陌生人。几分钟之后，母亲离开，孩子便获得了一个探索玩具以及与陌生成年人独处的机会。当母亲回来时，孩子的行为会被观察和记录。这一程序会重复八次，轻微改动一些变量。安斯沃斯对孩子行为的不同很感兴趣，特别是他们对母亲回来的反应方式（Ainsworth & Wittig，1969）：

当母亲回到房间时，**安全型依恋的婴儿**（securely attached infants，B类型依恋）会热烈地欢迎她，几乎不表现出什么愤怒，或表明他们想要被妈妈抱起和抚慰。婴儿中大约有60%把母亲作为一个安全基地，以这个安全基地为基础来探索陌生的环境，同时也将其作为分离后获得抚慰的来源。安全型依恋的婴儿好像接受了一致的、敏感的和响应的母亲养育（Ainsworth，Bell & Stayton，1974）。

**不安全/回避型婴儿**（Insecure/avoidant infants，A 类型依恋），大约有 20%，当母亲回来时忽视或回避她的归来。后续研究重复并拓展了陌生情境研究，发现这些婴儿在离开父母怀抱时几乎不表现出难过，并倾向于给予陌生人和父母相类似的响应。典型地，这些婴儿容易被陌生人抚慰（Wilson，2001）。

**不安全/反抗型婴儿**（Insecure/resistant infants，C 类型依恋），大约有 10%～15%，当他们进入游戏室后，他们难以探索新的设置，而是紧紧黏着母亲，躲藏着不见陌生人。然而，当母亲在短暂的离开后回来时，婴儿起初寻求与母亲接触，只是扭动着身体拒绝她，把她推开，持续哭喊。安斯沃斯（1993）发现，这些孩子展现了更多适应不良的行为，倾向于比其他组的孩子更生气。

使用陌生情境方法，Main 和 Solomon（1986）确定了另外一种依恋类别：

**紊乱/无定向型婴儿**（Disorganized/disoriented infants，D 类型依恋）。在分离的时段和母亲回来的时刻，D 型的孩子好像缺乏一致的应对策略，他们朝向母亲展现出混乱和忧惧（Jacobsen，Edelstein & Hofmann，1994）。此外，D 型婴儿在童年期有很大的社会适应不良风险（Lyons-Ruth，Alpern & Repacholi，1993；Vondra et al.，2001）。D 型可能与受过虐待或缺乏深度情绪的父母有关，不过这些问题还没有定论。

安斯沃斯认为，陌生情境中的 A 型、B 型和 C 型依恋行为反映了婴儿在生命最初的 12 个月中接受到的母亲照料的质量。她上溯 A 型和 C 型的起源是混乱的母婴关系，母亲在照料婴儿的过程中是拒绝的、干预的或不一致的。这些母亲常高估或低估自己的孩子；不能将自己的行为与孩子的行为匹配；冷淡、急躁或不敏感；给予的是马马虎虎的照料。尽管并不是所有被分类为焦虑或不安全依恋的孩子都会有依恋障碍，但研究者已发现，不安全依恋的小孩中有一个亚群体有反应性依恋障碍，我们已经在本章前面一部分进行过描述（Wilson，2001）。

尽管母亲也会被她们孩子的气质所影响（例如，孩子是否易激惹或者相处困难），但这一因素在决定母亲对其孩子的信号和需求的响应性上似乎并不关键（Belsky & Rovine，1987）。总的来说，其他研究者已经证实安斯沃斯的发现，尽管关系并不像安斯沃斯最初认为的那样强烈（Cassidy & Berlin，1994；Wilson，2001）。此外，关系的质量形成之后，也并不是永恒不变的（Belsky，1996a）。

早期依恋行为可以预测儿童在其他领域的功能。掌握动机好像与安全型依恋有关（Yarrow et al.，1984）。而一些研究报告依恋的是安全与认知发展之间的关系。近期一项纵向研究被发表，报告发现，"母亲在孩子任意一年龄（9 个月和 13 个月）的响应性能够预测儿童达到语言里程碑的时间"（Tamis-LeMonda，Bornstein & Baumwell，2001）。早期依恋的效果对后来的社会性发展有类似的影响（Vondra et al.，2001；Wilson，2001）。

**陌生人焦虑和分离焦虑** 对陌生人的警惕，是恐惧—警惕行为系统的一个表现，通常产生于一个月或在特定依恋形成后。**陌生人焦虑**，即对于不认识的人的警惕，好像在 7～8 个月的婴儿中更为普遍，而在 13～15 个月达到峰值，然后就下降。当遭遇一个陌生人时，特别是当一个信任的照看者不在场时，很多小孩都会皱眉、呜咽、慌乱、看着远方甚至哭喊（Morgan & Ricciuti，1969；Waters，Matas & Sroufe，1975）。甚至在 3～4 个月时，一些婴儿就开始盯着陌生人看，偶尔这种长时间的检视也会导致哭喊（Bronson，1972）。

另外一种八个月大的孩子显示出的常见行为是**分离焦虑**，是当一个熟悉的照看者离开时显示出的难过。在婴儿期的较早阶段，父母会很好地向婴儿介绍祖父母和保姆，所以当父母晚上要出去的时候，就会有一个父母和婴儿都信赖的照看者。有时婴儿被留下和陌生人在一起的难过如此强烈，以至于孩子在父母离开的整个过程中都在哭闹。大多数情况下，那些曾通过婴儿保姆这项工作挣钱的人最可能有这样的经历。这可能是一种极度易变的情境，因为保姆可能无法容忍那么大的、拖长了的哭声，因此可能试图用一些不健康的方式使婴儿安静。婴儿虐待和婴儿谋杀便会

207

在这种情况下发生（参见第4章的"摇晃婴儿综合征"）。所有地方YWCAs、"合作外延"和红十字会项目都提供婴儿保姆训练，还有很多中学开设父母课堂。

## 促进安全依恋

从陌生情境得来的分类可以预测学前儿童与老师和同伴的社会性功能。对母亲具有安全型依恋的小孩在学前更具有社会胜任力，能够更多地分享，并展现出更大的能力开始和维持互动。这样的孩子还更能接受母亲对哥哥姐姐表现出的关注，而安全型的哥哥姐姐比不安全型的更可能辅助照料年幼的弟弟妹妹（Teti & Ablard，1989）。当环境存在压力和挑战时，B型孩子好像更有回复力和耐力（Stevenson-Hinde & Shouldice，1995）。

这些发现与依恋理论的推测相一致，享受到与父母安全依恋的小孩发展内部的父母"表征模型"，其父母是爱的和响应的，而他们自己是值得养育、爱和支持的。相反，不安全依恋的小孩发展出的是缺乏响应和爱的养育者"表征模型"，而他们自己则是不值得被养育、爱和支持的（Bowlby，1969，1988；Vondra et al.，2001）。一些证据表明，依恋的不同模式可能通过代际传递，经由父母的心理状态和父母关于依恋关系的内部工作模型微妙地与孩子发生互动（Benoit & Parker，1994；Bowlby，1969；Wilson，2001）。

## 拟合度

托马斯和切斯（1987）介绍了"拟合度"这一概念，指的是婴儿和他们的家庭的特点匹配。在理想的匹配中，环境的时机、期待和要求都与孩子的气质相一致。理想的匹配促进了最佳的发展。相反，不好的匹配将产生粗暴激烈的家庭，导致儿童扭曲的发展和功能适应不良。托马斯强调，父母需要在其子女养育实践中考虑到孩子独一无二的气质。同样的方式对不同儿童将产生不同的发展性影响。权威型和控制型的父母行为能够使一个孩子焦虑和顺从，而使另外一个孩子挑衅和逆反。托马斯及其同事（1963，p.85）得到这样的结论，"可能没有普适有效的一套规则，对于任何地方的孩子都同样奏效"。有个难相处孩子的父母常常感到焦虑和自责，他们会问自己"我们做错了什么？"然而，他们孩子发展出的特定性格并不是源于父母的问题。这一知识帮助了很多父母。一个既定的环境并不会导致所有孩子产生同样的功能性后果；如果你有子女，你就知道这是事实。孩子从开始呼吸的那一刻起，就是独立的个体。事实上，怀孕妇女在孩子尚在子宫中时，就可能注意到他们的气质差异。

研究者高度重视针对每个孩子的个体需求调节养育实践，但有时，养育者会遇到对感官环境反应过度的孩子，非常容易兴奋的孩子，或者在行为上"垮掉"的孩子。A. Jean Ayres是一位职业治疗师，治疗有发展残障的孩子，他提出了关于大脑—行为关系的感觉统合理论。**感觉统合**（Sensory integration）是"一种正常的发展过程，允许个体吸收、加工和组织其从身体和环境中获得的感觉"（Ayres，1972，p.11）。尽管人们在对视觉、触摸、声音、味道和气味方面的感觉是相类似的，但绝大多数人不知道神经系统还会感觉到运动、引力和身体位置［涉及前庭（vestibular）和本体感受（proprioceptive）系统］。这些感觉系统不仅要能有效地运作，还要能够在一起配合良好，这对的健康很重要。

一个孩子过度敏感或回避环境可以被称为"感觉防御"（sensory defensive）。这样的孩子对没有威胁的感觉也展示了战斗/逃跑反应。所以，一个孩子可能感知到触摸、声音、味道或运动是威胁，甚至是疼痛的。反应不足的孩子会比一般孩子寻找更强烈和持续时间更长的刺激，有时会伤害到自己（例如，击打自己的头部，或跑着撞到墙上）。这些问题可能会影响孩子的能力和对家庭日常行为指令的适应，应该介绍给受过感觉统合专门训练的作业治疗师。（Bundy，Lane & Murray，2002）

　　总之，孩子对社会化过程是活跃的主体；他们受养育者的影响，同时也影响着养育者（Rickman & Davidson，1994）。例如，甚至非常小的婴儿也在寻求对母亲行为的控制。婴儿和母亲可能相互看着对方。如果婴儿看向旁处，然后回过头来看他的母亲的目光也看向了别处，他就会变得惊慌和呜咽。当母亲再次看着婴儿时，她或他会停止骚动。婴儿迅速学会保护和维持其养育者注意的复杂方法（Lewis，1995，1998）。

　　事实上，正如 Harriet L. Rheingold（1968，p.283）所观察到的，"（婴儿）使男人和女人成为父亲和母亲"。所以，让人感到惊奇的是，父母被他们所养育的每一个婴儿所塑造。这一复杂过程中特别重要的一点是，小孩与其养育者之间所发生的情感联结或纽带的性质和质量，简言之，就是依恋（Belsky，1996a，1996b）。

**依恋的文化差异**

　　在依恋中，印度尼西亚的母亲通过一种文化上传递的背带促进了孩子的身体接触和社会接触。孩子和养育者之间的实质依恋促进了孩子的情绪与社会性发展；它减轻和终止了慌乱和哭闹的时段。注意，尽管如此，孩子对摄影师的出现好像还是有一点点不确定。

## 儿童养育中的文化差异

　　每个社会中的儿童养育方式都有所不同，在工业化国家和非工业化国家中就有更大的差异。在第4章中我们了解到，世界上很多文化中的母亲，在孩子出生后好几年里，白天就把孩子的摇篮放在自己身旁——甚至在田间劳作时也如此——而到了夜晚，仍然与孩子同睡。依恋模式也有所不同（Harwood，1992）。A型依恋的孩子在西欧国家更多，而C型依恋的孩子在以色列和日本更多（Van IJzendoorn & Kroonenberg，1988）。像瑞典这样的西欧国家拥有发达和合格的育儿系统，父母可以在家照料孩子一年，并在经济上获得补偿。

　　跨文化研究者得到如下结论，养育者敏感性和情绪有效性的质量，在婴儿早期生命中对婴儿内部健康的自我表征、对依恋对象的表征和对外部世界的表征的发展都是至关重要的（Van IJzendoorn & Hubbard，2000）。

**思考题**

　　你可能像我们一样想知道，依恋理论的很多方面和"拟合度"如何来解释本·拉登。他是基地恐怖组织头子，其公开的目的是讨伐西方异教徒，特别是美国。根据很多说法，他是他父亲四个妻子（一夫多妻制在沙特阿拉伯国家是文化上被认可的）所生的50～53个孩子之一。在继续阅读之前，请先看一看下面这段引文：

> 父亲具有绝对权威的人格。他坚持
> 让他的所有孩子都住在一起。他有一套
> 严格的纪律，并通过严格的宗教和社会
> 编码观察所有孩子。他维持一套特殊的
> 日常程序，并强迫其孩子遵从……他像
> 对待大男人一样对待其孩子，要求他们
> 在很小的时候就表现出自信。他非常注
> 重不对孩子们表现出任何差异……当拉

> 登 13 岁时，他失去了父亲，而他是在
> 17 岁结婚的。（*Frontline*，A Biography of Osama bin Laden）

基于对早期关系和社会发展的研究和阅读，你觉得这个隐藏了如此之多愤然和恨意的男人早期的依恋类型可能是什么？A型？B型？C型？还是D型？"拟合度"这一概念是否适合？他的早期养育中可能包含着哪些文化因素？

## 对婴儿和学步儿童的养育

209

目前，美国卫生和福利部（the U. S. Department of Health and Human Services）正在进行有史以来最大的纵向研究——全国儿童研究。在这个研究中，来自于 40 多家机构的研究者团队将对来自 96 个地点的十万多名儿童进行调查，考察多种坏境影响（包括社会和情绪方面的影响）对儿童健康和发展的影响效果。这是此类研究中最大的量表研究，对参与者从出生追踪到 21 岁——目标是改善儿童的健康和福祉（"Growing Up Healthy"，2004）。儿童养育序列也在详细考察的变量之列，因为早期与他人形成的经验将塑造儿童的人格、心理和行为（Phillips & Adams，2001）。

### 养育者—婴儿的互动

儿童养育质量是社会科学家非常关注的问题，因为他们认为，儿童在其早年生活中的情绪联结对于躯体、认知和情绪发展至关重要，并会成为日后关系的模型。自从 20 世纪 70 年代开始，很多美国家庭已经开始了三代共同抚养儿童的模式，而这在很多其他国家都习以为常。例如，在日本、中国和印度，祖父母与孩子生活在一起，并帮助照料孙子孙女，是很常见的。在美国，祖父母和其他更远的家庭成员可能住在附近，也有很多人居住在千百英里之外。

传统家庭模式的解体所带来的结果是，母亲外出工作挣钱养家的比例迅速增加，高离婚率和单亲父母以及非婚状态下的儿童养育也都在飞速增长（Phillips & Adams，2001）。

美国劳工统计局（the U. S. Bureau of Labor Statistics，2004b）2003 年的数据显示，一半以上（54%）的已婚有三岁以下子女的母亲有全职或兼职工作，而一半以上（55%）的非婚（未婚、离异、分居或寡居）有三岁以下孩子的母亲有全职或兼职工作。这显示了有婴儿的母亲的工作率比 1975 年（34%）急剧上升。所以，相比于以往任何时期，现在美国的年幼儿童都更少地受到父母的监督和社会化培养，而在更大程度上由非家庭的人员所养育。婴儿和学步儿童的养育服务是最稀缺和昂贵的，而父母工作较累的家庭的孩子得到较差养育的可能性最高。图 6—4 显示了儿童养育安排（The Urban Institute，2004）。

多种养育计划、联邦政策和基金补贴都已经得到改善，并且在继续发展。这些计划、政策和经费都有利于辅助儿童日常照料方面的工作，满足越来

越多的婴幼儿需求。2004 年，加利福尼亚州通过了"带薪家庭假期法案"（Paid Family Leave Act），允许男性和女性雇员都有六周带薪假期，以花时间与新生儿或新收养的孩子相处。近期一项企业法人调查显示，美国公司中有 14% 承认带薪的父亲假期〔例如，微软、IBM、美林动画公司（Merrill-Lynch）、礼来制药（Eli Lilly）、宜家以及毕马威会计师事务所〕（Goff，2004）。

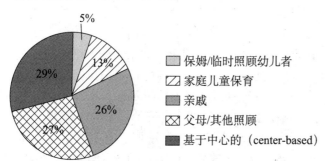

**图6—4　职业母亲的五岁以下儿童的养育安排（2002）**

对于很多职业母亲来说，很多婴儿在三个月时获得平均每周 28 小时的养育，到两岁时增加到每周 35 小时。婴儿比更大一些的儿童更可能在父亲那里，或由亲属养育。大约 3/4 的小于五岁的母亲是职业女性的儿童定期要接受其他养育者的照料。

来源：*Fast Facts on Welfare Policy*. The Urban Institute，2002 National Survey of America's Families, http://www.urban.org/uploadedpdf/900706.pdf. Reprinted with permission.

**母亲作为养育者**　弗洛伊德理论奠定了很多依恋行为研究的基础，把注意力放在母亲对其成长中的孩子的影响上。弗洛伊德（1940，p. 188）发现，儿童与母亲的关系会产生毕生的影响，他称其为"独一无二、没有平行的客体，建立了毕生不可更改的第一个和最强有力的爱的客体，作为后来包括性关系在内的所有爱的关系的原型"。与精神分析理论一致的是，研究者、临床心理学家、精神医生、社会学家和法律系统在几十年中也都排他式地关注母婴联结，这对美国民众生活产生了强烈的影响。绝大多数美国人相信，母亲应该在家，照料非常小的孩子，然而他们也意识到家庭需要儿童照料助理，来平衡工作与儿童养育的责任（K. Sylvester，2001）。美国法律系统继续偏爱精神分析观点，母亲对于儿童养育是绝对至关重要的，母亲是最好的家长，并且更不可能抛弃孩子。在最高法庭的"Nguyen v. INS"的案例中，赞成移民法律，公开地支持亲生母亲，处

罚亲生父亲：如果一个美国女性公民的孩子在国外非婚出生，孩子自动地获得美国公民身份。如果一个美国男性公民的孩子在国外非婚出生，在孩子成为美国公民之前必须履行法律程序（T. Sylvester，2001）。

一些科学家认为，生物性决定因素赋予女性更多养育和"母性的"角色，而赋予男性更工具性的、"家长式的"角色（Erikson，1964；Harlow，1971；Rossi，1977）。其他研究者则认为，男性和女性之间的差异是被社会性清晰定义的母亲和父亲角色的产物（Parsons，1955）。从传统上来说，母亲的角色是履行一般家务劳作——而儿童照料仅是家务劳作的一项内容。父亲的角色是"养家糊口"，将其时间和精力投入在职业发展中，人们并不期待父亲来做家务杂事。今天，这两个角色正在融合。

**谁来换尿布？**　因为越来越多的母亲参加全职和兼职工作，家务分工经常成为夫妻矛盾的焦点，包括儿童照料。尽管研究发现有更多的父亲开始照料孩子和做家务，但母亲在儿童照料工作中仍然负担大约 80%（Kroska，2004；Yeung et al.，2001）。经常有一个假定（可能是错误的），那就是，职业母亲仍然比职业父亲有更多的自由时间，职业父亲的工作时间可能更长。所以，典型地，双亲家庭中的母亲比父亲对儿童照料投入的时间更多（Kroska，2004；Voydanoff，2004）。近期研究发现，在完整的家庭中，父亲对稍年长子女花的时间比对婴儿和学前儿童花的时间更多（Aldous & Mulligan，2002）。婚姻质量同样与父亲在家务和儿童照料中的参与程度有关。

对于"分工不平等"的另一种解释是人类资本理论（human capital theory）：夫妻中挣钱更多的一方有更大的权力来回避做家务事和儿童照料任务。显然，单亲母亲负担着挣钱、做家务和照料儿童的全部责任。只有在最近，社会科学家才在超越经济支持的范畴以外考察了母亲和父亲在儿童生活中的重要角色。

**父亲作为养育者**　社会对父亲身份的定义于上一个世纪中在两极之间不断变化：供给者或养育者（Atkinson & Blackwelder，1993）。在过去十年中，社会科学家和政策制定者对父亲在小孩的情绪、认知和社会性发展的观念中发生了革新

（Aldous & Mulligan，2002）。

越来越多的研究者得出这样的结论：父亲在照料、养育和与儿童建立联结方面，即使在婴儿早期阶段，也像母亲一样好（Nielsen，2001）。同时，当父亲开始参与婴儿照料时，他们在五年后也会更多地继续儿童照料。照料其婴儿的父亲是一种动力，促进更健康的婴儿和婚姻的满意度（Aldous & Mulligan，2002）。

**儿童生活中父亲很重要**
积极的父子关系将促进儿童整体学业成就和 IQ 测验成绩、自尊、社会能力和自我控制、避免不健康行为能力的发展。联邦政府对社区基础的教育项目提供资金资助，促进所有父亲对父亲角色的卷入、责任和忠诚。婴儿通过引出、唤起、煽动和轻推，对男人发展出父性也具有可观的贡献。

Parke（1979）观察新生儿父母的行为后发现，父亲对婴儿的发声和运动像母亲一样有响应。父亲碰触、观看、谈论、摇晃和亲吻他们的孩子，与母亲做的方式一样。而父亲，当与他们的孩子单独在一起时，就像母亲一样保护、给予和刺激。父亲还和他们的婴儿进行更多躯体游戏。他们还进行更多的身体游戏，例如把婴儿投向空中（Parke，1996，1998）。

重要的是，婴儿通过引发、唤起、煽动、促进和轻推，对男人发展出父性也做出了可观的贡献（Pruett，1987）。John Snarey（1993）从对四代男人的 40 年研究中得出结论，发现更积极参与儿童养育的父亲在中年更可能成为有"社会性繁衍力"的人，这个结果在意料之中。父亲还在另一个方面也具有重要作用。研究显示，当父亲提供情感支持和鼓励时，母亲在养育角色方面做得更好（Belsky，1996a，b）。给予妻子温暖、爱和自我满意的男人帮助她对自己感觉良好，然后她就更可能将这些感觉传递给她的孩子。

进而，成为父亲对男人的自我概念、人格功能及对生活的整体满意度有贡献。男人日益认识到与儿童的亲近关系对儿童和成人双方都有好处。20 世纪 90 年代，更多的男人成为"居家父亲"，做很多儿童照料工作，而母亲承担了更多的挣钱养家角色。在一些家庭中，母亲白天外出工作，父亲在家照料孩子；到了晚上，父亲工作，母亲照顾孩子（反之亦然）。今天，5% 的孩子与单亲父亲生活在一起（大约 400 万男人）（Fields，2003）。

**缺席的父亲**  "研究清楚地显示：在婴儿的生活中，父亲的因素非常重要。有责任的父亲的爱、卷入和忠诚没有简单的替代品"（Bush，2001；National Fatherhood Initiative，2004）。关于父亲角色，在美国两个相反方向的趋势都很明显。一方面，更多的父亲在儿童养育中承担了更多责任，另一方面，也有越来越多的儿童生活在父亲缺席的家庭中，其中一些是父亲并不请孩子去自己家里，还有一些孩子根本不知道自己的父亲是谁。用数据来讲，一共有 2 400 万儿童（每三个美国儿童中就有一个）生活在其生物父亲缺失的情况下（T. Sylvester，2001）。这个数字比起 1960 年时十个孩子中只有一个没有父亲的数字大得多（T. Sylvester，2001）。

媒体很关注那些没有结婚的父亲：感人的逸事将他们描绘成为懒惰和不负责任的人，他们对孩子既不提供经济支持，也不提供心理支持。然而，研究证据显示出对这种概括化的挑战，并显示了这一群体的差异性（Lerman，2002）。几年来，"国家父权提案"（National Fatherhood Initiative）举办了关于父权的国家最高会议，在全国城市中提供了基于社区的父权计划信息，促进所有父亲对父亲职责的卷入、责任和忠诚。父权运动的提倡者声称，"父亲的缺失仍然是我们时代的最大社会问题"（T. Sylvester，2001，p. 4）。据 Wade Horn（美国卫生和福利部的助理）称，他查阅了 65 个不同的社会计划，这些计划每年花费 470 亿，其需求与家庭破裂、单亲家庭以及父亲缺失有关（Wetzstein，2004）。所以，联邦政府正在国家的不同地区资助"健康婚姻和父母关系"计划。

父亲缺失的倾向将产生极其重要的社会意义，因为研究显示，父亲并不是多余的。男孩比女孩似乎更受父亲缺失的影响（Cooksey & Craig, 1998）。与完整家庭的男孩相比，来自于父亲缺失家庭的男孩在道德判断的内化标准方面较差。对于不良行为的严重性，他们倾向于按照被发现和惩罚的可能性来评估，而不是通过人际关系和社会责任来判断（Hoffman, 1971）。

研究数据还显示，积极父亲—孩子关系的缺失会削弱孩子整体的学业成绩和 IQ 测验成绩、自尊、社会胜任力和发展自我控制，以及避免不健康行为（抽烟、物质滥用、早期性经历、犯罪和团伙行为、受他人虐待）的能力（Brotherson, Amamoto & Acock, 2003；Lamb, 1997）。父亲离家时孩子越小，父亲缺失的时间越长，孩子受损害的范围越大。

关于父母分居对三岁以下孩子的影响，一项研究显示，他们的心理发展会受到母亲收入、受教育程度、种族、对孩子养育信念以及抑郁和行为症状的影响（Clarke-Stewart et al., 2000）。同时，近期研究也发现，母亲的再婚，特别是发生于儿童的早期生活中，似乎与儿童的智力成绩改善有关（White & Gilbreth, 2001）。

**好、更好还是最好？**　　我们并不该得出结论说，母亲或父亲的养育就比另一个更重要。父母每一方都提供给孩子某种不同的经历。养育的能力并不是某一性别的财富，而不同社会在对养育角色的定义方面也相当不同。例如，在对 141 个社会的调查中，45 个社会中（大约 1/3）的父亲维持着与婴儿的"规律而亲密"或"频繁而亲密"的关系。在另外一个极端上，33 个社会（23%）中，父亲几乎没有或从来没有与婴儿的亲密关系（Crano, 1998）。

所有这些都说明，母亲和父亲是不可相互替代的；他们都在儿童养育和发展中有自己的贡献。研究表明，母亲—孩子和父亲—孩子关系可能在性质上有很大不同，并可能对孩子的发展有不同的影响（Biller, 1993）。例如，Lamb（1977, 1997）发现，母亲最经常抱着婴儿来履行养育功能，而父亲则会花费比装饰、喂养婴儿、洗澡等多出 3～4 倍的时间来陪孩子玩耍。今天的社会科学家正在检验儿童每天与父母双方的互动。他们发现婴儿从这些早期关系的连续性中学会很多。似乎这些琐碎的时间——而不是戏剧性的片段或创伤——对儿童绝大部分的发展预期具有贡献，并将被带入他们日后的关系。

## 同胞—婴儿的互动

新生儿的出生对年长的同胞有重要影响。同胞将调整和接受来自父母的关注变少的情况，使其需要与家庭状况相匹配（Aldous, Mulligan & Bjarnason, 1998）。根据 Dunn（1993）的研究，一些同胞变成父母的"教导者"，以使自己的需要得到满足，而另外一些则退缩和表现出对婴儿更多的怨恨。明智的父母按照适合儿童年龄的方式为家庭里新生儿的到来做准备。一些家庭使年龄较大的孩子专注于新弟弟妹妹的出生；另一些父母则决定在把新生儿从医院带回家时向其他孩子介绍新婴儿。

绝大多数同胞对家庭中的新婴儿展现出很大程度的关心、依恋和保护。从过去 30 年中对婴儿认知、社会性和情绪发展的大量研究中，我们知道婴儿需要和接受感官和情绪的刺激，而年长同胞是提供这方面援助的完美人选。同胞通常花大量时间在一起，成为玩伴和同伴（有赖于年龄跨度），并影响社会性和认知学习（Azmitia & Hesser, 1993）。

年长同胞对年幼同胞的关系，在自发责任感、分享想要的物品和允许年幼儿童自由选择方面似乎有文化差异（Mosier & Rogoff, 2003）。年长同胞通常是年幼儿童的榜样，而年幼儿童通常希望"紧随"年长的同胞。这有时可能会产生冲突，但是同胞通常学会如何相处以及如何分享。像我们将在第 18 章中看到的那样，我们通

**同胞互动和文化**

美国人通常很震惊于看到其他文化中的儿童照料年幼的同胞，但是来自于其他文化的人则很震惊于看到美国婴儿花很长时间在婴儿床里独处和散步。

常与同胞维持时间最长的关系（Bank & Kahn, 1997）。

## 祖父母或亲属照料

　　"亲属照料"（kinship care）这一术语是指，一位亲属或其他在情感上与孩子很亲近的某人，对养育儿童负担起主要职责（"Report to the Congress"，2004）。研究者、政策制定者、人类服务职业工作者、学校官员、牧师和医学工作者都注意到，孩子与其他亲属生活在一起的数量自从 20 世纪 90 年代早期开始就有实质的增加，最大的增长是孩子与祖父母生活在一起——而不和父母在一起生活。在 1996 年的调查中，美国退休人员协会（American Association of Retired Persons, AARP）发现，美国祖父母通常因为如下原因照料他们的孙辈：父母毒品滥用、虐待儿童、遗弃儿童、青少年怀孕、父母疾病或死亡、父母残障或父母被监禁或在公共机构的监管下。

　　2002 年人口普查的最佳估计值告诉我们，美国大约有 300 万祖父母在抚养一个或更多的孙子孙女，这些祖父母中超过半数年龄在 50 岁以上，绝大多数都没有受过正规教育，而且更可能生活在贫困的状

况下。和祖父母生活在一起的儿童中，大约有 1/3 年龄在六岁以下（Fields, 2003；Scarcella, Ehrle & Geen, 2003）。这些数据很难精确，因为超过 500 万的儿童被报告同时与祖父母和父母居住在一起，然而在另外一些情况下，祖父母和儿童居住在一起，而父母并不在一起生活（Bryson & Casper, 1999）。一个发现是，非洲裔美国人的祖母可能承担了更多照料孙辈的职责，因为孩子的父母还处于青春期（Sadler, Anderson & Sabatelli, 2001）。这些祖父母中的一部分是正式的养父母，符合经济援助资格，另外一些为他们的孙子孙女寻求了监护或法律监管，还有一些没有合法身份。

　　家庭结构（包括婚姻状态，祖父母性别，还有父母同住与否）将帮助供给者理解这些家庭的需求及其为孙子孙女服务的胜任力（Scarcella, Ehrle, & Geen, 2003）。例如，只与祖母在一起生活、父母不同住的儿童贫穷的比率最高。如果读者想从事公共政策、商务管理、人类服务、社

213

会工作、学校管理、医院管理或老年服务等行业，你可能会去检索城市研究所（the Urban Institute）的报告《识别和处理祖父母抚养儿童的需要》（*Identifying and Addressing the Needs of Children in Grandparent Care*），以理解不同家庭类型对祖父母和儿童双方健康的全面影响。

抚养孙子孙女并不总是大多数美国中老年人正常人生发展的一部分，而很多人在退休时面临着严重的经济困难，或者选择延迟退休（Scarce lla, Ehrle & Geen, 2003）。绝大多数并不了解社会资源，或不想寻求公共援助，但是在全国范围内，一些祖父母正在通过老年中心建立支持性团体，并分享想法、资源和安慰。祖父母可能对孙子孙女的爸妈抚养孩子方面的无能感到心烦，但大多数祖父母在为婴儿和幼儿提供其正常情绪和社会性发展所必需的爱、照料、刺激和安全方面发现了意义与满足（Bryson & Casper, 1999; Waldrop & Weber, 2001）。

## 早期婴儿照料的做法

**保育中心**　几种重要的社会力量推动了美国的儿童保育运动。美国家庭正在为政府所有层级缴纳更多的税金，这迫使母亲和父亲们（如果是双亲家庭的话）工作更长时间，来维持经济安全。单亲家庭（离异或未婚）数量有实质的增加。公共政策，例如工作福利立法，同样也迫使生活贫困的母亲们外出工作，而使对儿童养育的资金援助支持限制到最低。所以，超过60%的学前儿童的美国母亲现在在工作，而1970年只有29%。

根据《盖洛普民意测验月刊》（*Gallup Poll Monthly*）的调查结果，接近半数的美国人赞成父母中有一方待在家里养育孩子（McComb, 2001）。当询问关于学步儿童时，接近一半的人仍然认为孩子在家最好，但还有1/3认为儿童保育中心更好。然而，绝大多数职业母亲的婴儿在白天与亲属待在一起，在自己家或亲属家里。如前所述，随着1993年通过"家庭和医学休假法案"（Family and Medical Leave Act），在孩子出生后，或孩子罹患重大疾病时，父母亲可以获得12周的停薪留职假期，这帮助父母缓解了压力，使父母能够对工作进行管理，并且使家庭优先。

对于保育的很多批评认为，儿童在接受养育照料的过程中需要持续性、稳定性和可预期性。精神分析理论的追随者强调，儿童的情绪广度和爱的能力源自早年生活中对爱的经验。其他研究者说，情绪胜任力对年幼儿童的社会性成功是一个贡献因素（Campbell, Lamb & Hwang, 2000; Denham et al., 2001）。但是在保育中心里，儿童必须与其他孩子分享保育员工的注意。而且，当

他们休假和工作变更时，儿童就变得没有任何特定亲近的人。

很多儿童养育研究都在与大学有关的中心进行。在这类中心里，员工—儿童的比率较低，并且有设计良好的项目指导对儿童认知、情绪和社会性发展的养育。很多保育员都是具有很高动机水平并且乐于投入的学生，他们准备将教师作为未来职业。然而当前美国父母所能得到的最多的儿童保育服务并不是这种类型和质量的。（参见本章专栏"可利用的信息"中的《高质量儿童照料的元素》一文。）在绝大多数儿童保育中心，团体的规模都很大，保育者对儿童的比率很高，员工没有受过培训，或者很少受到督导，因为薪酬很低，员工离职频繁发生——所有这些都威胁到儿童的健康。2002年，保育员每小时收入的中数是7.86美元，比小学教师或其他相同教育水平的员工收入低得多（*Occupational Outlook Handbook*, 2004）。

2001年初，媒体从第一个"早期儿童保育研究"（Study of Early Child Care）中发现了一个初步相关，在四岁半时，儿童保育所花的时间越多，行为问题（攻击性）的发生率越高（National Institute of Child Health, 2003）。父母、心理学家和政策制定者都希望得到一个解释。通过更进一步的检验，你可能会看到统计也可能发生错误。在十年的时间里，一组研究者受国家儿童健康和人类发展研究所（National Institute of Child Health and Human Development, NICHD）委托，对1 300多名儿童（在10个儿童保育研究地点）

进行研究，来确定儿童自出生到三岁在保育中有哪些变量与儿童的发展有关。儿童的特点和儿童保育的特点如何影响发展结果？从这正在进行的研究中，有一个重要的初步发现（Douglas, 2001; "New Research Demonstrates Unique Effects"，2001）：研究中，每周在儿童保育上花 30 小时以上，有 17% 的儿童在 4 岁半～6 岁之间显示了 些攻击性行为。

215

## 可利用的信息

### 高质量儿童照料的元素

高质量儿童照料的 13 个指标

| 指标 | 描述 |
| --- | --- |
| 1. 预防儿童虐待 | 在儿童保育项目中，虐待儿童的发生率比在家或在住宅环境中更低；对保育员支持的增加，儿童—员工比率低，拥有充分的休假；告知保育员其法律责任和他们受法律保护的权利；关注积极行为；对员工反馈评估项目；提供充分的培训机会；提供社会支持，建立父母网络，提供儿童养育建议，对有问题的父母提供非正规的咨询。 |
| 2. 免疫 | 相比于年长些的儿童和成人，在儿童保育项目中的幼儿将面临更高的感染疾病的风险。免疫不仅会有助于童年期对儿童的保护，还将保护持续到毕生。检查和监控儿童保育中心的记录有利于增加学前儿童获得正确免疫的比率。像在宾夕法尼亚州贯彻的那样，遍及全州的系统例如 ECELS TRAC，得到了早期儿童教育连接系统（the Early Childhood Education Linkage System）的发展，是非常有效的干预手段。 |
| 3. 员工与儿童的比率、团体规模 | 这是决定儿童保育项目的质量的最佳指标。这两个指标显著地影响到很多其他健康和安全事宜，例如疾病的传播，当儿童和成人人数较多时传播就更厉害。这两个指标还促进员工的养育行为以及儿童的安全。对心理健康和学校预备的研究显示，当儿童与员工比率更低、团体规模更小时，有更安全的依恋。 |
| 4. & 5. 员工—指导和教师—资格（两个指标） | 受过教育和培训的保育员在照料儿童的过程中更可能促进儿童的身心健康、安全和认知发展。有经验的和受教育的指导者能够更有效和恰当地管理其员工。受过大学教育的保育员能够更多地鼓励儿童，展示出更多的教师取向，并且更少地限制行为。他们更可能继续儿童保育职业，这将减少离职率，并有助于非常小的孩子的依恋和联结。 |
| 6. 员工培训 | 指导者和保育员在第一年的训练时间应该是 30 个小时，随后每年应该是 24 小时。员工培训项目有利于减少传染病的传播，减少在儿童保育中心的意外伤害，并帮助更好地促进积极学习和社会化环境的建立。训练应该建立参与者的互动，并积极促进参与者学习。导师项目是这类培训中的一个很好的例子。 |
| 7. 监督/纪律 | 恰当的监督可以指导教育特定的行为问题，例如制造麻烦或不守规矩，并减少伤害率。如果使用的管教措施不恰当——例如控制行为、惩罚、言语申斥和身体惩罚——将导致儿童付诸行动和变得有破坏性。这些类型的行为不应该发生在儿童保育项目中。 |
| 8. 防火训练 | 五岁以下儿童的火灾死亡率比任何其他年龄的儿童都高出一倍。儿童安全项目是教育年幼儿童防火安全的一个有效方式。 |
| 9. 药物管理 | 儿童保育场所中疾病发生的比率会增加，因此保育中心的儿童会面临更多要采取药物治疗的可能。非处方药物治疗要求父母或监护人写下许可，并从医生那里获得使用说明。关于这个指标有很多标准和许可要求。一个项目必须在给予药物和正确贮藏药物方面有书面的政策和清楚的程序，同时也要有专门人员来管理。 |
| 10. 紧急计划/联系 | 员工需要通过下列方式为突发状况和受伤做准备：完成第一急救及 CPR 训练；设立恰当的紧急医疗政策和程序；准备好有序的使用方便的文件，以掌握有关儿童和员工的关键信息。应该确保能在最短时间内获取正确的联系名单和电话号码、首选医院、保险单复印件、父母/监护人签名授权紧急护理，以及有关过敏的信息。 |

| 高质量儿童照料的 13 个指标 | |
| --- | --- |
| 指标 | 描述 |
| 11. 户外活动场地 | 绝大多数儿童保育过程中的受伤都发生在户外活动场所。而绝大多数受伤的原因都是坠落。降低活动器材的高度，并提供更有弹性的活动场地表面，可以减低儿童保育中心受伤的风险。 |
| 12. 避免接触有毒物 | 保育中心还可能存在很多潜在的中毒物质，例如杀虫剂、美术材料、清洁剂、燃料副产品、香烟、建筑材料、不恰当烧制的陶器以及黏土。儿童在易感性方面与成人不同。预防手段能够使儿童保育中心将伤害的风险降到最低。例如，员工应该知道中心内使用的建筑材料和产品，排除通常的毒害，并与当地卫生部门保持良好合作，以便在需要时获得帮助。 |
| 13. 恰当的洗手布 | 洗手是最简单有效的防止疾病传播的方式。通过洗手，孩子或保育员可以减少呼吸道疾病的发生率。儿童保育项目必须提供关于洗手程序的持续的训练、技术辅助和督导辅助。 |

来源：13Indicators of Quality Child Care from Richard Fiene，"Licensing-Related Indicators of Quality Child care," *Child Care Bulletin*，Issue 28，Winter 2003，p. 13. U. S. Department of Health & Human Services, Administration for Children & Families. http://www.nccic.org/ccb/issuc28. html.

像我们从普通心理学中所了解的那样，相关并不意味着因果！可能还有很多其他因素起着作用——例如，对于那些一周要工作四天休息三天、每天工作十小时的母亲，或者是那些在保健或制造业工作、需要轮班的母亲，她们在家庭中对幼儿的养育类型、较差的营养或缺乏睡眠、工作时间表等，都可能使幼儿每周经历变化的睡眠/醒觉时间表。

那些由养育者和父母评估出的攻击性，常常属于正常的行为范围。（2~3 岁的学步儿童通常展示出一些攻击性，这是他们正常发展的一部分。两岁儿童最喜欢的词就是"不"！）80% 在更早时段的托儿保育中的婴幼儿就没有展示出"问题"行为，而主流媒体却没有报道这些。在保育中心的保育员比家长受过更多训练和教育。所以，在所有早期教育机构都推行一些措施，以改善教师的职业教育。儿童照料的效果依赖于儿童在中心花的时间，更为显著的是，依赖于在家时父母—儿童互动的质量。

儿童保育机构中更大的一个问题是，儿童会形成网络传播多种疾病，特别是呼吸道感染、甲肝以及肠道疾病——尤其是对于两岁以下的儿童。混合型感染的机会增加，而易感的儿童也会有很高的发病风险（"Early Child Care"，1998）。医疗研究者调查了早期儿童养育与儿童哮喘发病率增长之间的关系（Christiansen，2000）。

很多社会科学家和政策制定者建立了更高的联邦基金、立法和指导方针，来调节儿童保育中心以及员工的质量。与联邦对儿童公立学校制定的"一个孩子也不落下"（No Child Left Behind）法案相一致的是，2002 年一个名为"好好起步，聪明成长"（Good Start，Grow Smart）的新童年早期提案启动：（1）加强早期大脑开发和大脑开发项目，培训大脑开发教师；（2）创造更强的联邦国家股份，以支付高质量的早期儿童项目；（3）建立 4 500 万美元的基金支持合作研究，以确定前阅读和言语课程以及教师策略的效果。最后，目标是在所有托儿机构中进行高质量的培训和对婴儿和幼儿的保育。联邦资助的早期大脑开发项目最初发现的是，对于从出生到三岁的儿童，较之于没有进入早期大脑开发项目的对照组而言，参加项目的儿童都有更多机会发展，包括更好的认知、语言和社会—情绪发展（"Building Their Futures"，2001）。

现在，我们基于研究能够得出的最可靠的结论是：高质量的儿童照料是儿童养育安排中的一种可接受的选择，可能对认知发展和父母—儿童关系都有好处（NICHD，2003）。世界各地的婴儿成长环境差异很大；儿童照料安排只是其中之一。而像我们已经在前面章节中指出的那样，家庭照料并不能保证孩子安全的依恋或健康的社会性和情绪的发展。

216

**多重母亲养育** 在美国，传统上，人们最喜欢的养育孩子的方式是在**核心家庭**里，也就是只有父母和他们的孩子。一种被很多专家推荐和赞美的观点是，母亲养育应该由一个人来提供，这是心理健康良好的核心。然而这种观点是美国文化环境内的观点，对于世界各地的很多孩子来说，他们在**多重母亲养育**（multiple mothering）的情况下健康地成长——在这种方式下，几个人分配和共同承担照料孩子的责任。

某些情况下，一个主要的母亲与很多母亲代理人分担养育责任，包括姑妈姨妈、祖母外祖母、年长的表姐妹、没有亲属关系的邻居，或是丈夫的其他妻妾。例如，在美国境内，Jacquelyne Faye Jackson（1993）显示了多重养育方式——很多家庭成员分担养育责任，无论母亲的婚姻状况如何——对于非洲裔美国婴儿是正常情况。另一个例子是，在密克罗尼西亚的 Ifaluk，多重养育也很普遍。

对于西方人来说，婴儿被从一个人交到另一个人手中的次数几乎难以想象。婴儿，尤其是在其能够爬行之后，从不在一个人的怀抱中逗留。在半小时的会谈过程中，婴儿可能被倒手了十次，从一个人手里换到另一

个人手里……成人，还有年龄较大的儿童，都喜欢抚弄婴儿，逗他们玩耍，其结果是婴儿从不和同一个人待很久……一旦婴儿哭泣，他就会立即被一个成人抱起，拥抱、抚慰或喂食……在人们自己的亲属和"生人"之间几乎没有什么差别。如果他需要什么东西，任何人都会尽力满足他的需要。每个房子都对他开放，而他从不需要学习这些房子有什么差别。（Spiro，1947，pp. 89—97）

另一种超乎想象的照料孩子的方法发现于以色列农业聚集区（以色列集体农场）的集体主义的社会经济生活中。从婴儿早期开始，孩子就被养育在托儿所中，由两到三个职业照料者照顾，到了夜晚也在一起睡觉。起初，他们自己的母亲规律地看望他们，但是"公共婴儿"在夜晚睡眠时不在父母的家里（Aviezer，Sagi & van IJzendoorn，2002）。尽管这是"伴随母亲"的方式，但是系统的观察、检验和临床评估都显示了这些以色列集体农场的儿童智力、运动发展、心理健康和社会调适都在正常范围（Aviezer et al.，1994；Butler & Ruzany，1993）。以色列集体农场的模式伴随着经济成功和年轻工人构成的社团（社会工程实验）还在继续发展（Rosner，2000）。

## 风险中的儿童：贫困的影响

评估表明，接近 1 300 万美国儿童生活在贫困状态下（Children's Defense Fund，2003）。这些儿童的生活环境有更多危险因素存在，可能导致中毒、学习机会受限，还有因经济压力而导致的家庭破裂，进而导致儿童严重的情绪困扰。他们的家庭不能提供足够的住宅、营养充足的食物或者高质量的儿童照料。这些意味着超过 1/5 的美国儿童正在经历着如下的不幸：

● 健康：有更高的风险出现矮小、贫血等问题，而且在其一周岁时的存活率较低。
● 教育：在上学时更可能留级或成绩较差，还可能因为辍学或开除而受教育水平低。
● 工作：工资较低，毕生的整体收入也偏低。贫困的孩子在校期间较长，为此付出的经济代价是，需要为他们提供免费的早餐

午餐、特殊的教育服务和课外辅导，还因为最初较差的健康状况要支付更多的医疗费用，这些代价意味着，我们不解决贫困儿童的问题导致了每年要为此花费 1 370 亿美元。

贫困中长大的儿童还更有可能因为意外事故、传染病或其他疾病死亡。从发展的观点来看，儿童的健康、情绪和认知发展以及社会互动，都会受到贫困所造成的恶劣环境的负面影响。简言之，贫困篡夺了对儿童未来的承诺，最终影响了每个人的发展（Evans，2004）。

**忽视与虐待儿童** 儿童在童年期有赖于父母和养育者的照料，绝大多数美国儿童都被父母照顾得很好。然而，根据儿童虐待预防研究中心的统计，在1999年，美国每十秒钟就有一例忽视或虐待儿童的报告——在一年中有大约 320 万报告，

217

其中有超过 100 万得到了证实——这比上一年的比率有所增加 (Peddle et al.，2002)。更悲惨的是，在 2000 年有 1 356 个儿童——也就是每天有接近四个儿童——因为虐待或忽视而死亡。五岁以下的儿童占这些夭折儿童的 80%，而一岁以下的婴儿占 40% (Peddle & Wang，2001)。

**忽视**的定义是，缺乏足够的社会性、情绪和躯体照料，这些可能发生在任何社会经济阶层。忽视的案例占据了儿童保护系统案例的大约 63% (Child Health USA，2002)。**儿童虐待**的定义是，儿童养育者对儿童故意的躯体攻击或伤害，2000 年得到证实的案例中有 19% 是儿童虐待（我们将在第 8 章讨论性虐待）。过去在这一领域中有很多研究关注躯体虐待，而忽视了性虐待、情感与社会忽视或遗弃。

很难对虐待儿童的父母进行概括。虐待通常包含多重因素，这些因素随着个体、时代和社会环境而改变。然而，研究者越来越多地从生态学的观点看待儿童虐待问题，并考察了这种行为所根植的复杂的社会环境和网络 (Baumrind，1994；Belsky，1993)。儿童虐待并不是仅限于低社会经济阶层的家庭；任何阶层都存在这种现象。儿童虐待还与家庭的社会压力有关。例如，婚姻中较高水平的冲突、伴侣间的躯体暴力以及失业，都与儿童虐待的高发率有关 (Dodge，Bates & Pettit，1990)。此外，儿童虐待还在罹患心理疾病和物质滥用的父母身上更常发生 (Walker，Downey & Bergman，1989)。而相比于社会联系紧密的家庭来说，社会隔绝和远离邻里支持系统的家庭更可能虐待儿童 (Trickett & Susman，1988)。

精神病学家 Brandt G. Steele 和 Carl B. Pollock (1968) 对 60 个家庭进行了密集型研究，在这些家庭中发生过严重的儿童虐待情况。这些家庭中的父母来自于各类阶层，有着各种不同的社会经济状况、智力和教育水平、各种宗教信仰和人种。Steele 和 Pollock 发现了儿童虐待中的一系列共有元素。这些父母对婴儿要求很多，远超过婴儿能够理解和反应的范围。这些父母还感到不安全，对是否被爱感到不确定，他们把孩子视为安心、舒适和情感的资源。Kathy，一位母亲，说出了如下痛心的话：

"在我一生中，我从未感到过真正被爱。当孩子出生时，我想他会爱我，但是当他总是哭闹的时候，这意味着他并不爱我，所以我打他。"三周大的 Kenny 因为双侧硬膜下血肿（多重淤血）而到医院就诊。(Steele & Pollock，1968，p. 110)。

**暴力的代际循环**　Steele 和 Pollock (1968) 发现，他们研究的 60 例儿童虐待的家长都是在独裁风格的家庭环境中长大的，而这种风格再次发生在他们自己的孩子身上。其他研究者证实了虐待孩子的父母自己在儿童时期很可能也受到过虐待，或者是家庭暴力的目击者 (Moffatt，2003)。事实上，证据显示，这种模式被无意识地从父母传递给孩子，从一代传递给一代——研究者和专业人士称其为"暴力循环"和"暴力的代际传递"。

社会学习理论的支持者说，暴力的、攻击的孩子从其父母那里习得了这类行为，他们是孩子的有力榜样 (Tomison，1996)。一些研究者主张，攻击行为有一种生物或基因的成分，攻击性是基于儿童自己的气质的一种个性特点 (Muller，Hunter & Stollack，1995)——也就是说，儿童继承的生理倾向使虐待循环得以永存。

对于暴力代际传递的第三种解释是环境（社会学习）与生物/基因因素的交互作用。Kaufman 和 Zigler (1993，quoted in Tomison，1996) 认为，有关反社会行为表现的基因成分使个体有很高风险表现出暴力行为，而基因与环境因素的交互作用产出了表现暴力的最大风险。研究者普遍公认，没有单一因素能够解释虐待是如何在代际间传递的。

即便如此，被虐待并不总导致其成为虐待者；然而，在童年期经历的虐待体验的频率越高，受害者成为一个暴力家长的可能性也越大 (Moffatt，2003)。Corby (2000) 发现，很多研究（除了乱伦研究之外）都聚焦于对母亲行为的调查上，然而，躯体虐待中男性占据了一半以上。

虐待孩子的父母通常并不虐待其所有孩子；通常，他们选择一个孩子作为受害者。一些孩子似乎比其他孩子更具有"受虐待的风险"，包括早产的婴儿、非婚生子、有先天异常或其他障碍的孩子、"难养的"婴儿，或在继父母家庭中的孩子。总的来说，被有虐待倾向的父母视为"奇怪"

"优质时间①……优质时间……"

**在任何社会经济阶层都可能发生社会性和情感剥夺**

来源：© The New Yorker Collection 1992 Warren Miller from Cartoonbank. com. All rights reserved.

或"不同"的孩子比其他孩子更有受虐待的风险（Brenton，1977）。"人类的多样性"专栏中的《与残障婴儿的互动》一文，对如何更好地养育有先天残障的儿童提出了一些建议。

精神病学家评估，90%虐待孩子的父母是可治疗的，如果他们接受合格咨询的话（Helfer & Kempe，1984）。绝大多数父母希望自己成为好父母。父母教育项目——教授养育技能的项目——常常能帮助防止虐待孩子的父亲或母亲再次做出这样的事情（Peterson & Brown，1994）。

**虐待的信号**　像在"人类的多样性"专栏中提到的那样，天生带有一些风险因素的孩子更容易受到虐待。受到虐待的孩子表现出多种不同症状。因为儿童照料员工和学前教师是很多婴儿和幼儿在家庭以外唯一持续见到的成人，他们所处的位置常常能够觉察到儿童被虐待和被忽视的信号，并报告给当地儿童保护服务机构或警署，以便开始对这一情形采取补救措施（National Clearinghouse on Child Abuse and Neglect Information，2003）。事实上，绝大多数州都要求教师和健康照料专业报告儿童被虐待的案例，而法律为出于好意的错误报告提供法律豁免权。教师和其他在教育领域中的人士通常占据了报告虐待和忽视的最高比率。国家儿童虐待和忽视管理局公布了一系列

信号，教师应该将其作为可能存在儿童被虐待或被忽视的信号，包括：

- 儿童是否有无法解释清楚的淤伤、鞭伤或挫伤？
- 儿童是否抱怨被打或被虐待？
- 儿童是否经常早到学校或在学校逗留？
- 儿童是否经常缺席或迟到？
- 儿童是否表现出攻击性、制造麻烦、破坏性、害羞、退缩、被动或过分顺从和友好？
- 儿童是否穿着不适合天气、邋遢、肮脏、营养不良、疲惫、需要医学关注或经常受伤？

此外，孩子被忽视或被虐待会增加日后行为不良、成年期犯罪行为和暴力犯罪行为的风险。大约有一半被虐待和被忽视的儿童（在青春期或成年期）被逮捕且不能假释，而某些亚群体（非洲裔美国人和被虐待或被忽视的男性）中，几乎有2/3在青少年或成人时被逮捕。儿童期发生的很多其他事件——例如，他们的天赋、气质、社会支持网络以及参加治疗的情况——可能会调节儿童被虐待和被忽视的不利后果（Widom & Maxfield，2001）。

忽视使儿童承担很多东西。心理学家 Byron Egeland 对于照料不良儿童的纵向研究（1993）发现，当孩子不高兴、不舒服或者受伤时，在情感上缺乏响应的母亲倾向于忽视他们；这些母亲并不与孩子分享快乐；其结果是，儿童发现他们不能从母亲那里寻求到安全和舒适。躯体上受虐待与情感上受剥夺的孩子通常都低自尊、自我控制差、对世界有负性情绪。然而身体上受虐待的孩子倾向于展现出高水平的愤怒、挫败和攻击，而那些被在情感上不可接近的母亲所养大的孩子倾向于退缩和依赖，并在他们长大后展示出严重的心理和行为损害。因为他们以不正常的方式看待和体验世界，他们当中的很多人后来都延续了其父母的虐待模式，虐待自己的孩子（Dodge，Bates & Pettit，1990）。

219

---

① 指全心全意照顾子女等的时间。——译者注

## 人类的多样性

### 与残障婴儿的互动

**我和你一样**

每个人都暗自期待一个与众不同的婴儿，但是很少有人获得，至少没有很特别的"天才"的感觉。很多人最后成为伟大的领导者（如丘吉尔，洛克菲勒）、科学家（如爱因斯坦，霍金）或艺术家（如汪德），在生命的最初阶段都表现出一些障碍，但后来他们克服了障碍并实现了的潜能。

先天残疾儿童的父母常常体验到很多复杂的情绪，包括否认、苦恼、痛苦、自责、惊慌、抑郁和深深的丧失感。一些有特殊需求的孩子的父母坦承所有上述感受。最好的建议是寻求专家、律师、亲属和朋友来支持你和你的孩子。特殊教育和残障领域的专业人士鼓励父母做如下事情：

● 爱这个孩子本身的样子。看你的孩子、碰触他、充满爱意地对他讲话，尽可能正常地对待你的孩子。你的孩子首先是一个人！

● 尽可能从出生开始就进行早期干预服务。你将接触到专家和律师，他们了解你的孩子的需要。要意识到，我们生活的时代比以往任何时候对残障、先天异常和有先天风险因素的儿童都具有更多的专业知识。

● 获取信息，询问问题。如果你所居住的地区没有这些服务，可以通过专业杂志和互联网获得养育和专业方面的支持。父母需要知道他们并不孤独。甚至孩子的诊断非常罕见的父母也能够与世界上某个能够理解并有相同遭遇的人联系上。

**依恋与残障婴儿**

Emily 患有先天性心脏病，她在进食方面有困难，需要一个进食管。她的母亲把婴儿按摩视为加强其情绪和躯体健康的一种方式。一些儿科医师说，按摩创造了情绪联系以及养育者和婴儿之间的依恋。

● 意识到当孩子有残障时，家庭要支出额外的精力，而随着时间的流逝，很多父母发现了以前潜藏的精力和弹性，并成为他们以前从不知道自己会成为的人。

● 在美国，允许所有有残障的孩子在合适的年龄进入公立学校的正规班级受教育。有特殊需求的孩子可能经由学校管理机构支付教育费用。

● 意识到儿童的主要发展性原则是，无论其是否残障，儿童都会按照其个人成长的速度发展出力量和技能。庆祝你的孩子的发展性里程碑。

● 意识到你的孩子能够成为社会中积极的、有贡献的人。

● 意识到事情会朝向更好的方向改变。

**打破暴力循环**　一些研究者发现，有几种因素似乎给予了受虐待的孩子一些"缓冲"。这些因素包括，来自母亲的强有力的社会支持系统，参与社区活动，对孩子应该能够做到什么的期望不是很严苛，遭遇的生活事件较少，有一个支持性的伴侣/配偶，做一个有意识的决定不再重复虐待历史的人，在儿童时期有积极的学校经历，以及有强大、支持性的宗教信仰（Tomison，1996）。Fry（1993）提出了一些打破暴力循环的方法。

220

● 提升一种文化态度，躯体力量是不必要和不被接受的（躯体惩罚的不合法性）

● 使用非暴力的冲突解决和问题解决方式来训练所有儿童

● 训练父母使用健康的儿童养育技术

● 尽早干预虐待情境

**思考题**

与儿童被忽视和被虐待有关的因素是什么？在有害行为和社会经济状况或养育方式之间是否存在某种联系？哪些社会/文化限制和/或教育政策能够被用来减少或消除儿童被虐待和被忽视？

**续**

在儿童人格的发展与其早期情绪和社会经历的关系方面，本章综述了社会和行为科学家一直感兴趣的文献资料。起初，社会科学家关注于母亲剥夺，认为仅考察母亲对儿童的影响就足够了。随着时间的推移，研究开始关注于父亲、同胞兄弟姐妹、祖父母、姑舅叔伯以及其他更大范围的家庭成员。近年来，这一范围甚至拓宽到儿童照料的提供者和学前教师。

在儿童保育机构的期望方面，美国人的观点中存在严重分歧。判断儿童照料是"好"还是"差"的冲动似乎更多是一个意识形态的问题，而不是科学的问题。在很多情况下，现代社会和社会科学家日益面对这一问题：当父母确实需要离家工作一段时间时，我们如何管理成功的保育工作，来养育未来的一代？

当我们检视下一部分时，儿童在学前和小学低年级时继续成长，经历重要的认知发展，并经历多种不同的社会影响。

 # 总结

## 情绪发展

1. 情绪似乎是作为适应过程发展而来的，通过这一过程，人类建立、维持和终止其环境中的关系并提高生存性。发展研究者用不同的视角观察情绪。我们定义情绪是在例如爱和恨的情绪中卷入的生理改变、主观体验和表达性行为。我们从他们的面部表情、手势、姿态和言语线索的联合中"阅读"他人的情绪。

2. 达尔文提出，情绪是继承而来的生存模式，但是当代研究者认为情绪（a）帮助人们存活和适应其环境；（b）服务于引导和激励人类行为；（c）支持与他人的交流。社会参照在出生后几天内就出现。

3. Ekman 和其他生态学家认为，人类神经系统在遗传上预设了情绪反应与响应，而人类将特定的情绪与特定人类表情相联系。

4. 伊扎德研究形成了"差异情绪理论"：从感觉反馈得出的情绪产生了面部和神经肌肉反应。所以，每种情绪都有其特定的面部模式，而十种基本情绪在跨文化中被发现。其他人提出，基本情绪是在婴儿大脑中预设的，并且从出生就存在（对于发育完全的婴儿来说）。

5. 成熟中的婴儿显示出日益增强的能力，能分辨接收到的声音线索和面部表情，并修正其自己的情绪和行为。

6. 从出生到五岁的婴儿和儿童会经过情绪发展的几个阶段。"格林斯潘功能性情绪评估量表"能识别儿童非典型的情绪发展。

7. 研究者发现低龄儿童的情绪表达具有持续性和稳定性。婴儿情绪表达评估在学龄前相当稳定，但养育者的响应能够修正儿童的情绪。

8. 20 世纪 90 年代，Mayer 和 Salovey 提出情绪智力（EI）的概念，Goleman 和加德纳分别使情绪智力和多元智力的概念得到普及。EI 包括人际和个人内在的技能，导致了社会性成功。神经科学显示，我们感觉、然后感受，接下来几乎同时地对于我们所经验的事情进行反应和思考。

9. 头脑中的情绪回路被婴儿期和童年早期的经验所"塑造"。正常的神经中枢线路从脑干开始，通过边缘系统到大脑皮层，这对有效的思考至关重要。对婴儿和幼年儿童的虐待削弱了情绪处理，会导致兴奋、冲动和破坏性行为。

221

10. 对一个重要他人的依恋（在流行的术语中是"联结"）会深深地影响婴儿的心理、身体、社会发展和价值观。安斯沃斯发现，婴儿在依恋的时机中变化（跟随、依附、发出信号、哭闹）。亲密接近、情感和触摸、有响应的眼神接触会促进安全的婴儿依恋。婴儿对与父母分离的抗拒与认知成熟和个人永久性有关。

11. 鲍尔比和其他研究者声称，婴儿在生物性上对进入一个社会性世界有生存预适应性，以便使其需求得到满足。婴儿的头脑形状、身体比例、圆圆的眼睛、胖嘟嘟的脸颊——还有他的哭闹、吮吸和依附都会引发养育者的直接反应。鲍尔比关于"母亲剥夺"的概念说明了如果母亲对其婴儿缺乏响应所带来的破坏性情绪效果。

12. 学习理论的学者将依恋归因于社会化。在正常的依恋中，婴儿和母亲相互奖赏和强化行为。这样，一种称为"依恋"的互相满足的关系就发展起来了。

13. 在绝大多数情况下，母亲是婴儿的依恋对象，但依恋对象也可以是父亲、祖父母或其他养育者。儿童的依恋随着成熟而增加。

14. 婴儿和幼小孩子不同的气质与情绪表达的不一致有关。被研究的气质品质最主要包括兴奋性、心境（先天倾向）、容易被安抚、活跃性水平、好交际性、注意力、适应性、唤起的强度、自我调节和胆怯。文化对于不同的气质品质赋予了不同的价值，如害羞。

15. 托马斯和切斯发现，婴儿在生命早期阶段就显示出气质类型。最常见的是：（a）困难型；（b）慢热型；（c）容易型。一些婴儿具有混合特点。

## 人格发展理论

16. 美国家庭结构和稳定性的变化促进了不同的发展学家提出关于"最佳"养育实践的发现。

17. 弗洛伊德主义者强调精神分析观点，情绪健康的人格与如下因素有关：母乳喂养、长时间的养育、逐渐断奶、根据自己需要的时间表喂养、耐心的排便训练以及不受惩罚。所以，儿童与母亲的关系是非常重要的。斯波克医生在过去 60 年中普及了以儿童为中心的养育观念，但是研究者对这些观点几乎没有提供什么实证性支持。

18. 在心理社会性观点中，埃里克森强调婴儿发展对他人基本信任的需要，通常是对母亲和/或父亲的信任。成熟中的儿童需要在情绪和社会性发展的渐进阶段中解决一系列冲突。

19. 行为主义者（学习理论者）观察情绪的外在表现，而不是引发情绪的想法。他们说，奖励和惩罚系统塑造婴儿行为。养育者使用终止、强化时间表、对促进社会性方面可接受的行为的奖励或技能来减少不受欢迎的行为。

20. 当代认知心理学家知道，情绪对想法和行为有显著影响。他们检验将情绪与想法和行为相联系的信息加工机制。

21. 布朗芬布伦纳的生态学理论认为，低龄儿童的社会—情绪发展受多个层面的环境影响，包括家庭、邻居、学校和教堂、社区、州、国家和国际影响。

## 社会性发展

22. 美国人口普查局报告，美国儿童占人口总数的大约25%——而到2020年之前，0~5岁儿童的数量还会稳定增长。因为双亲家庭数量变少，对来自于更大社区的儿童照料辅助就有一种迫切的需要。在对婴儿和低龄儿童的服务行业会有很多工作机会。

23. 人性是社会性产物，随着儿童与环境中重要他人的互动而出现。恰当的人类情境、身体接触和养育非常重要，而一些儿童却经历到受忽视、虐待、隔绝、遗弃、社会剥夺或进入公共机构。反应性依恋障碍（RAD）可能出现在一些风险因素高的儿童身上，显现出不恰当的或延迟的社会—认知行为，这些风险因素包括严重的虐待和忽视、送入专门机构、连续的托养或有障碍的疾病、"难养的"或罹患慢性病以及经历过长期的父母分居。

24. 早期依恋（联结）模式可以预测儿童日后的功能和成功（同伴、学业、婚姻、养育）。安斯沃斯及其同事设计了陌生情境，以确定婴儿—母亲依恋的质量。三种模式浮现出来：安全型依恋（B型）、不安全/回避型（A型）和不安全/反抗型（C型）。Main和Solomon定义了第四种模式：紊乱/无定向型（D型）。

25. 八个月大的婴儿通常展示了陌生人焦虑和分离焦虑，当熟悉的人离开或有生人出现或情境发生时会表现出痛苦。当把几个月大的婴儿留下跟陌生人待在一起时，婴儿很可能表现出强烈的痛苦，所以也就有更高的风险受到虐待。

26. 安全型依恋的婴儿和孩子（B型）通常在学龄前更具有社会胜任力，能够发起和维持与他人的社会互动，并能够更有能力处理挑战性的情境。不安全型依恋的婴儿并不期待自己的需要会得到响应，因而也不把自己看成值得被爱和被支持的。

27. 托马斯和切斯提出了"拟合度"理论，建议父母在其养育实践中考虑孩子独特的气质。婴儿也会浇铸和塑造其父母。

28. 儿童养育实践随文化的不同而不同。在非个人主义的国家里，母亲整天带着婴儿，在睡觉时让婴儿睡在自己身边。西欧国家发展了合格的国家儿童养育系统，并为父母支付一年的补贴。

## 222　对婴儿和学步儿童的养育

29. 因为更多的母亲要工作、更高的离婚率和非婚生养的儿童，所以低龄儿童被更多的养育者所带养和社会化。很多婴儿在三个月大时就被送到保育中心，平均为每周28小时。对婴幼儿的高质量保育很稀有，并愈加昂贵。

30. 母亲—儿童和父亲—儿童的关系在性质上有所不同，并且对儿童的发展有不同影响。传统上，母亲在儿童养育方面花更多时间，而父亲则是养家糊口的人。但是很多美国母亲都有工作，而更多的父亲开始辅助养育儿童（或成为唯一的养育者）。

31. 在美国，有很多单身母亲和缺失的父亲。大约2 400万儿童生活在没有亲生父亲的家庭中。没有父亲的儿童有很高风险出现不良行为、在学校的困难、较差的学业成绩、较少的社会责任感。

父亲—儿童关系的质量比起存在与否本身更重要。

32. 同胞在婴儿和低龄儿童的情绪、感官、认知和社会发展方面起到重要作用——而同胞在我们毕生中都是一个主要角色。在一些文化中，年长的同胞要肩负起对年幼同胞的责任。

33. 在美国，越来越多的祖父母和其他亲属也成为儿童的抚养人。美国人口普查局报告了几种不同的家庭结构。祖父母养育儿童的主要原因包括父母滥用毒品、儿童虐待和遗弃、青少年怀孕、父母罹患疾病或被公共机构监管。作为抚养人的老年人需要经济来源、社会支持和儿童养育辅助。

34. 更多幼小儿童处于儿童养育安排中，从在家的家庭照料，到非家庭的保育中心照料。一半职业母亲改变了儿童养育安排——但常常负担不起高质量的保育服务。年幼儿童需要连续的、稳定的和可预期的照料以发展其情绪—社会—认知胜任力。父母正在挑战美国政府管制儿童养育产业：提出养育、安全、费用和保育员工培训的标准，以及为家庭提供更高的补贴金。

35. 在世界各地，婴儿被在很多种不同的环境中养大，包括多重母亲、家庭抚养、儿童日托抚养，还有像以色列集体农场那样的抚养方式。研究表明，多重母亲和高质量的儿童养育都是可接受的安排。

36. 在美国，数以百万计的儿童正在经历着贫困所带来的不良后果，包括更高的健康风险和安全问题，较低的教育程度，还有毕生的低收入能力。贫困会窃取孩子的未来。

37. 儿童被虐待和被忽视问题正在增加，而其影响很深远。通常，在这样的家庭中有一个孩子是牺牲者。研究表明，受过虐待的成人更有可能虐待孩子。很多研究和新的项目正在着手建立社会项目，以打破暴力的循环。儿童照料的专业人士和监督者被委托来报告忽视和虐待的发生。

38. 更多婴儿出生在危险因素中（因为早产、先天缺陷或生于贫困家庭）。这些婴儿需要被爱和珍视，像任何一个孩子应该得到的那样。纵观整个历史，很多人虽在生命之初有缺陷，但后来也对社会做出了贡献。

## 关键词

依恋（193）　　　　　　　人际智力（193）　　　　　　反应性依恋障碍（RAD）（204）

自闭症（197）　　　　　　内心智力（193）　　　　　　安全型依恋婴儿（206）

儿童虐待（217）　　　　　亲属照料（212）　　　　　　感觉统合（207）

紊乱/无定向型婴儿（206）多重母亲养育（216）　　　　分离焦虑（207）

情绪（189）　　　　　　　忽视（217）　　　　　　　　社会参照（189）

情绪智力（EI）（192）　　核心家庭（216）　　　　　　陌生情境（206）

不安全/回避型婴儿（206）口唇感觉阶段（199）　　　　陌生人焦虑（206）

不安全/反抗型婴儿（206）个人永久性（194）　　　　　气质（196）

## 网络资源

本章的网络资源聚焦于婴儿的情绪和社会来发展。请登录网站 www.mhhe.com/vzcrandell8 来获取以下组织、话题和资源的最新网址。

　　儿童发展研究协会

　　美国儿童教育协会

　　美国儿童虐待和忽视扫除所

早期儿童新闻

美国儿童照护信息中心

祖父母养育孙辈

贫穷研究所

发育不良管理处

# 第四部分

# 童年早期(2~6岁)

第7章　童年早期：身体和认知发展
第8章　童年早期：情绪发展和社会性发展

　　本书中有两个章节聚焦于童年早期，即2~6岁这一发展阶段。首先是第7章。这个时期的儿童获得更高的自主性，发展出与他人发生关系的新方式，并且获得了在这个世界上的自我感觉和自我效能感。健康的儿童将经历身体成长和运动技能的协调过程，并且具有充沛的玩耍热情。适当的营养、良好的健康以及刺激感官体验为认知的持续成长和言语发展提供了基础。儿童还在前运算思维操作的基础上开始学习对和错的判断。在第8章中，我们将在情绪和性别方面考察幼儿成长中的自我意识。在家人、朋友、托儿所以及幼儿园这些社会情境中，幼儿获得了一系列指导来表达自己的情感需要。

第**7**章

# 童年早期：身体和认知发展

## 概要

### 身体发育和健康问题

- 身体成长和运动技能发展
- 感觉的发展
- 大脑和神经系统
- 营养学和健康问题
- 自我照料行为
- 人口统计学的趋势及对儿童健康的意义
- 儿童死亡率与原因

### 认知发展

- 智力及其评估
- 智力和先天—养育之争
- 皮亚杰的前运算思维理论
- 儿童的心理理论
- 语言的获得
- 语言与情绪

### 信息加工与记忆

- 早期记忆
- 信息加工

## 批判性思考

1. 我们怎样了解幼儿的大脑和身体成长需要哪些东西？为什么意外伤害是导致幼儿死亡的最主要原因？

2. 一个五岁的小女孩在听完一段音乐后，能够立即坐到钢琴前完美地弹奏，但是她不知道自己的名字，也从没有学习过单词和音乐。她是天才吗？天才意味着什么？我们又该如何测量智力？

3. 让一个六岁的儿童和一个25岁的成人分别描述他们前一天的生活。他们能够记起哪些细节？他们会以怎样的顺序回忆？儿童与成人回忆过去的方式相同吗？你有没有什么想法，能够回答为什么在他们的回忆和视角上存在差异？

4. 设想你遭遇海难，漂泊到一个岛屿上，那里的每个人都戴着面具，所以互相之间看不到面孔。你将如何知道他人的真实想法？你觉得你的交流将会有什么变化？

在2～6岁之间，儿童拓展了行为的全部本领。当幼儿在身体和认知方面发展时，他们自己也开始变成有能力的人类。绝大多数幼儿都是健康、充满活力的，并且对掌控其自身的小世界充满好奇。他们成长的身体和增加的力量允许他们爬得更高、跳得更远、喊得更响、抱得更紧。对于幼儿来说，每天实际上都是崭新的一天。他们在拓展词汇量、提问题，并且用他们自己的智慧和幽默进行娱乐。

像埃里克森指出的那样，当幼儿获得了自主性或独立感时，他们开始与自身的冲突性需要作斗争，反抗父母的控制。这些暂时性的剧变通常被称为"可怕的两岁"，此时幼儿开始坚持自己的意愿并且发脾气。与此同时，儿童开始把自己视为个体，尽管仍然依赖于父母，但他们意识到自己与父母是分离开的独立个体（Crockenberg & Litman, 1990；Erikson, 1963）。幼儿的头脑是如何记住哪些是重要的、哪些是微不足道的呢？下面我们将考察几种关于早期认知发展和记忆的理论，以及有关身体和道德发展的理论。

## 226 身体发育和健康问题

童年早期为更复杂的学龄阶段生活打下了认知和社会性基础。支撑这些智力技能的是持续的大脑成长、身体发展、粗运动和精细运动技能的协调以及感官系统的成熟。贫困生活的深远影响是阻碍童年早期身体和认知发展的主要环境因素。本章中有一节专门讨论了很多美国儿童，特别是少数民族儿童的健康风险因素。

### 身体成长和运动技能发展

像我们在前面章节中指出的那样，在生命的头20年里，成长是不均衡的。从出生到五岁，身高成长的比率或速率迅速下降。你可能听说过这样的谚语，"小孩子就像野草一样疯长"，1～3岁的身高成长速度是3～5岁的两倍。直到学龄前结束的时候，幼儿都保持着头重脚轻的外形——头部相对于身体来说显得很大，但是他们逐渐变瘦，婴儿和幼儿阶段的"婴儿肥"特征消失殆尽。两岁以下的儿童往往很丰满，而2～6岁的绝大多数孩子都很苗条，尽管你能够看到儿童的身高和体重变化与遗传和环境因素都有关系。五岁之后，身高的生长率趋于稳定，直到青春期之前几乎保持常量。此外，相对于其年龄群体的生长常模，体形壮实的孩子倾向于比平均身高增长更快，而体形苗条的孩子倾向于比平均身高增长更慢（Tanner，1971）。

成长中最令人震惊而又可能是最基本的特征之一，是该领域著名权威 James M. Tanner 称之为"自我稳定"或"寻找靶点"的特性：

> 儿童，正如火箭一般，拥有自身的发射轨迹，由其遗传体质的控制系统所调节，并由从自然环境中吸收的能量所推动。由于急性营养不良或疾病使儿童偏离成长轨迹，而一旦匮乏的食物得到供应，或者疾病得到治愈，就会产生回归的力量使儿童赶上最初的曲线。当发展达到这一曲线时，就缓慢下来，调节路径再次进入旧有的轨迹。　（1970，p. 125）

这样，当恢复正常条件时，儿童展示出一种补偿性或补救性的特质，"弥补"被抑制的成长（除非成长中断的原因非常严重或被拖延）。

在学前和小学低年级阶段，儿童在身体上也变得更协调。走路、攀爬、伸展、抓握和释放不再仅仅是活动本身，而是有了新的目的性。这些发展中的技能赋予了新的方式以探索世界，完成新的任务（见表 7—1）。

**表 7—1**

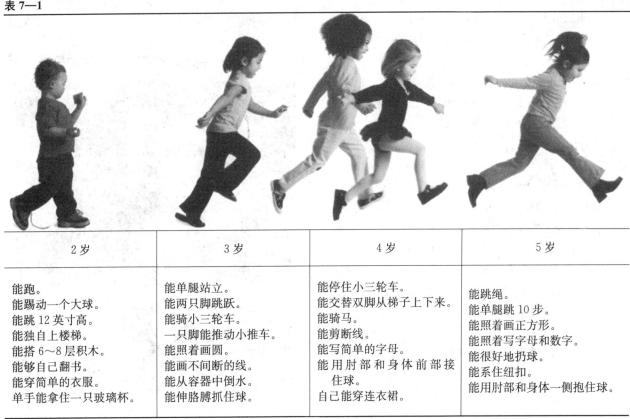

| 2 岁 | 3 岁 | 4 岁 | 5 岁 |
|---|---|---|---|
| 能跑。<br>能踢动一个大球。<br>能跳 12 英寸高。<br>能独自上楼梯。<br>能搭 6～8 层积木。<br>能够自己翻书。<br>能穿简单的衣服。<br>单手能拿住一只玻璃杯。 | 能单腿站立。<br>能两只脚跳跃。<br>能骑小三轮车。<br>一只脚能推动小推车。<br>能照着画圆。<br>能画不间断的线。<br>能从容器中倒水。<br>能伸胳膊抓住球。 | 能停住小三轮车。<br>能交替双脚从梯子上下来。<br>能骑马。<br>能剪断线。<br>能写简单的字母。<br>能用肘部和身体前部接住球。<br>自己能穿连衣裙。 | 能跳绳。<br>能单腿跳 10 步。<br>能照着画正方形。<br>能照着写字母和数字。<br>能很好地扔球。<br>能系住纽扣。<br>能用肘部和身体一侧抱住球。 |

**粗运动技能**　健康的 2～6 岁儿童总是很活跃。在这个年龄，儿童一旦有机会，就会跑、跳或者单脚蹦。他们的手臂和腿部肌肉正在成长，而这一年龄群的儿童需要日常的大量练习和活动，他们能从中获益。照料者应该限制被动性活动的时间，例如看电视、看录像和 DVD，还有打电子游戏的时间。

**4 岁**　4 岁大的孩子身体感觉更舒服了，他们通过探索可供攀爬游戏的立体构架和可供其他游戏的建筑物来突破身体的极限。上半身和下半身之间的协调性得到了发展，所以诸如跑步这类任务就得以更有效地完成。现在我们已经很清楚，儿童在学习走路这方面要经过三个明显阶段，并在大约 4 岁时达到成熟的模式（Lee & Chen，1996）。

**5 岁**　5 岁大的孩子可能会很蛮勇；他们摇摆、蹦跳、尝试杂技，让父母胆战心惊。很难想象，一两年前走不了多远就要摔跤的孩子，5 岁时可以娴熟地滑冰、跳跃。有任何类型躯体残疾的孩子都应该被鼓励也参加运动，这样他们才能发展力量和协调性技能，并且享受身体运动的乐趣。娱乐治疗师和职业治疗师能够给予个别儿童以建议，告知他们能够完成什么样的活动。

● **娱乐治疗师**（recreational therapist）：儿童娱乐治疗师提供服务，帮助恢复功能、改善灵活性、缓解疼痛，预防或者减少外伤或疾病给病人带来的永久性身体残疾。娱乐治疗理论的目标是恢复、维持和提升整体的健康水平。

● **职业治疗师**（occupational therapist）：职业治疗师不仅帮助儿童提高基本运动功能和推理能力，还对永久性功能丧失进行弥补。职业治疗的目标是帮助人们能够独立、多产并且满意地生活。

**6 岁**　照料者要设定界限和限制，并持续不断
227 地提醒孩子安全和纪律，使用安全设备，因为 6 岁的孩子在更大范围的社区环境中主动寻求更多的独立。6 岁大的孩子对大胆的冒险和游戏表现出更多兴趣。他们乐于通过快跑、猛掷、更高和更远的跳跃来尝试身体的极限。他们喜欢骑自行车，爬树，爬防火梯，从比较高的墙头或台阶上跳下。因为他们开始参加个体或团体的体育运动，所以他们可能在身体能力方面获得（或丧失）自信。父母在请教练方面要小心，不要为 6 岁儿童设置过多活动日程。

**精细运动技能**　粗运动技能是指包括身体更大部分的能力，而精细运动技能涉及身体的小的部分。精细运动技能比粗运动技能发展得缓慢得多，所以三岁的孩子虽然不再需要紧张地集中注意于跑步的任务，但却还需要心理能量来搭积木，玩乐高玩具，使用画笔，捏黏土，使用蜡笔或者敲击电脑键盘。他们仍然倾向于把一块搞不懂的积木强行塞进窟窿里，或者滑动它，直到它碰巧嵌进去。五岁大的孩子一般会给自己的手、胳膊、腿和脚下达困难的指令，他们觉得简单的协调动作很无聊，而更喜欢在平衡木上行走、搭高高的积木、开始尝试系鞋带。儿童鞋上使用了维可牢尼龙搭扣之后，很多孩子系鞋带的年纪都延迟了。成功穿衣，写字母表和数字，写连笔，切割，粘贴，在线条内涂色以及玩拼图

玩具等等活动中，都需要精细运动技能，这里只是列举了一部分活动。

**有协调问题的儿童**　不幸的是，大约 5% 的小孩在协调方面有显而易见的困难，而这些在五岁时有这些问题的孩子中，大约有 50% 到九岁时仍然有这些问题。心理学家和教师越来越多地关注这些在躯体方面协调性差的孩子。辅助灵巧性差的孩子，使他们在躯体活动方面变得更成功，这是非常重要的工作。运动技能对小孩的自我概念形成以及他们如何感知他人都起到很大的作用。研究者发现，有协调问题的孩子将有更大的可能性在日后的小学期 228
间出现明显的社交问题，因为笨拙经常影响到社交关系。被知觉为技能较差的男孩子最经常受到影响：他们比那些协调性更好的同伴所拥有的朋友少（Kutner，1993）。心理学家和教育者正在寻找方法，帮助这些孩子改善那些起初看似不相关的领域。

**良好的运动技能包含更加复杂的手眼协调**
把方块、小珠子、拼图放在一起，需要较强的运动技能，这是儿童最喜欢的活动。

**思考题**

为何儿科医生关注儿童的成长或运动能力是否比同龄孩子延迟？对于被诊断为躯体和运动迟滞的孩子，可以提供什么服务？

### 感觉的发展

低龄儿童通常都喜欢多种色彩和质地的物品带来的感官体验，但少数儿童有感觉统合问题。绝大多数孩子在新鲜的体验和感觉中都感到愉悦。蹒跚学步的孩子喜欢把物品放到嘴里的感觉，而学龄前的儿童则通常不会这样做—尽管某个孩子会偶尔吮吸大拇指或手指头作为一种自我安慰的行为。伴随着新的感官体验，儿童发展出描述性言语来给这些体验分类，例如光滑的沙子、易碎的彩色树叶、温暖的水、松软的小雪、带刺的仙人掌、让人想抱抱的小猫咪等等。随着孩子的成熟，他们也会吸收周围他人的一切。

**视觉、触觉和肌肉运动感觉**　低龄儿童要发展自己的视觉和触觉感觉，并不仅仅在视觉上探索物品，还喜欢触摸它们，特别是对于沙子、水、食物、草、指画、黏土、肥皂、清洗的衣服以及羽毛等。他们使用手和脚来帮助自己发现环境中物品的所有不可思议的差异。然而，一些孩子对于感官体验（声音、碰触以及可能"刺眼"的光

线）更加敏感、更加笨拙，在精细运动技能方面有问题。这些孩子可以从感觉统合困难的作业评估和作业治疗师那里获得帮助。

负责儿童视力保健和安全的保育员应该仔细查看低龄儿童的眼睛是否有斜视，这是一种"缓慢"或游离不定的眼睛，以及不寻常的外观，还有过度擦眼或红眼的现象。验光师和儿童眼科专家建议儿童从六个月大起要做定期视力检查，因为眼睛的问题如果得不到及时治疗，可能导致严重的健康、学习和自尊问题。然而，据美国预防失明组织（the Prevent Blindness Orgnization of America）称，只有14%的儿童在入学前得到了全面的视力检查（"Children's Vision Screening"，2003）。早产的婴儿特别可能罹患一种叫作"早产儿视网膜病"（retinopathy of prematurity，ROP）的眼疾，而需要做频繁的视力检查。有视力损害的儿童可以接受早期干预矫治（见图7—1）。

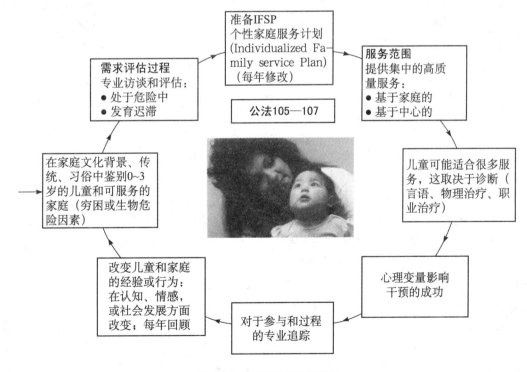

**图7—1　早期干预服务项目**

许多出生在危险中或者生活在贫穷环境中的儿童，有资格通过当地公共健康局享受个体家庭服务计划（IFSP）。怀着7个月的Sabrina的妈妈29岁了，在怀孕期间酗酒，还有一个3岁大的孩子被诊断为FAS（胎儿酒精综合征）。

儿童在探索的时候注定要把东西弄得一团糟，但是大脑中复杂的神经连接就是因为这些刺激性体验而发展起来的。然而小孩也可以被教会在自己玩过之后收捡东西。感官体验帮助儿童使用语言技能来对事物进行分类（例如，大或小、热或冷、潮湿或干燥、平坦或颠簸、喧闹或安静、愉快或恐惧、安全或危险）。最终，儿童将能够利用成熟的视觉/触觉和肌肉运动感觉，进行预期的运动，学会扔球、使用叉子、冲马桶、翻开书的一页、穿衣服、轻而易举地爬上爬下楼梯等等。

**听觉和语言发展**　儿童的语言能力有赖于健康的听觉系统，还有口、舌和喉部肌肉的成长和发育。一周岁之内的婴儿发出的声音可以被视为具有跨文化的"普遍性"，而这个时期的婴儿能够
229　倾听和学会不止一种语言的发声（Chomsky, 1975）。寒冷、耳部感染、鼻窦充血以及过敏症（特别是如果儿童对奶制品过敏的话，黏液可能阻塞从咽喉后部到耳朵的管道）可能暂时性或严重地削弱听觉。童年早期的一个常见病是**中耳炎**，这是在小孩身上发生的一种很疼痛的感染，由其引起的液体积压在中耳内，如果不经治疗的话，可能导致听力丧失。典型的症状是儿童会不停地拉耳朵，在深夜哭泣或尖叫，因为一段时间的平躺会让液体压迫耳朵从而产生痛苦。一般来说，

这种疾病需要药物治疗来降低液体的积累。患有一系列感染或延误了就医时间的孩子，可能会导致听力丧失。长期的听力问题会影响到学习和语言运用，所以，如果这些问题没有被及时发现，就可能会引起严重的认知发展迟滞。如果小孩对父母的要求似乎没有反应，或者没有朝向声音的方向转头，就需要进行检查。如果存在持续的耳部感染，耳鼻喉科医师可能给耳膜切开一个小口，用以排干液体，或者为耳膜插入一个临时的通风管。如果儿童被诊断为耳聋，在私立和公立学校环境中有很多可用的设施，而且在网络上也有大量资源可以为这些孩子发展潜能提供帮助。

**嗅觉与味觉**　在任何文化中，儿童都对食物和饮料的气味和味道展示出一系列反应。同样，儿童必须被教会把什么东西放在嘴里是安全的，什么是不安全的。对于儿童来说，识别什么是（玫瑰）气味，或者什么是（草莓）味道，有助于学会认识和在认知上对气味和味道进行分类。因为吃东西的同时包含了气味和味道，所以吃饭时父母会发现"挑嘴"的孩子——一小部分儿童对于嗅觉和味觉刺激过于敏感，或者对特定的食物过敏。儿童正在发育中的味蕾与儿童食谱中引入新食物的感官强度这二者的结合，可能使得就餐时间相当具有挑战性。

230　　**大脑和神经系统**

大脑和中枢神经系统通常在童年早期持续快速发展。如果儿童通过使用感官或与他人的社会性互动受到刺激，神经系统中的大量复杂联结将持续发展。五岁大的时候，儿童的头部重量大约是头部最终重量的90%，而其身体重量只达到了最终重量的1/3。当你看到一个六岁大的孩子戴上成人的帽子时，你会看到，孩子与成人的头围差异远远小于衬衫或裤子尺码的差异。既然儿童的大脑在大小上迅速增长，我们也就不会奇怪，他们的复杂认知能力惊人的增长速度。

**有认知迟滞风险的孩子**　随着儿童物理世界的拓展，儿童将面临新的发展要求。他们主动寻求新的机会，操作和调节他们的环境，并在这样做的过程中实现一种自我效能感。这些过程是健康的认

知发展的基础，并且能刺激这种发展。然而，一些小孩可能因为先天缺陷、多种智力发育迟滞以及其他在童年早期出现的健康问题（例如注意缺陷性多动障碍或抑郁、自闭症、抽搐障碍、艾滋病和其他健康问题）而出现认知迟滞。然而，设计良好的早期干预计划能够对生活在高危环境因素中的儿童或发育不健全的儿童有所帮助（Shonkoff, 2000）。

**先天缺陷**　一些儿童天生面临一些风险（例如：因为早产、出生缺陷或出生贫困），他们很可能在身体发育和感官成熟方面较为缓慢，所以可能无法获得完全发挥潜能的机会。这些孩子适合进行密集型早期干预治疗——"早期提前教育"项目，而且幼儿保健机构和公立学校还可以建立个性化家庭服务计划（Individualized Family Ser vice Plan，IFSP）（见图 7—1）。

**自闭症** 被诊断为患上了自闭症——一种令人迷惑不解的神经发展障碍——的孩子，在三岁前就表现出这些行为。但可悲的是，儿童在自闭症开始之前，似乎发育正常。被诊断为自闭症的孩子通常没有或几乎没有语言技能，不能发起或维持对话，不能解释他人的情绪状态，对于碰触和声音非常敏感，对于无生命的客体表现出非比寻常的依恋，表现出古怪、重复或自我伤害的行为，有睡眠障碍，而且更可能有癫痫（Glazer，2003；Muhle，Trentacoste & Rapin，2004）。一些自闭症儿童表现出异常的智力知识，例如关于天气的统计数据、日期或生日，而另一较小比例的自闭症儿童被划为迟滞（Goode，2004）。自闭症症状较轻的儿童被划为**阿斯伯格综合征**（Asperger's syndrome）。自 20 世纪 90 年代初起，接受特殊教育的学龄自闭症儿童数目大幅增长，超过了任何其他类型的残疾，到 2001 年已经达到 98 000 人，他们中大多数是男孩子。此外，2001—2002 年间，被诊断为自闭症的 3～5 岁的儿童有 17 000 人（Glazer，2003）。

尽管自闭症谱系障碍是可以识别的，但是它的确切原因却尚未得到明确。近期研究的焦点包括遗传学、畸形学、出生前或围产期感染、大脑结构或功能异常以及含硫汞撒的疫苗药理学（DeFossé et al.，2004；Glazer，2003；Muhle，Trentacoste & Rapin，2004；Shastry，2003）。三个双生子研究的数据表明，同卵双生子的自闭症一致率是 65%，而异卵双生子是 0（Tager-Flusberg，Joseph & Folstein，2001）。这种疾病没有明确的检查能够诊断，也没有治愈的方法。

发现自闭症的确切原因并不是一项容易的工作，但是研究者继续在设计行为干预策略方面取得了长足进步。重要的是，养育者要尽早地识别在早期社会和言语方面有缺陷、迟滞或衰退的孩子，带他们去进行评估，并进行有效的治疗（Muhle，Trentacoste & Rapin，2004）。被诊断为自闭症或阿斯伯格综合征的儿童适合于早期干预矫治（见图 7—1）。对小孩的行为和教育干预通常会改善其发展和行为的结果。

**有行为问题的低龄儿童** 在美国，大约有 10% 的儿童罹患由一些损伤所引起的精神疾病（Burns et al.，1995；Shaffer et al.，1996）。然而，此类儿童中只有很小比例接受了心理健康服务（Burns et al.，1995）。当学前儿童表现出懈怠、抑郁或烦扰，或者过度活跃、持续奔跑、打架或咬人时，他或她可能有严重的情绪/行为问题。越来越多的低龄儿童被诊断为注意缺陷障碍、重度抑郁症、心境障碍或反应性依恋障碍（参见第 6 章）。

一些学者研究了跨越十年（1987—1996）的来自于美国三个医学库的数据，涉及 90 万名 2～4 岁的儿童，发现给学前儿童开的精神治疗处方药物是给成人处方的两倍到三倍（Goode，2000；Zito et al.，2002，2003，2005）。处方药物按顺序分别是兴奋剂、抗抑郁药和安定类药物（作为抗精神病药物使用）。

哈佛医学院的 Joseph Coyle 提出一些证据，表明提供给五岁以下儿童的精神类处方药物自从 1990 年起在加拿大、法国和美国都有所增加（2000）。然而，Coyle 提醒说，3/4 的美国数据来自于医疗补助计划的接受者，而并非一般低龄儿童的随机样本。"**利他灵**（Methylphenidate）是这些研究中最常见的处方药物，被警告说不应该用于六岁以下的儿童"（Coyle，2000，p. 1059）。利他灵是中枢神经系统的温和的兴奋剂，用于治疗儿童行为多动障碍，或通常被标签为 ADD（attention-deficit disorder，注意缺陷障碍）或 ADHD（attention-deficit hyperactivity disorder，注意缺陷多动障碍）。对 ADD 和 ADHD 较新的处方药物包括 Adderall（一种治疗多动症的药物）和哌甲酯制剂（Concerta）（利他灵的改良版）。然而，Coyle 和其他医生说，没有实证证据支持对非常低龄儿童使用精神药物治疗（Coyle，2000；Diller，2002）。他们相信，制药业在资助 ADHD 研究、发表针对医生推荐药物表以及在电视上对消费者直接做的广告方面有深远的影响（Diller，2002）。

一些合理的担心是，此类治疗可能对发育中的大脑产生有害的效果，必须进行广泛的研究以确定在童年早期阶段使用精神药物的长期后果（Zito et al.，2003）。儿科医生还推荐行为治疗、情绪咨询、健康饮食与营养补给，还有早期干预矫治（见图 7—1）。美国卫生局局长在 2005 的"健康儿童年"（The Year of the Healthy Child）的议程中提出要更关注于"改善成长中的儿童的身体、心理和精神"，还有对儿童早期发展和精神健康问题的特殊事宜（"U. S. Surgeon General"，2005）。

231

**低龄儿童的化学接触**　低龄儿童的养育者必须注意限制儿童接触已知和可疑的有毒物质。一些低龄儿童因接触到从工厂和老化的储存设备排放或泄漏的化学毒物、农田杀虫剂、垃圾掩埋毒素以及污染的水塘、溪流和供水中的有毒化学物质［奥斯卡获奖电影《永不妥协》à la Erin Brockovich］，导致了躯体、运动、健康和人脑功能的损害。

杀虫剂已经被证实能够破坏人类 DNA 和基因结构，而且会严重地削弱人类免疫系统，并与一些童年期癌症有关。家用杀虫剂、控制白蚁的杀虫剂、Kwell 洗发香波、宠物除跳蚤剂、花园或果园中的二嗪农以及控制园中野草的除草剂等都与此有显著相关（"Family Pesticide Use Suspected of Causing Child Cancers", 1993）。一些低龄儿童不能耐受色素和化学食物添加剂。研究者认为，食品添加剂可能与儿童多动症有关（"Food Additives and Hyperactivity", 2004）。

**对精神发育迟滞和其他发展性延迟的低龄儿童的更多资源**　为符合条件的低龄儿童准备的个性化家庭服务计划（IFSP）包括调查这一领域的多种资源：

- 对残障问题的早期诊断与评估
- 相关服务，包括接送儿童
- 发展性的矫正和其他支持性服务（包括言语—语言病理学和听力学服务）
- 心理学服务
- 躯体和作业治疗、娱乐，包括治疗性娱乐
- 社会工作服务、咨询服务，包括康复咨询、定向性与灵活性服务
- 医疗服务，这些医疗服务可能除了服务于诊断和评估的目的之外，还可以要求其辅助一个残障儿童从特殊教育中获益。

**思考题**

对于低龄儿童来说，为何有多种类型的感觉体验很重要？在健康的儿童感觉系统中发生了什么改变？什么类型的感觉障碍会阻止正常的认知发展？受损者可以利用哪些类型的服务？

## 营养学和健康问题

儿科医师通常推荐低龄儿童食用"混合食物"。也就是说，让儿童食用多种不同的食物和饮料，因此，随着时间的推移，儿童会获得恰当的营养（Kleinman, 2004）。在生命的第二年，幼儿就可以进食绝大多数家庭食物。他们在吃饭时比成人吃的饭量小很多，所以他们需要在正餐之间吃些有营养的间食。

尽管一项近期研究发现，只有 16% 的学龄儿童按照推荐的每天五种蔬菜或水果进食（Perry et al., 1998），但少部分新鲜果汁、水果和蔬菜在切碎后便于手指取食，这对于低龄儿童来说通常很具有吸引力。商业上为低龄儿童准备的食物可能会提供必需的营养，但餐馆和外卖食品通常具有高钠、高脂肪或高糖的倾向。儿童一般不应该食用添加了过多香料和脂肪的食物，也不该食用添加了人工色素添加剂和防腐剂的食物。

两岁以上的儿童应该从谷物、水果、蔬菜、低脂牛奶、豆类、瘦肉、家禽、鱼类和坚果中获取绝大部分卡路里（Dietary Guidelines Advisory Committee, 2005）。绝大多数低龄儿童并没有准备好接受香料、味道浓烈的、苦味的或辛辣的食物。所以制药公司在儿童药物中添加了甜味剂。

**儿童进食行为的可变性**　像所有其他人一样，低龄儿童也会感觉到饥饿，他们的身体会告诉他们何时该进食，而他们的饥饿感可能与家庭的用餐时间不一致。低龄儿童还会体验到"成长风暴"，这与更饥饿的时段相一致。如果养育者强加给儿童严格的进食行为，例如，要求他们吃完所有东西，或者尝试每样食物，儿童可能在用餐时间变得麻烦或具有破坏性（Satter, 1998）。另外，一些儿童对于的味道和口感反应强烈，而感觉统合方法可能有所帮助。还有一些儿童对于特定食物过敏，而养育者必须给予特殊关注，以确保将该种食物从儿童的食谱上删除。

**当孩子拒绝特定食物时**　一些食物对于味蕾敏感的低龄儿童来说是非常苦涩的，例如椰菜、甘蓝、栀子甘蓝、菠菜、花椰菜、橄榄和洋葱等；还有一些

食物可能因为口感而被儿童拒绝（例如，儿童通常不喜欢吃肝脏）。更好的办法是，在儿童成长的过程中，隔一段时间再引入此类食物，而且只给予很少的数量，或者用其他食物替代这些食物。Leach（1998）引用了一个在伦敦的托儿所进行的研究，发现当每天提供三次多品种烹饪良好和切碎的食物，让儿童自己选择饮食时，他们的选择从长期来看是很平衡的。一些儿童会在某天偏好蛋白质食物，而另外一些天里偏好水果。一些日子里，他们吃得多些，另外一些日子吃得少些。

学者建议，进餐时间应该是愉快的，绝大多数父母也很快看到了这一点。食物不应该被作为奖励、惩罚、贿赂或威胁。文献中还指出，饮食干预项目只要在足够早的时间进行，就可以成功（Perry et al.，1998）。儿科医生的例行检查将明确儿童对于其性别、年龄和身体类型来说是否发育良好。同时，父母或养育者也能够通过 CDC（Centers for Disease Control and Prevention，疾病控制和预防中心）所提供的发育图来检查儿童的发育。（参见专栏"进一步的发展"中的 2～20 岁的成长图，即图 7—2 和图 7—3。）

## 进一步的发展

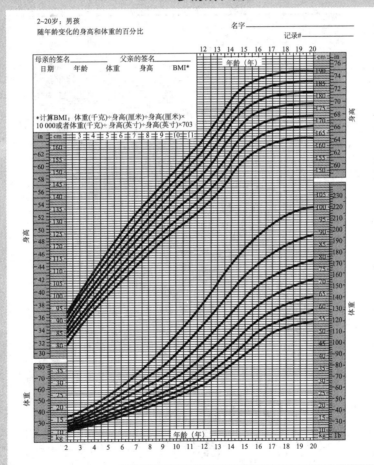

图 7—2　2～20 岁男孩的成长图

与其他儿童相比较，身高或体重的中线是第 50 百分位数的，表明 50％的男孩或女孩群体更高或更重（也可以说是更矮或更轻）。体重可以用磅或千克计算；身高可以用英寸或厘米计算。

来源：Centers for Disease Control and Prevention, National Center for Health Statistics. CDC growth charts：United States. http：//www.cdc.gov/growthcharts/May 30，2000.

234　　**进食频率**　低龄儿童需要在醒来时吃些食物，在上午吃间食、午饭，吃下午的间食和晚饭，有时候还需要睡前吃间食。当饥饿的儿童必须等待很长时间才能吃到东西时，他们的血糖水平会下降，导致能量衰竭，缺乏耐心，并且在态度上"任性暴躁"。养育者必须准备在一天的不同时间里为儿童提供适宜的营养。

绝大多数上幼儿园、学前班的5～6岁儿童需要吃上午间食和下午间食以确保清楚的思考和参与活动的能量（Leach，1998）。一些儿童比其他儿童个头更大，或精力更旺盛，他们在正餐之间所吃的间食数量可能也更多。其他个头较小、精力较差的儿童，可能只需要摄入较少卡路里。文化背景影响儿童吃些什么和吃多少。因宗教原因而要求在几天甚至几周内禁食的家庭，其儿童每天只吃一顿到两顿饭。研究者将性别、种族甚至地理分布都视为影响因素加以测量，以确定四岁的儿童需要多少能量（Goran et al.，1998）。

**牙齿健康对营养摄入的影响**　Douglass及其同事（2004）声称，童年早期最常见的慢性病是龋齿（牙齿的腐烂或蛀牙）；所以儿科医生和牙医推荐，当孩子在一岁开始长牙时进行首次牙齿检查。牙科医生还提议，每个儿童进行常规检查时，主要保健医生都要检查儿童的牙齿，确定其是否有瑕点和龋洞（Casamassimo，2004）。为了预防乳牙和恒牙的腐烂，儿童在入睡前应该不再进食甜食或饮料。促进健康的牙齿发展的因素包括限制儿童的甜食摄入、训练幼儿和低龄儿童规

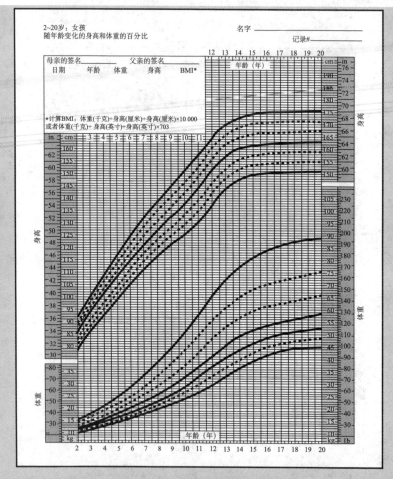

图7—3　2～20岁女孩的成长图

来源：Centers for Disease Control and Prevention，National Center for Health Statistics，CDC growth charts：United States. http：//www.cdc.gov/growthcharts/May 30，2000.

律地刷牙、有规律地进行牙齿检查并在当地的供水当中加入氟化物。大约5～6岁时，乳牙开始脱落，恒牙开始长出。父母和养育者应该教授和示范正确的牙齿保健，并提供日用必需品。

**低龄儿童需要间食**

精力充沛的低龄儿童可能在每天的正餐之间需要几顿有营养的间食。上图是在蒙台梭利学前班的儿童，那里鼓励他们自己准备间食。

很多国家在不同地点为低龄儿童提供免费的牙齿检查（例如，临近高校的地方可能有牙齿保健计划，为儿童提供免费的牙科服务）。牙齿发育不良会损害儿童进食和说话的能力——更不必说这还会影响到儿童日后的外貌和健康（一些儿童因为牙齿腐烂或缺牙而从不微笑）。

**过敏症** 食物过敏症和过敏反应网（The Food Allergy and Anaphylaxis Network）估计，至少有300万美国儿童对特定食物有过敏反应，这种过敏反应可能立即发生或在几小时内发生。对于有食物过敏症的儿童来说，最容易受影响的器官是口唇、皮肤、胃肠道及呼吸系统。最常见的引发过敏反应的食物是鸡蛋、牛奶、花生、大豆、小麦、树坚果和贝类食物（Sicherer，1999）。昆虫的毒刺也会威胁到某些儿童的生命，包括蜜蜂、大黄蜂、胡蜂和火蚁。一些儿童对动物毛屑、特定药物有严重过敏，或对橡胶也有过敏反应（"Information about Anaphylaxis"，2005）。

父母、儿童保育员、学校护士和教师必须知道哪个孩子有被称为"**过敏反应**"（anaphylaxis）的强烈器官反应，这种反应会危及生命。西奈山医学院（Mount Sinai School of Medicine）的Sicherer医生（1999）说，最容易引起过敏性反应的食物是花生、胡桃和树坚果（杏仁、山核桃、腰果、榛子、巴西坚果）。食物过敏的常见症状见表7—2，所有儿童养育者都应该受到生命急救的相关教育。防止过敏反应的唯一方法是严格回避能够引发过敏的食物、动物、昆虫或药物（Sicherer，1999）。

尽管几代医药从业者和牛奶广告都试图说服父母，如果没有每日定量的牛奶，儿童的骨骼就不会成长，然而现今，"公认的观点是一些儿童不吃牛奶更好……牛奶所包含的有价值的蛋白质、矿物质和维生素在其他食物中也有"（Leach，1998，p. 233）。一些儿童不能消化乳糖（会经历到腹痛和腹部绞痛，或有难闻气味，或是在食用乳制品之后立即排便）；他们能够从豆制品、马铃薯以及绿叶蔬菜中获得必要的营养物质。钙的其他来源包括新鲜山羊奶和豆浆（来自于大豆植物）以及很多绿叶蔬菜。

**素食者** 素食家庭的儿童通常从豆类、豆荚、坚果中获得碳水化合物和蛋白质，也可能有一些蛋类、干酪或奶制品。对于发育中的儿童，严格的素食食谱可能会有害处，父母应该从营养专家或医学人士那里寻求食谱建议。儿童要长出健康的骨骼、牙齿、血液和神经中枢，需要另外的微量矿物质和维生素，很多新鲜水果和蔬菜中通常含有这类物质。另一方面，快餐食品和垃圾食品含有大量脂肪，已导致美国儿童惊人的肥胖倾向。儿童中的肥胖率暴涨——在特定年龄段中，这一比率是30年前的两倍甚至三倍。900万学龄儿童（大约占总数的15%）被归类于肥胖（Arnst & Kiley，2004）。

235

表 7—2

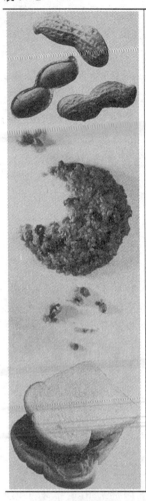

食物过敏症和过敏反应的最常见症状有：

● 麻疹
● 呕吐
● 腹泻
● 腹部绞痛
● 咽喉、嘴唇或舌头肿胀
● 呼吸或吞咽困难
● 口中有金属味道或发痒
● 皮肤广泛发红、瘙痒（麻疹）
● 恶心
● 心率加快
● 血压突然升高（并伴随苍白）
● 突然的虚弱感
● 焦虑或压倒性的崩溃感
● 崩溃
● 丧失意识

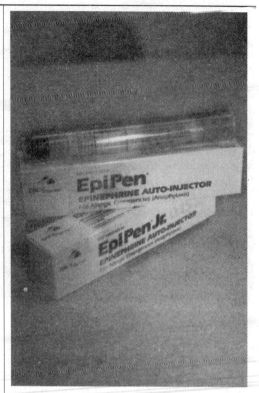

图 7—4　EpiPen site
食物过敏儿童照护者/教师写出允许父母用
EpiPen 管理肾上腺素，并且应该就其使用进行
培训。

**健康也意味着充足的卡路里**　儿童需要每日摄入适量的卡路里，以确保其身体功能平稳运转，并为他们的大脑和身体系统发育提供燃料。世界各地以不同形式摄入的主要碳水化合物，包括稻米、小麦、马铃薯、玉米、豆类、山芋和甜薯。儿童可以从肉类、鱼类、禽类、蛋类，或包含蛋、干酪、酸奶酪、花生、黄油的食物以及类似食物里获得充足的蛋白质（Leach, 1998）。

在世界上食物资源有限的地方，由于食物中长期缺乏碳水化合物、蛋白质和脂肪，很多儿童发展出不同形式的营养不良，如消瘦（marasmus）或恶性营养不良（kwashiorkor），这可能会威胁生命。营养不良的儿童精力很少、昏昏欲睡，可能因为蛋白质缺乏而腹部隆起，有很高的夭折风险（Gehri & Stettler, 2001）。

### 可利用的信息

**家庭铅中毒：依然存在的问题**

尽管整体血铅水平（blood lead level, BLL）比率在近年中已经稳定下降，但铅中毒仍然是一个主要的公共健康问题，特别是对于低龄儿童。低龄儿童常在地板上玩，或把旧油彩碎片放到嘴里玩，所以铅中毒风险更高。铅暴露的主要来源是房子油漆瓦解成尘埃、油漆碎屑、铅管（特别是 1980 年以前的房屋和建筑）。美国大约一半有六岁以下孩子的家庭仍然居住在有铅油漆的房屋里，而铅尘很容易通过灰尘传播（U. S. Department of Housing and Urban Development, 2000）。下列症状发生于铅中毒的孩子身上：

食欲下降、胃痛、失眠、学习困难、便秘、呕吐、腹泻、IQ 下降以及贫血（"Lead Poisoning"，2005）。儿科医师能够通过血液检查来确定孩子的血铅水平。

研究者还在关注与铅暴露有关的健康效果研究。已知的有害后果包括大脑和神经系统的损害、行为和学习问题，还有一些激素的影响而导致青春期进程的延迟（Canfield et al.，2003；Selevan et al.，2003）。

铅暴露的健康危害似乎是长期和不可逆的。像螯合作用（chelation）这类的治疗似乎不能够减轻其对认知、行为和神经心理功能的损害（Rogan & Ware，2003）。预防是保护儿童免受铅暴露伤害的唯一方法。家庭应对铅油漆进行检验，并经常重新粉刷，以预防铅油漆的旧涂层剥落成碎片。铅还可能通过供水接触含铅管道而进入供水系统。含铅管道应该被取代，供水也可以通过过滤去除铅物质。

随着新近的发现表明越来越低的血铅含量也会产生有害后果，CDC 已经几次更改铅暴露的阈值。美国卫生和人类福利部设立了一个目标，要去除 BLLs 高于 $25\mu g$ 每分升的情况，但是这一目标尚未实现。一个新的目标被建立，即要在 2010 年排除六岁及以下儿童 BLLs 高于 $10\mu g$ 每分升的情况。要实现这一目标，必须通过增加公众健康问题意识，投入更多资金来排除暴露源。居住在老房子里的养育者，或是在旧建筑中与孩子工作的人们，应该有设施和外在土壤检查铅污染，定期清洗儿童的玩具和双手，定期打扫和清洗地板及窗台，确保没有掉落的油漆碎屑。在改造房屋时要避免暴露于铅尘之下。

**贫困对营养和健康的影响**　　"食品安全"这个术语常用来描述想办法保证充足的饮食以维持健康有活力的生活。这意味着要提供有营养而又安全的充足的食物，而不必依赖于食品储藏室这样的资源。因为食品储藏室是直接与收入和金钱资源有关的，生活于贫困中的孩子就更可能面临不安全的食品。家庭收入低于联邦贫困线的儿童中，有超过 45％的儿童要依赖社区食物储藏室，因此生活在食物不安全的状况下（"Trends in the Well-Being of America's Children and Youth"，2003）。

**低龄儿童环境的安全措施**　　意外伤害是儿童死亡的首要原因。所以，所有危险的物品，例如尖刀、火柴和打火机、装有子弹的枪支、烟火等，还有带有有毒叶子的植物，都应该放在儿童够不到的地方。将钥匙放好，这样好奇的儿童也不能发动汽车或割草机。当处理旧的用具时，确保门已经被卸掉。溺水身亡是低龄儿童死亡的第二个原因，所以当孩子在水边的时候成人必须一直监督他们——包括儿童游泳池、按摩浴缸和澡盆！

低龄儿童往往会尝试新的和不同的物品来探索新的味道，而这些物品中有很多是不安全的，例如卫生球、大理石、硬币、硬糖，还有很多家庭清洁剂。吞下包含铅的物质（例如，剥落的油漆）能够严重危害儿童或胎儿发育中的大脑和神经系统。例如铅这样的神经毒素会导致惊厥、昏迷和死亡（Centers for Disease Control and Pre-vention，2003）（参见本章专栏"可利用的信息"中的《家庭铅中毒：依然存在的问题》一文）。

**艾滋病儿童**　　世界上每天有超过 1 900 例儿童被感染艾滋病，艾滋病及病毒感染为儿童保健服务增添了极大压力（UNAIDS，2004）。全世界4 000万感染艾滋病的人群中有接近一半是女性，她们怀孕、分娩或生下孩子后撒手人寰，这一过程中可能会感染孩子（UNAIDS/UNIFEM/UNFPA，2004）。一些被感染的低龄儿童在生命早期就出现症状和严重的并发症，他们被称为"急性发病者"（rapid progressors），常常在五岁以前就死亡。另外一些在更晚些时候出现症状（有一些人直到十几岁的时候才出现症状），并且活的时间更长，被称为"长期存活者"（long-term survivors）。离开医院时要被送往寄养看护环境中的婴儿，其母亲可能感染了艾滋病的可能性高出普通婴儿八倍之多，而在寄养看护中的儿童有更大的可能遭受性虐待，这也使得其艾滋病感染的风险更高（Wilfert et al.，2000b）。美国儿科学会提出要对所有寄养看护下的儿童进行艾滋病检查，还包括那些有艾滋病感染的症状或艾滋病感染的躯体结果暗示的儿童，被性虐待过的儿童，有同胞感染艾滋病的儿童，父母一方有艾滋病感染的儿童，或其他感染艾滋病的高风险儿童（Wilfert et al.，2000a）。养父母需要接受教育培训，了解管理艾滋病儿童的所有健康事宜（Wilfert et al.，2000b）。

新的抗逆转录酶病毒治疗和革新的治疗策略继续得到开发，它们延长了儿童的生命预期（"Women,

Children, and HIV", 2004)。绝大多数儿童通过使用抗逆转录酶病毒治疗可以有希望活得更长和更健康一些。对暴露于艾滋病病毒下的儿童的综合照料要求医疗、社会服务和教育各界人士之间的协调配合（Wilfert et al.，2000b)。

感染艾滋病病毒的儿童能够上学，能够参加活动（有时对他们的身体训练教育需要调整），而且在教育环境中不应该被孤立或排斥（Wilfert et al.，2000a)。然而，像任何患有慢性疾病的孩子一样，他们更可能有其他感染，并需要包括家庭指导和早期干预在内的特殊服务（Horn，1998)。当症状变成长期和慢性的问题时，这些儿童开始出现认知迟滞或较差的学业绩效（Wilfert et al.，2000a)。

因为父母通常寻求护士或儿科医生的建议，他们应该熟悉联邦的残疾人权益法案，例如 IDEA

和残疾人教育修正法案（PL99 - 457)。必须对患者的艾滋病情况进行保密——只有父母可以同意透露有关信息的要求（Wilfert et al.，2000a)。尽管在艾滋病治疗方面有很多突破，但目前还没有实现通过接种疫苗预防感染，这可能还需要几年的时间（Kieny，Excler & Girard，2004)。

---

**思考题**

什么类型的养育和进食行为对于儿童的身体成长和大脑发展是至关重要的？哪些严重疾病是现今影响低龄儿童的主要问题？贫困与营养不良对于发育中的儿童有哪些影响？

---

## 自我照料行为

小孩发展的很重要的一个方面是培养自我照料行为，如日常的洗头洗澡、刷牙、梳头、擦鼻涕、擦屁股、饭前便后洗手、按照天气正确穿着（如冷天雪天穿上靴子、外套和手套）。此外，不同文化在促进儿童自我照料行为的程度、在供水和卫生等用品的供给方面以及在自我照料行为的频率方面均存在差异。例如，在伊拉克的美国士兵开展了一项运动，目的是给数以千计的伊拉克儿童提供牙刷和其他卫生用品。

**如厕训练**　排便训练是童年早期的一个重大发展里程碑，而掌握这一技能的年龄有相当大的差异。平均来说，在西方文化下的儿童在第三年时显示出身体的自我控制功能。在传统社会里，母亲通过使用自然的婴儿保健卫生，更具有同理心地对儿童的排便节律进行响应，就像她们对儿童的其他需要也保持协调一样（Bauer，2001)。

父母和照料者应该意识到，极大的耐心和幽默感会帮助父母和儿童度过这一成熟和发展时期。就像你将在下面的章节中看到的那样，掌握了自我照料技能并能够自己调控行为的儿童更可能获得较高的自尊和自信，而这一点随着儿童的成长还会产生很多其他的积极结果。

**睡眠**　代表性研究显示，儿童的睡眠模式和睡眠问题受到文化和社会因素的影响（Liu et al.，

2005)。父母一般经常关心他们孩子的睡眠行为（Thiedke，2001)。在头三年里，日间睡眠会逐渐减少，到四岁时，绝大多数孩子不再需要白天的小睡（见图 7—4)。夜晚的唤醒在童年早期很普遍。"大约 1/3 的儿童在四岁时会继续在晚间醒来，并需要父母的干预才能继续睡觉"（Thiedke，2001)。关于低龄儿童的睡眠习惯有两种不同观点：（1）儿童需要建立日常规律，在午后小睡，并有一个合理的晚间上床时间，这样儿童会在每个晚上获得 10～12 个小时的睡眠；（2）儿童的睡眠时间表可以随着父母的需要发生变化。

事实上，睡眠时间表基于父母和养育者对睡眠习惯的容忍度、养育者的数量、儿童是否去托儿所以及父母的工作日时间。如今，超过 60％的美国母亲都需要工作，很多低龄儿童很早醒来，白天被送到托儿所，晚上入睡前的几个小时被接回家。一个过度疲劳的儿童会烦躁、任性，并可能很难带或瞌睡。当父母不能为一个精力充沛、发育中的孩子提供足够的休息、放松或睡眠时间时，仅仅因为他的难以控制或不合作的行为而惩罚他是不公平的。

父母会发现，建立固定上床时间规律比强化摇来晃去、多次起床、四处走动或过度玩耍的行为更容易。在入睡前，可以用热水澡、讲故事或安静的谈话来使

儿童放松。被允许晚睡、所有时间里都可以在房间里四处跑动的低龄儿童，在睡眠问题上控制了家庭。

**低龄儿童的睡眠障碍**　近期有两项大样本中国儿童和美国儿童的跨文化研究显示，在中国儿

童身上存在更多的睡眠问题。睡眠问题的高发率可能是因为中国儿童平均来讲上床睡觉的时间比美国儿童晚一个小时，而且比美国儿童早起一个小时（Liu et al.，2005）。我们可以预测，3~8 岁

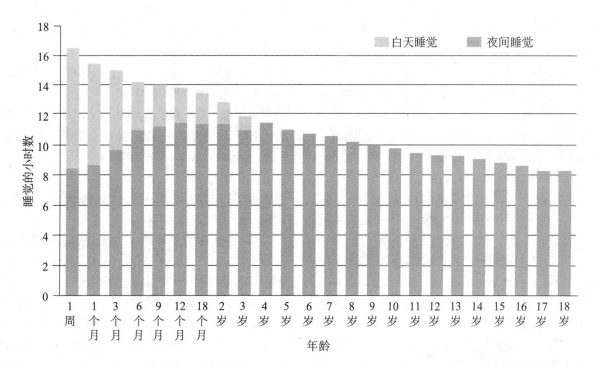

**图 7—4　随着年龄增长儿童日间和夜间睡眠时数有所变化**

儿童 3 岁以前，日间睡眠逐渐减少，夜间睡眠逐渐增加。到 4 岁或 5 岁时，很多儿童就不需要在白天睡觉了。

来源：Reprinted with the permission of Simon et Schuster Adult Publishing Group, from *Solve Your Child's Sleep Problems* by Richard Ferber. Copyright© 1985 by Richard Ferber, M. D.

的儿童常常有睡眠问题，尽管我们不知道是什么引起了梦魇或噩梦（nightmares or night terrors）（"Sleep Problems：Nightmares"，2001）。"进入睡眠大约 90 分钟时，在第 3 阶段或第 4 阶段 NREM 睡眠中，噩梦可能会发生。儿童突然笔直地做起来，尖叫、难以安慰，大约持续 30 分钟，之后放松并再次进入睡眠。"（Thiedke，2001，p. 279）。

学前儿童开始在准备、维持和抗拒睡眠方面出现更多的问题。当儿童想要多喝一杯水或多听一个故事时，父母需要建立严格的限制（Thiedke，2001）。学前儿童在日间会经历很多压力或恐惧——例如进入新托儿所、新的弟弟妹妹出生、搬入新家、与父母分

离，还有重要他人或宠物的死亡——这些都会触发噩梦。同样，现今的低龄儿童还会接触到媒体的很多暴力视觉镜头，这可能使他们非常困扰，并且会影响其睡眠质量（Owens et al.，1999）。

估计有 500 万~700 万美国儿童（男孩的比例更高）有夜间遗尿（enuresis）（尿床）。五岁时，有 15%~25%的儿童尿床，这时候医生会考虑遗尿的诊断。到 12 岁时，男孩和女孩中仍然有一小部分比例的儿童遗尿（Thiedke，2001，2003）。遗尿的原因是多因素的：基因因素、心理原因、膀胱的问题或感染，以及睡眠障碍（Thiedke，2003）。医生需要进行躯体检查和治疗计划，包括尿床警报、

239

药物治疗、鼓励和支持。儿童的自尊会通过治疗得到改善（Thiecke，2003）。

低龄儿童还不具备用词汇来理解或表达她/他所体验到的焦虑，而儿童的适应不良可以作为长期睡眠困扰的信号。父母可以通过给予孩子额外的关爱和注意、谈论孩子的恐惧以及对其进行理解和体谅，为经历着睡眠问题的孩子提供安心保证。

**疾病与免疫**　随着更多的儿童接受童年早期教育项目，或在托儿所、幼儿园、学前班、"早期提前教育"或"提前教育"项目中接受家庭以外的照料，儿童将不断地与其他孩子接触，所以有更高的风险接触到童年期疾病。绝大多数州都要求低龄儿童进入保育中心或公立的学前班和幼儿园之前具备接种证明。尽管一些儿童对特定的疫苗有更极端的反应，但父母按照推荐的接种时间表给孩子接种疫苗，绝大多数儿童都会获得更良好的健康状况。疾病控制和预防中心的研究组正在详细调查 MMR 免疫与发展性障碍之间可能存在的联系。一些父母对疫苗中使用特定防腐剂存在质疑，可以就接种和儿童个体的情况与儿科医生协商。下面是对 4~6 岁的儿童推荐的疫苗（"Recommended Childhood and Adolescent Immunization Schedule"，2005）：

● DtaP——第五注射剂：针对白喉、破伤风、百日咳（百白破）

● IPV——第四注射剂：针对脊髓灰质炎病毒（小儿麻痹症）

● MMR——第二次注射：针对麻疹、腮腺炎、风疹。同时，您应该记住，医生推荐在这个年龄段注射第二剂，但也可能在第一剂注射的四周之后注射第二次。两个针剂必须都在一岁或一岁后注射。

**童年期哮喘**　哮喘是第一位严重的、慢性的儿科疾病，将近 9% 的儿童受到感染，2001 年感染儿童超过了 600 万，大约是 20 世纪 90 年代初的三倍（Woodruff et al.，2003）。因哮喘症而就医是儿科门诊最普遍的原因（见图 7—5），这也成为儿童学校缺课的主要原因（"Chartbook on the Trends in the Health of Americans"，2004）。**哮喘**是一种慢性肺病，特点是炎症和肺部小气管的狭小，这是对过敏原（allergens）的反应，过敏原引发了哮喘发作。这样的"扳机"包括宠物毛屑（例如教室宠物）、灰尘和尘埃、真菌、传染、运动、草、花粉、烟草、家用清洁剂、冷气、较差的室内环境、粉笔尘埃以及其他呼吸刺激物（"Chartbook on the Trends in the Health of Americans"，2004）。美国有至少 500 万儿童患哮喘，而多数有哮喘的儿童家里有人吸烟（"Smoking Linked to Childhood Asthma"，2001）。

哮喘的症状包括咳嗽、喘息、气短、胸闷、呼吸困难（"Understanding Allergy and Asthma"，2001）。照料者必须减少或消除儿童接触过敏源的可能，以此减少哮喘症状。在被诊断之后，一些儿童接受吸入式药物治疗以改善他们的呼吸（速效药），而另一些进行定期的过敏症注射和其他药物治疗（长期控制）。有严重过敏症和哮喘的孩子的家庭需要有紧急的可用"肾上腺素"工具箱（见表 7—2）（"Understanding Allergy and Asthma"，2001）。

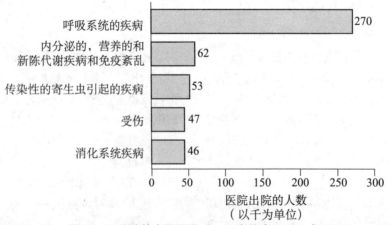

**图 7—5　住院的主要原因，1~4 岁儿童：2000 年**

呼吸系统疾病是 2000 年儿童住院治疗的首要原因。

来源：U. S. Maternal and Child Health Bureau. *Child Health USA* 2002. Washington，DC：U. S. Department of Health and Human Services.

**哮喘是儿童住院的一个主要原因**

大约 9% 的美国儿童被诊断为哮喘，而呼吸系统的疾病是 2000 年 1～4 岁儿童住院的首要原因。

**公立学校保健**　美国公立学校系统的儿童每年都有保健专家进行体检：检查包括躯体和健康问题，例如营养不良、肥胖、脊柱弯曲；呼吸系统疾病，例如哮喘；感官能力，例如视力和听力；以及整体健康和自我照料技能，比如对洗澡的注意、身体虱子等等。适当的营养（为成长与发育所需）、睡眠（为躯体成熟和机敏性提高所需）以及童年期免疫（防止特定疾病）三者的结合，可以为中枢神经系统的发育与认知功能打下健康的基础。

## 人口统计学的趋势及对儿童健康的意义

特定人口统计学群体的变化，特别是那些可能依赖于服务的人群（包括儿童），对于这些服务如何分配具有暗示意义。18 岁儿童的总数比 1950 年增长了 50% 以上。2001 年，美国有超过 7 200 万儿童，占人口总数的 25%。尽管儿童占总人口的百分比预期保持不变，但儿童的绝对数量预期到 2020 年将超过 8 000 万（"Trends in the Well-Being"，2003）。这一更大的儿童总数意味着将需要更多的学校和更多的服务，例如儿童照料和健康保健。

表 7—3 显示了 2005 年的统计以及到 2050 年的预测。人口专家预期，18 岁以下西班牙裔儿童的总数将持续增加，而黑人、亚裔以及白种人儿童的数量将保持相对稳定。美国的人口统计学的变化不仅对于少数民族和人种团体的个体健康具有意义，还对于整个群体具有重要意义（参见"人类的多样性"专栏中的《跨文化的健康信念与实践》一文）。随着各种群体个体数量的增加，将有很大数量的个体说英语以外的语言——这对于获得正确的健康保健是一种很大的威胁。人们需要翻译服务，以确保少数民族和人种群体能够就自身的健康需要与专业人士交谈。他们很可能知道健康已经成为更严重的问题时才寻求医疗保健，这导致了这些服务花费的增加，还会导致对健康的负面影响。

**表 7—3　美国儿童人口统计——五岁以下的西班牙裔、黑人、非西班牙裔白人儿童（2000 年、2025 年和 2050 年）**

| 五岁以下的儿童 | 2000 年的实际数字 | 2025 的预期数字 | 2050 年的预期数字 |
| --- | --- | --- | --- |
| 西班牙裔 | 3 668 905 | 5 862 000 | 8 551 000 |
| 黑人 | 2 744 783 | 3 345 000 | 3 982 000 |
| 非西班牙裔白人 | 11 171 157 | 12 024 000 | 12 287 000 |
| 总数（五岁以下儿童） | 19 175 798 | 22 551 000 | 26 914 000 |

注：2003 年 7 月，五岁以下西班牙裔儿童人数达到 420 万，占这个年龄段美国儿童人口总数（1 980 万）的 21%。

来源：Collins，R.，et Ribeiro，R.（2004，Fall）. Toward an early care and education agenda for Hispanic children. *Early Childhood Research and Practice*（ECRP），6（2）. Retrieved February 24，2005，from http：//eerp. uiuc. edu/v6n2/collins. html

## 儿童死亡率与原因

在美国，童年早期和童年晚期死亡率的降低表明，在儿童群体中的健康状态正在改善。尽管死亡率在降低，但自 1960 年以来男童死亡率一直高于女童（Gardner & Hudson，1996；"Ten Leading Causes of Death"，2001)。

**低龄儿童死亡的原因**　2002年，在1～4岁的儿童中，超过4 800人的死亡是由于非故意伤害、先天缺陷、谋杀、恶性肿瘤以及心脏疾病（"U. S. Department of Health and Human Services"，2004b)。(见图7—6。)

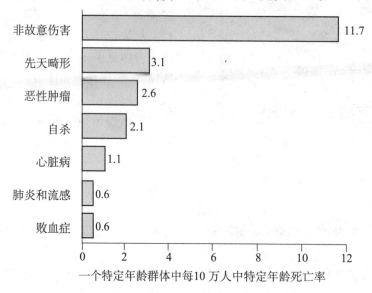

图7—6　1～4岁儿童主要死亡原因（2000年）

一个特定年龄群体中每10万人中特定年龄死亡率

尽管1～4岁儿童死亡率显著下降，但非故意伤害仍然占所有死亡的42%，接下来的原因是先天畸形（先天缺陷）、恶性肿瘤（癌）、谋杀以及心脏病。

来源：U. S. Maternal and Child Health Bureau. *Child Health USA* 2002, p. 32 Washington, DC: U. S. Department of Health and Human Services. Retrieved February 24, 2005, from http://www. mchb. hrsa. gov/chusa02/main＿pages/page＿32. htm

**少数民族团体中的儿童死亡率**　尽管儿童死亡率整体上在降低，但是在不同人种和民族之间还是存在本质差异（Kane，1993）。例如，两项近期研究表明，古巴裔儿童相比于匹配的白人儿童来说死亡率较低，而波多黎各及中美和南美裔儿童有更高的死亡率。亚洲和太平洋群岛的男童和女童死亡率都显著低于其他群体。

Browne及其同事（1997）提出下列步骤来改善少数民族儿童的健康状况和结果：

● 扩展的项目计划，包括在文化上敏感交流和评估的课程，了解文化信仰和价值观。

● 提供机会理解健康工作者服务的社区所发生的迅速变化，还有消除对预防和治疗计划有关的文化屏障。

● 创造并有效利用文化上敏感性的工具来进行资料收集，同时也作为与其他人种或少数民族个体进行面谈的方法。

● 鼓励少数民族研究者和学生继续参加与妇女和儿童健康有关的创新研究和重要研究。

241

## 人类的多样性

### 跨文化的健康信念与实践

**童年期检查和免疫**

很多童年期疾病在那些儿童按照常规接种疫苗的国家都很罕见，在这些国家里，儿科医生和保健工作者按照时间表对儿童进行检查。然而，世界上多数儿童生活在预防性免疫很罕见甚至不存在的国家里，而家庭从传统的信仰治疗者那里寻求医疗保健。如今在美国有很多低龄儿童的父母移民自这样的国家，所以卫生保健和儿童照料专业工作者必须理解这些国家关于疾病原因和正确治愈的三个基本神话（而这些神话很可能不包括免疫的概念）(Lecca et al.，1998)：

- **自然原因**：潮气和寒冷可以引发疾病。按照中医实践的观点，疾病是由"阴"（女性力量）和"阳"（男性力量）不平衡所引发的，可以通过针灸疗法治愈。有毒的食物或不适宜季节的食物能引发疾病。例如，很多穆斯林和信奉犹太教的人不吃猪肉，而穆斯林在斋月时斋戒。摩门教的一些教徒不希望他们的儿童输血。波多黎各人、南美和加勒比海的岛民利用按摩和自然民俗以及草药来治疗常见疾病，他们将其分为"热症"或"寒症"。

- **超自然原因**：疾病可能是被对生病者愤怒的某人、某事或精神力量所引发的，他们向那个人实施某些不好的东西（魔法、诅咒、钉人偶）。

- **宗教或精神原因**：邪恶的想法或行为可以引发疾病，例如没有足够的祈祷，没有信仰，说谎，欺骗或不尊重长者、宗教领袖或上帝。

西医对健康和疾病的医学模型假设是适当的营养、睡眠以及广泛接种童年期疫苗能够预防绝大多数严重疾病以及可能威胁生命的并发症。然而，越来越多的美国家庭到不给儿童施行免疫的国家去旅行。并且，随着世界各地的家庭日益移民美国，很多儿童和成人都没有接种过童年期疾病的疫苗，而且也没有意识到或者反对和恐惧免疫。同样，一些美国家庭也认为，让孩子接种疫苗可能导致发烧、出现轻微疾病症状，或出现例如孤独症等神经损害，并不值得冒这种风险。另一些家庭忽视带孩子做常规体检，即使公立临床门诊提供的是免费体检和免费疫苗或一个简化表。

242　　**未来方向**　美国的很多私人和公共部门合伙人正在合作发起"2010 快车"（2010 Express）。家庭、儿童健康专业人士、州和社区代表以及公共和私人组织，共同提出《为有特殊健康医疗需要的儿童和青少年及其家庭完成基于社区的服务系统 10 年行动计划》（*10-Year Action Plan to Achieve Community-Based Service Systems for Children and Youth with Special Health Care Needs and Their Families*）。这一计划提出了要在 2010 年完成对那些需要特殊健康医疗服务的儿童提供服务的策略。

**思考题**

医疗保健人员应检查哪些变量，以确定一个低龄儿童是否健康并发育正常？有哪些常见的童年期障碍和残疾会威胁到儿童健康发育？这些患病者能够采取哪些治疗方法？低龄儿童死亡的主要原因是什么？

## 认知发展

接受适宜营养和各种刺激的学前儿童，其认知能力通常会迅速拓展。他们更为熟练地获取、组织和使用信息。这些能力逐渐进化成为一种品质，被称为"智力"。与在婴儿期不同，那时感觉运动过程很大程度上支配了发展，而在 18 个月后，一个朝向更抽象的推理过程以及问题解决过程的转变发生了。学前儿童继续使用他们的感觉来吸收周遭世界的信息，而学前教育者在教授关于世界的知识时使用很多感官体验（见表 7—4）。到儿童七岁时，他们已经发展了多套认知技能，在功能上与成人智力的元素相关（Sternberg，1990）。

240　表 7—4　　　　　　　　　　　学前儿童认知和感觉运动活动举例

| 目标 | 感官体验 | 口头/数学/运动活动 | 资源 |
|---|---|---|---|
| 理解有触角的海洋动物，例如水母、虾和章鱼。<br /><br />网址为 www.aqua.org/animals/species/jellies.html。<br />去巴尔的摩水族馆做一次旅行吧。 | **水母 Ooey Gooey 的混乱餐桌**<br />水母不是真正的鱼。记住，鱼有脊骨，而水母没有任何骨骼。你需要为这样的活动做一批吉露果冻。让儿童把吉露压扁并挤出来。<br />假装这是一个真的水母。你能够给餐桌添加小鱼，让水母吃掉。<br />通过网站 www.whalesounds.com 来探索鲸鱼的声音吧。<br />通过加利福尼亚州蒙特利的直播网络和视频（www.mbayaq.org/efc）来在线观光水族展览馆吧。 | **五只愉快的小虾**<br />五只愉快的小虾在泥土中挖洞，躲在污泥中逃避它们的天敌。现在来了一条无声无息的鱼！吞掉！四只愉快的小虾在泥土中挖洞……<br />**挠痒的章鱼**<br />作者 Audrey Wood/Harcourt Brace。<br />这是一本非常有趣的书。花点时间让孩子重复简单的词汇。<br />**活动**<br />你还可以选择一个孩子扮演挠痒的章鱼。挠痒的章鱼出场时，它总是绕圈子走路给孩子们挠痒。 | **有游泳的鱼的吉露果冻**<br />配料：<br />10 克蓝吉露果冻（四人份）；<br />3/4 杯开水；<br />1/2 杯冷水；<br />1 碟冰块；<br />10 克鱼胶粉。<br />做法：<br />在开水中融化吉露果冻，将冷水和冰块混合成 $1\frac{1}{4}$ 杯冰水。将冰水缓慢倒入吉露果冻水中，滤去没有融化的冰块。如果液体不够黏稠，可以冷冻几分钟。把吉露液体倒入干净的玻璃杯，倒入鱼胶粉，放入冰箱冷冻一小时，然后取出，分成四份。 |

来源：www.creativeprek com. Reprinted with permission.

## 智力及其评估

对于外行和心理学家来说，智力的概念都是一个模糊的概念（Sternberg，1990）。在某些方面，智力与电流很相似。就像电流一样，智力"是可测量的，但其效果而不是其性质，只能被不太严密地描述"（Bischof，1976，p. 137）。即便如此，心理学家韦克斯勒（David Wechsler）（1896—1981，1975）在考察了很多广泛应用的智力测验之后，提出一个定义，获得了普遍的接受。他视智力为理解世界、理性思考和机智地应付生命挑战的综合能力。韦克斯勒认为智力是获得知识和合理有效执行功能的能力，而不是拥有的知识储备量。智力因为很多原因令心理学家着迷，还渴望设计方法来教授人们更好地理解和提高其智力能力（Sternberg，1986a）。

243　　**智力：单因素还是多因素？**　一个在心理学家中再次引发分歧的问题是，智力是一种单因素、一般的智力能力，还是由很多特殊的、独立的能力所组成。1905 年法国心理学家阿尔弗雷德·比奈（Alfred Bi-net，1857—1911）设计了第一个广泛使用的智力测验，视智力为一种理解和推理的一般能力。尽管他的测验使用了多种不同类型的项目，比奈假定他在测量一种一般能力，它能表现在多种任务绩效方面。

在英国，查尔斯·斯皮尔曼（Charles Spearman，1863—1945）在心理学圈子里迅速升至高位，他提出一种不同的观点。斯皮尔曼（1904，1927）得出结论说，有一种一般智力能力，g 因素（g 代表"general"，一般、普遍之意），服务于抽象推理和问题解决。他视 g 因素为基本智力力量，遍及个体的所有精神活动。然而，因为个体的跨多种任务的绩效并不是完全一致的，对于给定的任务是有特殊性的，例如算术或空间关系，斯皮尔曼还确定了特殊因素（s 因素）。这被称为**"智力的二因素理论"**而广为人知（参见 N. Brody，1992）。吉尔福特（J. P. Guilford，1967）将理论进一步发展，确定了智力的 120 个因素。然而，并不是所有心理学家都很醉心于这样细小的区分。很多人更倾向于把智力称为"一般能力"——一种能力的混合，能够或多或少被一般目的的智力测验所武断测量。

**多元智力**　哈佛的心理学家加德纳（Howard Gardner，1983，1993a，1993b，1997，1999，2000a）对天才儿童进行了很多年的研究。其研究基础之一是，他提出并没有一种称为智力的因素，而认为存在着**多元智力**（multiple intelligences，MIs）。也就是说，人类有至少九种不同的智力相互作用（见图 7—7）：口头—语言、逻辑—数学、视觉—空间、音乐、躯体肌肉运动知觉、人际（知道如何与他人相处）、内省（对自己的了解）、自然主义者（天性聪颖）以及存在主义者（关于存在的哲学）。所以，儿童存在着不同的学习优势和劣势——而加德纳建议教育者改变工具与评估方法，以适应更多的学习者而不仅仅是视觉—语言和逻辑—数学的学习者（Gardner，1999，2000a）。

**早期智力测验**

随着 IQ 测验在 20 世纪初的发展，这个看似很科学的工具被用来评估不同人种群体的智力能力。从非英语国家移民到美国的人们通常得分偏低。100 分被视为"正常"，而犹太人、匈牙利人、意大利人以及波兰人的平均分为 87 分。Henry Goddard 等心理学家得出结论说，这些人群在智力上是低等的，甚至是"低能的"。根据早期 IQ 测验做出的决策允许更多北欧人（相比于南欧人来说）进入美国。

加德纳不仅将智力分为这些独立的类型，还主张独立的智力存储于大脑的不同区域（Gard-

ner，1999）。当一个人的大脑因撞击或肿瘤而受到损伤时，所有能力并不是同等地遭到破坏。而在某一领域早熟（precocious）的少年，通常在其他领域就较为平常。事实上，迟滞的人们在绝大多数领域心理能力都较低，但有时也会在一个特定领域展示出非凡的能力，最常见的是在数字计算方面（Treffert，2001）。这些观察导致加德纳说，已经声名狼藉的智商的概念应该被"智力剖图"（intellectual profile）所取代。加德纳所提议的理论被很多日常与儿童工作的教师所拥护，并欣然看到了儿童的不同能力（Gardner，1999）。但是来自于 Sandra Scarr（1985a）等人的批评，说他所讲的实质上是天才或性向，而不是智力。批评者难以将人们通常标签为能力或优点的内容称为"智力"。

**空间能力、音乐和智力**　加德纳将空间能力定义为与形成心理意象、视觉图像表征以及识别客体相互关系的能力有关的技能（Gardner，1983，1997）。空间能力被用于移动周围的客体（包括自身）在任何环境（例如在运动场、制订国际象棋的战术策略或精通于电脑视频游戏）以及在后来的生活里解决数学和工程学问题。

沿着相似的方向，心理学家 Fran Rauscher（1996）以及神经学家 Dee Joy Coulter（1995）主张，歌唱、韵律运动、音乐游戏、听力以及早期乐器训练是神经上的练习，将儿童引入演说模式、感觉运动技能以及关键的韵律和运动策略。他们认为，所有这些非言语活动都独立于语言，但会促进在与空间技能同样的神经通路方面的大脑发育（Baney，1998）。Rauscher（1996）在 1993 年进行的一个研究，其中十名三岁的儿童进行唱歌或钢琴课程。当这些儿童后来被测试时，儿童在《韦氏学前和小学儿童智力测验（修订版）》（*Wechsler Preschool and Primary Scale of Intelligence-Revised*）中物体集合任务（Object Assembly Task）分量表上的分数提高了 46%。随后的一项研究在三组学前儿童身上进行了八个月，参加钢琴课程的学前儿童比另一组没有参加钢琴课程的儿童分数显著高出 34%。Heyge（1996）进一步声称，音乐是儿童生活的要素，因为它优化大脑发育，提高多元智力，促进成人与儿童之间的真正联结，建立社会/情绪技能，促进对任务的注意力以及内部语言，发展冲动控制与运动发育，并能够传递创造力和欢乐。

**智力测验的文化偏见**

"非文化"或"文化无关"的智力测验是不可能的。特定文化中的成员影响个体可能学习什么或不能学习什么。例如，给这些在说西班牙语的墨西哥少年施测由说英语的美国人设计的斯坦福—比奈智力测验，其结果将是无效的。

**图7—7 多元智力**

加德纳提出，并不存在单一的被称为智力的因素，但是存在多元智力。也就是说，人类至少有九种不同但又有交互作用的智力。所以，儿童存在不同的学习优势和劣势。加德纳建议教育者改变工具和评估方法，以适应不同的学习者（Gardner，1999，2000a）。

综上所述，这些心理学家和神经学家推荐尽早将音乐纳入儿童的生活，以建立神经联结，同时也建议在公立学校引入音乐计划。 245

**作为过程的智力** 与将智力视为"能力"的方法不同，一些学者将智力视为"过程"（process）——他们对我们知道什么（what）并不是很感兴趣，而是感兴趣我们怎样（how）知道。这一方法的支持者不太关心允许人们智力思考的"材料"，而更关注于思维过程中包含的操作。例如，像我们在第2章中讨论的那样，皮亚杰（Jean Piaget）关心不同思维模式出现的发展阶段。他聚焦于儿童与环境之间连续的与动力性的相互作用，儿童通过这些作用开始了解世界并修正他们对世界的理解。皮亚杰并不以一组术语或固定的术语来看待智力，所以他对个体在能力方面差异的静态评估也没有兴趣（Piaget，1952）。

**作为信息加工的智力** 最近，很多认知心理学家提出了智力的信息加工（information-processing）观点——一个对于我们如何操作信息详细的、逐步的分析（Hunt，1983；Sternberg，1984，1990，1998）。这些心理学家正在试图打开心理的大门，通过活的"内部的"智力，试图理解人们解决测验问题时的心理过程，还包括解决日常生活问题时的心理过程。试试通过图示的方法解决这个问题：如果你的抽屉里有黑色袜子和棕色袜子，以4：5的比例混合在一起，你需要拿出多少只袜子才能确保你会拿到同一颜色的一对？这个任务要求洞察力，要寻找答案，你必须理解什么是重要的，并忽略无关细节。袜子颜色的比例是不重要的。（答案是三只：如果第一只是黑色的、第二只是棕色的，那么第三只必定是两种颜色中的一种。）

斯腾伯格（Robert J. Sternberg，1986b）及其同事对4~6年级的儿童进行了研究，比较了被定义为天才的儿童和那些没有被定义为天才的儿童如何解决这一问题。三个结果浮现出来：（1）天才的儿童能够更好地解决袜子问题，因为他们忽略了关于比例的无关信息；（2）向非天才儿童提供解决这类问题需要的洞察力，可以增加他们的绩效，而对于天才儿童则没有这种效果，因为他们已经拥有了这种洞察；（3）洞察力技能能够通过训练得到发展。

相比于未经训练的控制组分数来说，接受为期五周训练的儿童，无论是天才儿童还是非天才儿童，在分数上都达到了显著的进步。进而，这些技能在一年后的追踪中也很明显。简言之，尽管洞察力技能在智力高和低的人群之间有区别，但是它在两个组中都能够得到训练。斯腾伯格认为，对智力的理解只能通过研究智力背后的认知过程来获得，而不能够被笼统的智力测验分数所取代。

**思考题**

随着时间的推移，不同的理论家如何定义"智力"这一概念？你觉得在解释个体能力的差异性方面，例如有一些人被归类为"天才"，哪种理论更适用？

## 智力和先天—养育之争

心理学家在将智力归因于遗传还是环境的相对重要性方面有所不同。像我们在第 2 章中讨论的那样，一些关于先天—养育问题的研究者曾经询问"哪一个"的问题，而其他询问"有多少"的问题，还有一些关心"如何"的问题。因为他们询问不同的问题，他们也就得到了不同的答案。

**遗传论者的立场**　遗传论者倾向于将天生—养育问题变成影响"多少"问题，并在基于智力测验的家庭类同研究中寻求答案（参见第 2 章）（Jensen，1984）。心理学家使用一个被称为"智商"的单一数字来测量智力。一个 IQ，比如说 120，是源自测得的心理年龄除以生理年龄，通常被表达为一个商数，再乘以 100。今天的智力测验基于受测者成绩与同龄其他个体平均成绩的相对关系来提供 IQ 分数。

很多心理学家说，对智力能力的评估是其学科对社会最显著的贡献。但另外一些心理学家则认为，这是一个系统的尝试，有人能被放入"正确的"位置，有人则不能。研究表明，两个同卵双生子 IQ 相关系数在三个研究中的中值是+0.72。异卵双生子的 IQ 相关系数中值是+0.62。总结起来，在不同家庭中抚养长大的同卵双生子在 IQ 方面比在一起抚养长大的异卵双生子接近得多（Jensen，1972）。随着两个人之间生物血缘关系的增加（接近），他们之间的 IQ 分数也就增加。所以，在一起养育的同卵双生子，

与其他组合相比较而言其 IQ 相关最高（+0.86），其他组合如养育在一起的同胞之间（+0.47），或父母和同性别的子女之间（+0.40）（Bouchard & McGue，1981）。基于这个基础和其他证据，遗传论者通常得出这样的结论：在一般人群中 IQ 分数的 60%～80%的变异可归因于基因差异，其余部分是由于环境差异（Herrnstein & Murray，1994）。

**环境论者的反驳意见**　很多科学家对 Jensen 及具有相近思想的心理学家所言的"智力差异主要是一种遗传功能"提出质疑。一些人不同意对先天—养育问题的阐述停留在"多少"这个方面，而坚持这个问题应该是遗传和环境如何交互作用产生智力。其他人，例如 Leon J. Kamin（1974，p.1）甚至称："不存在什么数据会导致一个谨慎的人接受 IQ 测验的分数是在任何程度上遗传来的这一假设。"同意 Kamin 观点的心理学家［通常被称为"环境论者"（environmentalists）］认为，心理能力是习得的（learned）。他们相信，智力根据个体社会和文化环境中提供的丰富或贫瘠程度而增加或减少（Blagg，1991）。

Kamin（1974，1981，1994）有力地挑战了遗传论的提倡者为支持其结论的收养和同卵双生子研究。他强调，仅仅因为被试在不同家庭中长大，就说他们被养育在不同的环境中，这是不恰当的。在一些个案中，同卵双生子是被亲属养大的，或者住在隔壁，再或进入同一个学校。相似

的是，环境论者指责那些收养儿童的研究，源于这样一种事实：收养者往往试图将孩子置于一种在宗教和种族上与他们出生的环境相似的社会环境中。

**当代科学的共识** 绝大多数社会和行为科学家认为，在先天—养育论战中任何一方极端的观点目前都没有被证实。基于双生子和收养研究的估计表明，遗传差异对人群中智力测验的绩效变异贡献了 40% ~ 80%。Bouchard 及其同事（1990）发现，人群中 70% 的 IQ 差异可归因于遗传因素，但是其他专家认为 70% 的遗传估计过高。

Jencks（1972）使用了路径分析（一种统计方法）在组内划分方差的数量，他估计 45% 的 IQ 差异是由于遗传，35% 是由于环境，而 20% 由于基因—环境的交互作用。Jencks 介绍了第三个元素，基因—环境交互作用，因为他感到仅将 IQ 区分为

基因和环境的成分是将这个问题过于简化了。类似地，Loehlin 及其同事（1975）认为需要考虑下列三方面内容：

- **基因天赋** 当智力刺激是持续不变的时候。
- **环境刺激** 当基因潜力是不变的时候。
- **遗传和环境的协方差** 这两个成分的变化与另一个有关，如果基因和环境相互强化，然后增加的方差内容就不能在逻辑上被归于先天或养育，而是二者独立效果之间联合的结果。

---

**思考题**

什么是智力？智力的解释如何随时间变化而变化？智力为何很难测量？在智力的遗传论者的观点与环境论者的观点之间有何区别？

---

## 皮亚杰的前运算思维理论

皮亚杰是瑞士的发展心理学家，婴儿与儿童智力发展研究的先驱，他将 2 ~ 7 岁之间的年份称为"**前运算阶段**"（preoperational period）（1952，1963）。这一阶段的主要成就是，儿童通过使用符号发展了在内心中表征外部世界的能力。符号是代表其他某种事物的东西。例如，字母表中的字母就是一种符号，在英语中，"c-a-t"（猫）代表一种四腿动物。而数字，例如 3，是某物的特定数量的符号。有一些其他熟悉的符号——你是否知道它们代表什么？如"©""σ""$"":-)"。

使用符号的能力将孩子从此时此地的严格界限中解放出来。通过使用符号，他们不仅能够表征眼前的事件，还能表征过去和未来的事件。语言和数字的获取促进了儿童使用和操作符号的能力。

**解决守恒问题的困难** 皮亚杰观察到，尽管儿童在前运算阶段在认知发展方面获得了长足进步，但他们的推理和思维过程仍然有很多局限。在学前儿童解决守恒问题时遇到的困难

中可以看到这些局限。**守恒**（Conservation）指的是这样一个概念，某物的质量或数量保持不变，不管其形状或位置发生什么变化。

例如，如果给一个孩子呈现一个黏土球，然后把黏土球滚成长条的、细细的、像蛇一样的形状，儿童会说，黏土的数量改变了，仅仅是因为其形状改变了。类似地，如果我们给一个六岁以下的儿童呈现两排平行的硬币，每一排都均匀分布着八枚便士，然后询问儿童哪排便士更多，儿童通常会正确回答，每排的便士数量都相同。但是，如果要纵观儿童认知的全貌的话，我们把硬币移动，使其中一排硬币的间隔距离变长，再次询问哪排有更多的硬币，儿童将会回答说较长的那排硬币更多（见图 7—8）。儿童不能够识别硬币的数量并不改变，仅仅因为我们在另外一个维度上（硬币排列的长短）做了调整。皮亚杰说，学前儿童在解决守恒问题方面的困难源自前运算思维的特征。这些特征通过设置了与中心化、转化、可逆和自我中心化有关的妨碍而抑制了逻辑思维。

(A)

(B)

图 7—8　硬币守恒实验

首先呈现给儿童两排硬币（如图 A）。实验者询问儿童硬币数量是否相同。然后，儿童观察实验者延伸下排硬币（如图 B）。儿童被再次询问两排是否包含相同数量的硬币。前运算阶段的儿童会回答说，它们的数量不同。

**中心化**　前运算阶段的儿童聚焦于情境的某一方面特征，而忽略其他方面，这个过程被称为"中心化"（centration）。前运算阶段的儿童不能理解，当装在一个瘦高杯子中的水被倒入一个矮粗杯子中时，水的总量保持不变。取而代之的是，儿童看到新的杯子有一半是空的，就得出结论，水比从前的变少了；儿童不能同时关注于水的数量和容器的形状这两个方面。要正确地解决守恒问题，儿童必须"去中心化"——也就是说，同时注意高度和宽度。同样，在硬币的例子中，儿童需要意识到，长度的改变被其他维度（密度）补偿，所以数量并没有改变。此处在皮亚杰看来，去中心化的能力（探索情境中多于一个方面）再次超出了前运算阶段中儿童的能力。

**状态与变化**　前运算思维的另外一个特点是，儿童更关注状态而不是变化。在观察水被从一个杯子倒入另一个杯子时，学前儿童关注于最初的状态和最终的状态。干预过程（注入）被他们错过了。当实验者注入液体时，他们并不注意杯中水的高度或宽度的渐进改变。

前运算思维专注于静止状态。这种思维不能将连续的状态连接成事件的连贯序列。有一个更普遍的例子：如果你提供给前运算阶段的儿童一块饼干，而这个儿童抱怨它太少了，简单地将饼干掰成三块，把它摆在一整块饼干旁边。低龄儿童就可能认为掰成三块的饼干更多！

学前儿童缺乏跟随转换的能力，这妨碍了他们的逻辑思维。只有通过接受不同操作的连续和有序的性质，我们才能确定数量保持不变。因为前运算阶段的儿童不能够看到事件之间的关系，他们对最初和最后事件之间的比较是不完全的。所以，根据皮亚杰的观点，他们不能解决守恒问题。

**不可逆性**　根据皮亚杰的观点，前运算思维最有区别的特点就是儿童不能识别**操作的可逆性**（reversibility of operations），即一系列操作能够通过相反顺序的操作回到起始点。当我们将水从一个窄的容器中倒入宽的容器中之后，我们能够通过将水再倒回窄的容器来演示水的数量没有改变。但是前运算阶段的儿童不能够理解操作是可逆的。一旦他们执行了一个完整的操作，他们就不能在心理上重新获得原初状态。对可逆性的意识是需要逻辑思维的。

**自我中心化**　另外一种妨碍了学前儿童对现实的逻辑理解的元素是**自我中心化**（egocentrism）——对除了他们自己的观点之外还有别的观点缺乏意识。根据皮亚杰的观点，前运算阶段的儿童如此全神贯注于他们自己的印象，因为他们不能认识到，他们的想法和感觉可能与他人不同。儿

248

童只是假设所有人都像他们自己想的那样有同样的想法，并且像他们看待世界那样对世界有同样的观点。

皮亚杰（1963）和社会学家 George Herbert Mead（1934；Aboulafia，1991）都指出，儿童要参与成熟的社会互动的话，必须克服自我中心的观点。如果儿童要恰当地扮演他们的角色，他们就必须知道关于其他角色的一些事情。绝大多数三岁的儿童能够使用一个玩偶进行几个角色相关的活动，例如，儿童能够扮成一个医生检查玩偶，这表明儿童具有社会角色的知识。四岁儿童通常能够扮演一个社会角色及其对应角色，例如，他们能够假装病人玩偶生病了，而假装医生玩偶检查它，在这个过程中，两个玩偶都做出恰当的反应。在学龄前末期，儿童变得能够以更复杂的方式结合角色——例如，同时既是医生又是母亲；绝大多数六岁的儿童能够同时假装扮演几个角色。

**对皮亚杰自我中心的儿童的批评**  然而，新皮亚杰主义者更近期的研究表明，尽管自我中心是学前思维的一个特征，但学前儿童也能够以自己的方式来识别他人的观点。幼儿在情绪方面可能非常自我中心，但他们在理解他人观点方面并不必然是自我中心的（Newcombe & Huttenlocher，1992）。越来越多的研究者正在揭示低龄儿童的很多社会中心化（sociocentric）（群体定向）的反应。事实上，一些研究者曾质疑把儿童描述为自我中心化。考虑下述证据：

**利他主义和亲社会行为**  研究者已经在非常小的儿童身上发现了利他主义与亲社会行为。下列例子并不罕见：一个两岁的男孩偶然地打了一个小女孩的头部。他看起来吓坏了。"我伤害了你的头。请不要哭啊。"另外一个 18 个月大的女孩，看到她的祖母躺下来休息。她回到自己的婴儿床边，拿着她自己的毯子，给她祖母盖上（Pines，1979）。

如果自我中心化被视为在心理上与他人"接触"的无能，那么这些例子指出的是，儿童有能力延伸向另外一个人，并与其发生联系。另外一个方面，如果自我中心化被视为"对他人经验、行为或人或物，使用自己的图式进行了曲解"（Beard，1969），那么甚至亲社会行为也可以被贴上"自我中心化"的标签。

**蒙台梭利思想**  蒙台梭利博士（Dr. Maria Montessori）于 1907 年成立了蒙台梭利"儿童社区"，这是最广为人知的早教项目之一。蒙台梭利教育与传统学前教育项目不同，有一系列利他优先的培养。她的第一个学校由 60 个市中心区的儿童组成，他们绝大多数来自于功能失调的家庭。她发展了一套以儿童为中心的"生命教育"哲学，指向每个儿童的兴趣、能力和人类潜能的开发。而她的视野超越了促进低龄儿童"亲社会行为"的学院课程。

今天的蒙台梭利学校给予儿童从属于家庭的感觉，并帮助他们学会如何与其他人生活在一起。通过创造父母、教师和儿童之间的联结，蒙台梭利寻求创造一种社团，儿童在这种社团中能够学会成为家庭的一部分，学会照料更小的儿童，从他人及年长者那里学习，彼此信任，发现恰当的自我张扬的方法而不是攻击性。蒙台梭利博士将其运动预想为本质上领导了一场社会重建。今天在世界各地都有蒙台梭利学校，包括欧洲、中美和南美、澳洲、新西兰、印度、斯里兰卡、韩国以及日本（Seldin，1996）。

总而言之，新近的研究进展发现，在我们努力理解儿童的过程中，我们被以成人为中心的概念以及我们所关注的成人—儿童关系所束缚——换句话说，被成人中心化所束缚。此外，近年来，心理学家从皮亚杰的宽泛的、宏观的阶段观念日益发展为更为复杂的发展观点（Case，1991）。研究者不再搜索主要的整体变化，而是细查分离的领域，例如因果关系、记忆、创造力、问题解决以及社会互动。每个领域都有某种程度上的独特而灵活的时间表，不仅受到年龄的影响，还受到环境质量的影响（Demetriou，Efklides & Platsidou，1993；Flavell，1992）。第 9 章将在更大的时间跨度上考虑亲社会行为。

**思考题**

皮亚杰的前运算思维与婴儿和幼儿期的感觉运动阶段有哪些不同？新皮亚杰主义者对皮亚杰的认知理论有哪些批评？

### 儿童的心理理论

**心理理论**的研究探查的是儿童心理活动中正在发展的观念的主要成分。当儿童开始领会心理的存在时，这就为根本性地区分环境和自我铺设好了道路，例如自己是环境的一部分，而同时也与环境相独立。进而，儿童能够开始理解他人对事物的思考有别于自己。

例如，研究者可能给一个五岁儿童呈现一个糖果盒，并问这个孩子里边有什么。孩子会回答说，"糖果"。但当孩子打开盒子时，她会惊讶地发现里边装的是蜡笔而不是糖果。研究者接下来会询问孩子："下一个进来的小孩没有打开这个盒子，她会认为里边装的是什么？""糖果！"孩子回答说，为这个诡计咧嘴一笑。但当研究者与三岁的孩子重复同样的程序时，孩子通常会像预期的那样以"糖果"回答第一个问题，但当回答第二个问题时，她会回答"蜡笔"。值得注意的是，当让三岁的儿童回忆她起初认为盒子里装的是什么时，她也会回答"蜡笔"。

**社会中心化行为**

比起以前的研究，现今发展心理学家发现，低龄儿童的自我中心化行为其实相当少，而有较多的社会中心化行为。例如，蒙台梭利教育的一个主要优先就是促进亲社会行为。

250　三岁的孩子与五岁的不同，不能够理解人们持有的信念可能与他人所已知的想法不同，甚至可能是错误的信念。三岁的儿童相信，因为她知道盒子里没有糖果，其他每个人都自动地知道了同样的事实（Wellman，1990）。与更大一点的孩子相比，三岁孩子的想法仍然是混淆的。情况就好像是，三岁的儿童很努力也不能够理解四岁和更大的孩子通常能够理解的事情：人们有内在心理状态，例如信念，而信念可能正确或错误地表征了世界，人们的行为源自他们对世界的心理表征，而并不是直接源自客观现实世界。

皮亚杰对儿童推理的大量说明是提出"心理"问题的一个早期尝试——这是一个工具性概念，能够计算、做梦、幻想、欺骗和评估他人的想法。最近，研究者已经开始进行有关儿童发展中的对其心灵世界的理解的研究（Feldman，1992）。

这一工作显示了，甚至三岁的儿童也能够区分物理的东西和心理的东西，他们对想象、思考和梦见某物分别意味着什么拥有一些理解（Flavell，1992）。例如，如果三岁的孩子被告知某个孩子有一个冰淇淋，而另一个孩子仅仅是在想冰淇淋，然后这个三岁的孩子就能够说出，哪个孩子的冰淇淋可以被别人看到、拿到或吃掉。当小孩和兄弟姐妹、养育者以及同伴之间有互动，因而拥有丰富的"数据库"时，这种理解会得到促进（Perner，Ruffman & Leekam，1994）。

**内隐理解和知识**　皮亚杰的程序还倾向于低估学前儿童的很多认知能力。事实上，近期研究在儿童的学习概念形成方面提出了一个重要的新问题。幼儿似乎对特定的原则拥有一种显著的内隐理解或知识（Reber，1993；Seger，1994）。此处，为了便于说明，我们将考虑两个知识概念范畴：因果关系和数字概念。

**因果关系**　皮亚杰总结说，低于七岁或八岁的儿童不能掌握因果关系。当他询问较小的儿童太阳和月亮为何移动时，儿童会回答说，天上的物体"追随我们，因为它们很好奇"，或"为了看看我们"。这类对事物的解释导致皮亚杰强调儿童在智力操作方面的局限性。

但是当代发展心理学家在考察低龄儿童的思维时，发现他们已经能够理解很多因果关系。因果关系（Causality）包括我们将两个按照顺序重复发生的成对事件归因为因果关系。因果关系是基于一种期待，当一个事件发生时，通常跟随着第一个事件的另外一个事件还会再次发生。显然，在三个月大的婴儿身上，对于信息的因果过程的基本原理已经很明显地体现出来了（"如果我哭，妈妈会过来"）。而3～4岁的儿童似乎已对识别因果关系拥有了较为成熟的能力（Gelman & Kremer，1991）。

低龄儿童掌握因果关系的多功能性导致一些心理学家得出这样的结论，人类在生物上是顶设的，能够理解因果关系的存在（Pines，1983）。儿童似乎进行一种因果关系的内隐理论的运算。显然，认识到原因必然总是先于结果的能力，在进化的过程中具有巨大的生存价值。

**数字概念**　皮亚杰也不重视儿童的计数能力，称之为"仅仅是口头知识"，并断定"在获得计数能力与儿童能够真正运算之间没有关系"（Piaget，1965，p. 61）。然而低龄儿童似乎对某些数字概念存在内隐理解。学前儿童能够成功地完成修订版的计算程序任务，并能够判断木偶在演示多或少的概念时是否正确（Gelman & Meck，1986）。计数是儿童所获得的第一个正式的计算系统。它允许小孩对数量进行正确的定量评估，而不是仅仅依赖于他们的知觉或定性判断。下一次你在2～3岁的孩子身边时，询问他，"你多大啦?"儿童会总是比划着手指，并说出数字。

> **思考题**
>
> 根据皮亚杰的观点，我们怎样知道一个小孩正在发展前运算思维过程？关于低龄儿童的思维过程如何发展，还有哪些其他主要理论？

## 语言的获得

低龄儿童常常在领会语言［包括接受性语言（receptive language）和产生语言（包括表达性语言（expressive language）］之间存在延迟。小于一岁的儿童反复地显示出他们理解我们所说的话。说"妈妈在哪儿?"儿童就会看妈妈。然而，在绝大多数儿童通常还要再过几个月才能用超过一两个词的词汇量开始表达自己更多的需要。三岁的儿童可能在敲门后说出下面的句子："没人在家吗?"也就是询问"有人在家吗?"。很重要的是，要记住，当儿童发展到某一个正在获得语言的特定时间点时，他们以代表其自身对世界的所知所想的方式理解和使用语言。

在语言发展的这个阶段，儿童超越了两个词的句子，例如"狗走"，并开始显示了对语言规则的真正理解，同时也理解了语言的不同声音，也就是**音韵学**（phonology）。能够使用过去式（以前孩子说"goed"，现在能过正确地说出"go"的过去式"went"）、复数（"girls"和"boys"）以及所有格（"Jim's"以及"mine"，尽管最开始很多孩子都说"mines"），这些都是词汇改变形式的例子，或者被称为**"词法"**（morphology）。

在三岁前后，儿童开始正确地询问有关"wh-"的问题［为什么（why）？什么（what）？哪些（which）？什么时候（when）？谁（who）？］这显示了对**语法**（syntax）的理解，也就是词汇在句子中的顺序。使用把词与词有意义地联结在一起的规则，被称为**"语义学"**（semantics）。在3～5岁之间，儿童学会什么类型的语言能够在不同的社会情境下使用，我们将此称为语言的**"语用论"**（pragmatics）。

**发展性音位障碍** 这是儿童四岁前出现的一些语言障碍，包括在学习使用简单且可理解的讲话方面存在困难，这种倾向通常具有家庭的普遍性。儿童可能在储存声音、说出声音或使用言语规则方面遭遇困难（Bowen，1998）。对于绝大多数儿童来说，很多方法都可用来评估和治疗多种不同类型的音位障碍。（参见本章"实践中的启迪"专栏中对言语—语言病理学家的介绍）。

**口吃** 绝大多数低龄儿童在学习说话的过程中都经历过不流利（disfluency）阶段。然而，说话流畅性的频繁中断被称为"口吃"（stuttering）或"结巴"（stammering），而研究者发现这一倾向也具有家庭的普遍性（Bowen，2001）。儿童讲话中的不流利通常被分为拖长（如"Mmmm-me too"），也称为阻滞的停顿（例如"St-op that"），以及重复（例如"N-n-n-n-n-o"）（Bowen，2001）。遗传学者发现口吃可能是遗传而来的，而男孩更容易患口吃（Bowen，2001）。现在一般的方针是，如果父母开始注意到低龄儿童的一贯口吃（Fraser，2001），就应该寻求儿科医生或言语—语言病理学家的帮助。口吃儿童适宜进行早期干预矫治，而很多科学方法可以被用于帮助儿童改善说话的流畅性。

**美国人收养的中国儿童的语言发展** 2003年，有超过44 000的中国低龄儿童（主要是女孩）被美国家庭收养，而中国变成了美国最大的异族收养来源。Tan和Yang（2005）近期完成了一项初始研究，调查那些在收养的美国家庭中生活了3～27个月的低龄中国女孩的表达性语言发展。在进入收养的英语语言家庭之前，所有孩子都生活在中国的地方语言环境中。然而，被收养者的英语水平不仅在被收养平均17个月后赶了上去，而且令人惊讶的是，其英语水平还超过了标准样本的表达性语言。对于收养者来说，需要大约16个月，赶上说本地语言的儿童。研究者推测，收养家庭的社会经济状况背景和收养母亲的受教育程度对于如此非凡的表达性语言成就有很大贡献。

**乔姆斯基的语言理论** 诺姆·乔姆斯基（Noam Chomsky，1965，1980）提出一个语言方面的理论，鉴于儿童接收到的杂乱信息输入，并从中构造的有意义的句子，该理论能够充分地解释语言结构。乔姆斯基认为，人类天生拥有一种**语言获得装置**（LAD），接受婴儿所听到的所有声音、词汇和句子，并产生与这一数据一致的语法（Lillo-Martin，1997）。乔姆斯基说，这个假设一定符合事实，因为对于婴儿来说仅通过归纳来学会语言是不可能的——也就是说，儿童不可能仅仅通过重新使用其听到过的句子学会语言。如果是这样的话，一个小孩就不能说出新的句子，但我们都知道小孩会说出一些非常新颖的话。

**说话晚的儿童** 倘若儿童的听力没有问题，身体很健康，并且生活在一个能够听到讲话的环境里，却直到两岁、三岁甚至四岁还不能使用表达性语言（词汇），可能是出于下列原因：婴儿是个安静的婴儿，也可能是早产儿并存在健康问题，或者是双胞胎（双胞胎通常会发展他们自己的私有语言），还可能是因为性别的缘故——男孩通常说话较晚，或者婴儿可能在双语家庭，或有较大的兄弟姐妹替婴儿说话。一个研究对几百对有早期言语迟滞的2～4岁同性别双胞胎进行了考察，发现遗传原因仅是影响小部分儿童的一个因素——而一对双胞胎所共享的环境因素与早期言语迟滞关系更为密切。Bishop及其同事（2003）得到的结论是，两岁的儿童表达性语言技能水平较低很可能没有什么关系，除非其家庭里存在讲话或言语的损害问题。如果孩子说话晚的话，父母可以向儿科医生咨询，医生可能会推荐孩子做听力测试或言语治疗。

## 实践中的启迪

### 言语—语言病理学家（Speech-Language Pathologist，SLP）：Aleshia Larson

我是一个言语—语言病理学家，在 Chautauqua 村的资源中心为残疾人提供服务。我的来访者可能是在认知上受损、经历了创伤性脑损伤或是在言语—语言发展里程碑方面滞后的儿童，要进行早期干预矫治。我对不能用言语交流的人提供语言和清晰度治疗，为不能说话的人们建立交流系统，并提供吞咽评估，为员工提供可遵从的指导，允许人们尽可能使用最安全的方式进食。

我是在纽约的詹姆斯敦社区大学获得的文科大专文凭，在纽约州立大学 Fredonia 分校获得了言语和听力残疾特殊教育学士学位以及纽约州立大学 Fredonia 分校言语病理学硕士学位。为获得一个临时的教师资格，我必须通过文理测验（Liberal Arts and Sciences Test，LAST），以及教学技能与写作初级和二级评估（Elementary and Secondary Assessment of Teaching Skills-Written，ATS-W）。为获得资格证，我通过了言语—语言病理学的实践（Praxis）考试。

要喜欢上言语—语言治疗师的工作，需要具有创造性、能够快速思考，并且既有组织性又有灵活性，能够随着来访者的情况适时改变治疗方向。我工作的人群需要数百次的重复才能学会某个新东西。耐心是一个极其重要的特征。我在受到雇用之前，曾在学校、护理所、言语—语言门诊以及我当前的工作地接受了临床工作的督导。

我对于那些考虑成为 SLP 的学生的建议是，对于与什么类型的人群进行工作方面要保持一颗开放的心灵，直到自己已经完成了全部临床经历。我在读硕士时，直到最后一个学期之前，我都没有与发展上有残疾的人士一起工作，而现在，我不能想象自己做任何其他的工作。就我所工作过的所有群体来说，与残疾人的工作是最有回报、最有趣和最令人满意的。我非常享受，每一天我都有一些新的事情要做，并且真正使一个人的生活起了变化。通过使用替代和扩大的交流，我通过声音输出成为交流系统的一部分，为那些五六十岁的、因为身体残疾而从未说过话的人。帮助人们表达他们的观点，并帮助他们第一次进行选择，通过他们的新体验看到了更广阔的世界，这是极其令人满足的。

学习使用言语赋予了儿童能力，因为这使他们有能力表达自己的需要，与他人发生联系，学习并掌控环境，并成为正常的社会性生物而不是孤立者（Sachs，1987）。所以，一个听觉病矫治专家或言语病理学家的评估可能是早期言语迟滞的孩子所需要的。也有一些有言语和/或语言残障的儿童没有参加干预就取得了一些进步，但早期干预能够显著地提高进步的速度（Camarata，1996）。

**维果茨基的观点**　学习语言和促进认知发展并不是儿童在婴儿床中独处就能完成的任务，他们需要在社会环境中达成这一点。列夫·维果茨基（Lev Vygotsky，1896—1934）首先考虑语言和思维如何与文化和社会交织在一起，因此提出了认知发展发生于社会文化环境中，有赖于儿童的社会互动的观点（Vygotsky，1962）。这导致"**最近发展区**"（zone of proximal development，ZPD）这一著名概念的出现：当儿童得到一个更有技能的伙伴的帮助时，他们能够掌握比独自完成的事情稍微难一点点的任务。

回过头来想想你开始阅读的时候。当你开始学习阅读过程时，你的父母或老师提供鼓励、建议、修正和赞扬。逐渐地，你开始独立地阅读，253

但是只能通过你和较年长的、更成熟的人的互动，你才能够培养这一新的技能。同样的原则适用于学习一项运动。当儿童处于发展必要的手眼协调阶段以投掷或踢球时，某人通常向儿童示范如何做一个正确的手臂动作，或一个特定的脚部动作。

请注意维果茨基与皮亚杰之间的一个重要差异：皮亚杰认为，儿童作为独立的探索者学习，而维果茨基则断言，儿童通过社会互动学习。所以，维果茨基向前发展了一种社会文化的观点，强调皮亚杰所没有强调的认知发展的社会性方面。维果茨基断言，当儿童与更有技能的人一起从事ZPD范围之内的活动时，儿童的心理得到发展。进而，维果茨基断言，当儿童和成人一起做某个活动时，儿童吸收了成人与活动有关的语言，然后重新使用语言来转换自己的思维。

## 语言与情绪

低龄儿童的词汇量通常很有限，主要由指示物品和表示动作的词汇构成，还有较少比例的词汇表达情感（情绪）状态（James，1990）。研究显示，当儿童处于一些情绪状态下，如恐惧、受伤、痛苦或压力时，他们不能够集中精力在学习任务上。他们的精力集中注意于大脑中边缘（情绪）系统的加工过程。在阅读了下面几句话之后，停下来你自己试试，回忆一个近期痛苦的体验。尽量回忆那些细节，在头脑中想象那些有关的人们，并感受你在那一事件发生时感受到的情绪。现在闭上你的眼睛，给自己几分钟时间。

**维果茨基的最近发展区域（ZPD）**

低龄儿童通常相互学习。对于儿童独自完成稍微困难一点的任务，如果有另一个更有技能的伙伴帮助，通常就能够被他们掌握。

现在回答这个问题：乔姆斯基语言学理论的主要原则是什么？你一小会儿之前刚刚阅读过这个问题。但在重新体验了痛苦的经历之后，你现在是否感到有点困惑，或在某种程度上被情绪湮没？做过刚刚这个练习的教师常常评论说："我就是不能思考。"（Rodriguez，1998）显然，这也发生在儿童身上。

儿童能够交流他们感受的一些健康方法是绘画和身体运动；这些活动释放边缘系统建立起的能量。所以保育中心和学前班通常准备很多纸张、颜料、蜡笔和彩色铅笔；这些机构还可以准备小的滑动和攀登的玩具，或者安排音乐时间和舞蹈时间，借此允许儿童"表达"他们自己。多重感官体验也使儿童学会从多种资源中加工信息，帮助他们进一步学习发展重要的技能。

254    **谈话和交流**  Catherine Garvey 和 Robert Hogan（1973）发现，3～5 岁的儿童在托儿所的时间里，有一大半是在通过说话与他人互动。进而，尽管有些讲话是**私人言语**（private speech）（直接朝向自己或没有朝向特定的人），但儿童的绝大多数讲话都是相互的反应，适合于同伴所说的话或非言语行为（Spilton & Lee，1977）。

Harriet Rheingold，Dale Hay 和 Meredith West（1976）发现儿童在生命的第二年与他人分享他们所看到的和所发现的有趣的事情。学前班、幼儿园预备班和幼儿园教师知道，可以通过安排周期性的"展示和讲故事时间"来培养这一类型的社会行为，例如让儿童讲述从家里带来的特殊物品。Rheingold 及其同事（1976，p. 1157）得出如下结论：

> 在向另外一个人展示物品的过程中，儿童显示了一种能力，即不仅知道他人能够看到自己所看到的东西，还知道他人会看他们所指或所拿的东西。我们能够猜测，他们也知道自己所看的可能是在某些方面不寻常的，因此也值得他人的注意。低龄儿童的此类分享与研究者不断把他们归为自我中心相矛盾，他们已经能够成为社会生活的贡献者。

表 7—5 列出了学前儿童发育迟滞的一些早期迹象。

**表 7—5    学前儿童发育迟滞的早期迹象**

| 语言 |
| --- |
| 发音问题 |
| 词汇量发展缓慢 |
| 对讲故事缺乏兴趣 |
| **记忆** |
| 识别字母或数字时有困难 |
| 很难按顺序记住事物（例如，一周的星期几） |
| **注意力** |
| 静坐有困难或专注于任务有困难 |
| **运动技能** |
| 自我照料技能有问题（扣扣子、梳头） |
| 笨拙 |
| 不愿画画 |
| **其他功能** |
| 学习从左到右有困难 |
| 分类事物有困难 |
| "阅读"身体语言与面部表情有困难 |

来源：Lisa Feder-Feitel，"Does She Have a Learning Problem？" *Child*，February 1997. Copyright© 1997 by Lisa Feber-Feitel. Originally published by Gruner & Jahr USA Publishing in the February 1997 issue of *Child* Magazine. Used with permission.

**认知发育不良**  有些儿童在早期会面临中等或严重的困难，延缓认知和语言技能发展。有中枢神经系统问题或遗传障碍的儿童（如心智反应迟钝、大脑性麻痹、自闭症），感知损毁（如失明、失聪），运动技能迟钝（如肌肉萎缩、瘫痪、四肢麻痹），社会忽视（如药物滥用、忽视、制度化、无家可归、隔离），或者严重的疾病，这些伤害将会以比他们正常年龄发育慢的速度发展。

**思考题**

我们如何知道 2～6 岁的儿童正在按照正常的言语发展顺序获得言语技能？养育者应该关注什么语言障碍？对于诊断为特定言语损害的儿童，什么服务能够帮助他们？解释乔姆斯基和维果茨基的言语发展理论。

## 信息加工与记忆

记忆是一个关键的认知能力。事实上，所有学习都与记忆有关。在其最广泛的意义上，记忆指对所经历的事情的保持力。没有记忆，我们将对每一个事件都像是从未经历过一样进行反应。

进而，如果我们不能使用记忆的事实，我们将无法思考和推理，也不能进行任何智力行为。所以，记忆对信息加工是至关重要的。

### 早期记忆

在婴儿期和儿童期，我们学会了关于世界的大量信息，然而到了成年期，早期经历的记忆消退了（Rovee-Collier，1987）。这一现象被称为"童年期失忆"（childhood amnesia）。成人通常只记得七岁或八岁以前短暂的场景和孤立的片段。

255
尽管一些个体没有先于八岁或九岁的回忆，但很多人能够回忆在我们 3～4 岁生日时发生的事情。最为普遍的是，最初记忆包含视觉意象，而绝大多数的意象是彩色的。在很多情况下，我们在这些记忆中从远处看到自己，就好像我们在看舞台上的演员一样（Nelson，1982）。

早期记忆为何应该消退，至今仍然是一个谜题（Newcombe & Fox，1994）。弗洛伊德建立的理论说，我们压抑或改变了童年期记忆，因为这些记忆中有令人困扰的性和攻击性内容。皮亚杰主义者和认知发展学家主张，成人在回忆早期童年期记忆时有困难，是因为他们不再像儿童一样

思考——也就是说，成人通常使用心理习惯作为记忆的辅助，而低龄儿童无法做到这一点。

还有另外一些人说，儿童的大脑和神经系统没有完全形成，所以不能允许足够的记忆存储发展，也没有有效的取回策略。还有一些人主张，很多在生命最初两年中学习的内容发生于大脑的情绪中心区域，这些学习内容在晚一些年龄时只能很有限地回忆。我们可能回忆起的绝大多数最早记忆的类型都与恐惧情绪有关。你能回忆起哪些早期经历？你觉得与情绪有关吗？

最后，Mark Howe 和 Mary Courage（1993）认为，问题不是源自记忆本身，而是源自使个体记忆成为独特的自传体性质的个人参考框架的缺乏（用另一个术语来说，还没有发育完全的"自我"作为认知实体出现）。尽管有这些假说，我们童年期的记忆仍然常常令人难以捉摸。

### 信息加工

记忆包括回忆、再认以及再学习的简易化。在回忆（recall）过程中，我们记得较早时曾经学习过的内容，例如一个科学概念定义或戏剧的诗句。（例如，一个短文问题要求你回忆信息。）在再认（recognition）过程中，当我们再次感知到此前曾遭遇过的某事时，我们经验到熟悉的感觉。（例如，一个匹配类型的测验要求再认。）在再学习的简易化（facilitation of relearning）过程中，相比于不熟悉的资料，我们学习已经熟悉的资料时更为容易。

总体来说，儿童的再认记忆优于回忆记忆。在再认中，信息已经是可以利用的，而儿童能够简单地依靠记忆检查其发生的感知。相反的是，回忆要求他们从自己的记忆中重新找回所有信息。当四岁的儿童被询问在一个单子上他们觉得自己能记住多少条目时，他们预测他们能回忆七条——但是他们实际上能够回忆的少于四条（Flavell，Freidrichs & Hoyt，1970）。

记忆允许我们储存不同时间段的信息。一些心理学家区分了感觉信息存储、短时记忆与长时

记忆（见图7—9）。在**感觉信息存储**（sensory information storage）中，来自于感觉的信息被保存在感觉登记，时间只够允许刺激被扫描加工（一般少于两秒）。这提供了物理刺激的相对完整、表面的复本。例如，如果你用手指敲打脸颊，你注意到直接的感觉，但很快就消退了。

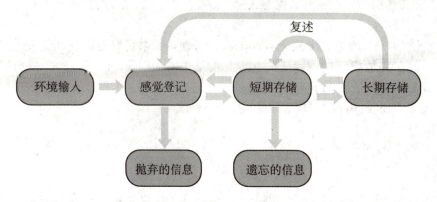

**图7—9　三存储记忆模型的简化流程图**

信息流被描绘为通过三种记忆存储：感觉登记、短时存储和长时存储。从环境中的输入进入感觉登记，在这里它们被选择性地通过短时存储。短时存储的信息可能被遗忘或被长时存储复制。在一些情况下，个体在主动有意识的短时存储中会在心理上复述信息。复杂的反馈操作发生于三个存储成分之间。

**短时记忆**　短时记忆（Short-term memory）是信息保持很短的一段时间，通常不超过30秒。例如，你可能看一眼E-mail的地址，记住它的时间只够将其敲入地址簿，然后你可能迅速忘掉它。另一个常见的短时记忆体验是，你对陌生人的介绍。10分钟之后，你能够多容易地记住这个人的姓名？通常，信息飞逝，除非有某种原因或动机让你更长时间地记住它——例如，我们的护理学生很有积极性地努力学好人类发展课程，因为他们知道为了获得注册护士资格，最终必须通过一个州资格考试，而考试会包括人类发展的问题。

**长时记忆**　长时记忆（Long-term memory）是信息保持更长的一段时间。记忆可能被保留，因为它从一个非常强烈的单一体验升起，或因为它反复被复述。通过每年的重复和媒体的不断提示，你变得能够记住美国阵亡战士纪念日是在五月末，劳工节在九月初。研究者从很多方面研究了记忆（Tulving & Craik, 2000）。Schacter和Tulving（1994）假定，人类记忆有五个主要系统，我们用它们来处理日常生活：

- **程序记忆**——学习多种运动、行为和认知技能
- **工作记忆**——对已知的短时记忆进行精细阐述，允许个体在一小段时间内保持信息
- **知觉表征**（perceptual representation PRS）——在识别词汇和物体时使用
- **语义记忆**——个体获得和保持关于世界的事实信息
- **情节记忆**——个体记得看到过的事件或生活中经历的事件

## 元认知和元记忆

当儿童在认知上成熟时，他们在记忆加工方面变成积极的主体。记忆的发展发生于两种途径：通过改造大脑的生物性结构（记忆的"硬件"），以及通过改变信息加工的类型（获得和找回的"软件"）。研究者观察到，无论是在儿童对记忆任务的绩效，还是在他们对记忆策略的使用方面，年龄都带来显著的功能改变。随着儿童的长大，他们获得复杂的技能，使其能够控制学到和记忆的东西。简言之，他们变得"知道如何知道"，以至于他们能够投身于"有意的"（deliberate）记忆（Moore, Bryant & Furrow, 1989）。个体的意识和对其自身心理过程的理解被术语化为**"元认知"**（metacognition），并且低龄儿童尝试以适合自身的方式学习。仔细倾听，你会听到一个小孩说，"我

不能做那个"或其反面"让我做这个"。这是他们对自身心理能力有意识的信号。整体来说，记忆能力从出生到五岁飞速发展，然后，在整个童年中期和青少年阶段，它的进展变得更缓慢一些（Chance & Fischman，1987）。

人类在构成知识基础方面，比事实及策略性信息要求的更多。他们必须也接近这一知识基础并应用适合于任务要求的策略（我如何能够记住这个单词的拼写？我如何能够从幼儿园走回家？我如何能够把这个球扔回本垒？）校准对特定问题解决过程中的灵活性是智力的特点。灵活性在意识控制中达到峰值，成人能在很广泛的心理功能范围中达到这一点。在整个青少年期以及成年期的认知领域和社会—道德领域，这种策略的意识控制和意识或对策略的反思将得到持续发展（Schrader，1988）。

儿童对自身记忆过程的意识和理解被称为"**元记忆**"（metamemory）。元记忆的常见例子是，儿童使用有意图的方法来记住地址和电话号码。因为很多低龄儿童白天不在家里，他们被要求尽可能记住这些重要信息。孩子是不是在口头上一遍遍地重复这些信息？或者孩子要求在一页纸上看到电话号码或住址？研究显示，甚至三岁的儿童也可以进行"有意图的"（intentional）记忆行为。当他们被告知要记住某事时，他们好像理解了自己被期待存储这件事情，并在以后要回想起它。事实上，甚至两岁的儿童也能够独立藏匿、放错地方、寻找并发现物品（Wellman，1977，1990）。

当儿童上幼儿园时，他们已经发展出关于记忆过程可观的知识。他们意识到遗忘会发生（记忆中的项目丢失），意识到在学习上花更多的时间能帮助他们保持信息，意识到一次记住很多项目比少记几个更困难，意识到分心与干扰使得任务变难，并且他们能够使用记录、线索以及他人帮助他们回忆起事情（Fabricius & Wellman，1983）。他们也理解这些词汇，诸如想起、忘记以及学习（Lyon & Flavell，1994）。

## 257　记忆策略

儿童（以及成人）可能使用多种策略来帮助自己记住和回想起那些他们正在学习或渴望记住的信息。在阅读下一章节之前先思考几分钟如下内容。如果你必须记住你今天早上进入的学习小组里的五个人名，你如何完成这一任务？你会列出一个单子并在口头上重复这个单子吗？你会把名字写在抽认卡上，并改变这些抽认卡的顺序吗？你会写出他们名字的第一个字母，例如将 Harriet，Angela，Paul，Peter 和 Yvonne 组成单词 HAPPY 吗？然后你可能会想："我们是快乐小组"，以便记住他们的名字。或者你还会使用一些其他方法？

**作为记忆策略的复述**　能够促进记忆的一个策略是**复述**（rehearsal），这是一个过程，在这个过程中我们对自己重复信息。很多擅长于记住人名的个体，在被新介绍一个人时，通过将一个新的名字在心里对自己复述几遍，来培养这种才能。研究者已经证明，三岁大的儿童能够有不同的复述策略。例如，如果三岁的儿童被教导要记住一个藏起来的物品，他们通常通过更长时间地看它、碰触它或指出隐藏的位置，为未来取回记忆做准备（Wellman，Ritter & Flavell，1975）。隐藏和寻找活动还帮助低龄儿童发展多种记忆策略。

随着儿童成长，他们的复述机制变得更加主动和有效（Halford et al.，1994）。一些研究者认为，随着儿童在口头上标签刺激物方面变得愈发有技能，这一过程会为语言所促进。根据这些调查者的发现，在命名方面内在的组织和复述过程是记忆的有力辅助（Rosinski，Pellegrino & Siegel，1977）。当儿童开始以更老练的方式加工信息，并学会如何和何时要记忆时，他们变得能够自己做更多决定。父母和老师能够培养儿童的决策技能。

**作为记忆策略的分类**　一种能够促进记忆的策略是按照有意义的分类储存信息。Sheila Rossi 和 M. C. Wittrock（1971）发现，在儿童用来为再认而组织词汇的分类中存在着发展性的进步。在这个实验中，研究者给 2~5 岁的儿童念 12 个单词的列表（sun，hand，men，fun，leg，work，hat，apple，dogs，fat，peach，bark）。每个儿童都被要求尽可能地回忆出更多的单词。

儿童回忆词汇的顺序以成对的方式计分：押韵（sun-fun，hat-fat）；依照句法（men-work，dogs-bark）；聚类（apple-peach，hand-leg）；或序列顺序（回忆起列表上连续的两个词）。Rossi和Wittrock发现押韵反应在两岁达到峰值，三岁主要是依照句法的反应，聚类反应发生于四岁，而按照序列顺序的反应发生于五岁。

这一进程在很多方面与皮亚杰的理论相一致，皮亚杰的理论将发展描述为从具体（concrete）（看到和碰触到某物）向抽象（abstract）功能的前进。其他研究也证实，从两岁到青少年期的发展进程中，儿童自发使用的分类发生着变化（Farrar, Raney & Boyer, 1992）。在回忆任务里，尽管两岁大的儿童也因开始分类而获得了好处，但较大些的儿童获得的好处更多。

一方面，回忆随年龄而增加（Farrar & Goodman, 1992）。另一方面，在回忆任务中，相比于更年长的儿童来说，4～6岁的儿童对事物区分的类别更少，相似项目的次级分类也更少，而在将事物分配到类别时一致性也更低（Best, 1993）。青少年会采用更为复杂娴熟的策略，将项目分入逻辑分类，例如人群、场所、物品，或动物、植物和矿物（Chance & Fischman, 1987）。

**思考题**

关于早期记忆、短时记忆、长时记忆以及儿童的自身思维和记忆过程，认知科学家告诉了我们哪些知识？低龄儿童能够使用哪些类型的策略进行记忆、再认或回忆信息或事件，而你又使用哪些策略来记忆信息？

## 道德发展

社会感受首先出现在前运算阶段。在这个阶段，感受第一次能够被表征、回忆和命名。回忆感受的能力使得道德感受成为可能。如果儿童想起某人过去曾做的事情，而且情绪反应与行动联结，道德决策就开始出现了。

### 皮亚杰的理论

根据皮亚杰的观点，在感觉运动阶段，儿童不能重建过去的事件和经历，因为他们缺乏表征。一旦儿童具有重建过去认知与情感的能力，他就能够开始表现一致的情绪行为。

**道德推理的进化** 当皮亚杰第一次研究道德发展时，他观察到儿童道德推理的进化。他相信，年轻人身上的道德感指出了做什么是必要的，而不仅仅是做什么是更好的。他还提出，道德标准有三个特征：

- 道德标准对所有情境普适。
- 道德标准保持在产生它们的情境与条件之外。
- 道德标准与自主的感觉有关。

但是，根据皮亚杰（1981/1976）的观点：儿童在2～7岁之间都不符合上述条件。首先，道德不是普适的，而是只在特定的条件下有效。例如，儿童认为对其父母以及其他成人说谎是不对的，但对其同伴则不然。其次，指导仍然保持着与特定再现的情境的联系，与知觉构造相似。例如，一个指令是将保持与给予指令的人的联系。最后，道德还是非自主的……好与坏被定义为对一个人接受到的指令是顺从还是不顺从。

**态度与价值的互惠** 皮亚杰（1981/1976）断言，态度与价值的互惠是儿童社会交换的基础。互惠（Reciprocity）导致每个儿童以允许他或她记住互动价值的方式评估他人的价值。下面这段情节是儿童中发生互惠的一个例子：

两个小孩在公园里相遇，并在一起玩耍。其中一个孩子（Neiko）给了另一个孩子（Kiri）一些糖果，因为Kiri显然想要一些。他们最终分享了玩具，并在一起玩得很开心。通过将 Neiko 的行为标记为"好的"，Kiri 能够在他们下次在公园里相遇时回忆起这个情节。她可能给 Neiko 一些她自己的东西，至少对他态度很好，因为见到 Keiko 时能带给 Kiri 温暖感觉的回忆。

**按规则玩游戏** 皮亚杰基于自己对儿童道德发展的观点来观察当地男孩玩弹石子，他认为这是包含着一套规则的社会性游戏。通过访谈这些男孩，皮亚杰发现低龄儿童对规则的知识中包含两个发展性阶段：运动阶段（motor stage）和自我中心阶段。在运动阶段，儿童并不能意识到任何规则。例如，一个在这个阶段的小孩可能在大理石子之外建立一个巢，装作自己是鸟妈妈。弹石子游戏并没有被理解。在 2～5 岁之间，自我中心阶段，儿童开始意识到规则的存在，并开始想要与其他儿童玩游戏，（你能记得 Candyland 游戏的规则吗？）但是儿童的自我中心主义阻止了儿童社会性地玩这个游戏。儿童继续独自玩耍，而并不尝试竞争。例如，一个小孩可能将石子扔进堆里，并喊道："我赢啦！"在这一阶段，儿童相信每个人都能赢。规则被视为一成不变的，并来自于一个更高的权威。

**故意与意外** 皮亚杰（1981/1976）还对儿童进行了访谈，以探索他们如何看待"故意"（inten-tionality）与"意外"（accident）。要让儿童区分行为与行为的原因非常困难。例如，儿童被告知下面两个故事：

> 从前有个小女孩名叫 Heidi，当她妈妈叫她来吃饭时，她正在自己的房间里玩耍。因为他们家来了客人，Heidi 决定帮助妈妈，于是就把 15 个杯子放到盘子里，这样她就能把它们都拿到餐厅。当她举着盘子走路时，她脚下绊了一下摔倒了，并打碎了所有的杯子。

> 从前有个小女孩名叫 Gretchen，正在厨房玩耍。她想要拿些果酱，可是妈妈不在身边。她爬上一个椅子，试图够到果酱瓶，但是果酱瓶放得太高了。她尝试了十分钟，变得很生气。然后她看到桌上有个杯子，就把杯子捡起来摔了。杯子被摔碎了。

低于七岁的儿童通常认为第一个女孩做了更大的错事，因为 Heidi 打碎的杯子比 Gretchen 多。儿童判断行为基于行为结果的数量，而并不能正确评价行为背后的意图。对于前运算阶段的儿童来说，道德仍然主要基于感觉。尽管低龄儿童拥有对道德的初步感觉，但只要他们不能理解行为的意图性，他们理解公正的能力就仍然受局限。

## 科尔伯格的理论

科尔伯格（Lawrence Kohlberg）关于道德发展的理论受杜威（John Dewey）发展哲学和皮亚杰理论——人们通过其社会经验阶段性地发展出道德推理——的影响（Gibbs，2003）。科尔伯格是一个发展心理学家，他通过研究儿童对道德困境的推理差异来研究道德推理的发展。根据科尔伯格的观点，学前儿童在道德判断方面往往很肤浅，因为他们在认知水平上有困难，无法在心理上同时保留几段信息。他们开始服从威胁或惩罚的权威，这被他归类于水平——前习俗阶段。科尔伯格还认为，儿童在道德推理方面的第一个水平是自我中心化的，不能考虑他人的观点。他拒绝将价值和美德（例如同情）作为研究焦点，因为他认为此类概念对于这个阶段的儿童太过复杂。他认为随着儿童在社会经验中进入不同的道德发展阶段，他们将在道德推理方面获得进步

（Nucci，1998）。尽管有人对科尔伯格的道德发展阶段理论提出一些批评，认为没有处理男性和女性道德观念的差异，但他的道德发展理论为心理学开辟了一条新的研究途径。

**思考题**

情绪记忆如何与道德推理相联系，我们又有哪些证据说明儿童在童年早期在道德发展方面正在成熟？研究者认为哪些健康的态度与价值观应该教给低龄儿童？

尽管皮亚杰和科尔伯格都提出道德推理阶段性地得到发展，但他们的观点有何差异？

**续**

在童年早期阶段的身体、感觉和认知成熟以及技能获得，对儿童完全行使作为社会成员的功能的能力具有深远意义（Stipek, Recchia & McClintic, 1992）。我们并不是在与世隔绝的情况下发展的。要进入与他人持续的社会互动中，我们必须对我们周围的人进行归纳。我们所有人，儿童和成人都是同样地使用对人的分类来面对社会世界——我们将其分类为父母、家庭、堂兄弟姐妹、成人、医生、教师、青少年、生意人等等。社会并不仅仅由如此众多的独立个体所构成。它有被归类为相似的个体所构成，因为他们扮演相似的角色。

而且，当我们对他人进行归纳时，我们必须也对自己进行归纳。我们不得不发展一种自我的感觉，作为区分的、有界限的和可以确认的单元。在第 8 章，我们将在情绪与性别的领域检查低龄儿童的自我意识。在家庭和友人、儿童照料背景中和幼儿园的社会情境中，低龄儿童获得了表达情绪时所需的一套指导。

## 总结

### 身体发育和健康问题

1. 2～6 岁的童年早期中，身体发育、大脑成熟、粗运动技能和精细运动技能的精准以及感觉系统逐渐成熟。成长在生命的头一个 20 年里分布相当不均衡。从出生到五岁，成长的速度急剧下降。儿童的身体通常在其长高时变得苗条。基因和环境引起与常模不同的变异。对于停滞的成长有一种构成上的补偿性（在延长的中断后）。

2. 学前儿童比最初几年更为协调，并花绝大多数时间探索他们的环境。健康的儿童非常活跃，发展他们的手臂和腿部肌肉，这些部位变得更为强壮。娱乐和职业治疗师为躯体和运动发育迟滞和残障儿童提供服务，改善其力量、协调性、感觉能力以及运动范围。

3. 精细运动技能发展更为缓慢。低龄儿童喜欢例如玩搭积木、迷宫、珠子、卡片、石弹、绘画、黏土和蜡笔这些活动——这些是日后学业成功的基本技能。运动技能较差的儿童更可能出现自我概念较低等问题，他们适合参加躯体和娱乐治疗。

4. 感觉发展在这个年龄迅速发生，儿童乐于使用感觉来学习关于世界的知识。养育者需要仔细地观察儿童是否存在感觉损害，并寻求专业帮助来进行诊断和接受早期干预服务。如果未能得到及时治疗的话，耳朵感染会损害儿童的听力。

5. 大脑和 CNS 通常继续迅速发展出丰富的神经元连接。在促进神经成长方面，感觉刺激是关键因素。到五岁时，儿童的大脑已经达到其成人时最终重量的 90%。

6. 一些儿童由于先天缺陷、感觉障碍、自闭症、精神迟滞、注意缺陷多动障碍（ADHD）、抽搐、HIV/AIDS 以及其他健康问题而出现认知迟滞。参与早期干预矫治能够帮助儿童改善其功能。

7. 少数婴儿有自闭症或弥散性发育障碍，而且这类婴儿患者的数量在增加。他们符合早期干预矫治条件。

8. 一些专业人士建议对被诊断为情绪、行为和心境障碍的儿童使用精神药物治疗。利他灵和抗抑郁药及安定类药物一样，被列为低龄儿童的处方药物。很多成人应该认识到对于儿童来说什么是过度用药，而用药过度可能会对儿童发育中的大脑存在潜在危害。目前没有任何实证性研究证据支持给儿童开精神药物。

9. 低龄儿童的照料者应该尽量避免将他们暴露于神经毒素之下，神经毒素能够损害认知发展、躯体功能或引起严重的健康后果或死亡。铅和汞就是这样的两种神经毒素。

10. 儿童应该吃多种食物和饮料以获得适当的营养，确保大脑和身体成长需要。儿童显示了其进食行为、偏好以及频率的多样性。躯体检查能够明确儿童按照性别、年龄及躯体类型是否发育良好。

11. 一些儿童对于特定食物过敏，如坚果、鸡蛋、牛奶/乳制品、大豆、小麦和鱼。过敏反应影响多个身体系统。一些儿童对于特定物质严重过敏——如果吃到的话可能是威胁生命的。这样的孩子应有一份禁食食谱。

12. 素食家庭中的低龄儿童应该吃平衡的膳食，确保有充足的卡路里能够促进躯体和认知的健康发育。

13. 生活在贫困或食物资源有限的国家的儿童，将经历营养不良的有害后果，引起疲惫或认知缺陷，还有较大风险的疾病和夭折。

14. 意外事故是低龄儿童死亡的首要原因，照料者必须监督儿童，并提供安全的游戏、进食与睡眠场所。铅暴露能够引起严重的大脑障碍。

15. 全世界越来越多的低龄儿童被诊断为HIV/AIDS。一些在五岁前就夭折；另一些是长期存活者。抗逆转录病毒治疗策略能延长儿童的生命。收养的婴儿和儿童 HIV/AIDS 患病率较高。目前还没有有效的 AIDS 疫苗。

16. 低龄儿童应被教会自我照料行为，促进清洁、健康、自我调节技能以及社会接纳。成功排便训练的时间是可变的。掌握自我照料技能能增加自尊与自信。

17. 精力旺盛的低龄儿童应确保 10～12 小时的睡眠和固定的上床时间。睡眠剥夺的儿童可能很难安抚，也可能常打瞌睡、心不在焉、容易出事故。3～8 岁之间，儿童容易出现睡眠障碍。

18. 儿童应该在儿科医生和其他保健人员的常规体检中进行免疫。社区健康中心会对低收入家庭免费提供接种疫苗。

19. 至少有 600 万美国儿童罹患哮喘，这是儿科最常见的疾病，也是儿童住院的最主要原因。哮喘是严重的慢性肺病。很多因素会诱发哮喘发作，而处方药物能减轻症状。养育者应确保儿童不会接触到已知的过敏源。

20. 儿童需要正确的营养、运动、充足的睡眠以及健康保健，包括童年期免疫，以使躯体系统和认知功能得到健康发展。公立学校中有保健人员为儿童提供年度体检。

21. 少数民族儿童和近期移民儿童的家庭可能对健康、疾病和康乐有着的不同观点。然而，所有儿童要进入托儿所、保育中心、学前班和幼儿园，就必须接种疫苗。

22. 低龄儿童中死亡的主要原因是意外事故、先天缺陷、谋杀、癌症和心脏疾病。在整个童年期，男童比女童的死亡率都更高。童年早期的死亡率正在下降。少数民族儿童的死亡风险更高。

## 认知发展

23. 当学前儿童接收到足够的营养和感官刺激时，他们的认知能力会迅速拓展。这些能力将逐渐发展为智力，智力包括推理、推论和问题解决。不同模型都对智力的概念做出了解释。

24. 关于遗传与环境在形成个体智力时哪个的贡献更重要，心理学家的观点有所不同，而学者们也设计了很多不同的测验来测量儿童的智商（IQ）。绝大多数社会与行为科学家认为，在基因与环境影响方面存在交互作用。很难设计一个真正"不受文化影响"的 IQ 测验。

25. 皮亚杰开创了对儿童认知发展的研究。他将 2～7 岁称为前运算阶段，这个阶段中，儿童在内心中通过词汇和数字等符号表征外部世界的能力增强。学前儿童在解决守恒问题时会遇到困难。逻辑思维也被例如中心化、转换与不可逆性这些妨碍所抑制。

26. 前运算阶段的儿童从自我中心化开始操作，被自身的感觉和想法所吸引。新皮亚杰主义者认为，低龄儿童实质上拥有更多的推理能力，并显示出亲社会行为的证据。在 20 世纪初期，蒙台梭利博士提出了在具有促进性和支持性的社区中进行以儿童发展亲社会原则为中心的学前教育。

今天，蒙台梭利学校遍及世界各地。

27. 心理理论研究聚焦于儿童对自身思维过程的理解。2～6岁的儿童对其世界，人们的行为以及自身的思维过程、数字概念、事件的因果关系等具有更清晰的理解。这些理解为儿童的学习提供了理论基础。

28. 儿童按照顺序习得语言。婴儿以元音和一致的声音开始，发展到单个字和两个字的组合。2～6岁的儿童开始内化语言规则：音韵、词法、语法、语义以及语用。在三岁左右，儿童开始询问"什么"、"为什么"、"哪个"、"谁"、"什么时候"等问题，并在社交情境中使用不同的语言。

29. 学习使用言语使得儿童能够交流自己的需要，并与他人发生社会性关系。乔姆斯基说，儿童天生具有语言获得装置（LAD）。然而一些低龄儿童出现了发展性语言障碍，一些表现为不流利和口吃。通常儿童能够通过早期言语治疗改善语言技能。

30. 维果茨基说，学习发生于社会文化环境之中。儿童难以一个人完成的任务，在另一个更有技能的伙伴的帮助下就能够被完成。儿童在与他人交流时心理得到发展。对于那些不能很好交流的儿童，他们的思维和感受可以在艺术或躯体运动中得到表达。多感觉并用的经验允许儿童从很多资源中加工信息。

31. 一小部分儿童在认知推理和语言方面遭遇困难。养育者必须观察非典型性发展的迹象，这样儿童才能够得到恰当的诊断和治疗。

## 信息加工与记忆

32. 记忆是认知的一个整合成分，这一成分使得思维或推理得以发生。信息加工技能包括回忆、再认和再学习的简易化。儿童的再认记忆优于回忆记忆。我们大脑储存信息的时间长短不同，短则从几秒钟到短时记忆，长则进入长时记忆。

33. 随着儿童长大，他们使用更高级的推理技能，并显示出对于自身思维过程的理解。元认知与元记忆技能显示了有意记住重要信息的方法。到了上幼儿园的年龄，他们利用自己的记忆策略，通过使用复述和分类策略进行有意回忆。

## 道德发展

34. 从记忆中回忆想法和感受的能力使得道德思维成为可能。皮亚杰研究了儿童的道德推理。随着低龄儿童的成熟，他们变得更能够理解态度和价值，并更加能够意识到存在着可接受行为的"规则"。七岁以下的儿童在理解故意行为和意外方面存在局限。

35. 科尔伯格拓展了皮亚杰对儿童道德推理和理解力的研究。他认为，低龄儿童服从于权威，是因为对威胁和惩罚的恐惧。他把这个道德发展的第一个阶段称为前习俗阶段。科尔伯格还认为低龄儿童是自我中心化（以自己为中心）的，因此不能看到他人的观点。

 关键词

元认知（256）　　　　　元记忆（256）　　　　　短时记忆（256）

阿斯伯格综合征（230）　　多元智力（MIs）（243）　智力的二因素理论（243）

中心化（247）　　　　　音韵学（251）　　　　　娱乐治疗师（226）

智力（242）　　　　　　私人言语（254）　　　　语义学（251）

长时记忆（256）　　　　再认（255）　　　　　　语法（251）

哮喘（239）　　　　　　利他灵（231）　　　　　最近发展区（ZPD）（252）

守恒（247）　　　　　　职业治疗师（226）

智商（IQ）（246）　　　语用论（251）

记忆（254）　　　　　　回忆（255）

## 网络资源

本章的网络资源聚焦于儿童的生理、认知、语言和道德发展。请登录网站 www. mhhe. com/ vzcrandell8 来获取以下组织、话题和资源的最新网址：

美国少儿研究会　　　　　　　　　　早期儿童教育学报

美国早期教育研究所　　　　　　　　早期儿童研究和实践

美国年轻人教育协会　　　　　　　　早期儿童同代组织

早期干预学报　　　　　　　　　　　食物过敏和过敏网络

# 第8章

# 童年早期：情绪发展和社会性发展

## 概要

### 情绪发展和适应

- 思维任务对情绪发展是关键的
- 情绪发展的时间和顺序
- 游戏行为和情绪—社会性发展
- 情绪反应和自我调节
- 获得情绪理解力

### 自我意识的发展

- 自我感
- 测量儿童的自尊
- 天才儿童和他们的自我感

### 性别认同

- 性别认同
- 对性别行为的荷尔蒙影响
- 对性别行为的社会影响
- 关于性别认同获得的理论

## 批判性思考

1. 一对美国夫妇从中国的一家孤儿院收养了一名一岁女婴，这个儿童会发展出中国文化或者美国文化下的自我意识和情绪调节方式吗？

2. 你会如何理解你的父母抚养你时采用的教养方式？他们是否过于约束、过于宽容或者较民主？他们的教养方式是通过什么方式影响你的自尊的？如果你成为父母，你会采用相同的还是不同的方式？

3. 在一个家庭中，出现离婚、父母亲或者同胞兄弟姐妹的死亡或者移居的时候，人们会这样说起这个家庭中的儿童，"哦，她还小，她会适应的"或者"他这么小，他的适应能力强"。你认为这是对儿童情绪能力的准确评价吗？

- 母亲、父亲以及性别的定型

### 家庭的影响

- 家庭传递文化标准
- 影响家庭的文化趋势
- 教养方式的决定因素
- 关键的育儿描述
- 儿童虐待
- 教养方式
- 获得教养方式的看法
- 同胞关系

### 非家庭的社会影响

- 同伴关系和友谊
- 同伴强化和模仿学习
- 儿童的攻击性
- 学前教育与"提前教育"方案
- 媒体的影响

### 专栏

- 可利用的信息：使幼儿园的转换更轻松
- 人类的多样性：为残疾儿童的童年早期环境做准备
- 进一步发展："提前教育"方案：对心、手、健康和家庭的影响

> 4. 你作为一名三岁儿童的父母，在过去一年中你有一份全职的工作，孩子的祖父母帮助你照看孩子，美国国会刚通过一项立法，要求美国所有的四岁儿童从下个学年开始可以进入义务的全日制幼儿园预备班。对于你的孩子的这种转变你所关心的是什么？

认知因素在少儿确定情绪生活的基调方面扮演重要角色，社会因素也对最大化或者最小化智力能力产生影响。儿童通过社会交互作用获得指导，以在心智上或者认知上调节内部情绪体验和外部情绪表达（Demo & Cox，2000；Wintre & Vallance，1994）。直到 20 世纪 80 年代，大部分的美国儿童在进入学校的社会/学术领域之前，一直在家庭范围内和家庭成员度过童年。因此，在 20 世纪 50 年代到 70 年代，大多数针对儿童情绪调节、性别认同意识和教养方式有效性的研究，都是以完整的中产阶级家庭为研究对象的。如今，幼小儿童的发展发生在多样性的家庭和社会环境中。

## 情绪发展和适应

264

自从 20 世纪 80 年代以来，双亲家庭越来越少，出现较多的单亲家庭和父亲不住在家里的家庭，而大量成群外出的母亲离开家加入到被雇用的行列。在儿童保育中心、幼儿园、托儿所和全日制幼儿园，包括住在非亲戚的私人家庭的低龄儿童数量打破纪录，备受关注。通过对三项研究结果进行总结调查有力地证明，通过进入优良的

托儿所来为进入幼儿园做准备具有长期积极的效果（Bracey & Stellar，2001）。一项持续的实证研究显示，忽视与家庭成员共度时光或者不进入正式学校，除非儿童在六岁以前就具有一定的社会竞争力，否则在成年后很有可能发展出情绪和/或行为障碍（McClellan & Katz，2001）。除此之外，近年对南美、亚洲和中东的移民家庭的跨文化研

究清楚地显示出幼小儿童在何时以何种方式展现情绪自我调节的社会文化标准并遵从性别规范。关于2～6岁儿童的情绪发展和社会性发展，在社会影响的大背景下，我们可以详细分析较多近期的研究结果。

## 思维任务对情绪发展是关键的

儿童的情绪发展和情绪自我调节的过程对父母和照看者来说可能看起来很缓慢，但从情绪和自我调节的表现中可以看出儿童在这个过程中变化相当大。在童年早期，许多变化在情绪表达和情绪调节中发生，研究者开始试图确认促进或抑制儿童社会能力和健康适应的因素（Eisenberg et al.，2001）。

**情绪是儿童生活的中心**　今天的儿童心理学家和童年早期的专家认为，儿童的情绪作为他们生活的中心，也应该成为托儿所、幼儿园和小学初期课程的重点。童年早期方面的专家 Hyson（1994，p.2）称，"新一代的情绪研究者已经为各种情绪的重要性提供证明，情绪是儿童的行为和学习的组织者。这一认识为重建以情绪为中心的儿童早期课程打下坚实基础"。

她进一步指出（1994，p.4），情绪发展和社会性发展是缠绕在一起的，"所有的行为、想法和相互作用在某种方式上是由情绪激发和受情绪影响的，这是当前的理论和研究支持的观点。思维是一种情绪活动，而情绪为学习提供基本平台。但是，儿童的感觉能够支持或阻碍他们的智力活动的参与和掌握"。Shure（1996）同意儿童学会的最重要的问题解决技能是如何思考，其中生成多样的社会适应的解决方式以对人际问题进行健康的适应，对于儿童的学习是重要的。

**教授有效的问题解决技能**　Youngstrom 和同事们（2000）研究形成了社会能力和健康适应所必需的理性目标，采用大样本的参与"提前教育"方案的五岁儿童，于七岁时上一年级再次研究。照看者、父母和独立评估人员评估那些在五岁和七岁生成更有效的亲社会解决方式的儿童是较具有社会胜任力的，显示出较少的注意力问题和破坏性的行为。

相反，那些在五岁和七岁再次强行地提出自己的意见（例如打、叫和抓）和非有效的解决方式的儿童，被评估为具有较小的社会胜任力，注意力不集中和较高破坏性（Youngstrom et al.，2000）。但是，大多数样本中的七岁儿童报告更多的问题解决方式，使用较少的暴力解决方式和生成更多亲社会的反应（Youngstrom et al.，2000）。从这些研究总结得出，为了提高社会能力，必须教授儿童有效的问题解决技能。

**对父母情绪表达方式的学习**　Eisenberg 及其同事（2001）调查了父母的情绪表达性（对儿童或者在普通家庭中）与儿童的适应和社会能力之间的关系。他们将表达性（expressivity）定义为一种持久稳固的模式或方式，呈现为非语言的表达方式和语言表达的方式……通常根据发生事件的频率进行衡量（Eisenber et al.，2001，p.476）。研究结果提出，显示出社会能力、情绪理解力、亲社会行为、高自尊和安全型依恋的儿童，父母具有热情或积极情绪、与他们的孩子较少负性相互作用和在家庭中非儿童指向性相互作用水平低的特点。进一步研究观察到，积极的支持性的父母总是帮助他们的孩子成功地处理困难情境。因此，可以想见这种家庭里的孩子可以学会模仿自我调节，发展出适当的情绪策略和行为。由于信任感和相互性，这些孩子也往往有动机去遵从父母的要求（Eisenberg et al.，2001）。

一些负性情绪的暴露——适当地表达和在有限基础上表达——对于习得各种情绪和如何调控它们来说非常重要。例如，悲伤、尴尬和悲痛这些非敌对情绪的表达，已经与表示同情心积极地联系起来（Eisenberg et al.，2001）。然而，显示出高水平的敌对和伤害性的负性情绪（包括儿童指向的和在家庭中普遍性的）的父母，他们家庭中的孩子在遵从父母的指导方面可能性更小，更可能显示出加强的负性情感影响表达和与情绪不安全感相关的问题（Eisenberg et al.，2001）。

Demo 和 Cox 的研究结果（2000）支持，那些在较安全的家庭环境中长大的儿童可能显示出更健康的情绪和较早期的情绪自我调节。反之，那些早产的、带有发展障碍的、有虐待经历的或者父母离婚的儿童，往往在情绪自我调节上是迟滞的，并且展示出的社会能力较低。这一章稍后我们将讨论父母的影响和孩子们的社会能力。

## 情绪发展的时间和顺序

非常小的婴儿会表达如快乐、悲伤、痛苦、愤怒和惊奇这样的情绪（Izard & Malatesta，1987）。在初学走路时期和学前期一些面部表情以相当高的频率出现，包括自豪、羞耻、胆怯、困窘、丢脸、恐惧和内疚。这些情绪表达方式要求一定水平的认知能力和对文化价值或者社会标准的觉察能力。学前期儿童经常立刻展现一些像愤怒和内疚这样的情绪，比如当儿童打算顽固地拒绝与其他儿童分享某样东西的时候。随着身体发展的增强，年龄较大的儿童可以较好地控制他们的面部肌肉，他们能够通过面部呈现一些更复杂的情绪。

**面部表情、手势、身体语言和声音特性**　许多试验性的研究集中在作为儿童情绪表达传送管道的面部，然而父母和其他照看者可以聪明地成为孩子们全部身体语言的"读者"。儿童能够以更复杂精细的方式越来越多地使用大块的和纤细的肌肉来控制感觉的表达。他们能够跳跃、挥舞手臂、将手轻拍在一起或者用语言表达他们的愉悦（Hyson，1994）。美国小学的儿童可以演示像"竖起大拇指"和"击掌庆贺"这样的社会赞许性动作。

但是对于其他文化下的儿童，这些手势表示不同的意义，甚至传达侮辱或者性方面的信息。通常这些简单手势的使用（比如教师典型地向他招手以告诉儿童"到我这儿来"）会使移民儿童学习起来产生困惑——可能这样的手势与他们传统的社会化模式相冲突（Hojat et al.，1999）。可以理解，儿童保育专家们在试图帮助幼小的移民儿童适应美国社会文化时应该熟悉他们自己的那些与手势相关的文化意义。

**面部表情及身体语言揭示情绪**

儿童以较复杂精细的方式表达感觉要求一定程度的身体和认知能力。绝大多数情况下，儿童学习模仿父母的情绪表达方式！

心理学家还发现特定的声音特性如响度、音高和节奏，能够传达特定的社会情绪信息，例如恐惧、愤怒、快乐和悲伤（Scherer，1979）。随着儿童的年龄增长，声音和嗓音一直是传达感觉的重要工具。话语也同样伴随着情绪。例如"不要碰我的玩具！"这句话被大声地和情绪性地表达出来。话语还允许孩子们表达他们自己和其他人的感觉："我说过。爸爸做得更好。"随着逐步成熟，儿童能够演示和口头表达他们较复杂的感觉（Ricks，1979）。

## 游戏行为和情绪—社会性发展

**"游戏"**（play）可以定义为为了娱乐和消遣完成的主动参与的活动，无论如何都在不超越自身的情况下进行。当健康的美国儿童在2~6岁心理上或者身体上发育成熟时，通过游戏的可预期阶段，他们显示出一系列增强的复杂性情绪、认知技巧、身体技能和交际策略（Paludi，2002）：

● 功能性游戏是重复性的（四处滚动球或者模型车）。

- 建设性游戏包括操作物体或者玩具创作（使用木块搭建城堡）。

266
- 平行性游戏包括在其他儿童旁边独自游戏（独自放入一块拼图）。
- 旁观者游戏是观察性的（看其他儿童做游戏）。
- 联合游戏包括两个及两个以上儿童分享玩具和工具（当他们各自为图画上色的时候分享一个蜡笔盒）。
- 合作性（协力完成的）游戏包括相互影响、交流和轮流（玩棋类游戏、跳绳或者玩儿童足球游戏）。

由此看来，在最初的两年期间，儿童游戏从简单的操纵物体转换到对物体独特特性的探索，进一步转换到假装游戏，假装游戏需要较复杂的和具有认知性需求的行为（Uzgiris & Raeff, 1995）。游戏类型有许多，包括"假装游戏"、"探索性游戏"、"策略性游戏"、"社会性游戏"和"混战游戏"。游戏有许多好处，其中包括获得动作灵活性，这可以锻炼大脑和身体，同时舒缓压力，参与户外活动，习得创造力，习得社会化技能。例如遵从规则、合作行为、尝试领导和接受领导的角色以及结交朋友（"The Case of Elementary School Recess", 2001）。孩子们经常说游戏时间是一天中他们最喜爱的时光。

游戏活动的社会性功能数十年来吸引着研究人员。Mildred B. Parten（1993），是社会性游戏方面的早期研究者，既研究学龄前小组游戏中的参与和领导，又研究小组的规模、玩伴的选择以及游戏活动、玩具和游戏策略的社会价值。在近几年，许多心理学家对假装游戏着迷，他们将伪装或幻想行为视为探索儿童"内在个体"的途径和潜在认知变化的指示物。儿童会和朋友玩"商店"游戏，如果朋友不是现实可用的，一个宠物、喂饱的动物或者玩偶通常会成为替代的同伴。在这个游戏中，谈话将模仿父母和照顾者所说的和所做的。当儿童在托儿所或者幼儿园的时候，他们在"学校"游戏中模仿老师和教室中普遍的相互作用。正如预期中的那样，参与和其他孩子一起玩的假装游戏的儿童比例随着年龄的增长而增加，尤其是那些读故事给他们听的儿童和开始探索环境多样性的儿童。

**想象性游戏廉价又无价**　儿童与家庭环境中可找到的东西一起玩并习得创造力，他们享受在普通物体中创造发明的乐趣，这些普通物体包括壶、锅、卡片、沙子、水、绳子、录音带、小石头。例如，将一张毯子放在两把椅背上能够做出一个"洞穴"，作为容易移动和反复重新创作的秘密躲藏地点。一个简易纸箱可以作为临时准备的船、飞机、洞穴、树上小屋、车、玩具屋或者任何儿童能够想象出来的建筑物或者空间！儿童通过旧帽子、衣服和装饰性珠宝能完全自制戏剧角色。人们总是能够看到父母买来的非常昂贵的玩具被束之高阁。

**假想的朋友**　在3～7岁之间，许多孩子参与假装游戏的一种方式是创造一个**假想的朋友**作为日常生活习惯性的部分——一个看不见的人物，他们给它起名字、在谈话中提起它，并且用一种缺乏客观基础的真实态度和它一起玩（Taylor et al., 2004）。头生的子女和非常聪明的儿童通常有假想的朋友。建议照顾者不要因为儿童使用想象力而斥责他们，最终儿童逐渐舍弃作为真实玩伴与之互动的假想朋友。

267

**游戏中的性别差异**　游戏行为中的一个差异是男孩选择的游戏往往要求参加者人数多于女孩选择的游戏，但是这些差异往往是父母和老师的社会化练习造成的。两个性别的游戏方式有些不同（Hines, 2004）。男孩的游戏有许多不合规格打斗的动作特点和很强的竞争和支配的意味。女孩相对男孩参与更多模仿性的游戏和进行模仿行为的二人小组。女孩比男孩更可能向朋友暴露个人信息、手挽手和展现一些友爱的标志。

**游戏有益情绪健康**　许多童年早期的专家把游戏认作儿童交流最深处感觉的主要方式（Erikson, 1977）。典型的3～5岁儿童是**"自我中心的"**（egocentric），也就是说，他们的想法、语言和感觉受限于当前自身的需要，他们相信自己也许曾引起不好的事情发生（例如，父母间的争吵、同胞兄弟姐妹的疾病和宠物或钟爱的小动物的死亡）。此外，幼儿园和小学期间的儿童完全无法用语言表达如焦虑、沮丧、嫉妒或者怨愤、拒绝或者耻辱、对抛弃或虐待的绝望这样的感觉。然而，经过研究确认在治疗性的游戏中，儿童通过行为演示、内部感受的揭露、想法的表达，减少了焦虑和攻击

**假装游戏**

儿童十足地享受假装游戏（也被称为"伪装"游戏）的乐趣，它可以让他们试验不同的角色。普通的家庭物品能为儿童的想象力服务，例如纸箱、喂饱的动物、装饰性珠宝、旧帽子、鞋和外套。这样的游戏甚至比和一个玩伴玩更有趣。现今许多大型社区中的一些儿童博物馆有模拟的杂货店、饭馆、消防队、医院、农场等房间，允许儿童穿上服装亲身实践角色。

性，还增加了情绪表达、社会适应和控制感（Ray & Bratton，2001）。

**游戏中的文化差异** 研究游戏中的文化和种族差异只不过是最近的事情。众所周知的游戏理论基于西方化工业社会中的中产阶级的白种儿童研究（Farver，Kim & Lee，1995）。具有代表性的美国父母往往鼓励游戏中的探索性、想象力和独立性，可能与孩子们一起参与其中。而新的跨文化研究发现，跨文化的父母对游戏具有不同的态度——另外也可能是因为缺乏一些因素，比如时间、空间、工具或者玩伴，一些父母认为游戏

**男孩游戏和女孩游戏的不同**

通常来说，男孩往往在大的团体中游戏，参与较粗鲁的运动性活动，比如跑步、跳跃、投掷、摔跤——经常参与稍显竞争和支配意味的游戏。女孩的游戏往往是在两人小组中，在游戏中使用语言、手挽手或者亲密地待在一起并展现一些友爱的标志。

是不必要的、令人不快的或者不安全的。北美的父母将游戏看作发展的基本要素，并且很可能控制他们孩子的游戏活动（Scarlett et al.，2004）。

而贫困国家的儿童将时间花在家庭杂务、照顾兄弟姐妹、完成学业或履行职责上面，父母鼓励他们努力工作、负起责任和展示进取心。"成年人已经最宽容地认可了游戏活动，但经常不鼓励和禁止"（Harkness & Super，1996，p.359）。深信儿童需要成为成年人社会的高效成员的成年人，塑造了游戏和社会性相互作用的差异。

在近期研究中，两个韩裔美国幼儿园教师（虽然曾经进入美国大学）鼓励的是传统韩式的价值观（团体和谐合作，不强调个体和自我表达）、期望（一个高度结构化的环境，包括几乎没有儿童间的相互作用和来自父母的高期待）和教育目标（对工作和学术成就的执著）（Farver，Kim & Lee，1995）。Chu（1978）称在韩式文化中，儿童被教导隐藏自己的感觉而不要在外部显示出来是

一种美德。因此在较平行的观察研究中，韩裔美国儿童几乎不进行促进社会技能的假装游戏或者合作性游戏（Farver，Kim & Lee，1995）。

268　　　无论在何种文化或种族背景下，游戏的重要性在《联合国儿童权利公约》（The United Na-tions Convention on the Rights of the Child）第 31 条中得到认可："每一个儿童都有权利休息和享受空闲时间，参与适合儿童年龄的游戏和娱乐活动，自由参加文化和艺术活动"（"The Convention on the Rights of the Child"，2001）。

## ▍情绪反应和自我调节

对于预期儿童控制自己情绪而不是依靠外部来自父母/照顾者支持的年龄，不同文化的发展心理学专家和父母持有不同的观点、评估方法和信念（Friedlmeier & Trommsdorff，1999）。直到三岁之后，对于儿童来说在谨慎地抑制住情感方面才不困难（Saarni，1979）。对于男孩或女孩表达或抑制情绪，个体文化期待中也有口述的规范。一些观点认为儿童应该能够"让情感显露出来"，而另一些观点认为儿童需要学习隐藏情感。

情绪的自我调节是一个复杂的任务，儿童必须通过与他人发展出积极关系的健康方式来完成。充其量，自我调节在儿童的每个阶段发展，很可能逐步地不均衡地进行下去。哭闹、抱怨、打、咬，或者尖叫以达到目的的儿童当然不会被喜爱，忧愁胆怯的、远离他人静静地坐在角落的儿童也同样不会。每个儿童总会达到情绪自我调节的健康平衡。

**文化传递期待**　由于美国儿童中民族/人种间的混合增强，当代的社会科学家将研究跨文化的期待或者对表达情绪未写明的"规则"。儿童通过仿效模拟手势和身体语言，学习传达文化性取向的情绪。在西方的工业文化中，父母往往支持**个体主义**（Individualism），促进了表达的自由、独立、个体主义和竞争，允许孩子们更开放地呈现情感（Friedlmeier & Trommsdorff，1999）。例如，目睹小孩当众大声哭闹、发脾气或者为了玩具高声喊叫相当普遍。

**亚洲和太平洋群岛的儿童**　与个体主义的方式相反，亚洲的父母强调**集体主义**，即培养孩子与父母之间的强烈的情绪联结和情感，否认个体的希望，目的是为了成全集体的利益、服从权威和对长者表示尊敬（Friedlmeier & Trommsdorff，1999；Rohner & Pettengill，1985）。典型的亚洲文化下的儿童被鼓励显示无情绪和更顺从的天性（Chu，1978；Lynch & Hansen，1992）。

美国正在增长中的社区通常划分为三个种族：（1）东亚人（East Asians）包括中国人、日本人和韩国人；（2）东南亚人（Southeast Asians）主要由来自越南、泰国（例如 Hmong 移民）、柬埔寨、老挝、缅甸和菲律宾的印度支那人组成；（3）太平洋群岛居民（Pacific Islanders）通常是夏威夷、萨摩亚和关岛（Trueba，Cheng & Ima，1993）。这些族群和他们的子群体在社会文化特性、信念和价值观上不一致，每一个有各自特定的教育需求（Pang & Cheng，1998）。多样性的亚洲文化的存在方式和将亚洲学生感知为"少数民族典型"会妨碍对亚洲和亚裔美国学生需求的充分理解（Gewertz，2004）。

为了避免对亚太地区的儿童的学校教育和良好情绪形成障碍，与亚太地区的儿童一起工作的教师和其他专家们需要理解他们的传统信念和价值观。一个突出的例子是，1989 年在加利福尼亚的斯托克顿，当时一名持枪罪犯闯入一所幼儿园枪杀了五名柬埔寨儿童。幼儿园的反应是重新修改安全系统和提供教学楼更多的保护，使其余的儿童有更安全的保障。而柬埔寨家庭拒绝将他们的孩子送到幼儿园，直到学校官方和家长完成传统的宗教仪式以慰藉死去儿童的灵魂（Trueba et al.，1993）。

亚洲东部普遍重视和倡导高教育成就，儿童的成功给家庭带来荣誉和声望，失败则带来羞耻（Shen & Mo，1990）。像学习困难这样的观念以及心理困扰、抑郁或者精神疾病是与精神有关的，一些移民的亚洲父母接受起来有困难。尽管某些亚洲家庭认为残疾的孩子是一种好运气的象征，另一些观点则认为是对过去罪孽的惩罚，还有一些认为是上帝的旨意无法改变（Miles，1993）。新闻记者 Anne Fadiman 写了一本书，名为《鬼怪抓住你，你就跌倒了：一个 Hmong 儿童、她的美国医生和两种文化的碰撞》（*The Spirit Catches You and You Fall Down：A Hmong Child，Her American Doctors and the Collision of Two Cultures*）（可以在大学图书馆和地方书店买到），致力于儿童保育、公共服务以及健康保健领域，解读文化误解的严峻自然状态，见解尖锐深刻。

亚洲式的交流在非语言提示、身体动作和手势上更加敏感，亚洲人期望他人能够对他们的非语言线索敏感。通常他们在社会性冲突中使用重复点头和缺失眼神交流来表示礼貌甚至顺从，为了避免使他人不高兴极少使用词语"不"（no），不太可能以无拘束的方式反应回复。在教育环境的背景中，教师将亚太地区儿童的点头、微笑和口头默认作为表示赞成的清晰符号，事实上可能此时表示的是尊敬而不是同意或者理解（Trueba et al.，1993）。

谈话和期待社会情绪性的反馈时，亚洲儿童本认为在这种背景中，微笑通常表达困惑和尴尬而不是愉快或者同意，教师和儿童保育专家需要仔细地观察他们（Coker，1988）。所有的亚洲儿童的刻板印象是顺从的、学业方面非常聪明的，并造成另一些儿童大量焦虑感。社交活动中的亚洲儿童传统上倾听多于言语，用温和的语调说话，服饰和行为端庄，与母亲（或者替代的照顾者）保持亲密距离或暴露在任何制造负性情绪的情境中时找寻她（Friedlmeier & Trommsdorff，1999）。

美式学校教育的制度可能破坏他们的幸福感和自信，因为美国学校倡导独立性、竞争和个体主义。亚洲儿童往往在组织良好的安静环境中工作更加有效率。他们不喜欢把注意力转移到自己身上。例如，在班级前面发言或者由于任何带来紧张情绪或羞耻感的原因将他的名字当众公布（Trueba et al.，1993）。

2～3 岁的日本儿童在与母亲分离之后可能表现出较明显的忧虑不安的迹象，因为日本文化鼓励母亲与儿童的极端亲密（Hyson，1994）。Lewis（1988）观察到 15 个日本托儿所的儿童，意识到日本儿童被容许表现出愤怒，只要其他儿童不被伤害得非常严重。但是，随着他们不断成长，日本儿童也需要面对社会规范以倡导"ittaikan"，这是

一种团体是一个整体的意识（Weisz，Roghbaum & Blackburn，1984）。日本儿童须经过苛刻的学习生活，必须通过主课考试才能升入下一个年级（Fuligni & Stevenson，1995；Marlow-Ferguson，2002）。

**西班牙裔美国人的预期**　西班牙裔美国男孩的文化刻板印象可以总结为一个词"男子气"的（*macho*），由"男子气概"（*machismo*）而来，对于男性角色来说既意味着积极的一面也有消极的一面：强壮和强势；对家庭的幸福负责任；努力工作以负担家庭开销；以尊重的态度对待女士；成为一个好儿子、好丈夫和好父亲。与之相反，"女子气"是西班牙裔美国女孩的文化刻板印象。她被期待为女子气的，学会自我牺牲，为家庭带来喜悦和承担责任，克制自我的需要为生活在家长制的亚文化中做准备。

这种典型的很强的家庭凝聚力被称为"familismo"，儿童极不可能揭露关于家庭情况的任何信息（Castellanos，1994；Gil & Vazquez，1996）。西班牙裔儿童也生活在集体主义的文化、家庭信念、价值观和传统中，这些对行为和情绪表达有重要影响。有一个在文化信念之间发生冲突的例子：

> 一个有较多拉丁美洲移民学生的学校，有联邦基金支持的学校早餐项目，许多母亲陪孩子上学，将弟弟妹妹领来并且和孩子们一起吃早餐，这被老师和管理者认为会引起"问题"。一些人总是喂他们的学龄期孩子吃饭。在学校官方也就是执行联邦项目的负责人的眼中，这些母亲和兄弟姐妹总在吃的早餐是"属于"登记在册的学校学生的……事实上得到联邦政府批准的条件是早餐只供应学校里的学生。但是教师和管理者都担心母亲的行为会阻碍儿童独立性的发展——学校中普遍的美国文化的目标。学校处理问题的方法是张贴告示牌，在早餐时间不允许父母进入餐厅。以分享和家庭和谐的价值观作为行为方式的母亲们，很难理解学校的观点，动员抗议导致激烈的争吵。（Trumbull，Rothstein-Fisch & Greenfield，2000）

**非洲裔美国人的预期**　通常非洲裔美国人的成年人使用眼神接触和面部表情来调教他们的孩子（King，Sims & Osher，2001）。因此，非洲裔美国

儿童的课堂老师可以使用一个特定的表情使大多数班级中的儿童安静下来。然而，这对所有的非洲裔美国儿童并非都能奏效（King，Sims & Osher，2001）。有些儿童被照顾者教导避免直接的眼神接触，一些文化背景下的人可能曲解为害羞或逃避（Hyson，1994）。

哈佛大学培训的临床心理治疗师及发展心理学家 Marguerite A. Wright（1998）的著作《我是巧克力，你是香草》（I'm Chocolate，You're Vanilla）中，称由她的研究结果发现，幼儿园中的儿童并不会把任何肤色和种族与社会性或者情绪含义相联系，除非他们的家庭强调这一点。García Coll 和 Magnuson（2000）说，所谓种族，主要是通过如肤色、发型及其他身体特征来进行群体的描述；现实情况是许多美国人的种族血统是混合的。Wright（1998）宣称，黑人儿童，与其他儿童一样，首先获知性别认同。当被问到"你是什么肤色？"或者被要求匹配与自己肤色相同的颜色时，儿童可能把肤色看成和他们的衣服的颜色一样，或者回答巧克力、香草或者桃子。Wright（1998，p.14）提到三岁和四岁儿童的认同感主要来源于他们的名字、性别、家庭关系和"种族是距离头脑最远的"这样的概念。

她建议肤色略黑儿童的父母，如果他们的孩子称他们自己是白种人不要惊慌，这并不反映糟糕的自我映像。她说成年人，包括父母、儿童保育员、幼儿园教师低估了儿童对种族的认识。当被要求画一幅自画像时，黑人儿童可能将自己的肤色画成"绿的、蓝的、黄的和紫的，这些选择表示现实的肤色与自我映像毫不相关"（Wright，1998，p.17）。在儿童能够理解种族在他们的生命中担任的角色之前，他们必须首先认识到肤色是永久不变的。Wright（1998）发现黑人儿童谈论到希望有其他肤色是正常的，成年人不必由于考虑到一些事情的可能性而感到羞耻或责骂儿童。四岁儿童可能相信"魔力过程"可以改变肤色，这是可以理解的，因为许多黑人婴儿出生时肤色较浅，通常他们的手掌颜色也较浅，同时他们的理由是虚构出来的（Wright，1998，pp.20-21）。

幼儿园儿童不能将人们以不同种族分类（例如，非洲人、阿拉伯人、中国人和墨西哥人），他们乐于尝试不同的角色，"白种人学前儿童与他们的黑种同伴在种族差异上一样无知"（Wright，1998，p.32）。大约七岁左右，通过使用身体特征和社会编码序列儿童开始发展出将人们按不同种族分类的认知技能。黑人儿童似乎首先开始意识到他们的种族，双种族的儿童较晚一些，白种人儿童最晚（Wright，1998）。一本题为《我，不是我的身体！》（I Am My Body，NOT！）》的杰出的著作阐明了上述的过程，是精通西班牙语、德语、法语、日语和俄语的美国作者 Adam Abraham 所作。

Roberts 和他的同事（1995，1997，1999）启动了一项纵向实验，对九个基于社区的儿童保育中心的 87 名平均年龄为八个月的非洲裔美国婴儿进行研究，发现在较多刺激和反应的家庭环境中的儿童具有较大的词汇量和较长的说话方式，同时较多使用不规则名词和动词。在 18～30 个月之间，女婴比男婴在这个实例中使用更多的词汇量、更长的句子和更多的不规则名词和动词。在黑人音乐的模式——黑人母亲和儿童反复地迸发有节奏的评论——被发现之后，黑人婴儿可能使用基于文化的言语节奏，如熟知的"争论"（contest）的言语类型或者"呼喊和响应的"（call-and-response）言语（Hale-Benson，1990）。

美国黑人儿童来自的家庭在他们的歌曲、传说、谚语、传奇和笑话——被保存并最终形成非洲裔美国音乐的基础——中具有口述传统的历史，非洲裔美国音乐包括黑人灵魂乐、爵士、蓝调音乐和当代饶舌乐。传授给儿童的非洲裔美语，使用了创造力、诗歌美、情绪张力和丰富多彩的比喻（"Parenting Empowerment Project：African American Culture"，2001）。

**跨文化的理解力和有效的教育、健康保健及公共服务**　教师和早期干预医生需要使他们自己熟悉与他们一起合作的儿童的习惯，学习一些那些儿童习惯使用的语言，建立出发展适应性的、文化敏感的和为适应能力而设计的课程和指导（Feng，1994）。在跨文化的相互作用中，"不同的"并不意味是错误的。对美国社会的文化适应之后，传统文化的性别角色期待被重新定义。如果成人在家庭中不说英语，学习英文的儿童通常会进入作为翻译的成人角色。儿童的照顾者和计划收养不同家庭出身儿童的父母们也许希望熟悉儿童原生环境规定的情绪表达方式。

**培育儿童的积极认同感**

三四岁儿童的认同感主要来自于姓名、性别、家庭关系。学前儿童快乐地尝试着不同角色，他们对种族差异是无知的。大约到了 7 岁，儿童发展了对人们依据不同种族群体进行分类的认知技能。

Ekman（1972）发现，学龄前和学龄期儿童通过观察和直接的指示学习对于情绪自我调节的预期。但是，由于这是学龄前儿童处于自我中心的（关注自己）行为的时期，重复的直接指示可能是必要的。学龄前儿童和刚上小学的儿童的父母经常表达这样的受挫感："我告诉过你多少次……"儿童的照顾者需要保持耐心，坚持通过重复的解释和示范得到想要的行为。躯体惩罚，例如打耳光或者打屁股，在这个时期只能训练儿童自己使用躯体方式控制他人的行为。随着时间的发展，大多数儿童会遵守适当的文化规范。

## 获得情绪理解力

父母通常对学龄前儿童说起过去的事情（还记得我们……的时候，发生了……）。这些往事通常在情绪背景中构建（孩子是否高兴，活动是否开心）。当儿童长大一些或者学习到更多的情绪时，他们能更好地以正确的情绪标志来匹配面部表情。更大的儿童也能够识别为什么人们具有各种感受——悲伤、高兴、惊奇、恐惧或者愤怒（Stein & Jewett，1986）。连三岁大的儿童关于引起恐惧的原因都有自己的看法。一些研究表明学龄前儿童对于理解人们能够同时具有多种情绪有困难（正如一个家长所说的，"我爱你，但我对你的做法感到不安"）。

**感觉和思考之间的纽带**　在给定的熟悉情境下，学龄前儿童能够准确地识别通常相关联的情绪，并且在给定的情绪下，他们能够容易地形容出适当的诱发情境（Lagattuta，Wellman & Flavelll，1997）。尽管过去的研究提出直到八九岁儿童才开始理解感觉的心理成因（而不是情境性的），但 Lagattuta 和同事们更多的研究证明了在认知水平的提示下，许多更小的儿童能够理解过去经历的情绪序列。这些研究者近期的三个研究的结果证明了三四岁的儿童根据当前外部情境解释情绪时有明确倾向，四五岁的儿童对于心智和情绪

具有丰富的认识。他们关于儿童的研究更详细的结论如下（Lagattuta，Wellman & Flavell，1997）：

**孩子常常互相帮助**

George Mead 曾经说过，左边的孩子能够把自己想象成右边的孩子的角色。孩子之前的经历会影响他们对当前情境的情绪反应。当到了四五岁的时候，他们常常会主动互相帮助。

● 低龄儿童之前的经历、需要、信念和想法能够影响他们对当前情境的情绪反应（例如他们能够把失去宠物联系到图片故事中，并详述为什么故事中的角色不开心）。

● 低龄儿童具有推断心理活动的能力（思考或者回忆），尤其是四岁、五岁和六岁的孩子。

● 儿童的心理活动能够影响他们的情绪激发。

● 低龄儿童表现出关于他们想法来源的知识。

● 学龄前儿童能够预测他的朋友（从未体验过人物的悲伤经历）将不会感觉到悲伤。

**对他人情绪的反应**　初学走路的孩子和学龄前儿童会有意地寻求他人情绪反应的信息。他们可能看起来沉迷于"招惹"他们的父母和照看者（首先看起来可能是一个能够激怒照看者的游戏）。在学龄前时期，他人困扰的情绪反应似乎激励了儿童安慰和帮助他们的照看者和同伴。在儿童情绪性发展期，在安全的环境中，他们要求在理解他们的情绪上、适当的情绪反应上和调节他们情绪的支持上的帮助（Hyson，2004）。

**形成情绪上的纽带**　形成与父母和重要他人在情绪上积极的关系是儿童自我觉知发展中的重要任务。当前的儿童看护背景中的儿童已经证明在背景中他们能够发展出与照看者亲密的、深情的联结（Hyson，2004）。通过如依靠、微笑和哭泣的行为，情绪依恋得以表现。随着儿童的年龄增长，他们能够对缺少必要的躯体接触的人发展出亲密的依恋。儿童还表现出在儿童看护背景中与同胞兄弟姐妹和其他儿童的亲密联结（Hyson，1994）。

情绪是儿童生活的中心，它帮助他们组织他们的体验以从这些体验中学习和发展其他行为。尽管男孩和女孩表达他们感受的习惯具有文化差异，表8—1中还是显示了儿童从2～6岁通常的情绪发展进程。

272

273

**思考题**

在儿童早期，儿童如何依次获得情绪理解力，以增加他们在情绪自我调节方面的能力？关于对儿童情绪发展的影响能否从跨文化的研究中举一些例子？

表 8—1                                                                    2～6 岁儿童的情绪发展

| 年龄群 | 情绪发展 |
| --- | --- |
| 2岁 | 开始展示面部表情，如害羞、自豪、羞耻、尴尬、轻视、害怕、内疚。<br>类似这样的玩耍在 2 岁时是很正常的，即独自玩耍，与其他人很少互动。<br>游戏更可能是简单地操纵目标物。<br>故意掩饰自己的情绪、所谓的情绪自我调节，在这个年龄段都不可能发生。<br>有时故意蹒跚走路，试图引起照护者的情绪反应。<br>明确开始使用单词。<br>蹒跚走路还会与照护者发展出亲密的情感联结，这一点可以通过微笑、拥抱和哭闹来证明。<br>2 岁证明开始出现人际自我（例如：当妈妈在一天要结束的时候抱起孩子，孩子会很快乐）。<br>"看我会这样做！"<br>儿童可以设想自我的生理部位，如指着自己的头。<br>植物和动物也有自我和意识。<br>有天分的儿童能够很快掌握环境，完全显示出自我指导性。 |
| 3岁 | 以一种更加复杂的、有意的方式，更能控制自己的面部表情。<br>能够跳动，挥舞手臂，拍手，用动词表达快乐。<br>声音开始有质感，如喊、尖叫、变换音调、传递特殊情感（如："别动我的玩具！"）<br>开始通过玩环境中的物体展示复杂的情感。<br>协作游戏更加普遍，儿童开始相互影响，并分享游戏玩具。<br>3 岁结束的时候开始合作玩耍。<br>出现情绪自我调节的端倪。<br>通过观察他人、别人的示范行为以及直接的指令，了解情绪自我调节的预期。<br>有天分的孩子常常显示出领导力，会说"我会自己做！" |

续表

| 年龄群 | 情绪发展 |
|---|---|
| 3~4 岁 | 具有基于外在事件解释自己情感的倾向（"我很伤心。他打了我。"）<br>更加可能有意引起照护者的情绪反应。<br>更可能帮助完成任务以及帮助他人。 |
| 4 岁 | 更好地控制面部表情，同时展示更加复杂的情绪。<br>开始用动词表达更多的情绪。<br>能够准确界定普通情感，描述一个吸引人的情境。<br>男孩似乎更喜欢在更大的群体中玩粗暴的竞争性游戏，而女孩似乎更喜欢两个人一起玩耍，产生更加亲密的行为，如谈心、拉手。<br>这个年龄段的有些孩子会有一个虚构的朋友。<br>4~5 岁显示对心理和情绪的重要认知。<br>通常可以建立性别认同。 |
| 5~6 岁 | 更能掌握思考和记忆。<br>出现区分心理自我和生理自我的证据。<br>在一个群体中出现更大的性格和行为差异。 |

 ## 自我意识的发展

正如我们所看到的，情绪发展是一个儿童形成自我意识的重要成分。此外，儿童对自我价值感或自我映像的判断被称为"**自尊**"（self-esteem）的整体维度中的一部分。有些儿童被认为发展出积极的自尊，有些发展出对自己较负面的看法，被认为是低自尊。

提高儿童的自尊是许多父母和大部分幼儿园和托儿所计划的重要目标，有相当多的证据表明，儿童的自尊对他们的态度行为、学校表现、他们与家庭的关系和社会功能有毕生的影响（Hong & Perkins，1997）。在这一部分，我们将探索影响儿童自尊的因素。

### 自我感

儿童早期的认知和社会成就之一是产生了自我意识——"我"的人性意义。在任何一个时间，我们面对比我们能够注意和处理的更大量和多变的刺激。因此，我们必须选择那些我们将注意到的、学习的、推断出或者回想的东西。选择在随机的方式下不会发生，除非依靠使用我们的内部认知结构——心理"剧本"或"建构"——来处理信息。对于我们来说具有独特价值的是用于选择和加工信息的认知结构。这个结构被称为"**自我**"（self）——我们用来定义我们自己的概念系统。我们对自己具有如同单独实体的意识，能够使我们思考和展开行动。

自我使我们具有观察、反应和指导我们自己行为的能力。自我感区分了我们每个人的独特个体、与社会中其他人的不同。它给我们在社会和物理世界中的位置感和跨越时间的持续感。此外，它提供了我们自我认同的认知基础（Cross & Markus，1991）。

Neisser（1991）进一步区分了生态自我和人际自我。生态自我（ecological self）是获得和作用于环境中客体呈现的感知信息的自我（例如，宠物狗轻推儿童以玩耍）。人际自我（interpersonal self）与之相反，是自我形成与他人相互作用的方面（例如，当母亲在一天中的最后时间来到幼儿园时有开心的反应）（Pipp-Siegel & Foltz，1997）。初学走路的孩子发展出的对刺激分类的能力变得越来越综合。Pipp-Siegel 和 Foltz（1997）对 60 个儿童和母亲对婴儿和初学走路的时期做了一个研究，测定初学走路的孩子对自我、母亲和不知名物体的认识。他们的研究结果表明，对自我和他人的认识的复杂性的变化是受年龄影响的。两岁被测定为人际自我的出现，伴随着自我意识情绪的发展和象征游戏能力的增长。

自我感的发展是与他人分离并独特的，是儿童早期的中心事件（Asendorpf，Warkentin & Baudonniere，1996）。这个基本的认知变化推动了大量社会性发展的其他变化。儿童开始将自己视为制造事件结局的有活力的人。他们从成为行为的"自我创造者"中得到快乐，并且坚持独立完成活动——因而有点贬义地被标签为"可怕的两岁"的行为。初学走路的孩子对于他们的行为结果而不仅仅是活动本身的关注会一直增强。一个低龄儿童普遍的指示是"看，我做了这个"。

初学走路的孩子还从正在进行的活动的监控中得到能力，这些活动与预期结果和所使用的测量他们任务表现的外部标准有关。这个能力约在 26 个月大时首次出现。在 32 个月大时，他们认识到他们何时在执行特定活动犯错，并改正他们的错误。例如，在搭积木塔的游戏中，儿童不仅能较好地避免出错，当他们最初的努力失败时，还能巧妙地处理和重排积木（Bullock & Lutken-haus，1988）。

关于自我的概念也许对于自我意识的和自我评估的情绪也是重要的，因为自我的概念表面上先于自我意识情绪（例如困窘）和自我评估情绪（例如自豪或羞耻）（Harris et al.，1992）。在发展出自我意识的和自我评估的情绪——尤其是参与

某些违规行为时的负面情绪——以及根据某种标准评价客体和行为的能力之后，当缺乏照看者时孩子能够习得抑制他们行为的能力：社会控制变为自我控制（self-control）（Stipek，Recchia & McClintic，1992）。

在学前时期，儿童以躯体方式确实地构想自我，这些方式有身体部位（头部）、生理特征（"我有一双蓝色的眼睛"）和身体活动（"我步行到公园"）（Johnson，1990）。儿童仅仅将自我和思想看作躯体的一部分（Damon & Hart，1982）。在大部分情况下，儿童将自我置于头部，尽管他们可能引用身体的其他部分如胸部或整个身体。他们通常说动物、植物和死去的人们也有自我和思想。

在 6～8 岁之间，儿童开始区分思想（mind）和身体（Inagaki & Hatano，1993）。思想和身体区分的出现允许儿童对自我的个人天赋的欣赏。他们开始认识到人们是独特的，不仅因为每个人看起来不同，也因为每个人有不同的感受和想法。因此，儿童已经从内部而不是根据外部世界定义自我，并且已经领会了心理和躯体特征的区别。

父母和照看者的全面支持和无条件的爱提供了儿童自尊或自我概念发展的基础。**自我概念**（self-concept），或自我映像（self-image），被定义为一个人具有的关于自我的形象。一个理论称儿童的自我映像发展是作为他人对儿童的想法的映像。父母的表情、音调和耐心或不耐心的互动反映父母如何评价每个儿童。此外，儿童自己的个性能促成儿童发展自我意识和父母对儿童的看法。例如，家长也许认识到他的孩子是"害羞的"或"听天由命的"或"意志坚强的"——在这个孩子的独特本性中这些似乎是与生俱来的显著特点。

## 测量儿童的自尊

有时成人通过儿童的退却、悲伤或反社会行为认识到儿童缺乏自尊，同时认识到儿童也许需要干预来提高自尊，以使其获得较好的心理健康和社会功能。心理学家已设计了多种用于评估这些观察的准确性的心理测量工具。Harter 和 Pike

（1984）开发了"低龄儿童的感知能力和社会接受绘图量表"（Pictorial Scale of Perceived Competence and Social Acceptance in Young Children）。在让儿童报告他们自身的行为方面，这已成为一个普遍的自我报告测量方法，在认知和躯体能力、

母亲的接受性和同伴认可方面有独立计分。

测量自尊的另一个方法是"低龄儿童有效自尊行为评估量表"（Behavioral Rating Scale of Presented Self-Esteem in Young Children），用于评定可推断的自尊。父母和教师通过对儿童的行为观察推断他们的自尊。评估包括的行为如主动性、对挑战的偏好、亲社会性/社会回避、社会—情绪表达和应对技能。这些自尊测量得分低通常与伴随低自尊的行为困难有联系。

## 天才儿童和他们的自我感

Elizabeth Maxwell（1998）在丹佛的天才发展中心，综述了天才儿童的童年早期和他们的自我感的资料。家长提供了至少 265 个关于智商为 160 或者更高的儿童的逸闻，超过 50 个儿童智商为 180 或者更高。Maxwell（1998，p. 245）表示，"很难不注意到天才和极高天赋儿童在尽可能快速彻底地掌控他们环境方面坚定自信的动机，远远超越发展时间进程表的年龄预期。他们似乎是自我指向的，通常他们面对父母和环境的自我意识过早且突然地出现"。Lovecky（1994）称之为"**生命力**"（entelechy），即一种动机和自主的需要的特殊类型，同时还是一种引导生命以及成长的内在力量和必不可少的活力，来发展成为具有生存能力的完整个体。

天才儿童是积极的学习者，具有他们自己的学习日程，学习速度明显较快，但是可能很难被教导或被控制。他们不会自发地对成人展现自尊，往往将自己视为与成年人是平等的，可能显示出坚强的意志力，会对父母和老师提出独特的挑战（Maxwell，1998）。从另一个方面来说，大部分这样的儿童展现出对他们自己情绪的自我效能——这是儿童自己的信念和感受，对于他们能够理解和共情他人情绪的程度。他们往往轻松地与他人分享，具有强烈的正义感，并显示出领导素质（Maxwell，1998）。早熟儿童普遍高度夸张的指令是"我自己来！"。

> **思考题**
>
> 促进儿童产生自我意识的一些认知因素和社会因素是什么？心理学家评定儿童的自尊的因素/行为是什么？

# 性别认同

在生命早期自我获得的一个属性是**性别**，作为男性或女性的状态。儿童在生命的最初六年的主要发展任务是获得性别认同。现有社会似乎掌握了女性和男性解剖学上的不同来分配**性别角色**（gender roles）——定义为每种性别成员应具有的习惯的各种文化期待。

全世界的各种文化在分配给女性和男性的活动上呈现出相当大的差异（Ickes，1993；Murdock，1935）。在很多社会中，女孩的社会化要认同母亲的抚养、照看者的角色，而男孩子为认同父亲的临时保护者的角色做好准备。可是在一些社会中，女性完成大部分的体力工作；在另外一些社会中，例如马克萨斯群岛，烹饪、家务和照看婴儿是男性的主要任务。

## 性别认同

多数人与他们社会的性别角色标准相当一致地发展性别认同。"**性别认同**"（gender identity）的概念是一个人将自己看作当今社会中的男性或女性。20 世纪 60 年代，在西方化的世界，很多研究考察儿童设想他们自己男性特质的（masculine）或者女性特质的（faminine）方面，并作为男性或女性采用被文化认为是适合于他们的行为。这些使关于性别差异和性别刻板印象的心理学争论活跃起来。虽然较"性别中立"的方式曾经被提倡很多年了（例如给小男孩的洋娃娃、给女孩的火车模型，"为两性设计的"衣服），近年来一些有权势和影响力的商人对购买习惯做了大量研究，发现明显基于性别的玩具、衣服、电视节目等正在流行（Bannon，2000）。

在父母、大家庭、幼儿园经验和媒体影响下，3～4岁的多数儿童经由社会化经验已经获得了性别认同（Wright，1998）。4～5岁的儿童已经理解他们的性别不会再改变（Wright，1998）。在所有的文化中，儿童如何被对待源于他们的性别显著地影响儿童如何感知他们自己。从胎儿超声开始，你能看到大部分父母如何快速地计划使他们的孩子同化适当的性别角色：婴儿房油漆和墙纸的颜色计划用什么？出生前买什么颜色和样式的衣服？买什么类型的玩具和毛绒动物放在婴儿床里？选择什么样的可能的名字给将来的孩子？直接地说，在美国社会中，过去的30年里性别角色已是比较多样化的。

## 对性别行为的荷尔蒙影响

已有许多研究调查荷尔蒙（内分泌系统的化学信号）对性别行为的影响（Eagly，1995；Eisenberg et al.，1997）。两性各自都有一些男性的和女性的荷尔蒙，但是在男性和女性中每种的比例不同。尽管如此，荷尔蒙睾丸激素的流行往往使男孩躯体上更活跃，更好斗，并不太可能静静坐着（Maccoby & Jacklin，1974）。Eleanor Maccoby（1980）在反复回顾性别行为研究之后，总结说："男性往往比女性更好斗可能是最实际地建立的性别差异，是一个超越文化的特征。"近年研究发现，当攻击行为是被社会期待和支持时（直到近年才允许女性参加的竞赛，如学校体育、职业团队和奥林匹克），女性较无法抑制攻击行为（Campbell，1993）。如今，许多美国社区开始教授五岁和六岁的男孩和女孩足球、棒球或者曲棍球。

女性或者男性荷尔蒙的优势都会影响胎儿大脑的发育。早期解剖技术报告女性往往有较大的胼胝体即连接两个大脑半球的纤维和神经结合部，在脑的两个部分之间传递信息（Kolata，1995a，1995b）。有猜想说胼胝体体积些微的增加可以使女性两个脑半球的沟通更加流畅。

通常，男孩往往是较逻辑化、分析化、空间性的、精确性的，而女性在早期往往是更语言性的、更"情绪化的"和更社会性的（对"人际导向的"活动更感兴趣）（Halpern，1997）。有证据表明，男孩乐于玩基于空间关系的电视游戏或者体育运动，女孩乐于办一个"茶会"或玩"学校"这个游戏，同时与其他人交谈。同样，Halpern（1992）发现男性不成比例地出现**阅读障碍**（dyslexia）（一种学习障碍，以无法认知和理解文字为标志）和口吃问题。

直到这些研究中大部分被重现，我们才确定是否在特定大脑区域结构的性别差异是性别同一性、行为、性取向或者认知过程差异的来源。大多数心理学家同意，仅仅指望生物学上对性别差异的解释是不够的。每个儿童个体的家庭经历和社会文化模式无疑对性别行为有影响。

## 对性别行为的社会影响

有时荷尔蒙和生物因素对男性和女性的行为差异有贡献，这一事实并不意味着环境的影响是不重要的。在对双性者（具有两性生殖器官的个体）的研究基础上，Money（Money & Tucker，1975，pp. 86-89）总结出对形成性别认同最有影响力的因素是环境：

社会与你在出生以前的性别发展之路上的取向无关，但当你出生的那一刻，意想不到的是开始由社会接管。通过高兴的仪式性的哭泣迅速向你致意，你出生的戏剧达到高潮，此时，"是个男孩！"或"是个女孩"取决于那些在场的人是否在你的胯部看到了阴茎……"男孩"或"女孩"的标签，无论如何，作为自我实现的预言具有极大的影响力，因为它作为新生儿性别认同的分岔路（在整条道路中）的开端和极其决定性的性别拐点，将社会的全部影响抛向了一种性别或另一种性别……即（当你出生时你被限定在）那些已经准备好成为你性别认同的东西。你已经"接通"了性别的"电"，只不过还未启动，比如正如你生来就"接通"了语言的"电"，也是未启动一样。

显然，解剖学中并没有规定我们的性别认同。一直被贴上"男孩"或者"女孩"的标签，使儿童高度风格化地对待每天被无数次地重复（Campbell, 1993）。男孩子们得到较多的玩具车、体育器材、机械、玩具动物和军用玩具；女孩子们得到较多洋娃娃、玩偶屋和家居玩具。男孩子的房间通常较多地用动物主题装饰；女孩子的房间用植物主题伴有蕾丝花边、穗状物和褶裥饰边。虽然性别革命已经给美国生活的许多角落和裂缝以新的形式，但它还是无法达到玩具箱的深处。目前很少有证据证明儿童的玩具偏好与他们的性别取向有关，潜在的原因是许多父母对他们孩子玩的玩具类型的关注是对同性恋潜在的恐惧（Bailey & Zucker, 1995）。

虽然女性可以生育而男性不可以，生物学以某种方式使女性成为较和蔼温和的人，或者大自然为了养育的角色赋予她们特定的东西，但完全不存在证据支持这样的流行观点（Whiting & Edwards, 1988）。心理学家 Jerome Kagan，花了 35 年以上的时间研究儿童，推测所有女性作为照看者可能具有的倾向都能追溯到她们对生育角色的早期意识：

　　每个女孩子都知道，在 5～10 岁之间的某个时候，她是与男孩子不同的，并且她将有一个小孩——所有人包括儿童都将小婴儿理

解为是如精粹般地天然的。如果，在我们的社会中，天然的东西代表生活的赠与、养育、帮助、情感的给予，女孩将会无意识地总结为那些是她应该努力达到的品质。而男孩将不。并且就是那么回事。（Kagan, quoted by Shapiro, 1990, p.59）

**性别和文化差异**　对于在穆斯林极端主义的、男性支配的塔利班（Taliban）统治之下数年的阿富汗女性以及女孩来说，也许在世界上没有其他地方将性别记号表示得如此严重或强制性的了。他们残忍地迫使女人和女孩遵守专制的穿衣准则和行为规范。女人不允许在她们的家以外工作，进入学校或者大学，寻求专业医疗，开车，进入男人管理的商店，在没有男性护送陪同时外出，被看到没有穿称为"长袍"（burka）的沉重的从头到脚的覆盖物或从外面被见到，因此家里的窗户必须被涂黑（Bearak, 2001a, b; Politt, 2001）。女人被禁止大声笑出声、化妆、舞蹈、歌唱和播放任何音乐（Mulrine, 2001; Pollitt, 2001）。

违反基于性别约束的一些死刑，包括绞刑、切除术、枪击头部或被活着烧死。被捕等这些违反约束的人，几乎每个星期五在喀布尔的前运动露天体育场执行死刑（Mulrine, 2001）。数以千计的寡妇不被准许工作，被迫成为乞丐、妓女或者将他们的孩子卖作奴隶，许多女人和女孩自杀（Bearak, 2001 a, b; Pollitt, 2001）。虽然一些地下学校为女孩设立，但是，在阿富汗年轻一代的女孩已经目击残忍的暴行而且错过了教育。阿富汗女性革命协会（The Revolutionary Association of the Women of Afghanistan, RAWA）在 1977 年建立，继续为阿富汗女人和女孩的人权做斗争。虽然女人有人权，而且目前在新的阿富汗政府领导下能够参与选举，塔利班还是遗留了许多沉重的意识形态，其中包括女人是能被买卖的财产（Jones, 2004; Moreau & Yousafzai, 2004）。

## 关于性别认同获得的理论

社会和行为科学家已经提出了一些关于儿童心理上成为男性或女性的过程的理论。这些理论包括精神分析、心理社会性、认知学习和认知发展上的观点。

**精神分析的理论**　根据弗洛伊德的观点，孩子在出生时心理上是两性的。当他们解决与父母的关系中爱和妒忌的冲突情感时，他们发展出性别角色。年幼男孩对母亲发展出强烈的爱恋情感，但是恐惧他的父亲将会借由切掉阴茎处罚他。这种恋母情结的通常结果是让一个男孩防御地认同潜在的侵略者——他的父亲，来抑制他对母亲的性爱渴求。最终形成对他们父亲的认同，之后男孩情欲上也以女性为对象。同时，弗洛伊德说，年幼女孩爱恋他们的父亲。一个女孩因为没有阴茎而责备她的母亲。但是她很快开始了解她不能够代替她的母亲得到父亲的爱。因此，大多数的女孩解决她们的恋父情结借由认同她们的母亲和寻找适当的男人去爱。这些情结通常在五六岁解决。虽然弗洛伊德理论中关于性别认同的内容仍然存有争议，可还是常常会听到四岁或五岁的儿童宣布，"长大之后，我要与爸爸（或妈妈）结婚"。

**心理社会性理论**　接受弗洛伊德的精神分析理论中的性别认同之后，埃里克森展示了特定的性别特质可能如何被社会交互作用同化的。埃里克森说，在3～6岁期间孩子精力充沛且努力测试发展中的能力。埃里克森认为这是"运动心理社会性阶段"（locomotor psychosocial stage），在这个时期儿童借由得到较多的独立尝试解决**主动对内疚阶段**（initiative versus guilt）的冲突。孩子在这个年龄将会尝试模仿环境中成人和同胞的行为。如果爸爸正在摆桌子，然后小吉米或者吉尔将会想要帮忙。如果爸爸准许而且在监督下让他们帮助，那么埃里克森会说他们正在体验主动性。另一方面，如果吉米和吉尔决定他们想要打开微波炉，可能会被责骂他们还太小，他们可能体验到内疚感或压抑感。埃里克森说在总是想要学习并行动和被告诉"不，你还太小"或"你不能，只有大人做这个"时，这个过程中就存在一个平衡。

学习该如何管理这些对立的内驱力的孩子正在发展被埃里克森称为"目的的品质"的东西（Erikson，1982）。孩子在这个年龄可能开始与自己对话，"我很好"或"我很坏"，这些都仰赖从他们的父母和照看者鼓励或使他们泄气的水平。

学前班和幼儿园老师在一项研究中被要求描述高自尊和低自尊孩子的行为（Haltiwanger & Harter，1988）。研究结果表示高自尊的孩子被激励去实现目标。与之对比，一些孩子展现"无助的"行为模式：他们没有尝试新的工作是由于他们预期不能成功，因此他们就不去尝试。埃里克森把这描述为禁止性行为（inhibitory behavior）。当用娃娃玩角色扮演时，"无助的"行为模式的孩子往往由于失败责骂娃娃，而且告诉娃娃它是"坏的"（Burhaus & Dweck，1995）。孩子在这个年龄往往和他们玩的东西说话，而且典型地重复他们自己被告知的话。

**认知学习理论**　认知学习理论的观点认为儿童在出生时是基本中性的，而且女孩和男孩之间的生物学的不同不足以解释较后在性别认同中的不同。他们强调获得性别认同的过程中的选择强化和模仿（selective reinforcement and imitation）游戏的部分。从这个观点看，一个养育在核心家庭环境中的孩子，模仿相同性别父母的行为会被奖赏。

而且较大的社会稍后透过有系统的奖赏和惩罚强化这一类型的模仿。由于做出了社会感知的性别适当行为，男孩和女孩积极地被成人和他们的同伴奖赏和称赞，而由于对于性别不适当的行为他们被嘲笑和处罚（Smetana，1986）。现在在一些社会和行为科学家中流行"分离文化"概念，即儿童在童年期从很大程度上性别隔离的同伴经验中得知的社会相互作用的规则，然后携带进入他们的成年相互作用之中（Maccoby，1990）。

班杜拉（Albert Bandura，1973；Bussey & Bandura，1984，1992）提出认知学习理论的一个另外的维度。他指出，除了模仿成人的行为之外，孩子参与观察学习（observational learning）。依照班杜拉的观点，当孩子观察时，他们心理上编码榜样的行为，但是除非他们相信它将会呈现正性反应的结果给他们，否则他们将不模仿已经观察的行为。他说儿童会通过观察许多男性和女性典型的行为来辨别哪些行为是合适的。他们轮流地采用这些性别适合的行为的抽象概念作为他们自己模仿行为的"榜样"。

但是不是学习的每件事物被表现出来。因此，虽然男孩可能知道该如何穿着打扮并使用化妆品，但是很少有男孩选择表现这些行为。然而，他们最有可能表现出已经编码的那些适合自己性别的行为。结果，孩子从他们的行为"宝库"中选择出来的反应主要地仰赖于他们对行为结果的预期

（Bussey ＆ Bandura，1992）。

**认知发展理论**　还有另一个观点，被科尔伯格（Lawrence Kohlberg 1966；Kohlberg ＆ Ullian，1974）证实，它聚焦于在儿童获得性别认同中认知发展扮演的角色。这一个理论称儿童最初学习将他们自己归类为"男性"或者"女性"，然后尝试获得且控制适合他们性别种类的行为。这一个过程叫做"自我社会化"（self-socialization）。依照科尔伯格的观点，儿童形成男性和女性刻板印象的概念——固定的、夸大的、卡通形象的——用于组织他们的环境。他们选择并且培养与他们的性别概念感觉一致的行为。

278　　　科尔伯格用这种方式将他的方法与认知学习理论相区别。依照认知学习模型，事情发生的顺序如下："我想要酬谢；我为做男孩的事情被奖赏；因此我想要当一个男孩。"与之相反，科尔伯格（1966，p.89）认为事情的顺序像这样发生："我是一个男孩；因此我想要做男孩的事情；因此做男孩事情的有利环境（和得到赞成做这些事情）是有益的。"

生理解剖学在低龄儿童的有关性别区分的想法中扮演相对较小的角色。相反，孩子会注意到并刻板化相对有限的高度可见的特质——发型、衣服、身材和职业。儿童使用性别图式（gender schemes）或者榜样（models），灵敏地建构他们的经验，得出关于性别行为的推论和解释（Bem，1993）。以这种方式看来，孩子发展出对性别的根本理解（自我贴标签）而且继而唤起性别图式加工信息。这些图式在生命相当早的时期开始发展（Poulin-Dubois et al.，1994）。

当面对玩具的选择时，男孩更时常选择"男孩"玩具，而女孩选择"女孩"玩具玩（Lobel ＆ Menashri，1993）。当他们三岁这么大的时候，

80％的美国儿童显然知道性别的不同而且能够对工作分类，例如将驾驶卡车或递送信件作为"男性的"工作，而烹煮、清洁、缝纫作为"女性的"工作（Fagot，Leinbach ＆ Hagan，1986）。值得注意的是，儿童往往容易"忘记"或者曲解他们正在发展的性别图式中相反的信息（Bauer，1993）。

**理论的评价**　上述理论都强调儿童对**性别刻板印象**（gender stereotypes）（关于男性或女性行为的夸大概括）的了解作为性别定型的行为的有力决定因素。每个理论着重于性别之间行为的差异，这些差异至少部分地被一个事实所延续，即儿童较倾向于模仿相同性别原型的行为胜于模仿相反性别原型的行为。

每一个理论都有一些优点（Jacklin ＆ Reynolds，1993）。精神分析的理论具有历史性意义，将我们的注意力集中于早期经验参与加工塑造个体的性别认同和行为这个重要的部分。埃里克森让我们知道低龄儿童自然地展现内驱力以生气勃勃（带有目的地）地作用于他们的世界，如果父母和照看者愿意耐心地指导他们，"没有（no）"这个词肯定不是从低龄儿童那里说出的唯一的词。

借由强调性别—角色发展的社会和文化成分与性别行为习得中模仿的重要性，认知学习理论对我们的认识有所贡献（Fagot，Leinbach ＆ Hagan，1986）。而且，认知发展的理论已经展现性别图式或心理模型如何引领儿童根据性别种类对接收到的信息分类，然后采纳联结性别的特征（Bigler ＆ Liben，1992）。因此相比用非此即彼的方式反向塑造这些理论，许多心理学家偏爱将它们作为补充和进行优势互补。

## 母亲、父亲以及性别定型

社会和行为科学家提出，性别刻板印象的出现是由于社会按性别进行劳动分工，借由归因于对男性和女性基本个性的差异使此分工合理化（Gilmore，1990）。然后，几乎不令人惊讶的是，关于父母对女性和男性儿童期待的行为，他们典型地具有清楚的刻板印象（Jacobs ＆ Eccles，1992）。女儿比儿子更时常被他们的母亲和父亲描述为"温和的"、"美丽的"、"漂亮的"和"可爱的"。继而有着比较传统的性别图式的父母的孩子往往对于他们自己和

他人持有性别定型的观点（Tenenbaum ＆ Leaper，2002）。

此外，父亲和母亲对女婴和男婴的反应具有显著的和相对一致的差异（Parke，1995）。父亲是更可能超过母亲把他们的儿子说成是"坚定的"、"协调合作性很好的"、"警觉的"、"意志坚强的"和"强壮的"。而且他们更可能超过母亲把他们的女儿形容成"温和的"、"容貌美好的"、"笨拙的"、"漫不经心的"、"虚弱的"和"细致优雅的"（Rubin，

Provenzano & Luria，1974）。

美国社会的实证表明，父亲根据传统的方式，在女性中鼓励"女性化"和在男性中鼓励"男性化"方面扮演重要角色（Weinraub et al.，1984）。而且，父亲对待他们的女儿不同于儿子（Lytton & Romney，1991）。父亲和母亲都更热心地向男性化塑造

**性别意识**

母亲和父亲典型地以独特的和一致的方式对男孩和女孩进行反应。在美国社会男孩可能被描述为"力量大的"、"强壮的"和"协调合作方面很好的"，而一个女孩可能被描述为"美丽的"、"细致优雅的"或"可爱的"。你会如何描述这个年幼女孩？孩子自出生就为他们的社会性别做准备，在四岁时就意识到他们的性别不会发生改变。

他们的儿子，超过向女性化塑造他们的女儿。

当男孩做了文化上定义为女性的选择时，父母通常表达出较多的负性反应，超过当女孩做出文化上定义为男性的选择时（Lewis & Lamb，2003）。另外，父亲对他们自己或他们儿子的同性恋恐惧，导致许多男人阻止向他们的儿子展示爱和亲切（Parke，1995）。

下面的理论已经在过去40年左右的时间里在心理学的质询和关于男性化的想法中处于权威地位：男孩借由认同他们自己的父亲，学习什么样子是男性。心理上健康的男性，具有对于他们自己作为男性的优秀、坚定的感觉（Gilmore，1990）。然而现在的美国家庭中，因为较多的父亲在他们孩子的成长发展期间常常缺席，缺乏对于男性特征的安心感觉而进入成年的男孩子数量较大，且正在增加。相反的观点——缺乏对他们父亲的认同的男孩会通过社会化和其他的男性原型的互动来学习男性特征——被质疑。据目前的统计，父亲不在住所或缺席而出现行为问题的美国儿童数量逐渐增加（Lewis & Lamb，2003）。

正如较早提到的，当进行家庭和教养方式这类研究时，避免大量贫穷的混淆作用很困难。这些因素涵盖了较广领域的各个维度，揭示父亲的缺乏对个体儿童和社会造成广泛的躯体、认知和情绪的后果。

279

> **思考题**
>
> 哪些生理和社会文化因素对儿童的性别认同有作用？对于儿童获得性别认同的主要理论观点是什么？

## 🔄 家庭的影响

对于人类的群体来说儿童是新来者，在异乡的陌生人。基因无法传递文化，即某个民族社会标准化的生活方式。著名的人类学家 Clyde Kluckhohn（1960，pp. 21-22）提出关于这一点的解释：

数年前，我在纽约市与一个年轻人见面，他一个英语单词都不会说，他显然对美国方式感到不知所措了。借由"血液"，他是像你或我一样的美国人，他的父母作为传教士从印第安纳州到中国。自幼年开始成为孤儿，他被一个遥远村庄中的中国家庭养育。所有遇到他的人都说他更像是中国人更甚于美国人。他的蓝色眼睛和头发颜色不比他中国式的步态、中国式的手臂动作、中国式的面部表情和中国式的思维方式更令人印象深刻。生理遗传是美国的，但是文化培养已经是中国式的。他回到了中国。

## 家庭传递文化标准

经过获得知识、技能和性情使儿童能够有效地参与群体生活，这个传输文化的过程，和将儿童转变成名副其实的功能性的社会成员的过程，被称为**"社会化"**。婴儿进入已经是正在被关注的社会，他们需要适应他们民族独特的社会环境。他们必须开始通过已被建立的标准指导他们的行为，这些标准是他们的社会一般被接受的可以做的和不可以做的准则。在家庭环境中，首先介绍给儿童的是群体生活的必要条件。当一个儿童两岁的时候，社会化过程已经开始了。发展心理学家 David P. Ausubel 和 Edmund V. Sullivan（1970，p. 260）观察到：

> 这时，父母开始比较不恭顺和注意。他们更少安慰儿童而且要求儿童较多遵守他们自己的欲望和文化规范。在这期间（在大多数的社会中）儿童常常被迫断奶，被期望习得控制括约肌、规定的饮食和清洁习惯以及自己做较多

的事。父母较不会满足儿童即刻的满意要求，而期待过多挫折、忍耐力和负责任的行为，而且甚至可能要求儿童做一些家务活。他们也对儿童展示孩子气的敌对行为变得比较不放任。

他们的第四个生日时，大多数的孩子已经掌握他们的母语的难解又抽象的结构，而且他们能在他们自己的文化模式下开展复杂的社会交互作用。与此同时，儿童出生的家庭环境比以前在美国历史中的更具多样性。Jay Belsky（1981，1984，1990；Belsky & Barends，2002）研究了家庭社会学并提出在文化和历史情境中，家庭作为一个系统是互相作用于个体功能的网状结构，至少三个双人小组正在互相影响：母亲—父亲、母亲—儿童和父亲—儿童。其他的影响力也影响着家庭系统，包括文化规范、婚姻关系的质量、父母亲的就业（双收入者与单收入者）、在家庭成员间的分工、养育实务和婴儿—儿童/行为发展。

280

## 影响家庭的文化趋势

许多研究者正在研究孩子如何被多变的趋势影响，如婚姻，离婚，未婚生子，生活的安排如同居、迁移、教育、工作、收入和贫穷（Hetherington & Stanley-Hagan，2002；Lansford et al.，2001；Wallman，1998）。贫穷的增长趋势对儿童躯体的、认知的、社会化的和情绪的健康有深远的坏效果，正如我们在第 6 章所看到的。这些目前的趋势与过去的 100 年内六个由人口统计看到的主要转变有关（Hernandez，1997；Schneider，1993）：（1）父亲的工作从农场转到工厂；（2）家庭规模的大幅度缩小；（3）男性和女性得到良好的教育；（4）女性对体力劳动的参与；（5）单亲家庭的增加，以及父亲不住在一起或缺席；（6）在童年期贫穷方面的继发升高。

除了这些趋势之外，由于西班牙裔美国儿童的比例快速地提高，美国家庭和儿童的民族多样性将会持续增加。2020 年，预计大约 53％的美国孩子将会是非西班牙裔白种人（见图 8—1）。这些主要的趋势对于当今美国社会的儿童发展具有至关重要的意义。

30 年的研究已经发现令人不安的迹象，即离婚对儿童的影响比父母可能认识到的更不利和持续时间更长。据疾病控制和预防中心（CDC）（2003）的资料，超过 1/4 从未结婚的单亲母亲是青少年。她们的大部分孩子出生于贫穷的家境。在 2003 年将近每三个孩子中就有一个和单亲父母居住。孩子中将近 2/3 放学后回到一所空房子的家，因为他们的父母正在工作。无论我们是否是

家长，我们都会担心什么正在发生在我们的孩子身上。今天的孩子将会承担对孩子的下一代和由成人而定的增长的人口的责任。这一事态引领我们关注家庭影响力和教养方式的重要功能。

## 教养方式的决定因素

直到最近，大多数的社会化研究聚焦于父母亲养育儿童的策略和行为上，它塑造而且影响了孩子发展的过程。大致上，心理学家和精神病医师对父母自己和他们执行他们的教养方式的情境几乎一点都不注意。也忽视了部分儿童在他们自己的社会化和影响他们照看者的行为方面是积极的行动者。

这个焦点在过去 20 年已经发生了变化，形成一种较均衡的观点（Lerner et al.，1995；Lewis & Lamb，2003；Maccoby，1992）。Jay Belsky（1984）提出了一个框架，来区分三个主要的父母亲功能的决定因素：（1）父母的人格和心理健康；（2）儿童的特征；（3）作用于家庭和家庭内部的压力和支持的环境源。

**父母的特征**　教养方式，像人类功能的其他方面，被男性或女性相对持久的个性或人格影响（Belsky，1981，1990）。因此，可能正如你预期的，有心理疾病的父母的孩子更有可能有心理疾病（Dix，1991；Emig, Moore & Scarupa，2001）。一个对 693 个家庭的六年研究发现，66% 的母亲有情绪疾病的儿童有心理问题；47% 的仅父亲有症状的家庭中的儿童出现问题；当父母亲都有心理症状时 72% 的儿童出现问题（双倍于两个健康父母的儿童比例）（Parker，1987）。

另一些研究者发现父母亲意见不合或者压力对孩子产生不利影响（Crnic & Low，2002；Lewis & Lamb，2003）。许多研究发现抑郁的母亲的孩子遭受童年期的不利的效应，因此提倡有效的预防和干预策略以减少对儿童不利发展的影响（Essex et al，2001）。与之对比，父母婚姻美满的孩子与他们的父母有更安全的情绪关系，因此看起来似乎比拥有相对不快乐婚姻的人的孩子在智力和其他方面更有优势（Lewis & Lamb，2003；Wilson & Gottman，2002）。来自一项调查家庭结构和儿童健康的最近研究结果指出，在父母为亲生的家庭中母亲报告他们的孩子有比较少的行为问题，在父母为亲生的家庭中父亲报告花较多的时间和他们的孩子在一起，而且有较高的家庭凝聚力，这些情况超过所有其他家庭结构的类型（Lansford et al，2001）。整体来说，无论家庭结构如何，这些研究者提出心理健康的重要决定因素是家庭的作用（Lewis & Lamb，2003）。

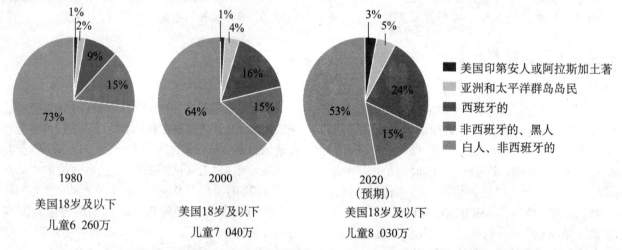

**图 8—1　实际和预计中的美国儿童的人群和民族多样性（1980—2020 年）**

儿童的数量决定了对学校、健康保健以及其他服务于儿童和家庭的公共部门和设施的需求。在 2000 年，美国有超过 7 000 万的 18 岁和低于 18 岁的儿童。2020 年，预计将超过 8 000 万儿童。目前，每个年龄段（0～5 岁、6～11 岁、12～17 岁）包括的儿童数量是相同的，约 2 300 万～2 500 万个。西班牙裔美国儿童的比例快速增长，因此非西班牙裔白种儿童的比例下降了。

来源：Federal Interagency Forum on Child and Family Statistics．（2002，2003，2004）．America's Children：Key National Indicators and Well-Being，U. S. Bureau of the Census，ChildStats. gov.

**儿童的特征** 孩子的特征影响他们接受的教养方式（见图 8—2）（Sanson & Rothbart，1995）。这些性格包括年龄（Fagot & Kavanagh，1993）、性别（Kerig，Cowan & Cowan，1993）和气质（例如，攻击性、被动性、情感、闷闷不乐和否定）（Sanson & Rothbart，1995）。有些孩子只是比其他儿童更难养育（Rubin，Stewart & Chen，1995）。

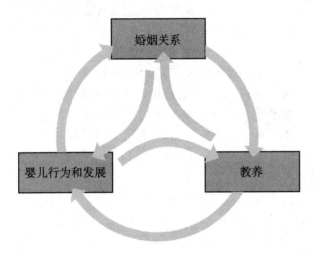

**图 8—2　整合家庭社会学和发展心理学的图式**

在幼年时期，Belsky（1981）提出了组织图式，其显示互相影响的个体的像网络一样的家庭作为一个系统发挥作用——强调婚姻关系、教养方式和婴儿/儿童的行为/发展的可能相关的影响力可以作用于系统的每个成员身上。因此，妻子和丈夫之间的正性情绪（微笑、关爱）影响对婴儿/儿童的正性情绪。而且妻子和丈夫之间的负性情绪（敌对的、言语上的批评）会导致呈现对婴儿/儿童的负性情绪。同样，养育一个"顽固的—暴躁的"人格的儿童，或者一个严重残疾的儿童，对于婚姻关系有主要的影响。

来源：Belsky，"Early human experience：A family perspective，" *Developmental Psychology*，Vol. 17（1981），p. 6 . Copyright© 1981 by the American Psychological Association. Reprinted with permission of the publisher and the author.

Anderson，Lytton 和 Romney（1986）观察了

32 个母亲和三个不同的 6～11 岁的男孩游戏和说话。其中一半的母亲有反复无常的儿子被送到心理健康机构并被诊断为有严重行为问题；另一半是没有严重行为问题的儿子的母亲。研究者在游戏期间计算了母亲正性和负性相互作用和男孩顺从母亲的做法。困难和非困难儿童的母亲在他们的行为上没有表现出不一致。困难的男孩与其他男孩相比非常不顺从，不管母亲如何行为表现或与他们的关系如何。总的说来，证据表明，父母和其他成人对于不服从的、负性的和高度活跃的儿童的典型反应是，自己表现出消极的控制性的行为（Belsky，1990；Lewis & Lamb，2003）。

**压力和支持的来源** 父母并不在社会的真空中进行养育。他们陷在与朋友和亲戚的关系网络中，他们中的大部分是被雇用的工作者。这些社会性相互作用的竞技场是压力或支持的来源，或两者都是。举例来说，工作中的困难普遍波及家庭；在工作中的争论很可能随后紧跟丈夫和妻子之间的意见不合（Menaghan & Parcel，1990）。然而，无论我们是否在压力之下，遍及在生活各处的社会支持对于我们每一个人都有有益的影响（Hashima & Amato，1994）。当被整合于社会网络和群体中的时候，我们得到了正性经验和一组稳定的有益的社会性功能（Cochran & Niego，1995）。参见本章专栏"进一步的信息"中的《使幼儿园的转换更轻松》一文。

并不令人惊讶的是，对日本和美国母亲的研究显示，一个女性育儿的充分性被她对她的婚姻关系的感知影响（见图 8—2）。当一个女人感觉她有她丈夫的支持时，她更有可能关注她的婴儿（Lewis & Lamb，2003；Wilson & Gottman，1995）。同样，研究者发现没有社会支持的父母比整合到较好功能性支持系统的父母在养育方面做得更差。因此让我们现在就将注意力转向对各种不同育儿措施的适应性上。

## 关键的育儿措施

大多数的权威都同意养育是每个成年人面对的最有益但又最困难的工作。并且，大多数的父母有养育成功的良好意向和愿望。因为这件复杂的工作会持续许多年而且消耗很多精力，父母时

常期待小儿科医师或者儿童心理学方面的专家提供对于如何养育心理与生理健康的儿童的指导（Bornstein，1995）。但是求助于"权威"的父母会变得非常失望，因为他们将面对永无止境的育儿系列书籍，冲突的信息和花招伎俩（Young，1990）。

正如我们已经注意到的，直到较近时期，心理学家假设社会化效应主要在单方向流动——从父母到儿童。大概在1925—1975年的50年时间，他们投身于揭示不同的育儿措施对于一个儿童的人格和行为的塑造这项工作上。这项研究发现有三个重要的维度：

- 父母—儿童关系的温情或敌对
- 管教措施中的控制或自治
- 父母在使用管教措施时表现出的一致性或不一致

**温情—敌对维度**　许多心理学家一直坚持家庭环境的最重要方面之一是父母和儿童之间关系的温情（Kochanska & Aksan，1995）。父母通过情深的、接受的、赞同的、理解的和以儿童为中心的行为对他们的孩子表示温情。当管教他们的孩子时，很温情的父母往往使用高频率的解释行为，使用鼓励和表扬的词汇，而且很少诉诸身体惩罚。与之相反，敌对通过冷酷的、拒绝的、反对的、自我中心的和高度刑罚的行为表现出来（Becker，1964；Blackson et al.，1999）。Wesley C. Becker（1964）在对教养方面研究的综述中提出导向爱的技术往往促进孩子对职责的接受度，而且往往经过内疚的内部机制培养自我控制力。相反，父母亲的敌对干扰了儿童良知的发展，导致对权威的攻击和抗拒。

物质滥用的父母具有攻击、夫妻冲突和负性相互作用史，与孩子的行为失调相关，尤其对男孩（Blackson et al.，1999）。另外，在如此功能异常的家庭环境中幸存的孩子遭受过来自家庭的身体虐待、忽视和通过对儿童保护的部门从家中反复迁移出来的事件（Famularo，Kinscherff & Fenton，1992）。Blackson和他的同事（1999）正在进行一项纵向研究，从年幼的男孩直到30岁，研究检验了扩大男孩行为问题（行为障碍和物质滥用）的家庭环境的长期影响，家庭成员中的气质特质，以及亲子关系的质量。

**控制—自治维度**　第二个关键维度是父母对儿童一些行为的限制程度，如性别游戏、谦逊、用餐礼貌、如厕训练、整洁、守纪律、对家具的爱护、噪声、服从和对他人的攻击（Becker，1964；Sears，Maccoby & Levin，1957）。大致上，心理学家已提出高度严格的教养方式会培养依赖性而干扰独立性的训练（Bronstein，1992；Maccoby & Masters，1970）。但是，正如Becker（1964，p. 197）在他的研究文献的综述中所评述的，心理学家早就在提出"完美的"通用的一套家长指导手册方面有困难：

> 研究一致认为专制性和放任性都需要承受一定程度的风险。当培养较好控制的社会化行为时，限制性往往导致恐惧、依赖和服从的行为，智力发展的迟钝和不能自然表达的敌对。另一方面，当培养外向性、社会性和果断的行为及智力发展时，放任性也往往导致较少坚持不懈的行为和攻击性的增加。

---

283　　可利用的信息

## 使幼儿园的转换更轻松

　　一个美国家庭的最重要的生活变更的经验之一是当他们的儿童进入幼儿园，通常在五岁（或者六岁，根据出生日期）。虽然一般估计比80％还多的孩子已经有各种不同的幼儿园经验，当直接的父母的卷入典型地减少时，幼儿园塑造出孩子较高的学业期待。哈佛家庭研究计划（The Harvard Family Research Project）近期完成了对幼儿园的转换的当前研究的综述，把重点集中在有效的计划和政策上，即识别家庭在这一转换过程中充当决定性的角色（Bohan-Baker & Little，2004）。

　　通常转换的概念已经被紧密地联系到儿童的预备技能和能力上。通常，大多数的学校在学期结束的时候或在夏天开始进入幼儿园之前设置一次性的一组活动。学校的学区典型地使用对 4～6 岁儿童的发展检查表，"测试"每个儿童以确定他们是否"预备好了"，但是童年早期的专家现在推荐到幼儿园的一个转换，包括来自社区、学区、老师和家庭的广泛的支持性服务（见图 8—3）。转换研究提出学区需要：（1）延伸并与家庭、幼儿园联合，采用双向沟通；（2）在学校的第一天之前与家庭和孩子建立持续的关系；（3）指定一个转换协调者对家庭—学校的关系（例如，新闻稿、电话和信件、个人联络或拜访每个儿童的家庭）提供帮助。一旦儿童进入幼儿园，家庭沟通的门必须保持敞开并得到鼓励（Bohan-Baker & Little，2004）。

Sharon 和 Craig Ramey（1999）对在学校里取得成功的孩子的被确认的常见性格做了许多研究，发现儿童生活中的重要成人能促进下列十个特征。

**学校里成功孩子的十个特征：**

● 他们热爱学习。

● 他们提出疑问而且寻求帮助。

● 他们努力学习而且知道他们的努力很重要。

● 他们在社会性和情绪方面发展良好。

● 他们擅长评定自己的技能。

● 他们的父母是他们学习的榜样。

● 他们的生命中有重要的成人通过在家里"天然的"教学促进他们学习。

● 他们的家庭惯例支持他们在学校里的优秀表现。

● 他们的父母在设定和维持限制时是有效的。

● 他们的学校对学生成就有高期待，支持专业教员的发展，而且时常与父母沟通。

来源：Bohan - Baker，M. & Little，P. M. D.（2004，April）. *The transition to kindergarten：A review of current research and promising practices to involve families*. The Harvard Family Research Project. Retrieved March 5，2005，from http：// www. gse. harvard. edu/~hfrp/pubs. html.

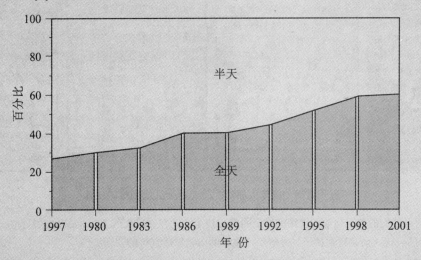

**图 8—3　在 4～6 岁进入幼儿园的趋势（1977—2001 年）**

1977 年，将近 3/4 的儿童仅参加了半日计划；相对地，2001 年，由于较多的母亲参加工作，60％的美国幼儿园儿童参加全日制计划。这样的全日制招生具有教育和社区资源的实用性，提供高素质教育和对儿童的照顾，对于低龄的儿童和他们的家庭有重要意义。

来源：National Center for Education Statistics（NCES）.（2004. June）. *The Condition of Education* 2004 *in Brief*. U. S. Department of Education and Institute of Education Sciences. NCES 2004 - 076.

284　　**教养方法的结合**　与其研究彼此单独的温情—敌对和控制—自治的维度，不如研究它们的四个组合，一些心理学家已经探索：温情—控制、温情—自治、敌对—控制和敌对—自治（Becker，1964）。

　　**温情的但限制性的教养方式**　温情的但限制的教养被认为通向礼貌、整洁、服从和从众的道路。还被认为与未成熟、依赖性、低创造性、盲目地接受权威以及社会性退缩和不适当有关（Becker，1964；Levy，1943）。Eleanor E. Maccoby（1961）发现，在温情但限制性的家庭被养育的12岁男孩，与他们的同伴在一起时是严厉的规则强制者。与其他的孩子相比，这些男孩也显示了较不明显的攻击性、较少的不当举止和对完成学校作业的较强动力。

　　**温情而民主的教养方式**　心理学家报告，温情和民主（自治）结合的方式的家庭中，孩子往往发展成具有社会竞争力、足智多谋、友好、积极性和适当攻击性的个体（Kagan & Moss，1962；Lavoie & Looft，1973）。在父母也鼓励自信、独立、在社会性和学业情境中表现出色时，孩子可能表现出自特的、有创造力的、目标导向的和有责任的行为。如果父母无法培养其独立性，放任时常产生没有冲动控制和低学业标准的自我放纵的孩子。

　　**敌对的和限制性的教养方式**　敌意的和限制性的教养被认为会干扰儿童发展认同感和自尊。孩子开始见到的世界是被强大恶意的强制力支配的，是一个他们无法控制的世界。据说敌对和限制性的结合会培养怨恨和内部愤怒。这些孩子将一些愤怒转向对抗他们自己或者当做内化的混乱和冲突来体验。这能够造成"神经质的问题"、自我惩罚和自杀倾向、沮丧的情绪和成人角色扮演的不足（Whitbeck et al.，1992）。

　　**敌对的和放任的教养方式**　结合敌对和放任的教养被认为与孩子犯罪行为和攻击性行为有关。拒绝引起怨恨和敌对，当与不足的父母亲的控制结合时，拒绝能被转变为攻击性和不喜欢社交的行为。当这样的父母确实进行管教的时候，它通常是躯体化的、反复无常的和严格的。作为对发展出行为的适当标准的一个建设性的工具，它通常反映父母亲的愤怒和拒绝并因此失败（Becker，1064）。

**教养是每个成年人面对的最有益但又最困难的工作**

关于父母如何觉得他们的孩子与他们使用的特定的育儿技术之间存在巨大的差异，越来越多的心理学家将得出这样的结论：养育不是神奇的公式，而是欣赏孩子、爱他们，并提供指导和适宜年龄的训练。

　　**管教**　管教的一致性是教养的第三个维度，
285　许多心理学家强调这是儿童的家庭环境的核心。有效的管教是一致的和不含糊的。它把高度可预测性加入到儿童环境中。尽管在如何处罚儿童时保持一致时常很困难，但是，Parke 和 Deur（1972）的研究揭示无规律的惩罚通常无法禁止被处罚的行为。

　　在攻击的情况中，研究人员发现最具攻击性

的孩子的父母，对于有一些场合对孩子的攻击是许可的，但是对其他场合的攻击则进行严重的处罚（Sears, Maccoby & Levin, 1957）。研究提示，使用不一致的惩罚的父母，实际上制造了他们孩子的抗拒，抗拒在将来消除不受欢迎行为的尝试（Parke, 1974）。

当父母中的同一个人对同一个行为在不同时间回应不同时，不一致就发生了。当父母中的一个人忽视或者鼓励另一个处罚的行为时，它也能发生（Belsky, Crnic & Gable, 1995；Vaughn, Block & Block, 1988）。基于观察 136 个中产阶级幼儿园男孩的家庭相互作用模式，Hugh Lytton（1979）发现母亲典型地发起故意控制儿子行为的活动多于父亲。然而，相比于对他们的父亲，男孩倾向于较少地服从他们的母亲。但是当他们的父亲在场时，他们更有可能回应母亲的指令和禁令。单身母亲时常体验到管教儿子的困难。

## 虐待儿童

许多人对于准确定义正当有效的管教和虐待儿童之间的界限有困难。大多数的美国人将把年幼的孩子独自留在家里、家庭环境很脏并缺乏食物、殴打儿童引起淤伤定义为儿童虐待和忽视。然而，多数人对于打屁股的情绪是矛盾的。虽然依照由 Yankelovich（2000）最近所进行的调查，对于这个问题非常关注的人中，很多人反对打屁股，也有很多人赞成打屁股，但是多数美国成人将打屁股认为是一般形式的适当惩罚。

心理学家 Baumrind 和 Owens 在 2001 年一个美国心理协会（APA）大会上报告了具有争议的调查结果，他们的纵向研究揭示了偶尔温和（mild）/打屁股对于儿童社会性和情绪发展没有损害。参加他们研究的是 168 个白种人，来自中产阶级家庭，评估从 1968 年当他们的孩子是学龄前儿童的时候至 1980 年孩子 14 岁的时候。Baumrind和 Owens 将打儿童（spanking）定义为"徒手打在儿童臀部或者四肢上，在有意减轻行为的情况下没有造成躯体受伤"，但是他们个人不主张打儿童（Baumrind & Owens, 2001, p.1）。

像所有的社会科学家一样，他们同意父母不应该滥用体罚，但是 Baumrind 的研究没有发现在 14 岁时"低频率"挨打会造成任何不利的结果。这个研究有两个限制：第一，样本量较小，且居住在自由的社区，主要为中产阶级欧裔美国家庭；第二，在童年期经历"低频率"挨打的不利结果可能在成年期才会出现。然而，最近的证据指出，儿童的不受欢迎与打屁股和肉体的（严厉的）惩罚有关，包括比较高水平的一般性攻击，较低水平的道德内化和心理健康问题（Baumrind, Larzelere & Cowan, 2002；Gershoff, 2002；Straus, 2001）。

贫穷且未婚的母亲似乎会增加儿童挨打的可能性。在压力之下的父母更可能使用较严厉的惩罚——五岁以下的婴儿和儿童最有可能因这样的惩罚而致命（Peddle & Wang, 2001）。

**儿童虐待和忽视** 在 2002 年，估计 896 000 个美国儿童被报告为儿童虐待或忽视的受害人。多数的受害人体验过忽视，伴随着躯体虐待、性虐待和情绪虐待，少数人体验到非特定类型的虐待（例如，利用、诱拐）。最高受害者比率出现在最小的年龄群体中（从出生到三岁）（见图 8—4）。估计 1 400 个美国儿童在 2002 年因虐待和忽视死亡。但是，研究者认为儿童虐待和忽视的许多案例都没有报告（Crume et al, 2002；National Clearinghouse on Child Abuse and Neglect Information, 2003）。女性家长是忽视和躯体虐待的犯罪者，占儿童受害者中的最高百分比。男性家长被确认为性虐待的犯罪者，占受害人的最高百分比（Peddle & Wang, 2001）。

**儿童性虐待** 儿童性虐待（Sexual abuse of children）是在儿童和较年长的人之间的性行为，较年长的人通过暴力、强迫或欺骗使之发生（Gelles & Conte, 1990）。儿童的性施虐者可以是父母、继父母、兄弟、其他的亲戚、信赖的朋友、邻居、儿童保育工作人员、老师，教练，或任何一个能够接触儿童的人。在青少年罪犯大幅度增加的情况下，80%～95% 的案例指出施虐者为男性（National Committee to Prevent Child Abuse, NCPCA, 1996a）。一项全国性调查发现女孩报告被性虐待多于男孩报告的三倍（NCPCA, 1996a），而且大多数研究涉及的是女性的性虐待。一项全国性调查发现，在过去的十年内证实的儿童性虐待案例减少了40%，部分地是由于报告实例的变化、较保守的确认虐待的方法、较多的预防/觉察项目和较多罪犯获罪（Finkelhor & Jones, 2004）。

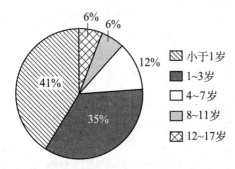

**图8—4 虐待和忽视对每个年龄段儿童的严重影响（2002年）**

2002年，所有小于四岁的儿童中有76%遭受不幸——其中大多数是因被忽视。这些死亡起因于重复受虐（例如，被虐儿童综合征），或者单次的、冲动事件（例如，大吼、捂住使婴儿呼吸困难或者摇晃婴儿）。通常死亡起因于照看者不作为。在2002年，父母中的一个或者双亲参与到对儿童的虐待中，然后是非父母的照看者。儿童死亡代表了小部分具有儿童虐待经历的儿童百分比。

来源：National Clearinghouse on Child Abuse and Neglect Information. (2004). *Child abuse and neglect fatalities: Statistics and interventions.* Washington, DC: U. S. Department of Health and Human Services.

我们中的大部分人发现父母十分具有攻击性，为了性满足而利用他们的（任何年龄）孩子，以至于我们宁愿不要再想它。在1974年，联邦政府采用了更直接介入儿童虐待的政策，通过了"儿童虐待的预防和治疗法案"（the Child Abuse Prevention and Treatment Act）（PL 93 - 247）。其中明文规定，为这些受到虐待的案例建立识别标准、报告的行动路线和管理政策，而授权给个体来提出调查虐待的情况，并提供儿童给予保护的服务。公法108 - 36再次授权这项法案（"新儿童受虐预防和治疗法案"）。仍存在许多复杂的问题、争议，以及起因于性受虐儿童和法律系统的社会成本（Bull, 2004）。

儿童的性接触通常开始于5～12岁之间（尽管也报告过婴儿和初学走路的婴儿受虐的案例），最初典型的情况是爱抚和手淫。随着时间的发展，行为持续，并且可能最后发展到性交或鸡奸。一项对乱伦犯罪者的研究发现，几乎他们全部人都将他们乱伦的过分要求定义为爱和关心，而且将他们的行为定义为体贴和公平的。但是，他们伪称的爱、关心和公平感在许多方面被验斥，包括当儿童想要他们停止的时候他们拒绝停止（Gilgun, 1995）。对儿童进行性骚扰的人时常伪装成可信赖的人、关心家庭的成员、邻居和有责任心的市民。他们花费如此多的时间操纵一个家庭，以至于他们将不被怀疑虐待儿童——儿童体验到揭露虐待的混乱、内疚、羞耻和恐惧。因此，儿童性虐待时常不被报告。

在孩子中性虐待的影响方面的一个研究评论发现涉及恐惧、创伤后应激障碍、行为问题、泛性化的行为（sexualized behaviors）和低自尊的大量例证，这些问题一直折磨着性受虐儿童（Kendall-Tackett, Williams & Finkelhor, 1993）。虽然孩子可能是太年轻以至于无法知道性活动是"错误的"，他们将会发生起因于不能应付过度刺激的行为或者身体的问题。通常被虐待的儿童没有明显的躯体征兆，不过医师能发现一些，如在生殖或肛门部位的改变。行为的征兆可能包括：

- 回避性别天性的所有事物，或者有不寻常的兴趣
- 睡眠问题、做噩梦、尿床
- 来自朋友或家庭的忧愁或冷淡
- 与他人性方面不适当的行为或知识超过儿童的年龄
- 表明他们的身体是肮脏的或者害怕生殖器部位不对劲
- 拒绝去上学或违规行为
- 在图画、游戏、幻想中的性骚扰视角
- 不寻常的攻击性、隐匿、自杀行为（甚至在较年幼的儿童）或其他严重的行为变化

通常因性行为受虐的儿童害怕告诉他人有关他们经历的事，因为施虐者将通过说一些话来控制/操纵儿童，例如，"妈妈将不再爱你"，或者"如果她发现，妈咪将让你离开"，或者"没有人会相信你，因为你是一个孩子"。折磨他们孩子的男人的妻子通常是消极的，有很差的自我形象，而且过度依赖他们的丈夫。他们时常罹患精神疾

病、身体残疾或反复怀孕。

虽然乱伦普遍涉及最大的女儿，但是，这通常又发生在较年幼的女儿身上，如此这般，一个接一个。而且，一个父亲的乱伦行为使他的女儿被其他男性亲戚和家庭朋友性虐待的风险更高。有时候媒体报告，有吸毒者父母让自己的孩子卖淫，以支付对购买毒品的费用。女性受害人往往表现出心理上的羞耻和被打上烙印的终生模式。

287　　几乎没有人知道或者写到有关男性受害人的事情，因为大多数的研究不在男性和女性受害人之间作区别。得到的证据意味着男孩和女孩不同地回应性方面受到的伤害。男性受害人较不可能报告他们的被虐待。因为男孩被社会化以控制他们自己和他们的环境，当他们受到性虐待的时候，男孩可能感觉他们的男性化已经被破坏了，或他们尝试将受虐事件的重要性"减到最小"。复杂的问题是，因为大多数的施虐者是男性，所以男性受害人时常面对被诬蔑为其他的问题，比如同性恋（Bolton，Morris & MacEachron，1989）。

性虐待应该总是报告给主管当局和执法官员，以及儿童保育工作人员、老师，并且医学的专业人员被委任这么做。成人不应该对儿童关于身体虐待、忽视、情绪或性虐待的投诉置之不理。所有的心理健康、执法、医疗和对儿童给予保护的专业服务人员，牵涉到接见被怀疑受虐待的孩子时，必须已接受了专门的、适当的访谈技术的训练，已具有预防计划和干预技能的知识。

**预防计划**　到了 20 世纪 90 年代，人们设计了许多预防计划，采用多种方式的视听技术（电影、影像、录音磁带和幻灯片的影片）和形式（故事书、涂色书、歌曲、娱乐和棋类游戏）。材料和计划以一些假设为基础：大多数的孩子不知道虐待的养育由什么组成，孩子不能容许身体或者性虐待，孩子应该一被性接触、躯体伤害或被照看者忽视，就告知可靠的成人。许多国家已经回应虐待儿童的问题，而且提出许多观点抗击它（Gilbert，1997）。

---

**思考题**

一些有效的、健康的养育儿童的习惯是什么？儿童虐待的通常形式是什么？哪些孩子会处于严重虐待的最大风险中？受到性虐待的儿童的行为表现有哪些？什么样的做法能够保护孩子免于伤害？

---

## 教养方式

发展心理学家 Diana Baumrind（1971，1972，1980，1996）研究了在幼儿园和学龄儿童的父母亲，其养育儿童的方式和社会竞争力之间的关系。在 1968—1980 年，她对家庭社会化计划（The Family Socialization Project）进行了研究，调查家庭社会化实践（practice）、父母亲的态度和儿童生活的三个决定性阶段（幼儿园、童年早期和青少年早期）的发展因素。她的样本中包含了来自白种人中产阶级家庭的父母和孩子，通过问卷法、个人的访谈收集资料，而且对家庭相互作用录像进行观察。在她的白种中产阶级托儿所儿童的研究中，Baumrind（1971）发现教养方式的不同类型往往被联系到孩子中的相当不同的行为。在这一纵向研究的一些调查结果中，她区分了专制的、权威的、放任的与和谐的教养方式。

**专制型教养方式**　专制型的教养方式尝试塑造、控制和评价一个儿童的行为，使之符合传统的、绝对的价值观和行为标准。强迫服从，不鼓励言辞上的互让，偏爱惩罚性的和强力的管教。更普遍的是，使用这种教养方式的父母，被认为在拒绝—要求维度上摇摆。如此专制的父母的后代往往是得不到满足的、退缩和猜疑的（见图 8—5）。

**权威型教养方式**　权威型的教养方式对儿童的全部活动提供了坚定的方向，但是又在合理的限制中给了儿童相当多的自由。父母亲的控制不是僵硬的、惩罚性的、侵入性的或非必要限制的。父母和儿童在言辞上的互让，对给定的政策提供理由，同时回应儿童的希望和需要（它可能帮助你借由使用权威的互让记忆装置区别权威和专制）。

288

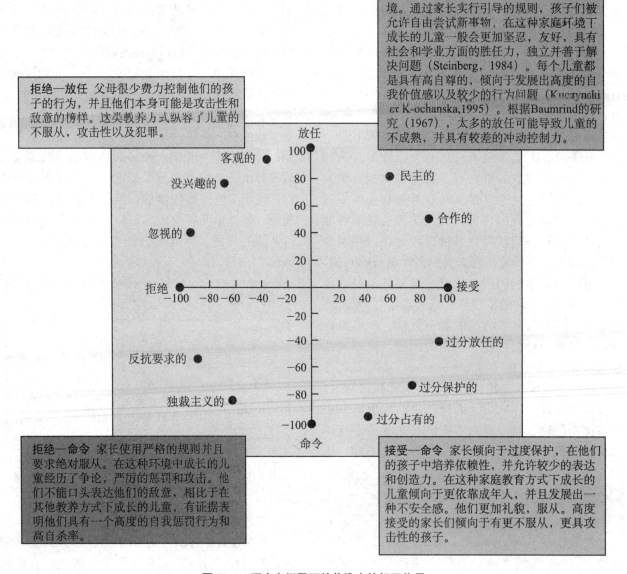

**拒绝—放任** 父母很少费力控制他们的孩子的行为，并且他们本身可能是攻击性和敌意的榜样。这类教养方式纵容了儿童的不服从，攻击性以及犯罪。

**接受—放任** 父母创造了一个更民主的环境。通过家长实行引导的规则，孩子们被允许自由尝试新事物。在这种家庭环境下成长的儿童一般会更加坚忍，友好，具有社会和学业方面的胜任力，独立并善于解决问题（Steinberg，1984）。每个儿童都是具有高自尊的，倾向于发展出高度的自我价值感以及较少的行为问题（Kuczynski et K-ochanska,1995）。根据Baumrind的研究（1967），太多的放任可能导致儿童的不成熟，并具有较差的冲动控制力。

**拒绝—命令** 家长使用严格的规则并且要求绝对服从。在这种环境中成长的儿童经历了争论，严厉的惩罚和攻击。他们不能口头表达他们的敌意，相比于在其他教养方式下成长的儿童，有证据表明他们具有一个高度的自我惩罚行为和高自杀率。

**接受—命令** 家长倾向于过度保护，在他们的孩子中培养依赖性，并允许较少的表达和创造力。在这种家庭教育方式下成长的儿童倾向于更依靠成年人，并且发展出一种不安全感。他们更加礼貌，服从。高度接受的家长们倾向于有更不服从，更具攻击性的孩子。

**图 8—5 研究者拓展了教养维度的相互作用**

在所有的社会中都可以观察到两种教养维度：放任—命令维度和接受—拒绝维度（Rohner et Rohner，1981）。有些研究结果表明：选择这些教养维度——尤其是命令维度——可能是受到父母的遗传因素的影响；另有研究结果提出父母自身的教养方式显著影响到自己对教养方式的选择（Plomin，DeFries，et Fulker，1988）。研究结果还表明每一对父母通常都会选择这些教养方式。

来源：Adapted from E. S. Schaefer, "A Circumplex Model for Maternal Behavior," *Journal of Abnormal and Social Psychology*, Vol. 59 (1959), p. 232; and M. L. Hoffman and L. W. Hoffman, *Review of Child Development Research*. Copyright© 1964 Russell Sage Foundation 112 E. 64th Street, New York, NY 10021. Reprinted with permission.

权威的教养方式时常与自恃的、自我控制的、探究的和满足的孩子联系在一起。在较后的研究中Baumrind（1991，1994，1996）发现，一种权威的教养方式对养育青少年尤其有帮助。

Baumrind认为当儿童探索环境而且得到人际能力的时候，权威教养方式给了他们舒服的、支持性的感觉。这样的孩子没有经历与严厉又压抑的教养方式有关的焦虑和恐惧，以及与无结构的又放任的教养方式有关的不确定性和优柔寡断。Laurence Steinberg 和同事（1989）也发现权威的教养方式促进了孩子在学校的成功，鼓励自治的健康感和对工作的积极态度。被父母亲切地、接受地、民主地和肯定地对待的青少年，往往超过他们的同伴发展关于他们成就的积极信念，而且可能在学校中表现得更好。

除此之外，权威的父亲和母亲对于"**搭脚手架**"（scaffolding）似乎比其他父母更熟练。搭脚手架通过干预和辅导儿童的学习，提供符合儿童现在的功能水平的有帮助的目标信息（Pratt et al，1988）。根据她的研究，Baumrind（1991，1994，1996）发现一些父母亲的习惯和态度，似乎促进了儿童社会责任感和独立行为的发展：

● 具有社会责任感和判断力的父母，作为这些行为每天的榜样，在他们的孩子中培养这些特征。

● 父母应该使用坚定的强化政策，使之适合具有社会责任感的独立行为的奖赏和偏离常规行为的处罚。这个技术使用条件反射的强化原则。如果他们的要求伴有解释，并且如果惩罚则伴随与父母自己的生活原则一致的原因，父母甚至可能是更有效的。

● 不拒绝的父母比拒绝的父母较多地作为有魅力的榜样和强化者。

● 父母应该强调和鼓励个体性、自我表现、主动性、发散思维和社会适应性的攻击性。当父母对他们的孩子提出要求并且分配他们职责的时候，这些价值观被转化进入每天的真实生活。

父母应该给他们的孩子一个复杂和刺激的环境以提供挑战和刺激。与此同时，儿童应该体验作为提供安全感以及休息和放松的机会的环境。

**放任型教养方式** 放任型的教养方式提供非惩罚的、接受的和肯定的环境，在其中的孩子会尽最大可能管理他们自己的行为。孩子被请教有关家庭政策和决定的事。父母对孩子提出较少的关于家庭职责或有秩序行为的要求。那些放任型的父母的孩子是最少自恃的、探究的和自我控制的（见图 8—5）。

**和谐型教养方式** 和谐型教养方式很少运用对儿童直接的控制。这些父母尝试培养平等的关系，儿童没放置在权力的不利地位。父母典型地强调人文价值，相对于处于主流的唯物论和成就价值，他们将其看作在主流社会中是有作用的。

被 Baumrind 识别的和睦的父母只是一个小的群体。所研究的这种家庭的八个孩子中，六个是女孩两个是男孩。女孩特别能干、独立、友善、有成就取向并且聪明。相反，男孩是合作性的但特别地服从、没有目标、依赖的、非成就导向的。虽然样本很小，无法作为最后结论的基础，但是Baumrind 尝试性地提出和谐的教养方式的这些结果可能是与性别相关的。

**讨论：再谈控制和自主** 很多的研究确认Baumrind 的结果和深入的见解（Steinberg et al.，1994）。"没有干扰另一个人整体目标而达成自己目标"的能力毫无疑问是社会竞争力发展的一个重要成分（W. Bronson，1974，p.280）。很明显，父母和他们的儿童之间管教上的对抗，为儿童学习控制他们自己和他人的策略提供了一个关键性的情境，因此可以在竞争力策略方面做榜样的父母的孩子更有可能具有社会竞争力（Kuczynski & Kochanska，1995）。

作为例证，可以看一看 Erik Erikson（1963）如何解释初学走路的婴儿解决自主的羞耻怀疑阶段（autonomy versus shame and doubt）与父母的过度控制是怎么环环相扣的。一个两岁的儿童争取自主的迹象是，他们有能力和意愿对父母说"不！"获得"不"（no）是一项让人印象深刻的认知成就，因为它伴随着儿童越来越多地意识到"他人"和"自身"（Spitz，1957）。自作主张、挑衅和顺从是初学走路的婴儿行为的独特方面。例如，如果一个母亲告诉她初学走路的婴儿拾起玩具并且将它们放到盒子里，这时孩子说"不，我想玩"，儿童也许打算维护自己。如果初学走路的婴儿此时将较多的玩具从盒子里拿出来，或者用力举起玩具穿过房间，她也许是打算挑衅她的母亲。但是如果儿童听从她母亲的指导，她也许会打算遵从。

Susan Crockenberg 和 Cindy Litman（1990）表示父母处理儿童这些自主事件的方式对儿童的行为有意义深远的结果。当父母以负性控制——威胁、批评、躯体干预和愤怒的形式坚持他们的权力的时候，孩子更有可能以挑衅回应。

当一个家长将指令结合附加尝试，以指导儿童在希望的方向上的行为的时候，儿童不太可能挑衅。当邀请分享权力的时候，后一种方法提供给儿童父母想要的信息。例如，如果父母要求儿童做某事（"可以拾起你的玩具吗？"）或尝试通过理性说服儿童（"你捣乱了，因此，现在你必须将它整理干净"），父母就暗示性地确认了儿童是一个具有个人需要的独立个体。

这种方法与 Baumrind 的权威型教养方式是一致的，并保持了谈判过程的进行，让初学走路的婴儿"决定"是否采纳父母的目标。如果他们感觉将参与互惠互利的关系，似乎孩子更乐意接受他人影响他们行为的尝试，在这种关系中他们尝试影响被尊敬的他人（Kochanska & Aksan, 1995; Parpal & Maccoby, 1985）。

290 只有指导似乎不如结合指导和控制有效。邀请遵从（"你可以现在拾起玩具吗？"）似乎提供给初学走路的婴儿一个选择，儿童可能觉得可以自由地拒绝它，因为没有清楚且坚定地表达父母亲的希望。没有控制的指导方法与 Baumrind 的放任教养方式一致，似乎与较小竞争力的儿童行为相关。当初学走路的婴儿张扬自己，而他们的父母又以强力措施回应（"你最好按照我说的做，否则我打你屁股！"）的时候，孩子可能将行为解释为父母亲权力

的要求和自己自主性降低，这与 Baumrind 的专制型教养方式一致（Crockenberg & Litman, 1990）。

整体来说，对于诱导出儿童的顺从性并使挑衅转向方面，似乎最有效的父母对于他们想要孩子做的事相当清楚，但他们一直准备倾听孩子的异议并使用适当的调节方式，传达对孩子的个性和自主性的尊重（Gralinski & Kopp, 1993）。有时，通过父母的解释、说服、劝解、建议、亲切和妥协，达成儿童的顺从的过程可能是略微漫长的和复杂的。父母的这些行为鼓励和诱导儿童适当的行为（Crockenberg & Litman, 1990）。当然也相当依赖情境和儿童理解他们父母的指导语的能力（Grusec & Goodnow, 1994）。

## 思考题

依照 Diana Baumrind，四种主要的教养方式是什么？哪一个被认为是最有效的？每种方式如何影响儿童的行为？

## 获得教养方式的看法

迄今，我们考虑到的教养方式的维度和方式把焦点集中在综合的模式和习惯上。但是它们多是太抽象而无法解释亲子互动的细微之处。在日常生活中父母表现出的养育行为非常多样，由许多因素决定：情境；儿童的性别和年龄；父母对于儿童的心境、动机和意图的推论；儿童对于情境的理解；父母可得到的社会支持；父母从其他成人那里感觉到的压力等等（Dix, Ruble & Zambarano, 1989）。

举例来说，父母可能是热情或冷酷的、严格或放任的、一致或不一致的，依赖于背景和环境（Clarke-Stewart & Hevey, 1981）。儿童对管教做出的反应，也修正了父母的行为和父母将来对管教方法的选择。儿童感觉父母行为的方式比父母的行动本身更有决定性（Grusec & Goodnow, 1994）。孩子不会相互交换，他们不会对相同类型的照顾者行为全部以同样的方式回应（Kochanska, 1995）。

**哈佛的儿童养育研究** 一项经典研究的追踪调查帮助我们澄清了一些事情。在 20 世纪 50 年代，三个哈佛心理学家实行了一项在美国曾经着手做的最有魄力的儿童养育研究之一的研究。Robert Sears, Eleanor Maccoby 和 Harry Levin（1957）尝试识别那些造成人格发展差异的养育技术。他们访谈了波士顿区 379 个幼儿园儿童的母亲，对每个母亲评估，定出大约 150 个不同的儿童养育习惯。25 年之后，在他们 31 岁时，在 David C. McClelland（McClelland et al., 1978）的领导下，一些哈佛心理学家联络了这些孩子中的很多人，他们大部分已婚且有了自己的孩子。

McClelland 和他的同伴访谈了这些人，并做了心理学测试。他们总结，人们作为成人的很多想法和行为并不是被养育儿童的父母在他们最初五年期间采用的特定技术决定的。与母乳喂养、如厕训练和打屁股有关的习惯并不是全部都很重要。父母觉得他们的孩子是怎么样的才重要。重

要的是母亲是否喜欢她的孩子而且喜欢和孩子一起玩，或是否她认为孩子是讨厌的，有许多不令人愉快的特征。此外，相对于父亲的其他后代，被父亲喜欢的孩子更有可能成为表现出耐心和理解的成人。哈佛研究者总结说：

> 父母如何能对他们的孩子做对的事情？如果他们对促进孩子日后生活的道德和社交成熟度感兴趣，答案很简单：他们应该爱他们，喜欢他们，想要他们在身边。他们不应该用他们的权力维持一个只为自我表现和成人的快乐而设计的家。他们不应该把他们的孩子视为引起不安和混乱的原因，而不惜任何代价来控制他们 (McClelland et al，1978，p.53)。

**美国家庭结构** 根据《美国儿童简报：重要的国家幸福感指标 (2004)》(*America's Children in Brief：Key National Indicators of Well-Being*，2004)：

- 68%的儿童目前和两个已婚的父母居住。

- 所有在18岁以下的美国儿童有32%有其他选择性的安排（23%和母亲居住；5%和父亲居住；4%不和父母居住）。

家庭结构对于儿童的贫困率有影响。2003年，女性主持的没有父亲的家庭贫困率四倍于双亲家庭 (Federal Interagency Forum on Child and Family Statistics，2004)。图8—6提供了根据家庭类型的贫困率数据。低收入家庭的孩子会经历经济上的不安全、健康不良以及/或医疗问题，发展上的延迟，在学校学习的问题，辍学，成为单身父母和成人失业［*Child Poverty Fact Sheet* (*June* 2001)，2001；Federal Interagency Forum，2004］。2003年，贫困儿童的总数上升至将近1 300万个孩子。孩子的贫困率也上升至18%，相对成人和年长者的百分比高许多 (U.S. Bureau of the Census，2004c)。最好的评估指出美国的2 600万个儿童——也就是说美国所有儿童的1/3——生活在贫困中 (National Center for Children in Poverty，2004)。

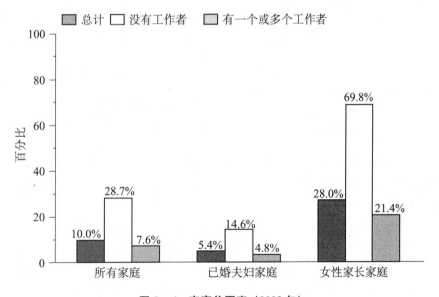

图8—6 家庭贫困率 (2003年)

2003年，美国的家庭贫困率是10%，因为贫困状况是基于这样的家庭水平计算的：如果一个家庭成员在工作，每个家庭成员的贫困情形都会受到影响。然而，全职工作也并不能保证摆脱贫困。2003年，四口之家的贫困线是18 810美元，三口之家是14 680美元。女性户主家庭贫困率至少高出已婚夫妇家庭的四倍。

来源：DeNavas-Walt，C. Proctor，B. D.，et Mills，R. (2004) Income，Poverty，and Health Insurance Coverage in the United States：2003. Current Population Reports，pp.60-226，*Poverty in the United States*：2003. Washington，DC：U.S. Government Printing Office. http://www.census.gov/prod/2004pubs/p60-226.pbf.

**离婚** 儿童的父母离婚对于他们的生活有重要的影响。紧跟离婚之后的时期内最通常的家庭安排是让孩子和他们的单亲母亲一起居住，和他们的父亲仅仅间歇地联络。在父母分开而且后来持续很久之前，离婚是好的过程的开始 (Guttman，1993)。E. Mavis Hetherington 和同事 (1977) 做了一项两年的纵向研究，他们配对跟踪了来自离婚家庭的 48 个幼儿园儿童和来自完整家庭的 48 个儿童。他们发现在离婚之后的第一年是压力最大的。

父母离婚之后的经历和伴随的生活方式的变化作为许多压力源，反映在他们和他们的孩子的关系中（Webster-Stratton，1989）。Hetherington 和同事（1976，p.424）发现离婚父母和孩子之间的相互作用模式，明显不同于完整家庭：

离婚的父母对他们的孩子较少有成熟的要求，和他们的孩子沟通较不好，往往较少对孩子表示喜爱，相比于完整家庭的父母，在管教和对缺乏控制他们的孩子方面往往显示出明显的不一致。贫困的教养似乎最明显，尤其是离婚的母亲，在离婚后的一年似乎是亲子关系的压力高峰……离婚后第二年母亲会要求更多……孩子的（独立和）成熟行为、沟通得更好而且使用较多的解释和理智，母亲对孩子更照顾和表现得更一致，而且能够更好地控制她们的孩子，而不是像去年一样。对于成熟的要求、沟通和一致性中相似的模式也在离婚的父亲中发生，但是他们将变成对孩子的较少照顾，而且更多与他们的孩子分离……离婚的父亲较忽视他们的孩子，并且较少显示情感（虽然他们极端放任、“每天是圣诞节”的行为减少）。

因此，许多单亲家庭在离婚后有一个重新调整的困难时期，但是通常在第二年的时候情况会逐渐变好。Hetherington 已经发现很多时候要看作为监护人的母亲控制她的孩子的能力。母亲维持较好的控制，孩子在学校的表现就不会掉队。Amato（2001）对从 20 世纪 90 年代起离婚对儿童的影响的 67 个研究做了元分析，发现作为一个群体相对于来自完整家庭的孩子，父母离婚的孩子在成就、行为、适应、自我概念和社会关系的测量中都显著较低。

Hetherington 还发现当单亲妈妈失去对她们的儿子的控制时，一个“强制的循环”典型地出现了。儿子容易变得更挑衅、过分要求和没有感情。母亲回应以抑郁、低自尊和较少的控制，而且她的教养变得更糟糕（Hetherington & Stanley-Hagan，2002）。相反，在母亲为主的家庭中，母亲和女儿时常对她们的关系表达相当多的满意，除了早熟的女孩，对她们而言异性且年长的同伴的卷入时常使母女关系的联结变弱（Hetherington，1989）。

由于离婚，较贫困又单身的女性将会有孩子或者成为有孩子的家庭的唯一支柱（见图 8—7）。儿童支援系统正在非常费力地安置父亲血缘诉讼（或者在婚姻外出生的）的儿童，适当地提出合法的有约束力的支持命令，且使用有效的强制手段增加支援付款的程度。然而少于 1/4 有资格得到儿童支援付款的离婚母亲收到她们应得的部分。同时，国家的福利工作政策为联邦基金的现金福利收讫规定了强制时限，使儿童支援付款的收集对贫困家庭更加重要（Doolittle & Lynn，1998；Martinson，2000）。

**联合监护的安排**　研究员发现儿童和双亲父母关系的质量是她或他在离婚后适应的最佳预识因素（Amato，1993，2000）。维持与父母稳定的、充满深情的关系的儿童，似乎情绪上的疤痕较少——他们展现较少的应激和较不具攻击性的行为，而且他们的学校表现和同伴关系比较好——超过缺乏这样的关系的儿童（Arditti & Keith，1993）。对联合监护研究的元分析发现，在联合监护安排下的儿童相对于独自监护安排的儿童可以更好地适应环境，但与完整家庭安排的那些儿童没有差异（Bauserman，2002）。

通过**联合监护**，父母两个人平等地参与儿童养育中的重要决策，并且父母两个人平等地参与承担日常的照顾儿童的职责。儿童与每个家长一起住的时间是充足的——举例来说，儿童可能一个星期或一个月的部分时间在父母之一的房子中过，而另一部分时间与父母中的另一个一起住。联合监护也排除了监护位置的“胜利者/失败者”角色，以及非监护的父母时常感觉到的大量的悲哀、丧失感和孤独感。

但是联合监护不适用于所有的儿童，批评家指出，在婚姻期间不能够达成一致意见的父母不能够在离婚后在养育的规则、管教和教养方式上达成共识。他们说，家庭之间的交替妨碍儿童在他或她的生活中对连续性的需要（Simon，1991）。此外，当代社会变动的特性和父母将会再婚的可能性使很多的联合监护安排变得脆弱以致瓦解失败（Simon，1991）。因此并不令人惊讶的是，最初的实证提出联合监护安排与单独监护安排的儿童在对于离婚的适应上没有不同（Donnelly & Finkelhor，1992）。

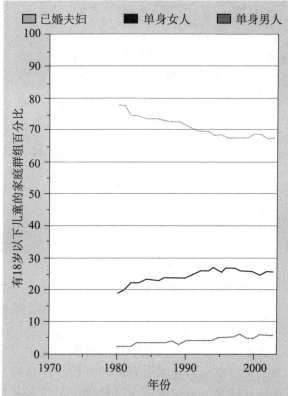

注意：家庭群组是家庭加上所有有关和无关的亚家庭。这些亚家庭可以由已婚夫妇或者家长孩子为单位组成，并且那种家庭群组的证明人可以与户主有关系，也可以没关系。

**图 8—7**

来源 Fields, J. (2004, November). *America's Families and Living Arrangements*：2003. U. S. Census Bureau. Washington, DC：U. S. Department of Commerce. http：//www. census. gov/prod/2004pubs/pp. 20 - 553. pdf.

对于学校成绩、社会适应和青少年犯罪的行为，来自社会地位相当的单亲或者双亲家庭的孩子之间的差异很小或不存在（Amato，2000，2001）。一些研究提出，来自单亲家庭的儿童和青少年表现出较少的青少年犯罪行为、较少的心理疾病、对父母较好的适应和较好的自我概念，超过那些来自不快乐的完整家庭的儿童（Demo，1992）。虽然如此，不快乐的婚姻或离婚对孩子有不利的影响。每个替代选择带来它自己的一系列应激源（stressors）（Amato，2000，2001；Cummings & Davies，1994）。

精神病医生和临床心理学家注意到，在许多情况下，离婚减少儿童经历的大量摩擦和不快乐，导向比较好的行为适应（White，1994）。整体来说，研究极力主张孩子与他们的父母的关系质量

比离婚的事实重要许多（Hetherington & Stanley-Hagan，2002）。

社会已经逐渐地开始认识到单亲家庭是不同的，但它是能生存的家庭形式。将开始协助单亲家庭的国家公立和私立的学校、社区和教堂的数量逐渐增加，这些协助包括上学前和放学后的儿童保育计划和丰富的暑期学校，或对所有年龄儿童的补课班。一些校区已经为满足单亲家庭的特别需要更改上学日子的结构，或把学期延长到 12 个月，但会有周期性休息。

**年幼的儿童与男性同性恋或女性同性恋的父母** 我们不知道多少孩子有男同性恋或者女同性恋父母，部分地因为我们缺乏女同性恋和男同性恋成人的可靠数据。通常孩子由后来"众所周知"的异性恋婚姻的父母所生。其他大多数由女同性恋通过人工授精出生。领养或被女同性恋和男同性恋收养的案例数量正在逐渐增加。

直到最近几年，女同性恋和男同性恋的父母一直不太引人注意，大概由于困扰和监护的问题，也因为他们想要在混乱的情况下保护他们的孩子。当女同性恋和男同性恋父母在法庭上确实面对监护或者探视权较量的时候，各个州和各个法院的结果不同。1995 年，弗吉尼亚最高法院拒绝女同性恋监护她的儿子，说她是一个贫穷的母亲，而且她女同性恋的同居关系会带给儿童"社会的指责"。但是没有使人信服的证据表明，女同性恋或者男同性恋父母的孩子的发展在任何有意义的方法中被妥协处理。最近的研究质疑了以这个问题为框架的研究有多么重要（Stacey & Biblarz，2001）。同性恋的议题和女同性恋教养将在第 14 章中进一步讨论。

**总结** 显然，教养方式不是大约采用肯定不会有错的一组食谱或公式。文化不同，父母不同，而且孩子不同。采用同样"好的"儿童养育技术的父母，他们的孩子可能长大之后也是非常不同的（Bornstein，1995；Plomin et al.，2001）。此外，情况不同，在一个情况中有效的技术会在其他的情况里自食其果。正如哈佛的研究及更近的《从神经元到邻里》（*From Neurons to Neighborhoods*）一书所强调的，养育的本质在于亲子关系。在他们的相互作用中，父母和儿童不断反映彼此的需要和心愿的适应性调节。包括在相同的家庭里

和在家庭之中，亲子关系也是如此不同，以至于每个亲子关系在许多方面都很独特（Elkind，1974；Plomin et al.，2001）。没有你必须掌握的神奇秘方。事关儿童本身，不是技术——但是儿童养育专家认为父母不应该使用严厉的惩罚。大致上，大多数的父母都做得很好。

---

**思考题**

什么教养方式的类型似乎有助于情绪健康的孩子的成长？除了传统的核心家庭之外，在今天的美国社会，还有哪些其他的家庭结构类型凸显出来？什么因素与父母亲离婚的年幼儿童的健康情绪适应有关？

---

## 同胞关系

儿童和家庭里同胞姐妹兄弟的关系非常重要（Dunn, Slomkowski & Beardsall，1994）。一个儿童在家庭中的位置，和他或她的同胞兄弟姐妹的性别和数量被认为对儿童的发展和社会化有主要的影响（Volling & Belsky，1992）。这些因素构成儿童的社会环境，提供重要关系和角色的网络（E. Brody et al.，1994）。由于围绕他们生活的社会网络不同，所以独子、最大的儿童、排序中间的儿童和最小的儿童似乎都体验到略微不同的世界，即使他们接受的教养风格相同。

一些心理学家主张这些因素和其他环境方面的影响力起作用，使得在同一个家庭中的两个孩子彼此不同，就像在不同家庭中的孩子一样（Daniels，1986）。这些心理学家称，在每个儿童的家庭中都有一个独特的微环境。根据这个观点，没有一个单独的家庭，而是与之相反，儿童体验到的家庭如同许多"不同的"家庭一样。这些心理学家总结到，在同胞兄弟姐妹之中发现人格上很小程度的相似性，这几乎完全由共同的基因产生，而不是来自共同的体验经历。

简而言之，在家庭中同胞兄弟姐妹经验的独特之处在塑造他们的人格方面更有影响力，超过同胞兄弟姐妹经历的相同之处。家庭环境的大多数不同之处，对于孩子来说比对于他们的父母更明显（McHale et al.，1995），并且更多地由孩子如何感知和解释父母亲的爱和处罚来决定（Grusec & Goodnow，1994）。

排序靠前的哥哥或姐姐的"先锋功能"会体现于生活的各个方面，例如在如何应对丧亲、退休或孀居时的行为榜样（Rosenthal，1992）。的

确，由于当今时常发生离婚和再婚，兄弟姐妹之间的联结已经被较新的研究关注（Sheehan et al.，2004）。同胞兄弟姐妹关系典型地变得较平等，并且当儿童进入儿童后期和青少年期时较不强烈（Buhrmester & Furman，1990）。

**孩子和出生次序**　在全球的许多文化中，头生儿比稍后出生的儿童更有可能有精心计划的出生仪式，成为一个知名人士（授予父亲的名字），继承特权和职位，而且享有权威和被同胞兄弟姐妹尊敬。长子通常对财产有较多控制，在社会中有较大的权力和较高的社会地位（Herrera et al.，2003；Rosenblatt & Skoogberg，1974）。而且在很多文化中，较年长的兄弟姐妹担当他们年幼的兄弟姐妹的照看者（Dunn，1983）。

头生的孩子是很多研究持续的关注点，因为他们似乎是财富的宠儿（Cicirelli，1978，1995；Falbo & Poston，1993）。头生子中有较高比例成为研究院和专业学校的学生（Goleman，1985），具有较高的智力水平（Zajonc，1976），成为国家的优秀学者和领罗氏奖学金的研究生，进入美国名人录和美国科学名人录，成为诺贝尔奖获得者（Clark & Rice，1982），成为美国总统（52%），获得最高法院的 102 个指派职位（55% 是独子或者头生子），进入国会名人录，以及进入太空人军团（最初 23 个美国籍太空人中有 21 个是独子或头生子）。

虽然关于出生次序的影响已经有相矛盾的研究（Ernst & Angst，1983），Herrera 和同事（2003）综述了大多数出生次序研究，探究出生次序差异的经验现实（对父母亲的报告、同胞兄弟姐妹报告、自评和学术成就及职业的资料的实

证分析），并发现头生子、排序中间的孩子、幼子及独子人格特质的相对一致模式和对应的职业地位。大体上，许多研究的调查结果表明：（1）初生儿被看作聪明、顺从，以及可靠和有责任心的；（2）排序中间的孩子被视为野心勃勃、充满爱心、友好和有思想的；（3）幼子被认为是有创造力、感情用事、友好、不服从、有最少责任心和健谈的；（4）独子被视为独立和自我中心的（Baskett，1985；Herrera et al.，2003；Musun-Miller，1993；Nyman，1995）。Jacklin 和 Reynolds（1993）也发现较晚出生的儿童似乎比头生儿具有更好的社会技能。

由于许多研究一致发现长子被认为比其他的出生次序的孩子更聪明，因此往往得到较高的教育和职业身份，Herrera 和同事（2003）进行了一项两个不同学生群体关于出身次序和职业状态的信念的调查。两组参加者：获得较高声望的职位的头生儿，与稍后出生的孩子相对比。他们将头生儿归类为会计、太空人、律师和医生；而期望稍后出生的孩子成为演员、艺术家、音乐家、老师、摄影师或特技演员。但是这些期待会成为现实吗？Herrera 和同事（2003）之后在 1997 年和 1999 年对波兰人群的代表性横断大样本调查了出生顺序、家庭规模和现实职业成就。但是，他们的分析指出，较高的出生排行和较小家庭的个体实际上完成较多的学校教育并获得较高声望的职位。

整体来说，父母和其他人往往对初生儿和稍后出生的孩子有不同的反应，而这反过来又会强化人格的刻板印象。研究揭示，父母较看重他们的第一个孩子（Clausen，1966）。较多社会性的、情感的和照顾的互动在父母和他们的头生儿之间发生（Cohen & Beckwith，1977）。因此，头生儿较多地暴露于成年人的模范作用和成年人的期待及压力中（Baskett，1985）。

头生儿和稍后出生的孩子之间差异的第二种解释源自**汇集理论**（confluence theory），这是心理学家 Zajonc 和同事设计的一个模型（1986；Zajonc et al.，1991）。汇集理论的得名来自家庭的智力发展像一条河，每个家庭成员的加入就如同交流的汇集的观点。依照 Zajonc，最年长的孩子体验到比年幼的孩子更丰富的智力环境。

同胞关系在各个社会都是很重要的

孩子的出生顺序构成了同胞间不同的兄弟姐妹关系社会网络或环境。实际上，社会科学家逐渐得出结论认为，并非"单一"家庭而是许多"不同"家庭中的兄弟姐妹在一生中都会维持很强的关系。

汇集理论有它的反对者。因此，第三种解释——**资源稀释假设**（resource dilution hypothesis）——扩展了汇集模型，包含更多的资源而不只是丰富的智力环境。这个理论称，在大家庭资源变得同时满足太多的任务时，对所有的子孙有损害。在现实中，家庭资源是有限的，包括父母亲的时间和鼓励、经济的和物质的商品、各种不同的文化和社会的机会（音乐及跳舞课、旅行和大学储蓄金）这样的资源。其他的同胞兄弟姐妹确实减少了父母亲的资源，而且父母亲的资源对孩子教育的成功和社会情绪的发展具有重要的影响（Downey，2003）。

社会学家普遍采用资源稀释假设来解释他们发

现的同胞兄弟姐妹的数量和教育成就之间的关系：同胞兄弟姐妹的数量增加，与经历学校教育较少年数和较少达成教育上的重要事件有关（在学生自治会中、在学校报纸上、在戏剧群体中的地位等等）。以这个方式，家庭的大小与达到成就的程度有更大或更小的相关（Steelman & Powell，1989）。

第四种解释，首先被 Alfred Adler 提出，强调同胞兄弟姐妹的权力和地位竞争在一个儿童的人格形成中扮演着重要角色（Ansbacher & Ansbacher，1956）。Adler 将头生儿的"废君"视为初期儿童发展的关键事件。借由妹妹或弟弟的出生，头生儿突然失去他或她在父母亲注意上的垄断权（Kendrick & Dunn，1980）。Adler 说，这个损失，引发了强烈的对于赏识、注意和表扬的毕生需要，而这些赏识、注意和表扬是儿童和稍后的成人通过高成就寻求获

得的。较晚出生的儿童发展的一个同样关键的因素是，与更年长和更多成就的同胞兄弟姐妹成就上的竞争性比赛。在许多情况下，当个体变得比较年长而且学会处理他们自己的事业和婚姻生活的时候，怨恨就会消失（Dunn，1986）。

总的来说，许多独特的遗传基因和环境因素介入个别的家庭中，在他们的成员之中产生广泛差异而不仅仅在家庭之间（Heer，1985）。

**思考题**

在动机、自尊和社会支持方面较年长的同胞兄弟姐妹以什么方式影响较年幼的同胞兄弟姐妹？大体上，一个儿童在家庭中的出生顺序如何影响她或他的人格？

 ## 非家庭的社会影响

我们已经见到孩子进入包含社会网络的人类世界。特定的关系在形式、强度和功能上随着时间发生变化，但是社会网络本身横跨一生。然而社会和行为科学家大概忽略了孩子的社会网络的丰富图案，直到过去的 20 年。他们将婴儿和母亲之间的社会性亲密当作这个婴儿关系的中心定位，并将年幼儿童与其他家庭成员和同龄人的联结看作好像它们没有存在或不具有重要性。

然而，越来越多的实证研究指出其他关系对人际能力发展的重要性。在本节中，我们探究孩子的同伴关系和友谊。**同伴**是大约相同年龄的个体。早期友谊是一个儿童的情绪力量的主要来源，而且它的缺乏会造成终身性的危险（Newcomb & Bagwell，1995）。

### 同伴关系和友谊

从出生到死亡，我们发现我们自己陷入数不尽的关系中。对我们来说，很少有人会和我们的那些同伴和朋友同样地重要（Dunn，1993；Newcomb & Bagwell，1995）。像三岁这么大的儿童开始形成与其他儿童的友谊，这与成人的友谊令人惊讶地相似（Verba，1994）。而且正如那些成人的做法，对年幼的孩子来说不同的关系适宜不同的需要。一些儿童的关系令人想起强烈的成人的依恋关系；其他的一些关系，则令人回想起成年人的良师益友和被保护者之间的关系；还有一些，

让人想起成年人同事之间的友情。虽然年幼的孩子缺乏许多成人带到他们关系中的思考性的理解，但是他们时常投入到他们带有强烈情绪特质的友谊中（Selman，1980）。与此同时，一些年幼儿童将相当可观的社交能力带到他们的关系和高度的互惠交换中（Farver & Branstetter，1994）。

正如我们在第 6 章所见的，依恋理论预言，从母亲—儿童联结的质量可以推断儿童的亲密个人关系。研究人员确定，相对于那些不安全的母婴依恋的学龄前儿童，有着安全的母婴依恋的学龄

前儿童与他们同伴享受更和睦的、较少控制的、更多回应和快乐的关系（Turner，1991）。多种研究显示，随着年龄逐渐增加，同伴关系更有可能形成而且更有可能是成功的（Park，Lay & Ramsey，1993）。四岁的儿童，举例来说，花费他们与他人接触时间中的大约 2/3 和成人交往，1/3 给同伴。11 岁的儿童，与之对比，花费大约相等的时间与成人和同伴交往（Wright，1967）。

一些因素促成了互动模式中的这一转变：（1）当孩子慢慢长大时，他们的沟通技能会改善，会促进有效的相互交往（Eckerman & Didow，1988）；（2）孩子逐渐增加的认知能力使他们能够更有效地针对他人的角色调整他们自己（Verba，1994）；（3）托儿所、幼儿园预备班和小学预备班为同伴相互交往提供了越来越多的机会；（4）逐渐增长的运动技能拓展了儿童参与许多合作活动的能力。

学龄前的孩子将他们自己分类进入相同性别的游戏群体（Maccoby，1990）。在一项纵向的研究中，Eleanor E. Maccoby 和 Carol N. Jacklin（1987）发现，学龄前儿童在四岁半时，与相同性别的玩伴玩的时间三倍于不同性别的玩伴。在六岁半时，儿童与相同性别的玩伴玩的时间将 11 倍于不同性别的同伴。而且，幼儿园的女孩往往在小群体中玩，尤其是二人群体中交往，然而男孩通常是在较大的群体中玩（Eder & Hallinan，1978）。

## 同伴的强化和模仿学习

儿童作为对其他儿童的强化因素和行为榜样扮演着重要角色，有时成人会忽视这个事实。作为孩子与其他孩子相互交往的结果，大量的学习发生了（Azmitia，1988）。这里有一个典型的例子（Lewis et al.，1975，p.27）：

两个六岁的孩子正忙于参与 "Playdoh" 的游戏。当他们铺出长的 "蛇" 的时候，房间里回荡着他们欢乐的笑声。他们中的每个人都尝试超过其他人铺出一条更长的蛇。其中一个孩子一岁的同胞妹妹听到欢喜的叫声，摇晃地走入房间。她够到哥哥用的 Playdoh。较大的孩子递给一岁的儿童一些 Playdoh，这个儿童尝试卷起她自己的蛇。无法实行任务并感到挫败，一岁的孩子变得急躁起来，指着较年长的哥哥给她的一把小刀。然后四岁的他教妹妹该如何切断那些其他孩子已经做好的蛇。

的确，通过老师教较大的孩子和较大的孩子教较小的男孩和女孩，老式的单房间学校起作用了，而且运行得很好。

见到其他的孩子做出特定的举止也能影响一个儿童的行为。借由相互模仿和跟随领袖的游戏，儿童得到了一种亲近感，一种其他儿童与他们自己的存在相像的感觉，并且成功地运用对他人行为的社会控制（Eckerman & Stein，1990）（参见本章专栏 "人类的多样性" 中的《为残疾儿童的童年早期环境做准备》一文）。除此之外，O'Connor（1969）的一项研究揭示，严重性格内向的保育院孩子，在他们观看描述一起快乐地玩耍的其他孩子的 20 分钟有声电影之后，相当大程度上会更多地参与同伴的相互交往。正如我们将会在第 9 章见到的，榜样已经证明是帮助孩子克服各种不同的恐惧并为新经历做准备的一个重要工具。

## 儿童的攻击性

**攻击性**被社会性地定义为伤害性的或者破坏性的行为，而且大多数人类的攻击行为发生在群体活动的环境中（Berkowitz，1993）。即使年幼儿童表现出攻击行为，随着年龄逐渐增长，他们的攻击性行为也会变得不太普遍并更具有目的性（Feshbach，1970）。没有目的性的情绪性的攻击性行为的比例，在生命的最初三年期间逐渐地减少，在四岁后显示急剧降低。与之相反，报复反应的相对频率随着年龄增加，尤其在孩子到了他们的第三个生日之后。口头攻击行为也在2～4 岁增加（Egeland et al.，1990）。

## 人类的多样性

### 为残疾儿童的童年早期环境做准备

每个儿童的一个最基本需要是有被接受的感觉和归属感。然而，研究表示有残疾或者差异的孩子无意识地不被同伴接纳，除非老师、儿童保育工作人员和父母在促进他们的接纳方面扮演积极的角色。关于伤残或有差异人士的早期感知为态度的形成奠定了基础。事实上，五岁大的孩子已经对有关残疾儿童的事有或是正性的或是负性的感知（Gifford-Smith & Brownell，2003）。如果没有促进认同感的细心体贴的计划和策略，这些早期的态度时常是负性的（Favazza & Odom，1996）。老师会借由建立课堂提出态度形成的三个关键的影响因素，来促进班级气氛正性的、接纳的态度和残疾儿童正性的自尊：

● 间接的体验。提供关于伤残人士信息的相片、书籍、展览和教育节目。举例来说，对于孩子和他们不知情的家庭成员来说，不正确地认为他们会"理解"另一个儿童的残疾或疾病（如唐氏综合征）是正常的。残疾儿童需要真实地在班级设置和社区活动中得到正视，正如教室中所有的孩子需要在他们的环境中得到正视。Favazza 和 Odom（1996）在一项调查了95个幼儿园和托儿所的研究中发现，最典型的课堂并没有在展览、书籍中被描述的或使刻板观点受挫的课程中的残疾人士。

● 直接的体验。研究已经清楚地证实，对残疾个体的正性体验会有助于接纳。班级中的其他孩子可能需要在游戏时间或点心时间帮助有残疾的儿童。举例来说，群体中所有的孩子可能都需要学习手语。在最初塑造帮助行为方面，老师是关键性的。负性态度往往出现于只有很少甚至没有直接体验残疾的孩子身上（Gifford-Smith & Brownell，2003）。

● 主要社会群体。一个年幼儿童的主要社会群

所有的年幼儿童享受并且受益于同伴关系和友谊

体是她或他的家庭。孩子的态度被父母亲的态度影响，包括父母亲的沉默，儿童会有负性的体验。老师和课堂援助必须对他们进行特定的残疾儿童的教育。开始了解残疾——并学习这些儿童的显著特质。如果可能，安排一位成功的带有这种残疾的成人和孩子一起参观教室并谈话——举例来说，邀请一个坐轮椅，或戴有义肢，或正在庇护工作室中工作的成人。

来源：Favazza, P. C. (1998, December). Preparing for children with disabilities in early childhood. *Early Childhood Education Journal*, 25 (4), 255-258.

298　　　女孩和男孩对于他们如何表达对同伴的攻击是不同的。男孩往往透过躯体和口头的攻击行为伤害他人（击打或者推挤他人，并威胁他人会痛打他们）；他们所关心的事情典型地集中于他们的我行我素而且支配其他的儿童。与之形成对比的是，女孩往往把重心放在表示关系的议题上（建立密切的、亲密的与他人的联系）；借由例如散布负性传闻，将儿童排除在游戏群体之外和有目的地撤回友谊或赞同这样的行为，她们尝试通过破坏对同伴团体中异类的友谊或情感来伤害他人（Crick & Grotpeter, 1995；Moretti , Odgers & Jackson, 2004）。

　　研究人员也发现，一些孩子带着攻击性行为的整套技能进入了保育院；其他人起先是消极的和不决断的。但是在相对被动的孩子习得反攻击之后，由此结束其他孩子对他们的攻击性行为，他们自己开始攻击新的受害者。儿童保育专家 Jay Belsky 称，如果年幼儿童在照料中度过大量时光，而且远离父母，则会显示逐步增强的攻击性，这是国家儿童健康和人类发展研究所（the National Institute of Child Health and Human Development）在 2001 年 4 月发放的《早期儿童保育报告》（the Early Child Care Report）中的发现。这项国家研究的主导者关注的是，父母需要了解研究中儿童保育下的 83％ 的儿童没被分类为具有攻击性的，并且年幼儿童在高质量的儿童保育中体验到许多有利条件（Sweeney, 2001）。

　　尽管如此，一些孩子表现得比其他儿童更易于参与攻击性行为（Campbell et al. , 1994）。一些攻击行为起源于孩子在获取角色技能（Hazen & Black, 1989）的发展上的滞后，但是这不是故事的完整版。较具有攻击性的孩子，特别是男孩报告攻击行为会产生切实的回报，并减少其他孩子的消极对待（Trachtenberg & Viken, 1994）。另外，研究人员发现，看到及听到成人之间怒火冲天的情景的幼儿，在情绪上会受困扰，并对他们的同伴采取攻击行为（Vuchinich, Bank & Patterson, 1992）。

　　攻击、敌对、威胁、蔑视和毁灭性是**反社交行为**的征兆，包括对行为的社会描述模式的持久稳固的违反（Walker, Colvin & Ramsey, 1995）。大约在学校中的 400 万～600 万个孩子已经被确认为是反社会的（不过其中有一些被视为行为障

**同伴的攻击行为**

　　许多有攻击性的孩子在良性环境之下甚至将有敌意的意图归因于他们的同伴。结果，他们在人际环境中比其他的孩子更有可能做出攻击性的回应。男孩的攻击行为往往是口头和躯体的，但是女孩更有可能使用伤害性的话语、排斥或撤回友谊。

碍），并且这个数字正在上升（Kazdin, 1993）。研究显示（Walker, Colvin & Ramsey, 1995；Walker et al. , 2004）：

●　儿童的攻击性的、反社会的行为不"只是一个阶段"，一个会在成长过程中被放弃的行为。

●　童年早期的反社会行为是对青少年期犯罪行为最准确的预言。

●　反社会的孩子可以准确地在三岁或四岁这样小的年龄被识别。

●　如果反社会的行为模式没在三年级结束以前被改变，它会变成慢性的，只能通过支持和干预来"处理"。

●　预防和早期干预是我们目前将孩子带离这条路的最大希望。

┌─────────────────────────┐
│ **思考题**
│
│ ─────────────────────────
│
│ 　　早期友谊在一个儿童的情绪发展中扮演什么角色？在哪些情境中孩子会被鼓励接受残疾儿童进入群体？对童年早期的攻击性行为方面的研究发现是什么？
└─────────────────────────┘

## 幼儿园和"提前教育"项目

自从 20 世纪 90 年代以后，由于多数母亲有工作并且较多的孩子在危险中出生，越来越多西方世界的儿童早在他们进入公立学校之前很久，就进入早期干预计划、儿童保育和幼儿园（见图 8—8）。童年早期计划对于年幼儿童的发展有强大的影响是一个保守的说法，而且对儿童情绪发展的一系列研究将使其再次充满活力。

Edward Zigler（1994，p. X）说：299

今天的孩子和他们的父母在一起的时间越来越少，家长出于经济需要而必须工作较长时间，甚至他们非常年幼的孩子也必须安置在（托儿所和）幼儿园里。因此，童年早期课程的性质，它的发展适应性及由此产生的情绪调节，变得逐渐重要。

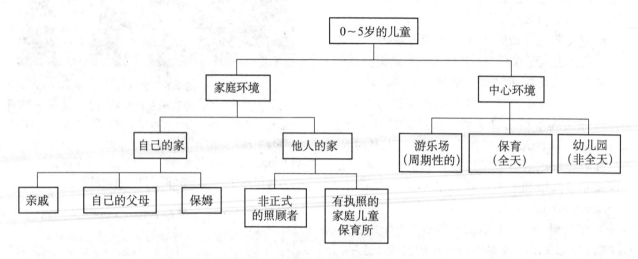

**图 8—8　童年早期保育和教育环境**

较年幼的孩子在西方化的社会中经历儿童保育环境的多样性，一些非正式和其他的保育园进行了调整并被许可。当父母在工作时离家去保育机构的幼年儿童比例已经提高。多数人有一些幼儿园的经验。在高质量的幼儿园教室里的孩子显示出较好的语言接受能力和最初步的数学技能，以及较强的社交技能。在 2001 年，超过 90 万个美国儿童参与了"提前教育"项目，而且 82.2 万个儿童登记了幼儿园预备班。儿童保育品质的实用性对于母亲的可雇性有直接的影响。

来源：Adapted from Bairraro，J.，et Tietze，W.（1993，October）. Early Childhood Services in the European Community：A report submitted to the commission of the European Community Task Force on Human Resources. Education，Training，and Youth.

在童年早期环境中的儿童刚刚要开始构造他们个人社会的领域；他们将初次体验大部分自己的和他人的情绪反应。在现阶段生活中，一个健康的目标应该帮助年幼儿童习得悦人心意的表达情感的方法，并发展理解和管理他们情绪的健康模式（Hyson，2004）。

公共幼儿园计划本来在 20 世纪 50 年代被建立来支持和发展年幼儿童的情绪及社会性发展——预先为认知能力提供来自家庭的情绪支持的健康的转换时间。在 20 世纪 60 年代中期，Zigler

（1970）领导了"提前教育"项目的最早时期，为来自低收入家庭的孩子在保育院环境中提供早期干预教育进行设计。这些儿童在早年期间体验到贫穷的影响，教育家相信，家庭之外的适当的服务可以弥补这些劣势。

在 20 世纪 80 年代的幼儿园和儿童保育计划中，由于管理者展现接触式的及躯体式的倾向以及与孩子情绪连接的发展变成可疑的，年幼儿童性虐待的诉讼和控告迫使这些计划把重心集中在年幼儿童的智力发展上。当对一些知识储备应该是这些计划的组成部分达成一致意见时，大多数关心儿童成长的专业人士和父母认为已经有不适当地强调正式的学业表现（理解符号、时间、数字、体积和空间）。

关于儿童保育中心，在第6章中所说的很多内容也适用于幼儿园。像儿童保育计划一样，幼儿园已经被一些教育家、儿童心理学家和政治上的领袖视为对文盲、未能发挥学习潜能、贫穷和反抗西方国家种族歧视的许多重大社会问题的可能的解决办法。

近几年来，已经可获得的长期数据揭示，在这个计划中的社会经济地位不好的儿童确实得到了提前教育（Children's Defense Fund，2003）和从长期效应中受益（参见本章专栏"进一步的发展"中的《提前教育：影响心、手、健康和家庭》一文）（Garces，Thomas & Currie，2000；Oden et al.，2000）。

**进一步的发展**

300

### 提前教育：影响心、手、健康和家庭

由于超过2 200万年幼儿童和他们家庭的参与，"提前教育"项目成为美国最大的预备学校计划（Zigler & Styfco，2004）。从1965年开始，"提前教育"项目是Lyndon Johnson总统与贫穷作战的衍生物。通过在保育院环境中提供读写能力、计算能力和词汇技能训练，它给来自低收入家庭的孩子提供早期干预教育。教育家认为，提供适当的服务给儿童和家庭可以补偿孩子由于贫穷而经历到的教育缺陷。在1994年，国会创立了"早期提前教育"项目，以迎合小于三岁的儿童和低收入妇女的需要（Children's Defense Fund，2003）。

计划还提供必要的保健服务给数以百计或数以千计的年幼儿童，并教给父母更好的养育技能（Zigler & Styfco，2004）。通过父母的参与，他们与学校的联系加强，将他们带到教育事业中的伙伴关系里，这个计划的效果增强。许多父母他们自己的学校教育体验不好，在他们将负性态度传递给他们的儿童之前，这些问题需要引起注意（Wasik et al.，1990）。

"提前教育"是政府赞助最多的研究项目之一。然而，研究员对于该如何估量"提前教育"项目的作用一直存在争论。虽然项目中设有评估的部分，目标是大范围的，但是一直缺乏适当的评估工具。"2003秋天，国家报表系统（the National Reporting System，NRS）被强制实行。这个系统包括在'提前教育'的第一年和最后一年，给每个幼儿园程度的儿童在词汇量、文字识别和数学技能方面进行测试"（Zigler & Styfco，2004）。国立黑人儿童发展研究所（the National Black Child Development Institute）和La Raza国家议会（the National Council of La Raza）等组织已经要求国会再评估这种尝试的责任性（Moore & Yzaguirre，2004）。这些组织主张仅依靠非常年幼儿童的认知测试无法揭示他们为上学做准备上有多进步，这应该体现在社会性、情绪和运动的技能发展上。国家报表系统的执行由专家小组提名进行回顾评论（Zigler & Styfco，2004）。

**优质幼儿园和"提前教育"项目很重要**

优质幼儿园和提前教育项目对孩子的社会性情绪的发展具有立竿见影的积极作用，包括自尊、成就动机和社会性的行为。研究员发现，优秀的提前教育项目对贫穷的儿童具有长期效果，可以扩展得很好甚至超越儿童的学龄。父母亲参与提前教育项目也对他们自己的积极成长有贡献（Schweinhart et al.，2005）。

但可获得的长期数据揭示，在优良学前儿童项目中的儿童的确得到了提前教育，并在长期效应中受益（Garces，Thomas & Currie，2000；Oden et al.，2000）。在2004年11月，一项题为"终生效应"的报告称：经过40年的高等/复杂性佩里幼儿园研究（Schweinhart et al.，2005）被准许公开。这项纵向研究的对象是高质量学前项目佩里幼儿园（the Perry Preschool）的长期效应。幼儿园的一个创办人David Weikert和他的同事一起在1962年对123个三岁儿童进行了研究。按照得到照料（幼儿园）的儿童和没有得到的儿童随机分配小组。他们持续地收集数据直到2002年参加者达到40岁。

根据研究调查的结果，进入幼儿园的孩子具有较高的中学毕业率——65%对45%——相对没有进入过幼儿园的人比例更高。这个差异在女性中更显著——84%对32%。他们是具有较高就业率的群体——76%对62%——每年多赚5000美元，更有可能是屋主，较可能成为养育他们自己孩子的父母，而且更有可能拥有银行/活期储蓄户（Kirp，2004）。这些长期的效应很重要，不仅对他们自己，早期教育和家庭辅助设施的益处也是对后代的馈赠。

来源：Schweinhart，L. J.，Montie，J.，Xiang，Z.，Barnett，W. S.，Belfield，C. R.，& Nores，M.（2005）. *Lifetime effects: The High/Scope Perry Preschool through age 40*. Monograghs of the High/Scope Educational Research Foundation，Ypsilanti，MI：High/Scope Press. Retrieved March 1，2005，from http：//www. highscope. org/Research/PerryProject/perrymain. htm.

"提前教育"计划的回报不只是在教育方面，而且在经济上，由于最后它的参加者比较不会需要针对儿童的治疗计划和针对成人福利的社会支持系统。显然，幼儿园的孩子习得了该如何吸取来自学校系统的较好的教育。而且，计划的有效性借由父母的卷入，增加了他们与学校的联系，而且建立了与教育企业的伙伴关系（Schweinhart et al.，2005）。最后，当社会经济地位不利的儿童长大的时候，他们继续需要与在他们早年被提供的"提前教育"计划相同的全面服务和特别的关注。我们的联邦政府现在正在提供一些资金给0～3岁儿童的"早期提前教育"计划、幼儿园学前班计划、放学后计划和暑期充实计划，让这些群体的儿童继续发展他们的能力以符合小学的学业课程和行为标准。另外，这样的年轻人有资格参加中学计划，例如 Gear Up 或者 Upward Bound 这样的计划可以帮助他们为学业成功做准备。

### 思考题

最初，在20世纪50年代公共幼儿园计划的主要目标是什么？过了数年那个目标为什么改变了？"早期提前教育"和"提前教育"项目的目的是什么，服务于什么样的儿童群体？

## 媒体的影响

至少长达30年，主管当局已经对关于媒体暴力对这个国家的年轻人行为的影响表示担心（Kolbert，1994；Slaby，1994）。在美国，幼儿园儿童平均每天看电视3～4小时。年幼儿童在电视和录像节目中都会观看到数以千计的谋杀现场、殴打和性伤害（Seppa，1997）。

**电视** 有重要意义的是，美国儿童除了睡眠，相对于任何其他的活动会花更多的时间来看电视（Gentile & Walsh，2002），一些研究已经将童年期肥胖与过度观看电视联系起来（Robinson，1999）。此外，电视已经成为美国孩子的主要社交媒介，研究已经重复发现，电视暴力与攻击性行为的相关性和已经被测量的任何其他行为变量同样地强烈。许多研究已经发现，媒体暴力影响童年期和成年的攻击行为，尤其是倾向于表现攻击性行为的人（Anderson & Bushman，2002）。

一些例外包括观赏性的教育节目（为非常年幼的孩子而设计），如"芝麻街"（Sesame Street），不论父母教育、收入、母语或家庭环境质量，这些节目都对孩子的学前储备、语言和数字技能以及词汇有所贡献（Huston & Wright，1998）。观赏亲社会节目例如"罗杰先生的邻居"（Mr. Rogers' Neighborhood），用父母指导性的活动，会增加孩子的亲社会行为（Wright & Huston，1995）。重要的是，随着慢慢长大，孩子较少观赏这些高质量的教育节目，他们看的卡通和喜剧节目随着年龄增加（Huston et al.，1990）。大部分这些节目指向浸透在攻击行为、故意伤害和暴力中的儿童观众。举例来说，"疯狂的兔子"（Bugs Bunny）和"BB 鸟与大野狼"（Roadrunner cartoons）卡通片是典型的星期六晨间娱乐节目，平均每小时有 50 个暴力行为。

电视对儿童能力的影响是复杂的。直到他们升入小学为止，许多儿童不理解产品促销信息后面的动机，而且学龄前儿童和初学走路的婴儿往往相信成人告诉他们的。他们缺乏个人经验和认知发展来质疑他们所看到的信息的准确度（Wright et al.，1994）。电视在儿童观看的节目中很少描写暴力严重有害的作用。

多种研究揭示，观看媒体暴力在许多方式上鼓励了攻击性行为（Bandura，Ross & Ross，1963；Huesmann & Miller，1994；Kolbert，1994）：（1）媒体暴力提供孩子学习新的攻击性技能的机会；（2）观看暴力行为以同样的方式使孩子抑制对抗的行为变弱；（3）电视暴力会提供场合的条件反射，借由想象参与另外一个人的暴力经验获得攻击性行为；（4）媒体暴力增加真实生活中孩子对攻击行为的耐受力——习惯性效应——并加强将世界视为危险的地方的趋向。

纵向研究已经跟踪个体生命的主要部分，这些被试中的一些已长达 22 年，揭示易受伤害的年轻人观看大量电视暴力是以后暴力犯罪行为最好的预言因素之一（Slaby，1994）。总的来说，越来越多的文献提出，电视提供给孩子多种娱乐，但是同样地也具有很大的负性社会化影响（Huesmann & Miller，1994；Seppa，1997）。

在幼儿园的数年期间，是建立观看习惯的时期，父母和儿童保育工作人员具有大部分的支配力来影响孩子的观看习惯（Hughes & Hasbrouck，1996；Truglio et al.，1996）。假设孩子的父母限制他们观看，研究表明，如果父母花时间鼓励孩子或者陪他们进行其他的活动，孩子将会较少观看电视。就儿童健康的重要性来说，国家小儿科医师要求父母减少他们孩子观看电视一半或者更多的时间，因为观看电视还成为童年期肥胖的原因（Robinson，1999）。由于在缺乏阅读技能和过量观看电视之间发现强相关，教育家已经为国家的阅读得分落后而归咎于电视（Gentile & Walsh，2002）。

**录像和电脑游戏以及互联网**　关于观看电视的许多教育和心理学研究发现扩展到电视游戏和互联网的使用上。在 20 世纪 70 年代早期有 Pong，这是一个简单的电子桌球游戏。然后是小精灵（Pac-Man）、BB 鸟与大野狼、太空侵入者（Space Invaders）、太空陨石歼灭战（Asteroids）及其他。到 20 世纪 80 年代时，电视游戏机在儿童中发展出相当多的追随者，以至于医生将一种手部疾病"太空入侵者痉挛"归因于过度玩电视游戏。十年之后，1990 年，任天堂和 Sega 电视游戏机主导了儿童游戏领域。将近 1/3 的美国家庭拥有任天堂或 Sega 游戏机，一个销售前 30 位的玩具调查发现，其中有 20 种与电子游戏有关（Provenzo，1991）。

到 2006 年，许多美国家庭拥有了个人计算机并可以使用互联网聊天室、即时信息和全球信息网（the World Wide Web）。互联网让儿童可以接触到非常多的教育和娱乐网站，但是它也让儿童接触到对发展不适合和对孩子来说危险的网站（举例来说，一些孩子登录到儿童聊天室上的"恋童癖者欺骗"）。"过滤"软件让父母可以"屏蔽"任何含有他们选出需要被屏蔽的话题的网站，但是使用过滤器不是个十分安全的解决方法。为了解决这个问题，心理学家现在已经识别出影响孩子和成人的心理障碍，称为"网络成瘾障碍"。

许多父母担心他们的孩子对电视游戏机和计算机入迷会导致儿童发展上的障碍（Hays，1995；Sheff，1993）。电视游戏机很少给儿童机会为自己做出决定，形成他们自己的创意，或构造他们自己对问题的解决方式。大多数的游戏不奖赏个体的进取心、创造力或想法，也不允许儿童有充分的自由来实验自己的观念、发展资源并使用他们的想象力。

批评者主张电视游戏机只提供了非常有限的

302

文化和感官刺激，许多电视游戏机的游戏具有骇人的暴力和刻板的性别优越。少数的程序师制作出高质量的游戏，像 Myst。除此之外，习惯了电视游戏机提供的快速满足的孩子，可能不愿意投入努力和长时间的练习，而这对于较好地吹奏乐器或者在其他尝试中获得成功来说是必需的。

然而当这些技术以建设性的方式被使用的时候，这也是一个具有积极意义的时机。电视游戏机技术、计算机多媒体教育软件和对话式教育网站〔举例来说，国家地理的儿童网、在线的虚拟（The Virtual Smithsonian）、蒙特雷海湾水族馆、白宫儿童政府（WhiteHouseKids. Gov）、笔友网站及其他〕提供给教育家丰富的机会来帮助孩子学习和思考。显然，电视游戏机、计算机和互联网的接入，像电视一样，是我们的社会中具有极大的重要意义的现象。

事实上，我们需要重视在未来十年内，一些美国儿童没有机会习得计算机技能而成为合格的劳动力。社会科学家目前正在评估长期计算机使用和暴露于各种不同类型的网络内容对孩子（尤其是年幼的孩子）健康的影响。

## 思考题

你每天花多长时间看电视或者使用计算机？你同意电视是"沉默的"社会化代理人吗？你认为电视游戏机和计算机的应用怎么样，尤其是聊天室的对话？你现在花在在线"社交"的时间是否比真实的面对面的联络朋友花的还多？

## 续

在这个章节中，我们讨论会促进或损害年幼儿童的情绪和社会发展的变量。每个儿童的整体发展——躯体、智力、情绪、社会和道德——都是独特的。即使当成人尝试促进儿童从发展的一个阶段到另外一个阶段，这些天然的发展上的过程将会顺着每个年幼儿童适合的速度向前发展。一个儿童的情绪自我调节和自我形象被多种因素影响和反映出来：儿童自己发展的自我感；来自家庭成员和照看者的鼓励或挫败；与同伴的结交、认同或分裂；以及在西方文化中，媒体影响的范围。如果孩子要发挥他们自己的最大潜能并形成对他们自己的积极形象，孩子需要感到被在他们的生命中重要的人所接受和爱。健康的社会情绪基础为年幼儿童的童年中期阶段，即7～12岁的发展需求做准备，我们会开始第五部分的内容——童年中期。

# 总结

303

## 情绪发展和适应

1. 对于情绪的研究记录了被情绪激发的所有行为、想法和相互作用。研究表明了在多样性的家庭和社会环境中情绪发展的路径各不相同。跨文化的研究关注的是情绪自我调节的标准和时间上的社会文化的差异。

2. 大量研究指出孩子六岁时需要获得最起码的社会能力，否则成年期会出现情绪障碍和行为障碍。人们开发了一些计划以帮助幼儿园的孩子发展健康的社会—情绪技能。

3. 思维是情绪活动，儿童的情感能够支持或者阻碍智力的/学业的表现。照顾者和老师将儿童更有效的亲社会解决方式、较少注意力的问题和较少分裂性行为评估为具有较强社会能力。为了促进年幼儿童的社会能力，父母和照顾者都必须教导儿童有效的解决问题的技能。

4. 父母直接地影响他们孩子的社会—情绪能力。显示社会能力、情绪理解力、亲社会行为、高自尊和依恋安全的孩子，父母具有较高的友善或正性的情绪和与孩子较低的负性互动。这种家庭的儿童会模仿自我调节和适应性情绪策略及行为。对非敌意的情绪，像悲哀、尴尬和苦恼的暴露，与同情正相关。来自负性的、敌对的家庭环境的儿童，最不可能遵从父母亲的指令，并显示较多的负性情绪和情绪上的不安全行为。

5. 脸部表情、肢体语言和手势在幼儿园期间以很高的频率出现，反映出很好的认知能力和对文化价值观和标准的意识。越来越多对大块的和强壮的肌肉的控制帮助儿童以更复杂的方式表达情感。声音特性传达节奏和特定的社会—情绪的信息。

6. 游戏使孩子改善认知能力而且让他们最深的情感得到沟通，而且许多认知的、情绪的和社会性受益来自于游戏活动。孩子通过游戏的可预期的和渐进的社会形式成熟：功能性游戏、建设性游戏、平行性游戏、旁观者游戏、联合游戏、合作性（协力完成的）游戏。一些年幼儿童产生假想的朋友。男孩往往在较大的群体中玩而且似乎偏爱混战和竞争性的游戏，而女孩往往偏爱两人聚在一起，有益于言语的相互作用和情感的展示。年幼的儿童使用假装游戏探索他们的情感。他们使用他们的想象而且有创造力地和他们环境中的物体玩。

7. 年幼的儿童是自我中心的，而且他们的想法、感觉和言辞与他们自己有关。他们可能认为他们导致坏的事情发生。因为他们不能够用语言描述并且讨论他们的情感，治疗性的游戏借由释放他们的情感、想法和攻击性，有益于有情绪和行为障碍的年幼儿童。这样的游戏减少了他们的焦虑和攻击而且改善了他们的社会调节和情绪健康。

8. 研究揭示跨文化的父母关于角色扮演有许多不同的理论。在贫困国家的孩子每天工作数小时来支持家庭的生存。每个社会的成人会促进有益于那个社会成员的游戏和社会性互动。

9. 对于儿童应该能够控制他们的情绪的年龄，文化和专家的观点不尽相同。根据每个儿童自己的步伐，情绪的自我调节逐渐地发展，直到三岁之后才可能出现。文化的规范因男孩的支配权和女孩的情绪情感而变化。

10. 西方化社会中的父母在游戏中鼓励探险、想象和独立，并支持个人主义：独立、表达自由和竞争力。与之相反，亚洲和南美社会在家庭和群体中促使培养集体主义的牢固的情绪连接和整体情感。孩子被期望对权威要服从而且展示对年长者的尊重。

11. 亚洲人的沟通对非语言暗示、身体运动和手势更敏感，这样民族的人的反应与美国人的理解和期待不同。南美洲的孩子体验到的是牢固的家庭凝聚力。一个男孩被期望是具有男子气概的，然而女性气质的情绪—社会标准应用于女孩。非洲裔美国儿童被教导使用和理解社会性情绪的脸部表情，有时避免直接的眼神接触。年幼儿童获得来自他们的名字、性别和家庭关系的认同感，直到七岁当他们经历认知成熟的时候，才会对人进行区分。年幼儿童典型地显示了不关心种族并接受作为个体的同伴。黑人儿童时常使用基于文化的言语节奏，美裔黑人儿童通常来自运用具有诗意美、情绪张力和富有想象力的歌曲和口述传统的家庭。

12. 老师、儿童保育专家、早期干预专家和保健人员需要在越来越多的移民儿童及其家庭融入美国社会的同时，熟悉跨文化的标准和观点。

13. 年幼儿童显示情绪信息和反应的广泛理解力。他们能和家庭成员及其他的照顾者发展出密切又情深的连接。教养和幼儿园规划的一个主要目标包括提高年幼儿童的自尊。

## 自我意识的发展

14. 情绪发展对自我意识是必要的。儿童将自身理解为与他人分开的，并持续到幼儿园时期逐渐显示出来。一些儿童发展正性自尊，另外一些发展较负性的对于他们自己的看法，这有广泛的生活上的影响。

15. 孩子开始将他们自己视为与其他人社交方面的能动者。自我控制和社会性的控制是相关的。两岁的儿童可能根据一些身体特征看待自己，而5～6岁的儿童能区分自己的心灵和身体。一些孩子需要成人的干预以提高他们的自尊并成为社会化较好的儿童。

16. 天才儿童具有高动机和称为"生命力"的自主性，可能是自我导向的，且具有比较成熟的自我意识。典型地，他们往往是积极的学习者，显示强烈的意志，能够共情他人的情感和早期情绪的细微之处。

## 性别认同

17. 认识到自己的性别是在生命最初的六年期间一件主要的发展任务。所有的社会对男性和女性特定的性别角色进行分工。文化的社会化经历帮助一个年幼儿童发展为是男性或女性的性别认同。在3～4岁之间，大多数的儿童获得性别认同，且性别角色已经变得更加多样化。

18. 荷尔蒙对性别行为的显示有影响。睾丸素往往使男孩有较多肢体上的活动、较具有攻击性、较不能安静地坐好。大体上，男孩也似乎更擅长逻辑、分析、空间和数学，而女孩往往更擅长言语、社会的和一些更情绪化的表达方式。除此之外，每个儿童的文化社会化模式和家庭经验影响性别行为。一些研究者提出环境的因素对性别认同起到了较强的影响力。

19. 精神分析理论提出早期经验在性别认同中扮演重要角色。Erikson的心理社会性理论提出儿童借由对他们的世界有目的的行动尝试解决主动对内疚阶段的冲突。认知学习理论提出学习榜样/模仿在性别认同中担任主要角色。认知发展理论声称儿童获得女性或者男性的心理模式，或传统的性别刻板印象，然后采纳那个模式的关于性别的特征。母亲和父亲往往不同地对待他们的儿子和女儿，促进了男性或女性特质。男孩通常通过和认同他们的父亲或其他的男性模范的角色来学习怎么样是男性的。而较多的男孩成长时父亲不住在一起或缺席，缺乏正性的角色模范。

## 家庭的影响

20. 在社会化的过程中，年幼儿童需要适合于他们社会的文化方式，这一过程被称为"社会化"。Belsky提出在文化的情境中，家庭是作为动态系统的个体功能互动的网络。

21. 年幼儿童正在被婚姻、离婚、未婚先孕、非家庭的生活安排中的多变的趋势影响，例如同居和收养照顾、家庭的迁移、高教育标准、工作不稳定和收入变化，以及贫困的有害影响。

22. 导向爱的教养技术往往促进儿童良知的形成和责任感。相反，敌对的且拒绝的父母干扰儿童的良知发展，导致攻击性和对权威的抗拒。孩子自己的人格和气质特征也影响他们受到的教养方式。

23. 严格的教养方式往往与被充分控制的、恐惧的、依赖的和服从的行为相联系。当培养外向的、好交际的、果断的行为和智力上奋斗的时候，放任也往往减少个性和增加攻击性。有效的管教是一致的和清晰的。最具攻击性的儿童的父母对攻击性的态度是不一致的。

24. 在美国社会中，有关于将打屁股用作管教方法的激烈争论，许多人反对儿童挨打，也有人提倡儿童挨打。众所周知的一个纵向研究报告的结果建议，偶尔的、温和的打屁股不会对儿童的情绪—社会发展起到不良的作用。所有的社会科学家同意父母不应该使用严格的惩罚，引起受害者严重的身体、情绪和行为的问题。儿童性虐待会改变一个儿童对世界的认知和情绪取向，引发控制力的丧失和无力感、出现烙印和被相信的人背叛的感觉。

25. 与年幼儿童合作的所有专家被法律赋予义

务，报告任何被怀疑的儿童虐待。在 2002 年全国大约 896 000 个孩子是儿童虐待的受害者。大多数的受虐儿是被忽视的。虐待的最高比率是处于婴儿期的三岁群体，随着孩子年龄的增长，儿童虐待率降低。年幼儿童被他们的母亲伤害可能性最高。2002 年，被虐待和忽视致死的美国儿童超过 1 400 个。

26. Baumrind 区分了专制的、权威的、放任的与和谐的教养方式。权威的教养方式往往与孩子有自恃、自我控制、热衷探索和满意有关。权威的父母使用"搭脚手架"的方式支持孩子的学习。相反，专制的父母的后代往往与不满意、退缩和猜疑相联系。放任的教养方式最少支持独断独行、探索和自我控制的儿童。

27. 两岁的儿童变得较自主，以他们的能力和意愿对父母说"不！"。教养方式影响儿童正常的自我张扬、挑衅和顺从性。父母处理自主性的方式对他们儿童的行为有极深的影响。伴随控制的指导看起来是最有效的，然而在同一个家庭的儿童对养育儿童的相同方式反应不同。

28. 在当代美国社会中，将近 68％的儿童（从出生到一岁）和双亲（两者都是亲生的父母或者养父母）居住，32％的孩子的居住有其他安排（23％与母亲一起住；5％与父亲一起住；4％不和父母一起住，这些儿童可能住在亲戚家、被收养的家庭中、拘留所或其他地方）。超过 300 万个儿童住的家里有一个正在同居的父母。

29. 家庭结构对家庭的社会经济地位和孩子的健康有冲击。已知孩子生活在贫困中有许多有害的影响。女性为主的家庭贫困率四倍于双亲家庭。据报告，2002 年将近 1 300 万个孩子生活在贫困中。

30. 由于离婚的影响，较贫困的单身女性往往带着孩子在婚姻之外居住或者成为一家人的唯一支柱。人们为了保住儿童支援付款（child support payments）而努力，因为儿童支援的付款对于这种带着孩子的家庭的生存是至关重要的，尤其在福利工作计划（Welfare-to-Work program）强加了福利付款收讫的期限以后。

31. 离婚是在一段时间内孩子和他们的父母的一种压力大的经历。离婚父母和他们的孩子之间的互动与完整家庭的不同。儿童时常以悲哀的弥散性情感，期待调和，担心该如何照顾他们自己来回应他们父母的离婚。父母典型地改变与他们孩子的互动模式，与完整家庭的互动相反。这有 2～3 年的调整周期。许多孩子的健康依赖于监护父母的互动方式、和孩子在一起和管教花费的时间。

32. 借由联合的监护，父母分担儿童养育惯常的职责和决策。然而父母时常不能够达成一致。整体来说一个儿童和双亲关系的质量最重要。各种不同的社会机构援助单亲家庭的生存所需。

33. 越来越多的年幼儿童与男同性恋和女同性恋父母（们）一起居住。虽然一些美国人质疑这种生活方式，但是，没有使人信服的证据，对于来自如此的家庭的孩子在任何的重要方法中被折中处理。男同性恋和女同性恋养育将在第 14 章讨论。成功的养育的本质在于亲子关系。

34. 同胞关系通常对于生命从头到尾都是重要的。初生的孩子时常经历较多的情感、时间和与父母的互动。一些文化分配给初生儿较多的权利和特权。同胞构成一个儿童的社会环境，提供关键的关系和角色。家庭的大小会影响成就。汇集理论提出，每增加一个儿童会减少与父母亲的互动。资源稀释假设提出，有限的资源对于每个后来增加的儿童是比较少的，例如经济支持、社会机会和父母亲的时间。

35. 人们提出了三种解释来分析初生儿和稍后出生的孩子之间的不同。Adler 的理论提出，同胞竞争在每个儿童人格的形成中担任角色，因为每个儿童在家庭中为关注和赞赏竞争。

## 非家庭的社会影响

36. 年幼的孩子喜爱并且受益于发生在年龄逐渐增长时的同伴关系和友谊。儿童将另一个儿童当做支持者、行为榜样，友谊可以满足许多需要。密切的家庭依恋的幼儿园儿童往往喜欢拥有和同伴的比较快乐的关系。友谊作为认知刺激的功能，为儿童的社会化提供自我调节，培养认同感，并使孩子能够处理恐惧。年幼儿童往往花费较多的时间与相同性别玩伴一起玩——女孩在二人或者小的群体中互动，但是男孩时常在较大的群体中玩。年幼儿童时常模仿他人的行为。

37. 孩子喜欢和他们自己相像的儿童。然而在教育的包含模型内，年幼儿童需要准备接受并和残疾的孩子做朋友。父母、儿童保育专家和老师需要帮助年幼儿童发展对残疾儿童的正性态度。

38. 当孩子长大时，他们的攻击变得较少弥散性、更直接，更有报复性和较言语化。男孩显示的攻击包括身体上的和言语上的，但是女孩通过使用造成伤害的字词、排外和撤回友谊来显示攻击。年幼儿童每周远离父母时间越多，将越可能

有攻击性。年幼儿童在高质量儿童照顾中体验到许多预备学校的优点。见证了攻击的孩子也会在家中模仿。目前，400万～600万的儿童，在三岁这样的早期，已经认同了反社会行为。

39. 参加优质幼儿园、"早期提前教育"和"提前教育"项目的儿童确实获得了提前教育。他们在幼儿园中超过一般的孩子达到较高的学业水平。如此的特训计划已经产生正性效应，影响青年期和成年的成就。提前教育的儿童的父母也受益于指导和网络的支持。

40. 研究结果已经提出，至少30年来电视和电视游戏机是儿童的主要社会化因素，而且播出的暴力内容与儿童的攻击性行为高度相关。国家的儿童健康组织推荐监督、限制年幼儿童看电视和对包括互联网在内的其他媒体的使用。

## 关键词

306

| | | |
|---|---|---|
| 攻击性（296） | 性别认同（275） | 游戏（265） |
| 反社会行为（298） | 性别角色（275） | 资源稀释假设（294） |
| 专制型教养方式（287） | 性别刻板印象（278） | 搭脚手架（288） |
| 权威型教养方式（287） | 和谐型教养方式（289） | 自我（273） |
| 集体主义（268） | 假想的朋友（266） | 自我概念（274） |
| 汇集理论（294） | 个体主义（268） | 自尊（273） |
| 阅读障碍（275） | 主动对内疚阶段（277） | 儿童性虐待（285） |
| 自我中心的（267） | 联合监护（292） | 社会化（279） |
| 生命力（274） | 同伴（295） | |
| 性别（274） | 放任型教养方式（289） | |

## 网络资源

本章的网络资源聚焦于儿童早期的情绪、自尊、性别和认同问题。请登录网站 www. mhhe. com/vzcrandell8 来更新以下组织、话题和资源的最新网址：

早期学习情绪和社会组织中心                         期望父母
儿童照护和早期教育研究联合会                       积极教养
早期儿童部                                         美国儿童和家庭管理会：儿童照护局

# 第五部分

# 童年中期 (7~12)岁

第9章　童年中期：身体和认知的发展
第10章　童年中期：情绪和社会性发展

　　童年中期是贯穿整个小学阶段的时期。相对于学前班，这一阶段的儿童身体发展相对较慢，而智力发育则会非常迅猛。在第9章，我们将看到，儿童开始体验到更多的认知融合，获得更丰富的社会技巧，并且能够更好地理解和应对他们自身的情绪。而认知层面的成熟，则让儿童能够应对和处理那些令人感到恐惧和压力的事件，或是去模仿一些亲社会的行为。在第10章，我们将看到，身处这一年龄阶段的儿童充满了刻苦向上的精神和实证调查的态度，也比以前更加具有社会化意识。相对于之前的几年，同伴群体开始在这些前青春期的儿童身上发挥着更为强大的影响作用。这些朝气蓬勃的年轻人开始变得越来越能够意识到自己所处的社会立场，比如受欢迎程度、被接纳和遭拒绝的程度。大部分儿童学会了在学校、在其他小团体中以及在同伴和朋友中时控制自己的情绪。然而，也有一些儿童，在学业成绩或是行为控制方面需要得到特殊的帮助。

# 第**9**章

# 童年中期：身体和认知的发展

## 概要

### 身体发育

- 成长与身体变化
- 运动的发展
- 大脑的发育
- 健康和健身的问题

### 认知发展

- 认知融合
- 信息加工——对认知发展的另一种看法
- 童年中期的语言发展
- 智力评估
- 残疾学生
- 我们对于效果良好的学校了解多少？

### 道德发展

- 认知学习理论
- 认知发展理论
- 与道德行为相关的因素
- 亲社会行为

### 批判性思考

1. 当我们说某个人才华横溢或是天才时，这究竟意味着什么？打个比方来说，如果莫扎特在20岁的时候被送到太平洋当中的某个小岛，当地的土著人对于西方音乐完全没有任何了解，而莫扎特既没有任何乐器可以演奏，除了哼唱也没有任何其他的方式可以展现他的音乐才华，那么这些岛民会将他看作一位旷世奇才吗？还是会视他为一个无能的废物呢？

2. 你是如何感知他人的？回想一下你还是孩子时的视角，并比较当时的你和现在的你对父母的知觉，你对他们的感知在哪些方面发生了变化？

3. 如果让你尝试去教授一位"冷酷的罪犯"学会道德，你会采用下面哪一种方法，并将如何完善你的计划？（1）将罪犯置于一个非常道德的环境中，并推断环境会消除掉他的不道德感；（2）教给罪犯一些基本的道德准则，然后将他送到一个主流社会去生活；（3）运用有关犯罪和异常个体的事例来教会罪犯道德和伦理。

4. 为什么我们不用成人的道德准则来要求孩子？而当成人违反准则时，为什么我们不用儿童的标准来对待他们呢？

在童年中期这几年中，儿童会暂缓自己在童年早期飞速发展的身体发育进程，并开始为为期不远的青春期和青少年期做准备。从发展视角来看，这一阶段产生的变化似乎格外平静顺利，以至于我们会觉得什么都没有发生。而其中最大的变化应该属于认知发展的层面，具体运算思维、智力因素及其测量、个体差异性以及某些具有特殊学习需求的儿童，将成为本章讨论的重点。

这个时期的儿童可以运用复杂的分类体系，并喜欢对各式各样的东西进行归类和整理，不论是运动卡片还是蝴蝶标本。他们开始对数字和计量投以关注，喜欢比较哪一个更大，谁拥有更多，而他们对于物理世界的了解更是飞速前进着。我们同样意识到，儿童在这些年的成长过程中，还包含学习恰当的文化和社会技能这一重要任务。而他们在现阶段形成的有关社会互动的习惯和模式，将不仅仅会影响儿童的整个青少年期，还会被带入未来的成人世界。最后，我们将通过探讨语言技巧和道德发展这两个在当今美国社会举足轻重的话题，来结束本章的相关内容。

## 身体发育

310

作家 Robert Paul Smith 在其 1957 年发表的作品中，将自己与好朋友们在小学共度的时光比喻为一阵无法停歇的旋风，其中充满了疾风骤雨般的玩耍和活动。"你要去哪里？""外面。""你去干什么？""什么也不干。"而他们所说的"什么也不干"，则指的是在游泳池游泳、在溜冰场溜冰、散步、骑木箱、踩单车、在门后的走廊上读书、爬上屋顶、坐上树梢、玩捉迷藏、在大雨和大雪中伫立、蹦蹦跳跳、蛙跳、单脚跳跃、飞奔、吹口哨、哼唱和尖叫。这些与朋友一起无忧无虑的玩耍，是被我们现在这个年纪的人带着无比向往和怀旧的心情进行回忆的东西。虽然当代儿童的童年与以前十分相似，但是从某种角度来说，我们仍然可以看到现代儿童的童年与从前存在的诸多差异。

差异之一就是在今后 45 年中，年龄 5～13 岁的儿童——也正是完成小学学业升入中学的年龄段的人数将显著增加（见表 9—1）。特别值得一提

的是，预计这个年龄段儿童的数量将增长 35％，而他们会陆续走进学校，需要校外辅导，需要医疗和牙齿保健，参与各项体育运动或其他无人看管的活动，并在一个融汇了各类技术技能的世界里发展成长。

随着数以百万的儿童渐渐长大，个体之间的差异也会随之发生，例如由于性别、种族和社会经济地位所造成的差异。举例来说，比起欧洲血

表 9—1　5～13 岁美国儿童预期人口（2005—2050 年）

| 年份 | 预期人口（百万） |
| --- | --- |
| 2005 | 35.4 |
| 2010 | 35.3 |
| 2020 | 38.3 |
| 2030 | 41.3 |
| 2040 | 44.0 |
| 2050 | 47.6 |

来源：*Statistical Abstracts of the U. S.*：*2003.* Population Projections. No. 13 Resident Population Projections by Sex and Age：2005 to 2050.

统的美国儿童来说，非洲裔美国儿童往往成熟得更为迅速（依据骨骼发展、脂肪比例、乳牙的数量所评定）。亚裔美国儿童的身体变化速度则最为缓慢，在儿童期中期几乎很难看到任何青春期的

发育迹象。尽管在身体大小和成熟度上存在差异是一件再正常不过的事情，但是处于连续体两个极端的儿童，仍然会为自己所具有的生理差异而感到自卑和不足。

## 成长与身体变化

相比于童年早期和后来的青少年期，处于童年中期的儿童，其成长速度会相对较慢。在拥有充足营养的前提下，正常的儿童每年会增长大约5～6磅的体重和大约两英寸的身高。这一阶段的男孩和女孩的身高增长速度基本相同，但是女孩会拥有更多的身体脂肪，而且成熟速度也快于男孩。通过写字、穿衣、穿鞋以及执行其他方面的任务，大部分儿童会因此获得小运动技能和手眼协调能力。渐渐地，他们的乳牙开始脱落，长出越来越多的恒牙。家长必须教会儿童完成每天的牙齿护理，并定期清洁牙齿。牙齿密封剂和含氟的漱口水同样可以帮助儿童抵御蛀牙。那些患龋齿（牙洞）或是失去了恒牙的孩子们，会拒绝讲话，不愿大声阅读，或是对运用语言丧失信心，更有甚者，还会不愿意展现微笑。由于口腔护理需要很大的成本，我们距离理想的口腔健康水平还存在着一定程度的差距（Goodman et al., 2004）。美国儿童牙科医学会（2005）建议，当儿童参与一些带有身体接触的体育运动时，应该带好牙套、头盔和面具，以保护自己的恒牙和面部骨骼。

如果我们仔细审视一下处于这个时期的儿童，就会发现他们显得更为苗条或消瘦了。这是因为随着他们不断长高，他们的身体比例也会随之发生变化。由于此阶段儿童的肌肉变得更为结实和强健，所以比起之前的几年，他们能够把球踢或扔得更远。肺活量的增长则会带给儿童更大的耐力和速度，而这会被他们充分加以利用。尽管在发展中国家，儿童在身高、力量和速度方面所表现出的差异会有一部分是由营养因素所造成的，但是对于绝大多数差异来说，遗传仍然是其中的主导因素。除了体型上的差异之外，儿童成熟的速度也不尽相同。特别值得我们注意的一点是，在童年中期的最后阶段，一些儿童会开始经历某些青春期的生理变化，并因此发现自己与同伴在体型、力量以及忍耐力方面存在着显著的差异。

### 思考题

在童年中期阶段，哪些成长和身体变化是一个正常儿童所应具有的？

## 运动的发展

在童年中期，儿童开始能够更为娴熟地控制自己的身体。此时，他们的身体成长速度暂时减缓，而这为他们提供了更多的时间去自如地感受自己的身体（这一点与早些年的状态有着显著不同），同时也为儿童提供了一个演练自己运动技能和提升协调性的机会。7～8 岁的儿童也许仍然会在速度和距离判断上存在困难，但是他们的运动技巧已经得到了充分的改善，足以成功地参与足球和棒球等游戏活动。跳绳、滑轮车、轮滑和骑自行车也是这个年龄段的儿童喜爱的活动。具体

哪种运动技巧会得到发展，取决于儿童所处的环境（例如，他们学习的是热带运动项目还是冰雪项目，或是他们所处的文化氛围更倾向于英式足球还是美式足球）。但无论儿童最终选择了哪种活动，都会增加他们的协调性，提高速度和耐力水平。在这个时期，尽管女孩较易拥有更大的柔韧性，而男孩则更多增长前臂的力量，但是这种性别差异并不很明显。相对于性别来说，年龄和经验起着更重要的决定作用。就像我们在现实生活中常常看到的那样，这个年龄段的儿童开始参与

311

到一些团体活动之中，女孩和男孩一样热衷于踢足球或是玩官兵抓强盗的游戏，也同样乐于去做 侧翻、打滚和其他一些体育运动。

## 大脑发育

就像我们在前一章中说明的那样，如果拥有适宜的营养、合理的保健和充足的睡眠，儿童的大脑和神经系统发育就会同时包含两个过程：髓鞘化的逐渐推进，以及一些无用神经枝节的削减。在这个时期，儿童的心理加工能力、加工速度和效率都会得到普遍提升（De Bellis et al.，2001）。但是如果儿童在这一阶段发生忽视、感觉剥夺、虐待、创伤或营养不良等问题，都会对儿童大脑的正常发育和成年后的潜能造成长期的恶劣影响（Perry，2002）。在童年期，儿童的记忆广度将呈现出稳步增长的趋势。效率增长的表现之一就是儿童的简单反应时间变短（Kail，1991）。这种反应速度的加快一方面得益于大脑的生理发育，另一方面也是源于儿童在这个年龄阶段能够熟练地使用更多的认知策略帮助自己解决越来越多的复杂任务。通过使用大脑成像这一新技术，DeBellis及其同事（2001）发现，6～7岁的健康男孩和女孩在大脑成熟度方面存在着与年龄相关的性别差异，比如在错综复杂的神经轴突和胼胝体区域，男孩的成长发育速度要明显快于女孩。

研究利用对幼龄儿童的大脑成像发现，相对于成人，儿童的脑区似乎在以完全不同的方式进行着组织。如果一名6～7岁的儿童不幸患了中风，那么并不会对他（她）今后的语言发展产生什么影响，而同样的中风发生在成年人身上，则会普遍引发语言能力的长期缺失。一些研究发现，那些为了控制严重的癫痫发作而切除了大脑一侧半球的儿童，通常仍然可以持续表现出良好的生理和心理发展（Laws & Bertram，1996；Vining et al.，1997）。Perry和其他大脑研究者发现，创伤、忽视以及虐待，都会对儿童大脑的发育产生严重的不良影响。而如果把他们安置在一个充满爱和支持的抚养家庭中，由于大脑具备可塑性，上述不良影响完全能够得到改善和调整（Brownlee，1996；Miller et al.，2000）。

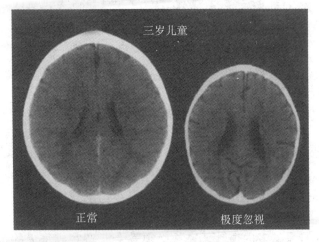

三岁儿童

正常　　　　极度忽视

**儿童忽视对大脑发育会产生严重影响**

上图中的大脑扫描图像向我们展示了忽视对于大脑发育的消极影响。左边的这幅CT扫描图，呈现的是一名健康的三岁儿童大脑的平均尺寸（50%人群的比例）。而右边的这一幅则是一名从出生起就一直遭受严重感觉剥夺和忽视的三岁儿童的大脑。很明显，右图中的大脑要小于正常的平均尺寸，并且在大脑皮层、边缘系统以及中脑结构的发育上都存在异常。

### 思考题

这几年当中，儿童的身体成长和大脑成熟分别发生了怎样的有代表性的变化？

**阅读障碍**　大约有3%～15%的儿童在加工视觉或是听觉信息的过程中存在障碍（Bradway et al.，1995）。**阅读障碍**是一种学习障碍，在其他方面智力正常且健康的儿童或是成人一旦患上了此类疾病，将在阅读、写作和书写过程中对识别书面文字有极大的困难。男孩患有阅读障碍的人数远远超过女孩（Rutter et al.，2004）。而那些阅读障碍患者通常拥有正常或是高于正常水平的IQ，并且能够更轻松地学会数学领域的相关技巧（Rosensweig，1999）。脑神经学家一直在努力研究这一大脑疾病，到目前为止，他们已经通过脑成像、诊断学以及对阅读障碍患者有限的尸体解剖检验等方式发现，患者大脑左半球皮层的语言区当中的神经分层是毫无组织的，大量的神经细胞完全以原始的方式纠结在一起。现在，把这本书倒转过来，然后试着流畅地去阅读这些文字。要知道，对于那些患有阅读障碍的儿童来说，这就是他们通常遇到的阅读情境。这些阅读障碍的儿童当中有很大比例会在学校表现出较低的学业成就、丧失自尊、成为学校的退学生，并且职业发展机会非常有限。但是非常有意思的是，他们当中也有另外一些人，会被当作具有天赋或天才的儿童（Grigorenko et al.，2001）。

**天才与天赋**　神经生物学家和心理学家发现，有一些大脑拥有更丰富的神经递质和更为复杂的突触联结，因此更富有效率。专家们由此推断，那些具有天赋的儿童，应该是在大脑皮层的联系区拥有更为复杂的突触联结，或是他们的神经化学递质传导效率更高。在这些方面存在生理优势的儿童可以在不同的方面表现出天分，从钢琴演奏到数学问题解决。通常来说，那些 IQ 分数达到130 或以上，或是在阅读或数学标准成就测试中处于第 90～99 百分位的儿童，都会被推荐参加重点培养项目，成为班级中的佼佼者，或是干脆跳级

完成学业。

在 7～12 岁的童年中期被识别为天才的儿童，往往需要额外的学习挑战，来避免自己在学校和家庭环境中感受到的索然无味。有很多小学，但是并非全部，会为这些超常儿童提供特别的培养方案。某些学院和大学会提供一些特定的周末和暑期项目，来刺激这些学生的敏锐思维。例如，在东海岸，位于马里兰州巴尔的摩市的约翰霍普金斯大学就建立起了"少年学业成就研究机构（the Academic Achievement of Youth，IAAY）——天才青少年活动中心（Center for Talented Youth，CTY)"，并进行每年度的天才搜索。约翰霍普金斯天才搜索小组会在那些处于小学 2～8 年级的学生当中，寻找出格外具有数学和/或言语推理能力的儿童，为他们提供机会来充分发展他们的数学和语言能力。其他针对高智商、富于创造力的青少年儿童而创立的美国及国际项目组织还包括：心灵之旅项目、奥林匹克科学、发明者协会、美国地理儿童网以及门萨计划。哪位读者若准备成为教育心理学家、学校心理学家、初中教师或未来的学校管理者，也许可以与上述组织机构中离你最近的机构取得联系，以便了解更多有关天才和天赋儿童特殊需求的信息。

## 健康和健身问题

从总体上来说，处于童年中期的儿童要比出生以来的任何一个时期都更健康。疾病的患病率在这一阶段非常低，据调查报告，大多数儿童在小学阶段每年只会出现 4～6 次急性病发作。而最为常见的儿童疾病就是上呼吸道感染，另外，儿童哮喘的患病率也在逐年上升，因罹患哮喘而前来看急诊的黑人和西班牙裔儿童越来越多（Boudreaux et al.，2003）。5～11 岁儿童可能存在的其他慢性疾病还包括学习、言语、行为和呼吸道方面的问题（见表 9—2）。

比起疾病，意外事故成为这个年龄阶段导致死亡或严重伤害的最主要诱因，而最为常见的死亡原因就是汽车事故，因此，美国最近对有关汽车安全带的法律进行了更严格的执行（见图9—1)。表 9—3 向我们展示了近几年来 5～14 岁儿童

死亡率的下降趋势。好消息是，自 1980 年以来，不论是男孩还是女孩，也不论是哪一个种族，这一年龄阶段的儿童整体死亡率均有所下降。然而，与白人儿童相比，黑人儿童的死亡率仍然相对较高。

表 9—2　造成 5～11 岁儿童正常活动受限的几种慢性病（2001—2002 年）

| 慢性健康问题 | 影响百分比 |
| --- | --- |
| 学习障碍 | 24.8 |
| 言语问题 | 18.1 |
| 注意缺陷多动障碍 | 17.1 |
| 其他心理、情绪或行为问题 | 10.6 |
| 智力迟滞以及其他发展性问题 | 9.2 |
| 哮喘/呼吸症状 | 7.9 |

来源：Centers for Disease Control and Prevention, National Center For Health Statistics *Health*, *United States*, 2004.

处于儿童期中期的孩子仍然需要成年人的监督和看护。这个年龄段的儿童中有很多人会在玩篮球、足球、棒球、骑自行车或进行室外器械运动时受到运动伤害。而自家花园里的蹦床所导致的受伤则已成为一种"全国流行病"（G. Smith, 1998）。

目前，社会对于这一年龄阶段的儿童遭遇的暴力，或这个年龄团体施加的暴力有越来越大的误解，特别是对那些年龄偏大的儿童。

13 岁以下的儿童如果犯罪，那么他们在将来继续犯罪并成为长期罪犯的可能性将大幅增加（2～3 倍的几率）（Loeber & Farrington, 2000）。有关暴力学的研究显示，暴力或攻击行为通常是在生命的早期阶段习得的，对此，家庭和社会有必要必要采取一些措施帮助儿童学会在不使用暴力的前提下处理自身的情绪。因此，许多教师培训项目都会将冲突解决策略作为训练未来教师的必要内容。研究发现的一个最有力的结果就是：儿童们会"做他们所见过的事情"，对此，专家们建议，我们应该时刻小心，不要成为暴力的榜样（American Academy of Pediatrics and American Psychological Association, 1996）。电视以及仿真视频或电脑游戏，不但会造就暴力形象，而且会因儿童变得更加暴力而给予奖赏（Brink, 2001; Miller, 2001）。而一些分级为 E 类（适合每一个人玩）的电脑游戏则充斥着暴力、性、吸烟和喝酒的片段（Thompson & Haninger, 2001）。

313

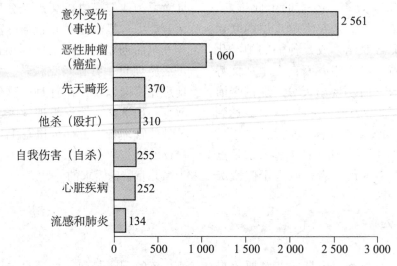

**图 9—1　导致 5～14 岁美国儿童死亡的诱因（2003 年）**

在 2002 年，有将近 7 000 名年龄在 5～14 岁的美国儿童死亡，死亡的主要原因为意外伤害，其中车祸位居首位。比起生命过程中的其他年龄阶段，童年期中期的儿童的死亡率呈最低的趋势。

来源：Hoyert, D. L, Kung, H. C., Smith, B. L (2005, February 28). Deaths: Preliminary Data for 2003. *National Vital Statistics Reports*, 53 (15), 1-48. Retrieved March22, 2005, from http://www.cdc.gov/nchs/data/nvsr/nvsr53/nvsr53_05.pdf.

**肥胖**　CDC 对儿童使用"超重"（overweight）这一术语，而对成人使用"肥胖"一词。**肥胖**（obesity）的定义是，体形指标（bodby mass index, BMI）超过相应性别和年龄群体人数的 95%（见表 9—4）。自 20 世纪 70 年代以来，超重的儿童人数比例已经激增了四倍。到 2002 年为止，已经有 16% 的 6～11 岁儿童进入了肥胖者的行列。医生们开始将不断增加的超重儿童看作这个时代的流行病（Centers for Disease Control and Prevention, 2004h）。包括胆固醇偏高和高血压等问题在内的重大健康风险因素，会导致早期的心血管疾病、更高比例的糖尿病、与体重相关的整形问题以及各类皮肤疾病（Johnson, 2001）。同样，肥胖还会导致抑郁、消极的自我映像、低自尊、被戏弄和被拒绝以及在同伴交往中的退缩（Johnson, 2001）。儿童时期的超重将大大增加个体在成年期继续超重的可能性，而这一重大的健康危害因素会大幅缩短成人的寿命（Crespo et al., 2001）。

**表 9—3　1980—2002 年的 5～14 岁儿童不论性别和种族，其死亡率都呈下降趋势（以下数据指的是每种条件下 10 万人中的死亡率）**

1980—2002 年期间，5～14 岁儿童的死亡比例大约降低了 1/3。意外伤害（主要是机动车交通事故）成为导致死亡的主要原因，位列其后的还有癌症、家庭暴力以及先天缺陷。

|  | 1980 | 1985 | 1990 | 1995 | 2002 |
|---|---|---|---|---|---|
| 总数 | 30.6 | 26.5 | 24 | 22.5 | 17.4 |
| **性别** | | | | | |
| 男 | 36.7 | 31.8 | 28.5 | 26.7 | 20.0 |
| 女 | 24.2 | 21 | 19.3 | 18.2 | 14.7 |
| **人种** | | | | | |
| 白人 | 29.1 | 25 | 22.3 | 20.6 | 16.0 |
| 黑人 | 39 | 35.5 | 34.4 | 33.4 | 25.3 |
| 西班牙裔 | * | 19.3 | 20 | 20.5 | 15.5 |
| 亚裔/太平洋岛屿住民 | 24.2 | 20.8 | 16.9 | 16.8 | 12.4 |
| 美国印第安人/阿拉斯加土著居民 | * | | | | 21.6 |

\* 完整数据不可得。

来源：America's Chidren：2004. Table Health 7. B，Centers for Disease Control and Prevention，National Center for Health Statistics，National Vital Statistics System. http://www.childstats.gov/ac2004/toc. asp. html. 2002 data from *National Vital Statistics Reports*，（2004，October 12），53（5）。

造成肥胖的原因主要是高卡路里的摄取和较少的运动，也有很少一部分人是由于遗传或是甲状腺荷尔蒙因素造成的。家长和学校的一些决策是导致超重儿童比例逐年上升的重要原因。例如：（1）生活方式的改变，比如是迁入市郊或是搭乘顺风车；（2）担心儿童绑架或是枪击事件发生；（3）父母双方上班的时间均有所增加；（4）有组织的体育运动时间减少，自由玩耍时间很少或几乎为零；（5）由于学校经费的限制，体育课越来越少；（6）软饮料和零食自动贩卖机成为学校财政收入的来源；（7）长时间坐在电视、电子游戏机和电脑前面（Crespo et al.，2001；Layden，2004）。

众所周知，肥胖的成人和儿童与相同性别、年龄和社会经济地位的非超重人群相比，往往摄入更多的卡路里，运动量却更少。对幼年寄养在不同家庭的双生子的研究发现，一些遗传趋势决定了个体的胖瘦。与异卵双生子相比，同卵双生子的体重通常更为接近（Stunkard，1990）。同样，被领养的儿童即便是被肥胖的父母抚养长大，也不会像这些父母的亲生孩子一样呈现出肥胖的体形。Crespo 和同事们（2001）报告说，随着儿童和青少年每天待在电视前的时间不断增多，肥胖的增长比例也随之上升。在一项对 3～5 年级的儿童的研究中，Matheson 和同事们（2004）发现，观看电视节目时的儿童吃掉的高热量食品明显更多。

**表 9—4　不同性别、人种和民族的儿童肥胖问题（1999—2002 年）**

以下是对被划入超重行列的美国儿童（体形指数超过 95% 的同类人群）的百分比分布细目表。吃大量高热量的零食，还有一些久坐活动，如看电视、玩电子游戏或电脑游戏等，都是导致儿童超重比例日益增高的行为因素。

| 所有儿童 | 6～11 岁 | 12～19 岁 |
|---|---|---|
| **男孩** | **16.9** | **16.7** |
| 白人 | 14.0 | 14.6 |
| 黑人 | 17.0 | 18.7 |
| 西班牙裔 | 26.5 | 24.7 |
| **女孩** | **14.7** | **15.4** |
| 白人 | 13.1 | 12.7 |
| 黑人 | 22.8 | 23.6 |
| 西班牙裔 | 17.1 | 19.6 |

来源：Centers for Diease Control and Prevention.（2004h）. *Health*，*United States*，2004.

在这方面，成年人应该扮演一个良好的榜样，不但提供健康的食品，还应该鼓励儿童在学校里也做出更为健康的食品选择，并减少导致儿童久坐的活动，如电子游戏和电视（"Obesity and Youn Child"，2005；Vandewater et al.，2005）。如果成年人以一种健康的生活方式生活，有规律地锻炼，并且吃低热量的健康食品，那么儿童通常也会发展出这些习惯。

全美上下都在指责学校以儿童的健康作为代

价，通过自动贩售机销售软饮料和高卡路里零食来赚钱的行为。疾病控制和预防中心通过"学校健康政策及计划研究"（School Health Policies and Programs Study）调查（2002a）总结发现，在美国有43%的小学、89%的初中以及98%的高中的自动贩售机、零食店或是小卖部都会提供高卡路里的软饮料和零食。还有20%的学校甚至会为在校儿童提供快餐作为午饭（Layden，2004）。对此，美国的一些州已经颁布了法令，要求学校为学生提供更为健康的午餐选择，限制学生摄取垃圾食品，或是干脆清除掉类似自动贩售机一类的东西。

**进食障碍** 在很多国家，越来越多的小学（最小甚至四岁）和中学儿童（主要是女孩）被诊断为患有神经性厌食或是贪食症的进食障碍（Branswell，2001；Huggins，2001；Medina，2001）。妈妈的营养/减肥习惯、家庭环境、芭比娃娃、媒体对于苗条女孩和女人的刻画与追捧，以及同伴和朋友的作用，都会对儿童的进食行为产生强有力的影响（Blinder，2001；Davison & Birch，2001）。而一个儿童拒绝正常的营养摄取无疑将会导致健康水平下降、衰弱甚至死亡。因此，家长、老师以及学校医护人员，都有必要了解这一类疾病所表现出的身体的和行为的典型迹象，以及造成此类障碍的诱因。在本书第11章中，我们还将对饮食障碍进行更为深入的讨论。

**游戏和锻炼的作用** 在美国，任何加入公立学校的儿童，都需要参加体育课，除非他们患有某种疾病或是残疾导致自己无法参加。然而，由于资金限制和对儿童考试成绩的强调，日常体育馆中开展的课程已经日渐荒废（只有伊利诺伊州还强制要求12年级以内的儿童参加体育课程）。学校、社区和政策制定者有必要为所有的青少年提供有规律、有质量的体育课，让体育活动成为儿童终身的习惯（Grunbaum et al.，2004）。同样，中学也应该为所有男孩和女孩提供课外运动的机会，例如室内和室外橄榄球、篮球、田径、足球、棒球、垒球、排球和网球。身体活动的增加不但可以促进个体全身的健美，提升认知功能，促进整体心理健康，还可以有效缓解压力和建立自尊（Armstrong et al.，1998）。所有的儿童都应该将体育运动发展为自己的日常习惯，并贯穿整个高中，甚至保持在整个人生当中，以此来确保自己的免疫和心血管系统的健康。近期的一项研究显示，随着年龄增加，个体参加体育运动和锻炼的数量呈下降趋势，这一点在女孩身上得到了格外的体现。因此，Dowda及其同事们（2004）建议应该让体育课的内容更适合女孩，让她们可以获得更多的享受。依据自我报告，女孩们更喜欢散步、旱冰、有氧运动、慢跑或是跑步、骑自行车、游泳、跳绳（双手摇）以及交谊舞；而男孩们则报告说自己更偏爱传统的竞技活动。不断有研究显示，减少儿童的电视观看时间，将能够让孩子们有更多的时间进行体育活动，从而改善整体健康（Crespo et al.，2001，Robinson，2001）。

大部分处于这个年龄阶段的儿童都是喜欢玩耍的，这通常意味着他们喜欢诸如足球或躲避球、壁球、滑板、骑自行车、跳房子、跳舞以及健美训练。美国学校也已经把传统形式的锻炼活动转换为更具现代感的现代舞、山地自行车、远足、溜冰、滑雪、雪鞋行走、攀岩等等（Layden，2004）。在这个年龄阶段，健康的男孩和女孩很难

**健康的儿童喜欢在体育和其他游戏项目上耗费自己的能量**

尽管许多儿童会参加体育社团，但是通常他们每周在活动中实际参与的时间大概只有20分钟（其余的大量时间都花在了坐在板凳上漫长地等待）。娱乐与健康方面的专家指出，应该关掉电视机和电脑，并鼓励儿童参与到他们喜欢的运动当中，就像这些在玩双人跳绳的年轻人一样。研究显示，女孩子更喜欢简单的热量消耗运动（例如散步、慢跑或交谊舞），而男孩子们则通常更喜爱竞技性的运动。

315

在教室待坐一整天而不去外面消耗自己过剩的能量。所以，对于某些——并非全部——儿童来说，体育课可能是他们一周当中最喜欢的活动，因为他们可以从中获得最大的成就感。

**思考题**

导致儿童疾病和死亡的常见原因是什么？哪些因素可以促进儿童的健康成长以及身体发育和认知发展？

## 认知发展

小学阶段的一个重要特征就是儿童洞察自我与环境的能力的提升（Crick & Dodge，1994）。经过这一阶段，随着他们的推理能力变得越来越富于理性和逻辑，儿童在加工信息方面将变得更为驾轻就熟（Flavell，1992；Schwanenflugel，Fabricius & Alexander，1994）。

### 认知融合

推理能力当中的一项关键性因素就是能够区分想象、表象和现实（Woolley & Wellman，1993）。举例来说，想象一下你正拿起一块看上去很像花岗岩的恶作剧海绵。尽管它看上去与一块岩石无异，但是在你拿到它的那一刻，还是会立即意识到这是一块海绵。但是如果对方是一位三岁的儿童，他恐怕就不会这么确定了。年幼的儿童往往不能了解到自己所看到的并不一定是自己所拿到的。而等到他们六七岁的时候，大部分儿童在面对日常生活中的各种形态时，都能够接受表象与现实之间存在的差异（Flavell，Flavell & Green，1983）。

儿童还会渐渐发展出**元认知**，即对自己心理加工过程的意识和理解（Lyon & Flavell，1994）。从很多方面来看，皮亚杰的阶段发展理论指的就是**执行策略**（executive strategies），即儿童在整合和编辑较低水平的认知技能的同时，也会渐渐学会如何选择、排序、评估、修订以及管理自己的问题解决方案。随着成熟度不断增加，儿童运用的策略也愈加复杂和有效。作为一种习得的策略，元认知被视为联结行为表现的关键所在。一项考察儿童的心理策略和数学问题解决能力的研究发现，对于那些8～9岁可以成功解决数学问题的儿童来说，元认知解释了其中绝大部分方差

（Despete，2001）。

**皮亚杰的具体运算阶段**　依据皮亚杰的观点，随着儿童开始发展出一系列检验世界的规则和策略，他们的思维会在儿童期中期发生质的改变。皮亚杰将儿童期中期称为"**具体运算阶段**"（period of concrete operations）。皮亚杰想通过"运算"一词，反映出对有力量的、抽象的、内部的图式进行整合的含义，这些内部图式包括识别、可逆、分类以及序列位置。儿童开始理解，增加会使东西变多，物体可以不只属于一个类别，还有这些种类之间彼此存在的逻辑关系。这类操作之所以被称之为"具体的"，是因为处于这一阶段中儿童还只能遨游于即刻的外在现实世界，无法跳跃到此时此地之外的情境之中。因此，在这个时期，儿童在处理遥远的、未来的，或是假设性的（或者说抽象的）问题时，仍然会存在很大的困难。

尽管具体运算思维还存在着很大的局限性，但是在这几年中，儿童会在他们的认知能力上表现出巨大的进步。举例来说，处于6～7岁的前运算阶段的儿童，在为一些木棍按照大小排列顺序的时候，只能通过连续进行实物比较才能完成任务。而到了具体运算阶段的儿童，则可以在"头脑中"对木棍做出对比，通常并不需要实际测量

316

就能迅速进行排列。由于属于前运算阶段的儿童是被真实的感知觉所控制的，因此他们需要很多分钟来完成这一任务，而处于具体运算阶段的儿童则只需要短短几秒就可以完成相同的任务，因为他们的行动是由内部认知加工所指引的：他们可以在头脑当中进行比较，而不需要在现实生活中真实地摆放，之后再逐一对比。

**守恒任务**　由于受到僵化的前运算性思维的限制，幼童在解决守恒任务时存在很大的困难。现在让我们来看一看，长大了一些的儿童是如何通过具体运算来解决这一类问题的。"守恒"这个概念需要我们认识到，尽管物体的形状发生改变，但它们的质量依旧是保持不变的。它意味着儿童必须能够在头脑中对物体的各种外部变化做出表征。进入小学的孩子们开始渐渐意识到，将液体从一个矮小但是宽敞的容器倒入另一个又长又细的容器当中，并不会改变液体的质量，他们明白液体的总量是恒定的。处于前运算阶段的儿童则会将他们的注意力集中（固着）于容器的宽度或是高度，忽略掉其他的维度；而具体运算阶段的儿童则会分解性地同时注意到宽度和高度这两项指标。更进一步说，具体运算阶段的儿童很好地吸纳了"转化"这个概念，例如液体在被倾倒进容器时在宽度和高度上会逐渐发生转变。而最重要的是，依据皮亚杰的理论，他们获得了"操作的可逆性"这个概念。他们意识到，可以通过把水倒回原来的容器而重新获得最初的状态（有关分解、转化和可逆的话题我们已经在第 7 章中有所讨论）。

---

**思考题**

具体运算思维是如何帮助儿童完成皮亚杰的守恒任务的？

---

"分类"（classification），或者说"类别包含物"这个概念，通常是在儿童 7～8 岁的时候得到理解的。我们可以通过一个类似于"20 问"的游戏反映出儿童的这种发展：为 6～11 岁的儿童展示一组图片，并通过让他们提出一些问题逐渐勾勒出研究者"心里想"的那个东西（"它是活的吗？""它是你可以用来玩耍的吗？"等等）。儿童提出的

问题通常可以被归纳为两大类：策略性（归类）和非策略性（猜测）。六岁及以下的儿童通常会采用对具体物体进行猜测的方式（"是不是香蕉？"）；而年龄再大一些的儿童则会询问归类性的问题（"它是不是你可以吃的东西？"）(Denney, 1985)。

**具体运算思维和守恒技巧**

根据皮亚杰的理论，处于具体运算阶段的儿童的思维是可以分解的，因此他们可以同时关注于物体的宽度和高度。更进一步来说，他们吸纳了"转化"的概念，例如液体在倒入容器的时候它的高度或是宽度会逐渐发生转变。同样，他们也学会了可逆性操作，并意识到可以通过把水倒回最初的容器来重新获得原初的状态。

根据皮亚杰的理论，处于具体运算阶段的儿童会发展出运用逻辑归纳（inductive logic）的能力：假如给予他们足够的例子或是丰富的经验，儿童会渐渐摸索出一条有关某事物如何运作的基本原理。例如，如果给予儿童足够多的有关"3＋4＝？"和"4＋3＝？"的问题，他们会由此推断出，加法等式中数字的排列位置其实并不重要。他们也知道自己总会得到相同的答案："7"。而从另一个角度讲，他们却非常不善于从概括推广到特殊，也就是我们所说的演绎逻辑（deductive logic）。对某

个概念进行深入的思考，然后将其应用到实践当中，对这个年龄阶段的儿童来说是一件非常困难的事情。因为这其中包含了他们可能从来没有体验过的想象过程。尽管具体运算可以为儿童带来很多认知方面的进步，但是处于这一时期的儿童仍然受到"具体"的限制，并且在某种程度上依赖于他们自身的观察和经验。

就像其他许多认知能力一样，有些儿童获得守恒技巧要早一些，而另一些人则会晚一些（见图 9—2）。对于独立数量（数字）的守恒发生在对于物质的守恒之前。对于重量（某个物体的重力）的守恒发生在对于数量（长度和面积）的守恒之后，而紧接着重量守恒之后的，则是体积守恒（物体所占据的空间）。皮亚杰将这一序列的发展称之为"水平滞差"（horizontal décalage），其中的每一项技能都依赖于前面一项技巧的获得。

"水平滞差"指的是在一个单一的成长时期（如具体运算时期）里循环发生的发育。举例来说，一个儿童需要循序渐进地获得各种守恒技巧。当守恒的原理最初被应用到某项任务时，比如说有关物体的数量——无论物体的位置还是形状发生改变，其所包含的物质保持不变，儿童并不能把这一原理再应用到另一项任务上——如重量守恒，也即当物体的形状发生变化时，它的重量依然保持不变。只有到了一年或更长时间之后，儿童才会把守恒的基本概念扩展到重量这一层面。

不论是数量还是重量，其中所蕴涵的基本原理都是一样的。不论是哪一种，儿童都必须进行内部心理运算，而不能再继续通过实际的称重或是测量来决定哪个物体更大，哪个物体更沉。然而，在通常情况下，儿童会在了解了数量恒定概念一年之后，才会了解相关的重量恒定的理念（Flavell，Flavell & Green，1983）。

**后皮亚杰主义的批评** 儿童在认知的获得时间上的差异并不完全符合皮亚杰的阶段论。如果按照皮亚杰所说的，每一个阶段都是"完全固定的"，那么我们应该发现任何既定阶段内的儿童应该都可以在不同类型的问题上运用类似的逻辑推理。也就是说，一个拥有具体运算水平的孩子应该可以在所有出现的任务中运用运算式的逻辑。同样，对于那些能够使用运算逻辑的儿童来说，他们对某项

任务内容所拥有的具体知识也应该不会影响到基本运算认知的使用。但研究却发现事实并非如此：经验或者说体验对于不同儿童的问题解决水平造成了极大的差异。与接受新奇任务的儿童相比，那些对任务更为熟悉的儿童可以行使更加复杂的操作（Chi，Hutchinson & Robin，1989）。

其他的研究则关注于讨论具体运算阶段的发展能否得到促进和提前，不是仅仅通过对事物的一般性接触和体验，而是通过一些特殊任务来培训儿童完成守恒任务。布鲁纳（1970）这样说道："所有客观事物的根本都应该可以在任何年龄阶段，以任何形式教授给任何人。"学习理论反对皮亚杰的阶段形成论；而皮亚杰认为六岁以下的儿童无法在学习守恒定律的过程中受益，因为他们的认知还没有达到成熟的水平的这一观点同样也被他们所摒弃。

早在 20 世纪 60 年代，就有很多心理学家尝试教授更为年幼的孩子有关守恒的技巧。他们当中的大部分人都失败了。而接下来，很多研究者却通过使用认知学习的方法，在训练孩子们学会守恒这个方面取得了成功。心理学家们进而发现，一项任务的内容在很大程度上影响了个体的思维（Spinillo & Bryant，1991）。通过改变一项任务的认知成分，我们通常可以从一个孩子身上激发出前运算水平、具体运算水平以及形式运算水平的思维（Chapman & Lindenberger，1988；Sternberg & Downing，1982）。而这一类话题则大大刺激了有关儿童创造性的研究。（想要了解更多这方面的内容，参见本章专栏"进一步的发展"中的《创造力》一文。）

**跨文化的证据** 在超过 40 多年的时间里，全世界的儿童都成为众多实验中的被试，用以验证皮亚杰的理论。这些研究遍布了 100 多种文化与亚文化，从瑞士到塞内加尔，从阿拉斯加到亚马逊平原（Feldhusen，Proctor & Black，1986）。大量研究结果显示，不论身处哪一种文化状态下，个体的成长和发育确实符合皮亚杰所描述的认知发展阶段理论——感觉运动阶段、前运算阶段、具体运算阶段以及形式运算阶段——并且按照相同的序列进行。尽管如此，也有一些文化群体不符合形式运算阶段应该出现的状态。而跨文化的研究

318

| 守恒技能 | 基本原理 | 对守恒技巧的检测任务 | |
|---|---|---|---|
| | | 第一步 | 第二步 |
| 数字<br>（5～7 岁） | 即便以不同的方式在空间中进行排列，物体的个数依旧保持不变 | 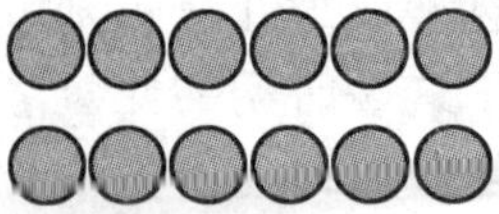 两行硬币按照顺序——对应 | 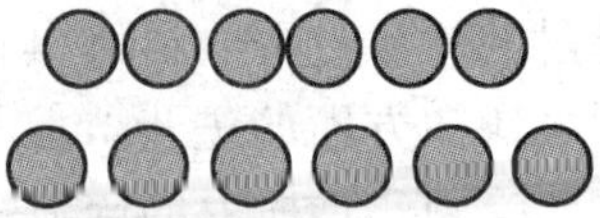 其中一行延长或是缩减两枚硬币之间的空间 |
| 物质<br>（7～8 岁） | 不论形状改变为什么样子，一团柔软的、像塑胶一样的东西的物质属性始终保持不变 | 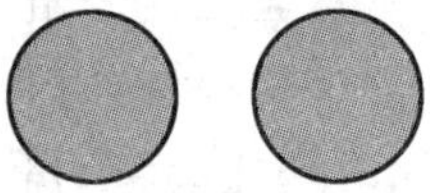 两团泥巴都捏成同样大小的球 | 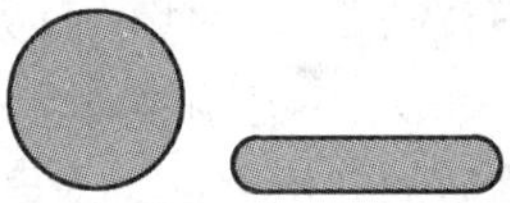 其中一个球被挤压成又细又长的长条形状 |
| 长度<br>（7～8 岁） | 不论在空间中如何摆放和排列，线状物两端之间的垂直距离始终保持不变 | 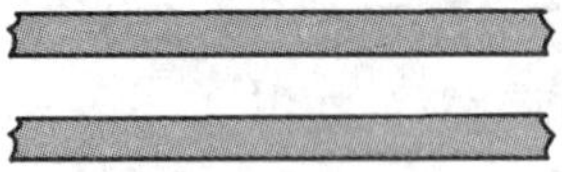 两条衣带被摆成直线 | 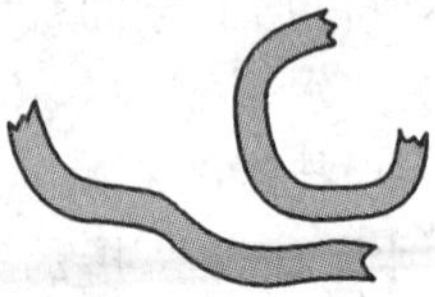 衣带改变形状 |
| 面积<br>（8～9 岁） | 不管一套平面形状是如何摆放的，这些形状所覆盖的面积大小保持不变 | 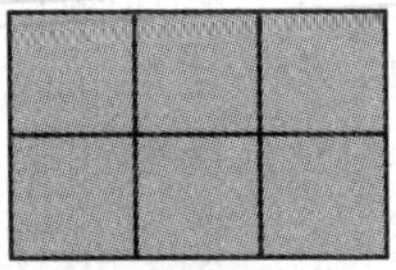 一群正方形摆放为长方形 | 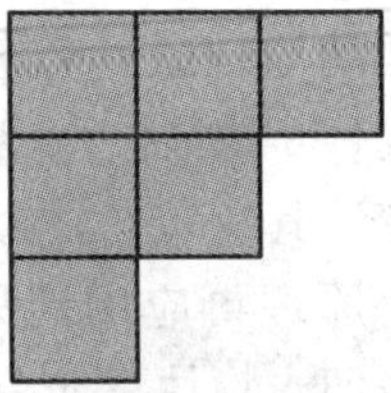 这些正方形得到再次排列 |
| 重量<br>（9～10 岁） | 不论形状如何改变，物体的沉重感保持不变 | 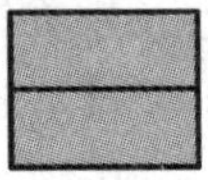 物体从上到下摆放 |  物体横着进行摆放 |
| 体积<br>（12～14 岁） | 无论形状如何改变，物体所占据的空间大小保持不变 |  把物体垂直放入水中之后，水平面的位置 |  把物体水平放入水中之后，水平面的位置 |

图 9—2　守恒技能的获得顺序

在具体运算阶段，皮亚杰认为儿童会依照固定的顺序来发展守恒技能。比如说，他们会首先学会有关数字守恒的概念，然后才是物质守恒，以此类推。

也显示，对于那些西方文化之外的、非个人主义文化下的儿童，他们在获得守恒概念上会存在发展上的延迟。我们还不能完全肯定这种延迟是该归咎于不同文化下基因的差异，还是源于研究过程中出现的纰漏，因为所使用的材料和任务都来自于西方本土。举例来说，在一项对中国儿童操作皮亚杰的液体水平任务的实验中，研究者发现在认知发展和主试的指导操作之间存在着某种程度的相关（Li，2000）。

研究同样还提出了另一个问题：儿童在具体运算阶段获得的守恒技巧是否完全符合皮亚杰的假设（水平滞差）。在西方国家、伊朗和巴布亚新几内亚的儿童，表现出了与皮亚杰模式（Piagetian Pattern）相吻合的发展趋势。然而，泰国儿童则会同时发展出对于数量和重量的守恒概念（Boonsong，1968）。而某些阿拉伯、印度、索马里和澳大利亚土著居民被试，则会在发展出物质守恒概念之前，就发展出重量守恒的概念（deLemos，1969；Hyde，1959）。

319

## 进一步的发展

### 创造力

我们通常将创造力视为心理活动和成就的最高形式。如果说智力代表的是迅速学习可预期知识的能力，那么**创造力**（creativity）指的则是原创的、有价值的反应和产物。人们常常会假定智力和创造力是相辅相成的，而心理学家们则发现，高智力的个体并不一定拥有较高的创造力，而低智力却会严重削弱个体的创造力。由此可见，高于平均水平之上的智力——但并不一定必须是超常的智力——似乎是取得创造力方面的成就的必要条件。

**创造力天赋**

心理学家普遍认为，与生俱来的天赋是不足以产生创造力的。人们不但需要将内在天分与环境的支持结合起来，而且这种天分和兴趣必须在生命的早期得到发掘。一旦儿童得到了自己的兴趣和喜悦感的激发，他们也就更乐于去探索那些看上去不可能的途径、采取冒险的精神，并最终创造出一些独特和有用的东西。四岁大的神童艺术家 Marla Olmstead 从两岁起就开始绘画了，并且受到了很多国际艺术收藏家（以及一家对此持怀疑态度的媒体）的瞩目。在 www.marlaolmstead.com 这个网站上，你将能够看到她是如何表达自己的创造力的。

在一些例子当中，太多的智慧似乎反而阻碍了创造力的产生。心理学家 Dean Keith Simonton（1991）对 20 世纪一些著名的发明家和领导人进行了研究，结果发现最适合创造力发展的理想 IQ 是在某项领域当中比人们的平均智商高出 19 点左右的 IQ 数值。同样，正规的教育也不是酝酿创造力的必要条件。许多著名的科学家、哲学家、作家、艺术家和音乐作曲家都没有上过大学。要知道，正规的教育通常会为学生灌输很多传统而规矩的做事方法，而不是创造出新奇的解决方式。爱因斯坦曾经这样描述过正规教育的沉闷效果："这方面的问题在于，我们不得不为了应付考试而把所有这些材料挤进一个人的大脑里面，不论他（她）是不是真的喜欢。对我来说，这种强迫起到了非常恶劣的影响，它会让我在通过了期末考试之后，发现自己有整整一年对科学问题倒足胃口"（Einstein，1949，p. 17）。

具有创造力的个体几乎都没有冷漠乏味的性格。心理学家 Vera John-Steiner （1986）对近100位活跃在人类学、艺术和科学领域的男性和女性进行了访谈，并查阅了爱因斯坦和托尔斯泰等名人的大量笔记、日记和传记。结果发现，这些科学家和艺术家都提到，他们的天赋和兴趣是在生命的早期阶段被发掘的，而且常常因此而得到父母或是老师的鼓励与培养。

有种观点认为，创造力需要的是个体发现某种情境与世界之间的联结或是纽带（Sternberg，2001）。由于它不仅必须改变个人思想中的内容和组织结构，还要改变对整个世界、对他人或是一整套业已建立的文化概念的内在系统关系，因此要造就出创造力方面的成就可谓难上加难（Csikszentmihalyi，1997）。有的时候，扼杀创造力远比激发创造力要容易得多。

来自麻省理工学院的诺贝尔奖得主 Salvador E. Luria 博士这样说道："最最要紧的事情，就是让一个优秀的人才有独处的空间。"（See Haney，1985）而即便富于创造力的人天赋秉异，他们也必须通过训练和努力的工作来培养自己的创造能力。这里有一些方法，可以帮助家长和老师对儿童的创造性思维以及任何形式的创意进行鼓励与培养：

- 尊重儿童提出的问题和想法，同时对他们自发产生的自学行为给予肯定。
- 尊重儿童对看护者提出的想法的反对意见。
- 鼓励儿童对周围环境中产生的刺激保持觉察和敏感性。
- 让幼儿自己去面对问题、矛盾、模糊以及不确定。
- 给儿童一些机会去制造某些东西，然后与这个制造出的东西玩耍。
- 多提出一些具有启发性的和可诱导思维产生的问题，并给予儿童一些机会来描述他们所学到的东西和成就。
- 鼓励儿童的自尊、自我价值以及自我尊重的感觉。

简而言之，环境、认知、动机和人格这些方面的特征全都对个体的创造性起着至关重要的作用。

来源：Creative Competitions，Inc.

320　　在沟通和人际关系的交互影响下，社会文化因素在儿童的认知发育过程当中扮演着非常重要的角色（Hala，1997）。在墨西哥，以制造陶器为生的家庭中出生的儿童，往往比其他家庭背景的同龄儿童能够更好地完成物质守恒任务（Ashton，1975）。而 Greenfield （1966）则在她的研究中发现，对处于塞内加尔和西非地区的沃洛夫儿童来说，是实验者还是儿童本人把水倒入宽窄不一的容器，这一变量将极大地影响皮亚杰测验（Piagetian test）的最终效果。有2/3的八岁以下儿童在尝试了自己将水倒入容器之后，领悟了有关守恒的概念。而那些观看实验者将水倒入容器的儿童，则只有1/4明白水的多少是保持不变的。儿童们会将实验者的行为看作"神奇的举动"，却不会对自己的表现做出类似的评价。

**思考题**

在心理学家和教育学家之间，是否就如何定义创造力这个问题达成了共识？具有创造力的儿童是容易表现为单一的模式，还是会表现出多种不同形式？要将某种想法或是发明看作具有创造力的，它需要包含哪些基本因素？你认为美国的学校是在促进还是在磨灭创造性？

## 信息加工——对认知发展的另一种看法

在第 7 章中，我们曾经描述过，有一些理论家曾经让儿童报告自己在完成一项任务的时候会产生哪些智力活动。当儿童在解决问题的时候，他们是如何加工信息的呢？随着年龄增长，这些智力加工又会发生怎样的改变？这可完全不同于皮亚杰的理论，后者只是调查了儿童整体的逻辑框架以及这些框架随时间发生的改变。而依据信息加工理论的观点，我们需要了解，是系统的基本加工能力（硬件）发生了变化，还是运用在问题解决上的策略（软件）发生了改变。举例来说，有很多因素会限制电脑可同时加工的程序数量和加工它们时的运算速度。就像一套编码指令一样，处于这个年龄阶段的儿童开始变得更善于将任务分解为许多可操作的因子。正如我们在第 7 章中所讨论的，在记忆方面，这个年龄段的儿童开始更为有效地使用复述和分类的记忆策略了。

**个体差异** 到目前为止，我们将大部分注意力都放在了正常儿童在童年中期的认知功能发展这一问题上。我们前面描述了儿童在使用具体运算策略方面随着年龄增长而发生的变化，还展示了发展过程在一定范围内是可预测的，尽管人们对于究竟应该用哪种机制来解释这种发展仍然存有很大的争议。我们还提到在这个年龄阶段，儿童在变化发生的速度和变化的整体数量上也存在着不同水平的差异。皮亚杰认为，只有 30%～70% 的青少年和成年人能够达到形式运算水平（Piaget，1963）。同样，一些儿童需要花相当长的一段时间才能发展出对各种任务的运算逻辑，而另一些儿童尽管可以非常轻松地获得学业上的技巧，却在类似于实践操作的技能上始终裹足不前。而在概念化能力的形成方面，学校和家庭环境这两个独立变量似乎都不足以解释造成个体在概念化能力上表现出差异性的原因。

**儿童对他人的知觉** 在小学阶段，儿童对整个外部社会的理解迅速增长，同时也需要大量的社会互动交往（Crick & Dodge，1994）。想一想，当我们进入这个广阔的世界时，我们需要些什么（Vander Zanden & Pace，1984）。我们需要了解我

们所遇到的人物的关键特性，例如他们的性别和年龄。我们还必须考虑他们的行为（走路、吃饭、看书），他们的情绪状态（快乐、悲伤、愤怒），他们的社会角色（教师、售货员、家长）以及他们所处的社会情境（教堂、家庭、饭店）。

因此，当我们进入某种社会情境时，我们会在心里试图在广泛的社会关系网络中"定位"他人。通过对各种线索的仔细观察，我们可以将人们归入不同的社会类别。比如说，如果他们戴着结婚戒指，我们就可以推断出他们已经结婚了；如果他们在工作时间穿着商务西装，我们就可以推断他们属于公司当中的"白领"阶层；而如果有人坐在轮椅上，我们则会推断他们身有残疾。只有通过这种方式，我们才能够决定自己可以对他人期待些什么，而他人又会对我们寄予什么样的希望。总而言之，我们所激活的各种**刻板印象**——某些不精确的、僵化的、夸张的文化形象——可以引导我们明确对彼此的预期，而这种预期决定了社会交换。

W. J. Livesley 和 D. B. Bromley（1973）对 320 个 7～16 岁的英国儿童进行了研究，他们追踪了这些儿童对人知觉的发展变化趋势。研究结果显示，儿童在童年期阶段对于他人的概念化水平的维度数量会随着年龄不断增长。而他们在区分个体特征上的能力会在 7～8 岁期间得到最大提升。从那之后，变化发生速度逐渐减缓，儿童在 7～8 岁期间表现出的差异要远远大于在 8～15 岁的差异。基于此研究的观察结果，Livesley 和 Bromley（1973）得出这样一个结论："在对于他人的知觉的心理发展上，8 岁是一个关键期。"

8 岁以下的儿童在描述他人时主要运用外部的形容词，更容易进行可观察的归因。他们关于人的概念内涵广阔，所包容的不仅仅有个人特质，还包括个体的家庭、财产和生理特征。处于这一年龄阶段的儿童会以一种简单、绝对和说教性的方式对个体进行归类，并采用模糊的、整体性的描述词汇，例如好、坏、可怕和美好。让我们一起来看看一个 7 岁大的女孩是如何形容一位她所喜

欢的女性的：

> 她人很好，因为她给我和我的朋友们吃太妃糖。她住在主大道上。她长着金色的头发，还戴着眼镜。她今年已经 47 岁了。今天是她的结婚纪念日。她在 21 岁的时候就结婚了。她有时候会给我们鲜花。她有一座美丽的房子和花园。（Livesley & Bromley, 1973, p.214）

而一旦长到 8 岁，儿童对于他人的评价词汇会快速地增长。他们的评语变得越来越具体和精确。从这个年龄之后，儿童会渐渐开始识别出个体身上某些内在的稳定或不易改变的品质，还能识别出个体所表现出的外部行为。下面这段对某个小男孩的描述来自于一位 9 岁的女孩：

> 我认识 David Calder。他也在这所学校上学，但是不在我们班。他的行为非常差，他总是对别人说一些无礼的话。他会跟各种人打架，不论年龄大小，而且他总是挑起麻烦的那一方。（Livesley & Bromley, 1973, p.214）

上述内容显示了儿童在童年中期关于描述他人（有关他们的想法、感受、人格归因以及一般的行为表现）的能力的迅速发展（Erdley & Dweck, 1993）。随着儿童对于"他人知觉"的认知能力不断成熟，以及他们所拥有的词汇量的不断增长，他们表达自身需求及与他人交流沟通的能力也会逐渐提升（Livesley & Bromley, 1973, p.130）。

**思考题**

皮亚杰是如何描述 7～12 岁儿童的认知发展的？皮亚杰有关认知发展的理论能否应用到其他文化背景的儿童身上？

## 童年中期的语言发展

对于一些非美国土生土长的一年级新生来说，英语的使用无疑是在校期间的一道重大障碍。而不论是在学校还是社会当中，我们都必须与移民及其后代共同生活和工作，并将他们吸纳到文化之中。其中的一部分问题来自于移民对文化适应的阻抗。西班牙裔和亚裔儿童更容易在使用英语上存在困难，因为他们往往需要在家庭中使用另一种语言。据估计，5～17 岁的儿童中，大约有接近 20% 的儿童会在家庭中使用另外一种语言（National Center for Education Statistics, 2003c）。西班牙裔的儿童在上小学之前几乎没有过上学前班的经历，因此他们对自己在班级中处于落后位置缺乏相应的准备和应对能力（Wallman, 2001）。上述这些统计数据告诉我们，只有教会所有儿童英语，才能让他们成为知识更加丰富和更为活跃的市民。由于只有很少一部分公立学校教师能够同时使用两种语言，越来越多的校区开始雇用那些能够使用两种语言的班级助教来教授那些不会说英语的学生（Menken & Antunez, 2001）。

对于任何语言的学习，都是一个终身的过程。6～12 岁的儿童会不断地获得细微的音韵区分、词汇、语义、句法、正式论文的格式等相关内容信息，还有他们的母语中那些复杂的生活用语（Gleason, 1993）。在这段时间中，儿童通常会在学校中接受一些认知层面上更为复杂的读写任务。随着他们不断长大，儿童会变得越来越聪明，而他们更复杂、认知程度更高的语言会体现在自己的学业和生活经历中。让我们一起更仔细地看一看童年中期在语言上发生的变化——特别是词汇、句法和生活用语。

**词汇** Anglin（1993）曾报告说，一个五年级的学生每天可以学会多达 20 个左右的新词，到 11 岁时，他/她将能够达到 40 000 的词汇量。这其中的一部分是基本的文学词汇，因为儿童每天的主要时间都花在了学校里，并因此接触到大量新鲜的事物，这需要他们去理解和使用具体而又崭新的词汇来进行描述。处于具体运算阶段的儿童同样还能够学习和理解一些与其个人经历没有什么关联的词汇，诸如"生态学"或"歧视"。他们能够以种类和功能的形式来描述物体、人物和事件，而不是仅仅通过物理特征。在谈到自己家的宠物狗时，他们往往会通过品种、个性特点以及它可以做哪些事情来进行描述。他们还可以将自己家的狗与其他狗进行比较，并对比作为宠物的狗与其他种类的宠物之间具有的异同。儿童开始理解，词汇可能具有多重不同的含义，而他们可以利用这一新获得的技能来讲笑话或是猜谜语。3～5 年级的小学生通常喜欢讲述和制造他们自己的"小笑话"。无论是在阅读还是讲话过程当中，我们都可以发现他们开始利用讲话者所处的情境，或是在阅读中利用图片和周围自己认得的那些词汇，来猜测某些未知单词的含义。

**句法和生活用语**　由于能够理解运用于语言中的规则，处于这一阶段的儿童将开始学习句法。他们也许仍然会出现言语错误，不恰当地使用代名词，或把主语和动词之间的一致性搞错，但是他们已经学会了如何使用正确的时态，并能够识别出句法当中的错误。他们的句式结构变得更加复杂——除了使用关联性动词之外，他们还会使用副词、形容词和介词短语。他们的认知能力得到了充分的发展，这让他们可以正确地使用各种情态动词，例如"可以"、"必须"、"将要"、"也许"、"可能"和"应该"（Nelson, Aksu-Ko & Johnson, 2001）。

另一类发展出现在儿童的生活用语上。就像我们在第 7 章中所讨论的一样，所谓生活用语，指的就是在现实环境和情境中使用的语言。在童年中期，儿童发现自己可以（并且应该）根据互动的情境来调整自己的语调、语音，甚至所使用的词汇。举例来说，相对于自己的好友或是父母，儿童在与一位老师或是邻居交谈的时候，往往会采用更为正式的词汇和句式。这种内码转换或是转变语言风格的能力，显示出儿童已经可以在某个既定环境中发展出对社会要求的觉知。它同样使儿童在与同伴谈话时可以拥有一定的自由度，使他们能够用更为随意、通常更情绪化的词语来进行表达。花上一分钟思考一下，你会如何向你的朋友、你的老板以及你的父母分别描述自己昨晚的发烧情况。研究显示，来自各个社会阶层的儿童都能够运用内码转换，而他们的发音、语法和俚语全部都会在这个过程中发生变化（Yoon, 1992）。

**思考题**

7～12 岁的儿童在使用和理解语言上，存在哪些我们能看到的变化？

**对交流技巧低于正常水平的儿童的教育**　自 20 世纪 80 年代之后，**英语能力有限**（limited English proficiency, LEP）的移民儿童数量激增，这为美国的学校带来了很大的冲击。被识别为 LEP 的学生要么出生在美国之外的地方，要么其母语并非英语，由于他们在说话、理解、阅读和书写英文的时候存在很大困难，因此他们很难有效地融入学校的生活。教育学家通常会将这些儿童称为**"英语学习者"**（English language learners, ELL）。据估计，全美国范围内大约有 300 万～800 万的 LEP 学生，而他们当中的绝大多数说西班牙语（National Center for Education statistics, 2003a; U. S. Department of Education, 2000, 2001）。

2002 年，当"不让任何一个孩子落后"（No Child Left Behind）的法案申请立法的时候，美国双语教育联盟（National Association for Bilingual Education, NABE）对此签署通过。然而，到目前为止，我们对于 ELLs 儿童的需求满足程度还是很少（例如，用于教师培训、提供指导性材料和项目，并创建完备机构的资源非常有限）（Crawford, 2004）。

尽管美国在 2003 年花费了 47 700 万美元来完善和实施第三期美国州政府特教补助款分配项目（Title III State Formula Grant Program）（U. S. Department of Education, 2005），美国的教育学家仍然让 LEP 学生在通过标准测验方面倍感压力。研究显示，要让一个儿童对第二语言精通掌握，需要花费好几年的时间。

第一部"双语教育法案"（Bilingual Education Act）于 1968 年正式通过，法案要求学校帮助那些 LEP 学生"矫正语言缺陷"。这一法案于 1988 年得到更新，不但要求学校统计 LEP 学生的数量和相关服务的资料，还要对双语教育项目的有效性的评估和研究提供支持。要求之一就是每一个校区都必须向那些非英语使用者传递一种信念，他们也能够像母语为英语的个体一样，拥有同等机会来获得语言和数学技能。近些年，NCLB 在 2001 年授权了一些机构，帮助 LEP 学生实现第三期资助项目为他们设定的目标。

在进行教育指导时使用什么样的语言，是一项至关重要的选择。而我们必须思考，语言究竟是如何被习得的，又有哪些变量会影响个体获得语言的速度，语言和思维以及语言的社会文化情境之间的关系又如何（Bialystok，2001）。

有八种方法被认为可以被用来"矫正缺陷"，并为儿童、家庭文化、父母能力拓展以及教师培训项目提供主流的教育。我们将在这里为读者描述其中的四种主要方法（U. S. Department of Education，2005，p. 25）。

**英语作为第二语言**（English as a second Language，ESL）　将英语作为第二语言的方法致力于尽可能快而有效地教授儿童英语。因此，儿童可能会在一个独立封闭的班级中每天学习英语，直到他们达到一定程度的掌握标准。然后，儿童会进入常规的班级，并开始完全依靠英语来接受所有学业领域的教育和指导。我们可以将这种教授英语的方法与美国初高中教授外语的方式进行对比，也即儿童学习具体的单词和语法规则，并通过讲话和解释不断练习英语。而最关键的问题在于：何时才是儿童做好进入主流社会并结束 ESL 课程的时机？

323　　　一个重要的变量就是儿童在学习母语时表现出的能力水平和/或所接受的正式指导。如果儿童的母语得到了很好的发展，他可能会需要 3～5 年的时间来使自己的第二语言达到与自身年龄和年级水平相匹配的程度。而如果儿童在发展母语时没有接受到正规的指导和教育，可能就要花上 7～10 年的时间（Collier，1997；Crawford，1997）。总而言之，近期出现的培训项目要比早期培训项目为儿童带来更高的学业成就。另一个值得我们关注的问题在于，儿童可能因此会贬低自己的母语，拒绝在家庭和社区当中使用它们。这无疑会限制他们与自己的家人交流互动的质量和数量，并导致他们无法发展出属于自己的文化认同感（Crawford，1997）。

**双语教育**　第二种方法，双语教育，是让**"精通双语者"**，分别用两种语言对儿童进行指导和教育。这种方法对某些专家来说堪称理想，因

为他们认为，由于儿童是通过母语接收到指令的，因此可以同时获得学业上和语言上的双重技巧。通过使用自己的母语（得到更多发展的语言），他们将能够表达更为复杂的想法，阅读更高水平的文章，并增加自己的基本词汇，这些词汇转而又可以帮助他们更容易地学习第二种语言（英语）。已有的相关记录证明，通过母语得到的认知和学业发展，将对学校中学到的第二语言起到至关重要的积极影响（Collier，1992；Garcia，1994）。相对于通过发展程度较低的语言来直接进行学习，更多转换技能（读写能力、概念形成、学科知识、学习策略）往往发生在从第一语言向第二语言过渡的过程当中（Krashen，1996；The National Research Council，1998）。

双语项目可以为儿童持续带来学业技巧和社会性及情绪技巧方面的双丰收。一方面，儿童将能够用越来越复杂、含义越来越丰富的语言与家庭和社区进行交流互动，另一方面，也可以让他们感到自己的母语是与英语具有同等的价值水平的。在经过 4～7 年高质量的双语培训项目之后，儿童再接受来自第二语言的测试，通常都能够在所有科目上达到甚至超越自己那些本土伙伴的表现。来自双语学校的学生，通常会稳定地保持自己的这一学业成绩水平，甚至会超越那些来自单一语种学校的高年级学生（Collier，1997）。

根据 Menken 和 Antunez（2001）的调查，很多研究都显示出，如果儿童身处良好的培训项目当中，并且所有的教师在教授孩子们之前都做到了必要准备，那么这种双语教育将是非常有效的。而这些必要的准备工作包括：了解同某一文化、民族、习俗、历史、食物和音乐相关的词汇。

国家职业教师标准（2004）开始为儿童期早期和中期的英语教学提供认证，并将它作为一种崭新的语种，用于教授 3～12 岁来自不同语言和文化背景的儿童。Krashen（1996）认为，如果能够有更多同时以儿童的母语和第二语言出版的书籍囊括到这些项目当中，那么这种双语教育将获得更大的成功。他进一步表示，讲西班牙语的 ESL 儿童在家庭、学校，或是学校的图书馆中，几乎找不到这一类书籍或是资源。

双语教育项目始终是一个备受争议的话题，并且在美国每个州都变成愈加复杂的一个问题

(Escamilla et al.，2003)。1998 年，加利福尼亚州的选民投票通过了一项议案，要求教师只能通过英语进行教学。而调查显示，大约有 1/3 的加州学生存在不同程度的英语缺陷。很明显，这个州的大部分选民认为，过去的双语教学方法并不成功，而且也是一个过于沉重的税务负担。特别值得一提的是，很多家长并不希望自己的孩子因为双语教学项目而被隔离在学校之外。相对来说，加利福尼亚州的大部分选民宁愿选择一种被称为"全英语渗透"的指导教育方法。

**全英语渗透**  在全英语渗透项目（total immersion programs）当中，儿童被置于常规课堂里上课（常规课堂中可能支持他们的母语，也可能不支持），英语将被用来作为所有活动的指导语。这种方法取消了"隔离式"的教育或是班级，并给予每个儿童一个通过英语观察和学习如何与自己的同伴进行社会交流的机会。全英语渗透的理论基础在于，语言学习的最佳途径不是在它作为一种学业上的科目来学习的时候，而是当它真正发挥作用的时候，只有这样，儿童才会有动力去学习这种语言，以便自己了解周围所发生的事情。然而，这个过程是非常漫长的，而这种学习也会依据这一阶段的儿童的语言和认知特点而变得非常具有目的性。也就是说，我们不会教自己两岁大的孩子有关美国殖民地时期的历史，或是科学计算的语言。全英语渗透项目似乎对于那些年幼的并且其家庭对于这一方法怀有积极感受的儿童具有最佳效果。

在童年中期这几年中，儿童开始能够理解句式结构和语法，拓展他们的词汇，更为连贯地进行写作，使用学校和公共图书馆甚至互联网寻找信息，并在班级里进行口头演讲。他们还能够通过组织俱乐部和活动，或是以帮助邻居、做兼职报纸运送工、成为志愿者等形式在社区中有效利用自己的语言技巧。处于这个年龄段的儿童开始了解，自己有权利就他们所关心的社会话题，比如空气污染或垃圾回收发表意见，其中一些儿童甚至会为当地的报纸、美国联盟或是政府机关撰写社论。而在美国，不论是对儿童还是对他们的家长来说，对英语的掌握都是一种授权的象征。

324 **双向式双语教学项目**  在双向式双语项目（two-way bilingual programs）中，母语为英语的学生和母语为非英语的学生，会同时被教授英语和另外一种语言，例如西班牙语。所有参与的学生都具有一定的词汇量基础，而指导语则会均衡地用两种语言同时呈现。最终，学生们将能够精通两种语言，并实现对两种语言的读写任务。在美国，大约有 250 个这样的项目（Gilroy，2002）。很多人认为，双语能力在寻求就业机会的时候是一项非常强大的优势。而要想这一项目取得成功，对儿童的指导就必须从低年级开始做起，而且需要一些素质水平高、全心投入，并具有强力领导能力的教师（Glenn，2002）。马萨诸塞州现已立法保证，各个年龄段的儿童都可以继续参与到双向式双语教学项目当中（Zehr，2003）。

**思考题**

我们应该让儿童在学校里说除了英语以外的其他语言吗？是否应该要求教师以及其他教职员工拥有第二语言的能力，以便他们能够与不精通英语的儿童和家长进行沟通？大学是否应该要求所有教育系的毕业生掌握第二门语言，以便与越来越多的各种族的人进行交流？

**英语学习者**  近几年，加利福尼亚州的儿童在英语和数学测验成绩上出现了急剧的下滑趋势——而之前这个州儿童的成绩则在美国国内遥遥领先。教育学家指出，造成这一变化的原因有很多，包括大量文化和语言的出现（大约有 1/4 的儿童现在正在学习英语），以及缺乏足够的资金来培训教师并提供恰当的指导材料。除此以外，大

约有 40％的加州儿童处于较差的社会经济状况，当一些家长返回墨西哥充当雇农的时候，一些学区甚至不得不关闭六周的时间，而儿乎没有父母愿意出现在家长会上。在"不让任何一个孩子落

后"的规定下，因为成绩在连续两年的时间中都过低，因此许多校区都受到了处罚——这更让加利福尼亚州背上了严重的债务赤字。

## 智力评估

当我们谈及智力时，首先会想到个体与其他人在理解和表达复杂意见、有效地适应环境、从经验当中学习以及解决问题等方面的能力上表现出的差异（我们已经在第 7 章中对智力的概念进行了界定）。尽管儿童在做上述这些事情的时候表现出的能力差异是非常巨大的，但是这些能力也会根据我们测评的时间、使用的方法以及我们要求儿童去执行的具体任务而发生变化（Daniel，1997）。长久以来，我们所能够了解到的学龄儿童之间的差异，主要基于他们在校的学业成绩和通过心理测量得到的智力测试分数。而之所以出现这种情况，大都因为在学校当中，这些差异在两个方面起到决定的作用：一是儿童如何进行学习，二是哪种教育项目最符合他们的认知需求。既然如此，有两个问题就随之出现了。首先，我们应该使用哪些测验来衡量他们的认知能力？其次，我们应该如何利用从评估当中得到的信息来决定具体的教育计划？要获得有关学业成绩的跨文化视角，请参见本章专栏"人类的多样性"中的《亚洲和美国儿童的学业成就》一文。

**智力测验的类型**　智力测验具有多种不同的形式。一些仅仅采用单一项目或是问题类型，典型例子包括皮波迪图画词汇测验（Peabody Picture Vocabulary Test）——一套对儿童言语智力的测试材料，以及瑞文阶段性测试（Raven's Progressive Matrices）——一种非言语性的、不限时的测试，需要对知觉模型进行演绎推理。

其他的一些测验则会使用多种不同的类别项目，包括言语和非言语方面，相对于测量某些具体概念，例如空间能力或是言语智力，这一类测试评估的是更广阔范围的能力。韦氏量表和斯坦福—比奈测验会要求受测者为词汇定义，完成一系列图画任务，复制一组设计，并进行类比测验。对于这些任务的表现可以通过诸多维度（子分数）加以衡量，而受

测者整体的得分将与其总体智力相关。这些分数都是标准化的，平均数为 100，标准差为 15。它一方面帮助我们了解到，人群当中 95％的人口集中在两个标准差以内（即得分为70～130），另一方面也让我们可以将个体的得分与样本（与受测者进行比较的人群）得分加以对比。

相对于上述这些心理测量学上的测试，还有一些测试可以给我们机会去洞察个体对于某项特殊任务所表现出的能力。如果我们想要考察空间能力，那么我们只需要测量个体在一个新的城市或是不熟悉的地点找到正确位置所花费的时间，又或者我们可以通过让个体进行即兴演讲来考察其言语能力。

大部分学校主要采用的是更为常规的测试，例如斯坦福—比奈测验或 WISC-III（韦氏儿童智力量表—III Wechsler, Intelligence Scale for Children-III），因为这些测验的信度和效度已经得到了验证。对于学龄儿童来说，这些测验的得分也是稳定的，而且它们不但与儿童的学业成绩息息相关，还能对儿童未来的学习进行有效预测。

**EQ 因子：情绪智力**　学习对情绪进行自我调节是情绪智力的成分之一，这并不是一项非常容易的工作。就像我们在第 7 章中讨论过的那样，随着儿童（和成人）在美国的暴力和攻击行为方面不断表现出愈演愈烈的增长趋势，情绪智力的发展得到了教育心理学家和其他研究者的关注和警觉。一些初中和高中学生甚至会带武器去学校，并将它们隐藏在衣袋和书包里。较大的城市和郊区学校，不得不求助于金属探测器、24 小时录像监控系统和巡警。一旦冲突发生，一些青少年往往根本无法控制他们的愤怒、狂暴或是恐惧。他们当中的一些人，会采取一系列悲剧性的行为，杀死无辜的同伴和学校员工。而汽车枪击事件——青少年在汽车中随意用手枪扫射路过的无辜儿童和成人——已经变得十分常见。那些研究情绪智力的研究者将这种现象称之为"脑盲"，指的是个体强

有力的情绪边缘系统让大脑的前额叶皮层出现短路，阻断了所有的逻辑推理。一些心理学家也把它称作"暂时的精神错乱"。传统的智力测验已经被使用了将近一个世纪，但是却从来没有触及社会性—情绪能力这样一个可以预测个体将来能否拥有成功或是健康的自我调节行为———一项重要的生活技能——的关键指标。当然，我们也拥有其他一些心理测量工具，可以评估青少年和成人出现情绪困扰或是精神异常的可能性。

**IQ 测验的局限性** 在大多数时候，人们会依据儿童的智力功能而将他们纳入特殊的教育计划之内或是排除在计划之外，但是对于那些 LEP 儿童，我们却很难判定他们的智力功能。举例来说，只有当儿童通过一项标准的智力测试（IQ 测试），并获得低于 70 的 IQ 得分的时候，才能进入针对智力迟滞或是认知缺损的特殊教育机构。人们通常会假定，得分低于 70 的儿童的智力能力处在 97% 的被测人群之下。但我们也毫无疑问地知道，儿童的学业表现并不完全由这一项得分所主宰。事实上，其他一些因素，例如儿童的动机、社会技能和语言技能、自我概念，甚至家庭和伦理价值观，都对儿童在学校取得成功起着重要作用。

近年来，一些学校开始求助于多学科小组评估（multidisciplinary team assessment）。它可以更全面地考察儿童，而考察的范围将包括教师对儿童的努力和成绩的评价、家长和社区对于儿童功能的汇报、学校心理学家对于儿童在课堂表现的观察、儿童的作业或是资料样本的总结，以及各种专家和其他了解这个儿童的人（例如，言语治疗师、休息室的教师）的建议。这些附加的信息片段将帮助我们更为完整地理解儿童的整体能力。不管怎样，通过使用标准的测量方法，我们将能够有效地避免人们对进入特殊教育项目的儿童的偏见和损害。

现有的记录表明，即便使用了标准化得分，某些特定群体中的儿童也更容易被认为需要特殊教育的服务。举例来说，相对于白人儿童，非洲裔美国儿童即便没有表现出能力上的巨大差异，也更多地被置于特殊教育的班级中（Coutinho & Oswald, 2000）。为了保证每一个儿童都能够得到妥善的安置，学校心理学家、教育心理学家和教师们，必须在有关儿童如何学习、智力能力所发挥的作用以及最匹配儿童学习需求的课程和指导方法等方面，不断给自己补充理论和实践知识。

**个人认知风格** 你是否曾经感到自己在班级里非常蠢笨或是无所适从？你是否感觉自己无论多么努力地集中精力，也无法理解眼前的知识内容？你是否曾经感到疑惑，为什么某些科目对你来说要比其他人更加容易？尽管智力在所有的学习活动当中都起着非常重要的作用，但是很明显，并不是每一个人都使用相同的方式进行学习。一些人通过视觉信息来获得最佳学习效果，而另一些人则喜欢听别人讲述，还有一些人在通过书写来进行学习时可以更快地获得信息，并且将信息保存得更为持久。可是有些人，比如一些患有自闭症的学生，会使用图像而不是文字来进行"思考"，他们保存影像的方式，就像"把图像放在光盘里"一样（Grandin, 1995）。这些在个体如何组织和加工信息方面所表现出的差异，被我们称为"认知风格"。**认知风格**是一种非常强有力的程式，它打破了智力和人格这两个领域之间的传统界限，影响着个体所选择的感知、记忆以及利用信息的方式（Crandell, 1979, 1982; Sternberg & Grigorenko, 1997; Witkin, 1964, 1975）。心理学家们对于认知风格的研究已经超过了 50 年，并且识别出了许多不同的认知风格模型，包括 Witkin 的场独立与场依赖模型；Kagan 的冲动性与反思性模型，以及 Hill 的教育认知模型（Messick, 1976）。研究显示，当学生们受到与自己的学习风格相匹配的指导时，往往能够更迅速地加工信息，且使信息维持得更长久，同时也产生更强大的动力继续下面的学习（Dunn, Beaudry & Klavas, 1989; Messick, 1984）。你是分析型的还是整体型的？本书所具备的许多特点是特别针对不同学习水平的学生的。

由于教师需要利用多种手段（讲话、在黑板上或是幻灯片上书写、表演或示范、进行操作、演示录像，或是利用电脑指令例如 PPT 和其他方法）进行教学，因此将上述理论转变为实践是一项困难的工作。现今的教师培训计划已经变得越来越富于革新性，不但创造出了许多新颖的授课和考试方法，对教师们提出了精通外语的要求，还为适应学生不同的学习风格而尝试采用多媒体和多感觉通道的教学方法。正是由于多种不同学习风格的存在，教育界逐渐形成了档案评定的概念：每一个学生都是一个完整的个体，而不仅仅是一个能写、能说、能计算的生物。有人是艺术家，有人是机械专家，有人是音乐家，还有一些人非常擅长社会学。档案评定方法的拥护者相信，儿童一整年的学业成绩绝不能仅仅被浓缩为一个平均绩点分数。教师们应该保留着一系列有关儿童全年的最佳档案。这些档案中应该包括一份儿童最出色的作品，诸如班级游戏或是运动会中的照片、一次科学展览或是才艺展示、最初创作的诗歌，以及儿童本年度最佳的作文和数学考卷。

326

## 人类的多样性

### 亚洲和美国儿童的学业成就

随着全球经济竞争愈演愈烈，在数学和科学学业成绩方面的国际比较变得越来越重要。一个国家在该领域的级别常常被看作其经济实力的指示剂。这种比较通常发生在美国与其他发达国家，例如加拿大、法国、德国、意大利、日本、独联体以及英联邦之间。2003 年，国际数学与科学学习发展趋势研究（the Trends in International Mathematics and Science Study, TIMSS）(Gonzales et al., 2004) 发现，美国四年级和八年级的学生虽然在数学和科学方面的成绩要高于国际平均分数，但自 1995 年以来，日本、新加坡和中国香港等亚洲国家和地区都超越了美国（见表 9—5 和表 9—6）。这些迹象指引我们更深入地去探究，究竟是什么成功的教育实践活动奠定了学生的学业成就基础。

#### 文化差异

儿童的在校表现千差万别，主要有两个因素：一是家庭教养，二是价值观。为了让孩子顺从听话，美国的妈妈们往往会维护权威并强调后果，而日本妈妈们则更乐于让自己的孩子变得懂礼貌、忠诚、勤勉和尊重长辈（Sugiyama, 2001）。儒家的思想理念以自律、孝敬家庭为核心，并尊重所有的学习形式，这一理念被灌输到了许多亚洲国家中（Sugiyama, 2001）。父母们会全力支持和鼓励孩子，而孩子们也通过努力学习来为他们的家庭带来荣誉，同时带着一种接纳和勤勉的态度进入班级。在看待儿童在学校的成功这一问题上，美国的母亲将能力看作比努力更强有力的影响因素，而日本、中国大陆以及中国台湾地区的母亲们，则认为努力远比能力更加重要（Sugiyama, 2001；Zhang, 1995）。因此，亚洲儿童在教室中将精力主要用于刻苦学习而不是挑战权威上（Zhang, 1995）。正如一位中国哲学家荀子所说的：锲而舍之，朽木不折；锲而不舍，金石可镂（Zhang, 1995）。

#### 为入学所做的准备

日本父母对教育非常重视，早在儿童进入小学之前，他们就会教自己的孩子从 1 数到 100，并教会他们读出时钟上的时间（Sugiyama, 2001）。在日常生活中，他们会不断让孩子去接触那些需要不断使用数字的情境。学习日本的数字系统相对比较容易：儿童要先学会从 1 数到 10，然后再学习一条简单的法则，之后就可以轻松数到 100（这远比运用十进制系统要少记忆很多东西）。到了二年级，所有的日本学生都会通过使用各种歌曲和记忆窍门来学习他们的乘法运算（ku ku）(Sugiyama, 2001)。日本的学校体系奉行的是无失败政策，因此老师们必须格外关注那些成绩不好的学生。所以在 TIMSS 的研究中，这些成绩低等生要比其他国家的同类学生拥有更好的成绩（Gonzales et al., 2004）。在 Stevenson 及其同事们（1993）的一项追踪研究中，他们发现，尽管来自同一个城市，但是亚洲儿童在一年级的时候，会花同等的时间在语言和数学科目上，而美国的儿童则会在一年级将更多的时间花在语言指导上。美国少年更喜欢参加一些与学业无关的活动，比如在房子周围游荡，询问无关问题，并与同伴进行交谈（Stevenson，Chen & Lee，1993）。

**亚洲的学校是否要优于美国？**

自从 1995 年开始，亚洲儿童就开始在 TIMSS（一项对 46 个国家和地区的学生进行的国际评估）中占领数学和科学的最高位置。相对于美国的学校，亚洲的学校会提供更长的学年和更为规律、集中的教育模式。同样，亚洲的数学和科学教师通常都拥有这些特殊学科领域的专业学士学位，对自己所教授的这些内容非常精通。而美国的许多教师只是拥有教育学领域的学位，他们当中很少有人拥有数学或是科学学位。看起来，美国教师的资格认证还需要得到进一步提高和改善。

表 9—5 　　　　　　　　　　　　　**2003 年各国四年级学生数学问卷得分**

在 2003 年，美国四年级学生虽然超过了国际数学和科学问卷的平均得分，但是自 1995 年以来，他们就再没有表现出可观测到的进步。而不论在数学还是科学分数上，中国香港地区、日本和新加坡的四年级学生均全面超越了美国。

| 国家和地区 | 2003 年 |
|---|---|
| 新加坡 | 594 |
| 中国香港 | 575 |
| 日本 | 565 |
| 荷兰 | 540 |
| 拉脱维亚 | 533 |
| 英格兰 | 531 |
| 匈牙利 | 529 |
| 美国 | 518 |
| 塞浦路斯 | 510 |
| 澳大利亚 | 499 |
| 新西兰 | 496 |
| 苏格兰 | 490 |
| 斯洛文尼亚 | 479 |
| 挪威 | 451 |
| 伊朗 | 389 |

来源：Gonzales, p., Guzman, J. C., Partelow, L, Pahlke, E., Jocelyn, L. Kastberg, D., &t Williams, T. (2004). *Highlights from the Trends in Mathematics and Science Study* (*TIMSS*) 2003; U. S. Department of Education, National Center for Education Statistics. Washington, DC: U. S. Government Printing Office. Retrieved March 24, 2005, from http://nces. ed. gov/pubs2005/2005005. pdf, pp. 80 and 91 of report.

表 9—6 　　　　　　　2003 年各国八年级学生数学问卷得分

美国八年级学生数学问卷的得分从 1995 年的 492 分，提升到了 2003 年的 504 分。美国八年级的学生所得分数要高于 11 个国家和地区，但是取得最高分的那些学生仍然主要来自亚洲。

| 国家和地区 | 2003 年 |
| --- | --- |
| 新加坡 | 605 |
| 韩国 | 589 |
| 中国香港 | 586 |
| 日本 | 570 |
| 比利时 | 537 |
| 荷兰 | 536 |
| 匈牙利 | 529 |
| 俄罗斯 | 508 |
| 斯洛伐克 | 508 |
| 拉脱维亚 | 505 |
| 澳大利亚 | 505 |
| 美国 | 504 |
| 立陶宛 | 502 |
| 瑞典 | 499 |
| 苏格兰 | 498 |
| 新西兰 | 494 |
| 斯洛文尼亚 | 493 |
| 保加利亚 | 476 |
| 罗马尼亚 | 475 |
| 挪威 | 461 |
| 塞浦路斯 | 459 |
| 伊朗 | 411 |

来源：Gonzales，P.，Guzman，J. C.，Partelow，L，Pahlke，E.，Jocelyn，L. Kastberg. D.，Et Williams，T.（2004）. *Highlights from the Trends in Mathematics and Science Study*（TIMSS）2003：U. S. Department of Education，National Center for Education Statistics. Washington，DC；U. S. Government Printing Office. Retrieved March 24，2005，from http：//nces. ed. gov/pubs2005/2005005. pdf，pp. 80 and 91 of report.

### 对教师的预备、培训和实务

Han（2001）以及"未雨绸缪"（Before it's too Late）委员会（Glenn，2000）指出，教师在职业化培训和实务操作上的差异，是导致学生能否在数学和科学领域取得较高成就的一项关键因素。Han（2001）曾经拜访了中国北京的一些公立学校，在那里，她观察到有很多专门从事一二年级数学教学的老师。这些数学老师通常都拥有数学专业的本科学历（而不是教育专业）。办公室里会有序地摆放教师们的办公桌，让这些数学教师们坐在一起，为他们提供分享技巧、设计出有效课程和讨论学生问题的机会。这些教师每天早上八点钟开始工作，大约下午 3：40 结束，两个大的教学时段之间间隔有两个半小时的午休。教师们每天会用四个半小时来备课、修改作业和处理学生的问题。从下午 3：40～4：40，学生们会继续留在学校完成家庭作业。而老师们则会逗留到五点左右。在没有其他员工支持和帮助的情况下，每一位班主任老师既要对学生的学习成绩负责，也要对他们的心理发育负责（Han，2001）。而家长们可以在预备和计划时间内对老师进行拜访。

每个星期都会有半天特别留给老师进行培训，组织这一项目的是年级组长和培训管理员，而在每天的课程计划中，只有一门基础主干课。参加这种机构内部的培训并不能给老师带来额外的报酬或是奖励，而在美国的教师合同中，这些却是有报酬标准的。除此以外，中国教师还会在晚上、周末或是暑假期间参加额外的课程辅导工作。

根据研究者对十个日本课堂的观察，专门负责科学课教学的日本教师会始终保持一种井然有序、合理有效的授课方式。他们会在学生的兴趣与他们之前学到的内容之间建立起联系，通过讨论激发儿童的想法，让学生去领导和动手参与调查，从发现中相互交换信息，分析和组织信息，对最初的假设加以反思，并对那些没有答案的问题进行讨论（Linn et al.，2000）。

**学生的观点**

Shimizu（2001）是在日本东京大学任教的数学教授，他曾调查过 80 位大学生（曾经参与过 1995 年 TIMSS 研究的非数学专业大学生），考察他们对日本学生在国际学术竞赛中取得优异表现的原因的意见和看法。得到的答案包括父母的高度期望、勤奋、优秀的数学教师、全国性标准课程、为那些杰出学生设立的专门学校（juku），以及整个社会对于学业成绩的重视。

**新的方向**

不论未来的经济利益能否实现，学生们能否在各个学科受到尽可能好的教育都是一件无比重要的事情。通过仔细审视其他国家中的文化和家庭期望与价值观、学校的准备程度、早期的文字和数学能力以及对教师的培训和实务，相信美国的教育学家、政策制定者和普通民众可以对成功的教育实践有深入的洞察。

## 328　残疾学生

1975 年颁布的针对所有残疾儿童的教育法案 PL94-142，赋予了每一位美国学龄儿童自由和平等的权利，以及在限制最少的环境当中享受恰当教育的权利。美国的残疾儿童第一次能够进入学校，并开始为前景远大的未来进行准备。1990 年，"残疾人教育法案"（IDEA）对上述法令进行了重新授权。而近期，2004 年"残疾人教育和改善法案"PL 108-446 对上述法案再次进行了调整（Learning Disabilities Roundtable，2005）。时至今日，对残疾的分类更为细化和具体，包括自闭症、失明且耳聋、情绪障碍、听力缺损、智力迟滞、多重残疾、畸形、其他健康缺损、特殊的学习障碍、言语或语言缺损、创伤性脑损伤以及视觉缺损（National Center for Education Statistics，2002）。美国的数据报告显示，在 2001—2002 年期间，大约有 640 万年龄在 3～21 岁、有着 13 种不同类型残疾的儿童进入了美国联邦支持下的教育培训项目——比起 1975 年 PL94-142 法令刚刚被颁布的时候增长了近 75%。

**智力迟滞**　患有**智力迟滞**（mental retardation, MR）的儿童和成人不但所拥有的心理功能低于正常标准，而且在适应性技巧上也存在很大局限，而有关智力迟滞的诊断必须在儿童年满 18 岁之前做出。自 1976 年以来，越来越少的儿童被归为智力迟滞，

到了 2002 年，只有大约 50 万人被诊断为智力迟滞——其原因很可能是由于产前诊断越来越精确，并且越来越多的儿童被归入学习障碍的范畴。造成智力迟滞的原因可能有多种，例如基因或染色体异常（例如唐氏综合征或 X 染色体破损）、产前致畸剂的效果（例如胎儿酒精综合征）、出生时带来的并发症（诸如缺氧）、出生后的营养和/或环境贫乏、儿童期脑部损伤或是接触了致畸剂，以及其他一些未知的原因。通过 IQ 分数，人们通常将迟滞的严重性划分为四个等级：轻度、中度、严重和极其严重。如果儿童的能力和所测得的智力都很低的话，那么很明显存在迟滞的问题。然而，如果在能力和所测得智力之间存在矛盾的话，那么它通常只是表示儿童存在学习障碍。对于罹患智力迟滞的年轻人来说，尽管周围有很多让他们全面发展能力的机会，甚至很多治疗性机构从他们出生后的早期阶段就开始提供服务，但他们仍会在学业、交流、日常生活技巧、社交技能、休闲以及工作等多个方面表现出不足。

**学习障碍**　2004 年的法令将学习障碍（learning disability, LDs）定义为"一种表现为一种或多种基本心理加工上的障碍，包括理解或使用口语或是书面语的障碍。这种障碍可能表现为在倾听、思考、言语、阅读、书写、拼写或是进行数学运算等方面的不完备能力"（Learning Disabilities Roundtable，2005，p. 10）。

教育学家用**"学习障碍"**（LDs）这一术语来说明那些尽管具有正常智力，也不存在生理、情绪或是社会功能缺损，但是却在与学校或是工作任务相关的内容上存在严重困难的儿童、青少年、大学生和成人［另一些人则喜欢使用"特殊残疾"（differently abled）这个词语］：

329

> 学习障碍（LD）是一种会影响个体能力的疾病，它要么阻碍人们所看到或所听到的东西，要么阻断大脑不同部分之间信息的联结。这些限制可能会以多种不同的方式表现出来，比如在言语、书写文字、协调、自我控制或是注意力等方面表现出的特殊困难……学习障碍可能会是一种终身的状态，在某些案例身上，会影响个体生活中的很多部分：学校、工作、日常习惯、家庭生活，有时候甚至会影响个体的友谊和游戏。（National Institute of Mental Health，1993）

在实践中，我们需要对那些所评估出的能力和他（她）真实的学业成绩之间存着很大矛盾的学生予以注意。因为那些成绩比自己在标准的 IQ 测试中测得的能力低两个年级水平的儿童，常常会被我们诊断为患有学习障碍（见图 9—3 中的假想案例）。

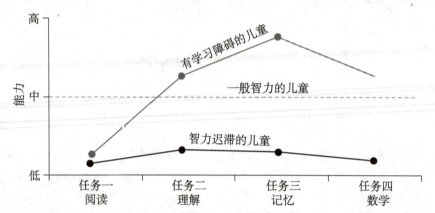

图 9—3　对一个患有学习障碍、一个患有智力迟滞，以及一个在 WISC-III 智力测验中具有平均智力成绩的儿童的假想能力测验分数图。

特殊学习障碍依然是从小学到高中的学生中最为常见的障碍类型，占了总数的 44% 以上（见图 9—5）（National Center for Education Statistics，2004）。被识别为阅读障碍的男孩人数是女孩的四倍，但事实上，有同样多的女孩也具有和男孩一样的阅读障碍问题（Lyon，2000）。

在 36 060 亿美元的总教育经费中，有 14% 被用于针对 280 万儿童进行的特殊教育（见表 9—7）（U. S. Department of Education，2002）。

有各种不同类别的青少年会被归入学习障碍的类型。他们当中有的人的眼睛虽然可以看到正确的事物，但是头脑却无法恰当地接收或是加工输入的信息。或是他们无法将正对着自己眼前的物体准确定位，而只能广泛地看待所有周围的事物（Geiger & Lettvin，1987）。他们还可能将字母混杂在一起，把"was"读成"saw"，或是将"god"读作"dog"。另一些人则很难在一大堆感觉信息中挑选出针对当前任务的具体刺激信息。还有一些人，虽然能够听到别人说什么，但是却由于听觉记忆的问题，而无法记住他们所说的内容。比如说，在接受口头指导的时候，他们会把书翻到错误的页码，或是完成了错误的作业。造成这些障碍的原因有很多种，包括基因、社会、认知以及神经心理学等各方面因素的综合（DeMaria，2001；Nopola-Hemmi et al.，2001）。包括 PET 在内的高科技脑成像技术显示，诸如丘脑等信号加工区域很可能是造成问题的关键所在。丘脑的构造和功能很像是一块电话转换功能板，它把由眼睛、耳朵和其他感觉器官收集到的信息积攒起来，再将它们分别输送到大脑的不同区域。但不论造成障碍的原因究竟是什么，那些患有学习障碍的个体会在阅读（诵读障碍）、书写（书写障碍）、数学计算（运算障碍）或是在听觉和视觉加工等不同方面表现出各自的问题。而被识别为诵读障碍的学生占了 LD 人群中的绝大部分（Bradfod，2001）。

这些障碍常常被我们称作"无形的阻碍"，但是学习障碍并不一定都导致个体成就偏低。许多成就非凡的科学家（Thomas Edison & Albert Einstein）、政治家（Woodron Wilson & Winston Churchill）、作家（Hans Christian Andersen）、艺术家（Leonardo da Vinci）、雕塑家（Auguste Rodin）、演员（Tom Cruise & Whoopi Goldberg）以及军事家（George Patton）都曾患有学习障碍（Schulman，1986）。

是否将儿童纳入类似学习障碍的范畴是一个非常严峻的社会问题。从积极的角度来说，这种划分可以为儿童提供一些服务，帮助他们促进学习、提升自我价值感，并增进他们的社会融合程度。但是老师们和公众也必须意识到，这种标定也可能会带来一定的负面效果，因此不可以带着晦涩、遮掩或是伤害性的目的为儿童贴上这样的标签（Harris et al.，1992）。有一件我们可以确信无疑的事情，那就是在 1975 年之前，患有障碍的儿童根本得不到接受公共教育的机会，他们当中的绝大部分会待在家里，对未来不抱任何希望。而经过 30 年之后，充满机会和进步的大门已经向他们开启。不论是儿童本人还是他（她）的家庭，都可以决定该如何更好地利用这一契机。

330

表 9—7　进入联邦政府针对具有学习障碍学生的支持性项目当中的儿童数量，占 12 年级以下所有登记学生的百分比，以及他们占所有不同障碍儿童的百分比。资料年限：1977—2002 年。

| | 1976—1977 | 1980—1981 | 1989—1990 | 1995—1996 | 2001—2002 |
|---|---|---|---|---|---|
| 占 12 年级以下所有登记学生的百分比 | 1.8 | 3.6 | 5.0 | 5.6 | 6.0 |
| 占所有不同障碍儿童的百分比 | 21.5 | 35.3 | 44.6 | 46.3 | 44.4 |
| 接受服务的数字 | 796 000 | 1 462 000 | 2 047 000 | 2 579 000 | 2 846 000 |

来源：U. S. Department of Education，Office of Special Education and Rehabilitative Servives，Eighteenth Annual Report to Congress on the Implementation of the Individuals with Disabilities Education Act；and the National Cent for Eduation Statistics，*Digest of Education Statistics*，1996. *Digest of Education Statistics*. 2000；Chapter 2. Elementary and Secondary Education. Table 53. Children 3 to 21 years old served in federally supported programs for the disabled，by type of disability：1976—77 to 1998—99. National Center for Education Statistcs，*Digest of Education Statistics*，2003. Elementary and Scondary Education，Table 52. Retrieved March 24，2005 from http：//nces. ed. gov/.

**注意缺陷多动障碍**　注意缺陷多动障碍（ADHD）是一种会严重影响个体学习和认知发展的状态。它包括一系列不太明确同时又很普遍的症状。通常情况下，那些具有很强的冲动性，无法待在座位上等待属于自己的机会，不能遵从指示，或是无法坚持完成一项任务的儿童，常常被认为患有 ADHD。ADHD 可以继续被分为三种亚型：多动—冲动型、注意缺陷型以及多动和注意缺陷混合型（Willingham，2004/05）。疾病控制和预防中心（2004c）的报告指出，大约有 200 万 6～11 岁的儿童被诊断为患有 ADHD。这其中还有一些儿童会同时伴有学习障碍，而另一些则没有。很多患有 ADHD 和同时患有 ADHD 与学习障碍的儿童，往往会接受药物治疗（Centers for Disease Control and Prevention，2004c）。而近期的研究显示，将药物与行为治疗相融合的方法，对于治疗 ADHD 格外具有疗效。然而，有关药物治疗 ADHD 儿童的长期疗效信息目前仍然十分缺乏。而尽管有关这一方面的研究仍在持续，在 2000—2003 年，对于 ADHD 儿童开出的药物处方量已经上升了 23 个百分点（Zaslow，2005）。

很多被诊断为患有 ADHD 的成年人仍然会体验到很多不良状态，尽管这些症状已经和童年时最初的表现有所不同。研究者发现，许多具有反社会行为、行为障碍和物质滥用的成人，都曾在幼年时患有 ADHD（Wilens，Fararone & Biederman，2004）。值得一提的是，也有心理医生报告说，有一些人反而因为多动症的部分原因而变得十分成功，尽管他们备受多动症的折磨。这些人虽然很容易被干扰，但由于他们通常具有惊人的"注意集中"能力，所以最终总能够对干扰保持免

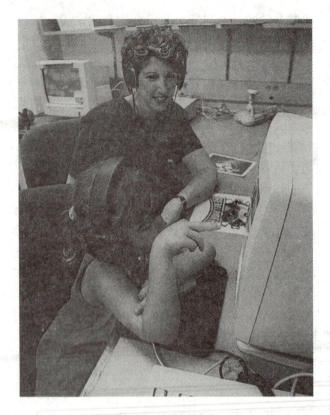

**在诵读障碍治疗项目中矫治儿童**

照片中的 Paula Talla 博士发现，有一小部分具有阅读问题的儿童之所以会发展成严重的诵读障碍，主要是因为他们很难倾听并产生言语。这些儿童很明显正陷在"言语迷雾"当中。而许多这一类的儿童都可以从 Talla 和她的同事们研发出的治疗项目当中获得帮助。这项治疗囊括了很多电脑游戏，让儿童借助这些游戏在每次治疗中对几千种声音进行演练。

疫。毋庸置疑的是，当一些拥有较高 IQ 和社会技能的 ADHD 患者成为自己所在行业中的佼佼者时（例如急诊室大夫、销售人员、证券交易员以及企业家），还有一些患有 ADHD 的人非但没有做出这些贡献，而且还因为冒险和冲动行为而沦为阶下囚（Barkley，2001）。

究竟是什么引发了 ADHD，诱发原因又是否是唯一的？对此，我们还尚无定论。有关专家曾列举了各种不同理论来试图解释这一疾病，其中包括基因缺陷、不良教养方式、有毒物质、食物添加剂、辛辣食物、过敏、荧光灯、缺氧以及电视看得太多。有一个将基因与环境相融合的交互作用模型，可能是对儿童期 ADHD 发展的最好解释（Barkley，2001）。

尽管目前还没有可靠的实验室测试能够对 ADHD 进行诊断，但是 1998 年在斯坦福大学进行的一项研究却通过大脑成像技术使这个问题更加明朗。参与者在对一系列任务进行反应的同时，接受核磁共振的扫描测试（MRI 扫描）。其中一些被试患有 ADHD，但是在三天之内没有摄取过利他灵（中枢兴奋药），而另一些被试虽然不是 ADHD 患者，却在接受 MRI 扫描之前服用了利他灵。结果显示，那些患有 ADHD 的个体通往注意调控基底神经中枢的血流量明显增加了（见图 9—4）（Rogers，1998）。

值得一提的是，大部分国家诸如法国和英国，仍然会将这些难以驾驭的儿童当作行为问题，而非病人来加以对待。

许多专业人士和公共机构的成员非常担心，过分依赖于医生所开的处方药安非他明（解除忧郁、疲劳的药）来治疗"过度活跃"的儿童，会导致物质滥用，而且使一些不能从中获益甚至可能因此受到伤害的儿童也加入了药物治疗小组。美国和加拿大的一些管理机构反对在治疗 ADHD 的过程中开出超过安全限度的特殊药物（Wilde Matthes，Anand & Davies，2005）。确实有些孩子会获益于安非他明治疗，但是对药不加区分地使用的趋势，很让我们担心（Accardo & Blondis，2001）。总而言之，当我们将一个孩子诊断为患有 ADHD，并打算为他（她）开出在其他健康方面具有副作用的精神科药物时，还是应该三思而行，并且依据每个案例的具体情况进行监控。

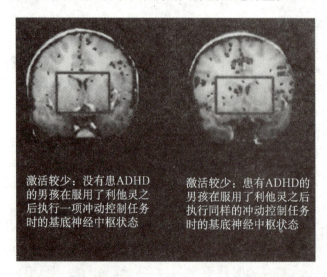

激活较少：没有患ADHD的男孩在服用了利他灵之后执行一项冲动控制任务时的基底神经中枢状态　　激活较少：患有ADHD的男孩在服用了利他灵之后执行同样的冲动控制任务时的基底神经中枢状态

**图 9—4　大脑扫描技术为我们诊断注意缺陷多动障碍（ADHD）的个体带来了新的希望**

来源：Adam Rogers，"Thinking Differenthy," *Newsweek*，12/7/98，p. 60.

331

**个性化教育计划** 所有那些被归入患有某种障碍（包括学习障碍在内）的学生，都将得到一份**个性化教育计划**（individualized education plan IEP）。这份计划，是由学校心理咨询师、儿童教师、一位独立的儿童辩护人以及家长或监护人共同努力合作制订出来的法律文件，用以确保儿童可以在限制程度最小的环境中让自己的特殊学习需求得到所需的教育支持服务。儿童的 IEP 会依据其一年的学业成绩和社会性一情绪表现而每年做出更新。如果想了解创建一份 IEP 需要囊括哪些内容，请参见本章专栏"可利用的信息"中的《个性化教育计划（IEPs）》一文。

**包容（inclusion）** 过去，那些患有残疾的儿童只能在家接受教育，或是被隔离在特殊的机构中。而自 1975 年以来，法律和教育政策上出现的改变，形成了包容性教育的基础（Bricker，2000）。今天的他们已经拥有了被**包容**的机会，能够融入各种学校中（Hanson et al.，2001）。依据对儿童的特点、家庭期望、获取信息的能力、教师培训、可获得的服务资源以及学校支持系统的评估结果，儿童在每年都会得到不同的安置。对此，读者可参见本章专栏"实践中的启迪"中的《特殊教育教师》一文。很多儿童对包容性教育怀有较高期望，但是却在常规班级中表现出特殊需求，他们往往很难获得学业或是社会上的成功。只有所有个性化教育计划小组中的所有成员都能够齐心协力，共同设计、贯彻，并且支持对教育计划进行恰当的重构，这项工作才能顺利完成（Hanson et al.，2001）。近期的一项研究发现，教师先前对于残疾人的经验和了解，在很大程度上决定了他们对于包容性教育的态度（Burke & Sutherland，2004）。

---

**思考题**

我们可以通过哪些程序识别出患有学习障碍的儿童？为什么一些儿童需要个性化教育计划？我们在使用儿童的"包容性教育"这一概念的时候，它所指的是什么含义？

---

332

**可利用的信息**

**个性化教育计划（IEPs）**

每天都有越来越多的儿童被认定适合加入个性教育计划（见图9—5）。在 2001—2002 年期间，有 13％的公立学校学生拥有属于自己的个性化教育计划（IEP）（Hoffman，2002；Snyder & Hoffman，2002）。IEP 会通过文字的形式描述一个特别为满足儿童独特的教育需求而量身定做的项目。IEP 的制订汇集了家长、教育者以及其他相关工作人员的共同力量。儿童本人甚至也可以参与计划制订的过程，并贡献出自己的想法。针对儿童当前的功能水平，参与计划和提供服务的每一个人都可以为儿童提出有针对性的目标和方向。而 IEP 则需要细化这些教育安排或设置，并使为实现这些目标和方向所必备的相关服务更为细化和具体。同样，IEP 还需要囊括一些具体的数据资料，例如服务什么时候开始，会持续多久，以及可以通过什么方式来衡量儿童取得的进步。要知道，IEP 可绝不仅仅是一项针对儿童特殊教育项目的提纲或是管理工具。对 IEP 的制订给了儿童照料者一个与教育者共同协作的机会，让大家可以平等地参与到识别儿童需求的工作中。IEP 是一项文字记录的协议，记载了学校同意提供的教育项目和资源。而周期性地对 IEP 进行回顾，则可以作为对儿童所取得的进步的评估，以此来了解儿童是否正朝着由养育者和学校员工共同制定的教育目标和方向前进。

**对 IEP 的描述**

第一部分需要对申请服务的儿童进行具体细致的描述，包括基本信息诸如儿童的姓名、年龄和住址，儿童的受教育水平和行为表现，以及所患障碍对学业和非学业成绩造成的影响等相关个人信息。这一部分同样还需要看护者对儿童典型的问题行为，以及儿童如何进入学习情境的信息进行补充。描述性陈述将是这个部分的重点，以便于每一个与儿童的教学任务相关的人都能够掌握有关儿童的能力和潜能的准确而又完整的信息。

　　第二部分给了照看者和其他 IEP 小组的成员一个机会来设定一些目标和方向，以此帮助儿童掌握被期待的技巧或行为。所谓目标，指的是希望通过长期运作达到的结果；而方向，则是为达到长期目标而必须采用的中间步骤。写在 IEP 上的年度目标，会说明期望儿童在一个学年结束之后能够做到哪些事情。每一个目标都必须用一种肯定句的方式来陈述，并且要描述出一个可以观测到的事件。糟糕的目标是含混的（例如，Truett 将学会写字）。而一个良好的书写目标则会回答以下几个问题：何人？如何？何地？何时？（例如，Truett 将在 5 月 7 日之前独立学会书写字母表当中的所有字母。）对于由 IEP 小组共同创建起来的目标和方向，儿童的抚养人常常会产生许多疑问。常见的问题包括：

- 我怎么知道一个目标是不是合理或是恰当的呢？
- IEP 当中涉及的目标和方向是怎样与教职员工的指导计划相结合的？
- 对于儿童在常规教学课堂中所接受的教育项目部分，是否也必须作为目标和方向写入 IEP？
- 家长/抚养人是否必须学习书写计划和目标？
- 相对于同龄儿童而言，我的孩子的学校生活中将有多少时间被用于机动性的学习活动，诸如进入休闲室？
- 如果我不同意校方为我的孩子制订的计划，又该做些什么？

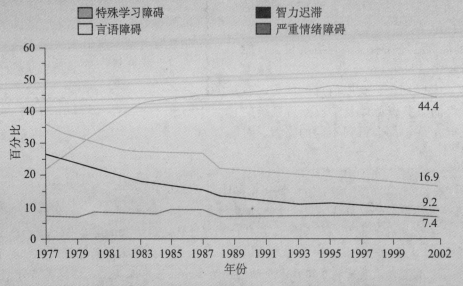

**图 9—5　不同残疾类型的 3～21 岁儿童，接受由联邦政府支持的针对残疾学生的项目的比例：所选被试完成学业时间在 1977—2002 年期间**

　　这项统计所包含的学生既有在第 1 章中提到的"教育和改善法案"（ECIA）的服务对象，也有"残疾个人教育法案"（IDEA）的服务对象。截至 2002 年，大约有 45％的残疾儿童被归入特殊学习障碍的类型当中。

来源：U. S. Department of Eduation, Office of Special Education and Rehabilitation Services, Eighteenth Annual Report to Congress on the Implementation of the Individuals with Disabilities Eduation Act; and the National Center for Education Statistics, *Digest of Education Statistics*, 1996; in *The Condition of Education*, 1997; *Digest of Education Statistics*, 2000, Chapter 2, Elementary and Secondary Education Table 53; Children 3 to 21Years Old served in federally supported programs for the disabled, by type of disability; 1976—1977, *Digest of Education Statistics*; 2003, *Chapter* 2, *Elementary and Secondary Education*, Table 52. Retrieved March 24, 2005, from http；//nces. ed. gov.

　　第三部分描述了不需要家长/抚养人付费的可提供的服务。这些相关配套服务可能包括援助性技术、听力治疗法、咨询服务、医疗服务、职业咨询、家长咨询及培训、身体治疗、心理服务、休闲娱乐、康复咨询服务、学校健康服务、学校当中的社工服务、言语治疗、教室中的帮手、运输方法或是校外安置。

　　第四部分描述了可以提供给儿童的具体教育安置。所谓安置，指的是可以恰当满足儿童特殊的教育目标和相关服务需求的教育设置。举例来说，在过去，乘坐轮椅的儿童只能和其他坐轮椅的儿童处在一个教室中进行学习，不论其他人的智力能力如何。而今天，IEP则会保证在考虑儿童残疾状况的同时，也会考虑儿童的能力水平。

第五部分需要具体化服务何时开始以及持续的时间。在通常情况下，服务持续的最长时间也不应超过一年。这是因为每年都需要对所有服务进行重新审定，决定它们是否依旧恰当。除了要细化对儿童长期服务的持续时间，IEP的第五部分还应该包括一些短期的、日常服务式的小时数安排（例如，Jessica将每两周参加一次个体言语治疗，每次历时30分钟）。

第六部分是一个评估的过程，它帮助IEP小组的组员来评估IEP是否在发挥作用，又是否需要进一步做出调整。举例来说，假设我们短期的目标是：在1月10日之前，Kareem能够选择两名同学与他一起，共同计划并完成一部美术幻灯片，对一个五级阅读读物中的故事进行讲解和说明。而对于儿童所接受的服务和项目的评估可以通过以下几类问题进行考察：

- 美术幻灯片是按时完成的吗？
- Kareem能够阅读并理解整个故事吗？（对此应该有一个客观的、可测量的标准。）
- 有哪些迹象表明Kareem为这个目的进行了规划？
- 对于他最终获得的成绩，Kareem是否表现出了喜悦的心情？

IEP是一份非常重要的文件，我们希望你能够通过它更深入地了解到，这些拥有特殊教育需求的儿童是如何获得自己所需要的服务的，这些服务又是如何帮助他们在学校获得更大的成功的。今天，具有学习障碍或是其他残疾的儿童，（1）最终都可以得到慈善机构或是正常单位的雇用；（2）能够从高中毕业；（3）进入大学谋求更高的学历，而这些大学将为他们提供特殊的服务来适应学生独特的学习需求。在过去，这些青少年很难融入主流社会，他们当中一小部分人只能通过社会福利和救助机构来养活自己。而时至今日，他们当中的很多人已经成为具有生产能力的、能够完全融入社会的成员。

来源：Anderson, Chitwood, & Hayden（1997）. *Negotiating the Special Education Maze：A Guide for Parents and Teachers*. Bethesda, MD：Woodbine House.

## 实践中的启迪

### 特殊教育教师——James Crandell

我是一个面向六年级儿童提供特殊教育咨询的教师，在Chenango Forks中心学校校区工作了13年。我的主要工作是为15个患有学习障碍的学生提供服务。同时，我还负责指导另外35个正常学生的教育工作。

我的工作很多。我主要的任务是开发和讲授一些课程，以适应学生的不同学习偏好和他们所遭遇的挑战。而剩下的大部分时间则用来做下面的工作：与其他两位助理老师共同进行计划和协作；提供指导性的建议并决定如何来实施个性化的课程；通过一系列的行为矫正策略对那些有自我控制缺陷的孩子提供即时、可预期和持续的帮助；对各式各样的课堂作业进行打分，并思考如何让自己教授的内容通俗易懂，以便使每个孩子都有获得成功的平等机会。

我拥有纽约州立大学Cortland分校的心理学学士学位以及Alfred大学的特殊教育硕士学位。要成为一名特殊教育教师，就需要在一位有认证资格的老师的指导下，完成一次对学生的教育指导。为了获得我的学位证明，我需要通过一个州际资格考试。而我之前还有在一个发展性残疾个体的日常治疗中心就职的工作经历。

首先，一位特殊教育教师需要拥有高度的变通性。由于最新的州际法规要求必须将患有残疾的学生也纳入正常的课堂当中，所以我必须到其他老师的课堂上为我的学生提供帮助和服务。有时，要与和自己有很大观念差异的教育工作者进行密切合作是非常困难的，但我会把如何对这些残障学生有益作为自己主要考虑的因素，因为他们才是最终的受影响者。特殊教育工作者必备的第二个素质就是耐心。由于这些残障学生在他们的学习生活中常常会经历很多失败的恶性循环，因此进步十分缓慢。而我决心努力帮助这些孩子意识到，尽管存在很多缺陷（例如阅读和解码上的障碍），但是他们每个人都充满了力量。我的一个学生在阅读方面的技能要远远低于班级平均水平，但是他却是一个非凡的艺术家，并且熟悉自动发动机中的每一个部件。最后，你必须富有创造力并发明出一些非传统的方法来教育这些有特殊需要的学生。举例来说，相对于使用词汇匹配测试，我会让儿童去辨认一张图片所表现出的词汇术语，以此来反映儿童的理解能力。

你必须从爱孩子们的角度出发去做一个老师。孩子们不像电脑，不可能被程序化——特别是这些中年级孩子，他们是正在经历重大情绪/社会性发展变化并且有特殊需求的儿童。老师们必须接受这样一个事实，那就是这些孩子们的感受会随时打乱一堂布置好的教学课。经验丰富的老师们知道应该如何为学生提供恰当的方式来表达这些感受，并且能够帮助他们将自己的热情转移到课堂学习中。

看到孩子们获得成功，是我在工作中最为开心的时刻，特别是那些经历过很多失败的孩子；另一件令我感到愉快的事情，就是与我的同事们分享我对于这份教育工作的热爱。我为能够发展出一个独特的教学策略，并借由它帮助儿童彻底掌握学习材料上的某个概念而感到由衷的高兴。我永远不会对自己的工作感到厌烦。

## 333 ▊ 我们对效果良好的学校了解多少

在 1983 年，一份由国家杰出教育委员会提交的报告——《陷入危险的国家》（*A Nation at Risk*），用警告的声音向我们指出"平庸之潮"正在学校当中蔓延。继这份报告发表之后，其他一些报告、批评和建议也接踵而来。

比起 40 年前，公共教育的成绩可谓每况愈下，而我们的社会却需要得到高度培训和丰富技能的市民来从事 21 世纪的工作（参见本章专栏"人类的多样性"中的《亚洲和美国儿童的学业成就》一文）。2001 年 12 月，美国国会通过了"不让任何一个孩子落后"的教育改革计划，致力于从以下几个方面推进改革：树立更高的学业标准并营造更强的使命感；对州立和地区水平上的教育项目给予更多、更灵活、更有自主性的资金；进一步补充对残疾儿童父母的指导方案；追加有关阅读334 指导的资金；在 2005 年之前提升每一间公立学校教室中的教师素质；固化每两年一次的全国范围的阅读和数学评估流程；对那些双语和移民儿童增进其英语掌握程度，并增强学校的安全性和特色化教育（Kozberg，2001；U.S Department of Education，2001）。尽管在学校进行改革时，对所有学生提出更高的成绩期望、对教师进行培训、实施常规的项目评估和种种相关义务，都是不可或缺的，但是目前的教育界对自己缺乏充分的资金、又面临种种过分强调标准考试通过率的命令已经怨声载道了（Mathis，2003）。

一些研究者通过总结发现，成功的学校往往信奉这样一种信念，即规则是必须得到普及和推广的，而学习则是一件非常严肃且重要的事情（Johnson，1994）。许多私立学校和天主教教会学校之所以取得成功，大部分要归功于它们能够为335 学生们提供井然有序的教育环境和严格规范的学业要求（Bryk，Lee & Holland，1993）。而一旦公立学校能够采取与私立学校相似的政策，并产生相同的行为结果，也会获得同样高的学业成绩（McAdoo，1995）。成功的学校会因此而拥有"协调性"——不同事物共同融合，并与其他事物产生可预见的关系。

最近，特拉华州法兰克福市的一所乡村小学被授予"蓝丝带学校"和"国家重点资格学校"的称号，而且这所小学的校长也被授予了"全国杰出校长"的荣誉称号。除了自身对于成功的高度期望之外，这位校长还列举了五项她认为与学生的成绩和学校的成功密不可分的重要因素：（1）对那些差等生进行系统的、具体的干预，包括许多一对一的个别支持和指导；（2）在对教师进行领导的同时，也要努力促进他们的团队合作精神。根据资料记载，该小学已经为教师们投入了 75 万美元用于将更富于技术性的指导完美地融入课程当中；（3）充分利用资料数据对项目进行评估，并持续深化改革；（4）从家庭和社区的顾问那里获得广泛的支持；（5）在各个水平上为员工实现自我发展和提升领导能力提供支持（Brittingham，2005）。

出于对公立学校的"厌烦"情绪，很多家长开始转向教会学校、私立寄宿学校、特许学校或是磁力学校[①]、其他由政府发起的学校，甚至家庭学校的教育方式。

自 1993 年家庭学校合法化以来，在家中接受教育的儿童人数显著增加（Basham，2001）。大约 200 万名 6～17 岁的儿童选择在家接受教育，而这个数字每年都在上升（Basham，2001）。Basham（2001）在报告中指出，绝大部分接受家庭教育的儿童都生活在双亲家庭，而他们的母亲大部分没有在外面工作。就平均水平来说，家庭学校学生的学业成绩至少要比自己的年龄水平高出一个年级（Rudner，1999）。在大学入学测试中，家庭学校学生的考试得分也要高于全国的平均分数（Wood，2003）。而相对于私立寄宿学校和特许学校来说，接受家庭教育的儿童数量也占学龄人群中更大的份额（Bauman，2001）。我们将在第 10 章中着重探讨不同学校模式各自具有的优势。而家长选择在家庭中对自己的孩子进行教育的一个主要原因，就是考虑到孩子的个性和家庭的价值观念发展。现在，让我们一起把目光转向儿童期中期阶段个体的道德发展。

---

**思考题**

有哪几类项目是特别针对儿童的学习障碍或其他类型的障碍的？你觉得为什么会有越来越多的儿童被划入学习障碍的范畴？学校中的哪种学习环境可以有效提高学生的学习效果？为什么越来越多的儿童留在家中接受教育？

---

 ## 道德发展

作为人类，我们每个人都生活在群体当中。由于彼此之间相互关联，一个人的行动总会影响到他人的利益。因此，如果我们要与他人生活在一起——如果社会还存在的话——那么我们就必须在什么是对什么是错这个问题上，拥有某些共同的理念。我们每一个人都必须在由规则统治的道德秩序范畴下，追求自己的利益，不论是食物、房屋、衣服、性爱、权力，还是名誉。因此，所谓道德，指的就是我们如何在一个协作群体存在的情况下，对利益和责任进行分配（Wilson，1993）。

一个功能良好的社会同样需要将它的道德标准传递给儿童——让年轻一代的身上呈现出道德的发展。所谓**道德发展**，指的是儿童采用一些原则来引导他们评估既定行为是对还是错，并通过这些原则来管理自己行为的整个过程。如果我们把媒体的兴趣看作一个风向标的话，那么看起来美国的大部分民众对于现代青少年的道德状态十分关注，他们希望学校能够教给儿童一些价值观和准则，来填充他们眼中的这一片道德空白。

一个世纪之前，弗洛伊德认为，儿童会通过自己行为所引发的内疚感发展出自己的良心。而近期的一些相关理论则来自于认知领域的研究。

---

① 磁力学校是一种招收在形象和表演艺术上成绩突出或者有天赋的学生的公立学校。——译者注

## 认知学习理论

我们在第 2 章中提到的有关认知学习理论的讨论，强调了模仿行为在社会化过程中所起到的重要作用。根据 Abert Bandura（1977，1986，1999）和 Walter Mischel（1977）等心理学家的理论，儿童对道德标准的学习方式与他们对任何其他行为的学习方式是相同的，而社会行为是多种多样的，取决于当时的情境背景。很多在某种情境下会导致积极后果的行为，在另外一些情境中却会适得其反。因此，个体所发展出的高度辨别性和具体化的反应模式，并不能推广到生活中所有的情境里（Bussey，1992）。

认知学习理论者所开展的一系列研究通常关注于榜样对他人拒绝诱惑的影响（Bandura, Ross & Ross，1963）。在这类研究中，儿童通常会观察一个榜样，这个榜样要么屈从于诱惑，要么抵抗住了诱惑。Walters，Leat 和 Mezei（1963）就曾进行过类似的一项研究。第一组被试中的每个男孩都独自观看了一部短片。在这部短片当中，一个小孩因为玩了某些被禁止玩的玩具而遭到了母亲的惩罚。第二组被试所观看的电影短片则表现了一个小孩因为相同的行为而受到奖赏。第三组作为控制组，儿童不观看任何电影短片。之后，实验者会将男孩带到另一间屋子，并告诉他们不要去玩屋子里的玩具。说完之后，实验者就会离开房间。

研究显示，比起另外两个组的男孩，那些曾经观看电影中的榜样因为违反自己母亲的命令而得到奖赏的儿童，可能也会更迅速地违背实验者的指令。而那些观察到榜样遭受惩罚的儿童，则在三组被试中表现出对实验者最强的顺从能力。简而言之，对他人行为的观察，似乎起到了示范作用，从而导致了儿童顺从或是违背社会准则（Speicher，1994）。而有趣的是，其他一些研究显示，那些不诚实或是不正常的榜样，往往要比诚实且正常的榜样，对儿童起到更为显著的影响（Grusec et al.，1979）。

上述这些发现为我们提供了一个机会，重新审视这样一条曾经十分流行的理念——暴力儿童的社会认知、态度和思维模式，会导致他们进一步的暴力行为。临床心理学家常常会将暴力看作"内部冲突"或是"反社会人格特质"在儿童身上表现出的象征符号。换言之，他们会认为儿童是因为存在缺陷或是具有歪曲的认知，才会导致暴力行为的出现。

"你是怎么知道什么时候黄灯代表着减速，什么时候又代表着加速？"

**儿童的榜样**

认知学习理论者通常关注于榜样对他人拒绝诱惑的影响。在这类研究中，儿童通常会在环境中观察一个榜样，这个榜样要么屈从于诱惑，要么抵抗住了诱惑。

来源：DENNIS THE MENACE Reprinted with permission of King Features/North American Syndicate.

## 认知发展理论

认知学习理论的支持者将道德发展看作一个　　　逐渐积累和持续不断的自我建设过程，中间不存在任何突发性的改变。与这一观念截然相反的是，以皮亚杰和科尔伯格为代表的认知发展理论学家，则相信道德发展是分阶段发生的，每个阶段之间存在明显的变化，因此，一个儿童在某个特定阶段所表现出的道德感，会与其之前和之后阶段中的道德感完全不同。尽管认知学习与认知发展理论截然相反，但是它们却相辅相成地对人类的社会互动进行了深刻剖析（Gibbs & Schnell，1985）。

**皮亚杰** 对道德发展进行了最为科学的研究的人物，当属 60 多年前的皮亚杰。在他的经典研究"儿童的道德判断"（1932）中，皮亚杰声称，儿童道德判断的发展会以一种有序的、合乎逻辑的模式呈现。这种发展是建立在一系列与儿童的智力发育相联系的改变的基础之上的，特别是在儿童出现了逻辑思维的阶段。作为一名建构主义者，皮亚杰认为，随着儿童不断行动、转化，并且改变自己所生活的世界，他们的道德感也就出现了。而另一方面，儿童也会被自己行为的后果所转变和矫正。因此，皮亚杰将儿童描绘为自身道德发展过程中的积极参与者。在这方面，认知学习理论者则与皮亚杰完全相反，他们认为是环境在对儿童进行矫正和作用，而儿童不过是环境作用下的被动接受者。认知学习理论者会将儿童描述为不断从他们所在的环境中进行学习的个体，而皮亚杰则坚持认为，儿童与他们所在的环境会发生动力性的互动。

皮亚杰提出了道德发展的两阶段理论。第一个阶段被称为**"他律道德"**，它源于儿童与成人之间不平等的互动。在学龄前以及小学的前几年，儿童完全处于一种独裁性的环境当中，在这种环境里，他们只能推测成年人的意图来决定自己的立场和位置。皮亚杰认为，在这种情境下，儿童所发展出的道德准则概念是绝对的、不可改变的，并且是僵化的。

随着儿童逐渐接近并开始步入青少年期，一个道德发展的崭新阶段出现了——**自律道德**阶段。如果说他律道德来自于不平等的儿童与成人关系，那么自律道德则是来自于平等地位之间的互动——儿童与同伴之间的关系。伴随着整体智力水平的提升和成人独裁性限制的弱化，这种关系所营造出的道德更富于理性、灵活性和社会意识。通过同

伴之间的互动和联系，青年人开始获得一种公正的感觉——出于平等、互利的人类关系，而对他人利益的关注。皮亚杰将这种自律道德描述为平等和民主，是一种建立在共同尊重和协作的基础之上的道德。

**科尔伯格** 科尔伯格对皮亚杰的道德价值发展基础理论进行了精炼、扩充和修正。与皮亚杰一样，科尔伯格也更关注于儿童道德判断的发展，而不是他们具体的行为。他将儿童视为"道德哲学家"。像皮亚杰一样，科尔伯格会通过问被试一些有关假想故事中的问题来收集信息资料。这些故事中的一个因构成了经典的道德两难情境而闻名：

> 皮亚杰在欧洲，有一位妇女因为得了一种特殊的癌症而即将死去。医生认为只有一种药可以救她。这就是被小镇上的药剂师刚刚发明出来的一种镭。这种药要花很多钱才能制成，而药剂师则会收取比制药成本高上 10 倍的钱。也就是说，他会花 200 美元来制造镭，但是却为这瓶药剂标上 2 000 美元的价格。这位病人的丈夫 Heinz，找了所有他认识的人来借钱，但是也只能凑到 1 000 美元，而这只是药价的一半。他告诉药剂师，自己的妻子就快死了，希望药剂师能够便宜一点把药卖给他，或是允许他以后再还钱。但是药剂师说："不行。是我发明了这种药，而我需要靠它来挣钱。"Heinz 在绝望之下闯入了药剂师的店铺，偷走了药来救他的妻子。这位丈夫应该这么做吗？（Kohlberg & Colby，1990，p.241）

在对此类两难情境的基本反应的基础上，科尔伯格界定了六个道德判断发展的阶段。他将这些阶段汇总为三个主要水平：

1. 前习俗道德水平（阶段 1 和阶段 2）
2. 习俗道德水平（阶段 3 和阶段 4）
3. 后习俗道德水平（阶段 5 和阶段 6）

在表 9—8 中，我们通过对 Heinz 的故事的典型回答，总结了科尔伯格的道德发展阶段。请认真学习这张表，以此来对科尔伯格的理论进行完整的回顾。请注意，每个阶段并不是由 Heinz 的做法是对还是错这样的道德判断所决定的，而是依赖于儿童使用哪种推理来获得最后的判断。根据

科尔伯格的理论，各种文化下的人都会采用相同的基础道德概念，包括公正、平等、爱、尊重和主权，更进一步说，不论身处哪种文化，个体会按照相同的顺序，经历相同的阶段来推理这些概念（Walker, de Vries & Bichard, 1984）。而个体间的差异只表现在他们完成整个阶段序列的速度，以及推理加工的深度上。因此，在科尔伯格看来，"道德是什么"绝不是一个有关品位或是选择的问题——而是存在一种世界通用道德。

**表 9—8**　　　　　　　　　　　科尔伯格的道德发展阶段模型

| 水平 | 阶段 | 儿童对于偷药的典型反应 |
|---|---|---|
| I. 前习俗 | 1 | Heinz 不应该偷药，因为他可能会被抓去坐牢。 |
| | | Heinz 应该偷药，因为他需要它。 |
| | 2 | 偷窃是正义的行为，因为他的妻子需要药，而 Heinz 在生活中需要妻子的感情和帮助。 |
| | | 偷窃是不对的，因为他的妻子很可能在 Heinz 从监狱里放出来之前就死掉了，这并不能改善他的现状。 |
| II. 习俗 | 3 | Heinz 是很无私的，他只是为了满足自己妻子的需要。 |
| | | Heinz 会为他给家里带来的侮辱而感到难过，他的家庭会为他的行为而羞耻。 |
| | 4 | 偷窃是正确的，否则 Heinz 必须为他妻子的死负责。 |
| | | 偷窃是罪恶的，因为 Heinz 违反了法律。 |
| III. 后习俗 | 5 | 偷窃是正义的，因为在一个个体如果遵循法律就会危及他人性命的情况下，法律是不适用的。 |
| | | 偷窃是错误的，因为其他人也可能有很重要的需求。 |
| | 6 | 偷窃是正义的，因为如果 Heinz 任凭自己的妻子死去，就违背了自己的良心准则。 |
| | | 偷窃是错误的，因为 Heinz 在从事偷盗的过程中违背了自己的良心。 |

来源：Lawrence Kohlberg, "The Development of Children's Orientations toward a Moral Order," *Vita Humana*, Vol. 6 (1963), pp. 11—33; "*Stage and Sequence：The Cognitive-Development Approach to Socialization*," in D. A. Goslin (ed.), *Handbook of Socialization Theory and Research* (Chicago：Rand McNally, 1969), pp. 347-480; "*Moral Stages and Moralization*," in T. Lickona (ed.), *Moral Developement and Behavior：Theory, Research, and Social Issues* (New York：Holt, Rinehart & Winston, 1976), pp. 31—53.

**吉利根**　吉利根的研究（1982a）发现，科尔伯格的道德两难测试只是抓住了男性的道德发展规律，但是却没有抓住女性的规律。吉利根通过研究揭示出，男性和女性在道德感上拥有不同的概念：男性遵从的是"公正性道德"，正如科尔伯格通过研究所描述的那样；而女性拥有的则是"关爱性道德"（Brown & Gilligan, 1992）。总体来说，我们似乎可以合理地得出结论，认为科尔伯格的理论模型具有非凡的价值，道德的发展过程确实是在遵循一个固定的序列，特别是科尔伯格所提出的前四个阶段。但即便如此，不论是在顺序还是达到既定水平的速度上，个体之间仍然存在着差异。

**所有文化下的儿童都会经历相同的道德发展阶段吗？**

科尔伯格对这个问题的回答是肯定的。基于他和他助手所开展的一系列跨文化研究，科尔伯格得出结论，认为所有的幼儿都会经历相同的、固定序列的阶段。皮亚杰同样相信，随着同伴间互惠互利活动的不断发生，自律道德也会油然而生。吉利根则认为，男性拥有公正性道德，而女性则拥有对他人关爱的道德。在所有文化中，儿童的道德发展都会因为一对一的游戏、小组竞争以及个人成就等多种不同的方式而得到增强。

----

**思考题**

有关道德发展的认知学习理论、认知发展理论、皮亚杰的理论和科尔伯格的理论之间，存在着哪些主要差异？

## 与道德行为相关的因素

就像我们在前面的部分中所讨论过的，道德行为在不同的个体之间，甚至在不同情境环境下的同一个体身上，都会表现出差异。相对于个体差异性，有关道德的研究通常更关注于道德的发展变化和普遍过程。有关个体差异性的问题多少会让人感到不舒服，因为它暗示了我们某些人要比其他人更道德。而我们当中的大部分人并不愿意为孩子们贴上漠不关心和毫无道德的标签（Zahn-Waxler，1990）。即便如此，仍有一部分研究者试图去细化和了解，究竟有哪些人格和环境因素与个体的道德行为有着最为密切的相关（Hart & Chmiel，1992）。

**智力**　在皮亚杰和科尔伯格所描述的多个层面上，道德推理的成熟度都是与个体的 IQ 呈正相关的。只有在非学业情境中，或是被发现的风险性非常低的时候，IQ 与诚实之间表现出的相关性才会消失或是下降。但总体来说，聪明和有道德并不完全等同。

**年龄**　几乎没有研究能够提供证据证明，儿童的年龄越大他们就变得越诚实。虽然年龄与诚实之间确实存在着微弱的相关，但是这似乎要归因于伴随年龄增长所带来的其他变量，诸如对风险的意识，以及不用欺骗这种手段就能完成任务

的能力（Burton，1976）。

**性别**　在美国，人们会怀有这样一种刻板印象，认为女孩通常比男孩更加诚实。但是研究却没能证实这样一种普遍观念。例如，Hartshorne 和 May（1928）就发现，在研究者所观察到的大部分测验中，女孩比男孩作弊的人数更多。而其他一些半个世纪前进行的研究则显示，在诚实这一品质上，并不存在稳定的性别差异。

**群体规范**　Harshorne 和 May（1928）通过研究发现，决定个体行为诚实与否的一项重要决定因素，就是群体准则。随着一个班级的同学持续在一起共同学习，其中各个独立成员所表现出的欺骗分数也开始变得越来越接近。这一结果向我们显示出，群体内部的社会规范得到了更稳固的建立。其他研究也肯定了这一观点，即在为内部成员提供指示，并引导组员行为这两个方面，群体发挥着至关重要的作用。

**动机因素**　在决定所做出的行为诚实与否的时候，动机因素也发挥着关键的影响。一些儿童拥有高度的成就需求，并且十分恐惧失败，所以，当他们认为自己在某次测验中做得不如自己的同伴好的时候，就更容易出现欺骗行为。

## 亲社会行为

道德发展，或有些人称为"性格教育"，不仅仅是一个学习如何克制不良行为的问题（Schaps，Schaeffer & McDonnell，2001）。它还包括获得**亲社会行为**，即通过同情、合作、帮助、救助、安慰和奉献的行为来回应他人的方式。一些心理学家区分了助人和利他两个概念。助人涉及有利于、有助于他人的行为，但不考虑其背后的动机。利他主义，相比较而言，涉及有利于他人的行为，同时并不期待一个外在的回报。因此，只有当我们非常确信某种行为不是为了获得回报的时候，才能说它是利他主义的。小朋友们的行为包含更多的利我的动机，而成年人则表现出更多的对他人的真诚的关心（Eisenberg，1992）。根据皮亚杰的理论，一个年龄在六七岁以下的孩子会过于以

自我为中心，以至于不能理解别人的想法和观点。

虽然利他主义行为出现得很早，但并不是所有的父母都想要他们的孩子成为圣徒。父母通常会教育孩子不要太过慷慨，不要把玩具、衣服或其他的物品让给别人。而在一些公共场合，他们可能会敦促孩子去忽视或不要担心那些周围正在受苦受难的人们。

研究表明，对于发展儿童的助人和利他主义的行为，家长温暖的、疼爱的教养方式至关重要。但是，仅有父母的教养是不够的；家长必须能够将他们自己对其他生灵的敏感关注传达给孩子。如果一只猫被车撞了，父母是表现出关心那只猫——同情猫遭遇的痛苦，并试图为减轻它的痛苦而做些什么——还是表现出冷淡无情，漠不关心，这些都

会关系到孩子亲社会行为的发展。或者，如果孩子伤害了其他人，父母对于被伤害者感受的描述也会关系到孩子的亲社会行为的发展。但是，在鼓励利他主义和鼓励内疚感之间仅有一步之遥。父母不应该把这种情形变得太过紧张，不然他们的孩子会变得过于焦虑，杞人忧天。此外，父母的温暖和养育本身就能够鼓励自私的品质。所以父母需要给孩子提供指导，并对那些他们可以逃避惩罚的事情加以限制（参见第 8 章，我们对 Diana Baumrind 所说的父母权威性教养方式的讨论）。

**儿童如何学习亲社会行为？**

　　首先，关于适当和不适当行为的预期对儿童而言是外在的，有些儿童为了得到他们想要的东西而极具攻击性。随着他们长大，沉浸于社会生活当中，大多数儿童会依据他们所在群体的标准行为发展自我概念，来规范自己的行为。这些预期行为不仅包括被禁止的行为——孩子"不应该做的"，而且他们也会定义孩子"应该做的"，且不会伤害到群体的其他人。道德的发展会替代攻击性或者自我服务行为成为亲社会行为——通过合作、帮助、同情、舒适、救援以及给予行为来与其他儿童一起相处。无法与其他儿童相处或者总是伤害他人的儿童会被界定为具有"情绪障碍"，需要接受社会干预服务。

　　利他主义和帮助他人常常会让人联想到**共情**——一种情绪的唤醒，它引导一个人采取另外一个人的视角看问题，用相同的感受来体验一件那个人曾经经历过的事情。确实，一些心理学家认为共情是人类道德的基础，尤其是在促进陌生人间的合作和激起犯错者的内疚感等方面。然而，对成年人共情的唯一最有力的预测因素，就是他们在儿童时期和父亲在一起相处的时间长短。情况似乎是，儿童如果曾看到他们的父亲是感性的，关心他人的人，他们自己也会更倾向于向着这个方向成长。此外，母亲对于孩子依赖的宽容——反映出母亲对孩子的养育、对他们感情的回应和接受——也与 31 岁的成年人所反映出的更高层次的同情关怀有着显著的关联（Koestner，Franz & Weinberger，1990）。

340

　　虽然在这一部分我们审视了影响道德和亲社会行为重要的个人和环境因素，但我们仍需要强调，人类行为是发生在物理和社会框架之下的（参见第 1 章关于生态方法的讨论）。从历史角度来说，当我们为"怎样使人们和谐地、无冲突地生活在一起"这个问题寻找答案的时候，社会学家就已经发现了更大的社会决定力量。自涂尔干开始，社会学家们就强调说，人，包括儿童，需要感到自己归属于某种东西。他们必须把自己和某种社会实体联系起来，例如一个家庭、教堂、邻里关系或社区。而且，儿童需要清晰的标准来界定什么是允许的，什么是不允许的。总之，儿童需要感觉到从属于一个更大的社会整体。一旦他们成为其中的一员，那么标准将使他们变得与以往不同。

**思考题**

　　在童年中期阶段，孩子是如何发展道德和建立亲社会价值观的？所有的儿童都会发展这些观念吗？如果会，为什么？如果不会，又是为什么？

续

　　在童年期的中期阶段，儿童在所有的方面都经历了实质的成长。本章我们讨论了这种成长的身体和认知层面：儿童开始能够更加流畅自如地使用自己的身体，能够用更新颖刺激的方式进行思考，他们的能力和技巧也变得愈加精通，与此同时，也有一些儿童会在生理或是智力上超前或是落后于周围的同伴。由于儿童开始在没有父母或是照看者的监护下，进入他们最初的社交舞台（例如运动队、女童子军、男童子军、YMCA 或 YWCA、男孩和女孩俱乐部、4－H、夏令营），所以有关智力和道德的概念开始变得越来越重要。学校、宗教机构以及社区，成为儿童获得与他人进行互动的重要资源。儿童具有的更广阔的认知和与他人互动的能力，为他们日后的情绪和社会性发展带来了无数种可能，而我们将在第 10 章中对这些重要的话题进行深入的讨论。

 # 总结

## 身体发育

1. 在儿童期中期阶段，儿童的成长发育速度减缓，并且能够更熟练地掌控自己的身体。

2. 与成人相比，年幼儿童的大脑以不同的方式进行组织。在这个阶段，会有一些儿童被鉴定为诵读困难/学习障碍和天才。

3. 这个阶段的儿童拥有最为强健的体魄。而在此期间的常见危险因素包括事故、传染病、肥胖、进食障碍，以及久坐不动。

## 认知发展

4. 儿童在小学阶段所表现出的一个重要特点，就是认知融合的迅速发展。在这段时间，也就是被皮亚杰称之为"具体运算阶段"的时期，儿童逐渐开始了解守恒概念。他们能够将注意力分散到各种转化形式上，并识别出运算所具有的可逆性。

5. 对于儿童守恒概念的发展能否通过训练程序得以加速实现，目前仍存有很大的争议。另一个争议则是：儿童在具体运算阶段获得的守恒技巧是否像皮亚杰所假设的，以一个不变的序列——水平滞差——发生。

6. 如果将电脑作为对人类大脑的模拟，信息加工学家试图了解，在儿童尝试解决问题的时候，系统的基本加工能力（硬件）或是程序的类型（软件）是否会出现任何改变。

7. 尽管发展的过程从某种程度来说是可以预测的，但是儿童在发生改变的速度和整体数量上，仍然千差万别。

8. 纵观整个儿童期，儿童对于他人的概念化维度会不断增加。而儿童描述他人特点的能力将在七八岁时发生最大幅度的提升。

9. 在 6～12 岁，儿童会不断获得有关自己母语的细微的音位区分、词汇、语义、句法、正式语言模式，以及复杂的生活用语等方面的信息。

10. 对于那些母语并非英语的儿童来说，在美国主要使用四种不同的方法帮助他们进入主流教育的大门：将英语作为第二语言（ESL）、双语教育、全英语渗透，以及双向式双语教学。

11. 学校主要会使用经典的测量工具，例如斯坦福—比奈测验或是 WISC-Ⅲ（儿童韦氏智力量表Ⅲ），因为这些测试的信度和效度已经得到了书面验证，并且可以很好地预测儿童未来的学业表现。

12. 有各种儿童会被划分到学习障碍的类型之中。学习障碍的儿童会在阅读（诵读障碍）、写作（书写障碍）、术（运算障碍）或是听/视知觉方面出现问题。

## 道德发展

13. 认知学习理论认为，道德的发展是一个渐进而且持续的过程。儿童获得道德准则的方式，主要是通过对他人价值观和行为的模仿。

14. 以皮亚杰和科尔伯格为代表的认知发展理论则认为，道德发展是分阶段发生的，一个阶段与另一个阶段之间存在明显的变化。

15. 一些研究者尝试将那些与个人道德行为最密切相关的人格和环境因素细化出来。智力、年龄以及性别上的差异对于道德行为都只起到了很小的作用，而群体准则和动机因素则扮演了相对重要的角色。

16. 道德发展不仅仅是一个学习如何克制不良行为的问题，它还包括如何获得亲社会行为。学校、教堂以及社区等组织都可以通过性格教育项目来推进儿童道德观的健康发展。

## 关键词

注意缺陷多动障碍（ADHD）（330）
自律道德（336）
精通双语者（323）
认知风格（325）
守恒（316）
创造力（319）
阅读障碍（311）
共情（339）
将英语作为第二语言（ESL）的方法（322）

英语学习者（ELLs）（322）
执行策略（315）
他律道德（336）
水平滞差（317）
包容（331）
个性化教育计划（IEP）（331）
学习障碍（LDs）（328）
英语能力有限（LEP）（322）
智力迟滞（MR）（328）
元认知（315）

道德发展（335）
肥胖（313）
具体运算阶段（315）
亲社会行为（339）
刻板印象（320）
全英语渗透项目（323）
双向式双语项目（324）

## 网络资源

本章中列举的网站更关注于儿童期中期的青少年在生理、认知和道德水平上的发展。请登录网站 www.mhhe.com/vzcrandell8，获取以下组织、话题和资源的最新网址：
英语学习办公室
为教师们准备的 ESL

美国学习障碍中心
有关盲童和阅读障碍个体的记录
美国天才儿童联合会（National Association for Gifted Children NAGC）
美国职业教师标准公告
美国英语学习办公室

# 第10章

# 童年中期：情绪和社会性发展

## 概要

### 自我理解的探求

- Erikson 的勤奋对自卑阶段
- 自我映像
- 自尊
- 自我调节行为
- 理解情绪和应对愤怒、恐惧、压力与创伤

### 持续的家庭影响

- 母亲和父亲
- 同胞关系
- 离婚家庭的儿童
- 单亲家庭
- 继父母家庭

### 童年晚期：不断扩展的社会环境

- 同伴关系的世界
- 同伴团体的发展功能
- 性别分化
- 受欢迎度、社会接受度和被拒绝
- 种族意识和歧视

---

### 批判性思考

1. 回想一下你的童年，你是否记得小学或中学时期特别厌恶某门功课或者某个老师？换个角度说，是否有某门特别的课程或者某个特别的老师是你非常喜欢的？你是否还记得你在上这些课时的感受？这些感受是否延续到了你现在学习这些课程的态度和反应？

2. 用 1～5 点的量表（1 表示"完全没有影响"，5 表示"影响非常显著"）来评定你母亲对你成长的影响。然后再同样评定一下父亲的影响。是否他们中的一位在你成长的过程中扮演着更重要的角色？

3. 想想你 12 岁时，下面哪件事对你的自尊心影响最大：三个朋友让你滚蛋，或者你的老师告诉你她给孩子起了跟你相同的名字。

4. 你是否曾经遭受过某种形式的歧视？你是否记得你也对别人有过歧视的行为？这些早期的行为有没有对你今天的态度产生影响？总的说来，你从一年级到六年级的学校经历究竟都助还是损害了你的自尊？

　　随着儿童入学，同伴之间的能力差异变得更为显著。有一些孩子变得很出色，另一些可能会感到有学习上的困难。更多移民的儿童会需要能提高他们英语交流能力的服务。有生理、认知和行为问题的孩子会被安排到特殊教育服务体系。学校需要满足包容性、多样性、高水准和纪律性的要求。

　　随着时间的推移，孩子们会找到他们喜欢的活动，比如艺术、音乐、体育、木工或者烹饪。举例说来，传说中神奇的篮球手 Magic Johnson，脱口秀主持 Jay Leno，服装设计师 Tommy Hilfiger，演员 Tom Cruise 和 Whoopi Goldberg，这些人在中学时期都有诵读障碍但却在其他方面很出色。成年之后他们都获得了成功，但他们的自尊却在中学时期受到了影响。

　　在 7～12 岁，孩子通过各种方式建立友谊。随着越来越多的母亲再就业，出现了一批"自我照顾"的孩子，他们被独自留在家里，很容易上当受骗。对这些孩子来说，课后学校可能是唯一安全的避难所，可是跟他们一贯的自由散漫相比，课后学校又往往会显得过于严厉。在这一章中，我们回顾了很多发生在童年中期的这类问题的研究，其中很多问题都可以通过关爱、家庭支持和经济保障得到缓解。

#  自我理解的探求

344

　　在与重要他人和同伴的互动过程中，孩子们能够得到别人对于他们的愿望、价值和地位的一些评价。通过他人接受或者拒绝的行为，孩子们不断地接收到关于这些问题的答案："我是谁？""我是个什么样的人？"以及"有人在乎我吗？"很多社会心理学的理论和研究的核心都在于考察人们如何通过别人对待他们的方式来找到他们自己（Setterlund & Niedenthal, 1993）。

## Erikson 的勤奋对自卑阶段

　　根据 Erikson 的社会性发展模型，童年中期的孩子正处在人生的第四个阶段——**勤奋对自卑**。回想一下你自己的童年，你很可能会记得这段时光，你对于事物都是如何做成的以及有什么用处开始变得非常感兴趣。Erikson 的"勤奋"概念包括了孩子们用手工作的各种能力和愿望，比如用手搭建模型、烹饪、把东西组装起来或者拆开，以及解决各种各样的问题。当那些在动手能力上有困难的孩子去和其他能够轻松完成任务的孩子相比较的时候，就会发展出自卑的心理。你可以想象两个一起上数学课的学生：一个总是能说出正确答案，而另一个无论怎么努力都无法得出正确的结论。刚进学校的时候，两个人可能都会被老师叫起来回答问题，但是过一段时间之后那个永远都算不出正确答案的学生会产生学习成绩上的自卑感，甚至可能会决定放弃数学的学习。在这种情境中，老师是非常重要的。

　　Erikson 强调，好的老师能够为学生注入一种

勤奋的意识而不是自卑的感觉。同样地，如果孩子们没有机会亲自动手去建造、表演、烹饪、绘画以及修理等——反而是被动地看着成年人干这些事——他们会因为成年人能够完成这些任务，而他们却只是一个旁观者而感到自卑。假想孩子们希望帮忙烘焙比萨，但是成人们却只让他们旁观，因为如果他们参与其中就会把事情搞砸。鼓

励孩子们"参与进来"并尝试各种技能的课外活动，应当包括多种多样的体育活动、社团和诸如心灵探索、科学奥林匹克、创造发明大会、才能展示、科学展览会、学校的报纸、烹饪或者计算机教育、童子军活动以及 4 - H 教育等活动。很多令孩子非常兴奋的学习过程是发生在学校课堂以外的。

## 自我映像

**自我映像**是孩子对于自己的一种总体的看法。当孩子们持续地被表扬或者被轻视的时候，他们往往会把这些评价内化并开始认为自己是"好的"或者是"没有价值的"。自我概念是孩子对自己在某些具体领域中的评价。你可能会听到一个孩子说，"我是一个优秀的运动员"或者"我在数学方面很可怕"（虽然我们很难把数学成绩不好和一个人本身很可怕联系起来）。举个例子，Theresa 是

一个快乐、自信、随和而独立的女孩。她渴望接受新的挑战，同时也不惧怕应对困难。她认为她自己是一个善良、聪明、友好而且关心别人的孩子。而另一方面，Lorri 却认为她自己是沉默的、笨拙的和缺乏自信的。她无法应对被单独挑出来表扬或者批评的场面。她也不积极参加新的活动，从来都是在边上旁观。Theresa 是典型的高自我映像的孩子，而 Lorri 则是低自我映像的孩子。

## 自尊

自从 20 世纪早期，社会心理学家和新弗洛伊德的精神分析学家就支持这样的观点，自我概念来自于和其他人的社会交往，同时自我概念也会反过来引导和作用于我们的行为（Cooley, 1902, 1909; Mead, 1934; Sullivan, 1947, 1953）。因此，传统的社会心理学理论认为，如果孩子是作为一个个体被接受、被支持、被尊重的，那么他们通常都能够获得积极的、健康的**自尊**，或者对于自身有良好的评价。但是，如果他们的生活中曾受到重要他人的轻视、忽略或者虐待的话，他们很可能发展出低水平的、不健康的自尊。心理学家进一步把自尊分成"挣得的"和"整体的"自尊。孩子们通过努力的工作和实际的成绩来获得**挣得的自尊**，这种方式值得推荐，因为它是基于儿童在家庭和学校中的工作习惯和努力。而整体的自尊则是一种对自身的骄傲的意识，更可能是基于夸大的观点或者空洞的赞扬（Rees, 1998）。

从 20 世纪 60 年代以来，很多研究认为低自尊是美国社会和经济弊病的根源问题，比如物质滥用，青少年怀孕，虐待伴侣，虐待儿童，在学校

**根据他人的评价而形成的自我评价**
我们对自己的知觉被别人对我们的看法深深地影响着——他们对我们的反应影响着我们对他们的反应。那些被作为个体来尊重和支持的孩子相比于没有得到尊重支持的孩子来说，拥有更多的自尊和自我认可。而这种自信会反映在他们的成就上面。

或者在工作中表现差，以及更高的贫困和犯罪率。随后，很多父母和老师们用平常的鼓励和赞扬武装起来，开始致力于提高孩子们整体的自尊水平

（Rees，1998）。然而，有一项调查却不这么认为，这项评估包括了 9 000 名 1～3 年级的学生，这些孩子都毕业于联邦"提前教育"项目，然后分别进入了提高自尊的学校、传统教育的学校，或者两者结合的学校。结果发现那些教学生如何提高学习成绩的学校比其他学校要有效得多，因为学生不仅提高了学习成绩同时还赢得了自尊（Ress，1998）。因此研究者发现自尊不能带来成功，但是成功可以带来自尊。

尽管传统的智慧认为高自尊是众所追求的，适应社会的，并且是情绪健康的标志，但是有一点需要注意：那些表面上能够促进孩子自尊心的学校和体育活动，通常只付出很少的努力，提升的高自尊水平也是不稳定的，这样的自尊经常被认为是自负的、骄傲的或者自大的。在 Baumeister，Smart 和 Boden（1996）关于暴力行为和自尊的文献综述中发现，当自我受到威胁的时候，这种极端夸大的自我评价跟个体之间的攻击、欺凌和暴力行为有关（就像在群体暴力中一样）。

Stanley Coopersmith（1967）创建了"Coopersmith 自尊量表"，并且采用 85 名前青春期的男孩来研究父母的态度和行为与健康的自尊水平的关系。他发现有三种情况与孩子的高自尊相关。

● 父母本身拥有很高的自尊水平并且非常认同自己的孩子。拥有高自尊的母亲比那些自尊较低的母亲更加疼爱自己的孩子并且有更加亲密的关系……孩子同样也会把自己的兴趣和想法看作自己在父母眼中很重要的标志；生活在一个处处都能感受到自己的重要性的地方，他会对自己产生正性的评价。这种影响体现在大部分的个人表达中——重要他人的看法、关注和时间。

● 拥有高自尊的孩子其父母通常都有清楚的规矩。对孩子施加各种限制会让他们对规范的真实性和重要性有明确的认识，并且能够促进他们对于现实性知觉的获得。这样的孩子相比于生活在纵容的环境中的孩子更可能变得独立、有创造性。

● 有高自尊水平的父母会为他们的孩子设立并强调行为的规矩，他们还对孩子的权利和观点表现出充分的尊重。父母支持孩子们在家庭事务上拥有自己的看法并参与决策。

Baumrind 的研究（1967，1980，1991，1996）支持了 Coopersmith 的这些发现，表明有能力的、稳定的、认同的以及温暖的父母教养方式和高自尊的发展密切相关。通过对孩子的行为界限的确立，父母可以使孩子的世界变得很有秩序，拥有正确判断自己行为的标准。而通过对孩子的认同，父母传达了一种温暖的、支持的力量去培养孩子形成正性的自我概念。

Susan Harter（1983）对于自尊的研究提供了更多的支持证据，她的"儿童自我觉知量表"中测量了儿童自我概念的五个方面：（1）学业能力；（2）运动能力；（3）生理外貌；（4）社会认可度；（5）行为举止。Harter 让 8～12 岁的孩子评价自己这五方面的能力，并且详细说明各方面的能力如何影响他们对自己的知觉。你觉得大部分孩子会把哪一条看作对自尊来说最重要的？他们把生理外貌看作最重要的，其次是社会认可度。

**自尊的性别和年龄趋势** Frost 和 McKelvie（2004）采用"去文化自尊量表"对小学、高中和大学的学生做了一个有代表性的研究。结果支持了以下的趋势：13 岁以下的女孩比男孩有更高的自尊，但是青春期的男孩则比女孩有更高的自尊。这个趋势表明，在童年期和青春期之间，女孩通常感到自尊的下降，而男孩则体验到自尊的上升。小学的女孩比男孩有更好的身体映像——在全部的三个年龄组中，男孩都希望增加体重。这表明女孩随着年龄带来的自尊降低和身体映像变差的现象可能跟体重的增加有关。一些研究者们总结了这些结果，认为总体来说，当人们对他们的身体感到满意的时候，他们就会对自己感到满意（Frost & McKelvie，2004；Sahlstein & Allen，2002）。

他们的结果和很多关于女孩参与体育活动（学校的或者社会的青少年活动）的研究很一致，参与体育活动的女孩更愿意保持健康，有良好的身体映像，更高的自尊和自信心，在学校的考试成绩也更好，更能顺利毕业进入大学，同时她们中较少出现青春期怀孕或者物质滥用、性关系混乱等问题（Bronston，1998；Sporting Goods Manufactures Association [SGMA]，2001；Team Up for Youth，2005）。根据体育用品制造协会的统计，自 1987 年以来，6～11 岁的女孩参加体育活动的比率上升了 86%。越来越多的年轻人参加

**更多女孩参加体育活动**

　　研究表明参加体育活动能够增加女孩的自尊，从而带来更多的出勤率、更好的课业成绩和更积极的身体映像。

体育活动的同时，与低自尊有关的儿童肥胖问题也在迅速增加（Strauss 2002；Swallen et al.，2005）。为了提升年轻女孩的自尊，女孩监管项目"体育女孩"鼓励她们参与把成功的女性运动员和女孩的体育健康联系起来的活动和项目，并为她们颁发徽章（比如 WNBA 明星 Rebecca Lobo 和奥运会选手 Jackie Joyner-Kersee 就是女孩监管项目的成员）。美国健康和人类服务部还设计了"力量女孩"的网页和知识性的活动来提高女孩的自尊（Bronston，1998）。

　　自尊的建立是在一个连续的维度上，从最低自尊到健康的水平，再到那种被认为是自我中心或者自恋的程度。努力提高孩子的自尊是可能的，但是教会一个天生就觉得比别人优越的人谦逊却更加困难。本质上，所有儿童的自尊都受到他们的能力以及那些来自核心家庭和扩展家庭、朋友和社会的态度和行为的影响。

> **思考题**
>
> 　　在小学阶段的孩子的生活环境中，哪些因素最有可能影响到孩子的自我价值？这些因素中哪些对男孩影响更大，哪些对女孩影响更大？

## 自我调节行为

　　说谎、偷窃、打架、欺凌弱小以及其他一些反社会行为是情绪和行为问题的表现。在教育和扩展的社会背景下，成年人总是对 4～6 年级的孩子有更高的要求。人们都期望这样的孩子在校车上、教室里、体育课上、小组中、体育场内以及课外小组中能够协助组织纪律。那些不断地表现出与同伴无法友好相处、无法控制（或者不愿控制）过度冲动的行为或者有很多攻击性行为的孩子会被学校归为情绪障碍（ED）之列。

　　公立学校管理人员能够识别这些孩子（老师和同学都害怕的孩子），他们评估儿童的需求，发展出个性化教育的计划（IEP），把儿童置于一个合适的教育环境中，让他们（大部分是男孩，也有少部分女孩）不再能伤害或者胁迫老师和同学。

　　这种状况的核心问题是儿童是否具有自我调节的能力。一些注意缺陷多动障碍的儿童（参见第 9 章）有生物化学的原因导致他们难以控制自己的行为（过度冲动，注意力保持时间很短，在课堂上大声说话，上蹿下跳，抓或者打别人，乱泼东西）。想象一下这样一个像"跳豆"一样的孩子！其中一些孩子从来没有被他们的抚养者教导过被社会认可的社交技巧和自我管理的技能。而一些父母甚至鼓励孩子的攻击性，认为攻击行为表明孩子能够处理不可预测的情境——这是在城市中生存必须具备的能力。但是无论如何，这些孩子们都冒着被大多数同伴拒绝的风险，只有少数喜欢自己的孩子除外。

## 理解情绪与应对愤怒、恐惧、压力和创伤

认知因素在青少年的情绪产生中扮演着很重要的角色。回想一下第 6 章中讲到的，情绪是指情感、愉悦、痛苦和愤怒等感受的生理变化、主观体验和面部表情。在儿童和父母亲、兄弟姐妹、同学、老师以及其他人的互动中，他们学会了从心理上或者认知上调节他们的内心的情绪体验和外在情绪表达的方法（Wintre & Vallance，1994）。比如，社会期望女孩和男孩有不同的情绪行为。因而父母就会对女孩的伤心事给予更多的同情，而鼓励男孩压抑他们的痛苦。或者通过让男孩发泄自己的愤怒来鼓励男孩说出他们的想法，而让女孩表现温和的方式去压抑女孩做出"不淑女"的行为（Buntaine & Costenbader，1997）。

---

### 思考题

情绪的自我调节究竟是什么意思呢？为什么在男孩和女孩表达他们的情绪时，父母的反应很不一样？

---

在 7～12 岁，随着儿童在认知上的成熟和对与本国文化相适应的情绪表达的掌握，儿童对于自己情绪体验的知识有了很大的变化（Buntaine & Costenbader，1997；Winter & Valence，1994）：

- 他们开始了解到管理情绪表达的社会规则。
- 他们能够更准确地"读懂"他人脸上的表情。
- 他们能更好地理解情绪可以被认知改变（比如你可以在很悲伤的时候想一些愉快的事情）。
- 他们认识到人们可以同时体验到好几种情绪（Levine，1995）。
- 他们能够分辨内心的状态，并给予说明，比如愤怒、恐惧或者高兴。
- 他们能更好地理解其他人的感受和为什么会有这种感受，并且他们也变得更加善于改变、忍受和隐藏他们自己的感受。
- 儿童还认识到他们内心体验到的情绪并不一定要自动地转化为外在行动，尤其是当他们知道有人会倾听的时候。

**愤怒**　愤怒是一种经常和攻击性行为联系在一起的情绪。男孩和女孩都会体验到愤怒的情绪，但是在社会化的过程中他们却被要求表现出不同的反应（见图 10—1）。关于性别和攻击性的研究表明，当愤怒产生的时候男孩比女孩更容易表现出攻击性，并且这个结果跟年龄、种族和社会经济地位都无关（Buntaine & Costenbader，1997）。同样地，当 4～5 年级的男孩和女孩被问及在假定情境中的反应时，女孩能够更好地注意到行为的意图（意料之外还是有准备的）以及在这些情境中的社会线索，因此不会表现出攻击性（Buntaine & Costenbader 1997）。其中一个研究的主要结果是，城市的孩子比郊区或者乡村学校的孩子报告出明显高得多的愤怒。研究者们认为在儿童的城市环境中有着对生活事件完全不同的社会化模式。对一些孩子来说，愤怒的情绪可能导致不断的攻击性行为——与之有关的还有更多的心理健康问题、

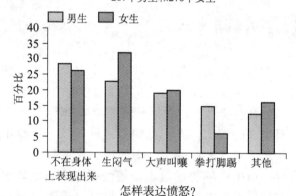

4～5 年级的男、女生
（五个城市、郊区、农村的学校）
287 个男生和 270 个女生

怎样表达愤怒？
**图 10—1　孩子们如何表达愤怒**

城市、郊区和乡村区域的五所学校中的男孩和女孩完成了一份自我报告的愤怒调查问卷，这份问卷假定他们处于某种情境之中。男孩报告有更高水平的愤怒反应。在"其他"这一选项中，儿童写下了哭泣、玩音乐、到某人的房间去以及做各种各样的表情等反应方式。男孩和女孩在社会化的过程中被要求用不同的方式去处理愤怒。

来源：Derived from data in Buntaine, R. L., et Costenbader, V. K. (1997, May). Self-reported differences in the experience and expression of anger between girls and boys. *Sex Roles：A Journal of Research*，36 (9)，625 - 638.

青少年犯罪、学业成绩差、被同伴拒绝和辍学（Buntaine & Costenbader, 1997）。

348　　**恐惧和焦虑**　恐惧在所有年龄段儿童的生活中都扮演着保护的角色。心理学家把"**恐惧**"定义为一种由迫近的危险、痛苦或者不幸而引起的不愉快的情绪体验，而把"**焦虑**"定义为一种不安的状态——忧虑或者担心未来的不确定性（Gullone, 2000；LaGreca & Wasserstein, 1995）。区分恐惧和焦虑往往是很困难的，因此这两个概念经常通用。两种情绪都是正常的并且与忧虑以及生理的压力反应有关，但是正常的焦虑和临床上的焦虑是不同的，这两者的区别在于是否对正常生活产生干扰。

澳大利亚的研究者对 300 多名小学和高中的被试（10～18 岁）做了一个纵向追踪研究，发现恐惧和恐惧的强度会随着儿童的成长而改变。年纪小的儿童比起年长的儿童和青少年来说，报告了更多更强烈的恐惧，女性也比男性报告更多强烈的恐惧，但是这种恐惧的强度会随着时间减少（Gullone, King & Ollendick, 2002）。这个结果和其他研究一致，都认为在孩子正常的发展过程中他们能够越来越好地把恐惧和焦虑言语化，并学会用有效的方式去处理它们。然而，那些不会说话的儿童，比如有发展迟滞或者智力落后的儿童就无法把他们的想法说出来。

心理学家们还区分了恐惧和恐怖症。恐惧只是一种对威胁性刺激的正常反应，而**恐怖症**则是一种过度的、持续的并且是不适应的恐惧反应——通常是对那些良性的或者不好的刺激，比如害怕乘坐电梯或者害怕蛇类。这个年纪的有些孩子还会患一种"学校恐怖症"。这种症状在很多场合都有发生。比如欺负弱小的行为会出现在学校里面、校车上，或者上学和放学的路上。或者当父母亲生重病的时候，孩子会不愿意去上学，因为害怕父母可能在他上学期间死去。有时候，一位迟钝的老师可能在其他同学面前挖苦或者惩罚某个孩子，这也可能引起学校恐怖症。患有学校恐怖症的儿童需要专业的治疗，来帮助他们处理过度的恐惧和焦虑，重返学校。

随着孩子们上完小学，他们的认知和情绪的理解力更加成熟，因而带来了他们在恐惧方面的变化。Gullone（2000）考察了 100 个针对正常的恐惧发展的跨国家、跨文化的研究。在她的综述当中揭示了一个恐惧发展的可预测模型。她发现：

● 学前儿童害怕一个人待着，以及一些虚构的恐惧——黑暗、大型动物和妖怪。

● 小学阶段的儿童害怕失败和批评，身体上的伤害和疾病，以及超自然的现象比如鬼魂之类的。

● 青少年的恐惧更加宽泛、抽象而有预见性，比如害怕失败和批评、社会评价、经济和政治的利害关系，以及暴力行为。

● 在人整个一生中，对危险、死亡和受伤的恐惧是普遍存在的。

对正常恐惧的跨文化研究与绝大部分年龄段和性别人群的正常恐惧的研究得到的结果是一致的，但是文化规范和实践会对恐惧的类型和水平会产生重要的影响（比如是社会评价性的恐惧还是与危险相关的恐惧）（Gullone, 2000）。最近的研究发现，儿童对来自他人的身体伤害或袭击以及对他们自身和父母健康的焦虑比过去增加了许多（Cook-Cottone, 2004；Gullone King & Ollendick, 2002）。不幸的是，他们的焦虑和恐惧被一些灾难性事件更加激化了，比如美国的"9·11"恐怖袭击事件以及随后的袭击警报，从电视上看到 2005 年 1 月在南亚发生的海啸死难事件，飓风"卡特里娜"和"丽塔"带来的破坏，以及在伊拉克战争中家庭成员的死亡带来的直接影响。

在过去的几年中，研究者们开始关注西班牙裔和非洲裔的儿童，主要是那些社会经济地位比较低的。Blakely（1994）访谈了纽约的一些西班牙裔和非西班牙裔儿童的父母。父母们表示他们的孩子对社会性威胁，比如绑架或者性骚扰感到最害怕。西班牙裔的儿童比非西班牙裔的儿童有更多的恐惧，女孩比男孩表现出更多的恐惧。但由于这个访谈的样本较小，也没有访谈儿童，因此仍需要后续的研究支持。Silverman 和他的同事（1995）调查了一所城市小学 2～6 年级的儿童，发现非洲裔的儿童比白人或西班牙裔儿童有更多的恐惧。

Patricia Owen（1998）在得克萨斯州的圣安东尼奥市调查了 300 名儿童的恐惧问题：将近一半的儿童来自于中等收入或者低社会经济地位家庭。所有这些孩子分别是西班牙裔/墨西哥裔，或者盎格鲁裔（白种人），同时平衡了男女性别比例。所有的孩子都是 3～4 年级（7～9 岁）的说英语的学生，并自愿参加这个研究。Owen 设计了 48 题自我报告的"儿童恐惧调查表"，有一些题目是与社会相关的（比如，关于离婚、街头毒品、枪击、黑社会、烧死以及过路车枪杀事件等）。结果发现低社会经济地位家庭的孩子比中等收入家庭的孩子有更多更强烈的恐惧，但是并没有发现种族的主效应。表10—1按性别分别列出了这些儿童报告的最害怕的十个项目。

349　　同样是在这个研究中，女孩和男孩对社会暴力都报告了显著的恐惧。西班牙裔和盎格鲁裔的儿童差别很小，他们都对社会暴力有很大的恐惧。来自于低或者中等社会经济地位家庭的孩子在对社会暴力的恐惧这一维度上差别也不大。对于死亡和社会危险的恐惧在这个研究中尤为明显，这和过去的研究中孩子们的恐惧对象类似。对现实生活中的一些事物的恐惧（过路车枪杀事件、黑社会或者街头毒品等）非常普遍，并且正在影响着当代美国社会更小的儿童。

尽管恐惧有时候会失去控制，并且发展成难以处理、破坏性的事件，但是它有时候确实起到了"自我保护"的功能。如果我们对野生动物、火灾和飞驰的汽车没有一种健康的恐惧感，我们中很少有人还能活到今天。

　　（孩子）学会测"危险"并且做好准备。而且他通常采用焦虑的方式为到来的"危险"做准备！通过这个例子我们很快就可以认识到，焦虑有时候不是一种病态的状态，而是一种对付危险必需的、正常的生理和心理上的准备。（Fraiberg，1959，p. 11）

### 思考题

仅仅25年以前，大部分美国的儿童都在为取得好的学校成绩和获得同班同学的喜爱以及满足父母的期望而发愁，但是只有很少一部分孩子真正发展成了恐怖症。那么，当前美国社会7～12岁的儿童都在担忧些什么问题呢？

**压力**　孩子们遭受痛苦和折磨的画面会深深扰动成年人内心的脆弱、想法和愤慨。我们会开始调节并试图治疗这些痛苦——其中一些人参与社会工作、心理学或者医疗卫生的工作来帮助孩子。但是，所有的孩子都得面对痛苦的情境。而且，事实上压力是人类生活中无法避免的内容，因此应对压力就成为人类发展中一个中心的特征。

心理学家把压力看作对威胁和危险的认知和反应，但是压力也可以伴随着欢乐的体验，比如初中毕业，上第一节舞蹈课，或者把一张好的成绩单带回家。我们通常把压力用生理反应来描述——胃里面有"蝴蝶乱飞"或者胃痛、头痛、背痛、麻疹或者皮疹、暂时性发烧、嗓音嘶哑、头晕眼花、失眠、哮喘发作以及其他不愉快的症状。但是如果没有压力，我们会发现生活很单调、乏味和没有目标。压力有时候也是有益的，它可以对我们的成长有帮助并且提升我们处理未来事件的信心和能力（很多学生都了解压力可以在他们大考之前的晚上调动他们的学习动力）。

对孩子来说也是如此。Hofferth（1998）在全国有代表性的研究中发现，在3～12岁的美国儿童中，据父母们报告，"1/5的儿童感到恐惧或者焦虑，不开心，悲伤或者忧郁，或者性格内向……还有大约1/25的儿童在学校有行为问题"。比较正面的结果是，大约一半的儿童在健康、友谊和亲子关系上都表现得很出色。

我们每个人都要面对困难的情境，因而需要寻找方法来解决它们。**应对**是指我们为了掌控、容忍或者减少压力而采取的行为反应（Terry，1994）。有两种基本的应对：问题指向的应对和情绪指向的应对（Folkman & Lazarus，1985）。问题指向的应对是去改变困境本身，而情绪指向的应对则去改变个体对情境的评价。

当心理学家认识到孩子不是缩小版的成人时，他们开始研究儿童的压力和应对方式（Sorensen，1993）。在这个研究中，心理学家发现一些流行的观点并不正确。比如，生病住院、弟妹的出生、离婚或者战争都不是重要的或者普遍的压力。儿童对事件的知觉会影响他们的压力反应。很多长期被临床心理学家认为是非常有压力的事件在儿童看来可能还比不上被嘲笑、迷路或者收到差的成绩单有压力（Terry，1994）。

当体验到环境是可控的时候，无论是成人还是儿童，都会有一种大权在握的感觉（Whisman & Kwon，1993）。控制感很强的个体会相信他们能够控制生活中所有的事情。但是那些掌控不了的人，那些无法对他们自己的环境施加影响的人，就会感到无助。低控制感的成人和儿童都相信试图控制是无效的。显然，一个总体的控制感可以调控压力的负面效应，并且把问题指向的应对策略转变为情绪指向的应对策略。

研究者们发现，在我们的压力体验中，一个很重要的调控指标是**控制点**——我们对于生活中的事件和行为的结果由谁或者什么事物来决定的知觉。当人们知觉到行为的结果是由运气、机会、命运或者他人的力量来支配时，他们就是"外控"的人。当人们把行为的结果解释为自己的能力或者努力得来的，他们就是"内控"的人（Weigel, Wertlieb & Feldstein, 1989）。随着孩子年龄的增长，会逐渐获得内控的感觉。在对内/外控的心理测验分数上，3 年级的学生还是外控分数较高，而 8～10 年级的学生在内控的分数上已经有了很大的提高。

在评估压力、应对和内外控上，有三个因素对于研究来说特别重要：（1）孩子的特征；（2）发展的因素；（3）情境特异性因素。让我们分别来看一下这三个因素：

● 孩子们性情和气质的差异对他们应对压力的方式有很大的影响（Kagan, 1983）。不同的孩子对环境的敏感度不一样。一些孩子会比其他人表现出对事件更容易激动和有更大的痛苦，因此他们需要比其他更抗压的儿童应对更多的压力情境。此外，当孩子们被激起强烈的情感或者受到威胁时，每个人的反应也是不一样的（见表 10—1）。比如，有的孩子变得好斗和愤怒，另一些变得退缩和冷漠，还有一些变得爱做白日梦、幻想或者其他的一些逃避行为。很多研究结果表明女孩比男孩表现出更多痛苦和退缩的行为（Buntaine & Costenbader, 1997；Hofferth, 1998）。

● 发展的因素同样起到作用。童年中期的孩子由于自我感的出现，会比年幼的孩子更容易受到自尊心方面的伤害。比如，有一个研究表明，两次以上转学的儿童更容易出现压力、行为以及学习方面的问题（Crnic & Low, 2002；Hofferth, 1998）。同样，当儿童步入童年中期时，那些有行为问题或者轻微智力发展迟滞的儿童会体验到更多的压力源，因为对前青春期儿童来说，学习和社会要求都增加了（Wenz-Gross & Siperstein, 1998）。此外，随着儿童年龄的增长，他们发展策略来应对压力的能力也增加了，而且他们还变得更加有计划性（Maccoby, 1983）。

● 情境因素会影响儿童如何知觉和处理压力。健康的父母通常需要在很多压力危机的效应中起调停作用（Sorensen, 1993）。儿童照料者的易怒个性、焦虑、自我怀疑以及不能胜任的感受都会加剧孩子对于住院或者转学的恐惧。来自家庭的情绪支持和经济保障对于减缓压力的影响有着坚实的作用（White & Rogers, 2000）。当不论遇到什么困难或者做错什么事，孩子都能从父母和他人那里得到认同时，他们的自尊就会增强。资源丰富的照料者能够帮助儿童理解所遇到的问题并找到解决的方法。

---

**思考题**

什么样的生理症状可能会令遭受生活压力事件的儿童抱怨？内控和外控之间有什么差别？影响儿童应对压力的有哪三个主要的因素？

---

**创伤**　研究估计，有大约 25% 的儿童在 16 岁以前都经历过创伤事件（Cook-Cottone, 2004）。孩子的情绪和心理健康会被一些异常的压力事件所伤害，这些事件中有的是自然事件，比如"卡特里娜"和"丽塔"飓风或者南亚的海啸，还有的是人为事件，比如 2001 年的"9·11"恐怖袭击事件。其他的事件可能更个人化一些，比如被虐待或者被忽视；目击父母亲、同胞、朋友或者宠物的死亡；无家可归；目击家庭暴力；亲眼看到父母被捕或者入狱；目睹一幢房子被烧毁；频繁搬家；目击一些毁灭性事件比如航天飞机爆炸等（Graham-Bermann & Levendovsky, 1998）。一些儿童生活在长期的健康问题中（比如哮喘、镰刀状红细胞症、癌症和艾滋病）；另一些遭受着突如其来的能造成严重创伤的袭击，比如严重的交通事故（Cook-Cottone, 2004；O'Maria & Santiago, 1998）。

临床上被诊断为**"创伤后应激障碍"**（Posttraumatic stress disorder, PTSD）也叫做"创伤后压力反应"（Post-traumatic stress reaction, PTSR）的儿童会表现出一系列生理压力症状和行为症状，包括：学习和注意的障碍；麻木和分离症状；无助感；易怒性和攻击性增多；严重的焦虑、恐怖症和恐惧感；夸大的警觉反应；睡眠障碍；以及退行行为，比如尿床、黏人或者拒绝上学。前青春期的儿童和青少年可能还会表现出自伤行为、自杀的企图或者尝试、物质滥用（Cook-Cottone，2004）。

为了帮助孩子减轻他们的压力，社会工作者、学校心理学家、老师和家庭需要计划干预措施来重建孩子们的安全意识和安全本身，让他们重新回到学校（Cook-Cottone，2004）。质量和数量都得以提升的测评工具让临床和学校的心理学家能更准确地鉴别 PTSD（Cook-Cottone，2004）。儿童创伤专家相信，与传统的成人治疗方法相比，绘画治疗和游戏治疗更能反映出幼儿内心的痛苦。一些孩子需要很长期的治疗来减轻他们的痛苦症状，而很多研究表明认知行为治疗是一个非常有效的方式（O'Maria & Santiago，1998）。Cook-Cottone（2004）认为，学校的心理咨询师在儿童的健康恢复、个人化的教育计划以及重返学校等方面起着重要作用。用心的儿童照料者和专家需要认识到他们正在处理的是每一个儿童的人格和发展问题。关于帮助儿童处理恐惧的内容，你可以关注本章专栏"可利用的信息"中的《帮助儿童应对灾难和恐惧》一文。

**冲动性和冒险** 儿童冒风险的意愿是不同的。有一些孩子对冒险的兴致比别人更高，但是我们都知道儿童缺乏对危险结果的意识。比如，注意缺陷多动障碍的儿童更容易表现出冲动性行为并受到伤害。尽管一些儿童很容易受伤，另一些人却似乎对伤害很不敏感。男孩比女孩更想寻求跟他们的父母、照顾者和老师有关的刺激（Morrongiello & Rennie，1998）。事实上，根据孩子们冒险的频率和程度，我们倾向于把孩子分成几类，小心谨慎或者不计后果，以及胆小的或大胆的。孩子们有很多不同的方式来表达冒险（Boles et al.，2005）。在体育、音乐、艺术、表演或者领导才能方面很出色的孩子通常会做一些其他孩子不敢做的事——我们称为"创造性"或者"有勇气的"行为。不过，对于新奇事物和兴奋感的追求也会令孩子去做一些不安全的事情，比如离家出走、偷窃、体验药物或是纵火。

对于儿童的情绪发展、恐惧、焦虑、压力、创伤以及冒险冲动的考察，导致我们去思考一个问题，我们如何通过家庭的影响，更广泛的社会环境以及学校的教育来帮助孩子们正确地处理相应的社会情境。

> **思考题**
>
> 有过创伤经历的儿童会在行为上表现出什么样的改变？成年人能够做些什么来帮助受过创伤的儿童？孩子的哪些行为能够提醒我们，这是一个冲动性、容易冒险的孩子？

## 持续的家庭影响

尽管对儿童在学习成绩上的考量是很重要的，就像第 9 章中说的那样，但是孩子们在家庭和社区环境中的经历对他们的情绪健康和社会性发展也非常重要。密歇根大学社会研究所的社会科学家从 1968 年开始，做了一个包括 2 000 多名儿童和家庭样本在内的全国日常生活的纵向研究（目前还有 7 000 个家庭的 65 000 个被试在继续这项研究）（Hofferth，1998；Juster，Ono & Stafford，2004）。儿童分配时间的方式对于理解他们的生理、智力、社会性、情绪以及道德的发展都有重要的作用。

对于"时间日记"的定期分析表明，儿童分配时间的方式已经和 25 年前有很大的不同，那时候孩子们更加活跃并且电脑时代也还没有到来。总的说来，现在的 6～17 岁的孩子花费了更多的时间在学校和学习上面，但是他们比 25 年前的孩子平均每周少花两个小时在运动和室外活动上面。6～11 岁的儿童每天平均花费 6～7 小时在学校事务上面（上学前的准备、在校时间和课后学校的活动）。孩子们自由的时间，或者非结构化的玩耍时间大幅度地减少了（见图 10—2）（Juster，Ono & Stafford，2004）。

在密歇根大学社会研究所 1998 年的一项纵向研究中，父母们评价有 65％的 13 岁以下儿童跟父

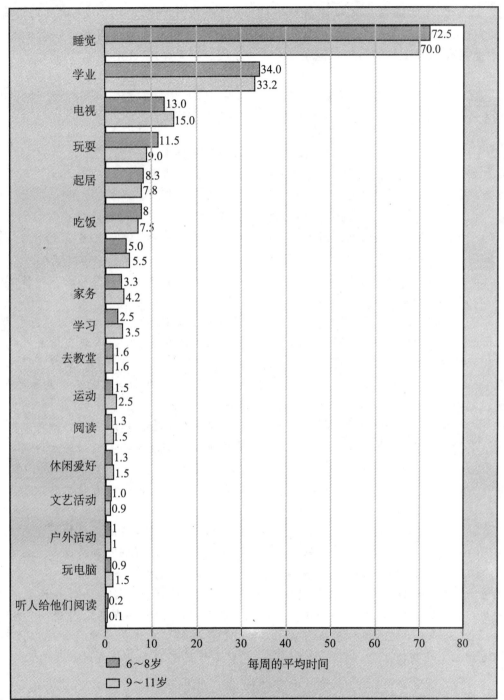

**图 10－2　6～11 岁的美国儿童平均每周的时间安排（2002—2003 年）**

孩子们使用他们的时间的方式可以为很多课题提供资料，包括生理、智力、社会性、情绪和道德发展。总的说来，现在 6～17 岁的儿童在学校和学习上花费的时间较多。放学之后，看电视是他们最频繁的活动——此外他们比 25 年前的儿童每周在体育和室外活动上花费的时间平均减少了两个小时。孩子们的自由时间和非结构化的玩耍也减少了很多。

来源：Juster，F. T.，Ono，H.，εt Stafford，F. P.（2004，November）. Changing times of American youth：1981 - 2003, Ann Arbor，MI：Institute for Social Research，University of Michigan. Retrieved February 13，2005，from http：//www. umich. edu/news/releases/2004/Nov04/teen _ time _ report. pdf.

母亲非常亲密或者极度亲密（包括那些继父母的家庭、收养家庭和以父亲为主的家庭）。当儿童渐渐长大之后，亲密度开始降低，父母评价只有60%的学龄儿童跟他们很亲密。大部分的父母报告说孩子们跟他们有温暖亲热的行为，但是随着孩子们的成长这种关系有所改变，他们开始跟同伴分享更多的时间。有80%的父母报告说跟学前儿童很亲密，但是只有60%的父母报告说跟学龄儿童有亲密的行为（拥抱、分享时间、开玩笑、玩耍、聊天等）（Hofferth，1998）。

## 可利用的信息

### 帮助儿童应对灾难和恐惧

恐惧是对可怕经历的一种自然反应。它可以引起警惕，是发展中适应的一面，并且男孩和女孩在不同的年龄会对它有不同的反应（见表10—1）（Walsh，2001）。诸如发生在2001年的"9·11"惨案、"卡特里娜"和"丽塔"飓风、2005年南亚的海啸或者其他经历过的灾难都会干扰正常的生活适应，从而引起激烈的、持续的反应。年幼的儿童不能分辨幻想和现实，年长一点的儿童有生动的想象力，而所有的儿童都能感受到和成年人相同的恐惧和焦虑（Walsh，2001）。孩子们无法逃避恐惧。不过，可以鼓励孩子们发展出应对恐惧的建设性的方式。这里有一些心理学家发现的对于儿童应对恐惧非常有用的技术（National Assciation of School Psychologists，2001）：

当儿童表现出遭受压力的迹象时，要预测到他们会有的行为改变，并且对他们的感受做出反应。儿童们表现出受到压力的感受，比如哭泣、嘶喊、易怒、战抖、执著、退缩或者有攻击性或者回避行为、混乱、睡眠障碍、食欲变化、注意力不集中、对学校和日常活动不感兴趣、头疼、胃疼和其他的行为（"Recognizing Stress in Children"，2001）。建立一个让儿童能够把自己的恐惧说出来的环境。帮助他们了解到成年人和儿童都有恐惧，但是我们有办法让自己感觉好一些。

确保儿童的个人安全。给予额外的帮助，并且表现出足够的耐心。建立正常的秩序来提供稳定和安全。告诉孩子们那些能够增加安全的人、地方和行事准则（比如放学后打电话给上班的父母，在天黑之前回家等）。

找到替代性的活动来减轻压力。不要让孩子们单独承受压力。设计一些有意思的亲子活动。留出一定的时间跟孩子一起娱乐。

通过设计应对的策略让儿童获得控制感。帮助孩子们练习处理恐惧情境或事物的技巧。儿童迫切希望摆脱他们的恐惧，而当他们发展出良好的应对技能时，压力就能得到减轻。比如，给害怕黑暗的孩子一盏小小的夜灯，提供最小限度的光亮。

帮助儿童克服某种特殊的恐惧。在合理而安全的情况下，让孩子们逐渐去接触他们所害怕的情境（脱敏作用），并且通过愉悦的活动来消除这种恐惧刺激。这种方法在消除对动物、物体和场所（比如游泳池和水恐惧症）的恐惧方面很有效。当孩子们看到特定刺激时，要允许他们检查、忽略、接近或者回避刺激。还要让孩子们观察其他儿童在同样恐怖的刺激面前玩耍的情境（比如在浅水池边上欢笑）。

在家庭和学校之间建立良好的沟通渠道。如果儿童遇到生活上的重大改变、生病或者创伤，家长应该告诉老师，以便共同来商量对策帮助他们应对。双方还要对可能出现的行为有一致的预期。

诸如忽视、责骂、羞辱、嘲笑、强迫或者取笑儿童无能等有害的反应，会使得儿童的问题加剧，并且增加他们的压力。总的说来，儿童照料者不能保护孩子躲避所有的恐惧，但是他们可以帮助孩子有效地应对恐惧。

| 表 10—1 | 圣安东尼奥和得克萨斯州的儿童对恐惧强度评分最高的项目，男女分开（1998 年） | |
|---|---|---|
| **女孩** | | **男孩** |
| 1. 过路车枪击 | | 1. 死亡 |
| 2. 绑匪 | | 2. 过路车枪击 |
| 3. 黑社会 | | 3. 核武器 |
| 4. 枪击 | | 4. 黑社会 |
| 5. 死亡 | | 5. 绑匪 |
| 6. 核武器 | | 6. 地震 |
| 7. 陌生人 | | 7. 烧毁 |
| 8. 蛇 | | 8. 死亡 |
| 9. 枪 | | 9. 枪 |
| 10. 火灾 | | 10. 毒药 |

来源：Patricia R. Owen.（1998，November）. Fears of Hispanic and Anglo Children：Real-world fears in the 1990s. *Hispanic Journal of Behavioral Sciences*，20，483-491，Copyright©1998. Reprinted by permission of Sage Publicatins. inc.

## 母亲和父亲

公共政策（比如福利改革、税务、家庭休假、特殊教育、医疗等）、家庭资源（SES）和家庭生活结构（已婚、单身、同居或者看护）影响着儿童和他们家庭的情绪—社会性关系。儿童从他们和父母的互动以及对父母行为的观察中学到很多，而通常这种互动和交流都是很频繁的，但最近儿童们越来越受到父母对时间需求的影响。根据社会学家 Hofferth（1998）的研究，男性工作而女性做家庭主妇的双亲家庭，平均每周跟孩子直接交流的时间为 22 个小时。而父母双方都在上班的大部分家庭，平均每周只有 19 个小时跟孩子一起度过。一般单亲妈妈每周花 9 个小时陪伴她们的孩子，而且大多数时间都是在周末。在 Hofferth（1998）的研究中还发现，温暖的亲密关系、父母对亲密的期望以及父母对孩子将来能够大学毕业的期望都对儿童的行为有正面的影响。西班牙裔的父母在评价孩子时比非西班牙裔的父母更加正性（Hofferth, 1998）。

**上班族母亲** 自从 1970 年以来，6~7 岁儿童的已婚或者单身母亲的就业率有显著的增长。2003 年有超过 1 000 万的学龄儿童的已婚母亲是在工作的——占已婚母亲的 73%。将近 400 万名学龄儿童的单身母亲是在工作的——占单身母亲的 77%（离婚、分居或者丧偶）（U. S. Bureau of the Census，2004—2005）。因此儿童被其他亲属照顾、无亲属关系的人员照顾、参加课后学校的项目或

者自我照顾（独自在家）的现象就变得非常普遍了。一些工作的母亲和父亲调整他们的工作安排，来确保儿童在家的时候有父母陪伴或者在学校之外的场所时跟兄弟姐妹们待在一起。

研究表明，在外参加工作的母亲会有更高的自尊水平，因为她们有更多的经济保障，自信对社会的贡献更多，更加有能力，并且更有价值感（Carlson & Corcoran，2001）。而一个对自己和自我的处境感觉良好的母亲，更有可能养育好自己的孩子，成为一个有力量的母亲。同样，在 Hofferth（1998）的研究中发现，母亲的言语能力和孩子的言语以及数学的成绩相关。一个对孩子温暖亲切的母亲，一个和她们的孩子一起玩耍的母亲，一个参与孩子的学校事务的母亲，一个期望她们的孩子完成大学学业的母亲最倾向于把她们孩子的行为评定为正性的（Hofferth，1998）。

然而，在很多参加工作的母亲中有一种非常普遍的感受就是内疚——感觉孩子在思念着母亲，孩子没有接受到最好的"母爱"，孩子放学后没有和母亲在一起会感觉很受伤害。另一方面，那些母亲参加工作的孩子成长得更加独立，这种独立对女孩特别有益，她们变得更加有能力，拥有更高的自尊水平，并且在学习上会取得更好的成绩（Bronfenbrenner & Crouter，1983）。不过，有母亲参加工作的家庭并不都是一个模子刻出来的，

352

353

354

因此，一个家庭的经验无法代表所有家庭的真实情形。

**思考题**

　　总的说来，当母亲参加工作时，孩子们会体验到什么样的经历？孩子们在他们的课外时间都做些什么？母亲参加工作对于孩子和她自身有什么样的益处？

　　**照顾孩子的父亲**　当今社会对父亲、继父或者父亲角色在儿童生活中的作用表现出极大的兴趣。大部分孩子仍然和亲生父亲生活在一起或者至少有一半的童年和继父生活在一起，而父亲角色的出现和缺失对于孩子的心理健康和学校成绩有着重要的影响（Mott，1994）。最近的研究表明，很多男性把他们的家庭角色看得跟工作中的角色一样重要（Aldous，Mulligan ＆ Thoroddur，1998；Cooksey ＆ Fondell，1996）。

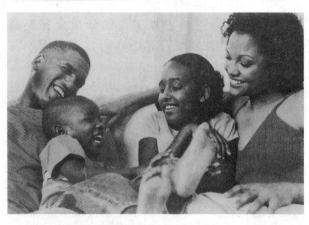

**儿童从父亲的参与中获益**

当父亲花时间与孩子在一起时，孩子和母亲都能从中得到很大的益处。而且越来越多的证据显示父亲是孩子将来行为的角色榜样。

　　一个父亲的时间、闲暇、对儿童生活的参与度以及热情被认为对儿童的成长非常关键。自从 20 世纪 80 年代以来，有很多因素影响着美国儿童父亲的角色：不断增长的离婚率（虽然在最近稳定下来了）；居高不下的再婚率（大约 75% ～ 80%）；越来越高的单身母亲养育儿童的比率（现在每三个孩子中就有一个是单身母亲生的）；还有不断增长的同居父母比率（和亲生父亲在一起或

者和没有血缘关系的父辈在一起）。最近的研究估计每三个孩子当中就有一名孩子在 18 岁以前是和继父母（通常是继父）或者是和母亲的同居伴侣居住在一起的。社会学家 Hofferth 和 Anderson（2003）研究了 2 500 名和儿童住在一起的父亲在投入度、空闲时间、参与度以及亲切度方面的情况。儿童的父亲的样本可被分为已婚亲生父亲、未婚亲生父亲、已婚继父和同居关系中没有血缘关系的父辈角色——反映出当前父亲身份的复杂程度。

　　**亲生父亲**　Hofferth 和 Anderson（2003）的结果和很多研究一致，发现已婚的亲生父亲会在自己的孩子和收养的孩子身上投入更多的时间、资源和温情（Cooksey ＆ Crag，1998）。但是也有两点例外，在亲生父亲—继母的家庭中，父亲和孩子们在一起的时间最多，而单身的亲生父亲对于住家的儿童花费的时间显著多得多（大约有 5% 的儿童跟单身的父亲住在一起）。只有女儿的，或是孩子尚年幼的，或是工作时间很长的父亲跟他们的孩子们一起活动的时间较少。已婚的亲生父亲比其他父亲有更高的教育水平和经济收入。

　　当一段婚姻或者同居关系宣告破裂时，一些亲生父亲会否认或者遗弃他们的孩子。对于孩子来说，这种令人心碎的情感和经济上的丧失经常还和其他一些事情相关，比如前妻或同居女友的恨意，因情感上的痛苦而逃离，以及对于发展新的角色和自我认同的苦恼（父亲经常没有监护权，只是支付赡养费）（Baum，2004）。在这个研究中，有继父母的儿童中，2/3 的人很少或者几乎没有跟自己的非同住的亲生父亲有任何联系——不过有 1/3 的儿童报告跟非同住父亲有频繁的接触。已婚的亲生父亲有合理合法的保护和义务去支持儿童，然而对于其他形式的"父亲"或者父辈角色来说，这种保护和义务却显得非常暧昧不清。

　　**继父**　在 Hofferth 和 Anderson（2003）的研究中，继父通常比亲生父亲要年轻，收入也更少。在儿童年龄越小的时候跟继父生活，继父对孩子的活动以及亲切互动的投入的可能性就越高。这个研究中继父对于合适的养育行为以及对继养孩子的态度都比已婚的亲生父亲要差，这可能有两方面的原因：（1）继父们通常需要对前一段婚姻或者同居关系所生的孩子提供资源、时间和情绪

支持；（2）如果已离婚的亲生父亲仍旧和他的孩子保持着亲密、支持的关系，继父就比较不容易跟这个孩子发展出亲密关系。继父通常跟处于青少年期的继子关系最疏远。那些自己没有亲生孩子的继父认为自己较少参与继子的活动及互动。总的说来，在混合家庭中（母亲的孩子和父亲的孩子生活在一起）的孩子比非混合家庭的孩子得到更多的时间和关注。

**同居的父辈角色**　2002 年人口普查的数据表明，约有 300 万儿童生活在将近 200 万户同居家庭中，跟他们的无血缘关系的父辈生活在一起。在所有"父亲"的种类中，母亲的同居伴侣的收入是最少的。这些男人对孩子们的活动的参与度和亲密度也是最低的。因此，在同居家庭的孩子所报告的来自同居父辈的温暖和关注也比其他形式的"父亲"要少，这导致他们较容易受到其他负面刺激的影响（Hofferth & Anderson, 2003）。

**缺席的父亲**　儿童福利工作者认为美国儿童的生活中缺少父亲是一种危机。单身母亲养育孩子和离婚是导致儿童生活中父亲缺失的主要原因。2002 年的人口普查数据表明，有 240 万美国儿童（34%）没有跟亲生父亲生活在一起。全国父亲行动对于"父亲的影响"的研究（2002）中提到，约有 40%"父亲缺席"的儿童一整年都没有见到自己的父亲，而这些孩子当中有 50% 从来没有拜访过自己父亲的住处（很多缺席的父亲都是在外单独居住）。没有和父亲住在一起的儿童跟和父亲生活在一起的孩子相比，更容易生活得贫穷、被虐待、逃学、表现出反社会的危险行为，以及参与一些犯罪活动（National Fatherhood Initiative, 2002）。

在考察了父亲的时间、闲暇、对活动的参与度和对孩子的亲切度之后，社会学家认为，父亲是否结婚对于孩子的整体健康有很大的影响。Cooksey 和 Craig（1998）发现，当一个父亲在童年的时候其活动没有得到"父亲"的参与时，他们也就更少参加自己孩子的活动。这表明，父亲的角色对于未来行为有重要的榜样作用。总的结果认为，当父亲参与到孩子的生活中的时候，孩子和母亲都更多地体验到经济上和社会性—情感上的获益（Cooksey & Craig, 1998；Hofferth & Anderson, 2003）。

**思考题**

父亲的参与或缺席将如何影响孩子的生活？总的说来，继父和无血缘的同居父辈在对待孩子的方式上有什么样的不同？

## 同胞关系

当今社会的美国儿童比 25 年前拥有更少的兄弟姐妹。根据美国人口普查局（2003b）的数据，拥有年龄在 18 岁以下的孩子的家庭中，20% 只有一个孩子，18% 有两个孩子，而 10% 有三个以上的孩子（从 1980 年以来，四个以上孩子的家庭有显著的下降）。现在有 52% 的家庭没有 18 岁以下的孩子，这包括没有孩子的夫妻或者孩子已经成人的夫妻（U. S. Bureau of the Census, 2004c）。然而，如果你和兄弟姐妹一起长大，你很可能记得你跟他们的关系比跟朋友的关系要紧张得多。兄弟姐妹不像朋友之间那样有互相选择的权利，所以他们在日常生活中就需要解决矛盾冲突并学会互相合作。同样地，兄弟姐妹之间也知道愤怒的对质永远不会有终结。即使在他们对彼此感到非常糟糕的时候，他们知道还得一起生活下去。兄弟姐妹的关系通常被描述为愉快的、互相关心的以及支持性的（Jones & Costin, 1995）。哥哥姐姐总是起到帮助弟弟妹妹们"学习社会准则"的作用——帮助他们完成家庭作业，应对性和毒品等问题，或是学习社会的价值观以及其他一些事务（Cicirelli, 1994）。但是兄弟姐妹之间的冲突往往导致攻击或者虐待行为的增加（见图 10—1）（Rinaldi & Howe, 1998）。父母们在增进兄弟姐妹关系方面起着重要的作用（Perozynski & Kramer, 1999）。如果母亲能够教授孩子一些策略来促进分享的行为，并且孩子们能够被直接教授关于亲社会的

356

相处之道，那么兄弟姐妹的关系通常都能得到改善（Howe, Aquan-Assee & Bukowski, 2001）。

随着越来越多的家庭形式的出现，越来越多的孩子和继兄弟姐妹、半血缘关系的兄弟或者姐妹、收养的兄弟姐妹和同居关系中没有血缘关系的兄弟姐妹生活在一起——这导致家庭压力的增加（参见本章专栏的"人类的多样性"中的《收养和监护人》一文）。一般儿童跟兄弟姐妹分享个人的空间和东西就会形成很大的冲突，而那些父母离异或分居的儿童要跟一个没有血缘关系的人分享个人空间就会形成更大的压力。在继父母家庭或是同居关系中，成年人彼此相爱，因而想当然地认为他们的孩子可能也会喜欢彼此，但情况却往往不是这样。同时，家庭中还会有很多关于管教、分享和资源分配上的争吵。

在很多文化中，哥哥姐姐往往在很小就扮演起照料者的角色，甚至成为父母的替代者。当哥哥姐姐能够承担起照顾弟弟妹妹的责任时，父母就可以放心地去工作和参加他们自己的活动（要注意到亲属照顾，包括哥哥姐姐的照顾是儿童放学后受到照顾的主要形式）。第一个出生的孩子通常处于一个特殊的位置；一开始没有弟弟妹妹来分享父母的照顾，但是当弟弟妹妹出生之后，会给父母和第一个孩子之间带来很大的矛盾冲突（Dunn, Kendrick & MacNamee, 1982）。哥哥姐姐常常会对弟弟妹妹们表现得更加凶一些，但他们也不时会表现出悉心照料的一面，而弟弟妹妹们不太会这样对他们的哥哥姐姐。同性别的兄弟姐妹似乎比异性的有更多矛盾。

**思考题**

总的说来，兄弟姐妹在儿童生活中有哪些影响？

---

357

## 人类的多样性

### 收养和监护人

**不断改进的儿童收养政策**

让一个家庭拥有孩子的另一种方法是收养，联邦政府和州政府机构都在努力使得收养过程变得更容易。跟过去不同，现在大部分单身的女性在生育孩子之后愿意自己抚养而不是让别人收养。因此，一些夫妇或者单身人士会从育儿所或者国外寻找可以收养的儿童。随着1997年"收养和安全家庭法案"的颁布，联邦政府对那些在育儿所收养儿童多的州给予经济上的帮助（Allen, 2001）。2000年，国会通过了停止非法收养（比如网络收养）和促进合法的国际收养的议案，建立了赋予机构收养资格的核心权威以及联邦政府的数据库。2000年的"儿童公民权利法案"允许被收养的国际儿童在进入各州时可以取得美国公民的资格（Clark & Shute, 2001）。而2002年的"儿童希望法案"把收养儿童的税收减免额提高到10 000美元，并且把对员工收养儿童的资助提高到了10 000美元（U.S Congress, 2001）。2003年"儿童和家庭安全法案"进一步提高了儿童的福利和收养政策（Horn, 2002/2003）。自1992年以来，美国大约每年有12万名儿童被收养（U.S. Departmend of Health and Human Services, 2004a）。

**谁来收养？**

大约有1/4患有不孕症的夫妇会考虑收养儿童，其中很多都通过私下的方式（Mosher & Bachrach, 1996）。自从20世纪70年代以来，公民从国外共收养了超过25万名儿童，其中大部分孩子都在五岁以下（Adoption Institute, 2005）。2002年，大约53 000名在育儿所的儿童被他们的亲属以及养父母收养——但是该年在育儿系统当中共有532 000名儿童。到2000为止，单身父母亲收养儿童的比例提高到了30%，此外男同性恋和女同性恋夫妇收养儿童的比例也在上升（Clark & Shute, 2001）。还有一些家庭收养有特殊需要的儿童，比如在医疗、教育和精神健康方面需要照料和支持的儿童。

**复杂难题**

根据最准确的估计，美国大约有500万名儿童是被收养的（Hollinger, 1998）。最近几年对收养的态度和话题发生了巨大的变化，这就产生了更多复杂的情况——亲生父母与收养父母，亲生母亲与亲生父亲，单亲家庭收养，同性恋夫妻收养，收养残疾儿童，收养儿童的权利，代理人，种族和宗教兼容性，大量儿童福利工作者跳槽，应征养父母的人数逐渐减少，收养国际儿童，欺诈性收养机构（网络、国内和国际的），此外还有缺乏对收养家庭的保护政策（Bass et al.，2004；Clark & Shute，2001）。

### 在育儿所的收养或儿童监护权

联邦和州政府不鼓励儿童离开他们的原生家庭，除非是出于对孩子安全考虑的需要。如果要离开原生家庭，必须有很严重的家庭功能障碍：忽视或者身体或性的虐待（U. S. Department of Health and Human Services，2001）。每年大约有 26 万名美国儿童进入育儿系统。其中有约六成的儿童会再重新回到家庭中，而另外四成的孩子仍然待在育儿系统中——很少一部分孩子被收养（Bass et al.，2004）。有些孩子相对来说比较难被收养：年龄大的孩子，少数民族的孩子，男孩比女孩更难被收养，还有那些有残疾或者行为问题的孩子。1980—2000 年，在育儿系统中的儿童数量翻了将近一倍（见图 10—3）（U. S. Department of Health and Human Services，2001）。不过随着更多家庭成员（亲属）成为他们自己的孙儿、外甥和侄子的合法监护人，收养儿童的数字正在逐渐减少。如果一个孩子被收养，他就得切断和原生家庭、熟悉的邻里社区、学校和朋友之间的联系。但收养者如果取得孩子的合法监护权，孩子就可以跟比较亲近的家庭成员一起生活，保持和扩展家庭以及朋友的亲密关系，较少体验到创伤和痛苦。孩子还可以不时地和亲生父母待在一起。

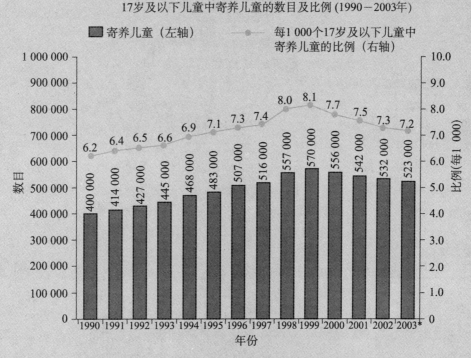

图 10—3　收养儿童（1990—2003* 年）

由于儿童会在一年内进入或退出收养，在每年经历收养的实际数量实际上是会高于这些估计值的。1997 年的资料指出，大约有 70 万儿童会有一些时间被收养。许多高级框架系统应该支持这些特殊情况的儿童。大部分会与亲人重聚，20% 的儿童年年都被收养，甚至有些一直被收养到成年。

＊2003 年的数据是初步数据，基于 2004 年 8 月呈交的数据。

### 收养时的年龄

有大约 2% 的未婚妇女自愿放弃儿童的抚养权，让孩子由别人来收养（Moore et al.，1995）。在婴儿期或者年幼的时候被收养的儿童，他们跟养父母的关系会比较稳定。通常，儿童被收养时的年龄越大，对于儿童和收养家庭的困难就越大。国内婴儿的收养通常需要几年的等待时间，但是申请合法的监护权可以很快办理手续。另外还有一些家庭是通过国际收养，因为这种方式需要等待的时间较短。

### 国际收养

国际收养儿童的数量正在增加，但是国际收养往往带有很多政治因素、较复杂，并且比国内收养更具欺诈性，特别是在对儿童健康的评估上（Clark & Shute，2001）。到 2000 年，共有 18 000 名外国儿童被美国家庭所收养，这些儿童主要来自于中国、俄罗斯、韩国、危地马拉和罗马尼亚（Clark & Shute，2001）。国际收养的费用从几千元到上万元不等（Merrill，1996）。交通和其他费用不计在内。国际收养的等待时间一般在 6~18 个月之间。

### 收养费

收养对有些家庭是禁止的，这取决于使用的服务类型。公共机构是不收费的，或者收取很少的费用，但是代理费是必须要交的。宗教机构会收取几百到几千美元。私人家庭机构会收取 6 000 美元到 3 万美金不等。如果家庭为孕妇购买了医疗保险，那么私人收养就会收取几千美元甚至更高。有些美国公司用收养收益雇用员工，大约 2 000 美元。有些结合收养、母亲医疗保险、代理费或者安置费，会产生一些法律费用。（National Adoption Information Clearinghouse，1996）

### 成为收养父母

收养的词根来自于"选择"、"让自己创造性地成为另一个人"。Rosenberg（1992，p.15）观察到："亲生父母不会立即成为亲生父母，也不会成为养育父母，收养父母是养育父母但不是亲生父母，被收养者是他们的收养人的孩子但不是他们的亲生子女，是亲生父母的后代但不是养育父母的后代"。收养成员常常围绕失去、孤立、不安全等因素，这些都不同于"常规"家庭。传统的收养系统鼓励亲生父母忘掉曾经生育的孩子，而拒绝提供给被收养者任何关于亲生父母的信息，因此，鼓励收养家庭以一种"好像"具有血缘关系的方式生活。但是考虑到复杂的社会信息，有些被收养者决定寻找自己的亲生父母，这种出于情感的辛苦工作实属正常。与亲生父母重聚的成年子女有愉快的重聚，也有悲伤的拒绝，情况各有不同。美国社会的收养气氛较前十几年变得更加开放，有些州允许相互注册——允许后期相见，允许提供亲生父母的信息，成年被收养者可以查注册文件了解自己的身份（Hollinger，1998）。

### 收养儿童的幸福

无疑地，收养会导致不同的心理困扰。但是越来越多的证据揭示，收养和精神病理学之间没有必然的关系（Brodzinsky，Schechter & Henig，1992）。实际上，明尼苏达州研究所花费四年时间开展的针对几百户家庭的联合研究（1994）揭示出大部分收养家庭是和谐的，大部分收养青少年并没有显示出收养对他们的心理健康有任何消极影响的迹象。总体上，半数被收养者说，他们很少想到收养，10% 表明他们每天都会想到收养（10% 的被收养青少年说，他们认为他们的父母爱他们胜过亲生子女，7% 说当知道自己是收养的时会受到伤害，6% 表示他们感到自己是多余的），然而，也有些成年被收养者经历认同的问题，而去寻找亲生家庭（Brodzinsky，Schechter & Henig，1992）。

我们要好好提醒自己，首要且最重要的是，所有的孩子都需要且应该获得来自家庭的爱和支持，无论他们出生在哪里。

## 离婚家庭的儿童

婚姻通常对儿童有正面的影响，而证据表明离婚显然对儿童会非常有害（Bramlett & Mosher，2001）。经历父母离异的孩子通常在社会交往、行为和学校功课方面有更多的问题。尽管离婚率自20世纪80年代到90年代初有很大的提高，但最近的十年基本保持稳定。与此同时，同居率相对于婚姻来说却有很大的增长，而早期研究中却没有包括那些在同居家庭分裂之后的儿童的情况。1995年对家庭成长的联邦调查数据揭示了15～44岁之间的11 000名妇女样本的同居、婚姻、离婚、再婚和再离婚的模式（Bramlett & Mosher，2001）。

第一次婚姻的年龄是关键：十几岁便结婚的女性比20岁以上才结婚的人更快结束她们的第一次婚姻，不到25岁就离婚的女性大多数会再婚，而25岁以下的女性的第二次婚姻也更容易破裂。有1/5的初次婚姻在五年之内宣告失败，有1/3在十年内的终结，并且离婚率在黑人妇女当中更高。在这个研究中大约62％的女性结婚了。大约一半的女性曾经结婚了，而约有7％的人是同居的。有10％的女性报告说她们在离婚后选择了同居。75％的离婚妇女在十年之内再婚——而25岁及以上的女性在再婚的十年之后，有1/3会再次离婚。因此，儿童生活的质量取决于他们父母的结婚或不结婚的决定，尤其是那些年轻的妇女。

每个孩子对婚姻的破裂有不同的反应，这取决于孩子的年龄、气质和父母应对离婚情境的能力（Hartup & van Lieshout，1995）。Schlesinger（1998）做了一个160个离婚家庭的纵向研究，这些家庭的孩子都在6～12岁之间。他的主要结果发现，这个年龄段的儿童需要明白分离是什么意思。孩子的想法和父母很不一样——而父母们会太忙而无暇注意到他们的心思。分居—离婚会让孩子们遇到对谁忠诚的压力。一个全国性的研究发现，不论什么样的家庭结构，父母之间各种程度的冲突对于孩子都会有很大的影响（Vandewater & Lansford，1998）。为了适应离婚的情境，孩子们需要一种安全感和跟父母的亲密感，并且满足他们的基本需求。如果父母能够在一些事情上考虑孩子的感受互相配合的话，孩子内心的冲突会更少一些。

Wallerstein 和 Kelly（1980；Wallerstein，1987）发现，孩子在父母离婚后要经历六个阶段的心理任务，而能否很好地完成这些心理任务，取决于父母怎么样处理他们的离婚。这些阶段包括：（1）接受离婚是真实的事情；（2）回到原先的生活当中，比如上学和其他的活动；（3）解决家庭的丧失问题，那意味着会有一个父母亲是"疏远"或者"缺席"的，他们得重建家庭的规则和安全感的丧失；（4）在谅解的基础上，解决内心的愤怒和自责；（5）接受离婚是永久性的；（6）信任亲密关系。很多学校给那些分居—离异家庭的孩子提供参加"香蕉剖面"项目的机会。在一名学校咨询师或心理学家的带领下，孩子们和同伴们一起分享他们的感受和经历，提出建议并听取别人的意见。这些孩子能够学会如何处理他们的丧失感、无助感、焦虑以及愤怒。

离婚对孩子们很多方面都有影响，其中涉及很复杂的因素。大部分孩子能够随着时间而调整，但有一些孩子在父母离婚几年后仍然有心理上的障碍。在一个研究中，访谈了父母离婚十年后的一些孩子（父母离婚时孩子们大约是6～8岁），结果发现大部分男孩和女孩都适应得不错。很多孩子和母亲生活在一起，大约5％的孩子和父亲一起生活，还有一些跟亲戚住在一起或是住在育儿院。总的说来，跟父母双方都有稳定、亲密关系的孩子较少出现情感创伤（Arditti & Keith，1993）。

影响父母离异的孩子的发展的因素包括：

1. 离婚时孩子的年龄。年幼的孩子对离婚的反应跟年长的孩子很不一样，这可能是因为他们处在不同的发展水平上。

2. 父母的冲突程度。离婚之前、离婚时以及离婚后父母之间强烈的冲突会对孩子的发展有不利的影响。

3. 儿童的性别和取得抚养权的父母的性别。离婚后跟同性别的父母生活在一起的孩子更加快乐、成熟、独立以及有更高的自尊。

359

4. 监护的形式。社会学家发现孩子们在母亲监护或者共同监护的家庭中的发展比母亲工作、由父亲监护的家庭要好（Robinson，1998）。

5. 收入。通常由母亲监护的家庭会由于收入的大幅下降而带来很多压力，因为家庭不得不搬到较差的地方居住。孩子们会失去舒适和安全以及熟悉的邻居、朋友和学校，同时还将失去家庭的一些常规事务。

**思考题**

孩子们如何学会应对父母的分居和离婚？一个孩子经历离婚的过程和他们经历失去所爱的人的过程很相似。如何描述一个6～12岁的孩子面对家庭结构和支持的改变时所做出的调整？

## 单亲家庭

家庭的结构和孩子的健康以及很多未来的行为有关，比如高中毕业率或辍学率、物质滥用、犯罪行为、成为父母的年龄、一生的成就以及重复父母的婚姻或非婚姻模式。从20世纪60年代到今天为止有大量的研究表明，单身母亲的孩子（不论生育时母亲的年龄是多大）更容易生活得贫穷；在童年没有双亲的陪伴，在成人后也会成为一个单亲家长（Bramlett & Mosher，2002）。然而，如果单身母亲是有工作的话，孩子的情况可能会好得多。跟单身父亲一起长大的孩子的情况也会好一些，因为男性通常都有工作而且赚的薪水也相对高，此外单身父亲还花更多的时间在和孩子们一起的活动上（Hofferth & Anderson，2003）。下面是一些从《美国儿童情况简介：健康的关键指标（2004年）》（America's Children in Brief: Key National Indicators of Well-Being，2004）（Federal Interagency Forum on Child and Family Statistics，2004）中揭示的一些因素：

● 到2003年为止，双亲家庭的儿童的比例持续下降到68%。黑人儿童中双亲家庭的比例下降最大。

● 到2002年为止，女性抚养非婚生儿童的比率节节攀升至34%（1960年是5%）。因此，有1/3的儿童是由未婚妈妈生育的，并且20岁及以上的未婚妈妈的比例在持续增加。这还导致儿童贫困率的增加，到2003年这一数字已达116万。

● 在2003年，有32%的儿童和单身的父母生活在一起：23%和母亲住在一起，5%和父亲住在一起，还有4%和非父母的照料者住在一起（亲属或者育儿所）。

● 在2003年，72%的单身妈妈是有工作的（大约28%没有工作）——而有84%的单身父亲是有工作的。

**单亲家庭的比例急速增长**

单亲家庭得到了政府研究人员和社会学家的密切关注。单亲家庭一般都是母亲终生未婚、母亲离异、母亲丧偶或是母亲收养了一个儿童。研究表明，单身母亲失业对儿童健康有不利的影响。研究还表明，由有工作的单身母亲抚养长大的孩子和双亲家庭中的孩子在工作业绩上表现得一样出色。

通过这些数据，我们能够知道单亲家庭对孩子的发展有哪些影响呢？关于家庭结构的研究表明，在失业的单身母亲的家庭中长大的孩子通常会遇到学习上的困难、惹是生非以及在婚姻和子女抚养上的问题（Kantrowitz & Wingert, 2001）。

然而就在最近，南加州大学的社会学家 Timothy Biblarz 报告了一项以 23 000 名成年男性为对象的研究结果。研究者对这些男性在职业、收入、教育程度以及出生的家庭结构上都进行了匹配。由有工作的单身母亲抚养长大的儿子和双亲家庭中的孩子在工作业绩上表现得一样出色。然而，失业母亲的儿子似乎更可能从事最低收入的工作。Biblarz 认为："经济收入似乎比家庭结构对于一个人的成功相关更大"（Robinson, 1998）。那些跟不住在一起的父亲或是男性角色有积极的互动关系的孩子往往报告更少的学校问题，并且在行为和

认知领域也有更好的表现（Coley, 1998）。更进一步地说，如果和单身的父母有良好的关系并且也没有经济收入的压力，那么他们会适应得比那些在父母分裂敌对的双亲家庭中成长的孩子更好（Bray & Hetherington, 1993）。

> **思考题**
>
> 不论在欧洲还是美国，上至国家机构下至社区，几乎每一个社会机构都在研究数量不断增长的单亲家庭的儿童问题，这些家庭有的是父母终生未婚，有的是离异造成的，而且单身母亲占其中的大多数。这种家庭结构会在哪些方面影响儿童？哪些因素跟单亲抚养以及儿童的健康有关？

## 继父母家庭

大约有 75%～80% 的离婚父母会再婚（Bramlett & Mosher, 2002）。跟原生家庭相对应，这些家庭被称为"重组家庭"或是"混合家庭"。孩子们往往发现他们无法和带着自己孩子过来的新父母很好地适应，并且尝试融入新家庭的互动中去的努力会导致情绪和行为的问题。继父经常可以被男孩们接受，却会在女孩和母亲之间形成对立。因此，女孩子更有可能拒绝继父（Bray & Hetherington, 1993）。继父母通常对于继子女们采取一种放任的态度而不是严加管教，并且相对于亲生

父母的管教，这种方式可以减少他们之间的冲突。男性和女性在对待继子女的方式上有所不同，继母通常更愿意参与到继子女的日常生活中去，而继父却很少参与继子女的活动（Hofferth & Anderson, 2003）。

随着孩子们步入童年晚期，家庭的形式和内部的和谐度已经不是那么重要，孩子们在家庭之外寻找同伴关系来支持他们自己，从而获得愉悦和生活上的满足（Nickerson & Nagle, 2004）。

## 童年晚期：　不断扩展的社会环境

童年晚期对儿童来说是一个关键的时期，儿童在认知和社会能力上都得到更大的扩展和细化，社会学家通常把这一时期称作"前青春期"或者"过渡期"。前青春期的儿童越来越以自我为指向，开始选择跟同伴们建立自己的社会关系，并和其

中一些人成为亲密的朋友。6～14 岁，孩子们对于友谊的意识开始强调互相照顾、信任和忠诚等方面（Youniss & Smollar, 1985）。朋友的支持和学校的成绩、健康的自尊以及心理的适应有正相关（Nickerson & Nagle, 2004）。

360

## 同伴关系的世界

在前青春期，孩子们对选择朋友时哪些是最重要的认识有了很大的改变。他们开始关注朋友们的兴趣爱好，比如最喜欢的游戏、活动和人。当他们长到青少年期的时候，少年们开始越来越关注朋友的内心世界和人格特质。因此，存在着从关注朋友外在表面的特征（他是我的朋友，因为他有一台新的电脑）到关注朋友的内心世界（她是我的朋友，因为我们喜爱同一件事物，和她在一起很开心，我信任她）的转变。因而很显然，同伴关系在儿童的发展中扮演着非常重要的角色（Nickerson & Nagle, 2004；Rodkin et al., 2000）。

## 同伴团体的发展功能

同伴关系可以帮助儿童发展社会交往能力，比如交流沟通、从他人角度看问题、互相帮助以及解决矛盾冲突（Dunn, 1993）。是否被同伴们公开接受与儿童的自我价值紧密相关，随着儿童年龄的增长同伴友谊变得越来越重要（Harter, 1998）。有各种各样不同的同伴关系和团体：朋友关系、学校或者邻居关系、巡逻小组、篮球或者足球队、小混混群体等等。孩子们可能同时拥有很多同伴关系，这可以给他们带来跟成年人的世界一样的儿童世界。同伴团体有很多的功能：

● 同伴团体可以给儿童提供一个远离成人的学习独立的舞台。同伴团体的支持可以让儿童获得勇气和信心来弱化与父母之间的情感联系。同伴文化也通过设立同伴的行为标准而成为一种团体内的压力。同伴团体还是让儿童作出让步的重要组织，比如在睡眠的时间、穿衣的尺码、社会活动的选择以及金钱的花销等事情上。它在很大程度上确保了孩子们的独立自主权利。因此，同伴团体在儿童寻求更多自由和支持他们做之前不敢做的事情上提供了推动力。总的说来，同伴团体间的相互联系在儿童的学业动机、成绩和适应方面都起到了重要的作用。

● 同伴团体给孩子们提供体验和自己地位相同的人交往的机会。在成年人的世界里，孩子们总是从属的，听凭成人指挥、引导和控制他们的活动。而团体成员关系则被定义为社交性的、自主的、竞争性的、合作性以及在平等的基础上互相理解的（Edwards, 1994）。通过和同伴的交往，孩子们学会了最基本的功能性和互惠性的社会规章制度。他们练习"和他人相处"以及把个人的兴趣融入团体的目标中去。正如之前讨论过的一样，皮亚杰把这种平等状态下的人际关系称为道德发展的基础阶段"自律道德"。

● 同伴团体是儿童唯一不会被边缘化的社会群体。孩子们可以在一个重视他们的活动和想法的地方获得地位和认同。更进一步地说，"我们"的感觉——和团体成员牢固的联系——可以给孩子们带来安全感、友谊、接纳感和健康的总体意识。这还可以帮助孩子们避免在学校外的非结构化时间里感到厌倦和孤单。

● 同伴团体还是传播的机构，比如一些非正式的知识、迷信、民间传说、时尚流行、玩笑、谜语、游戏和喜悦的秘密方式。同伴团体对于练习自我表现和印象管理的技能尤其有效，因为不恰当的表现常常会被忽视或者在不丢面子的情况下得到纠正。在楼上、车库后面、街头以及其他一些偏僻的地方，孩子们获得和发展了很多处理成年人生活的技能。

很显然，同伴关系对于儿童发展来说和家庭关系同样重要。复杂的社会生活要求孩子们能同时处理好跟成年人以及同伴之间的关系（Dunn, 1993）。但是一些同伴团体经常跟成年人公开发生冲突，比如一些违法的黑社会团体。黑社会团体的行为总是规避和嘲笑学校的规章制度以及由成年人控制的更大的社会。就算没有违法的孩子们也会发现他们和父母期望之间存在着差距，他们会争辩"别的孩子可以在外面过夜，为什么我不行？"而另一种极端的情形是，有些同伴团体的目标和成年人的期待完全一样。这样的团体通常是运动团体、安全巡逻组织、4 - H 以及青年宗教组织。但有些悲哀的是，一些孩子得不到同伴的认同，也没有朋友。我们在"受欢迎度、社会接受度和被拒绝"小节中提供了一些帮助这样的儿童获得潜在认同的干预策略。

**思考题**

　　为什么儿童和同伴相处以及结交朋友是非常重要的？儿童同伴团体的主要功能有哪些？

362

## 性别隔离

　　在小学阶段同伴关系的一个最显著的特征是性别隔离，被称作**"性别分化"**——孩子们都倾向于和同性别的同伴团体在一起。根据一个对美国儿童健康的全国性调查，每个孩子平均有四个朋友（Hofferth，1998）。对很多儿童来说，同性别的朋友在童年晚期和前青春期的关系比其他任何一个时期都更加亲密、更加热烈。尽管性别之间的社会距离在学前儿童中就存在，但是在小学阶段大大增加并且在整个童年中期都很显著（Bukowski et al.，1993）。一些研究让一年级的儿童看同班同学的照片，并指出哪些是他们的好朋友，发现有 95% 的学生选择了同性别的同学。不论两性之间到底有什么样的特征差异，在西方国家中男孩和女孩的社会化过程加大了这种差别的程度。而在早年的学校教育中，同伴又会加大性别隔离的压力。有一部分孩子会试图跟异性同伴玩耍，但通常会被拒绝。尽管一年级的孩子几乎只把同性别的每个同学都称为自己的朋友，但仍然能看到男孩和女孩在操场的隐蔽处一起玩耍。到了三年级，男孩和女孩把他们分成了两个性别阵营——到五年级就达到了性别隔离的顶峰。五年级的男生和女生之间的互动主要是嘲笑、讥讽、追打、起绰号以及公开的敌对。这种"他们跟我们对立"的观点强调了性别的差异，并且在孩子们可能形成不稳定的性别认同的时候起到保护作用（回忆一下你也许曾在自己卧室或是俱乐部的门上贴着"女生免进"或是"男生免进"的牌子）。

　　一些证据表明性别隔离可能是人类社会化过程中的一个普遍的机制（Edwards & Whiting，1988）。5～6 年级的男孩非常不喜欢所谓的公平对待。他们比同年龄的女孩更加健康和充满热情，喧嚣而吵闹。因此，老师们对男孩的管教就会更

加严厉，而男孩们则经常抗议老师"偏袒女生"。这个年龄的女孩对老师抱怨最多的是男生的行为。中学一年级的老师通常会被忠告：你会发现自己把最多的时间花在男女生对立这件事情上！

**性别分化**

　　男女生之间被称作"性别分化"或是"性别隔离"的社会距离在小学阶段不断增加，整个童年中期都存在着很强烈的性别对立，尤其在五年级的时候达到顶峰。男孩们比同年龄的女孩更加健康和充满热情，喧嚣而吵闹。Maccoby（1988，1990）提出男生粗暴的游戏和竞争以及统治取向的行为让很多女生感到警觉和不舒服。

　　发展心理学家 Eleanor E. Maccoby（1988，1990）发现，性别隔离主要发生在文化情境中，那些地方有足够多的孩子可供选择。事实上，成年人试图消除孩子们总跟同性别同伴在一起的现象，但这样的努力总是失败。比如，在男女同校的学校里，性别隔离最经常出现在餐厅、操场、学校汽车和其他非成人组织的场合。但即使是在前青春期阶段，我们也不能说性别分化就是绝对的。不论是做班级项目还是玩标记足球，女孩和男孩都是在一起的（Thorne，1993）。此外，双方似乎都对彼此感兴趣。10～11 岁的男孩和女孩对彼此

谈论得很多（比如谁喜欢谁），并且经常密切关注着对方的行为。

Maccoby 认为有两个因素会增加性别的隔离。首先，男生和女生在同伴交往的模式上是有差异的，因为他们会发现同性的伙伴更加协调。其次，女孩难以影响男孩。男孩们参与各种粗野的打斗游戏——戏弄、碰撞、捅篓子、突袭、偷窃、打架、打桩、追打、抱住、摔跤以及互相推搡。这种高竞争性和统治性的行为被称为"前摄性攻击"，在男孩中非常流行（Poulin & Boivin，2000）。男孩和男人看起来在逐步发展社会结构——在游戏中定义好的角色，统治性的社会阶层和团队精神——这种允许他们有效发挥功能的他们所偏爱的社会环境、团体环境（Gurian，1996）。

Maccoby 提出粗野的游戏和竞争以及统治性的行为让很多女生感到警觉和不舒服。比如，男生比女生更容易打断别人，使用命令和威胁的语气，质问别人，讲笑话或是悬疑故事，采用"浴室里"的幽默，试图超过别人的故事，直呼别人的名字（或是轻蔑地提到另一个男孩的母亲，即一种增加嘲弄的方式）。相对而言，小团体中的女孩经常进行"合作性的聊天"——她们会表达赞同，停下来给别人机会去说话，提到前一个人说的话，微笑以及提供一些非言语的关注。总的说来，男孩的聊天通常都是自我主义并"带有个人标记"的，而女孩的对话则通常具有社会联结的意义。这并不是说女孩在她们群体中不自信，而是女孩们追求一种和颜悦色的、不强制亦不命令式的行为方式带来的结果，并采用策略来促进和维持社会关系。

这种童年期的性别分化让弗洛伊德提出了"性潜伏期"的概念。在弗洛伊德的观点中，一旦儿童不再把他们的异性父母看成爱的对象（他们通过这种方式来解决俄狄浦斯情结或伊莱克特拉情结），他们在成年之前都会拒绝和异性交往。因此根据弗洛伊德的观点，小学阶段是发展的平台期，性冲动是被压抑的。

> **思考题**
>
> 你小学的时候有没有经历过性别分化？谁是你的朋友？你觉得同性别的朋友在这个年龄段如此流行的原因是什么呢？

## 受欢迎度、社会接受度和被拒绝

同伴关系具有持久性和稳定性的特点，尤其是同伴**团体**的属性，即两个或两个以上的人在一起分享一种在社会交往中稳定的整体和联结的感觉模式。团体成员有整体的意识；他们设想自己的内心体验和情绪反应是与其他成员共同分享的。这种整体感不仅给成员们一种在团体中的感觉，更有一种归属于团体的感觉。团体的整体意识体现在很多方面。其中一个最重要的方面是共享的**价值观**，这是人们用来决定相对价值和对事物（他们自己、其他人、事物、事件、观点、行为和感觉）的需求的准则。价值观在人们的社会交往中起着重要的作用。它们是人们用来彼此评价的标准和社会的"准绳"。简而言之，人们根据不同团体的对于优秀的标准来评价别人，这种评价可能是亲社会的也可能是反社会的。

同伴团体也不例外。小学的儿童根据不同的特质把他们自己分成三六九等。即使是一年级的学生也会注意到彼此是否受欢迎或者是处于什么状态。因此，儿童在同伴愿意跟他们交往的程度上存在着差异。最近的研究还表明，如果儿童知觉到自己的团体是"与众不同"的，那么团体内成员之间的联系将会更加紧密（Bigler，Jones & Lobliner，1997）。

用来评估人际吸引、拒绝或是漠视的一种测验叫做"社会测量法"（Newcomb，Bukowski & Pattee，1993；Ramsey，1995）。采用问卷或者访谈的方式，让被试说出团体中三个（有时候是五个）他们最愿意坐在身边（共同进餐、做好朋友、做邻居、在同一个小组）的人的名字。根据儿童和他们的同伴团体的相对状态，研究者也使用社会测量法把儿童分类。有的是对儿童比较极端的认同——受欢迎、被拒绝、被忽视或是有争议的，有的是比较平均的状态或者是在接受度或建立友谊上的微小差异（Benenson，Apostolen & Parnass，1998）。通过询问儿童谁是在某种情境下他们最不愿意交往的人，老师们可以识别出被拒绝被孤立的儿童。由于这些孩子可能在成年发展中遇到问题，因此学校咨询师或者心理学家可以对他们做一些社交干预。社会测量法的研究数据可以绘制成**社会关系网图**，其中描述了团体成员在特定时间会做出的选择模式（见图 10—4）。有时候成年人忽视社会生态学因素的影响，比如桌椅的摆放形式、根据能力分组以及课程和休假的安排。

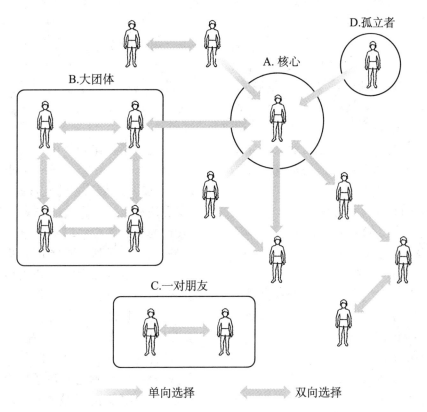

图 10—4　用来评估人际吸引、拒绝或是忽视的一种测验叫做"社会测量法"

　　采用问卷或者访谈的方式，让被试说出团体中三个（有时候是五个）他们最愿意共同参与活动的人的名字。数据可以绘制成像这样社会关系网图。不同的人际关系群都出现在图上。男性的同伴团体更像一个彼此交织的大组（比如 B）。而女孩的社会关系网则一般都是两个或者三个亲密朋友组成的小组（见 C 或 A）。这个结果跟在童年中期的儿童中观察到的结果一致，并且在青少年中似乎也有相同的情况。如果一位女性有多于两名以上的好朋友，那么很可能这些好朋友并不是真正的好朋友。还可以看到有一些孩子容易被群体孤立（见 D），他们可能需要一些能发展他们的社交技能的帮助。

　　来源：From *Sociometry Then and Now*：*Building on 6 Decades of Measuring Children's Experiences with the Peer Group*，New Directions for Child and Adolescent Development，No. 80，ed. William M. Bukowski and Antonius H. Cillessen. © 1998 by Jossey - Bass，Inc.，Publishers，Reprinted with permission of John Wiley ɛt Sons，Inc.

　　**身体映像和受欢迎度**　外貌的吸引力是由文化决定的，并且在不同文化下也存在着不同的定义。儿童在六岁左右能够获得这些文化的定义；到八岁左右的时候，随着他们的思维发展到具体运算阶段，他们通过外貌的吸引力来判断人的方式几乎已经跟成年人无异了。你觉得为什么会这样呢？

　　对于体形的刻板印象和评价同样是在人生的早期阶段获得的。"瘦而有肌肉"、"高而皮肤好"和"矮而胖"，这些都是人们对彼此的体貌评价。在第 9 章中我们已经提到，对于"肥胖"的负面态度在年幼儿童中已经深入人心。在男孩中，六岁左右就已经形成了"运动员体形"的刻板印象（指像运动员一样充满肌肉、宽肩膀的人）。不过

364

男孩长到七岁才萌发长成"运动员体形"的愿望，八岁的时候才完全形成了这种心理。

研究者们发现了很多在前青春期和十几岁的同伴眼中有魅力的特质——而身体发育、外貌和体形是他们主要考虑的因素（Akos & Levitt，2002）。很多对青少年的身体外貌和受欢迎度之间的相关的研究都有很一致的结果（Akos & Levitt，2002）。令人惊讶的是，Phares，Steinberg 和 Thompson（2004）对小学生和中学生做的有代表性的研究表明，对体重和身体映像的关注——女孩对于自己的身体映像比男孩有更多的不满意。这个研究中，六岁左右的女孩就试图通过节食减肥，而且大部分孩子都知道控制体重的方法。男孩通常都会长得更大更壮一些，这和社会文化对男性的普遍印象是相符的，因此他们对身体映像会有更少的不满（Maine，2000）。Friedman（1998）报告了 10～11 岁的儿童中，有 80% 的女孩认为她们应该更加苗条些。而最近一个对 11～14 岁女孩的研究发现，超过 1/3 的人有节食的行为（Byely et al.，2000）。

父母们也会通过传达与体重相关的态度和观念来影响孩子们。母亲会比父亲更加强调身体映像、体重和节食（Phares，Steinberg & Thompson，2004）。父母和同伴对于脸部特征、体重或者体形的揶揄，对男孩和女孩的饮食和体重都会带来很大的影响。这些研究发现，在青少年期体征发生变化之前，对于身体表象、外貌特征和体重的重视已经经历了好几年——而小学阶段的女孩比男孩有更高的身体不满意度、抑郁症状和更低的整体自我价值感。因此，这些研究者认为有必要在青春期之前就对儿童的体重和身体映像树立正确的认识（Phares，Steinberg & Thompson，2004）。因为身体不满意度是进食障碍病程发展的一个最严重的标准，因此学校咨询师会建议一些干预措施，包括强调健康、力量和自我接受的课程，个体咨询，团体咨询，同伴监督，更好的图书馆资源，家庭咨询，以及社区公园和娱乐设施的改进（Akos & Levitt，2002）。

**行为特征** 有很多行为特征跟儿童在同伴中的接受度有关。老师和学生都会把受欢迎的学生模范描述成活跃、随和、机警、自信、乐于助人和友好的。他们对别人感兴趣，表现得有亲和力、有自信但不自傲（Newcomb，Bukowski & Pattee，1993）。最近一个对 4～8 年级的男孩的受欢迎情况的研究表明，一些前青少年期的儿童认为"粗暴"或是有反抗性的男孩是最受欢迎的（Rodkin et al.，2000；Rodkin & Hodges，2003）。在少数团体中这样的男孩往往被认为是"最受欢迎的"：他们学习成绩较差，不遵守纪律，在功课上也不用心，但是在体育方面很出色。因此，亲社会和反社会的受欢迎的男孩都是他们各自的小圈子里的核心人物，他们享有非常突出的地位。粗暴的男孩对于他们的受欢迎度有较高的自我觉察（Rodkin et al.，2000；Rodkin & Hodges，2003）。

相反，那些在同伴中不受欢迎的儿童也有他们自己的特点（Newcomb，Bukowski & Pattee，1993）：（1）社交孤立的儿童通常在生理上也是倦怠、昏睡和无精打采的（或者他们可能会有周期性发作的慢性病）；（2）有些儿童非常内向、胆怯和退缩，他们跟其他同伴几乎没有交流；（3）那些过于压迫别人或是具有攻击性的儿童会被老师和同伴认为很吵闹，希望得到别人注意、颐指气使、具有反叛性以及傲慢。还有一些儿童则被认为"过度活跃"，常常需要服用利他灵来"控制"他们的行为。在进入幼儿园的头两个月中发生的同伴拒绝可以预测儿童在学校同学中会有更少的积极体验、更高的学校旷课率以及更差的成绩。在早期有过被同伴拒绝体验的儿童更可能在未来的生活中经历严重的适应问题。

**欺负行为** 从前青少年期的同化作用到初中/高中低年级的这段时间内，孩子们更倾向于跟同伴寻求社会支持，因此接受度和受欢迎度变得非常重要（Espelage，Bosworth & Simon，2001；Macklem，2003）。外貌是决定女孩们社交地位的核心因素，而男孩们则往往以竞争性强、粗暴和攻击性行为作为标志（Eder，1995）。为了表现得"合群"，一些孩子只能采用欺负别人的方式。很多关于学校欺负行为的研究来自于欧洲、加拿大、澳大利亚和新西兰——而这种行为在全世界范围的学校里都愈演愈烈（Macklem，2003；Olweus，1993）。最近在美国公布了一个对 16 000 名 6～10 年级的公立学校、私立学校和地方学校的学生所做的研究（Nansel et al.，2001）。将近 1/3 的儿童报告轻度或者频繁地遭遇欺负事件，其中既有攻击者也有受害者。欺负行为在初中比高中更多，在城市学校比乡村学校更多（Nansel et al.，2001）。

**欺负**是在权力或者力量不对等的情况下，对另一个人施加的有预谋的、重复的攻击性行为（Nansel et al.，2003；Olweus，1993）。攻击者可能是个人也可能是团体，同样，受害者也可能是个人或者团体。这种伤害性的行为包括扮鬼脸，做出"污秽"的动作，叫绰号，嘲弄，捏掐，拳打脚踢，遏制行为，威胁，偷窃和支配，性骚扰，写辱骂的纸条或电子邮件，或者把某人赶出小组。男孩更容易受到身体上的欺负，而女孩则会在流言、与性相关的评价和社会孤立方面成为欺负的目标（Nansel et al.，2001）。受害者往往在生理、智力、种族、社会经济地位、文化或者性取向上"与众不同"。他们往往更加弱小和年幼，胆怯而不自信，或者在体育方面表现较差。美国大学女性联盟（American Association of University Women，AAUW）的一个研究"敌意的长廊"（2001b）中报告说，每五个女孩当中有四名曾经在学校遭受性骚扰。

欺负行为的受害者或者目标人物会遭受到心理和生理的创伤，比如抑郁、孤独、焦虑、低自尊、与压力相关的疾病、睡眠障碍、头痛、产生自杀的念头，或者以报复或自杀告终（Limber，2002）。研究也揭示了欺负行为对于攻击者的负面影响，比如打斗、偷窃、物质滥用、逃避、逃学以及未来的犯罪行为（比如在学校私藏枪支），或者入狱（Nansel et al.，2003）。根据1992年的教育修正法案第9条的规定，学校有责任为全体学生提供一个安全的环境——而很多医生指出欺负行为已经变成了一个公众健康问题。为了建立一个安全的校园环境，现在已经有一些针对学校管理者和老师的干预项目出台（Espelage & Swearer，2004）。

家长、老师和学校心理学家或者咨询师应该尽早对不受欢迎的孩子进行干预，使他们获得更有效的社交技能，因为有很多研究发现，他们会维持反社会的行为并且把同伴们想成和自己一样，或是一直处于孤立（Poulin & Boivin，

2000）。总的说来，在美国儿童中发现的受欢迎和不受欢迎的儿童的特质在其他工业化国家中是文化共通的（Chen，Rubin & Sun，1992）。

**社交成熟度**  孩子们的社交成熟度在入学初期发展得很快（French，1984）。在一个学校里，50%的一年级学生表示他们更愿意和年纪小的孩子玩。而这个数字在三年级的小学生中就下降到了1/3。此外，有1/3的一年级学生表示他们宁愿独自玩耍，而到了三年级这个比例下降了不少。另外，尽管有1/3的一年级学生跟别的儿童相处感到困扰，但更少的三年级儿童报告这种困难。事实上，有一些儿童在学校里是从来没有朋友的。比如，大约6%的3～6年级的在校学生从来没有被任何一个同班同学在社会测量法问卷上选择为好朋友。在另一个研究中，大约有10%的3～6年级的儿童感觉孤独和社交不满，而这些感受跟他们的社会关系显著相关（Renshaw & Brown，1993）。孤独感、被拒绝以及社交孤立会对儿童（以及成年人）的自尊产生深远的影响。

**受欢迎度、欺负行为和孤立**
从前青少年期的同化作用到初中/高中低年级的这段时间内，孩子们更倾向于跟同伴寻求社会支持——因此，接受度和受欢迎度变得非常重要。但是在生理、智力、种族、文化上和别人不一样的孩子，或者仅仅是安静胆小的孩子，很容易被别人谈论、排挤或者欺负。有各种各样的干预项目和策略可以用来提升同伴的接受度并为所有的儿童创造一个安全的校园氛围。

同伴影响体现在很多方面。其中一个最重

要的方面是通过对同伴团体内的成员施加压力，让他们遵守团体的各项规定。尽管同伴团体约束了成员的行为，但他们也从一定程度上促进了同伴间的交往和沟通。他们规定了共同的目标，也阐明了追求这些目标时可接受或不可接受的方式。

## 种族意识和偏见

儿童的同伴经历中有一个重要的方面涉及和不同种族或者民族的儿童进行交往。越来越多的研究表明，一个三岁的儿童已经可以正确地区分黑人和白人之间的差异，而到了七岁左右每一个儿童都能正确地做出种族的鉴别（Katz，2003）。事实上，五岁的儿童已经表现出一种强烈的族内偏好以及高度的同族凝聚力（Aboud，2003）。孩子们对于种族差异的知觉和理解跟对其他刺激的认知过程类似（Wright，1998）。他们对于自己的民族的认同随着年龄缓慢增长，他们对团体有主观的认同，并且把民族和归属的概念同化到自我概念中去（Hutnik，1991）。儿童社会认同的最早表现就是把自己看成某个民族的成员，这种认同通常在7~8岁时获得（Wright，1998）。

然而，有一点仍然存疑，那就是儿童尤其是低年级的儿童是否存在一致的**偏见**——对特定的宗教、种族或民族存在着系统性的负面看法、感情和行为。一方面需要证明族内偏好可以在年幼的儿童中出现；另一方面还需要说明偏见是儿童的性格特点之一（Katz，2003；Wright，1998）。处于前运算阶段的孩子总是通过人和事物最突出的特征来分类：大—小，长—短，或者黑—白。（设想你和一个孩子在某个公共场合看见了一个紫色头发的人，然后这个儿童脱口而出"那个女孩的头发是紫色的耶！"孩子注意到了明显的特征，但他并没有对紫色头发表现出偏见。）

在另一个研究中，幼儿园的孩子和三年级的学生加入了一个洛杉矶加利福尼亚大学的实验学校，这个学校里的民族和种族都非常多样化，而儿童们不管什么民族或种族都能交往并形成友谊（Howes & Wu，1990）。有时在成年人眼中看来是

偏见的东西，其实对于孩子们来说不过是对某个有共同亚文化经历和价值观的儿童的偏好，他们相处起来可以更"舒服"。此外，对于皮肤颜色是否是种族偏见的决定因素也存有疑问（Wright，1998）。头发和眼睛的特征可能有相同的甚至更大的作用（Katz，2003；Wright，1998）。

**同伴关系和种族意识**
通过和同龄人相处的关系，年轻人能够获得成人社会必需的人际技能。同伴团体，包括多种族的学习小组能够给儿童提供种族间的接触和友谊的经历。

很多研究表明，人们在跨种族情境下的反应跟他们的感受和想法无关（Vander Zanden，1987），而是人们对社会情境的知觉决定了他们特定的反应。因此，那种在公众场合高调宣称自己是种族主义者并有种族歧视的行为，通常都被认为是不符合民主

理想的，并且会被认为"品格低下"。在儿童早年，比如在育儿所、学前班、小学和邻里之间，鼓励儿童进行积极的种族间接触的政策大大增进了种族之间的友谊。基于这个原因，为了让移民变得更加顺利，应该在儿童尽可能小的时候进行。很多种族和民族的态度都是在早年形成的，而高年级的学生在适应新的环境和避免负面的刻板印象上比低年级的学生更加困难。事实上，在儿童初中和高中时期移民是最不合适的时机（Hallinan & Williams，1989）。一个成功减少种族主义的方法是把学生分到多种族的学习小组中去，就像体育运动队一样，大家为了共同的目标聚在一起往往能够产生不同种族间的友谊（Perdue et al.，1990）。

**思考题**

孩子是怎样产生种族或民族偏见的？在什么年龄和采用什么样的行为干预措施可促使孩子采取积极的观点对待种族差异？

## 校园生活

几个世纪以来，学校的性质和目的一直是人们争论的焦点，而美国民众并不认为他们现在的学校要比 2000 年前的罗马共和时代更好。环绕在我们周围的，是各种颇具争议性的话题——例如学校课程的内容、教会和政府的分裂、教育方法、通过校车接送更好地融合不同种族与社会经济地位的人群、对于个别青少年的特殊教育项目、学业自由、为青少年的技术技巧进行准备，以及学校的安全性等等。

学校是儿童迈向更广阔社会的第一大步，而可选择的学校种类繁多。这些备选方案包括公立学校、私立（教会和无宗派）学校、特许或磁力学校（在课程设计上拥有更多自由），以及家庭学校。在 2003 年，大约有 1/4 的学生父母报告说，他们为了能够让自己的孩子进入选中的学校，而搬到了当前的社区。在美国，家庭学校开始变得越来越流行。在 2003 年，就有超过 200 万学生从幼儿园到 12 岁的时段选择在家中接受教育。而人们做出这一选择的理由包括：儿童的安全、方便提供宗教或是道德方面的指导，以及对周边的公共教育感到不满（Princiotta，Bielick & Chapman，2004）。在 Ray（2003）的一项针对 7 300 名曾经接受家庭教育的成人的研究中，研究者发现，这些人中的绝大多数得到了很好的教育，进入大学，找到了工作，并成为为社会贡献力量的一分子。

截至 2001 年，根据记载，大约有 4 500 万儿童进入公立学校，而超过 500 万人进入了私立学校。据推测，到了 2013 年，入学儿童的人数还要增加 5 个百分点（在当前已经出现教师资源短缺的情况下，预计到 2013 年，我们大约还需要 240 万教师）（U. S. Department of Education，2003）。对此，美国的许多学校都会通过提供签名支票、住房资助、税率减免、学生贷款、较低的抵押税率、更好的养老计划、就近儿童看护等多种措施，来激励教师队伍的壮大（Chaika，2000）。

一旦按照正常的规律进入学校，儿童每天就要有多个小时远离自己的家庭和他们的社区，而对于那些因为父母工作需要，加入了课前和课后学校项目小组的孩子来说，这段时间就显得更加漫长了。在学校里，儿童会遇到各式各样、形色各异的老师和同学，而这些人将陪伴他们一年又一年地走完所有的年级，因此，校园环境在儿童的人格、自尊、智力能力、人际交往技巧、价值观，以及社会行为方面，将起到十分重要的影响作用（The Standards："What Teachers Should Know"，1998）。

### 学校的发展性功能

几千年前学校这种新生事物刚刚出现的时候，其存在的目的在于为极少数人占据某些职业并对大众进行管理提供准备的机会。而随着单一民族国家的兴起，多种文化背景下出现了各种大众教育的模式，而这些教育模式的目标与国家的进步、经济的发展，以及更好地让公民纳入更广阔的社会群体这些目的密不可分（Meyer, Ramirez & Soysal, 1992）。从世界范围来看，学校通常被看作一个国家机构，并且服务于国家目的。自 1975 年起，美国的公立学校已经成为一种工具和手段，通过它，所有的儿童都有机会去学习阅读、书写、算数以及科学知识，而这些技能，正是一个工业化的、计算机技术的服务型社会所需要的。更重要的是，教育已经成为一项至关重要的经济投资和重要的经济资源。美国总统布什预计向教育投入 560 亿美元的经费，比 2000 年增加了近 33 个百分点。（美国的许多城镇开始成为"大学城"，因为大学成为当地劳动力的主要雇用者。而更进一步说，包括印刷、软件和教育测评公司在内的数十亿美元的企业，全部都是面向教育者的消费市场。）处于争论焦点的"不让任何一个孩子落后"的法案之所以率先拉开了提高对 K - 12 儿童教育标准和责任义务的序幕，一方面是为了稳定和加强经济，另一方面也是为了让现代儿童能够做好准备适应将来更富技术性和融合性的职业——一些可能我们现在还无法想象的职业！

同样，小学也拥有多种功能。第一，它们需要教授一些具体的认知技巧，主要是一些"核心"科目，像语言、数学、历史和科学——在世界上的各个小学几乎都惊人地相似。而从总体来说，美国的学生在某些核心科目上的国际测试成绩表现出明显的不足。同样，学校还会为儿童慢慢灌输一些基本技能，例如守时、专注、静坐、在班级活动中协作，以及按照规定完成指定任务——为青少年在将来能够适应工作环境而做好准备（Apple & Weis, 1983）。即便是学校中的优良中差评分体系，也与工资薪酬系统相匹配，成为一种激励个体的手段。

第二，学校将分担一部分家庭的责任，向儿童们传递有关社会主流文化目标和价值观的信息。与美国一样，日本、中国和俄罗斯都会在他们的学校中强调爱国主义、国家历史、服从、勤勉、个人卫生、身体健康、语言的正确使用和其他一些方面的理念。除了一些基本的社会准则、价值观和信念之外，所有的教育还会为学生们灌输有关当前时代的"隐藏课程"（例如，当代热议的有关"容忍"、"多元化"和"堕胎合法化"等话题）。

第三，从某种角度来说，学校还是一个"分类和筛选"机构，它会挑选出一部分年轻人流动进入更高的社会阶层。通过教育为自己的孩子进行社会化，让他们获得更高的学历、事业进取心，并为他们提供实现自己目标的必要支持，一些家庭同样也在影响着儿童的职业生涯的发展（Sewell, 1981）。而成功的小学和中学经历，则是儿童启动自己人生生涯的关键因素。尽管早期的学业成功并不一定能够保证日后的成功，但是早期的学业失败则会对日后的学业失败有着强大的预示效果（Temple & Polk, 1986）。

第四，学校会尝试帮助儿童克服一些干扰我们完善社会功能和参与意识的障碍或者困难。学校会与家长、监护人、学校心理咨询师、领导员工、学校护工、生理治疗师、言语治疗师、职业规划师、社会服务机构以及青少年司法系统一起，协同工作。与此同时，学校还起到了看护的功能，为儿童提供了日常看护服务，保证儿童能够远离成人的世界，并且免于遭受来自街区的潜在伤害（参见本章专栏"进一步的发展"中的《校外看护和监管》一文）。而到了更高的年级，学校也开始成为约会和婚姻的预备市场。与儿童劳动法相配套的义务教育法案，其主要目的在于保证青少年儿童远离劳动力市场，并因此避免了与成人在社会职位上存在的竞争。

## 进一步的发展

### 校外看护和监管

每天的大部分时间属于无人监管状态的美国儿童数量正在迅速增长。根据国家校外时间研究所的统计，大约有 800 万名 5～14 岁的儿童常常在没有任何监护的情况下度过他们的校外时间，而其中大部分是 11～14 岁的儿童。虽然许多机构和学校认识到对儿童的校外时间有必要进行监管，但是大部分家长却反映，他们很难找到课余小组并且支付其费用（Hofferth & Sandberg, 2001）。

缺少校外监管的结果令许多家长痛苦不堪，同时也引起了科学团体、儿童福利提倡者和青少年司法系统的关心。相关研究集中在两个因素上：那些放任孩子无人照管的家庭所具有的特点；"自我照看"与在儿童身上日益严重的社会性、情绪和认知问题的关联程度。人们通常会认为，家庭总是把自我照管作为最后的手段，而无人监管、自我照顾的孩子往往面临更大的健康和行为的问题风险（Hofferth & Sandberg, 2001）。

与以往相比，现在有更多的已婚和单身妈妈外出工作，但是她们当中的大部分人只能找到最低薪水的工作——根本无法支付课后照管的费用。联邦儿童看护基金会可以为 10%～15% 的家庭提供帮助，而这种看护费用将占去中、低收入家庭的一大部分收入（Giannarelli & Barsimantov, 2000）。一个儿童的看护费用平均在每月 300 美元，而且根据家庭居住地点的差异，看护的年均费用将达到 4 000～10 000 美元。

大部分儿童会在放学离校后得到亲属的照看（见图 10—5），但是在没有成年人监管的情况下自己回家仍然是不安全的举动。全美儿童安全联盟声称，每年有 450 万 14 岁及以下儿童在家里遭受到伤害，而大部分和伤害有关的死亡事件会发生在儿童校外无监管的时段（Karasik, 2000）。在学校上课期间，每天下午 3～6 点，严重的青少年犯罪率会比以往提高三倍——而年幼的儿童经常是其中的受害者（Snyder & Sickmund, 1999）。同时，儿童长时间地观看电视已经严重消减了他们的阅读量、家庭作业完成率，并导致其攻击性的增长。一些研究报告指出，由于看电视时间过长和参加的运动过少，越来越多的儿童出现了肥胖和睡眠剥夺等问题（McGowan et al., 2000）。

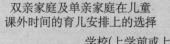

双亲家庭及单亲家庭在儿童课外时间的育儿安排上的选择

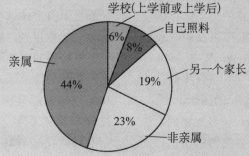

学校（上学前或上学后）6%　自己照料 8%
另一个家长 19%
非亲属 23%
亲属 44%

**图 10—5　亲人看护最受欢迎**

相对于其他儿童看护安排，越来越多 5～12 岁学龄儿童的在职家长（双亲或单亲）选择亲人看护。祖父母、外祖父母、兄弟姐妹，以及其他亲属的看护对于儿童的健康、安全和监督起着至关重要的作用。在职的西班牙裔父母更喜欢安排亲属看护。而学校看护（课前或是课后）则是在职家长利用的最少的方式。大约有 35% 的儿童每周要发生一次以上的看护安排变动。

来源：Brandon. P. D. , et Hofferth, S. L (2003). Determinants of out-of -Shool childcare arrangement among children in single-mother and two-parent families *Social Science Research*，32, 129-147.

注意：这是一个纵向调查，取样范围为 7 000 名 5～12 岁的美国儿童。

儿童发展专家普遍认同这样一种观点：当今青少年要比以往几代人面对更多的诸如越来越容易获得毒品，以及过早地经历酗酒和性行为等。正如一位临床心理学家所观察的那样，"当一个 6 岁的孩子离家出走时，他会走到街区的尽头。当一个 16 岁的孩子出走时，她可能会跑到好莱坞红灯区去做妓女"（Graham, 1995）。

近期研究的结果反映出，参加课后小组可以让儿童从中获益良多，譬如更好的工作习惯、完成更多的家庭作业、增进社交能力、改善上学出勤率、更高的考试成绩、看电视时间减少、运动和其他活动时间的增多、得到比同龄人更好的在校表现（National Institute on Out-of-School Time, 2001）。因此，在过去十年期间，许多美国学校——享有联邦基金支持，并联合 YMCAs、YWCAs、男生女生俱乐部和童子军项目——已经在小学和中学层面同时建立了课后小组及暑假项目。这些项目为那些因父母工作而不能得到看护的儿童提供了安全和监管、营养、各种活动和成年人的看护。

虽然许多父母选择轮班工作、转为兼职，或是交错他们的工作时间来照顾孩子，但仍然有一些家长高估了自己的孩子所能够胜任的责任（Hofferth & Sandberg, 2001）。在做出这样的决定之前，家长们需要认真考虑自己的孩子是否已经足够成熟，以及其在家庭和社区环境中的安全性。虽然许多表现良好的孩子常常会处于无人监管的状态，但是研究表明，有太多的孩子会因无人监管而陷入麻烦，导致严重问题，或者受到伤害。

## 激励学生

我们当中的大部分人认为，人们之所以做某些事情是因为最后的结果能够在某种程度上满足他们的需求。这一假设就构成了动机的根本概念。所谓**"动机"**，指的是可以促进、引导并维持个体活动的内部状态和过程。动机会影响学生的学习效率、信息的保持，以及个人的行为表现（Owen, 1995）。而很明显，随着青少年从小学进入初中，他们在各项学业动机指标上均出现了渐进式的、整体化的下降趋势——课堂专注度、学校出勤率以及对学业能力的自我知觉（Eccles, 1999；Wong, Weiss & Cusick, 2002）。现在，我们将审视一小部分我们认为与学校生活联系最为密切的有关动机的话题。

**内部和外部动机** Mark Twain 曾经观察到，所谓工作，指的就是那些我们有义务去做的事情；而游戏，则指的是那些我们没有义务去做的事情。工作是通往结果的手段，而游戏本身就是结果。根据这一描述，很多心理学家也就此对外部动机和内部动机进行了类似的区分。**外部动机**指的是我们为了除行动本身之外的某些目的而采取的行动。诸如学校成绩排名，成为优等生，获得奖学金、酬劳以及晋升在内的奖赏，都属于外部动机，因为它们都独立于活动本身，并且受到他人的控制。而**内部动机**则指的是为了行动本身的缘故而采取的行动。内部奖赏是那些与行动本身相生相伴，并且我们可以对它施展高度个人控制的事物（Schrof, 1993）。

正如我们在本章开篇的时候所提到的，儿童希望能够处理他们周遭的环境时感到有效力和具有自我决断性。但遗憾的是，正统的教育模式往往会破坏儿童自发的好奇心和学习欲望。随着他们逐渐走入初中和高中，儿童在完成自己的功课方面变得越来越依赖外部动机，而缺少内部动机。也正是在这个年龄阶段，很多人甚至会对学校和教育"深恶痛绝"，特别是男孩子和少数民族青少年（Eccles, 1999；Ogbu, 2003）。大部分心理学家都承认，惩罚、焦虑或是压力，以及被忽视的感觉都是阻碍个体进行课堂学习的因素。但是他们也渐渐开始意识到，即便是奖赏，也可以成为好奇心和探索精神的大敌（Ginsburg & Bronstein, 1993）。

Lepper 和 Greene（1975）的研究发现，家长和老师很可能会因为向儿童和青少年提供了诸如过分丰富的表扬、金钱、玩具或是宴请等奖赏，而潜移默化地破坏了儿童在许多活动中的内在兴趣。因此，他们建议，家长和教育者应该在必须将儿童吸引到他们最初并不感兴趣的事物上的时候，才能使用外部奖赏。不过即便在这种情况下，外部的奖赏也应该尽可能快地逐渐停止。

**对因果关系的归因** 与奖赏密切相关的是另一件事物——人们对于可能导致某种结果的因素的知觉（Hamilton, Blumenfeld & Kushler, 1988）。让我们一起来思考一下下面这种情况。你正在看一场有你最喜欢的橄榄球队的比赛，比赛还有五秒钟，比分现在是平局。你方球队的一名球员抢断成功并带球冲向得分线。就在这名球员触底得分的那一刹那，比赛结束的枪声响起。你支持的球队取得了胜利。而你的朋友，那个对方球队的球迷说道："你们这帮家伙只是幸运而已！"你回击说："幸运个头，这完全是能力的真实

370

表现。""才不是呢，"另一位朋友说道，"是你的球队成员更积极主动一些，他们投入了更大的努力。"最后，第四位观察者忽然插嘴说："这个中路拦截实在是太容易了，在他和得分线之间根本没有人阻挡！"由此可以看到，四个人对于同样一个事件的因果归因却是四种截然不同的解释：运气、能力、努力以及任务的难易程度（Weiner，1993）。

同样，儿童也会对自己的学业成就做出不同的解释和归因。而个体之间所采用的解释方式实在是差异巨大。教育心理学家发现，相对于将成功归结为其他一些因素，当学生把他们的成功归功于自己能力较强的时候，往往会认为未来的成功更有可能实现。而如果将自己的失败归结于能力不足，将比认为自己是因为运气不好、缺乏努力或是任务太困难而造成失败，更具破坏性（Gardner，1991）。

看起来，不论是成功还是失败，都会自我催生。那些一贯表现比同龄人要好的学生，通常会将自己优异的表现归功为能力强，所以也会因此期待将来更大的成功。而假如他们偶然遇到了失败，也会认为是因为自己运气不好或是缺乏努力所致。但是对于那些成绩一贯不好的儿童而言，他们通常会把自己的成功归结于好的运气或是高度努力，而将失败看作缺乏能力的证据。因此，对高成就的归因会让个体在能力方面形成更高水平的自我概念，进而维持高水平的学业动机，并使自己的成就继续维持下去。而对于那些具有低学业成就的青少年来说，则是一种相反的趋势（Carr，

Borkowski & Maxwell，1991）。

**控制点**　有关因果关系归因的研究在很大程度上受到了控制点概念的影响。在本章之前的部分，我们就曾在对压力的讨论中提到过。所谓的"控制点"，指的是人们对自己生活中的事件和行为结果感到应该负责的人或者事物。很多研究显示，在控制点与学业成就之间存在着很大的相关（Smiley & Dweck，1994）。看上去，控制点在决定学生是否会去努力追求学业成就上扮演着至关重要的角色。受外部控制的儿童倾向于认为，无论他们有多么努力，结果都是由运气或是机会来决定的；因此，他们缺乏在学习中倾注个人努力、坚持不断地解决问题，或是为了未来获得成功而改变自己行为的动机。

相反，受内部控制的儿童则相信，他们的行为才是导致自己学业成功或失败的根本缘由，因此，他们会投入很大的努力争取在学业上获得成功。毋庸置疑，那些拥有内部控制点的小学生往往会取得更大的学业成就（Carr，Borkowski & Maxwell，1991）。许多亚裔美国人之所以取得了令人瞩目的学业成就，在于他们坚持着这样一种家庭文化信念："只要我努力学习，就会获得成功，而接受教育是通往成功的最佳道路"（Sue & Okazaki，1990）。而较小的教育成就则通常与不利的社会经济地位，以及贫穷所带来的效应相关联，这个问题一直得到了行为科学家的高度重视和实证研究（Thernstrom & Thernstrom，2003）。

## 学校表现、社会阶层和性别差异

很多研究显示，在学校表现、社会阶层和性别之间存在着密切的关系（Alexander，Entwisle & Olson，2001）。而不论我们采用哪种衡量标准（主要薪水来源的职业、家庭收入，还是父母教育水平），这种相关都十分明显。研究显示，儿童所在家庭的社会经济地位越高：（1）儿童所能读完的年级就越高，他们所获得的学业荣誉和奖赏就越多，而他们能够获得的有效职务也就越多；（2）他们参与的课外活动就越丰富；（3）他们在学业测试上得到的分数就越高；（4）他们失败、逃学、迟到和中途退学的比例也就越低。而用于

解释这些事实的，是有关学校的中产阶级偏见、亚文化差异、性别差异对男孩的影响，以及教育学上的自我实现的预言这样几种假设。

**中产阶级偏见**　Boyd McCandless（1970，p.295）曾经观察到，"那些来自于上层以及中产阶层家庭的青少年，往往会获得更大的学业上的成功。毕竟，学校主要是为他们而建的，雇用的是中产阶级员工，同时也是在批量仿制中产阶层的人群"。即便很多教师最初来自于不同的社会阶层，但是他们仍然会不断被鼓励发展出中产阶级的价值观，比如节俭、准时、尊重个人特质和权

威的建立、对性持保守态度、有雄心，以及整洁。近年来，全美范围内的学校开始雇用具有各种不同的种族、宗教信仰和社会经济地位等背景的教师——特别是那些掌握两种语言的人——以此来为越来越多出生在美国，但是生活在更贫穷的社区的移民学生提供服务。

某些中产阶级的教师会认为来自较低社会经济阶层的学生会与众不同或是更加顽劣。而他们也许根本意识不到自己的这种偏见。因此这些学生会感到自己缺乏被接纳和尊重，并且会带着这样一种态度和情绪做出反应："如果你不喜欢我，那么我也不会与你合作！"而结果就是，这些孩子当中的一部分无法获得基本的阅读、写作以及运算技巧，并因此彻底丧失了对教育系统的希望，而那通常又是他们可以从长远角度来改善自己生存境况的唯一通道（Tapia，1998）。

**亚文化差异**　来自不同种族、宗教和社会阶层的儿童，特别是那些黑人和西班牙裔学生，会将彼此各具差异的期望和态度带入学校情境，并因此导致"教育成就上的差异"（Ainsworth-Darnell & Downey，1998；Ogbu，2003；Zhang & Bennett，2001）。而 Donald Hernandez（1997），则在他对美国人童年的人口统计趋势的长时间历史回顾当中，这样说道：

> 来自不同种族和宗教背景，或是具有不同移民历史的儿童，所居住的家庭和社区环境可能会在以下几个方面存在明显的差异：（1）社会组织；（2）经济机会和资源；（3）包括亲子互动、儿童间的互动、养育方式、儿童看护，以及涉及游戏、阅读或是新技巧学习等方面的与发展相关联的行为、信念和准则。

中产阶级的父母通常会清晰地向他们的孩子传递这样一种信息，他们希望孩子能够在学校的各项任务中充分发挥自己的能力。但是并非所有文化背景下的群体都拥有这一价值观，甚至有些人还会对此持直接的反对态度（Ogbu，2003；Thernstrom & Thernstrom，2003）。因此，儿童会在他们对于学校的准备程度上——例如在对于守时、对书本铅笔的使用、在纸上绘制数字和字母表，以及完成作业的态度上——存在差异。

也许更重要的一点在于，比起那些弱势青少年，中产阶级的儿童更相信自己可以改变他们周围的环境和未来。而相比之下，由于自己所在的较差的社区内暴力频发，一些儿童更担心自己能否顺利度过每一天，而对自己的未来无法确定。面对工作天花板的社会团体成员知道，现实就是如此，而这又限制和塑造了他们孩子的学业行为。除此以外，那些处于弱势群体的儿童，还会发现自己经常需要转学，他们一旦落后，就会发现自己每次转学都会落后。最后，来自少数群体阶层、不讲英语的儿童，很容易发现自己在学校生活中存在教育困境，因为那里使用的都是标准的英语。而且其中一部分青少年甚至会在中学阶段就辍学回家。

**性别差异**　近 30 年来，学校中的学业成就和入学率出现了性别上的巨大逆转，而这种现象是与政府和社会所投入的大量努力密不可分的，例如 Title IX、女孩计划、针对女孩的美国女性大学联盟（AAUW）项目、女童子军等项目组织。总体来说，男孩们在学校中表现出了较低的成就和参与率（Coley，2003；Pollack，2000）。这种性别上的差异从很早就开始出现了：女孩的五指运动技巧发育较早（而男孩的手指神经则要比女孩晚一些发育——因此，他们很难握住铅笔并清晰地进行书写）。此外，女孩也更善于长时间静坐、集中注意、遵循规则、具备更好的言语表达能力和处理人际关系的能力（Garbarion，1999）。男孩们的荷尔蒙每天都会大量分泌，这让他们不断拥有想要运动的冲动，但是他们如果有一次可以宣泄精力的机会就算走运了。男孩们的女老师也许并不知道如何帮助他们合理利用这些能量。因此，特殊教育课堂中大概有 70％ 的位置会被男孩所占据，而他们中的很多人会被诊断为注意缺陷多动障碍（Bowler，2003；Conlin，2003b）。

总的说来，尽管男性在标准测验中获得了更高的分数，但是却有更多的女性参加高级职业课程，读大学，获得学士学位的比例达到 57％，而获得硕士学位的比例达到 58％（Coley，2001；Sum et al.，2003）。父母、学校和社区必须开始关注女孩和男孩在发展过程中能否学到合适的知识，因为这种性别的差异可能会影响到就业率、终生收入、婚姻质量以及很多其他社会经济因素。

### 教育中的自我实现的预言

对于社会阶层差异的另一个解释是那些社会经济地位低的儿童和少数民族的儿童经常是**教育中的自我实现的预言**效应——或者说是教师预期效应的受害者（Eccles，1999）。一些孩子们在学习上的失败是由于那些教他们的人不相信他们真的想学，不期待他们能够学会，而且没有表现出对他们的学习进行激励的举动。我们只能寄希望于有更多不同种族背景的大学生毕业之后能够进入教育系统，他们对儿童背景的多样性能有更好的了解，并成为年轻一代的榜样。

因此，James Vasquez（1998）提到在西班牙家庭中长大的儿童是带着一种对家庭的忠诚去上学的，家庭是他们人生中最基本的支持团体。这和那些把个人主义意识深植在心的美国儿童形成了鲜明的对比。考虑以下两种对教师评语的不同假设："作业写得很好，玛利亚。你应该为自己感到骄傲。"或者是"作业写得很好，玛利亚。我会把它寄给你的家人看看。"Vasques 还提出西班牙裔儿童都在团体合作的环境中长大，这和主流价值观中强调个人竞争以及努力成为最好的有相当大的不同。Vasquez（1998）提出了以学生为中心的、教师适应文化特点的指导性策略三部曲：（1）辨认学生的文化特点；（2）考虑传授的内容、传授的情境，以及传授的模式和方法；（3）写下来并练习这种新的指导性策略（见表 10—2）。

Vasquez 建议教师应该多看教育类的文献，关

表 10—2　　　　　　　　　　　　　适应文化特点的指导性策略三部曲

| 第一步：观察/辨认学生特点 | 第二步：考查内容、情境和传授模式 | 第三步：语言化或是写出新的指导性策略 |
|---|---|---|
| 当学习材料涉及人与人之间互相合作时，Carlos 学得较好。 | 内容：数学概念，用 1 美元、5 美元和 10 美元来找零钱。<br>情境：人们互相买卖商品。<br>方式：学生使用适合年龄的物品来模仿练习。 | 我会让学生两两配对，练习购买东西并使用模拟的钱和硬币来找零钱。 |

来源：James A . Vasquez，"Distincive Traits of Hispanic Students." *The Prevention Researcher*，Vol. 5，No. 1.

注儿童的表现，并且阅读那些能增进他们对少数民族学生多样化的学习特点了解的研究。

此外，社区也应该参与进来，因为学校和学域无法提供平等的学习机会，尤其是设施、器材和教师素质。美国的城市教学区域经常因为经费紧张而无法改善学校的内部设施。黑人和西班牙裔的学生往往在学校受到不公正的待遇，跟他们所在的社区从主流社会团体那里受到的不公正待遇非常相似（Ogbu，2003；Thernstrom & Thernstrom，2003）。针对这些不公平的待遇，很多少数民族的儿童和社会经济地位低的儿童通常的反应都是辍学，而很多西班牙裔的儿童在中学就辍学了（Stern，2004）。一个关键性的报告《从风险到机遇：满足 21 世纪西班牙裔美国人的教育需求》（*From Risk to Opportunity：Fulfilling the Educational Needs of Hispanic Americans in the 21st Century*）提出了很多改善这种情况的策略：（1）对儿童设立崭新的和较高的期待，帮助家长掌握教育系统资源，建立能够提供给儿童选择机会的伙伴关系，并且开展旨在不断提升教育成就的全国性公众意识和激励运动；（2）支持"任何一个也同样落后"法案的实行，以这个挑战学校的标准和责

"你怎么知道我学习不好？"
——也许你只是一个要求过多的人！
**成就是相对的**

来源：Drawing by Baloo，from *The Wall street Journal* Permission，Cartoon Fetures Syndicate.

任的法案去增加四年级学生的专业程度；（3）通过吸引更多西班牙裔的教师来帮助全体教师更好地认识到他们学生的多样化需求；（4）从幼儿园到大学开展西班牙裔美国人的教育发展的研究；（5）保证学生上大学的权利；（6）增加各个项目的责任感和合作（President's Adrisory Commission，2003）。

**21世纪的学校** 很多学校已经开始率先进行改革并受到密切关注——和对大学的研究以及社区的指导紧密相连。这些改革正在政府特许的学校、有名的学校和一些实验学校［比如亚特拉斯社区、现代红色房子学校、人人都能成功项目、斯坦福尖子班和耶鲁的 21 世纪学校（School of the 21st Century 21C）等］进行着，旨在为所有的学生创建最好的教育环境。21C 是一个包罗万象的分享学习的社区模式，它主要针对从出生到 12 岁左右的儿童的健康成长和进步。到目前为止，共有

1 300 个美国的学校转变成以年为周期提供多样性服务的中心，他们可以为儿童和父母提供全天候的指导并给予父母们支持，其中包括英语课程、学校教育、开学前和放学后以及假期的儿童照管、对儿童的健康教育和服务、沟通互助以及为社区训练儿童的照料者，还有为家庭提供信息和推荐。它们的核心目标是满足越来越多的移民学生和他们家庭的需求（见图 10—6）（Finn-Stevenson & Zigler，1999）。

> **思考题**
>
> 现代的美国学校在哪些方面为儿童提供整体健康方面的帮助？学校又在哪些方面损害了儿童的自我价值或者学习动机？美国学校在 21 世纪将发生哪些转变？

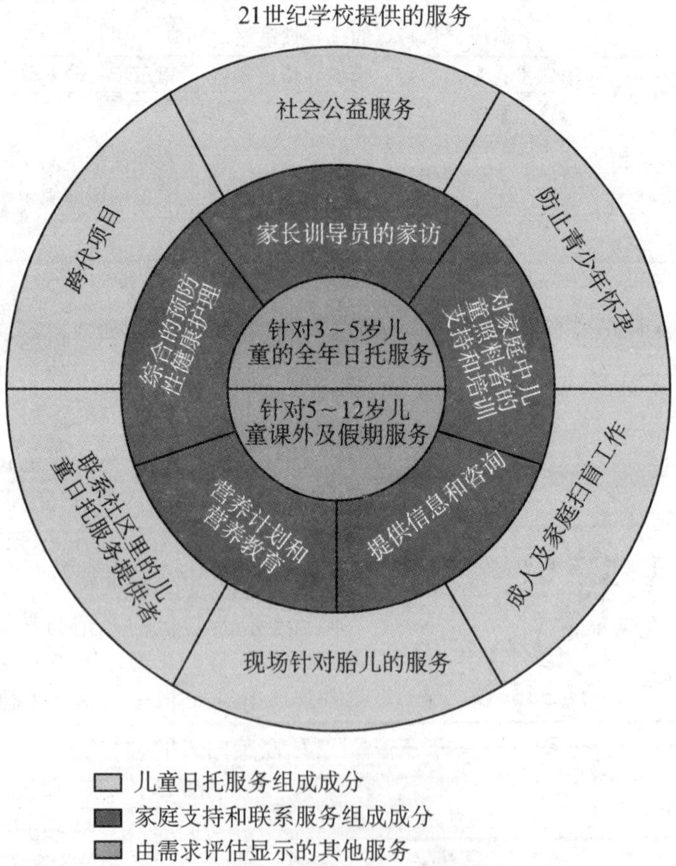

图 10—6 21 世纪学校的模式
学校成为为儿童和他们的家庭提供四种有益服务的中心机构：教育、儿童照顾、健康照顾和社会服务。

来源：From Zigler, E. F., Finn-Stevenson, M., and Marsland, K. W., "Child day care in the schools: The School of the 21st Century," *Child Welfare*, Vol. 74, No. 6 (November/December 1995), p. 1303. Copyright© 1995 by Child Welfare Leauge of America, Inc. Reproduced with permission of Child Welfare league of America, Inc. via Copyright Clearance Center.

374

**续**

很多彼此交织的因素会影响到儿童在小学和中学阶段的发展，包括生理健康、认知、情绪和社会性发展。很多中产阶级家庭的儿童可以得到保护——他们拥有完整的家庭结构、经济支持、学校功课和老师的帮助、友谊、社区活动和游戏项目，以及放学后的指导项目。另一些儿童，特别是处于社会经济劣势的儿童无法在一个健康、愉快的方式下成长，因为他们生活中的家庭教养是不一致的，他们也没有支持性的社会环境。下面是一些与儿童的健康发展和能力相关的因素：（1）高自尊水平；（2）乐观而感到有希望；（3）愉快感；（4）应对恐惧和压力的能力；（5）体验到各种情绪并能够自我调节情绪的能力；（6）社交能力；（7）问题解决能力；（8）在家里做一些日常的家务；（9）参加学校、教堂或是课外的活动（"Determinants of Health in Children"，1996）。这些特质为儿童在初中和高中的环境中，也就是他们的青少年期（参见第 11 章）更好地成长打下了坚实的基础。

 **总结**

### 自我理解的探求

1. Erikson 认为童年中期的心理社会性阶段是勤奋对自卑。儿童渴望尝试很多事物来发展他们的能力。那些被阻止去尝试新事物，或者没有机会尝试，或者和同伴相比在尝试中没有获得成功的儿童会发展出较低水平的自尊。

2. 儿童的自我概念是从他们生活中的重要他人那里获得的关于价值和状态的反馈中发展而来的。如果儿童被接受、支持和尊重，他们就会获得积极的、健康的自尊。Harter 提出了五个影响儿童自我概念的方面：学业能力、运动能力、生理外貌、社会认可度和行为举止。更多小学的女生开始参加体育活动；研究发现参与体育活动的女性能够发展出更好的自我概念。

3. 在不断扩展的社会环境中，儿童必须学习管理自己的情绪，以便更好地和同伴团体成员（同班同学、邻里的朋友、团队成员、亲戚）相处。同伴团体往往会拒绝那些不能很好地自我调节的儿童。

4. 儿童越来越能够把情绪唤醒归于内部的心理原因；他们开始懂得管理情绪表达的社会规则；

他们学会更加准确地辨认面部表情；他们也更加理解情绪状态可以被精神控制；此外他们还认识到人们可以同时体验到多种情绪。

5. 愤怒、恐惧、焦虑和压力在年幼儿童的生活中扮演了很重要的角色。5～6 岁的儿童害怕想象的事物、黑暗和独处或者被遗弃。6～9 岁的儿童常常害怕不真实的物体，比如鬼魂或者妖怪。研究表明，不论性别、种族和社会经济状态，年长的儿童有更多对死亡的恐惧或是对有害的社会暴力的恐惧。通常来讲，女孩比男孩体验到更多的恐惧、焦虑和压力——特别是在她们进入中学的时候。

6. 所有的儿童在对威胁或者危险做出反应的时候都会体验到压力情境，但是他们可以学习一些处理压力的应对策略。应对压力的两个重要方面是儿童自我的控制感以及控制点。年幼的儿童经常相信行为的结果是由外部因素决定的，而年长一点的儿童开始意识到他们自己的努力和能力可以改变行为的结果。支持性的照顾者在缓解焦虑和压力中也扮演着重要的角色。

## 持续的家庭影响

7. 随着美国父母生活方式的改变，美国儿童的生活开始变得更加结构化。儿童非结构化的玩耍时间大幅度减少了。

8. 研究结果表明，儿童当中更多的积极行为是和与父母之间温暖的亲子关系、父母对亲密的期待和父母对孩子完成大学的期待紧密相连的。

9. 挣钱养家的母亲数目变得比过去任何时期都要多。一些研究发现女性工作能够获得更好的经济保障和更高的自尊水平；另一些研究发现工作的母亲对于她们的孩子有内疚感，因为她们让孩子们在放学后的项目中受到照管或者独自待在家里。但是工作的母亲并不都是相似的，在抚养儿童并同时工作这一问题上，不同的母亲持有非常不一样的观点。

10. 大部分儿童至少在他们童年的某段时间内，仍然和他们的亲生父亲或者继父生活在一起。但是父亲和继父之间却有很大的差异，表现在跟儿童一起的时间花费上、和儿童一起玩的活动上，以及他们在对养育儿童所承担的责任上。和亲生孩子生活在一起的父亲花费更多时间在孩子身上，而没有血缘关系的继父在孩子身上所花费的时间最少。当父亲参与到孩子的生活中去的时候，孩子和母亲都能从中受益。

11. 一个全国性调查的结果显示，每户人家平均有三名 18 岁以下的儿童。兄弟姐妹的关系通常比朋友关系更加紧张。兄弟姐妹通常对彼此忠诚但也可能有冲突。哥哥姐姐经常会教给弟弟妹妹们一些社会价值和实践的知识。越来越多的孩子在继父母的家庭中长大。混合家庭结构通常包括继兄弟姐妹、半血缘的兄弟姐妹、收养的兄弟姐妹和无血缘关系的兄弟姐妹。分享和管教是兄弟姐妹之间情感关系的主题。在其他文化中，哥哥姐姐在早年更多地承担起照料弟弟妹妹的责任。

12. 在过去的十年中美国的离婚率一直保持稳定。孩子们在对待离婚的反应上各不相同，这主要取决于孩子的年龄、气质以及父母在处理离婚问题上的能力。儿童对于离婚所带来的丧失感跟父母们所想的完全不一样。研究发现，如果父母能够从儿童的角度配合的话，儿童感受到的焦虑会轻一些。

13. 从 20 世纪 90 年代到 21 世纪初，在单亲家庭中成长的儿童的数量在不断上升。大部分的单亲家庭都是由母亲支撑的，不过单身父亲抚养儿童的家庭也在缓慢增长。单身父母包括那些未婚的、离异或者丧偶的以及那些终身未婚并收养了儿童的。单身父母的话题在当今的美国社会受到极大的重视，这些家庭的父母们通常需要社会的帮助来保障儿童的身心健康。这对社会来说是一笔巨大的开支，而且这些儿童还有可能失去必要的情感和经济支持。

14. 大约有 75%～80% 的离婚父母再婚，组成继父母家庭。当新的父母带着或者不带着自己的孩子进入重组的家庭时，原来的儿童对新父母的权威的适应会存在困难。谁来管理谁的孩子，如何管理孩子等问题会在新组成的家庭中引发最频繁的冲突。在很多继父母家庭中，已离异的父母仍然可以对前妻或者前夫所生的子女进行经济上的支持，以便孩子能够得到更好的照顾。儿童和继父母之间的依恋关系似乎是一个漫长而复杂的过程。

## 童年晚期：不断扩展的社会环境

15. 同伴团体为儿童提供了一个环境，使得他们可以独立于成年人的控制之外，体验和地位平等的人的交往，并能提供一个以他们自己兴趣为主的舞台以及传播非正式知识的途径。

16. 性别分化在五年级的时候达到最大。尽管和同性伙伴的友谊在小学阶段占据主导地位，但是儿童在迈向青春期的过程中逐渐表现出对异性兴趣的稳定发展。

17. 小学阶段的儿童根据不同的标准对自己分类，包括生理外貌、体形和行为特点。可以使用社会测量法来观察同伴友谊以及那些面临着社会孤立危机的儿童。

18. 儿童的自我概念通常是根据他人对他们的愿望、价值和状态的反馈而形成的。通过跟其他人的互动以及他们对环境的影响效果，他们获得了力量、技能和勤奋的意识。

19. 在整个小学阶段，儿童们在面对模棱两可的任务时的遵从性随着年龄不断增长。但是如果任务是很明确的，那么儿童的遵从性反而降低。

20. 大部分七岁以上的儿童都可以准确地辨认他人的种族身份。但是，儿童或者说低年级的学生是否有一致的种族偏见这个问题仍然是有待商榷的。

## 校园生活

21. 学校教授给儿童认知的技能（主要的"核心"课程是语言、数学、历史和科学）、在课堂上积极参与的能力，以及社会主要的文化目标和价值观。从 20 世纪 80 年代到目前为止，美国学校的教学被越来越多的移民儿童和儿童的民族多样性所困扰，同时还包括把一些儿童转到特殊教育系统中的问题。学校的教学楼现在经常被学前教育或者学校课后的项目所占用，因为有很多儿童由于父母亲长时间工作而经常得不到教导和照顾。儿童在放学后得到的照顾的质量成为美国社会的一个重要话题。

22. 尽管不是所有的学校都很高效，但是有能力的老师能够有所作为。进一步来说，高效的学校在对待效率低下的个体的某些重要方面会有所不同。成功的学校通常让孩子们了解到遵守秩序以及学习的重要性。

23. 动机会影响学生的学习效率、信息的保持和学校表现。从理论上来说，动机来自于内部（内部动机）。

24. 总的说来，儿童的家庭所处的社会阶层越高，他们取得的学业成就就越高。然而，跨文化的研究表明，不同种族和民族或者有移民经历的儿童在关于工作、游戏、阅读或者学习新技能的行为、信念和标准上都有所不同。

376  ## 关键词

焦虑（348）　　　　　　性别分化（362）　　　　创伤后应激障碍（PTSD）（350）
欺负（365）　　　　　　团体（363）　　　　　　应对（349）
勤奋对自卑（344）　　　偏见（366）　　　　　　教育中的自我实现的预言（372）
内部动机（370）　　　　自我映像（344）　　　　控制点（349）
自尊（344）　　　　　　外部动机（369）　　　　动机（369）
社会关系网图（363）　　恐惧（348）　　　　　　恐怖症（348）
价值观（363）

 ## 网络资源

本章的网络资源聚焦于儿童中期社会情绪问题、家庭和学校影响、认同的继续发展。请登录网站 www. mhhe. com/vzcrandell8 来获取以下组织、话题和资源的最新网址：

**埃里克森的潜伏期**
**美国父亲和家庭中心**

**美国家庭教育研究所**
**美国教育部**
**美国 NEA 恐吓意识运动**
**美国收养所**
**今日教养家庭**

# 第六部分
# 青少年期

第 11 章　青少年期：身体和认知发展
第 12 章　青少年期：情绪和社会性发展

在青春期，青少年的身体、智力以及情绪都经历着快速的发展。本部分共由两大章组成。第11章展现了一些伴随着青少年期男性和女性生长高峰的成熟问题。其中性成熟的时机的变化影响着青少年的个性和行为。认知的发展包括能够运用逻辑思维能力、抽象思维能力以及拥有规划未来的能力。青少年比在其他任何发展时期都变得更加关注自我且更易受到同伴的影响。归属或服从团体的一些社会压力往往可以导致一些十几岁的孩子经历焦虑、进食障碍、抑郁，以及试图自杀。在第12章，我们将讨论青少年如何继续发展自我认同、建立自主性，以及探索职业决策。一些青少年开始对权威提出质疑，而且开始尝试饮酒以及吸毒，体验性行为甚至怀孕，严重的甚至导致辍学。还有一小部分显示出反社会行为，最终进入少年法庭。尽管如此，毕竟还有更多的青少年可以顺利地度过青少年期，在人生的旅程中以一种健康的方式驶向成年早期。

# 第11章

# 青少年期：
# 身体和认知发展

## 概要

### 身体发育

- 成熟和青春期的标志
- 青春期的荷尔蒙变化
- 青少年的生长高峰
- 女孩的成熟
- 男孩的成熟
- 早熟或者晚熟的影响
- 自我映像和外貌

### 青少年期的健康问题

- 营养和进食障碍
- 抽烟和烟草制品
- 酒精和其他物质滥用
- 性传播感染和HIV
- 青少年怀孕
- 身体艺术和文身
- 压力、焦虑、抑郁和自杀

### 认知发展

- 皮亚杰：形式运算阶段

## 批判性思考

1. 在青少年期，有一些孩子的发展要显著快于其他人。那么，在这个年龄阶段，我们应该根据他们的身体或认知发展程度，把他们划分在不同的学校或起跑线上吗？

2. 两个终生为友的人，恰巧在6岁、16岁和60岁的时候，穿着完全相同的服饰参加聚会。那么，你认为，在哪个年龄段这件事会对他们产生最大的影响？为什么？

3. 仔细回想一下，你从什么时候开始第一次关注周边的环境、自己的身体、政治事件，以及在公众场合下，是否愿意被人看到和你的父母在一起？你也许意识到在青少年期出现这些结果是可能的，那么为什么会这样呢？

4. 如果你明天会被迫文身，那么你会选择下面三类图案中的哪一种呢？（1）一个

- 青少年的自我中心
- 教育问题

### 道德发展

- 作为道德哲学家的青少年
- 政治思维的发展

### 专栏

- 人类的多样性：女性生殖器阉割的教化习俗
- 进一步的发展：认识厌食症和贪食症
- 可利用的信息：一份关于饮酒和驾驶的亲子契约

单词；（2）某人的面部或者肖像；（3）一种抽象的图案设计。为什么？你认为一个 13 岁的孩子会选择下列三种图案中的哪一种呢？（1）一个卡通人物图片；（2）一个酷的字，如"phat"；（3）一个黄颜色的"幸福笑脸"标志。为什么？为什么你会选择一致或者不一致的图案呢？

　　自从 20 世纪 70 年代以来，12～19 岁的青少年数量首次开始猛增，预期这种增势会持续到 2050 年（U. S. Bureau of the Census，2004g）。在美国，青少年期主要被描述为对物质关注和吸引漠不关心的时期，青少年充满生机，有着坚定的兴趣，充满爱和激情，到处都显示着活力。尽管美国绝大多数的青少年会带着相对较少的问题而成功渡过青少年期，但仍有一些青少年会发现这是一个非常艰难的时期。相反，在世界上大部分地方，社会上并不将青少年期视为人生历程中的一个独特时期。尽管各地的年轻人都要经历青春期，但还是有许多人会在 13 岁或者不到 13 岁时开始承担起成人身份和责任。

　　本章主要关注青少年经历的显著身体变化、认知发展以及道德挑战，以便使他们从儿童期向成年期过渡。在这个过渡时期，他们开始尝试去进行所看到的"成年人"行为，例如，抽烟、饮酒、性、驾驶以及工作。这的确是一个令人兴奋，有时又令人恐惧的阶段，因为这极有可能是最后一次，他们在这么短暂的时期内，经历如此多的新奇情绪和感觉。

## 身体发育

380

　　在青少年期，年轻人的成长和发展确实经历着革命性的变化。经历过人生初级阶段之后，他们在体形和力量方面，突然赶上甚至超过许多成年人。女性的成熟一般要早于男性，这在六年级和七年级的时候变得更加明显。此时，许多女孩的身高都高于大部分男孩。伴随这些变化而产生的是，标志着性成熟的生殖器官的明显发育。之后将会发生显著的化学变化和生物学变化，时尚的女孩就会转变成女人，男孩也将会发育成男人。

### 成熟和青春期的标志

　　**青春期**是生命循环的一个阶段，在这个时期，性和生殖器官明显地成熟起来。青春期并不是"全或无"的事件，而是在能够生育前经历的漫长而又复杂的成熟过程中非常关键的一个时期。然而，与婴儿期和幼儿期不同的是，这些较大的孩子带着已经发展出来的自觉意识和自我意识，经历着青春期的显著变化。因此，他们不仅要对身体变化做出响应，而且心理阶段的发展也会伴随着这些变化产生实质性的跳跃（Call, Mortimer & Shanahan, 1995）。

## 青春期的荷尔蒙变化

发生在青少年儿童身上最显著的变化是由中枢神经系统来控制、整合以及调节的。脑下垂体，一个位于大脑底部豌豆大小的圆形东西，充当着相当重要的角色。脑下垂体被称为"主腺体"，因为它可以将荷尔蒙分泌到血液里，这些荷尔蒙可以轮流地刺激其他腺体，以便产生出它们需要的特定荷尔蒙。在青春期，某种基因时间会触发脑下垂体，从而制造出生长荷尔蒙，刺激女性制造出雌激素和黄体酮，也刺激男性睾丸细胞制造分泌男性荷尔蒙睾酮。女性卵子在她还是母亲子宫里的胎儿时便处于不成熟状态。但是，青春期的荷尔蒙变化将会使卵巢在每个月都释放出一颗成熟的卵子，且持续大约 30 年。因此，青春期这个时期会启动生育之前所建立的系统。男性和女性的情况有所不同，男孩在青春期时开始产生性细胞，被称为"精子"，这种能力可以持续一生，除非生病或者移除睾丸。

**生物学变化和认知过程**　研究者使用神经影像发现青少年脑部的变化可以改善与形式运算思维相关的认知过程（Durston et al., 2001）。虽然整个脑部的大小仍然保持不变，但是灰质的变形过程会导致区域变化（"用进废退"的原理在起作用）：白质增加（两脑区之间建立远距离连接的纤维）；轴突直径与髓鞘化增加，使传导变得更快；额叶前皮质、胼胝体、颞叶组织大小增加，且存在微小的性别差异。这些变化加快了神经传递速度，提高了理解能力、计划能力以及对冲动控制的能力等（National Institute of Mental Health, 2001b; Paus et al., 1999）。此外，还有一些研究也显示，青少年每日需要 8～9 个小时的睡眠，但是睡觉—清醒的循环时间发生了改变，青少年很自然地会晚睡晚起。然而，学校是要很早就开始上课的，加之生活忙碌，青少年很容易遭受睡眠剥夺效应的痛苦（Graham, 2000; Keller, 2001）。

**生物学变化和社会关系**　生物学因素还会影响到青少年期的社会关系。有研究者已经找到一些证据来支持荷尔蒙与青少年的行为之间的一种长期受到置疑的联系。有研究已经表明，睾酮水平相对低而雄烯二酮水平相对高的男孩，会比其他男孩更可能展示出叛逆、顶撞成年人以及与同学打架斗殴等行为（Constantino et al., 1993; Schaal et al., 1996）。一些纵向研究的数据显示，在青少年期，睾酮水平高的男孩可能与社会成功相关，相反不易于产生攻击性行为，这一点在早期的研究中曾经做过设想（Schaal et al., 1996）。一项以 400 个家庭为被试的研究发现了睾酮与冒险行为、抑郁的联系。观察青少年期的男孩与女孩之间睾酮水平的差异就会发现，冒险行为和抑郁是视自己与父母关系的质量而定的，而不是与荷尔蒙水平相联系的（Booth et al., 2003）。在该领域需要更进一步探索的是每天荷尔蒙水平的稳定性、发展的因素，以及认真考虑男性荷尔蒙的生物学的及行为的反应（Ramirez, 2003）。

虽然青春期存在生物学基础，但是社会学的和心理学的意义主要决定了青少年如何去体验这个时期。例如，男孩可能会经历身高和体重的增加，这会鼓励他们使用暴力来实现他们的目标。在 12～16 岁之间的年轻女性里，虽然睾酮水平是性卷入程度的有力预测因素，但是其影响会被家庭中的父亲消除，或者也可以通过参加一些运动来消除。这些环境因素显然减弱了性卷入程度的机会，并且会超过荷尔蒙对行为的影响（Udry, 1988）。有研究发现，父亲缺失会影响到女孩的初潮、第一次性交、第一次怀孕，以及第一次婚姻的持续时间（Quinlan, 2003）。女性荷尔蒙水平的波动与"情绪的摇摆"相联系，振动的幅度有时为一个月，有时一个星期，有时甚至只有一天。一个处于青春期的原本愉快而外向的女孩可能会变得容易愠怒而不愉快，容易哭鼻子，但却不知缘由。女性荷尔蒙极度快速的变化还会与抑郁和难以料想的行为变化有关，但存在很大的个体差异。

青少年的睡眠需要改变

来源：ZITS. Reprinted with permission of king Features/Noth American Syndicate.

**思考题**

青春期的男孩和女孩一般会发生怎样的身体变化？那么是什么触发这些成熟过程的产生的？

**个体生态学理论**　我们已经知道生物学的因素会影响十几岁青少年的社会关系。一些发展心理学家进一步主张，促使个体从前生殖阶段到生殖阶段过渡的青春期开始的时机在社会学和生物学上都有着重大的意义（Ellis，2004）。生命历史理论展示出了一个框架，使我们可以从进化发展观的角度来看青春期的启动时机。在生态学环境下，开始聚焦于对生存、成长、发展以及生育的研究（Coall & Chisholm，2003）。

西方社会的大量研究证明了女孩青春期早熟与大量不健康及心理社会性结果有着紧密相关（Ellis，2004）。早熟的女孩有着更高的冒险度，在生活中也更容易不守时，当然，这些也是由于不健康的体重增加所致（Adair & Gordon-Larsen，2001）；她们更易患乳腺癌（Kelsey，Gammon & John，1993）；更易患影响生殖系统的其他种种癌症（Marshall et al.，1998）；有着更高的早孕率，更易生育低重儿（Coall & Chisholm，2003）；倾向于报告更多的情感问题，例如焦虑和抑郁；也被证明有更多的问题行为，例如攻击、物质滥用（Ge et al.，2003；Jaffee，2002）。

Jay Belsky（1997，1999，2001）提出个体生态学理论，认为在人类进化过程中，一些年轻的母亲总是会对某种模式做出反应，这种模式可以引导那些成长过程中附带有不安全因素的个体能够更早更多地生育儿女。他说许多美国的政策制定者、社会科学家以及健康关注者在这样做的过程中都遇到了麻烦，即十几岁的妈妈绝大多数都来自于市区。该理论列举了起源于个体生态学的观点（参见本书第2章）。根据该观点，这些十几岁的妈妈正在贯彻一种生育战略，而且从进化观来看这种战略又很有道理。Belsky和他的同伴则争辩道，在不安全的环境下成长起来的年轻人会通过更早体验性行为和成为母亲角色来提前做好可以使他们的基因在下一代增加存活机会的准备。该理论的一个要素是，在大量情感压力下，尤其是父亲缺失的家庭中出生的女孩，会比那些在关心和营养都相对更加充足的家庭出生的女孩，更早地进入青春期。如果不基于生物学的考虑，青春期可以被认为部分被早期的经历所"定型"。因此，像许多其他动物一样，为了提高生殖成功率，人类会根据周围的环境条件来调整他们的生命历程。因此，我们可以说，经历塑造了发展。Belsky（1997）的理论暗示我们，在不安全环境下成长起来的年轻女性会遇到各种各样的问题，这些问题会引起更早的生育准备，以及频繁的怀孕，但这也受到父母投资多少的限制。

为了支持他们的理论，Belsky和他的同事列举了一些跨文化的证据，即那些出生在父亲缺失家庭中的女孩比那些父亲一直在家的女孩会更早地进入青春期。

许多发展心理学家针对个体生态学的规则对该理论提出了质疑。例如，Eleanor E. Maccoby（1991，1999）对来自问题家庭的女孩早孕提出了更为简单的解释：她们接受了更少的父母监管。其他一些不同意的观点指出，现在的女孩比她们的母亲更早进入青春期，是由基因因素造成的，因为母亲总是会带着遗传因素来管教女儿（See Graber Brooks-Gunn & Warren 1995）。性发展较早的女孩可能会过早地约会和结婚，但是也更可能做出"更加糟糕的"婚姻选择，更多地以离婚来终止婚姻。因此，那些父母离异的女孩一般也都有着在较早年龄经历青春期的母亲。值得一提的是，Belsky 近来指出，这种"基因传递模式提供的是比其社会生物学模式更加精简的解释"（Moffitt et al.，1992）。一些社会学家已经把自己从个体生态学的规则中分离出来，提出导致十几岁青少年的性和早孕的更加直接的原因：工作的缺乏以及在内城居民区出现的严重贫困状态（Anderson，1994）。

## 青少年的生长高峰

在青少年期的早几年里，很多孩子经历着**青少年的生长高峰**，这一点可以反映在身高和体重的迅速增长上。通常，女孩要比男孩早两年的时间进入生长高峰。这意味着，在小学后期和初中，许多女孩都要比绝大多数男孩高。另外，到达高峰的平均年龄也稍有不同，这取决于被研究的群体。美国和北美儿童的平均年龄是女孩 12 岁，男孩 14 岁。在一年或者更久时间里，儿童的成长率大约是翻两番的。结果，儿童常常以他们在两岁的时候最后一次经历的速度来成长。这种增势通常持续大约两年，在此期间，女孩的身高大约可以增长 6～7 英寸，男孩的身高大约可以增长 8～9 英寸。到女孩 17 岁，男孩 18 岁时，绝大多数的年轻人都已经达到了他们最终身高的 98%。

青少年成长研究的权威专家 James M. Tanner（1972，p.5）曾经指出，个体所有的骨骼和肌肉实际上都会参与这种生长高峰，尽管成长的程度有所不同：

> 身高的大部分冲刺可以归因于人体躯干的加速增长，而并非仅仅是腿的增长所致。这些方面的变化按照相当规则的顺序加速；腿的增长通常首先到达它的高峰，紧接着是躯干的宽度，最后是肩膀的宽度。因此，男孩会在上衣停止变大之前一年，裤子已经停止变大（至少在长度上）。到达成年人尺度最早的结构有头、手和足。在青少年期，儿童尤其是女孩，有时会抱怨自己的手足太大。此时，她们通常被安慰到，到发育完全后，在比例上，它们会比胳膊和腿小，并且比躯干小得更多。

**身体的增长**　非同步性（Asynchrony）是指身体各部分成长速度的相异性。由于非同步性的结果，许多青少年都会出现长腿或者长脸，也常常会显露出笨拙和距离误判，这一点可能会导致各种小意外，例如跌倒、撞到家具上，这可能会让青少年对自己有夸张的看法，或者认为自己很尴尬。

**青少年的生长高峰**

青少年早期身高与体重会快速增长，女孩通常比男孩早两年时间发生这种情况。

在青少年期，肌肉组织的显著增长使两性之间在强度和运动表现方面存在差异（Chumlea，1982）。肌肉的强度——当它收缩时的强度——是与它的横面区域成比例的。男性通常比女性有更加强大的肌肉组织，这一点解释了为什么绝大多数男性都有更大的力量。女孩在运动任务上的操作水平，包括速度、平衡性以及敏捷性方面，通常会在大约 14 岁时达到高峰，但是这个统计结果是基于过去的表现，并不能反映出现代女性在小学、中学、大学和职业运动竞争上参与率的增加。

男孩在相似任务上的操练水平在整个青少年期都在提升。

在发育过程中，头部在 6～7 岁之后几乎保持不变，在青春期，会显示出一个很小的增幅。心脏增长的速度更快，重量几乎会增长两倍。从 8 岁至青春期，绝大多数儿童的皮下脂肪保持稳定增加，

但增长率会在青少年生长高峰期开始时降低。实际上，男孩在此时确实还会减少脂肪；而女孩在脂肪累积方面仅是经历一个减速过程。总之，在整个青春期过程中，这一连串的变化在各文化和各种族间都是相似的（Brooks-Gunn & Reiter，1990）。

### 女孩的成熟

除了青少年的生长高峰，生殖系统的发育也是青春期的特征之一（见图 11—1）。生殖系统的完全成熟需要七年的时间，是伴随着大量的身体

变化产生的。就如同青少年生长高峰一样，女孩的性发展通常要早于男孩。

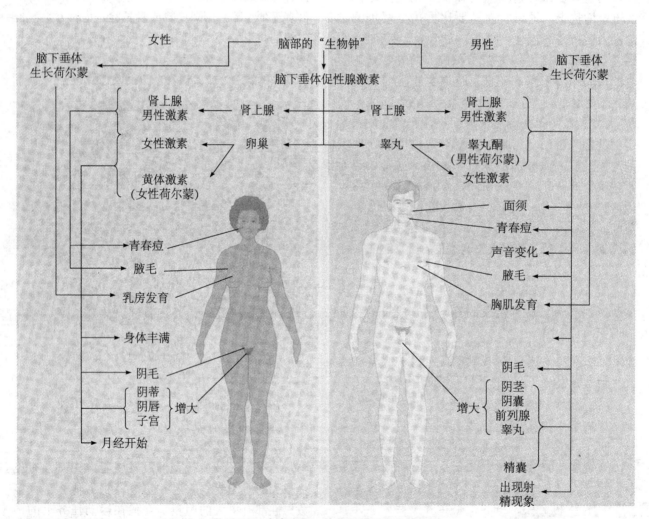

**图 11—1　在青春期，性荷尔蒙对发育的影响**
青春期时，脑下垂体制造促性腺激素（促卵泡激素与促黄体素），可以刺激性荷尔蒙的产生和分泌，这些荷尔蒙的释放会影响大范围的身体组织和功能。

来源：From John H. Gagnon，*Human Sexualities*. Scott，Foresman，1977，p. 102. Reprinted by permission of the author.

当女孩进入青春期时，乳房开始变大。乳头（乳头晕）周围的颜色开始加深，乳头开始向外凸出。这些变化通常开始于九岁或者十岁，被称为"乳房发育的萌芽期"。可能有一半的女性，会在乳房发育的萌芽期之前长出阴毛（在阴部区域的软软的毛发）。在青春期早期，荷尔蒙的分泌会使臀部和髋部区域的脂肪和组织增加。这种正常的发展变化促使一些女孩在十几岁时就开始节食和过度运动，而结果却演变成厌食症或贪食症。许多现代的青春少女错误地认为她们的身体应该像儿童时期那样苗条纤细。在青少年期观察到的另一项变化是腋毛的增长。

**月经初潮**　伴随着乳房发育，子宫和阴道也开始发育成熟。然而，月经**初潮**——第一个月经期——在青春期的发生相对较晚，通常跟随在生长高峰期之后发生。早期的月经周期很不规律，可能会一年或者更久一次。此外，在第一次月经期之后12~18个月之内，女孩通常不会排卵（一个成熟卵子从卵巢中释放），因此，仍然没有生育能力。

**月经更早开始**　自从1900年以来，在一些国家，月经初潮的平均年龄已经在稳步下降，越来越早的发生期看来与日益增加的卡路里消耗和越来越长的生命预期是相联系的（Thomas et al.，2001）。Tanner（1972）早期的研究结果表明，在营养较好的西方国家里，月经初潮的平均发生时间是12~13岁之间，在美国，这个平均年龄是12.4岁（Chumlea et al.，2003）。然而，美国内部的研究已经发现，非洲裔的美国女孩和西班牙裔的女孩开始进入青春期和月经初潮的时间都要显著地早于白种女孩，这两者之间的差距在过去的20年里加剧了（Chunlea et al.，2003；Styne，2004）。在食物资源稀缺的人群中，月经初潮年龄最迟。Thomas和他的同事（2001）在对各国初次月经发生的差异性的回顾中发现，在尼泊尔、塞内加尔、新几内亚和孟加拉国这样的国家里，初次月经的平均年龄是16岁。相反，在刚果、希腊、意大利、西班牙、泰国和墨西哥，月经初潮的平均最早发生年龄大约是12岁。

当然，我们应该注意，一个统计平均值并不意味着所有的女孩都会在这个年龄开始来月经。

如今，越来越多的女孩在8~9岁就开始来月经，该结果是根据美国17 000个3~12岁的女孩研究而得出的。在该研究中，有10%是黑人，90%是白人。到8岁的时候，几乎一半的黑人女孩和15%的白人女孩已经开始发育乳房、阴毛，或者两者兼而有之（Herman-Giddens et al.，1997）。在黑人女孩中，月经发生年龄的平均值是12.1岁，墨西哥裔美国人的平均值是12.2岁，白人女孩是12.7岁（Wu，Mendota & Buck，2002）。

当代科学家以大规模的、具有各国代表性的女孩为样本进行研究，结果发现，青春期的提早发生与营养摄取的增加、植物性雌激素、过度肥胖和体力活动的减少相关。与这些结果相符的研究也显示出青春期的过早发生与过度肥胖有着很强的正相关，尤其在西班牙裔女孩和黑人女孩中（Adair & Gordon-Larsen，2001；Kaplowitz et al.，2001；Wolff et al.，2001）。另一项对民族多样化样本的研究结果也发现，由基因造成的睾酮含量降低，可以预示女孩提早进入青春期——而提早进入青春期是引发乳腺癌的一个危险因素（Kadlubar et al.，2001）。一个小儿内分泌团体已经提议更新早熟的青春期的指导方针，指出那些早熟的青春期女孩应该被评估以及考虑使用医疗干预：非洲裔美国女孩应该在6岁之前，白种女孩应该在7岁之前（Kaplowitz & Oberfield，1999）。西班牙裔和黑人女孩更早经历月经初潮的比率较高，而且一项最近的研究再次证明，5~7年级的早熟黑人女孩在青春期变化过程中显示出抑郁的迹象（Ge et al.，2003）。亚裔美国女孩有更高比率在14岁以后才发生月经初潮（Adair & Gordon-Larsen，2001）。剧烈的体力锻炼也会推迟月经初潮；在富裕国家，舞蹈家和运动员约在15岁时才发生月经初潮（Wyshak & Frisch，1982）。

Rose E. Frisch（1978）曾经提出一项假设，认为在体内储存的脂肪要达到一个严格的水平才会出现月经初潮。她解释道，怀孕和哺乳期需要消耗大量的卡路里，因此，如果脂肪存储量不够满足这种需求，女性的大脑和身体就会通过限制自身的生育能力来做出回应。Frisch指出，儿童营养的改善会导致月经初潮的较早发生，这是因为年轻人能够较快地达到这个制定的脂肪/肌肉的比率，或者称"代谢水平"。然而，并非所有的研究者都赞同 Frisch 的观点；相反，有研究者观察到体内脂肪的变化只是暂时与月经初潮有关，而并非是造成月经初潮的原因（Graber, Brooks-Gunn & Warren, 1995）。

**月经初潮的重要性**　月经初潮是青春期女孩经历的一件重要的事情。绝大多数女孩是在既兴奋又焦虑的心情下迎来她们的第一次月经的（Kaplowitz & Oberfield, 1999）。这是女性发育成熟的一个象征，预示着自己已经成为女人。因此，月经初潮在塑造女孩对自己的身体映像及女性认同感上，扮演着很重要的作用。月经初潮的女孩报告说，她们更感觉到自身是女人，而且会更加思量她们的生殖角色。然而，有些研究者提出，在女孩月经初潮后不久，母女之间的冲突会更加明显，不过这种发展不一定是负面的，因为这通常可以加速家庭对子女的青春期变化的调适（Holmbeck & Hill, 1991）。

一项来自 34 个国家对 53 名妇女进行的研究揭示出，关于月经初潮有着下面共有的一些主题：母亲反应的重要性；理解别人附加于此的意义的困难性；面对月经的结果，对正规教育中关于月经教育的理解以及初潮的年龄（Uskul, 2004）。月经通常与各种负向事件有关，包括身体不舒服、心情不好及干扰活动，尤其是对于 6～10 岁较早进入青春期的女孩（Lemonick, 2000）来说。西方社会常会引导青少年女性相信月经是有点不干净的、尴尬的甚至是羞耻的，而这种对月经的负面预期可能会被印证为自我实现的预言。参看本章专栏"人类的多样性"中的《女性生殖器阉割的教化习俗》一文。因此，月经初潮之前的准备工作是很重要的。的确，当女孩感觉到准备越充分时，她对月经初潮体验的评价也会越积极，成为女人时出现月经不舒服的可能性就越低（Graber, Brooks-Gunn & Petersen, 1996）。

绝大多数美国女孩似乎都会跟母亲讨论月经初潮，不过内容主要集中于前兆以及如何处理上，较少提到感觉问题，父亲则很少与女儿谈到青春期发育的问题。总体上，青春期给绝大多数美国父母带来的都是不快乐和尴尬。此外，父母在人生中所遇到的各种问题，也会影响到他们对子女的态度，例如如果母亲已经停经，可能对女儿月经初潮的时间会感到有更多问题（Paikoff & Brooks-Gunn, 1991）。世界各地对月经初潮体验的跨文化研究都是非常相似的，虽然解释、想法、习惯会受到社会化因素的影响，如国家、宗教、教育、年龄、工作环境、社会地位，以及城市和乡村地区（Severy et al., 1993）。一项关于中国香港女孩的研究发现，尽管这些调查者中有 85％ 的人感到易怒、难堪，但仍有 2/3 的人感到这更利于成长，40％ 的人感到第一次月经使她们更具女人味（Tang, Yeung & Lee, 2003）。

## 男孩的成熟

Herman-Giddens, Wang 和 Koch（2001）最近发表了 30 年以来第一份男孩青春期发育的研究报告，调查对象是 2 000 名 8～19 岁的多个种族的男孩。他们发现男孩开始长出阴毛以及生殖器开始成长的年龄，比以前 Marshall 和 Tanner（1970）研究所指的 11～11.5 岁还要早，男孩在 8 岁时就会呈现出显著的种族差异：有些非洲裔的美国男孩在 8 岁时开始进入青春期，接下来是一些白种人和墨西哥裔的美国男孩，通常会晚 1～1.5 年，到 15 岁时，所有被试都到达青春期发育，包括睾丸及阴囊完全发育，阴茎加长变粗，喉结增大及声带变长两倍（这使男孩的声音开始变粗），在高潮时前列腺液体会喷射出，一年后射出的液体中就会出现成熟的精子，不过确切时间存在很大的个体差异。当彻底成熟时，男孩睡觉时会做"春梦"，精液会不由自主地流出。对绝大多数男性而言，第一次射精会同时引起非常正面及稍微负面的反应。由于开放的、广泛的现代公共教育，绝大多数男孩对这件事都有所准备。

385

腋毛与面须通常在阴毛开始长出后两年时出现，虽然有些男孩的腋毛比阴毛出现得更早。面须成长开始于上嘴唇附近的毛发变长、变粗，最后可以变成胡须，随后会在脸部和两旁耳朵前以及嘴唇下方长出，最后出现在下巴及两颊低处。面须开始是柔软的，但是到青少年晚期会变得较为粗硬。

386　　女孩在胸部及臀部堆积脂肪，而男孩则通过肌肉的增加来增加体重和身高。此外，相对于女性青春期时骨盆会变大，男性则会在肩膀和肋骨的轮廓处发生扩增（Chumlea，1982）。有些男孩与女孩从小学升到高中时体形会发生剧烈的变化，这需要时间来进行调适，美国社会似乎把较高的男性等同于受欢迎的、有性吸引力的及成功的。绝大多数男孩都想要变得很高，在这段发育时间里也对身高谈论很多，然而较高的女孩在青少年期更有可能会对身高问题有较多的自我意识。

**青春期仪式**

作为为期四天的 Navajo Kinaalda 的青春期仪式的一部分，在前一天晚上，年长的妇人会在地上烘烤面包。在第二天早上，把这些面包发给来参加仪式和歌唱的人们。他们唱着祝福之歌，确保能够带来好运、健康，为各方面祈祷。这种祝福仪式与"变化中的女性"关系密切，也为孕妇举行。歌曲包括对美丽、和睦、成功、美满、秩序和健康的祝福。Navajo 相信变化中的女性最接近地球的完美榜样及宇宙的自然秩序（Wyman，1970）。

## 早熟或者晚熟的影响

儿童在成长和性成熟的时间和比率方面显示出了巨大的不同，如图 11—2 所示，有些儿童直到其他儿童已经完成这些阶段的时候，才开始进入第二性征的成长期（Tanner，1973）。近来一项关于 67 个国家的研究回顾揭示出，在全世界范围内，女孩月经初潮的平均年龄在 12.0～16.2 岁（Thomas et al.，2001）。因此，如果不考虑个体差异，就无法知道身体成长发育的真相。

在美国，绝大多数中小学生都是按时间顺序入学、升级的，因此要根据他们的身体、社会、智力的发展来制订出适用于相同年龄儿童的相当标准化的标准。但是，因为儿童成熟的程度不同，他们符合这些标准的能力也有所不同。在青少年期，个体差异变得最为明显。过去 20 年来几项研究证实，不论青少年是否早熟还是晚熟，对他们与成人及同伴之间的关系都会有很重要的影响。

由于成熟速度不同，有些青少年在身高、力量、吸引力及运动能力上存在"理想的"优势（Hayward et al.，1997；Stattin & Magnusson，1990），因此，有些青少年对于自我整体价值及可取之处，会得到更有利的反馈，这些反馈接着也会影响其自我映像及行为，例如，拥有男子气概的外貌及运动的优异性意味着早熟的男孩通常会受到同伴的羡慕，相反，晚熟的男孩通常会从同伴身上得到负面反馈，可能经历威胁或冷落，因此更可能出现无能感和没有安全感的情况（Meschke & Silbereisen，1997）。

加州大学柏克利分校的调查者长时间研究个体的身体以及心理特征，基于该项工作，Mary Cover Jones 和 Nancy Bayley（1950，p.146）对于青少年男孩给出下列结论：

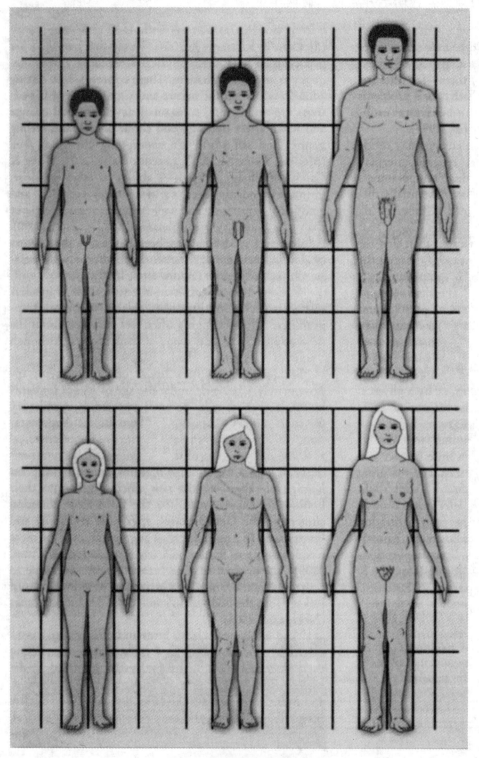

**图 11—2　青少年成长差异**

　　下排所有女孩的实际年龄都是 12.75 岁，上排所有男孩的实际年龄都是 14.75 岁。当有
些人才刚刚开始要发育的时候，同性别的有些人已经完成了生长及性成熟。

　　来源：Illustration by Tom Prentiss from J. M. Tanner，"Growing up," *Scientific American*，Vol. 229（September 1973），p. 38. Peprinted by
permission of Nelson H. Rrentiss.

那些生理上加速成长的男孩，通常都被成年人及其他儿童当成较成熟的对象给予认可并接纳。他们似乎不需要费劲就能赢得地位，这也让他们成为高中里的学生领袖，相反，身体发育较慢的男孩会出现许多种相对较不成熟的行为表现：部分原因可能是别人常会把他们当成小男孩看待，此外，这些男孩有相当一部分表现出需要克服身体上的劣势——通常是通过更多活动来获得关注，尽管有些人会变得退缩。

然而，近来一项纵向研究结果揭示出，早熟的七年级男孩显示出更多的外部敌对情绪以及内部烦恼症状（Ge，Conger & Elder，2001b）。察觉到自己比较晚熟的男孩，也会表现出不充实感、消极的自我概念，以及被遗弃感。由于限制自主和自由，这些情感被联合在一起形成一种叛逆倾向（Mussen & Jones，1957）。Donald Weatherley（1964）对大学生的研究证实了 Jones 和 Bayley 的大部分结论，与早熟的同伴相比，晚熟的大学男生较不可能像他们那样已经解决了从儿童时期过渡到青年时期所面临的种种冲突，而是更倾向于从别人那里获取关注和影响，也做好了更好的准备反抗权威，并维护一些不合常规的行为。研究发现，晚熟可能会对男孩造成较负面的自我映像和身体映像（Sinkkonen，Anttila & Siimes，1998）。有趣的是，近来的研究还显示出男孩的肥胖与晚熟之间存在正相关（女孩则相反，肥胖与早熟呈现正相关）（Wang，2002）。

当柏克莱大学的早熟和晚熟的男性样本到 33 岁时，研究者对其进行了追踪研究，结果发现他们的行为模式与青少年时期所记载的描述惊人地相似（Jones，1957），早熟的男性更沉着大方、放松、合作意识强、社会化、服从；晚熟的男性倾向于更加急切、爱说话、张扬、叛逆及易发脾气。

与此相对，针对女性进行的研究却得出几乎相反的结果。Hayward 及其同事（1997）对 1 400 多名来自加州圣荷西的不同种族的女孩进行纵向研究。在研究开始时，参与者是 6～8 年级的学生，利用自我报告、诊断式访谈及精神评估法，这些女孩被评估了超过七年的时间，以确定青春期年龄与内化症状或障碍的发生之间的关系。结果发现，被界定为较早进入青春期（前 25%）的女孩，

发生抑郁、药物滥用、进食障碍、破坏行为的比率，是较晚成熟女孩的两倍。最近的研究更进一步指出，较早度过青春期的女孩即使进入中学后，仍然有较高的风险产生这些特定障碍（Dorn，Hiftt & Rotenstein，1999）。

另一项跨文化研究提出，男孩和女孩，"准时"进入青春期比"不准时"——无论是早还是晚——与自我知觉存在着更为积极的相关（Ge，Conger & Elder，2001a；Graber，Brooks-Gunn & Petersen，1996；Graber et al.，1997；Wichstrom，2000）。然而，并非所有的女性在较早开始月经初潮时都有一致的反应，过渡期的个体差异反而会增强，例如青春期的压力会让以前在儿童时期就有行为问题的孩子加重他们的问题行为（Hayward et al.，1997）。

这样我们会得出什么样的结论呢？答案可能主要在生态学背景里：不同个体的气质和社会环境会发生动态的相互作用，从而在年轻女性中产生本质不同的结果（Graber et al.，1997）。此外，这种冲突的结果暗示，女孩的情况比男孩更为复杂。更近的研究结果指出，有多种变量交织在一起来影响青少年期女性的声誉，其本质是相当复杂的。对女孩来说，声望评估变化率与青少年期身体变化率之间的中断，意味着青少年期的加速发育并不像男孩一样是可持续的。近来的研究把这种评估的资源看作一种对各种结果都可能的解释（如果青春期被青少年、父母或者通过体育考试来评估）（Dorn，Susman & Ponirakis，2003）。

心理学家还指出另外一个因素。早熟的女孩更可能有点偏重，发展成为矮胖的体格，而晚熟的女孩比较可能维持纤瘦的身材。因此，归根到底，女性晚熟可能与成熟本身并没有太大关系，反而是与作为社会适应产生的其他因素更有关系。对于青春期启动时机的认识，通常对于青少年的心理健康和幸福有着直接的作用（McCabe & Ricciardelli，2004；Stice，Prenell & Beaman，2001）。

**思考题**

男孩和女孩在青春期的身体发育和成熟方面有什么差异？哪些因素可以解释男性和女性在青春期的差异？

## 自我映像与容貌

青少年的自我映像很容易受同伴的影响，青少年很容易排挤或嘲弄那些在身体上偏离常态的人。很少有其他词汇能够像"受欢迎"一样，让青少年如此快乐或者痛苦。在美国的男孩中，运动本领和瘦腰宽胸、浑身肌肉的身体可以得到社会认可且易受欢迎（Kindlundh et al.，2001），而身体苗条与女孩受欢迎相联系（McCabe & Ricc-iardelli，2004）。要说青少年过度重视他们身体的可接纳性和充分性是可以理解的。当青春期的友谊本质和意义发生变化的时候，这种作用（感觉自己是好的、开心的）和自我价值也会发生变化，这种关注就开始发生（Moneta，Schneider & Csik-szentmihalyi，2001；Wong & Csikszentmihalyi，1991）。青春期建立的亲密的直接的友谊对于社会化及情绪适应以及健康，比起前青少年时期变得更加不可或缺（Buhrmester，1990）。青少年的友谊在发展阶段、人际关系网络和性别的背景下已经有过研究（Buhrmester，1998）。

青春期会使与性别相关的期望加剧，尤其是与身体外貌相关的期望。青少年女孩通常会对乳房发育大小和形状感到困扰，尽管估计不同，但在美国有超过 130 000 名女性进行过隆胸手术；2004 年，18 岁以下的女孩中大约有 1 500 名做过这项手术，即使父母对这种手术是强烈禁止的（"The Facts About Breast Augmentation"，2005）。绝大多数这些手术并非是出于医疗目的，并且这些女性中的一些人将会在以后罹患一些严重的疾病，并且体内还会带有由于植入物盐水或者是新的硅胶渗漏而导致的各种症状。然而，专家说，在美国这是排行第三的很普遍的手术，仅次于鼻子重塑和皮下脂肪切除术。在英国，丰胸是做得最频繁的手术类型（Pittet，Montandon & Pittet，2005）。最初运用的硅胶乳房植入在美国仍然是被禁止的，因为其泄露在体内的一些很危险的成分还可能致命（Neergaard，2005）。

青少年无论是男孩还是女孩，都对他们的面部特征非常关心，包括皮肤与头发。更重要的是，青少年女性极力想追赶的媒体模特（青少年杂志的封面女孩、电视女演员以及音乐偶像等），实际上比美国平均女性要瘦要高，而且这两者之间的差距还在加剧（Byrd-Bredbenner & Murray，2003）。像通过"极端的翻新"呈现出的外貌对那些已经对自己的形象有着高度自我批评的青少年男孩和女孩来说，是一种很大的伤害。作为消费者，其实他们并不了解事实的全部。

**体重** 大部分青少年想改变自己的体重——他们总是认为自己"太瘦"或者"太胖"。美国青少年健康纵向研究调查了具有全国代表性样本的 14 000 名青少年，发现有 1/4 的青少年过于肥胖（Adair & Gordon-Larsen，2001；Popkin & Udry，1998）。自从 1980 年以来，CDC 也开始报告一系列的美国健康营养测试调查，提供了关于儿童及青少年过重的许多信息，这些结果为 20 世纪 70 年代以来超重儿童和青少年的百分比稳步上升提供了证据。

390

389

## 人类的多样性

### 女性生殖器阉割的教化习俗

世界上许多女孩在青春期之前或期间，都会由于女性生殖器阉割而受到严重的健康威胁甚至死亡。据估计每年有 1.3 亿女性会遭受某种形式的女性生殖器阉割（female genital mutilation，FGM），并且每年有大约 200 万处于这种手术的危险中。被迫遭受这种手术的女性平均年龄在 4～12 岁之间。这种传统的实践发生于 28 个非洲国家及部分中东国家（Rahman & Tubia，2000）。随着越来越多国家的移民进入美国，女性阉割的实践也在继续。美国、欧洲、澳大利亚的健康服务专家在索马里、苏丹、埃塞俄比亚、肯尼亚、尼日利亚等国家移民的女婴及年轻女孩那里看到了这种手术的证据（尽管这并没有在《古兰经》中做出规定）。

　　女性生殖器阉割可能会采用几种形式的阴蒂切除术，这种手术会使阴蒂全部或部分被切除；小阴唇全部或部分被切除；最严重的是阴部扣锁法。

　　阴部扣锁法或阴部切除术（用阴部扣锁法切除的部分）意味着整个阴蒂及小阴唇被切除，两边的大阴唇也被部分切除，然后缝合起来，通常使用肠线。在苏丹或索马里通常使用树枝把两边正在流血的阴部合拢起来，也会使用糖或蛋（或马鬃、肠线）等。这样能够阻塞阴道口，而在后面留下一个微小的开口排除尿液和以后的经血，从而达到手术的目的。这种手术后，女孩的双腿立即被绑在一起，几星期都不能走动，直到阴部伤口愈合，用木片或竹片撑开一个很小的开口。（Hosken，1998）

**等待女性割礼的年轻女孩**
在利比里亚的 Cooperstown，这些年轻的女孩正在等待她们的割礼。

　　在这些手术中很容易被感染上血液传染病如 HIV 及乙肝等。许多女孩死于出血过多或感染，即使有幸存活的女孩也会产生并发症，如尿道感染、盆腔炎，或是有怀孕、分娩并发症，或不孕（由于不孕而离婚的女性在这样的文化中会很羞愧）；许多女性因为胎儿下降受到阻碍，而必须重新切开阴部，这可能会导致胎儿死亡（Brady，1998）。这些几世纪以来都是男性占主导地位的社会的文化习俗会直接影响到女孩性的发展，以确保女孩在结婚时是处女。下面列举几点原因来说明为什么许多非洲及中东群体仍然维持着这种残酷的习俗（Hosken，1998）：

　　● 这种手术是祖先传下来以便使年轻女性（男性则在男性割礼中）开始进入成年生活的。女孩必须遵守该习俗，才会被她们生活的社会认可为成年。有些女性甚至把她们的生殖器切除作为自豪的资本。

　　● 接受过阴部扣锁法的女孩在做新娘时，能够得到更高的礼金，因为她的童贞及纯洁是完整的。给新娘的父亲派送礼金在这样的文化里仍很盛行。

　　● 在这样的文化里，年轻女性被认为不能控制性欲，从而可能会给家庭带来羞耻。如果女孩或年轻女性拒绝该手术，她将会被社会所排斥或会被认为是妓女。

　　● 有些男性认为女性的外生殖器如果没被割除，将会很丑陋。

　　● 还有人认为，该手术的目的是为了干净、清洁及更好的健康。

　　● 宗教信仰也是一个很重要的因素。

　　● 在西非，女性的阴蒂代表着"男性"，而男性的阴茎包皮代表着"女性"，这些器官必须在成年前被割除。

　　经历过阴部扣锁法的女孩及女性，几乎完全封闭了阴道开口，这使女性在育龄期不断重复这种手术：为了性交和生育，结痂的组织会被再次切开，但是到孩子断奶时会再被缝起来；然而又会再被切开，以便性交及生育，然后又被缝合等等。

毫无疑问，强迫切除生殖器会给这些年轻女性带来可怕的生理、健康以及心理后果。世界卫生组织顾问 Hosken（1998），曾直接见证过这种残酷，认为这违反了基本人权，因为这项手术施行在没有同意权的女婴、女孩以及女人身上，她们既没有接受麻醉，也不被允许接受清洁措施。她抗议如今美国医院用纳税人的钱购置设备来进行这种手术。目前西方国家强烈赞同：需要进行大量的教育活动来告知那些妻女惨遭这种严重的身心伤害的非洲及中东家庭。近来，一些年轻的女性已经逃离到其他国家，去寻找庇护来避免这种不开化的粗俗做法。

在 1996 年，FGM 已经被一些包括美国在内的西方国家立法禁止。FGM 还在 13 个非洲国家里通过刑期惩罚来禁止，但是由于长期尊奉的信仰，这种习俗还会继续存在（Rosenberg，2004）。

来源：Margaret Brady，"Female genital mutilation" *Nursing* 98，28（9）：50.

所有男孩中大约有 25% 在青少年早期就出现脂肪组织大幅增长的现象；另外 20% 呈现中度增长。然而，在青少年生长高峰期间，男孩和女孩的脂肪堆积比率都会典型下降。不论因何肥胖，超重的青少年在个人、健康和社交上都不占优势。事实上，在美国，肥胖是一种污名。考虑到这些情况，尤其是女性，在青春期对于自己的身材极度敏感也就不奇怪了，即使脂肪储备量只算中等也会产生强烈的消极情绪以及扭曲的自我知觉。产生这样残酷的扭曲是由于我们的身体映像与自尊相互关联，如果我们不喜欢自己的身体，也会觉得很难喜欢我们自己。我们在下一部分关于营养和进食障碍里，会检视体重焦虑和贪食症这个高度敏感的问题。

**思考题**

当你还是青少年时，对于外貌或自我映像有哪些担心？现在你还担心吗？如果还担心的话，是哪一个？为什么？哪个不再让你感到困扰了呢？

## 青少年期的健康问题

健康意味着什么？你可能会觉得自己相当健康，或者有个健康的青少年时代。的确，绝大多数青少年都不会遭受残障、体重问题以及慢性病的困扰。然而近来的一项来自于 21 世纪初期的健康报告显示，18 岁以下的儿童，大约有 6%～7% 遭受过至少一种重大健康问题，而且许多年轻人需要辅导或其他健康服务。在学龄期的 5～17 岁的儿童青少年中，学习障碍和注意缺陷多动障碍是最普遍的长期困扰的问题（见图 11—3）（National Center for Health Statistics，2004a）。

究竟青少年从事哪些种类的行为会导致对他们健康的担忧呢？在青少年时期，我们中有许多人都会开始第一次喝啤酒、尝试一些兴奋剂、试着抽烟，或与异性、同性朋友经历第一次性体验。许多青少年也因为大学费用的压力，而一边忙着在中学上全天课，一边兼职打工存钱。生活在贫穷中的青少年更容易产生健康问题，例如哮喘和其他呼吸疾病以及发展性疾病，并且在接下来的 25 年里，青少年的总体健康状况将会变得更加糟糕，这也仅仅是因为更多的年轻人将会是贫困的。贫穷所导致的负面健康因素包括早产、营养不良、缺乏医疗资源或医疗质量不过关、缺乏必需的疫苗接种、暴露于有害健康物质的更大的风险性，以及高危行为的高发生率。

许多父母会忽视青少年子女每年一次的身体检查，因为他们看起来似乎是很健康的，父母与照顾者意识不到让年龄较大的儿童和青少年子女去接种被推荐的疫苗。当然，青少年自身也很可能拒绝去看医生，因为这好像是跟"幼稚"

有关的行为。公立学校的保健人员会对学生进行每年一次的听力和视力检查，而参加学校运动队的学生也被要求每年一次体检。但是有较高比率的青少年会忽视定期健康检查或是定期接种疫苗。幸运的是，绝大多数青少年的身体都还是很健康的，在这个年龄的许多人都相信他们自己会照顾自己，即使他们可能正在进行危险的社会行为（如喝酒、药物滥用、性活动等等）。

当十几岁的青少年开始接近成年期的时候，他们要求父母师长更少的约束和更多的自由以便自己做决定，他们正在学习着自己来做更多的选择，当然是基于试误法。绝大多数人会受到那些爱冒险的同伴和以年轻人为导向的媒体的高度影响。这里讨论青少年最常见的健康问题，虽然有些人称这个阶段为"理性年龄"的开始，但是青少年做出了很多选择，却完全没有意识到这些行为给真实生活带来的结果。

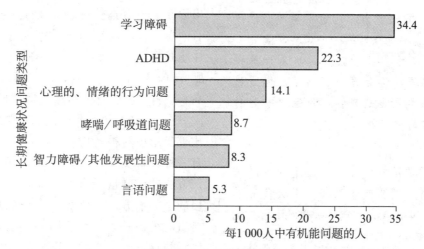

**图 11—3 12～17 岁的青少年中长期的健康状况（2001—2002 年）**

来源：Chartbook on Trends in the Health of Americans：*Health*，*United States*，2004.

## 营养和进食障碍

你昨天午餐吃的是什么？汉堡、糖制品、比萨、法国油煎饼、油炸薯片？垃圾食品正在诱惑我们中的大多数人。由于我们紧张的日程安排，如果我们能抓到一份快餐或者可以快速地吃饭，那么我们通常不会坐下来，放松地进餐。然而，大多数快餐都几乎没有什么营养价值。一些研究者提出，文化对家庭饮食习惯和进食障碍的高发有更大的影响，这就是为什么他们相信进食障碍在西方白种人中更普遍（Williamson et al.，1995）。另有一些研究者提出，家庭生活和饮食习惯在造成饮食失调方面扮演了重要角色，在这个角色里，一个家庭全神贯注于完美、控制、外貌和体重（Foulkes，1996）。这种相互作用的观点指出，文化和家庭环境都是易受到影响的（Haworth-Hoeppner，2000）。青少年通常缺乏钙、铁和锌这些元素，这会导致骨质疏松、贫血以及性成熟的推迟（Rolfes & DeBruyne，1997）。典型的是，如今在美国青少年中，因营养习惯不好而产生的三种普遍疾病是神经性厌食症、贪食症和肥胖。

**神经性厌食症** 神经性厌食症是一种进食障碍症，主要发生于女性——青少年和成年女性中至少 10% 报告过这种进食障碍的症状（Academy for Eating Disorders，2005），而只有一小部分发生于男性。饮食失调患者过分沉迷于苗条的身材，对于肥胖十分恐惧。厌食障碍者认为，食物对于他们的身体不是营养的来源，而是一种威胁，常常追求一种自我饥饿的养生法，并且伴随着剧烈的运动。导致厌食症的原因还不清楚，尽管有科学家认为是大脑里的神经化学物质的失衡或者是基因所致。有人怀疑这可能与下丘脑失调有关，有人指出原因可能追溯到病患应对技能的不足上，他们以此来让自己觉得唯一在她自己（极少数情况下是他自己）控制之下的只有身体体重。下面是一个例子：

> Jeannette 读高中前，身材有点圆乎乎的，那时她决定每天要减少一点体重。她在三个星期之内减了 12 磅，受到了朋友、家庭及老师的夸奖，但她并未停留在减少 12 磅的状况，不久，她的家人认为事情绝对不只是她想要减掉一些重量那么简单。她母亲描述说，有次家庭旅游，大家都希望能够借此机会转移一下 Jeannette 的注意力，让她不要再专注于节食。"她是这样吃东西的……她会将食物分开，切成小块，各具形状，并且重复计算每一小块的卡路里，她会算得很科学，但是她会不断凝视着盘子里的东西，想着该吃点什么，而吃了之后会让她增重多少。"（Sacker & Zimmer，1987）

神经性厌食症常常发生在食物并不缺乏的国家里，在那里吸引力就等同于苗条。患厌食症的人中大约有一半会发展成为贪食症。大约有 4% 的大学女性有贪食症（参见本章专栏"进一步的发展"中的《认识厌食症和贪食症》一文）。

392

╔══════════════════════════════════════╗
**思考题**

　　为什么越来越多的青少年患有厌食症与贪食症？他们的自我映像如何变得扭曲，身体又如何被错误地看待？哪些类型的治疗可以帮助受害者变得更健康？
╚══════════════════════════════════════╝

**肥胖**　肥胖在美国是进食障碍中最普遍的一种。体重过高的青少年通常会面临社会偏见和同伴拒绝，他们更可能经历抑郁、低自尊、健康担忧、问题饮食行为，甚至还会自杀（Kilpatrick, Ohannessian & Bartholomew，1999）。来自美国健康营养检视调查（National Health and Nutrition Exam Survey，NHANES）的结果表明，美国儿童和 6~19 岁的青少年有 16% 明显超重（National Center for Health Statistics，2004b）。近来对青少年的一些研究结果很值得关注，因为超重的青少年很可能会变成超重的成年人，并且随之产生与肥胖相关的健康问题（National Center for Health Statistics，2004b）。有几种方式来定义肥胖，由于各种因素如身体结构、青少年生长高峰状态以及活动水平等，所以很难将肥胖的定义应用到所有人身上。

**如何确定肥胖？**　肥胖是指身体脂肪或脂肪组织过度堆积。一个人可能体重过重但是算不上肥胖，就像拥有许多肌肉的健身者一样。医学界、政府以及研究人员对于肥胖的定义尚未能达成精确的共识，也许是因为需要检查几种因素才能做出诊断——而整体体重只是这些因素中的一个。有消息声称，医生和科学家大体上同意把男性身体脂肪超过 25%、女性身体脂肪超过 30% 者称为肥胖（Focus on Obesity，1998），然而性别、身高、健身状况、身体质量指数（body mass index，BMI）、理想体重百分比、皮肤褶层测量以及腰臀比等变量也应被考虑（Gidding et al.，1996）。还有一种被称为 BIA 的新方法，即生物电阻方法，该方法是让微量无害的电流通过身体来评估身体里的全部水分，如果身体水分的比率较高，就是指肌肉组织较多，然后用一个数学公式来估计身体脂肪及肌肉的质量（Focus on Obesity，1998）。目前学者推荐使用身体质量指数来评估，该方法是使用体重除以身高的平方（$kg/m^2$），将成年人明显肥胖定义为大于等于理想身高体重的 130% 以上（Gidding et al.，1996）。不过通常使用百分位数或者百分比来衡量各种测量结果与常模标准，这可能会进一步混淆这个重要问题。

**健康影响**　青少年肥胖通常可以预测成年人的健康状况：

> Tyshon 身高 5 英尺 6 英寸，体重 216 磅，这代表着令人警示的新的健康趋势：患有糖尿病 2 型的儿童数目惊人地上升，这种病也称为成人发病型糖尿病，无法治愈而且会逐渐恶化，最后导致肾衰竭、失明以及循环不良……长久以来医生深信这种病大多只会发生在中年之后，Naomi Berrie 糖尿病中心的 Robin S. Goland 说："十年来我们一直教导医学系的学生，认为不会看到这种病会在 40 岁以下的人身上出现，但是如今我们却亲眼目睹该病出现在十岁以下的儿童身上。"……有

10%～20%的新小儿科病者在该病中心被诊断为患 2 型糖尿病，而在五年前达种病例还不到 4%。（Thompson，1998）

肥胖的成年人较可能有高血压、心脏疾病、呼吸疾病、糖尿病、整形问题、胆囊问题、乳腺癌、结肠癌、卫生保健的费用也很高。有研究已经发现，在肥胖儿童和青少年中，存在与高血压、高胆固醇以及胰岛素抗体相关的一些递增的危险问题。事实上，学者发现青少年肥胖相比成年人超重与健康风险有着更强的相关（Guo et al.，1994）。幼年即肥胖持续到成年的青少年或女性，那么病成年的女性，而在成年才"发生"肥胖态的人高得多（Styne，2001）。体重与身高比在成年前 25%的男孩，之前更可能遭遇这些健康问题，而体重超重的女孩则更可能患关节炎、动脉粥状硬化、乳腺癌以及晚年出现身体机能的减弱（Brody，1992a；Col-ditz，1992）。

## 认识厌食症和贪食症

当女孩性发育逐渐成熟时，他们经历到的女性体形之间，反映出新近发展的（但成长快速的）文化趋势（Attie & Brooks-Gunn，1987）。很显然，饮食失调会有些女孩对于青春期发生变化的晚熟组织累积大量的脂肪。早熟者似乎更容易遭遇饮食问题，这其中的部分原因可能是由他们比晚熟者更为所致（Graber et al.，1997）。

美国白人与非洲裔青年女性对于如何看待自己的身体有着显著的差异。绝大多数非洲裔青年女性称自己对自己的体重满意，而绝大多数非洲裔高中女性称自己不满意（64%的非洲裔高中女性认为，能生育，并且相信女人只要稍着年龄增大越来越漂亮。然而有趣的是，那些女性对于自己身体特征有着显著的差异。似乎也会错误知觉，似乎也会加重这种病症。根据这种病，患者拒绝吃东西的一种"脂肪恐惧"，他们会觉得骨瘦如柴，没有任何吸引力。在一些病例中，患者也似乎会被人说"你变瘦了"或者"你变胖了"，就会出现患者想自己的体重越来越瘦。这会促使这种女性，会先出现这种病例，似乎也会加重这种病症。

## 神经性厌食症

神经性厌食症是一种个体有意压制食欲，造成自我饥饿的障碍。人们曾经认为厌食症发生率最高的群体是中上阶层的青少年或女性，而在过去 30 年这种病的发生率迅猛提高。厌食症发生率有任何增加，这种恐惧达到否认自己很瘦或就身生病，即使虚弱到无法行走，还坚持认为一切都非常美好。另外，这些人可能很想吃东西，甚至会偷偷吃东西（接着通常会自我催吐）。厌食症在所有的精神障碍中有着最高的致死率。

厌食症和贪食症通常被认为是心理方面的障碍。然而近来，研究者开始以一种新的方式来看待这种障碍（DeAngelis，2002a）。另一种流行的对神经性厌食症有贡献的解释为：它是由西方社会过分强调苗条所导致的，这种信息通过大众传媒介绍给社会，即使虚弱到无法行走也相信女人对身体所想吃东西，存在与他们唯恐身体内有任何脂肪，这种恐惧达到否认自己（Levine，2000）。这种状况的矫治方法还要教育孩子们抵制所有的精神障碍中有着最高的致死率。这种针对生活富裕的女性体文化（Morris & Katzman，2003）。从历史观点来看，西方世界对于体重及苗条的关注，尤其是针对生活富裕的女性体文化，反映出新近发展的但成长快速的文化趋势。

解释。美国白人与非洲裔青年女性对于如何看待自己的身体有着显著的差异。绝大多数非洲裔青年女性称自己对自己的体重满意，而绝大多数非洲裔高中女性似乎比体重过轻更好，似乎比多数非洲裔青年女性为完整的个体等同于健康，能生育，并且相信女人随着年龄增大越来越漂亮。然而有值得注意的是，最近研究发现越来越多的非洲裔青年女性也受到了媒体的影响（National Eating Disorders Screening Program，2001）。

另外一种解释是乳房变小，月经完全停止（有趣的是，根据这种观点，月经得以恢复会促使这种女性会发生在体重明显下降之前，月经得以恢复，因此不能归因于童年饥饿），身体最终会变得像青春期之前的儿童，根据这种观点，这些女性渴望回到记忆中舒适、安全的童年时期（Garner & Garfinkel，1985）。

大约有 2/3 的厌食症患者会复原或改善现状，然而有 1/3 的患者会长期患病或死亡。剩下的这有得到治疗的厌食症患者可能会罹患骨质疏松症、心脏疾病、不孕症、抑郁以及其他的药物并发症。绝大多数权威人士现在都承认，神经性厌食症是由多种原因导致的，需要把各种因素经过调整后需要满足患者需要的长期治疗策略结合起来使用。目前，一个包括家庭治疗被证明是适用的（DeAngelis，2002a）。许多精神病专家指出，一群"强迫性跑步"的男性爱好运动者，与厌食症患者表似（Slay et al.，1998）。这些男性将生命投入跑步中，沉迷于他们的跑步距离，他们坚持不懈且避免娱乐。这两种人略疾病与受伤情况。厌食症患者与强迫性跑步者都过着严格规律的生活，饮食、设备、日常规律等都会担忧自己的健康，感觉愤怒难安，督促自我效能以及辛勤劳作，迫切想维持身体的瘦体的程度。者，就像厌食症患者一样，强迫性跑步者非常在意自己的体重。

### 厌食症患者扭曲的认知

神经性厌食症患者故意饿饿，不承认自己事实上已经生病了，因为他们深信自己是大胖子。

贪食症是一种通常与神经性厌食症有关的障碍，这种疾病也称为"蒙餐症候群"（BED）。贪食症的特征及大约整体人口的2%以及肥胖症人群的8%。大约有1%～3%的青少年女性患有贪食症。贪食症患者会大吃大喝，尤其是摄取高卡路里的食物，如糖果、蛋糕、派、冰淇淋等，然后又企图将食物吐出来或者排泄掉，如使用催吐、泻药、灌肠剂、利尿剂或者禁食方法来清空肠胃。贪食症患者通常不会像厌食症患者一样努力把自己变成瘦骨嶙峋，而且进食习惯使自己觉得羞耻和沮丧。因此，会试图隐藏自己的进食行为。贪食症患者的体重通常都在正常范围之内，也有偏瘦，外向偏胖，而厌食症患者则是瘦到产生骨感。贪食症影响的人群更广泛，而且更可能发生于男性。并且发生人群的年龄范围也比厌食症要大得多（Costin，2002）。从事模特或动作行业的男性青年轻时看起来更纤细。

这也解释可能会产生长期副作用（会引起心脏病）（Keel et al.，1999）。像神经性厌食症产生部分分解释产生这两种疾病的原因，而且有些病人确实对抗抑郁药很有反应（Costin，2002）。以下是一个贪食症患者对于强迫症状的知觉：

整个清除过程是为了清洗干净，结合了从未有过的精神上、性欲上、情绪上的释放。首先我感觉到一种高超感觉的巨大冲击，然后，我彻底放松睡觉。一段时间后，我上瘾了，我确实相信我必须清理后才能睡觉。

轻体重者的类似行为，以便抬照时更好看，或者在电视上镜时看起来更纤细。例如发生口腔溃疡、蛀牙、脱发、牙齿问题（胃酸会损坏牙齿），贪食症也需要治疗，有研究者相信，某种遗传性的抑郁相关会产生这两种疾病的原因。

厌食症和贪食症都是对健康有着严重影响的进食障碍，研究者和社会心理学家正在要求保险服务公司提供更好的保险服务来帮助解决这种问题（Sacker & Zimmer，1987）。

肥胖还会产生社会和经济后果：16 岁时的体重是同龄人群的前 10% 的年轻女性赚到的钱往往比非肥胖者更少（Hellmich，1994）。与其他女性相比较，如果是十几岁、二十几岁过于肥胖的年轻女孩，她们较不可能结婚、易被社会孤立，更易于生活在贫穷中，而且平均上学时间也会少四个月（Bishop，1993）。因此，现在儿童期及青少年期的肥胖比过去受到了更多的关注。

**美国有多少青少年属于肥胖？**　　美国青少年的肥胖状况在持续加剧，在全美青少年健康的纵向研究中，研究者检测了具有代表性的 13 000 多名青少年样本（来自全美各地 80 所中学），发现有 1/4 的青少年目前正处于肥胖中（Popkin & Udry，1998）。对于整个群体而言，肥胖在男性中的发生率比在女性中高，黑人则例外（肥胖比率男性为 27.4%，女性为 34.0%）。至于出生在美国的亚裔及西班牙裔青少年肥胖的几率是 50 个州的第一代移民的两倍（Popkin & Udry，1998）。研究结果参见图 11—4。

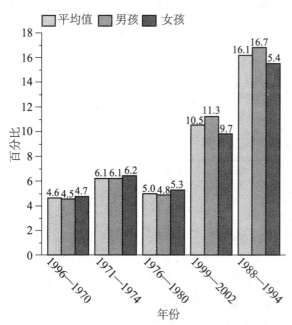

**图 11—4　美国超重青少年的盛行（1966—2002 年）**

　　来源：Centers for Disease Control and Prevention National Center for Health Statistics. *Neaional Hatlth Examination Survey and National Health and Nutrition Exam Survey.*

　　导致美国年轻人肥胖比率增加的原因包括遗传因素和环境因素。来自家庭和双生子的研究已经清楚地证明，有一个很强的遗传因素在支撑着新陈代谢率，饮食习惯及其在能量水平上的变化

要归因于过度的饮食。与肥胖相关的环境因素包括社会经济地位、种族、居住的地区、季节、城市生活以及小家庭成员（Gidding et al.，1996）。儿童的饮食成分尚不能确定青少年肥胖的原因，因为当今美国儿童所摄取的饮食脂肪以及对饱和脂肪的吸收量已经比前几年有所下降。Gidding 和他的同事（1996）也提出，肥胖是由于能量吸收和消耗之间的不平衡所致。

**如何预防或减少肥胖？**　　由于一些复杂的原因，肥胖已经被证明是很难应对的（O'Neill，1995；Wadden & Van Itallic，1992）。事实上，大量证据表明，节食可能会使情况变得更糟糕，常常导致相反的大吃大喝及永久性且无效的恶性饮食循环（National Eating Disorders Screening Program，2001）。各精神病学家通常争辩说肥胖是心理疾病的反映（例如，害怕男性的女性潜意识会增加体重来创造一个保护壳而与男性保持距离），但是这种观点很少受到研究者的支持。另外一项很让人感兴趣的解释是胖婴和胖童会发展出一种永久性过量的脂肪细胞。这种过量会为他们提供一个填满脂肪细胞的终生储存库。当这样的个体变成成年人以后，存在的脂肪细胞会扩大，但是在数量上不会再增加。还有另一项理论很流行，即假定存在一个新陈代谢规则或"设定值"（Bennett & Gurin，1982）。根据这个观点，我们每个人都有一套建造好的控制系统，这是一种脂肪自动调温器，也就是一种显示我们应该携带多少脂肪的恒温器。我们中有些人有一个高的设定值，因而易于肥胖；另外一些人则有一个低的设置值，所以倾向于瘦弱。虽然有些人减肥，但是儿童长期的体重研究显示出，95% 的人在五年内又会返回到他们最初的体重（National Eating Disorders Screening Program，2001）。应对儿童肥胖的诊断还应该筛查高血压、血脂异常（在血液中蛋白质的反常浓聚物）、骨科疾病、睡眠障碍、胆囊疾病以及胰岛素抗体（Barlow & Dietz，1998）。

　　如今，许多肥胖的人们正在挑战盛行的社会刻板印象和偏见。与生理缺陷不同的是，肥胖的人们对他们的这种情形要负责任。他们非常担忧批评、嘲笑和公开的歧视（Wang，Brownell & Wardden，2004）。青少年期间，尤其是在女性中，消极态度似乎有所加强。但是，越来越多的

肥胖者通过确认肥胖是一种残疾，来与歧视"作战"，试图使反对肥胖者的歧视变得不合法。然而，医学工作者是很熟悉肥胖的长期效应的，提出要早起、做有规律的有氧运动、改变饮食和生活方式来维持更高质量的、更加长久的生活。不幸的是，整个国家的大多数学校正在减少体育课，以便节省费用，来为学生挤出更多的时间满足更高的学业要求。

**思考题**

为什么有饮食障碍的青少年的数量在增加？带着这些不健康的行为进入成年期会产生什么后果？

## 抽烟和烟草制品

使用烟草的大量青少年都会抽烟。其他摄取烟草的方法包括雪茄烟、咀嚼烟、烟袋管、卷烟叶的印度烟或丁香香烟。2004 年美国年轻人调查结果显示，高中生中使用各种烟草产品的数量占 28%；22% 抽香烟，13% 抽雪茄烟，高中生中 11% 的男性咀嚼烟草。在初中的 6～8 年级，各种烟草制品的总共使用量占 12%，8% 抽香烟，5% 抽雪茄，3% 咀嚼烟草。

2004 年美国年轻人的烟草使用量仅有很小的减少。这个比率不会下降很多的原因，包括烟草市场运动、严重的媒介曝光、草烟价格的大幅下降、抗烟运动的下滑，以及十几岁的人还不必出示年龄证明便可以购买香烟。然而，有用的反烟战略应继续展现在更多青少年吸烟的市场上，新的战略应该被贯彻落实以便继续减少十几岁人的烟草使用，这一点受到一致认可（Hershey et al.，2005）。然而，一些广告运动已经非常有效，因为青少年在 18 岁时，过去常常被同伴施压去抽烟，但是自从"那并不是一件很酷的事情"（见表 11—1）后，现在则正在迫使青少年不能抽烟。十几岁的孩子们列举出了由于抽烟的不卫生因素而避开抽烟的原因，包括呼吸困难、牙齿变黑以及持久逗留的烟味（King，2005）。

396

**表 11—1  初中（6～8 年级）和高中（9～12 年级）烟草制品使用者的百分比（2002、2004 年）**

|            | 2002 | 2004 |
|------------|------|------|
| 6～8 年级   | 13.3 | 11.7 |
| 男性        | 14.7 | 12.7 |
| 女性        | 11.7 | 10.7 |
| 9～12 年级  | 28.2 | 28.0 |
| 男性        | 32.6 | 31.5 |
| 女性        | 23.7 | 24.7 |

来源：Centers for Disease Control and Prevention（2005c）.

## 酒精和其他物质滥用

1982 年以来，毒品禁止组织 PRIDE 已经从学校、社区和各州的 6～12 年级学生的毒品酒精使用登记人员中调查收集到了一些信息。2004 年一项对 114 000 名多名学生的综合研究发现，对于所有年龄阶段的群体而言，酒精使用数量都有着轻微的下降。在 2002—2003 学年，37% 的高中生报告已经用过酒精，而在 2003—2004 学年，报告使用酒精的数量下降到 34%；高年级学生两次报告酒精的使用率分别为 63% 和 62%。12 年级的学生这两次的报告率都大约为 70%（PRIDE Questionnaire Report，2004）。

酒精使用和狂饮过度在 18～21 岁的人中最高。男性比女性报告了更高的酒精消费使用率，白种人和美国本地人或阿拉斯加州本地人的青少年报告其饮酒比率最高，亚裔和非洲裔青少年使用酒精比率最低。研究者继续报告说，经常的毒品滥用会牵涉青少年的教育成绩、从父母的依赖那里获得解脱、与同伴关系的发展，以及重要生活的选择（完成中学学业、安全和保持就业、维持家庭关系）。

**物质滥用**是指对各种药品（包括处方药）或酒精的有害使用，而且会使自己或他人持续很长一段时间处在有害的情境中。除了酒精之外，这样的药品包括大麻、致幻剂、安非他明、甲基苯丙胺、粉末吸入剂、可卡因/强效纯可卡因、海洛因、LSD，以及其他的迷幻剂、麻醉剂、镇静药（巴比妥酸盐）、镇静剂以及激素类（steroids）。近来"监督未来"对 50 000 各地学生的调查研究结果显示，在各种类别的毒品中，违法毒品的使用在持续下降——两类微增的除外：粉末吸入剂和奥施康定（麻醉药的一种）（Johnston et al, 2004）。粉末吸入剂的使用在 8 年级学生中更普遍地增加，因为这些物质易得又便宜。这样的滥用包括来自胶黏剂、喷雾剂、涂料稀释剂、丁烷发出的有害的烟味，这些也会导致指甲脱落，也可能是致命的。

尽管大多数青少年不会滥用物质，但那些滥用的人正在步入物质依赖的危险中，更可能变成成年毒品成瘾者，而这些成年人为支撑成瘾行为会常常犯罪。一项近来的研究发现，到六岁为止，显示出大量极端的个性特征（爱冲动、易激动、低避免有害性）的那些男孩到达青少年期时，更可能抽烟、饮酒及吸毒，而 15 岁以前便开始喝酒的孩子，成年后变成酒精滥用者的几率将会高出两倍，十几岁人群把别人家当成是最常

用的喝酒根据地（"Underage Drinking"，2005）。而且比女孩更多地使用酒精及酒后驾驶，酒精是 15～24 岁导致最多死亡的一个因素：交通事故、杀人、自杀和意外过量服药。2002 年，超过 17 400 人由于酒后驾驶而撞车死亡，这个数量每年都在继续增加。饮用啤酒者导致大量的车祸。可悲的是，2～14 岁的儿童死亡的主要凶手是车祸。2000 年，在音乐会/毕业周末期间，有大约 60% 的车祸是与酒精相关的，超过 1 200 起 [Mothers Against Drunk Driving（MADD），2001]。尽管政府法令规定 21 岁是最小法定饮酒年龄，但是 21 岁以下年龄的饮酒仍然保持在美国年轻人药物问题的第一位（Davies，2004）。参见本章专栏"可利用的信息"的相关内容。

因此，十几岁未到法定饮酒年龄而饮酒不仅仅是对青少年自身的健康有影响，也是个社会问题。幸运的是，SADD（学生反对有害决定组织）已经被建立，以促进更好的决定和青少年的安全驾驶。物质使用和滥用的一系列同伴影响问题将在第 12 章中讨论。

## 性传染和 HIV

许多青少年频繁地从事性交和/或口交，对具有性活动的青少年来说，有多个性伙伴是很普遍的。政府调查显示，估计每年 1 500 万例性传染，其中有 1 000 万起发生于 15～24 岁的人中（Sulak，2004）。由于不使用避孕套，青少年易于**性传染感染**（Sexually transmitted infections，STIs）。不使用避孕套（candoms）的原因包括：我喝醉了；我们一时冲动；我不好意思去买；那破坏了浪漫。因此，美国十几岁人群在性活动人口中有着最高的淋病、梅毒和衣原体的发生率就不奇怪了（见表 11—2）（Mertz et al. , 2001）。

397

表 11—2　　在美国的性传播感染（STIs）

美国社会健康协会（ASHA）估计每年美国会新增加 1 500 万例性传播感染者。

| STI | 每年发生率 |
| --- | --- |
| 人类乳突病毒 | 5 500 000 |
| 滴虫病 | 5 000 000 |
| 衣原体 | 3 000 000 |
| 疱疹 | 1 000 000 |
| 淋病 | 650 000 |
| 乙肝 | 77 000 |
| 梅毒 | 70 000 |
| HTV | 20 000 |

来源：Aelxander, L. L. , Cates, J. R. Herndon, N. , et Ratcliffe, J. F（Eds.）. （1998, December）. *Sexually transmitted diseases in America：How many cases and at what cost?* 1-27, Research Trianle Park, NC：American Social Health Association（ASHA）.

## 可利用的信息

### 一份关于饮酒和驾驶达成的亲子契约

这份契约是与 MADD 的视角和任务一致的，尽管这份简单的契约最初是为舞会和毕业季节设计的，不过它很适合于一年的任何时候。

因为这是不合法的，我许诺不再喝酒，尤其是在危险的舞会和毕业的季节。我保证我能够以一种安全和健康的方式来庆贺，我保证不和酒后驾驶的人一起上车。如果我发现我自己是不安全的或是不舒适的，我保证给你——我的父母或监护人——打电话。我做出这份保证，并且承担我做出的每一个决定的后果。

青少年签字

作为你的父母/监护人，我承诺在这个庆祝的季节里，我自己准备随时都助你。你可以在白天或黑夜的任何时间依靠我。我承诺我将会同意去接你，不问任何直接的问题。当我们安全到家的时候，我保证尊重你。听听已经发生的事情，并且尽我所能地帮助你。

父母/监护人签字

来源：This information is brought to you coutesy of Mothers Against Drunk Driving—find us online at www. madd. org/. The mission of MADD is to stop drunk driving, support the victims of this violent crime, and prevent underage drinking. Reprinted by permisson of MADD.

**衣原体**（chlamydia）感染是美国当前最普遍的性病，而性活动活跃的年轻女性很少会检查出衣原体。如果不治疗，则会导致不孕（Ebel, 2005）。它由异常细菌体所致，可能会导致女性不孕或失明，或者在生产时通过产道而传染给胎儿。现在已经有5%的女大学生被诊断患有此病。幸运的是，衣原体是可以治疗的。**梅毒**（syphilis）是一种细菌感染，可以通过胎盘传染给胎儿。梅毒发展有四个阶段，开始是潜伏期，最后一个阶段发生于五年后。梅毒如果未治愈，可能会导致死亡。在2003年，20～29岁的女性有着原发和次生梅毒的最高发生率。**淋病**（gonorrhea）是由细菌所致，透过黏膜感染传递。在女性中，15～19岁的女性有着最高的淋病发生率；在男性中，20～24岁的男性有着最高的淋病发生率（Centers for Disease Control and prevention, 2003c）。

其他常见的性病包括人类乳突病毒（HPV）及生殖器疱疹。生殖器疱疹是一种剧痛、传染性极强的慢性性病，可能会造成免疫系统有缺陷的人死亡，若婴儿出生时感染生殖器疱疹，也可能丧命。这种性病无法彻底医治，估计全美国约有450万人受到感染。由于该问题进一步复杂化，许多青少年并不知道怎样避免STIs，也不能确定STIs的一般症状，并且当被感染时也不知道应该采取什么措施。

美国教育/健康活动对于提醒青少年保护自己免于感染性病有成效吗？就美国而言，大约有2/3的中学男性和超过一半的女性报告，在最近一次性交中使用避孕套（Centers for Disease Control and Prevention, 2003c）。这些数字表明，目前在中学生的性行为中，避孕套的使用从1999年到2003年已经有显著的增加（见图11—5）。

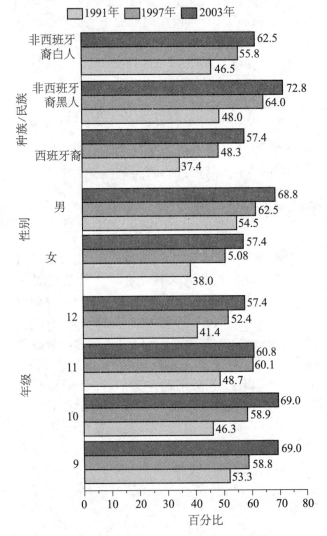

**图11—5 中学生最后一次性交时使用避孕套的比率（1991—2003年）**

来源：Grunbaum, J. A., Kann, L, Kinchen, S, Ross, J., Hawkins, J., Lowery, R. et al.（2004, May 21）. Youth risk behavior surveillance—United States, 2003. *MMWR*, 53（No. SS-2）, 1-96.

CDC（Grunbaum et al.，2004）一项多年的全美性调查指出，虽然现在的学生较少从事能够使自己置身于感染性病、AIDS、怀孕等危险的性行为，不过仍然有许多人正在实践高危险的行为。避孕套使用的盛行，在所有 9～12 年级的学生、男性和女性群体，以及所有民族群体中都在继续增加。1990—1999 年，美国感染梅毒的比率大幅下降 84%（1986—1990 年一个令人警觉的流行之后）。据报道，不经常或从未使用过避孕套的相关性因素包括：低的学业技能和抱负、年龄较小的青少年、冒险倾向（如喝酒或吸毒）、亲子关系紧张、父母使用体罚、缺乏承诺关系（Luster & Small，1994a，b）。

最近对健康问题的关注起源于大量的青少年正在采用口交，他们认为口交是更能接纳的，并且比阴道的性交有着更少的危险性，而却不知道与这种性关系的形式相关的健康的、社会性的以及情感的后果。Halpern 和他的同事（2005）报告了他们就口交问题对 500 多名九年级的男生和女生进行了第一次的纵向研究的结果。参与研究者报告，口交（20%）比阴道性交（14%）更盛行，并且他们认为这是更能接纳的，又对他们的价值观和信仰威胁很小。事实上，STIs，包括 HIV 是由喜欢温暖的、潮湿的（例如嘴巴和生殖器）环境的细菌和病毒导致的——SITs 可能会从嘴巴传播到生殖器，也会从生殖器传播到嘴巴。如果你正要考虑阴道性交，那么愿意与同伴一起谈论他或者她的性历史是很重要的，并且强烈建议使用某种有保护措施的方法。

大多数中学和大学都有校医，可提供更多的信息，如果青少年怀疑自己感染性病，校医是既保密又安全的咨询人员。青少年的本性是相信坏事情不会降临在自己身上，认为在前面拥有整个未来，然而感染或传染这些性病——尤其是感染 HIV，将会有生命危险。更加麻烦的是，如果青少年女性感染性病且怀孕，会使未出生的宝宝承担高风险感染 STIs 或 HIV 的可能性（参见第 3 章）。

**HIV 和 AIDS** 自从 20 世纪 80 年代以来，AIDS 已成为性传播感染中最令人恐怖的性病。AIDS 是由人类免疫系统缺陷病毒（HIV）所致，这种病毒会损害免疫系统而阻止身体抵抗感染。起先，多个性伴侣的性接触和共用注射毒品针管会传播这种阴险的病毒。在发展为 AIDS 之前，一些个体可能携带这种病毒达十年之久。

大多数早期的 AIDS 受害者是男同性恋或者是使用静脉注射毒品者，但是如今在异性恋中也在迅速传播。公共健康专家很为年轻人担忧，他们是目前 HIV/AIDS 的高发群体，在 13～24 岁群体的致死原因中排名第七。疾病控制和预防中心报告，2002 年，13～24 岁人中有超过 41 000 例 AIDS 患者，而青少年和年轻成年人中被感染的实际数量可能要高得多。

与 HIV 增加有关的一个重要的危险因素是性传播感染的出现。大约 25% 被报告的 STIs 患者是十几岁人群。来自衣原体感染或淋病的脓液或黏液的排出量可以增加 3～5 倍的 HIV 传播危险性；来自梅毒或生殖器疱疹的溃疡可以使无感染的个体增加 9 倍的感染危险性（National Institute of Allergy and Infectious Diseases，2004a）。我们将在本书第 15 章讨论中年异性恋女性感染 HIV 的增长率。

为了阻止婚前性行为、不同的 STIs 的传播、意外怀孕，成千上万的十几岁人群仅仅是学校禁戒项目的一部分，并且要签名书写承诺禁欲的保证。对此有批评者认为，十几岁的人应该通过给他们的教育计划增加一个安全性元素，来更好地受到保护。

禁戒率、青少年性体验、性活动的类型以及有效的避孕措施是青少年健康和幸福、怀孕率的变化以及青少年未来的机遇的重要决定因素。随着性体验率的下降、多个性伴侣率的下降以及避孕套使用率的增长，我们将预期看到怀孕率的下降。

**思考题**

在十几岁的人中，目前性传播感染的发生率的趋势是什么？哪些青少年是感染 STIs 和 HIV 的高危人群？让十几岁的人使用避孕套的原因是什么？

399

### 青少年怀孕

过去20多年一直抑制青少年怀孕的国际性运动如今已经取得了实质性的成功。在所有年龄群中，青少年的生育率已经下降到有史以来国家记载的最低水平，不过，美国青少年的生育率仍然比其他发达国家要高。美国15～19岁的青少年生育率是每1 000人中有42 胎出生（见图11—6）（Hamilton，Martin & Sutton，2003）。到2002年止，15～17岁有性交经历的未婚女性的百分比已经降至30％，并且男性已经降至31％。青少年使用避孕措施可能也是受到鼓励的；这个使用率在1999—2002年是79％。尽管性活动减少、安全性做法增加了，然而一些十几岁的孩子仍然成为父母。青少年怀孕伴随产生的情感的、社会性的和社会经济的后果将在第12章中讨论。

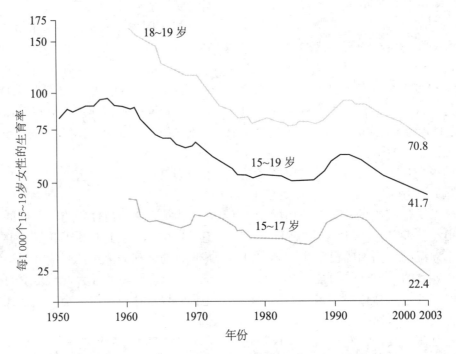

**图11—6　美国青少年的生育率（1950—2003年）**

对于青少年而言，生育率在各个年龄段都有显著的下降。1960年开始的40多年（当时15～17岁和18～19岁的青少年的生育率首次报道），到20世纪80年代中期，这个比率普遍下降，到20世纪90年代初期，又出现陡增，从这之后，就稳步下降。最小的青少年（10～14岁）的比率，在30多年以来，一直处于最低水平。2003年，15岁以下女孩的生育已经降至45年以来的最低数。

来源：Hamilton，B. E.，Martin，J. A.，et Sutton，P. D.（2003）. Births：Preliminary data for 2003. *National Vital Statistics Reports*，53 (9),1-11.

### 身体艺术和文身

年轻人是目前"身体艺术"的热衷者，青少年和大学比美国上一代有更多的文身和身体穿孔。然而本世纪以来，从美国自然历史博物馆公开展出"身体艺术：认同记号"便可以看出身体艺术的合理地位（Tanne，2000）。文身、身体穿孔和身体艺术已经发生在各个年龄段、职业和社会各阶层中。3％～9％的人文身后更有吸引力，其中有10％～16％的青少年文身。有项研究发现，青少年文身和高危险行为之间有联系（Roberts & Ryan, 2002）。研究显示，青少年热衷于文身是由于下列原因（Greif & Hewitt, 1999）：

- 为了显示社会身份、成员关系，或者阶层。
- 为了纪念一个特殊的事件。
- 为了表达亲密（文上情人的名字）。
- 为了娱乐。

身体文身带来的潜在的健康危险包括乙肝、破伤风和皮肤感染。一个不健康的文身可能会导致神经损伤，一个舌头上的饰钉可能会导致言语问题和牙齿碎裂。当然，这个行业也不是好管理的。请皮肤科医生移除一种单个的皮肤文身图案可能要花费 2 000～2 500 美元或者更多。近来，划痕、烙印和滥打耳洞已经使他们驶向身体艺术道路；而且当青少年为了表达他们自己寻找艺术道路的时候，这些人就变得更加吸引人。这些装饰在美国工作环境中是否被认可还有待继续观望。当我们回忆我们自己十几岁的时候，我们就会回想起每一代青少年群体都去寻找区别于成年人的有意义的方法和途径——包括"行话"、音乐风格、头发造型、衣服的长度和宽度，以及身体和面部装饰品的使用。

## 压力、焦虑、抑郁和自杀

青少年"认真考虑自杀"的比例或者有自杀意图的比率在十年前就惊人地居高不下。在 9～12 年级，该比率在青少年中平均约为 29%，但在 2003 年报告整体比率下降到 17%。在整个过去的十年一直到现在，青少年女性都比男性更可能报告考虑自杀。然而总体上，试图自杀的学生的实际百分比，从 1991 年的 7% 上升到 2003 年的 8.5%。此外，9～12 年级的学生中，女性报告试图自杀的比例是男性的两倍——然而男性成功结束自己生命的比率则高出四倍［大多数常常使用武器（National Center for Health Statistics, 2004a）］。自杀是 16～24 岁年轻人的第三个主要致死原因（Hoyert, kung & Smith, 2005）。

因为压力、焦虑和抑郁常常发生在亲子关系、同伴关系及男女朋友和同性关系中，在第 12 章我们将讨论焦虑、压力、恐惧、损失、社会孤独以及对自尊的攻击和自我价值的反应范围及应对策略。

**大脑发育和做出决定**　如前所述，大多数青少年是健康且充满精力的，他们典型地把许多体力的、学业的、社会的和家庭活动"挤入"他们的日常生活中，而他们的睡眠—觉醒循环则转移到更晚的时间。就像我们刚刚看到的，他们处于从父母的和成年人的权威和监督中寻找更多自由的人生阶段，有许多的诱惑使他们去冒险和从事不健康行为——即他们误认为是更加像成年人的行为，而且是他们不能预测结果的行为。

悲惨的是，当参与如前所提及的危险行为时，一些青少年做出了将会危害生活或结束生命的决定。自从大多十几岁的人在大约 15 岁或 16 岁时开始驾车时，既没有技巧，也没有经验，车祸就成为青少年主要的致死原因（典型超速和酒精因素）。许多高中和父母—教师组织安排过度的无酒精畅饮音乐晚会和毕业晚会，企图在感情强烈的庆祝的同时保证每个学生都不会出事。按照递减顺序，令十几岁的人丧生的另一个主要原因是事故和受伤事件、攻击（杀人）、自杀、癌症和心脏疾病（Hoyert, Kung & Smith, 2005）。

在下一章，我们将会看到青少年认知的发展、思维能力、计划、推理，以及对他们的行动和决定的后果负责的问题解决能力也会像他们的大脑继续成熟那样，继续发展。在 11～13 岁时，神经元会在大脑的前叶出现最后的狂长——这个区域是负责推理、判断、计划和相关的情绪情感的。但是神经科学家说需要花费几年的时间来把新的神经联结联系到十几岁的人的大脑的其余部分（Bowman, 2004）。这样，青少年的大脑就会区别于成年人的大脑，这可以通过 MRI 扫描仪证明（磁共振成像）。髓鞘化的过程继续进行（包在长长的神经纤维上的脂质），这允许神经元与脑区之间进行更加有效的、精密的接触（Bowman, 2004）。青少年后期，影响有些人的一种脑部疾病是精神分裂症，症状包括思维混乱、幻视（幻听）、妄想、语无伦次或偏执行为，而且社会功能的倒退限制了其与别人沟通以及经营自己生活的能力。对于这种失调,药物干预是当务之急。

此外，青少年没有像成年人那样思考和做决定的经验（作为成年人，我们也并不总是做出"最好"的决定）。即使到十八九岁，也像是"一只脚在儿童期，一只脚在成年期"。有些描述高中毕业生的形容词可以描绘这些摇摆不定的行为，称之为"资深者"。当表达离开父母而开始自己的生活的愿望时，他们还是有点幼稚，对应付自己的生活表现出犹豫。因此，他们常常拖延完成大

学申请、从老师和老板那里得到推荐信，或者做出任何其他计划。

---

### 思考题

为什么许多年轻人选择青少年时期作为开始抽烟、喝酒、吸毒、性和其他冒险行为的时期？

---

 认知发展

青少年期间，年轻人逐渐获得几种实质性的新的智力能力。他们开始认真思考他们自己、父母、老师、同伴以及他们生存的世界。他们用抽象思维能力发展一项逐渐增长的能力——思考假定的和未来的形势和事件。在我们的社会里，他们还必须逐渐形成一套标准——关于家庭、家教、学校、毒品和性，那些在中学期间工作的人还必须形成工作标准。

## 皮亚杰：形式运算阶段

皮亚杰将青少年时期称为"形式运算阶段"，是从婴儿期到成年期认知功能发展的最后也是最高阶段。这种思维模式有几种主要的特征。首先，青少年获得这种能力来思考他们自己的思维——为了有效地应对包括推理在内的一些复杂问题。其次，他们获得这种能力来假想一种情境内隐藏的许多种可能性——为了从心理上产生一种事件许多可能的结果，这样更少地依靠于真实的物体和事件:"如果我不按照必须赶回家的时间而把父亲的车开回家的话，那么……或者……将会发生。"总之，青少年获得了用逻辑和抽象的形式去思考的能力。

形式运算思维与科学思维很相似，有些人也称之为"科学推理"。允许人们从思想上重构信息和观点，以便于他们能理解出一套新的数据。通过逻辑运算，个体能够把他们在熟悉问题领域的战略技巧迁移到另一个不熟悉的领域，这样可以产生新的答案和结论。之后，他们会产生出更高水平的分析能力，来辨别不同种类事件之间的关系。

形式运算思维十分不同于以前时期的具体运算思维。皮亚杰认为，在具体运算阶段的儿童不能超越这种直接关系。他们仅限于解决当前的难题，在应对遥远的、未来的或假设的事情时都存在困难。例如，12岁的孩子将会接受和思考下列问题:"所有三条腿的蛇都是紫色的；我藏了一条三条腿的蛇，猜猜它的颜色。"（Kagan，1972，p.92）。相反，7岁的儿童会被开始的假设所困惑，因为它违反了我们知道的真实性。结果，他们是困惑的，且拒绝合作。

同样，如果呈现给青少年这个问题:"这里有三所学校，Roosevelt，Kennedy和Lincoln学校，还有三个女孩，Mary，Sue和Jane，分别去不同的学校。Mary去Roosevelt学校，Jane去Kennedy学校，那么Sue去哪里呢？"他们很快就会做出反应是"Lincoln"学校。而7岁的孩子可能兴奋地回答:"Sue去Roosevelt学校，因为我妹妹有一个叫Sue的朋友，她去的就是这所学校。"（Kagan，1972，p.93）。相似地，英海尔德（Barbell Inhelder）和她的导师皮亚杰发现，低于12岁的

大多数年幼儿童不能解决以下文字问题（Inhelder & Piaget，1964，p.252）：

Edith 比 Suzanne 肤色亮。
Edith 比 Lily 肤色暗。
这三个当中谁肤色最暗？

12 岁以下的儿童通常会得出以下结论：Edith 和 Suzanne 都是浅肤色，而 Edith 和 Lily 是深肤色，相应地，他们会说 Lily 的肤色最暗，Suzanne 的肤色是最亮的，Edith 居于两者之间。相反，在形式运算阶段的青少年能够正确地推理出，Suzanne 的肤色比 Edith 更暗，而 Edith 的肤色比 Lily 更暗，因此，Suzanne 是肤色最暗的女孩。

皮亚杰指出，当儿童在组织和建构输入方面变得越来越熟练的时候，从具体运算到形式运算思维的过渡就会发生。这样做之后，他们逐渐意识到具体运算方式在解决真实世界中的问题时存在的不充分性（Labouvie-Vief，1986）。

并非所有的青少年，或者就所有的成年人而言，可以获得充分的形式运算思维，尤其是那些智力发育迟缓或发展有障碍者。因此，有些人不

能获得与逻辑和抽象思维相关的能力，当他们过渡到成人生活时，将会得到社会服务和额外的支持。例如，得分在标准智力测验平均分以下的那些人则显示出这种能力的缺乏。确实，像皮亚杰的严格测验标准所判断的那样，少于 50% 的美国成年人达到形式运算阶段。一些证据显示，中学可提供给学生数学和科学经验，这些经验可以加速形式思维的发展。一些心理学家观察到，不同的环境经历可能对它的发展是必需的（Kitchener et al.，1993）。

此外，跨文化研究并不能证明在所有社会里形式运算可以得到完全发展。例如，在土耳其的乡村，看起来几乎从没有到达过形式运算阶段，而城市的受过教育的土耳其人确实达到过（Kohlbeng & Gilligan，1971）。总之，越来越多的研究显示出，完全形式运算思维在青少年时期可能不会是定律。即使是如此，大量的研究也证实了皮亚杰的观点，即青少年时期的思维是区别于儿童早期的（Marini & Case，1994；Pascual-Leone，1988）。

## 青少年的自我中心

皮亚杰（1967）说，青少年会产生独有的**自我中心**的特征，这个观点被心理学家 David Elkind（1970）扩展为自我中心思维的两个维度：（1）个人神话；（2）假想观众。当青少年获得可以概念化他们自己思维的能力的时候，他们也会获得概念化别人思维的能力。但是青少年并不总是能够清晰地区分这两者。当他们以新的思维进行内省思考时，青少年同时假定他们的思想和行动同样令别人感兴趣。他们认定别人就像他们自己那样，羡慕或批评他们。他们倾向于把这个世界看作一个舞台，他们是舞台上的主演，所有的其他人都是观众。根据 Elkind，这种特征可以用这样的事实来解释，即青少年易于形成极端的自我意识和自我关注：前运算阶段的儿童是自我中心的，他不能采纳别人的观点。而青少年则相反，会以极端的方式采纳别人的观点。

结果，青少年倾向于把他们自己看成独特的甚至是英雄主义的——命中注定将获得不寻常的

声誉和运气。Elkind 把这种浪漫的想象力称为**"个人神话"**。青少年感觉到别人不可能理解她或他正在经历的事情，常常导致一个故事或个人神话的产生，青少年会告诉每一个人这个故事；尽管这是一个不真实的故事。如果你曾经想过类似事情，"他们将永远也无法理解这种单相思的爱的痛；仅有我度过了这种磨难"。那么你已经创造了你自己的个人神话。

**假想观众**是另一个青少年的创造品，是指青少年相信自己周围环境中的每个人都首要关心着自己的容貌和行为。这种假想观念导致青少年变得极端地自我贬抑和/或自我崇拜。青少年确实相信她或他遇到的每个人日日夜夜都仅仅关注自己。

还记得在高中时，一个粉刺是多么令人不安吗？因为你认为每一双眼睛都是在注视着你的痛苦。你可能永远也不会想到别人其实只顾着想他们自己的粉刺而根本不会注意到你。

Elkind相信青少年最终可以区分真实观众和假想观众，他也承认青少年的假想观众和个人神话是有进步意义的、逐渐会被修改的，最终是会消失的。

其他的心理学家，例如 Robert Selman (1980)，也发现青少年早期变得能够意识到对自己的自我意识，承认他们能够有意识地监督自己的心理体验和控制、操纵自己的思维过程。简单地说，他们有能力区分意识和无意识。因此，尽管他们获得了自我意识的概念，但是他们也意识到控制自己思想和情感的能力是有限的。这给了青少年一个更加复杂的关于心智自我和自我意识由什么构成的观点。

青少年自我意识的逐渐增长可以在自我概念的增长中发现。青少年在不同的社会情境下产生不同的自我描述。依据他们与母亲、父亲、密友、浪漫伴侣、同学的关系情境，或是依据所处的学生、员工或运动员角色，来决定自我的不同属性。例如，他们描述给父母的自我可能是开朗的、抑郁的或者是讽刺的；对于朋友——则是关心的、高兴的，或者闹腾的。在本书前述的认知结构的发展使得青少年与角色相关的属性之间存在差异。同时，在不同的社会情境下，区分重要他人的预期迫使青少年不断进步，以区分不同社会角色的自我（Harter & Monsour, 1992）。我们在第12章将根据社会情境来讨论青少年的自我中心。

403

**思考题**

在初中到高中期间，青少年认知发展的特点是什么？为什么青少年比别人更倾向于关心自己？

**青少年的自我中心**

青少年错误地相信在公众场合，每个人都在注视和注意着自己，因此，他们花费更多的时间来修饰自己和讲究卫生。在青少年早期，女孩倾向于梳着相似的发型和穿着相似的衣服。因此，虽然他们想被作为独特的个体受到重视，但是他们的行动通常看起来却又非常相似。

## 教育问题

对于大多数青少年而言，从更加结构化的初中进入到高中是一种更高参与的冒险行为。除了学习州委托课程的必修课以外（数学、英语、社会研究、科学和外语），学生们有机会选择一些课程和一个日常生活时刻表。在职业生涯上，有某种兴趣倾向的学生可以选择课程，例如，计算机科学、木工、机械绘图、自动机械学、机器维修铺、儿童保护、兽医、食品服务、化妆品、园艺学和护理。许多大型高中提供"校内的学校"，例如对于那些在艺术方面有特殊智力或高智商的学生，除了典型的音乐、戏剧或者计算机艺术和设计的指导之外，还提供特殊的课程。

在高中，那些在学龄前儿童时期参加过"提前教育"（Heed Start）计划的青少年的教育成绩明显令人感兴趣。来自"儿童早期广泛干预和学业成就"的芝加哥纵向研究以13岁的青少年为对象的研究结果表明，曾经接受过早期干预服务的危险儿童，若再延长三年或更久的计划时间，在七年级的阅读成绩会显著更佳，且留级率也较低，也有更小的可能性接受特殊教育服务（Reynolds & Temple, 1998）。进一步的调查显示出其长期的影响，例如，有着更高的教育成就率和更低的少年犯罪逮捕率（Reynolds, Suh-Ruu, & Topitzes, 2004）。

成绩好的学生可选择能挑战问题解决和批判性思维技巧的高级课程，也被允许在高中时挣得大学学分（被称为高级设置或 AP 课程）。典型地，高中有各种各样的课外机会，这些机会允许青少年可能包括在学校新闻处或校刊工作、参加高级的竞争性运动队、在音乐合唱团唱歌、在管弦乐队表演、在戏剧院表演、在模拟法庭上学习辩论技巧、在校园商店做帮手、成为俱乐部的干部、参加社区服务社团，或是成为班干部。

智力能力低或能力有限的青少年，在参加一些常规的高中课程时，也有资格带着工作经验在特定的职业规划里接受生活技巧培训。他们在高中期间的准备被称为"老化"（aging out）的过程，这些学生可以按照他们所选择的那样，有资格一直留在学业和技术培训里，直到 21 岁。

在上学期间，有积极经验且智商较高的学生典型地喜欢这种高中生活的挑战，且作为进入大学的准备。然而，那些在低年级没有体验过学业成功或社会认可的人似乎在生理和心理上都开始转轨——由于贫困而更加不规律地上学、对学校的消极态度、对成年人的不满、逐渐增加的物质滥用，以及有时触犯法律。近来的 16～19 岁的西班牙裔/拉美裔移民青少年，比其他年轻人更加可能辍学。在 2000 年，超过 20% 从高中辍学，紧随其后的是非洲裔年轻人为 12%，白种人为 8%（Fry, 2003a）。西班牙裔移民可能是由于非常差的英语技巧，受正规学校系统教育的年份较少，然而他们常常愿意努力工作，以便更可能找到工作（Fry, 2003a）。2004 年，为了让更多的学生完成高中教育程度，18 个州已经一致通过 17 岁之前的义务教育法规，但是这样的法律的强制性肯定是复杂的——尤其显现出老师的短缺，要知道在未来十年，国家需要 220 万～240 万甚至更多的老师（Gormley, 2004）。

这些年轻人高度意识到他们"弃校"的时间，一些人在法定受教育年龄之前，就消失在社区或成为一个"有监管需要"的青少年，而冒着辍学的风险。许多社区现在给一些青少年提供群体式的家庭，在这里，他们比那些之前有此经历的人接受更多的组织和监管。

十几岁怀孕的少女是极可能拿不到高中文凭的另一群体。Even Start 计划得到联邦资助及监管，在许多大城市的高中执行。这个计划的目标分三步：（1）帮助这些年轻的妈妈在学习有效教养子女的技巧的同时获得一个高中文凭；（2）生理上养育和智力上刺激婴儿和学前儿童，他们被安置在学校附近保持接触，以便这些青少年每天上学时也可以接触自己的孩子；（3）培养母亲和孩子的自尊，提供健康的角色榜样，这些榜样可以鼓励这些十几岁的母亲来发展她们的能力和才华。

**有效的课堂教学**　如今教室正在发生变化——为了满足 21 世纪迅速增长的人口需要，中学教育继续发生着显著的变化（见图 11—7）。此外，教师认证要求对新一代的受过高度训练的教育者越来越严格，尤其是数学和科学（Vail, 2005）。两项国际科学和数学测验的结果揭示出美国学生是落后于其他一些工业化国家的，尤其是与环太平洋国家和欧洲的成绩好的学生相比。此外，在 2004 年，平均的文字 SAT 得分是 508（比 2003 年低 1 分）。更多的大学和商界报道，高中生既不准备上大学又不准备踏入工作世界。大学学生的数学和英语辅导都是高水平的：就为大学水平课程做准备的辅导而言，两年制公立大学报告是 63%，四年制公立大学报告是 38%，四年制私立大学报告是 17%（Harly, 2005）。

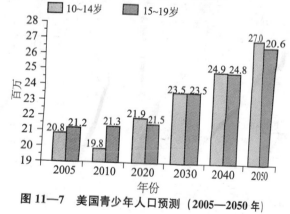

**图 11—7　美国青少年人口预测（2005—2050 年）**

来源：U. S. Bureau of the Census. Statistical *Abstract of the United* States. 2004-2005. No. 12. Resident Population Projections 2005-2050.

单独阅读课文并不能激发每个学生的想象力，但是接触计算机开放了一个活泼学习的世界。例如，老师报告说，当使用无线便携式电脑时，学生更投入被指定的任务、合作的课题中（Joyner, 2003）。特殊课程的专门知识和技能的准备对使用 CD-ROMS、录像激光盘、DVD 多媒体呈现的基于国际的课程，以及远距离学习课程的这些老师来说，是很重要的。计算机专门的技术知识被用来计划、发展和通过互联网站点来收集和传播信息和家庭作业。老师还需要学习教室管理和冲突解决技巧来化解潜在的攻击性或暴力行为。

如今的学生是一个文化组成更加不同的群体，一些人在智力上比其他人有更多天赋或才华，而一些人则是有障碍的，还有人英语水平很有限。更多的研究揭示，现在青少年在生理、认知和情感需要方面存在巨大的不同。称职的、高质量的教师必须已经准备好刺激、激励、教授和评估而来到教室，并且学生要求他们所学的课程内容是与实际相关的。Roberts，Foehr 和 Rideout（2005）调查了2 000多个全国各地的年龄在8～18岁的年轻人，这些人也每周保持用各种媒介来写日记。他们报告，新千年世代的学生在家里和卧室里都使用创纪录量的各种各样的电子设备和媒介（见表11—3），或使用几个设备（例如下载音乐、使用即时通信、同时一台DVD正在播放电视）。一位研究儿童、自我认同和整体文化的麻省理工学院专家说，年轻人同时打开四个媒介屏幕并且保持着他们的能力注意和集中在手上的任务，是正常的（Turkle，2003）。

**表11—3　青少年花费在媒体和非媒体活动中的时间表**

| 活动 | 时间 |
| --- | --- |
| 看电视 | 3：04 |
| 和父母一起外出 | 2：17 |
| 和朋友一起外出* | 2：16 |
| 听音乐 | 1：44 |
| 锻炼、运动等 | 1：25 |
| 看电影/碟片 | 1：11 |
| 使用电脑 | 1：02 |
| 业余爱好、参加俱乐部等 | 1：00 |
| 打电话* | 0：53 |
| 做作业 | 0：50 |
| 打碟片游戏 | 0：49 |
| 阅读 | 0：43 |
| 工作* | 0：35 |
| 做家务 | 0：32 |

\* 仅询问7～12年级的学生。

来源：From Roberts，D.F.，Foehr，U.G.，et Rideont，V.，Generation M；Media in the Lives of 8-18 Year Olds（# 7 251），The Henry J. Kaiser Family Foundation，March 2005. This information was reprinted with permission of The Henry J. Kaiser Family Foundation. The Kaiser Family Foundation，based in Menlo Park，California，is a nonprofit，independent national health care Philanthropy and is not associated with Kaiser Permanente of kaiser Industries.

学生必须升至高中继续学习，但很少有高中会随着青少年睡眠模式的变化而来改变日常开始的时刻表以满足他们的睡眠（Keller，2001）。高中并非最后一程，至少对大多数学生而言不是。高中的教学应该更像一个跳板，为年轻人达到新的高度提供一个坚固的基础。课堂助教、辅导老师、学校心理学家、校医、图书馆员、行政人员等，都可以支持老师并为每个学生提供较好的教育。

**学术地位和全球对比**　虽有全部的职业技术支撑，但一项最大的学生成绩的国际研究——"第三国际数学和科学研究"（TIMSS）显示，美国的高中毕业生的数学和科学读写能力的成绩却低于国际平均水平，这份研究报告是由波士顿学院于1998年2月公布（Forgione，1998；Sullivan，1998）（见表11—4）。参与这次大规模研究的学校和项目在最后一年评估了学生的表现（Fogione，1998）。该研究证明了美国年轻人在紧随四年级之后的数学和科学技术的下降趋势，而在四年级时，美国儿童的成绩还是高于国际同伴的平均水平的。自从 TIMSS 的结果被公布之后，美国中学和高中要求设置更多的数学和科学课程——教师资格认证要求变得更加严格。性别差距也被发现：在几乎所有的国家测验报告中，男孩的数学和科学读写能力都超过了女孩。

**表11—4　美国12年级数学和科学成绩与国际对比**

| 科目 | 国家 | 分数 |
| --- | --- | --- |
| 数学和科学（平均500分） | 荷兰 | 559 |
| | 瑞典 | 555 |
| | 美国 | 471 |
| 高等数学（平均501分） | 法国 | 557 |
| | 美国 | 442 |
| 物理（平均501分） | 挪威 | 581 |
| | 美国（45个国家中排名最低） | 423 |

来源：Pascal D. Forgione，Jr.，U. S. Commissioner of Education Statistics，National Center for Education Statistics（NCES），Pursuing Excellence：A Study of U. S. Twelfth-Grade Mathematics and Sceience Achievement in international Context，and The Release of U. S. Reports on Grade 12 Results from the Third international Mathematics and Science Study（TIMSS），February24，1988. http：//nces. ed/gov/timss/.

来自中国香港、中国台北、韩国、荷兰以及瑞典的学生，总体上的数学和科学读写能力都更好。来自瑞典和挪威的学生的物理成绩最好。美国的高中生在数学和科学技术方面，与四年级的分数相比，有很明显的下降。与其他国家的学生相比，美国学生很少上微积分或物理课。这些因素显然与美国高中的低成绩相关（"Building Knowledge"，1997）：（1）更多的美国学生业余时间在工作，工作的时间比分数高于和低于美国学生的其他国家的学生都多；（2）美国学生每周数学指导的时间更少。

在 2000 年，一个全国委员会公开了它的报告——《在太晚之前》（Before It's Too Late），用特殊的指导来改善数学老师的数量、质量和工作环境，提升教育美国儿童的课程和评估标准（Glenn，2000）。在 2001 年，"不让任何一个孩子落后"（NCLB）法案在整个国家提出数学和科学的标准，要求学生参加更严格的数学和科学课程。NCLB 有批判主义的共性，但是如果没有这些主要改善，美国年轻人在这样的科学和技术先进的年代里，是处于就业劣势的。

**媒介和计算机技术的使用**　世界令人兴奋的多样性和富足正在通过高速的计算机网络，向年轻人——所有的我们——开放。毋庸置疑，对于现在的青少年来说，在技术和计算机工业中，有着高比率的工作成长和机会。学校的网络线路是一个国家的目标，但是目前更多的"无线"网络选择的是国际联结，这部分资金来自公立和私立的部门。然而，一些父母和教师担心计算机游戏、接入网络和聊天室会浪费 3Rs 的教学时间，将会导致不道德的或危险的活动。

使用计算机教学的模式，例如远程学习，正在扩展，这样的形式允许学生带着特殊的兴趣去在线注册他们所读的高中或大学可能无法提供的课程，例如日语、俄语、手语或拉丁语。如今，所有研究的报刊、杂志和新闻文章等资料通过计算机获取。大学图书馆现在被认为是"信息资源中心"。许多父母为了方便起见也在家中买了电脑，并且认为这种消费是对孩子未来的一种投资。众所周知，现在几乎所有的职业都在使用电脑：汽车机械使用电脑来评估和校准汽车发动机；美容使用电脑来帮助顾客计划一个"全新"的面孔；医疗部门在诊断、成像时使用电脑；农民使用电脑来计划谷物和花费；商业部门使用电脑来管理商业的每个方面；宇航员在国际空间站使用电脑；艺术家、动画片制作者和音乐家使用电脑软件来创作卡通、电影和音乐。我们必须让青少年为未来的技术取向做好准备。

**思考题**

你认为美国高中的数学和科学的学业成绩排名为什么低于国际 TIMSS 研究的平均值？为了改善美国青少年的学业成绩，你有什么建议？

## 道德发展

人生中没有其他阶段能像在青少年期间这样，道德价值如此多地受到人们的关注。从《哈克贝利·费恩历险记》（Huckleberry Finn）到《麦田守望者》（Catcher in the Rye），美国文学当前的主题是天真无邪的孩童进入青少年阶段时，对成年人的真实世界产生的新意义，使他们认为成年人世界是虚伪的、堕落的以及败坏的。青少年的理想主义伴随着青少年的自我中心观，通常会孕育出"自我中心的改革者"，即青少年认定自己的神圣职责是改造父母和世界，以便符合自己所崇拜的个人标准。

大约在 2 500 年前，亚里士多德也为当时的年轻人做出过相似的结论：

（青年）有被赞扬的思想，因为他们还没有被生活打败或了解到它必然的有限性；而且，他们充满希望的天性使他们认为自己与很多大事情是等同的——这意味被赞扬的思想。所有他们的错误指导着他们过度地、激烈地做事情。他们爱得太多，恨得太多，其他的每件事情也都一样。

### 作为道德哲学家的青少年

值得一提的是，年轻人在许多重塑历史轮廓的社会活动中都扮演主要角色。在沙皇俄国，学校是"激进主义的温床"。在中国，学生们推翻了清朝的统治，又在1919年、20世纪30年代掀起革命浪潮。德国的学生很支持来自19世纪中期的左翼（国家主义）民族主义的不同形式，在20世纪30年代，显示出支持学生议会对纳粹的支持（Lipset，1989）。

在第9章我们看到，科尔伯格和他的同事发现在道德发展的过程中，人们倾向于有序地经历六个阶段。道德的这六个阶段被分为三个道德水平：前习俗水平、习俗水平和后习俗水平。前习俗水平的儿童对好和坏的文化标签有积极的反应，而且不会考虑他们的行为惩罚、奖赏或互助产生的各种结果。在习俗水平的人们，认为家庭、群体或国家的规则和期望在他们的权利中是有价值的。经过习俗水平的个体（科尔伯格说很少有人可以做到始终如一）根据自己选择的他们视为有普遍伦理合法性的原则和所有好的规章来确立道德（见图11—8）。道德发展的动力源于皮亚杰所描述的认知类型变得更加复杂。结果，后习俗水平的道德仅仅随着青少年时期和形式运算阶段的开始——用逻辑和抽象字眼思考的能力——变得可能，这种后习俗道德最初依赖于思维结构的变化，而并非个体文化价值知识的增加（de Vries & Walker，1981）。换句话说，科尔伯格的阶段告诉我们个体是如何思考的，而不是他或他对待整个事件的想法。

James Fowler 基于信任的定义提出了一个阶段理论，被称为"信任发展理论"（FDT）。年长一点的青少年常常开始与自我认同问题做斗争，即"我是谁"以及"生活的意义是什么"，"我将为我的生活做些什么？"宗教信仰的各种形式在这个时期常常吸引着年轻人，因此，对于别人而言，脱离正规宗教群体的精神理解的需求变得更加重要。凭借哲学和心理学的准则，Fowler 解释了信任和自我认同发展的阶段（Fowler & Dell，2004）。Fowler 描述了几个不同类型的"可信任的"人们，这些人的信任表达有着相似的模式。

Fowler 的信任发展理论包括六个不同层次的阶段，这些阶段是有序的，并且是不变的。这些阶段从早期的想象力——大约3~6岁的幻想阶段，到随着成熟接受或者与约定俗成的宗教戒律象征和宗教仪式做斗争的各个不同阶段。很少有人最终超越 Fowler 所描述的"感觉是与上帝同在"的"普救派"，这些人愿意为他们的信仰而牺牲自己（Fowler，2001）。

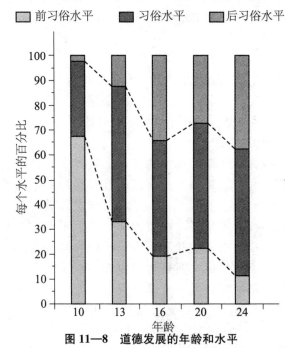

图11—8 道德发展的年龄和水平

这个研究的对象是城市中产阶级男性美国人。所有的百分比均为根据下面参考资料提供的图表所做的近似估值。出处没有提到样本量的大小。

来源：Daedalus，Journal of the American Academy of Arts and Sciences，from the issue entitled *Twelve to Sixteen*：*Early Adolescence*，Vol. 100，no. 4，Fall 1971，Cambridge，MA：Lawrence Kohlberg," Continuities in childhood and Adult Moral Development Revisited. "

**思考题**

青少年自我中心主义在哪些方面区别于四岁时的自我中心主义？在6~12年级，青少年的道德发展是如何发生典型变化的？

407

## 政治思维的发展

像道德价值和判断发展一样，政治思维的发展在很大程度上依赖于个体认知水平的发展。心理学家 Joseph Adelson 及其同事访问了大量的 11～18 岁的青少年，目标是发现不同年龄和环境的青少年是如何考虑政论事务以及如何组织他们的政治哲学的。Adalson（1972，p.107）呈现给青少年下列假设：

> 假设 1 000 个人冒险到太平洋里的一个岛上，形成了一个新的社会；一旦这样，他们就必须提出一个新的政治秩序，产生一个法律系统，以及出现通常政府会面对的大量问题。

然后询问每个被试大量关于如何应付正义、犯罪、公民的权利和义务、政府的功能等等这样的假设性问题。Adelson（1975，pp.64-65）概括他的结果如下：

> 在我们的工作中，我们最早了解的是青少年的政治思维，而再进一步了解到的是性，以及种族、智力水平、社会阶层、民族起源等，这些都不是强有力的因素，而成熟才是决定他们政治思维的关键。从年级制学校的结束到高中的结束，儿童在如何组织自己关于社会和政府的思维方面确实有着非同寻常的变化。

Adelson 发现，青少年期间发生的最重要的政治思维的变化是抽象能力逐渐增加。这个结果回应了皮亚杰的观点——皮亚杰根据逻辑和抽象推理的能力，描述了形式运算思维的特征。例如，当 12～13 岁的人被问及"法律的目的是什么"的时候，给

408

出的答案可能如下（Adelson，1972，p.108）：

> 他们回答了，像在学校那样，为了人们不受到伤害。
> 如果我们没有了法律，人们可能到处杀人。
> 因此，人们不会偷或杀。

现在考虑年长 2～3 岁的被试的反应（Adelson，1972，p.108）：

> 为了确保安全和加强政府管理。
> 为了限制人们能做的事情。

> 他们是人们的基本指导准则。
> 我认为，就像这是错误的和这是正确的，来帮助他们理解。

这两套反应的实质性区别是，年龄较小的青少年将他们的答案局限于具体的例子，如偷和杀。11 岁的青少年在处理正义、平等或自由这些抽象概念时还存在麻烦。相反，年龄较大一点的青少年通常能够往返于具体和抽象之间，简而言之（Adelson，1975，p.68）：

> 年龄较小的青少年能够想象一间教堂，但不是信仰；能够想象老师和学校但不是教育；能够想象政治人物、法官和监狱但不是法律；能够想象公共场所但不是政府。

年少和年长的青少年的政治思维另一个不同点是，前者倾向于用坚定的和不变的立场来看待政治世界。年少的青少年在应对历史事件时仍有困难。他们不能理解同时采取的行动对于未来的决定和事件是有暗示的。

孩子们度过青春期时，对权威的崇拜明显下降。青少年期之前，他们对犯法者的看法是更加单维度的。他们是从好孩子和坏孩子、身体强壮和体弱多病、跟随他人堕落还是压抑克制自己的角度来看待这些问题。他们会被个人专制甚至政府的极权主义模式所吸引。到了青春期后期，他们在政治观点方面变得更加自由、人道、民主（Helwig，1995）。因此，他们能够看到 2001 年 9 月 11 日事件的许多方面——有些人想战争；有些人想和平。

Adelson 发现，不同民族的年轻人有着不同的政治思维。德国人不喜欢混乱，崇尚强者领导。英国青少年强调公民的权利和政府的责任是否能够为公民提供大量的商品和服务。美国人强调社会和谐、民主实践、个人权利的保护和公民之间的平等性。

### 思考题

当青少年升至高中、高中毕业、进入大学、参军或工作时，为什么会变得更加有政治意识，表现在哪些方面？

续

　　我们已经看到青少年是如何进入青春期的，以及已经讨论与人生这个时期相联系的生理和认知的
变化。成熟带来确定的责任和诱惑，许多青少年发现很难应对；因此，一些青少年开始从事成年人认
为"破坏性"的行为，这一点就不足为奇了，尽管还是有大多数青少年平安无事地通过了这个时期。
一项关于青少年期身体发展和健康的研究回顾揭示出，如今许多青少年对日常的基本原则正在产生严
重的担忧。在第12章，我们将会看到，青少年在被呈现许多挑战和选择的时候，他们会变得更加不情
愿与父母或监护人讨论那些有意义的问题，而转向朋友，以获得信心、建议、支持和安慰。在第12章，
我们将把讨论转向青少年如何发展个人的自我概念和自尊，受家庭和同伴的影响，来为随之而来的健
康的成年人生活做好准备。

# 总结

## 身体发育

　　1. 在青少年期，年轻人经历青少年的生长高
峰，在身高和体重上非常迅速地增加。这种猛增
女孩典型地比男孩早两年发生。

　　2. 青少年期还以生殖系统的发展为特征。生
殖系统完全成熟需要几年的时间，并伴随着大量
的生理变化。

　　3. 实际年龄相同的儿童显示出在生长和性成
熟方面的巨大不同。成熟得早晚对他们与成年人
和同伴的关系有重要的影响。因为成熟程度的不
同，一些青少年在身高、力量、身体吸引力和运
动方面占有优势。

　　4. 对于青少年而言，来自同伴团体的成长和
发展的任何不同都会产生一段困难的经历，尤其
是如果这个差异把个体置于劣势或与同伴不友好
的矛盾中。

　　5. 许多青少年只顾着自己的生理接纳度和充
分性。这些担心发生在友谊的性质及重要性发生
实质性变化的时期。

409

## 青少年期的健康问题

　　6. 三种疾病起源于营养不良的习惯：神经性
厌食症、贪食症和肥胖。

　　7. 物质滥用是指有害使用药品或酒精持续超
过很长一段时期，通常危害自己或别人。

　　8. 未受保护的性行为常常导致 STIs 的传播。
AIDS 是由一种危害人类免疫系统和阻止身体抵抗
感染的病毒所致。

## 认知发展

　　9. 皮亚杰称青少年期为"形式运算阶段"。这
个阶段的特征是逻辑和抽象推理。然而，并非所
有的青少年和成年人都达到过这个阶段或获得了

相关的逻辑和抽象思维能力。

　　10. 青少年期产生独特的自我中心主义。在对
自我能够以新的思维能力进行思考时，青少年假

定他们的思维和活动对于别人也像对于自己那样感兴趣。

11. 在这个时期，学生在学校被分成不同的能力群体，特殊课程能够帮助许多青少年更少麻烦地从学校过渡到工作。

## 道德发展

12. 生命中没有任何其他时期可以像青少年期这样，道德价值和原则受到如此多的关注。但是只有一些青少年，并非全部，到达科尔伯格所说的道德的后习俗水平。在这个过程中，大量年轻人完成了这个与道德相关联的过渡阶段。Fowler 描述了他的信任发展理论的发展阶段。

13. 在青少年期，年轻人关于社会和政府的思维方式发生了主要变化。成熟似乎是这些变化的最有力的来源。当儿童步入青少年期时，他们的政治思维变得更加抽象、较不静态和较少专制。

## 关键词

| | | |
|---|---|---|
| 青少年的生长高峰（382） | 假想观众（402） | 青春期（380） |
| 神经性厌食症（393） | 初潮（384） | 性传播感染（STIs）（396～397） |
| 非同步性（382） | 肥胖（392） | 物质滥用（396） |
| 贪食症（394） | 形式运算阶段（401） | |
| 自我中心（402） | 个人神话（402） | |

## 视频梗概——www.mhhe.com/vzcrandell8

在本章，你已经看到与青春期、青少年自我中心、社会压力及焦虑相关的成熟问题，青少年的部分生活中面对这些问题。观看青少年的视频梗概，结束后弄明白，当 Maggie 和 Aron 与他们的朋友在一起庆祝的时候，一些概念如物质滥用和同伴成长的其他压力，是如何来到生活中的。Maggie 和 Aron 的这段梗概还介绍了在下一章即"青少年期：情绪和社会性发展"将要探讨的与同伴和父母相关的一些主要概念。

# 第12章

# 青少年期：
# 情绪和社会性发展

## 概要

### 自我认同的发展

- 霍尔的"暴风和压力"说
- 萨利文的人际发展理论
- 埃里克森：青少年期的"危机"
- 自我认同形成的文化层面

### 同伴和家庭

- 青少年的同伴团体
- 青少年和家庭

### 求爱、爱情和性

- 行为模式差异
- 求爱
- 爱情
- 性态度和行为
- 青少年怀孕
- 性取向

### 生涯发展和职业选择

- 为工作世界做准备
- 美国就业趋势的变化

### 批判性思考

1. 当你处于青少年时期时，谁对你如何看待自身和世界产生的影响最大？父母、同伴或是一位最好的朋友？谁的影响最持久？

2. 不同类型的人的发展路径会有很大差异吗？例如，一位非洲裔美国女同性恋者和一位高加索裔异性恋者，会经历相同的发展阶段吗？如果是这样，这对任一理论有什么说明？

3. 你认为媒体如何影响青少年自我认同的形成？

4. 你猜想一下十几岁青少年的日记里会讨论哪些问题——个人、政治、道德或文化？你认为在1900年的青少年日记里可能会发现什么不同？

- 平衡工作和学校
- 毕业率和辍学率

**危险行为**

- 社交饮酒和药物滥用
- 青少年自杀
- 反社会行为和青少年犯罪

**专栏**

- 人类的多样性：窥视青少年的网络世界
- 可利用的信息：确定你认识的人是否有酒精或药物问题
- 进一步的发展：如何保护青少年远离枪支和暴力？

　　将青少年和"成人世界"分开的西方模式，促成了一种年轻人文化。年轻人文化的明显特征是产生各种同伴团体商标（如音乐风格或最新的电子玩意），代沟的观念过度简化了年轻人和成年人之间的关系。青少年在生活方式选择、性认同和表达上，必须做出艰难的调适，当青少年开始进入成人环境时，他们首次经历许多令人兴奋的活动。成年人可能会鼓励青少年做兼职，而不同意他们有性活动或药物使用。

　　大多数美国青少年都能成功过渡到成年早期，然而，有些青少年可能会出现高危险的行为，诸如药物滥用、进食障碍、滥交、怀孕、堕胎、自杀企图、少年犯罪、自残、学业失败，还有极少部分进入职场。另一方面，继续体验高自我概念直到十年级的青少年，很可能完成大学学业，追求更高的学位，并继续为成年生活建构基础。

　　在本章，我们将检视促进或降低青少年自我价值的影响因素，以及青少年如何——和谁一起——成功走过这个充满挑战的人生阶段。

## 自我认同的发展

412

　　过去几年或更久一段时间，青少年花费大量的时间聚焦于"我是谁"这个问题，通过与家人、朋友、同学、队友、教师、教练、顾问、导师等的社会互动，绝大多数青少年对他们的能力和天赋有了更加坚定的理解。一些人想利用他们的独特天赋来给这个世界做出自己的标记，其他人决定继续跟随父母或进入自家生意里。许多人决定进入大学或军队，这允许他们有时间来延迟宣布就业，少部分人决定离开学校和主流社会来"发现自我"，因为他们需要工作来支撑家庭（这些可以以青少年移民为例），或者因为他们在学校系统感到不满意和/或不成功。不幸的是，那些没有获得中学学历的人则处于事业和极度贫穷的危险中。导致青少年失业、怀孕、青少年为人父母、健康危机和高度贫穷。2003 年，16～24 岁的人群中，有 13% 既没有工作也不在学校登记注册，女性比男性更有可能面临这种处境（Wirt et al.，2004）。然而，有些学校的辍学生能够进入工作世界，我们会在本章后面阐述这个问题。接下来我们将看到几种试图解释为什么青少年时期对于个体人生来说是一个重要转折点的相关理论。

## 霍尔的"暴风和压力"说

1904 年霍尔（G. Stanley Hall）出版的不朽之作《青少年期》（*Adolescence*）一书推动了青少年期是一个独特而动荡的发展阶段的观点。霍尔，美国早期心理学界最主要的人物之一，他描述青少年时期是一个**"暴风和压力"**的阶段，该阶段以不可避免的骚动、失调、紧张、叛逆、依赖性冲突，以及夸张的同伴团体服从为主要特征。这种观点随后被安娜·弗洛伊德（Anna Freud，1936）及其他心理分析学家（Blos，1962）所采纳。事实上，安娜·弗洛伊德（1958）甚至宣称："青少年期维持稳定的平衡状态是不正常的"。从这种西方的观点来看，青少年会经历如此多的迅速变化（生命改变的会聚或"连环碰撞"），以至于如果这些变化能够被适当整合到个体人格中的话，那么重建自我认同和自我概念则成为必需的。更为复杂的是，生物及荷尔蒙的变化被认为会影响到青少年的情绪和心理健康，使一些青少年产生大量的情绪波动、易怒及失眠现象（Buchanan，Eccles & Becker，1992）。就像你看到的那样，青少年期最初被视为一个人要从较平静的儿童世界驶向要求多的、被称为成年期的"真实世界"所必须经过的"麻烦之水"。然而，到目前为止，有些非西方文化并不承认青年和成年之间还存在一个青少年阶段。

## 萨利文的人际发展理论

萨利文（Harry Stack Sullivan）是最早提出青少年发展阶段的理论学家之一。他在《精神病学的人际关系理论》（*The Interpersonal Theory of Psychiatry*）（Sullivan，1953）一书中强调关系和沟通对青少年的重要性。萨利文的理论——与弗洛伊德的理论相反——把人类发展的主要力量解释为社会性因素而非生物性因素。他的社会理论当被用在检视青少年发展，以及同伴团体、友谊、同伴压力、亲密感的作用时，有着很强的启发性。本质上，萨利文主张青少年期间存在的积极的同伴关系对于健康发展有着很重要的作用，而消极的同伴关系将导致不健康的发展，诸如抑郁、进食障碍、毒品滥用、少年犯罪等行为。下面我们将聚焦于萨利文理论的三个时期：前青少年期、青少年早期、青少年晚期。

**前青少年期**　前青少年期开始于突然对同性玩伴的亲密关系的强烈需要，并结束于当青少年开始产生生殖性欲时。在这个时期，个人亲密包含人际亲近，但不包括生殖器接触。最好的朋友，萨利文称之为"密友"，最可能有着许多共同的特征（性别、社会地位和年龄相当），将会分享爱、忠诚、亲密，以及自我表露的机会——但是不会有性关系，也不会经历萨利文所谓的"性欲动力"。有了"密友"后，前青少年可以洞察别人如何看待世界，这会帮助减弱许多形式的自我中心的想法。

**青少年早期**　随着青春期的出现，绝大多数青少年生殖器发育成熟。萨利文（1953）认为，与异性同伴发展性亲密关系的需要会对前青少年与同性密友的亲密关系形成挑战。因为前青少年只与同性经历亲密关系，而青少年早期带来三种独立需要：性满足的需要、继续人际亲密关系的需要及个人安全感的需要（即需要得到潜在性伴侣的社会认可）。

安全感问题包括积极自尊、个人价值以及消除焦虑。对于青少年来说，全新的生殖器的重要性作为价值的向导，足够置他们于一种失衡状态。还记得当你第一次意识到别人把你看成是生物时你的感受吗？如果你观察现在购物中心或学校里的青少年，可能会注意到的第一件事就是他们通过戏弄、调情或动作虚张声势来吸引别人的眼球所做的各种尝试。萨利文说，当个体发现可以满足他们已经获得的生殖驱力的方法时，将会从青少年早期过渡到青少年晚期。

**青少年晚期**　青少年晚期开始于个体开始建立一种可以满足性需要的方法，结束于建立起个人和性两者皆有的亲密关系。爱是结合亲密和性欲的结果，爱另一个人可以形成成年期的长期稳定关系。在青少年晚期，性生殖能力会与亲密人际关系能力融合。

萨利文的理论试图进一步深入探究青少年通向性成年期的旅程的本质细节，还试图解释为什么青少年能够度过这些发展阶段，这与霍尔将青少年的整体图景描绘成人生的一段喧哗时期相反，

霍尔和萨利文都想根据青少年如何过渡到成年人来解释青少年的某些层面。霍尔看到了整体，萨利文看到了关系，他们都没有强调青少年的内省或年轻人试图弄清楚青少年期的内在和外在的变化特征的心理任务。然而，埃里克森则更进一步看到了青少年在这个时期做斗争的个人心理任务。

## 埃里克森：青少年期的"危机"

埃里克森的研究聚焦于青少年为了发展和澄清自我认同而做的挣扎。他对青少年的看法与长期以来将青少年描述成困难期的心理传统相一致。就像第 2 章所描述的那样，埃里克森将人生发展顺序划分成九个心理社会阶段，每个阶段都有不同的任务或重要挑战，个体必须向前，要么走向积极，要么走向消极。自我发展或自我调适的主要任务都聚焦于每个心理社会阶段。埃里克森的第五个阶段包含青少年时期，由寻找**自我认同**构成，他主张最佳的自我认同是体验幸福感："最明显的伴随物是感觉自己的身体自在，知道自己要去哪里，而且内心确定得到重要他人给予的肯定"（Erikson，1968a）。

埃里克森观察到青少年就像是荡秋千演员，必须松开儿童时期的安全扶把，跳到空中才能握牢成年期。由于青少年在面对许多即将发生的成年人任务和决定的同时还在经历着迅速的身体变化，因此寻找自我认同变得尤其迫切。最近的实证研究支持了埃里克森的观点，发现青少年确实经历着自我认同探索和伴随出现的"危机"（Makros & Mc-Cabe，2001）。年龄较大的青少年常常必须做出职业选择，或至少决定是否继续受正规教育、找工作、从军，或者辍学。其他的环境因素提供了自我概念的测验场：拓宽同伴关系、性接触和性角色、道德与意识形态承诺，以及搬出父母的家进入属于自己的家园从而摆脱成人的权威。

青少年必须综合各种新的角色来使自己与环境达成妥协。埃里克森相信，因为青少年自我认同是分散的、未定型的、波动的，因此青少年和其他人常常感觉像在大海里一样，缺乏稳定的停泊点。这会导致青少年过分投注于小派系或帮派、忠诚、爱情或社会因素：为了使大家保持一致，

他们可能暂时性地过渡到认同帮派和党派里的英雄人物，有的人显然完全失去了个性。然而，在这个阶段，即使相爱也不完全只与性有关，青少年的爱情通过将自我映像扩散投射到另一个人身上，再通过反射回来使其逐渐明朗化来尝试定义自我，这也就是为什么大量年轻人的爱情都是在谈话交流。此外，还可能透过破坏性的方法来阐释自我，年轻人可能变得非常地排"他"，残酷地、不能容忍地去排除那些肤色、文化背景、容貌或能力与自己不同的人，或者用品位和资质来区分自己，或是完全将服装姿态和手势武断地作为选择谁是"同类"谁又是"异类"的符号。

根据埃里克森的看法，这种排他性能够解释为何一些青少年会受到各种极端或极权运动的吸引，换句话说，我们不会看到许多 75 岁的"光头党"。按照埃里克森的观点，每个青少年都会面临一个主要危机：他或她能否获得稳定、一致、完整的自我认同。因此，青少年可能会经历自我认同扩散，甚至到青少年晚期，仍然无法使自己对职业或意识形态有所承诺，以及确保一种公认的生活立场。青少年面对的另一项危机是可能发展出**消极的自我认同**——贬低自我映像和社会角色。青少年经历的另外一种过程是**偏差自我认同**（deviant identity）——生活方式偶尔或至少不会受到社会价值和预期的支持。其他的学者已经追随埃里克森的研究并以其为向导。

马希尔（James E. Marcia，1966，1991）根据完成、延迟、早闭和扩散来检视自我认同地位的发展和确认。马希尔访谈大学生来寻找他们对未来工作的看法、宗教信仰和世界观。根据这些访谈，马希尔发现可以依据四种自我认同形成类型将学生分类：

**1. 自我认同扩散**（identity diffusion）。这是一种个体很少对于任何人或信仰做出承诺的状态，相对性思维和强调个体满足是极为重要的。这个人没有核心特色，或别人可以指着他说，"这个人代表 X、Y 或 Z"。那些自我认同扩散的人似乎并不知道这一生想要做什么或将成为什么样的人。例如，Henri 这个星期有一个目标，下个星期又换一个目标，他这个月是严格的素食主义者，下个月又成为毫无节制的肉食动物。他无法告诉你为什么他认为要这样做，除了用很模糊的语句回答，如"因为我就是这样"。

**2. 自我认同早闭**（identity foreclosure）。逃避自主选择，自我认同早闭是不成熟的自我认同形式。这种青少年会接受别人（如父母）的价值和目标，而不会去探索其他的替代角色。例如，Carmen 想要成为一名医生，自从在 7 岁时她父母如此建议以来，她就一直期待着。现在她 18 岁了，但是她从来没有再次考虑这种想法，因为她已经内化了父母的期待。你可能会听到她说："妈妈希望我念哈佛，所以我来到了哈佛。"

**3. 自我认同延迟**（identity moratorium）。一段延缓的时期，可以使青少年实践或尝试各种角色、信仰及承诺。这段时期处于儿童期和成年期之间，个体能够探索不同的生命维度，而不必做出任何选择。青少年可能会开始或停止、放弃或暂停、实行或转换既定的行为过程。例如，André 加入和平团服务，因为他并不十分了解大学毕业后他要做什么，他以为这样会给他一个机会去"发现自我"。

**4. 自我认同完成**（identity achievement）。在这段时期里，个体获取符合别人对他/她的预期的内在稳定性。例如，每个人都同意，当 Jamella 进入这个房间时，她会以专业的方式来处理这种情形，并且之后不会泄露秘密信息。事实上，也确实如此，每个人都知道 Jamella 是值得信任的，她也是用同样的方式看待自己的。

David Elkind（2001）在《匆忙的小孩》（The Hurried Child）里增加了一个新观点，他认为严酷的现实世界增加了青少年的压力（拥有更高的学业成就、完成更多高深课程、身体健康、运动方面要最好、为 21 世纪的工作做更好的准备），因此自我认同完成无法再推迟到青少年晚期。

---

## 思考题

霍尔、萨利文和埃里克森在青少年期发展任务上存在哪些相似之处？这些理论家对青少年自我认同的形成的看法有哪些差异？

---

## 自我认同形成的文化层面

一些社会科学家已经提出很少有人在从儿童期向成年期过渡时比在西方国家的人有更多的困难（Chubb & Fertman, 1992；Elkind, 2001；Sebald, 1977）。青少年期的少男少女被期望停止儿童身份，然而，他们还并不想成为男人和女人。他们被告诉"长大"，但是他们仍然像依附者一样被对待，经济上需要父母的支持，经常被社会视为不可靠的、不负责任的。根据这种观点，这些相矛盾的期待在美国和欧洲年轻人中产生了自我认同危机。

许多非西方社会提供了这个人生重要阶段的通过仪式或**青春期仪式**——象征从儿童期到成年期过渡的原始仪式（Delaney，1995）。例如，在非洲和中东国家的青少年男性和女性正在遭受包皮环割和阴蒂切除的割礼式宗教仪式，这些仪式会伤害个体的身心健康（Van Vuuren & deJongh, 1999）。然而大多数年轻人为了获得他们的文化里的成年地位而忍受这种仪式。这种通过仪式存在于整个人类历史，具体的仪式有：与社会隔绝、长者教导、过渡仪式、成人身份获得认可后返回社会（Delaney，1995）。仪式包括生理和精神的洗礼、祈祷和保佑、穿传统服饰、提供传统食物或快餐、传统音乐。这不仅仅是仪式，也是年长者做贡献的重要时刻，能够帮助青少年更加健康地向成年身份过渡（Delaney，1995）。在有些国家，青少年男性和女性随后会被分离开来直到较大年龄后再安排婚姻。

西方社会明显地较少提供通过仪式。少数例子包括犹太人的男孩和女孩成年礼、基督教坚信礼、16 岁或 17 岁获得驾照、18 岁拥有选举权、从高中和大学毕业或进入军队。自我启蒙在美国年轻人中变得更加普遍：抽烟、饮酒、性活动——这些变化发生在没有成年人在场的同伴中。

**青少年期：不必有暴风或压力吗？**　心理学家班杜拉（Albert Bandura，1964）强调，对青少年期刻板的暴风和压力的描述更适合"不断出现在精神诊所、少年犯罪缓刑局、新闻头版的异常的 10% 的青少年人口"中。班杜拉争辩道，与事实的真相相比，"暴风和压力的十年神话"更应归因于文化期待和电影、文学作品及其他媒介对青少年的描述。Daniel Offer 对 61 名中产阶级男孩的纵向研究同样发现，很少有证据能够证明"动乱"或"骚动"的存在（Offer，Ostrov & Howard，1981）。相反，大多数是高兴的、负责的以及调适较好的男孩，他们尊重父母。青少年的"动乱"大多数仅局限于与父母发生的争吵。和班杜拉的观点一样，Offer 得出结论说，将青少年描述成动荡时期的看法多来自于埃里克森等的研究——这些研究者利用他们的职业生涯来主要研究动荡的青少年。他得出结论（Offer，Ostrov & Howard，1981）："我们的数据使我们假设，青少年期作为人生的一个阶段，并不是一个特有的压力很重的时期。"Offer 最近对十个国家和地区大约 6 000 名青少年的研究（澳大利亚、孟加拉国、匈牙利、以色列、意大利、日本、中国台湾、土耳其、美国和原联邦德国）得出的这个结论获得了跨文化的支持（Offer et al.，1988；Schlegel & Barry，1991）。

青少年期还被当作主要态度转变的时期。志向、自我概念、来自父母示范的政治态度和对家务的性别态度，通常对年轻的成年人的态度形成是重要的。尽管这些领域的差异体现在教育方面取得成功（及以后的工作中）和不成功的个体之间，这些不同点在十年级时已经在很大程度上被确立了（Cunningham，2001；Zimmerman et al.，1997）。换句话说，以大抱负和积极的自我概念进

入高中的年轻人可能会在中学之后至少五年内持续这些优势。因此，大学和职业学校的学生典型地有较高的自尊——自尊可以反映出他们早五年拥有的积极的自我映像。相似地，学校辍学生的低自我映像是在这些青少年从学校离开之前就已经构建出来的，这样的个体差异在整个时期都十分稳定（Jessor，Turbin & Costa，1998）。

加州大学柏克利分校的心理学家首次于 1928—1931 年对青少年进行了纵向研究，然后研究者继续追踪了 50 多年，证明以下结果：能力强的青少年总体上比那些能力差的青少年更加稳定（Clausen，1993），许多研究者发现，大多数个体的整体自尊在青少年期会随着年龄的增长而增加（Chubb，Fertman & Ross，1997）。当然，这也有例外。社会环境的变化，包括变换学校，可以干扰其他方面加强孩子自尊的力量。因此，初中或高中的过渡在特定环境下会产生动荡影响，尤其是女孩（Seidman et al.，1994）。事实上，青少年期女孩的自尊危机是现在大量研究的焦点。

**吉利根：青少年和自尊**　青少年女孩的自尊被美国大学妇女协会（AAUW，1992）所检测，结果报告为《学校如何亏待女孩》。吉利根曾协助了这项研究，并说道，小学的女孩通常是更自信的，自我张扬、自我感觉积极；但是到初中和高中，大多数都产生了较差的自我映像、较低的期望、对自己的能力变得更没自信（Brown & Gilligan，1992）。特别地，很少有美国女孩选修严格的数学、科学或计算机科学课程，在这个技术驱动的社会里，这些科目是与大学认可、奖学金和就业机会相关的。这个报告成为变化的一个催化剂：女孩在数学和科学方面的登记和测验分数有所长进，但计算机科目还跟不上（Leo，1999）。然而，近来的一项研究发现男孩和女孩的数学分数其实只有很小的差距，而性别刻板印象和社会化使女孩远离与数学相关的工作（Barnett & Rivers，2004）。

到了大学，女孩比男孩取得了更高的成绩、班级排行和更多的荣誉（科学和运动例外），男孩则经历更多的行为和学业的困难（Leo，1999）。然而，学业名声仅仅是整体自尊的一个范畴。之后，Quatman 和 Watson（2001）研究了青少年的性别和整体自尊，发现男孩在八个领域的六项得分显著高于女孩，另外两个领域与女孩相等。一些

研究结果如下：

- 在受同伴欢迎的知觉上没有差异。
- 学业：得分没有差异，但是女孩视她们自己为努力工作的、勤勉认真的、合作的，在学校比男孩有更好的行为。
- 个人安全：男孩得分高于女孩。
- 家庭/父母：男孩得分高于女孩；女孩对家庭生活/父母较不满意。
- 吸引力：男孩得分高于女孩；女孩更可能选择"我看起来是丑的"。
- 个人精通：男孩得分高于女孩，女孩更害怕犯错，对自己较不自信。
- 心理反应/渗透：男孩得分高于女孩；女孩报告更多的心理负担引起的症状，例如头痛、胃疼，当受到斥责时感到沮丧。
- 运动：男孩得分高于女孩；女孩感觉竞争力较弱。

吉利根声称女孩比男孩更可能发展出集体主义或联结的模式，也可能会由于自己对于别人体贴敏感、关系密切及互相依赖，而感觉自己很好。因此，进入大型初中或高中的青少年女孩可能失去可以促进有意义关系的亲近感。相反，男孩可能通过独立、分离和竞争来感觉自己是更加积极的（Quatman & Watson, 2001）。

简单来说，吉利根发现，青少年期间女孩开始怀疑她们自己内在的声音和感情以及她们承诺有意义关系的权威性。然而，在 11 岁时，她们肯定她们的自主权。吉利根说，西方的文化号召年轻女性接受"完美"或"好"女孩的形象——避免刻薄的、专横的形象；应该展现出一种平静的、安静和合作的面貌。学校通常不鼓励获得友谊，而是鼓励进行个体性、竞争性和自主性教育，从而导致了这个问题的出现。

之后，吉利根转移她的注意力到发展性计划上，这些计划将帮助年轻女性为她们自己的生活写出真正有意义的篇章，阻止她们隐藏自己的感情。同时，吉利根的论点并非没有受到挑战。例如，Christina Hott Sommers（1994）及其他人则攻击所有实际上基于性别研究的可靠性，因为这类研究本身就有偏见，且缺乏坚实的证据。一场专家的研讨会讨论了近来 AAUW（2001）的报告《超越性别的战争》（*Beyond the Gender Wars*），并呼吁教育者照顾到所有年轻人的需要，可以由多元学习风格、主动学习和合作学习的途径来改善教学（Taylor, 2001）。

**Mary Pipher：青少年女性的自我认同形成**

在 1994 年，临床心理学家 Mary Pipher 出版了题目为"拯救 Ophelia：拯救青少年女孩自身"的揭秘性陈述，这是她基于 20 多年来辅导前青少年期及青少年期的女孩而写成的。通过观察和记录这种有意义的变化，她亲眼目睹了在她的临床实践过程中，年轻女性的这种变化。她警示性地指出，我们的文化（学校、媒体、广告产业）正在破坏许多青少年女孩的自我认同和自尊，她为更加健康的自我认同形成提供了一些建议。她的工作不仅支持了吉利根的理论，还进一步阐述了女孩现在正生活在一个全新的世界，这个世界是一个威胁生命经历的世界，包括伴随神经性厌食症生活、抑郁、自残行为，还包括生殖器疱疹、生殖器湿疣和 HIV、性骚扰、性暴力（包括约会中的强奸）和被陌生人强暴的暴力、早产和多胞胎怀孕或人工流产、早期或较严重的物质滥用、高自杀率。

有些夸张的事情会发生在青少年早期的女孩身上。研究显示，女孩 IQ 得分和数学、科学得分出现下降。在青少年期早期，女孩变得缺少好奇心和较不乐观；她们失去了她们的韧劲和坚定自信的假小子的个性，变得更加顺从、自我中心、自我批评、抑郁。她们的声音逐渐被"隐藏"起来，她们的讲话变得更加腼腆且不善于表达。许多活泼的、自信的女孩（尤其最聪明的和最善解人意的女孩）变成了害羞、多疑的年轻女性。Zimmerman 和同事们（1997）通过纵向研究，检查了 6～10 年级的 1 000 多名年轻人自我认同和自尊的发展轨迹，结果显示女性群体的自尊出现稳定的不断下降趋势，而男性青少年群体的自尊则出现适度的上升趋势。与这个结果相反，另一项研究显示男孩也处在自我认同形成的危机中。

Denner 和 Dunbar（2004）对墨西哥裔美国青少年女孩进行了小样本研究，看看她们是否也会在青少年发展期间远离自信和坦诚而逐渐消失自己的声音和力量。在墨西哥的家庭里，传统的圣女（Marianismo）的概念定义了对女性保持顺从的角色期待，既要显示出对家庭的尊重，又要保持性纯洁。这些十几岁的少女融入美国社会的文化时，在家庭和学校里会面对性别的不平等，但是她们也认为自己是很强的，会表达出她们的看法，且保护比自己小的兄弟姐妹。

**青少年女性自我认同的形成**

近来研究提出十几岁的少女比儿童期后期发展出一个更差的自我映像以及对自己和自己的能力更不自信。

来源：*For Better or for Worse*© 2005 Lynn Johnson Productions．Dist．By Universal Press Syndicate．Reprinted with permission．All rights reserved．

417　　**Michael Gurian：男孩自我认同的形成**　Michael Gurian 是一位咨询师兼治疗专家，他致力于男孩自我认同的发展研究。他在 1996 年出版了《男孩的徘徊：父母、导师和教育者能够做些什么来把男孩塑造成为独特的男人》（*The Wonder of Boys：What Parents，Mentor and Educators Can Do to Shape Boys into Exceptional Men*）一书，描述了他认为男孩需要什么来成为强壮的、有责任感的、体贴的男人。他的关于男性自我认同发展的理论是以承认大脑和荷尔蒙的差异从根本上控制了男性和女性的操作方式为中心的。在 20 世纪 90 年代，关于男女大脑差异的最近研究证实了 Gurian 讨论的结构和行为差异。

Gurian 说，当男孩到达青春期的时候，睾酮对大脑和身体的影响逐渐增加。男性的身体一天将会经历 5～7 次睾酮的突增（Gurian，1996），预期男孩会碰到许多事情，且情绪化、易攻击、要求大量睡眠、难以控制脾气，以及有着大量的性幻想和自慰。在 Gurian 的观点里，最重要的是男孩需要与原生的大家庭和导师（明智且有技巧的人，例如试图提供童子军活动和组织运动会）之间的关系，且需要来自学校和社区的强烈支撑（Zimmerman et al.，1997）。当在我们的文化中不能获得积极的角色榜样和成年人的支持时，青少年男孩可能成为结帮活动、性误导和犯罪的受害者。这被年轻男性犯罪（大多数暴力犯罪是由男性发起）、被杀害或判刑的较高发生率所证实。Gurian 阐述说，"男孩正在反抗社会和父母，因为这两者都不能提供给他们足够的榜样、机会和智慧来使他们在社会内部愉快地行动"（Gurian，1996，p. 54）。

学者们现在想出了一种合作的途径来检测青少年期成熟的挑战和健康的自尊，无论是性别、种族、民族或社会经济地位（AAUW，2001a）。然而，青少年宁愿在同伴群体内部来应对这些挑战。

## 同伴和家庭

历史地看，我们对青少年期的印象是同伴世界和父母世界相互对峙的一段时期。然而，我们从心理学和社会学的研究中却得出很不同的画面。西方工业社会不仅延长了儿童期和成年期之间的时间，还倾向于隔离年轻人。"代沟"的概念已经广泛流行，这暗示着年轻人和成年人之间的误解、对抗及分离。基于年龄来划分年级的学校意味着年龄相同的学生会花费大量时间在一起，而在学习和课外活动中，学校成了他们自己的小世界。中年人和较年长者也倾向于通过所掌

握的对青少年的刻板印象来制造心理上的分离。他们频繁地定义青少年期为生活中的独特时期，这远离了人类活动的整体网络——的确如此，即使是偶然的。下面让我们更加仔细地检视这些事情。

## 青少年的同伴团体

在某种程度上，年轻人的生理和心理是被分离的，他们被鼓励发展自己独特的生活方式（Brown & Huang, 1995）。一些社会学家说，西方社会通过分离他们的年轻人来延长到成年期的过渡，提出了"**年轻人文化**"——大量年轻人用标准化的方式思考、感觉和行动。第二次世界大战后的婴儿潮世代（出生在 1946—1964 年之间）带来了美国的另一种年轻人文化，许多青少年有自由时间、额外的钱和无穷尽的能量。足球队、拉拉队员、猫王、摇滚和自动点唱机及电视出现了（Zoba, 1997）。X 世代（在 1964—1981 年之间出生的人）在过去的 20 年里，统治了大学文化和工作环境，常常被称为"我的"世代，他们不相信权威，也不务实，在适应技术变化过程中存在着困难。

新千年世代（也被称为"Y 世代"或者说"回应婴儿潮世代"）是出生在 1982—2002 年之间的这群人，预期范围会扩展到 2010 年。人口统计学显示出这是美国历史上数量最大的一批人，大约有 7 800 万～8 000 万之众，预期会增长到 1 亿。《新千年世代升起》（*Millennials Rising*）的作者 Strauss 和 Howe 及其他研究者（Alch, 2000; Lovern, 2001）观察了当前的年轻大学生群体、军事征募兵和工人，新千年世代如下：

● 显示出利他主义价值观的迹象，例如，乐观、公平、道义、革新的精神意识以及尊重多样性（许多是来自移民家庭）。

● 显示出对更大的社区、政治和为别人服务的社会责任感（就像学生，他们已经学习到了团队工作的价值）。

● 强烈倡导改善环境、贫困问题和全球关注的事情。

● 重新放置重点于礼貌、谦虚和对别人的热情，这影响到工作场所的期待、标准和外观。

● 证明在学校和工作中是有抱负的，并具有强烈的工作伦理标准。

● 创造出新的以独立、创业和合作为主要特征的工作文化；关于电脑、媒体和电子商务的技术悟性；在车间关系里寻找能力强的导师和顾问。

● 避免无保护的性和青少年怀孕，返回到更加保守的婚姻和家庭价值。

● 显示出成就增长的迹象，例如 SAT 得分方面，创造出了更高的大学 SAT 平均分和入学标准。

● 为自己花费更多的时间，追寻比时刻表般繁重的儿童期更少结构性的生活。

Collins 和 Tillson（2001）是经验丰富的大学教授，他们观察到当指导者将技术融入学习，提供交际和反馈支持的方法，允许有合作学习的机会，使用案例法，承认和从事多样化感觉和学习风格，安排社区设置的服务性学习，促进批判性思维、问题解决和推理时，作为学生这一辈的人会有最好的表现。

年轻人文化最明显的特征是不同的同伴团体标记：更喜欢的音乐、舞蹈风格、肢体艺术（例如文身和穿洞）、偶像；时尚服装和发型；独特的行话和俚语。这些特征把青少年和成年人分离开，来确定能够分享相关情感的青少年身份。这样的特征促成一种**整体意识**——一种让人喜欢的身份，在这种身份里，群体成员逐渐感觉到他们的内部体验和情感反应是相似的。另外，青少年感觉缺少对发生在生活中的许多变化的控制。他们收回

控制的方法之一是通过假定接受同伴团体的独特特征：他们不能控制疼痛，但确实控制得了所听的音乐类型、穿什么衣服和怎样人工流产以及怎样打理他们的头发。

年轻人文化的中心成分之一是产生了关于个体的男子气概或女性气质的品质和成就的各种观点。另外对于男孩而言，男子汉气概的主要特征是掌握身体、运动技巧、性技能、冒险和面对攻击的勇气，以及愿意不惜一切代价保护自己的名誉。对于女孩而言，最受羡慕的品质是身体的吸引力（包括受欢迎的衣服）、适宜的行为和遵从规则、精心操纵不同种人际关系的能力以及练习控制性遭遇（Pipher，1994）。

总之，有两项品质在如今青少年的社会里获得很高的地位且很重要：（1）在个体重要的男子气概或女性气质里展现自信的能力；（2）在各种场合、情况下表现娴熟的能力。呈现"酷"自我映像是显现象征性身份的一部分——对奢侈品牌的购买欲望逐渐增加（例如，服装、技术、手提袋、鞋子、运动鞋）（"Brand Names Take a Back Seat"，2004）。许多当代青少年可以自由支配收入，易受到营销工业强有力作用的影响，在 2004 年，青少年花费 1 550 亿美元在自己身上，更可能观看有线电视、TiVo、DVD 和玩网络游戏（Ingrassia，2005；Romero，2001）（参见本章专栏"人类的多样性"中的《窥视青少年的网络世界》一文）。

**独特的年轻人文化**

一些心理学家和社会学家相信教育机构分离年轻人于高中和大学内，提供了独特的年轻人文化容易发生的条件。

仍有其他研究发现，并不存在庞大的年轻人文化。相反，当青少年进入初中和高中时，他们的世界典型地由较少的社会孤立组成，而且有许多小型同伴团体，这些团体有更多的不同信仰、价值和行为（例如，"运动员"、"大脑"和其他）。一些学者相信年轻人文化的概念掩盖了青少年期的个性，因为大多数人久而久之都被激励加入到同伴团体而使他们不会感到孤单（Lashbrook，2000；Ryan，2001）。

**同伴团体的发展性角色和过程** 同伴团体在许多青少年的生活里都占有主导地位，同伴压力是团体成员之间传递团体规则和维持忠诚的重要机制。尽管同伴在青少年期是主要社会化的代理人，但是同伴压力在不同年级的力量和方向上各有不同。小派别成员对于许多 6～8 年级的人来说似乎越来越重要，而当个人层面的社会关系变得更加重要时，个体身份的重要性也会逐渐下降（Brown & Huang，1995；Lashbrook，2000；Ryan，2001）。

然而，当代青少年在许多方面都各不相同。许多差异是由社会经济、种族和伦理背景的差异所导致（Perkins et al.，1998）。通常，每所高中典型地有几个"群体"——常常是相互排斥的几个小圈子。另外一些"流行圈子"看起来也是拥挤的，他们在一起形成相对稳定的小群体（如拉拉队和运动队员）。然而，在适当的时候，许多"圈外人"逐渐感受到愤怒，讨厌这些"受欢迎"的同伴，他们定义这些人为"趾高气扬的人"。即便如此，有领导的群体成员倾向于比"圈外人"有着更高的自尊。已经有研究发现，自尊会影响同伴压力、年级和酒精使用易感性（Zimmerman et al.，1997）。总之，我们对年轻人之间相似性的研究不应该导致我们忽视他们之间还存在的个体差异（Lashbrook，2000；Ryan，2001）。

**思考题**

同伴团体在哪些方面对青少年期自我认同的发展是重要的？

### 青少年和家庭

亲子关系在青少年期发生着变化。和父母在一起花费的时间数量、情感亲密性和对父母做出的选择的顺从，从青少年期早期到青少年后期都在下降（Updegraff et al.，2004）。在完整的家庭里，和青少年同性的父母典型地对青少年的社会化有更大的影响（Updegraff et al.，2001）。其他的研究已经发现母亲继续与青少年更加频繁地互动，在青少年的同伴关系里会扮演更加重要的角色。父亲的互动典型地出现在青少年的学业成就和课外活动中（Lewis & Lamb，2003）。就像在儿童早期所说的那样，父母婚姻关系的质量持续与亲子关系相联系。那些热情的、接纳性高的人们的子女倾向于有更高的社交能力（Updegraff et al.，2004）。但是在儿童期和青少年期早期，敌对的兄弟姐妹关系和强制的、易怒的或不一致的父母［或继父（母）］教育方式，"在促进发展的轨道上扮演着重要的角色，该轨道不仅增加了和异常同伴联系的可能性，而且还导致早期的不顺从行为成为反社会行为"（Kim，Hetherington & Reiss，1999，p.1209）。尽管再婚家庭中的大量儿童没有显示出严重的行为问题，且在应对家庭重组时是有适应力的，但是与没有离婚的家庭相比，离婚和再婚家庭中的年龄较大的青少年有着更高的反社会行为发生率（Kim，Hetherington & Reiss，1999）。

父母对同伴关系的监督和管理在青少年期间显得越来越重要。在非洲裔青少年的样本中，父母的高水平管理与青少年犯罪、物质滥用和攻击性的更低发生率相联系，而有着较少父母监督的男孩则报告，还经历比女孩更高水平的具有犯罪性的身体攻击、毒品和酒精使用以及犯罪行为（Richards et al.，2004）。因此，父母应该与他们十几岁的孩子维持亲密的关系，鼓励他们自己做决定来帮助他们发展心理自主性和独特个性。父母需要尊重青少年的观点，并提供给他们无条件的爱和接纳，即使他们和自己的观点是不同的（"Parenting Teens"，2000）。

**不同行为领域的影响**　父母及同伴团体在大多数青少年的生活中都是他们的精神支柱。父母及同伴提供给青少年不同种类的经验，这两个团体影响的问题也各不相同。当问题是与经济、教育和生涯规划相关时，青少年不可避免地向成年人寻找建议和咨询，尤其是他们的父母。和父母在一起的时间通常都是围绕着家庭活动展开的，如吃饭、购物、做家务和看电视等，而且家庭互动与较大社区的社会化目标非常相似。与一些精神分析的论述相反，青少年看起来并没有通过切断与父亲产生的联系而发展自主性和自我认同。相反，青少年通过保持与父母的联系和在生活中视他们为重要的资源而使自己的发展从中受益。当父母教养方式是权威型时，这种效果最明显（Kim，Hetherington & Reiss，1999）。

420
421

### 人类的多样性

#### 窥视青少年的网络世界

**如今的青少年想些什么？**

很显然，大多数成年人和父母都已经意识到这个问题！每一代青少年被迫与朋友和父母接触（大多数依赖于靠电缆连接的固定电话，这仍然是如今的主要交流装置）（见图12—1）。近来有篇题名为"青少年和技术"的研究报告，对12～17岁的全国性样本进行调查，揭示出所有青少年在以逐渐升级的技术设备方式进行交流，即网络服务，其内容特征如下：

● 家庭成员、各种朋友和同伴通过电子邮箱、手机、固线电话、即时通信（IM）和聊天室进行即时交流（几乎90%报告使用电子信箱，75%报告使用即时通信）。

● 访问娱乐和新闻网站（音乐、电影、体育、游戏、信息来源及电视）——每10个青少年中就有超过8个报告在玩网络游戏。

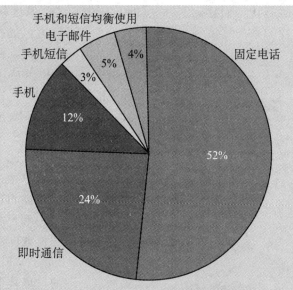

图 12—1 如今的青少年使用技术设备的情况

大量美国青少年使用技术设备来交流。

来源：Pew Internet & American Life Project，2005.

● 冒险网上购物、获取健康信息或咨询大学机构，自从 2002 年以来也在大量上升。

**10 个青少年中几乎有 9 个在使用网络**

Lenhart，Madden 和 Hitlin（2005）在 2004 年重复了在 2000 年时的大规模调查，对现在大量青少年使用网络的情况感到震惊——2000 年是 73%，2005 年是 87%。超过 50% 报告每天上网，大约 50% 通过宽带接入在家中上网（对应电话拨号接入）。大量青少年报告至少拥有一台个人媒体设备：手机、台式或笔记本电脑或个人数字助理（PDA），几乎有一半拥有两台或更多。使用手机的青少年中几乎有 1/3 使用编辑信息功能。尽管仍然有大量青少年使用电子信箱，但是即时通信（IM）及手机短信的使用，使其有所下降（青少年说电子信箱通常用来和"老年人、机构或大型群体"交流时使用）。大约 3/4 的青少年说在家庭里放置一台电脑供使用。该研究中采访的父母中有超过一半也表示他们使用某种过滤或监督软件来检查子女的网上冲浪。

**近乎一半人每天使用即时通信（IM）**

即时通信（IM）已经成为如今网络青少年的选择模式。他们使用 IM 来讨论家庭作业，计划活动或在朋友圈子内开玩笑及与父母一起查看。然而更多的青少年使用 IM 连接感兴趣的网站、下载图片或文件、发送影音文件。科技正在以不断增长的态势，在大量美国青少年日常生活中扮演着重要角色。

来源：Lenhart, A., Madden, M., & Hitlin, p. (2005, July 27). *Teens and technology：Youth are leading the transition to a fully wired and mobile nation*. Washington, DC：PEW Internet and American Life Project. Retrieved November 20，2005，from http：//www. pewinternet. org.

对于社会生活的具体方面的问题而言——包括衣服、发型、个人装饰、约会、饮品、音乐鉴赏力和娱乐偶像——青少年会更加迎合同伴团体的观点和标准（Lau，Quadrel & Hartman，1990）。和同伴在一起的时间主要花费在经常一起闲荡、打游戏、开玩笑和闲聊上。青少年报告他们希望通过与朋友的互动来产生"快乐时光"（Larson，2001）。他们描述这些积极时光包含一种"惹是生非的"元素：他们以"疯狂的"、"失去控制的"、"大声的"甚至是"极其令人讨厌的"方式做事——他们描述这种异常行为是"有趣的"。这样的活动能够提供一种精神饱满且富有感染力的情绪，这种团体状态让他们感觉实际上做任何事都是自由的。同伴关系的程度和亲密度在儿童中期和青少年期显著增加（Larson，2000，2001；Larson et al.，2001）。

**青少年与父母在一起**
随着时间的发展，父母与子女之间的凝聚力或情感的亲密性会从依赖向更加平衡的亲近感转变，这种亲近感允许年轻人作为假定成年人身份和角色来发展他们独特的个人才能。

在朋友的态度和行为里发现大量的相似性，是因为人们有目的地选择朋友，而且能够与他们和睦相处。因此，分享相似的政治取向、价值观和教育抱负水平的青少年是更可能相互联系的，然后相互影响从而导致继续的联系，这也就不奇怪了。另外，父母常常把年轻人推向与他们的家庭价值观相一致的"群体"。

更重要的是，父母通过邻居或年轻人所读学校（公立或私立）的选择，保持对青少年同伴选择的控制。美国调查局 2000 年估计，有 1 500 万名年轻人在贫穷的街区与家人一起居住。越来越多的研究证明，与居住在条件好的街区的青少年相比，这样的青少年会有较差的发展和生活状况。在近来的一项"搬迁到较好地方住宿的机会（MOT）"的研究中，将近 800 个贫困家庭自愿被随机安排在三种类型的街区，给他们免费餐券来使他们再次搬迁到相邻的更贫穷街区或继续停留在同样贫穷的街区。Leventhal 和 Brooks-Gunn（2004）报告了来自纽约市从高贫穷区移到低贫穷

区的抽样结果。家庭移到低贫穷区的青少年男孩，比一直在高贫穷区的控制组的青少年同伴，花费更多的时间做家务，标准化测验分数更高，更低的留级率以及更少被暂令退学或开除。Obeidallah 和他的同事（2004）发现，从事暴力行为的早熟女孩通常居住在环境更恶劣的街区。

对于许多年轻人来说，正确选择朋友常常比选择本身更重要。这表明，他们的父母承认他们的成熟和成长的自主性。一些证据暗示，那些相信父母不会提供给自己充足的空间——父母不会放松他们的权力和严格性——的青少年易于获得更加极端的同伴取向和找到更多的机会给同伴提出建议（Fuligni & Eccles，1993）。另外，不仅行为而且心理的过度控制使年轻人处于更大的问题行为的危险当中（Kim，Hetherington & Reiss，1999）。父母和青少年子女之间的不同意见最初发生在对问题的不同解释，以及青少年个人管辖权的程度和合理性上。

家庭提供的功能性限定和朋友带来的兴奋在个体发展中都会起作用（Kim，Hetherington & Reiss，1999）。即使这样，父母和青少年常常在对两代人之间的价值、信仰和态度的知觉程度上也存在差异。

**家庭权力平衡的转变**　我们已经看到从青少年早期到青少年晚期，父母和子女之间的凝聚力或情感的亲密性从大量依赖向更加平衡的亲近感转变，这种亲近感允许年轻人作为假定成年人身份和角色来发展他们独特的个人才能。在青少年期，父母典型地逐渐减少使用片面的权力战略，而充分运用与青少年分享权力的战略，但是几乎所有的青少年都报告在通向独立的道路上与父母有不同程度的冲突（Allison & Schultz，2004）。父母认为在青少年高中时，由于在家中的愤怒/破坏性行为、负面个人/道德特征、家庭和学校表现、准时/宵禁，以及个人自主性，他们会与子女发生最强的冲突。在房间整理、家务、不顾别人的行为、电视节目、个人外貌，以及个人卫生保健等方面，存在较低强度的冲突（Allison & Schultz，2004）。

**青少年和母亲**　母亲典型地更了解和关心青少年的社会关系，因为她们花费更多的时间监管子女的行踪和活动——因此，她们也经历更多的

冲突（Updegraff et al.，2001）。总体上，美国青少年女孩与母亲的关系比男孩与父亲的关系更加错综复杂。青少年女孩在成长中拒绝曾经最认同的人——她们的母亲。女儿们在社会化中会恐惧变成母亲那样，对大多数青少年女孩的很大污名是，"哦，你就像你妈妈。"如今，妈妈（和爸爸）常常似乎不理解他们的改变与正在经历的困境。Rosalind Wiseman 在《女王蜂和野心家：帮助你的女儿平安度过帮派、八卦、男朋友及青少年期的其他关系》（*Queen Bees and Wannabes：Helping Your Daughter Survire Cliques，Gossip，Boyfriends，and Other Realities of Adolescence*）（2002）中说："许多父母不理解这是一个危险阶层划分——'女王蜂'口授一些规则，诸如谁穿什么衣服、谁和谁约会；这个野心家试图把自己与死党或死党愤怒的可怜'靶子'整合在一起。"非洲裔美国青少年在青少年晚期经常会把母亲视为支持和向导的源泉，报告出比父亲更多的情感亲密性（Smetana，Metzger & Campione-Barr，2004）。

临床心理学家 Mary Pipher（1994，p. 107）提到与一名青少年女孩很常见的第一次治疗场景，她的妈妈（一位单亲母亲和社会工作者）奉献她的一生给女儿：

Pipher 医生：你和你的妈妈有什么不同？

Jessica：（假笑）"我完全不同意她的每件事。我恨学校，她喜欢学校。我恨工作，她喜欢工作。我喜欢 MTV，她却恨那个。我穿黑颜色，她从不穿黑色的衣服。她想我发挥潜能，我认为她说的都是屁话……我想成为一名模特，妈妈讨厌这个理想。"

幸运的是，当进入成年期早期的时候，尤其是当有自己的孩子之后，好像许多年轻女性又返回与母亲保持亲密的状况。

Wainright 和他的同事们（2004）对来自美国青少年健康纵向研究的部分青少年和异性父母及同性母亲进行研究，发现亲密的亲子关系比家庭类型在心理调适和学业成就方面有更重要的导向作用。

**思考题**

青少年典型地在哪些方面会寻求家人的意见和支持？他们什么时候可能会寻求朋友的意见和支持？

## 求爱、爱情和性

青少年最难调整的也是最主要的问题就是性发展。生物成熟和社会压力要求青少年必须妥善地处理觉醒的性冲动，而且他们正在受到电影、广告及服装风格里蕴涵的性文化信息的强烈冲击，甚至在很小的时候就会表达性，因此性吸引力及性思考成为生活中的主要力量（Longmore，Manning & Giordano，2001；Wu & Thomson，2001）。的确，第一次性交是个人和社会意义上发展的重要里程碑，常常被视为从父母那里确定独立性身份、表述亲密人际能力的宣言。

青少年的性问题要求投入大量的社会关注。自从 20 世纪 80 年代以来，未婚青少年生育率和 STIs 的增长已经成为诸如贫穷、福利依赖、儿童忽视和虐待及 AIDS 等社会疾病的象征。在过去的十年，美国青少年生育率已经下降 30%，而非洲裔美国青少年的生育率则下降 40%（Centers for Disease Control and Prevention，2003d），达到了历史以来的最低点。有许多途径可以进一步减少青少年不安全的性行为：

● "公共健康/预防医学观"认为，意外怀孕最好通过性教育、生育控制与人工流产项目和服务等方法来应对。

● "保守的道德观"认为，青少年怀孕是过早性活动的问题，倡导禁止。

● "经济学观点"认为，这种困难在靠社会保障金生活的少数族裔青少年母亲中盛行，要求通过训练来使她们达到经济上的自我满足。

●"社会传播观点"认为，性行为提早是年轻人的常规行为，父母必须对其危险性进行教育。

很显然，青少年怀孕这件事受到强烈的公众争论，也使性别、种族、阶级间的紧张局面更加恶化。这个问题又因为牵涉其他敏感问题而变得更加复杂，如堕胎、领养、危险出生儿、特殊教育服务、残障儿童健康照顾、社会福利改革、父亲缺失、政治问题及税费政策等。

## 行为模式差异

年轻人在这个年龄发生着巨大的变化，他们会第一次经历性交（14岁以前的大量性暴露是无意识的）。由于当代青少年提早发育，初次性体验的年龄也逐渐下降。社会学家J. Richard Udry（1988）及其同事报告说，存在强有力的证据支持性冲动和性行为具有荷尔蒙基础，尤其是青少年男孩；父母参加加强预防性的课程也会影响到青少年的性行为（Blake et al.，2001）。比同伴保持更久童贞的年轻人更可能重视学习成绩，喜欢与父母维持亲密关系，有着更多遵循规矩的行为。然而，保持童贞绝对不是"适应不良的"、社会边缘化的，或者不成功的，他们婚后并没有报告出更少的满意度和更多的压力，而是典型地比失去童贞者获得更大的教育成就。而且，许多青少年尤其是女孩会选择性经历与自己相似的个体作为他们的朋友（Romer et al.，1999）。

家庭生活因素也会影响青少年的性行为。一般来说，母亲第一次性经历和第一次生育的时间越早，女儿的性经历也越早。如果哥哥姐姐性方面活跃，青少年则可能会在较小的年龄开始性交（Rodgers & Buster，1998）。生活贫困也倾向于与早期的性活动和怀孕有关。学习技能较差和家庭环境不优越的年轻人比一般青少年发生未婚怀孕的几率要高几倍。而且来自单亲家庭的青少年比来自双亲家庭的同伴会在更早的年龄开始性行为。大量的因素导致单亲家庭青少年有更多的性活动发生率（Kinsman et al.，1998）：（1）单亲家庭的父母监管常常更少；（2）单亲父母自己常常约会，他们的性活动为子女提供了角色榜样；（3）青少年和已经离婚的父母倾向于对婚外性活动有更多的认可态度。

青少年性行为不仅由个体的特征所塑造，而且受到周围的街区环境的影响。以有限的经济资源、种族隔离及无组织状态为特征的社区无法提供给年轻人较大的动力来避免早育。对于许多内城的年轻人，尤其是那些工作与教育相关的年轻人来说，可利用的机会结构常常导致青少年得出这样的结论，即通往社会流动的合情合理的途径已经被关闭了。贫穷集中、居住拥挤、高犯罪率、失业、结婚问题、公共服务短缺等状况，产生了冷漠及宿命论的社会风气（Romer et al.，1999）。

概括来说，青少年群体居住在这些社区里，社区特征塑造着他们的行为（Santelli et al.，2000）。这些社区缺少经济和社会成功的成年榜样角色。在这里，很少有成年女性能够发现稳定的、充足的职业，对于一些青少年女性来说，性行为对未来职业成就的影响可能是很小的。的确，各种各样的社会因素鼓励青少年女孩怀孕。例如某些民族认为拥有孩子象征着成熟及进入成年期（自己有公寓、社会福利支持和食物券），而且同伴常常会取笑坚守童贞的青少年。

## 求爱

在美国，约会在传统上是培育和发展性关系或者"求爱"的主要工具，约会以年轻男性邀请年轻女性参加晚上的大众娱乐开始的。第一次邀请通常是在前几天或几个星期前，很紧张地打电话并提出邀请，约会结束后用车把女性送回。尽管传统模式未被完全取代，但是新求爱模式产生于20世纪60年代后期和70年代初期年轻人的运动浪潮中（Davies & Windle，2000）。"约会"这个词本身太僵硬、太正式，以至于不适合用来描述年轻人之间的"只是晃晃"或"出去玩玩"的情形（Davies & Windle，2000）。更为轻松的方式在两性之间盛行，包括成群结队逛购物中心，或无拘无束地在一起玩。最近一项关于青少年约会模式的研究发现，女孩比男孩更可能报告具有稳定的约会关系（Davies & Windle，2000）。

许多青少年男性报告他们并不约会——或者拒绝承认。看起来，大量年轻男性"不想让朋友认为自己是温柔的"。这种恐惧证明对男子气概的欲望，导致许多青少年男性虐待或显示出对女孩的不尊重（他们会把这种行为带入成年早期）。十

几岁的男性（和一些女性）报告说，他们会通过向过往的女性/男性大喊直白的提议或调情来获得人气，并且用谁敢"说脏话"和"做爱"来竞争谁是最厉害的、最大胆的。最近 AAUW（2001b）的报告《敌意的走廊：校园吹嘘、嘲弄及性骚扰》（*Hostile Hallways*：*Bullying*，*Teasting*，*and Sexual Harassment in School*）中，揭露了绝大多数的青少年男孩、女孩都遭遇过骚扰，少部分还表示自己是侵犯者。此外，有些年轻男性认为生育小孩是男人的象征，但是这一般并不包括与孩子的妈妈结婚或支持小孩的生活。

## 爱情

**浪漫爱情的概念**

社会科学家已经发现难以定义浪漫爱情的概念，有些人说可以根据生理觉醒判断，有些人说这是一种能够发起脑部快乐中枢的独特化学反应，还有人说它与一种特别的超越感有关。从跨文化观点来看，浪漫爱情的概念并不是通用的。

在美国，几乎每个人预期最终会坠入爱河，大学文学、肥皂剧、"新娘"刊物和传统的"男性"出版物、电影、互联网和流行音乐都反映着令人销魂的浪漫主题。与美国的方式恰恰相反，让我们来看看一群非洲部落长者的谈话，他们报怨 1883 年的原住民法律习俗委员关于"逃离"婚姻和合理性的问题：

*所有这些就叫做爱情，我们一点都不*

*理解。*

*被称为爱情的事情已经被引进。*（Gluck-man，1955，p. 76）

这些年长者视浪漫的爱情为一种破坏性力量。在他们的文化里，婚姻不必包含配偶相互吸引的感情；婚姻不是已婚夫妇的自由选择。爱情之外的考虑在配偶选择里扮演最重要的角色。在许多非西方国家里，新娘新郎的父母会提前计划婚姻，还有一些金钱上的交换以确保新娘是处女。而且，在一些中东、非洲和亚洲国家，妻子随后成为丈夫的财产，在 20 世纪初期，这种习俗已被西方国家所抛弃。

很显然，不同的社会对浪漫爱情的看法是十分不同的（Gao，2001；Jankowiak & Fischer，1992）。一种极端认为强烈的爱情吸引是可笑的或悲剧的，另一种极端则定义没有爱情的婚姻是羞耻的。美国社会倾向于主张爱情，传统的日本和中国倾向于认为爱情是无关紧要的；亚历山大时期之后的古希腊和罗马帝国时代的古罗马，处于二者之间（Goode，1959）。看起来对浪漫爱情的领悟能力是普遍的，但是它的形式和程度是高度依赖于社会和文化因素的（Goleman，1992，1995b；Hendrick & Hendrick，1992）。

我们所有人都熟悉浪漫爱情的概念，然而社会科学家发现定义起来却是极度困难的，因此，许多美国人——尤其是青少年——还不确定爱情应该是什么样的感觉及他们怎么确认自己正在经历的是不是爱情，这并不奇怪。一些社会心理学

得出结论说，浪漫爱情仅仅是一种生理唤醒的应激状态，个体逐渐定义这种状态为爱情。产生出这种应激状态的刺激很可能是性唤醒、感激、焦虑、内疚、孤单、愤怒、困惑或恐惧，他们把产生出这些困惑的生理学反应的爱贴上爱情的标签。

一些研究者拒绝爱情和其他状态的生理唤醒相互交织的观点。例如，Michael R. Liebowitz（1983）说，爱情有着独特的化学基础，爱情和浪漫是大脑快乐中枢最有力的激活素，可能还会导致一种特殊的超越感——超越时间、空间和自身的感觉。强烈的浪漫吸引触发神经化学反应，这些反应可以像迷幻药毒品一样产生兴奋的感觉。只是这种脑部化学变化如何转化为爱的感觉还是未知的。所知道的是，当浪漫关系变得更加紧密时，夫妇会变得更加有激情、亲密和投入（Gao，2001）。

**思考题**

浪漫爱情的概念是通用的吗？被称为爱情的感觉如何用生理的、心理的或情感的方法来证明？

## 性态度和行为

尽管我们通常把青少年的性和异性恋者的性等同，但是性表达还是呈现出许多不同的形式。此外，性开始于生命早期，在青少年期仅仅是呈现出了更多的成年人形式。

**性行为的发展**　男婴和女婴起初都以一种随意的无差别的形式显示出探索自己身体的兴趣。即使四个月大的婴儿也会对生殖器的刺激做出反应，暗示他们体验到了性的快乐。当儿童到 2～3 岁时，他们会探索玩耍同伴的生殖器，如果允许的话，还包括那些成年人。但是，到这时为止，强有力的社会禁忌标志起到了作用，儿童被社会化地要求限制这些行为。

自慰或性欲的自我刺激，在儿童中是很普遍的。许多儿童通过自慰经历了他们的第一次性高潮。这可能发生在玩弄阴茎，或是用手刺激阴茎，或是摩擦到床罩、玩具或其他物体时。男孩常常从其他男孩那里学习到自慰，而女孩最初是通过偶然发现而学会自慰的（Kinsey et al.，1953；Kinsey, Pomeroy & Martin，1948）。

在青少年期之前，许多儿童还喜欢一些与其他的儿童一起进行的某种形式的性游戏。这些活动通常是不定时发生的，通常不会达到性高潮。Alfred C. Kinsey 及其合作者（1948，1953）基于 20 世纪 40 年代和 50 年代初期的研究，发现在女孩中性游戏的高峰年龄是 9 岁，此时，大约有 7% 喜欢异性游戏，有 30% 参与异性游戏。男孩的高峰年龄是 12 岁，此时，有 23% 参与异性游戏，有 30% 参与同性游戏。但是 Kinsey 相信，他所报告的数字太低了，他认为有大约 1/5 的女孩和绝大多数男孩在到达青春期之前都喜欢和其他儿童一起玩性游戏。

**青少年的性表达**　青少年的性以多种方式表达：自慰、夜间性高潮、异性抚摸、异性性交、口交及同性恋活动。青少年的自慰行为常常伴随着性幻想。一项对 13～19 岁的青少年进行的研究发现，57% 的男性和 46% 的女性报告当他们自慰时，多数情况下他们都会幻想，大约 20% 的男性和 10% 的女性自慰时，很少或从不幻想（Sorensen，1973）。许多神话把有害的影响归因于自慰，但是这种做法现在已经完全被医学权威证明在生理上是无害的，在此就不多说了。即使如此，一些个体也可能因为社会、宗教或道德原因而对此感到内疚。

在 13～15 岁，青少年期男孩通常开始经历夜间性高潮，或"遗梦"，伴随着性高潮和射精，性梦最经常发生在十几岁到二十几岁的男性中，在生命后期则很少发生。女性也会有达到性高潮的性梦，但是比男性的频率要低。

爱抚是指可能导致性高潮的性爱抚摸，不过也可能不会导致性高潮。如果它发生在性交时，爱抚则更加精确地被称为"前戏"。异性恋者和同性恋者的关系都包含爱抚。青少年中有超过 50% 报告喜欢抚摸（Haffner，1999）。然而那些有高学业成就的青少年报告会延期任何形式的性活动——甚至接吻（Halpern et al.，2000）。

**概史**　在过去的 40 年，美国对青少年性活动的态度已经发生了实质性的变化。一场被美国社会称为"性革命"的变化发生在越南战争时期，主要出现在 1965 年之后，伴随着可以使用生育控制丸。在 20 世纪 60 年代，性爱派对、交换伴侣和坠入爱河等在电影、音乐和广告里被含蓄地推出。最初的伍德斯托克一代象征了"自由之爱"和共同生活的理想。这段时期改变了性景观，让性态度及性实践变得更加宽松——直到 20 世纪 80 年代初期 AIDS 的出现。

如今的青少年可以收到大量的婚前性行为的混杂信息。父母、老师、政治家和健康职业人提倡减少危险的性行为，然而媒介却以史无前例的规模和性刺激来冲击着青少年和成年人。性活跃的青少年的比例正在减少，但是仍有少量更早开始尝试性活动。尽管从 20 世纪 40 年代以来，有孩子且非常年轻的青少年（10～14 岁）的数量已经逐渐下降到可以被忽视的水平，但是 2002 年仍有 7 000 多个这样的宝宝出生（Menacker et al.，2004）。基于对美国 9～12 年级的学生抽样发现，青少年进入高中时，已经有一半有过性交经验（见表 12—1 和表 12—2）（Grunbaum et al.，2004）。注意：这些统计结果并不包括不在学校体系里的青少年的性活动。

**表 12—1** 基于年级、水平、性别及种族/民族的中学性交的百分比（1991—2003 年）

| 年级 | 1991 年（N=12 272） | 2003 年（N=15 240） |
|---|---|---|
| 9 年级 | 39.0 | 32.8 |
| 10 年级 | 48.2 | 44.1 |
| 11 年级 | 62.4 | 53.2 |
| 12 年级 | 66.7 | 61.6 |
| **性别** | | |
| 男性 | 57.4 | 48.0 |
| 女性 | 50.8 | 45.3 |
| **种族/民族** | | |
| 非西班牙裔白人 | 50.0 | 41.8 |
| 非西班牙裔黑人 | 81.4 | 67.3 |
| 西班牙裔 | 53.1 | 51.4 |
| **总计** | 54.1 | 46.7 |

来源：Centers for Disease Control and Prevention conducted the *Youth Risk Behavior Survey*（YRBS）biannually since 1991. Reported in the *Morbidity and Mortality Weekly Report*，47，No. 36（September 18，1998）p. 751，Table 1，And *Youth Risk Behavior Surveillance-United States*，2003. *Morbidity and Mortality Weekly Report*，53，SS-2（May 21，2004），p. 71，Table 42.

**青少年的性活动比率** 青少年的性活动比率

在 20 世纪 80 年代有增长，但是在 20 世纪 90 年代初期开始持续下降（Ventura et al.，2004）。为了解美国中学生危险性行为近来的趋势，疾病控制和预防中心在 2003 年组织了"年轻人危险行为调查"（YRBS）（Grunbaum et al.，2004）。该调查发现全国被调查的青少年中有约 1/3 报告在三个月前有过性活动，在这些青少年中，又有 2/3 报告自己或同伴使用避孕套。此外还发现，性活动在非洲裔青少年中最盛行（49%），其次是西班牙裔（37%）、白人青少年（31%）。

**多个性伴侣** 社会科学家看到，与多个伙伴（四个或更多）发生性行为的青少年数量呈显著下降的趋势。同样在 2003 年的"年轻人危险行为调查"中揭示出，超过 14% 的被试有多个性伴侣（见表 12—2）（Grunbaum et al.，2004）。而在 2003 年，几乎有 1/5 的男性报告有多个性伴侣。多个性伴侣的比率在女性学生中是较低的（11%）。在美国青少年中，更高的多个性伴侣的比率解释了为什么在美国青少年中有着更高的性传播感染（STLs）率（Darroch，Singh & Frost，2001）。

**表 12—2** 基于年级、水平、性别及种族/民族的中学生多个性伴侣（一生有四个或更多）的百分比（1991—2003 年）

| 年级 | 1991 年（N=12 272） | 2003 年（N=15 240） |
|---|---|---|
| 9 年级 | 12.5 | 10.4 |
| 10 年级 | 15.1 | 12.6 |
| 11 年级 | 22.1 | 16.0 |
| 12 年级 | 25.0 | 20.3 |
| **性别** | | |
| 男性 | 23.4 | 17.5 |
| 女性 | 13.8 | 11.2 |
| **种族/民族** | | |
| 非西班牙裔白人 | 14.7 | 10.8 |
| 非西班牙裔黑人 | 43.1 | 28.8 |
| 西班牙裔 | 16.8 | 15.7 |
| **总计** | 18.7 | 14.4 |

来源：Centers for Disease Control and Prevention conducted the *Youth Risk Behavior Survey*（YRBS）biannually since 1991. Reported in the *Morbidity and Mortality Weekly Report*，47，No. 36（September 18，1998）p. 751，Table 1，And *Youth Risk Behavior Surveillance-United States*，2003. *Morbidity and Mortality Weekly Report*，53，SS-2（May 21，2004），p. 71，Table 42.

### ■ 青少年怀孕

十几岁单身父母的身份对于母亲、孩子和社会来说，都是与许多消极结果相联系的主要社会问题。据美国健康统计局数据，青少年的生育率在20世纪90年代初期下降到最低纪录 (Ventura et al., 2004)。

然而，仍然有1/3的年轻女性在20岁之前至少怀孕过一次。20岁以下的女性大约每年有82万次怀孕。15～19岁的黑人女性从20世纪90年代到现在，生育率显著下降，西班牙裔青少年的生育率也大幅下降。然而，这两个群体比其他群体还是有着更高的青少年怀孕率和生育率。仅有大约1/3的青少年妈妈完成了高中学业并获得文凭，而仅有极少数在30岁之前获得大学学历。大多数十几岁的母亲最后都要靠福利和社会服务的支撑。据估计美国联邦政府每年花费在青少年怀孕和分娩上的费用约有70亿美元 ("General Facts and Stats", 2002)。

过早分娩还对出生的孩子有很显著的影响，他们有着更低的体重，常常要求过早的干预服务，同时还会遭遇其他社会危险因素。父母没有能力养育、照顾不当、儿童忽视和儿童虐待在十几岁的父母中较为普遍。此外，年轻父母的子女倾向于比年长父母的子女的智力测验得分更低，他们典型地在学校表现较差。十几岁妈妈的儿子有着更高的进监狱的危险性，女儿也更可能在十几岁时为人父母 ("General Facts and Stats", 2002)。

尽管美国青少年生育率已经下降，但是仍然比其他工业化国家的比率高得多——是加拿大的两倍，日本的八倍 (*United Nations Demographic Yearbook* 2001, 2003)（见图12—2）。美国的青少年被暴露于是否采用避孕措施的冲突信息中，因为关于出生的控制或人工流产服务是否更早用于青少年还存在巨大的争议。尽管大量青少年的怀孕是意外的，但有些人以为有孩子就会提供一个爱自己的人，使自己感觉长大了。因此，最终决定保住孩子、堕胎或者流产，成为女性生命中面临的最困难也是最重要的选择之一——许多青少年决定养育这个孩子，尽管青少年怀孕有一半最终结束于堕胎或流产。

（页码标注：427）

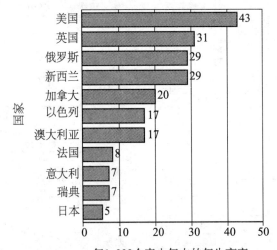

每1 000个青少年中的年生育率
当谈及美国青少年的生育问题时，美国
看起来更是一个发展中国家而非工业化国家

**图12—2　工业国家的早育妈妈**

尽管美国青少年生育率已经在下降，但是仍然比其他工业化国家高得多。

来源：*United Nations Demographic Yearbook 2001* . (2003). New York：United Nations.

**青少年为什么怀孕?**　大多数青少年不会有意识地计划性活动，因此，他们不会预见他们的第一次性经历。相反，他们常常经历第一次性遭遇就像"突然发生"的事情一样。而且，在他们体验性活动后，大多数青少年要等几乎一年的时间才会寻找医务监管的避孕措施。青少年不断地有种不会受到伤害的感觉，从而不会把结果和行动联系在一起。与青少年女性性活动相联系的其他因素包括：被伴侣强迫（Wulfert & Biglan, 1994）；儿童早期或生理的创伤常常导致过早使用非法毒品，影响判断和增加无保护性活动的发生率；延迟使用生育控制；对孩子的不切合实际的期待；缺少冲动控制、有意识的欲望；女孩的低自尊感或不想失去自己的男人等（Moore & Chase-Lansdale, 2001；Young et al., 2001）。

**十几岁的年轻妈妈**　女孩性活动的年龄越早，就越可能被归因于意外或不情愿（Menacker et al., 2004）。全世界范围内，每年有超过 1 300 万的青少年生育——大多数在发展中国家。据估计，每年在 15～19 岁有超过七万例女孩死于怀孕和分娩期间，青少年生出的婴儿数量每年至少会死掉 100 万（Save the Children, 2004）。

**性教育、"安全的性"、避孕措施以及节欲教育**　性教育倡导者及父母常常持有"理智青少年"的错误概念，当被给出"事实"的时候，青少年将会禁止性和使用避孕措施。这些战略倾向于忽视心理的认知品质。当问他们为什么不用生育控制时，青少年的回答如"不想"、"不用的话会感觉更好"、"没有考虑"或"想怀孕"。还有人给出了多样化的答案，包括缺乏知识或途径、害怕或尴尬、没想到需要避孕措施或不想花费时间、不担心怀孕等等（Glei, 1999）。值得一提的是，当青少年有更多性经历时，他们倾向于变得更加经常使用避孕措施。

自从 1997 年以来，美国国会实施的禁欲性教育项目已经花费五亿多美元，节欲教育要求教育者通过禁止性而取得社会性的、生理的和健康的收获（Dailard, 2002）。批评者抨击了性教育禁欲的方法，但是值得注意的是，自从 20 世纪 50 年代重视价值观的方法被强制执行以来，美国青少年的性和怀孕比率已经下降到看不见的水平。大量的青少年说，他们想让父母保持沟通的大门敞开；媒体应该停止制作性比其实际更加美妙的宣传；信仰组织机构应该提供更多的向导；所有的青少年应该更负责任（"What Teens Want", 2000）。

民意调查显示，大多数美国父母想让他们的子女禁欲直到完成高中，然而许多家长也想让学

**十几岁的年轻妈妈**

尽管青少年性活动的比率从 20 世纪 50 年代以来持续下降到几乎看不见的水平，但是每年仍然会有大量青少年女性怀孕、生产并决定养育孩子。十几岁的年轻妈妈身份是一场人生转变的经历，这提出了许多经济、情绪、社会性及学术挑战。

校进行性教育。禁欲的倡导者争辩说，教导青少年"安全的性"是不诚实的，因为避孕套不能阻止几种 STIs 的传染，教导避孕也代表着赞同性行为。他们还说，几十年来对青少年"安全的性"的教育已经缔造了一代青少年，他们随意而不负责任地对待性，促使能够提供避孕措施和堕胎渠道的秘密服务变得更加肆虐。医疗机构的批评者提出，如果不教导安全的性行为，那么将使青少年毫不预防（Koch, 1998）。显然，禁欲的定义被许多青少年所误解。一项关于大学毕业生的调查结果揭示出，被调查的学生中有超过一半没有把"口交"定义为"有性"——这使他们处于 SITs 的极大危险中（Goodsen et al, 2003）。许多专业人士同意父母在与全美流行的十几岁怀孕、堕胎和 SITs 的战斗中，必须通过讨论生育控制和避孕措施来扮演一个更加积极的角色。

**堕胎**　疾病控制和预防中心收集了从 20 世纪 70 年代初期以来妇女的堕胎数据，自从 1990 年以来，15～19 岁的青少年合法堕胎的数量已经明显下降（见图 12—3）（CDC, 2004a）。这种下降归因于许多因素：更多的青少年加入保住孩子的行列并养育他们，对堕胎的态度已经改变，避孕措施的使用已经增加，意外怀孕已经下降等。青少年的生育率逐渐下降，生命权力倡导者发起严厉运动来抗击堕胎，并且影响青少年的堕胎法（如拒绝需要父母的通知或同意，以及消除强制性等待时间的法令）已经发生改变（Koonin et al., 2000）。

**性取向** 因为当代美国社会对性问题是更加开放的，所以关于在青少年中性取向的研究正在受到比过去更多的关注。近来一项对 9～12 年级将近 12 000 名学生的研究发现，男孩中有超过 7％、女孩中有超过 5％报告曾受到同性伴侣的浪漫吸引，但是仅有 1％的男孩和超过 2％的女孩报告有同性关系（Russell & Joyner，2001）。到 18 岁为止，大多数年轻人确定自己是异性恋或同性恋，大约有 5％还"不确定"自己的性取向（Russell & Joyner，2001）。

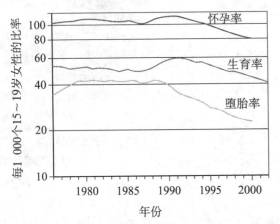

**图 12—3  15～19 岁青少年的怀孕、生育和堕胎率**
在过去十年中，这些比率已经明显下降。
来源：Ventura，S. J.，Abma，J. C.，Mosher，W. D.，et Henshaw，S.（2004）. Estimated pregnancy rates for the United States，1990—2000：An update. *National Vital Statistics Reports*，53（23）. Hyattsville，MD：National Center for Health Statistics.

大量的证据暗示，逐渐成长的男女同性恋者对自我接纳的过程是个很艰难的旅程。研究显示，青少年女性同性恋可能是最痛苦的（Russell & Joyner，2001）。近来一项研究发现，自我伤害行为与男女同性恋者存在联系（Skegg et al.，2003）。对于女同性恋者、男同性恋者或双性恋者来说，社会压力是很大的。在青少年期显得与众不同是尤其困难的，此时，顺从就会受到庆祝，

小差异就意味着受到排斥。高中阶段年轻人通常都会给彼此取很多绰号，但很少有标签能够比"同性恋"的标签更加伤人。总之，被文字骚扰或身体污辱的男女同性恋受害者是最普通的与偏见有关的暴力类别。因为他们遭受了更多的社会压力，研究者想看看在这些年轻人中，自杀率是否会更高。有项研究发现，尽管这些年轻人存在更大的危险试图自杀，但是认为这些年轻人的整个人群都是以危险作为主要特征是不合适的（Savin-Williams & Ream，2003）。

尤其麻烦的是，青少年很恐惧向家庭和朋友表白他或她的性取向。因此，许多年轻的女同性恋者和男同性恋者持续隐藏着他们的感情。他们可以寻找学校咨询师、神职人员或医生求助，不过常常被这些人建议要"改过自新"，这种观点使男女同性恋者感到是被疏远的、孤独的、抑郁的，有些还处于自杀的危险中（Russell & Joyner，2001）。此外，异性恋青少年学会了如何约会及建立关系，男女同性恋年轻人常常被这些机会排除在外。相反，他们却学会了隐藏他们的真实情感。近来的研究还表明，在青少年期，儿童似乎在约 12 岁时开始发展性别知觉模式，男女异性恋者伴侣会比男女同性恋者伴侣更加女性化，随着青少年期的出现，这种知觉会逐渐消失（Mallet，Apostolidis & Paty，1997）。

同性恋青少年并不意味着一生都是同性恋。生殖器外露、自慰、群体自慰以及相关的活动在以群体活动为导向的十一二岁男孩中并非不正常（Katchadourian，1984）。这种青春期前的同性恋游戏通常停止于青春期。然而，典型的成年同性恋者报告，他们的同性恋取向在青春期前已经被建立（Mallet et al.，1997）。大多数十几岁的青少年并不承认他们和其他男孩的性游戏是"同性恋的"，他们会向主要的异性恋爱关系过渡。除了会质疑自己"我是谁"以外，大多数青少年在青春期后期还在努力处理"我将会为我的余生做什么？"

 **生涯发展和职业选择**

青少年面临的主要发展任务包括做出各种各样的职业选择。在美国，像其他的西方社会一样，

人们拥有的工作对他们的成年发展生活过程有着显著的影响。他们认为在劳动力群体中的位置会影响日常生活方式、居住的街区质量、自我概念、子女生活的机遇及与社区其他人的关系（Link，Lennon & Dohrenwend，1993）。另外，工作能够让个体与广泛的社会系统相联系，给予他们的生活一种目的感和意义感。

## 为工作世界做准备

从儿童期过渡到成年期的一个焦点是为成年期找到并保持一份工作而做准备。踏入职场过程虽然很重要，但青少年对职业选择及在大学为 21 世纪的成功做出的准备工作却很不充分（Achieve，2005；Greene & Winters，2005）。大多数青少年对于自己会做什么、喜欢做什么、当前的工作市场怎样以及未来会怎样等问题持有含混不清的观念。复杂的问题是，许多年轻人无法看到当前的学业努力与未来的就业机会之间的关系——知道时已经太晚了。出现反社会行为的年轻人处在低学业成就和社会失败的危险中，所以后来向工作市场妥协。当然，许多青少年会参加工作——但是如果在青少年时寻找并获得了工作，则会对亲子关系、学业表现、同伴接纳和生活标准及生活方式产生深远的影响（Lamborn，Dornbusch & Steinberg，1996）。

一些青少年在进入工作市场时会遭遇特殊的困难——尤其是女性、残疾青少年和来自少数民族的青少年。性别差异在职场出现得较早，反映出成年人的工作世界（Mau & Kopischke，2001）。年轻男性比年轻女性更可能被雇用从事体力工作、做报纸发送者和娱乐业助手，而年轻女性更可能找到清洁工、售货员、保姆、健康助手和教育助手等工作。性别分离还会发生在工业领域。在食物服务工作者中，年轻男性更经常进行具体的工作（他们做饭、整理桌子和洗盘子），然而年轻女性更经常与人打交道（她们填写订单、做服务员和招待员等）。

## 美国就业趋势的变化

对于许多美国青少年来说，稳定的、报酬适度的工作只是遥远的希望。高失业率已经出现在许多年轻人中，尤其是非洲裔美国人中。25 年前，美国年轻人能够在制造业、建筑业或销售业找到工作，预期可以以此作为职业。但是，由于全球化的经济效应，越来越多的没有技术的年轻人及常常和他们混在一起的那些人，无法得到较好的工资和稳定的工作，即使大学毕业也可能存在很多困难。经济学家已经计算出，尽管在车间的技术人员在增加，但是大学毕业生人数甚至以更快的速度在上升。

社会要为青少年和年轻人的失业及未充分就业付出很大的代价。在 12 年级的青少年中，靠工作目的支撑而非追求学业成就及学习机会的人，往往会产生更低的学校偏差行为、酒精滥用及被逮捕率（Staff & Uggen，2003）。然而，当青少年承担"强度大的"工作时，又会导致较低的分数、较低的教育目标、对父母的情感陌生、越来越多的犯罪、抽烟、酒精滥用和吸毒等现象的出现（Paternoster et al.，2003）。

## 平衡工作和学校

如今许多青少年进入高中的时候，已经拥有了工作经历（Gehring，2000），因为许多青少年在高中时就已经开始工作（Gehring，2000）。一项由联邦赞助的明尼苏达大学及北卡罗莱纳大学所进行的研究发现，在 12 000 名 7～12 年级的学生中，每周工作 20 个小时以上的青少年更可能情绪紧张、喝酒、抽烟、使用药物及较早发生性活动。在一项近来对青少年的调查中发现，约有 1/3 的人认为工作限制了他们参加学校的运动会和社会活动及所取得的成就（Gehring，2000）。咨询师、父母和科学家都认为这是年轻人为了获得工作和日常责任之间的平衡所做的斗争。良好的工作条件可能提升青少年的士气和继续教育的动力，但是不好的工作条件可能有损士气、降低自尊，并成为高中辍学的一个因素（Shellenbarger，1997）。

**青少年兼职**

提供给青少年的工作通常是重复性高且仅需要很少技巧的操作。虽然通常假设从工作中青少年会得到工作训练，但他们实际上获得的有用技巧却非常少，不过他们可以获得"工作取向"和商业世界的实践知识。

## 毕业率和辍学率

2005 年，曼哈顿学院进行的年度性的全国中学毕业生研究，结合美国教育部对各州统计数据指出，2002 年公立中学整体毕业率是 71%；有几个州的毕业率最高，达到 85%；而南部的几个州却最低，大约为 50%（Greene & Winters，2005），结果还指出，白人和少数民族的毕业率存在巨大的悬殊。2002 年，约有 78% 的白人学生从公立中学毕业，而非洲裔美国学生和西班牙裔学生毕业率则刚刚过半。来自美国政府的官方统计数字显示，2001 年有 87% 的中学生毕业——但是这个数据包括到 24 岁为止的中学毕业生和获得一般教育学历或 GED（同等学力）者（Federal Interagency Forum on Child and Family statistics，2004）。

因此，你可能会问中学毕业率的精确数字到底是多少，这样或许可以揭示辍学数据。然而，美国中学的真正辍学率是要用多维数字来确定的，这是因为各校区、州及联邦办事处所使用的定义、算法及行话（事件辍学率、磨损率、身份率及其他）有所不同。各州的义务教育也在 16～18 岁有所不同，而且从一个校区到另一个校区转学情况并没有被跟踪记录（得克

萨斯州除外），各校区也没有被要求报告这个过程中的辍学统计数字（Kronholz，2001）。其实，要想跟踪私立学校、可选性中学或后来又获得 GED 文凭的毕业生，是很困难的。因此，总结以上两项近来进行的研究，似乎美国中学辍学率在 13%～30% 之间。

此外，不同社会经济地位、民族背景（见图 12—4）、性别和地区的学生，辍学率也大不相同，来自贫困家庭、男性、少数民族、怀孕及学习困难者，更易离开学校而辍学（Hood，2004）。辍学率现在被要求上报给联邦机构，而且学校必须提高毕业率，否则就要面临处罚。在未来十年里，越来越多的英语语言学习者的增加及资深教师的短缺，尤其是数学和科学教师的短缺，将会使这个问题变得更加棘手（A-chieve，2005；Greene & Winters，2005）。有研究者提出，多数中学从小的、街区性的学校合并成大的、杂乱无序的非个人设施，无法满足不同个体的需要。在这样的环境中，学生感到自己成了隐形人（Hood，2004）。

当代社会技术的进步，使得那些没有完成中学或没有获得基本的读写和数学技能的青少年无

431

法找到工作，或者为了晋升，他们必须解决受限的工作门槛。2005 年，美国政府官员和商界领导者（如微软的比尔·盖茨）举办了首届国家教育峰会来讨论怎么改善中学成绩。基于 2002 年、2003 年及 2004 年毕业的 1 500 个班级、400 名商界 CEO 及业主、300 名大学教师的民意调查指出，如今 40％的毕业生还没有充分准备好开展大学课程及进入工作，而其中有一小部分学生的中学教师对其都有很高的期望，感觉他们可以做好准备，并且在大学也会做得很好。

美国参议院的公论是，50 年的中学模式必须经历全面改革，要求修正课程：中学必须有更高的标准、有更多的核心课程（数学、科学、英语）、改善就业导向及为必要的中学后教育做好准备等（约 40％的大学生正在补课）。此外，雇用者和大学老师可以推荐发展性的课程，以便他们为毕业准备来进行分析性思考、更多地写作、发展更好的工作、学到有用的问题解决技能及发展与工作相关的计算机技能等（Achieve，2005；Balz，2005）。

> **思考题**
>
> 青少年是如何为生涯和职业做准备的？哪一类学生最可能高中辍学？为什么？对于改善毕业生 21 世纪的工作准备水平，你有什么建议？

## 危险行为

即使不认为自己有"问题"的青少年也可能被成年社会看作喜欢冒险的或有异常行为的人。由于成年人控制着社会权力渠道，包括执法人员、法庭、警察、新闻媒体等，因此，他们比青少年更能定义价值标准，并且将这些标准推广到日常生活中。然而，有些危险的行为对这个年龄的群体来说是很普通的，包括喝酒、使用禁药、自杀和犯罪，这样的行为之所以被称为危险行为，是因为典型地干涉了个人的长期健康、安全和幸福。

尽管青少年期是为积极发展提供机会的时期，但是许多年轻人发现自己被暴露于大量危险的社会环境中——"高危"环境。这些年轻人所面对的社会情境——家庭、街区、保健系统、学校、工作培训、犯罪和儿童福利系统等等——支离破碎，没有被设计来满足青少年独特的需要。贫困的、少数民族的年轻人尤其被忽视，他们越来越多地被发现在贫穷的、恶化的小城市街区，这些街区充满犯罪、暴力、毒品，学校和服务缺乏资金、设计贫乏。

### 432 ┃ 社交饮酒和药物滥用

如今，每个人都在讨论"药物"，但是这个词本身是不精确的。如果我们认为药物是化学物质，那么我们咽下的每件东西在技术上都属于药物。为了避免这样的困难，药物通常武断地被定义为能够产生超越与饮食相关的生命维持功能而具有非凡效果的化学物质。例如，药物可以治病，助眠，放松，使人满足、兴奋，制造出神秘的体验或令人恐惧的经历等等。社会安排不同类型的药物具有不同的地位。通过联邦食品药物监督管理局、麻醉药品局及其他代理机构，由政府来界定药物是"好的"或"坏的"，并且如果是"坏的"，也会界定有多坏。社会学家提出，有些药物，像咖啡因和酒精，受到官方的许可。咖啡因是一种温和的兴奋剂，通过咖啡厅和休息时的咖啡时间

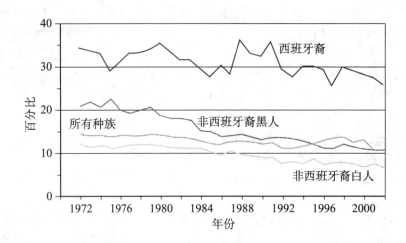

**图 12—4　美国 16～24 岁的青少年依据民族和西班牙裔血统及被选择的年代而呈现的辍学率 （1972—2002 年）**

完成中学的年龄上升至 24 岁，包括中学文凭和同等 GED 资格认证，美国领导人非常关心 21 世纪的职场就业准备。

注：这个数据显示了 16～24 岁成年人的辍学率，他们没有在高中注册，没有获得高中文凭或同等学力。

来源：Child Trends Data Bank. (2004). High School Dropout Rates. Retrieved March 31, 2005, from http://www.childtrendsdatabank.org/indicators/1HighSchoolDropout.cfm Child Trends. Child Trends Databank Indicator: High School Dropout. Retrieved from http://www.childtrendsdatabank.org/figures/1-figure-1.gif. Reprinted with permission. Original data from the Current Population Survey.

而受到社会的赞许。同样地，酒精这种中枢神经镇静剂也常常出现在娱乐和正式商业环境中，而且如此盛行以至于非酒精使用者常常被认为有点奇怪。并且至少直到几年前，尼古丁（吸烟）使用也是同样的情形，它是一种通常被分类为刺激品的药物。

无论是否被文化认可，药物都会泛滥。**药物滥用**是指对化学剂过度或难以控制地使用，会干涉人们健康的、社会的或职业的功能，或其他社会功能。在青少年中，也像在他们的长者中那样，酒精是美国最常被滥用的药物。根据美国药物滥用研究所 2000 年的全国调查显示，14％的 8 年级学生、26％的 10 年级学生，以及 30％的 12 年级学生，承认曾经大量使用酒精（Wallman，2001）。

大学生中几乎有一半喜欢**豪饮**（对于男性定义为一次喝下五杯酒，对于女性的定义则是一次喝下四杯酒），这是一个严重的问题，可以导致很大范围的后果，包括由于酒精中毒而导致死亡。

豪饮者出现无保护的性、无计划的性或在无意识状态被强奸、惹来校园警察、损坏物品、受伤或死亡的可能性要比非豪饮者高出 7～10 倍（Wechsler et al，2004）。2002 年，因为酒精被捕的事件上升 10％以上，意味着第 11 个年头的持续增长。逮捕事件的增多部分归因于法律监管力度的加强及同伴对于犯罪者无法忍受而进行的举报（Hoover，2004）。在过去 20 年中，大学女生滥饮的比例显著增加，值得担忧的是，在相当大比例的校园性侵害事件中，其侵害者、受害者之一或是两者都喝了酒；许多大学女生在喝醉或药物的影响下，感染诸如疱疹、AIDS 之类的性传染病（Hoover，2004）（参见本章专栏，"可利用的信息"中的《确定你周围的人是否有酒精或药物问题》一文）。

疾病控制中心（Grunbaum et al.，2004）在对中学生一年两次的全国性调查中指出，美国几乎一半的中学生报告使用大麻，大约 10％或更少报告吸食诸如胶水、喷雾剂、致幻剂、可

433 卡因或脱氧麻黄碱等之类的药物，3％使用针剂注射药品，3％至少使用海洛因一次（Grunbaum et al.，2004）。

一个逐渐加剧的问题是年轻人，尤其是男孩，使用合成代谢类固醇来增进肌肉或运动能力，合成代谢类固醇的使用是违法的，全国约有6％的学生报告使用这种类固醇药丸或注射（Grunbaum et al.，2004）。医学权威认为，身体仍然在发育的青少年由于来自类固醇的反面作用而处于特殊的危险中，包括阻碍发育、改变心情、长期依赖类固醇、粉刺、水肿、男性乳房发育、女性男子气概、高血压及男性暂时不孕等。青少年可能发现类固醇使用是吸引人的，因为他们关心容貌和同伴赞许，以及在竞争性运动中"足够强大而融入团队中"（Petraitis，Flay & Miller，1995）。

许多心理学家认为，青少年在社会环境中应对药物的出现是现在必须处理的发展性任务，就像他们必须应对父母的分离、通过标准测验、生涯发展和性一样。考虑到大麻在同伴文化中的盛行和可获取性，心理健康、合群的和有合理好奇心的年轻人会有尝试大麻的意图。但是结果还显示，经常使用药物的青少年倾向于出现这样的情况：适应不良，显示出越来越孤独、社会孤立、即兴控制力差及显著的情感负担，包括以自杀意念为特征的明显的人格综合征——这会牵涉问题解决和社会情感调整（Johnson & Gurin，1994；Petraitis，Flay & Miller，1995）。对于这些年轻人而言，药物使用是高度破坏性的，容易导致病态机能。

**青少年为什么要使用药物？** 这里有许多寻找解决青少年物质滥用的讨论。这些理论的回顾提出了一个观察社会的、态度的和人际影响的框架（Petraitis，Flay & Miller，1995）。过度的药物使用损害了青少年期和成年期重要的成熟及发展任务的能力，导致过早的工作卷入、性和家庭角色。此外，青少年看见许多使用药物的同伴没有任何明显的有害影响，从而对反毒品运动产生怀疑。我们能看到药物滥用影响的一个事实是国家的监狱和监狱人口数量，2003年，已经有200万名此类囚犯，整个州监狱的人数增长多数可以归因于药物犯罪（U. S. Bureau of Justice Statistics，2003）。

各种各样的因素导致了年轻人药物的非法使用（Petraitis et al.，1995）。非法药物的娱乐使用，在过去25年里已经成为许多青少年同伴团体的主流，使用非法药物的大多数青少年融入了"药物是日常生活的一部分"的同伴团体。青少年使用非法药物的另一个原因是他们看见父母使用药物——酒精、麻醉剂、镇静剂、兴奋剂等。著名运动员使用类固醇会导致更大的好奇心及青少年类固醇使用的增加。几乎所有的美国青少年都报告家庭内部有反对非法药物的规则，然而许多人模仿父母的药物使用，而使用改变心情的药物。在这种情境里，把青少年的药物滥用视为一个广泛的社会问题，可能更加精确。

## 青少年自杀

在美国，自杀在15～24岁的青少年中，是排行第三的致死原因。本土美国人和阿拉斯加本土美国人有着最高的自杀率。在过去十年里，青少年的整体自杀率在缓慢下降，2003年，15～24岁人群中，有将近4 000例报告自杀，其中男性多于女性（Hoyert，Kung & Smith，2005）。在全部自杀者中，有超过半数使用手枪（CDC，2004e），这些自我毁灭行为值得忧心，更为家人带来悲痛。通常在西方国家，自杀被视为一种耻辱，因此医疗工作者有时会将死因记载为意外，或是自然原因。

全美的青少年危险行为监督研究（Grunbaum et al.，2004）对15 000多名中学生进行调查发现，在过去12个月期间，有17％的人认真考虑试图自杀并制定了具体的自杀计划，9％已经尝试自杀，3％由于试图自杀而导致受伤、中毒或需要医疗照顾的过量用药。

通过性别比较揭示出，女生比男生更可能经历严重的抑郁、强烈的自杀意图、制定尝试自杀的计划，或已经尝试自杀——但是男性更成功地使用最后的方法来结束生命。通过种族/民族的比较发现，西班牙裔学生比白人学生显著地更可能尝试自杀，白人学生比黑人学生更可能认真地考虑自杀（Grunbaum et al.，2000）。

**与自杀有关的危险因素**　一系列的家庭的、生物的、心理障碍的和环境的因素都与年轻人的自杀相关。这些因素包括无望感、家族自杀史、冲动性、攻击性行为、社会孤立等等。以前有过自杀企图、过早接触酒精、非法药品的使用、家庭的低情感支持、负性生活事件及致命的自杀方法等（Mohler & Earls，2001）。在许多情况下，心理的抑郁暗示着自杀行为或自杀企图（Mohler & Earls，2001）。**抑郁**是一种情感状态，通常以长期的沮丧情感、绝望、无价值感、极度悲观和过度内疚以及自我谴责为主要特征。其他的抑郁症状还包括疲惫、失眠、低注意力、易怒、焦虑、性兴趣减少以及兴趣和烦躁全部丧失。有时抑郁出现在其他不同的障碍形式中，例如模糊的疼痛、头疼或循环性头晕。青少年女孩出现抑郁的比例常常是男孩的两倍，一个主要的因素是，许多十几岁少女对容貌的过分关注（Ge，Conger & Elder，2001a；Halpern et al.，1999）。美国教育局已经认定抑郁是大学辍学的主要原因。

---

434    **可利用的信息**

**确定你周围的人是否有酒精或药物问题**

**我如何说出我的朋友是否有饮酒或药物问题？**

这可能是很难说的，因为绝大多数人都会试图隐藏他们的问题，但是这里有个测验，关于他们（或者你自己）的问题你可以问问自己：

1. 他们是否有规律地大量饮酒？

2. 他们是否对于饮酒或用药多少有点撒谎？通常他们撒谎吗？

3. 他们是否为了饮酒而避开人群？

4. 他们是否放弃他们过去常常做的事情，如运动以及和那些不饮酒或用药的朋友一起出游？

5. 他们是否提前计划饮酒或用药，可能会计划一天的活动以便在某时饮酒？

6. 他们是否必须增加酒精量或药剂量来维持同样的效果？

7. 他们是否相信饮酒或用药对于乐趣来说是必需的？

8. 他们是否常常因为前晚"纵情过度"而显得无精打采？

9. 他们是否迫使别人用药，或是责备那些不喝酒的人？

10. 他们是否冒险，如开快车、性冒险，或是举止放纵？

**青少年豪饮**

研究者发现，中学和大学男女生当前正在以急速的数量从事豪饮，伴随着深远的社会影响，包括无保护和无计划的性、强暴、交通事故和灾祸、低强制性禁止，以及死亡。

11. 他们是否曾因为饮酒而无法回忆起某段时间发生的事情？

12. 他们是否诉说无助、抑郁或试图自杀？

13. 他们是否自私，或不关心别人？

这些都是药物已经掌控某人生活的迹象，如果你看到这些迹象，你的朋友或你自己则需要帮助。那些有严重滥饮或药物问题的人刚开始通常说这种体验是极好的，但成瘾很快就会发生，并且会产生严重的心理问题，如抑郁、自杀念头、害人想法，以及身体问题，如肝功能受损、大脑受损、如果怀孕则胎儿受损及想当然地过度用药。药物影响会导致人们从事不安全的行为，如醉酒驾驶、不安全的性行为及危险的"晕倒"。我们社区有一个年轻的大四男生整夜聚会娱乐，还接受挑战游过一条河——在他大学毕业前一个星期时悲剧式地溺死。

**是什么导致我的朋友有类似这样的问题？**

许多事情可以导致这类问题，有时候这些问题会出现在家族里，就像心脏疾病或癌症一样。如果你的朋友有家族药物滥用史，则你的朋友会更可能出现药物依赖。一些人用药物或饮酒屏蔽其他问题或者逃避令他们厌倦的问题——紧张、工作压力，觉得他们是不同于他人的，或无价值的，或对现状感到不愉快的。即使他们会暂时忘记这些问题，但在酒醒或药效退后还必须要面对同样的问题，从而感到更抑郁（Schulenberg et al.，1997）。

**为何个体很难自我帮助？**

对于大多数人来说，承认自己有严重的问题是非常困难的。年轻时，相信自己不会发生任何坏事情，而更不会承认。否认、必须对朋友和家人隐藏这个问题本身就是很大的问题。有时候，他们会觉得与每个人隔离比不断隐瞒并消灭证据操作起来更容易，一旦某人退缩了，要想看到真正的问题就会更加困难。

**我如何能帮助朋友？**

你有几种选择：

● 和你信赖的人谈话——咨询人员、教师、医师、神职人员——这将会带给你你应该怎么做的另外一种观点。

● 一直等到你的朋友清醒过来，然后和他或她谈话。以精神支持的方式靠近他或她，鼓励他或她接受专业帮助。

● 不要责难或指责你的朋友。举出那些你已经注意到并令你担忧的例子。

● 提议陪伴你的朋友去寻求帮助。

**我的朋友必须怎样做才能得到帮助？**

首先，你的朋友必须承认有问题，这是很困难的，因为这意味着承认浪费了生命中的部分时间。你的朋友不能独自解决问题，但是将需要专业的帮助。许多人受益于匿名戒酒会（AA）或匿名戒毒会（NA）。这两个群体通常在校园有聚会，你可与校园咨询人员联络获得聚会时间。最后，必须由你的朋友来做出是否需要帮助的决定。

**自杀预防**　屏蔽自杀危险的能力是自杀预防最重要的一部分。其次是把这些高危险者与社区心理健康中心连接起来。自杀的潜在性是从低危险到高危险的连续体。

导致成功自杀最强的危险因素是家中存在枪支（McKeown et al.，1998）。降低药物滥用以及减少家庭功能不良方面的更广泛的社会焦点包括社区和家庭干预及需要教导家长和教育者（McKeown et al.，1998）。Jessor 及其同事（1998）研究了将近 1 500 名大型都市校区的西班牙裔、白人、非洲裔高中生，发现以下的心理保护措施能够加强青少年的健康：定期锻炼、健康的饮食习惯、定期看牙医、安全行为、充足的睡眠、信仰虔诚、认真上学、拥有参加保护年轻人活动和社区自愿工作的朋友、父母取向、与成年人有积极的关系、参加教堂及参与亲社会活动等等。

对于有自杀倾向的青少年需要进行心理治疗和抗抑郁药相结合的治疗方法（Emslie et al.，1999）。治疗师帮助青少年解决他或她的问题，并获得更多更有效的应对生活和压力环境的技巧。

治疗师也会试图鼓励增强自我理解、内在的坚强感、自信和积极的自我映像。近年来，在抑郁症治疗的药物方面已经取得显著成效，如盐酸阿米替林（Elavil）、妥富脑（Tofranil）、百忧解（Prozac）以及帕络西汀（Paxil）（Keller et al.，2001）。

## 反社会行为与青少年犯罪

青少年的"偏差行为"是人类整个社会历史都有记录的问题，美国也不例外。年轻男性要继续为重大比例的犯罪负责，这个年龄群的男性也不成比例地卷入犯罪司法系统中。然而，在过去的十年里，未满18岁的年轻人中，男性因犯罪而被捕的数量已经下降了6%以上，女性为3%（U. S. Bureau of Justice Statistics，2004）。犯重罪的青少年相对更少。2003年，有超过90万名未满18岁的男性被捕，罪名不一，其中占最高比例的是财产犯罪与偷盗；女性少年犯的数量则占男性的20%（Federal Bureau of Investigation，2004）。

对数据进一步检视显示，18岁以下男性的严重犯罪，如谋杀、强奸、严重攻击和偷盗都有所下降。然而，因为药物滥用、侵占、伤害家人和儿童、受影响情况下驾驶而捕的情况的比率逐渐增加。18岁以下的女性因为卖淫、药物滥用、在受影响下及醉酒驾驶、侵占、冒犯家人及儿童、攻击等而被捕的情况也在增加。在1993年达到最高水平后，严重暴力犯罪受害的比率到2002年已经下降74%。在这同样的十年里，严重犯罪的比率在12~17岁青少年中显著下降（Federal Interagency Forum on Child and Famdy Statistics，2004）。

媒体对于男学生的学校射击事件的报道具有煽动性，而导致公众相信年轻人的犯罪率正在上升，但是，青少年犯罪率已经有显著下降，由于药物滥用而被捕则属例外。更广泛的枪支易得为一些情绪混乱的男性提供了可以杀害许多受害者的致命武器。而且，关于将持有和滥用药物的少年犯与犯了重罪的罪犯关在一起的做法，还存在大量的争议。心理学家、社会学家及犯罪学家逐渐得出结论认为，养育更尽责任、家庭和学校监管更严密以及康复计划——而非监狱或警察——能够减少绝大多数的青少年犯罪。关于减少青少年灾祸的一些想法参见下面的专栏"进一步的发展"中《"如何保护青少年远离枪支和暴力？"》一文。

**年轻人暴力** 与任何其他群体相比，美国青少年持续保持受害者和犯罪者的最高纪录（见图12—5）。从1997年到现在，发生过几起年轻男生向同学和老师开枪的事件，在自杀或被制服之前，杀死或使几个人受伤——1999年发生在哥伦比纳中学以及2005年发生在红湖中学。这样无知的年轻男性暴力犯罪者对受害者的无辜伤害的每个生动细节都会引起巨大的轰动。这些可怕的形象使整个美国误以为年轻人犯罪率是很高的，甚至就在我们自己的社区里。事实上，年轻人的犯罪及受

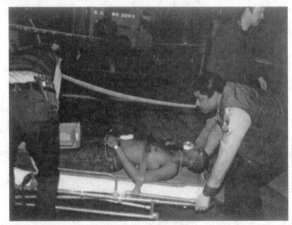

**美国青少年暴力**
年轻非洲裔美国男性尤其面临着困难的处境。年轻人的问题由于经济衰退、安全工作稀少而变得更加复杂。愤怒与叛逆在劳动力市场边缘化的环境下，很容易转变成暴力。非洲裔美国青少年的首要死因是谋杀，纽约哈莱姆区的非洲裔男性比孟加拉男性活到40岁的几率更低。

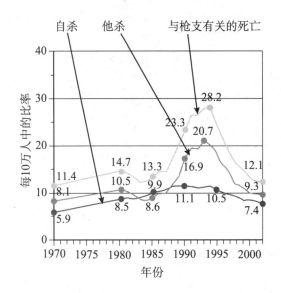

图 12—5　被选的年份中，15～19 岁的年轻
人中他杀、自杀及与枪支有关的死亡比率（1970—2002 年）

来源：Centers for Disease Control and Prevention. (2004). *Health*, *United States*, 2004. *with Charbook on Trends in the Health of Americans*. U. S. Department of Health and Human Services. Washington，DC：Government Printing Office. Art：Child Trends. Child Trends DataBank Indicator：Teen Homicide, Suicide, and Firearm Death. Retrieved from http：//www. childtrendsdatabank. org/figures/70-figure-l. gif. Reprinted with permission. Original data from National Vital Statistics System.

害由于政府、犯罪司法、社会及学校安全计划的介入，而出现了进一步的下降。尽管整个青少年犯罪已经下降，枪支致死在非洲裔美国男性犯罪者中仍然有很高的比率，位居 15～24 岁非洲裔男性死亡率的首位（National Center for Health Statistics，2004a）。在 2000 年，有 81 000 多名 18 岁以下的青少年在法律上被归类为"离家出走"，其中有许多人迫于生存而犯罪。如果这些年轻人成为暴力少年犯，则会对社会和少年法治系统提出新的挑战（Wallman，2001）。

大多数青少年都是遵守法律的公民，但是青少年的反社会行为如行为不良、行为障碍、醉酒驾驶、药物滥用和攻击等，与广泛的成年行为问题有关，包括犯罪、药物成瘾、经济依赖、教育失败、工作不稳定、婚姻不和谐及虐待儿童等。即使如此，许多少年犯以后也能成为遵守法律的公民。显然，他们意识到青少年所谓的"乐趣"不再是能够被成年人接受的行为了（Sampson & Laub，1990）。

437

## 进一步的发展

### 如何保护青少年远离枪支和暴力？

首先我们要问清楚年轻人是如何得到枪支的。大多数被用于毫无目的的射击的枪支都是来自于受害者自己家中、亲戚家中、朋友或受害者朋友的父母处。据报道有 140 万家庭中储藏有未被加锁且装弹的枪支或未被加锁的军火枪支。确保安全的枪支储存与 14～17 岁孩子自杀率的降低相关（Children's Defense Fund，2005）。

1994 年联邦攻击武器禁令生效。禁令生效之前几年，死于枪支的儿童和青少年的数量一直在上升，但是在 2002 年，死亡率为 50%，低于 1994 年。然而，2004 年，美国议会宣布终止攻击武器禁令，这使得美国人买快枪、被设计用来短时间内射杀大量人的军事武器再次成为合法（Children's Defense Fund，2005）。

在教育方面，有的课程强调冲突解决方法和街头生存技巧。我们也可以要求学校加强安全和保护措施，并延长枪支犯罪者的刑期。长期的解决方法则包括减少青少年得到枪支的渠道。这将会很困难，考虑到大多数美国家庭中都有枪支。只有 1/4 的枪支谋杀事件是在严重犯罪过程中发生，或是由重罪犯所执行，2/3 的美国重罪犯承认他们的枪支来自于朋友、家人或熟人。这暗示如果私人公民拥有较少枪支的话，那么得到枪支的渠道也会大大减少。儿童防护基金（2005）为保护儿童和青少年的安全而提出以下几项建议：

1. 支持有责任的枪支控制措施。
2. 移走自家的枪支。

3. 在自己家中、聚会、学校及社区内培育一种非暴力解决冲突的气氛。

4. 对所有的学生，包括小学生，鼓励实施非暴力解决冲突课程。

5. 不要让孩子们看暴力电视或玩暴力电子游戏。

6. 帮助公众聚焦于儿童枪支死亡。

7. 从事儿童在参观巡视计划：访问医院创伤个体以及与丧失儿童的家庭谈话。

8. 提供给儿童在街道上正面的选择以便于他们能够感觉到安全和受到保护。

来源: Centers for Disease Control and Prevention. (2004). *Health*, *United States*, 2004, *with Chartbook on Trends in the Health of Americans*. Table 47: Death rates for firearm-related injuries according to sex, race, Hispanic origin , and age: United States, selected years 1970-2002, p. 200.

## 续

在美国，对青少年的社会界限定义得相当不清晰，传统上，从小学进入初中时，象征着进入青少年时期，但是随着中学的到来，这种转变变得很模糊。而对于一个人何时离开青少年时期，也不完全清楚。粗略地说，当个人承担起一个以上的成人角色时，如结婚、为人父母、做全职工作、从军或经济独立等，青少年期就被认为是结束了。

青少年时期和年轻的拓展为社会和年轻人提出两个相关问题，社会在通过适当社会化和角色配置提供给年轻人过渡到成年角色的桥梁方面，尚存在问题。

就像我们将在第13章讨论的那样，年轻的成年人在建立稳定的自我认同、获得独立性及决定进一步的其他选择方面，都存在着问题。许多西方工业化国家也因为经济、教育及其他原因而推迟了青少年进入成年期。如今，大学使许多有着社会和经济优势的年轻人延迟取得完全的成年人地位，而失业和未充分就业现象也在优势较少的群体中产生有点类似的效果。同时，儿童比100年前更早进入青春期，因此身体成熟的人们被告知他们必须再等十年以上才能确保承担起成年人的全部权利和义务。

438    **总结**

### 自我认同的发展

1. 霍尔认为，青少年是以不可避免的骚动、失调、紧张、叛逆、冲突，以及夸张的同伴团体服从为主要特征的。一些社会学家相信，这种暴风与压力的观点受到了媒体的夸大，已不适合当今形势。

2. 萨利文的理论相对于霍尔和弗洛伊德的观点，将人类发展的主要力量解释为社会性而非生物性因素。萨利文理论的三个时期为前青少年期、青少年早期、青少年晚期。

3. 埃里克森的第五个心理社会性发展阶段的危机是寻找自我认同。他主张最佳自我认同就是能够体验到幸福感。

4. 马希尔提出自我认同形成可进一步分为四种不同类型：完成、延迟、早闭、扩散。

5. 美国与其他西方国家似乎促成了青少年期的延长。根据这种观点，相冲突的期待使欧美年轻人产生自我认同危机。另一方面，许多非西方社会更加清晰地标记了青少年期。通过提供青春期仪式来减轻地位转换的压力——这些启蒙仪式在社会上象征着从儿童期转变到成年期。一些标记进入成年的割礼仪式，因违反人权而受到国际人权组织的攻击。

6. 一项 1992 年发表的 AAUW 研究报告表明，青少年女性大多数抱有较差的自我映像、相对低的人生期待、对自己和自身的能力较不自信。其他最近的研究发现了相似的结果，但是如今的女孩登记数学和科学课程的比率及测验分数都有所提高。

7. Gurian 研究男孩的自我认同发展，提议要接受男性的生物差异，并提供角色榜样和让青少年学习负责任的机会。

8. 西方社会通过延缓向成年期的过渡及隔离年轻人，产生一种惯例青少年期或年轻人文化——大量年轻人以或多或少的标准化思维、感觉和行为方式为主要特征。

## 同伴和家庭

9. 家庭和同伴团体是大多数青少年生命中的定锚，然而这两者影响的问题有所不同。中学的青少年会依年龄而被分离，正常情况下，他们不会与父母处于战争状态。青少年常常能从与父母的联系中受益，并在经济、教育和职业等问题上征求父母意见。

10. 青少年似乎能与团体成员发展出整体意识，对于衣着、发型、约会、音乐等主题会寻求同伴意见。

11. 青少年社会中高的地位要求能够在各种情境下，制造出自信气氛及展现"酷"的自我映像。

12. 对同伴团体和同伴压力的服从在绝大多数青少年的生命里扮演着显著的角色，然而，还存在许多不同形态的青少年团体，还有一少部分青少年正处于社会孤立的危险中。

13. 对于青少年而言，要求自己做决定是成熟和长大的标志。大量亲子冲突是由于家务和外表引起，而非实质性的问题。青少年渴望与父母保持更加开放的沟通。

14. Pipher 提出，女孩对于母亲之外的行为模仿会获得混乱的信息。青少年女性被社会化成当自己最需要母亲的指导和支持时，在心理上却与母亲保持距离。

## 求爱、爱情和性

15. 青少年转变到成年期时，最困难的调适之一是性、性取向、性表达的演进，性吸引力和性思考变成生活的主要力量。青少年的性受到了公众大量的关注，因为它与许多消极的个人和社会后果有关，有着终身影响。

16. 年轻人第一次体验性交的年龄是非常不同的。青少年的性行为会被较少的父母监督和同伴团体压力所塑造。

17. 社会科学家发现很难定义浪漫爱情，跨文化研究显示这并不是一个通用的概念。

18. 青少年的性表达有许多形式，包括自慰、夜间性高潮、异性抚摸、异性性交、同性恋活动和异性恋活动。

19. 青少年性体验的比率在 20 世纪 80 年代逐渐增加，在 20 世纪 90 年代初期到达高峰，而在 20 世纪 90 年代后期青少年性经验比率在各年级、性别和种族上，都出现下降。在这十年当中，拥有多个性伴侣的比率也在各年级、种族和民族类别上呈现下降趋势。当青少年有更多性体验时，他们变得更常使用避孕措施。越来越多的青少年开始禁欲。

20. 尽管青少年女性生育率已经下降，然而未婚生育的青少年的比率仍然非常高，对于妈妈、孩子和社会都会产生许多消极后果。

21. 大约有 7％的中学男生及 5％的中学女生报告了同性吸引，到 18 岁时，大多数青少年都认定自己是异性恋或同性恋，可能约有 5％还"不确定"自己的性取向。

### 生涯发展和职业选择

22. 青少年会面临生涯发展和职业选择，读大学允许青少年有机会探索发展方向及延迟职业选择。工作是与许多作为成人的积极结果相关的，但是在中学时工作可能会使青少年未来的图景更加复杂。中学辍学率在贫穷、少数民族和青少年女性中较高，然而这群人的工作机会很少，更可能一生都生活在贫穷中。关于中学辍学率的规定现在正在被法律授权。

### 危险行为

23. 这个年龄群的一些普遍危险行为是饮酒、使用禁药、自杀、行为不良等。这样的行为被称为"危险"，因为它们会影响个体即时的和长期的健康、安全和幸福。豪饮的流行使许多中学生和大学生处于死亡的高危险中，有许多无辜的受害者。青少年药物滥用还在增加。

24. 家庭、生物、心理疾病及环境因素，与青少年物质滥用和自杀相关。这些因素包括童年受虐待或性虐待、家庭抑郁症史或自杀史、冲动、攻击行为、社会疏离、曾经尝试自杀、较易获得酒精、使用禁药、家庭的低情感支持、负性生活事件及致命的自杀方式等。

25. 儿童时期的反社会行为，如偏差行为、不当行为、攻击、暴力，与广泛的成年行为麻烦有关，包括犯罪、吸毒成瘾、经济依赖、教育失败、工作不稳定、婚姻不和谐及儿童虐待。大多数青少年是遵守法律的公民。

26. 青少年期和成年早期的界限并不清晰，直到个人承担具体的成人角色为止。

## 关键词

| | | |
|---|---|---|
| 豪饮（432） | 代沟（417） | 自我认同延迟（414） |
| 整体意识（418） | 自我认同（413） | 消极的自我认同（414） |
| 抑郁（435） | 自我认同完成（414） | 青春期仪式（414） |
| 偏差的自我认同（414） | 自我认同扩散（414） | 暴风和压力（412） |
| 药物滥用（432） | 自我认同早闭（414） | 年轻人文化（417） |

## 网络资源

本章网站将焦点放在青少年时期的情绪与社会问题上，以及生涯发展、危险行为等，请登录网站 www.mhhe.com/vzcrandell8，获取以下组织、主题与资源的最新网址：

**青少年期：埃里克森的心理发展论**
**儿童倾向数据银行：青少年**

**青少年怀孕**
**健康学校、健康少年**
**青少年危险行为监督**
**认识青少年抑郁症及自杀**
**生命全程（通过新千年的出现）**

**视频梗概——www. mhhe. com/vzcrandell8**

在本章，你已经看到青少年自我认同的发展、自主性的建立以及在某些情况下他们对权威的质疑。使用 OLC（www. mhhe. com/vzcrandell8），选择青少年视频结束 2 来观看诸如自我认同混淆及

假想观众等这些概念是如何来到 Maggie 和 Aron 的生活中——并且就像 Maggie 的父母卷入后那样变得更加复杂。记得通过填空和本章的批判性思考题来测试你对这些概念的掌握。

# 第七部分
# 成年早期

　　第13章和第14章主要讨论成年早期的动态生命阶段,从十几岁后期一直到40岁中期,我们将讨论各种成人发展理论。当代美国年轻的成年人口呈现民族多样化态势,他们受过更好的教育,更有可能与人同居,或者更长久地留住在原生家庭里,以此来延缓婚姻进程,以便建立事业。大多数年轻的成年人在身体上是活跃的,比以往同类人群有更强的健康意识。最近研究发现,处于成年早期的人,大多数都是性保守者,会保护自己免于感染AIDS及STIs;少部分人有不健康的行为,如酒精或药物滥用,或是有多个性伴侣而从事没有保护措施的性活动,这会产生感染AIDS的高危险性。大多数人会通过专业技术培训、读大学、从军或工作,来为未来做准备。友谊和社交关系对于年轻的成年人尤为重要,因为这个人生阶段正是寻找情投意合的亲密伴侣的时候,现在婚前同居更为盛行,平均结婚年龄为20几岁。虽然媒体很关注青少年怀孕的问题,然而如今大多数年轻的成年人都为追求事业而推迟了生儿育女的时间。

# 第13章

# 成年早期：身体和认知发展

## 概要

### 发展观

- 成年期的人口学特点
- X世代
- 新千年世代
- 年龄阶段的概念
- 年龄规范和社会时钟
- 年龄分级系统
- 生活事件
- 探索成年人的发展阶段

### 身体变化和健康

- 身体特征
- 身体健康
- 社会经济地位、种族和性别
- 药物和酒精使用的时间变化
- 心理健康
- 性

### 批判性思考

1. 你认为你自己是成年人还是青少年？假如你确实已是成年人，那你是什么时候开始意识到自己是成年人的？你所做的哪些事情既可以是成年人所做又可以是青少年所做的？

2. 当你想到爱的时候，会想到性吗？当你想到性的时候，会想到爱吗？

3. 对你来说什么是性？是否有某些人可能过着无性生活？

4. 当你目击一位带着孩子的妇女从超市里偷东西时，你会做何反应？假如她很穷，你还会有不同的想法吗？

◆ **认知发展**
- 后形式运算
- 思维和信息处理

◆ **道德推理**

◆ **专栏**
- 人类的多样性：四代的融合
- 进一步的发展：暴力犯罪的影响
- 实践中的启迪：家庭护理医生
- 可利用的信息：有氧运动的好处

今天在美国社会，相对于几十年前，青少年和成年人之间的界限很模糊。随着更多的年轻人在他们珍贵的大学期间、创业期间和父母住在一起，或者结束一段短暂婚姻或成为一个单亲后返回原生家庭，一些社会学家建议最好将青少年时期持续到 20 多岁。许多中产阶级的年轻人希望在成年早期奋斗以保持和父母一样或更好的生活方式。

在早期心理学家如埃里克森（Erik Erikson）、布勒（Charlotte Bühler）、荣格（Carl Jung）、普莱西（Sidney Pressey）、凯根（Robert Kegan）等的引导下，社会科学界已经逐渐认识到成年期不是一个单纯独立的阶段，也不是与青少年和老年期截然分开的阶段。发展学家越来越倾向于认为人在整个生命当中是不断经历变化的，现代概念称之为"成长过程"。据此，现在人们认为成年期是一种冒险的、跌宕起伏的人生阶段，成年人最终会朝着克服困难的方向变化。本章我们考察了一些成人早期发展的观点，包括典型的身体和认知变化，男性和女性在道德领域的差异，以及每个成人对社会所产生的价值差异的影响。

## 444 ➜ 发展观

成年期缺乏明确的如婴儿期、童年期和青少年期那样的界限。在科学文献中，这一时期甚至被当作"长大"之后发生在个人身上包罗万象的事件的阶段。比如，弗洛伊德把成年生活看作已经形成的个性结构基础上的涟漪；皮亚杰设想，青少年时期之后不再有认知变化；科尔伯格认为，道德发展是成年早期达到的生命高原。许多美国中年夫妇常问自己：什么时候我的儿子或女儿会长大成人，能够工作和不依靠父母而独立生活？对于他们的问题目前没有固定的答案，要因人而异（Goldscheider, Thornton & Yang, 2001）。

在美国，成年期开始的标志往往是个体离开高中、进入大学、从事一份全职工作、参军、结婚，或者成为父母。然而不同的社会对成人的看法不同。在西方社会，传统上男性成人的标志是自主性、独立性和认知能力。相比较而言，女性、一些少数民族和非西方社会更注重亲缘关系，比如家庭内的亲密（Guisinger & Blatt，1994）。最近，Arnett（2000）提出一个不同的发展阶段，在大约 18～25 岁，称为"成年初期"，是允许人们对工作、恋爱、世界观进行更广阔的探索，为余下的成年生活奠定基础的一个时期。

### 成年期的人口学特点

人们关于成年期的情感、态度和信念受成年个体的相对人口比例及他们对生活看法的影响。

在美国主要人口正在发生变化，将会产生重要的社会和经济结果。美国成年人目前主要包括五代，但成年早期，本章的焦点内容中包括最年轻的三代。美国最老一代的成年人出生于 1900—1925 年，称为"GI 代"，经历过第一次世界大战、禁酒时期和妇女参政权论者争取到宪法修改使妇女有投票权。许多埃利斯岛移民因为欧洲经济萧条来美国工厂里工作。2003 年，仍有不超过 500 万人活着（假如您计划和这些老人一起工作，本章结尾的网址可以为您提供更多的信息）。第二代美国成年人被认为是"沉默的一代"，出生于 1925—1945 年。这代人度过了 20 世纪 30 年代的大萧条时期和第二次世界大战（参见本章专栏"人类的多样性"中的《四代的融合》一文）。我们把这两代人的具体内容放在本书的成年晚期一章。

生育高峰期的一代（出生于 1946—1964 年），现在称之为"婴儿潮世代"，人数超过 7 800 万，是人口统计的一个波峰。20 世纪 50 年代，婴儿潮使美国成为面向孩子的社会，到处是新学校、郊区、购物中心和旅行轿车，1955 年之前出生的人给美国带来了摇滚乐、越战和伍德斯托克音乐节，他们中大多数人进入男女同校的大学，参与各种社会变革运动，如公民权利、妇女解放运动，以及 20 世纪 60—70 年代的反越战和平运动。后来，婴儿潮世代进入中年的时候，对中年期的思考——甚至庆贺——表现在大众文化中。20 世纪 70 年代的电视连续剧 *The Mary Tyler Moore Show* 讲述的是一名单身女性自食其力、发展事业的故事，这并非是巧合。*All in the family* 主要对比了年轻的婴儿潮世代 Meathead 和 Gloria 及传统的中年人 Edith 和 Archie 的文化观点。同样，家庭情景喜剧 *The Cosby Show* 和 *Family Ties* 在 20 世纪 80 年代统治了电视收视率。关于单身的电视剧如 *Murphy Brown*，*Seinfeld* 和 *Friends*，以及 *Sex and the City* 在 20 世纪 90 年代盛行。而随着 X 世代和新千年世代开始变得强大，你能发现当今的电视节目传达了什么信息吗？

比如长期上演的 *Simpsons*，*Survivor*，*Fear Factor*，*Extreme Makeover*？

婴儿潮世代迅速给美国带来大量的技术劳动力，他们现在已经成为中年人，人数约有 5 800 万。最年轻者年龄在 40～44 岁，目前约有 2 300 万人。因为这代人已经进入中年，他们更加具有生产力（许多已经上过大学，且获得相应的技能）。此外，他们赚取更多的钱，也存更多的钱，这些使美国在 21 世纪世界经济领域占有竞争优势。当最后一批婴儿潮世代进入中年期时，其子女也成为接下来一代的年轻人（见图 13—1）。

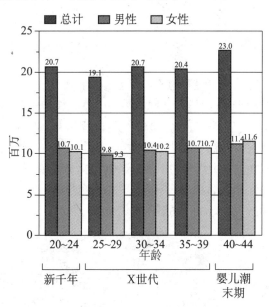

**图 13—1　20～44 岁的美国年轻人人口（2003 年）**
来源：U. S. Bureau of the Census. Statistical *Abstract of the United States*：2004—2005. Table 11, p. 12.

> **思考题**
>
> 想一下你最喜欢的电视节目——主要角色是谁？为了表现当代人的价值和特点都探究了什么问题？

## X 世代

美国 25～35 岁的人大约有 4 000 万人，处于婴儿潮世代和新千年世代之间。X 世代相对过去几代人更加具有民族多样化特征，这一代能够接受民族、种族、家庭结构、性取向和生活方式的多样化（Stoneman，1998）。他们在一个多样化家庭结构中长大，通常父母双方均在外工作。由于

1965—1977年离婚率成倍上升，有超过40％的X世代出生的人在单亲家庭中成长到16岁（O'Bannon，2001）。"美国儿童调查"是一项对出生于20世纪60年代晚期的孩子进行的纵向研究，发现有1/4在成年之前由于情感、学习或行为问题接受过心理治疗。然而X世代的人通常能够自立，很少在父母监管下长大。

X世代因为生长在一个计算机时代，享有某些和新千年世代一样的特质。他们精通技术，希望通过互联网、掌上导向器和手机等快捷方式认识别人和获得信息。由于X世代的人独立且精通技术，许多工作在dot.com公司里进行。尽管有些被形容成"懒汉"，但其他人正在实现他们的梦想。许多人通过变换工作来寻找更大的赚钱机会和新的经验。X世代中的一些从事金融技术的人取得快速的成功，过着奢侈的生活，结果当dot.com公司倒闭的时候，他们生活也随之变得拮据（Conlin，2003a）。此外，X世代在保持自己生活方式的同时，他们还要赡养上一代老人及支付自己孩子的教育费用（Reynolds，2004）。另外，由于未来社会安全的不确定性，社会希望X世代的人将来能继续发挥他们解决问题的能力和创造力。

## 新千年世代

近代史上最多的成年人是出生于20世纪80年代早期和21世纪早期之间的人。主要原因是婴儿潮世代延迟生儿育女。这一原因也可以解释为什么X世代人数很少。新千年世代又可分为几个亚组，年龄最大者现在到了上大学的年龄。当他们成人时，会和婴儿潮世代和X世代的人有联系，他们会是新千年世代的大学教授、老板、同事。每代人都会展示自己的个性

**一对年轻的夫妇从大学毕业**

比起以往，如今有更多的年轻人上大学，在大学待更长时间等待更好的就业机会或者获得更好的技能以便在以后的工作中更具竞争力。在过去的十年，上大学和完成学业的年轻女性数量已经超过年轻男性。

特征（参见本章专栏"人类的多样性"中的《四代的融合》一文）。

由于婴儿潮世代的子女也决定延迟生儿育女，新千年世代被称为是被需要的、受庇护的、感觉有价值的一代（回想"船上婴儿"标语的出现和婴儿车座的合法性）。他们分享X世代人的专业技能和志气，但又有所不同。尽管他们为了不辜负父母的期望，感觉到更大的压力，但他们更易取得成就。根据Howe和Strauss（2000）的观点：

> 青年人焦虑、愤世嫉俗和异化，都对未来产生新的自信和对父母及权威产生新的信任。青年人犯罪、学校暴力、怀孕、自杀和物质滥用的发生率都在下降，而青少年的乐观精神、成就和同伴的团结感都上升了。

花较长时间才离开父母也是X世代和新千年世代的一个重要转变因素。过去离开父母主要原因是结婚，而现在主要原因可能是为了满足成为单亲或独立的愿望：

> 我想有物质上的成功，但是我也需要生活中的平衡。我真正的梦想是做一名企业家。这不仅仅是开创自己的事业，更是将这个梦想贯穿到我生活的各个方面。真正根据自己的主张，用我自己的技能、资源和能力来建立自己的生活和生活方式。（Stoneman，1998）

2003年时18～24岁的男性（约800万）中超过50％和单亲或双亲住在一起（U.S. Bureau of the Census，2004b）。而这个年龄段的女性，稍少于一

447 半和单亲或双亲住在一起。因此，如今的年轻人相对于过去几代人结婚较晚。尽管在美国平均结婚年龄在上升，但 Arnett（2000）指出，结婚年龄与文化水平和社会经济地位有关。比如，西班牙女

性结婚早，摩门教派鼓励早婚。在冈比亚，据报道最早结婚年龄是十岁（Jeng & Taylor-Thomas，1985）。

446 ## 人类的多样性

### 四代的融合

这里你将看到每代人生活的总览，他们受到早年文化、经济、政治和历史事件的影响。当然不是每代人中所有人都有相同的特点。那些出生于每代人中早期或晚期的人和相邻的一代人具有许多共同点。

| 出生时间 | 沉默的一代 1925—1945 年 | 婴儿潮世代 1946—1964 年 | X 世代 1964—1981 年 | 新千年世代 20 世纪 80 年代早期到 21 世纪早期 |
|---|---|---|---|---|
| 人数 | 5 200 万 | 约 7 600 万 | 约 6 000 万 | 约 7 800～8 000 万（取决于最后年限） |
| 别名 | | 意识一代（"自我"代） | 现代"迷失"代 "懒惰"一代 | Y 世代 |
| 英雄 | GI 代 | 他们自己 | 反英雄 | 双亲 |
| 家庭生活 | 最早结婚生孩子的一代 沉默女性离婚创纪录 大量女性劳动力在成长圈里 | 宗教信仰和/或精神寄托 健康 等待生命后期有孩子 "三明治"一代 | 很早的年龄就向成人发展 "反儿童"运动 比以前更少受父母监管 童年很少与同龄人来往 | "特别的"——希望参与的最低的父母/孩子比例 通常被保护地进行庇护 |
| 工作 | 20 世纪 60 年代"帮助行业"的人大大增加 | 工作狂 专心工作 | 首次寻找工作/生命的平衡 不受时间和/或地点限制 | 3/4 的人每周工作超过 31 小时 相对以往世代有自由支配的收入 |
| 学校生活 | 在大学被描述为： 孤独 谨慎 缺乏想象力 不爱冒险 | 分数是各个时候最高的 SAT 分数在 1946—1960 下降 喜欢为了学习而学习 | 分数下降 比父母接受的教育少 具有最多的在线学习者 | 分数再次上升，是阅读者 希望课堂上有活跃的学习气氛但比以往各代学习少 志愿者主义成为部分毕业需求 |
| 重要事件 | 20 世纪 30 年代的大萧条 这代人中年时进行了性革命 朝鲜战争 | 越南冲突 性革命 肯特州枪杀事件 女性上大学和进入许多男性占主导的职业 | 柏林墙的倒塌 经历海湾战争 | 哥伦比纳高中枪击事件 2001 年"9·11"事件 第二次海湾战争 "自由主义者"和"保守主义者"之间的政治争论 |
| 注意 | 嫉妒和角色转变的一代 当年轻的和接下来的一代成年时关注之前的一代 | 在整个生育高峰期广泛关注集中在这代人 自我意识、自我为中心（最多的自我帮助书籍） | 陷入一个死亡的时期： AIDS，杀人/与药物相关的死亡上升，自杀（20 世纪 80 年代中期每年将近 5 000 例） | 积极的 保守的 种族多样化 有压力的 |

来源：Baker College：Effective Teaching and Learning Department. pp. 25—26. Flint, MI：Baker College. Retrieved April 6, 2005, from http：//www. baker. edu/departments/instructech/resources/TAG％20document. doc and DeBard，R. （2004，Summer）. Millennials coming to college. *New Directions for Student Services*，106，33—45. and "Teaching Across Generations."（2005，January 28）.

447

在加纳，青春期仪式确保了适婚年龄女性的贞洁（Bulley，1984）。妇女的结婚年龄对其生活状态、完成教育和养活自己与孩子的能力，以及整体的生活质量都有着重要的影响。表 13—1 显示了不同国家平均结婚年龄的区别，表明了工业化程度越高的国家平均结婚年龄越大，尽管在欠发达国家也有这种趋势，尤其对于那些就业机会正在减少的男性。

## 年龄阶段的概念

历史事实表明，与今天相比，1850 年前的年龄区分是很模糊的，实际年龄在美国社会组织中的作用很小。由于教育、心理学和医学的发展，在过去的 155 年中年龄意识逐渐增加。公立学校过去为每个年级制定严格的年龄标准。心理发展理论为童工、入学和养老救济金的年龄立法提供了理论基础。在医学上，儿科和老年医学各自作为一个专业出现。媒体中表现的大众文化，歌词、生日贺词以及大众杂志的意见栏，都在传播这样的观点，即经历不同的生活事件有其最适合的年龄。

**表 13—1　　不同国家妇女的平均结婚年龄**

| 工业化国家 | 年龄 | 发展中国家 | 年龄 |
|---|---|---|---|
| 美国 | 25.2 | 埃及 | 21.9 |
| 加拿大 | 26.0 | 摩洛哥 | 22.3 |
| 德国 | 26.2 | 加纳 | 21.1 |
| 法国 | 26.1 | 尼日利亚 | 18.7 |
| 意大利 | 25.8 | 印度 | 20.0 |
| 日本 | 26.9 | 印度尼西亚 | 21.1 |
| 澳大利亚 | 26.0 | 巴西 | 22.6 |

来源：Data are from *The world's Youth*, by J. Noble，J. Cover, and M. Yanagishita, 1996, Washington, DC: Population Reference Bureau, Copyright 1996 by the Population Reference Bureau. Reprinted with permission.

大多数美国人可以很好地领悟成年期的每个阶段。然而，老年人却很少得到关注，他们四处走动的愿望比年轻人少（除非你喜欢四处走动）。这样的态度受很多因素的影响。接受过更多正规教育或和老年人有更多接触的成年人对老年人会有更积极的态度，面临和老年人相关的负担和冲突的成年人对老年人的态度更消极。

大学生认为年轻人比老年人适应能力更强、更活跃、更能够追逐目标。年龄本身在决定人们对老年人的态度上比其他方面的信息，如个性特征，有着较低的重要性。然而，究竟多大年龄算老，是

否他们会活到 100 岁，他们希望活到多老，人们会根据目前的年龄来评估生命周期的阶段。令许多年轻人吃惊的是，他们的长辈在回忆年轻时代时很少有热情。许多老年人把退休看成他们最美好的时光。

美国人很难说出男性或女性变老的确切年龄。多数情况下人们依据一个人的健康状况、活力及相关的环境来确定一个人是不是变老了。美国人不难确定一个人是年轻人还是老年人，但相邻年龄段之间的界限很模糊（Krueger，1992）。比如，关于中年和老年之间的转变时期，一个人到底处于什么阶段，和他的实际年龄相关性很小。尽管如此，老年人比年轻人对成人的发展（富裕和分化）有更精确的概念。

美国的一个全国性的调查发现，年老的人、女性以及白人要比年轻的人、男性和非白人相信"老年期"开始的时间晚（O'Brien et al.，2001）。

根据对美国成人的调查，尽管 30 岁以下的人认为自己比实际年龄老，但仍有 2/3 的人认为他们比实际年龄年轻（Riley & Staimer，1993）。年轻人似乎希望长大，希望自己与"太年轻"有关的潜在社会污点和不利之处分开。然而，一旦人到中年，就会觉得自己比实际年龄年轻 5～15 岁。人们常感觉自己大约 30～35 岁，不管他们的实际年龄是多少。30 多岁似乎永远具有吸引力。此外，和以往的观念"你只和你感觉到的年龄一样大"一致，老年人自己感觉自己有多大，似乎比自己的实际年龄更能预测他们体力和脑力的功能状态。

## 年龄规范和社会时钟

我们通常会将成年和**老龄化**联系在一起——一生当中生物性和社会性的改变。**生物性老龄化**是指人的器官随着时间的推移，结构和功能随之发生改变。**社会性老龄化**是指人的角色会随着时间改变而变化。因此，人的一生被不同的**转折点**分隔成各个阶段——从一个角色的停止到另一个角色的出现。

年龄，就像每个社会或团体所认为的一样，是一生当中特定时候的一组行为预期。许多行为学家建议我们"做什么，不做什么"，按照专家的建议行事往往会产生良好的结果，如果违背这些建议，则有不好的结果。做与不做被认为是"**社会规范**"——由团队成员共享，并且希望成员遵循的行为规范，如进出地铁的时候不允许推挤。社会规范通过积极或消极处罚来强制执行。比如，尽管人们期望生育孩子之前结婚的美国规范有所放松，但许多单亲母亲和孩子仍然过着没有丈夫一起抚养孩子和干家务的日子，以及贫穷的生活。

定义不同年龄段做什么是正确的社会规范，被称为"**年龄规范**"。年龄规范界定了一个人结婚、生子、完成学业、决定就业、担任要职、成为祖父母及决定退休的最佳年龄。人们趋向于通过社会的"大本钟"（Kimmel，1980）来设置个人的"表"（他们内化的年龄规范）。比如义务学校入学法中规定的入学年龄、选举法中最小的投票年龄、年轻人能够购买酒精饮料的年龄、服役的年龄、退休的年龄，以及成为社会安全合法受益人的年龄。然而，Sadler（2000）发现美国人的平均寿命正在增加（现在将近 80 岁），美国现在正经历着一场寿命革命，这导致年龄规范发生改变。比如，年轻人离家的时间变晚了，结婚变晚了，妇女生孩子变晚了，以及退休时间也变晚了。

年龄规范也表述了对不同年龄阶段的人角色的非正式期望。有时候，这种期望只是关于谁"太老"，谁"太年轻"，或者进行特定活动的"最适合年龄"的一些模糊概念。口号"举止与年龄相称"遍布生活的许多方面。常听到这样的描述，如"她年龄太小不能穿那种风格的衣服"，"这个年龄的男性能说这种话是件怪事"。你能接受一个 11 岁的孩子怀孕或者 63 岁的老妇怀孕吗？

社会等级的**年龄分级**——建立在生命周期阶段基础上的社会层次中人们的安排——会产生"**社会时钟**"，这组主观性的概念，通过成年期间与年龄相关的里程碑来规划我们的进度。社会时钟设定了人们评估自己的行为是否与年龄预期相一致的标准。同样，人们也叙述了在特定的年龄阶段怎样的个性特征是鲜明的。比如，他们认为青少年时期应该是冲动的，而不是中年时期。他们很容易就能说出在家庭或工作上他们是"早"是"晚"还是"正好"。这种社会时钟的内部感觉就像"锥子"一样加速一个目标的实现，或者像"闸"一样通过与年龄相关的角色来减速。如果不"按时"会有不同的结果。比如，第二次世界大战期间男性都去参加战争，带来了实质性的社会破坏。这些破坏和这些男性成年期间健康向不利方向发展的风险增加有关（Elder，Shanahan & Clipp，1994）。与"按时"的父亲相比，"晚点"的父亲更多地沉浸在他们的青少年时期，并且对此有更积极的感觉。

Staudinger（2001）区分了"生命回顾"（指老人对过去的回顾）和"生命反思"（是开始于青少年并持续于整个生命过程的一个社会认知过程）。人们面临死亡的时候会唤起对生命的反思，即便死亡不会立即出现，严重的疾病——自己的或别人的——也能够激发生命反思。

尽管社会成员对他们的生命周期有相似的期望，但其中仍然存在一些差异。"社会等级"是一个重要的影响因素。社会经济地位越低，社会时钟进展越快。社会地位越高，离开学校，获得第一份工作，结婚，成为父母，担当要职，以及成为祖父母的时间越晚。新一代的人相信他们能够重置社会时钟。比如，现在的年轻女性较以往的女性更早接受教育和参加工作，而更晚成立家庭。现在职业女性一直等到 30 岁晚期甚至 40 多岁才要第一个孩子（就像演员 Jane Seymour 和歌星麦当娜）是常事。然而，许多 30 岁以上的妇女生孩子，会遭遇流产、异位妊娠、孩子染色体先天异常，或必须使用辅助生殖技术——可能会被证明是昂贵且无效的受创过程（Gibbs，2002）。

纽佳藤，（Neugarten & Neugaren，1987）认为，在美国生命周期之间的区分是模糊的。他们注意到"年轻老人"，即身体健壮、经济上相对富有，并且能很好地融入团体生活的退休人员。一个年轻的老人可以是 55 岁，或者 90 岁——您可以从 Jack LaLanne 的网站上获得启示，如何很好地活到 90 岁！中年和老年之间的界限不再清晰。曾经被认为的"老人"现在只代表了老年人的少数——"年老的老人"，需要特殊支持和照顾的特殊群体。纽佳藤（1987）发现，我们越来越多地看到矛盾的画面，而不是年龄的严格常规：有 18 岁结婚并支撑一个家庭的人，也有仍然生活在家里的 18 岁大学生；70 岁的老人有可能待在轮椅上，也有可能还在跑马拉松。

更加不固定的生活周期为许多人提供了新的自由。一些时刻表失去了它们的重要性，其他时刻表却又可能变得越来越引人注目。年轻人可能会觉得如果他们 35 岁之前在公司或法律事务所还没有"达到预定目标"就是失败。一个年轻的女性由于专注于事业可能会延迟结婚或生儿育女，到了 40 岁晚期甚至 50 岁早期，她匆匆忙忙地成为母亲，尽管她可能希望自己活到 70 岁晚期或 80 岁初期。

**改变生命事件"恰当时间"的观点**

年龄规范是指在特定时期社会决定人们在什么时候该做什么。在某种程度上，年龄规范关于妇女生孩子的"最佳年龄"的观点各有不同。然而，一个女性的生理年龄影响自然怀孕，女性到 20 岁后期生育能力开始下降。图中的女性通过治疗不孕症在 57 岁时拥有了她的双胞胎女儿。

---

**思考题**

就像纽佳藤所说的，传统的年龄分级规范很模糊，我们能看到什么事实？

---

## 年龄分级系统

在许多非洲国家，年龄规范包含在年龄分级系统中（Foner & Kertzer，1978）。每个级别的成员年龄相似，生活阶段相似，有与年龄相关的特定角色。比如，苏丹的 Latuka 人有五个年龄分级：孩子、青年人、村庄统治者、退休的老人和很老的人。在这样的社会中，每个年龄段的人形成一个团体，作为一个单位由一个年龄段移向另一个年龄段。比如说，在非洲吐瑞族（Tiriki），没有举行成年仪式的男孩不允许进行性交，他们必须和其他孩子和妇女一起吃饭，可以在女性屋内的部分区域玩耍。举行成年仪式之后，他们被允许可以性交，和其他男性吃饭，并被禁止进入女性区域。在印度，结婚的女性需要照顾家里所有的人，老年妇女或婆婆最后享有最高的社会地位和更舒适的生活。

此外，年龄分级在经济和政治领域的角色也不一样。但在西方国家，人们的年龄只是决定他们社会地位的部分原因，社会经济地位和民族因素是另外的原因。

表面上，有年龄分级系统的社会会为角色定位和重新定位提供了一个有序的方法。但是实际上，转变过程通常不是有序的。冲突通常会在年龄分级间产生，这本质上是"进来"和"出去"之间的时间竞争。人们获得不同权利和报酬的愿望引起社会的不和谐及人的不满。这是由于支配转变的规则不够清楚。即便规则没有模棱两可的地方，规则也总是会有不同的解释，并和某个或其他组织的利益"连接"在一起。在美国关于社会安全基金和医疗利益的持续争论也反映了年轻人和老年人之间的这种张力。

所有社会都面临着这样的事实，即老龄化不可避免并会持续下去。因此，社会都必须对每个年龄应该具有的角色进行规定。有年龄分级系统的社会会通过建立生命转换的临界点（如青春期）来实现角色的转换。西方社会倾向于允许"自然"的力量发挥作用：年轻人准备好了就可以承担成年人的角色，老年人准备好了或生病或离开人世的时候就可以放弃角色。

在美国没有集体仪式表明从一个年龄段过渡到另一个年龄段，高中和大学毕业典礼除外。当然并不是所有的人都是从高中或大学毕业的。年龄系统的操作也具有一些灵活性，如智商高的孩子可以在小学跳级，聪明的青年可以只上两三年的中学就允许进入大学。对于年纪大一点的，一些公司或职业提早退休的灵活性政策也可发挥作用，比如说一个人从事政治工作或军队工作满 20 年就可以退休。然而，随着社团规模减少、外包、dot. com 公司的崩溃，以及 2000—2001 年经济的不景气，更多的中年大学生接受再教育进行二次择业。尽管如此，年龄规范作为年龄分级系统的一个复本，广泛定义了在不同的年龄做什么是合适的。

## 生活事件

人们在整个生命中根据社会时间表来对自己进行定位。同时也根据**生活事件**来定位自己。但是某些事情是偶然的——很大程度上不依赖年龄或阶段，包括在车祸中失去肢体、彩票中奖、经历一次"重生"的转变，或者珍珠港被袭时存活下来，或者亲自经历了 2001 年 9·11 事件的恐怖。我们通常把主要事件当作我们生活中的参考点或时间标记，如"离家上学的时间"、"心脏病发作的一天"、"世界贸易中心遭到袭击事件之后"。这样的生活事件代表着变化。能够产生伤害或具有影响力的事件包括所爱的人去世、离婚、被解雇，或成为一个伤害性事件如强奸的受害者。这些生活事件会使一个人思考关于自己或社会的问题。关于强奸对妇女生活的一些影响在本章专栏"进一步的发展"中《暴力犯罪的影响》一文里被讨论。

生活事件能够用许多方法进行检测（Suedfeld & Bluck，1993）。比如，一些事件和内部生长或年龄因素有关，就像青春期或老年。其他的事件，包括战争、国家经济危机、变革、诸如恐怖袭击和炭疽热事件，是社会生活的结果。还有其他一些来源于物理世界的事件，如火、风暴、浪潮、地震或雪崩。有些事件和心理因素有关，包括深奥的宗教经历，一个人达到事业顶峰时自我实现的状态，或者离开配偶的决定。关于这些事情，我们可能会认为它们是好的或坏的，有所得的或有所失的，可控制的或不可控制的，应激的或非应激的。

考虑生活事件时，我们经常问自己三个问题：它会发生在我身上吗？假如会，什么时候会发生？

**生命阶段之间的区分是模糊的**

现代美国中年人为了提高技能或赢得第一份工作或更高学位，上大学是很常见的事。你有关于大学毕业、择业、结婚、生孩子、晋升、成为祖父母，或退休的"最佳年龄"的概念吗？

假如发生了，别人也会经历吗，还是就我一个人会经历？第一个问题关心的是一件事情发生的可能性，比如结婚或踢足球受伤。假如我们相信一件事情发生的可能性很低，那么我们事先就不会去关注这件事。比如，我们大多数更可能去关注和准备结婚，而不是一次严重的踢足球受伤。第二个问题涉及年龄和事件之间的关系，比如配偶的去世，或遭遇心脏病发作。年龄相关事件很重要，因为它关系到我们是否无法预料这些事情带来的影响。第三个问题关心的是事件的社会分布，

451

是否每个人都会经历或者只有一个人或少数人经历。这个问题很重要，因为它很大程度上决定人们是否会组织社会支持系统来帮助我们减缓所发生的变化。比如在美国，我们有昂贵的、有组织的社会支持系统来指导孩子通过正规的学校教育、就业、结婚，以及向退休转变。

## 探索成人发展阶段

许多心理学家已经开始着手寻找生命周期中有规律的、连续的时期和转变。他们把成年比作一种楼梯，一系列分离的、像台阶一样的等级。哲学家、诗人和一些作家经常把生命过程比喻成几个阶段或"季节"。Gail Sheehy 在其最畅销书 *Passages*（1976）和 *New Passages*（1995）中所做出的比喻是最有名的版本之一。她把每个阶段视为引起在人们成功进入下个阶段之前必须解决的问题。在一个阶段进入下一个阶段的过程中，每个人获得新的力量，变成一个真实的个体。马斯洛认为，这样的个体有许多自我实现的特质。

其他心理学家则对阶段论持反对意见。一些人相信一个人的个性在形成阶段能够被很好地确立，在成年阶段基本不会改变太多。根据这个观点，人们可能会改变工作、地址，甚至脸，但他们的个性不变，就像成人的高度和重量一样，只会发生很小的变化。就像我们在第 2 章中所说的，关注发展的持续性的人把老龄化看作一个持续而动态的过程。关注发展的非持续性的人，强调阶段和每个阶段问题的唯一性之间的差别。

453

**思考题**

成年发展阶段观与成人发展是一个不断变化的过程的观点有何不同？

452

## 进一步的发展

### 暴力犯罪的影响

强奸通常是通过身体强迫、威胁或恐吓获得的性关系。大约 1/4 的女性说与她们约会的男性坚持强迫和她们发生性关系，尽管她们哭泣、乞求、呼喊，或使用其他方式进行抵抗（Celis，1991）。2003年，将近 20 万的强奸事件被报道，但不到一半的受害者说是强奸（见图 13—2）。在哈佛，人们对 119 所美国大学进行调查，发现有 1/20 的女性报告说被强奸过，事情大多数是在喝醉或药物的作用下发生的（Mohler-Kuo et al.，2004）。

尽管每个强奸事件是唯一的，但却有共同的结果。比如，研究者发现，受害者在强奸后的一段时间里健康问题大大增加。受害者也会经历长期的影响，如长期恐惧、担忧、抑郁，以及自尊降低。研究发现，事件发生的严重性和以前是否受过伤害与自尊心降低，以及是否通过逃避作为应对的措施有关（Neville et al.，2004）。此外，许多强奸受害者会自责（Frazier，1990；King & Webb，1981）。然而，对自责是健康或不健康的反应很有争议。

目前社会上对强奸问题很关注。似乎一些伤害事件中，只有当受害者有足够的力量要求关注时，该事件才会引起公众的关心。的确，几个世纪以来，强奸是受害者由于受害和参与这个行为而蒙上污名的犯罪行为（"堕落的女性"）（Allison & Wrightsman，1993；Fairstein，1993）。婚内强奸被认为是合法的，熟人强奸很难认定，妇女对强奸的指控往往被认为不可靠。在军事历史学术著作中，被强奸的妇女作为战争的受害者未被重视以至于没有写进去（Brownmiller，1993）。然而，战争中强奸普遍存在，并且被认为是胜利者的行为。重要的是，目前对于强奸的关注和妇女运动一同出现。

　　不管妇女是不是受害者，强奸的威胁都影响着她们，限制她们的自由，她们避免晚上在大街上行走，有时把自己关在家里。最容易感到害怕的是女性中的弱者——老年人、少数民族和低收入者。

　　大多数（80％）强奸是受害人的熟人所为。16～25 岁的女性被强奸的可能性是其他年龄段的三倍，其中有许多是大学生。来自美国司法局的 Fisher 和他的同事们（2000）发布了关于女大学生性侵害的报告，其中记录 3％的女大学生遭受了强奸或企图强奸。这个报告解释了由于受其他一些因素的影响，如学生每年只有七个月待在大学以及大多数学生的大学生涯持续五年的事实，这个比例很小，但是实际受伤害率是将近 20％～25％。按照司法局所定义的强奸，将近一半的女大学生并不认为发生在她们身上的是强奸。这个在一定程度上解释了人们对性暴力发生率的低估。一些人只把被陌生人攻击当作强奸。有时候受害者对犯罪有错位的感觉，感觉自责，而不责怪袭击者。

　　在熟人强奸中，大多数男性和女性学生在事情发生的时候喝了很多酒或者磕了药。其他和强奸有关的高危因素是年龄小于 21 岁，生活在妇女联谊会会馆，身处陌生环境如在国外学习，以及高中生吸毒、酗酒（Mohler-Kuo et al.，2004）。强奸是可能产生终生后果的应激性事件。许多大学和强奸危机中心现在倡导禁酒，教育男性们什么构成强奸，建议男性和女性远离与强奸相关的药物如 GHB（γ-羟基丁酸盐），以及如何避免危险处境。有一些女性错误地指责男性强奸，这对受牵连的男性很不公平，并让强奸的真正受害者因不被相信而受到伤害。

图 13—2　报告的强奸率（1973—2003 年）

　　2003 年，美国强制性强奸的报道下降了 3％，有 93 000 例的袭击事件，有 26 350 人因为强奸被捕。98％的强奸事件由女性报告，2％由男性报告。根据 FBI 统计，南部各州强奸率最高。在大城市，每年的 5—9 月是强奸发生率最高的时候（Federal Bureau of Investigation，2004）。很明显，由于被强奸和谋杀的女性从不说出强奸，这样其他暴力犯罪的统计数目就会增高。

　　来源：U. S. Bureau of Justice Statistics (2005). *National Crime Victimization/Survey Violent Crime Trends*，1973—2004；Adjusted violent victimization rates, Number of victimizations per 1,000 population age 12 and over. Retrieved November 30, 2005, from http://www.ojp.usdoj.gov/bjs/glance/rape.htm.

## 身体变化和健康

　　我们的身体器官在整个生命当中是不断变化的。但它们自身的变化比起人们对它们造成的变化小得多。就像我们早先所指出的，文化常规和社会态度对我们的生物学变化和我们对生物学变化经验的认识有很深的影响。而青春期身体变化相对容易识别，之后（除了前列腺问题或绝经）成年期变化不容易识别。

## 身体特征

大多数人相信变老意味着失去身体吸引力、活力和力量。然而尽管整个成年期都会发生身体的变化，但是它在成年初期和人的日常生活关联很小。18～30岁的时候是最敏捷的时候。大多数奥林匹克运动员都处于这个年龄段，尽管也有例外，如两次奥林匹克运动会和七次环法自行车赛的冠军阿姆斯特朗（Lance Armstrong）（34岁）、篮球巨星乔丹（Michael Jordan，36岁退休），以及 Cal Ripkin（41岁退休）。电视的第一个身体健康专家、具有激发性的演讲者、健康机器的发明者 Jack LaLanne，今年90岁了，还每天锻炼。一项对20～84岁的男性和女性的肌肉功能的调查表明，与年龄相关的肌肉力量的下降和两性肌肉块衰退有关，但对于男性也可能和神经因素有关（Akima et al.，2001）。一些研究表明，手的握力30多岁时是20多岁时的95％，40多岁降至91％，50多岁是87％，60多岁是79％。后背的力量也在40多岁降至约97％，50多岁约93％，60多岁约85％。但是这些平均数掩盖了人们重要的变化。最近研究发现了年龄与知觉运动适应力降低之间的关系（Guan & Wade，2000）。

年轻人和中年人之间最显著的变化是视力。30～45岁，人会经历视力和眼睛弹性的下降。通过成年初期和中期，近视的人变得更近视，远视的人变得更远视。老龄化也会产生听力和声音的衰退，但这些变化在成年早期往往很小。

## 身体健康

成人的健康受许多因素影响，包括遗传、营养、锻炼、先前的疾病、健康保险，以及社会环境的要求和限制。多数情况下，我们通过了解人们日常生活中的身体功能以及对环境变化的适应性来评估一个人的健康。然而健康对于年轻的怀孕女性、疗养院里的人、大学教授、总统候选人、高中篮球队员、航空公司飞行员、建设工人，以及外科医生稍有不同的意义（Van Mechelen et al.，1996）。

许多生活在美国的人缺少人寿保险（至少1 400万人或占人口的15％，到2006年上升至5 300万）。没有保险的人中比例最高的是年龄在18～24岁的年轻人、少数民族、日益增多的兼职工人、失业者以及其他国家的移民（National Coalition on Health Care，2004）。公司正在提高雇员的健康保险金——健康费用在提高——或者他们正在缩减一些利益给新职员或退休人员。没有上保险的成人还在继续上升（参见本章专栏"实践中的启迪"中有关家庭护理医护人员的内容）。1/4没上保险的女性是低收入的母亲（Lambrew，2001）。尽管联合医疗项目为上百万的穷人和残疾人上了保险，但还是有上百万生活在"贫困线"以下。没上保险的人通常不会寻求健康关怀或选择费用昂贵的急诊室或健康诊所。2001年，美国花费990亿美元的健康关怀费用于这些没有保险的公民身上。大多数州由于为这些无保险的人提供医疗关怀而面临巨大的预算赤字（National Coalition on Health Care，2004）。在西南部一些州的医院正面临倒闭的危险，因为他们必须治疗所有人，包括没有健康保险的非法移民。

大约14％——或400万单身成年女性——没有健康保险，1/3的单身女性只有医疗保险。1996年"个人职责和工作机会调解法案"将救济金限制在五年。结果使许多家庭失去食物和医疗补助的权利。大家都认为全职雇用会为工人们提供健康关怀保险金，但实际上全职雇用不再确保提供基本的健康关怀保险金。

大多数年轻人身体健康，但大学生比没有上大学的同龄人更可能拥有良好的健康状况（Barnes, Adams & Schiller，2003）。最近，许多学院和大学都将体育馆变为娱乐或健康中心，供学生、员工以及社区人员使用。综合项目包括扩展的学校内项目、健康评估、个人训练，以及个人练习项目（Blumenthal，2004）。然而，当年轻人生病时，他们最常患的是传染性疾病——尤其

454

是感冒、呼吸道感染，以及性传播疾病。在 20～44 岁的成年人中，由于关节炎和其他肌肉骨骼状况，以及伴随精神健康状况导致的活动受限最常见（见表 13—2）（National Center for Health Statistics，2004）。当偶然死亡和外貌损伤等偶发事件发生时，年轻人要比其他年龄段的人付出更大的代价。年轻人死亡的其他主要原因大多和不健康的习惯和行为有关——公众健康医疗人员不断警告我们去改变的行为（见图 13—3）。对于关心身心健康的任何年龄的成年人，锻炼对身体和心理健康都有好处。

表 13—2　引起 18～44 岁美国工作年龄成人活动受限的主要慢性健康状况（2000—2002 年）

| 状况 | 每 1 000 人中的人数 |
| --- | --- |
| 关节炎/其他骨骼肌肉疾病 | 21.1 |
| 心理疾病 | 11.8 |
| 骨折/关节损伤 | 6.5 |
| 心脏和其他循环系统疾病 | 6.0 |
| 肺部疾病/其他呼吸系统疾病 | 5.2 |
| 糖尿病 | 2.8 |

注：人们会说出一种以上引起他们活动受限的慢性健康状况。
来源：Centers for Disease Control and Prevention．（2004）. *Chartbook on Trends in the Health of Americans*，*Health*，*United States*，2004．Figure 20．Washington，DC：National Center for Health Statistics．

## 实践中的启迪

助病

### 家庭护理医生 Ronald Ding well

我是一个家庭护理医生（FNP），我既在医院里工作，又是一个私人医生，我的工作既和孩子又和成人打交道。我的主要工作任务是为未上保险的少数民族提供基本的和紧急情况的处理。

我在纽约女王大学获得护理学学士学位（BSN），在纽约州立大学 Downstate 分校获得硕士学位，在长岛纽约州立大学石溪分校获得家庭护理医生学位（FNP）。在成为 FNP 之前，在急诊室做了七年护士，对这行感兴趣的同学，你需要获得基础护理和急诊护理的临床经验。之前在 ICU（重症监护室）、ER（急诊室）或儿科作为护士的经历是有价值的。这样的经历有助于帮助你成为具有竞争实力的 FNP。

我相信做好 FNP 的工作，需要自我激励，有服务社会的愿望，有独立工作的能力。在我的工作中，我最喜欢之处是能够帮人，无论他能否交得起健康关怀费用。

**节食、锻炼和肥胖**　人不会总是保持健康，尤其当人变老的时候。拥有和保持良好的健康涉及个人选择特定的行为方式，避免其他行为方式。节食和适当的锻炼是保持健康的两个重要因素，这些对于许多美国人来说已经成为日常所需。大多数年轻人在读完高中后都会形成影响他们活力的新的生活规律——有的进入一个可以有时间进行锻炼的环境，而其他则由于承担了一些责任使他们不再像青少年的时候那样有活力。比起过去的 40 年，如今有更多人散步、长跑、骑自行车、滑旱冰、游泳、利用跑步机运动，以及举重锻炼。对于年轻成年女性，散步和游泳是她们最普遍的身体活动。所以，

现在大多数人理解了与心血管健康相关的"需氧"一词，而 20 世纪 60 年代时很少有人认识这个词（见表 13—3 中提高需氧水平的适中和高强度锻炼的例子）。现在对于许多年轻人来说最关心的事是不断增加的腰围。美国年轻人现在比 20 世纪 60 年代时体重增加了 25 磅，但身高也比以前提高了 1 英寸（见图 13—4）。

**跨文化身体活动和养生法则**　整个西方世界的公共健康项目目的是促进大众的健康。为了达到这个目的，未来使自己更健康，人们必须增加身体活动，形成更好的饮食习惯，减少有害的行为，如吸烟、饮酒、吸毒以及没有保护措施的频

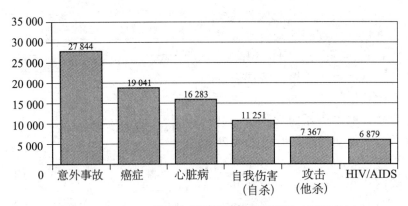

**图13—3   25～44 岁成年早期死亡的主要原因（2003 年）**
成年早期许多死亡原因是可以预防的，和做出错误决定及接触危险有直接关系。
来源：*National Vital Statistics Reports*.（2005，February 28），53（15），Table 7，p. 28.

繁性交。1990 年对来自 13 个欧洲国家的大学生进行了调查，2000 年进行了第二次调查。调查评估了大学生对吸烟、锻炼、水果和脂肪摄入等与健康相关的行为的重要性的理解，以及对引起心脏病的行为的认知（Steptoe et al.，2002）。

研究发现，1990—2000 年吸烟率增加，对水果的消耗降低，但是身体锻炼和脂肪摄入没有大的变化。关于吸烟和其他行为对健康影响的知识在过去十年内没有什么变化，对脂肪摄入影响健康的知识增加了。研究发现国家之间差别很大。然而，信念的变化和行为的变化有关。而研究者对欧洲受过教育的年轻人的健康行为、信念、危险知觉的调查结果很失望（Steptoe et al.，2002）。另一项对大学生业余时间活动的研究表明，大部分大学生的体力活动低于最佳水平。研究还发现，活动水平与文化因素以及学生所在国家的经济发展水平有关（Haase et al.，2004）。

表 13—3        适中和高强度锻炼的例子

| **适中的**（提高需氧水平到 3～6 倍的活动） | **高强度**（提高需氧水平到 6 倍以上的活动） |
| --- | --- |
| 以 3～4mph 的速度散步 | 以 3～4mph 的速度散步或爬山一周五次 |
| 轻松骑自行车 | 快速骑车一小时 |
| 轻松游泳 | 一周游泳三次 |
| 高尔夫 | 爬楼梯一周 2～3 个小时 |
| 乒乓球 | 打网球或墙球一周三天 |
| 划船 | 以 4mph 以上的速度划船 |
| 用助力式割草机割院子里的草 | 用手推式割草机割草 |

456

一些人将他们的锻炼项目和饮食计划相结合；其他人将饮食作为保持健康的主要手段。我们所吃的食物在许多方面对我们有影响，但最常见的是影响我们的外表和感觉，以及患病的倾向。一些研究还把胆固醇水平和患心脏病的风险联系在一起，确定了低饱和脂肪、低胆固醇、低反式脂肪饮食的好处。吃大量的水果、蔬菜和谷类，有助于保持心脏的健康（Hu & Willett，2002；Neville，2001）。降低胆固醇的简便方法就是吃富含纤维的豆类、水果和蔬菜；少吃鸡蛋；少摄入含饱和脂肪的牛奶、奶酪和肉类；用含不饱和脂肪的向日葵、红花或橄榄油烹饪菜肴。

最近人们对低碳饮食，如"Atkins"、"南海滩"、"地域"饮食的兴趣大大增加。目前，每六户人家就有一家采用低碳饮食的方式（Raloff，2004）。尽管低碳饮食的结果快而显著，但长期的健康效果尚有争论（Kadlec et al.，2004）。可能有助于减肥和保持良好健康状态的最好方法是低提炼的单碳水化合物饮食（如白面包、处理过的烤制食物、富含糖分的软饮料）以及未经过提炼的高复合碳水化合物（如糙米、谷类和谷类面包、烤制食物）。

多数青少年是有活力和性格开朗的。只有当他们开始向成年人转变，伴随着生活方式的改变时，不良饮食习惯和缺少运动对他们的影响才开始表现出来。因此在美国节食变得很普遍并非偶然（正如曾经无意中听一位欧洲人说道："我觉得所有美国人都在节食"）。一项全美的调查揭示出，大多数男性和女性通过节食来减轻重量或者注意食物摄入来防止增肥

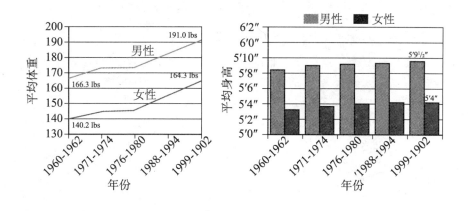

**图 13—4 美国人腰围在增加**

美国健康统计中心的一项新的报告指出，当代美国成年人比 20 世纪 60 年代的美国成年人重将近 25 磅，高 1 英寸。

来源：Ogden, C. L., Fryar, C. D., Carroll, M. D., et Flegal, K. M. (2004, October 27). Mean body weight, height, and body mass index, United States 1960—2002. *Advance Data from Vital Health Statistics*, No. 3475, Hyattsville; MD: National Center for Health Statistics.

Art: From *Press et Sun-Bulletin* (Binghamton, NY), October 28, 2004. Copyright© 2004 Associated Press. Reprinted by permission.

（Kolata，2000）。关于饮食，大家主要关心的是节食引起的体重反弹。就像第 11 章中所讨论的，节食可能会导致强迫性进食障碍，如贪食症或厌食症。

与其他国家相比，西方国家会花费额外费用在瘦身上；超重或者认为自己超重会使一个西方人处于不安的情绪状态中。超重除了引发情绪压力外，还会带来潜在的身体问题，如高血压、高胆固醇、胆囊结石、糖尿病、中风以及心脏病（"Executive Summary"，1998）。在 25～50 岁的成年人中，大约 70％超过他们的理想体重。其中 1/3 认为自己肥胖（通常肥胖被认为是超过该性别、体格及年龄的理想体重的 20％）。因为随着年龄的增长，我们的新陈代谢逐渐减慢，体重有可能增加，年轻时所采取的保护措施对我们变老时保持良好的健康状态具有重要作用。（参见本章专栏"可利用的信息"中的《有氧运动的好处》一文。）

## 可利用的信息

### 有氧运动的好处

大多数健康专家赞成：每周参加运动不少于三次，使心率提高到超过最大心率的 60％，这样可以最大限度地促进心血管健康。为了找出最大心率，简单地由 220 减去你现在的年龄再乘以 0.6，部分示例如表 13—4。

一些专家坚持认为，有规律的、高质量的运动可以明显地减少心脏病发作。为了达到这样的效果，专家推荐的运动方式包括每天游泳或跑步 25 分钟，以大于 10mph 的速度骑自行车运动 50 分钟，以 4mph 的步伐行走 45 分钟，或者有氧运动 30 分钟。按照美国心脏协会的建议，下列运动将会有益于我们的健康：

● 保持希望的体重。
● 加强心肺功能。
● 防止中风、糖尿病、癌症和骨质疏松的发生。
● 降低血压。

● 减轻焦虑。

　　但是好事情也有可能成为坏事情，过量的运动不但对身体无益，甚至是有害的。如果你刚开始运动或者有运动计划，请咨询医师，并缓慢地开始。在调查中发现，人们对运动有益的知晓程度与参加锻炼和减肥的希望有关。52％的男性和54％的女性认为运动可以降低患心脏疾病的风险（Steptoe et al.，1997）。大约37％的美国成年人每周至少三次进行过度的锻炼。适中和过度锻炼的例子见表13—3。

表13—4                                                   锻炼中心率计算的例子

| 目前年龄 | 220—目前年龄 | 乘以0.6 | 锻炼中的心率 |
|---|---|---|---|
| 20 | 220−20＝200 | 200×0.6＝120 | 120 |
| 30 | 220−30＝190 | 190×0.6＝114 | 114 |
| 40 | 220−40＝180 | 180×0.6＝108 | 108 |
| 50 | 220−50＝170 | 170×0.6＝102 | 102 |

**健康和锻炼**
有规律的有氧运动和力量训练对身体和心理健康的益处众所周知，并且大学生一般
比没读大学的同伴更健康。

**通过有效的避孕措施来预防怀孕、STIs 和 HIV**　联合国关于 HIV/AIDS 项目（UNAIDS）中的调查显示，对于大多数美国男性，HIV 感染多发生在注射药物和与同性发生性关系时，而异性性关系，则是女性传播 HIV 的最主要的方式（UNAIDS/WHO，2004）。在世界的许多地区，如东欧、亚洲、拉丁美洲、撒哈拉沙漠以南非洲，有超过一半的感染者是妇女和女童（UNAIDS/WHO，2004）。美国的一项研究表明，20％的男性和同性发生性关系的同时，也有女性伴侣（Harawa et al.，2004）。非洲裔美国人及西班牙裔妇女也有更高的风险感染 HIV 病毒和其他性传播疾病（STIs），因此避孕措施和计划生育对妇女的健康很重要。

　　使用避孕用品的数据表明了成人是否采取措施预防 STIs 或 HIV 感染。"美国家庭成长调查"对15～44岁的男女性代表样本进行了个体访谈，结果表明，98％性交频繁的女性使用至少一种避孕方法，其中大多数使用避孕药，但这并不能防止感染（Mosher et al.，2004）。90％报告说他们的伴侣使用了避孕套。然而非洲裔美国人和西班牙裔妇女会注射三个月安宫黄体酮进行避孕。35～44岁的女性发生不孕的概率更高，约10％的女性使用一种以上的避孕方法。调查发现的一个严重问题是性交频繁的女性不使用任何避孕措施的比例从 1995 年到 2002 年由 5.4％增加至 7.4％。这些女性不使用避孕措施的原因包括怀孕或试图怀孕、伴侣不孕，或近期没有性交。2004 年，大约一半的成年年轻女性得到了计划生育医疗服务——自从 1995 年来有了明显增加。

457
458

**更为安全的性行为** 许多人错误地认为不同形式的避孕措施能够防止他们感染 STIs 和 HIV/AIDS 的传播，一些年轻人认为使用安全套使人尴尬，表明认为对方可能携带一种 STI。然而，最近研究表明，使用避孕套避孕的妇女比其他妇女使用避孕套频率高（Critelli & Suire，1998）。研究结果也表明一旦关系确立，性伴侣相互信任，避孕套使用被口交替代，虽然方便，但并不能有效防止感染（Feinleib & Michael，1998）。一夫一妻制通常被用来解释不使用避孕套的原因，许多年轻人认为一夫一妻制是防止 STIs 传播的有效途径，然而，许多年轻人之间的关系并不能持续太久，短期的、连续的一夫一妻并不是防止 STIs 传播的有效途径，尤其在对男大学生的调查中，约25%报告说他们为获得性行为而对他们以往的性史撒了谎（Fischer，1996）。对危险的知晓并不能有效致使行为改变（Gupta & First，1998）。

对 HIV/AIDS 和其他 STIs 的个人反应的研究发现了高危人群的行为变化（如男同性恋、静脉注射毒品者、怀孕妇女和 STI 病人）。那些一生只有一个性伴侣的人不会改变他们的行为，而那些有多个伴侣的人会减少伴侣的数量，结果表明年轻未婚的成年男性、非白人、城区居民，由于受 HIV/AIDS 的威胁会改变他们的行为，包括减少性伴侣、使用避孕套、只有一个性伴侣，或者放弃性生活（Feinleib & Michael，1998），但仍然有一些高危人群在性行为方面没有改变（Feinleib & Michael，1998）。这群年轻人成为美国健康医疗关注的焦点（见表 13—5）。

**表 13—5** 按性别和种族，美国成年早期的 AIDS 病例（1985 年和 2003 年）

| 诊断年龄 | 1985（数量） | 2003（数量） | 所有年（百分比分布） |
|---|---|---|---|
| **男性** | | | |
| 20～29 岁 | 1 497 | 3 570 | 15.2 |
| 30～39 岁 | 3 575 | 12 214 | 44.4 |
| 白人男性 | 4 473 | 11 069 | 47.1 |
| 黑人男性 | 1 695 | 13 820 | 35.7 |
| 西班牙裔男性 | 989 | 6 344 | 15.8 |
| 亚裔男性 | 47 | 458 | 0.8 |
| **女性** | | | |
| 20～29 岁 | 175 | 1 774 | 20.2 |
| 30～39 岁 | 230 | 4 075 | 43.1 |
| 白人女性 | 143 | 1 923 | 21.5 |
| 黑人女性 | 275 | 7 373 | 61.4 |
| 西班牙裔女性 | 98 | 1 776 | 15.9 |
| 亚裔女性 | 1 | 105 | 0.6 |

注：年龄 20～39 的年轻人是感染 AIDS 的主要人群。20 世纪 80 年代，这个年龄范围内将近 60% 的男性和 63% 的女性被报道感染了 AIDS。1985 年以来年轻黑人和西班牙裔感染 AIDS 的数量明显增加的事实也值得注意。因此，年轻人需要采取更好的预防措施来避免 HIV 的性传播。

来源：Centers for Disease Control and Prevention (2004). *Health*, *United States*, 2004：Table 52, p. 208. Washington，DC：U. S. Department of Health and Human Services.

**AIDS 在世界范围内的蔓延** 尽管对于健康问题的重要性，不同文化的理解有所不同，但是 HIV/AIDS 已经在发展中地区达到了流行的程度。2004 年，UNAIDS 项目估计全世界有将近 40 亿的孩子和成人与 AIDS 病人生活在一起。最贫困地区数量最多：撒哈拉沙漠以南非洲，将近 26 亿；南亚和东南亚 7 亿；拉丁美洲将近 2 亿；东亚 1 亿；美国 1 亿；西欧 60 万；北非超过 54 万；加勒比国家超过 44 万（UNAIDS，2004）。在非洲国家 HIV/AIDS 的传染率和死亡率非常高。那里有许多关于疾病传播的神话，避孕套、药物限制和延长生命的措施通常不可接受或不可用。上百万的撒哈拉沙漠以南非洲儿童已经成为孤儿（UN-AIDS，2004）。并且，在某些地区受教化的女性和男性割礼通常在青少年的某个时期用一种未消毒的"外科"器械进行（Duke，1999）。（参见第 11 章专栏"人类的多样性"中的《女性生殖器阉割的教化习俗》一文。）

## 社会经济地位、种族和性别

在美国，穷人和缺乏高等教育的人比富人和接受过良好教育的人的死亡率高（Stevens，1996）。原因并不奇怪——穷人通常营养状况不佳，住的条件不好，没有好的产前关怀，很少接受健康服务，以及接受的教育少。许多研究确定，少数民族以及单亲更可能过着贫穷的生活。没有健康保险的穷人交不起医疗费，接受教育少的人更容易患心脏病、高血压和其他健康疾病（Pincus & Callahan，1994）。这些意味着假如穷人明天会彩票中奖，好的健康就会随之而来。随着收入大大增加，人们会得到更好的医疗服务，但是饮食、抽烟、吸毒、酗酒、年纪较小就有性行为等不良习惯是有社会关联性的——这些习惯可能会伴随人的一生。

我们都知道女性比男性长寿，但原因是什么还不清楚。研究表明，女性寿命更长是因为女性有两条 X 染色体和更多的雌激素。因此当女性的生活与娱乐方式变得更像男性时，她们与男性的健康状况也变得很相似。女性吸烟者的减少滞后于男性。根据美国癌症协会（2005）的调查，从 1987 年开始死于肺癌的妇女多于死于乳腺癌的妇女。然而，乳腺癌在妇女中诊断率高于肺癌；但是由于乳腺癌预防性的诊断，治疗和存活率已明显改善（American Cancer Society，2005）。吸烟仍然是诱发肺癌的最常见原因，但吸烟是可以改变的一种行为。一项积极的结果表明，烟草在成年人和青年人当中的使用在 21 世纪早期已经明显减少，美国癌症协会（2005）报道，只有大约 20％的女性和约 25％的男性吸烟。大学生吸烟率已经明显降至 12％，但是同龄的非大学生仍有约 30％在吸烟。

美国心理健康协会（2003）估计每年有将近 1 900 万美国人的睡觉、饮食、学习和生活受抑郁情绪的影响。性别和抑郁之间有关联，女性比男性抑郁率更高。其中有更大压力、责任的女性，比如单亲母亲，有更大的抑郁发生率。许多年轻人没有人寿保险来接受治疗。女性通常通过非功能性手段如自责、迁怒于别人、向情人寻求安慰或喝酒等方法来试图走出抑郁（Hänninen & Aro，1996）。没人会忘记 Andrea Yates 的悲剧——一个告别演说者、荣誉会员和注册护士，她作为一个年轻妈妈养育五个年幼的孩子，经受着导致严重心理疾病的抑郁，备受煎熬。研究表明，黑人男性和白人男性同样受到抑郁的影响（大约 12％），但是黑人男性很少寻求治疗。心理健康专家认为，那么多年轻成年黑人男性被监禁的原因之一就是抑郁症和其他心理疾病没有得到治疗（"Many Black Men Go Untreated for Depression"，2005）。近期另一项研究表明，被收养长大的成年人抑郁症和创伤后应激障碍发生率也更高（"Study：Foster Kids Face Mental Illnesses in Adulthood"，2005）。Kang 和 Hyams（2005）也报道了约 20％的伊拉克和阿富汗的退伍军人承受着抑郁和创伤后应激障碍。

研究表明，除性别差异外，成年生活的许多方面都和抑郁的发生有关，如就业机会、工作薪水和权利、孩子和家务事的负担，以及作为年轻女性和男性经常所处的冲突处境。这种差别没有消失的原因是通常男性在外挣更多的钱，而家庭事务同样依靠男性（Mirowsky & Ross，2003）。因为女性在过去的 30 年里教育水平逐渐提高，一些人已经成为有更高收入的行政人员、医生、工程师和专业人士。但更多的女性处于服务行业，工资最低，得到的医疗帮助很少（Chao & Utgoff，2004）。有趣的是，美国劳动统计局报道，1970 年女性收入占家庭收入的 26％，现在是 34％。

2003 年男性全职工作的平均收入为 40 668 美元，女性是 30 724 美元——大约占男性收入的 75％（DeNavas-Walt，Proctor & Mills，2004）。如今生活压力增大，大多数人努力工作以增加收入来养活一个家庭，越来越多的单身母亲和单身

460

年轻人努力养活自己，为了今后找到薪水更高的工作，年轻人都去读大学。Andrew Sum 说。"劳动市场给上过大学并获得技能的人的报酬不断增加。"Andrew Sum 来自东北大学劳动力市场研究中心，主要研究大学招生和学位获得的性别差异。自 1993 年以来，女性在大学入学和学位获得上已经超过男性——包括所有年龄段，少数民族的女性比男性更多进入大学上学。取得学位有经济和社会效益。在所有 50 个州，更多的女性已经获得协会会员身份和学士学位，专业的和博士学位获得的性别差距正在缩小（Sum et al.，2003）。尽

管有性别或种族背景，与高中毕业生或 GED 的年薪 33 000 美元相比，2004 年男性大学毕业生每年平均年薪为 63 000 美元；与高中毕业生的将近 22 000 美元相比，女性大学毕业生的年薪已超过 38 000 美元（见图 13—5）（Armas，2005）。值得注意的是，在 2004 年 10 月，高中辍学者失业率将近 40%，高中毕业但没有上大学的人的失业率是 20%（见表 13—6）（U. S. Bureau of Labor Statistics，2005）。然而，一些人采取无效的自我破坏行为来应对这种状况。

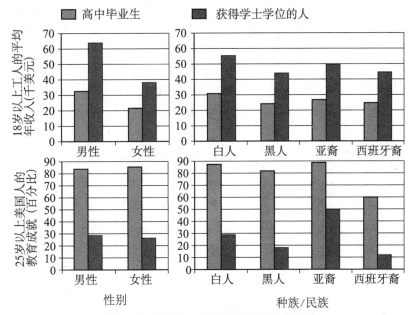

**图 13—5　接受过大学教育的工人挣得更多**

来自 2004 年美国人口调查局的调查强调了大学教育的价值，表明有学士学位的工人比只有高中学历的工人挣得多。

来源：From Genaro C. Armas，"Black, Asian Women with College Degree Outearn White Women," *The Seattle Times*，March 28，2005. Copyright© 2005 Associated Press. Reprinted with permission.

## 药物和酒精使用的时间变化

对于青少年，当他们成为成年人时，高中生活的结束是一个主要转变时期。年轻人通常承担的角色包括大学生、受雇平民、军人——尽管 10% 的年轻人偏离了主流社会（一些被监禁、收容、患慢性疾病或残疾的人）。传统上，年轻人通常要经历完成大学学业或全职工作、在工作单位提升、结婚以及成为父母的过程。每个经历都会影响人们高中毕业后药物或酒精的使用，因此，

考虑在年轻时这些经历的时间安排，以及它们如何相互关联是有用的。收集美国 1976—1997 年高中毕业生的各项数据发现：当年轻人离开高中时他们面对的最基本的选择是，是否应该继续上大学（Johnston，Bachman ＆ O'Malley，1997）。2004 年至少有 66% 的高中生进入大学（180 万）——接近报道的数量（U. S. Bureau of Labor Statistics，2005）。

年轻人高中毕业后没有上大学的原因很可能是：

● 继续生活在家中一段时间。

● 很年轻时结婚。

● 受雇于低报酬的工作。

● 对于女性而言，成为主妇或单亲妈妈。

表 13—6　2004 年高中毕业生和 2003—2004 年高中辍学生的失业率（2004 年 10 月）

| 毕业状况 | 失业率（%） |
| --- | --- |
| 高中毕业，进入大学 | 13.3 |
| 高中毕业，没上大学 | 20.0 |
| 高中辍学 | 39.9 |

来源：Bureau of Labor Statistics. (2005, March 25). College enrollment and work activity of 2004 high school graduates. *Current Population Survey*, USDL 05—487. Washington, DC: U. S. Department of Labor. Retrieved April 8, 2005, from http：//www. bls. gov/news. release/hsgec. nr0. htm.

461　　　如何比较在新的自由和责任方面存在的差异？大学生必须学会管理时间，应对考试的压力和学校的要求，而他们在时间安排、住房布置以及日常生活上有更多的灵活性。重要的是，这些差异意味着成人早期药物滥用的频率，尤其是对那些未找到工作的人。关于每年大麻的使用和婚姻状况的关系如下：

● 总体上，女性使用大麻比男性少。

● 已婚者使用大麻少于单身者。

● 年轻人使用大麻比老年人多。

在已婚男女中，那些小于 20 岁的人最可能使用大麻。这些结果表明结婚和大麻的低使用有很大关系。尽管该调查为这个趋势提供了原因，但是你也有可能会提出自己的想法。

一个最近在美国得到关注的问题是在大学校园豪饮。**豪饮**被定义为男性一次喝下五杯酒，女性一次喝下四杯酒。一项哈佛大学的公众健康研究发现，有一半的学生承认曾经有过豪饮的经历（Weitzman，2004）。年轻人死于酒精中毒、酒精相关的事故，以及大学里的狂饮现象持续出现在新闻标题上。可悲的是，每年大约 1 400 的学生死于与酒精相关的事件。大学生喝酒的花费多于他们在课本、软饮料、茶、牛奶、果汁和咖啡上的花费——目前一年为 55 亿美元（Nelson et al.，2005）。

尽管饮酒是大学生活的一部分，但豪饮增加的原因可能归因于社会对喝酒的接受程度超过吸毒。即便饮酒的合法年龄已被提高，但是这也只是作为一种新的禁令形式——处在大学年龄的人群很想违反的形式。因为这个问题近年来得到了关注，许多大学开始重视这个问题。Weitzman（2004）说，"青年期是一个充满机会、危险和社会发展变化的时期。"青年期，年龄在 18～24 岁，是出现心理健康和成瘾问题的高峰期——酒精、烟草和其他毒品的使用、抑郁和焦虑疾病以及自杀。

**思考题**

年轻人有处于消极健康后果的特定高危期吗？有什么建议可以在这个时期保持或促进身体健康？

## 心理健康

心理健康也是每个阶段关注的事情。健康状况差、酒精和药物使用、抑郁和失业、家庭不和谐相互关联。

据估计，大约 20% 的 18 岁和更大一些的美国人在某一特定时期遭受过心理疾病（Eaton et al.，2004）。当然，大概 1/3 的人寻求专业的帮助和普通医务人员的治疗，而不是寻求心理医生的帮助或其他心理治疗。在指定的年份，美国有接近 900 万人第一次患心理疾病，另外 800 万人遭受复发，还有另外 3 500 万人的症状继续存在。

总体来说，影响心理健康的因素主要有两个。第一，从社会的角度看，心理健康涉及人们完成社会角色和达到集体生活要求的能力。第二，从心理学角度看，心理健康涉及主观幸福感——快乐、满足、愉快。不过，这并不能完全概括社会职责和心理幸福感。心理健康需要人们不断地变化以适应生活经历，心理健康的人通常能够发现自己对外界具有良好的适应——"他们与世界共同融合"。不能"共同融合"的人往往会经历焦虑、紧张，或抑郁。让我们进一步看看这些问题。

一项对两万名男性和女性样本进行的访谈发现，他们存在的心理疾病包括轻度损伤诸如恐高症、自我封闭、抑郁，以及慢性问题诸如精神分裂症。有 2 000 万的美国人报告说至少患过一次恐怖症，并严重到影响日常生活。酒精中毒也很普遍，有将近 1 400 万美国人报告过酒精问题。许多人有一种以上的疾病。例如，六亿人报告有药物成瘾疾病，同时伴随一种或更多其他心理疾病（Hankin et al. ，1998）。

有 1 900 万美国人每年都遭受某种形式的抑郁（National Mental Health Association，2003）。跨文化研究发现，成年女性患抑郁症的概率是男性的两倍，尤其是年龄在 18～24 岁的女性（Hankin et al. ，1998）。结果表明，女性更易抑郁的原因是她们倾向于依靠以情绪为中心的解决方法，而非真正去解决问题。芬兰的 Hänninen 和 Aro（1996）对将近 1 700 名年轻女性和男性进行了研究，其研究的重心是关于功能和非功能的解决方法。女性中有效的方法是"和朋友一起考虑问题"，男性中有效的解决方法是，"尽力寻找令人轻松的事情去做"、"解决问题才是根本"，以及使自己确信"没有原因不开心"等。女性可能采取的非功能解决方法有"向其他人发泄愤怒"、"对发生的事自责"、"在情人那里寻找安慰"等。男性可能依靠的非功能的解决方法是"出去喝些啤酒"等。总之，处理压力的非功能方法加重了压力和抑郁。

许多研究表明，抑郁和其他心理疾病在低收入和低教育水平人群中更普遍（Hankin et al. ，1998）。此外，25～34 岁的年轻人心理疾病发生率比老年人更高。部分原因是老年人有时忽略了他们早年的心理困境。但是许多当代青年面临巨大的压力，如毒品、酒精、进食障碍、学业和工作竞争、单亲，以及对未来的恐惧（Miller，1994）。

终生喝酒（中枢神经系统的抑制剂）增加了男性和女性发生抑郁的危险性。最近对来自波多黎各、多米尼加共和国和哥伦比亚的年轻男性的研究表明，教育和文化继承因素在喝酒、吸毒、抑郁方面发挥着重要作用（Zayas，Rojas & Malgady，1998）。根据 Johnson 和 Gurin（1994）的报道，波多黎各男性的抑郁和饮酒有很大关系。关于抑郁和饮酒，有些研究表明，两者之间有正向的关系，其他研究则表明，两者之间有负向的关系。另外，一些研究表明，西班牙裔男性在 20 岁中期就开始酗酒（Johnson & Gallo-Treacy，1993）。一项对西班牙裔男性的研究发现，年龄在 25～34 岁的墨西哥裔美国人和波多黎各男性，饮酒比老年人多（Black & Markides，1994）。更多的研究要求理解移民经历、关于饮酒和吸毒的社会文化规范，以及文化交流经历之间的联系（Zayas，Rojas & Malgady，1998）。

心理障碍由个人的承受能力和环境压力两方面引起。有些人非常脆弱，以至于对他们来说找到一个低压力环境防止自己崩溃是非常困难的。个人的承受能力与遗传缺陷有关，遗传缺陷最常见的形式是一种或多种神经递质的代谢缺陷。有些人则性格开朗，能够抵抗压力，因此很少有环境能对他们造成严重影响。比如，一些政治或军事犯人，尽管经历数年的拷打和监禁，还能够保持健全的头脑。简单地说，人们对心理障碍和失调的易感性差别很大（Wiebe，1991）。

**压力**　在日常生活中，我们当中大多数人都会经历一种或多种身体和情绪的压力。我们通常把这些经历称作"压力"。导致压力的情况多种多样。一项针对 18～25 岁年轻人的研究，展示了正经历经济变化的部分欧洲国家中那些获得和保持一份工作有困难的人的经历。这项研究考察了选择和不确定性对被调查者生活的影响（Behrens & Evans，2002）。经常感到有压力的成年人通常会说每天晚上只有六个小时的睡眠。这和睡觉七个小时、说自己很少或从未感到压力的成年人形成对比。最近的民意调查发现，有 1/6 的美国人每天晚上只有 5 个小时的睡眠，其他 55％的人有 6～7 个小时的睡眠时间（Moore，2002）。当然，这些人中也有初为人父母的，睡眠被剥夺数个星期或数月是正常现象。睡眠被大大剥夺的社会含义是什么？睡眠的多少是如何影响你自己的生活的？

**压力的性别差异**　在过去的 20 年，许多研究均发现女性相对于男性更能感觉到——至少承认感觉到——压力（尽管男性因为想表现得更好而很少述说苦恼）（Almeida & Kessler，1998；Nolen-Hoecksema，2001）。关于这种性别差异有两个主要观点。反思理论认为女性更能反复思考（细想）她们消极的情绪，从而延长她们的痛苦。另一方面，男性则倾向于用行为方式来回应苦恼，减轻自己的痛苦（Nolen-Hoeksema, Morrow & Frederick-son, 1993）。然而，从性别角度来讲，女性比男性更痛苦，是因为她们的角色主要是抚养和看管孩子，这使她们有更多来自日常生活的压力，而男性在家庭事务方面通常起辅助作用（Mirowsky & Ross, 1989）。一些研究表明，女性多因家庭琐事苦恼，而男性多因财务或工作相关的问题苦恼（Almeida & Kessler, 1998; Conger et al., 1993）。

Nolen-Hoecksema（2001）发现，女性从青春期到成年经历抑郁的可能性是男性的两倍。这可能是由于两性在对压力的反应和接触某种压力上存在差别。这并不奇怪，因为女性在现代美国社会既要挣钱，又要照顾家庭成员，她们承担的角色包括主妇、孩子活动的司机、PTA 参与者、老人的照料者。女性也比男性更多公开承认压力已经影响到她们的健康（Daley et al., 1998）。事实上，有压力的事情大大影响着每个人生活中的方方面面，有事实记载，当一个人处于心理压力下时，事故或伤害的发生率会增加（Almeida & Kessler, 1998）。

**非传统和传统大学生的压力**　非传统学生在过去的十年里上大学已经创纪录了。非传统学生是指有多个主要角色的学生（如配偶、双亲、雇员、学生），在高中和大学之间至少有一年空期。报道的高中和大学之间平均空期是十年。传统的大学生是18～23岁，直接从高中进入大学。教育文摘（"Postsecondary Education", 2003）报道，2001 年超过 1/3 的大学生已经有 25 岁，这意味着许多大学生是非传统大学生。

非传统学生由于缺少时间和承担更多的角色而面临更大的压力。Dill 和 Henley（1998）最近开展了一项研究，就是调查非传统和传统学生，了解他们认为哪些是有压力的、主要的、日常的生活事件（积极的、中立的、消极的生活事件）。结果表明，和非传统学生相比，传统学生可能会：

- 更经常上课。
- 属于校园组织，发现社会和同龄人的事件更重要。
- 报道更多和室友相关的问题。
- 更担心他们的学习成绩。
- 花更多的时间去和朋友放松，即便他们的朋友经常饮酒和吸毒。
- 尽管社会网络非常重要，还是乐意变得独立。
- 由于父母的期望感觉到更大的压力。

与传统学生比较，非传统学生可能会：

- 发现做家务更合乎需要。
- 不好的课或者教育对他们的影响更大。
- 对家庭有更多的责任和义务，很少有时间交朋友。
- 关心家庭或大病初愈的朋友。
- 表示他们喜欢上课，但有时发现自己会被其他责任所打扰。
- 对于学生的角色感到非常满意。
- 有特别的经济支持。

464

**成年早期睡眠被剥夺导致压力产生**

导致压力产生的环境很多，而且不同。但是今天初为父母的人都可能有很好的工作，睡眠经常会被剥夺，会寻求社会的支持来减轻压力。

总体来说，这两类学生都经历压力，但高水平的压力在非传统学生中更普遍。大多数大学为非传统学生建立了俱乐部，但是许多人都没有时间参加。一些大学有网站，提供远距离学习课程以满足非传统学生的需要。

**应激反应的阶段**　根据 Hans Selye（1956）的一项经典的研究，我们身体对应激的反应有几个阶段。第一个阶段是警告阶段：神经系统被激活；消化作用变慢；心跳、血压和呼吸频率增加；血糖水平升高。简单地说，身体悸动产生能量。接着，抵抗阶段开始。身体动员自身的资源来克服压力。在这个阶段，心跳和呼吸频率通常回到正常。但是正常的表现只是表面，因为由脑垂体产生的促肾上腺皮质激素仍处在高水平。最后，假如平衡没有得到恢复，就到了疲惫的阶段。身体处理压力的能力逐渐被破坏，生理功能遭破坏，最后机体死亡。

由于应激和不同的疾病有联系，包括心脏病、高血压、溃疡、哮喘、偏头痛，因而它有一个坏名声。然而，应激是每个人生活的组成部分。的确，没有应激，我们会发现生活很单调、无聊、迟钝。因此，心理学家逐渐得出结论，应激本身并不完全都是坏事。很多取决于我们有效解决问题或处理生活中不同压力的知识或经历。即便如此，我们会认为一些事情比其他事情更有压力，比如严重的疾病或残疾、爱人的死亡、离婚和失业。

应激往往不存在于个人也不存在于环境本身，而是存在于一个人对一件事情的理解（Terry，1994）。并不奇怪，一些人因其生活态度而比其他人更能抵制压力，也有更好的健康状况（Wiebe，1991）。心理学家发现，对压力的抵抗力和人们对变化的接受程度、对别人所做的事情的感觉，以及对事情控制的感觉有关（Kobasa, Maddi & Kahn，1982）。说到一个人对待变化的态度，比如一个男性既可以把失去工作当作灾难，也可以把它当作一次开始更喜欢的新职业的机会。同样，抗压能力好的人宁可卷入到生活中，也不犹豫徘徊：他们沉浸在有意义的行动中。此外，心理素质好的人相信他们能够积极影响生活中的许多事情。其他研究者也发现，自尊和控制感可以缓冲压力带来的有害影响（Brandtstadter & Rothermund，1994）。

因为我们是生活在社会中的个体，我们生活的质量很大程度上取决于人与人之间的关系。人们喜欢在压力的情境下和别人互相支持。社会支持包括建立在人与人之间的联系基础上人们之间资源的交换。团体的支持会通过他们的健康维持和压力缓冲的功能影响我们对应激的反应。有强大支持的人能够更好地应对生活中主要的变化和日常争吵。就像我们将要在第 18 章和第 19 章看到的一样，有很强的社会联系的人会活得更长，会更健康。对从抑郁到关节炎再到心脏病等疾病的研究发现，社会支持的存在有助于人们预防疾病，缺乏社会支持的人健康状况相对较差（Turner, Wheaton & Lloyd，1995）。社会支持通过多种途径来缓解压力：朋友、亲戚和同事，会让我们知道他们重视我们。尽管我们会犯错，会遇到困难，但当我们感觉到被别人接受时，自尊就会加强。其他人通常会给我们提供信息上的支持。他们帮助我们理解问题，寻找方法解决问题。我们通常发现社会友谊是有支持性的。和别人一起参加娱乐活动，能够帮助我们适应社会要求，快速消除我们的烦恼和忧虑。其他人会给我们辅助性的支持——经济帮助、物质资源和所需服务——通过帮助我们解决和应付问题从而减轻压力。

说自己很少感觉到或没有感觉到压力的成年人往往是有锻炼习惯、不吸烟、健康状况良好的人。还有别的因素影响一个人对压力的反应，因为许多压力和人际关系有关（家庭、同事、朋友、邻居，还有其他）。

**青年人自杀**　CDC 报道，年龄 10～19 岁的非洲裔美国男性自杀率从 1980 年以来增加了两倍多，每 10 万人中有 2～4.5 人——比白人男性的自杀率高很多。这些数字不会反映自杀的实际数字，因为有些自杀被报道为凶杀或事故。一种现象叫作"被警察杀害"，因此年轻人非常谨慎地参加枪战或其他威胁生命的行为。心理学家 Alvin Poussaint 在《放下我的包袱：解除非洲裔美国人的自杀和心理健康危机》中说道："有数据告诉我们这是一个正在上升的趋势（非洲裔美国人的自杀），但没有数据告诉我们关于社会经济背景或这些年轻男性的个人历史，这无法有助于我们判断为什么这个趋势在上升"（Whitaker，2001，p.142），Gibbs（1997）建议年轻人应该努力从高中毕业，上大学或参加工作培训，当学徒或实习，以及增加就业机会以减轻生活中压力和抑郁的影响。

青少年和年轻人企图自杀的比率高于其他年龄层次，但是男性自杀率比女性高，其他导致自杀的危险因素包括教育程度低、低收入、独自生活、离婚，以及失业。有至少一次精神病史、以前试图自杀、性滥交、同性恋、有家庭成员或亲密朋友自杀，或有吸毒史，是年轻人自杀的其他高危因素（Eaton et al.，2004）。男性和女性65岁以上者也是自杀的高危人群，据CDC（2004e）的数据，自杀人数最高的是年龄在15～24岁的本土美国人或阿拉斯加本土男性。在这群人中，每10万人中就有将近28个人自杀。在亚洲和太平洋群岛，每10万男性居民中有9个人自杀。另外，防止自杀的措施包括宗教信仰、和有爱心的朋友保持亲密联系、亲近的家庭关系（包括拥有自己的孩子）、有益身心的职业、具有经济保障和积极的自我价值感。

**思考题**

　　在生活中的某些阶段，面临一些问题时我们往往会经历更大的压力或抑郁。但是哪些年轻人更可能经历严重的抑郁和心理疾病？哪种行为可以减轻严重的压力、抑郁和其他心理疾病的影响？

## 性

当我们向青年期转变的时候，性起着重要作用，因为我们需要成为一个有竞争能力、独立的、有爱心的人。当我们判断性关系对于我们是偶然的，还是夫妻之事，或只是另一种形式的"快乐"时，我们会问自己："如何满足我的性需求？"和"性如何与我是谁的想法相适应？"这时，性别角色可能会变得更复杂和具有挑战性，并且，AIDS的影响已经引起更多的关心和多数年轻人性行为的改变。

**异性恋**　许多年轻人在大学时期变得性生活活跃。根据最近网上调查的结果，超过一半离开家生活的大学生性生活活跃，3/4性生活活跃的大学生说他们有过没有保护措施的性行为，然而他们大多数不相信他们处于患病的危险中（Bjerklie，2003）。

另外，到22岁时，10个年轻人中9个有过性经历，大多数有多个性伴侣。关于婚前性行为，男女之间没有差异。此外，对同性恋、手淫或性满足的态度也不存在性别差异，多数年轻人宣称他们过去只有一个性伴侣。他们中许多人由于害怕AIDS已经改变他们的性行为，包括性行为减少、性伴侣减少、维持一夫一妻，或者禁酒。

**男同性恋、女同性恋、双性恋**　性取向不再局限于异性或同性。双性恋是很好的例子，在最近的调查中发现，大约5%的男性和2%的女性认为自己是同性恋（Kurdek，1998）。近代历史上，同性恋被认为是越轨，只有20世纪70年代中期美

**性取向**

　　有研究表明，女同性恋夫妇专注于她们的关系，并且伴侣之间有着高度的平等性。

国精神病协会（American Psychiatric Association，APA）将同性恋作为一种疾病。APA对女同性恋、男同性恋、双性恋都有治疗的指导。

　　最近同性成年人结婚的合法性代表了美国文化的最前沿，同性夫妇已经在挑战婚姻权利的限制。然而，到本书写作之时，17个州进行了关于选民婚姻定义的宪法修改，大多数公民投票说婚姻应该是一个男人和一个女人之间的事。23个州已经把婚姻定义为异性之间（Knickerbocker，2005）的结合。根据美国民意调查，年龄在30岁和以下的年轻人提出的反对意见比年长的人少

466

（Kohut & Doherty，2004）。然而，一些关于同性联盟的重要问题已经出现，并且进入法庭和法人竞技场，如失业父母对孩子的养育、财产权利、收养、遗产和健康相关的问题。然而，这些夫妇在"大众联盟和家庭伙伴"中的权利被更多的商业、工厂和大学所承认。

性别是一种社会"构成"的认识，已经导致许多人对男性和女性传统持有的性别角色提出质疑。新概念"跨性别"目前适用于那些不喜欢局限于只作为男性或女性的人。一些拒绝单一性别身份的观点能够解释一个人如何适应社会。他们接受了更多不固定的性别概念，包括传统上被称为男性和女性特征的方方面面。

在美国，20 世纪 60 年代和 70 年代男性和女性的聚集产生新的社会结构，特征为"开放社区"，这成为不愿被狭窄的性别界定所定义的人们的庇护所。男性同性恋者从王后、精灵、壁橱变为无性、热血男儿和舞者（Chauncey，1994）。20

世纪 70 年代，人们认为男性同性恋者通常在各个酒吧中流动，寻找热烈、快速的性。最近，寻找稳定关系不再被认为是男同性恋者的合法角色。当对性行为少的人进行更多的研究时，一幅更加清晰的画面开始出现，比如：一些研究已经发现，性行为少的人有更高的心理疾病发生率，而另一项研究发现，女同性恋者和女异性恋者的心理健康相似，除了前者更加自信以外（DeAngelis，2002b）。

简单地说，尽管性取向不同，但是人类关系有更多的相似之处。

**思考题**

社会科学在关于性行为和现在年轻人对性态度变化的研究中发现了什么？

## 认知发展

成人生活经历的不同引起新的挑战，要求我们不断提高我们的推理能力和解决问题的技能。当我们处理人与人之间关系、工作、对待双亲、持家、自愿参与教堂或社区活动——甚至休假——时，我们往往会面临要求我们做出决策的新环境，以及面临不确定性和困难。所以，我们必须学会鉴别问题，通过把它们分解成不同的相关部分进行分析，设计有效的解决方法。以下是一个关于度假的真实故事，挑战两个年轻人的思考技巧和问题解决能力，表明了压力大的事件如何铭刻在我们的记忆里。当事情有误时，我们所学到的是下次这种情况出现时我们要怎么做。我们相信对于我们的不幸你有你的版本：

有一年，我决定在春假的时候去阳光明媚的 Myrtle 海滩上租借的公寓里度假。当我把行李装进应该有三个座位的租借车里时，我们发现没有第三个座位，车里容纳不下任何人。车的出租商说他把车出租给我们的时

候"认为"有三个座位，叫我们不必担心。这时有一辆可以载客的货车早上刚到出租商那里。尴尬的出租商免费把货车给我们使用。当坐上这个货车的时候，我们发现它大概已经有 11 万英里的行程，缺乏维护和保养。我们比预期开始度假的日子晚走了一天。在大风中我们顺利地行驶，到了晚上，住进卡罗莱纳州的汽车旅馆。第二天早上汽车旅馆没电了，因为大风把电线给吹断了。在四个饥饿而急躁的少年的陪伴下，我们试图去找一些吃的，却发现租借的货车现在只能朝反方向行驶。在货车像一头灰色大象围绕停车点转了几圈后，我们给出租商打了电话看看他想让我们如何处置这个货车。他说他会赔偿我们修理费。今天是周六，大多数修车厂都关门了。幸运的是，大约三个小时之后一个修理工到了，修理好之后我们上路了。我们在美丽的新公寓的第一个晚上，三点钟的时

467

候，第一声警报响了，所有身着睡衣的住户不得不在消防员检查大厦的时候从大厦撤离到了停车场。一些少年认为拉响警报是一次可笑的恶作剧！作为成年人，我们从来没有停止使用我们的推理和思考能力！并且，妥善处理的方法就是一笑置之。

## 后形式运算

对于皮亚杰来说，形式运算阶段是认知发展的最后阶段。皮亚杰把青少年期描述为思想上开始一个新水平的阶段。这个时期，青少年获得了思考自己心理过程、设想某种状况中多种可能，以及心理上产生多个假设的能力。简单地说，青少年期相对少年期，以更符合逻辑、抽象和创造性的途径考虑问题。

许多心理学家已经推测在形式运算之后是否有第五个本质不同的思维水平（Demetriou，1988；Soldz，1988）。对**后形式运算思维**的不同观点中有以下三个共同特点：

● 第一，成年人开始认识到知识不是绝对的而是相对的。他们认识到没有单纯简单的事实，认为事实是被构造出来的现实——我们经历过，并且被大脑活动加工过。（在工作中有许多时候人们对一个项目有不同的看法，需要学会合作。）

● 第二，成年人开始接受生活中存在的矛盾，以及知识之间的不兼容。这是在由成人扩展的社会空间中形成的理解。在更大的社会空间中，成年人面临着不同的观点、不同的人，以及不相容的角色。她或他不断被要求从多个可能中选择一个行为过程。（我们必须尊重和按照老人们告诉我们的去做——即便我们相信那可能不是最好的行为过程。）

● 第三，因为成年人认识到生活中存在矛盾，所以必须找到一些相容的整体来组织他们的经历。换句话说，必须综合信息，将每条信息作为整体的一部分进行解释。（有时我们不得不看更大的画面，认识到我们需要工作来养活自己和家庭——即便我们不满意工作环境。）

这里是后形式运算思维的一个初步模型。需要进一步的研究来确定认知发展模型中的第五阶段的正确性。

另外，进一步的研究可能表明皮亚杰模型的局限性。研究皮亚杰学说的人逐渐挑战他的理论中的设想。比如，事实证明年轻人和老年人只是在他们认知能力的方面有所不同。年轻人会更多依靠理性和形式思维模型；老年人在推理时会发挥更大的主观性，更多依靠直觉和社会环境（Labouvie-Vief，DeVoe & Bulka，1989）。另外，更复杂的认知任务对工作记忆有更高的要求，它随着年龄的增加而衰退（Salthouse，1992）。无论如何，大多数心理学家现在承认认知发展贯穿整个生命过程，这个观点在过去的 40 年就已经获得了全世界的认可。

## 思维和信息加工

成年人的思维是一个复杂的过程。假如信息加工局限于储存和提取，那么我们仅仅比照相机和投影仪强一点。心理学家斯滕伯格（Robert J. Sternberg，1997）已经通过检验信息加工内容研究我们如何进行思考。他认为**信息加工过程**是我们逐步解决脑力任务的心理过程。他检验信息加工过程，从我们对信息的认知到做出反应。这个过程的不同阶段可从这样一个问题中看出来：华盛顿之于 1，就像林肯之于（a）5，（b）10，（c）15，（d）50。

在解决这个问题时，我们首先对问题进行编码、识别，从我们长时记忆储存中提取可能和解决方法相关的信息。比如，我们会把"华盛顿"编码为"总统"、"纸币上描绘的形象"，以及"美国独立战争领袖"。对"林肯"的编码包括"总统"、"纸币上描绘的形象"以及"内战领袖"。编码是重要的过程。这个例子中，将两个人均编码为纸币上的肖像是我们的失败，将妨碍我们解决问题。

接下来，我们必须推断相似物的头两项之间的关系："华盛顿"和"1"。我们会推断"1"暗示华盛顿是第一个总统或者被画在一美元的纸币上的人物。第一种联系会再次妨碍我们解决这个问题。

然后，我们必须检验类似物的第二部分，"林肯"。我们必须将"华盛顿"和"林肯"进行更高一级的联系。他们在三个方面具有相似之处：都是总统，都被描绘在纸币上，都是战争领袖。假如我们想不到华盛顿和林肯都被描绘在货币上，我们将不会找到正确答案。

**工作的成年人和问题解决**

这些年轻人作为一个小组一起工作，来分析、判断和解决问题。由于他们有高水平的智商，受过正规的教育，具有实践经历，他们不断收集相关信息和花更多时间进行编码来找到最好的解决方法。值得注意的是，比起以往，现在有更多的女性和少数民族加入了技术和工程行业。

下一步，我们必须将我们推断的头两个项目（"华盛顿"和"1"）和第三个项目（"林肯"）之间的关系应用到四个供选择的答案中的每一个。当然，华盛顿出现在 1 美元货币上，林肯出现在 5 美元货币上。但是我们有可能进行错误的应用，认不出这种关系（我们会错误地把林肯记成出现在 50 美元货币上）。

然后我们会尽力证明我们的答案，我们对答案进行检查看看是否会省略或出错。我们会记起林肯是第 16 任总统，但是假如我们不确定，会选择"15"。我们会在重新收集时发生错误。最后，我们选出了自己认为正确的结论。

斯滕伯格（1998）发现最好的问题解决者并不是执行上述步骤最快者，事实上，最好的问题解决者比差的解决问题者花费更多时间在"编码"上。好的问题解决者很关心他们以后解决问题所需的相关信息。因此，物理学专家比初学者花更多时间编码一个物理问题，而作为回报，他们找到正确解决方法的可能性会增加。

**大学生的认知发展**　大学教授——和大学学生——明白如果学生的经历和智力发展水平不同，则推理能力不同。在过去的几十年中，几个科学家调查了大学生是如何达到智力成熟的，他们发现和同事、父母和其他成年人的社会相互作用会影响学生从大学新生到高年级的认知发展。William Perry（1968，1981）在 1971 年和 1979 年两次对哈佛大学男生进行了研究，尽管他的理论由于对象全是男性而受到置疑，但其他类似的以两性为对象的研究证明了他的理论有些实用性，扩展了皮亚杰的认知发展理论。Perry 从理论上阐明了大学新生普遍使用更多的二元想法，如"对或错"，或"好或坏"。当被问及意见时，他们可能会对教授说："你告诉我们，因为你是老师。"由于在大学里的各种经历，他们开始在思考中使用"多样性"。也就是他们开始认识到对同一个事物有不同的观点，他们变得乐意倾听不同的观点。当继续发展认知时，他们逐渐获得"相对论"思想。应用这种想法，他们意识到他们——和其他人——必须用某种合理的途径支持和保护他们的意见。这个发生在学生们步入有更多义务的高年级阶段，即将知识、个人经历和自我反省融为一体的阶段。学生们在决定选一个专业、计划一个职业、选择一种宗教、牢固关系、采取某种政治立场、找工作等时候，开始履行义务。

由 Knefelkamp（1984）提出的发展教学模式有助于将 Perry 的理论付诸实践。他提出的大学生认知发展模式包括四个挑战和支持：结构、类别、经验学习和个性。每个都存在于一个统一体内，比如结构由多到少、类别由少到多、较少经验学习、中等水平个性到高水平个性。大学新生喜欢更多的结构和社会支持，入学第一年时，他们能从家庭中获取意见，并依靠他人。这个模式可为指导性方法提供启示，因为这表明大学新生在课堂上不会"讨论他们的观点"——他们觉得应该被告之所想，不像高年级的学生，会为这种认知挑战做准备。当学生们通过上大学取得进步后，他们在认知上转变为独立做决策，且努力保护自己的决策，并能接受相反的观点，为得到更多的

469

私人指导而与教授和导师进行互动。这个模式表明学院和大学必须为学生提供资源和材料来支持和扩展他们的认知发展。

**思考题**

　　成熟的成人认知特点是什么？鉴于上述关于成人思想和问题解决（编码）的信息，如 SAT 和 GRE 测验的时间应该被修改吗？

 ## 道德推理

　　就像我们在第 9 章中看到的，科尔伯格确定了道德推理发展的六个阶段，并将道德发展分成三个水平：

1. 前习俗水平（阶段 1 及阶段 2）。
2. 习俗水平（阶段 3 及阶段 4）。
3. 后习俗水平（阶段 5 及阶段 6）。

　　尤其重要的是，科尔伯格的认知发展理论强调了所有的人都以同样的顺序经历若干阶段的观点，与皮亚杰所叙述的阶段相似。然而不是所有人都能够以科尔伯格的道德推理的最高水平进行思考。甚至科尔伯格思想的第六个阶段——"普遍原则"，以兄弟情谊和团体道德为特征——是人们通常不能达到的理想阶段（Kincheloe & Steinberg，1993）。科尔伯格说，在后习俗水平阶段 5，即"社会合约和个人权利阶段"，大多数人开始用更理论化的方式思考社会，考虑社会为了所有人的利益应该鼓励的权利和价值。他说，"一个好的社会会为了所有人的利益形成人们可自由进入的社会合约"。因为社会当中不同的群体有不同的价值，他相信所有理性的人会同意他们所需要的基本权利，如自由和生命。他们也会需要一些民主的过程来改进社会和改变不公平的法律（Crain，1985）。在科尔伯格创设的经典道德两难故事中，有一个假设情境，主人公 Heinz

偷了他买不起的药来拯救他患癌症的妻子的生命。科尔伯格相信处于道德推理阶段 5 的人会认为，"从道德的立场来说，即便是陌生人的命，Heinz 也应该救，因为任何一个生命的价值都一样"（Crain，1985）。

　　科尔伯格说，在道德推理的最高水平——第 6 阶段，即以普遍道德原则为价值取向阶段，人们有着普遍的正义感——基于对所有人的平等尊敬。曾经有人对你说过"穿我的鞋子走一英里"来获得别人的理解吗？科尔伯格认为，道德困境的参与者应该公正地做事来逐渐获得这个普遍原则。据此，科尔伯格自己推断能够进行阶段 6 推理的人都会同意 Heinz 的妻子必须被挽救——这是最好的解决方法（Crain，1985）。科尔伯格也断定一些伟大的道德家和哲学家有时提倡公民反对促进普遍道德原则——当然，比如来自印度的甘地，他是一个律师，他放弃了所拥有的一切成为争取人权与和平的化身。马丁·路德·金也是通过为人权与和平而抗争，来改变美国公民权利的面貌。具有讽刺意味的是，两个人的生命都突然地被刺客所结束。

　　在 2005 年 3 月，美国人更关心与未来社会的道德困境做斗争：安乐死的核准——通过法院裁定饿死一名叫 Terri Schindler Schiavo 的 41 岁（年轻人）妇女，她身体健康但有大脑损伤。法院接受了其丈夫的证言，她"希望死而不是像这样活

着"，要求把简易饲管拿掉。她不需要其他"生命支持"，如简单的食物，就像你和我需要生存一样。假如知道了她的愿望——活着还是死于大脑损伤——她就不会成为备受公众争议的问题。

不同的派别从多个道德角度观察这个问题，法律和法官的权利代替相爱的夫妻照顾他们女儿余生的愿望；配偶取代生物学父母的愿望的合法权利；合法配偶为对方代言的权利；一个人奋斗15年之后能够继续他的生活的权利；配偶否认恢复努力的权利；医疗团队自身关于脑损伤程度和脑损伤病人价值的观点的不一致；杰斐逊（Thomas Jefferson）写在《独立宣言》中的所有美国人的"生命、自由和追求幸福"的权利；个人对"生活质量"的定义引起一些人决定通过辅助自杀手段死亡。

470　　读完科尔伯格的推理阶段5和6，你如何认为他推理出了"公正的"解决方法？随着"滑坡"效应的出现，佛罗里达法院会进一步对更多阿尔茨海默病患者进行家庭护理，建造容纳更多脑损伤病人的发展中心或者接纳出生有严重缺陷的新生儿区吗？就像你将要在后面的章节中读到的，假如我们活的时间够长，我们每个人都会失去一部分能力，比如听力丧失，不能动，智力和记忆减退，视力丧失等等，当这些发生时，我们对"生活质量"的个人看法会改变。

吉利根（1982a；Gilligan，Sullivan & Taylor，1995）已经在科尔伯格的框架下进行了20多年富有思想性和系统的研究。她发现，当人们经历年轻岁月时，男性和女性对科尔伯格研究中使用的道德困境的解决方法有所不同。的确，女性比男性在科尔伯格的道德发展等级上更低。吉利根认为这是由于科尔伯格的方法中含有偏见，因为科尔伯格只根据男性参与者的表现来阐述他的理论。

根据吉利根的观点，男性和女性有不同的道德领域。男性鉴于权利和规则来定义道德问题——"公平道德规范"。相比之下，女性认为道德就是一种关心和避免伤害的责任——"关怀道德规范"。男性认为自主性和竞争是生活的中心，所以他们把道德描绘成规则系统为了驯服侵犯和裁定权利。女性认为关系是生活的中心，所以她们把道德描绘成关系的完整性和保持人们的联系。总之，男性将发展作为离开别人、获得独立和自主的一种手段，而女性将它作为使自己加入更大的人类事业的手段。

这两种伦理道德观点为找到个体特性和形成自我差异提供了基础。吉利根号召发展心理学家认识到女性道德构成和男性一样可信和成熟。目前还没有研究者对吉利根的建议做出完整的回答。不是所有研究者都支持她的女性和男性在道德推理方向上不同的论点。一些研究者已经发现，吉利根的观点受到的支持很有限（Pratt et al.，1991）。其他人仍然相信关怀不是女性独有的，而公正和自主也不是男性独有的。确实，公正和关怀往往是互补的（Gilgun，1995）。

**思考题**

科尔伯格和吉利根的道德推理观点有哪些主要区别？

续

在本章内，我们调查年轻人高中毕业后（或没有高中毕业）向成年人转变时身体和认知的变化。此时年轻人开始懂得有年龄规范，探索这个阶段什么能做什么不能做。成年早期被认为是压力增加的时期，包括不得不做出"成人"的选择，比如是否喝酒、抽烟，或有性行为。年轻人需要担心健康发展的其他方面，包括有规律的锻炼、适当的营养和安全的性行为。这些变化和选择如何影响我们？在第14章中，我们将会看到成年人的情绪和社会性特点——最重要的是埃里克森的观点，即变得和其他人亲密，是成年早期的"危机"。

**总结**

## 发展观

1. 人们对成年期的感觉、态度和信念受成年人口的相对比例的影响。第二次世界大战后生育高峰期已经带来了美国劳动力的快速膨胀。接受过良好教育的人为职业岗位进行激烈竞争，他们的孩子正经历着供过于求的处境。

2. 当代年轻人被称为 X 世代和新千年世代，研究表明他们喜欢电视娱乐，运动少，受过大学教育，富有和承担家庭事务，关系固定（尽管更多的是同居），因为害怕感染 STIs 而性行为较少，能接受周围事物的多样化，为了完成大学学业、建立事业或作为单亲抚养子女而在家住更长时间。

3. 大部分在美国的人能很好地领会成年期各个年龄段，年龄规范也表达了对不同年龄角色的非正式期望，而且年龄分级是模糊的。

4. 人们从出生到死亡经历着社会规范的周期，就像经历生物周期一样。

5. 转折点是人们在生命过程中改变方向的时候，一些生活事件和社会时钟有关，包括进入学校、从学校毕业、开始工作、结婚，以及生孩子。其他生活事件则无法预料，拥有个人色彩，如彩票中奖，或成为犯罪的受害者。

## 身体变化和健康

6. 美国大多数年轻人表示他们有良好的健康。

7. 社会经济地位、种族和性别等因素似乎与健康并不相关，但是这些因素的相互关联则对健康产生影响。生活贫困的人通常会面临更消极的健康状况。男性比女性更倾向于选择锻炼作为放松性活动。每个人都会从规律性的锻炼中受益。

8. 最常见的心理疾病从轻微的损伤如恐高症、抑郁，到慢性疾病如精神分裂症。女性抑郁发生率通常是男性的两倍。年轻的黑人和本土美国男性的自杀率在上升，黑人和亚洲妇女的自杀率最低。

9. 在我们的日常生活中，大多数人会面临一种或多种要求，会给我们施加身体上和情绪上的压力。我们通常称这些经历为"压力"，非传统大学生通常比传统的大学生有更大的压力，一个缓冲压力的方法是拥有由朋友和家庭成员构成的支持性社会网络。

10. 向青年期转变时，性发挥着更加重要的作用，因为我们需要把自己定位成有能力、独立、有爱心的人。当我们判断性关系对我们来说是偶然的，还是夫妻之事，或只是娱乐的另一种形式时，我们会问"对于我来说性是什么"，"性如何适应我是谁的想法"。此时，性别角色变得更复杂和富有挑战性。大多数人把自己定位成异性恋、同性恋或双性恋。

## 认知发展

11. 一些心理学家推测是否存在形式运算之后的第五个本质上更高的思维水平。对后形式运算阶段的不同观点中有以下三个共同特点：成年人开始认识到知识不是绝对的而是相对的；成年人开始接受生活中存在的矛盾，以及知识间的不兼容；因为成年人认识到生活中存在矛盾，所以必须找到一些相容的整体来组织他们的经历。

12. 大学生认知在发展，当他们完成大学学业进入研究生阶段，当他们进步时，他们学会了做重要决定，学会支持和保护他们的意见，体验实习和工作，以及接受不同的观点。大学生从新生到高年级学生和研究生，在认知上进步了，各水平的学生通常会受益于个人化的指导。

## 道德推理

13. 道德推理的两个主要理论是科尔伯格和吉利根的理论。科尔伯格的理论建立在公平基础上，鉴于权利规则及对全社会的公平感来定义道德问题。吉利根认为科尔伯格的理论反映了男性道德推理，相比之下，女性认为道德是关怀和避免伤害别人的责任——"关怀道德"。

## 关键词

| | | |
|---|---|---|
| 年龄分级（449） | 信息加工过程（467） | 社会时钟（449） |
| 年龄规范（448） | 生活事件（450） | 社会规范（448） |
| 老龄化（448） | 后形式运算思维（467） | 转折点（448） |
| 豪饮（461） | 强奸（452） | |
| 生物性老龄化（448） | 社会性老龄化（448） | |

472

## 网络资源

本章网站关注青年期的普遍特点、身体变化和健康问题。请登录网站 www.mhhe.com/vzcrandell8 获取下列组织、主题和资源的最新网址：

**美国每一代人**
**新千年上升**

**成年期**
美国肥胖协会
哈佛公共健康大学酒精研究学院
受害者援助办公室
美国社会健康协会
美国心理健康学会

## 视频梗概——http：//www.mhhe.com/vzcrandell8

本章你阅读了有关成年早期的话题，包括年龄和社会法则、社会时钟，以及后形式运算概念。使用 OLC（www.mhhe.com/vzcrandell8）关注成年早期视频梗概看 Chris 和 Lindsay——一对年轻的夫妇如何回家——Lindsay 的父母如何处理不同的生命事件。尤其 Lindsay 和 Chris 介绍了一些在接下来的章节"成年早期：情绪和社会性发展"中你将探究的关于亲密关系和情绪发展的重要概念。

# 第14章

# 成年早期：情绪和社会性发展

## 概要

### ◆ 情绪—社会性发展理论

- 心理社会性阶段
- 成年男性发展阶段
- 女性生活的阶段
- 社会对女性的新定义
- 对阶段法的批评

### ◆ 建立亲密关系

- 友谊
- 爱情

### ◆ 生活方式选择的多样性

- 离开家庭
- 住在家里
- 保持单身
- 同居
- 男女同性恋伴侣的生活

---

**批判性思考**

1. 对于你而言，哪种方式让你度过余生更感困难：和你爱的人生活在一起但不能去工作，或是和刺激的同事一起做你热爱的工作，但却找不到人来爱？

2. 你相信没有见过面的人们可以通过网络相爱吗？

3. 你会愿意父母为你安排婚事，而与也许婚后十年才会爱上的人结婚吗？

4. 你有哪些个性特征最想对伴侣、老板或父母隐藏？

- 结婚

在成年早期离开父母家的过程变得越来越复杂多变，许多年轻人在确立成人地位过程中要经历大量的居住安排。当代年轻男女对于性取向和性行为问题也比过去更开放，而美国有史以来第一次核心家庭的比率跌落到 25％以下，反映出美国社会关于个人生活形态的变化，较不受一男一女或者二三个子女的核心家庭的"传统"标准所限制，而展现出更广大范围发展的趋势。对大多数年轻成年人来说，从青少年后期直到 40 多岁中期，正是建立亲密关系、准备和确立工作世界的地位，并保持希望和梦想展望未来的时候。

**情绪—社会性发展理论**

475

我们努力和别人建立的关系对于任何生活方式都是很重要的，我们的大多数身份是与其他人相关的——社会科学家称这份具有相对稳定的期待为**"社会关系"**。例如，如果有人问你"你是谁"，你可能回答，"我是××的女儿或儿子"或"我是××的丈夫或妻子"，"我是××的一名员工"。有两类普通类型的关系：**表达性关系**和**工具性关系**。表达性关系是我们投入自己并且对他人做出承诺形成的社会联系。我们的许多需要仅仅以这样的方式被满足。通过与对我有重要意义的人的联系，我们获得了安全感、爱、认可、同伴友谊和个人价值。依靠表达性关系的社会相互

关系被称为**"主要关系"**。我们视这些关系——与朋友、家庭和爱人——终止于他们自身，对他们自己的权利是有价值的。这样的关系倾向于私人的、亲密的以及内聚的。例如，人们通常拥有的最持久的主要关系之一是与兄弟姐妹之间的关系。

相反，工具性关系是当我们为了实际的特定目标而与他人合作的时候形成的社会联系。有时这种关系可能意味着要同与我们不一致的人一起工作，就像一句古老的政治谚语，"政治让同床异梦的人待在一起"。更加普通的是，这意味着我们发现自己融入各式复杂的人际网络里，例如，劳

动的分工扩展为从生长谷物的农场，到卖面包的食品杂货店，再到那些为我们服务的三明治餐饮店等。依靠工具性关系的社会相互关系被称为"次要关系"。我们视这种关系为达到目的的手段而并非以本身为目的，例如，我们与超市收银员、教务处办公室的职员或汽油站服务员等的随意接触。次要关系每天都会发生，在这种关系里，个体很少或几乎没有彼此了解的需要。当我们到成年期时，生活在主要关系和工具性关系之中，充满了社会接触。

---

### 思考题

你与家庭有表达性或工具性关系吗？

---

## 心理社会性阶段

像我们在第2章和第13章看到的那样，一些社会科学家探寻了生命周期的规则、顺序阶段和过渡。心理社会性发展阶段理论的开拓者埃里克森，定义了九个生命全程阶段，其中有四个适用于成年期：成年早期，包括亲密对孤独；成年中期，包括繁衍对停滞；成年晚期，包括完善对失望；老年期，包括绝望对希望和信仰。

在**亲密对孤独**阶段，年轻人的主要发展任务是向外延伸并与别人建立联系。埃里克森指出这个阶段作为"超越自我认同"的第一个阶段，是与青少年期相联系的。个体必须形成这种能力以便接近并建立与他人的亲密关系。如果不能完成这项任务，则面临着更加孤立的生活风险，而且缺少社会许可的有意义关系（例如，他们可能进入各等级的年轻成年人群行列，比如因犯、缺乏自理能力的人、失业者、妓女、异教徒、无家可归者、毒品成瘾者）。

在成年早期，如果个体不能实现前一阶段的主要发展任务，则可能暂时从大学辍学或形成高度刻板印象的人际关系。埃里克森扩展了弗洛伊德所说的"去爱去工作"，解释说所谓爱不仅仅是性幸福而且还要有亲密的慷慨性，普通的工作生产在某种程度上不应该完全占有个体，从而丧失性和爱的权利或能力。孤独是指无法按照个人自我认同来分享真正的亲密，而这种抑制通常被对亲密结果的恐惧所加强，例如害怕有小孩。有研究发现，一些成年人通过网络与别人接触与交流，来减轻孤独感或社会孤单感（Matanda, Jenvey & Phillips, 2004）。

孤独的经历并不仅是单身所具有的。调查研究发现，孤独的经历不仅存在性别因素，还存在文化因素。个人的言行不当、缺少社会接触、不履行亲密的关系、搬迁或显著的分离，以及社会边缘人员等，都是导致孤独的主要因素（Rokach, 1998）。另外，Sadler（1978）呈现了许多第一代美国移民一定会经历的孤独模式——**文化脱节**，即对传统生活方式的无家可归和陌生感。来自南非和亚洲文化的移民典型地看重家庭和扩展家庭对个人的支持；相反，北美则强调自力更生、竞争、独立和自主（Jylha & Jokela, 1990）。另外，定居在大都市的移民常常经历失业、犯罪恐惧、社会偏见和住在大公寓的复杂生活——所有这些会促进不情愿与别人互动或者与他人融合（Rokach, 1998）。Rokach（1998）发现不同文化的女性倾向于从家庭和子女那里获得大多数自我价值，如果没有这些各种各样的关系，她们就会变得孤独。然而，男性常常更加投入工作。

精神病学家维兰特（George E. Vaillant）及其同事（Vaillant & Milofsky, 1980）发现了支持的阐述的证据，当他们追踪392名白种下层青年和94名受高等教育的男性时，这些人是在20世纪40年代被第一次作为Grant Study的研究对象。他们得出结论，就像所提出的那样，个体生命周期的后儿童阶段必须按顺序通过。无法掌握的任一阶段会典型地妨碍掌握后边的阶段。然而，男性是有很大不同的，他们掌握给定阶段的年龄。实际上，1/6的男性在40多岁时仍然与青少年期的特征问题做斗争，例如，"当我长大的时候，

476

我想做什么?"当研究者检查按顺序的就业模式时，发现较少情感成熟的男性在 40 多岁中期，更可能经历显著的失业。显然，人们不会以因循守旧的步伐迈过生命全程来发展自我认同——最佳心理功能是毕生的挑战 (Pulkkinen & Ronka, 1994)。

## 成年男性发展阶段

心理学家莱文森 (Daniel Levinson) 率领耶鲁大学大量研究者，从阶段观来探讨成年期。莱文森和他的同事 (1978) 为定义成年男性的生命全程发展阶段而建构了一套框架。他们研究了 40 名 30 多岁中期至 40 多岁中期的男性，他们是工厂里的蓝领和白领、商业管理人员、生理学家和小说家等，结果发现男性从他们的青少年晚期或 20 多岁早期到他们 40 多岁晚期要经历六个时期。艾文森及其同事说，成年期男性的最重要任务是创造生活结构。男性必须通过创造新的结构或重新检查旧的结构来定期重构他们的生活，必须根据自己和世界来制定目标，想出实现的方法，修订假设、记忆和知觉，然后执行寻求目标的适当行为。过渡期通常会出现在具有重要象征意义的生日前后的两三年——20 岁、30 岁、40 岁和 50 岁生日。著名德国作家歌德在 60 岁时曾写道："人生每个十年都有自身的运气、希望及欲望" (Goethe, 1809)。男性通过与环境互动来使自己发展性地转移到一系列生活组织的新水平，这种方法聚焦于潜在的男性发展任务而不是主要生活事件的时间点上。图 14—1 描述了这些人生层次的概要。

**离开家庭**　这个过程开始于青少年期后期或 20 多岁初期，此时个体离开家庭。这个阶段是青少年期生活的过渡期，且以家庭为中心，随之进入成年人世界。年轻的男性可能选择一个过渡的机构，例如军队或大学并以自己的方式开始生活，或者他们可以边工作边继续住在家里。这个时期，"住在"家里和"搬出去"之间基本持平。跨越家庭界限是主要的发展任务。他必须在财政上变得更少依赖，进入新的角色和生活安排，以及获得更大的自主性和责任感。

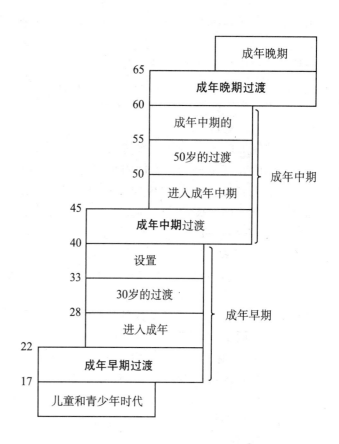

**图 14—1　成年男性及女性的发展时期**
莱文森及其同事视成年发展为需要重组个人对自我和世界看法的关键层面的连续时期。莱文森最初的研究《男性的生活季节》，都是以男性为主体来做的，但是，1996 年对于成年女性发展的相似结果出版于《女性的生活季节》一书中。

来源：From *The Seasons of a Man's Life* by Daniel Levinson. Copyright© 1978 by Daniel J. Levinson. Used by permission of Alfred A. Knopf, a division of Random House, Inc., and SLL/Sterling Lord Literistic, Inc.

莱文森说这个时期持续大约 3~5 年，不过如今的年轻男性更可能延迟离开家里，由于为了准备就业或可能的失业而需要支付更高昂的大学费用。

**进入成年世界**　这个时期开始于男性从他原来的家庭中移出，通过成年人的友谊、性关系、为更高研究和专业学历而工作，得到实习或学徒或长期的工作经历，或延长服军役的时间，达成作为成年人的最初定义。这个定义允许个体追赶现代生活结构的时尚，使生活结构与更加宽广的社会联结。在这个时期，男性探索和尝试着开始承认他们的成年人角色、责任，反射出他们演化出的一套优先准则的关系。男性可能为事业打下根基；他可能发展一项事业，然后再换掉；或者他可能漫无目的地漂泊，而在大约 30 岁时陷入危机，此时，为了获得生活中更多的秩序和稳定性，这些压力变得更强。

由拉特加斯大学每年一次进行的"美国婚姻项目"的研究结果表明，当代的年轻男性更可能先完成学业或培训，获得全职工作及经济独立，然后再考虑结婚。在 1970 年，男性结婚年龄的中位数是 23 岁，而如今是 27 岁。此外，受过大学教育的男性，其结婚年龄中位数会再晚 1～2 年（Whitehead & Popenoe，2004）。然而，更多年轻男性可能与一个或多个伴侣同居，而这种关系往往不会以结婚告终。约有 20% 的年轻男性不愿意结婚，且对婚姻持消极观点，终生单身的情形有少量增加的迹象。基于过去的资料，实际上，所有即将结婚的人都会在成年早期结婚，即在 45 岁之前。

477

表 14—1 显示，美国 15 岁以上结婚的百分比在下降。

**安定生活**　这个时期通常开始于 30 多岁初期。男性在社会上建立他的小环境，制订和追求更加长远的计划和目标。此时，他常常形成梦想，想象自己未来的画面。在接下来的几年里，当他修正梦想并经历背叛感、幻想破灭或由此妥协时，可能会在生活方向上发生主要变动。有些行业例如职业运动员等，可能会干扰满足这个阶段的发展任务，因为通往竞争的道路上，不允许大多数职业运动员有发展亲密关系的机会；高知名度使他们成为媒体密切探查的目标。虽然他们可能享受镁光灯、声名地位、高额薪水，但是也可能有

较少的友谊及缺乏与某人建立很强的亲密关系。我们都知道，有几位高知名度的运动员已经承认发生过数百次的"一夜情"，现在也正承受着这种生活的后果。

**做回自己**　这个时期倾向于发生在 30 多岁中后期，是成年早期的高点及高点之后新的开端。一个男性经常会感到无论迄今为止取得多少成就，他都是不够独立的。他可能长久以来都想从那些高于他的人的权威下摆脱出来。他通常相信上级控制太多，授权太少，他没有耐心等待他将能够自己做决定而使事业真正向前迈进的一天。如果一个男性有**导师**——一位老师、有经验的同事、老板或类似的人——他现在则往往会放弃他。此时，男性想被社会肯定他们是最有价值的角色。他们将努力获得主要的提升或其他形式的认可。对于大多数男性而言，工作和家庭已经从传统上变成生活分离的领域，传统上，许多男性投入大部分生命于工作角色。由于 2001 年美国的经济萎缩和大量的裁员，一些男性对他们的生活优先选择达成更加平衡的理解——考虑到许多已经专心服务 25～30 年的男性上班时发现一张解雇通知单要求清理桌子走人，这一点并不令人吃惊。我们将在第 16 章更多地解释莱文森对成年中期及后期的发展理论。

478

表 14—1　按性别和种族，所有美国 15 岁以上结婚的百分比在下降（1960—2003 年[a]）

| | 全体男性 | 黑人男性 | 白人男性 | 全体女性 | 黑人女性 | 白人女性 |
|---|---|---|---|---|---|---|
| 1960 | 69.3 | 60.9 | 70.2 | 65.9 | 59.8 | 66.6 |
| 1970 | 66.7 | 56.9 | 68.0 | 61.9 | 54.1 | 62.8 |
| 1980 | 63.2 | 48.8 | 65.0 | 58.9 | 44.6 | 60.7 |
| 1990 | 60.7 | 45.1 | 62.8 | 56.9 | 40.2 | 59.1 |
| 2000 | 57.9 | 42.8 | 60.0 | 54.7 | 36.2 | 57.4 |
| 2003[b] | 57.1 | 42.5 | 59.3 | 54.0 | 36.4 | 56.6 |

[a] 包括白人和黑人。
[b] 2003 年，美国人口普查局拓宽了民族种类，允许被试自认为属于多民族。这意味着，2003 年的种族数据计算资料与之前的无法进行严格的比较。
来源：From Popenoe, David and Berbara Dafoe Whitehead. *The State of Our Unions：The Social Health of Marriage in America*，2004. The National Marriage Project at Rutgers University, New Brunswick, NJ，2004. copyright© 2004 Barbara Dafoe Whitehead and David Popenoe. Used with Permission.

## 女性生活的阶段

尽管对成年人发展的兴趣在逐渐增加，但应对成年女性发展阶段的研究尚落后于男性的研究（Gilligan, Rogers & Tolman, 199；Guisinger & Blatt, 1994），这样的研究是明显需要的。例如，尽管埃里克森（1968a）说青少年期自我认同的建立紧随成年早期亲密的能力，但是许多女性描述了相反的进程，中年女性自我认同的发展比男性更加强烈（Baruch & Barnett, 1983；Kahn et al., 1985）。现在，女性比男性有着更长的生命历程，教育成就逐渐增加，可能有 3/4 的女性进入劳动力市场，从而使大量以前的研究和理论被淘汰。

莱文森在最初的研究中因没有包括女性在内曾受到大量的批评，因此他和他的同事开始另一项研究并写成《女性的生活季节》一书（1996）。这些研究确认，对于男性和女性而言，进入成年期是相似的，他们都面临四项发展任务和向 30 岁的过渡。有研究吃惊地发现，尽管男性根据工作，视自己与未来紧密相连，但是女性更感兴趣于找到工作和家庭结合的方法。他们研究的职业女性中没有一人能平衡工作、家庭及令自己满意的幸福要求，感觉她们在维持这两项的斗争里，必定会牺牲事业或家庭。女性还说他们比男性更不容易找到一个"特别"的人，在个人和事业的成长期

间，陪伴她们一起度过。

30 岁的过渡也显示出女性和男性之间的另一个发展差异性，在这个差异里，女性倾向于在这个年龄重新排序她们的目标。例如，早期开始工作的女性会被吸引到婚姻和家庭里；一开始作为妻子和母亲的那些人会在大约 30 岁时进入职场。越来越多的女性首次或再次进入劳动力市场、变换工作、从事新的职业，或返回学校。越来越多的女性先在双亲家庭养育子女，之后是单亲家庭，然后又变成双亲家庭，这意义非凡。由于时间和投入，会发生大量与职业、婚姻和儿童的联结，并且每种模式都有不同的分支。在生活安排中的一些变化还包括返回父母家一段时间。最令人痛心的是，莱文森在完成《女性的生活季节》手稿时不幸去世，而他的妻子朱迪·莱文森把丈夫的生命之作公诸于世。

### 思考题

根据莱文森的研究结果，女性生活阶段与男性生活阶段有什么主要差异？

## 社会对女性的新定义

直到过去的几十年，美国女性的生活仍然主要根据生育角色来看待——生育和养育子女、绝经及作为成年女性的主要生活事件之"空巢"。在世界的许多国家，对女性的这种看法还没有改变。事实上，人们通常把女性生活循环等同于家庭生活循环。不令人吃惊的是，在当前美国 60 岁以上女性的生活里重要的心理过渡，与按时间顺序的年龄相比，更可能是与家庭生活循环相关的（Moen, 2003；Moen, Dempster-McClain & Williams, 1992）。但是，如今在她们生活中的某个点上，为工资而工作的女性占总量的 90%，工作在女性的自尊和自我认同里充当越来越重要的角色。尽管白人和非白人女性劳动力的参与从 1890 年到现在一直在增

加，相应地，比白人女性更多的非白人女性已经在家外找到了工作。图 14—2 提供了美国女性日益增加的职业数据。

**家庭和工作**　越来越多的证据证实莱文森的结论，即女性完成任务和获取结果的方法是不同于男性的。在很大程度上，这些差异来源于女性更加复杂的未来及实现过程中遭遇的困难。与男性不同，大多数女性没有报告以事业为主的梦想，而更可能把事业视为未结婚或婚姻不美满及经济困境的保险。相反，大多数女性的梦想包含沉浸于与他人关系的世界里的影像，这些关系尤其指与丈夫、子女、朋友和同事的关系。然而，自从更多年轻男性延迟结婚直到年龄较大，对于

女性而言，如今有很多种途径可以履行婚姻伴侣角色。更多的年轻女性与男性同居，可能会也可能不会结婚。有些对婚姻表现出消极观点；有些则选择单身。然而，更多的女性发现自己会作为单身妈妈与子女生活在一起，而没有从婚姻中受益。

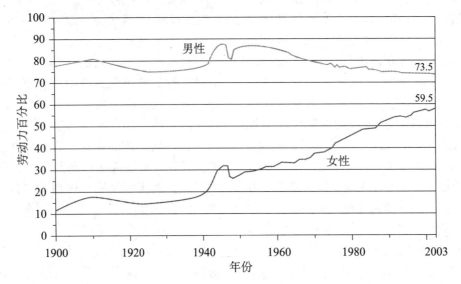

**图 14—2　劳动力的性别参与（1990—2003 年）**

　　20 世纪至 21 世纪以来，女性参与劳动力市场的比例显著增加，而男性则稍显下降。更长的寿命、受高等教育的机会及较小的家庭，让更多女性能够进入职场。家里有小孩或年迈父母的男性和女性，现在正在试图让工作安排得更加有弹性，以满足长久以来家庭的各种需要。

　　来源：U. S. Bureau of the Census，Historical Statistics of the United States；U. S. Bureau of Labor Statistics，Employment and Earnings（annual summaries）. Decennial data 1900—1940，annual data since 1940. Data for noninstitutional poulation 14 and over through 1965，16 and over thereafter. U. S. Bureau of the Census（2004）. *Statistical Abstract of the United States*，2004—2005. Civilian Labor Force and Participation Rates With Projections 1980—2012.

　　大多数非洲裔女性说她们已经尝试平衡工作和家庭。即使如今许多单身妈妈和已婚女性倾向于仅仅出于家庭经济兴趣而去工作，而且是当其他成员的所有基本需要得到满足之后。与男性不同，他们结婚和有家庭的可能性与事业成功相关，而更多的成功女性则更少可能结婚及组建家庭（Bagilhole & Goode，2001）。很显然，在工作和家庭之间必须做出一个选择，对女性而言这是更加明显的。因此，许多女性为维持事业的要求和家庭的需要之间的平衡而奋斗。

　　这种为了两性之间更加平等的奋斗增加了女性的角色印象和工作量（Gjerdingen et al.，2000）。结果，一些女性难以履行所有的工作和家庭义务，也增加了角色冲突和角色超载。当经历角色内压力时，**角色冲突**随之发生，这些压力与另一个角色内上升的压力是互不兼容的，例如，作为父母、配偶和有偿工作者之间产生的冲突要求。**角色超载**发生在当有太多的角色要求和太少的时间去实现的时候。遭遇这些类型角色压力的女性——并非所有的女性都遭遇——更可能经历健康的下滑以及工作和婚姻满意度的下降（Tiedje et al.，1990）。然而，我们应该强调大多数女性都很好地经营着多重责任，还可以从参与劳动中，尤其是可以从工作和家庭受到的社会支持中获取许多益处。还有人假设，那些视自己为"女性气质及投注于结婚"的女性预期不会经历许多女性面临的角色冲突（Livingston，Burley & Springer，1996）。然而，由女性持家的单亲家庭会面对中产家庭不用面对的巨大的社会经济和心理挑战。

**重返付费劳动力**　莱文森发现大约 40 岁的男性会再次考虑他们的一些承诺，常常试图从以前的男性导师中解放自己。莱文森贴标签为 BOOM（做回自己的男人）现象。相反，一些女性进入工作世界，然后到养育子女时彻底地离开全职工作或做兼职，然后在 30 多岁后期或 40 多岁初期重返全职工作。近来研究结果提出，许多女性有更多的导师，或男或女，来帮助她们迈向事业中的上层管理地位（Van Collie，1998）。这说明在学术界及传统男性占主导地位的领域，导师关系显得很重要。有研究检视了性别角色与导师之间的关系，探索出可选择的导师关系——包括同伴、多重或集体指导（Chesler & Chesler，2002）。此外，尽管当前女性重返职场是合法的社会趋势，但仍有证据显示出存在反对女性工作的歧视，尤其那些待在家里养育子女或支持丈夫事业的中年女性。

**自我评估**　精神分析学家 Kathleen M. Mogul（1979）还发现"自我评估"（stocktaking），或者男性在 40 多岁时对个人问题和变化形势的重估，会更早地发生在女性中间。没有生育子女的女性到了 30 多岁后期、40 多岁及 50 多岁初期时，常常感到这是拥有母亲身份的"最后机会"，她们可能会做出抉择，包括领养、体外受精或一直无子。另一方面，较早成为妈妈的那些人在照顾子女的全神贯注程度上呈现下降趋势，更多的有子女同时又在外工作的中年妇女也开始反思她们即将到来的生活模式。

**不同的成年经历**　一些心理学家及社会学家相信，成人经历对女性而言更不同于男性（Gilligan，1982a，1982b；Pugliesi，1995）。就像我们在第 11 章所提到的那样，吉利根对传统的心理假设产生质疑，即男孩和女孩都努力为自己界定独特的自我认同。相反，她提出女孩必须努力抵抗自己在儿童期拥有的心理毅力和积极概念的损失。因此，女性发展不必是稳定进展，而倾向于在成年期恢复西方社会迫使她们在青少年时期所失去的自信、果断及积极的自我感觉（Gilligan，1982a，1982b）。显然，如今比男性更多的女性上大学，获得除了博士之外各层次的学历，而更多的年轻男性去工作、被监禁或辍学（Bowler，2003；Sum et al.，2003）。经济数据显示，学士学位可增加男性一生收入达 130 万美元、女性 65 万美元，而受过大学教育的女性通常想与受过大学教育的男性结婚（Bowler，2003；Coley，2001）。

吉利根说，女性所面对的部分难题是常常发现自己难以获取竞争性的成功，因为她们被社会化地朝向取得合作、共同性和达成一致共识。许多女性聚焦于维护而不是利用关系。对于男性而言，莱文森所研究的受访者却是另一种态度，"友谊由于缺乏而引起很大的注意"，并且工作典型地助长了自己和别人之间的距离。事实上，在当代商业及阶层制度下，人们往往不会把受到奖励的人当作个体来看待，而是看成可以操作利用以便使自己不断升迁的物体（想想近来公司解雇的非个人词汇如"裁员"、"接管"、"资源活动"）。值得一提的是，男性最受欢迎的十项运动都最具竞争力，包括垒球、篮球、台球、撞球等，而女性最受欢迎的十项运动都是非竞争性运动，如走路、游泳、有氧舞蹈、跑步、健行、体操等。

根据 Deborah Tannen（1994）的观点，西方国家在社会化两个性别时存在差异（也可参见第 7 章）。男性常常聚集在按等级划分的群体里，教导男孩如何统管和运用手段谋取注意，方法通常是嘲笑和奚落。相反，女性群体主要围绕建立成对的好朋友友情，她们分享秘密努力达成亲密性——基本上，我们看见女孩和男孩学龄前有着同样的社会模式，在大型机构环境里，例如公司、大学、医院和政府代理机构，女性倾向于创建共识。因此，当被发现处在权威位置时，她们易于询问别人如何做出选择。Tannen 说，男性常常将这种行为误解为优柔寡断的表现。此外，女性倾向于通过犹豫来唤起对她们成就的注意或者来寻找认可。然而，Tannen 也挑战了这些观念，即女性比男性更不直接及更加犹豫反映出的是低自信。她记录了日本文化中一个类似的研究，在那里对一个较有身份的人而言，直接或被单独挑出表扬以及获得他人的认可被认为是粗鲁讨厌的。

然而，夸大女性和男性之间的差异性是容易的，既没有"规范的（或可交换的）女性"，也没有"规范的（或可交换的）男性"。性别与种族、

481

阶级、性取向和人类多样性的无数其他变化相互交织（Riger，1992；Spelman，1988）。事实上，女性和男性的相似性比差异性多，大多数明显差异是由文化和社会因素导致的。

## 对阶段法的批评

任何成年人发展阶段理论都指出人们生活顺序变化的基本原则及这些宽泛趋势的个人差异，然而，更早期的阶段理论的调查的一个弊端是，被试主要是男性、白人和中上阶层以及出生在20世纪30年代"大萧条"期间或之前的对象。适用于这些萧条年代出生的男性理论，可能不适用于出生在第二次世界大战后较乐观年代的50岁男性及女性，也可能不适用于如今正进入成年早期的20岁左右的年轻人。

此外，即使是偶发事件在塑造成年人生活中也能扮演很重要的角色，美国人的工作和婚姻常常导致在正确或错误的时间里遇见正确或错误的人。在某一年龄及时地到来和经历某种选择性的经济的、社会的、政治的或军事的事件，对人们的生活有着深远的影响。尽管这些事件本身可能是随意的，但结果却是不随意的——想想自从2001年9月11日之后人们生活态度的变化（Kelly，2001）。例如，在非西方文化里，如在印度、中国、日本和中东、非洲的国家，许多婚姻都是由家庭安排来移除随机困难。许多心理学家和社会学家拒绝这种观念，即一个人在进入下一个任务之前必须解决在这一阶段的确定的发展任务（Rosenfeld & Stark，

1987），他们还指出主要的过渡——"通道"或"转折点"——而不必然以"危机"、压力和骚动为主要特征，我们积极欢迎和拥抱某些新角色。例如，想想与第一份"真正"的工作、庄重的爱或第一个小孩出生的相关联的兴奋。

就莱文森而言，他承认生活循环理念并不意味着成年人并未超过儿童，以因循守旧的步伐迈过一系列阶段。他认为变化的步伐和程度是受到个性和环境因素影响的（战争、家庭成员的死亡、健康不良、突然的中风等）。因此，莱文森并不否认在任何生命时期发生在人们中间的非常广泛的变化，他用指纹作比喻，如果有一个指纹理论，我们必须确立次序基础，在这个理论里，我们可以确认个体，因为我们知道指纹变化的基础原则。现在让我们转向年轻人如何变化方法来解决亲密对孤独的"危机"吧。

 ## 建立亲密关系

就像托尔斯泰在1856年提出的那样，"如果一个人知道如何工作和如何去爱，他就能出色地生活在这个世界上，因此，爱和工作提供了成年人生活的中心主题"。爱和工作把我们放置于与别人相联系的复杂网络中，事实上，我们仅在其与他人关系的内部才能体验到人性。同等重要的是，我们的人性必须通过关系来维持，并且相当稳定。像人类生活的其他时期，成年早期，从青少年晚期直到30多岁晚期或40多岁初期，仅仅在发生的社会情境内才能被理解，除了在我们家庭的直接关系外，我们最早的社会关系是和朋友一起拥有的关系。

## 友谊

什么是友谊？一句古老的谚语说，"一个朋友：一个灵魂，两个身体。"仔细想想你的朋友，看下列的描述对你而言是否合适——

● 你喜欢花费时间和你的朋友在一起。
● 你接受你的朋友因为他们就是那样，你不太关心去改变他们。
● 你相信你的朋友。
● 你尊重你的朋友。
● 你会帮助你的朋友，也期望你的朋友帮助你。
● 你会卸下对朋友的警惕，因为你从他们那里不会感到受伤害。

我们的朋友在成年期间是我们社会化和支持的主要资源。我们倾向于想要花费业余时间和那些与我们一样经历许多相同生活情境的人在一起建立友谊。有小孩的女性常常通过工作、邻居或子女的学校或活动而倾向于和同样有小孩的女性做朋友。单身的朋友可能开始感觉"受冷落"而转移到发现新的单身朋友来分享共同兴趣。男性倾向于在工作和娱乐领域来发展友谊，他们谈话的主题常常部分围绕着这样的事件。

随着网络在工作和家庭中使用的增加，更多的研究聚焦于"技术官僚"年轻一代的孤独，他们在网络空间的聊天室发展"友谊"而不是通过大学教室的走廊或公寓建筑的大厅（Matanda, Jenvey & Phillips, 2004）。尽管网络提供了许多优点，但是当生活遇到低谷时，与朋友的面对面互动仍然可以提供给我们所急需的社会支持。

## 爱情

就像前文所提及的那样，浪漫的爱的概念并不是通用的，这一点在安排从未相见的人或仅仅彼此有肤浅了解的人之间婚姻的实践里可以得到很多证明。然而，许多西方人描述自己在结婚时正在相爱，当他们结婚时，这么做意味着什么呢？为什么确立的婚姻关系比其他关系更加幸福和持久呢？爱情对于婚姻的幸福感和满意度都很重要吗？

传统上，爱情被分为浪漫和伴侣两种类型，**浪漫的爱**是当我们说爱上某人时来典型理解的，**伴侣的爱**往往可以理解为对一个亲密朋友的爱。后来通常以这句话来表明，"我爱你……作为一个朋友，但是仅此而已"。即使大多数人能区分这两类爱情，心理学家还是试图用各种各样的测量工具来测量伴侣的爱。

**斯腾伯格的爱情三角理论**　斯腾伯格（Robert J. Sternberg）提出伴侣的爱包含其他两类的爱情：亲密和承诺（Aron & Westbay, 1996; Sternberg, 1988b）。根据他的**爱情三角理论**（见图 14—3），爱情包含以下三种元素：

● 激情（对某人的身体和性吸引力）。
● 亲密（拥有亲近、温暖及关怀的关系）。
● 承诺（愿意并有能力长时间及在不利情境下维持关系）。

斯腾伯格说，一切关系并不总是包含完整的、完全的三要素——激情、亲密、承诺——可能包括以下七种附属感情：

● 痴迷的爱：只有激情。
● 愚昧的爱：关系中只有激情与承诺，但是没有亲密。
● 伴侣的爱：关系中只有亲密与承诺，但是没有激情。
● 浪漫的爱：关系中只有亲密与激情，但是缺乏承诺。
● 没有爱：三种元素都不存在。
● 喜欢：存在亲密，但是激情与承诺却缺失。
● 空洞的爱：关系仅包含承诺。

然而，当爱情三角模型中的三元素都存在于关系中时，斯腾伯格称这种情感联结为**完美的爱**（Sternberg & Hojjat, 1997）。这种理论最好被看

**亲密关系**

浪漫的爱不是全世界通用的，有些文化里安排从不相识的两个人结婚，许多西方文化中的夫妇结婚时会说自己正在爱情中。理想上，我们爱的人在成年期会变成最好的朋友、亲密的伴侣、社会化及支持的主要资源。

作复杂的解释，包含开始与维持有意义的关系的尝试。研究者指出，不同年龄群之间，爱人的定义及对于承诺、亲密和激情的沟通都保持稳定（Reeder，1996）。

**浪漫的爱的重要性** 在关于浪漫的爱的质量和持久性的重要性的一项研究里，Willi（1997）调查了瑞士和澳大利亚18～32岁的600多名成年人，他们大多数是已婚的，有些是单身，有些离异，还有一部分是寡妇或鳏夫。基于以下对浪漫之爱的定义，大多数表示已经恋爱2～5次，有些表示有6～15次，20％表示从未有过爱情，1％表示已经爱过多于16次。

相爱并不仅仅意味着瞬间或过分简单化的情感，而是很长一段时间内产生的强烈的、性欲的吸引及通过和同伴关系的理想化而内在实现的一种东西（Willi，1997，p.172）。

在这项研究里，男性并不会比女性有更多的爱情，爱情不会给男性带来更多的友谊（这与流行思想相反）。令人感兴趣的结果是，对于1/3的样本来说，虽然与最爱的人产生爱情但却不会生活在一起。这项研究中已婚人士更加频繁地显示

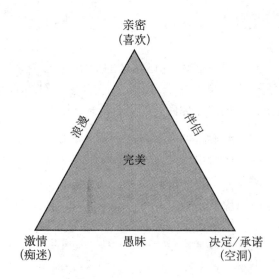

**图14—3 斯腾伯格的爱情三角理论**
根据理论，完美的爱是由激情（对某人的身体和性吸引力）、亲密（拥有亲近、温暖及关怀的关系）与承诺（愿意并有能力在长时间及在不利情境下维持关系）构成的。其他许多关系仅由这些因素中的一些构成。

来源：Adapted from Janet Shibley Hyde and John D. DeLamater, *Understanding Human Sexuality*, 6th edition. Copyright© 1997 by The McGraw-Hill Companies, Inc. Used with permission of The McGraw-Hill Companies.

出会继续和最爱的人居住或继续生活在一起（62％）。有13.5％的人表示，他们与生命中最爱的人不会产生友谊，主要是因为他们的爱没有得到回报。那些和最爱的人结婚的人描述自己比其他已婚的人明显地更幸福，离婚率最低（6％）。在1～5的量表里（1＝不幸福，5＝非常幸福），那些已婚而没有子女的人评估自己比那些已婚有子女的人明显更加幸福（Willi，1997）。

在所有组别中，对于性忠诚度和伴侣安全的要求最高，所有对婚姻最不满意的项目涉及温柔、性生活及交流。拥有稳定伴侣关系的单身人士，以及离婚但拥有新伴侣的人士，两者对于伴侣的沟通都比已婚人士更满意。总的来说，76％已婚的调查对象认为他们的伴侣关系是以幸福乃至非常幸福为主要特征的。在爱情的频率和强度上没有性别差异，但是与现在的伴侣相比，女性更可能承认她们和别人曾经有过更加强烈的爱情。

总之，爱情看来是一种特殊关系，这种关系清楚地区分自身和其他类型的友谊，但是它不必然产生预期的关系。近来研究结果表明，第一天

相爱或"一见钟情"倾向于发生在那些 20 岁以下的人身上（Knox，Schacht & Zusman，1999）。还有，一个人未必为了幸福或令人满意的关系而必须与最爱的人结婚，但是与最爱的人结婚却与婚姻持久性相关。

┌─────────────────────────────┐
│ **思考题**                      │
│ ─────────────────────────── │
│ 　　爱情三角理论的特征是什么？你是怎 │
│ 样评价当前的"爱情"关系的？          │
└─────────────────────────────┘

## 生活方式选择的多样性

484

现代复杂社会的人们在选择和改变生活方式方面，典型地喜欢某些选择。**生活方式**——生活的整个方式，借此我们试图满足生理的、社会性的和情感的需要——可以提供这样的情境，让我们再来看看在第 13 章已讨论过的许多问题。更加特别的是，生活方式提供一个框架，通过这个框架，我们解决埃里克森描述的亲密对孤独的问题。**亲密**包含经历与他人建立的信任、支持及温柔的关系的能力。这意味着相互共鸣并在亲密的情境里寻求幸福的能力。在一段亲密的关系中，最后的奖赏是安慰和陪伴。

美国社会在过去的 35 年里最显著的一面是迅速扩大的可供选择的生活方式。20 世纪 60 年代后期的大量骚动都围绕着生活安排，包括共同生活和同居，来自不同的解放运动（非洲裔美国人、西班牙裔、美国本地人、女性、男同性恋、女同性恋、女性主义者和青年），这形成了对判断行为的大量更加广泛的标准的认可。总的来说，似乎社会和媒体因素在制订较少受传统标准限制的生活方式方面允许公民有更大的自由度。当然，许多宗教机构和追随者维持传统上对男性和女性认可及不认可的行为标准。

### 离开家庭

离开家庭是向成年期过渡的主要一步。在这种过渡之前，两代人典型地形成单一的家庭。几十年以来，结婚是离开家庭的主要原因——年轻人离开父母家组建新家庭，标志着进入成年期。但是，在过去的二三十年里，离开父母家的过程变得越来越复杂，由于许多年轻人在假定成年人身份的过程中经历大量的生活安排（Goldsheider，Thornton & Yang，2001）。在过去典型的是，年轻的美国人在 15～23 岁离开父母的家。大约在此时，经常出现无家可归的现象。居住在大学宿舍及军事营房被定格在 18 岁的人身上，随之便是 19～20 岁同住一室的情况显著回升。然而，在美国、德国、丹麦、澳大利亚及英国，当代年轻人离开家里的时间较晚。值得一提的是，父母的家对于大部分 18～34 岁的年轻人来说，仍然是最主

要的居所（Fields & Casper，2001）。

即便如此，离开父母家的途径是十分不同的，年轻的成年人向许多方向散开，没有哪一种无家可住的形式占主导地位。其他的常规安排包括住宿舍、合租、同居、结婚、民事联姻和独居。

在当代美国，无论年轻的成年人或父母，什么时候想离开就能离开家。因为分开居住通常比一起居住花费更高，父母对这件事常常有很强的发言权，因为他们可以资助子女找到新的住宿安排，或者能够保留经济帮助。在大多数家庭里，孩子们比父母更期待离开家。因此，父母会使用他们的资源来影响子女离开巢穴，或者预先阻止"太早"的分开或加快"太晚"的分开。结婚时间典型地取决于年轻成年人的选择，但是没有婚姻而离开父母家通常由子女

和父母来共同决定。

有两个因素可以促使成熟子女和父母之间对生活安排进行协商。首先，越来越多的对自主性和个体主义的重视刺激了婚前独自居住的增长，导致一些年轻人相信离开家是"值得"的。其次，年轻人正在较晚的年龄结婚（1970—2000 年，男性首次婚姻的年龄中位数从 20 岁提高到 27 岁，女性从 20 岁提高到 25 岁）。两代之间的协商还存在问题，因为考虑到近几年社会和经济的迅速变化，父母和子女的经历可能十分不同。关于父母预期对成年子女的支撑也在发生变化（Goldscheider，Thornton & Yang，2001），父母可能不能理解当前本科可能要念五年以上、中间或毕业后立即到欧洲旅行的趋势。值得一提的是，离开家庭存在种族和宗教的差异。同样的模式盛行在亚裔的美国家庭中、清教徒原教旨主义者中，加入天主教的学生也更可能在家里生活直到结婚（Goldschei-

der，Thornton & Yang，2001）。

一些社会学家相信，成年期过渡对于如今的年轻人来说是尤其成问题的。他们争辩道，由于延缓就业、经济衰退、基本工资过低、房价上升、离婚率高、未婚生子比率增高、毒品滥用毁掉人生以及过分沉浸于婴儿潮世代的父母养育等，从而导致父母支持的数量和持久性都有所增加（Paul，2003）。这些因素常常使得与成年期有关的许多过渡变得更加复杂。事实上，生育率、首婚、离婚、再婚和由于家庭原因的搬迁，在这个时期的发生率比生命中任何其他时间都高（Goldscheider，Thornton & Yang，2001）。而且，工作初期是十分不稳定的，要求改变工作及因与工作相关的原因而搬家。考虑到这些环境，大量年轻成年人以多种方式依靠父母直到 20 岁后期甚至更晚。

485

**上大学是离开家庭的途径之一**

当代大学生采取许多途径离开父母家。对于许多年轻成年人而言，在向独立转变的过程中，上大学而住宿舍或公寓变得较普遍。有人可能会寻求就业或当学徒、从军、加入工作团或和平团、旅行、待在父母家里更久，或仅"脱离"朋友等，还有一小部分年轻人以结婚作为离开父母家的一种途径。

## 住在家里

在 19 世纪后期和 20 世纪初期的美国和英国的纺织业社会里，不同代的人常常住在同一房间里，为彼此提供大量的帮助（Hareven，1987）。这种大家庭安排方式在许多亚裔和拉美裔美国家庭中变得很普遍（Fuligni & Pedersen，2002）。然后，社会规范开始在 20 世纪中期发生变化，以至于美国青年都被鼓励离开家，在这个世界上开辟自己的道路。事实上，30 年前，一个人在 20 岁之后还住在家里被认为是不可接受的。历史上，基于扩大就业机会而培育独立性儿童的目标在美国 20 世纪的大部分时间都很盛行（Goldscheider et al.，1999）。

如今，许多年轻人在父母的家中，或当环境艰难的时候再返回家中。但是经济压力不一定很重，有些人仅仅希望节约租金而用来买汽车或存起来买房。在中产阶级家庭，舒适是生活在父母家里的另一个原因。年轻人能够自己养活自己，但是生活标准却不及自己家。因此，相当于他们借助于父母的财力。另外，一些年轻人，尤其是男性，可以得到另一项好处，即妈妈可以当"免费女佣"。女性很少受到妈妈的溺爱，父母双方在女儿身上都可能比在男孩身上保持"更短暂的租约"。即使这样，当代的年轻成年人和父母住在一起比以前几代都有着更大的平等性。

与父母同住可能极其成功，也可能非常失败（Goldscheider，Thornton & Yang，2001），在普遍陌生的岁月里，这里可以提供温暖感、亲密感和情感的支持，然而，两代成员发生的最普遍的抱怨是担心隐私会损失。夫妻报告说觉得在家人面前吵架会感觉很不舒服。年轻的成年人，尤其是未婚者，报怨父母阻碍他们的性生活或者播放音乐，对待他们还像孩子一样，这降低了他们的

独立性；父母常常发牢骚他们的和平与安静受到打扰，电话会在不规律的时间里响起；夜晚醒着躺在床上担心并竖着耳朵听听看成年子女有没有回家；因为时刻表冲突，很少一起吃饭；照顾孩子的大部分压力常落在他们身上。更多的花费迫使父母放弃等待已久的假期，空间的需要意味着他们必须移到更小的、花费较少的排屋、公寓，或退休在家。

通常，最幸福的孩子重聚的家庭是那些有多余空间的、开放的、能信任地交流的家庭，父母对待 28 岁的孩子还像是 15 岁时，认为 28 岁的孩子的行为也像 15 岁。家庭治疗师对那些留在家中而没有机会完全地发展个性的子女表示关注。留在家中倾向于加重父母过分保护和青年缺乏自信的趋势，这种结果产生的紧张感导致一些家庭寻找专业咨询。

**离开家后的不同居住环境**
许多年轻人自己找住所，不过有些年轻人边继续住在父母家里边完成大学或建立事业，直到 20 岁后期或 30 岁初期，有人会在大学毕业后、离婚或分居、就业/失业或同居期间，重新返回家里。

## 保持单身

近来美国人口普查资料显示，35 岁以下的单身男女人数大幅增加，其中 18～34 岁的人群中，男性有 60% 从未结过婚，女性有一半从未结过婚，这反映出年轻人延缓婚姻、保持同居或选择单身

的趋势，从未结过婚及离婚者占 1970 年以来最高的比例（U. S. Bureau of the Census，2004—2005）。同样的现象也发生在日本，大量受过大学教育的成年女性在安家结婚之前，花费时间追求事业，而且日本女性结婚晚、次数少，这与更长时间上学及意识到要留在家里生儿育女的文化衰落趋势有关（Raymo，2003）。

根据 2003 年"当代人口调查"，10 500 万美国家庭中有 1/4 只有一个人组成，而 1970 年则为 17%（见图 14—5），不过单身人口并非一个大的群体。

各种各样的因素加剧了单身家庭的增加：年轻成年人延迟结婚、高比率的离婚和分居、年长者独自维持生活的能力。单身期也是一种可以反复的状态，一个人可能是单身，然后选择结婚或同居，之后可能离婚又成为单身（Bramlett & Mosher，2001）。

直到几十年前，社会的"老处女"及"王老五"这些称呼带有污名化，保持单身并不受到鼓励。在过去的那代人里，如果为了取得最大的幸福和健康，那么个体必须结婚，这种观念越来越受到置疑（Coontz，2000）。许多美国人不再认为"单身"是被选剩下而孤独的居住类型，即使这样，在西方文化里，丈夫、妻子和子女组成的核心家庭继续被作为评判其他家庭形态和生活方式的主流标准（Thornton & Young-DeMarco，2001）。

单身个体（从未结婚和离婚或分居者）发现，随着他们成员的增加，单身社区也在大多都市地区增加。单身成年人可能搬进混杂的单身公寓、去单身酒吧、能自由旅行或巡航、加入网络单身社会群体等等。如果他们愿意也可以过着活跃的性生活，而不用获取不情愿的配偶、小孩或名声，约有 55% 的一人家庭同时也都是家庭主人（U. S. Bureau of the Census，2004f）。尽管独居比已婚生活能提供更大的自由和独立性，但也意味着更大的孤独。单身酒吧的非个人特征已经使他们被贴上"肉架子"（"meat racks"），"身体工作"（"body works"）的标签以及其他的表达性市场的绰号。许多单身人士仍对婚姻很谨慎，他们从工作和其他兴趣上寻求生活的主要满意度，现在各式各样的电视节目及网络约会服务促使单身与单身相遇〔如"宋飞正传"（Seinfeld）、"六人行"（Friends）、"王老五"、e-Harmony. com 及其他许多节目〕。

## 同居

2002 年，美国几乎有 500 万家庭被分类为未婚伴侣家庭（见图 14—4）（Whitehead & Popenoe，2004），婚姻受到国家和宗教的认可，而与其他类型的亲密关系有所区别（U. S. Department of Commerce，1998）。黑人同居者与白人同居者的关系结果也不同："黑人最终与同居伴侣结婚者仅仅是白人的一半。"（Brown，2000，p. 883）。对于未婚夫妇来说，如今同居是更容易的，因为过去同居被看作不道德的，而近来则有着更多被允许的道德代码。现在，大学办公人员、房东、媒体和其他机构都倾向于忽视这件事。然而，还有其他的传统主义者、神职人员和一些社会科学并不认同这个观点，因为研究并不支持婚前同居既与是否结婚无关，也与之后的婚姻成功这种观点无关。看起来公然藐视同居的惯例也倾向于藐视婚前行为的传统惯例，更低承诺婚姻是一个机构，更可能藐视离婚的污名后效（Brown，2000；Wu & Pollard，2000）。

当我们继续进入新千年的时候，对婚姻的选择呈现出多元化。同居的增加与结婚的下降相关，同居似乎更吸引年轻成年人和那些离异或分居者。同居率从 20 世纪 60 年代以来已经有大幅增加，那时这个数量仍在百万以下（Seltzer，2004）。异性恋和同性恋夫妇在婚姻之外都还有子女。生殖技术，例如精子和卵子捐赠和代理受孕等，与同居趋势一起，限制了以前存在于结婚和养育子女之间的强烈联系（Coontz，2000）。实际上，就像伴随许多婚姻发生的情况一样，在亲生子女中也发现可以施加影响以稳定同居关系（Brown & Booth，1996）。

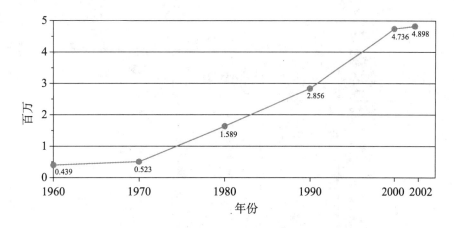

**图 14—4 异性同居、未婚的成年伴侣（1960—2002 年）**

2003 年，在美国有超过 480 万户家庭被分类到未婚伴侣家庭，有小孩而未婚的夫妇数量增加超过九倍，从 1960 年的 19.7 万增加到 2003 年的超过 180 万（U. S. Bureau of the Census，2004b）。

来源：From Popenoe，David and Barbara Dafoe Whitehead. *The State of Our Unions：The Social Health of Marriage in America*，*2004*. The National Marriage Project at Rutgers University，New Brunswick，NJ，2004. Copyright© 2004Barbare Dafoe whitehead and David Popenoe. Used with Permission.

尽管媒体总是给同居者贴上"未婚的已婚者"的标签，以及称他们的关系为"试婚"，同居伴侣通常并不视他们自己为这一类，大学生典型地视同居为求偶过程的一部分，而不是对婚姻的一个长期选择。在许多情况下，同居作为一种对婚姻的选择并不区别于婚姻（Brown，2000；Wu & Pollard，2000）。同居伴侣典型地陷入传统性别角色，以及许多和已婚夫妇相同的活动，像已婚男性一样，同居男性更可能发起性活动、做更多的消费决定、比工作的女性伴侣做更少的家务（Brown，2000）。而且，同居夫妇典型地遭遇许多在已婚夫妇中发现的同类问题，令人吃惊的是，人与人之间的不一致、争斗和暴力的发生率在同居中比在已婚夫妇中更多（Brown，2000）。通常，同居夫妇视自己较不安定，因此他们更不能肯定对困难时期的忍耐能力，比已婚夫妇更少可能地保持忠贞（Steinhauer，1995）。同居平均持续大约两年，并以分手或婚姻告终。

许多同居者打算结婚，但是在没有计划结婚的那些人中，典型地至少有一方不是结婚的料。即典型的低收入、接受福利或有自己的子女。以前，曾经结过婚的同居者比那些从未结婚的同居者更少可能报告结婚计划（Brown，2000）。年轻男性给出同居的原因包括：得到没有婚姻的性、享受有一个没有结婚的"妻子"的好处、想避免离婚、想等到以后要孩子、害怕婚姻生活太多变化、等待更好的灵魂伴侣、更少的来自社会的压力、不愿意与有子女的女性结婚、节约住宿或想享受尽可能长久的单身生活（Lyon，2002）。

分居对于未婚夫妇来说并不是像流行的那么容易。情感创伤每一处疼痛都像已婚夫妇遭遇离婚那样强烈。并且在有些情况下，还存在一些法律的复杂性，如公寓租约、共同财产分割、子女照管与探访及遗产等。总的来说，同居的分开似乎像离婚，伴侣经历相似的解脱、情感伤痛和调适，尤其是当子女卷入及没有合法机制要求支持这些子女的时候（Wu & Pollard，2000）。

488

**思考题**

同居夫妇与已婚夫妇有什么差异？

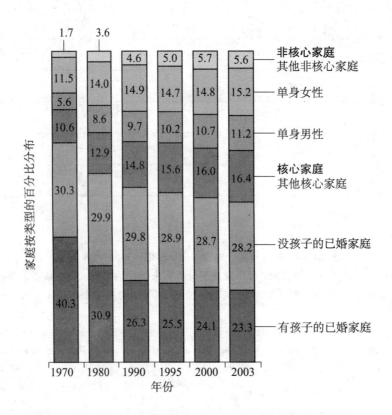

**图 14—5　家庭构成（1970—2003 年）**

美国人口普查局预期，在年轻成年人中，非核心家庭、单身及同居伴侣人数正在增加。相对高的离婚率及大龄结婚率被认为是影响的因素。越来越多的老年寡妇寿命比丈夫长，也使得单身家庭的数量有所增加。

来源：Fields, J.（2004, November）. America's Families and Living Arrangements：2003. *Current Population Reports*, P20 − 553. Washington, DC：U. S. Bureau of the Census. Retrieved March 12, 2005, from http：//www. census. gov/prod/2004pubs/p20−553. pdf

## 男女同性恋伴侣生活

像在第 13 章所提及的那样，性取向指个体是否更强烈地被他或她的同性成员、异性成员或者双性成员唤醒。大多数人假定存在两种人，他们称之为"异性恋者"和"同性恋者"。然而，实际上，更加精确的观点是异性恋取向和同性恋取向是连续的（换句话说，一个人可能是"较异性恋的"或"较同性恋的"）。有些个体显示出不同程度的取向，包括双性恋倾向（Weinberg, Williams & Pryor, 1994）。简洁地说，人类的性取向是十分多样的。

因为性取向和性行为有如此多的级别，一些性学专家主张存在不同的性行为——女性—女性（女同性恋者）、男性—男性（男同性恋者），以及男性—女性（异性恋者）——并非个体本质是同性恋者或异性恋者（Kitzinger & Wilkinson, 1995）。更加复杂的事情是，一些证据显示有些女性随着年龄的增加似乎会扩宽她们的性经历，以至于一些异性恋女性变成女同性恋者，以及一些女同性恋者变成异性恋者（Kitzinger & Wilkinson, 1995）。

另外，我们应该区分"取向"和"行为"——性吸引和实际做什么。男同性恋者、女同性恋者、双性恋者或异性恋者可能选择也可能不选择从事性行为。同性恋行为有多普遍呢？从 20 世纪 40 年代晚期的早期数据里，Alfred Kinsey 发现，在 20～35 岁的单身男性中，那些仅有同性恋经历的人占不同样本的 3%～16%，相同年龄层的女性则占 1%～3%（Kinsey et al.，1953）。然而，由美国民意调查中心（NORC）提出，美国男性至少有一次同性恋经历的百分比低于 Kinsey 的估计。其他的在 1970—1994 年进行的研究显示，男性描述自己为男同性恋者或双性恋者的比例大约是 3%。然而，在所有的研究里，在整个一生都纯粹是同性恋者的比例是十分小的（可能是成年人的 1%～2%）（Demo，2000）。

在西方世界，实践同性恋行为的个体经历历史上的反对，且长期被认为是偏差行为。事实上，直到 1973 年，美国精神病学会还把同性恋列在偏差行为手册里。结果，同性吸引的许多人都保留在"壁橱"里，隐藏他们的性取向。1975 年，美国精神分析协会颠覆了它的位置。如今，性取向是否是个人选择问题占据着中心地位，被精神分析家、临床心理学家、生理学家和其他人所热烈讨论。公众也在这个问题上产生了意见分歧，尤其是民事联姻、家庭伴侣、同性婚姻、被男同性恋或女同性恋领养问题。基于民意调查，美国人对于同性恋是否应该被考虑成一种可接受的生活方式也是存在不同意见的（Loftus，2001）。然而，女同性恋的认可度比男同性恋的认可度更高，在异性恋人口中支持与反对的几乎五五开，女性倾向于更认可男同性恋者和女同性恋者（Herek，2002）。

女同性恋者和男同性恋者是不同的群体（Hewitt，1998），他们来自各个种族和民族背景，工作在各职业领域，有着不同的政治观点及不同的宗教联盟。既没有像"异性恋生活方式"这样的事情，也没有"女同性恋生活方式"或"男同性恋生活方式"。一些女同性恋者和男同性恋者"经历"异性恋，而且结婚生子，许多方面看起来与普通大众没有区别。女同性恋者倾向于比男同性恋者形成更持久的关系，更少被查明和骚扰——但是在过去的几年里，新闻媒体煽动儿童监护案例，包含女同性恋妈妈是否"适合"做儿童的监护人。

2000 年的人口普查中在被试家庭提供与他人相关的"未婚伴侣"的选择，如果这两者是同性，就可以推断为男同性恋者或女同性恋者家庭。尽管很可能少报，但是美国男同性恋及女同性恋的

数量至少有 60 万（"Survey Says……"，2005）。研究者检查了近 1 000 名生活在旧金山的男同性恋者和女同性恋者的社会与心理适应情况，结果发现在生理健康及幸福与不幸福感方面，同性恋者与异性恋者相似。总之，当检视亲密性、自主性、问题解决、承诺及平等性上，同性恋夫妻与异性恋夫妻的关系质量是相当的（Kurdek，2004）。

**同性伴侣**

同性恋者组成一个多元化群体，他们来自各个种族和民族背景，工作在各职业领域，有着不同的政治观点及不同的宗教联盟。总之，当检视亲密性、自主性、问题解决、承诺及平等性时，同性恋伴侣与异性恋伴侣的关系质量是相当的。目前，为了使民事联姻和婚姻合法化，兴起了一种平等权利运动。

所谓忠贞并不是由性行为来定义的，而是由相互之间的感情投入来定义的。对于伴侣来说，性体验的激情在婚后两三年后迅速减退，而性外活动则会增加。与性信任度问题相比，男同性恋夫妻关系更可能结束于一些不一致的问题上，例如花多少钱。家庭的责任倾向于根据伴侣的技能及成就来分担，很少基于"男性"与"女性"的刻板印象（Kurdek，2004）。

近几年，不论是同性恋还是异性恋，随意性行为的情形已大幅下降（回忆介绍青少年时期的章节记录的显著下降）。在全世界的男同性恋中，盛行的 AIDS 已经制造了焦虑和警告，许多致命的疾病受害者都是男同性恋者。到 2004 年为止，估计有 3 200 万人死于 AIDS，4 000 万仍然携带 AIDS 生活，还会有 500 万被确诊为新患者，而且主要发生在发展中国家（U. S. AIDS Health，2005）。相对应地，任何性传播疾病在女同性恋中发生率都

较低，且不会是 AIDS 的高危人群。这种疾病是身体的免疫系统失效，最后致死，尽管有些新药可以延长 AIDS 患者的寿命。为了预防 AIDS 的传播，男同性恋群体通过较安全的性行为来响应。然而，各年龄层的异性恋误以为这种病只会影响同性恋群体。如今，在异性恋的十几岁少女和中年女性中，新患者的数量最大。

由于来自更大团体的一些持续的敌意，实践同性恋行为的个体常常不得不生活在双重生活里，在家是"男同性恋"，在工作上是"正常人"。但是公众态度的变化和同性恋权利法已经促使许多人更加开放地生活，尤其在大城市像旧金山、洛杉矶和纽约，而在许多较小团体里是不被认可的。而且，男同性恋和女同性恋组织和政治集团正在充满精力地捍卫男女同性恋的权利，尤其是同样的健康保险权、领养权以及结婚权。这种努力延伸至许多大学和中学校园创建男女同性恋俱乐部，对此，一小部分学生抗议学生活动经费不应该资助这些活动。此外，越来越多的大学正在提供——及要求社会科学专业的学生也参加——关于男同性恋和女同性恋问题的课程。

**美国对同性婚姻的争论**　2004 年，同性婚姻问题在几个城市和小镇的民政权利与国家法律之间不断争执，成了社会前沿问题（Dignan & Sanchez，2004）。到 2005 年为止，加利福尼亚、夏威夷、缅因州及新泽西州主张"家庭伴侣"登记；佛蒙特州及康涅狄格州批准民事联姻；2004 年，马萨诸塞州通过司法裁决，开始承认同性夫妻的权利（Ryan，2004）。同性伴侣的婚姻及"民事联姻"情形提供了经济、医疗、遗产及合法权益——以及看病。不过到写出本书时，40 个州采用法律形式及公民投票发现，大量选民都认为婚姻发生在男性与女性之间，而应该禁止"民事联姻"或"家庭伴侣关系"。在否认同性夫妻权利的州，尤其否认法律上已婚同性夫妻在各州居住、旅行或工作，这样的法令正在受到有些法庭的起诉。

---

**思考题**

同性关系如何成为社会前沿问题？

---

## 结婚

显然，**婚姻**是存在于所有社会的生活方式——一男一女之间的社会的或宗教的约束性结合，期待他们将执行相互支持的妻子和丈夫角色。广泛研究跨文化数据之后，人类学家 George P. Murdock（1949）得出结论，生殖、性关系、经济合作和子女的社会化是全世界家庭的共有功能。

社会在如何建构婚姻关系上存在不同。各种形式被发现，一夫一妻制（一个丈夫和一个妻子）、一夫多妻制（一个丈夫和两个或多个妻子）、一妻多夫制（两个或更多丈夫和一个妻子），以及群体婚姻（两个或多个丈夫和两个或多个妻子）。尽管一夫一妻存在于各种社会，但是 Murdock 发现，在有的社会里，其他形式不仅被允许甚至更受欢迎。在他的样本里，整个社会仅有大约 1/5 是严格的一夫一妻制。

一夫多妻制在全世界范围都被广泛实践。《圣经·旧约》中报告，大卫国王和所罗门国王都有几个妻子。在 Murdock 的 238 个社会跨文化样本中，发现有 193 个（绝对压倒性的数量）社会允许丈夫娶多个妻子。然而，1/3 一夫多妻制的社会中，只有不到 1/5 的丈夫有多于一名妻子，通常仅在社会里的富裕男性才能支撑得起多妻家庭（Sanderson，2001）。

与一夫多妻制相反，一妻多夫制在世界上各个社会里都是少见的，并且实际上，一妻多夫制通常不允许女性自由选择伴侣——这常常意味着付费来为儿子寻找处女新娘；如果父亲不能为每个儿子提供娶妻的花费，他可能仅仅为年龄最大的儿子找到妻子。下面这个例子所描述的是印度一个非印度教部落 Todas 的一妻多夫情形：

> Todas 人的一妻多夫制有着完整的组织和界定，当一名女性与男性结婚时，她同时也成为他兄弟的妻子，这一点是可以理解的。

490

当一个男孩与女孩结婚时，不但男孩的现有兄弟都是女孩的丈夫，而且这个兄弟今后出生的弟弟也都将成为女孩的丈夫……所有兄弟都住在一起，我关于在这样的家庭里是否会有嫉妒观念甚至争吵的询问，被认为是荒谬可笑的……代替通奸被认为是不道德的……根据 Todas 的观念，不愿意将妻子分给他人才是不道德的。（Rivers，1906，p.515）

人类学家对于群体婚姻作为规范而受鼓励的生活方式是否真实地存在于任一社会，尚无定论。有些证据表明它可能发生在南太平洋的马克萨斯群岛、西伯利亚的楚克其族、巴西的 Kaingang 及印度的 Todas 和 Dahari。在尼日利亚东南部的伊博人和约鲁巴人认为一夫多妻制是财富的象征。在印度的 Todas，有时众兄弟不仅仅娶一个妻子时，一妻多夫制就会逐渐陷入群体婚姻。

491

**结婚**

尽管大量研究发现，婚姻家庭的成人及子女在经济、健康、教育、心理、社会—情绪性方面都进展较好，然而还是有许多年轻成人延缓结婚时间。

当代许多家庭方式和社会现实，如中等收入家庭、继父母家庭、同居的单身、同居家庭、单身父母及高离婚率，在人类史上已不新鲜。新鲜的是，这些社会事实共存于美国，为影响女性生殖生活的技术革新及女性的经济独立与合法地位的改善提供更多机会。伴随着同性婚姻的选择，这些事实已经会聚成通过婚姻来传播文化的尝试（Coontz，2004）。

虽然一些社会学家辩论说婚姻可能正在减少，不过过去近十年的人口趋势解释出不同景观，就像先前提到的那样，许多年轻的成年人在延缓婚姻，而体验婚前同居，但是最终大多数还是选择了婚姻。人口普查资料（U. S. Bureau of the Census，2004b）显示，随着离婚数量的稳定化，已婚有子女家庭比例现在已经降至 68%，而大量夫妻没有子女。移民数量增加也是因素之一，例如，传统以"有子女婚姻"家庭为主的亚裔和西班牙裔美国人（Frey，2003）。2003 年，大量男性及女性在 35 岁时才结婚（U. S. Bureau of the Census，2004b）。此外，像"9·11"事件之类的灾难及伊拉克战争导致一些夫妻对彼此的承诺形式化。

总之，西方国家还没有放弃婚姻制度（Coontz，2000）。事实上，历史揭示出婚姻是一个非常有适应力的机构安排。毫不奇怪，婚姻（有或无子女）是美国人最盛行的生活方式（见图 14—5），尽管越来越多的美国人逐渐将婚姻定义为一件能够被结束和再进入的事情。调查显示，美国和欧洲成年人为了他们的心理健康，对婚姻有很严重的依赖，并且实际上，描述"与最爱的人相爱"的已婚夫妇对婚姻关系非常满意（Coontz，2000；Willi，1997）。在被安排的婚姻和爱情婚姻的跨文化研究中，婚姻满意度在爱情婚姻中是最高的（参见本章专栏"人类的多样性"中的《被安排的婚姻或恋爱结婚》一文）。2001 年"9·11"袭击之后的宗教与家庭价值观的重新复活，暗示着社会关于终生婚姻承诺等传统家庭价值观的恢复（Kelly，2001）。此外，婚姻各有不同，包含大量互动模式，且每种模式都包含不同的生活方式（参见本章专栏"可利用的信息"中的《对婚姻及选择婚姻伴侣的研究结果》一文）。美国联邦及州政府通过大量研究发现，已婚家庭的成人及子女在经济、健康、教育、心理、社会—情绪性方面都进展较好（Wherry & Finegold，2004）。美国健康与人类服务部每年花费 470 亿美元执行 65 种不同的社会项目——而这些项目由于家庭或婚姻的破裂而被创建（Wetzstein，2004）。在第 16 章及第 18 章，我们将会再次谈到婚姻关系的重要性。

**人类的多样性**

## 被安排的婚姻或恋爱结婚

浪漫的爱发展以前，被安排的婚姻通过家庭结合来服务于社会延续、巩固家庭财富及确立个人社会地位。在 400 年后，社会才开始接受婚姻与爱情的热情并不完全抵触的观点。历史上，人们由于相信婚姻与爱情毫不相干，父母掌有通过安排婚姻来决定孩子对象的大权。想想罗密欧与朱丽叶——问题正是家庭不支持他们成为伴侣，即使到了今天，在某些国家出于社会、宗教习俗及经济考虑，十一二岁的少女就听从父母的命令与适合的男性结婚。

火箭队明星球员 Hakeen Olajuwon 就随从伊斯兰教的预先安排婚姻习俗，在 1996 年按照传统婚姻仪式与 18 岁的 Dalia Asafi 结婚，他说："在伊斯兰教中没有约会、男女朋友，""家人见面、谈话、相互认识，然后婚姻就被安排了"（Thomas, 1996）。合理化安排婚姻的正当性是，孩子太小以至于不理解婚姻的真正目的——家庭间的结合。但是，即使在被安排的婚姻中，爱情有时也被考虑在内，这在某种程度上可以从当代世界各地的被安排婚姻中看出，例如在有些文化里：

- 父母替孩子选择伴侣，不与孩子讨论且不容反对。
- 父母替孩子选择伴侣，不过与孩子讨论，容许异议。
- 父母、孩子、亲戚及朋友形成群体共同讨论。
- 孩子选择未来伴侣，父母给予许可。
- 安排婚姻和爱情婚姻都可以选择。

那些赞同基于爱情的婚姻或关系的人们，认为强迫不相爱甚至不喜欢的年轻人确立关系，是一件很残忍的事情。此外，只有自己才知道最佳人选是谁。支持安排婚姻者则争辩道，爱情是一种疯狂（一种不理智思维），会干扰个人对未来做出良好选择的能力。他们还指出，"爱情"并非像有人相信的那么明确——大多数人与很小的交往圈子中认识的人相爱。看看以下印度现在一些年轻人所说的被安排的婚姻的优缺点（Sprecher & Chandak, 1992）。

优点：

1. 来自家人的支持。
2. 婚姻的品质好且稳定。
3. 相当或令人满意的家庭背景。
4. 有时间学习适应婚姻。
5. 父母和家人高兴。
6. 社会赞同。
7. 容易成为伴侣。
8. 对未知的兴奋。
9. 父母最了解。

缺点：

1. 不能很好地了解彼此。
2. 嫁妆问题。
3. 不相容/不快乐。
4. 选择有限。
5. 家庭与姻亲问题。

被安排的婚姻可能会服务于社会及家庭利益，但是经历被安排婚姻的人对此感觉怎样呢？一直隐藏到现在才发现的一种影响是一些女性由于包办婚姻而悲伤地自杀。据《经济学家》报道，自杀被用来作为一种社会保护形式，并且"女性以集体自杀来对抗包办婚姻。"（"The Horrible Exception"，2001）在孟加拉国，被安排的婚姻很普遍，那些试图脱离不愉快婚姻的女性有死亡及毁容的危险。根据《女性国际网络报》，2001 年有 338 例药酸攻击事件（把药酸扔向女性的面部及身体）。尽管药酸攻击在孟加拉国被判以死刑，然而大多数犯罪者并未受到惩罚（"Bangladesh: Acid Attacks Increase Desptit Death Penalty"，2002）。尽管这些情况表现出对这种实践的强烈反作用，不过生活在西方国家的年轻女性移民可能经历不确定性、混乱，感到在传统家庭价值观与西方社会价值之间存在一道裂痕。

被安排的婚姻的另一种形式就是所谓的"邮购新娘"，是指女性常常通过经纪人交换信件后而同意与男性结婚。据估计，这项产业每年可以净赚约 200 万美元。在大多数情况下，来自亚洲（多数来自菲律宾）、俄罗斯及南非的贫穷女性同意采用这种婚姻形式来帮助家庭经济、她们自己进一步教育及开始新生活。美国移民与移入服务估计每年邮购婚姻的数量为 4 000～6 000 例（McClelland，2002；Tamincioglu，2001）。

然而被安排的婚姻似乎与个人选择及恋爱结婚形成对比，但是你认为现实中你可以有多少选择呢？一个来自"上层社会"的人和社会与经济地位悬殊的人结婚可能性有多大呢？人们是否更少可能地与宗教群体内的人结婚？家庭及朋友扮演媒人角色的趋势怎样？哪些因素影响你的婚姻选择？谁能对婚姻做出决定？

**思考题**

"婚姻"结构在跨文化上有何不同？婚姻制度在美国是否比以前更加不稳定了？

来源：S. Sprecher and R. Chandak. Attitude About Arranged Marriages and Dating Among Men and Women from India. *Free Inquiry in creative Sociology*，20，1-11.

# 家庭过渡

我们听过大量关于"美国家庭已死"的新闻。然而，对于许多美国人而言，家庭仍然是中心的、主要的制度（参见本章专栏"进一步的发展"中的《美国家庭正在瓦解还是仅仅在改变？》一文）。在生活中，大多数美国人发现自己是两个家庭群体的成员。首先，属于一个核心家庭，这个核心家庭常常包含自己、自己的父亲、母亲以及兄弟姐妹。这个群体被称为个体的"取向家庭"。其次，因为超过 90% 的美国人至少结婚一次，大量的美国成年人是另一个核心家庭的成员，在这个核心家庭里，他们是父母中的一个。这个群体被称为个体的"繁衍家庭"。

不同的心理学家和社会学家已经找到描述这种过渡的框架，它发生在与家庭模式变化相关的个体生命全程里（Cowan & Hetherington，1991）。他们发明一种工具并称之为**"家庭生活循环"**概念——发生于结婚到一个或两个配偶死亡之间，家庭生活结构和关系序列的变化和重组。家庭生活循环模型视家庭类似于个体，正在经历以相同的阶段或时期为主要特征的发展。

## 家庭生活循环

在美国，家庭在传统上有一段相当可预期的历史，随着子女出生和成长，预期和要求的主要改变会强加在夫妻身上。社会学家 Reuben Hill（1964）用九个阶段的家庭生活循环来描述这些主要的里程碑：

1. 建立——新婚，无子。

2. 刚做父母——直到第一个婴儿 3 岁为止。

3. 学前期家庭——最大的孩子 3～6 岁，可能还有弟弟妹妹。

4. 学龄期家庭——最大的孩子 6～12 岁，可能还有弟弟妹妹。

5. 青少年期家庭——最大的孩子 19 岁，可能还有弟弟妹妹。

6. 成年初期家庭——最大的孩子 20 岁或更大，直到离家。

7. 作为发射中心的家庭——从第一个孩子的离开到最后一个孩子离开。

8. 后父母家庭——孩子离开家后，直到父亲（和/或母亲）退休。

9. 老龄化的家庭——父亲（和/或母亲）退休之后。

就像 Hill 和其他社会学家的观点那样，家庭开始于夫妻两人，随着成员的增加，家庭变得越来越复杂，创造新的角色及人际关系的数量多元化，然后，家庭稳定一小段时期，这个时期之后，开始随着每个成年子女的离开而缩小。最后，家庭再次返回到丈夫—妻子两人，最后终止于一个配偶的死亡。然而，在当代美国，一些个体并不组建家庭，许多家庭不会经过这些阶段，因为这种家庭生活循环的观点是围绕着生殖过程进行的，这种途径在理解无子女家庭方面，并非特别有益。家庭生活循环的方法也不适用于单亲家庭、离异家庭及再婚家庭（Hill，1986）。值得一提的是，在最初的阐述里，家庭生活循环的方法一直没有考虑母亲参与有偿劳动的情况。这个理论的更新观点意识到了越来越多的职业女性和母亲是同一个人。

Glenn H. Elder，Jr（1974，1985）等批评者指出，在当代社会，许多行为不会发生在通常的年龄段或按照家庭生活循环模式假定的典型顺序发生。有时，决定性的经济、社会、政治或军事事件介入从而改变事件的常规过程。此外，在这个循环的生育阶段，父母是否处于 20 多岁初期或 30 多岁后期也是很重要的。一个智力迟缓或有智力障碍的儿童常常在常规建立"发射"期时仍停留在家里。

## 可利用的信息

### 对婚姻及选择婚姻伴侣的研究结果——有益于年轻成年人的事实

1. 青少年时期结婚是离婚的最危险因素。十几岁的结婚者比 20 岁以上的结婚者，离婚率可能高出两三倍以上。

2. 寻找未来婚姻伴侣最可靠的方式是通过家人、朋友或熟人介绍。尽管存在通过偶遇或命运相遇并相爱的浪漫观念，但是有证据显示社会网络在使相似兴趣及背景的人结合方面很重要，尤其在选择婚姻伴侣时。根据美国大规模性行为调查发现，几乎 60％的已婚人士由家人、朋友、同事或其他熟人介绍。

3. 价值观、背景及生活目标越相似的人，越可能会有成功的婚姻。相反的人可能会相互吸引，但是他们可能不会像已婚夫妻那样和谐生活。共享共同背景及相似社会网络的人，比那些背景及网络十分不同的人，更适合成为婚姻伴侣。

4. 女性结婚之前如果没有成为单身父母，那么她们有着很好的婚姻选择。婚姻外有小孩会大大减少结婚的机会。尽管越来越多的准婚姻伴侣有小孩，但是研究表明，"有小孩仍然是准婚姻伴侣最不希望拥有的特征之一。"男性与女性按照最不希望的伴侣特征排序后，比有小孩更甚的是没有稳定工作的能力。

5. 受过大学教育的男性与女性比那些受到较低水平教育的人，更可能结婚，且更不可能离婚。尽管偶有新闻故事预测受过大学教育的女性有着长期的单身生活，但是这些预测被证明是不真实的。第一代受过大学教育的女性（在 20 世纪 20 年代获得学士学位的人）结婚比自己受教育少的人更少，但是如今情况反过来了。受过大学教育的女性结婚的机会要好于受教育较少的女性。然而，大学教育中的性别差异使大学女性将来找到相似教育背景的男性变得更加困难。这对于非洲裔美国女大学生来说已经成为一个问题，因为她们的数量远超非洲裔美国男大学生。

6. 作为一种"试验婚姻"，结婚之前住在一起证明是没用的。与婚前没有同居过的人相比，婚前有多重同居关系的人更可能产生婚姻冲突、婚姻不幸福，并且最终离婚。研究者归纳同居人群不同特征的一些而非全部的差异为所谓的"选择效应"，而并非为了体验同居本身。据假设，同居对未来成功婚姻的负面影响可能会随着同居消失，这在如今年轻成人中变成一种普遍的经验。然而，根据近来一项对 1981—1997 年结婚的夫妻的研究发现，在较年轻的人群中，负面影响持续支持一种观点，即同居经验会带来婚姻问题。

7. 婚姻帮助人们产生收入与财富。与那些仅仅生活在一起的人们相比，结婚的人们在经济上有所好转，男性婚后变得更具生产力，比相似教育及工作史的单身男性多收入 10%～40%。鼓励健康、生育行为及财富积累的婚姻社会规范，扮演这个角色。已婚夫妻更大的财富来自他们更有效的特殊化及资源库，因为他们储存很多财富。已婚人士还会收到比未婚人士（包括同居）更多的来自家庭成员的钱财，也许因为家人认为婚姻比仅仅生活在一起更持久稳固。

8. 与单身女性或仅仅生活在一起的人相比，已婚人士更可能在情绪上及身体上有更加满意的性生活。根据近来全面性行为调查发现，与婚姻性生活令人烦躁及很少发生的流行观念相反，已婚人士报告出比性活跃的单身及同居夫妻更高的性满意度。42% 的妻子说自己在情绪上及身体上都享受到极度的性满意度，而有性伴侣的单身女性则为 31%；48% 的丈夫说对性很满意，而同居男性则为 37%。婚姻承诺水平越高，报告性满意的水平也越高；婚姻承诺产生更大的信任感及安全感、更少的药物及酗酒者酒后性行为，以及夫妻之间更多的相互沟通。

9. 在离婚家庭长大的人结婚的可能性较小，而且结婚后更可能离婚。研究显示，如果与来自离婚家庭的人结婚，则离婚的危险性会增加三倍，然而，如果婚姻伴侣来自幸福完整的家庭，这个增加的危险性则低得多。

10. 对于大部分人而言，离婚的危险性低于 50%。尽管美国整体离婚率仍然逼近 50%，但是在过去 20 年里已经开始逐渐下降。此外，对于受过教育且首次结婚的人，离婚的危险性远低于 50%，仍然低于那些至少到 20 岁中期结婚、婚前没有与多重伴侣生活过、有着强烈的宗教信仰，且会与信仰相同的人结婚的人。

来源：From Whitehead, Barbara Dafoe and David Popenoe, "Ten Important Research Findings on Marriage and Choosing a Marriage Partner: Helpful Facts for Young Adults," The National Marriage Project at Rutgers University, New Brunswick, NJ, 2004. Copyright© 2004 Barbara Dafoe Whitehead and David Popenoe. Used with permission.

尽管存在这些缺点，家庭生活循环模型为家庭变迁提供了清晰的画面，尤其是保持完整且有子女的家庭。每个家庭成员的角色都影响着其他所有家庭成员，因为他们被绑定在互补的角色网络里——一套依情况而定的相互关系。因此，在家庭生活循环的每个阶段都要求新的适应和调整，围绕作为父母种种的事件是尤其重要的。相应地，让我们更加亲密地检视年轻成年人怀孕和为人父母的意义。

## 怀孕

在夫妻的生活循环里，尤其是女性，第一次怀孕是尤其重要的事件（Ruble et al.，1990）。第一次怀孕标志着夫妻正在进入家庭循环，随之带来对新角色的要求。因此，第一次怀孕作为主要标志或过渡而起作用，并使夫妻面对新的发展任务。回忆第 3 章所述的更多来自西方国家的女性正在延迟生育，越来越多的女性正在经历对婚姻的不忠贞及正在寻找协助生殖技术来怀孕。

怀孕要求女性整理自己的资源并调整许多变化。遗憾的是，在多数情况下，女性最早的怀孕经历可能都有点消极：她可能是未婚的、年轻的青少年，并可能伴有早晨的恶心、呕吐以及疲劳。怀孕还可能迫使女性认真思考其对自己的长期生活计划的影响，尤其是与婚姻和事业相关的时候。怀孕还可能导致再次考虑自我认同感。许多女性寻找生育和母亲身份的信念来帮助自己为做好新角色而准备。女性的伴侣面临着许多同样的担忧。他可能不得不重新评估年龄、责任和自主性等概念。相似地，怀孕导致夫妇性行为的变化，很少有事件能与怀孕相提并论，许多夫妇在怀孕初期有点混乱，需要做出婚姻调适。

在更广泛的社会水平上，亲戚、朋友以及熟人通常会提供帮助来适应很多事情，包括女性是否与未来爸爸保持适当的社会关系（或将仍然保持单身父母）。在职女性可能还必须面临改变工作关系，当老板和同事重新评估与她之间的关系时，如果这位准妈妈从有偿工作中退出来并准备生育，那么她可能发现她的家庭地位也随之发生变化。双薪夫妇更加平等的价值观和角色模式倾向于向传统核心家庭中的刻板性别角色责任让步。

研究者已经确认孕妇面临的四个主要发展任务。第一，她必须逐渐接受自己怀孕的事实。她必须把自己定义为一个准妈妈，并且要把即将成为母亲身份的感觉纳入她的生活框架中。这个过程要求与未出生的孩子建立情感依恋，由于胎儿超声的奇迹，这是现在较早易做到的事情。女性典型地对发育中的胎儿忧心忡忡，尤其是在觉知到胎儿在子宫里清晰地移动时，开始赋予胎儿个性特征。

第二，随着女性怀孕的进展，她必须逐渐从胎儿那里区分出自己，并且建立明确的自我感。她可能通过给婴儿起名字、想象孩子的样子以及他会怎么行为，来完成这项任务。当逐渐增加的体重带来衣服的变化及接纳"孕期自我认同"时，这个过程会加速。

第三，怀孕女性典型地认真思考和自我评估她与自己母亲的关系。这个过程常常需要女性与自己母亲和解及疏导大量的情感、记忆和认同。

## 496　进一步的发展

### 美国家庭正在瓦解还是仅仅在改变？

大约90％的美国男性和女性认为婚姻是最美好的生活方式。因此，考虑到过去几十年来家庭生活移动的方向，人们会为家庭制度几乎没有令人惊喜的未来担心。然而，对于这些改变的意义和重要性，各派观点是不同的。有人认为家庭是人类经验的忍耐特质，是根源于人的社会性及动物本能的弹性制度。但是，因为社会制度结构总是在发生变化，家庭结构也会发生改变。事实上，有些女性主义者争论道，传统的家庭不再适用于现代社会，因为传统家庭结构的主要缺陷是存在不健康的顺从及男性统治。也有人提出家庭正处于危机当中，他们害怕家庭濒临死亡——离婚率稳步升高、生育率下降、未婚妈妈增多、单亲家庭激增、幼儿的母亲大量进入职场，以及老年人和部分年轻成年人的经济支持更加依赖于政府而非家庭。

毫不奇怪，家庭问题正在猛烈地进入政治舞台。保守派通常责难说，看到传统家庭价值的缺失，迫切需要恢复。而自由派一直赞同家庭结构的增值和弹性化，呼吁附加的政府救助计划。美国前参议员、社会学家Daniel Patrick Moynihan（1985）发现，保守派——害怕政府介入和干预，喜欢谈论家庭价值而不是新政府方案，而自由派喜欢公共政策方案而不谈家庭价值。

大量关于"美国家庭现状"的辩论可能是错误的或起了误导作用，因为他们使用20世纪五六十年代的刻板白人中产阶级形象来抨击或赞扬一系列的改变。家庭生活接替的观念暗示早期历史中的家庭比现在更稳定和谐，然而历史学家从来没有定位到这个家庭的黄金时代（Coontz，1992，2000）。他们的研究揭示出，17世纪的英格兰及新英格兰的婚姻是基于家庭和财产的需要，而并非选择和感情。

**美国家庭之死的报道极度夸张**

整个人类历史已经证明家庭是个适用的、可靠的制度，能够满足许多人的需要。尽管如
今的家庭面临新的考验，但是人们似乎继续偏好由健康家庭生活所能提供的人际关系。

没有爱情的婚姻、丈夫的暴行、虐待儿童等都很普遍（Shorter，1975）。另外，家人被遗弃致死的谜案
多到难以想象的程度。在十八九世纪的家庭里，对家庭男性掌管者的服从是社会规范，有时还被暴力
强化（Coontz，2000）。

　　家庭应该由一位能够获取面包的丈夫、一位家庭主妇及依赖于他们的孩子组成，这种理念是更加近代
的。在 19 世纪 80 年代末期，没有工业化的农村家庭大多都是自给自足的单元，丈夫、妻子、孩子及寄宿
者都应该参与生产工作。后来，随着发生工业化，越来越多的家庭成员到工厂和车间挣工资。在整个西方
世界里，初期劳力运动迫切要求"生活工资"，足够使男性挣到钱，以一种适度的方式养活妻子和子女。

　　美国在 19 世纪开始依据性别来分配工作，家庭领域被定义为女性的"特有区域"。如果女性进入职
场，那么预期她们会在结婚之后停止工作或者做个保姆、佣人、教师或护士而终身独身。仅仅在工业化被
很好地建立之后，大量的结婚女性对家务的限制才发生（Carlson，1986）。20 世纪 50 年代之前的家庭生活
几乎没有秩序可言，家庭成员常要求孩子离开学校、延迟离家、推迟婚姻，以便帮助家庭应对预想不到的
经济危机或父母之一的去世（Coontz，2000）。在 20 世纪初期，人们通常选择晚婚以便帮助父母及兄
弟。第二次世界大战后的经济繁荣使结婚年龄骤降，现代年轻人则再度开始晚婚（U. S. Bureau of the
Census，2004—2005）。小型核心家庭的情感和私人关系的发展在 20 世纪初期加速，伴随着延展家庭的
寄宿者及非家庭成员的减少，未婚成年人离开家庭的趋势的增加，以及生育力的下降（Laslett，1973）。

　　总之，美国家庭之死的报道并未反映出近来的人口趋势。已婚且有小孩的家庭比例下降之后，近
来人口普查资料显示过去十年下降到 68%（U. S. Bureau of the Census，2004c）。这种变化反映青少年
稳定的离婚率和更低的生育率，这个数据会随着同性有子女婚姻被认可而进一步上升。我们在某些方
面对家庭构成的理解已经发生显著变化，不过传统家庭生活对许多人而言仍然具有重要意义，尤其对
那些成长于完好无损的传统家庭中的人来说。总的来说，尽管家庭生活通常出现挑战和挫折，但它仍是
大多数人需要的生活，尤其是当许多生活领域逐渐变得"去个人化"时。总之，对于大多数美国人而言，
家庭仍然是重要的、适用的、可靠的人类制度（Thornton & Young-DeMarco，2001）。

474

第四，女性要面对独立自主的问题，她的怀孕和即将成为母亲的身份常常唤起对失去某些自由和对别人依赖的焦虑，因为需要他们提供支持、维持和帮助措施。这些担心是以她与丈夫或伴侣的关系为中心的。

生育培训班常常加速了这些发展任务的实现。这些培训班教导女性怀孕和生产期间的期待。孕妇从这些培训班获得的知识和技巧，给她们一种"主动控制"和自救的方法。最后，当丈夫或伴侣也参加这些培训班的时候，准妈妈找到了额外的社会支持和帮助。孩子出生前发生的大量事情都会影响出生后的亲子关系。女性在怀孕期间经历的事情在第 3 章已被详述。

## ▌ 过渡为父母身份

心理学家和社会学家视家庭为角色和地位完整的系统，常常描述过渡为父母身份是一种"危机"，因为它包含从两人到三人系统的转变（Rubenstein，1989）。三人系统被认为比两人系统隐藏着更大的压力。社会心理学家还发现向父母身份过渡可能产生危机的其他原因：

> 孩子的出生所带来的负担并不像工作责任那样逐渐加重。女性就像是从研究生直接跳到正教授一样，完全没有缓慢增加责任的练习阶段。新妈妈立即开始担当全天职责，这个脆弱而神秘的婴儿完全依赖于她的照顾。
> （Alice S. Rossi，1968，p.35）

我们应该注意，并不是所有婚姻都确定以同种方式来发生变化，重要的个体差异显露在配偶对父母身份所做出的反应的方方面面（Alexander & Higgins，1993；Levy-Shiff，1994）。一项由 Jay Belsky 及其同事对 250 多个家庭进行的连续研究，提出很多向成年期和父母身份过渡的见解（Belsky & Rovine，1990；Jaffee et al.，2001）。这项研究显示生孩子并不会使好的婚姻变坏或使坏的婚姻变好。然而总的来说，当孩子出生后，夫妇在婚姻生活的总体质量和亲密性方面，典型地发生适度下降，丈夫和妻子常常有更少的时间显示相互的感情，分享更少的休闲活动（尤其是越来越多的多次生育的夫妇），妻子比丈夫倾向于婚姻满意度下降更多。但是积极的一面是，伴侣的陪伴感和相互照顾都有所增加。随着又一个孩子的出生，父亲常常更多参与家里的工作，承担更多的丈夫任务，显著地增加他们与第一个孩子之间的互动（Stewart，1990）。有位父亲观察到："仅仅一个孩子可以使我的妻子成为妈妈，两个才可以使我变成父亲"（Stewart，1990，p.213）。

在为人父母初期，更可能报告存在婚姻问题的夫妇是那些对父母身份持有最不真实预期的人。Belsky 相信最成功的夫妇看起来会通过玫瑰色眼镜来聚集于好事而非坏事。例如，他们对妈妈已经无法恢复的体形或爸爸不会急人之难的事实不以为然。产后的父母身份过渡的最大绊脚石之一是劳动的划分。总的来说，孩子出生之后，父母典型地移到更加典型的性别角色中。因此，妻子不断地承担过重的家务，这可能导致对丈夫产生消极情感。似乎在丈夫和妻子之间的角色一致和共享划分责任，对于维持继续的亲密关系和婚姻满意度尤其重要（Goldberg & Perry-Jenkins，2004）。大量研究发现，家庭惯例及规矩根深蒂固于家庭生活的文化背景中，并且与养育子女的竞争性、子女调整及婚姻满意度相关。家庭规则包括高度程序化的宗教仪式、配偶回家时的问候、惯例用餐时间、特定的周末活动，以及一年一度的假期（Fiese et al.，2002）。

尽管生孩子可能不会挽救婚姻，但一项由兰德公司（Rand Corporation）执行的研究发现，第一个孩子能够稳固婚姻（Waite，Haggstrom & Kanouse，1985）。研究者追踪5 000多名新父母和5 000多名非父母三年，夫妇按照年龄和结婚时间的因素来匹配。该研究显示，到孩子两岁为止父母的离婚率在 8% 以下，非父母的离婚率超过20%，但是，为什么孩子会使婚姻更稳定呢？兰德公司的研究者观测到，决定有孩子的人们在一起可能更加幸福，孩子是离婚的一个遏制因素，因为他们增加了离婚的复杂性和费用，父母通过孩子获得与伴侣的联系。

498

**过渡为父母身份**

孩子出生后，责任及充足睡眠的分配对于婚姻满意度很重要，新父母要应对监管子女网络带来的压力。

来源：*For Better of for Worse*© 2004 Lynn Johnston Productions. Dist. By Universal Press Syndicate. Reprinted with permission. All rights reserved.

**产后抑郁**　大约分娩后 2～3 天，一些新妈妈通常经历所谓的"产后抑郁"（PPD），或"产后灰暗"的症状，包括易怒、阵阵悲伤、不断地哭、咒骂、入睡困难、胃口消减、无助感和无望感等。通常，这段经历并不严重，仅持续很短的时间，多则几个星期。相似的症状常常出现在领养儿童的女性身上，一些新爸爸也报告，他们感觉"情绪低落"。一项研究报告几乎所有的新妈妈都经历了一些传统上与抑郁相关的症状，超过 60％的爸爸们有相似的症状（Collins et al.，1993）。此外，如果女性有产后抑郁，那么她在下一胎出现产后抑郁的几率会增加 50％（Wisner & Wheeler，1994）。

一些医疗专家相信，女性对生育和产后新陈代谢的调整会影响荷尔蒙的变化。在分娩之后，女性体内的甲状腺素及肾上腺素等荷尔蒙的含量会发生剧烈变化，这些变化导致了抑郁（Brody，1994b）。其他的解释强调从心理上对作为妈妈的新角色做出调整（Mauthner，1999）。一些女性经历独立性丧失感，被新婴儿系紧和追随。当婴儿哭闹且不能安静的时候，有些女性会感觉愤怒和

无助，同时又感到内疚。还有女性觉得即将要被关心、喂养和塑造另一个人的行为责任所压倒。困难型气质的婴儿妈妈更是相对耗尽了情绪和心理资源，从而导致抑郁。尽管妈妈们不能改变婴儿的气质，她们却可能通过支撑网络来应对压力（Ritter et al.，2000）。

在少数情况下，孩子的出生可能使那些易于患精神分裂症或躁狂抑郁性精神病的女性，催化出严重的心理疾病，那些患有较具毁灭性的心理疾病的女性甚至可能会杀婴或自杀（例如，Andrea Yates）。女性对寻求帮助不应该感到害怕或羞耻。治疗的选择方法包括心理治疗、抗抑郁医疗、参加支持性群体、家庭咨询，以及如果情形严重的话，要住院治疗。

**思考题**

父母身份如何从积极和消极方面来改变婚姻的性质？

## 女同性恋妈妈

据估计，100 万～500 万女同性恋者在过去异性恋关系的情形下有过子女，尽管这些百分比仍

受到高度争议（Parks，1998）。女同性恋者还会选择其他方式来当妈妈，包括捐赠精子、领养以及

做继母。但是许多女同性恋妈妈犹豫公开自己的性取向，以防在监护纠纷上失去子女，许多女同性恋妈妈在监管纠纷时常常不能成功拥有对子女的监护权，这仍然很普遍（Morton，1998）。在许多法庭，女同性恋妈妈由于诸多理由而被认为"不适合"做母亲（Arnup，1995）。但是实际上，并没有证据证明女同性恋妈妈的情绪是不稳定的或有可能性虐待子女。实际上，研究表明，大量的儿童性骚扰发生于异性恋男性中，因为他们是儿童很亲近的伙伴（Jenny，Roesker & Poyer，1994）。

研究显示，在异性恋和女同性恋的妈妈之间存在很少的差异，因为妈妈的身体——而不是性——作为这些女性主要的身份持续出现着（Demo，2000）。女同性恋者因为许多与异性恋父母相同的原因而选择当妈妈。但是却会面对某些异性恋妈妈不会面对的问题，例如对同性恋者的厌恶和恐惧以及社会不满（Gartrell et al.，2000）。这两个因素使女同性恋妈妈产生额外的压力，可能导致自我怀疑感、矛盾情绪或必须做得比预期更好的感觉。有孩子的女同性恋伴侣比那些无子女的女同性恋伴侣报告出更高的性及人际满意度。此外，女同性恋伴侣比其他伴侣倾向于更加平等地划分家务和照料责任。

尽管女同性恋妈妈面对社会污名、法律诉讼，以及经济劣势，但研究表明妈妈和子女都是健康的，而且在应对所面临的挑战时是有效的（Parks，1998）。1986年，"为时超过25年之久的美国女同性恋家庭研究"给出女同性恋家庭及子女更为宽泛的理解，研究中的孩子在5岁时是健康的、发育正常的、有较好的同伴关系。尽管许多亲生妈妈及同居妈妈表示，有小孩加强了她们之间的关系，不过仍有1/3的受试者在孩子5岁时离婚（Gartrell et al.，1996，1999，2000）。本研究的限制是大多的研究是基于自愿受试的女同性恋妈妈对有子女同性恋的代表样本。然而Golombok及其同事（2003）针对英国女同性恋家庭养育子女进入成年期的心理幸福感进行的纵向研究，结果显示出积极的母子关系及适应良好的子女：

● 这些儿童比那些异性父母养育的同伴并不会更可能出现像成年人那样男同性恋或女同性恋的性取向。

● 被女同性恋妈妈养育大的子女比那些在异性恋家庭养育的同伴并不会更可能经历焦虑和抑郁。

● 群体污名的恐惧和被嘲笑或被欺负的经历是儿童在女同性恋妈妈家庭长大的中心元素。

**思考题**

首次对女同性恋家庭及其子女的心理作用进行的纵向研究有哪些结果？

## 在职妈妈

作为一个挑战，有些女性需要平衡母亲身份和职业。尽管经历了"性革命"，但是就业妈妈仍然承受主要父母和家庭主管的压力（McLaughlin，Gardner & Lichter，1999）。经济学家Sylvia Ann Newlett notes（quoted in Castro，1991，p. 10）说：

在美国，我们混淆平等权利和同等对待，而忽视家庭生活的事实。毕竟，只有女性能生育孩子。在美国，女性仍然承受养育子女的大部分压力。我们认为通过强调对等机会就是对每个人的公平，但是实际上，我们是在惩罚女性和儿童。

美国在家庭、工作和职业特性上正在经历激烈的转变，如今的劳动力比以前更加多元化。而且，大部分有工作的丈夫都有工作着的妻子；大多数儿童都有工作着的妈妈，几乎一半的劳动力是女性。在20世纪后半叶和21世纪初期发生的显著变化是女性生命路径的变化，因为妈妈和妻子继续进入、退出，再进入职场，以史无前例的数量保留在职场中。100年前，5位美国女性中仅有1位是有偿劳动力。现在大约3/5的女性正在为赚钱而工作（见图14—2；U. S. Bureau of the Census，2004f）。即使是年幼儿童的妈妈，就职的比例也已增加超过四倍。尽管美国女性在上个世纪以前，已经较好地进入职场，但也仅仅是在近来，学龄前儿童——包括婴儿——的妈妈参加工作已经变得很普遍。如今，几乎 2/3 的学龄前儿童的妈妈在工作（Fields & Casper, 2001）。甚至在婴儿的妈妈中，有超过一半在孩子一岁之前就返回到工作岗位（Bachu, 2000）。女性不断提高的教育水平增加了女性自身的能力，鼓励女性在家庭之外找到工作。而且，许多家庭发现，女性由于经济需要而被雇用，大多数离异、单身和寡居的妈妈为了避免贫穷而必须工作，甚至在双亲家庭中发现，为了维持可接受的生活标准，常常要求有另一份收入。

随着越来越多的妈妈进入职场，社会上往往出现对美国儿童未来最担忧的呼声。许多人害怕有工作妈妈的儿童遭遇监管、爱及认知的丰富性方面的缺失。较早关于母亲职业和青少年犯罪的大量研究基于这样的假设：妈妈一直工作，子女无人监管，因此，他们成为不良青少年。但是事实并非那么简单。在一项对下层男孩的经典研究中，Sheldon 和 Eleanor Glueck（1957）发现就业妈妈的儿子比那些未就业妈妈的儿子并没有更大的可能出现违法的倾向。

对于母亲在孩子一岁之前工作的研究，出现自相矛盾的结果，有些研究认为这将带来消极的认识和社会结果（Baydar & Brooks-Gunn, 1991；Belsky & Eggebeen, 1991），而有的研究仅发现存在很小的消极结果（Parcel & Menaghan, 1994a）。一项积极的结果是母亲的工作为儿童提供了正面的榜样角色。然而，孩子年龄较大时，越来越多的研究发现，妈妈工作或待在家里对子女的影响没有差异（Polatnick, 2000）。

不管从事什么职业，这都依靠于母亲对自己的情形是否满意。Budig 和 England（2001）得出结论，从工作中获取个人满意度的在业母亲，并不会感觉过度的内疚，她们有着高质量的儿童照料、充分的家务安排，可能做得和未就业妈妈一样好或者更好。没有工作而想工作的妈妈以及在业的妈妈、生活被骚扰和限制所困扰的在业妈妈，她们的子女更可能出现心理失调和行为问题。父母和子女一起花费时间的多少，并不像父母对他们采取的态度和行为一样能预料年幼儿童的发展。

显然，当代年轻人是既受到妈妈工作也受到爸爸工作的影响。而且，双职工父母在许多直接和互动方面都影响着年轻人。例如，工作表繁重的父母很少花费时间与子女在一起培育并促进他们的认知和社会技能的发展。

## 分居和离婚

离婚已在广泛传播，这影响到卷入家庭的两个人。不过这种经历并不会以同样的方式影响所有夫妇。例如，一些配偶甚至在分居或离婚之后，仍然继续有性关系，并且过得相当好。但是对于大多数而言，这种影响是消极的。经历分居或离婚的人更有可能面临精神失调、抑郁、酗酒、体重减少或增加以及睡眠障碍等问题。对年幼孩子的影响，还可能持续到其成年初期，离异子女的亲密性能力会下降（Westervelt & Vandenberg, 1997）。父母离婚可以导致子女离婚的风险性增加，尤其是当妻子或两个配偶都经历过父母离婚（Amato & DeBoer, 2000）时。传统上，女性对子女拥有单独监护或共同监护权，可能被法庭判给定期的养育子女的生活津贴，不过这笔津贴可能拿到也可能拿不到。

**离异子女的幸福感**　Gohm, Oishi 及 Darlington（1998）进行了一项多重国家研究，调查了父母离异对成年子女的主观幸福感的影响。他们于 1995—1996 年收集了国际性的数据，成为与主观幸福感的文化差异相关问题的较大型研究的一部分。参与者是几千名来自 39 个国家的大学生（14 个亚洲国家，13 个欧洲国家，5 个非洲国家，4 个南美洲国家，加上澳大利亚、美国和波多黎各）。在有些情况下，父母离异增加了成年子女的主观幸福感，因为再婚养育比单亲养育更好（Chase-Lansdale, Cherlin & Kiernan, 1995）。然而，家

501

**在职妈妈**

工作允许更大社会阶层的参与及要求更多的技能。然而，丈夫和妻子之间责任的分配却会改善婚姻的满意度。

庭压力理论提出，如果再婚没有强烈的婚姻冲突，那么再婚可能是有益的。对 37 项年轻成

年子女的研究分析发现，离婚的影响不存在性别差异（Amato & Keith，1991）。然而，"在原来的家庭婚姻里，婚姻冲突是清晰的、长期的，对子女健康的影响是消极的……并且在性别上也是一致的"（Gohm，Oishi & Darlingtom，1998）。

在父母冲突很少的再婚家庭中长大的孩子，报告的生活满意度与一般家庭和单亲家庭相当。在离婚家庭和单亲家庭长大的子女比冲突很多的家庭的子女报告更高的生活满意度和更高的主观幸福感——但是该结果存在文化差异（Gohm，Oishi & Darlington，1998）。"再婚家庭子女的主观幸福感并不比冲突很多的婚姻家庭的子女程度高，且有时更低"（Gohm，Oishi & Darlington，1998）。事实上，Wilson 与 Daly（1997）指出，与完整家庭的统计结果相比，再婚家庭有着相当高的儿童虐待和谋杀率，尤其是针对 3 岁以下的儿童。Cherlin（2004）提出，关于再婚家庭成员之间应该如何相处，美国缺乏这些行为规范，他发现高离婚率及再婚率导致首婚的非制度化，改变的规范包括家务分配、婚姻外的生育、同居及家庭伴侣关系。扩展的社会网络存在于集体主义文化里（有广泛的血缘关系模式的那些人），它似乎为那些经历过婚姻冲突和离婚的精神创伤的儿童，提供更多的心理和情感支持。

## 单亲妈妈

人们独自居住所占的百分比正在逐渐增加，1970—2003 年，独自居住的成年女性的百分比从 12% 显著增加到 15%，男性从 6% 增加到 11%。未婚女性生育的比率在 2003 年有所增加，占每年出生量的 35%（Hamilton，Martin & Sutton，2004）。另外，在西方国家，越来越多的女性正在经历婚姻外生育（见图 14—6）。单身母亲的身份在社会经济各层水平上都是显而易见的。尽管贫穷女性和非洲裔美国女性所占数量最高，但至少上一年大学及从事专业或管理工作的女性中，未婚母亲身份呈现最快的增长比率。随着女性变得

更加经济独立并且能够依靠其他亲人来照顾孩子，单身妈妈或养父母变得更加可行。值得一提的是，未婚生育、离婚和各式各样的同居安排已经改变了"家庭"的意义。就像在本章前面提到的那样，传统的核心家庭目前对于越来越多的美国人而言，已经不再是事实。

在单亲家庭中，责任落在了一个成年人身上而不是两个，因此单身父母必须分配时间来满足自己和子女的生理的、社会的和心理的需要。这件事情由于许多学校和车间的时间固定且不一致，使其变得更加复杂——尽管越来越多的企业现在

弹性的工作时间表或提供儿童日护服务，越来越多的美国学校正在提供课前和课后照顾及青少年暑假的全天课程。单身妈妈经常遭遇缺乏自由时间、螺旋式上升的照顾子女的费用、孤单和尝试满足家庭、工作、有些还有大学课程等提出的要求而带来的持续不断的压力。成为单身父母需要有点不同的家庭教养方式，单身父母不断地发现自己在做"演讲"，就像有位妈妈解释的那样：

> 我和三个孩子坐在一起说："看，事情正在变得不同，我们都在一起，我们将必须搭伴。现在我挣钱养活全家，我尽全力了，如果这个家要运转的话，我需要你们的帮助。"（McCoy，1982，p.21）

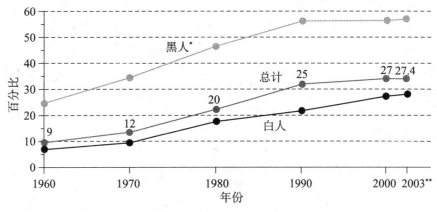

**图 14—6　单亲父母比例正在增长**

　　如今越来越多的孩子生长在单亲家庭中，这个比例在稳步上升。美国在单亲父母安全可行的子女照顾方面，落后于其他工业化国家。一些大型公司设有儿童日护服务，越来越多的美国学校正在提供课前和课后照顾及青少年暑假的全天课程。许多单亲妈妈比单亲爸爸有着更差的社会经济状况。

　　* 整体包括黑人、白人及其他民族，这几十年来，增加了 3%～4% 的孩子（没有被表明在这些群体里）被划分为无父母家庭。

　　* * 2003 年，美国人口普查局拓宽了民族种类，允许被试认为自己属于多民族。这意味着，2003 年的种族数据计算资料与之前的不能严格进行比较。

　　来源：From Popenoe, David and Barbara Dafoe Whitehead. *The State of Our Unions：The Social Health of Marriage in America*，2004. The National Marriage Project at Rutgers University, New Brunswick, NJ, 2004. Copyringt© 2004 Barbara Dafoe Whitehead and David Popenoe. Used with permission.

　　单亲家庭的女性比那些双亲家庭的女性常常有着更低的教育水平、收入和社会支持，这导致了更大的压力的产生。一项研究发现，经济限制不仅导致更高水平的抑郁症状，还对教养子女方面有消极影响（Jackson et al.，2000）。这些干扰是由收入的巨大变化、搬家、前夫不可靠的抚养费、家庭成员的变化等所导致的。毫不奇怪，单亲女性比双亲家庭女性通常报告出的自尊和成就感低得多，且对未来更不乐观。然而，近来的离婚、分居和寡居的女性比单身三年以上的女性经历更多的主要生活事件的干扰。尽管许多女性不会选择单一的教养方式，但是大多数都以具有在不利环境下存活的能力而感到骄傲（DeAngelis，2001）。

　　对于许多单身妈妈而言，亲戚网络是重要的经济的、情感的、照顾儿童的支持资源（Oliker，2000）。许多单身妈妈依靠政府、地方慈善组织以及教堂存活。最近联邦"从救济至工作法"正在为健康的单身妈妈提供工作培训，便于她们在被推荐后能够被雇用（Oliker，2000）。然而，社会科学家的初步研究揭示，当大约 2/3 的女性离开福利金、比以前挣更多钱的时候，这些女性和她们的家庭还面临着重要的心理和经济挑战。在许多方面，单身爸爸比单身妈妈的情形要好，因为他们经常被视为正在做非凡事情的人。

　　根据美国人口普查局（Grail，2000）的资料，大约 56% 的单亲妈妈被判可以得到子女抚养费。

在美国，离婚法庭常常要求父亲付钱，而并非把孩子判给父亲，虽然也有越来越多共同监护的判决。随着男性开始更少监管子女，他们付的钱也常常开始越来越少。从未结过婚的妈妈中，仅有一小部分从孩子父亲那里得到过经济帮助。因此，几乎有 3/4 从未结婚的年轻妈妈生活在贫困中，这也就没什么奇怪的了。

由女性领导的家庭带着较少的不良影响度过这些困难，但也有大量母亲与子女却生活艰难（McLaughlin, Gardner & Lichter, 1999）。生活在单亲家庭的儿童比双亲家庭的儿童更可能留级和经历学校困难的处境，一些研究还显示，来自单身家庭的青少年犯罪比率比双亲家庭高两倍，缺少父母监管和长期的社会健康及心理压力问题常常与贫困相关（Bank et al., 1993）。

社会孤立为单身妈妈带来一种脆弱感。然而，大多数女性报告有伴侣、男朋友、朋友或亲戚相当规律地给她们提供帮助。单亲家庭中几乎有一半的父或母在五年内结婚。新婚姻导致"混合"或"再组"家庭，可能产生复杂的亲属关系网络（参见第 16 章）。如果两个伴侣以前都结过婚，那么他们不但必须应对自己的前配偶，还要应对现在伴侣的前配偶的父母及几位祖父母（有些是岳父母、岳祖父母）。继父母与继子女之间的关系、自己子女对当前伴侣的看法、自己对当前伴侣孩子的感觉，以及孩子对彼此的感觉，也都会增加这种难度。

## 单亲爸爸

对越来越多的美国男性来说，电影《克莱默夫妇》（*Kramer vs. Kramer*）通过描述什么是现在正在变成的生活方式打破了 20 世纪 70 年代的新格局：男性独自养育子女。2003 年，美国有 226 万个父亲—子女家庭，由于妻子死亡而成为单身爸爸的数量已经有所下降。但是，单身爸爸的总数还在缓慢增长，因为更多的男性在离婚诉讼中被判获得子女的监护权。事实上，25 年前，仅仅是在如果法庭证明妈妈是完全"不适合"母亲身份的情况下，一个爸爸才会被判获得监护权，而且单身男性领养子女几乎是不可能的。

尽管双亲家庭中对父亲角色的预期很明确，但是对于单亲家庭的爸爸来说，这却是不太明确的。不过大量的研究显示，即使单身爸爸需要面对调整，大多数还是能够成功地养育子女的（Heath & Orthner, 1999）。然而，兼顾工作和照顾子女通常给单身爸爸提出很多挑战，就像对单身妈妈提出的那样，尤其是子女还处在学龄期之前时。不过，与单身妈妈相比，单身爸爸常常能够挣到更多的钱，有更强的经济保障和工作弹性（Amato & DeBoer, 2000）。总的来说，单身爸爸既不是非凡的人也不是在流行的刻板印象中描述的笨手笨脚的"妈妈先生"（"Mr. Mom"）。考虑到子女的监护权，爸爸们倾向于被托儿所和儿童照顾中心所吸引，因此他们认为在那里员工会对儿童有相当专业的照顾。

通常，单身爸爸似乎在教育子女的生活方面——购物、做饭、洗衣、带孩子去看医生，以及诸如此类等等——比对子女的情感需要方面照顾得更好。而那些能够熟练应对工作时间还要待在家里照顾生病孩子的男性报告，在面对孩子健康发脾气时几乎崩溃。他们认为子女的强烈情感表现很"不合理"，尤其当他们无法在孩子生活中追溯这些情感的具体来源时。单身爸爸对女儿的性行为比对儿子的性行为也表现出更多的焦虑，许多人担心家中缺乏成年女性的角色榜样，许多单身爸爸承认他们必须学会提高自己的养育技巧且要应对子女的情感需要（Lehr & Macmillan, 2001）。

有人提出，对于许多父亲而言，向单亲过渡的主要困难是失去伴侣而不是本身成为单身爸爸（Stern, 2001）。尽管约会通常是单身爸爸生活方式中的重要组成部分，但他还是不会匆忙再婚。事实上，有一半人不确定是该再婚还是全心全意地保持目前的单身状态。总之，单亲爸爸和单亲妈妈都发现自己面临的最大困难是平衡工作和父母角色的需要。让我们现在来检视一下工作在成年人生活中扮演的角色。

 # 工作

对于男性和女性而言，成年人生命全程的中心都花费在工作上，如今美国人工作时间比以前长得多。经济学家 Juliet B. Schor（1998）发现，在过去 20 多年里，美国人花费在工作上的时间正在逐渐增加——这和一个世纪前工作时间缩短的趋势相反。根据国际劳工组织的相关资料，2001年，美国人均每年工作 1 979 个小时——显著多于排在第二位的墨西哥人的 1 863 小时，以及日本人的 1 842小时。Schor（1998）提出，美国人为了取得与 1970 年相同的生活标准需要工作更长时间，这导致美国人幸福感的下降及照顾子女、做饭、睡眠、拜访和享受生活的集体能力的削弱（Moen，2003；Schor，1998）。美国人正在合并以冲突的事业目标和个人需要为主要特征的工作和家庭生活。Moen 和 Roehling（2005）发现，大多男性和女性都不愿意工作时间太多。有些人通过改变工作条件、延缓生育小孩，来解决这个冲突。有些人通过变化工作时间、在家里工作、做兼职或离职，来满足家庭需要。

在过去的 185 年里，美国人的工作也经历着明显的变化。在 1820 年，超过 70％的美国劳动力在农场工作，如今只有少于 5％的人在从事农业。与一个半世纪前的农业百分比相同，服务业的工作人口现在大约占 70％。

对于大多数年轻美国人来说，大学推迟了他们进入职业角色。大多数青年视最初的大学教育为获取更好工作的方法，而不是拓宽智力水平的手段。近几年，在高等教育中，最有意义的发展之一是，美国大学正在录取越来越多的成年"非传统"学生，这些学生从高中毕业一年以上，年龄超过 23 岁，通常推迟得到学位。在过去的 20 多年，在学院和大学注册的非传统学生的数量已经上升至超过 70％。成年非传统学生可能来自工人阶级，有着家庭和工作的责任，不想浪费时间，希望尽力做得最好而得到学位，渴望为一份更好的工作或事业而提前做好准备。

## 工作对女性和男性的重要性

人们为许多原因而工作，最广泛意义上的自我兴趣包括家庭和朋友的兴趣，这在各个社会里是潜在的工作动力。然而，自我兴趣不仅仅是积累财富。对太平洋里尼西亚的毛利人来说，赞美的欲望、责任感、遵循习俗的愿望、竞争感、做个工匠的乐趣等，都对经济活动有贡献（Hsu，1943）。

甚至在美国，在提供基本生活满意度方面，很少有活动可以与工作抗衡（Moen & Roehling，2005；Schor，1998）。在一项 50 多年前所做的研究（Morse & Weiss，1955）以及被重复操作几次以来，美国男性代表样本被问到如果储存足够多的钱可以去过舒适的生活，他们是否愿意继续工作（Gallup Poll Monthly，1991；Opinion Roundup，1980），大约 80％的人说愿意。原因不难发现。工作，除了它的经济功能，也可以组织时间，还可以提供其他相关的机会来逃脱烦躁厌烦的状态，还能

504

够维持认同感和自我价值。因此，只有 1/4 的百万彩票得主停止工作，这也就不会令人感到太意外了。社会学家 Harry Levinson（1964，p. 20）评论说：

> 工作有很多社会意义，当一个人工作的时候，他在社会上有一个做贡献的空间。他获得成为其他人同伴的权利……一个人的工作……对于他作为成年人身份来说，是主要的社会装置。对于自己和他人，他是谁在很大程度上是与他如何谋生交织在一起的。

这些评估也适用于工作对女性的意义。尽管有偿工作对于越来越多的女性来说，正在变成一种经济需要，女性活动的中心主题之一是获取一份具有象征性意义的有偿工作。对于许多当代女性而言，尽管并非全部，完全投入家务及养育孩子将会失去自我实现的机会。有些女性视养育子女为最重要的工作，愿意做出牺牲来继续作为全职家庭主妇，但是有些工作被越来越多地看作独立于更大社交圈的"入场费"以及自我价值的象征。

1990 年国会通过"美国残障人士法"（ADA）（P. L. 101-336），承认工作对所有成年人的重要性，并为残疾的成年人打开参与高等教育、工作以及社区服务的门户。公司、市政当局、工业以及学院正在使建筑更加容易让残障人士进出；运输公司也开始提供可以载送轮椅的公交车，并且重新安排时间表，使人们能够搭公车上学上班；整个美国社会都在重新设计建筑物、走廊、休息室和盲道以方便残疾人士。接受联邦合约的美国公司必须证明已经雇用了残疾人，每个人都会从帮助这部分人的有意义的社会参与中受益。

对于我们大家而言，我们的工作正在经历着重要的社会化过程，这种经历可以影响到我们是谁以及我们是做什么的。社会学家 Kohn 和同事（1990）发现，受过大学教育的人更可能获得要求独立判断能力的工作，更可能在社会经济中获取更高的地位。由于工作的智力要求，受过大学教育的人把智力造诣融入私人生活里，会寻求有智慧的休闲活动（如社区电影、教练、指导、担任委员会委员）。典型地，从事自我定向工作的人们越来越高估自我导向、对新观念更加开放、与他人的友谊较不专制。作为父母，他们把这些特征也传递给了子女。

在美国，有个很强的工作伦理渗透在文化里，闲散似乎可以使无望感永久化。我们已经见证了这个观点：成千上万虽有技能、受过大学教育的人，却在 20 世纪 90 年代初期，在 30 多岁、40 多岁、50 多岁时，因企业易主、裁员、精简而失业。无论男性还是女性，失业时间越长，越不能找到工作、支撑家庭，越感觉自己没有价值。失业——尤其对社会视之为主要挣钱者的男性而言——将成为社会淘汰者。人类学家 Elliot Liebow（1967）在对一项针对华盛顿首位贫民区"街角人"的研究中发现，不能获得稳定的、有偿的、有意义的工作，会削减自尊和自我价值。Liebow 得出结论，街角人正在尝试获得更多的社会目标和价值，当他失败时，他试图尽自己和他人最大可能来隐藏这种失败，或常常通过酗酒和药物滥用来逃避。实质上，对于大多数人而言，工作对于健康的发展，是真实且确定的活动需要。

**思考题**

人们从工作中衍生出哪些意义？

**续**

我们已经检视了爱情及爱情制度的延伸——婚姻——能够影响不同的成年人。当人们经历变化阶段时，会重新评估自己、与他人的人际关系及爱情、工作此时对他们的意义。对于有些人来说，这种评估会导致改变，如结婚、教养、离婚、辞职、性取向、同居及再婚。成年早期被看作个体真正开始自己首次独立旅程的时期——他们离开父母，探索自己"真正想做"的事情。但是，我们也看到，随着社会变迁，个体有时也会发生改变——或是延迟梦想，或至少修正它们。而且，这些变化会导致身体和认知的变化，使进入中年的成年人变得更加固着、体验中年变化，并重估生活满意度。我们将在第 15 章探讨上述这些重要的问题。

**总结**

### 情绪—社会性发展理论

1. 爱情和工作都是成年人生活的中心主题，两者都会置我们于复杂的人际关系网络里。关系来自于两种类型的联系：表达性关系和工具性关系，表达性关系被称为主要关系，工具性关系被称为次要关系。

2. 生命过程被划分为时期或以"季节"作比喻，这捕捉到了哲学家、诗人及作家的想象力。理论学家对于发展被划分为可预测的、不连续的间隔这种观点，倾向于分为两派。

3. 埃里克森关于成年发展的第一个阶段被称为亲密对孤独的危机。

4. 莱文森等人主张成年期最主要的任务是创造生活结构，男性和女性必须通过创造新结构或评估旧结构，来重新组织生命。

5. 阶段理论有四个典型特征。第一，在某个既定发展点，结构会发生质变性差异；第二，理论提出存在不变的次序或秩序；第三，独特结构的各种组成要素会整合成对生活事件的一群典型反应；第四，较高的阶段会置换或重新整合较低阶段的结构。

### 建立亲密关系

6. 朋友成为我们成年时社会化和支持的主要来源。关于爱情的研究试图解释，在开始维持与另一个人有意义的、亲密的关系时，所包含的真正复杂性。

### 生活方式选择的多样性

7. 生活在现代复杂社会里的个体，一般会喜欢可以提供及改变生活方式的选择。美国社会在过去 35 年里惊人的一面是生活方式快速扩展。让个人选择生活方式时拥有更大的维度，较少受作为传统"受尊敬的"人应该具备的标准所限制。

8. 离开家庭是过渡为成年人的主要步骤。几十年来，结婚是离开家庭的主要理由，但是在过去几十年，离开父母家的过程变得越来越复杂，许多年轻人在承担成人身份的过程中，会经历各种居住安排。

9. 美国常规显示出，青年离开家庭而在社会上前行，但是，近来成年子女却越来越多地返回父母家里。家庭治疗师对那些留在家中而没有机会完全地发展个性的子女表示关注，这种做法会加重父母过分保护和青年缺乏自信的趋势。

10. 人口普查资料显示，35 岁以下的单身男女的比例迅猛增加，这种增加的部分原因是年轻人有延迟结婚的倾向。大多数成年单身与他人同住，例如朋友、亲人或"等效配偶"。

11. 过去二三十年来，不结婚却在一起的伴侣数量大幅增加，采取这种生活方式的人们比过去更加公开。同居并不只限于年轻世代，越来越流行于中老年离婚或丧偶者之中。

12. 性取向是指个人是否对同性、异性或两性有较强的性唤醒，而分为同性恋、异性恋或双性恋。个体会展现出不同程度的性取向，因此同性恋也是一个多元化的群体。

13. 在所有社会里，都可以发现婚姻这种生活方式，这也是美国的主流生活方式。尽管大约有 50% 的婚姻以离婚告终，但是，大多数美国人还会再婚。

## 家庭过渡

14. 家庭会像个体一样经历发展过程。在美国，大多数家庭传统上都具有可预测性，但是，如今更具变化性。当孩子出生成长时，期待与要求也会被强加于丈夫和妻子身上。

15. 在一对夫妻的生活循环里，尤其对于女性，第一次怀孕是非常重要的事件。它象征着一对夫妻正进入家庭生活循环，带来新的角色要求，就这点而论，第一次怀孕作为主要标记或转变而起作用，夫妻也需要面对新的发展任务。

16. 许多心理学家和社会学家将家庭视为角色和地位的整合系统，其中许多人将开始当父母描绘为一种"危机"，因为两人系统会变成三人系统。但是，已有许多学者质疑这种观点，他们研究提出，相对极少的夫妻会视开始当父母为尤其有压力的事件。

17. 同性恋妈妈与异性恋妈妈之间仅有很少差异，因为当妈妈，而并非性，是这些女性的主要的认同标志。虽然同性恋女性出于与异性恋女性相同的原因而选择成为妈妈，不过她们要面对异性恋女性不用面对的特定问题：对同性恋的憎恶、社会不接纳，以及害怕失去小孩。

18. 平衡母亲身份和工作是母亲身份显示出的尤其重的压力之一，许多人害怕在职妈妈的孩子缺乏关爱、照顾与认知丰富性。但是，研究者发现，那些能从工作中获得个人满意、不会感到过度内疚、拥有充分的儿童护理和家务安排的在职妈妈，可能表现得跟没有工作的妈妈一样好，甚至更好。

19. 遗憾的是，离婚越来越普遍，会影响涉及的每个人。它不会以同样的方式影响所有的夫妇，但是绝大多数影响都是消极的。

20. 单身妈妈经常遭遇缺乏自由时间、螺旋式上升的照顾子女的费用、孤立和尝试满足家庭和工作提出的要求而带来的持续不断的压力。通常，大多数发现自己存在困难的经济状况。几乎 3/4 从未结婚的年轻妈妈生活在贫困线以下。

21. 有越来越多的男性成为单亲爸爸。研究显示，尽管单亲爸爸需要面对一些特别的调适需要，大多数人还是能够成功地养育子女的。和单亲妈妈一样，单亲爸爸发现要面对的最困难的挑战是平衡工作与父亲身份。

## 工作

22. 工作在所有成人的生活中都扮演着很重要的角色，不仅是因为工作能赚钱，而且也是因为人们的自我定义及自我价值感都是与工作相连的。

23. 美国人的工作时间越来越长，越来越多的女性和妈妈们被雇用。工作时间、孕妇及父职休假政策及一些大型公司附设有儿童日护，都变得更加有弹性以便满足如今的家庭。

## 关键词

## 网络资源

本章网站将焦点放在当代年轻成人的各种社会及工作角色上，请登录网站 www.mhhe.com/vzcrandell8 获取以下组织、主题和资源的最新网址：

埃里克森与成年早期

同居

单身父母

未婚夫妻与法律（同居）

家庭教育

父亲杂志

美国残障人士法

事业观望便览

## 视频梗概——http://www.mhhe.com/vzcrandell8

在本章中，你已经看到成年早期及关系，包括性取向、同居、住在家里及为人父母等主题。使用 OLC（www.mhhe.com/vzcrandell8）再次观看成年早期的视频，这些概念是如何在 Lindsay 与 Chris 搬回家时发生的。别忘了通过填空来测验这些概念知识以及完成本章提到的批判性思考题。

# 第八部分
# 成年中期

**第 15 章　成年中期：身体和认知发展**
**第 16 章　成年中期：情绪和社会性发展**

　　如果我们界定中年为 45~65 岁，那么美国中年人约占总人口的 1/5。他们中的一些人出生在第二次世界大战期间，但是大多数出生在 20 世纪 50 年代左右，在青年时代历经朝鲜战争、猫王—鲍勃迪伦—披头士摇滚年代、太空竞赛、冷战、学校整合、越南冲突、妇女解放运动、"自由之恋"、避孕丸、首度伍德斯托克音乐会，以及有机会受到大学教育的年代，并在 20 世纪 60 年代后期及 70 年代初期经济黄金年代时进入劳动力市场。每个人都在经历中年变化，也有许多人感受到从烟囱工业时代转变到信息高速公路时代的心理压力。当婴儿潮世代现在正处于中年期的时候，一项主要研究——"美国中年人"——显示出人们对成年中期的重新定义。

# 第15章

# 成年中期：身体和认知发展

## 概要

### 定义（或挑战）中年

### 感官与身体变化

- 视觉
- 听觉
- 味觉和嗅觉
- 外貌
- 身体组成
- 荷尔蒙
- 停经与女性中年变化
- 停经后生育
- 男性中年变化

### 健康变化

- 睡眠
- 心血管功能
- 癌症
- 脑部
- 处于艾滋病危险中的中年男女
- 压力与抑郁
- 性功能

### 批判性思考

1. 如果你暂时失明一星期并且不知道别人如何看待你，那么你在公众场合会感到舒适吗？

2. 当知道你的伴侣将要告诉访问者（匿名）你们的性生活时，你会感到舒适吗？你想听访谈记录吗？

3. 智慧被定义为：（1）知道真理并公正行事；（2）质疑行为和真理。你认为这两种说法哪一个更明智？

4. 假定你已经退休，而且钱已不是问题，那么你真正想花费时间来做什么？你会追求创新或付出新的努力，还是顺其自然地接受生活现状？

直到近年来，45～65 岁的中年人大概是工资收入最高且身体最健康的时期。此时的美国中年人常常被描述为社会稳定的"权威之士"、权力经纪人（能左右权力的人）及做出决策者。然而这种情况并不适合于生活贫困或是来自少数民族的历经困难的美国中年人。此外，随着美国经济状况的变化（由于公司合并、裁员、国际重配置、外购），被解雇的中年男女以更大的数量返回大学，以便在新的专业知识领域内再受培训，或成为创业者。还有一些人则被迫提前退休，有的则到中年时才第一次当父母。中年男女学过应对儿童期、青少年期及成年早期的许多可能发生的事情后，在应对成年期的生理和智力挑战方面，有着大量的策略和用武之地。

512  ## 定义（或挑战）中年

2003 年，美国女性的平均寿命上升至 80 岁，男性为 74.8 岁，尽管在统计上中年期已经降至约从 39 岁开始，事实上，我们通常认为中年期来得要比这晚得多（Hoyert，Kung & Smith，2005）。的确，大多数美国人很难界定究竟哪些年是中年，是始于 40 岁、45 岁还是 50 岁，而结束于 60 岁、65 岁还是 70 岁呢？对于 6 800 万美国"中年"人来说，中年的界定变得很不稳定，似乎实际年龄比在几十年前有更加明确的意义，例如，1900 年美国人平均寿命为 47 岁，仅有 3% 的人活过 65 岁。美国人如今活得更久，而且中年女性要比男性寿命更长（见图 15—1）。

如果把人比作机器，已经运转几十年的人类身体比过去"新"的时候效率显然要低。

在五六十岁时，肾脏、肺部、心脏及其他器官都比 20 岁时效率更低。然而，对于大部分人而言，在整个成年期，生理、认知的变化并不是很剧烈的。

 ## 感官和身体变化

在大多数情况下，中年期的感官及身体变化是较为平缓的，以至于人们常常在过生日、参加子女婚礼、第一次当"奶奶"或"爷爷"、退休庆祝会上、父母去世的时候，或者其他一些重大的

生活事件时，才能意识到这一点。在青少年期之后，身体整体功能大部分每年大约以 1% 的速度下降。总的来说，据中年人报告，他们感觉与 30 多岁初期没有太大差异，他们提到自己头发变灰了（常常也变少了）、有更多皱纹、出现啤酒肚、走路会有闪失、更容易疲倦，而且反应变慢。到中年为止，一些个体在工作、家庭或追求休闲时，体力上承担太大负荷，并且需要职业修复帮助（参见本章专栏"实践中的启迪"中有关职业/身体治疗师的内容）。即使如此，除了那些不健康者，大多数人都认为自己和年轻时一样。对丧失力量和活力及轻微感官衰退的预防措施是保持忙碌的生活方式、适当的营养、规律的运动，以及在生活前行中保持一剂健康的幽默感。

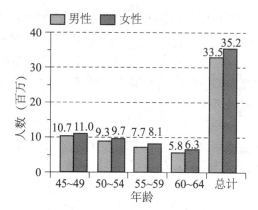

图 15—1　根据年龄与性别划分的美国中年人（2003 年）

　　许多婴儿潮世代现在已步入中年，对于 6 800 万美国中年人而言，中年的界定变得不稳定。如今大量美国人活得更久，而且中年女性比男性活得更长。

来源：U. S. Bureau of the Census（2004）. *Statistical Abstract of the United States*：2004 - 2005. Table No. 11. Resident Population by Age and Sex：1980 - 2003.

## 视觉

　　40 岁以上的美国人至少有 7 500 万患有**老花眼**（presbyopia），这是一种正常情况，眼睛的水晶体开始硬化而失去像年轻时快速调节的能力（presbys 是希腊文"老人"或"年长"的意思）。老花眼的症状包括做近距离工作时会头疼或眼睛"疲倦"。随着大量婴儿潮世代进入中年，更多的人发现他们需要用到隐形眼镜、双焦镜或半套眼镜来看报纸、电脑、饭店菜单、商品标价、腕表或是处方药笺。如果这个问题不被矫正，人们会发现阅读一些印刷材料时，需要拿得很远才能看到，直到最后，一臂长时也看不清楚了。在 2001 年，眼科医生发现一些新的激光技术来治疗老花眼及老化眼等视力问题（"Eye M. D. s Discuss Breakthroughs"，2001）。此外，暗适应和明适应也需要花费更多时间，夜晚驾驶会感到更加吃力。距离精确、对比敏感、视觉搜索及图案辨认等能力也开始逐渐减弱（Madden，1990；"Learning to See"，1998）。

　　随着老化的正常进展，还会出现更多影响视力的疾病。**青光眼**是由于眼睛内部的液体逐渐累积从而导致眼压升高所致，可能会伤害视神经，从而导致失明。这种病早期没有症状，只能通过专业眼科检查才能发现。**白内障**是由水晶体变浑浊所致，65 岁以上有 30%～50% 的人患有此病，不过

也有一些人在 50 多岁后期及 60 多岁初期时便会患上白内障，可以采用手术除去有问题的水晶体来治疗，视力受损部分可以通过佩戴眼镜、隐形眼镜来矫正，或是手术时将人工水晶体放置在眼睛里。**飞蚊症**会在眼前产生令人烦恼的飘浮点，是悬浮在眼球内胶状液体的粒子，通常并不会伤害视力，但如果症状严重的话，则会伴随闪光，可能产生

**黄斑部退化**

　　中年人可能会发生黄斑部退化，这种视力障碍首先出现的征兆是中央视力枯萎、扭曲或模糊。多吃水果和蔬菜可以降低饮食中的脂肪含量，能够改善视力并维持整个眼睛的健康。

更加严重的视网膜剥离现象。如果早期发现，可以通过激光手术进行治疗。**干眼症**起源于泪腺分泌减少，可能是很不舒服的，通常通过滴眼药水来缓解。那些看电脑荧屏或长时间阅读文件的人，更可能经历这种不舒适。

在50岁以上的人群中，最晚发生的视力损害是视网膜变薄（眼镜后部知觉视力和颜色的感光细胞）或与老化有关的**黄斑部退化**（AMD），AMD是由微小血管破裂而造成的，这种视力障碍首先出现的征兆是中央视力枯萎、扭曲或模糊（Browder，1997）。根据威斯康星州立大学的研究，45～84岁含有最多饱和脂肪的男性和女性中，有80％较容易更早出现与老化有关的眼睛退化征兆，因为饱和脂肪会导致动脉阻塞，从而减少流到心脏的血液，也会减少流到眼睛的血液，因此多吃水果和蔬菜将有助于保护视力（Browder，1997）。一项以75岁以上的老年人为对象的英国大型研究发现，抽烟可以使发生黄斑部退化的风险性增加两倍（Evans，Fletcher & Wormald，2005）。

514

### 职业/身体治疗师 Merida R. Padro

在布鲁姆发展中心［纽约州心理迟滞及发展障碍（OMRDD）办公室分处］，我是一个主要的职业/身体治疗师，我的主要任务包括作为身体及职业部门院长，兼做基于我们区社区人口小儿科和老年医学顾问。我给员工提供服务培训，如后续安全、大脑麻痹、处理安置、医疗用餐、盲觉意识、感觉整合/模块化问题。

我获得理学学士学位，职业/身体治疗学士，波多黎各的前医疗学位，以及纽约大学发展障碍中心职业治疗硕士学位。在过去的24年里，我在西班牙退伍军人健康管理退伍军人医院从事过大脑麻痹人口治疗工作，这是一种严重的损伤；也在波多黎各治疗过烧伤/手肢截肢者；还在拉雷多、得克萨斯以及布鲁姆发展中心治疗过小儿麻痹。

为了成为一名职业或身体治疗师，你需要从可靠的大学接受职业治疗或身体治疗课程的教育。学生必须在该领域完成6～9个月的课程，多数情况下，你还必须通过OT/PT之一的州许可证。获得州许可证后，你可以申请基于自己的偏好的门诊。职业及身体治疗师可通过提供储存功能、改善移动、减轻疼痛及阻止或限制身体障碍，专门来帮助成人调整情感及身体损伤。为了与心理迟滞或有发展障碍的人一起工作，你必须相当尊重地去评估每个人，对每个人都要富有同情心和理解力；当与他们的目光接触时，你必须感到舒适，享受对每个人的微笑，关注每个小小的努力而并非巨大的变化。在监督角色里，你必须有知识、经验，有个人技巧去监督、培训或裁员。此外，你必须激励并培训员工成为专家，来提高为特殊人口所需要的服务质量。

## 听觉

在45～54岁的人中有超过500万生活在轻微到中度听力丧失当中——这个数字还在迅速增加。大约30岁时开始出现听力的变化，**老年性重听**是指听高频率声音的能力下降，如说话，但是个体之间存在很大的差异。听力丧失似乎存在遗传因素，因为与老化有关的听力丧失倾向于出现在整个家庭中。婴儿潮世代（包括美国前总统克林顿）是长时间听重音乐的第一代人，现在正经历提前的听力丧失而需要助听器（Cleveland，1998）。到50岁时，大约有1/3的男性、1/4的女性难以听清悄悄话，不过到50岁时也才只有少数人真的产生听力问题，但是听觉受损在50～70岁的人群中逐渐增加，据估计75岁以上的人中有40%都患有听力受损（Rutherford，2001）。

一些常见因素导致听力丧失，包括长期暴露于大噪声中导致耳蜗受损、中耳肌肉缺乏张力（因压力或营养不良所致），以及耳蜗骨生长过度导致镫骨（马镫）变得缺乏弹性。在高噪声的环境中工作的人们，如矿工、卡车司机、重型设备操作员、风管输送机操作员，有些从事工业作业者及摇滚表演者尤其处于听力丧失的高危险中。此外，有些60多岁的人报告说，"听进"信息比以前更慢。听觉病矫治专家可以采用**听力测验**来评估听力丧失程度和类型（感觉神经性耳聋的传导问题）。在耳朵边摩擦手指可以作为简单的测验方式，如果无法听到这种微小的声音，则可能是听力开始丧失了。听觉丧失的另一症状是不能听见妇女及儿童的声音，因为他们的音调比男性要高。

治疗的办法包括从医学专家处获取一个人工助听器，或做手术解决。一个标准助听器可能花费500～3 000美元以上，医疗保险并不包括助听器，大多数保险也都不包含此项费用。一些人拒绝承认听力丧失，因为这是逐渐发生的过程，他们害怕这种生活方式的变化及花费，当戴上一个或两个助听器的时候，他们常常感到尴尬，且认为这是无效的（Rutherford，2001）。但是听力丧失会降低生活质量，限制交际及驾车能力，还会导致抑郁。一起生活的家庭成员可以意识到这种丧失，因为电视的声音变得越来越大了（Rutherford，2001）。

## 味觉与嗅觉

味蕾可以侦测咸、甜、酸、苦，正常情况下每十天更换一次。然而当人们到了40多岁时，味蕾以较慢的速度发生改变，嗅觉受体开始退化，从而影响到味觉。女性比男性有更好的味觉，因为她们拥有更多的味蕾，科学家也相信雌激素可以增加女性的味觉。咸和甜是最先发生改变的两种味觉，一个人的胃口可能变得尤其偏好甜食和咸食（Chaikivsky，1997）。

从50岁开始，人们的嗅觉开始衰退，到65岁时，可能有一半人能够注意到嗅觉的丧失。味觉和味道几乎全部由鼻子侦测，因此，这个时候吃食物则并不会觉得美味。康涅狄格州立大学史托尔分校的味觉研究者 Valery Duffy 观察到，女性嗅觉衰退时体重则更可能增加，因为她们企图用脂肪来满足对味道的渴求或补偿味道的丧失，人们可以通过将食物放在嘴巴里更久一点或是做饭时多放一些调味剂来补偿失去的味道。Duffy博士还建议，可以每年打流感预防针来作为一种预防措施，因为每次感染流行性感冒，病毒就会降低嗅觉（Browder，1997）。

515

**思考题**

中年在感觉方面有哪些典型的变化？

## 外貌

牙齿掉落或者变松可能听起来是小事，然而要花费很多时间才能对由于大量的牙齿整形工作产生的新面貌感到舒适——这些程序很费钱。

中年时，牙龈功能开始退化，对有人来说，这会导致**牙周病**，接着造成牙齿掉落，牙套、牙桥及假牙则变成必备品。如果负担不起牙科修补的费用，可能会因难以吃营养食物而造成健康状况的下降（Browder，1997；Chaikivsky，1997）。一些牙科专家建议，定时使用牙线清洗、刷牙及进行牙齿检查，可以有助于人们把自己的牙齿保存到90多岁。

随着年龄逐渐增长，长期暴露在紫外线下的皮肤会变得越来越干、越来越差且缺乏弹性。随着皮肤失去胶原蛋白、脂肪、油脂腺，则会出现皱纹。随着年龄的增加，皮肤细胞的生长速度会越来越慢，表皮脱落及更换速度都不再像年轻时那么快了。随着年龄的增加，细胞逐渐丧失保留水分的功能，从而导致皮肤干燥。而肥皂、抑汗剂、香水或热水澡则会恶化这种情形或者导致皮肤瘙痒。当皮肤丧失色泽和弹性时，就会变得松弛且产生皱纹，尤其是那些经常运动的区域，如脸部、颈部与关节处，结果有的人还会产生"眼袋"。另外，由于多年暴晒于日光从而导致的老人斑也开始于 60 岁之前（Dickinson, 1997）。

皮肤的鳞状脱落及任何其他的肤色变化，都应该接受皮肤科医生的检测，因为这可能是**基底细胞癌**的征兆，该病是可以医治的。不过，在丹麦流行病学中心的研究人员对 37 000 名基底组织癌患者进行调查后，提出这种疾病是**黑素瘤**的标记，这是一种更加严重的癌症。黑素瘤是一种皮肤瘤（可能会流血、颜色灰暗或很痒），会迅速传染到皮肤的其他部分，如果不及时治疗，则会有生命危险。如果能够及早发现，则可以通过放射线来治疗及化学治疗来手术移除肿瘤。长期暴露于日光、晒黑及有家族皮肤癌史的人，容易导致黑素瘤。每年进行健康检查时，应该请专业医师把此看做重要的组成部分将皮肤从头到脚检查一遍，因为皮肤是全身最大的器官。

美国社会对逐渐变老的男女面貌体现出所谓的"老化的双重标准"。抽烟者比相同年龄、肤色、日照史的人有着更多的皱纹（美国老年研究所，1996b）。男性变老时，通常会被认为是"成熟的"、"有深度的"，或是他们比年轻时更有吸引力。然而，女性面容的衰老却很少有相似的说法。美国男性和女性每年会花费数十亿美元用在"除皱霜"、美白防晒、润肤霜、面霜、电解移除不需要的毛发，以及其他护肤品上（美国老年研究所，1996b）。

女人对于老化的反映存在很大差别。有研究显示，年轻时常常被拥抱、亲吻、抚摸的女性，更易于接受自己的身体外貌。如果家庭常常有身体活动机会，或是中学、大学时当运动员的女性，对于自己的外貌也会持较积极的态度。如果

自尊较高时，身体映像通常是积极的。考虑到自尊和运动之间的关系，研究显示男性倾向于高估自己的身体映像，而女性则倾向于低估自己的身体映像，这也就并不令人感到吃惊了。年轻时比较漂亮的女性比相貌一般的女性较难接受变老的事实。中年女性似乎到了 60 岁以后会关心面貌变老。实际上，有些女性反而喜欢变老，这让她们感觉更自由、更自信，她们不喜欢的是看起来变老（Doress-Worters & Siegal, 1994）。总之，与女性相比较，男性变老时皮肤看起来会较好，因为男性每天都刮脸上的胡须，这样也会将死去的皮肤细胞刮掉，留下看起来更年轻的面容。

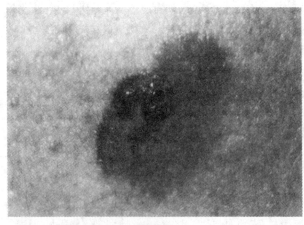

**黑素瘤**

黑素瘤在表皮菌素里由产生色素的细胞瘤所致，常常开始于胎儿期，由于太阳光及暴晒的紫外线辐射所致，家族皮肤癌史也是发病原因之一。早期治疗是关键的，应该由医学专业医生或皮肤病学医生对皮肤进行全面检查，来确定皮肤状况。

513

皮肤老化涉及许多社会经济及行为内涵。如今新的化妆品产业，正在满足非洲裔美国人的需求。Sam Fine 是专业为黑人演员、歌星化妆的化妆师，最近出版了《真美：非洲裔女性魅力基础及超越》（*Fine Beauty：Beauty Basic and Beyound for African-American Women*）（1998），他说仅是美国黑人女性就有 40～50 种的肤色，他因此开发出一种帮助这群人能够更自由地面对肌肤老化问题的化妆品（Belluck, 1998）。

越来越多的女性及男性采用欧式健康习惯：使用面霜以及全身按摩来维持较健康、较年轻的容貌。随着婴儿潮世代进入中年，男性和女性都进行整容手术的人数越来越多（拉皮、收腹、隆

胸、抽脂）。戴帽子、穿长袖长裤、使用防晒霜、
在家里使用增湿器、避开每天上午 11 点至下午两
点最热的时候出门等，这些都是避免肌肤老化的
好方法。现在美国有几百万的退休者移居到阳光
充足的南部和西部，这些地方的皮肤癌发生率较
高。适当的营养、充足的饮水、规律的运动、使
用化妆品如含有**果酸**的面霜及有限度的日照，都
能帮助维持皮肤更加富有弹性且健康（Atkins,
1996）。

　　头发颜色变灰或变白通常是反映实际年龄演变
的明显身体变化，在中年期间或更早，头发颜色、
厚度、质地会发生变化，可能包括变稀疏、秃头、
变得灰白。男性变老时通常头发会变薄，造成脱发
或秃头。许多女性在经历更年期前症候群及荷尔蒙
改变时，也可能会发现自己的头发变薄了。

　　一些护发产品如 Rogaine，市场定位是能刺激
头皮防止脱发。染发剂及植发技术也有助于维持
较年轻的容貌，其实维持较年轻的面貌是相当重
要的。不过另一方面，也有越来越多的中年人很
能接受自己外貌的改变，在人生转变阶段找到情
感支持和满意度。许多人会由于第一次当祖父或
祖母、他人工作的导师、社区或教堂的职工等繁
忙的新的社会角色，而感到非常满意，以至于他
们很少有时间关注自己的"外貌"。

**抽脂**
　　各种化妆品及整容手术可以拉平皱纹、移除过多脂肪或
整形。如今这样的产品在成千上万人中流行，可以延缓老化
效果。电视节目也使这些产品变得很流行，尽管这是很昂贵
且并不总能有效减掉体重的方法。

**对中年感官及身体变化的意识**
　　人们常常在中年期意识到感官及身体上的渐变，然而，适当营养、有规律的运动及正确评价生命，对身体机能的正常
运转，已经变得非常重要。

　　来源：*For Better or for Worse* © 2005 Lynn Johnston Productions. Dist. By Universal Pres Syndicate. Reprinted with permission. All
rights reserved.

## 身体组成

一些成年人会很关心自己的身体组成，或肌肉与脂肪的比例。大约在30岁时，肌肉开始萎缩，力气、敏捷性和耐受性都开始减弱。男性更少会注意到，因为他们的肌肉倾向于变得更大。当一个人到了50多岁时，肌肉丧失可能变得更加明显——体重增加也很显著。根据"巴尔的摩老化纵向研究"，肌肉块平均每十年下降5%～10%。这在类似搬运货物或从椅子上起来等日常活动中可能体现得更明显。肌肉丧失还会导致身体脂肪的增加。到50岁为止，为了维持与30岁时相同的体重，一个人每天则要少吃240卡路里的食物（Doress-Worters & Siegal，1994）。

美国人很关注体重问题，因为近年来的文化注重"以瘦为美"，强调体重表上的"理想"体重给女性（或男性）制造出变瘦的破坏性压力。似乎被忽视的是每个人都有着强烈受遗传决定的独特的身高、体型、身体化学成分。一个人的体重受几个方面的影响：能量输入（食物消耗）、能量使用（活动程度），以及身体使用能量的速率（新陈代谢）。为减肥而节食可能是一种很不健康的方式。每次进行低卡路里节食时，身体会似乎很饥饿而试图减少新陈代谢来阻止能量损耗。新陈代谢的速率也会减缓个体每次的食量。在饭后，如果没有明显增加运动量，身体会增加更多的脂肪来保护自己免于食物的剥夺。这解释了为什么90%～99%的减肥者在五年内会恢复他们的体重，有的可能因反弹变得更重。

太瘦者很可能营养不良，也更易患病，包括肺病、骨质疏松症、致命的感染、溃疡和厌食症等。随着更多婴儿潮世代加入中年人群的行列，可能有两种更加严重的进食障碍变得流行起来，一种是神经性厌食症，通常出现在年轻女性中间，可能在年老女性中逐渐增加，另一种是神经性贪食症，会发生在任何年龄群中。根据Doress-Worters和Siegal的《老年新自我》（1994），中老年女性患进食障碍的程度还没有得到明确，而关于该问题的研究经费已经被削减。研究显示，"体重显著过轻"的老年人比其他老年人会较早死去（Doress-Worters & Siegal，1994）。

美国人似乎很迷恋饮食计划、化妆品及整形外科手术。2004年，美国手术及非手术整容术［如毒杆菌素（Botox，可消除皱纹）及化学去皮］增加44%，有90%的女性做过这种手术（"Cosmetic Procedured Increased"，2005）。Goodman（1996）访问了29～75岁的女性被试，探究了加速进行整容手术的社会、心理及发展因素。她发现，年龄或同辈身份使女性依据不同的体型有着不同的态度和行为。年轻女性（24～49岁）非常关注自己的身体，胸部是典型的不满意区域——不是嫌太小就是嫌太大。年长女性（50岁以上）认为面貌比身材更加重要，对正常老化进程有着一些经典的抱怨——如皱纹、面颊松弛及眼袋。Davis（1990）指出，媒体为那些成长于20世纪50年代的女性带入了"商业化女性气质"的年代，鼓励女性拥有象牙色的肤色、金发闪闪及玛丽莲·梦露的身材（顺便说一下，玛丽莲·梦露是完美的12号身材，而如今模特的身材是6号），胸部及乳沟成为媒体对女性形象关注的焦点，如《绝望主妇》及《改头换面》。

从更加实际的观点来看，科学家现在知道，绝大多数的肌肉老化都是可以通过抗力训练、肌肉收紧或举重训练等规律的运动来预防和恢复的。在塔夫茨大学的研究里，60多岁的女性的腿、背、腹、臀部的肌肉力量可以增加35%～76%。在力量训练一年后，这些女性在生理上更加强壮，可以回到15～20年前，而且心理上也会更加年轻（Browder，1997）。生活方式活跃的中年人还可以受益于那些支持定向健康目标的保健运动。

### 思考题

婴儿潮世代挑战了自然老化的哪些方面？

随着35岁以后的正常老化进程，骨骼变得较不柔软且更易脆，开始失去骨骼密度。女性患**骨质疏松症**（骨质变松、骨骼组织的微体系结构退化导致的疾病）的危险性要高于男性，因为男性在35岁时有着比女性多30%的骨质，而且随着年

517

龄增长，流失速度较慢。与年龄相关的骨质密度下降速度会在女性绝经时加快，因此，越早停经的女性，发生骨质疏松的危险也越高。骨质疏松症是一种很复杂的情况，通常需要几年时间才能发展到检测出该病的阶段，因为骨骼结构是看不到的，且在旧骨骼细胞替换新骨骼细胞时，个体也无法感觉到速度的减慢。美国大约有 2 500 万人受到这种骨骼退化的影响，据估计骨质疏松导致每年 150 万例骨折（Rohr et al.，2004）。拥有较多肌肉的男性开始时就比女性有着更高的骨质密度，因此女性比男性更可能提前十年患骨折。女性骨质流失主要是由女性停经期前后荷尔蒙雌激素下降所致。如今大多数医生都建议，作为一种预防措施，女性应该进行负重运动，避免接触烟草及过度的酒精，在 35 岁需要补充钙质。现在也建议中老年使用无痛的医疗测验来扫描脊椎或臀部。饮食可以增加钙质及维生素 D，多喝奶制品、蛋黄、绿叶蔬菜、特定贝类、豆腐及大豆制品或钙产品。对于那些无法忍受乳糖或不能消化奶制品的人来说，其他食物也可以提供额外的钙质。第 17 章将进一步讨论老年人发生骨质疏松的严重后果。

充足的体重和脂肪组织可以为骨质疏松症提供保护。负载身体重量的骨骼必须工作产生新的骨骼组织，脂肪组织可以帮助女性在停经后维持一些雌激素。**利尿剂**如咖啡因、酒精等，会导致钙与锌在尿液中流失。抽烟会干扰身体产生雌激素并随之引发产生骨质疏松症的观点受到了质疑。负重运动如走路、跑步、跳绳及跳舞等，可以增加骨骼受力，增强肌肉及支持骨骼的韧带，从而降低骨质流失的速度。对于较高危险概率患骨质疏松症的个体而言，营养师可以根据个人需要来计划一套预防性的饮食，身体治疗师也建议制订一套运动计划来加强任何年龄期的肌肉和韧带。

有许多研究正在检测骨质疏松症的跨文化的危险性。结果发现，黑人女性比白人女性多 10% 的骨质，她们可能拥有较多的**抑钙素**，是一种可以强化骨骼的荷尔蒙。然而，对于黑人而言，发生臀部骨折的后果是更为严重的，可能是因为较为贫穷、不充分的保健资源及其他潜在的疾病等所致。某研究发现**低骨密质**（BMD）的高危人群

并没有被评估和治疗，从而无法预防更进一步的骨质密度流失及骨折（Rohr et al.，2004）。

中年人遭受的另一项疾病是**类风湿性关节炎**，是一种导致疼痛、肿胀、僵硬及关节（如肩、膝、臀、手指等）功能丧失的炎症（National Institutes of Health，1998）。患该病的人们，除了这些典型症状外，还可能会体验疲惫且偶尔发烧。每个人的关节炎症状是不相同的，有的会持续几个月，然后消失几年。有些人只有轻微的症状；有些人则活在严重的障碍中。科学家将类风湿性关节炎归类为一种自身免疫疾病——个体自身的免疫系统攻击他/她自己的身体组织。尽管没有单一的测验来检测这种疾病，尤其是在早期阶段，但是实验室测验和 X 射线能够确定骨骼受损的程度，且能够监控这种疾病的进程。

美国疾病控制与预防中心研究了关节炎的流行及影响的差异性，结果发现非洲裔美国人比白人有着更高的关节炎发生率（CDC，2005d）。关节炎基金会（2004）指出，适度的锻炼可以减少关节疼痛及僵硬、加强关节周围的肌肉，以及增强弹性和耐力。另外，锻炼还有其他益处，如全面健康、更好的睡眠、更多的精力及更好的情绪，还可以增强自尊。

519

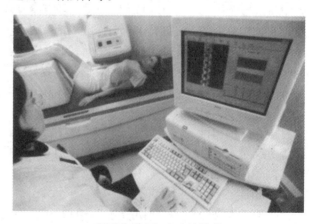

**骨质疏松症与密度计量学**

通常使用密度计来检测病人的骨骼密度，这个过程是快速且无痛的。骨骼疏松是老化的一个自然环节，因骨骼里蛋白质减少所致，因此补充钙是非常重要的。停经后的女性由于失去雌激素而受到影响，不过中年男性也会流失大量骨质。骨骼变得易渗水且脆、虚弱且易骨折。脊椎开始变形，使得成年人变矮且驼背。

## 荷尔蒙

**人体增长荷尔蒙**（Human growth hormone, HGH）是一种被用来治疗患有侏儒症的儿童的功效强大的荷尔蒙，是一种尚存争议性的抗老化治疗方法。荷尔蒙是内分泌系统的蛋白质载体，使全身的所有器官得以循环而产生自然反应，不仅影响卵巢及睾丸，而且还影响其他许多腺体及生命功能，如记忆、蛋白质合成、细胞补偿、新陈代谢、睡眠能力、体温、水平衡及性功能等。HGH 作为一种"生物医学增进药物"标签而为人所知（Conrad & Potter, 2004）。目前，美国老年研究所正在建立医疗研究基金来调查 HGH 及其他荷尔蒙是否可以延缓、停止或反转与老化相关的变化。HGH，也被称为"生长激素"，是脑下垂分泌的最丰富的荷尔蒙，因此，会影响人体其他所有内分泌荷尔蒙的制造，每日 HGH 分泌量会随着年龄的增长而减少。60 岁人的 HGH 分泌量可能是 20 岁时的 25%。**内分泌科医生** Daniel Rudman, 1985 年率先进行 HGH 的首创性研究，提出假设说大约 35 岁时越来越明显的身体组成变化，与荷尔蒙水平的下降有关（Rudman et al., 1991）。

使用这些荷尔蒙进行治疗的医生称他们自己是"抗老专家"。成立于 1993 年的美国抗老医学会，目前宣称有超过 4 300 名医疗成员，他们专注于如何使人们保持年轻的研究。他们的会长说："我们不会优雅地变老，我们永远不会变老。"（Kuczynski, 1998）。医学博士 Daniel Rudman 在 1990 年的研究中发现，一些 60 岁以上的被施予 6 个月 HGH 的男性，在精力、脂肪变少及肌肉块增多等方面都有所改善。不过，据报道还有研究发现了副作用，如关节疼痛、僵硬以及使用后膨胀等（Conrad & Potter, 2004）。

加利福尼亚大学旧金山分校医学博士 Owen Wolkowitz 使用另一种荷尔蒙——被称为 DHEA（dehydroepiandroterone，脱氢表雄酮），以一小群 50～75 岁罹患抑郁症的男性和女性为研究对象，结果发现，这种荷尔蒙不但可以消除抑郁，而且还可以改善记忆力。一些研究者也相信 DHEA 可以阻止身体免疫系统的下降。与 HGH 一样，DHEA 在 20 岁人的体内很丰富，但是会随着时间推移而持续减少。到 80 岁时，人体所分泌的 DHEA 通常仅有 20 岁时的 10%～20%（DHEA Center, 1997；"DHEA Prohormone Complex", 1997）。对于 DHEA 的益处和坏处存在许多冲突的信息，传统医学界提醒，如果没有进一步的研究，使用这种物质尚需谨慎。

甲状腺，是被气管包住的形状如同蝴蝶的腺体，位于颈部"喉结"的后面。它可以产生大量荷尔蒙帮助氧气进入细胞、刺激新陈代谢、成长及使身体有能力消耗卡路里。随着老化，女性比男性更多受到甲状腺缺乏的影响，导致**甲状腺机能衰退**，症状包括体重增加、头发脱落、比正常人更疲惫、抑郁、肌肉和关节疼痛、皮肤干涩、便秘等。在老龄人群中，甲状腺机能衰退还与 LDL（低密度脂蛋白）水平的增加、"坏"胆固醇、心血管的高危险性或心脏疾病等有关（Hak et al., 2000）。体检时或访问内分泌学家时，血样（TSH 或刺激甲状腺荷尔蒙）能够侦查出甲状腺机能衰退。合适的药物及治疗可以大大改变情绪及能量的水平，有助于减少体重。甲状腺失衡是一种遗传情形，有研究估计，有超过 2 500 万的美国人受到这种情形的影响，而且大多数处于长期未确诊状况（Shomon, 2005）。

### 思考题

在什么情况下，医生可能推荐病人使用 HGH 或 DHEA？

## 停经与女性中年变化

2003 年，美国超过 50 岁的女性有 4 500 万人，据估计到 2010 年，这个数字将超过 5 300 万人（U. S. Bureau of the Census, 2004 - 2005）。全世界范围内 50 岁以上的女性有 47 000 万人，其中有 30% 预期可以活到 80 岁（North American Menopause Society, 2001）。大量出生在婴儿潮世代的女

性，现在开始经历绝经期或**停经**——这是一个卵巢功能逐渐下降的过程。绝经在没有月经活动之后一年彻底完成（Segal & Mastroianni，2003）。

停经是**更年期**的终极象征，以卵巢与各种荷尔蒙在 2～5 年的时间里完成月经终止的进程变化为主要特征。可能最显著的变化是卵巢分泌的女性荷尔蒙（尤其是雌激素）的极度下降。月经终止要耗费 2～4 年时间，在此期间月经还会断断续续地来，这段时间被称为"**停经前**"。如果一年时间不再来月经，就表示已经度过绝经期，称为"**停经后**"。许多被称为"中年妈妈"的美国女性，在她们身体停止制造成熟且能活的卵子之前，与生物钟赛跑来生育子女。

在西方国家，完成月经终止的平均年龄范围在 45～55 岁，平均大约为 51 岁，不过一些人可能发生于 30 多岁时，一些人则到 60 多岁时才发生（Sheehy，1998）。一项跨文化研究调查欧洲、美洲、亚洲、澳洲及非洲的将近两万名女性，发现自然停经的中位数年龄分布为 49～52 岁（Morabia & Costanza，1998）。来自荷兰的一项纵向研究发现，母女之间的遗传因素主要决定了停经的自然年龄（van Asselt et al.，2004）。

Bromberger（1997）报告其研究成果，发现黑人女性比白人女性更早步入停经期：黑人平均是 49.3 岁，白人平均是 51.5 岁。不过她说压力可能是影响因素之一。如果是年轻女性做过**子宫切除手术**，也会经历较早的停经。**过早停经**指发生于 40 岁之前的自然停经或由手术、化学治疗所引发的停经，可以影响大约 4% 的女性人口（Midlife Passages，1998b）。

日本和其他亚洲国家的女性很少抱怨停经的症状。一项可能的解释指向治疗停经症状的饮食方法：大豆及其他豆制品——如豆腐、豆浆、豆腐皮，及植物中富含的大量化学物质，都能够产生天然的雌激素。亚洲国家的饮食习惯也许可以解释心脑病及乳腺癌发生率较低的原因。这种饮食方法吸引了许多寻求较为"自然的"方法来替代荷尔蒙替代疗法的女性（Brody，1997）。

伴随着停经荷尔蒙变化的老化变化包括尿失禁（不自主滴尿）、心脏病与骨质疏松症（骨骼变薄）等。这些变化被认为是身体减少制造性荷尔蒙的正常反应。每个女性停经的经历是不同的，大多数人仅有极其轻微的症状，并且功能运转很好。此外，绝大多数的影响可以通过有规律的运动、饮食调适来减小，且会随着治疗而消失，或者随着时间而减小。停经提醒中年女性随着年龄增长要继续维持良好的健康计划。

**荷尔蒙替代疗法**（HRT）存在大量争议，医生通常建议停经女性使用这种方法，以保持心血管功能、减缓骨质流失、减慢记忆力降低以及维持性欲等。近来有研究提出，30%～50% 的停经女性经历性无能，这与雌激素减少有关（Berman，Lazarus-Jaureguy & Santos，2004）。许多女性对于采纳这种荷尔蒙治疗感到怀疑，因为她们的母亲或祖母在 20 世纪 60 年代及 70 年代时，大多使用雌激素替代疗法（ERT），结果许多人出现卵巢和子宫癌，导致死亡。1993 年，女性健康探微（WHI）成立，对荷尔蒙替代疗法进行了临床试验（Love，2005）。这项为了检测长期使用荷尔蒙疗效的女性健康探微研究终止于 2002 年 7 月，初步结果发现使用 Prempro（一种雌激素/助孕素药）的停经后女性有更高的罹患乳腺癌、癌症、心脏疾病、中风及血液凝固的危险性。2004 年 3 月，调查者终止了部分 Premarin（仅雌激素药）的 WHI 研究，因为结果显示出高中风危险性。不过也有研究者坚持认为，低剂量的荷尔蒙治疗对那些有明显停经症状的女性是适用的（National Women's Health Resource Center，2004）。

显然，女性对于 HRT 会遇到冲突。从积极的一面来说，北美更年期学会（2004）针对荷尔蒙治疗的开始时间、阐述、制度、雌激素及黄体酮的剂量、评估荷尔蒙治疗停止的危险性和有益性，做了进一步研究。荷尔蒙治疗的批评者主张，医药界已经将正常的老化事件变成一种需要医药治疗的"疾病"，他们称之为"停经医药化"。他们认为，强大的制药产业让每个女性感到自己"病了"而不是正常老化，以此来获取巨大利益（Brody，1995a）。研究者采用各种观点来理解及处理停经（Love，2003）。

如今女性公开讨论这个正常的老化事件并分享替代方法信息，媒体也正在教育大众，而对于这个问题的讨论也可从网络群体中获取。位于布兰德斯大学的美国女性与老化中心对 1 000 名 50 岁以上的女性进行研究，发现与流行信念相对，超过一半被试说变老使她们感觉比预期好得多（Winik，2004）。许多女性因为不必再担心怀孕而感到轻松，一些人报告了性生活的改善，中年停经时也不会成为心理压力的来源（Lennon，1982；Reichman，1996）。尽管传统智慧把停经和抑郁联结在一起，但是科学研究还不能建立两者之间的因果关系。事实上，研究调查一致揭示出女性在20多岁和30多岁时比中年更可能遭受抑郁（Elias，1993）。

如果女性视停经为吸引力、用处及性欲的终止，那么她们更可能感到抑郁。这些感觉可能会被以年轻为导向且倾向于贬损老年人的文化所加重。从跨文化研究中我们知道，在一些社会里，停经时很少出现身体和情绪症状，如日本和印度，更年期的女性比她们在生育年龄期间获得更大的权力和更高的社会地位（Elias，1993）。

有证据显示，更年期典型地不会产生以前女性生活中没有出现的问题，那些之前存在或长期存在困难的女性，在更年期更可能遇到麻烦，对更年期的反应也会更加逆反（Greene，1984）。许多女性表达了对子女长大后离开家的满意，因为这为她们开启了各种新可能（Goleman，1990b；Reichman，1996）。医学博士 Judith Reichman（1996）注意到："停经完成了我们从出生之前就开始的生活循环，它不是一个终点，事实上是我们人生下个阶段的开始。"

一项最广泛也可能是贡献最多的研究是"女性健康探微"，该研究共调查全美164 500名各年龄层、各民族背景的女性。这项科学调查希望发现低脂肪饮食、HRT、钙质、维生素 D 等是否能够预防心脏疾病、乳腺癌、直肠癌、骨折及记忆力减退等与老化相关的问题。到现在为止，已经发现饮食改变能够被维持数年，且对健康有积极的作用（Frost & Sullivan，2004）。

## 停经后生育

仅在过去的几十年里（除了《圣经》上记载 Sarah 于 80 岁时生育外），有些女性在停经后还有能力怀孕生子。这个生产过程包含特别的荷尔蒙注射医学程序，为女性的子宫提供一个可供植入胚胎存活的家。停经后的女性不会再产生卵子，所以她必须寻找一位捐赠者来提供健康的卵子。然后她的丈夫（或捐赠者）的精子被用来给卵子受精，从而产生一个受精卵，使用**体外受精法**（in vitro fertilization），将发展成为胚胎的受精卵植入女性的子宫。在一项令人兴奋的新手术里，一名32岁妇女在更年期后采用化学治疗，将卵子再次输入其输卵管后怀孕了，并且生了个女儿（Donnez et al.，2004）。

1997年各家媒体都报道一名63岁女性生育的令人震惊的新闻，该妇女谎报了她的年龄，因为加利福尼亚不孕诊所的年龄上限是55岁。据报道，这对夫妻还花费五万多美元及大量时间和努力才拥有这个孩子（Kolata，1997a）。Paulson 及其同事（2002）报告说，60多岁的女性能够利用捐赠的卵子怀孕（卵母细胞捐赠），除了将要怀孕的女性的年龄因素以外，是不会由于医疗因素而导致失败。然而，一项对超过 150 万例美国生育的研究发现，45 岁以上的女性若怀孕，会有更高的危险率：死胎、糖尿病、子痫前期、子宫内伤亡、女性临产期死亡（Hollander，2004；Jacobsson，Ladfors & Milsom，2004）。

全世界已有数千名停经后女性使用这种生育方法来生育孩子。在 2002 年，美国报道了 263 例 50～54 岁的生育案例（Heffner，2004）。母亲的年龄成为有争议的问题，而父亲的年龄则很少被讨论，不过有研究也开始钻研这个问题（Thacker，2004）。当男性七八十岁生小孩时，人们会为他们的男性雄风而喝彩。医疗伦理学家正在为这些问题争论不休：老妈妈抓住永恒青春了吗？她们是通过科技克服年龄障碍而值得鼓掌的例子吗？制造非自然发生的怀孕在本质上是错误的吗？这些在父母晚年才出生的子女会拥有童年，还是当他们是十几岁时就要承担起照顾可能已经年迈的父母的责任？父母能活得足够久来养育子女吗？（Kolata，1997a，b）Byrom（2004）对已有研究进行了全面回顾发现，延迟生育的女性将会经历身体、心理及社会等对她们健康的影响。

---

**思考题**

什么是停经？有什么症状？它如何影响女性生命？女性如何在停经后生育？

---

## 男性中年变化

男性显然不会经历停经，但是在中年，他们可能会经历性能力降低、勃起无能、疲惫及抑郁——有时被称为"男性更年期综合征"（Peate，2003；Tan & Shou-Jin Pu，2004）。另外男性可能会发生**前列腺增大**的现象，前列腺是位于尿道基部形如栗状的腺体（从膀胱处出现的管道，将尿液通过阴茎排出体外）。10％的 40 岁男性可以观察到前列腺增大，到 60 岁时这就会成为普遍现象。前列腺增大的确切原因还不明确，但正在进行研究，以期未来几年能够露出一点曙光（National Cancer Institute，1998a）。与老化相关的荷尔蒙改变，如睾丸激素分泌的减少，在这个过程中被认为更加复杂（Giovannucci et al.，1993）。当前列腺增大时，会压迫尿道，导致排尿无力、排尿困难及排尿增加。尽管这种情况本身没有危险，但是可能会造成膀胱和肾脏失调及感染，以及打断睡眠的尿频所带来的干扰。如果严重阻碍尿液流出，则导致前列腺增大的组织需要被移除。仅有很少的患者在手术后变得性无能。

一些男性会经历**前列腺炎**，这是一种可能会伴随不适、疼痛、尿频、尿急和偶尔发烧的前列腺炎症。除了每年检查身体外，包括血压、尿及其他可能的实验检测，美国癌症研究所与癌症学会还建议应该与医生（主要是泌尿科医生）进行谈话。医生可进行直肠检查，来感觉不正常的肿块或硬块。此外，也可以进行**"PSA 检查"**，用来测量前列腺特异性抗原（prostate-specific antigen，PSA）的含量。如果在血液中发现少量的 PSA，是正常的，PSA 水平因年龄而不同，在 60 岁以后的男性中倾向于逐渐上升。PSA 可能会由于发炎（前列腺炎）、前列腺增大或癌症而上升。在那些有问题的案例中，可以用其他成像技术或活组织切片检查来作为诊断手段。50 岁以上男性应该每年都检查一次前列腺。

一个更加严重的问题是前列腺癌，美国癌症研究所报告说，"前列腺癌是北美男性最普遍的恶性肿瘤"，目前是男性癌症死亡的第二大主因，每年导致四万人丧生（National Cancer Institute，1998b）。这种类型的癌症在 50 岁以下的男性中是很少见的，发生率会随着生命的每十年进程而有所增加。然而，日本男性有着较低的前列腺癌发生率，可能归因于饮食、基因或筛检因素。黑人男性已经被发现比白人男性有着更高的前列腺癌发生率，尽管任何有前列腺癌家族史的男性处于该病发生率增加的危险中（Jones，2001）。其他与这种疾病相关的生活方式因素包括：饮酒、维生素或矿物质作用、饮食习惯、性乱交及生殖器瘤等（National Cancer Intitute，1998b）。近来一项以美国男性为对象的双盲研究发现，那些高摄食硒元素（谷物、鱼类和肉类的微量营养元素）的男性，明显有着较低的前列腺癌患病危险——但是 NIH 的研究者提醒说，这仍需要进一步的研究来证实（Giovannucci，1998）。

未被及时发现且治疗的前列腺癌的一个主要危险是它将会转移并在骨骼里扩散。研究发现，有着较高收入和教育程度的男性比那些优势较少的男性，更可能会接受针对前列腺癌的筛检。目前的筛检方法包括 DRE（直肠检查）及 PSA 检查，这些方法可以在中老年体检时进行。幸运的是，大多数前列腺癌，尤其是对年龄较大的男性，都是以很慢的速度生长的。到 80 岁为止，大多数男性都有前列腺癌，但是绝大多数人都能够扛得过去，而最终会死于其他原因。

尽管女性荷尔蒙的雌激素的水平会在更年期时大跌，而男性的性荷尔蒙水平要经历很长一段时间以慢得多的速度下降——主要是**睾丸激素**（见图 15—2）。随着睾丸激素水平的下降，男性可能会经历各种身体和心理症状。在男性荷尔蒙下降的这段时间，在 40～70 岁，男性的肌肉会典型地减少 12～20 磅，骨质会流失 15％，身高减少将近两英寸（Kessenich & Cichon，2001）。文化刻板印象经常将 40 多岁及 50 多岁的男性描述为突然遭受心理困扰，为了足以当自己女儿的年轻女性而离开妻子、停止工作而成为流浪汉或者开始过度饮酒。这些困难通常被归因于"男性更年期"，根据精神治疗医师与作家 Jed Diamond 的观点，这是一种多维的生命转折，仅有通过聚焦于发生在 40～55 岁的男性的身体、荷尔蒙、心理、社会、精神及性变化，才能被有效对待。

　　荷尔蒙在仅有一些男性才会经历的中年危机中扮演着什么样的角色，有时会引发医学界的激烈争议（Angier，1992）。一些权威认为，睾丸激素水平会伴随着肌肉量、力量、身体脂肪累积的下降、骨质密度流失、精力衰退、输精量减少、活动性降低、性欲减退及明显的情绪波动等现象而下降。但人类生长荷尔蒙也会影响这些功能且随着年龄而衰减。研究者发现，要想归类荷尔蒙所扮演的角色是很困难的，或者最多是这两种荷尔蒙共同影响男性的精力。年龄较大的男性也典型地丧失影响年轻人睾丸激素流出的生理节奏，

而年轻人的荷尔蒙水平通常在早晨之前达到高峰，这是年轻人醒来时常常处于勃起状态的原因之一。

　　尽管目前大多数医学权威并不相信男性经历的中年荷尔蒙变化可以与女性停经期相提并论，不过一些人推测，随着婴儿潮世代进入中年，以治疗男性老化赢利的人将鼓吹"临床症状"与"治疗方法"的定义（Angier，1992）。耶鲁的研究者也发现，男性对性的关心是主要的问题所在，这些担心包括男性雄风和身体吸引力的衰减。**性无能**有着相对较高的发生率，是指不能或难以维持勃起，可能会加重他们的担忧。

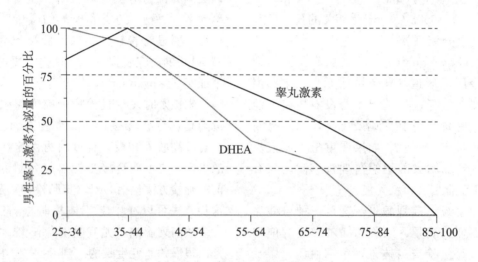

**图 15—2　男性睾丸激素分泌量**
　　与女性在大约 50 岁时经历停经相反，男性的睾丸激素分泌量会经历许多年逐渐下降的过程。

来源：From Geoffrey Cowley, "Attention：Aging Men," *Newsweek*, *September* 16, 1996, p. 68.
Copyright © 1996 Newsweek, lnc. All rights reserved. Reprinted by permission.

**男性性能力**　　"在性活动的背后有着深远的心理含义——它再度确认了自尊、吸引力及性别认同"（Wincze，1999）。最近一项在马萨诸塞州执行的美国联邦基金研究发现，40 岁以上的美国男性有大约一半经历性能力问题。尽管老化可以导致男性性能力下降，但是毒品、用药情况、糖尿病、心血管疾病、癌症等，以及生活习惯如抽烟、酒精消耗、缺少运动等，也常常会导致性无能。压力、抑郁、悲痛、疾病及事故等，也会产生暂时的性无能（Altman，1993）。治疗男性性无能的药物"伟哥"在刚出售的四星期内就卖出 20 万份。根据纽约时报，自从伟哥 1998 年上市以来，

美国已经有 600 万男性服用该药，还有 100 万服用艾力达（Evitra）或犀利士（Cialis）（译者注：这两种均为性药）（Tuller，2004）。尽管美国的潜在市场高达 3 000 万男性，这种药物的销售量还是少于预期。2004 年，这些药物共计 27 亿美元，比药产业预期少 10 亿（Schmit，2005）。近年来出现令人担心的趋势，并没有勃起障碍的男性也出于娱乐而使用这种治疗性无能的药物，有时还把它们与致幻剂及水晶安非他明混合服用（Kirby，2004）。

　　许多心理学家与社会学家相信，医疗模式已经在男性体内获得毫无理由的优势，使人们过分

简单化地看待男性性能力问题（Potts et al.，2003）。有人拒绝男性更年期的社会神话观点，认为这是由过度执著于健康而病态化地害怕老化、死亡的医疗文化所致。他们寻找社会及心理解释，来理解男性自我概念危机的变化（Stamler，2004）。然而，当前中年男性荷尔蒙变化的效力尚处于详尽研究中。中年生活需要身体及情绪上的再调整和再评估，其中一些还可能会让人很不愉快。最普遍的是，麻烦的事件总是会传播一二十年。

研究者追踪一群来自哈佛大学 1942—1944 年的班级中表现突出、自力更生且年轻健康的大一男生，直到他们 40 多岁后期。他们被认为是 40 多岁后最成功的男性，他们认为 35～49 岁是他们人生最快乐的时期，而表面上显得较为平静的 21～35 岁这个时期则是他们最不快乐的时期。然而，中年适应最不好的男性却渴望相对平静的成年早期，认为中年期的暴风是他们最不寻常的疼痛（Rosenfeld & Stark，1987）。

男性对于中年的反应各不相同。许多人似乎能平静度过，而有些人则经历暴风骤雨。对于男性来说，这可能是发展的失败时期，会导致诸如抑郁、酗酒、肥胖及长期的无用感和失败感等问题（Sheehy，1998）。中年也可能是新的人格成长的时期，在这个时期，男性移向新的婚姻亲密感，或在工作中获得更大的成就感、与他们的子女有着更加真实的、令人满意的关系。

> **思考题**
>
> 　　"男性更年期"或中年变化的观点可信吗？

 **健康变化**

各类健康问题的发生率随年龄的增长而增加。根据美国健康统计局（2004a）的报告，45～64 岁的中年人所面临的慢性健康问题主要是关节炎、其他与骨骼有关的问题、心脏病、糖尿病、心理健康问题、骨折及关节疼痛、肺部及呼吸问题。然而，人们可以改变生活方式，过上有益健康的生活，如通过有规律的运动、均衡饮食等，使自己的健康状况达到最佳，并尽可能地延长寿命。1989 年 Nazario 对美国加州一万名虔诚的摩门教徒的生活方式进行了调查，其结果为以上观点提供了例证。这些教徒的生活习惯以耶稣基督末世圣徒会的戒律为准则，包括禁欲，禁止摄入酒、咖啡因、毒品，以及摄入少量肉类，同时消耗大量的草叶、水果、谷物，保持充足的睡眠并坚持有规律的运动。摩门教徒中，中年男性死于癌症的概率仅为非摩门教中年男性白人的 34%，而死于心血管疾病的概率为后者的 14%，一个 25 岁的摩门教男性的预期寿命是 85 岁，而美国 25 岁男性白人的平均预期寿命是 74 岁。摩门教中年女性死于癌症的概率是非摩门教中年女性白人的 55%，死于心血管疾病的概率仅为后者的 34%，一个 25 岁的摩门教女性的预期寿命是 86 岁，而美国 25 岁女性白人的预期寿命是 80 岁。对其他不吸烟且具有健康意识的宗教团体如安息会的研究也表明，该团体成员死于癌症及心脏病的概率很低（Nazario，1989）。当然，能促进健康的习惯虽然不能给健康打包票，但却可以增加个人健康的胜算。

社会习惯和生活方式通过许多手段影响我们的健康。根据美国前医疗署长 C. Everett Koop 的估计，1990 年美国所有的死亡事件中，有一半是由吸烟、饮酒、性病、药物滥用、营养不良、枪支及车祸所引起的。他观察到，18 世纪的许多旧流行病已经被"自我诱发的疾病"所取代。另外，大量研究均证明强大的社会关系有益于健康（Wolf & Bruhn，1993），群体为我们提供了参与日常生活的结构。因此，毫不奇怪，独居是有害个人健康的。比如，缺乏社会及情绪支持的人，死于心脏病发作的概率比有家人和朋友关心的人高两倍以上（Friend，1995）。

**男性对中年的不同反应**

很多男性以健康的生活方式度过中年，他们似乎比实际年龄要年轻几岁。然而，有些人却较难适应中年生活，尤其是当他们过着一种不太忙碌的生活时。

**改变不健康的习惯**

在人生的各个阶段，营养均衡的饮食和有规律的运动都是保持健康的关键。步入中年，新陈代谢的速度会减慢，通常会导致体重增加，除非减少热量的摄入并增加运动量。尽管许多美国人承认这些因素的重要性，但有些人很难改掉有害健康的坏习惯。现在，人们创设了很多活动或课程来帮助人们改变行为，以达到健康的目标。

当我们患病时，社会支持有助于我们康复，例如，心脏手术后的患者如能从宗教中汲取力量或者参加某社会团体，就很可能活得更长一些，一般至少多活六个月（Elias，1995）。宗教信仰对中老年人而言往往更为重要。调查研究显示，有宗教信仰的病人痊愈的速度比那些对病情绝望的人快得多（Elias，1995）。幸运的是，越来越多的成年人减少了吸烟量且进行理性饮食并从事更多的运动。遗憾的是，许多人仍然继续他们不健康的生活方式。本章专栏"可利用的信息"中有关中年人体检时间表的内容，强调了中年时身体潜在的变化，并提供了诊断性检查的时间表，来帮助人们维持健康、活跃的生活。

## 睡眠

中年人往往最缺乏睡眠，因为这一人生阶段来自工作及家庭的需要都很多。根据美国斯坦福大学睡眠失调中心的建立者及《睡眠承诺》（The Promise of Sleep）的作者 William Dement 博士的研究，参加工作的人平均每晚的睡眠时间比所需要的少 90 分钟，使该问题变得更为复杂的是这样的事实，即许多人错误地认为，人越老，所需要的睡眠也越少。然而，当一个人度过中年期时，一些额外的因素也会影响睡眠的时长和质量。

服用轻度的刺激药物，诸如咖啡因与尼古丁等，可能会干扰睡眠，此外一些处方药或成药如止痛剂、感冒药、抗组织胺剂、食欲抑制剂、解充血药，以及治疗气喘、高血压、心脏病与甲状腺疾病等的药物，也会对睡眠造成影响。即使是普通的甜食（尤其是深夜食用）、一般饮料如酒精、汽水、可乐、茶等，以及未摄入足够的蛋白质，也会在很长的一段时间使人保持觉醒或阻止睡眠。失眠还有可能会导致担忧或抑郁。中年时期生理节律的改变也会影响睡眠模式。中年人常常在想睡的时候就能睡，但几个小时后就醒来，然后再也不能入睡。

更年期的女性经常体验到这种睡眠模式，并伴有"盗汗"，因为她们的身体正经历着生物化学改变（Doress-Worters & Siegal，1994）。对许多中年人来说，另一个干扰睡眠的因素是"等待十几岁的孩子平安回家"综合征！

安眠药、镇静剂、抗焦虑药等药物常被用来帮助入眠，但如果停止使用，则可能会导致更加严重的失眠。此外，由于这种类型的药物属于中枢神经系统的镇静剂，因此服用者有可能会成瘾。使用这些药物还有可能会影响到人的警觉性，加重记忆丧失，使人清晨起床时行动不稳，从而更容易跌倒或受到严重的伤害。短期或者情境性地使用安眠药不太可能造成上瘾，任何有严重睡眠障碍的人，都应该去当地医院的睡眠门诊部求助。

## 心血管功能

有几种危险因素，包括高血压、抽烟、家族心脏病史、男性、糖尿病以及肥胖，与**心血管**（心脏与循环系统）健康问题相关。两种心血管疾病，即心脏病和中风，分别是美国人的第一大死因和第三大死因。血压及胆固醇水平是心血管功能的预测因子。

**向中年身体变化妥协**

尽管任何人都有高血压及高胆固醇的风险，但一些美国人尤其容易遭遇这类问题，他们需要持续保持健康的体重、坚持高纤低脂饮食、增加运动量、少摄入盐、节制饮酒，还要学习压力管理技能。美国东南部成人患高血压的概率很高。

## 可利用的信息

### 中年人体检时间表

| 检查项目 | 症状诊断或潜在健康问题 | 建议 |
| --- | --- | --- |
| 视力 | 老花眼、青光眼、白内障、黄斑部退化、干眼症、湿眼症、眼袋及其他眼部问题。 | 40 岁以后，为了看得清楚，书本越拿越远了吗？建议 60 岁后至少每两年检查一次视力，检查内容需包括散瞳，以便清楚地看到视网膜及视神经，这对于眼疾的检查是非常重要的。 |

续前表

| 检查项目 | 症状诊断或潜在健康问题 | 建议 |
|---|---|---|
| 听力 | 老年性重听、神经性耳聋或其他听力异常；65 岁以上的老年人中，有 35％的人听力减退，估计 75 岁以上有 50％听力减退。 | 检查自己：你能听到附近的鸟叫声吗？你能听到电话铃声吗？你总是要求别人再说一遍吗？你在拥挤的房间内很难听清楚吗？你能听到耳边手指摩擦的声音吗？你工作环境中一般音量有多高？家族里有没有人听力丧失？应该安排听力检查。 |
| 皮肤 | 看看皮肤是否有斑点、鳞状脱落、痣变黑或突出；或者皮肤有没有出现流血、分泌物或晒斑。 | 美国皮肤科学会建议，人们适宜在每年常规体检的时候做一次皮肤检查，尤其是住在气候温暖地区的人。平时应该对皮肤出现的任何变化保持警觉。 |
| 牙齿健康 | 清洗和检查；用 X 光检查牙周病。 | 至少每年洗牙一次，几年做一次牙齿 X 光检查。 |
| 体重 | 有不同的说法。有人认为如果体重超过理想体重的 20％或者 30％以上，患心脏病、癌症及其他疾病的风险就更高。 | 检查肌肉和脂肪的比率，考虑自己的骨架和生活方式，超重者应该在医生的监控下进行运动；与营养师约时间面诊。 |
| 骨密度 | 骨质疏松症与其他骨骼问题，可由无痛的骨密度测定仪进行诊断。骨质疏松症是可以预防的，遵循富含钙质、维生素 D 的饮食，并进行有规律的负重运动有助于预防骨质疏松症。高危群体：骨架小、体重轻、久坐的生活方式、厌食者或节食者。 | 25～65 岁的男性和女性，应该每日摄取 1 000mg 钙质。快要停经或停经的女性应该每日摄取 1 500mg 钙质。富含钙质的食物包括低脂乳制品（奶酪、酸奶酪、牛奶）；含有可食用的骨头的鱼罐头，如鲑鱼及沙丁鱼罐头；深绿色的蔬菜，如甘蓝、花椰菜；添加钙质的面粉制作的面包；富含钙质的果汁；如需要，还可以食用添加维生素 D 的钙质补充食品。 |
| 子宫颈癌（女性） | 子宫颈抹片检查，高危群体可以采取子宫切片检查。 | 每 1～3 年做一次子宫颈抹片检查，在实验室或通过电子方式进行检查。高危群体应该更频繁地做检查，包括有多重性伴侣者、连续性性伴侣者、静脉注射毒品者、有不安全的性行为者、有性病史者、有家族癌症史者、有烟瘾者、停经妇女和使用 HRT 者。 |
| 停经（女性） | 通过验血检查 FSH（滤泡刺激荷尔蒙）的水平；40 岁以下女性开始停经只占 4％，停经的一般年龄范围为 45～55 岁，平均年龄为 51 岁。 | 一般发生于 40 岁以上的女性，如月经不规律、不正常，或是出现任何停经信号（热潮红或发热，睡眠不规律等等）。 |
| 2 型糖尿病 | 2 型糖尿病的成因可能是身体不能制造足够的胰岛素或者细胞忽略了胰岛素。必须有胰岛素，身体才能利用糖类。胰岛素将糖类从血液输送到细胞里。当葡萄糖不能进入细胞，而在血液里累积时，细胞由于缺乏能量而挨饿，而血液中较高的糖含量则会损害眼睛、肾脏、神经或心脏。 | 治疗的目标是利用饮食计划、运动、减重等，降低血糖含量并促进身体对胰岛素的利用。控制血糖含量涉及很多因素，包括饮食、运动及定期监测血糖等。控制糖尿病对降低长期并发症的风险很重要。 |
| 乳腺癌（男女性均可能受到影响） | 自我检查；乳房摄影检查：照胸部 X 光片，每侧只需花费几秒钟。40 岁以后，患乳腺癌几率变高。除了皮肤癌，乳腺癌是美国女性最常被诊断出的癌症。 | 40 岁以上的个体，每 1～2 年进行一次乳房摄影检查，可能会救你一命。注意持续一段时间的不寻常肿块或肿大，一些肿块（囊肿）会在每月的某段时间规律性出现。每月自我检查乳房一次，淋浴时用手轻轻触摸胸部，以检查是否出现一些变化或肿块，也可检查附近的淋巴结是否出现变化。医生应该每年做一次胸部检查，建议 40 岁以上的个体每两年做一次乳房摄影检查，若个人或家族有乳腺癌史，则需要更频繁地进行检查。 |

527

续前表

| 检查项目 | 症状诊断或潜在健康问题 | 建议 |
|---|---|---|
| 心血管功能（18 岁以上） | 高血压<br><br>　　　　　　收缩压　　　舒张压<br>正常　　　＜120　　　＜80<br>高正常　　120-139　　80-89<br>高<br>阶段一　140-149　　90-99<br>阶段二　≥160　　　≥100 | 体重过重或者家族或个人有高血压史的个体，应定期测量血压。<br>为了降低血压，应该：<br>● 维持健康的体重（若超重则应减重）。<br>● 身体要多活动。<br>● 选择低盐（钠）食物。<br>● 适度饮酒。 |
| 血胆固醇 | 高 240+<br>微高 200-239<br>理想＜200 | 20 岁以上的个体，每五年验一次血，检查 LDL 及 HDL；没有危险因素的男性可等到 35 岁，没有危险因素的女性可等到 45 岁再做定期检查（见表 15—1）。 |
| HIV/AIDS | 通过血液检查确定是否有 HIV 病毒；女性可作子宫癌检查。 | 高危因素包括没有保护措施的性行为、男同性恋性行为、曾经遭受性虐待（强暴）、多重性伴侣、连续性伴侣史、毒品使用者共享静脉注射针头、极度疲劳、复发性女性骨盆疾病，50 岁以上女性有不安全的性关系者。 |
| 前列腺（男性） | 前列腺炎可能由几类细菌引起。症状包括灼热感、分泌物质及排尿困难。可用抗生素进行治疗。前列腺增大从 40 岁后期开始变得更为普遍，其症状与前列腺炎类似。前列腺癌可通过切片进行诊断。 | 看医生（依情况严重程度，可找泌尿科医生），医生戴手套，以手指伸入直肠内，透过肠壁触摸前列腺。这个检查是 40 岁以上男性体检的常规项目，以诊测是否有前列腺癌的征兆；前列腺癌几乎从未影响年轻男性，但对于年长男性而言，却极为常见（Nickel, 1997）。 |
| 睾丸癌 | 睾丸癌通常会影响 15～35 岁的男性；在早期发现睾丸癌是可以治愈的。 | 每月进行睾丸自我检查可以发现很多问题，但主要是可以帮助察觉是否患癌症。可定期在用温水淋浴时进行自我检查，因为这时的水温可使阴囊放松。用拇指与食指转动睾丸，感觉表面是否圆滑、坚实。如果发现睾丸表面有小而无痛的肿块，感觉却似乎不是附睾，需要立即去就医。睾丸癌一般都不痛，所以不要等到肿块变大或感到痛的时候才去医院。 |
| 结肠癌（也被称为结肠直肠癌） | 美国最常见的癌症，发生率最高的群体是 50 岁以上的男性和女性，与高脂肪、高热量和低纤维的饮食有关。如果你的第一层亲属曾患结肠癌，那么你很有可能也会患上这种癌症；溃疡性结肠炎会提高患结肠癌的风险，一些类型的息肉也会增加该风险。 | 预防需要早期诊断和切除息肉，研究显示，低脂肪、低热量以及高纤维的饮食也可预防结肠癌。目前有几种诊测方法正在使用：肛门确诊法（DRE）及粪便潜血检查（FOBT）用于检查隐藏在粪便中的血；双对比钡灌肠（DCBE）用一系列 X 射线来检查结肠和直肠；乙状结肠镜检查使用一个光仪来检查直肠及较下面的结肠（乙状结肠）；结肠镜检查是用结肠镜来检查直肠和整个结肠。 |

**528**　　**血压**　大约 1/4 的美国人血压过高，称为"**高血压**"，这是一种影响心脏、肾脏及脑部的其他疾病的危险因素。高血压没有预警信号或症状。血压是指血液推动动脉壁的力量，每次心跳时（休息时每分钟大约 60～70 次），心脏会将血液推到动脉里。当心脏收缩并推动血液时，血压是最高的，这时的血压称为"**收缩压**"；当心脏在两次心跳间休息时，血压下降，这时的血压称为"**舒张压**"。血压总是用这两个数字来表示，两者都很重要。

在描述血压时，通常是写成一上一下或一前一后，比如 120/80，上面的数字表示收缩压，下面的数字表示舒张压。测得的血压值为 140/90 被认为是高血压，而 120/80 对于心血管来说是正常的［National Institute of Health（NIH），1996］。血压在常规的一天内都在波动，这取决于活动水平。例如，睡觉时血压会下降。有些人的血压总是很高，或者在大部分时候都很高；这种情况如果不进行治疗，可能会导致严重的医学问题，如动脉硬化（动脉变硬）、心脏病（血流减少造成心脏供氧不足）、心脏增大、肾脏损坏或中风（NHI，1996）。

**谁处于危险中？** 任何人都有可能患上高血压，但较之白人，高血压在非洲裔美国人中更为普遍。在成年早期及中期，男性得高血压的概率比女性高，但是随着年龄的增长，有更多的女性患高血压。停经后女性患高血压的概率与同龄男性一样。在年龄较大的群体中，男性和女性患高血压的比例都会迅速增加，一些中年人已经患有高血压，有一半以上超过 65 岁的美国人患有高血压。遗传因素可能会使某些人更容易患高血压，一些儿童也会患高血压（NIH，2004b）。

NIH（2004b）提出了一些有助于预防或控制高血压的生活方式，包括：

● 食用健康食品，包括水果、蔬菜及低脂食品。

● 在饮食中减少盐和钠的摄入。

● 减轻体重以及保持健康体重。

● 保持身体活跃（如每天步行 30 分钟）。

● 限制酒精的摄入。

● 戒烟。

药物有助于降低血压，建议处于中年期的人每年定期检查几次血压，许多社区里都提供免费量血压的服务，如社区里的诊所、药房、教堂和学校。高血压的高危人群可以购买血压计在家自己量血压。DASH（阻止高血压的饮食方法）饮食计划强调新鲜水果、蔬菜、低脂饮食、谷物、鱼类、家禽及坚果，并且已经显示出对血压有积极的影响（"Fact About the DASH Eating Plan"，2003）。

**胆固醇**是一种在人体中自然产生的白色蜡状脂肪，被用于建造细胞壁及制造某些荷尔蒙。在过去 15 年里，"胆固醇"已在健康领域成为有名的术语。饮食里含有太多胆固醇，会阻塞动脉，最终阻碍血液提供给心脏。高胆固醇是诱发心脏病的主要危险因素。美国胆固醇教育项目建议人们从 20 岁开始检测胆固醇水平，35 岁以上的男性和 45 岁以上的女性应该每五年检测一次。胆固醇水平可通过简单、便宜的验血来检测，HDL 被认为

是可以清洗血管的"好"胆固醇；LDL 的累积会阻塞动脉，是"坏"胆固醇。参见表 15—1 中的血胆固醇水平（NIH，2004b）。NCEP 已经在网络上提供了一种计算方法，这样你可以自我评估患心脏病的风险（National Cholesterol Education Program，2005）。

**表 15—1                        血液中胆固醇水平**
ATP 分为：LDT 胆固醇、总胆固醇、HDL 胆固醇（mg/dl）（9~12 个小时后快速获得完全蛋白质外形）。

| LDL 胆固醇——治疗的首要目标 | |
| --- | --- |
| <100 | 适宜 |
| 100~129 | 接近/高于适宜 |
| 130~159 | 稍高 |
| 160~189 | 高 |
| ≥190 | 非常高 |
| **总胆固醇** | |
| <200 | 理想 |
| 200~239 | 稍高 |
| ≥240 | 高 |
| **HDL 胆固醇** | |
| <40 | 低 |
| ≥60 | 高 |

来源：National Cholesterol Education Program.（2001，May）. *NIH Publication No. 01-3305.* Bethesda, MD：National Institutes of Health.

改变饮食以减少饱和脂肪的消耗，以及通过有规律运动（散步、跑步、游泳、骑自行车、跳绳、溜冰、有氧运动）来提高活动水平，这两种方法可以增加有益的 *HDL* 胆固醇，并减少有害的 *LDL* 胆固醇。

吸烟，尤其是长期的吸烟，会导致许多健康问题。大量的实证研究已证明吸烟可能会导致心脏病、肺病、肾脏和膀胱疾病，以及许多类型的癌症。那些希望改变生活方式以促进健康的人，可尝试各种戒烟（和药物）项目，这不仅有益于自身，而且对整个家庭都有好处，因为大量研究已经证明，间接吸烟的危害比人们所认为的危害大得多（American Cancer Society，1997）。如今在香烟包装盒上都需贴上标签："吸烟有害健康。"在任何年龄戒烟的人，通常都宣称吃东西更有味道、呼吸更容易、活动的持久性更强，以及感觉更有活力——而且这对周围的人也有好处，因为

他们再也不散发烟臭味了。戒烟永远不会太晚。与吸烟有关的疾病每年要花费美国人数以亿计的医疗费用，还会伴随因失去无法放弃该习惯的爱人而产生的情感灾难。

## 癌症

对于 40～60 岁的女性来说，乳腺癌是主要的死因。结肠癌与肺癌也是男性和女性的主要死因。研究者估计，美国每年有超过 18 万的女性被诊断出乳腺癌，在这一人生阶段，卵巢癌与子宫癌也较为普遍（Midlife Passages，1998a）。一些先天因素可能使一个人容易患上癌症，但实际上几乎所有的专家都一直认为约 80％ 的癌症是由环境因素所致的，诸如香烟中的有毒物质、空气、饮水、食物、医学治疗以及工作场所里的危险（Doress-Worters & Siegal，1994）。

吸烟是第一种可控的致癌因素，导致至少 30％ 的癌症病人死亡（Doress-Worters & Siegal，1994）。曾经患过癌症的人，有更高的风险进一步患上癌症，其他的危险因素有：

● 贫穷。在被诊断出患癌症的人中，那些有财源的人比贫穷的人活得更久。

● 长寿。那些活得较长的人患某些类型的癌症的可能性也较高。对于女性而言，大概 35 岁的时候癌症的发生率就开始上升，对于男性而言，这个时间会晚点。

● 性别与种族。死于癌症的男性比女性多，黑人比白人多。

● 家庭。遗传因素对于某些癌症的发生率有影响。要将患癌症的家族倾向告知任何医护人员（Doress-Worters & Siegal，1994）。

许多年前，癌症是人们轻声说的"那个 C 开头的词"，如今许多社区已经有癌症支持性群体，以帮助癌症患者和其家属应对这个严酷的考验。全球范围内的研究者在理解和治疗癌症方面每天都有科学突破。

530

## 脑部

"巴尔的摩老化纵向研究"发现，在 70 多岁的人中，超过 25％ 并未显示出记忆力或推理技能的衰退，在 80 多岁的人中，许多人显示出少量的衰退（Browder，1997）。近来有研究表明，人们可以通过保持智力上的活跃、继续从事问题解决活动、运用挑战性的思维过程来减慢脑细胞损失的过程。中年人应该继续积极地学习：学习并使用新词、玩拼字游戏、参加猜问题（Jeopardy）及谁当大富翁（Who Wants to Be Millionaire）等比赛、展现创造力、尝试新的业余爱好、以其他方式参加大学课程或继续教育、指导别人、参加演讲团体、参加老人之家项目等——换句话说，也就是指任何可以使自己保持以动脑筋的方式参与到这个世界的事情。

**中风**，或脑中风，发生于当血液无法循环到脑部的时候。脑细胞会死于血流量降低和缺氧。这时阻塞或出血都有可能。中风是美国人的第三个主要杀手和致残的最普遍原因。每年超过 50 万的美国人发生中风，其中 16 万人因此死亡。中风发生于各个年龄群、两种性别以及每个国家的所有种族。非洲裔美国人的中风死亡率是白人的两倍。高血压、抽烟、心脏病、有中风史、糖尿病等，被认为是中风的危险因素 [National Institute of Neurological Disorders and Stroke（NINDS），2004]。这种脑部疾病将在第 17 章较详细讨论。

**帕金森症**属于运动系统病变，很可能出现于中年晚期，通常影响 50 岁以上的人，帕金森症发作的平均年龄是 60 岁。四个主要症状是：手、臂、腿、颚及面部的抖动；肢体和躯干僵硬；行动减慢；定位不稳或平衡与协调受损。每年大约有五万美国人被诊断出帕金森症。演员 Michael J. Fox 是帕金森疾病研究的著名代言人。男性和女性患帕金森症的可能性几乎相等，而且不受社会、经济及地域的限制。一些研究显示，较之白人，非洲裔美国人和亚洲人较少患这种病。目前还没有治愈帕金森症的灵丹妙药，但是各种药物可明显缓解症状（NINDS，2005）。

阿尔兹海默症（AD）有时会发生在中年，但这种脑部疾病更有可能在 65 岁以后出现。AD 发病很缓慢，最先出现的症状仅是轻微的遗忘。轻微的记忆丧失也是许多女性在停经期间复杂的荷尔蒙变化的一种症状，许多中年女性发现自己忘事的时候，会担心自己是否患了阿尔兹海默症。这种痴呆和记忆丧失的形式在第 17 章会进行详细讨论。

在任何年龄饮酒（一种镇静剂）都会降低脑部活动，这反过来影响警觉、判断、协调和反应时间。众所周知，饮酒增加发生意外和伤害的风险。一些研究显示，年龄大的人比年轻人受酒精的影响更大。长期饮酒过度损害脑部和中枢神经系统，还会损害肝、心、肾与胃。当酒精与处方药或成药混合使用时，往往是有害的（甚至是致命的）。年老的身体吸收或处理酒精或其他药物不像年轻的身体那样容易。有些人可能因为环境因素，比如失业、被迫退休、健康状况下降、婚姻破裂、失去亲友或爱人等，而在生命晚期产生饮酒问题。然而，慢性酒徒已经喝了很多年的酒。一旦一个人确定他或她需要帮助，那么会有许多可获得的有助于改变这种损伤脑部的行为的治疗方法（National Intitute on Aging，1998）。

### 思考题

与老化有关的潜在的癌症或脑部疾病有哪些？为什么它们会如此威胁生命？

## 处于艾滋病危险中的中年男女

事实上，自从 1981 年艾滋病（AIDS）开始流行以来，已经大约有 90 万美国人被诊断为患有 AIDS——而 AIDS 在中老年增加的速度要比 40 岁以下快得多（National Center for Health Statistics，2004a）。然而，美国感染 AIDS 的实际数量可能已经达到 95 万人，因为还有许多人并不知道自己已经感染。该流行病在少数民族中迅速蔓延，是 25～44 岁非洲裔男女的主要杀手（National Institutes of Health，2005）。

许多年来，男性同性恋及静脉注射毒品使用者似乎是最易受感染的人群。然后，病毒已扩散到异性恋人群，尤其是性活跃的青少年。中老年女性病例也在稳步增加，主要是停经后不再使用生育控制的女性（参见本章专栏"进一步的发展"中的《更多中年女性感染 HIV/AIDS》一文）。

女性越来越多受到 HIV 的感染，在全世界 3 500 万 HIV 或 AIDS 成年患者中，女性约占 47% 或者说 1 640 万人。从 AIDS 流行开始到 2000 年为止，估计有 2 200 万人已经死于这种病，其中 1 750 万例是成年人，包括 900 万女性，以及 430 万 15 岁以下的儿童（CDC，2000b）。

**危险因素** 儿童性虐待与 HIV 感染的危险之间的联系已经被几位研究者指出，且近来研究的结果强烈支持这种联系（Cassese，1993；Paone & Chavkin，1993）。在"女性跨机构 HIV 研究"（Women's Interagency HIV Study，WIHS）中，来自纽约、芝加哥、华盛顿特区超过 1 500 名女性资料揭示出，40% 的感染者报告说有儿童性虐待史（Cook，1997）。对于这些女性来说，性虐待、身体虐待或家庭虐待的历史，与她们从事易感染 HIV 的高风险性行为有很强的相关性。值得一提的是，儿童性虐待与使用毒品、以性交换毒品、支付保护费、多个性伴侣，以及与 HIV 高危险者发生性行为等，都是相关的。另一个危险因素是青少年或成年人的性侵犯。据估计，在美国，有超过 30% 的女性和将近 15% 的男性是儿童性虐待的受害者。针对妇女和女孩的性暴力在经历战争与冲突的世界各地区，都是一个主要问题。

据联合国报告，卢旺达估计有 25 万女性在有预谋的灭种和屠杀中被强暴。卢旺达乡村的 HIV 发病率已经从 1994 年这种冲突发生之前的 1％升至 1997 年的 11％。有调查发现，在卢旺达屠杀中存活的女性，有 17％检查出 HIV 呈阳性（World Health Organization，2004）。

**女性对男性传染 HIV/AIDS**　根据加利福尼亚大学旧金山分校研究者为期十年的研究发现，在从事异性恋性行为的男女中，女性比男性更容易受到 HIV 阳性伴侣的传染，而 HIV 阳性的女性把病毒传染给她们的男性伴侣的可能性是非常低的。在异性恋中感染 HIV 的危险因素有：（1）没有保护的被动性交；（2）不使用避孕套；（3）使用注射性毒品；（4）共用受感染的注射器械；（5）存在性传染病（Padian et al.，1997）。

**女性对女性传染 HIV/AIDS**　大多数已出版的对性传染病及 HIV 的研究并没有把女性之间性行为（WSW）作为严格的一类来检测。因此，这个群体的疾病传播情况还不是很清楚（Fethers et al.，2000）。1996 年 12 月，85 500 名女性被报告患有 HIV/AIDS，其中有超过 1 600 例被报告与女性发生性行为。然而，绝大多数人还存在其他危险因素——诸如注射毒品、与高危险男性发生性行为、接受输血、替代受精，以及因文身或穿洞所用的刺针污染等（Denenberg，1997）。在 333 名（来自1 648人）仅与女性发生性行为的女性当中，有 97％还有另一项危险——使用注射毒品。在 85 500 个病例当中，是否曾与女性发生性行为的信息有一半缺失，可能是因为医生没有探问这个信息，或者是这些女性不愿意说（CDC，1997a）。尽管女性对女性性接触传染 HIV/AIDS 的可能性显然很少，但是女性间的性接触应该被作为可能在女性之间传染的途径被考虑在内。女同性恋者必须要知道，所接触到的阴道分泌黏膜和经血，都是潜在的感染源。一个主要的预防方法是明确伴侣的 HIV 状况及有效使用隔开屏障

（CDC，1997b）。

目前的研究焦点是发展以女性发起的方法来避免性传播感染，包括 HIV 感染。较安全的性技术产品与"障碍物"有关，女性和男性都需要了解每种类型的障碍物的本质、相对效度、可利用性及如何使用。机械障碍物（如男性和女性使用避孕套、阴道隔膜、子宫颈帽）及化学性障碍物（如杀菌杀毒的杀菌剂），可以被单独使用或者合起来使用。食品与药品监督局通过研究发现，由于壬苯聚醇 9（译者注：一种杀精剂）是一种阴道刺激物，实际上会增加感染的危险性，因此对含有杀精剂的阴道避孕措施贴上警示标签（"FDA Recommend Warning Labels for Nonoxynol9"，2003）。可预防性传播病的两种杀菌剂正在非洲及美国研制，它们被用在阴道壁上来预防感染（National Intitute of Allergy and Infectious Disease，2005）。

HIV/AIDS 数量正在不断变化，且在中老年人群中迅速变成一个问题。在 20 世纪 90 年代，美国 50 岁以上带有 HIV 的人数翻了五倍。导致数量增加的原因是能够抗后病毒的药物已经成功研制，这使携带病毒的人们能够存活更久。然而，新病例也在不断出现。对携带病毒的老年人的治疗面临着一个挑战，因为他们易受到其他处方药的干扰，如心脏疾病、糖尿病及胆固醇含量等。医生也可能对传染者进行误诊，以为症状可能是由其他因素造成的，如停经、心力充血衰竭或阿尔兹海默症等。老年人可能更不愿意泄露自己的性史，停经后的女性也许觉得不再需要采用避孕措施来从事性活动，因此她们更易受到感染（McNeil，2004）。

**思考题**

　　为什么 HIV/AIDS 会在中年人尤其是女性中越来越流行？

### 更多中年女性感染 HIV/AIDS

　　尽管在美国 AIDS 一直被认为是年轻人的问题，但是也迅速变成中老年人的问题之一。美国 50 岁以上感染 AIDS 病毒的人数在 20 世纪 90 年代，翻了五倍，而且"据保守估计，现在已经有超过 10 万人感染"，Marcia G. Ory 博士说。Marcia G. Ory 博士是美国得克萨斯州 A & M 大学公共健康中心教授，也是 CDC 对美国老年人 AIDS 的 2003 年研究报告的合作者。"除非在青少年身上爆发新疾病，人类学家估计，十年后这些病例大多出现在 50 岁以上的人群中"（McNeil，2004）。

　　大量因素导致 HIV/AIDS 在中年人口中越来越盛行（见表 15—2）。原因之一是新生儿感染变得少得多，因此感染的比例就会发生变化。另一个原因是感染人群活得更久，不太明显的原因是一些人在生活中接触这种感染，因为这似乎不常发生，人们常常意识不到在生活中可能会接触到（尤其是那些长期婚姻关系者）。当他们意识到时，症状已经很严重，而且中年女性有几种特殊的接触感染的因素。

表 15—2　　　　　　　　　　　美国中年女性患 AIDS（1985—2003 年）

| 年龄 | 分布（占 AIDS 患者总人数的百分比） | 所有年份（人数） | 1985（人数） | 1995（人数） | 2003（人数） |
|---|---|---|---|---|---|
| 40～49 | 24.7 | 38 685 | 45 | 3 055 | 3 547 |
| 50～59 | 7.3 | 11 483 | 26 | 818 | 1 253 |
| 60 | 3.3 | 5 221 | 38 | 335 | 439 |

　　停经后女性似乎认为没有生育控制的责任，因此会错误地不去保护自己免受疾病困扰。伴随老化的特定生物变化使中老年易于感染 HIV。更年期间，阴道壁变得更薄且易于破裂，随着年龄的增长，阴道酸性下降，使得女性更易于受到排尿管感染并接触 HIV。免疫系统的改变也会增加 HIV 的易感性。

　　被认为是年轻人所拥有的主要行为——药物使用，也开始出现在老年男性和女性中间。现在的中年人成长在 20 世纪五六十年代，那是一个"自由之爱"的年代，而且美国文化越来越接纳药物使用。据《纽约时报》报道，60 岁的 Patricia Shelton 自从 1990 年以来就知道自己的 HIV 阳性状况，在她 20 多岁及 30 多岁时，她是一个"秘密海洛因成瘾者"，在华尔街做一份秘书工作，养活自己的子女。"我们中大多数现在是幸福的家庭主妇，成为母亲及祖母，也是社会的多产者"，她说。

　　一旦诊断出 HIV/AIDS，老年人需要更多的照顾。许多 HIV 阳性的女性报告了月经周期的变化，包括更长或更短，不规律或疼痛，无月经，即没有月经周期，这种情况有三倍可能性发生在 HIV 阳性女性中。首先，这被看作过早的更年期，卵巢功能衰退，最后停止。然而，侦查出 HIV 阳性女性的 FSH（刺激卵泡荷尔蒙）水平并不会显示出真正的绝经（Marks，1998）。

#### 女性 HIV 表现

　　研究发现，使女性受到感染的最普遍的原因是阴道酵母传染、扩大的淋巴腺节点、极度的疲惫，接着感染细菌性肺炎，她们往往会求助于医疗关注。1993 年，子宫颈癌被增加到定义 AIDS 的条目中。当子宫颈显示出癌变危险时，可以通过 Pap 污迹典型来侦察。HIV 阳性女性在检查出阳性之后，30%～40%Pap 污迹发生变化。HIV 阳性的女性比阴性的女性患慢性子宫颈癌通常更严重。

　　在心理水平上，HIV 阳性的中老年女性可能会自我诊断直到病情相当严重，一些人负担不起医疗费用或充分的服务，或者相信自己为了照顾别人而没有时间来关心自己。Alexandra Levine 博士进行了"女性 HIV 研究"，提出美国女性在知道自己 HIV 阳性时很可能经历的一种复合的疏离感（Marks，1998），有 2 000 名受试者参与该研究，大多数说她们从未遇见过或与另一个 AIDS 女性一起生活过。更加复杂的是，需要长辈关心的 HIV 或 AIDS 患者面临着老人院的歧视，大多数必须依赖于家人关心，这一点对于一些人而言并不是一项选择。而且，基于对态度和健康的跨文化研究，许多感染 HIV 的少数民族成人可能会相互寻找支持而不从健康机构或社区资源中寻求帮助。

533

## 压力与抑郁

中年常常与变化和调适相伴——孩子离开家、年老的父母搬来住、潜在的离异或再婚、工作的变化、退休、搬家、孩子们带着孙子回家等等。中年也常常与损失联系在一起——被迫提早退休、传统退休、身体的变化或是健康下降、配偶的去世、父母身体健康或是死亡的损失等等。Samuels（1997）在《中年危机：帮助病人应对压力、焦虑和抑郁》中指出，抑郁和物质滥用在中年期成年人中是普通的但是却常常未被识别和认真对待。按照 Samuels 的观点，中年期主要的抑郁是普遍的；大约 2% 的中年人经历主要的抑郁。随着年纪的增大，抑郁与增长的死亡率和自杀联系在一起，甚至在控制身体疾病和残疾之后还是如此。Samuels 博士评论道，通过在检查中使用各种各样的评分量表，内科医生关注病人生活中的变化和损失，将其视为重大的抑郁预测值，因为自杀风险随着年龄增长而增加，特别是在成年男性中。

情绪失调的人很可能用酒精或是滥用其他物质来进行自我治疗（约 1/8 较年长的成年人具有与酒精滥用有关的问题），并且这些人中 1/3 在生命晚期形成了与年龄的心理压力有关的酒精问题（Samuels，1997）。对成人生活史的分析是一种完整的身体、神经和精神状态测试，可以帮助评估一个病人是否承受着多种不同的压力源和抑郁。个体化的治疗法则是应当建立的，它理应囊括生活方式的变化或是抗抑郁药物的治疗。其目的是给病人以全新的控制意识，以及消除压力源或发展对于那些不能被消除压力源的应对策略。抑郁是一种可治疗的疾病，并且许多组织为面对复杂问题的中年期病人提供支持和教育资料。

研究表明了一种成年抑郁比率的 U 形曲线。高比率发生在青年期，而后是生命的晚后期。这种分布不仅反映在非洲裔美国人中，而且也可以在白种美国人中找到（Turnbull & Mui，1995）。然而值得指出的是，大部分成年抑郁的研究在本质上都是横向的。这种方法并不太适合解释与年龄有关的或是代际差异，因为它使老化和同辈的影响变得混乱（Paludi，2002）。

## 性功能

美国人已然固定下来关于不同年龄群体性生活的刻板印象（Laumann et al.，1994）。他们认为年轻的成年人性生活最活跃——他们渴望、尝试并且获得最多的性。他们认为中年人具有最多的性知识和技巧，而同时他们认为老年人是无性的或是性冷淡的。年岁比较大的人表现出对性的嗜好被认为是不道德和不光彩的。例如，我们年轻型社会认为 65 岁大的男人身上如果出现 20 岁男性气概，那么会被视为好色而很可能被标定为"肮脏的老男人"。尽管这种模式如此刻板，William H. Masters 和 Virginia E. Johnson（1966）对人类性的经典研究还是揭示出性效能未必随着人类年龄增长而消失。与他们其他的活动一样，人们的性能力在生命的晚年也许不会像早年那样拥有同样的身体能量，但是 Masters 和 Johnson 发现，许多健康的男人和女人在 80 岁甚至以上确实有性功能。虽然悠悠岁月不饶人，但是它未必消除了性欲望，抑或阻碍了性的实现。

人类的性兴奋是情感、认知以及心理过程复杂互动的产物（Marx，1988；Morokoff，1985）。但是在太多的案例中所发生的事情却是年岁较大的人逐渐接受对于他们无性的社会定义；他们成为这个神话的牺牲品。相信他们将失去自己的性效能，变成一个自我实现的预言，并且一些年岁较大的人确实失去了性效能，即使他们的身体并没有失去性反应的能力。当一些男人在大量的性尝试中不能达到或维持勃起时，他们无性这样的观念会被强化。这在任何年龄组的男性中发生都是很平常的，并且可以与压力、疾病或是嗜酒关联。实际上，对失败的恐惧在年岁大的男人中是普遍的。常常是，妇女没有意识到她的伴侣的害怕，并且她误解了他无兴趣的警示。

尽管如此，变化确实随着年龄增长在发生。超过 50 岁的男人发觉达到勃起对于他们来说需要更长的时间。较老的特别是那些超过 60 岁的男性的勃起通常不像他们年轻时那样坚挺或完全，并且最大限度的勃起仅仅只是在性高潮之前。随着年龄增长，精子和精液的生产会减少，性高潮肌肉收缩以及射精的力量都会减少。性活动的频率随着年龄的增长明显下降。然而 Painter（1992）报告了他的发现：61% 的已婚夫妻在他们 50 岁时至少一周过一次性生活。

534

**中年美国人的性行为**

有一种刻板印象认为上了年纪的男人和女人是无性的，但是研究却表明，尽管随着年龄的增长，性活动的频率常常会下降，然而许多男人和女人直到中年或老年还是性活跃的。已婚和同居伴侣拥有最多的性。可是，对某些医疗问题的药物治疗会带来影响性活动的负面效应。

总体来说，研究者发现个体性活动在 20～39 岁时的一般水平与他们在晚期性活动的频率高度相关（Elias，1992；Tsitouras，Martin & Harman，1992）。因此，如果男人从他们早年就将性活动维持在高水平上，并且如果急性甚或慢性的健康不佳不来添麻烦，那么他们能够持续某种形式的积极的性表达一直到较大年纪。然而，如果年岁大的男性长时间没有被刺激，那么他们的回应力就会永久地失去（Masters & Johnson，1966）。内科医生发现，许多医学问题在性方面证明了他们自己。那些影响男性性表现的医学问题包括糖尿病，此病在大约 10% 的超过 50 岁以上的男性中发生。

佩罗尼氏疾病——阴茎内部组织的伤疤，对那些患糖尿病或高血压的男人而言更普遍。心理抑郁也常常与性欲的降低有关。近几年，内科医生已然注意到治疗心脏病、高血压和冠状动脉疾病的药物对性产生的副作用。例如，用来控制高血压的封堵剂减低了血液向盆骨区的流量。在年轻人中这可能没什么关系，但是对上了年纪的人，这个结果却常常是阳痿（见图 15—3）。

Masters 和 Johnson（1966）也指出没有任何理由认为更年期或年龄的增长妨碍了性能力、性表现或是对女性的吸引。从根本上来说，较大的妇女反映得和她们较年轻的时候一样，并且她们继续能够有性活动和性高潮。年纪大的女性润滑趋向于比年轻时慢，并且阴道壁变得越来越薄。这意味着剧烈的性活动会很容易使组织受刺激或撕裂。男性的温柔以及使用人工阴道润滑剂可以使这种困难最小化。与年纪大的男性一样，年纪大的女性拥有的性高潮肌肉收缩也明显少了。年轻的女性平均收缩 5～10 次，而年老的女性则平均 3～5 次。

美国男性似乎变得越来越注意他们自己的敏感性和人性。私底下讲，他们逐渐认识甚至支持他们的温柔、独立、软弱、伤痛等等情感。但是他们中的许多人，尤其是上了年纪的男人还不能随意谈论这些传统上"非男子气概"的情感。许多男人越发意识到他们自己的敏感性和人性；在过去 20 年女性已然越发注意到她们自己的性。越来越多的女性厌恶了这种传统的聚焦于男性勃起、男性插入以及男性性高潮的性关系模式。女人则越发接纳她们在性方面认可的自己并且试图让她们的伴侣也喜欢它。

了解各种不同性行为的普遍性和这种普遍性如何随着年龄以及其他因素变化的需要不是严格意义上的学术问题。我们特别希望通过研究性行为来理解和挑战包括艾滋病病毒在内的性途径传播疾病的流行。很显然，测量多种不同种类的私人行为是很困难的，尤其是由于潜在的尴尬和窘迫而难以对他人言说的行为（Barringer，1993；Lord，1994）。鉴于这样的警示，我们关于美国成年人性行为最好的资料来源就是 1992 年实施的《国家健康与社会生活调查》。它囊括了年龄在 18～59 岁的 3 000 多个男性和女性组成的典型样本进行访谈的回答（Laumann et al.，1994）。此调查关键的发现有：

● 已婚或同居伴侣拥有最多的性。40% 的已婚夫妇和 56% 的同居伴侣有一周两次或更多次的性交，并且比起独居的单身，他们更喜欢他们的性生活。

● 在过去的一年，只有 2.7% 的男性和 1.3% 的女性表示他们有过同性性行为。

● 大约 20% 的男性和 31% 的女性从 18 岁起只有唯一的性伙伴；21% 的男性和 36% 的女性有过 2～4 个性伙伴；23% 的男性和 20% 的女性有过 5～10 个性伙伴；16% 的男性和 6% 的女性有过 10～20 个性伙伴；17% 的男性和 3% 的女性有过 21 个或者更多的性伙伴。

● 在美国人中，婚外性是例外，不是惯例。将近 75% 的已婚男性和 85% 的已婚女性表示他们根本没有不忠实过。

自 20 世纪 70 年代起，媒体将性从私人领域移至公共领域。媒体所描绘的"更自由"的职业女性也介绍了以性吸引为基础竞争和成功就职的必要性以及改变自己以迎合美女的媒体形象。1992 年《国家健康与社会生活调查》中最年轻的组似乎因改变性角色和定位承受着社会混乱的主要压力，此时，女性更公开地反抗家庭虐待、职场的性骚扰或歧视、约会强奸以及其他的女性虐待。强势的广告持续不断地错误地将男性和女性先入为主地描绘为具有年轻的外表以及性满足的对象（Laumann et al.，1994）。

### 思考题

总的来说，研究讲述了中年人性频率、性表现以及性健康的哪些内容？

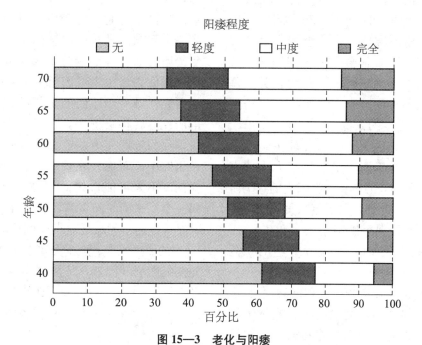

**图 15—3　老化与阳痿**

本图显示了根据年龄和程度所绘制的阳痿发生率。此研究是基于马萨诸塞州的男性对一系列有关前六个月期间性能力问题的回答。

## 认知功能

就如本章早先所指出的那样，随着年龄增长，人们的身体在几个不同的方面发生着改变。身体的变化，例如头发变灰白、面部起皱纹，是很明显的并且能通过旁边的镜子很快加以证实。但是认知怎么样呢？年岁大的人的认知能力也会发生同样的变化吗？如果答案是肯定的，那么是如何变化的，同时又是以何种方式变化的呢？试图解决这个问题的调查研究已然产生了混合的结果：是或不是以及视情况而定。

### 研究发现：方法论问题

大部分与年龄相关的认知差异的数据都基于 IQ 评分，并且是通过使用横断研究方法而制成的列表。应用横断方法的研究结果表明，对大部分人而言，当他们 20 岁的时候，整体构成的 IQ 达到了一个顶峰，并且维持 20 年稳定，然后是显著地下降（Schaie，1994）。记得从第 1 章起横断研究采用了"快照"的方法。研究者安排一大组不同年龄的个体在大约同一时间进行智力测试且比较他们的表现。横断研究的一个主要弱点是"关于可比性的不确定性"常常会是一个问题。也就是说，我们可能根本不确定被试间年龄相关性差异不是其他变量或事件的产物。例如，50 岁的人所得平均分可能比 20 岁的人低——这并不是由于他们的年龄差异，而是因为他们可能较少经历标准化测试。而且，相对于高中毕业后在大学读书的大量同辈人，许多今天的中年人在人生的这个阶段正在完成大学学业。此外，数十年来美国女性在大学中明显不足，但是现今她们是大多数。另外，超过 40 岁的女性占今天非传统有家大学生的 60%（Peter，Horn & Carroll，2005）。

恰如心理学家 Schaie 和 Willis（1993）所指出的那样，成年老化的横断研究没有考虑到智力测验所表现出的代际差异。由于教育机会的增加以及其他社会变迁，美国的后代表现水平逐步提高。因此人口的测量智力（IQ）在增高。例如，当比较不同代的成年人——80 岁和 40 岁时，实际上你正在比较生活在极为不同的环境中的人。于是，横断研究倾向于用与实际年龄有关的差别来混淆代际差异。

研究者使用纵向研究方法数年来研究相同的个体，这更像是一个个案史。当这种技术被使用时，结果则相当不同：总体或全部 IQ 趋于升高，直到 55 岁左右以及之后则逐渐下降。实际上，大部分成年人中年时在一般的智力功能上都没有下降，并且在整个 60 岁、70 岁甚至更大的年龄都几乎没降低。可是，对于研究者而言，纵向方法也有一个问题。横断方法倾向于放大或高估智力随年龄增长而下降的趋势，纵向方法却趋向于最小化或低估它。一个原因就是一些人久而久之退出了研究；另一个原因则是年龄最大的人随着十年的研究过后将会逝去，这种可能性较大。一般来说，那些较有能力、健康的并且聪明的主体会留在研究中，而那些在智力测验中表现平平的人则倾向于不太可能做纵向重测。于是，随着被试在每一个后来的时间重测，研究者就剩下越来越小的甚至偏性样本。最近对纵向剖析的分析发现，18～60 岁的成年人中，至少需要七年在认知测试间弥补重测的影响（例如，从测试本身习得的积极效果）（Salthouse，Schroeder & Ferrer，2004）。

### 思考题

在寿命期限内的被试智力上横断和纵向研究出现的问题是什么？

## 认知能力的变化过程

就像我们在第 7 章所看到的，化合物是一个单一的总体，而在相同意义上智力却不是一个统一的概念。人们不是仅具有单一智力，而是具有复合智力。因此，不同能力随着成长可以遵循截然不同的路径（Neisser et al.，1996）。许多智力的传统测量集中在学术环境中有用的能力。例如，测量言语能力的测试就趋于显示在 60 岁以后变化很少或没有下降，而测量表现的那些测试则确实似乎有所下降（Schaie，1989）：

●"言语分数"常常来自一些测试。在这些测试中，人们被要求做一些言语上的事情，例如解释一系列单词，解决算数故事问题或判定两个目标间的相似度。

●"表现分数"通常基于人们做某事身体上的能力，例如装配拼图或是按照数字填符号。

**流体智力与晶体智力**　一些心理学家在**流体智力**（在新环境中做原初适应的能力）和**晶体智力**（在稍后场合重新使用早期适应的能力）间做出区分（Cattell，1943，1971）。流体智力（Horn，1976）一般通过以图和非文字材料（字母序列、矩阵、迷宫、分块设计以及图像安置）的方式通过测量个体在推理方面的熟练度来测量。大概流体智力是"脱离文化"的，并且是立足于个体基因和神经结构之上的。晶体智力常通过测试个体对单词表中的概念、短语以及科学、数学、社会研究和英语文学领域的一般信息的意识来衡量的。晶体智力是在社会体验的过程中获得的。晶体智力的测试分数最受正式教育的影响。它常常随着年龄的增长而增高，或者至少不下降，但流体智力却在晚年随着年龄的变化而降低（Gilinsky

& Judd，1994）。

在最早发表的理论说明中，卡特尔（Cattell，1943）认为流体能力是"区别和观察一切新的和旧的基本因素间关系的一种纯粹一般的能力"。卡特尔假设流体能力会增长直到青少年期而后缓慢下降。并且，流体智力是在对孩子做的能力测试以及对成年人所做的"加速或适应需要"测试所发现的一般因素（g-factor）的诱因。另一方面，晶体智力是随年龄变化而增长的。在理论上，重要的心理学区分位于过程（流体智力）和产品（晶体智力）之间（Cattell，1963）。

那么，智力真的随年龄增长而下降吗？当数据在流体智力与晶体智力的框架里收集和检视时，答案则为"是"和"不是"。它取决于你如何定义智力。"西雅图纵向研究"历经了 35 年测试了超过 5 000 个成年人的能力。结果清楚地显示，在所有智力能力上并没有与年龄相关变化的统一模式（Schaie，1994）。大部分参与者在 60 岁之后的大部分能力中并没有在统计意义上减少，仅仅在某些能力中有所减低。唯一随年龄变化而能力下降的测试与表现的速度有关。研究发现，流体智力在成年早期倾向于下降，但这些缺陷被晶体能力抵消。它已然保持平衡或增长至中年，然后才是轻微的下降（Schaie，1996）。较大的学生回到大学常常在学业上表现优异，是因为他们的晶体智力——凭借他们的人生经历，他们将理论转化为实践（参见本章专栏"人类的多样性"中的《中年大学生的策略》一文）。"西雅图纵向研究"拓展调查了有关年龄增长的认知方式、个性特质、生活方式以及家庭环境等对认知老化的影响（Schaie et al.，2004）。

## 认知能力最大化

一直到最近，健康成年人的特殊表现尚未被研究者深入研究。然而，在过去的几年间，对特殊成就和特殊表现的兴趣得到提升（Gardner，1993a，2000a；Schultz & Heckhausen，1996）。

不同的方法也正在被使用来探索杰出人物的行为。一种方法就是研究特殊人物的个体特征。这种方法由加德纳（Howard Gardner，1993b）所倡导。他对不同智力的研究早在第 7 章就进行过讨论。加德纳争辩道，多元智力的重要性并不随个体的老化而降低，而仅仅是使这些智力更加内化，并且不那么可视了（Gardner，1999）。加德纳提出晚年特殊表现取决于才能的早期认同，以及通过给个体长期提供任务实践来对那种才能进行的培养（Gardner，1993a）。加德纳的大部分研究发现都是基于大脑生理学的进展以及在具体领域中专家、神童、天才的成就。按照加德纳（1983）的观点，才能的重要方面不是个体的天生能力，而是习得九种智力其中之一的资料的能力。加德纳认为，为了终身的追求，天生智力能力必须锻炼或经常长时间练习。

**保持杰出表现**　在大多数领域大部分精英或杰出人物在从儿童到成年晚期的全部时间其实都从事于专业领域。例如，数百万人在体育、音乐、视觉艺术以及象棋方面都很积极活跃，但只有很小数量的表现达到最高水平——这些都可以从他们所承受技能实践的时间和耐受长度来辨识。

表现者在成年以前很少能达到他们最优的表现，但是据发现，在那些整个一生都保持技能锻炼的人中，表现未必会不断改进。而就像 Leman 最初指出的那样，表现的巅峰年龄似乎在 20 岁、30 岁以及 40 岁。在诸如职业篮球这样剧烈的运动中，几乎没有 30 岁以上的精英运动员达到他们个人的最优状态。Michael Jordan，Cal Ripkin 以及 Mark McGuire 是这一法则的著名例外。肌肉训练

和一些认知活动被发现也是有相似的年龄分布的，主要在 30 岁左右（Simonton，1988）。创造一项杰出作品的概率明显随年龄变化而下降。然而，在小说写作、故事以及哲学方面，最佳的年龄则是在四五十岁。在年龄增长和专业知识上的一个共同假设即是，专家的年龄增长一般要比其他表现者慢。近来在杰出表现上的研究显示，在象棋（Charness & Gerchak，1996）、打字（Bosman，1993）以及音乐（Krampe，1994）等方面却并不是这么回事儿。年岁大一些的专家的卓越表现被发现是受到他们喜欢的专业领域相关任务的限制的。

**刻意练习的作用**　最明显的年龄相关性下降一般会在知觉运动表现中被观察到，就像在不同的运动中所展示的一样。在成熟的表现者身上，高水平的练习对于获得身体上的准备是必要的，而且当强烈的练习与儿童和青少年期身体发展重叠时，练习的效果会显得特别明显。大部分这些适应需要通过练习加以维持。当上了年纪的大师级运动员与年轻运动员在相似水平上比较时，许多生理测定值在他们之间并没有不同。然而，至少一些生理功能，如最大心率，不论是否有过去或现在的练习，他们都表现出年龄相关性的下降。在一些领域保持卓越表现的能力似乎依赖于从成年期一直到老年不断维持练习（Ericsson，2000）。

后被雇用，再与就业数据的商会核对一下。

### 约见你所选择工作领域的人

弄清该领域的一位成功人士如何安排教育路径。你需要一个大专文凭（两年）、学士文凭（四年）还是研究所的训练？提前计划来实现你的目标。有进入这个领域所需要的实习和现场经验吗？是有偿经历还是志愿经历？当第二轮找工作时，实际工作经验使一个人更具有竞争力。在你可以被雇用来做一份工作之前，这种职业资格需要通过国家认证测试吗？

### 使职业准备的经济压力最小化

网站、图书以及顾问将帮助你找到补助金和奖学金（你不需要偿还的钱）以及贷款（将来需要偿还的钱）的来源。从大学的经济资助办公室开始。如果你花时间去搜索，资金是可以得到的。私立大学提供补助金、奖学金或是半工半读费用，如果你符合标准的话，就可以获得。就去问问吧！对于少数群体（此处包括女性）、那些残疾的人，对于再培训等等，资金都是可以获得的。你现在所属的组织给你提供奖学金了吗？如果你正在同样的领域进行再培训，问问是否有补助津贴。采取这种观念"有志者，事竟成！"

### 检查你的视力

你将用你的眼睛进行广泛的阅读、看录像、读布告板上的信息、通过显微镜凝视以及在电脑屏幕上阅读。

### 开始或维持常规练习制度

研究老龄化和大脑的顶尖研究者发现"有一种简单的方法来避免迟钝，保持体形"（Jaret，1996）。如果不锻炼采取久坐不动的生活方式，神经元则获得较少的营养并且不能快速运动电脉冲，以至于意识减慢，导致记忆问题。锻炼给你力量！作为一个美国大学生，你可以上体育课或者至少当你付过学费后，可以使用你已经付费的校园健身中心。许多健身中心和体育系开设游泳课、团体舞、太极拳、低强度有氧操、交际舞以及类似的活动。通过将锻炼制度作为大学日程表的部分，你更可能坚持这样做！在此，你可以得到帮助来选择适合你生活方式和健康水平的项目。

### 注意先前经验和专家意见的角色

从你所熟悉的科目的课程开始。一头扎进你并无背景的科目课程和全部项目的障碍是可以克服的，并不是不可以做的。场景：假设你是一个室内装潢设计师并且你已经决定成为一个工程师了。从一些人文学科的课程开始来体验一些成功，然后开始工学课程。如果你已经面对技术超过了 25 年，那么反过来也是正确的。从与你背景训练相似的课程开始，例如正式的电脑课程或是制图或设计课程。然后进入人文科学领域的学习。

### 变得有条理

如果可能的话，让你在一段时间里加以转变。不要太多太快。不但要熟悉校园版图而且要熟悉学术项目以及大学概况手册中大概的要求。与你们系主席预约面谈，弄清楚你是否走对了路以及是否选择了恰当的学位项目。务必首先注册选修课程（例如，在修发展心理学之前选择修普通心理学）。整理并在一个地方保存所有官方文件。

### 保存你的大学概况手册和成绩单

务必取得和保存你自己的那份大学概况手册。它是你为了你的学位项目而与大学形成的合约。你也许需要向你就学的下一个大学的人员或是国家认证人员出示课程成绩单和学历要求。提示：大部分大学在手册大纲中都有免责声明，即学生理应遵循手册目录中印制的学位计划。

### 联系其他中年学习者

学校里有成年学生的小组或俱乐部吗？如果没有，与你们班的中年学生一起开办一个吧。社会支持被证明可以提升心理、身体以及情绪健康。你们也将相互给予重要的建议。许多来自工作世界的成年人习惯于感受与支持网络的联系。

**了解远程学习班**

如果你很少有时间去参加课程，如果你是一个受纪律约束而专注的学生，或者如果你正在往返于很远的路程去上课，那么你可以注册能够使用家庭电脑的课程，这样既节省了时间又节省了钱！跟校园注册人员联系吧。

**学着使用电脑——这很必要**

大多数大学有关于计算机操作系统、软件程序或是使用电子邮件和互联网的简易课程。学分制课程可以教你如何使用电脑来做电子数据表、文字处理、数据库、艺术作品、上网以及其他信息的检索。

**不要计较短期损失——展望未来之路的宏大图景**

不要让一次小测验或测试的低分使你情绪低落。因为伴随着任何新的风险，都会有高峰和低谷。如果你遇到困难，就在你的学习帮助中心找一位免费家教（可以帮助你通过"不平坦道路"的学生）。我们没有任何一个人擅长一切事情。成年学习者倾向于对他们自己刻薄，且希望得全优。放松一点。如果你是一个听觉型学习者并且喜欢在小群体内工作，那么在主要的考试之前与班里的其他同学开办一个讨论小组。如果你是一个视觉型学习者，那么使用课本、课堂笔记以及与课本配套的学习指南。找指导老师要一份旧的考试题以便从练习中获益。

**中年学习者**

过去 20 年，美国女性在进入和完成中学后教育方面取得了长足进步。在所有 1990 年注册的大学生中，女性占到了每年年龄在 40 岁以及更老的学生数的 60% 还要多。大多数是单身父母，兼职工作，并且很可能还有要抚养的孩子。

## 认知与辩证思维

在保持专业认知方面，早期保持的练习所起的作用的证据非常地不广泛。诸如第二语言的习得，特别是口音和发音这样的能力，似乎在年幼时要比成年时更容易学习。杰出的表现不断改进一直到成年，特别是在 30～50 岁期间达到顶峰（Ericsson，2000）。

传统的才能观点认为，成功的个体拥有特殊的天生才能和基本能力。这与我们看到的证据并不一致。人们试图说明和测量天才才能的特征，根据这些特征应可以对成年表现早早确认和成功预测，然而这些努力失败了。专家和成就低的表现者之间的差异反映出所习得的知识和技能以及通过培训而发展的生理适应（Ericsson & Charness，1994）。所以，没有理由认为人类表现中发展的专业知识只限于像体育这样传统的领域。通过系统练习和培训，在一些每日活动如思维、解决问题以及交往中相似的变化是可以预期的（Jaret，1996）。无论是在像网球这样的体育运动中，还是像参与人类发展课程这样的大学继续教育项目中，该做的就是渴望、练习和承诺。成年人只有当不断在身体上和心理上保持活跃，才能获得成功的人生历程（Schwarz & Knaeuper，2000）。

如果我们看认知而不看智力，我们看到在后形式运算方面一种稍微不同的辩论出现了许多年。追溯皮亚杰的思想，他认为伴随着形式运算——表现抽象推理的能力，认知的发展在 15 岁左右就停止了。评论家则宣称，成年人的思维过程与皮亚杰所关注的逻辑问题解决特征从性质上是不同的。这些后形式运算让成年人进入了辩证思维的过程，这种思维并不坚持对既定问题或困境给出单一正确的答案，而是探索卷入问题的过程或要素的复杂且变化的理解。

一位**辩证思维**的支持者以这样的方式总结道：辩证思维是分析和使一个人所经历的与形式分析根本不同的世界有意义的组织方式。后者牵涉找到基本固定事实——基本元素和不变法则的努力；前者试图描述变迁的基本过程以及变化发生所依赖的动态关系（Basseches，1980）。后形式思维的一个例子就是对后文的理解，即家庭争吵可能不是任何人的"错"并且其解决也不涉及任何一方的"投降"或者改变处境的观点。相反，辩证方法则由理解不同或反对观点的优点构成，它考虑将它们整合进切实可行解决办法的可能性。解决问题的辩证方法是很显而易见的，例如当你思考你所处的同一问题的两面处境时，作为一个孩子与你的父母讨论，然后作为一个家长

与你的孩子探讨。后形式运算被归于上了年岁的个体的一个原因，是对于看到"更大"的图景，生活经历是必要的。Schaie 提出了认知发展的四阶段模型。它与皮亚杰的模型截然不同，因为它覆盖了整个寿命期限且并没有限定在成年前。Schaie（1994）的四个阶段如下：

1. 获得阶段。我应该知道什么？（儿童期—青少年期）

2. 实现阶段。我应该如何使用我在工作和爱情中所知道的事情？（成年早期）

3. 负责/执行阶段。在社会和家庭责任中我应该如何使用我的知识？（中年期）

4. 重整阶段。我应该知道什么？（老年期）

虽然第一阶段和第四阶段问题的措辞都一样，然而在第四阶段信息的获取是受一个人的兴趣、态度以及价值观决定的。一个上了年纪的成年人乐意在她或他的日常生活中面对的问题上付出努力。

**中年期和发散思维**

发散思维导致创造性回应，它需要想象、激励以及一个支持性环境。中年期被认为是创造性生产能力的巅峰时期。创造性经验被描绘为"流"，人们专注于此活动。

解决问题的兴趣会阐明认知的另一个方面——创造性。吉尔福特（J. P. Guilford，1967）区分了两类思维——辐合思维与发散思维。**辐合思维**非常像形式运算——应用逻辑和推理来获得一个问题的单一正确答案。**发散思维**更加开放，多种解决方法被寻找、检视、探查，因此导致了在有关创造性的测试上的被视为创造性的应答。创造性超出了问题的解决，并且透过了问题的产

生。一个具有创造性的人不仅仅解决问题，而且看到他人甚至没有意识到的问题。创造性似乎需要想象、激励以及一个支持性环境——这些特点直到中年才很可能为个体而聚结。这可以解释为什么创造性生产力的巅峰时期会在中年期（Kastenbaum，1993；Schultz & Salthouse，1999）。评价创造性的主要问题是难以界定获得创造力、独创性、应用性以及生产能力的标准（Aiken，1998）。科学艺术史表明，米开朗基罗、威尔第、歌德、毕加索以及莫奈整个一生创造了高度原创性的作品。从心理学视角来看，创造性导致"沉醉感"（flow）："人们如此卷入一种活动以至于看似没有什么其他的事情更重要的一种状态：经验本身是如此令人愉悦以至于人们将付出巨大成本，不顾一切风险来完成它"（Csikszentmihalyi，1993）。在此沉醉感的经历中，人们变得专注于活动，他们不去考虑自我、材料获取、安全或是个人发展等事情。为了完成一项杰作，艺术家废寝忘食、日夜思维。仿佛他们被活动所拥有而不能看透或脱离它。

541

> **思考题**
>
> 中年人如何使认知能力最大化？

## 道德承诺

某些个体中的道德发展导致了相似的某种"沉醉感"，因为像圣人一样，他们依然"献出他们精神力量的全部到所遵循的全部目标中，直至死亡"，在此程度上，他们倾向于做"好"活动（Csikszentmihalyi，1997）。近来，两个科尔伯格的同事开始发现那些致力于道德行为的个体是"道德模范"（Colby & Damon，1992）。在全美国进行广泛的搜索之后，他们找到了23个人，他们表现出所有下述特征：

● 对包括尊重人性在内的道德理想的持续承诺。

● 理想与行动间的一致性。

● 有为了个人的道德价值不惜牺牲自己的自我利益的意愿。

● 是其他人的激励力量，这些人后来活跃于道德工作。

● 保持工作和谦逊的重要性，并不关注自我。

这些道德榜样大部分正处于40岁、50岁、60多岁，并且他们是不同个体的集合。五位榜样被选出来做深度访谈以发现是什么使道德榜样"滴答作响"。五位中：

● 两位没有上完高中，一位上了一点大学，一位完成了大学，并且一位拿到了博士学位。

● 所有人都是信宗教的。

● 在政治上他们是：（1）保守派；（2）温和中立派；（3）自由派。

● 在职业上他们是一位部长、一位商人、一位客栈老板、一位民权发言人以及一位慈善工作者。

当访问这些榜样时，Colby 和 Damon 发现榜样们显示了巨大的能力来批判地审视旧习惯与假设、采取新策略来解决问题，并且他们不断遭遇新的和有趣的挑战，而同时又维持对他们特殊价值观、目标以及道德工程的忠诚。这就是保持道德稳定而不是在认知或行为上变得停滞的能力。Reverend Charleszetta Waddles 是其中一个榜样，并且通过她的活动你可以获得一个提示：道德行为是如何在日常影响人们的。

她喜欢别人叫她 Waddles 妈妈。她在底特律运作着"全民族灵魂救赎永久使命组织"。该使命组织每年帮助十万人，给他们提供食物、衣物、法律服务、家教以及其他服务中的紧急援助。她的最终目标是提升穷人的条件，帮助他们相信自己，并且鼓励他们对他们的生命完全负起责任。她力所能及地帮助来找她的任何人——例如需要钱做眼睛手术的妇女、需要怀孕建议的年轻女孩，或是在一场大火中失去一切无家可归的男人。当她不能找到其他的资源时，她常常用她每月 900 美元收入中的大部分去支付这些服务。Waddles 妈妈拥有八年级的教育，运作她的使命组织 30 年了，并且在那期间她养育了十个孩子（Colby & Damon，1992）。Waddles 妈妈于 2001 年去世，享年 88 岁，但是她的永久使命仍然在继续。

542

　　基于 Waddles 妈妈以及其他榜样的经历，Colby 和 Damon（1992）指出，正是道德承诺在成年期发展了——这与道德认知相左，它可以从科尔

伯格的假设中得到。足够有趣的是，Colby 和 Damon 发现大部分榜样都处于科尔伯格道德发展模型的 3、4 阶段间（参见第 9 章）。实质上，当成年人受社会的影响转变他们的个人目标，特别是当他们拥有"对变化和增长持续开放的意识，在大部分成人生命中，这种开放并非通常的预期"时，道德承诺的发展结束了（Colby & Damon，1992）。当保持个人稳定意识时，变化的能力又回到了辩证的认知。似乎成人拥有了轻松的时光，这也许是由于生活经历，他们能够参与考虑个人期望与社会需求相互呼应的辩证思维。在第 19 章中我们会看到自我与"他者"间对话的张力常常来自于宗教的归属。

---

**续**

　　具有重要意义的是，今天在生育高峰期出生的人于中年时比前代人看起来、行动起来以及感觉上都要年轻。实际上，中年期的界定特征开始变得越来越晚且持续得越来越长，以至于 50 岁具有仅仅是数十年前 40 岁的内涵。"T 恤衫们"宣布："50 从来没有看起来如此好！"许多杰出人物持续领导、报告或是娱乐，如布什总统，Diane Sawyer，Barbara Walters，Tina Turner，Meryl Streep，Susan Sarandon，Dan Rather，Harrison Ford，Al Pacino，Jack Nicholson 以及滚石。中年生育高峰期出生的人积极地变革如何看待"中年"的文化态度——这与美国这代人在 20 世纪 60 年代如何开始盛行的社会、政治以及文化变迁并不一样。在第 16 章中我们将检视中年期成人变化的自我概念，这些成年人通常正在重新评估亲密关系、重新建立生活优先事物、正在成为祖父母、正在转变职业投资或准备退休。

---

## 总结

**定义（或挑战）中年**

　　1. 与 100 年前相比，中年期年龄范围的界限已然变得更加具有流动性。在 1900 年美国人期望可以活到 47 岁左右，而今天的美国人希望可以一直活到 70 岁晚期。一些发展学家认为，中年可以

是从一个人的 40 岁早期持续到 60 岁晚期。

　　2. 到中年，机体的器官和系统运作与成年早期相比就不那么有效了，尽管这种下降是逐渐的。

## 感官和身体变化

3. 在运行数十年之后，人的身体比起它还是"新"的时候则不那么有效率了。7 500 万超过 40 岁的美国人正在经历一种正常的状况"老视"——眼睛的透镜开始变硬，失去了像年轻那样可以迅速调适的能力。其他眼睛"磨损"的症状包括青光眼、白内障、飞蚊症、干眼症以及眼肌退化。

4. 到 50 岁左右，1/3 的男性和 1/4 的女性在理解低声耳语时会遇到困难，然而，只有一小部分 50 岁的人群注定有严重的听力问题。

5. 到 40 岁，人们可能会注意到品尝能力的逐渐下降，因为味蕾以一个较慢的速度被替换，这影响到味觉。半数达到 65 岁的人被预知有显著的嗅觉损失。

6. 美国社会老龄化的男性和女性的外表是所谓老龄化双重标准的组成部分。随着许多男性变老，他们被认为"成熟"的或是"老练"的甚至是比他们年轻时更有吸引力。然而，对中年妇女来说却不是这么回事儿。她们很可能寻找美容治疗来使她们看起来更年轻一些，例如按摩、肉毒杆菌治疗或整容手术。一些中年男性，特别是那些经常在媒体露面以及身居"权力"地位的那些人也使用这些服务。

7. 身体构成或是肌肉和脂肪等的比例是一些中年期成年人主要关注的目标之一。肌肉群每十年平均下降 5%～10%，一般产生更多的身体脂肪。虽然肥胖与一些健康风险有关，然而低体重也是如此。瘦人很可能营养不良，他们也对如骨质疏松症、贫血以及感染等疾病更敏感。

8. 荷尔蒙 HGH（人类增长荷尔蒙），被开发用来治疗使儿童痛苦的侏儒症，现在已经成为流行的抗老方法。使用这些荷尔蒙治疗的医生被称为"抗老专家"。婴儿潮世代正在挑战自然老化的各个方面，五六十岁的人们的外表和行为典型地比过去几代要年轻得多。

9. 停经是更年期最容易识别的症状，以卵巢

的变化及与这些变化有关的不同生化过程为特征。也许最显著的变化是卵巢分泌的女性荷尔蒙（尤其是雌激素）的骤然下降。在西方国家里，完全月经终止的平均年龄在 45～55 岁，这个过程可分为三个阶段：停经前、停经、停经后，大约有 4% 的女性经历过早停经。与流行的神话相反，许多绝经的妇女没有极端的症状，也不会失去她们的性欲。荷尔蒙替代疗法（HRT）是一种缓解绝经症状的医疗方法，受到纵向研究的慎重检视。也可以选择其他医疗方法，如多吃富含大豆与钙质的食物、进行有规律的运动、保持充足的睡眠，以及使用减压锻炼等，这些都在推荐之列。

10. 停经后再生育现在已经通过荷尔蒙注射、捐赠卵子及体外受精等方法，变为可能。中年期生孩子，已经成为一种生物化学上的争议。

11. 到 40 岁为止，有 10% 的男性会发现前列腺增大，到 60 岁大多数男性都可能经历前列腺问题，如尿道排力减小、尿急尿频，而且排尿也会变得更加困难（常常要打断睡眠）。中年男性应该定期体检，医生可进行直肠检查及 PSA 检查。对于可疑的案例，可以通过进一步的成像技术或切片检查来确诊。前列腺癌是北美男性最普遍的恶性肿瘤，如果早发现且早治疗，患病男性可能还可以多活许多年。

12. 文化刻板印象经常描述四五十岁的男性会突然遭遇"中年危机"，为了足以当自己女儿的年轻女性而离开妻子、停止工作而成为流浪汉或者开始过度饮酒。这些困难通常被归因于"男性更年期"。尽管一些心理学家和社会学家驳斥男性更年期的这种观念，但另一些发展学家建议，中年男性确实会遭遇睾丸激素分泌逐渐下降的变化，这可能会导致力量与耐力的丧失，以及较易发生抑郁、肥胖、疲倦、性无能及酒精问题，或实际的身体疾病。男性对于中年变化的反应各不相同。

## 健康变化

13. 大量美国人有残障问题，其范围从关节炎、糖尿病、肺气肿，到心理失调。然而，人们仍然能够最大化改变他们的生活方式到进行各种有意识的健康运动，如有规律的运动、健康的饮食、充分的睡眠、停止抽烟、减少压力、适度饮酒及实践健康的社会习惯，来促进健康及长寿。

14. 有几项危险因素与心血管（心脏和血管）的健康有关。心脏疾病是主要的致死原因之一。这些危险因素包括高血压、抽烟、高胆固醇、家族病史、男性、糖尿病或肥胖。停经后，女性可能与男性有着同样高的高血压发病率。

15. 对于 40～60 岁的女性来说，乳腺癌是主要死因。卵巢癌和子宫颈癌在中年也很盛行。结肠癌与肺癌也是中年男性和女性的主要死因。抽烟、环境、贫穷、遗传等因素，都与癌症的较高发生率有关。

16. 中风，或称"脑中风"，发生于血液循环无法到达脑部的时候，脑细胞会死于血液的减少及氧气的缺乏。中风是美国人死亡的第三大主要元凶，是产生残障的最普遍原因。每年有超过 50 万美国人患中风，大约 16 万人死于中风。中风会发生在各个年龄群、两性及每个国家的所有种族里。阿尔兹海默症——一种严重的记忆丧失或痴呆类型，更可能于 65 岁之后出现。

17. 女性比男性更可能被 HIV 阳性异性恋伴侣所传染，中年女性成为 HIV 阳性的比率正在上升。

18. 一些主要的变化可能发生在中年，包括失去朋友和爱人。因此，中年人的抑郁和药物滥用是很普遍的，却常常很少被正确对待及治疗。年龄较大者的抑郁与死亡（或自杀）的增加有关，甚至会发生在控制身体疾病和残障之后。

19. 由于太多人这样说，所以老年人开始接受对他们性无能的界定，而成为这种神话的受害者。由于相信他们将会失去性功能而成为自我实现的预言，因此，有些老年人即使还没有失去身体的性能力却失去从事性活动的欲望。婴儿潮世代可能挑战这种神话。已婚和同居夫妇有着最高的性交频率。

## 认知功能

20. 测量言语能力的测验倾向在 60 岁以后出现少量或几乎没有的下降，而测量表现的测试却显示出下降。大多数中年认知功能的资料都来自横断研究，显示出 IQ 分数随年龄增加而降低，却没有考虑到 IQ 分数之间存在的代际差异。纵向研究的结果发现，整体 IQ 倾向于一直上升到 40 多岁中期，然后才逐渐下降。

544　21. 一些心理学家将智力分为流体智力（在新的情境中创造原始适应的能力）和晶体智力（在以后场合再次使用先前适应的能力）。与皮亚杰的生命全程认知发展模型相反，对后形式运算思维存在性的担忧已经受到很多年的争论。

22. 中年人可以通过规律地实践一段时间来使他们的认知能力最大化。即使专家也必须投入实践于他们的专长领域。Schaie 提出了生命全程认知发展模型，包括获得阶段、实现阶段、责任/执行阶段、重整阶段。吉尔福特区分智力为辐合思维（运用标准的逻辑和推理）与发散思维（创造力）。此外，成年中期被认为是创造思维的高峰期。

23. 一些处于 40 多岁、50 多岁及 60 多岁的人被确定为道德楷模，即他们不断示范并维持道德理想，包括对人性的尊重及为别人做好事。

## 关键词

| | | |
|---|---|---|
| 果酸（516） | 内分泌科医生（519） | 骨质疏松症（518） |
| 听力测验（514） | 飞蚊症（513） | 停经前（520） |
| 基底细胞癌（515） | 流体智力（536） | 牙周病（515） |
| 抑钙素（518） | 青光眼（512） | 停经后（520） |
| 心血管（525） | 荷尔蒙替代疗法（HRT）（520） | 过早停经（520） |
| 白内障（512） | 人体增长荷尔家（HGH）（519） | 老年性重听（514） |
| 胆固醇（528） | 高血压（528） | 老花眼（512） |
| 更年期（519） | 甲状腺机能衰退（519） | 前列腺（522） |
| 辐合思维（540） | 子宫切除术（520） | 前列腺炎（522） |
| 晶体智力（536） | 性无能（523） | PSA 检查（522） |
| DHEA（脱氢表雄酮）（519） | 体外受精法（512） | 类风湿性关节炎（518） |
| 辩证思维（540） | 黄斑部退化（AMD）（513） | 中风530） |
| 舒张压（528） | 黑素瘤（515） | 收缩压（528） |
| 利尿剂（518） | 干眼症（513） | 睾丸激素（522） |
| 发散思维（540） | 停经（519） | 道德模范（541） |

## 网络资源

本章网站将焦点放在成年中期的身体和健康变化、认知功能、道德承诺上，请登录网站 www. mhhe. com/vzcrandell8，获取以下组织、主题与资源的最新网址：

**男性健康办公室**
**女性健康办公室**
**早期停经**

**北美停经协会**
**Susan 医生对乳腺癌的关爱**
**美国老年协会**
**年长者的健康**
**AARP 政策与研究**
**国际老年联盟**

## 视频梗概——www. mhhe. com/vzcrandell8

在本章，你已经了解了成年中期的身体和健康变化、认知功能、道德承诺。使用 OLC（www. mhhe. com/vzcrandell8），观看成年中期视频梗概，来看看诸如停经、空巢综合征以及男性中年这些概念是如何来到 Lisa 和 Lewis 的生活中并改变他们生活的。根据工作满意度及埃里克森的生产和停滞发展阶段，这段说明还介绍了一些在下章"成年中期：情绪与社会性发展"中将要探讨的关键概念。

# 第16章

# 成年中期：情绪和社会性发展

## 概要

### 自我转变理论

- 成熟和自我概念
- 阶段模型
- 特质模型
- 情境模型
- 互动模型
- 中年期的性别和人格
- 人格的连续性和非连续性

### 社会环境

- 家庭关系
- 友谊

### 职场

- 工作满意度
- 中年转行
- 失业与被迫提前退休
- 双薪家庭
- 选择退休

### 批判性思考

1. 假设人生每个阶段可以根据目的来定义，例如，假设儿童的目的是游戏，青少年的目的是探索，成年早期的目的是安定，那么中年人的目的是什么呢？

2. 如果一位 55 岁的医生的舌头穿刺，你会怎么想？你会认为这个人的行为不成熟吗？

3. 你认为中年人中谁会更幸福：已婚并有工作、现在正在养育孙儿的人，还是保持单身且有钱和时间做他们想做的事情的人？为什么？

4. 假定工资与工作受欢迎度成反比，那你会选择收垃圾一年赚 15 万美元还是当一名一年赚 47 000 美元的外科医生？当使用这个方式考虑职业的时候，那么是什么因素会更激励你呢——经济保障还是工作满意度？

过渡和适应是成年中期的中心特征，就像在其他生命阶段一样，中年生活是一段回顾过去同时展望未来的时期，中年的一些变化是与家庭生活循环相关的（参见第 14 章）。许多中年父母，但并非全部，如今进入生命的"空巢"期，而一些中年夫妇刚刚开始他们的家庭，养育年轻的子女。

其他人已在照顾成长的子女或孙子孙女和年长的父母，我们称这些人为"三明治世代"。在工作场所也有一些变化，因为技术的先进性和国际的竞争，许多蓝领工人面临被淘汰的境遇，研究发现，这对非洲裔和西班牙裔中年人有着很消极的经济冲击。大多数白领和专业工作的中年人正在达到他们事业的顶峰，意识到现在必须勉强接受后期的职业变换。其他中年人必须找到新的内部资源来应付失业、提早退休、健康的下滑、失去配偶——或失去父母的情形。本章，我们将从个人的、社会的、职业的和文化的视角来检视成年中期的变化的情绪—社会性情境。

547  ## 自我转变理论

传统上，发展心理学家把他们的注意力聚集在婴儿期、儿童期和青少年期所发生的许多变化上。目前，中年正在引起大量注意，因为巨大的婴儿潮世代已经进入中年，正向社会要求很多资源，并反过来又促使社会发生变化（Lachman，2004）。然而，他们研究中最关注的暗含观点是每个人都有一套相对唯一和持久的心理倾向，这标示了他们与其他人和环境相互作用的整个过程，近来，已经发现成年人需要在成年中期决定中如何及在哪方面要继续发展并取得成就（Brim，1992）。大量关于中年生活的研究典型地聚集在以产阶级的白人为对象来探讨身体和智力变化，而且方法局限于横断研究，对象也多为门诊案例（已经有身体或心理疾病的人）。直到最近才有一些研究围绕着 45～65 岁各种中年人的情绪和社会性发展展开研究（Lachman，2004）。随着美国、其他的欧洲国家、日本等国家人们寿命的增加，许多发生在老年的事件现在已经提前发生在中年（例如，祖父母身份、退休）。

现在在 50 多岁时，许多美国男性和女性正要面对这样的事实，即生命是有时间限制的。有力的提醒发生在 50 岁所具有的象征意义里。根据生命全程，50 岁意味着走过了大约整个生命的三分之二的里程，但是因为 50 岁标志着半个世纪，50 岁生日带着一种强烈的象征性隐含意义，许多男性和女性视此为他们进入"生命后半部分"的象征……他们开始继续过余下的每个生日，而不是去计算他们已经到了多少岁。因为 50 多岁成为更加内省、自我评估的年代。（Sheehy，1998）

值得一提的是，近年来出现了发展的生命全程观，这种观点视成年中期为继续性和过渡性的时期，在这个时期里，个体必须适应新的生活状况，以及各种角色的过渡——在家庭、工作、社会方面等等。近来的跨文化和性别发展研究显示出，个体在成年晚期之前的转变期里可以选择多种途径（Lachman，2004；Plaut，Markus ＆ Lachman，2002）。所以如今可以看到两个 48 岁的人却处在完全不同的生活循环阶段，且变得越来越普遍——一个刚做父母，另一个已经做祖父母；或一个发展新事业，而另一个已经退休。因此，Helson（1997，p. 23）说："对不同的个体，在不同的时间和地点，中年生活有着不同的意义。"根据近来的观点，我们做了涉及多学科的研究，从性别视角阐述中年生活的研究，以及其他文化如何看待中年生活的这些问题的研究。非常令人感兴趣的是，我们还从近来的研究结果中了解到，一些社会的成年人既不经历"成年中期"阶段也不经历"中年生活的危机"（Lachman & James，1997）。

## 成熟和自我概念

大多数人格理论强调成熟在个体一生中的重要性，**成熟**是经历连续性变化来成功适应以及自如应对生命要求和责任的能力，成熟并不是某种平稳期或最终阶段，而是变化的一种生命过程（Waterman，1993）。这是对我们自己和世界之间有意义又舒适协调的永无止境的探索，一场"保持冷静沉着"的挣扎，奥尔波特（Gordon W. Allport，1961，p. 307）定义了心理学家通常用来评定个体人格的标准：

> 成熟的人格有着拓展的自我；能够在亲密与非亲密接触中与别人温情互动；拥有基本的安全感并接受自我；配合外在现实，热情地认知、思考、行动；能够自我客观化、有洞察力、幽默；与统一的人生哲学观共勉。

这些成熟人格的元素暗含的是积极的自我概念（Hattie，1992；Ross，1992）。**自我概念**是指，我们总是能视我们自己为"真实自我"或"我确实是我自己"（Dunning & Cohen，1992；Greenberg et al.，1992）。的确，我们大量有意义的行为都能被作为一种为到达或避免各种各样的"可能自我"的尝试来理解（Cross & Markus，1991）。例如，一个中年男性，他的恐惧自我包括担心成为心脏病受害者，对如何避免成为这种自

我的担心可能会促使其养成锻炼和饮食的养生之道。人类保护、加强、提升、防御以及修改自我观念（我们的自我图式）的能力帮助我们解释那些尽管在优势年龄经历种种弱点的年长者是如何很好地运转，尤其是在主观水平上，似乎老化的人们不仅仅对老化过程会做出反应，而且相反地也会做出认知变换和行为调整，来保护他们的心理健康和行为功能（Heidrich & Ryff，1993）。

大量的证据表明，每个悲伤的人和快乐的人都对他们自己和这个世界的基本知觉存有偏见（Baumgardner，1990）。人们有着不同的认知模式或过滤方式，通过这些来看待他们的经历（Feist et al.，1995）。他们建构的自己经历的方法决定了他们的情绪和行为。如果我们看待事物是消极的，我们的感觉和行动更可能都是抑郁的；如果我们看待事情是积极的，我们的感觉和行动更可能都是快乐的，所以一些人会视中年为一段有着安全感和稳定感的时期，而有些人却视此为一段烦躁或乏味的时期（Helson，1997；Lachman，2004）。这样的观点倾向于加强甚至固定人们对他们更大世界里的自我价值和充足感。个体如何看待自我以及与社会情境的互动，是我们接下来将说到的同样也让理论家很感兴趣的内容。

人们通过稍微不同的认知过滤来看待自己的经验

## 阶段模型

埃里克森假定中年要致力于解决**繁衍对停滞**阶段的"危机"。埃里克森（1968b，P. 267）视繁衍为"建立和指导下一代中首要关注的。"成年人在向这个世界的政治、艺术、文化和社会做贡献的同时，通过养育、教授、指导和领导来提升下一代的整体利益。作为一个群体，他们寻找使更大的社会受益的做法，以便于维持跨代之间的连续性。相反的做法将会使自己变得自我中心，转向自己的内部世界，结果造成心理疾病，这会导致拒绝和不情愿帮助别人。麦克亚当斯（McAdams）和 de St. Aubin（1992）也把繁衍看作由两种根深蒂固的欲望所造成的：需要帮助养育后代的集体需要和为了超越死亡而做某事或成为某种状态的个人欲望。你将意识到在对成年人刻板的描述中，这种特殊危机的两极性。有繁衍感的老师认为，每个学生都是我自己的孩子，试图对每个学生都产生生命的爱。重视停滞的人通常被描述为"骗子"一类，守财奴可能就是最被熟知的例子，"老顽童"转变成伯父身份而要照料别人的故事便描述了从停滞到繁衍的过渡。

埃里克森的"危机"观点受到其他人的批评，例如 Costa 和 McCrae（1980）。在他们的研究中，没有找到心理干扰在中年生活期间比其他的生命阶段更加普遍的证据。对这个常规阶段方法的其他批评者说，中年生活应该更加准确地被描述为生育和利他主义，而不是一个骚动的时代。

不同的心理学家已经阐述了埃里克森的论述。Robert C. Peck（1968）通过更进一步观察中年，指出更加精确地确定中年面对的任务是很有用的。Peck 定义这四个任务为：

● 估价智慧对估价体力。像我们在第 15 章看到的那样，当个体前进到中年的时候，他们在体力上开始下降。甚至更加重要的是，在一个重视青年的文化里，中年人在身体吸引力上失去了大量优势。但是他们也有一些新的优势，较长生活的大量经历累积了越来越多的知识及更高的判断力。因为不能依靠他们以前的"手"和身体能力，他们现在必须更经常地使用他们的成熟和智慧来应付生活，在日本和中国文化里，这是被肯定的，对于很受尊敬的公众官员来说活到 70 多岁和 80 多岁已经是很普遍的了。

● 人类关系社会化对性欲化。中年期的体力下降，尽管在有些方面与此分离，但仍有性高潮。在他们的人际生活里，个体现在必须培养更大的理解和激情。他们必须逐渐凭借自己的权利来评估他人的人格，而并非主要是以性为目标。

● 情感的灵活性对枯竭。这项任务关心在情感上灵活性的能力。这样做的话，人们发现，从一个人到另一个人，从一种活动到另一种活动，需要变换情感投入的能力。许多中年人面临父母的死亡和子女的离家，他们必须拓展熟人圈来接触社会上的新人。他们必须努力并培养新的角色来替换那些他们即将放弃的角色。不这样做的人则可能经历孤立感和孤独感。

● 心理灵活性对心理固执。随着他们年龄越来越大，一些人往往变得"按自己的方法行事"。他们可能变得"思想保守"或不接受新观念。那些在身份和权力上达到顶峰的人正在努力放弃寻找解决问题的新方法。但是过去有工作，可能在将来不会再工作，因此，他们必须在继续前进的基础上力求心理的灵活性，培养新的观点作为解决问题的向导。

Peck 的陈述比那些描述中年生活为一个骚动时期、危机使人们重估自己生活的阐述，为中年提供了更加积极的动态映像。大多数美国成年人也把中年看作一个时期，在此时，人们开始加深友谊，加强关心行为。大量的研究证明，50 多岁的人们比他们 25 岁时变得更加具有利他主义且是社会定向的，例如，许多人自愿服务于学校、大学以及社会机构。这可能被看作通过一个更深刻的原因或因素力争不朽的象征，会受到唤醒的自我道德来催化。总之，那些婚姻和事业已经稳固的人有着帮助别人的安全基础（McAdams, de St. Aubin & Logan, 1993；Peterson & Klohnen, 1995）。没有这种安全基础的人可能辗转经历对中年的不满。

**思考题**

埃里克森的阶段理论与 Pack 的中年人格发展任务理论有什么不同？

## 特质模型

　　直到近来，大多数心理学家才相信，人格类型是在儿童期和青少年期被建立的，然后在生命的其他时间里保持相对稳定。这种观点很大程度上起源于弗洛伊德的心理理论，就像在第 2 章描述的那样，弗洛伊德追踪行为的根源到婴儿期和儿童期形成的人格——需要、防御、认同等等。他认为发生在成年期的任何变化都是在已建立主题上的变奏，因为他相信，个体的性格结构在儿童后期已经相对固定。

　　相似地，临床心理学家和人格理论家都典型地假定，个体逐渐地形成某种特征，这种特征在前进中随着时间阶段的变化而变得具有抵抗性。这些类型通常被认为是内部特征、认知结构、气质、习惯或需要的反映。的确，几乎各种形式的人格评价都假设个体有稳定的特征（方式和行为是一致的），这些特征正是调查者试图要描述的（Goldberg，1993）。例如，发展学家麦克瑞

（Robert McCrae）和科斯塔（Paul Costa，Jr.）（1990）发现，有一些维度会反复出现在他们的许多调查中，因此，提出"大五"人格，即人格的核心由外倾性、情绪稳定性、开放性、宜人性及责任心五种特质组成。大部分模式都同意外倾性—内向性和神经性（情绪稳定性/不稳定性）的存在，尽管对于那些更细微的特质构成这些维度的观点还很少有人同意。对于外倾性和情绪稳定性之外还有哪些特质，是较难分辨也较具争议的问题，有些理论家指出 5 项、11 项，甚至 16 项因素（Block，1995）。

　　此外，我们大家都典型地视自己能够保持一致性，我们期望适应许多事件，这些事件并不会明显改变我们人生整个过程的图景。因此，我们视自己为很稳定的，即使人们假设还存在由于生活环境变化而稍有不同的角色（Tomkins，1986）。

## 情境模型

　　人格的特质模型根据反复出现的类型来看待个体行为。相反，反对特质模型者认为个体的行为是某种情境特征的结果，在这种情境里可以立即找到个体的位置。认知学习理论家 Walter Mischel（1969，1977，1985）提出对情境位置的直接论述。Mischel 说，行为一致性存在于旁观者眼中，因此，比真实更加有误差。的确，他怀疑"人格"是否很有意义，提出人类也可能没有人格这样的看法。Mischel 得出结论说，我们被激励着去相信，我们周围的世界是有序的、有类型的，

因为我们仅有想当然地看待这种日常生活中采用的各种方式，并且视它们为可预测的，那样我们才会觉知自己和他人是连续性的。即使如此，Mischel 也承认一致性的公平程度在于人们某种智力和认知任务的表现。然而，他注意到，个性测验分数和行为之间的相关似乎最大才可以达到约 0.30，这并不是一个显著的数字。人们整个情境里的行为仅有当可被测试的情境是十分相似的时候才会高度一致。当环境变化的时候，很显然相似性会更少。

## 互动模型

　　近年来，心理学家逐渐意识到特质模型和情境模型的不充分性。相反，他们逐渐赞同人格的互动模型（Field，1991），声称行为总是个人与情境结合的产物，而且，人们会寻找先天环境——选择环境、活动，以及可以提供与健康相关的舒

适环境——由此来加固他们既存的性格（Setterlund ＆ Niedenthal，1993）。在人们的整个活动中，个体既选择也创造环境（Rausch，1977），通过塑造自己的环境，他们在行为里产生一些稳定的应对方式（Heidrick ＆ Ryff，1993）。

心理学家采用各种方法来具体说明发生在个人和情境之间的互动模型。一种方法是区分两类人，一类是用既定特征可描述整个情境中行为的人，另一类是用特征无法预测行为的人。例如，就友善和良心而言，报告行为与情境一致的个体的确在他们的行为里展现了这些特征。相反，就这些品质而言，报告行为与情境不一致的个体在他们的行为里也揭示出了很少的一致性（Bem & Allen, 1974），而且，人们在他们的一致性里也发现存在许多不同的特征（Funder & Colvin, 1991）。因此，如果要求我们描述一个朋友的特征，我们典型地不会使用一套固定的可以用在所有人身上的特征。相反，我们会选择一小部分特征，通常我们选择友谊特征，例如，值得信赖、和善以及接纳，是我们发现在各种情况下都适用于这个人的特质。

**思考题**

特质理论、情境理论以及互动理论中的哪一个能解释为什么你不介意在缓慢移动的队里等待一天来买电影票而在其他时间里如果这样做可能就会被激怒？

## 中年期的性别和人格

近几年来，许多心理学家已经抛却了传统假设，即男子气概和女性气质是人格和行为的强相关的特征，大量的研究已经检查出成年中期的性别和人格特质之间存在的动态性。

**莱文森的成年男性发展理论**　心理学家莱文森（Daniel J. Levinson）（1986）及其耶鲁大学的合作者研究了成年男性发展的阶段，形成了他们的生命结构理论（Levinson et al., 1978, pp. 463-465）。该理论的中心是家庭的角色和生活中的职业。在《男性生活中的季节》一书里描述了对被试自传的仔细分析（Levinson et al., 1978）。这使他们得出结论说，男性常常在35～45岁经历生命的转折点。更近一个时期，莱文森得出结论，即男性的内部斗争以刷新纪录的强度发生在50多岁中期（Goleman, 1989a）。这些耶鲁大学的研究者相信，一个人不可能度过没有变化的中年期，因为会第一次遇到毋庸置疑的老化迹象，并且到达迫使他对自己的幻想和错觉重新评估的转折点，莱文森在20世纪70年代初期对男性的研究中，确定了几个既有开始也有结束的子阶段（女性是在20世纪80年代初期）：

● 中年生活过渡（40～45岁）。这是成年初期和中期之间的发展桥梁，人们在30多岁后期完成他们青年的发展，并努力创造出崭新的生活方式。中年工作是尤其重要的任务，进入中年生活还包含要做出选择。

● 进入生活结构的成年中期（45～50岁）。在新一代和生活的新季节里，人们重新确立位置。即使他们是面临同样的工作、婚姻或社区状况，他们也要在这些关系里创造出重要的不同，试图建立中年生活的新位置。

● 50岁过渡（50～55岁）。在这个新的中年生活结构里，这是一个重新评估和探索自我的时期，在这个时期，发展危机是普遍存在的，尤其是对那些在前10～15年里很少有生活变化的人。

● 成年中期生活结构的结果（55～60岁）。这是该意识到中年生活的抱负和目标的时候了。

● 成年晚期过渡（60～65岁）。这要求对过去的复杂重估和对成年期的下个时段的准备，这包含中年生活的结束和对成年晚期的准备。

意识到事业的电梯不再会继续上升，而且的确有可能即将下降时，会增加一个人的挫败感和压力。有历史证明，美国在1990年初期，经营者武断地一夜之间用年轻的男性替代了40多岁和50多岁的男性，随之对于这些年长者来说，再找到一份工作是不可能的。因此，随着公司继续"合并"、"外包"以及"裁员"，如今许多中年人拥有的关于失去工作或工作被替换的恐惧是合理的。没有实现预期生活的男性现在强烈地意识到已经没有足够多的时间或机会去实现了。甚至许多已经达到他们事业目标的人——比如说，有自己的公司、有一个高级的行政职位，或挣得全职教授

551

级别——常常发现他们已经取得的成就比他们预期的成就要低得多。一位男性可能会自问："我挣这么多的钱，并且做得很好，但是我怎么没有感觉到更好，我的生活怎么看起来如此的空虚呢?"另一方面，一个蓝领工人可能以更加谦虚的方式自问："我还要忍耐这个烦躁的工作多久?"即使这样，研究表明，对于大多数人而言，抱负逐渐地与成就相匹配，而不再有过去的伤心和骚动(Bridgman，1984)。

莱文森得出结论说，成年发展时期的年龄级别次序违背了传统的智慧，以及在研究结果中，对于人格发展、认知发展和家庭发展而言，没有可比次序。然而，基于他的研究结果，他得出结论，这个次序是存在的。他进一步简述说，确定这些阶段的个体生活满意度是一件很复杂的事情(Levinson，1996，p. 29)。当一个人在每个阶段难以满足这些任务时，发展危机就发生了(例如，事业破产的变化、离婚、出事故或像青少年一样行事)。莱文森在 1994 年去世之前得出结论说，尽管不同性别经历着不同的生活环境，女性要以不同的资源应对每个阶段的发展任务，但是，女性和男性都要经历这些阶段。

**男性中年发展过渡**

男性和女性典型地运用不同的资源来完成过渡时期的发展任务。作者认识的两位 60 岁以上的男人买了摩托车观光旅游美国，耗时一年；另一位朋友在"花花公子大农场"做了两个星期的放牧人；还有一位朋友买了一个大帆船；另外一位在美国大街上重整一个老式车。这些男人都实现了人生梦想。

**思考题**

根据莱文森的研究结果，男性一生的阶段是什么?

**莱文森的中年女性发展理论**　自从最早期的心理学和社会学的研究以来，以及在历史上和不同文化的文字记载之前，成年白人男性都是被关注的焦点，并且一直占统治地位，尽管在 20 世纪 70 年代莱文森的早期研究里，他选择研究成年男性的发展过程，但他说不能仅研究一个性别而不研究另一个，因为两者会以复杂的方式相互影响(例如，丈夫和妻子的关系、父与女、母与子、女婿和媳妇)。1980—1982 年，莱文森用详细自传的方法访问了 45 名 35~45 岁的女性。这些随机选择的被试组成三个等组：(1) 主要料理家务者；(2) 在公司里工作的女性；(3) 在学术界工作的女性。这项研究结果表明在成年生活的发展里，尤其是在家庭和公众生活里、在婚姻内部、在划分"女性的工作"和"男性的工作"以及在男性和女性的心理这些领域，存在明显的性别差异，让我们来看一下莱文森的研究结果。

**主要料理家务者**　在传统婚姻里以料理家务为主要生活的女性可能以家庭领域的生活为中心，可能仅仅从事女性角色的工作，接受和评价自己和其他女性为具有"女性气质的"。这些女性还更可能对公众世界一无所知，被限制为家庭里作为"供应者"和权威，难以从事"男性的工作"。男性的工作以公众领域为中心(他们自己的领域，且被他们所控制)，而女性则典型地以更加被隔离的、非主体的和服从的方式参加公众领域(例如，作为律师秘书、医师的护士——不是她们自己的领土，也不在她们的控制下)(自从这项研究在 20 世纪 80 年代初期执行以来，很显然，有更多的女性进入以男性为中心的职业中)(见图 16—1)。

552

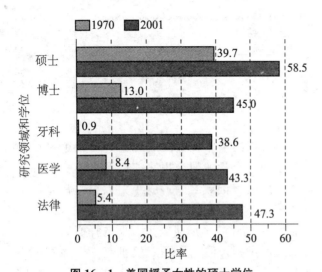

**图 16—1　美国授予女性的硕士学位、博士学位及第一专业学位的比率（1970 年和 2001 年）**

　　35 年前，如今的大量中年妇女要在家庭领域或服务业中从事"女性的工作"。虽然到 20 世纪 70 年代初期，更大数量的女性上大学，不过还是很少有人可以获得有声誉的男性统治职业的认可。在 1970 年，作者之一在美国的一所医科大学很大的医疗中心工作时，有位女性（来自中国）被授予医学学位，请注意在当时这可是很重大的收获。

　　家庭领域包含丈夫和周围的社会世界。在这个世界的大多数社会里，女性的生活继续围绕家庭领域，这是她们显示身份、意义和满意的主要地方。

来源：Freeman, C. E. (2004, November). *Trends in Education Equity of Girls and Women: 2004*. National Center for Education Statistics. NCES 2005 - 016. Washington, DC: U. S. Department of Health and Human Services.

　　**传统的婚姻**　在许多社会的传统婚姻里，爱情并不是婚姻的主要激励因素，而是要"首先建立一项能让伴侣过上好生活的事业"，以及用自己的方式"相互关心"（Levinson, 1996）。被安排的婚姻在许多国家仍然很普通，在一个**传统的婚姻**里，女性是家庭主妇，男性是供应者（更多投入在工作世界里而非家庭里）。男人统治（父母亲或丈夫的统治），在世界的大多数社会里，某种程度上是一个普遍存在的现象。因此，男性仍然是家庭成员的主要权威。妻子有责任做家务，料理家庭生活以及关心子女和丈夫。妻子在尝试拓展丈夫的事业的时候，非主体地进入公众领域（例如，招待同事等）。在家庭的农田里或为商业而工作，或贡献时间于当地的学校、教堂或社区。在美国，这方面的一个主要例子是大量在农田艰苦工作的妻子从来不会在农田之外被雇用，个人也没有对

社会保障做贡献，也没有资格从社会保障中受益。生活在传统婚姻中，然后离婚或中年期孀居的女性常常面对重大的转变：

　　　　"我从开始就知道，当他离开的时候（她的丈夫 39 岁时死于肺气肿），我将必须出去工作"，她说。这不是一个令人舒服的想法。失去丈夫她感觉到前景是足够毁灭性的；必须要建构自己生活的这种观念常常是压倒一切的，工作并不是 Vinita 为自己描述的蓝图的一部分。（56 岁孀居，Vinita Justus 长期做家庭主妇，却要面对不得不加入职场的恐惧）。（Coburn, 1996, p. 57）

　　作为家庭主妇，女性以创建自己的家庭基础作为她们生活的中心，这变成了她们休息、需要爱、享受私人生活和休闲时间，以及和家庭成员有强烈的情感关系的场所。尽管家务是繁重的，尤其是随着女性年龄的变化，她们却仍然要面对无休止的家务、照顾子女、老人和丈夫的责任（参见本章专栏"人类的多样性"中的《没有中年的生活》一文）。然而，在传统婚姻里，对于男性和女性而言，相互照顾有着不同的意义。男性准备好接受对妻子这个家庭主妇的供养和支撑，但是她却难以和他一起讨论在工作中遇到的不适，她可能发现他的工作世界对她是完全陌生的。女性依靠丈夫来为家庭提供支持。传统的家庭主妇和配偶是处于一种相互关心的安排方式里。

**思考题**

　　根据莱文森的结果，女性在中年需要什么？莱文森指出的传统上丈夫与妻子之间的相互照顾安排指的是什么？

　　然而，自从 20 世纪 40 年代和 50 年代以来，在美国，女性对家庭的卷入逐渐减少而对外部世界的卷入则逐渐增加，如今随着许多文化的变化，做家务对于大多数美国女性而言，不再是一个正式的全职工作。许多年轻女性在生活中意识到她们将成为自己和子女的主要供应者。仍然想做家庭主妇的那些人需要承受来自主导文化的价值观中认为个体应该成为受教育者和被雇用者的社会压力。许多女性

选择或被迫离婚或孀居，作为提供照料者被雇用，在儿童关护、教学、护理、社会工作、心理学、职员书写服务、牧师和销售领域里（Utz et al.，2004）工作。仅仅是从 20 世纪 70 年代以来，美国女性才

得以进入地位较高、工资较高的职业，女性进入职业领域改变了劳动力的划分，违背了家庭中关于权威的传统划分，对于许多中年女性而言，平衡她们在事业和家庭中的投入已经变得非常困难。

553

## 人类的多样性

### 没有中年的生活

对于年龄的认知总是受到文化模式的调节，而西方国家对于中年的看法显著不同于非西方国家。

#### 印度

在印度，长久以来，世袭阶级里很好界定的扩展家庭结构定义了家庭成员一生的角色，三代家庭生活是社会规范。当一个女性结婚时，她变成丈夫家里地位最低的人，婆婆成为保守传统者，控制年轻家庭成员的行为。年轻的新娘被期待要承担家里所有的事务，而年龄较大的婆婆则可以花费较多时间来与朋友在一起，履行很多宗教的义务。在家里，长辈会受到晚辈的尊敬、照顾及支持，晚辈要听从长辈的吩咐，并在长辈晚年时负责照顾他们。基于长久以来对老化的看法，成年中期的印度人会期待获得尊敬和关心，并且希望能卸下家庭负担。Tikoo（1996）指出，在印度难以明确界定何时是中年，因为印度人的平均寿命只有 58 岁，基于此，印度的"中年"会比美国的"中年"年轻，Adler（1989）将印度人分为"年轻"（16～35 岁）、"中年"（35～54 岁）、"老年"（55～80 岁）。

在印度，年老并不是不受欢迎的，许多民间故事强调灰发和皱纹是个体智慧和经验的象征（Tikoo，1996）。Tikoo 及其同事利用包含 97 项的"男性成人生活经验调查"的自我报告，调查研究了 56 名印度男性与女性。在与发展有关的 11 个领域里，显示出很少的性别或年龄差异，以至于"让人质疑中年危机在印度的意义和适当性"（Tikoo，1996）。然而，也有其他研究指出，随着印度一些地区的现代化，扩展式的家庭生活已经明显下降，包括年轻人对于老年人的尊敬、威信和照顾（Kumar & Suryanarayna，1989）。如今印度的年轻人的流动性越来越强，有些老年人不再能获得早年所预期的照顾和支持了。

印度的女性

554

## 日本

在日本，三代同堂仍然占家庭生活的几乎20%。女性要被培训为好妻子、好妈妈，也为在社会中的角色而接受正规教育（Lock，1998，p. 59）。女性的主要形象是照顾者，以前有98%的日本女性会结婚，到了1998年，该比率下降为88%。传统上预期女性要在20多岁中期结婚，并在五六年内生育两个孩子，他们的家庭被期待在30多岁中期完成。在日本避孕药丸是不能被使用的，但是，女性有获得其他生育控制方法的途径。到25岁时还没有结婚的女性，被描述为"滞销品"或"过熟果"，类似于美国概念中的"老处女"。

然而，自从20世纪80年代后，日本出现新的人口学趋势，被称为**"不婚年代"**。这种趋势导致结婚率的下降、离婚率的上升及延迟婚姻。2002年，结婚率下降6%，而离婚率达到最高值，几乎是20年前的两倍。尽管日本在世界上的生育率最低，每个女性平均生育1.32个孩子，不过社会对单身妈妈及扩展的生活方式选择越来越认可。女性性别不平等及刻板预期已经部分阻止了女性结婚及生孩子（Hirota，2004）。另一个阻止首婚率的因素是日本女性收入的增长（Ono，2003）。

在日本，不管是乡村、城镇还是整个国家，传统的理想人生轨道是按照年龄来分级的，即"生命周期主要是一种包含所有同年出生的人们共同参与相关的社区仪式的社会化过程"（Lock，1998）。生物老化是家庭和社区层级的社会成熟的附属物。女性的生命周期比男性更易被生物因素所塑造，中年被称为"黄金岁月"，仅仅是生命周期的一部分，开始于结婚、终止于60岁仪式。在日本没有"停经"这个词语，家庭或社区也不会注意到停经，女性生殖周期的结束传统上被认为发生在女性生命的"第七阶段"。日本医生还没有把停经当成一种"疾病"来对待，荷尔蒙补偿疗法还未涉及，不过女性实际上在使用草药治疗法。另外中年日本女性还有较低的骨质疏松症及心脏疾病的患病率（Lock，1998，p. 63）。

对日本中年女性的访谈显示，许多人将时间和精力投入到培养各种艺术才能中（舞蹈、插花、经典诗句、书法及箭术），这些传统的艺术形式被认为是通往精神意识、自我发展及自律的道路。终身的社会化"是基于一种能够接受人类随着时间变得逐渐完美的可能性的意识形态，这种情形能够超越身体不可避免的下降而继续向前"（Lock，1998）。只有在抚养孩子长大成人后，日本女性才被承认是完全成熟且完整的成年人。祖母辈投注很多时间来监督家务及照顾孙儿，还要照顾自己年迈的公婆。儒家鼓励尊敬生活中的老人及已逝的老人，对日本人而言，年龄代表着智慧和权威，人们力求合作、合群的人生，"自我"是附属的或是不存在的。在佛教思想里，自律能够通向成熟并超凡脱俗，这能够成功实现许多转世之事。因此个体老化不会被认为是一件坏事或一种疾病，尽管要照料越来越多的卧床老年人已经成为一个越来越紧迫的社会问题。

来源：Margaret Lock，"Deconstructing the Change：Female Maturation in Japan and North America," in Richard A. Shweder, ed., *Welcome to Middle Age*！Chicago, IL：University of Chicago Press，1998.

**中年生活新的开端**　对于一些人而言，中年生活为探索新事业和再教育的目标提供了机会，这些机会曾经由于婚姻和照顾子女的责任而被推迟。当中年人从年轻时的家庭和经济责任中解脱后，他们返回到了大学，其中有超过一半的是女性（Rimer，2000）。技术的发展允许许多中年人运用他们在家务和工作生涯中获得的经验来努力干成基于家庭的企业。致力于健康的生活方式，使成年人享受运动和冒险活动。

**职业女性的中年转变**　如今的中年女性也在20世纪60年代和70年代时，相信这样的神话，即一个女性不仅可以结婚、有子女、有时间娱乐和休闲，也可以有她自己想要的事业，这些女性以创纪录的数量获得高等学历，同时照顾家庭或养活自己。当在家庭中有的事情不得不"给予"的时候，这通常就会成为女性的工作。许多中年女性如今在工作内外转变，或接受附属的或暂时性工作的位置，都必须由生育、照顾小孩、照顾年迈父母等需要来决定。这些女性认为所谓工作平等也意味着在家里的平等，应该平分家务和照顾子女等任务，但是在家务分配上，仍然存在很大的不平等，女性在需要的工作里工作的同时，仍然要为家庭做出很多必需的家务。莱文森的研究揭示出，每位中年转变的女性都意识到，她对融合爱情和婚姻、母亲身份、全职工作的努力并不能给她像她希望的那样令自己满意。这些女性正在探索新的方法来度过成年中期。

在莱文森的研究中的职业女性和女性教师在她们40多岁初期要对事业做出重要的重估，在事业和生活的其他方面做出有意义的变换。这次挣扎的一个主要元素是形成成功职业女性的神话。

555  被访问的七名女性教师中有两名并不是全职教授，尽管她们到40岁之前都已经获得博士学位。对于全职教授，研究发现她们需要有更多的精力放在继续教课、执行学术工作和管理性工作上，也要对她们领域内的职业组织和活动做贡献等等。所有的中年女性被试都报告在工作上存在性别歧视的现象（在教育界和商界都有）：

> Debra（44）：现在，我的生活中的主要不满是工作上的，我应该在我的工作情境里寻找变化。在我的生活中，我是很有抱负的，目前如此多的挫折确实与现在职业上无处可去的感受有关。我对我的工作很不满意，但是因为钱我不得不留下来。这使我的家庭保持稳定，我并不准备完全放弃这种生活方式，尤其是我的子女即将上大学，我在经济上却受困于我的工作。（Levinson，1996，p. 381）

尽管女性要面临职业准备和家庭的多重要求，但是为了获得终生职位或资深的同伴友谊，还需要从事工作和研究数年。许多人不得不中断她们的事业来优先维持家庭。当她们试图返回到大学的时候，她们已经错过许多提升的机会。目前，在整个美国大学里，职业女性身份的百分比仍然仅为22%（Halpern，2004）。

莱文森说传统的男性和女性在婚姻里的角色已经被分离，但是目前还没有更加明确的选择。因此，开始出现几种供选择的生活方式。随着每两个婚姻中有一个结束于离婚，许多女性发现她们自己已经成为单身妈妈，必须承担供应者和家庭主妇的双重角色。男性也对自己变化的角色感到困惑和不舒适：中年生活中第一次（或二次家庭）作为换尿布的爸爸身份也不在他们的"蓝图"之内。莱文森研究的批评者列举样本被试太小（大约每次研究45人），且指出50多岁和60多岁男性或女性并没有被访问，尽管他的生命结构理论也扩展到这些年龄，但他们说这样一个中年"危机"发生在40～45岁这个狭窄年龄段内是不可能的。

**中年女性的职业转变**

中年生活为女性探索新事业及再教育的目标提供了机会，这些机会曾经由于婚姻和照顾子女的责任而被推迟。有些返回到大学，有些利用在家务上及工作上所获得的经验，建立起以家庭为根据地的事业。Sheehy（1992）称这为停经后的热情。

**Ravenna Helson 和 Mills 的中年纵向研究**  Helson 和 Wink（1992）以"Mills 纵向研究"中的女性为对象（出生于20世纪30年代晚期，在1958—1960年毕业于私立大学的女性）来研究中年女性的人格变化。结果表明这些女性在她们40多岁初期经历骚动，在到52岁之前都稳步增加。在这同样的十年里，女性已经减少了消极情感，增加了决断性，还增长了舒适感和稳定性，也对于坚守个人的和社会的标准而感到安慰。到52岁为止，她们对子女有更少的照料责任，对年迈的父母有更多的责任。该样本的3/4处于绝经期或绝境期后（Helson，1997，p. 26）。

Helson 的结果支持了 Neugarten 和 Datan（1974）的结果。他们在20世纪70年代的研究中发现，中年男性报告说他们最大的生产和回报期是在50岁之后，当子女离开家的时候。家庭主妇经历更多的调适，子女离开家后的时光成为她们的成熟和沉静期（时间、空间和社会经济地位是这里的因素，因为作为传统家庭主妇的女性在职业世界里没有角色可以充当，而一些蓝领女性在这个阶段主要是获得薪资）。Mitchell 和 Helson（1990）描述女性的"黄金岁月"出现在 50 多岁初期，此时伴随出现来自职业或子女长大成人而聚集的人格资源，以及一种新的更加自由的生活方式的成就感。

**性别特征的连续性和不连续性**　荣格（Carl Jung，1993，1960）是很有影响的瑞士心理分析家，是首次提出性别差异会在生命后期倾向于消失甚至"交叉"的建议者之一。一些研究承认男性和女性在果断性和攻击性方面，会以相反的方向驶过生命全程，以至于生命在晚期倾向于出现"无性"形式（Hyde，Krajnik & Skuldt-Nieder-berger，1991）。

556　　David Gutmann（1987）为了寻找这种可能性，比较 Neugarten 在堪萨斯州研究中的男性被试以及其他文化的男性，后者包括墨西哥高、低地村落的玛雅人；在亚利桑那州东中部游牧的纳瓦霍人；以色列的乡村德鲁士的牧民和农民。Gutmann 发现在以上几种文化中的较年轻男性（35～54 岁）依赖于从他们自己的内部能量和创造性能力中获取乐趣。他们倾向于发展为竞争性的、攻击性的和独立性的人。另一方面，年长的男性（55 岁及以上）倾向于更加消极和自我中心。他们依靠祈求和调解来影响别人。Gutmann 得出结论说，这种从活跃到消极的掌控变化似乎是与年龄更相关的，而非文化。其他的研究也相似地报告，整体上，年长者比年轻人更加能反省、感性及成熟（Zube，1982）。

Gutmann（1987）继续在更广泛的文化范围内研究人格和老化。在接下来的研究中，他报告说他较早时期的研究结果已经被证实——大约 55 岁，男性在处理环境需求时开始使用消极的技巧代替活跃的技巧。然而女性似乎以相反的方向从消极向积极移动，她们倾向于变为更加主动的、极权的、管理的和独立的。那些研究较低水平雌激素和雄激素的作用的人——发现这样会影响睾酮增加——在绝经期后的女性研究中开始证明有着相似的结果。Sheehy（1992）记下了女性"绝经期后的热情"：

> 如今在先进社会里绝经期后的先进女性最终会放弃试图保留同样年轻的自我而付出的无效努力。通过绝经期阶段，她们到达满足和自我接纳的新的高原，伴随出现更加豁达的世界观，这不仅能丰富一个人的个性而且给出关于生命和人类的新观点。这样的女性——如今越来越多——发现，到她们 50 多岁中期，能量有着潜在的、崭新式的爆发力。（p. 237）

Gutmann 对性别行为采用的研究方法——基于功能角色理论——是很有争议的，受到了理论和方法论的批评（McGee & Wells，1982）。即使这样，这也为研究生命全程的性别角色取向提供了一个起点。Gutmann 和其他研究者的结果似乎在暗示，生命晚期的人们倾向于兼有两性的反应——被认为是与增加的灵活性和适应性相关联的，因此也与成功的老化相关联（Wink & Helson，1993）。男性典型特征和女性典型特征在单一性内的结合被称为**"两性化"**，这提供了一个可供选择的观点。两性化的个体并不会严格要求他们的行为体现出男子气概和女性气质的文化刻板印象。

> **思考题**
>
> 　　关于男性和女性的生活和成年中期的过渡，我们知道些什么？中年生活发展的研究包括少数民族和那些不属于中产阶级的人吗？

## 人格的连续性和非连续性

就像前面提到的，Robert R. McCrae 和 Paul T. Costa，Jr.（1990）发现，个体的人格在成年时期有着很大的连续性。他们通过标准化的自我报告人格量表跟踪测试一些个体的分数。在这样的人格维度像热情、冲动、合群、果断、焦虑和抑郁等性情上，发现个人每十年的变化具有高度相关性，一个果断的 19 岁青年，典型地会变成果断的 40 岁中年人和果断的 80 岁老年人。相似地，"神经质"者可能会成为一生的"报怨者"（他们可能报怨成年初期的爱情生活，在成年晚期又会责备他们可怜的健康）。尽管人们随着年龄会变得越来越"成熟"或到他们 60 多岁时变得更少冲动，个体相互之间关于一个给定的特质的关系仍然会保持相对一致，当被测试时，大多数人的标准得分都同等下降。

总之，对于我们人格的许多方面而言，存在着强有力的成年期连续性的证据（Caspi, Elder & Bem, 1987; Costa, McCrae & Arenberg, 1980）。这种稳定性的元素使我们变得适应。我们知道我们喜欢什么，因此能够对我们的生活安排方式、事业、配偶和朋友做出更加明智的选择。如果我们的人格一直变动或漂浮不定，我们将会很难绘制我们的未来蓝图，并做出明智的选择。

这个结论被探索埃里克森关于繁衍的大量工作所支持（Peterson & Klohnen, 1995）。正如 Neugartens（1987）提到的那样，个体所面对的心理现实会随着时间变化而变化。例如，中年常常还会带来工作和事业的多重责任，不仅仅是关心子女和年迈的父母（Marks, 1998），对于女性而

言，这是更重的责任（Dautzenberg et al., 1999），作为两代人之间的桥梁，**三明治世代**逐渐地意识到了这些义务（参见本章专栏"进一步的发展"中的《三明治世代》一文）。当三明治世代试图满足他们的子女和父母的需要时，他们自身比以前更重要的需要则可能变得更不重要（见表 16—1）。正如在 Neugartens 的中年研究中，一位有洞察力的女性所言（1968, p. 98）：

我面前好像有两面镜子，每一面都掌握部分角度。我在逐渐变老的妈妈那里看到部分变老的我，而我身上也可以看到部分的她。在另一面镜子里，我从女儿那里看到部分的我。看着这些镜子，让我得到显著的洞察力……仅有当你处在三代中间的时候，才能获得我的这些启示。

从某种意义上说，40 多岁和 50 多岁的女性正在追赶她们自己的父母，因此，她们可能体验更多的认同和更大程度上意识到她们自己也已逐渐接近衰老（Stein et al., 1978）。中年的一些问题是与增加的自我评估相关的，在这种自我评估里，个体逐渐开始根据生命剩余的时间而不是从出生开始的时间来重构他们的时间观念。

**表 16—1　　　　　　　　　　　三明治世代：中年人、子女及父母的需求**

| 子女需求 | 中年人需求 | 父母需求 |
|---|---|---|
| 独立 | 帮助 | 接纳 |
| 尊敬 | 感激 | 独立 |
| 可供咨询的人 | 减压 | 尊敬 |
| 单独实体 | "轮到我了" | 控制 |
| 耐心 | 独立 | 共享 |
| 向导 | 洗耳恭听 | 投入 |
| 弹性 | 接纳 | 情感支持 |
| 接纳 | 与同代人相处 | 人际关系 |
| 安全 | 独处 | 互动 |
| 金钱 | 空间 | 包含 |
| 支撑 | 无条件的爱 | 控制自己的生活 |
| 做决定 | 控制自己的生活 | |
| 无条件的爱 | | |
| 控制自己的生活 | | |

来源：Herbert G. Lingren and Jayne Decker, *The Sandwich Generation: A Cluttered Nest*. Cooperative Extension, Institute of Agriculture and Natural Resources, University of Nebraska-Lincoln, December 1992, issued online August 1996, http://ianrpubs. unl. edu/family/g1117. htm.

**社会环境**

亲密和有意义的社会关系在人类的健康和幸福当中扮演着很重要的角色。通过我们与其他人之间的联系——家庭、朋友、熟人和同事——我们获得价值感、接纳感和心理的幸福感。这个社会网络常常被推断为**"社会护航"**，也就是在人生的旅途上陪伴我们从出生到死亡的网络。例如，一些中年女性为了实现有意义的社会关系，已经

在当地形成"红帽社"。莱文森（1996）说道：

> 为了研究个体生活，我们必须研究包括生活的各个方面，一个生命包含重要的人际关系——朋友与爱人、父母与兄弟姐妹、配偶和子女、老板、同学和导师，还包括与各种群体和机构的重要关系：家庭、职业世界、宗教和社区。

## 家庭亲系

像我们在第 14 章提到的那样，大多数美国成年人希望能够找到伴侣，并使工作关系和谐顺利，对于他们中的大多数而言，维持一个健康的家庭生活仍然是最首要的（Lachman，2004）

**已婚夫妇**　2003 年人口普查数字揭示出，有超过 72％的中年人已婚（见表 16—2）。这些成年人占 18 岁以上已婚人口的 3/10。这个统计数字并没有揭示出再婚人数有多少，但是婚姻对于大多数中年人来说似乎都是一种可供选择的关系。许多夫妇仍然

有子女生活在家里，因为他们自己组建家庭比父母更晚（因为第一代人使用避孕丸来延迟生育）。大多数受过较好的教育，有全职工作和适宜的经济状况，性生活似乎也很和谐（Lachman，2004）。许多中年人报告，现在的性生活少了，但是质量更高了。在男性和女性中，宗教现在作为一种社会精神支持性资源，充当着很重要的角色。许多人感觉自己有责任来使这个世界变得更好。

558

**表 16—2**　　　　　　　　　　　　**45～64 岁美国人的婚姻状态（2003 年）**

| 婚姻状态 | 45～54 岁（百分数） | 55～64 岁（百分数） |
| --- | --- | --- |
| 已婚 | 71 | 79 |
| 离婚 | 15 | 13 |
| 从未结婚 | 12 | 6 |
| 鳏寡 | 2 | 2 |

来源：U. S. Bureau of the Census. (2004 – 2005). *Statistical Abstract of the United States；2004 –2005. Marital Status of the Population by Sex and Age*, Table No. 53. p. 12.

随着年龄逐渐变大，这些第一代的婴儿潮者发现自己的观点太过保守，大多数喜欢物质上的成功和舒适。他们开始展望未来，和配偶一起度过悠闲的时光。仍然有大多数人关心逐渐变化的健康问题、他们年迈父母的健康、退休后继续维持的生活方式，以及一些对无法退休的焦虑。大多数表明他们并没有感觉到自己的年龄——感觉自己还很年轻（Callum，1996）。

社会学家 Blumstein 和 Schwartz（1983）在早年研究了 12 000 名具有全国代表性的四种类型的

夫妇关系：已婚、同居、男同性恋和女同性恋。其中 300 对夫妇被选择做深度访谈，18 个月之后又进行了访谈。就像 20 世纪 80 年代初期大多数研究一样，该调查的大多数被试也是受过教育的白人夫妇。这些夫妇被证明比研究者起先预期的更加传统。尽管这些妻子中 60％都在家外工作，但仅有 30％的男性和 39％的女性相信夫妻双方都应该工作。全职工作的妻子仍然做大部分家务。通常，丈夫是如此反对做家务，以至于他们做得越多，就越不高兴。如果男性不做女性所认为公平

分量的家务，他们之间的关系就会处于潜在的危机中。这样的模式也大量存在于同居的伴侣之间（Huston & Geis，1993；Suitor，1991）。

男性，包括异性恋和同性恋，很重视权力和统治。异性恋的男性显然会喜欢伴侣的成功，但必须是在同伴不会超过他们自己的情况下。男同性恋同样地倾向于对他们的伴侣事业成功有竞争心。相反，女同性恋并不会感觉到自己特别地受到她们伴侣的成就的威胁，可能是因为女性在社会过程中，并没有使她们的自尊与工作中的成功高度联系在一起（Kurdek，1994a）。

在这个大样本中，大多数已婚夫妇合并他们的金钱，尽管有些妻子不会。无论妻子能挣多少钱，已婚夫妇都是通过丈夫的收入来衡量他们经济上的成功。相反，同居和同性恋夫妇单独地而并非作为一个整体，来评估他们的经济地位。Forste 和 Tanfer（1996）的研究结果支撑了以前的研究结果，即发现同居者更可能独立和平等地去做出评估。

典型地，婚姻中的一方会表达出需要有"私人空间"。婚姻初期，丈夫比妻子更可能宣称需要更多的属于自己的时间。但是在长期的婚姻里，却是妻子常常宣称她们需要更多自己的私人时间。被退休丈夫"围绕"在家的女性，尤其是对伴侣的出现感到麻烦。

社会学家 Jeanette Lauer 和 Robert Lauer（1985）调查了"什么产生成功的婚姻"这个问题。他们调查了 300 对幸福的已婚夫妇，询问他们的婚姻是如何维持的。最频繁被列举到的原因是对自己的配偶有一个积极的态度。伴侣们常常说，"我的配偶是我最好的朋友"以及"我喜欢我的配偶这类的人"。第二个持续婚姻的关键因素是相信婚姻是一个长期的承诺、一个神圣的制度。婚姻本身增加了伴侣之间的投入，而不会计较先前的同居身份（Forste & Tanfer，1996）。

### 思考题

与中年男性和女性的长久的和令人满意的婚姻相关的一些因素是什么？

**婚外性关系**　传统上，西方社会对婚外性关系（现在被描述为"EMS"）有强烈的不满。反对意见主要是两个信念的结果：婚姻提供一个性出口，因此已婚的人在性上不应该被剥夺；婚外性卷入会威胁婚姻关系，因此使家庭这种机构陷入危险中。这些信息被发现在宗教价值观上也有表达，即将婚外性活动丑化为罪孽的，从而贴上通奸的标签。

与 Kinsey 及其同事（1953）的研究相比较，EMS 在 20 世纪 70 年代、80 年代和 90 年代的报告率已经发生变化（见表 16—3）（一些研究调查了过去几年 EMS 的发生率；还有研究在生命全程里调查了 EMS 的发生率）。显然，男性在一生中，更可能发生婚外性关系。近来检视婚外关系与婚姻关系的研究提出，EMS 是婚姻关系恶化的原因兼结果（Previti & Amato，2004）。然而，还有一项因素应该考虑在内，即越来越多的伴侣采取长期同居的生活方式，但是在这些所谓全国的"代表性的"调查中并未发现他们被列为"已婚"，因此我们无法知道他们对彼此的"信任"度。

EMS 在一生中的盛行根据性而发生变化。EMS 的终生盛行看起来随着男性年龄的增加而增加，直到最大年龄群（70 岁以及更老者）到达这个点，才开始下降。Laumann 和同事（1994，p. 216）发现，EMS 的终生盛行对于男性而言，随着年龄增长而稳步增加，但是对于女性而言，却显示出一个曲线关系，因为女性中最高的发生率是在她们 40 多岁。60 岁和更老的女性最少可能报告曾经有过 EMS。大量近来已婚的男性（78%）和女性（88%）坚持否认在过去的一年期间甚至整个一生中有过 EMS（Wiederman，1997）。那些已经离婚或法律上分居的人中 EMS 发生率比从未离婚或分居的调查者高出两倍（统计上已达到显著水平）。

对于婚外恋而言，性不是仅有的诱惑。恋情常常起始于情感的需要。当一个人不断与配偶之外的某人分享感情和情感亲密性的时候，情感的不忠就会发生（Neuman，2001）。另外，许多人报告他们寻找一个新的伴侣是因为这会带来陪伴，而这能使他们感到自己是特别的（Hall，1987）。就他们而言，进化心理学家同意人类被设计陷入爱情但不会一直停留在爱情里。根据这个观点，男性"先天"会通过与许多女性性交来使他们的基因能够在未来最大化地传播；相反，女性更被设定为忠贞的，因为她们一年仅能进行一次生育（Wright，1994）。

表 16—3                        全美婚外性（EMS）的调查（1953—1997 年）

| 大规模样本调查（使用自我报告法及访谈法） | （已婚男性发生 EMS 的百分比） | （已婚女性发生 EMS 的百分比） |
| --- | --- | --- |
| Kinsey et al. （1953），p. 417 | 33 | 20 |
| Laumann et al. （1994），全美调查：一生中 EMS 体验 | 24.5 | 15 |
| Clements （1994），《展 Parade 杂志》，电话调查 1 049 位 18～65 岁的成年人 | 19 | 15 |

来源：From M. W. Wiederman, "Extramarital Sex: Prevalence and Correlates in a National Survey," *Journal of Sex Research*, Vol. 34, No. 2 (1997), pp. 167 - 174.

**分居和离婚**　许多美国人沿着结婚、离婚、再婚、成为寡妇（或鳏夫）这样的路线前进。婚姻的分居、离婚和再婚对于中年人和更老点的人而言，也已经变得更加普遍。显然，近来大约 50 岁的女性是一个独特的群体。她们这一代是新潮流的倡导者，读过大学、以非凡的数量进入工厂、塑造新的社会标准。这些变化对传统的丈夫和妻子关系有很大的影响。根据 2003 美国人口普查数据，45～50 岁的女性在任何年龄群中都有着最高的离婚率（U. S. Bureau of the Census, 2004—2005）。

对中年女性最早的历时 20 年的实验研究——"美国成熟女性纵向调查"——在 1967—1989 年调查了几千名女性。Hiedemann, Suhomlinova 及 O'Rand（1998）通过检视来自 2000 名女性的数据发现，这些人仍然保留第一次婚姻，是生物学上的母亲，却看到了分居和离婚的危险因素，这些女性平均结婚 17 年。Hiedemann 和同事的分析发现了下列因素与分居或离婚的危险之间存在相关：

● 所受教育反映出妻子的经济独立和夫妇的经济地位。受过大学教育的妻子更可能保持婚姻。没有高中文凭的女性存在较高的婚姻中断的危险。

● 年龄很小时结婚增加了婚姻中断的危险。

● 婚姻维持得越长久，被中断的可能性越小。

● 一个较大的家庭和买房子倾向于表明在婚姻中更大的情感投入。

● 控制教育和工作经历后，妻子以工作或工资的形式体现出的越来越多的经济独立似乎增加了婚姻中断的可能性。

● 最后一个孩子的离家对婚姻稳定性有

着强烈的影响。空巢经历对那些过早到达这个阶级的人而言（约结婚 20 年），增加了婚姻中断的可能性；但是对于那些在婚姻里较晚到达这个阶段的人而言（结婚 30 年以上），则倾向于降低婚姻中断的可能性。

Hiedemann 和同事（1998）提出，由于婴儿潮这一群体在经历了空巢之后，预期能活得更久，因此，对他们婚姻状况的研究应该继续。

Friedberg（1998）对 50 个州 1960—1990 年的离婚率进行了分析。她从 20 世纪 60 年代初期开始检查离婚率——在这段时间里一个人必须证明"离婚的背景"（通奸或虐待）；"无过错"和"单方面"离婚的合理性在 20 世纪 70 年代初期几乎被所有的州都自由通过。她从她的研究中发现，如果各州不采用这样的自由政策，离婚率将降低 6%，这解释了 1968—1988 年整体增加的 17% 的原因。要求严格执行当前离婚要求的倡导者争论说，使离婚变得更困难将会加强家庭关系，而反对者则争论说，这将会损害那些保留无效婚姻状况的个体。近来已经有三个州颁布婚姻法令契约，让已婚夫妻在分居或离婚之前先去咨询（Drewianka, 2004）。

回顾过去 20～30 年的许多研究，婚姻在家庭生活中的位置已经下降，这一点很少受到置疑。婚姻外的同居已经变得普遍，分居和离婚率仍然很高。但是离婚早从 1995 年以来已经变得稳定化。家庭类型在民族群体中也是各有不同，2003 年，82% 的白人家庭是已婚夫妇家庭，80% 的亚裔家庭、68% 的西班牙裔家庭、47% 的非洲裔家庭由已婚夫妇构成（U. S. Bureau of the Census, 2004b）。社会经济学因素，例如低收入、高失业率，以及低教育，都被怀疑是这种民族差异的主要来源。

尽管一些非洲裔有着长期的稳定的婚姻，但

只是少数，而且是在较为富裕的家庭中（Cherlin，1998）。在讨论非洲裔贫穷问题时，这些完好无损的家庭常常被忽视。维系在非洲裔家庭三代人中的被扩展的亲属关系是很普遍的，祖父母常常要养育子孙。较老的那一代是价值观传递的重要来源，可以影响到子女的社会化结果（McWright，2002）。

**祖父母的角色**

由于分居、离婚、再婚的比例很高，祖父母要为孙子孙女提供稳定的支持。扩展式亲属依靠在少数民族家庭中是更加普遍的。

**思考题**

中年生活的婚姻地位是什么？一些中年人为什么会分居或离婚？

**单身生活**　尽管离婚后返回到单身生活的现象已经变得越来越普遍，但这却是一次非常困难

的经历。在许多情况下，离婚比几乎其他任何生命压力源都会产生更大的情感的和生理的极大损害，包括配偶的死亡（Kurdek，1991）。过去 20 多年的研究证明，与结婚、从未结婚、鳏寡的人相比，离婚者要面对较大的经济压力、社会隔离以及更重的为人父母的压力（Wu & Penning，1997）。和那些已婚且与配偶一起生活的人相比较，在精神病患者中，离婚或分居的人所占的比率较高（Stack，1990）。

离婚的精神创伤在已经结婚很久、有两个或更多的子女、丈夫提出的离婚以及仍对丈夫有积极情感或想惩罚他的这些较老的女性中是最大的。一些中年和较老的女性没有教育背景、缺乏技巧和工作经历而很难再次进行有偿劳动或在有偿劳动市场里就职（Wu & Penning，1997）。此外，女性离婚时年龄越大，越不可能再婚，将会在没有支持和帮助中度过晚年（Wu & Penning，1997）。

一些中年女性选择单身且从不结婚。然而，越来越多的有资源可利用的女性近年来领养子女或通过人工授精来要孩子。就像在第 15 章提到的那样，2002 年，美国 50～54 岁的女性报告有 263 例生育（Heffner，2004）。因此，一些女性在 40 多岁和 50 多岁才首次成为妈妈，在中年时期作为新父母的身份使她们过着很复杂的生活。

**被替换的家庭主妇**　主要是这样一种女性：她的主要生活是做家务，因为离婚或丈夫死亡而失去主要的经济来源。大多数 65 岁和更老的被替换的家庭主妇过着离婚或分居的生活，并且许多都有 18 岁以下的子女和她们一起生活（对于较老的女性而言，一起生活的孩子可能是孙辈的）。一些被替换的家庭主妇业余或季节性地工作，一些也不工作。许多这些女性发现她们从离婚中获得的经济结果是不平等的。她们经常发现自己无法享有前夫的私人养老金计划和医疗保险。尽管许多人生活在贫困线边缘，不过近来福利法的改变使她们有机会去工厂工作。

离婚对中年男性和女性的影响是不同的，男性倾向于变得抑郁，有更低的成就目标；女性变得更加喜欢外出，以及有行动定向（Elias，1999；Lachman，2004）。与她们处于不满意的婚姻相比，多数女性报告她们获得了更加积极的自我映像和更高的自尊。几乎 2/3 的女性说这个过程帮助她们实现了人生的第一次控制（她们报告在婚姻里必

561

须"服从"）。女性也未必是孤独的，因为大多数都有可以支持自己的女性朋友，而且许多还找到了新的活动和事业（Peterson，1993）。

相反，男性似乎更不愿意转换成过单身生活（Gross，1992）。总的来说，离婚的男性比离婚的女性有小得多的支持网络。即使他们钱财充裕，许多男性仍然发现开始新生活是很困难的。美国男性典型地依靠女性来为他们创造社交活动。男性不仅由于对伴侣的需要而受苦，而且他们很想建立家庭而从中获得弥补。一些男性开始质疑他们的价值和竞争性。尽管男性可能发现找到爱情、舒适和在家的感觉是容易的。如果男性不再婚，他们发生车祸、毒品滥用、酗酒以及情感问题的比率倾向于上升，尤其是他们离婚之后 5～6 年。十年或者大约十年前，许多美国人愿意抓住机会而离婚，而在近几年来，他们对婚姻的预期已经变得更加保守且更加现实，越来越多的夫妇发现修补婚姻关系比使其破裂要更好。

562　　　随着女性受到更好的教育、建立职业的和经济的独立，已婚和单身之间的幸福差异正在消失。例如，由于继续保留单身或返回单身状态而引起的经济压力因素已经变得不重要。一些人甚至提出随着更多的未婚者存在性关系，单身的羞耻感可能正在下降，且并没有产生额外的消极的社会耻辱。一些研究发现，无论性别，婚姻的调整与收入、再婚或稳定的新关系，以及离婚前对婚姻关系破裂持积极态度，与离婚倡导者之间存在正相关（Wang & Amato，2000）。

**再婚**　许多离婚者最后选择再婚。大约有 5/6 的离婚男性和 3/4 的离婚女性会再婚。实际上，几乎有一半的婚姻中的一方或双方都曾经离婚。这些再婚者中有一些是第三或第四次结婚。这种社会模式称为"结婚的演替"或"系列婚姻"。尽管终身的婚姻仍然是一种理想状态，但事实上多数美国婚姻已经成为一种条件契约（Bumpass，Sweet & Martin，1990）。结果，近来成年美国人中仅有大约一半是与他们的第一个配偶结婚，其他人要么单身，要么同居或再婚。近来研究的结果表明，中年和晚年的再婚夫妇的确有着更低的婚姻中断的危险，尤其是夫妇两个都是以前结过婚的（Wu & Penning，1997）。

由于多种原因，男性比女性更可能再婚。一方

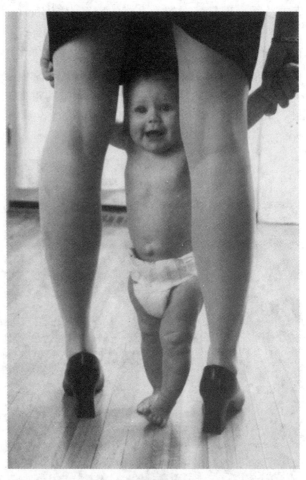

**中年单身妈妈**
越来越多的中年单身妈妈通过辅助生育技术而首度成为人母且正在养育子女，因此，对有些中年人来说，责任和发展的挑战的范围已经变得更加广泛。

面，男性典型地可以与较年轻的女性结婚，这样他们有一个更大的选择范围。而且，男性更可能与以前未婚的及比他们教育低的女性结婚。女性再婚的可能性随着年龄和教育水平的增加而下降。

近来加拿大的一项研究发现，大量以前同居过的伴侣更喜欢同居，而不是同居后结婚。这与以前结过婚又以大约 20% 的增幅选择再婚的人形成对比。然而，以前同居过的人比以前结过婚的人存在更高的再婚可能性（Wu & Schimmele，2005）。

**再婚家庭**　根据美国再婚家庭协会，在美国所有新婚者中至少有 1/3 包含着曾离婚者或鳏寡者，并带着 18 岁以下的子女一起生活（"New Wedding Ceremony Includes Children，"2000）。2000 年的人口普查首次包括了领养和再婚家庭这一

**中年再婚**

大量离婚的中年人再婚。近来研究的结果表明，中年和晚年的再婚夫妇的确有着更小的婚姻中断的危险，尤其是夫妇两个都是以前结过婚的。

类，报告了 210 万领养儿童和 440 万继子女，占所有子女数量的大约 8%（Kreider，2003）。这些情形创造了为人所知的"混合家庭"。继父继母可能是美国父母中最受忽视的一个群体（Pasley & Ihinger-Tallman，1994）。总的来说，专家们开始研究那些完整的、首次婚姻的家庭或单亲家庭。就他们而言，大量的继父母感觉蒙受了污名，凶恶的继母形象、残忍的继兄姐，以及受害的继子女在像灰姑娘那样的故事中大量存在（Dainton，1993）。继父母对继子女的卷入程度存在很大的不同（Svare, Jay & Mason，2004）。

子女典型地带着担忧而并非喜悦地去接受父母的再婚。再婚打破了他们关于父母有一天还会在一起的幻想。这个新的配偶似乎可能威胁到子女与单亲父母之间的特殊联结。此外，在面对离婚、分居、单亲照料等问题时，子女又要面临新的变动和调整。事情是复杂的，因为人们常常期望在新的生活方式中获得即时的爱。许多女性假定，"我爱我的新丈夫，因此我将会爱他的子女，他们也将爱我，我们将在一夜之间找到幸福"。这样的期望不会如约而至，因为关系是需要时间来发展的（Hetherington, Stanly-Hagan & Anderson，1989）。复杂的情况出现了，就像下面的例子，不过这在传统家庭里是不会发生的（Fishman，1983，p. 365）。

我的前夫有钱，他给我们的儿子 Ricky 买了一部车，这好极了！不过当我继子 David 需要交通工具时，却无法向 Ricky 借车，因为我前夫坚持不肯资助别人的孩子。Ricky 愿意与他的继兄弟共用这部车，但他不能冒触怒父亲的风险。此外，David 对于当"穷"弟弟而感到敏感，也不愿意开 Ricky 的车。这使我们（她和她的现任丈夫）很焦虑，因此凑了一点钱给 David 买了一部破车。当然，经过我们修整之后确保能够安全驾驶，现在我们已经解决了这个问题。

**再婚家庭**

美国的再婚家庭所占的比例越来越高。有一半婚姻的夫妻中有一方已经为人父母，他们的新伴侣则成为继父母，子女也成为继子女。作为再婚家庭中的一员，要求适应、合作、耐心、幽默感及大量的信誉。

大多数继父母试图重构一个完整的家庭环境，因为这是他们所拥有的唯一模式。伴随着复杂社会系统的再婚家庭（如继手足、继祖父母、前次婚姻的姻亲等）更可能经历种种困难。一个在再婚家庭中有七个子女的女性讲述了这样的经历：

我们在读一年级的孩子，难以向他的老

师解释自己有两个还是四个姐妹，因为他有两个姐妹没有和我们住在一起。老师说："Justin 通常似乎对家庭情形很困惑。"我们告诉她："他绝对真的很困惑，事实确实如此。"（Collins，1983，p. 21）

再婚家庭也存在另一个因素——缺少亲生父母的一方，他们的存在为子女提出忠诚度的问题。他们质疑于"如果我爱我的继父母，我就背叛我亲生父母了吗？"大多数情况下，当他们能够与不同住的亲生父母维持轻松的关系时，子女是更开心的。然而，通常前夫愤恨失去养育子女的控制权、不能维持亲密关系或提供供养子女的费用。

考虑到这些紧张因素，与那些亲生子女住在一起的已婚夫妇相比，继父母报告说对家庭生活有着显著少的满意度。从以前的婚姻中带孩子到现在家庭的再婚，解除婚姻的比例要比自然家庭高出50%。对于许多年轻人而言，这种家庭的转变并不会结束。据估计到2010年为止，更多的家庭将由再婚组建，而且比美国其他任何类型的家庭都多（Kallemeyn，1997）。要成功维持再婚家庭，成员必须保留一些"旧"方式（传统、仪式、习惯），却也得采用新方式以使再婚家庭远离先前的家庭。有一些压力与再婚家庭有关，同时也需要大量的积极调适（Kurdek，1994b）。为了获取更多的关于再婚家庭生活调整的信息，请参见本章专栏"可利用的信息"中的《再婚家庭调适》一文。

**思考题**

对于通过再婚组建家庭的成年人而言，一些特殊的压力源是什么？

**成年子女和孙辈** 空巢是指曾经有子女生活在家里而现在为了追求教育及自己的家庭而离开的家庭。空巢家庭现在仅包括一个或两个家长。然而如今，空巢以后可能不会是如此空的。许多成年子女在读大学时，或当创建他们的事业时，或在分居或离婚期间带着孙辈返回家，或经历长期失业时，会住在家里更久。父母如果是婴儿潮这一代，子女则出生在相对好的经济繁荣期，此时，会更加重视对子女的抚养，因此，父母和子女都并不认为继续和家里人住在一起的关系是奇怪的。另外，更多的中年人（主要是女性）已在工作，并在医疗保健救助和成人日托的帮助下，照顾他们自己年迈的父母和他们伴侣的父母，抚养不能教育的孙辈。年轻成年子女残障（如智障、脑损伤、瘫痪及多方面的残障）的中年父母在安排子女居所时，也要耗费时间来做决定。他们必须担任法律监护人，帮子女找到从事庇护工作或监督工作的人。这通常是困难的，是逐渐年迈的父母心中很痛苦的决定，因为通常我们都期望成年子女能够自己做出人生的决定。

564

**可利用的信息**

**再婚家庭调适**

因为混合家庭的复杂组合，每个再婚家庭都有自身特定的问题，需要有自己特别的解决方法。日常生活中的几件事情都会使再婚家庭产生冲突，不过谨慎一点，可以使婚姻之路走得更长远。

**食物**

食物的偏好是十分显著的，尤其是对继子女而言。吃饭时间全家人都在一起，因此更有机会产生分歧情境。发现家庭成员喜欢吃的及他们不喜欢吃的食物可以营造出用餐时的愉悦气氛。做饭的继父母刚开始要对消极的或拒绝的评论有准备，因为继子女常常已经习惯亲生父母做的饭菜。在子女生日时或某个特殊场合，为其准备最喜欢的食物，是含蓄地告诉每个孩子，"你是特别的，我关心你"。餐桌礼仪与卫生习惯的教导必须耐心进行一段时间，如果仅仅说"不要用手抓豆子吃！"可能会导致冲突的爆发！最近有句流行语（同时也是一本继父母可以考虑阅读的书名）说，"不要为小事冒汗——那只是小事而已。"

**家务**

为了解决谁来做家务的问题，许多家庭发现他们必须准备分配职责的图表。这种实践似乎很奏效。

发现每个孩子的能力，按照年龄来适当分配任务，即便是两岁的孩子也会喜欢摆弄桌子。孩子通常会抵抗亲生父母分配的家务，因此当继父母太过控制或强求的时候，预期冲突就会发生。教导孩子做家务的最重要的方法是开始时和他们一起做。繁重的家务必须被分成可以几天完成的较小的任务（第一天捡起脏衣服，第二天用吸尘器打扫地板）。即使只在家里过周末和假期的孩子也需要承担做家务的责任——这实际上会给他们归属感（"我得整理我在爸爸家的房间"）。实际上，孩子如果越能做事自信心就会越强。整周都没看到孩子的亲生父母，常常会倾向于想帮助孩子做每件事——但是，一个完全不承担任何责任的 6 岁孩子，到了 16 岁青少年期时生活可能会变得无法自理。家不是旅馆，继父母和继子女也不是佣人。

### 个人领域

居住安排的变化可能会引发地盘的问题。搬入配偶家的继父母往往发现家里的一些地方已经被指定有特定用处，入侵这些地方则会遭到强烈抗议。如果大家是一起搬到新家的，问题则会更容易处理。房间的新油漆、新窗帘或新地毯可以由孩子自己选择，这可以让孩子的空间个人化。如果有可能的话，在这些决定方面可以接纳孩子的意见，从以前的家里带一些物品摆到他/她的新房间里。即使是新丈夫或新妻子也不喜欢坐前配偶的椅子或睡在前配偶睡过的床上。即使亲兄弟姐妹也会因一些东西的归属权而发生争执，因此预期这些类型的小打小闹也同样会发生在继手足间。刚开始，最好由亲生父母来管教这方面的纪律。继子女，即使是年幼的继子女，在最初也会觉得新的爸爸妈妈没有权力告诉他们该做什么（我们也都不愿陌生人来告诉我们该做什么）。要有心理准备会听到孩子说"你不是我的妈妈（或爸爸）"，并要和孩子讨论这些刻薄的评论背后暗含的感觉。父母要承认这些感觉，展开问题，与年龄适当的孩子进行讨论。（如"我知道当我要你收拾你的衣服时，你会生气。但是每个周末都要打包和拆包行李是很不容易的，难道不是吗？我理解你，也许我们可以一起来做这件事情。"）

### 经济问题

亲生父母可能会付给前任配偶赡养费和/或养育费，因此支持"新"家庭会有经济压力。钱要从哪里来、花到谁身上，都必须深思熟虑。再婚家庭的经济状况常常被外人检视，如律师、法庭、社会福利机构及国税局，所以必须记录医疗、保险、牙齿矫正、服装、学杂费等开支。久而久之，前配偶可能会要求法庭来审计家庭收入以便支撑调适（尤其当一方获得红利或涨工资时），或者税收审计也会发生——通常法庭会将孩子的抚养费扣除额均分给离婚配偶。有限的经济来源必须仔细管理，利用电脑软件程序来管理家庭经济可以使记账、收支变得更加容易。如果在法庭上你的资料记录是完整且有证据的，你将可能节约很多时间，并为家庭省下好几千美元。前任配偶的要求似乎是不合理的，但是这通常是由法庭来决定的（尽管存在仲裁方法）。分居或离婚协议必须详述承担的费用责任，如果亲生父母不能支付法庭要求的赡养费的话，则要承担法律后果。

### 管教

亲生父母和继父母之间的最大争端可能是这个领域了。已经习惯某种管教类型的子女必须对另一种做出调适——常常每周都会出现。大多数专家同意孩子的亲生父母与养父母必须让步，以便于使孩子面对一致的教养方式，让孩子没有从中离间的机会。在自然家庭当中，随着孩子与父母移向家庭生活循环，管教的技巧也随之发生变化，但是混合家庭却没有时间进行这种演化。对儿童与青少年发展的充分理解可以帮助父母有效沟通。无论哪种教养方式被采用，必须在结婚之前先被讨论。如前所述，管教必须在不当行为之后尽可能迅速地实施，尤其是那些不记得之前做过的事情的年幼孩子。管教的类型和程度也必须与不当行为相匹配。就像所有家庭一样，再婚家庭的管教必须公平，最有效的管教是教导他们应该做什么，而不是聚焦于已经做错的事情上（"你没有整理房间，因此你必须现在整理而不能去朋友家"比"周末禁止出去"效果更好）。完整家庭里的爸爸通常不会注意孩子房间是否整洁、家务和家庭作业是否做了、是否刷牙和洗澡之类的事情。继母，更可能是亲生母亲，倾向于管理子女的这些细节，而爸爸则常常忽视这类事情。再婚家庭必须从长远利益来重估什么才是真正重要的事情。

**随时间而变**

当孩子十几岁时，他们很自然地想花费更多时间和朋友待在一起。亲生父母和继父母都应该支持青少年对学校及室外活动的兴趣。青少年到了这样的时期，需要表达自己，需要体验某种独立，强迫孩子遵循生硬的时间表的父母，会让孩子度过不愉快的青少年期。就像完整家庭一样，再婚家庭应该允许青少年做出更多的选择，然而，也不要让他们得到的监督过少。在这个阶段，有些青少年会因为自己有两个家而想着"我总有另一个家可以去"。不要总说孩子的消极面，这样会使有的孩子变得更加容易犯错误。寻找并表扬积极面，让孩子知道自己的行为后果并为之负责。

**支持性团体**

越来越多的社区现在为再婚家庭提供支持性团体。有着更多经验的那些人十分了解新任的再婚父母会经历哪些压力和情感问题。许多校区也为离异子女和混合家庭的子女提供支持性团体，完整家庭的子女常常说"我爱你，妈妈（或爸爸）"，再婚父母要想听到这些类似的话可能需要好几年。要知道孩子并没有意识到父母为了养育他们而做出的牺牲（直到他们自己为人父母时）。

来源：L. K. White and A. Booth, "The Quality and Stability of Remarriages: The Role of Stepchildren," *American Sociological Review*, Vol. 50, No. 5 (October 1985), 689-698.

不过对于大多数年迈已婚夫妇来说，子女离开后家就变得空荡荡的，尤其是对于传统家庭主妇来说压力更重，因为母亲这个角色是她生活和身份的中心特质。临床心理学家和精神病医师也强调女性在面临子女离开家之后感情上遇到的困境，把这种问题称为"空巢综合征"（empty-nest syndrome）（Bart, 1972）。那些认为子女是生命的主要意义所在的父母在子女不在身边的时候，通常会体验深刻的失落感。一位完全无私养育四个孩子的妈妈在最后一个孩子离开家去读大学之后对本书的作者之一这样说："我觉得生活如此空洞，很空虚，我就好像是里边的一块小石头，真的，我没有什么可以展望的了，从此以后我将一直走下坡路。"

有些女性则反对过度强调这些在女性中年成熟期的"空巢"心理变化。近来的横断研究和纵向研究发现，对于生育能力的停止，许多女性并不感到遗憾，体验到的仅是微小的绝经综合征，当子女取得成功时她们会感到很幸福，当子女持续与她们保持联络时，她们会感到很满足（Helson in Lachman & James, 1977, p. 29）。许多夫妇通常报告说，他们认为空巢是"新自由的开端"，有位42岁的女性，她的两个子女都已经离开家去上大学，她又返回到俄亥俄州立大学获取会计学位，她这样告诉本书作者之一：

确实，当 Ida（她的最小女儿）离开家后，我经历了阵阵悸动，但是，要知道我预期的情况更糟。我真的很喜欢现在的自由，我可以随心所欲而不必担忧回家还要做饭或做家务，我现在重新回到了学校，我喜欢这样的生活。

通常，父母和子女都要逐渐调适空巢期，子女在找到第一份工作之后可能还会在家里居住一段时期，或者他们可能在读大学期间回家过假期，大多数父母能够很好地适应空巢期。一项对中年父母的抽样调查证实他们的自我评估受到了长大子女的知觉的影响（Brim, Ryff & Kessler, 2004）。总体来说，中年人的自我接纳感、生活目标感及环境驾驭感与对子女的适应评估有很紧密的关系。

**照顾老年父母**　心理学家称成年人为"三明治世代"，因为许多人一方面要履行养育子女的义务，一方面又要承担赡养老年父母的责任。当他们把子女都养育成人，期待有更多属于自己的时间时，许多人又要面临他们年老父母的新的需求。有些中年夫妻发现他们还没来得及经历家庭生活循环的空巢期，这个空巢就会因年老父母或长大子女离婚或失去工作重返家园所填充（参见第14章）。研究表明，50多岁的美国人中有30%~40%会在经济上或其他方面帮助他们的子女，有1/3会帮助自己的父母（Kolata，1993）。一位普通的美国女性平均要花费 17 年时间来养育子女，也可能花费同样多的时间来照顾年老的父母。自从 20 世纪 80 年代以来，许多人延迟生育，越来越多的父母发现他们自己成为夹在照顾子女和长辈之间的"三明治"（McNeil，2004）。

**三明治世代**

中年人通常对子女、孙子女及年长的父母都要承担责任。这些任务不成比例地落在女性身上，在美国按性别的劳动分工中，女性被赋予承担照料家庭的主要责任。

老龄父母有时需要来自成年子女更多的时间、情感及经济帮助。尽管家庭成员的角色发生了深刻的变化，长大的子女（尤其是女儿和儿媳）仍然要承担赡养老龄父母的主要责任（Brody et al.，1994），这种责任感甚至还可以加强父母和子女以前较弱的情感联系（Cicirelli，1992）。在 80% 的情况下，老年人需要的任何照料都由家庭来提供，不过这种帮助也会通过社会安全、医疗保险、医疗救助项目的健康保险金来提供。然而，1997 年的"平衡预算法"规定的偿付制度的改革，已经导致家庭健康医疗保险金的显著减少（Cohen et al.，2001）。事实上，尽管大量成年子女都为他们的父母提供帮助，美国人继续随声附和这样的神话，可如今，成年子女对父母的照料远远不及上一代。

并不令人意外的是，许多"夹在中间的女性"遭受到的超负荷的角色重压与那些需要工作、照

顾子女及做其他家务的年轻女性所承担的责任是相似的，她们的困难经常掺杂在与自身年龄相关的困境中，如低水平的精力状态、长期的小病困扰及家庭成员的丧失等（E. M. Brody，1990）。我们预期中年女性以照顾其丈夫而终老，有人相信这样的事实，可以部分地解释许多中老年女性求助宗教的原因。有位 60 岁的女性，其 90 岁的父亲与她和丈夫一起生活，而且她 30 岁的女儿为了节约开支也和他们同住在一起，她说：

> 本来是该我少做点事情的时候了，我却有更多的事情要做，我以自己逐渐变老来应对，因此有时我很生气，并不是针对他（她爸），而是他年龄越来越大。无论何时他生病，我都很恐慌：现在怎么办？可我仍然不忍心把他送到养老院。（Langway，1982，p. 61）

尽管女性的角色在发生变化，当她们变老的时候，这句老谚语说得还是很有道理的："儿子只有在娶妻之前才是儿子，女儿则始终都是女儿"。因此，成年女儿和媳妇通常要面临时间分配压力的复杂情况，她们必须巧妙地处理工作者、家庭主妇、妻子、母亲、祖母及会照顾人的女儿这几个角色需求的冲突。

中老年的动机、期望和抱负会由于不同的生活阶段和核心成员地位而在某种程度上存在差异。有时这些差异会成为代际关系紧张的来源（Scharlach，1987）。然而，如果各代经济独立而分开居住，那么通常会减少憎恨和敌意。老年人和成年子孙似乎都很喜欢亲密的"距离感"，因此只要有可能他们都会选择分开居住。结果，需要子女帮助的老年人易于变得虚弱、残障、得重病，甚至智力衰竭。当中年人表现出不情愿负责照顾生病的父母时，他们未必是因为"硬心肠"，而是认识到婚姻或者情感的健康将会由于这些照料人承担的责任而出现危机（Miller & McFall，1991）。与此同时，他们会真实地产生强烈的内疚感（Pruchno et al.，1994）。因此，就像前文提到的，大多数成年子女宁愿为照料父母而做出牺牲，也不愿把他们送进养老院（E. M. Brody，1990）。近来的统计数据显示，85 岁以上者是增长速度最快的人群。随着越来越多的人要面临照顾

老年人的前景，他们也会寻求越来越多的帮助或能够对自己提供帮助的选择（参见本章专栏"进一步的发展"中的《三明治世代》一文）。

另一方面，发现她们的照料人的角色是令人满意的或受到嘉奖的那些女性照顾者能够从这种努力中产生有益于自己健康的积极因素。当然，这些结果频繁地被那些发现照顾的压力过大或没有成就感的人所颠覆（Stephens & Franks，1995）。与女性相反，大多数男性显然认为照料人

会产生太重的压力而可能更多地投身于职业角色当中（Allen，1994）。

**思考题**

什么是三明治世代？这一代中年人是如何影响自己和父母、长大的子女及孙子女之间的关系的？

## 友谊

大多数人都能够从亲戚及同事关系中区分出友谊，这并不意味着亲戚不能成为朋友。朋友是能够相互寻求友谊、能够谈得来且共享活动、产生温暖情感的人群（Fehr，1996）。正如本书一直提到的，亲密、有意义的社会关系在人类幸福和健康中扮演很重要的角色。在一项又一项的研究中，研究者报告，有朋友且能够从他们那里得到肯定、共情、建议、帮助和情感的人们更少患病，如癌症、呼吸道疾病，在遇到类似心脏疾病和大手术这些健康挑战时，也可能活得更久。确实，至少有一个可以共享真实想法和感情的朋友，要比有着大量实质上只是泛泛之交的朋友，似乎要重要得多（Brody，1992c）。

那么进入中年的婴儿潮世代及他们的友谊会怎样呢？Admas 与 Blieszner（1998）研究出生在1946—1964 年之间的这代人及他们的友谊形式，发现他们在 20 世纪 60—70 年代完成大学学业并找到工作，是大量重新组建家庭关系的第一群人。因此，这群人比其他的一代都有更多的机会来发展多样的友谊关系，且其内部更具包容性。随着电视的发展，这代人还会即时知道当前发生的主要事件（如肯尼迪总统遇刺、美国人登陆月球、人权运动、越南战争、女性运动、"9·11"事件以及伊拉克战争），产生更高层次的群体认同。

中年女性比男性更可能拥有亲密的友谊（Adams & Blieszner，1998）。男性通常有许多熟人与他们分享经验，但是他们很少有或几乎没有朋友。许多老年人的社会接触仅局限于他们的妻子、子女及子女的家人。男性的关系常常局限于群体环境，如运动球队、工作同事或"兄弟会"如 Rota-

ry 和 VFW、Shriners、克伦布骑士会，大量的社会限制局限了男性之间产生亲密关系（Weiss，1990）。男性也倾向于把自己从家中这个主要的安全、温暖及养育的中心中脱离出来，更可能把家建构为一个"物理结构"。相反，女性倾向于把家定义为能够提供"与他人的关系"的"个人空间"这样的字眼。因此，男性在家庭以外社会化。

此外，在整个一生中，女性在某种程度上都比男性更倾向于维持家庭关系，在情感上也更多投身于家庭中。女性的友谊常常可以弥补婚姻的不足，女性的最好朋友典型地可以补偿亲密度缺失的婚姻。养育子女的共享经验也会在女性中形成能够促进友谊深度和亲密度的道德及社会对话。值得一提的是，婴儿潮世代的女性首次视友谊与男性的浪漫关系同等重要，与老年女性的行为形成对比，她们对女性朋友很"忠诚"（Adams & Blieszner，1998）。因此，女性的人际关系网能对她们的情感需要起作用，可以增加被现代生活的琐碎要求牵制的多元化生活的连贯性（O'Connor，1992）。这一代人友谊的实质和质量会影响到他们老年时的支持性网络及他们退休后将会选择的交往类型。接下来我们将会看到由于美国工厂发生的显著变化，会使我们与同事建立的友谊比过去几代更加不稳固。

568

**思考题**

中年女性和男性的友谊在价值观、环境和目的上存在哪些差异？

## 三明治世代

中年人通常对子女、孙子女及年长的父母都要承担责任。这些工作不成比例地落在女性身上，在美国的性别分工中，女性被赋予承担照料家庭的主要责任。"任何一位养育子女或照顾老人的女性都知道，这是多么令人筋疲力尽且令人受挫。同时照顾他们更加困难，常常会延伸到你的很多资源，如情感、经济，甚至会超负荷或达到极限。"（Weisser, 2004, p. 112）

三明治世代遇到的一个挑战就是，该群体处于照料子女（有些延迟离开或又返回到父母家）和照顾年迈父母（他们活得更长久）的中间。"他们要面临困难的问题和艰难的抉择：父母会花费时间和金钱来欺骗子女吗？你并不贫困，却让父母接受政府对穷人的帮助，这是错误吗？你和你的经济安全怎么办？花掉父母或子女的福利金而把自己的退休金储蓄起来，独自去度过一个浪漫的假期，这自私吗？"

三明治世代有6 800万人（45～64岁），预计未来20年还会翻一番。人数增加不仅是由于寿命增加，部分也是由于婚姻延迟而更迟组建家庭所致。随着三明治世代人数的不断增加，社会正在呼吁解决这个问题的方法。不过大家能做的，就是减轻解决问题的难度。有一些革新方法已经被试用，来阻止或减少年迈父母无法抵挡的依赖的可能性。

特里夏沃悲剧的效应之一是，大众开始关注生命终结组织，如生存意愿。尽管对许多人而言这是一件令人不舒服的事情，但是坦白和公开讨论对医疗和法律决定的意愿，能够带来安慰和舒适。意识到这些决定不可避免的老年人感到很放心，因为这些事情是有序的，且他们的意愿是受到尊重的，在压力很大的时期，当他们知道做出这些决定之后将不会伤害他们的子女时，就会很高兴。

许多家庭可以做主起草一份被称为具有"持久授权律师资格"的文件，该文件会给予指定人一些权利，来为父母做出财务及法律的决定，但不能为自己。"医疗保健方针"与律师授权相似，不过它更关注医疗保健决定，还被认为是"医疗保健代理人"。这些文件可以在律师帮助下起草，可以配套专用软件，其形式也可以在互联网上下载。

照料老年人的另一个保障是保险。医疗保险对于65岁以上的每个人都是很有用的，而且还包括医院护理。不过有些人会选择买辅助性保险，来弥补医疗保险中的不足。长期护理保险包含协助起居、老人院及家庭卫生保健。这也许成为大多数人希望保住他们的资产的一种考虑。医疗补助对拥有合法收入的个体很有用，包含疗养院护理，有时也包含辅助起居和家庭保健。

### 老年人护理的革新方案

在波士顿，比肯希尔村是一个由50户居民150名村民构成的模范社区，在每年的费用当中，村民可以得到各种打折服务，如房屋修葺、汽车服务及护理照料，这样可以减轻一些照料责任。对于那些距离老年父母不够近的人来说，他们希望有来自老年护理者（GCMs）的专业化服务。GCMs对老年人的健康和生活状况做出评估，这对于老人院或协助起居安置场所及家庭护理服务来说，都很有帮助。他们还和家庭成员保持联络。美国专业老年护理者协会还可以提供更多的信息。

另一个照顾距离不够近的亲戚的革新方案被称为"远距离护理"，该方案为老年家庭成员配以志愿者。该组织的主席泰德帕特解释道："如果说，一个成年子女居住在纽约，母亲在加利福尼亚，另一个婴儿潮出生者在加利福尼亚，而其父亲在纽约。这样的话，他们两个就可以相互为家庭成员提供帮助，经常与他们在一起，且保持更新。"

对于拥有空间比实际需要更多的年长者来说，家吧也是一个很好的选择。年长者成对地一起共享一个家庭及花费。这还能够提供更多的必需的友谊，有助于缓解亲戚的担忧，不然他们总是担心自己的愛人过着孤独的生活。该方案已经被芝加哥老化研究院试行。

有些公司给他们的员工提供关心长辈楷模推荐的资格，需要家庭评估和安置场所的协助。此外，作为员工利益的一部分，美国阿尔茨海默基地提出了本地成年人日护的想法。不过，正在另一些州试行的一种方法是，允许定期给医疗补助接受者的家庭成员付一定的生活补贴，来照料他们的老年亲戚。正如你所看到的，当前处于中年的婴儿潮世代正在不断寻找新方法来应对这些发展任务，就像他们经常做的那样。

来源：Cybele Weisser. (2004, December). The big squeeze, *Money*, 33 (12), 112–118; Laura Koss-Feder. (2003, March 17). Providing for Parents: The "sandwich generation" looks for new solutions, *Time*, 161 (11).

# 职场

569

如今，职场正迎来一股新潮流，包括新技术、新工厂、新市场、工作改变、人口迁移、继续教育等。受雇者，尤其是那些四五十岁的中年人，正在经历着重新培训和更新技能的持续需求（见图16—2）。如今的中年受雇者不再单纯依靠二三十年前所受的教育与训练。

许多非传统学生在三四十岁时，经历公司的"减缩"、"收购"及"重组"，有些人被迫失业、伤残或提前退休，其他人则为了重新进入职场而改变职业，少数人还会通过个人选择做出重大的职业转变。这些经历会对经济保障、退休计划及自尊产生重大的影响。伴随着世贸中心悲剧产生的情绪余震与经济瓦解表明，有些人开始重新评估人生和职业，做出基于需要的转变，感觉到"人生苦短"而不能再延迟个人的梦想和抱负的实现了。

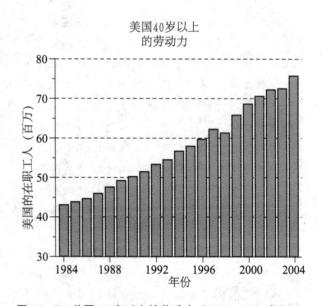

美国40岁以上的劳动力

**图16—2 美国40岁以上的劳动力（1984—2004年）**
近来，中年劳动力已占美国劳动力市场的一半，许多中年人达到了事业、生产及对社会做贡献的巅峰阶段，且还没有退休。
来源：From Hope Yen, "Court Clears Way for More Age Lawsuits," Associated Press, March 31, 2005. Copyright© 2005 Associated Press. Reprinted with permission.

## 工作满意度

莱文森认为，中年受雇的男女经历着与他们工作地位不同的关系。他们会自问："我的工作令人满意吗？"与外在的报酬相比，更强调自我实现和满意度。还有人会这样自问："在我自己和家庭之外，我还做了哪些方面的贡献或遗留下了什么？"人们常常希望在工作贡献上得到感激，可能也乐于指导正在爬升者。然而，并非每个人都会对自己的工作满意，有的人还会遭受"心理退休"（Levinson，1996，p. 375），而那些工作业绩不突出的人还要接受"提早退休"。那些对工作不满意的中年人会变得抑郁，喝更多的酒或求助于其他药物，变得容易闯祸且经常缺勤，还会遭遇家庭及婚姻的冲突，或者会寻求那些适合年轻人而非中年人的兴奋方式（Levinson，1996，p. 375）。40多岁的中年人可能看不到预期的提升或晋级而基于个人喜好来做出事业上的改变，有的如今已经开始自己的咨询事业了。典型地，"一个人在工作中的职位越高，有吸引力的选择就会越小，潜在的落差也会越大"（Levinson，1996）。法国哲学家加缪（Albert Camus）捕获了工作对生活意义和满意度的重要性："没有工作，所有的生活将会枯竭，而一旦工作失去灵魂，生活也将窒息而亡。"

值得一提的是，美国人，尤其是美国女性在20世纪60年代以来持续增长地进入劳动力市场，以至于到现在约有67%的适龄人口正在工作或是在找工作。不过，令人不满意的工作会很大程度上腐蚀且破坏我们的人性。有些心理学家和社会学家以"**疏离**"（alienation）的概念来寻找解决这些问题的方法，并研究试图减轻疏离的方法。"疏离"这个词通常暗示着普遍的无力感、无意义感、无规范感、孤立感及自我疏远（Erikson，1986）。疏离感可能以**职业倦怠**（job burnout）的方式表现出来。从心理学角度来看，如今，人们工作所面临的问题是他们无法从工作中获得自我实现的感觉。因此，工作满意度最强有力的因素是与工作者的自我尊敬、表现良好、取得成就和成长以及贡献自己特长的机会等相关的因素。

工作在许多方面影响个体和家庭生活（Crouter & Manke，1994）。例如，那些允许职业自我导向——首创的、思考的、独立判断的工作，能够培养人们的智慧灵活度，从事这种工作的个体会更加开明且容易接近，也能够评估当前的社会经济情形。那些喜欢具有自我导向的工作机会的个体可能会更加自信、较不专制，他们的观念较不古板，在工作之外的生活态度也不太宿命。这些态度可能使他们以后找到更负责任的工作，为工作的自我导向获得更大的自主权。总之，在整个成年过程中，工作都会影响人，人也会反过来影响工作（Kohn et al.，1990）。

本以为工作满意度会随着年龄的增加而上升，然而有研究者提出，工作满意度与年龄的关系曲线呈现U形，从工作初期的适度满意开始下降，然后又会迅速上升直到退休（Clark，Oswald & Warr，1996）。刚开始事业的人和接近职业尾声的人报告的工作满意度都比中间阶段高。结果许多中年人变换工作甚至专业。现在的中年女性预期变换工作九次，而20世纪70年代时则仅为三次（Muha，1999）。有两种假设可以解释这种现象，根据其中之一，比较年轻的人们预期有一个更加宽松的工作环境，可以允许更多的工人投入及做出决策。由于这种预期在很多情况下都被发现是有用的，许多新公司已经采纳这种策略。例如，微软的工作环境就比保守的公司更加宽松。这种观点的支持者列举这种"新价值观"的主要特征为质疑权威的意愿、对物质标准的削弱、要求工作是充实而丰富的。这些新价值观与在传统产业中顺从权威者以便获得加薪或升迁等奖励的方式相矛盾。

第二种对工作满意度的年龄差异的解释依赖于生命周期效应（Wright & Hamilton，1978）。这项假设的支持者指出，老年人之所以对他们的工作更满意，是因为总体上他们比年轻人有着更好的工作。按照通常的职业模式，个体的工作会开始于底层或接近底层，然后有可能的话再升迁。年轻人在有着相对少的责任时开始他们的事业，通常他们需要的不仅仅只是一个开端，而是一份对当下来说"足够好的"的工作，能够提供足够多的金钱来满足短期需要，还能够提供一些升迁的机会。当工作者发展新的需要时（结婚、生子、年长），则需要累积的经验、技能和资源使他们找到更满意的工作。

使用密歇根大学调查研究中心（基于美国经济活跃的劳动力的调查）的数据，社会学家发现，人们对于工作要求的报酬与工作价值存在年龄差异（Kalleberg & Loscocco，1983）。例如，年长的工作者希望寻找安全的、附带福利的、常规劳作时间的工作，而年轻人则寻求能提升和晋级的工作。这些差异能够用生命周期效应来解释。

**思考题**

中年工作者可能对他们的工作满意吗？为什么？

570

## 中年转行

我们多数人在开始工作时，是基于这样的假设：我们的一生都会从事这个行业（我们的父母和祖父母辈的确如此）。这种想法在诸如医师、律师、会计师、工程师、大学教授等白领行业中尤其普遍。这些人在青少年末期及成年早期学习专业所需技能和取得证书，他们自己以及家人、朋友和同伴都假定他们将会花费余生来追求这份职业，并把这作为一种终生承诺。他们预期工作能够产生重要的自我实现感，不出意外的话，他们会从刚入行到最后的退休就一直这样。许多中年人期待工作能够提供某种情感上的及金钱上的满足，不过近年来的一项调查发现，在各年龄群和收入层级中，只有不到一半的人对自己的工作满意，升迁政策、薪酬奖金、教育和培训及同事关系等，都影响工作满意度（Caudron，2001）。

最近关于情绪幸福、老化及自杀的统计测试的调查表明，那些进入"专业"领域的人也可能对他们的事业不满意，但是很多人却难以更换工作，因为这些工作的金钱报酬、安全保障及社会地位都很高。转到比较满意的行业而生活于不同社会层级，或继续停留在已经失去吸引力的职业之间的严重冲突，可能会导致在40多岁或更老的时候自杀率的增长。

美国劳工统计局收集了在过去一年当中更换工作者的统计数据，结果发现在25～34岁的男性中，每年每8人中就有1人更换工作。这些数据对于女性而言也是一样的，因为女性比20世纪60年代更可能更换工作。男性与女性都会由于各种原因而更换职业。有些人发现他们的职业没有提供给他们预期的满意度，或不再具有挑战性。一位在43岁时结束学术生涯而从事销售工作的教授告诉我们的作者之一：

> 我已经受够教书了。这已无法令我兴奋。我早上醒来便开始担心接下来的一天，开车到学校时，就开始感到阵阵头晕。我开始暗自思量："这绝对不是我今后要过的生活！"我一直就对销售感兴趣，而且在我离开大学时就已经做过几年的顾问。真正学会经商花费了五年的时间，不过现在做得挺好的。我喜欢做自己的老板，也喜欢赚钱——大钱，当个教授永远也做不到。

到了中年，许多人通常会停下来对自己进行评估，看看今后何去何从。有的人寻求正式教育以获得新的技能，有的人则构建人际关系、兴趣、技能和业余爱好。

## 失业与被迫提前退休

大多数人觉得失业是一个很痛苦的经历，本章较早处提到，工作不牢靠感在美国逐渐升高，这是由于自动化、公司缩并及向别国的工作外购所造成的。在工作介绍所中，雇用机构需要的"应急工人"、"弹性工人"、"暂时工人"、"指定工人"的数量逐渐上升，经济学家通常称这些劳动力为"可丢弃的"或"用后即扔的"工人（Kilborn，1993），事实上，越来越多的美国大学员工就是兼职工人（兼任教授），尤其是两年制的学院。

社会学家和心理学家发现，失业与低就业现象对身心健康有很大的负面影响（Feather，1990）。根据20世纪70年代的数据，Johns Hopkins大学的 M. H. Brenner（1976）计算出全美失业率每上升1%，自杀率会上升4%，谋杀率会上升6%，男性首度进入精神病院的比例上升4%，近来的研究证实了这些结果（Hamilton et al.，1990）。如果存在再就业的机会，这些因丧失工作而带来的最糟糕的心理效应会被最小化（Hamilton et al.，1993）。

失业同时也加重了父母的经济和角色压力，使得父母与子女之间的冲突加深，并危害孩子的学业成绩和健康状况（Conger et al.，1993；Flanagan & Eccles；1993）。密歇根杰克逊市的一位

571

现年 31 岁的制造工人 George Clem 说道："我失去了我曾经拥有的所有东西，一切都没了。我失去了工作，失去了房子。我原本以为未来是有保障的，但是现在我知道我已经没有未来了。"与他在同一社区的另一名女性也说，"在情绪上，你开始觉得自己没有价值。虽然理智上你知道这并非没有价值，但理智和情绪并不总是一致的"（Nelson，1983，p. 8）。

美国失业数据包括那些当前符合失业救济资格的人数，我们确实不知道那些已经不再符合资格者的就业情形及长期失业的人数。然而对工人的研究揭示出，他们失业后的行为和情绪反应会经历以下几个典型阶段（Kaufman，1982）：

● 最初，失业者历经震惊—宽慰—轻松一系列阶段。许多人已经预期到即将失去工作，因此当解雇发生时，他们会感到这种悬疑至少已经结束的轻松。总的来说，他们保持信心及希望来做好准备，找到一份新工作。在第一个月或第二个月时，他们与家人和朋友仍然保持正常的关系。

● 第二阶段的中心是努力寻找新工作。如果他们由于失去工作而感到愤怒或沮丧，这些感觉将会随着他们配置自身资源和专注精力于寻找一份新工作而逐渐消失。这个阶段可能持续四个月，但是在此期间没有找到另一份工作的人将会进入下一个阶段。

● 第三阶段大约持续六周。他们的自尊心开始崩溃，体验着高度的自我怀疑和焦虑。那些接近退休年龄者，觉得前途尤其渺茫（Love & Torrence，1989）。

● 第四阶段失业者流向自甘堕落且退缩时期。他们变得极度泄气，坚信再也找不到

工作了，因此他们停止找工作，或者仅仅是三心二意地、断断续续地寻找。有些人度过这个阶段，回过头来称之为"净化的"体验。他们可能会有意识地做出决定来变换职业或转入从事其他工作。他们会寻找自尊的其他来源，包括他们的家庭、朋友和业余爱好。

然而，那些长期失业者常常会发现他们的家庭生活会逐渐恶化（Larson，Wilson & Beley，1994）。对于大多数失业的美国人来说，保健、病假、假期及其他的受益金都随之结束，如果在公司待的时间不够久的话，许多人连退休金也没有。经济压力也会随之增加，他们往往无法继续缴纳贷款，或者开始拖延房租，眼睁睁地看着车子与家具被没收。也难怪他们会觉得失去了控制自己生活的能力。虐待儿童、暴力、家庭争吵、酗酒及其他的失调迹象也随之增加。长期失业者的离婚率很高，许多男性感到当要遭遇在家中的身份和供应者的角色的这种不经意的变化时，会失去男子汉尊严，于是他们以破坏性的反应来做出猛击。这些失业情节在非洲裔及其他少数民族家庭中更为盛行，尤其是那些没有技能和缺乏教育的劳动者。

许多社区现在有职业中心，寻找工作的人可以在网络中搜索，通过书写和准备履历表及求职信来获得专业帮助、更新和实践面试技巧等等。这些服务单位也为长期失业者寻找再培训的机会。

---

**思考题**

为什么中年美国工作者会失业或被迫提早退休？这些人如何面对这种职业状况？

---

## 双薪家庭

1970 年结婚的夫妻中有 39% 为双薪家庭，1993 年这个数字增加到 61%（Blau，Ferber & Winkler，1998）。今天，各种资料显示有 70%～77% 的成年女性工作，这意味着美国劳动力中有 6 000 万女性。在 1950 年，女性劳动力仅占 25%（当时社会接受单身女性通过工作来养活自己），

在 20 世纪 60 年代的女性运动及 1964 年人权法第九章的通过，允许更多女性受雇用，并且可以进入传统上由男性主导的大学及专业（Barnett，1997）。在 2003 年，16 岁以上的女性中，大约有 60% 正在工作或正在寻找工作，几乎占整个劳动力的一半（U. S. Bureau of Labor Statistics，2005）。

男性与女性明白且经历着家务的不平等性，这与他们对家务分配是否公平的看法有关（Mederer，1993）。然而，Thoits（1986）与 Verbrugge（1989）的研究指出，拥有的角色多少，与心理幸福程度的增加之间存在正相关。这些结果与传统结果相反，传统上认为有孩子的已婚女性不适宜拥有多重身份。近年来的研究也发现，与扮演较少角色的女性相比，同时具有妻子、母亲及受雇者的女性，并没有表现出更多的苦恼（Barnett，1997）。此外，有子女的女性仅有在她们减少工作参与的情况下，才报告烦恼增多（Barnett，1997）。Barnett 等人（1995）检视了男女工作烦恼的横向及纵向资料，发现工作顺利者心理苦恼较少；如果工作经历不好，心理状况也会随之恶化，即使今天，进入以男性主导行业的女性，也仍要继续与微妙的（或显现的）性别障碍做斗争（Kolbert，1991）。而且，我们知道工作对男性和女性有着不同的意义（Barnett，1997）。

在 2003 年，美国劳动力中有超过 60％的已婚女性（U. S. Bureau at the Census，2004—2005）。尽管在外工作会给许多夫妻带来新的冲突源，不过也为他们提供了新的实现自我的资源（Paden & Buehler，1995）。最近的研究也发现，成年女性的事业承诺，对于子女的事业目标和抱负都有着积极的作用（Vandewater & Stewart，1997）。此外，职场为父母请假（照顾子女和父母）及其他的制度安排（如弹性政策）提供的政策，可以缓解双薪家庭压力，这也正是当前社会政治的主要议题。

573

"我很喜欢与你做同事，Jenkins先生。不过仅有一个问题。"

**性别角色发生改变，但是旧的行为方式和态度可能仍然存在。**

来源：From *The Wall Street Journal* – Permissions，Cartoon Features Syndicate.

## 选择退休

传统上对"退休"的定义是："从职位或职业或活跃的工作生活中退出"（《韦伯字典》）。在超过 6 800 万成年群体中，有很多种退休方式：一部分已经退休，许多正在打算退，有一部分还没有退休意愿，那些 40 多岁的人可能计划在接下来10～15年之内退休（见表 16—4 和表 16—5）（Hedge，

Borman & Lammelein，2004）。对于大多数配偶来说，一个选择退休，而另一个则不退，这是退休满意度的一个重要因素（Smith & Moen，2004）。然而，Judith Sugar，一位老年学者及寿命研究专家，认为这群退休者改变了退休的定义，再不能抱有退休者的自尊和生命投入降低的刻板印象了（Sugar & Marinelli，1997）。许多人做志愿者、咨询业及兼职工作。Sugar 还说，如今的退休者是"一群由于社会不能负担得起而失掉的人才"，尤其是因为在下一代，这群人仅仅占总体成年人的一半（Chamberlin，2004，p. 82）。

Nancy Schlossberg，一位心理学教授兼作家、生命转换顾问，在她最近的著作《巧妙退休，开心退休：寻找生命真谛》中说，要让新生活过得舒服是需要花费时间的（Schlossberg，2004）。临近退休的时候，每件事情都会发生改变：与配偶和成年子女的关系、身份会与主要工作相分离、调适你的日常规则。一些"退休者"追赶新的职业潮流；一些花费更多的时间来旅游、做志愿者、做兼职工作，或者为家庭或子孙做更多的事情

（Dittmann，2004）。Schlossberg 界定了六种类型的退休者：（1）继续停留在与过去的技术和活动有关的保持者；（2）开始新活动或学习新技术的冒险者；（3）寻找适合自己的新职位的搜索者；（4）享受没有时间约束的"随波逐流"状态的易滑移者；（5）继续对以前的工作领域感兴趣而又承担不同角色的相关受众；（6）变得抑郁且放弃寻找有意义的新事物而来占用时间和才能的退缩者（Schlossberg，2004）。退休成了一种演绎状态。

对于大多数人而言，在中年期对经济进行计划投资，已经成为一种优先选择，而并非计划或者思考如何来享受人生的这个新阶段。Norman Abeles，一位帮助规划 APA 关于老化问题的办公室人士，建议参加一些享受人生新阶段的活动：锻炼、做志愿者及再教育（Qualls & Abeles，2000）。Sterns 和 Kaplan（2003）提出的退休模型指出，退休之前要考虑一些特殊因素，包括思考工作满意度、社区卷入度的满足感、与家庭责任的关系和程度（如照料老年亲戚），以及作为即将进入成年晚期的"未来我"的一部分，结交新朋友和参加活动的可能性。

574

表 16—4　　　　德国、日本、瑞典及美国在 1965—1970 年和 1990—1995 年期间，50～54 岁的男性和女性被迫提前退休的比较（百分比）

| 年度 | 德国 | 日本 | 瑞典 | 美国 |
|---|---|---|---|---|
| 男性 | | | | |
| 1965—1970 | 3.1 | 4.4 | 4.2 | 7.1 |
| 1990—1995 | 10.9 | 0.5 | 10.5 | 11.9 |
| 女性 | | | | |
| 1965—1970 | 5.2 | 12.3 | −3.9* | −4.3* |
| 1990—1995 | 11.6 | 14.1 | 9.3 | 11.1 |

＊表示净进入多于净退出。这意味着在这个年龄组进入劳动力市场的女性多于同时退出的女性。

来源：Gendell，Murray．(1998)．Trends in Retirement Age in Four Countries，1965–1995．*Monthly Labor Review*．Bureau of Labor Statistics，U. S. Department of Labor. Vol. 121，No. 8，20–30.

表 16—5　　　　德国、日本、瑞典及美国在 1965—1970 年和 1990—1995 年期间，男性和女性被迫提前退休的平均年龄

| 年度 | 德国 | 日本 | 瑞典 | 美国 |
|---|---|---|---|---|
| 男性 | | | | |
| 1965—1970 | 64.7 | 66.6 | 65.7 | 64.1 |
| 1990—1995 | 60.3 | 65.2 | 62.0 | 62.2 |
| 女性 | | | | |
| 1965—1970 | 63.0 | 63.8 | 65.5 | 65.3 |
| 1990—1995 | 59.9 | 62.9 | 62.0 | 62.7 |

来源：Gendell，Murray，(1998)．Trends in Retirement Age in Four Countries，1965—1995．*Monthly Labor Review*．Bureau of Labor Statistics，U S Department of Labor. Vol. 121，No，8，20–30.

续

中年或许比其他任何生命阶段都存在更明显的动态变化。这个阶段让人回顾自己的一生以及展望自己的未来，并计划退休后那种没有工作结构的生活。我们的自尊和个性特质影响我们的家庭和职业选择，以及这个阶段的整体快乐。那些需要全身心照顾子女、子孙及父母的人在心理上很苦恼，那些学会管理自己的时间且能够适应这种变化的家庭和职业责任的人，通常有一个积极的展望，当他们经历这段岁月的时候，常常会感到更加快乐。适应、弹性、幽默感都将有益于成功渡过这个阶段。如今，很少的女性成为被替换的家庭主妇，因为许多人更热衷于与她们的配偶一起追求有意义的令人满意的职业。那些对自己工作状况不满意的人，正在主宰自己的事业，或返回到学校去（即使在他们是 50 岁甚至 60 多岁的时候），或进入新的职业领域。那些失业或者被迫提早退休的人，需要对他们的情感压力做出更多的理解，他们可能会认为"未老先衰"是合情合理的情绪反应。

 # 总结

## 自我转变理论

1. 成熟是一种为了成功适应和弹性应对生活中的需要和责任而进行持续变化的能力。成熟不会是某种平稳或终极状态，而是生命存在的一个过程。

2. 自我概念是指我们随着时间形成的对"真实自我"或"我该成为怎样的人"的看法，部分来自于我们的社会互动中，因为自我概念基于他人的反馈。

3. 埃里克森提出中年时期需要致力于解决繁衍对停滞（generativity versus stagnation）的危机，繁衍主要是"对建立与指导下一代的关注"。

4. Robert C. Peck 界定中年人面临的四项任务：从估价身体力量到估价智慧的过渡；社会化而非性关系；保持情绪的弹性；变得"开放"而不是"禁闭思维"。

5. 特质模型基于这样的假设：个体会逐渐发展特定特质，这种特质会随着时间而逐渐抵抗变化。

6. 情境模型认为，个体行为是某种情境特征的结果，在这种情境里可以立即找到个体的位置。

7. 根据人格的互动模型，行为总是个人和环境的结合产物，人们寻找与自己趣味相同的环境、活动、同伴，因此加强了既定的联系。

8. 根据莱文森的男人阶段理论，男人不可能没有改变地度过中年，因为他会首次遭遇无可置疑的老化迹象而被迫重新评估自己抱有的那些幻想。

9. 莱文森对中年妇女的研究发现，每位中年转变的女性都意识到，她联合爱情和婚姻、母亲身份、全职工作的努力并不能给她像她希望的那样令自己满意，这些女性正在探索新的方法来度过成年中期。

10. 参加 Mills 纵向研究的妇女，在 40 多岁初期会经历骚动，这种骚动在 52 岁之前都会稳步增加，这时她们会有较少的负面情绪，果断性增加，通过固着于个人和社会标准而感到更加舒适和稳定。

11. 在晚年，人们会产生两性化反应，这被认为与逐渐增加的灵活及适应性相关，因此实现成功老化。两性化的个体不会限制自己的行为必须体现出男性化及女性化的文化刻板形象。

12. 总体上，人格最大的连续性表现在不同的智力及认知维度上，诸如智商、认知风格及自我概念，最不连续性表现在人际行为和态度领域上。

## 社会环境

13. 大多数美国中年人都渴望或维持已婚状态，目前大量出生在 1946 年的婴儿潮世代已经结婚。大多数人都喜爱花费时间与配偶在一起，对配偶持积极态度，这会关系到长寿及婚姻满意度。

14. 自从 Kinsey 博士于 20 世纪 50 年代首次使用自我报告性行为的调查方式研究以来，婚外性行为的比率已经发生变化。婚外性行为的高峰期发生在 20 世纪 80 年代，20 世纪 90 年代时已婚夫妇报告较少的婚外性行为。

15. 虽然离婚变得越来越常见，但也并非常规。离婚比其他任何生活压力，包括配偶死亡，都会产生更大的情感和身体折磨。与已婚者相比，未婚、寡居、离异者会有更高的比率发生心理困惑、偶然死亡及疾病等情形。

16. 许多美国人遵循结婚、离婚、再婚、鳏寡的模式，分居、离异、再婚的情形在中老年中也变得越来越普遍。离婚的影响是负面的——被替换的家庭主妇、解放灵魂和抑郁个体都是离婚的产物。

17. 绝大多数离婚人士最后又再婚，大约有 5/6 的离婚男性与 3/4 的离婚女性会选择再婚。

18. 在美国的新婚姻中，至少有 1/3 是由离婚或丧偶父母带有 18 岁以下的子女所构成的。大量继父母感到被污名化，当妈妈再婚时男孩似乎尤其受益。

19. 中年人组成三明治世代，一边要承担照顾十几岁子女的责任，一边要照顾年迈的父母。有 80% 的老年护理工作由家人承担，照顾老人的责任通常落在女儿或媳妇的身上。

20. 友谊在中年是非常重要的，不过女性比男性在中年时更可能拥有亲密的关系。如今一代的中年人的友谊品质能为年老时提供支持性网络。

## 职场

21. 工作可以满足许多需要。有些中年人会自问："我的工作令人满意吗？"有些人则会问："除了对家人与家庭之外，我在什么方面做出贡献、创造了'奇迹'？"工作满意度与练习判断、接受挑战及做出决定的机会有关，人们似乎渴望职业挑战。然而，并非每个人都对自己的工作满意，有些人则选择"心理退休"。

22. 过去 30 年，经济与社会变革使女性的地位已经发生很大的变化，如今大多数女性都有全职或兼职工作。

23. 职业变更常发生在中年人当中，女性和男性都会由于各种理由而变换工作。

24. 由于种种原因，失业会使生活变得很艰难，经济压力加重，儿童虐待、暴力、家庭争吵、酗酒及其他不当行为迹象都会增加。长期失业者的离婚率也会猛增。

25. 现在有越来越多的双薪家庭，如今有 6 000 万美国妇女构成美国劳动力市场的一部分，而在 1950 年，妇女仅占劳动市场的 25%。

 ## 关键词

疏离（570）　　　　　繁衍（548）　　　　　自我概念（547）

两性化（556）　　　　繁衍对停滞（548）　　　社会护航（557）

被替换的家庭主妇（561）　职业倦怠（570）　　　　传统婚姻（552）

空巢（563）　　　　　　成熟（547）　　　　　　空巢综合征（565）

三明治世代（556）

576  ## 网络资源

本章网站将焦点放在中年人的成功过渡上。请登录网站 www.mhhe.com/vzcrandell8，获取以下组织、主题和资源的最新网址。

**APA 老龄办公室**

**AARP**

老人寄宿所

《老化和人类发展学报》

《积极老化时报》

三明治世代经济能力

我的降落伞是什么颜色？（猎取工作和职业转变）

美国老化研究中心

 ## 视频梗概——www.mhhe.com/vzcrandell8

在本章，你已经看到中年人的情绪和社会发展问题，包括家庭角色和社会支持信息。使用 OLC（www.mhhe.com/vzcrandell8），再次观看 Lisa 和 Lewis 在中年期视频情景中的关于中年问题的讨论。别忘了通过填空来测试这些概念和回答本章的批判思考题。

# 第九部分
# 成年晚期

第 17 章　成年晚期：身体和认知发展
第 18 章　成年晚期：情绪和社会性发展

　　在人的一生中，成年晚期是身体、认知及社会情绪变化最大的一个阶段。现年 119 岁的美国人 Sarah Knauss，一直是世界上最大年龄纪录的保持者，育养了 6 代子孙，其中有一个 95 岁的女儿和一个 3 岁的重重重孙。在第 17 章，我们将会看到，人们在什么时候开始进入老年及人类比以前寿命会更长久，不过这还没有达成统一的共识。许多人假定老年期开始于退休期或开始于有资格享受公家或个人抚恤金的时候。然而，这种"老年期的开端"是不断变化的，由于在世界各地有成千上万的老年人在他们 80 多岁的时候，还生活得很好。近来的研究提出的观点反驳了把老年描绘为以衰弱为主要特征且在生命中不愿意经历的阶段。在第 18 章，我们将会讨论，尽管老年人经历认知功能的变化，但是那些"最老的老年人"仍然能够照顾自己，而且能够保持到 80 多岁甚至更老。许多人继续与他们扩展家庭的成员共享他们的成熟和智慧。随着老年人经历身体、认知及社会变化，大多数人对拥有有意义的生活感到舒适和满意，且呼吁宗教和内在信仰及精神追求。

# 第17章

# 成年晚期：身体和认知发展

## 概要

### 老化：神话和现实

- 老年人：他们是谁？
- 神话
- 女性比男性更加长寿

### 健康

- 营养和健康风险
- 生物老化
- 老化的生物学理论

### 认知功能

- 不同认知能力的变化过程
- 高估老化效应
- 记忆和老化
- 学习和老化
- 认知功能的下降

### 道德发展

- 宗教和信仰

### 专栏

- 进一步的发展：代际紧张——社会

**批判性思考**

1. 如果一种新的"灵丹妙药"被发明，该药品能够在你45岁时，阻止接下来的20年的老化过程，而不可能再经历我们称之为成年晚期的阶段，你会吃这种药吗？你觉得你会失去什么？

2. 你能够很清楚地知道为什么儿童、年轻人、中年人对于社会而言，是潜在的、有生产力的重要成员，但是为什么那些65岁以上的老年人对社会也是很重要的呢？

3. 你觉得在成年晚期，男性和女性的差异是越来越大还是越来越小？如果他们不再继续工作，或不再以照料者的责任来定义自己，他们会找到别的共性吗？

4. 你希望人类最长能存活多久？你真的愿意和同一个人结婚100年而保持不变，或留心你所有的重重重重孙子女的名字和生日吗？你预计人类如何从长寿中受益？

安全争论
● 人类的多样性：女性存活者
● 可利用的信息：锻炼和长寿

　　本章将介绍在生命的最后阶段，成年人的身体和认知功能。长寿和生物人口统计是相对较新的研究领域，我们将看到这些研究的立场。绝大多数身体和健康的改变都归因于生理的老化，不过一些80多岁的老年人仍然精力旺盛，并宣称感觉自己像60多岁的人。因为在世界各地，越来越多的人活得更加长久，所有的工业国家都在经历人口数量的"灰色"阶段，并且要再审查他们的公民政策，比如老年人应该在什么时候退休，老年抚恤金的基金来自哪里，许多人如何工作来供养老年人，以及由谁来付这个账单，这些问题已经受到全世界的关注。值得一提的是，抗老化专家预测，在未来人类的寿命将会延长很多岁。

　　尽管大多数老年人在身体和认知功能上，经历减慢的过程，但他们也经历着一种崭新的内在平静感，或在信仰和宗教仪式中发现希望和意义。我们将会审视这个最后的阶段，并非是作为本书的最后几章，而更多是作为探索者向未知迈出试探的步伐。

580  ## 老化：　神话和现实

　　我们中的绝大多数人都会有意无意地对自己迟早有一天会变老的事实，有一种不理性的恐惧，就好像我们要突然跌入悬崖峭壁中，而这个变老的事实却与我们的现在没有多大相关似的。但是，人生中并不存在这么一个点，使人们停止下来而突然变成"老年人"。老化并不会破坏我们过去、现在及未来的样子。在一些文化背景下，如日本，老化被认为是积极的，而美国文化则认为老化是充满矛盾的，甚至是消极的。老年人变老的时候，尤其是到非常高龄的时候，他们会变得不愿接受帮助而且固执。花费一分钟时间想一想通常用来描述人生这个最后阶段的老年人的词汇：慢速的、筋疲力尽的、虚弱的、吝啬的、爱发牢骚的、古怪的、智慧的、愉快的、溺爱的、安详的、没有竞争力的、依赖的、不满意的、顽固的、思想奇怪的、满脸皱纹的、丑陋的等等。"马克新卡"曾成功地描述出一个脾气不好且爱吵架的老太太。使用这样的词汇，把这些刻板印象带到商业作品当中，导致了老年人的神话的产生，这倾向于对老年人形成一种整体的错误知觉。

　　老化的事实远比我们想象的神话要乐观。许多功能的丧失曾被认为与年龄有关，尤其是认知功能和移动能力的下降，这有点过分笼统且夸大

其词。近来研究指出，保持认知功能和积极的生活态度可以促使个体成功地老化，该研究基于一个新的模型，即记忆和认知功能不一定随着年龄的下降而减弱（Volz，2000）。**老年歧视**（ageism）是指仅依据年龄而给予刻板化的判断评价，如同性别歧视与种族歧视否定差异存在，老年歧视只着重狭隘地描述老年人，且绝大部分都是负面的（Perls，1995）。

　　对老年人的形象描述同时充满着积极和消极的色彩，对老年女性的形象研究倾向聚焦于非实证研究。Sherman（1997）对老年妇女形象的研究文献进行回顾整理，结果显示对于老化研究而言，实证研究比非实证研究有着更复杂的视角。Birren（2000）主张，目前对于老年的流行看法并不符合老年人口的实际年龄、结构组成和社会特征，他认为这种观点会渐渐随着老年队伍的壮大且积极参与社会而消失。

　　本章和下一章我们将会看到老化会影响生理、认知、情绪和社会性发展，然而对于这些变化什么时候发生、发生多大变化及为什么会发生这些变化，我们已经听说的是许多不一致的观点。正在兴起的**老年学**（gerontology）即研究老化和相关的专业问题，及**老年心理学**（geropsychology）

是用来研究老年人的行为及需求的，这都可以帮助我们将神话与事实分开。2004年以来，美国健康研究所（NIH）已经在不同的大学建立起13个老化人口学研究中心，这些中心耗资3 000万美元，在未来五年中将研究世界大范围内的老化问题，诸如生理统计学、神经经济学、行为遗传学、疾病和残障、医疗技术、移民及美国老年人的聚集密度，以及针对不同性别和种族做出的关于退休、养老金、储蓄、生活安排、健康差异的决定（Mjoseth，2004）。

老化并不是一种疾病，老化的破坏力量有点像神话，除了那些"最老的老年人"（Costa，Yang & McCrae，1998），无知、迷信与偏见已经围绕老化问题许多代。我们将检视老化人口学及与当前研究相关的一些特定神话，来驱散这种神秘性。

## 老年人：他们是谁？

依据不同的时期、地点及社会等级，老年开始的时间各不相同。例如，有研究者报道，圭亚那（南美洲国家）的阿拉瓦克族很少有人活过50岁，男性在30～40岁，女性甚至更早，"除了胃部之外，身体会萎缩，脂肪消失，并且皮肤变得松弛丑陋"（Im Thurn，1883）。在孟加拉湾的安德曼岛人很少能活过60岁（Portman，1895），澳大利亚的阿伦塔女人认为，活到50岁就是一件幸运的事（Spencer & Gillen，1927）。此外，北美克里克印第安人则认为活到能看到子女长出灰发，就是很幸运的了（Adair，1775）。历史上，1840年的寿命纪录由瑞典女性保持，她们的平均年龄是45岁，而如今最长的平均寿命纪录产生于日本女性，几乎达到85岁（Oeppen & Vaupel，2002）。

**未来成长** 2003年，美国65岁以上的女性大约有3 600万，超过总人口数量的12%（见图17—1）。20世纪之后，活到成年晚期的人数从300万增加到3 600万，85岁以上者从1990年的10万增加到2000年的420万。据估计，到2050年，85岁以上的老年人口数量将会达到2 100万。然而，当婴儿潮世代在2011年首次到达65岁生日的时候，这群人将使65岁以上人口数量显著上升。据估计，在2030年，65岁以上人口数量将是2000年的两倍（Federal Interagency Forum on Aging-Related Statistics，2004）。

美国正在增加的老年人口在一些重要方面也与当前几代较老年人口有很大不同（见图17—2），当前的人口主要是女性和白人。据估计，整个非西班牙裔白人人口将会从2000年的将近19 600万（几乎占总人口的70%）增加到2050年的21 000

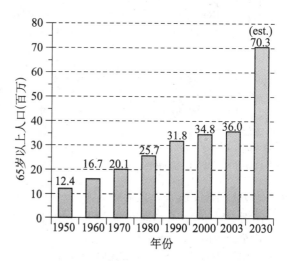

**图17—1 美国65岁以上人口及预估**
从1940年的900万人，到2003年几乎翻两番，预估到2030年将会增加至7 000万人。
来源：U. S. Bureau of the Census. (2004—2005). *Statistical Abstract of the United States*；2004—2005. Tables No. 11 and No. 14；Resident Population：2003.

万（大约占总人口的50%），同时，预估西班牙裔人口会增加6 700万，这代表增加188%，那时西班牙裔美国人将约占总人口的1/5。亚裔美国人预估会从1 100万增加到3 300万，约占总人口数量的8%。非洲裔美国人估计会增加至超过6 100万，在2050年约占总人口的15%（U. S. Bureau of the Census，2004a）。

美国老年人的这些增量将会导致未来30多年医疗费用（医药、补偿性设备、医疗物资、内科医生拜访、实验室测验、就诊、短期恢复、长期医护、收容所、家庭保健等等）、保健职业（内科医生、护士、药剂师、外科医生、牙医、生理治

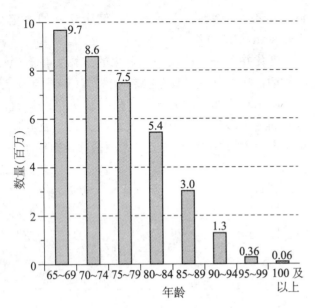

**图17—2　2003 年美国老年人口数量**

2003 年，美国 65 岁以上的老年人有将近 3 600 万，而且 90 岁以上者将近 200 万，百岁老人约为 6 万。

来源：U. S. Bureau of the Census. (2004—2005). *Statistical Abstract of the United States*：2004—2005. Tables No. 11 and No. 14：Resident Population：2003.

疗师等等）、居民设备、老年护理服务（例如，社会工作者、心理学家、老年医学家、牧师、首次警觉安全计划、成人日护、高级运输服务、法定财产计划、丧葬服务等等）的增加（Rice & Fineman, 2004）。值得一提的是，随着社会经济的变化，少数民族老年人口也随之增加，也就是说，目前的统计结果显示，非洲裔和西班牙裔老年人的贫穷比例显著高于白人。伴随较低的社会经济地位，疾病和残障的危险性大大增加，这将导致更长久的就诊、更多的家庭保健、医保及更高的人均医疗保健费用。这群处在高危状态的老年人不仅要增加健康费用支出，而且很少拥有私人医疗保险，将需要公共医护（Seeman & Adler, 1998）。

尽管与其他的发达国家相比（欧洲最多的为 15％，日本为 19％），美国 65 岁以上者所占比例较小（12％），不过预期在婴儿潮世代到达成年晚期的时候会发生变化（Federal Interagency Forum on Aging-Related Statistics, 2004）。感知器官老化、身体损伤及残障的危险在所有人群中，老年人是最高的，但是大量的老年人报告说自己身体很健康，很少或几乎没有功能

性损伤（Federal Interagency Forum on Aging-Related Statistics，2004）。

有研究者检视人口特征、经济状况、生活风格、认知能力、人格、家庭环境、宗教及社会网络结构等来作为健康行为的预测源（Zanjani Schaie & Willis, 2001），正在进行的一项研究证明，我们可以通过对生活方式的选择来提高成功老化的机会，包括个人控制与功效、定期运动、适当的营养和体重的控制、积极的生活态度及参与社交活动等（Schaie, 1994；Schulz & Heckhausen, 1996）。根据 Seeman 和 Adler（1998）的观点，存在两大挑战，分别是：（1）让老年人相信这些行为的价值；（2）开发项目和政策，不仅要鼓励这种生活方式的变革，还要促进和便利所有社会经济地位的老年人和越来越多的各民族老年人接纳。除了医疗保健之外，Powell 和 Whitla（1994）预测这些人口改变可能造成的影响包括：

● 全国依赖比率提高。2005 年，中年劳动力几乎占成年工人的 7/10，而在 2010 年将会由于退休而下降。这部分较少的劳动力将会很大程度上影响需要财政补贴的老年人的数量。据估计在 2030—2080 年，每年要支付给退休人员的资金与他们的工资税的差额，将会从 3.5％增加到将近 6％（IP, 2005）。

● 老年人需要更多的社会资源，如社会安全保障、社会福利、成人日护、公共运输、医疗和康复机构及服务、社会服务，以及休闲娱乐中心等。

● 老年人成为一股政治力量并推动社会运动，美国退休人士协会（AARP）是华盛顿一个强大的游说团体，年长的公民有着使政治活动活跃的历史，他们的利益将会主导立法行动。

2006 年，13％的联邦预算分配给医疗保险，8％用于医疗补助，21％用于社会安全保障（达到 2006 年财政额的 95 亿美元），而大量的预算被用来支持老年人口计划（Office of Management and Budget, 2005）。从 2006 年 1 月份，"医疗保险处方药物改善现代化法"将会提供医疗保险金来补助处方药。收入低于贫困线 135％的那些人每月将不用支付保险费，也无须扣除。随

582

着老年人口的增加，这样的安置费用也会继续增长。因此对于国家预算灰白化的现象也越来越受到关注，有人担心美国政治会出现年龄分化。对于这个高度引人关注的问题，请参见本章专栏"进一步的发展"中的《代际紧张——社会安全争论》一文。

## 神话

老化的事实通常会被大量与实际变老的过程没有多大相关的神话所掩盖。根据最近的研究来逐个检视这些神话。

**神话：绝大多数 65 岁以上者住在医院、养老院及其他老年护理机构。**

**事实：**直到最近，人们才活到足够老而需要长期照顾，寿命增加主要取决于卫生、营养及医疗的进步（Shute，1997），基因研究对于延长生命周期也有贡献。尽管人口普查数据揭示出需要养老院照顾的比率随着年龄的增加而增长，而且实际入住养老院的人数预期会增加，因为老年人的人口数量在增加，然而，入住养老院的人口比例却仍在下降。

1985—1999 年，65～74 岁的老年人入住养老院的比例下降 14%；75～84 岁的入住率下降 25%；85 岁以上者入住率下降 17%（Federal Interagency Forum on Aging-Related Statistics，2004）。

**神话：许多老年人行动不方便，因病长期卧床。**

**事实：**在美国，住在自己家里的老年人中大约有 3% 卧床不起，9% 无法离家，还有 5% 严重行动不方便，另外有 11%～16% 行动受限。相反，1/2～3/5 的老年人行动不受任何限制；85 岁以上者中有超过 1/3 的老年人报告活动不受任何限制（Federal Interagency Forum on Aging-Related Statistics，2004）。当一个人生重病或失去能力的时候，通常不太可能支撑四五年，而是会在 90～120 天的时间里快速走向人生终点。事实上，考虑到当前寿命逐渐增长的趋势，许多人口学家相信婴儿潮世代将会平均花费更少的时间待在养老院里，且严重残障的时间也会比父辈及祖辈少几年（Federal Interagency Forum on Aging-Related Statistics，2004；Wilson & Truman，2004）。总之，人们会逐渐老化的观点，将会被精力充沛的成年期、短暂而迅速的衰老（老年期智力下降）或生理衰退期这种新观点所取代。

### 进一步的发展

#### 代际紧张——社会安全争论

在我们的社会当中，老年人的比例正在增加，这个事实将会影响到每个美国人及美国机构。在过去的几十年里，出台了大量的社会政策，让老年人既能退出经济生产活动，又能够体验提升的生活水准及寿命的增加。社会安全计划开创于 1935 年，首开了提供底金的先河，在某种程度上，甚至到了 20 世纪 60 年代，1/3 的老年人生活在贫困线以下。1965 年，医疗保险被用来帮助老年人支付保健花费。1972 年，社会安全法通过了几项弥补措施。社会安全生活补助金（Supplemental Security Income）计划保证老年人的最低收入，"美国老人福利法"（Older Americans Act）支持一系列针对老年人的服务。这些计划共同确保年长者健康照顾金及远离贫穷。

**社会安全制度如何起作用？**

美国财政局面向未来出台了四项与社会安全保障和医疗保险相关的信用基金。对于社会安全保障而言，老年人存活保险（OASI）信用基金支付退休工资和存活金；残障保险（DI）信用基金支付残障金。这两项社会安全保障信用基金合称为 OASDI。对于医疗保险而言，医院保险（HI）信用基金支付医院病人护理及相关的服务费用；社会安全生活补助（SMI）信用基金当前支付内科和门诊病人的服务费用，在 2006 年将开始提供处方药基金。这些信用基金全部来自个人工资收入所得税（有一个收入上限，在此之上既不收税，也不收取投资收益的税）和外流款。由于这是信用基金，因此每年在政府保障中的存钱不需要积累利息。

**问题究竟出在哪里？**

目前，关于未来社会安全保障有很大的争议，然而根据社会安全保障和医疗保险计划（2005）的受托人所言，医疗保险存在相当大的危机。"用来支付医院费用的医疗保险的医院保险（HI）信用基金在 2004 年几乎没有现金流动，每年的现金流动赤字预期继续增加，而且在 2010 年婴儿潮世代退休的时候会增长得非常迅速。"健康护理资金预期比基于工人工资所得税的社会安全保障金的增加要迅速得多（The 2005 OASDI Trustees Report，2005）。为什么这个问题受到的注意比改革社会安全保障制度更少呢？

社会安全保障正在以顺差运转，金额支付预期在 2018 年超过财政收入。2018 年之后（不存在任何变数），社会安全保障信用基金通过降低顺差，继续按计划支付资金 30 年。根据国会预算办公室，社会安全保障信用基金预期直到 2053 年才会耗尽（Congressional Quarterly，2004）。

社会安全保障正处在危机中的争论，部分是由于支撑受益人的工人比例下降这个事实（见图 17—3）。1950 年，每个受益者大约有 16 位工人来支撑，2004 年，这个数字变为 3.3 个，到 2010 年，每个社会安全保障受益者将变为 3 位工人来支撑。当然，原因是存在大批婴儿潮世代者，而且 20 年以后出生的人越来越少。1965 年，出生的人数每年下降 400 万，开创了婴儿萧条一代。2033 年，每个受益者有两位工人来支撑。随着婴儿潮世代的消逝，这些比例将会再次发生变化。社会安全保障受托人已经预测，与大量移进该系统的人有关的不断增长的花费到 2038 年将会最终趋于稳定（Congressional Quarterly，2004）。

许多人并没有意识到当他们退休或出现残障的时候，社会安全保障制度并非永远会提供所有的需要。然而许多低收入的退休者依赖社会安全保障制度提供给他们 82% 的退休收入。退休金计划者把这种安全制度看作一个三腿凳子的一条，另外两条腿分别是私人退休金和个人积蓄。目前该系统的批评者提出，如果大多数人都可以把社会安全保障贡献纳入到私人抚恤金计划的行列，那么他们过得将会比现在好得多。但是，该争论并没有考虑残障和存活者的利益，工人或者他们的家庭可能会于早期开始做出规划。而且，经济学家认为我们并不能让社会安全变成一种自愿制度，否则低支出者会因为其他报酬较高的投资而退出，高支出者将会留下来，整个系统将会瓦解。

许多提议者提出，社会安全保障制度存在隐约可见的不足之处。乔治·布什总统在 2001 年加强社会安全保障制度的授权中提出一项削减资金来建立私人社会安全保障账目的计划。为了削减资金，该计划找到基金底线与生活费用的增加之间的联系，而并非目前的工资比率的增加。该计划的另一个要素是允许工人们拿出 3% 的工资税到私人账目中，而接受更低的社会安全保障金（Munnell，2004a）。为了从该计划中受益，工人们必须赚得比在信用基金中获得的更多的工资。该计划将会依赖于经济的强度。

584

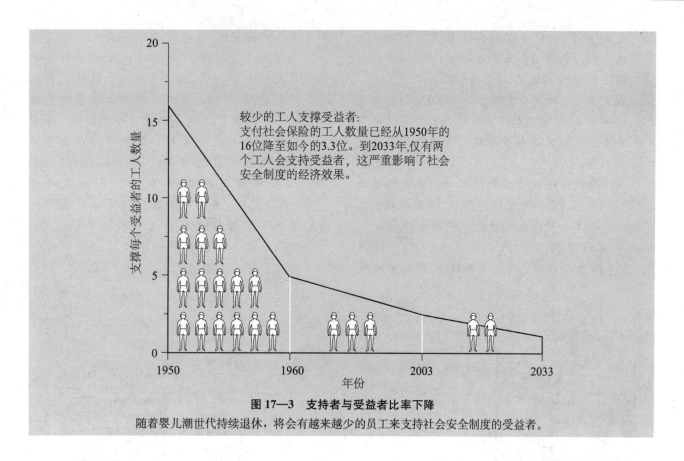

较少的工人支撑受益者：
支付社会保险的工人数量已经从1950年的
16位降至如今的3.3位。到2033年，仅有两
个工人会支持受益者，这严重影响了社会
安全制度的经济效果。

**图 17—3　支持者与受益者比率下降**
随着婴儿潮世代持续退休，将会有越来越少的员工来支持社会安全制度的受益者。

**神话**：大多数老年人因为害怕犯罪，而成为"恐惧的囚犯"，被"软禁在家"。

**事实**：整体而言，2003 年美国 65 岁以上的老年人是所有年龄层中受害率最低的群体，仅占 65 岁以上的 3‰。迄今为止，在 16～19 岁这个年龄层是犯罪率最高的群体（Catalano，2004）。

**神话**：大多数 65 岁以上的老年人发现自己有着很沉重的经济压力。

**事实**：如今 65 岁以上的老年群体比 30 年前有着更好的经济状况，总的来说，其贫穷程度从 1959 年的 35% 降到 2003 年的 10%（Federal Interagency Forum on Aging-Related Statistics，2004）。社会安全制度和退休金是绝大多数老年人主要的收入来源，事实上自从 1970 年后，老年人整体收入层次相对于其余人口已有所攀升，主要是社会安全福利（在调整过通货膨胀后）上升了 46%，而工薪阶层的购买力则下降了 7%。相反，美国儿童的贫穷率在加重。此外，老年人为他们的收入支付较少的税，所以尽管老年人比大多数

美国家庭的收入都低，但是他们拥有较高的净收入——常常包含房屋拥有权——他们也倾向于比大多数美国人更加满意自己的经济现状。

男性和女性的经济差距在退休后扩大，尽管在近几十年里，许多女性进入职场，然而 2003 年美国女性平均每月的社会安全金只有 798 美元，而男性平均每月为 1 039 美元（Social Security Administration，2004）。通常女性的工资会低于男性，她们更可能从事兼职工作，或者是由于家庭原因而离开职场几年。对于大多数通过丈夫来接受社会安全金的女性来说，这笔相当于丈夫每月薪水的一半的资金还是会比她们自己工作获得的薪金要多。62 岁以上的女性有 58% 成为社会安全制度的受益者，70 岁以上者则超过 84%。对于未婚女性而言（包括寡妇），与老年夫妇 35% 的收入相比，社会安全保障几乎组成她们收入的一半（Social Security Administration，2004）。单身老年女性更加贫穷，一项研究报告，在 2000 年，65 岁以上的单身女性

中有几乎 1/3 贫穷或接近贫穷（Munnell，2004b）。社会安全保障金是 1/4 的 65 岁以上老年女性仅有的收入来源（Brogan，2005）。在表 17—1 中，尽管随着福利的减少，工人可以早在 62 岁时退休，不过未来计划退休的年龄会上升到能够接受全额社会安全保障福利的程度。

**神话**：绝大多数长大成人的子女会远离年迈的父母，基本上是遗弃他们。

**事实**：大多数中产阶级子女会照顾他们年迈的父母，而并不是遗弃他们。根据"美国看护联盟"，几乎每四户美国家庭就有一户在照顾年老的亲戚或朋友，在经济上帮助并支撑年迈的父母，或者提供其他形式的支撑（Cooper，1998）。该研究的后续研究显示，45 岁以上的照护者平均要提供 8 年的照护。这些照顾者会在 2～6 年帮助年迈亲友交纳房租、信贷等，以及支付专业照护人员的费用（Rimer，1999）。到 2010 年时，美国 65 岁以上人口将超过 4 000 万人，美国照护联盟预估将有 12% 的非正式的照顾者会停止照料老人的工作，结果，老年照护金将逐渐成为一个就业问题（Ervin，2000）。

**越来越多的健康照护费用和关注焦点**

在成年晚期，感觉和身体损坏的变化逐渐增加，但是生活方式的选择和社会支撑提高了成功老化的机会。

| 表 17—1 | 社会安全保障福利：正常退休 |
|---|---|
| **出生年** | **正常退休年龄** |
| 1937 年以前 | 65 岁 |
| 1938 | 65 岁零 2 个月 |
| 1939 | 65 岁零 4 个月 |
| 1940 | 65 岁零 6 个月 |
| 1941 | 65 岁零 8 个月 |
| 1942 | 65 岁零 10 个月 |
| 1943—1954 | 66 岁 |
| 1955 | 66 岁零 2 个月 |
| 1956 | 66 岁零 4 个月 |
| 1957 | 66 岁零 6 个月 |
| 1958 | 66 岁零 8 个月 |
| 1959 | 66 岁零 10 个月 |

续前表

| 出生年 | 正常退休年龄 |
|---|---|
| 1960 年以后 | 67 岁 |

　　工人可以选择早在 62 岁时退休。然而，如果选择提早退休，工人的福利将会减少特定百分点。正常退休的年龄由于出生年代的不同而在 65～67 岁之间有所变化。

　　来源：U. S. Bureau of the Census.（2005，September 19）. *Normal retirement age.* Social security Administration. Retrieved October15，2005，from www. ssa. gov/OACT/progdata/nra. html.

　　注：每年 1 月份出生的人应该参看前一年的正常退休年龄。

　　本章和下一章还会继续讨论其他的老年神话。尽管以上列举的这些问题对于大多数老年人来说都不是真实的，但是对于部分老年人而言确实是事实。不过在绝大多数老年人的真实经历和遇到的困难之间有很大的差距。许多老年人都很有弹性，活得很活跃而并没有无望感，也并非摇摇欲坠地走向衰老及死亡的边缘。这些视老年人为经济上和社会上都被剥夺的群体的笼统描述，会对他们造成伤害，因为这些刻板印象会给年轻人传递一种清晰的意识，即要与老年人保持距离，好像他们的地位很卑微而慢待他们。

　　老年人口数量的增加并非仅出现在美国（见表 17—2），几乎在所有工业化社会里，老年人口的数量都在增长，发展中国家甚至预期比发达国家拥有更高的老年人口增加率，这些国家包括中国、韩国、印度、埃及、柬埔寨、刚果、巴西、菲律宾及土耳其等国家，估计到 2025 年时 65 岁以上的老年人口数量比 2000 年时高出两倍以上，墨西哥的老年人口会增加三倍以上（U. S. Bureau of the Census，2001b）。

表 17—2　　　　　　　　各种文化背景下的平均预期寿命（2005 年）

| 国家 | 年龄 | 国家 | 年龄 |
|---|---|---|---|
| 日本 | 81.2 | 土耳其 | 72.4 |
| 澳大利亚 | 80.4 | 中国 | 72.3 |
| 瑞典 | 80.4 | 巴西 | 71.7 |
| 瑞士 | 80.4 | 埃及 | 71 |
| 冰岛 | 80.2 | 菲律宾 | 69.9 |
| 加拿大 | 80.1 | 乌克兰 | 69.7 |
| 意大利 | 79.7 | 伊拉克 | 68.7 |
| 以色列 | 79.3 | 俄罗斯 | 67.1 |
| 德国 | 78.6 | 印度 | 64.4 |
| 英国 | 78.4 | 柬埔寨 | 58.9 |
| 美国 | 77.7 | 刚果（布拉柴维尔） | 52.3 |
| 爱尔兰 | 77.6 | 刚果（金沙萨） | 51.1 |
| 阿根廷 | 75.9 | 肯尼亚 | 48 |
| 墨西哥 | 75.2 | 安哥拉 | 38.4 |

　　来源：U. S. Bureau of the Census.（2005，April 26）. *Summary Demographic Data.* Population Division，International Programs Center. Retrieved April 28，2005 From www. census. gov/ipc/www/idbsum. html.

　　根据美国人口普查局（2004i），美国女性的平均寿命是 79.9 岁，而男性则为 74.5 岁。几乎每个国家的女性都比男性的寿命更长。发达国家的生命预期与美国相当，较不发达的国家有所不同，女性预期寿命是 66 岁，男性为 63 岁。女性生命预期在发达国家和较不发达国家之间的差异部分归因于较高的母体死亡率（Jones，2001）。尽管婴儿的生命周期持续显著提高，相比较成年人，尤其是男性，预期寿命的增加却并不突出。2000 年在美国出生的儿童预期可以活到 77 岁，大约比 1900

年出生的儿童多活 30 岁。这种寿命的增加主要是由美国儿童和成年的死亡率较低所致。寿命统计值包括了那些出生已死亡或出生时死亡的婴儿及那些在婴儿期、童年期及成年各年龄段死亡的人。

通常 65 岁以上的成年人被认为已经到了人生发展的最后阶段。为什么会这样呢？考虑到这些人在活动、健康、福利方面的不同，很难说出老年始于何时。也许最简单、最安全的常规是当他们的同伴视他们为老年人般看待和对待时（Golant，1984）。事实上，尽管我们的社会正在面临老龄化，而老年人却越来越年轻。如今一位 70 岁的老人的活力和态度非常接近 20 年前 50 岁的人。他

们的生活质量，尤其是 60～75 岁的"最年轻的老年人"，比他们的父母好得多。许多人保持身体和心理上的活跃状态，甚至继续做全职或兼职工作。

> **思考题**
>
> 美国人口统计学由于人口的老化而发生了什么变化？这些变化在接下来的几十年内，对我们的社会、健康及经济政策会产生哪些影响？

## 女性比男性更加长寿

自从 1920 年以来，男性和女性的生命预期差距逐渐变大。尽管出生的男孩稍多一点，但是男性的死亡率在生命的每个阶段一直都较高，以至于 25 岁左右时女性的数量开始超过男性，而且这种状况将在以后的各个年龄段持续（U. S. Bureau of the Census，2000c）。在 2004 年，65 岁的女性预期平均还能活 20 年，而 65 岁的男性则预期再活 17 年（Social Security Administration，2004）。65 岁以上的老年人中有 58% 是女性，85 岁以上的老年人中有 69% 是女性（Federal Interagency Forum on Aging-Related Statistics，2004）。65 岁以上的人群中，女性与男性的比例是 100：71（U. S. Bureau of the Census，2005）。

根据美国人口普查局，在 2000 年，75 岁以上的女性中有 1/3 需要基本生活帮助，诸如吃饭、穿衣、洗澡、煮饭、理财及外出等，而男性则只有 1/5 需要这类帮助（Cooper，2004）。不过男性有着较高的致命危险情境（癌症和心脏病），所以相应地他们的死亡率也较高。也有一些证据指出，如果把健康行为、环境危险及心理层面都考虑进来的话，男性突然生病的几率则至少与女性相等（Verbrugge，1989）。

基因差异可能在女性更长寿上扮演一个角色（Epstein，1983）。女性似乎对一些类型的威胁性疾病有着固有的和性别相关的抵抗力。显然，女性的荷尔蒙系统能够提供给她们更加有效的免疫

系统。雌激素似乎可以预防心血管疾病，因为绝经前期的女性患心脏病的几率比同龄的男性低。绝大多数医疗专家坚信吸烟可以解释寿命在性别差异上的一半的原因，现在仅有 10% 的美国老年男性和女性吸烟（Federal Interagency Forum on Aging-Related Statistics，2004）。

另一项关于健康、生活方式和老化的纵向研究开始于 1986 年的"修女研究"。该研究以 678 名修女为研究对象，她们死后将会把大脑捐献给该研究，生物医学研究者正在探查女性的健康问题、老化及阿尔兹海默症的相关因素。这些女性是医学研究极好的资源，因为她们的饮食、生活方式及与外界隔离的生活状态为研究提供了需要的控制类型。早期的研究结果显示，早期生活传记中积极的情感满足与几十年后的寿命有关（Danner，Snowden & Friesen，2001）。此外，最初的结果显示，阿尔兹海默症的低发生率与生命早期的高写作和口头表达能力有关（Snowdon，2001）。要想多了解最年老女性族群的资料，可参见本章专栏"人类的多样性"中的《女性存活者》一文。

> **思考题**
>
> 为什么在老年时女性比男性活得更久？这些八九十岁及百岁老年女性的情况如何？

# 健康

尽管大众相信老年人健康状况不好，然而事实上，大量 65 岁以上人口认为他们的健康状况很好。2001 年，尽管有少量较老的移民报告出更多的健康问题，却仅有 1/4 的老年人报告他们的健康状况不好（Heron, Schoeni & Morales, 2003; Federal Interagency Forum on Aging-Related Statistics, 2004）。事实上，老年人自我报告说发生急性病（上呼吸道感染、受伤、消化问题、静脉曲张等诸如此类的问题）的比率比其他年龄群还低，不过他们发生慢性病（高血压、心脏疾病、关节炎及韧带问题、癌症、糖尿病、中风、呼吸道疾病、骨质疏松症等等）的几率则会随着年龄的增加而稳步上升（Federal Interagency Forum on Aging - Related Statistics, 2004）。

尽管老年人发生慢性病的几率较高，但大多数并不认为这会妨碍他们的日常活动（仅有 5% 的老年人生活需要某种照料性设备）（National Center for Health Statistics, 2004a）。产生慢性病的绝大多数因素都会随着年龄的增长而增加。由于各种疾病，一个人很可能会积累更多的危险因素。

随着这些危险因素的增加，身体系统的效能被老化发生的不可避免的变化所削弱。老年人更加容易生病，将会花费更多的时间来从疾病或手术中恢复，也更可能发生其他的与疾病相关的并发症。

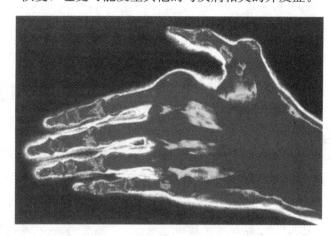

**关节炎**
这是一张手部风湿性关节炎的 X 光片，这是一种可以导致颧骨损伤、骨骨头坏死、肌腱炎的慢性关节病。随着骨头在关节处一起摩擦，会产生强烈的疼痛、膨胀、僵硬。老化中的男性和女性都会受到不同类型关节炎的影响。

588

## 人类的多样性

### 女性存活者

Jean Calment 是法国人，1997 年 8 月去世，当时她是全世界最年长者，享年 122 岁。她喜欢葡萄酒和糖果，抽烟抽到 117 岁。她每天骑自行车直到百岁，独自生活到 110 岁，那时才住进养老院（Neuharth, 1997）。对你而言，122 岁听起来是不是不可思议呢？Jean Calment 到达了一些抗老研究者预测的年龄，在未来几十年中，会有越来越多的人活到这个年龄——在你的生命阶段期间也有可能！

在 20 世纪 80 年代中期，美国老年研究所开始一项研究最老人口——85 岁以上——的计划，其中大部分是女性（2004 年时几乎占 70%）（见表 17—3）（Federal Interagency Forum on Aging-Related Statistics, 2004）。这些老年女性超越生命实际年龄的限制，拥有在年龄极限时正常老化的秘诀。为何这些妇女可以活得这么久？她们基于什么能力而存活？Perls（2004）试图在"英国新百岁老人研究"中，找到这种非凡的长寿秘诀，现在 100 岁以上的美国人有 5～6 万，这个数字还在迅速增长（女性占 90%，男性占 10%）。

## 社会安全制度如何起作用？

**表 17—3**                          美国百岁老人预估数字（2005—2050 年）

女性比男性活得长，但是许多老年女性的生活质量通常却很差。生物医学研究者提出在本世纪能够活到 100 岁及以上者就是一种典型。你能够成为百岁老人吗？

| 年代 | 数量 |
|------|------|
| 2005 | 6 万 |
| 2010 | 13.1 万 |
| 2020 | 21.4 万 |
| 2030 | 32.4 万 |
| 2040 | 44.7 万 |
| 2050 | 83.4 万 |

来源：Krach，C，A.，ε Velkoff，V. A.（1999，July）．U. S. Bureau of the Census. Centenarians in the United States，*Current Population Reports*，P23—199RV. Washington，DC：U. S. Government Printing Office.

　　医学和科学文献把注意力集中在基因上试图解决这个问题，却很少承认社会和心理因素。当前普遍的观点把最老的女性描述为受害者——因为她们要承受患残障的高危险性和寡居及收入匮乏的现实。此外，这些女性大多数都是独居或者住进养老院。所有这些因素——低收入、独居、残障——导致那些成功度过人生旅程的老年人的生活质量却较低。美国文化几乎不认为能够度过这种艰辛的生活而活到老龄，是英雄之举或值得称赞，高龄女性被认为是值得同情的，因为她们活得比朋友和家人更久其实是很不幸的。

　　**这些最老的老年人面临怎样的真实情况？**

　　最老的老年人的生活质量如何呢？根据美国人口普查局的资料（2004—2005），75 岁以上的人口中，有更多妇女报告说比男性更常遇到由慢性病导致的活动受限及诸如吃、洗澡、穿衣、室内等活动的限制。这就导致更多的女性由于高残障率而并非是活得更久，而进入养老院。长寿通常还导致女性成为寡妇——许多寡妇在丈夫去世后遭遇经济危机。设置退休金是为了回报主要工资所得者及配偶，当丈夫去世时，社会安全金将会减少 1/3，这种减少对妇女来说非常苛刻，尤其是如果她们比丈夫多活许多年。

　　**这些女性是谁？**

　　2005 年时 90 岁的妇女出生于 1915 年，第一次世界大战期间，这一代的子女较前几代少，这意味着现在她们年老时，有较少的成年子女可以来照顾她们。度过经济萧条期及第二次世界大战期，这些女性忍耐着许多困难，对于大部分人而言，在养育孩子期间正经历着较大的社会问题，如世界大战和经济大萧条等。非洲裔女性一直占有部分劳动市场，但通常都是做私家女佣或保姆等这些没有社会安全保障的工作。1925 年，在农村地区，教育对于女孩而言并不是优先选择，即使一个女孩去上学，八年级就被认为足够了。如今的极老女性因缺乏教育而减少了在生命晚期就业的机会——使她们更易于遭受贫穷的影响。

这些女性的情况如何？

研究显示，这群人在身体机能方面很不一样：

● 58%需要帮助到商店或看医生。

● 50%居住在家里，伴随各种程度的残障。

● 44%独居（这些人中绝大部分都生活贫困）。

● 31%与亲人同住（通常是女儿）。

● 25%住在养老院。

● 25%感觉"很好"，并过着独立的生活。

对于老年人来说，社会规范变得很少，他们在日常生活中通常不用担心那些令年轻人苦恼的事情。对于那些没有严重残障且有着充足的经济资源进入高龄的女性来说，这段时间是独立的、个人掌握的、自信的。而那些没有这些资源的女性则需要依赖于联邦资助来拥有居家照顾、养老院护理、医疗保险等等。未来的研究可能会更好地集中在发展女性潜能上，这最终将会使我们大家都从中受益。

来源：Adapted from S. Bould & C. Longino, *Handbook on Women and Aging* (Westport, CT: Greenwood Press, 1997).

589　　"巴尔的摩纵向研究"开始于 1958 年，对于增加对美国老年人的健康了解有着较大的贡献（Gunby，1998）。该研究追踪 2 500 名志愿者，年龄跨度 20 岁初期至 80 岁晚期，这些人每隔两年接受为期两天半的综合体检。该研究最近的结果表明，65 岁以上的老年人，尤其是女性，越来越多倾向超重，这使研究人员非常忧虑。近来的研究提出，体重越高，越可能导致高死亡率，尤其是心脏病（Federal Interagency Forum on Aging-Related Statistics，2004）。

此外，自从发现 60 岁以上的人，有 60%在葡萄糖承受测试中有高血糖，医学权威开始质疑许多老年人糖尿病的诊断标准，也许老年人胰岛素分泌减少是正常的，而并非是疾病的标志。该研究的结果显示，美国糖尿病学会及世界卫生组织已经降低用来诊断糖尿病的统计标准。该计划的研究者之一 Reubin Andres 观察后说，"想想看，几百万人因为动笔一划而'被治愈'了"（Fozard et al.，1994）。适当的运动贯穿一生——即使到了 80 岁以后，也能明显防止以前伴随老化出现的身体机能退化（参见本章专栏"可利用的信息"中的《锻炼和长寿》一文）。

由于每年会有 30 万的美国人因肥胖而死，有研究者预言肥胖将会影响到长寿，从而使得在过去两个世纪稳步增加的生命期望值停止增长（Olshansky et al.，2005）。"废止"被认为是造成 30～70 岁人身体功能衰退的一半原因，运动已经证明的益处包括：增加工作效能、促进心脏和呼吸道功能、降低血压、增加肌肉力量、提高骨质密度、提高弹性、加快反应时间、清晰地思考、改善睡眠、减少抑郁等。尽管，老年人的运动不是不存在风险，但近来的研究显示，因老化带来的身体功能的衰退会被适度的体能运动所延缓。

## 营养和健康风险

良好的营养是对老年健康贡献较大的另一个可控因素。尽管随着年龄的增长，能量需求会下降，但是老年人仍然需要与年轻人相当的营养。

事实上，他们需要的可能会更多。最近的研究表明，维生素和矿物质随着年龄增长而增加，新陈代谢的速度会随之改变，因此推荐的饮食允许量可能对老年人来说是不正确的（Hunter，1998）。生活方式的差异也会导致生命周期的性别差异。长寿人口发现于"第七日耶稣再临论者"、有宗教信仰的不吸烟素食主义者（素质主义者吃更多的水果、豆类、坚果、蔬菜、全麦面包）。在一项1974—1988年的纵向研究中，3 400万来自加利福尼亚的耶稣再临论者参加了"耶稣再临论健康研究－1"（Fraser，2005）。结果显示，耶稣再临论者的体重越小，心脏病、癌症及前列腺问题出现的危险性就越低，而非素食主义者则相反。"耶稣再临论健康研究－2"开始于2001年，研究了10万美国和加拿大的参与者的生活方式和老化问题。

新研究指出，老年人对于宏观营养素吸收不良，不是因为年龄而是由于疾病（Russell，2001），新的对老年人摄取维生素D钙的建议可能是现在日常允许需求量的两倍（Hunter，1998）。美国人每年因**骨质疏松症**导致275 000例遭受臀部骨折，500 000例脊椎骨折，200 000例手部骨折等——与钙质慢慢流失而导致骨骼多孔有关。简单的密度扫描揭示出个体是否有着很低的骨密质（BMD）。

## 可利用的信息

### 锻炼和长寿

谈到长寿，许多人都会想到西班牙探险家 Juan Ponce de Leon（1460—1521）寻找青春秘诀但却徒劳无获的故事。然而当代医学研究人员发现，这位探险家的努力可能没有失败，很可能是他已经找到了秘诀但却没有意识到。在16世纪时期，很少有人能活到53岁，Juan Ponce de Leon 徒步旅行到佛罗里达未知的海岸边，八年后他因箭伤而死，不过据历史记载，Juan Ponce de Leon 临死前看来比他的实际年龄年轻得多（Scheck，1994）。

在过去的几十年里，一项又一项的研究已经指出 Juan Ponce de Leon 受益于一生积极的活动而保持盛年。医学科学长期以来意识到高血压及冠心病患者可以从运动中获得回馈，不过新的信息揭示出运动可以带来其他不计其数的益处。伴随适度咨询，运动可以降低因恢复协调和平衡而跌倒的危险性，通过加强肌肉系统来减少骨折。身体活动降低了糖尿病、骨质疏松症、结肠癌、乳癌及抑郁症等疾患的发生。运动和力量训练对女性是尤其重要的，因为她们比男性囤积更多的脂肪，而肌肉却更少，这使她们更易于骨折、肌肉退化（Friedrich，2001）。

**养成健康的生活习惯**

大量科学证据指出，重要的好习惯对老年人的健康起着作用。我们很大程度上要对我们自己的衰老负责任。保持身体和心理的活力，从社会学的角度来说，能够对成功老化起作用。实际上，这些实践显然比构建健康和独立老化的基因起着更大的作用。

　　运动行家长期激励年长者走路、跑步、骑车、徒步旅行、跳舞或进行更好的耐力及有氧健身能力的运动（呼吸和循环功能）。不过研究证据指出，仅仅维持独立的生活方式也需要力量，运动专家指出。"做重量训练"——举重——使人受益匪浅。如走路、跑步、骑车等有氧运动需要成百上千次移动大肌肉群来对抗重力。肌力训练需要移动小肌肉群若干次对抗高的、逐渐加强的阻力。随着人们进入中年，肌肉纤维的大小和数量都在减少（例如 30～80 岁，男性会丧失 40% 的腿部肌力，这与肌肉量的少量流失有关），肌肉也会变得更不强壮（Woollacott，1993）。运动不会替换丧失的肌肉纤维，但是可以恢复仍然存在的肌肉的健壮性。长期卧床的年轻人会像老年人一样丧失肌肉，这使有些专家相信萎缩不仅归因于年龄，也要归因于停止使用。

　　力量训练甚至可以使很老且身体虚弱的人们也受益。哈佛医学院的 Maria A. Fiatarone 及其同事分析了 10 位 86～96 岁身体虚弱的男性和女性高强度集训两个月的结果，平均来说，规律运动可增强膝力 174%、竞走速度提高 48%，大腿肌肉也增大 9%（Fiatarone & Evans，1993）。

　　运动能增加寿命吗？这仍然备受争议。医学权威通常赞同适当的运动对健康的生活有着有效的贡献，但近年的证据表明，必须是有强度的运动才能增加寿命。近来的研究发现，几乎每天参加 20～30 分钟的适度锻炼的老年人比那些全天都活动或都不活动的老年人有着更好的身体机能（Brach et al.，2004）。哈佛研究者追踪 17 000 名以上的健康男性校友 26 年，发现仅有精力充沛的运动才可以增加寿命（Brody，1995b）。每周在跑步、骑车、游泳等活动上消耗超过 1 500 卡路里的男性死亡的危险性，比每周运动消耗低于 150 卡路里的人低 25%（即使如此，大多数运动生理学家还是相信，存在这么一个点，当运动过多到达这个点时就会有害健康）。哈佛的研究界定精力充沛的运动为在 10 秒间隔中可以提高新陈代谢的速度到休息时六倍或六倍以上的任何活动。以下这些活动可以达到与最低死亡率相关的卡路里消耗程度：

- 以时速 4～5 英里步行 45 分钟，每周五次。
- 打网球一小时，每周三次。
- 每周游泳三小时。
- 以时速 10 英里骑车一小时，每周四次。
- 以时速 6～7 英里跑步 30 分钟，每周五六次。
- 每周溜冰 2.5 小时。

　　总之，老年并不必然与身体表现或健康的下降完全相关。此外，从事的运动类型也会对老年人的自我效能感有所影响（McAuley et al.，1999）。

　　老年女性有着较大的患骨质疏松症的风险，因为她们的骨质较少，而且在绝经期之后骨组织流失得更快。瘦且骨架小的女性还处于更大的危险中。根据近来的研究，一位 50 岁的女性在一生中可能骨折的几率为 40%，臀部骨折的几率占 19%（Hubka，2004）。随着骨头内部变得更加多孔且易碎，脊椎骨间的骨头会变得较不密，导致脊椎形成小的裂缝，造成脊椎骨越靠越近，从而导致背痛。个体背部上端开始变得弯曲，几年后，身高开始缩短。这还会使人呼吸变得困难，因为老年人不再能够站直。

　　臀部骨折每年要花费美国近 130 亿美元，这种骨折与一年内 25% 的 80 岁妇女死亡有关，有着重要的影响。超过 25% 的患病女性必须放弃她们独立的生活状态，住进康复中心或养老院（NIA，1996a）。

　　维生素 D 的钙质补充似乎可以减缓或阻止骨质流失，但是它们不会增加骨质，不过当各种补钙药物和有规律的体育锻炼（例如跑步）结合在一起时，就可以增加骨质。如果在停经前或十年内开始使用荷尔蒙补充疗法（HRT），也会很有效，并且治疗制度应该被医师严格监督。尽管骨质疏松症没有绝对有效的治疗方法，不过如果及早治疗，则能够减缓它的发展，预防以后发生骨折。当女性保持身体活动、腿臂肌肉强健，并且运动到七八十岁时，这个问题似乎会变小；而早期停经且非常瘦或者是经常坐着的女性，更可能会出现这个问题。Rohr 及其同事（2004）强烈推荐老年人在社区老年中心利用筛除法和预防法来应对骨质疏松症。

由于迅速站起而产生的短暂昏迷可能会导致低血压，过度用药是导致老年人臀骨破裂、颅内出血或其他骨折及损伤的主要危险因素。医学研究者发现，许多老年人在突然站立时，血压会突然下降20点。老年人饭后一小时血压也会降低，当这两个因素碰巧一起出现时，可能会使老年人晕倒。

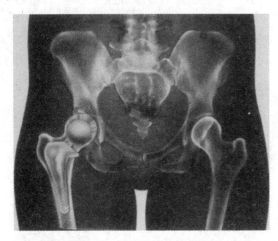

**骨质疏松症：骨质流失和关节补充**

骨质疏松症与钙质流失有关，导致骨骼更加多孔且易碎。通过维生素 D、HRT 或药物可以补充日常养生需要的钙，这样可以减轻骨质疏松症的影响。这张 X 射线展示的是一位 72 岁女性的弥补性的（人造）臀关节。人造臀关节用来代替病态的臀关节，这种病态是由于关节炎或骨质疏松症导致的骨折。臀关节或膝关节补偿可以显著改善关节的活动。

**药剂量及吸收效果**　一些美国老年人的健康问题是由过度用药、混合用药、间断用药及用药量不正确所导致的。老年人无法迅速吸收药物，肝脏代谢药物的效率较低，肾脏分解化学物质的效率比年轻人低50%。因此60岁以上的老年人遭遇药物副作用影响的几率是年轻人的2～7倍（Kola-ta，1994b）。

尽管老年人可能需要更高剂量的药物，但是对一些药物的剂量需求却较低。例如老年的脑部和神经系统通常对于抗焦虑药物，如安定（Valium）和利眠宁（Librium），非常敏感，这些药物使老年人出现精神混乱或昏睡。镇静剂药物，如苯巴比妥（phenobarbital），通常会对老年人产生自相矛盾的效果，包括兴奋、激动，却不能改善睡眠。一项美国的研究发现，65 岁以上的老年人中，有 1/5 接受过 33 种潜在不当药物中的至少一种（Zhan et al.，2001）。

当我们意识到 65 岁以上的老年人服用多于 25% 的处方药后，这些事实使我们非常惊慌。事实上，平均每位健康的老年人在一年中至少要服用 11 种不同的处方药，当同时服用这些药时，会产生严重的副作用。一些问题是由老年人出现不同状况时去看不同的医生所致，每位医生会开出几种不同的强效药——却并不知道其他医生已经开出什么药。另一个关注点是在养老院里使用的镇静剂（Travis，2005）。现在美国许多连锁药局有电脑联网，可以预防药物不当混用，而且要将介绍潜在的药物影响的材料打印出来发给病人。建立服药规范可能是一种挑战，因为一些人抗拒吃药，而且一些人存在记忆困难，各种不算昂贵的设备能够帮助个体恢复丧失的记忆。

**心理健康和抑郁**　绝大多数老年人都能够很好地适应成年晚期遭遇的变化和丧失，且有着较好的心理健康状态——然而那些长期有病或疼痛的老年人可能会面临心理健康问题。在 2000 年，65 岁以上的成年人中大约有 10% 的女性和 3% 的男性需要开药来抵抗抑郁，而中年则是女性和男性都需要抗抑郁的高发期（Kobau et al.，2004；National Center for Health Statistics，2004a）。然而，如果不进行治疗，只有少部分老年人会加重症状从而出现严重的抑郁症状或心理疾病，包括丧失精力、疲倦或睡眠失调、丧失食欲、失去正常活动的兴趣或性欲。其他与抑郁症有关的危险因素包括被诊断健康有问题、认知失调、人际关系紧张、压力生活事件及抑郁遗传。抑郁也可能由生理疾病或治疗所致。长期存在慢性疼痛或致命诊断的人们很自然地存在更高的抑郁几率及更高的酒精使用、药物使用和困惑的人际关系发生率（National Center for Health Statistics，2004a）。

通常，女性更容易比男性出现抑郁症状，尽管这种差异在年龄非常大时会反转。在写作本书时，很少有研究能够确定种族、族群或文化与抑郁症的相关性。然而，某些因素与抑郁症及高自杀率有关：住院病人、男性、75 岁以上、大量的健康和活动问题、认知障碍等。75 岁以上的老年人的自杀率高于任何年龄群——男性则更是高得多（参见第 19 章）（National Center for Health Statistics，2004a）。

患抑郁症的老年人常常不会寻求治疗。老年人可能不会去看医生，或者医生也只是聚焦于身体状况而忽略抑郁症状，尤其是如果患者还不提及这些症状。如果放任症状持续而不去治疗，会使问题变得更加严重，可能会导致最终使用强效药、电化治疗，或者自杀。最近一项纵向研究建议，结合药物治疗和心理治疗，对治疗老年抑郁症有着最好的效果（Winslow，1999）。社会支持、应对方式、生活因素的知觉控制感及认知评估，都可以起到预防抑郁症的保护作用（Kasl-Godley et al.，1998）。还有一个保护因素是养宠物来做伴，从而缓解孤独感。

### 思考题

我们怎么知道老化与活动之间的关系？老年人在多大程度上可能患抑郁症？有什么方法可帮助老年人应对抑郁症？

## 生物老化

生物老化是指随着时间的推移，人类有机体在结构及功能上发生的变化（见图 17—4）。原发性（primary aging），或称为与时间相关的改变，是一种开始于怀孕期而终止于死亡的连续过程。当人类从婴幼儿期向成年早期过渡时，生物变化促使我们更有效地适应环境。然而，过了这个时期后，生物变化通常会导致环境适应能力的损伤——最终会危及生存。从出生到童年早期及儿童期和成年期，药物研发的改进使得寿命变得更久，促进成功的老化（Baltes & Smith，2003；Oeppen & Vaupel，2002）。那些保持社交活跃、心智刺激及身体活动的老年人，更可能经历成功的老化（Singer et al.，2003）。

**身体改变**　伴随老化最常见的变化是身体特征，头发变得越来越少，且逐渐变灰、稍显粗糙，皮肤纹理改变，失去弹性和湿度，并出现色斑。到了 40 岁时，每个男性和女性都开始丧失肌肉，伴随皮肤丧失弹性开始产生褶皱和皱纹——这种情形被称为"肌消失"（sarcopenia），或者是与年龄相关的肌肉丧失（Raloff，1996）。一些诸如瑜伽、体重训练及太极拳的运动可以减缓肌肉丧失，改善平衡，减少疲惫。太极拳

**与动物为伴的老年人较少去看医生**

心理学家 Judith M. Siegel 发现，以动物为伴的老年人比那些没有动物陪伴的老年人更少去看医生，其中以养狗的老年人看医生的次数最少。宠物可以提供同伴友谊及依恋对象，似乎还可以帮助它们的主人缓解压力。与动物为伴是三分之一 70 岁以上老年人的一种生活方式。

被报告对各种疾病都有积极效果，如糖尿病、关节炎、长期疲劳及高血压（Humecky，2005）。

　　另外可以注意到的变化是身高、外形及体重。随着椎体间的"骨盘"变薄，椎体开始靠近，以致减少了脊柱的高度，还有肌肉的变化导致失去弹性，使得站直变得更加困难。身体外形产生的改变，最主要是由脂肪从手臂、腿部及脸部重新分配到躯干上所致（Overend et al.，1992）。

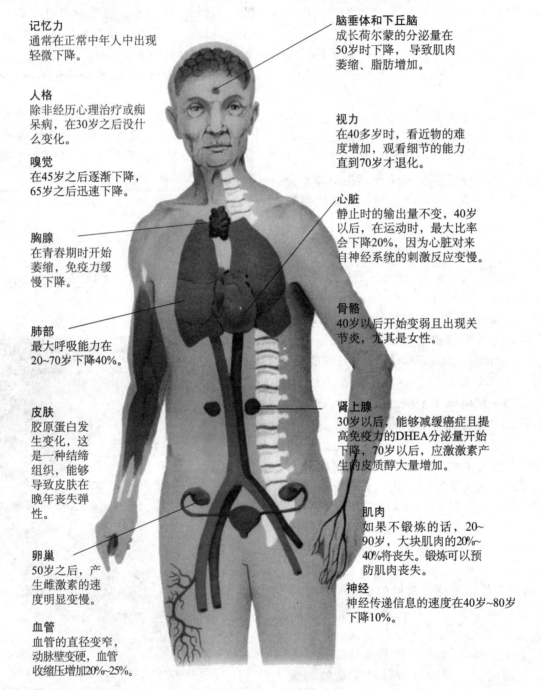

**记忆力**
通常在正常中年人中出现轻微下降。

**人格**
除非经历心理治疗或痴呆病，在30岁之后没什么变化。

**嗅觉**
在45岁之后逐渐下降，65岁之后迅速下降。

**胸腺**
在青春期时开始萎缩，免疫力缓慢下降。

**肺部**
最大呼吸能力在20~70岁下降40%。

**皮肤**
胶原蛋白发生变化，这是一种结缔组织，能够导致皮肤在晚年丧失弹性。

**卵巢**
50岁之后，产生雌激素的速度明显变慢。

**血管**
血管的直径变窄，动脉壁变硬，血管收缩压增加20%~25%。

**脑垂体和下丘脑**
成长荷尔蒙的分泌量在50岁时下降，导致肌肉萎缩、脂肪增加。

**视力**
在40多岁时，看近物的难度增加，观看细节的能力直到70岁才退化。

**心脏**
静止时的输出量不变，40岁以后，在运动时，最大比率会下降20%，因为心脏对来自神经系统的刺激反应变慢。

**骨骼**
40岁以后开始变弱且出现关节炎，尤其是女性。

**肾上腺**
30岁以后，能够减缓癌症且提高免疫力的DHEA分泌量开始下降，70岁以后，应激激素产生的皮质醇大量增加。

**肌肉**
如果不锻炼的话，20~90岁，大块肌肉的20%~40%将丧失。锻炼可以预防肌肉丧失。

**神经**
神经传递信息的速度在40岁~80岁下降10%。

**图 17—4　老化趋势**
　　老化的速度存在很大的个体差异，即使在同一个人的不同器官上。无论如何，大量的老化趋势以可预测的方式出现。

来源：© 1992. Reprinted by permission of *The Columbus Dispatch*.

还有其他的一些生理变化，诸如体力工作和运动能力的下降（运动表现在 20 多岁或 30 岁初开始下降）（Sinaki，1996）。在 30～70 岁，最高吸氧量下降 60%，最高呼气量下降 57%。因为氧气必须与营养素结合释放化学键和能量，所以老年人通常拥有较少能量和较低的储备。此外，到 75 岁时，心跳供血只有 30 岁时的 65%，脑部获得的血液流量为 80%，肾脏则只有 42%。然而，与肌肉直接相连的神经纤维随年龄显示出很少的下降，老年人沿着单纤维的神经冲动传导速度只比年轻人慢 10%～15%。即使如此，精神运动表现还是较慢且较不一致（Kallman，Plato& Tobin，1990）。

**胶原蛋白**（collagen）是一种占身体总蛋白质很高比例的物质，似乎可以影响到老化进程。胶原蛋白是构成结缔组织的基本成分，松松的结缔组织像是包裹材料的泡沫塑料球，它会支持且固定血管、神经及内部器官的位置，同时又可以允许它们自由移动。胶原蛋白还可以把肌肉细胞聚在一起，连接组织外皮。随着时间推移，胶原纤维会变得越来越厚，弹性也会逐渐降低，从而导致皮肤丧失弹性、动脉硬化、关节变硬。因此，随着时间变迁，胶原蛋白会加速它帮忙建造成的有机体的自我毁灭。

**感觉和功能变化**　我们的感觉能力——诸如听觉、视觉、味觉、嗅觉等，也会随年龄而改变，理解这些改变的强度及减少损害量的行动过程是非常重要的。近年研究发现，感觉和认知功能在老化过程中有很强的联结。一个人如果记忆力随年龄下降，那么听力也更可能受损。这种关系并非暗含直接的因果关系，而是说这些能力之间是相互连接的（Stevens et al.，1998）。Baltes 和 Lindenberger（1997）研究发现，视觉敏锐、听力阈值与智力之间，具有类似的联结。

**视力和听力**　一些与老化有关的视觉改变在中年时开始出现。在第 15 章我们可以看到，许多 40 多岁的中年人需要戴双焦镜，有干眼症而偶尔需要点"人工泪液"。人们需要在每年检查眼睛时测试眼内液体累积的眼压或青光眼，为了预防失明，必须加以治疗。细部视力模糊对大多数人来说都不是什么问题，直到七八十岁时，这可能是白内障的迹象，水晶体变硬而不能有效调适视力。

幸运的是，如今白内障手术已经很普遍。极老者更易于发生视网膜脱落，这是一种严重的情形，指眼球后方的视网膜层开始脱落，如果能够及早发现，可以用激光手术来修复网膜。伴随有其他健康问题者（如高血压、糖尿病或中风），也会出现视力困难。

听力丧失对某些职业来说是一种危害，诸如在大机器或发动机旁工作，或是操作摇滚乐队设备的工作。一些听力丧失似乎与基因有关。65～75 岁的人有 25% 出现听力丧失，75 岁以上则有 50%。严重的听力丧失或视力丧失，会降低一个人的生活质量，使其更加依赖于别人来满足其基本需要。视力丧失或听力丧失还会导致老年人出现一些严重的情形——使其失去驾照及选择和移动的自由。

**味觉和嗅觉**　老年人经常报告说他们正在丧失享受食物的能力（de Graaf，Polet & van Staveren，1994）。这个问题与味蕾（舌头表面的小凸起）的减少有关，70～85 岁老年人的味蕾平均仅为年轻人的 1/3（Bartoshuk et al.，1986）。嗅觉（olfactory sensitivity）（嗅觉——区分橘子与柠檬或巧克力与奶酪的能力）也会下降，这有助于解释为什么许多老年人总是抱怨食物没味道（Ship et al.，1996）。跨区域研究揭示出，大量老年人的嗅觉阈值较高，强度降低，辨别和区分味道的能力受损（Ship & Weiffenbach，1993）。

**牙齿、吞咽和呼吸困难**　失去牙齿又负担不起牙齿照料费用的成年人则不能吃到各种可以提供营养的食物。而且，他们可能会因为这些而孤立自己（Copeland et al.，2004）。随着老化，老年人发生吞咽障碍的危险也逐渐增加［被称为"吞咽困难"（dysphagia）］。许多医疗条件会导致吞咽困难，如中风、糖尿病、酒精中毒、头疼、阿尔兹海默症、硬化症、帕金森症等等。吞咽困难是一个复杂的过程，如果不治疗的话，吞咽困难可以导致营养不良、脱水、呼吸道感染、肺炎，甚至死亡。一项研究发现，60% 的长期需要照料设备的老年人会遭遇吞咽困难，评估包括吞咽测验及其他的医疗诊断。治疗包括有一位语言治疗师的吞咽治疗、锻炼、服用药物或使用导食管（Prasse & Kikano，2004）。不能正常吞咽对于一个人的健康和社会情感健康都有着很重要的影响。

后期发生的哮喘和其他的呼吸问题也会影响老年人。导致呼吸困难的另一个因素是慢性妨碍性肺病（COPD）——与那些抽烟的人相当，抗过敏专家和肺病专家可以控制这些症状（Parkinson, 2005）。

**触觉和温度敏感性**　专家发现，老年人手的敏感性（碰触、挤压和移动）会在一定程度上降低（Desrosier et al., 1996）。老年人对温度的感觉也会下降（Richardson, Tyra & McCray, 1992）。年轻人在周围温度下降一华氏度时能感觉出来，但老年人在周围温度下降 9 华氏度也感觉不出来。因此，老年人易得**低温症**——一种体温持续几个小时比正常体温低 4 华氏度的状态。低温症的早期症状是嗜睡、精神紊乱，最后甚至发展到意识不清。老年人在冬天如果不能持续保持身体的正常温度，就可能有生命危险。一些社会公益机构（如 HEAP）资助贫困老人解决冬季公寓取暖问题。另外，甲状腺官能障碍症在老年人中也十分普遍，其症状之一就是甲状腺机能减退，这样的老人会总是感觉冷（Sidani, 2001）。你有没有注意到家里的老人都将恒温器至少调高了 10 度？

**睡眠改变**　随着年龄增加，人所遇到的睡眠问题就越来越突出，睡眠会因疾病、药物治疗、身体的衰老而受到影响，还会因为转移到医院或康复机构而受到影响。50% 的 65 岁以上老年人认为自己有睡眠问题。不安腿综合征（restless legs syndrome，RLS）是老年人的常见病，它会导致下肢尤其是小腿部有一种刺痛的特殊不适感，迫使患者通过下肢的不停活动来放松。大多数情况下，男人的睡眠困难是白天犯困、打盹但晚间睡不着，而女人在入睡、保持睡眠和足够睡眠方面存在困难（Middelkoop et al., 1996）。人们在白天犯困就打盹睡觉。因此，随着年龄的增大，改变的不是睡眠长度，而是睡眠质量，不能保持深睡的原因是老人生理节奏的改变和睡眠紊乱（Ancoli-Israel, 1997）。

睡眠方式会随着生命周期而改变。随着年龄的增加，人的睡眠在第三或第四阶段（即深度睡眠）的时间变短，快速眼动阶段（睡梦阶段）的时间也缩短（Neubauer, 1999）。人的睡眠周期是受人的生物钟或生理节奏影响的。平均而言，成年人在大约晚间 10～11 点开始犯困睡觉，睡大概 8～9 个小时，在早上 6～8 点醒来。随着年龄增加，人的生物钟会提前，易患提前睡眠综合征。这样的病患晚间会提前犯困，如果这时就上床睡觉的话，那么他们第二天 4～5 点就会醒来，这样能保障 8 小时的睡眠时间。但一般人们都会推迟到过去习惯的时间点开始睡觉，但他们第二天依然会在早间 4～5 点醒来，这样就只有 6 个小时的睡眠时间，他们会因此白天感觉疲惫和犯困。来自加州大学圣地亚哥分校的睡眠混乱慢性病方面的专家 Sonia Ancoli-Israel（1997）认为，日光灯是生理节奏的最好保持器，在傍晚或晚间开着很亮的灯光可以保持生物钟。

**睡眠窒息症**是一种睡眠期间突然终止呼吸，然后出长气、气喘吁吁又开始重新恢复呼吸的病症。这种病症的患病可能性也随着年龄增长而增大（Neubauer, 1999）。治疗方法是由机器提供持久的呼吸通畅压力或者在中喉放置舌头保持器。

---

**思考题**

人到中年后，会发生哪些生理和感知的改变？睡眠会出现哪些改变？

---

**性**　对伴侣、温柔、亲密、爱情和性的需要还保持着重要地位，但游戏规则变化了（Rimer, 1998, A1）。对老年人的性态度调查显示，大多数老年人认为性生活有益于身心健康。Wiley 和 Bortz（1996）发现，有 92% 的男人和女人希望一周至少有一次性生活，这种渴望在老年人中也没有改变，但能满足的人不到一半，老人性生活的次数在变少，这是为什么呢？（Levine, 1998）

影响老人性生活的三个因素是性伴侣的可获得性、性唤起的困难和老人的健康状况。70% 的 85 岁以上老年妇女为寡妇，而单身的老年男性愿意找更年轻的女性。性唤起的困难在老年男性和女性方面都存在，男性常常出现性无能，女性则因为更年期后的生理变化（如阴道润滑不够、阴道壁变薄、子宫及卵巢等萎缩）使性交时产生不舒适甚至痛感。其他影响因素还包括药物抑制男性勃起、慢性病的疼痛、在照料机构缺乏私人空间等等（Kennedy, Haque & Zarankow, 1997）。最近的一项美国全国性数据（2002）显示，接近11％的艾滋病患者大于50岁，需要一些教育项目来教育老人降低这类疾病的风险性（Altschuler, Katz & Tynan, 2004）。

### 思考题

对于男性和女性，随着年龄增大，性生理会发生哪些改变？哪些因素会减少性生活的次数？

**性和亲昵行为仍然很重要**

性的亲昵行为仍然是老年人经历的正常的生活组成部分。四个主要的因素分别是有性伴侣的可获得性、性唤起的困难、老年人的整体健康状况及隐私。

## 597　老化的生物学理论

现在你可能会问究竟是什么驱使发生与老化有关的变化呢？为什么会发生呢？这里有许多对抗的理论可以解释这个过程。我们回顾几项近来被普遍关注的解释理论。根据磨损理论（wear-and-tear theory），人类的生命预期——大约85岁——受到自然的限制，很难再把这个数字往上提。其他观点则认为，人类能活多久没有绝对的生理限制。风湿病学家James Fries（1989，1997）是先天受限观点的主要支持者，他主张人体在生理上85岁以后注定要瓦解——虚弱而并非疾病是非常老的人死亡的主要因素。大约在85岁前后7年左右，最小的意外——在20岁时算是小事的跌倒、一段很热的天气或轻微的流行性感冒——都足够致命。Fries比喻这个过程为日晒腐朽的窗帘：你在这里补上破痕，别处立即又会破裂。反对阵营的那些人则争辩道，老年人死于骨质疏松症或血管硬化，但是这些疾病——曾经被认为是不可避免的老年迹象——现在都可能被预防或延迟。

**预测生命预期**　随着人口总体上变得越来

健康，人们将以较好的身体状态进入老年，因此预期生命全程会增加。生物人口统计学家预测，到2070年，女性生命预期将会处于92.5～101.5岁（Oeppen & Vaupel, 2002）。另一位人口学家S. Jay Olshansky（Olshansky & Carnes, 2001）则争辩道，这种增速变得越来越大，以至于任何大幅度增加都变得高度不可能。在经济学上，呈现了边际效应曲线。Olshansky说，这并非是我们被设计要死亡，而是我们没有被设计在生育期后活太长时间。Olshansky计算，要将现在的平均生命预期从77.5岁增加到平均85岁，我们必须降低每个年龄间隔的死亡率（等于是要完全消灭心脏疾病以及癌症）。一旦生命预期达到85岁，他说就会达到一个实际的限制，因为太少有人能够活到85岁而影响到整个统计值。然而，如今美国有6万以上的百岁老人，在世界范围内这些数字还在增加，这似乎支持了Oeppen和Vaupel的理论。

评估这些观点，有利于检视那些寻找解释生

物老化过程的更重要的理论。迄今为止，研究者还没有达成一个共识。事实上，老化过程可能太复杂了，以至于任何单一因素都无法解释。

**遗传预设**　这也被称为"平均故障时间"理论。工程师主张每台机器都有内在陈旧性，寿命受到部件的损耗限定。同样地，老化被视为生命需要的各种器官渐渐退化的结果（Hayflick，1980）。尤其重要的是，DNA 修复能力随着年龄而下降，而 DNA 损坏则会累加（Warner & Price，1989）。

**荷尔蒙的老化效应**　荷尔蒙能够加速或抑制老化，视状况而定。

减少鼠类荷尔蒙的分泌（如脑下垂体激素）来压抑它们身体的新陈代谢，会延缓组织的老化，热量的限制似乎也会延缓老化进程。然而，许多荷尔蒙分泌量的下降既会发生在鼠类身上，也会发生在人类身上。而增加这些荷尔蒙（如生长荷尔蒙及 DHEA）已经发现可以增强新陈代谢，刺激器官功能。一项研究发现，替换 DHEA 荷尔蒙在阻止和治疗与腹部肥胖有关的新陈代谢综合征方面（胰岛素抗原、糖尿病及动脉硬化）起着作用（Villareal & Holloszy，2004）。

**复制错误的累积**　根据该理论，人类生命最终结束的原因是人体细胞在复制时产生错误。印刷在复制事件的数量准确性上，被认为出现恶化（Busse，1969；Ferenac et al.，2005）。

**DNA 错误**　另一种证据提出细胞 DNA 分子出现变异（转变），即这些错误爬进化学蓝图，损害了细胞的功能和分裂（Busse，1969；Hasty，2005）。

**自体免疫机制**　一些科学家相信老化对免疫系统的能力有很显著的影响。他们相信，身体对感染的自然防御开始攻击正常细胞，因为信息是模糊的，或者因为正常细胞正在以把它们变得像是"外来者"的方式做出改变（Miller，1989；Schmeck et al.，2004）。

**新陈代谢废物累积**　生物学家提出，器官老化是因为它们的细胞被新陈代谢的废弃物慢慢毒害或阻碍。这些废物累积，会导致器官继发性器官无能（Carpenter，1965；Chown，1972），例如，

研究者发现某些器官的金属含量和类别随着年龄而发生显著变化，包括眼睛中的水晶体。此外，正常细胞氧化过程的副产物——被称为"自由基"——实际上几乎会和所有相遇的分子发生相互作用，毁坏重要的细胞功能。在适当的时候，这种伤害一直持续而使细胞不再正常起作用，器官系统失效、关节炎、肺气肿、白内障、癌症和心脏疾病随之发生，最后有机体死亡（Kolata，1994a；Merz，1992）。一些人相信维生素 C、维生素 E 及 β 胡萝卜素对于消除自由基是很有用的，因此，他们从饮食中吸收这些成分。生物学家已经确认一些可以帮助人体对抗自由基的特殊基因，这些知识使他们成功地养育出相当于人类寿命的150 岁的果蝇（McDonald & Ruhe，2003）。

**随机过程**　随机（stochastic）暗含随机发生的可能性会随着事件数量增加。例如，辐射可能会通过随机"击中"而改变染色体，或杀死细胞或使细胞发生变异。该事件发生的机会明显增加，人类会活得更长久。

**寿命保证理论**　刚才提到的理论集中于细胞损坏机制。与这些理论形成鲜明对比的是 George Sacher（Brues & Sacher，1965）提出的老化"积极"理论，因为他认为进化可以延长一些物种的生命，因此，代替一般询问为什么有机体会老化及死亡，他却会问为什么会活这么久。Sacher 观察到，哺乳类的生命全程存在非常大的差异，从一些啮齿类的两年，到鲸鱼、大象及人类的 60 年以上。他说在长寿的物种中，自然选择可以帮助那些能够修复细胞的基因，同时除掉损害细胞功能的基因。具有修复基因细胞的个体更可能存活，并将这些有用的基因传给他们的子孙。Sacher 指出产生 DNA 修复的总量与物种的生命全程成正比。因为脑袋很大的动物生育较少，进化可以帮助它们获取长寿基因，以延长生命全程且弥补生育力不足的损失（Lewin，1981）。

考虑到我们对于成年晚期身体变化所知道的东西，似乎有三个主要降低老化进程而活得更久的方法：（1）个人可以采用已知能够延长生命预期的饮食或生活方式；（2）医学科学家能够发展几种方法来代替随着时间退化且影响

年轻的身体生长因素、荷尔蒙及化学防御系统；（3）医学科学家使用药物、干细胞及基因治疗来改变老化的基因。很显然，第一种方法是我们当前最主要也是最适宜使用的方法，尽管 HGH 和 DHEA（不必 FDA 同意）已经闪现在互联网上。

**思考题**

关于为什么生物会老化的主要理论有哪些？什么方法可以让我们减慢老化过程？

 ## 认知功能

所有成年人迟早都会担心他们能否像年轻时一样精准地思考、记忆或做决定。即使早在 40 岁，我们还是可能开始注意到自己偶尔的心理过失，可能是很简单但又难以记住的某人的名字、把车停在哪里、车钥匙放在哪里、试图记起为什么走进家里的某个房间，或者谈话时忘记某个字或某人名字。我们可能会好奇这些是否是正常的老化结果，还是预示会发展成为严重的阿尔兹海默症。对老化的态度或知觉在决定老年人是否会由于他们的智慧而受到尊敬，或由于他们的无能而被社会遗弃等方面，似乎是很重要的。并非所有的社会都同样重视老年人。《圣经》里庆祝老所罗门国王的睿智，东方文化一直尊敬老者。在美国我们可以看到较消极的态度，尽管这很大程度上依赖于个人的地位及所处的历史年代。

总的来说，心理学文献支持老化常常会带来智力能力下降的观点（Kennet et al.，2000）。然而，对于有着适当的生活方式和良好的健康的人们来说，仅有小幅下降——甚至毫无下降（Schaie，Willis & O'Hanlon，1994）。事实上，越来越多的研究提出，包括抑郁症、代谢异常、动脉硬化、慢性肝病、肾衰竭、健忘或阿尔兹海默症等疾病，暗含着在老年人中认知和智力功能的退化和丧失，而并非年龄增大本身所造成的（长期用药可能会起作用）。

检视老化的脑部生理状况的研究者对它们的弹性和韧性感到惊讶（Cerella et al.，1993）。例如，与仅仅几年前所确信的科学意见相反，调查者现在发现老年人的脑部会自我再生和重组以补偿损失。根据美国老年研究所的神经科学实验室主任 Stanley Rapoport 的研究，随着脑部老化，邻近的脑细胞（神经元）会帮忙；事实上，一项任务的责任可以移转到另一个区域（Schrof，1994）。总的来说，尽管一些人在 70 多岁时认知功能会出现一些下降，但到 80 多岁时则更多，而许多人似乎并没有受到影响。下面让我们更进一步来探讨这些问题。

### 599 不同认知能力的变化过程

不仅是认知功能衰减比我们预期出现较晚，而且认知能力在老化中的影响各不相同。西雅图纵向研究（参见第 15 章）发现，许多能力在刚步入 20 多岁就开始显著下降，极晚年时下降得更多。不过也有几个重要的特例。

对文字能力与数字能力的横断研究资料显示，中年达到高峰，老年早期仅有相对少的变化，但是在 80 多岁时出现显著下降。现在花一分钟回顾横断设计的一些缺点，当然，最主要的问题是你不知道你的群体是否具有可比性。例如，80 岁的老人如果在 40 岁时接受测量，会与现在 40 岁的人相似吗？在西雅图研究中，则同时收集和分析了纵向资料和横断资料。

呈现明显线性下降的唯一能力是认知的速度，这种下降是由整个中枢神经系统的神经冲动逐渐减慢所造成的。另一项重要发现是个体差异的程度，即一些非常年老的人仍然能够十分快速地做出反应（Powell & Whitla，1994；Schaie，1995）。甚至更有趣的是，大多数人的能力会在成年早期到中年期持续增长。智力通常在40多岁、50多岁时达到高峰，因为人们继续获得经验，并无重大生理丧失来抵消所得。在纵向研究上，数字计算的速度随着年龄出现显著下降，但是相反，文字能力会在60多岁时达到高峰，之后仅有稍微下降。

一些研究者建议，认知功能应该被较不传统的方法而并非标准智力测验来评估。传统智力测验的批评者提出，成年人功能的一些方面，如社会或专业能力及应对环境的能力，也应该考虑在内（Berg & Sternberg，1992）。许多心理学家正在开发新的成人智力测量方法，并修订我们对成人智力的观念，加德纳（Howard Gardner，1993a，b，2000a）的多元智力理论也提供了对成年人认知的洞见。

例如心理学家 Gisela Labouvie - Vief（Adams et al.，1990）正在调查人们如何运用逻辑处理日常生活中的问题。研究者常常发现老年人在形式推理能力测验中表现很差，但是，她主张这种不好的表现是由年轻人与老年人处理任务的方式不同所致，老年人倾向于将任务拟人化、考虑替代方法来回答问题，来检视与问题解决有关的情感和心理成分。她说以直觉而非形式逻辑的原则来进行推理，并非是低等的问题解决模式——仅是不同的一种而已。在其他研究里（cited in Meer，1986），Labouvie - Vief 已经发现，当要求老年人讲述他们看过的寓言故事梗概时，他们很擅长回忆段落的隐喻。相反，大学生能够试图精确地记住整篇文本。另有研究者也发现，老年人表现较差是来源于他们可能认为某些事情并不重要，因此会选择忽略年轻人所试图捕捉的东西（Hess & Flannagan，1992；McDowd & Filion，1992）。

认知功能在某种程度上依赖于老年人是否使用的能力。你最可能听到"用进废退"这样的表达。例如，人们可能在下棋及拉大提琴方面，到老年仍表现出复杂的认知能力，同时却丧失了许多较简单的能力。许多老年人发现，他们一直在做的事情，可以保持做下去。比如 John Glenn 在80多岁后期作为一名宇航员，重返太空做老化研究，还有埃里克森、皮亚杰、纽佳藤、斯波克医生、鲁宾斯坦、尤比、布莱克、玛莎、葛兰姆、乔治·伯恩斯、鲍勃、霍普、塞哥维亚、毕加索、萧伯纳、罗素、美国参议员玛格丽特·蔡斯等人，都是持续表现同样好到晚年的例子。此外，Schaie 和 Willis（1986，1993）发现，在他们研究的受到个别化培训的老年人中有2/3在空间导向与演绎推理的表现上有所改进，能力衰退的人中有几乎40%返回到了14年前的水平。实际上，认知训练技能在许多情况下可以逆转衰退（Schaie，1994；Willis & Nesselroade，1990）。简单地说，我们的命运大部分操纵在我们自己手里，"用进废退"是暗含的基本原则。

老年人在许多任务表现上逐渐变慢（Verhaeghen，Marcoen & Goossens，1993），较慢的反射对于像开车等任务是一个劣势，但是对于大多数活动，速度是相对不重要的（Meer，1986）。发展学家 K. Warner Schaie（1994，1996）的先锋研究大大塑造了我们对生命全程的认知功能变化的理解，他发现有大量因素能够降低老年认知下降的风险性：（1）好的健康、没有慢性病；（2）以受中上教育、刺激的职业追求史、中上收入及维持完整家庭等作为特征的环境因素；（3）复杂且刺激的生活方式，包括广泛阅读习惯、旅行、对教育机会的持续追求；（4）中年时有弹性的、能适应的人格；（5）与高认知能力的配偶结婚。

总之，回顾各项研究，以下这些结论似乎是最合理的：智力能力的下降倾向于随着老化而进行，尤其是在生命晚期。一些智力层面，主要是那些通过测验表现和流动能力得出的能力，似乎比其他能力更易受到老化的影响。但是，老人会学习补偿，他们仍然可以学会他们需要学的东西，尽管可能会花费更多的时间。其他智力能力方面，最明显的是晶体智力，可能也会增加，至少直到极老时。人们之间还存在大量的差异，有的人进步很差，有的人则进步很好。维持或改善智力的一项主要因素是使用它们。来自"柏林老化研究"、"国王岛研究"（在瑞典）、"西雅图纵向研究"的结果都同意那些在老年过得较好、似乎维持自己融进这个世界的人是社会活跃的，而且并不比以前做得差（Palmer et al.，2002；Singer et al.，2003；Vaillant，2002；Verderber & Song，2005）。

**思考题**

哪些因素被确认与最佳认知老化有关？我们该做些什么来减缓某些智力能力的下降？

## 高估老化效应

心理老化的发生是很复杂的，我们仅仅是刚开始认识它。然而，很明显的是，心理学家对于老化对智力功能的影响有着太过消极的看法。原因之一是研究者太过严重依赖于横断研究。我们在第 1 章阐述，横断研究运用快照的方法，他们测验不同年龄的个体并比较他们的成绩。相反，纵向研究更像个案历史，过了一段时期后，研究者再测试的是同样的个体（Holahan，Sears & Cronbach，1995）。

心理学家如 Baltes 和 Schaie（1976；Schaie，1994）已经指出，对成年人老化的横断研究不能解释在智力测验成绩上存在的代际差异。因为随着越来越高的教育成就及其他社会变化，美国接下来的世代的表现会发展出更高的水平，因此，所测得的人类的智力（IQ）成绩也在增加。当把 1993 年 50 岁的人与在 1973 年 50 岁的人相比较时，前者在几乎任何一项认知任务上的得分都较高。但是，因为在 1993 年 50 岁的人在 1973 年时是 30 岁，在 1973 年从事的横断研究将会错误地提出，他们比那些在 1973 年 50 岁的人"更聪明"。这个结果将会导致错误的结论，即智力会随着年龄而下降。当你比较来自不同世代的人们，例如拿 80 岁的人和 40 岁的人相比时其实你正在比较来自不同环境的人们。因此，横断研究倾向于把代际差异和实际年龄差异相混淆。

其他因素也会导致过度高估智力功能随着年龄降低的现象。研究者提出显著的智力下降，被称为"死亡衰退"（death drop）或临终衰退现象，仅发生在个体临死前很短的时间内（Johansson & Berg，1989）。因为在老年群体里有相对较多的人们预期会死于任何时间，与年轻人相比，老年人因为死亡衰退效应，其平均得分比年轻群体相对下降。

相较于横断研究倾向于放大或高估智力随年龄的衰退，纵向研究则倾向于最小化或低估。原因之一是，一些人会随着时间而退出纵向研究。通常，留下来继续参与研究的被试都是较能干的、健康的、聪明的人。那些在智力测验中表现较差的人们常常没被纵向研究所持续跟踪，因此，研究者的样本量会越来越小，使得每个后期再测的被试也出现了偏样。

**思考题**

哪些原因被用来列举智力在老化过程中的下降存在明显高估效应？

## 记忆和老化

对于许多人来说，逐渐老化对个人水平而言是很困难的。他们可能难以适应外貌和行为的变化，以及日常生活中的限制，即使很微小，也会引起他们的关注。一项几乎所有老年人都会有的担忧是记忆，没有其他标准更常被用来评估我们如何行事了。这是有好理由的！因为没有其他认知机能如此渗透到我们做的每件事情，包括我们要记住在超市买什么东西、记得如何到哪里等

（Gavanaugh，1998b）。记忆丧失也是美国文化里首要关心的事，这反映在关于记忆和老化流行的卡通和笑话中。中老年人的一项普遍抱怨是他们的记忆力"不如以前一样好了"。

601　　　以40～80岁的成年人为样本的研究提出，有大约45%～80%的被试表示在前几年已经经历记忆力退化的情形（Aiken，1998）。很显然，很大比率的中老年人相信他们在记忆力方面存在一些麻烦（Lachman，2004；Lachman & James，1997）。但是，伴随着足够的动机、时间、指导、适当的环境，老年人会继续扩展他们的兴趣、能力和成果。根据Aiken（1998），老年学习者在任何学习环境中要考虑以下特征：（1）喜欢较慢的指导速度；（2）由于谨慎而遗漏更多的错误；（3）更常受到情绪唤醒的干扰；（4）较少的注意力；（5）较不愿意理会与他们生命无关的材料；（6）较少可能使用比喻。

　　老年人常说他们注意到认知老化的第一个特征是难以记住人们的名字。当他们年龄变大时，他们知道的名字库也变大，因此，他们很难记得，这并不全是因为他们的记忆力不如从前所致，而是因为他们有更多的东西要储存在记忆库里，而需要花费更多的时间来进行搜索。

　　尽管一生记名字的能力似乎有规律地在下降，而对词汇的记忆力则保持稳定，甚至会有轻微增加（Powell & Whitla，1994；Schaie，1994）。此外，记忆并非必然伴随着年龄增加而逐渐丧失（见图17—5）（Jennings & Jacoby，2003），事实上，尽管每增加一岁就会有一定的记忆力衰退，但是一些老年人仍然保持健全的记忆力。而且，也不是记忆力的各个方面都相应地受到老化的影响（Hultsch，Hertzog & Dixon，1990；Smith et al.，1990）。例如，与记忆相关的退化在回忆任务上比认知任务更严重，然而简单的短时记忆或主要记忆直到成年晚期才显示出很少的下降（Cavanaugh，1998b）（参见第7章）。短期记忆包括记住这样的事情：早上是否已吃过药，是否仅到过超市，是否见过一个朋友。老年人进行短时记忆更加困难，尤其是如果他们正在吃药。年轻的成年人有时对年龄较大者的长时记忆感到很吃惊，如可以记住85年前他们正年轻时的事情，背诵在

小学学习过的诗句，或是记起童年时的特定事件、地点及姓名等。

思考题

　　老年人更可能保留哪种类型的记忆？老年人最可能在哪种类型的记忆上存在困难？

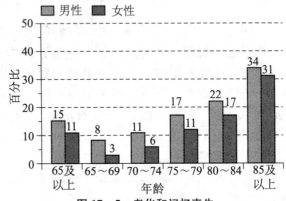

根据年龄分组和性别划分，65岁以上的
中度或重度记忆丧失的百分比（2002年）

图17—5　老化和记忆丧失

注意到一些记忆的丧失是自然的，而且无论男性还是女性，都会随着年龄的增加而加剧，到老年期时受损的最多。阿尔兹海默症患者的记忆丧失程度更严重，还会伴随着其他的行为、情感及心理变化。

　　注：对"中程或重度记忆丧失"的界定是指20个中能够迅速回忆4个或更少单词并且在自我报告中延迟回忆测试的情形。无法立即或延迟单词回忆测验的自我报告被排除在分析之外。记忆很"差"的代表报告被认定为具有中度或重度记忆丧失。因为《美国老年》（2000版）方法上的变化，尚没有得出纵向的趋势。参考人口：这些数据参考百姓非制度化人口。

　　来源：Federal Interagency Forum on Aging-Related Statistics. (2004，November). *Older Americans* 2004: *Key indicators of well-being*. Washington，DC：U. S. Government Printing Office. Retrieved April 5，2005，from http：//www.agingstats.gov/chartbook2004/0A _ 2004.pdf.

　　**信息加工过程**　当信息被记住的时候，三件事情会发生：（1）**编码**（encoding），信息被放进记忆系统的过程；（2）**储存**（storage），信息被保留在记忆里直到被需要时的过程；（3）**提取**（retrieval），信息被需要时从记忆里再提取的过程。这些要素被假定按照顺序操作，进来的信号被转变成一种"状态"（或"痕迹"），痕迹是一组信息；它是当事件已经消失的时候保留在记忆里的残留物；当被编码时，痕迹据说可以被储存；要

记住被储存的信息，个体必须积极地寻找储存材料（参见第 7 章图 7—9）。

信息加工过程与建立档案系统联系起来（Vander Zanden & Pace，1984）。假设你是一个秘书，有任务为公司的信件建立文档。你有一封客户批评你们公司的主要产品的信件，那么你要将这封信放在哪一类档案里呢？如果这封信的内容提及产品的缺陷，你决定创建一个新的类别——"产品缺陷"——还是你会将这封信归档到该客户的名下呢？你使用的把这封信归类的程序必须不断地被用来为你收到的其他信件归类。你不可能归类这封信在"产品缺陷"而把下一封类似的信归类在客户的名下。你可能还是希望能够有个有效的系统。

编码涉及察觉信息，有分类需要时抽取出一个或多个特征，并产生相应的记忆痕迹。以建立档案系统为例，编码信息的方式对于提取信息的能力有很大的影响。如果你随意地建立条目，你将会很难回忆出该条目。但是，编码不仅仅是被动的过程，让你机械地登记环境事件为某种痕迹，而是在信息加工过程中，你倾向于抽取材料的大概意思。因此，你可能对散文材料的意义或要点保持良好的记忆，但是却对特定的字词记忆较差。

**记忆失败**　记忆失败可能发生在信息加工过程中的任何阶段。例如，在编码过程，就会发生困难。返回到办公文件建立系统的例子中，你可能收到一封来自顾客的信件，但却意外地将信件和垃圾放在一起并丢弃。在这种情况下，这封信从未被编码，因为它从未被放进档案柜，未被储存而无法被利用。这种困难在老年人身上比在年轻人身上更经常发生。老年人对于将信息进行长期储存所必需的精确编码不像年轻人那么有效。例如，老年人在组织新知识上不如年轻时好且彻底（Hess，Flannagan & Tate，1993；Hess & Slaughter，1990）。因此，总的来说，老年人加工信息不如年轻人有效（Verhaeghen，Marcoen & Goossens，1993）。

记忆失败也可能是起源于储存问题。例如，当建立档案时，你可能把信件放进档案柜里，但却误放在错的档案夹里。这封信是可以利用的，但是却因为不当的储存而无法找到。很显然，与年轻人相比，这个问题更经常发生在老年人身上（Earles & Coon，1994；Mantyla，1994）。但是，

其他因素也会被涉及。**消退理论**（decay theory）主张，遗忘是因为大脑里的记忆痕迹消退所致（Salthouse，1991），这个过程被认为好像是很久的照片会逐渐退色，或者墓碑上的题字逐渐消逝一样。**干扰理论**（interference theory）认为，当有越来越多的新条目被分类后，线索的提取变得更没效率（Kausler，Wiley & Lieberwitz，1992）。例如，随着档案柜里归档的信件越来越多，更多条目竞争吸引你的注意力，你发现一封信的能力，则会受到其他文件夹和信件的影响。

记忆丧失的第三个主要原因是"知识的错误提取"。老年人可能会在回忆储存信息的机制和策略上遇到故障（Cavanaugh，1998b）。John C. Cavanaugh（1998b）指出，注意力在信息加工过程中是一个重要的方面，这种聚焦于我们需要做的事情上的能力（选择性注意）、同时执行不仅一项的任务的能力（分散性注意），以及保留注意力到完成长期任务上的能力等，都可能会导致线索超负——一种由刺激过度产生的势不可挡的、吞没性的状态——而无法有效地提取信息（例如你可能将一封信归类到客户名下，但是以后缺乏适当的线索来激活所建档案的类别）。

一些研究者建议，老年人可能在适当或不适当的反应类别之间，较易于遭遇选择机制（selector mechanism）的惰性或失败（Allen et al.，1992）。同时，提取所需的时间也会随年龄增加而逐渐变长（Cavanaugh，1998b；Salthouse & Babcock，1991）。总的来说，老年人比年轻人记忆更困难，这是实例中得到的事实。老年人更可能对是否执行特定活动而感到怀疑——"早上我寄过那封信了吗？""今晚较早时候我关过窗户了吗？"（Kausler & Hakami，1983）。他们也较难记住自己把东西放在哪里或是建筑物的地理位置在哪里（Bengston & Schaie，1999）。在安全层面上，他们忘记正在生炉做饭而离开，或者可能忘记吃药而导致头晕，也或者忘记把价值 1 200 美元的助听器放在哪里！

---

**思考题**

与老年人记忆困难有关的理论有哪些？

## 学习和老化

心理学家发现，老年人对学习和记忆的区分正在变得模糊。学习和编码过程平行，个体把当前呈现的材料放进记忆中。心理学家 Endel Tulving（1968）指出，学习促进了储存的提高，因此，他主张研究学习就是研究记忆。显然，所有的记忆过程都含有学习的结果。如果人们学习不好（编码），他们也很难回忆；如果记忆力很差，他们也会有学习不充分的迹象。毫不奇怪，心理学家发现年轻人在各种学习任务上都比老年人做得更好（Bengston & Schaie，1999）。这个事实也引出了"不能教老狗新把戏"这句谚语。但是，这句谚语显然是错误的，因为老狗和老人都会学习，他们能够适应他们的环境，并且应对他们没有经历的新环境。

有研究建议，当给出较多时间来检查任务时，年轻人与老年人都能受益。如果人们有充足的时间，则有较多机会来预演反应并建立事件之间的相关，也可增加以一种日后搜寻和回忆的方式来编码信息的可能性。当有更多时间被用来学习时，老年人甚至比年轻人受益更多。老年人通常给人一种比年轻人学习较少的印象，因为他们通常不愿意做出冒险反应。有时候，老年人不会提供学习反应，尤其是以很快的速度，尽管他们在适当刺激条件下也可能被诱发这样做。同时，当在实验室环境里测验时，老年人去学习那些似乎与他们无关或无用的指定材料的动力似乎较小。更为复杂的情况是，现在的年轻人普遍比老年人受过更好的教育，此外，还有一个隐藏的偏见是许多老年人会吃一些药物而使心智功能减弱。所有这些因素都建议，当评估老年人的学习潜能时，我们应该更为谨慎，避免不成熟地得出结论，认为老年人不能学习新事物（Singer et al.，2003）。

## 认知功能的下降

直到近来，几乎每个人，包括医生，都接受这样的观点：**衰老**（senility）对于人类生存来说，长于《圣经》中的"三个二十年和十年"或70岁，是很自然的。衰老以渐进的心智衰退、记忆丧失及对时间、空间的无法定位为典型特征。易怒、混乱、不能使用完整句子及其他明显的人格变化通常会伴随智力下降而出现。当这些因素不再影响记住配偶或子女的时候，伴随着尖叫的恐怖就会出现，因为爱人变成了完全的陌生人（Cohen et al.，1993）：

> 我妻子拒绝相信我是她的丈夫，每天我都例行着同样的事：我要告诉她我们已经结婚30年，我们有四个孩子。她听完了，但是仍然认为她和她的父母在家乡生活。每个夜晚当我上床睡觉的时候，她都会问"你是谁？"
>
> ——一位阿尔兹海默症患者的丈夫

然而，"柏林老化研究"六年的纵向和横断研究（被试年龄为70～104岁）结果则质疑常规的观点。Singer 及其同事（2003）报告说，知觉的速度、流畅性、记忆开始随着年龄的增长而下降，但是，储存的知识会稳步上升直到90岁，之后才会下降。男性和女性之间的下降速率是不同的，但是老年

**老化和学习**

老年人整个生命都在继续学习，不过他们可能要比年轻人花费更多的时间，而且很少有动力学习无关的材料。有规律的智力任务有助于阻止智力下降，有成千上万的老年人都参与到游戏中，如游戏、扑克、桥牌、Jeopardy 等等。

女性在记忆和流畅性上得分高于男性。生活历史变量，如较高的收入、社会阶层和教育，都与四项认知任务的较高水平存在正相关（Singer et al.，2003）。70 多岁的老年人在这四个变量上（智力、速度、记忆、流畅性）还显示出比 80 多岁和 90 多岁的老年人更为不显著的下降。但是，下降开始在"极老"年龄段时（90 岁以上）加速，这与生命全程理论相一致（Singer et al.，2003）。

衰老是医生在病人中诊断出的最严重的情形之一。这种预知是可怕的，当前治疗效果还不确定。因此，给老年人做大量的测验来为病人的症状确定起因是职业责任，不容忽视。通常，那些使老年人看起来衰老的潜在的身体疾病很难被注意到且无法治疗。这样的个体被那些接受常规智慧认为衰老在老化进程中是不可避免的家庭和医生简单地归类为"衰老"。常常被误诊为衰老的常见问题包括肿块、维生素缺乏（尤其是 B12 和叶酸）、贫血症、抑郁症、以及诸如甲状腺机能亢进和慢性肝病或肾衰竭所引起的新陈代谢障碍，还有处方或无处方药的有毒反应（包括镇静剂、抗凝剂、因为心脏问题和高血压而服用的药）。如果这些情形在早期被确诊且治疗的话，许多情形会发生好转。

在 65 岁以上的人中，有 20%～25% 的衰老是由**小中风**（multiinfarcts）引起的，每种都会破坏脑细胞的一小块区域，这常常是中风的前兆。当携带营养和氧气到大脑的血管被凝块阻塞或破裂时，人们就会经历可能对生命有威胁的中风。如果大脑的局部不能得到营养和氧气，那么脑细胞就会死亡。由于中风是死亡或严重的、长期的残障发生的主要原因之一，因此认识一些突发迹象是很重要的：(1) 面部、胳膊、腿变得麻木或虚弱，尤其是身体的一侧；(2) 混乱，难以说话或理解；(3) 难以单眼或双眼看；(4) 行走困难、眩晕、失去平衡感或协调感；(5) 无原因的严重头疼。这些迹象是医学紧急事件，患者需要接受立即的医学照护（American Stroke Association，2005）。如果病人存活，那么需要很长一段时间来复原和恢复，来试图重获功能，许多医疗专家会帮助病人完成复原和恢复过程。

另一种严重的脑障碍是**阿尔兹海默症**——一种包含脑细胞恶化的进展性的变异疾病，受害者尸检显示出在脑结构发生的微小变化，主要是在脑皮层。这些包含认知、记忆和情感的区域，被

大量称为"名牌"（plaques）和混乱的神经细胞所迷。变异的神经细胞块干扰在大脑和神经系统之间传递电化学信号。这种疾病能够减少神经递质的生产，如乙酰胆碱、去甲肾上腺素、多巴胺、血清胺，神经丧失导致脑萎缩。严重的影响发生在三个阶段，包括记忆的丧失和其他认知缺陷、焦虑、机动、无法定向、抑郁、睡眠干扰、易怒、攻击、错觉、幻觉、帕金森症状。在最严重的阶段，病人将不再能够行走，生活无法自理，且不能自制，很可能沉默而显示出精神病的症状（Dolin & Evans，2005）。

这种病对病人和家庭都会有严重的影响，最后这些人被诊断为需要在家里接受专业护理，在后期他们需要家居设施（就像前总统罗纳德·里根一样）。随着越来越多的老年人受到影响，在病情恶化延长期间，家庭需要政府保险计划来支付照料费用，随之出现越来越多的老年社会工作者、护士、帮助家庭应对病人的需求的计划（Lyman，1993）。由此便可以预见，许多阿尔兹海默症患者和家人都处于抑郁症的高风险中（Chesla，Martinson & Muwaswes，1994）。家人会发现他们爱的人各项功能逐渐退化，最终甚至无法完成最简单的任务。Marion Roach（1983，p. 22）讲述了她 54 岁患有阿尔兹海默症的妈妈的经历：

> 1979 年冬天时，我妈妈杀死了许多猫。我们有七只猫。一天早上，她抓了四只，把它们带到兽医那里让它们睡觉。她说她不想再喂养它们了……日复一日，她变得更加迷失。她对周围环境似乎很惊讶，好像她刚刚出现在那里。她停止做饭，难以记住最简单的事情……直到她近来开始吃镇静剂，她会产生以为是电视或炉子着火的幻觉。她一遍遍重复相同的问题和故事，却不能记住她仅在一小会儿之前做过的事情。

这种疾病会经历三个典型阶段（American Psychiatirc Association，2000）。首先，在健忘期，个体会忘记东西被放在哪里，或者难以回忆起近来发生的事情。其次，在混淆期，认知功能困难加重，不容忽视。最后，在痴呆期，个体变得严重迷失，他们可能会将配偶或亲密的朋友当成另外一个人。行为问题显露出来：受害者可能会漫

游、晚上在房子里到处乱走、时而忘记做饭、从事奇怪的行为、出现幻觉，或是出现语言或身体上的虐待的"愤怒反应"，在时间上退变成婴儿。阿尔兹海默症的病程差异甚大，存活的时间为5～9年。阿尔兹海默症患者通常死于感染（败血病）或肺炎（Dolin & Evans，2005）。

阿尔兹海默症的研究者类似于研究大象的盲人：每个人都抓到这个疾病的一部分，对它的原因得出不同的结论。一种流行的假设是认为阿尔兹海默症与一种脑部化学毒素——β淀粉状蛋白含量的提高有关，这是由于某种化学错误所导致的，据说是可信的。这种β淀粉状蛋白是在患阿尔兹海默症的病人的脑细胞神经末端所发现的斑块的主要成分（Hardy & Higgins，1992；Marx，1993）。其他研究者却相信β淀粉状蛋白是由于其他损伤而产生的副作用。

另一项假设则致力于寻找锌和这种疾病之间的关系（锌离子会导致某些脑蛋白转变成一种不可溶解的物质，逐渐累积成斑块）（Kaiser，1994）。还有一项假设提出，阿尔兹海默症受害者的免疫系统存在缺陷。还有另一项假设认为阿尔兹海默症与一种令人迷惑的慢性病毒感染有关。像骷髅症、库贾氏症等这样的脑部疾病就是由慢性病毒所导致的，伴随其产生的明显脑部损害或斑块与阿尔兹海默症患者的那些很类似。骷髅症，一种发生在新几内亚的曾经一度被确信与遗传起源有关的疾病，其实是一种慢性活动的病毒通过宗教仪式中的吃人肉而在人与人之间传递感染。医学研究者发现，患有慢性病毒疾病的病人的脑部在关键酶——乙酰胆碱转化酶上存在巨大的缺陷，而这种物质被用来在制造脑部的细胞之间传递神经信号（Price et al.，1991）。

因为阿尔兹海默症倾向于出现在家族中，所以研究者正在寻找基因来源。帕金森症的家族史，也会导致痴呆，被发现比阿尔兹海默症患者的家人患病的几率高3.5倍（Polymeropoulos, Higgins & Golbe，1997）。杜克大学的科学家已经找到一种被称为载脂蛋白E的物质与患阿尔兹海默症的危险性之间的关系。这种基因产生出输送血液中胆固醇所必需的蛋白质，被认为在保护脑细胞免于瓦解方面是至关重要的（Travis，1993）。基因或染色体的另一个证据来自于对唐氏综合征的研究

**阿尔兹海默症**

尽管专家提出各种指导来帮助那些遭受阿尔兹海默症病人的家庭护理，但是这项任务在一段时期内，是非常繁重且压力大的。越来越多的居家照料设施增加了特别的单元来满足阿尔兹海默症最后阶段的需要，这种病剥夺了患者的思考、功效和交际能力。

中，这些研究显示出许多患有唐氏综合征的成年人最终都受到阿尔兹海默症的侵害（National Down Syndromy Society，1998）。还有一些其他的研究者已经定位染色体14的基因缺陷，通常认为这与早发于45岁的遗传型阿尔兹海默症有关（Marx，1992）。

阿尔兹海默症现在影响450万美国人。估计70多岁者有1％，80多岁者有3％，85岁以上者有8％受到该病的影响（Dolin & Evans，2005），更早发生该病者则很少见。阿尔兹海默症是老年人的第四大常见死因——紧随癌症、心血管病和中风之后。然而不幸的是，阿尔兹海默症难以治愈，但是新的科学发现提供了帮助。制药公司正在测试100多种可能减缓或延迟这种疾病症状的元素。他克林（Tacrine）[也被称为THA或康耐视（cognex）]可以缓解该病早期和中期阶段的一些认知症状。其他药能够帮助控制诸如失眠、易怒、游动、焦虑和抑郁等的行为症状。

越来越多的研究发现，该病在非洲裔和西班牙裔中比在白人中更流行（Alzheimer's Association，2003；Dolin & Evans，2005）。医生推荐对那些可能是阿尔兹海默症的成年人进行实验室测验、神经病学检验、神经影像学。他们还提出在中年可能起到保护作用的因素：摄取维生素E和

C，保持身体活动，平衡饮食，参加智力活动如猜谜语、打桥牌或扑克，学习一种新的语言或形成一种新的习惯（Dolin & Evans，2005）。

帕金森症是一种进展性疾病，发生于特殊的神经死亡或生产被称为"多巴胺"（dopamine）的神经化学物质的脑区受损时。这些神经化学物质维持身体肌肉及运动的顺利、协调的功能。当多巴胺生产细胞受到破坏时，就会出现帕金森症的症状，包括战抖、移动僵硬且缓慢、失衡（National Parkinson Foundation，2005）。演员 Mi-

chael J. Fox 患有帕金森病，教皇保罗二世死于该病。

**思考题**

　　阿尔兹海默症如何影响人的大脑功能？它对人们的生活质量有什么影响？当一个人被归类为"衰老"时，意味着什么？

# 道德发展

道德、价值、信念常常通过正规和非正规宗教组织传递，对人们的生活有着不同的影响。宗教组织的目的——如基督教、犹太教、回教、佛教、印度教、儒教及道教等，能给予生命精神意义。这些价值、信念和仪式把人们聚在一起，在艰难时刻提供力量和希望之源，为整个生命连贯性提供来源。

我们每个人都要持续面对的任务之一是了解我们的生命，重要的是，赋予生命意义。如果回头想想我们在本书中所回顾的那些主要的理论学家，其实他们中的每个人都想要解释，当行为发生时，我们如何理解意义系统及如何觉知这些行为。让我们现在来检视"信仰"的发展学理论。我们在此介绍该理论，是因为文献很好地记载着老年人比年轻人更可能卷入宗教和宗教活动中（Ellison & Levir，1998）。

## 宗教和信仰

随着人们逐渐变老，他们的支持性系统也由于丧失或灾难而减少（死亡、子女、兄弟姐妹、朋友、邻居的死亡）或搬到新地方（养老院、与成年子女同住或看护），老年人可能会因为从自我之外存在的更高级信念中找到意义而感到尤其舒适，许多老年人从参加宗教实践中找到力量、安慰和意义。老年人经常把宗教和精神作为他们生活的重要部分，参加宗教服务，从事私人祈祷，这样会使老年人倾向于有更好的健康而且更加乐观（Krause，2005；Ai et al.，2002）。他们在宗教社区得到的情感支持要为他们与上帝之间较近的关系负责，这会使他们更加乐观（Krause，2005）。维兰特（Vaillant，2002）基于许多年对老年人的研究提出，成功老化意味着"给别人快乐，无论你是否能够；欣然接受别人的赠送，无论你是否需要；

在两者之间获得个人发展"。维兰特（2002）还假定，成熟包括宽恕、感恩和快乐以及与社会保持接触。巧合的是——也许并非如此巧合，维兰特关于成功老化的研究结果正好是许多宗教的规诫。

**James Fowler 的信仰发展理论**　James Fowler 是一位正式任命的牧师兼教授，试图结合神学和发展心理学来解释个体对信仰所采取的不同轨道。一套信仰系统会基于对认知发展、成熟及宗教与生活经验的反应而不断发生变化。尽管 Fowler 提出信仰发展有七个阶段，我们仅检视"第五阶段：整合式信仰及个人与个人间的自我"（中年期及以后），因为这个阶段最可能在中年后达到。这些阶段在表 17—4 中被描述。

当我们进展到信仰的不同阶段时，我们开始并持续地问关于存在的根本问题：生命的意义何在？

表 17—4    Fowler 信仰发展的七个阶段

| 阶段0 | 原始信仰（出生到2岁） | 确实较像对照顾者的基本信任 |
|---|---|---|
| 阶段1 | 直觉—投射式信仰（2～8岁） | 开始理解因果关系，从照顾者得到的故事和影像中被赋予意义。 |
| 阶段2 | 神话—字面式信仰（儿童期及以后） | 分离幻想与真实世界，但是，意义产生受限于叙事当中。 |
| 阶段3 | 综合—俗成式信仰（青少年及以后） | 相信每个人所获得的信仰基本一样，如天主教徒了解的宗教一样，而非个人式的信仰。 |
| 阶段4 | 个人—反省化信仰（成年早期及以后） | 能够被思索的个人信仰。 |
| 阶段5 | 整合式信仰及个人与个人间的自我（中年期及以后） | 以辩证、多维的方法来探寻信仰的真谛（很少有人能够到达这个阶段）。 |
| 阶段6 | 普世化的信仰 | 投注于无我、普世化的目标，甘地及特丽莎修女即为例子。 |

来源："Seven Stages of Faith Development" from *Stages of Faith*：*The Psychology of Human Development and The Quest For Meaning* by James W. Fowler. Copyright 1981 by James W. Fowler. Reprinted by permission of HarperCollins Publishers.

谁是我们生命最终的权威？人生的目的何在？当我死的时候，人生真的结束了吗？这些问题的答案围绕着 Fowler 所说的"主故事"（master story）展开，包含了我们用以赋予生命意义的关键想法。

607 随着我们的成熟，主故事变得越来越明确，而许多例子都能被总结为几个字，如"一切都在我这里"，或者可能是在某种形式的仪式里，如犹太人过的逾越节里。

　　Fowler 的七个阶段通常被称为"软阶段"，因为它们并没有包含像皮亚杰理论的"硬阶段"一样严格固着于逻辑结构。此外，这些阶段之间的过渡通常在发展里程碑之间发生，如青少年期、成年早期、中年期和老年期。

　　对在成年中后期（典型处于 Fowler 的第五阶段）的个体来说，生命中有着大量的似是而非的观点，而且不容易被推到一边。欣赏对立面、两维及相反的观点可能归因于他们已经经历过许多对生命有着直接贡献的层面，而使一些人处于"冬季"年龄时拥有更高层面的意义（一些研究者称之为"第四阶段"）。老年人理解所有的叙事都指向"主要叙事"的存在，这随之提出每个宗教都是"把握真理的载体"（Fowler，1981）。换句话说，第五阶段的个体意识到，与宗教的差异性相比，宗教有更多的相似性——它们核心上都拥有相同的真理种子。如 Fowler 所言，如果我们假定，我们投注信念于那些对我们很重要的想法、价值、态度和行为，那么信仰的道德层面则变得显而易见。

**宗教和祈祷者的意义**

对于老年人来说，遭受身体和认知的变化及其他丧失，呼吁他们去信仰、履行宗教习俗，而宗教则赋予他们力量，使他们以一种充满希望和感恩的态度来度过生活带来的变化。在听到梵蒂冈宣布保罗二世 2005 年 4 月去世的消息时，这位年长的墨西哥女性在墨西哥市的瓜达卢佩地区进行祈祷。

那些处在较高的信仰发展阶段的人们将可能更多投注目标于他人而非自我身上，就好像甘地、马丁·路德·金、特丽莎修女那样。Fowler 曾和科尔伯格一起工作过一段时间，科尔伯格模型的第七阶段在某个点上也反映出信仰的元素。此外，1997 年 93 岁的 Joan Erikson 出版了埃里克·埃里克森的最后作品。在埃里克森临死之前（在他 90 多岁初期），他们合作修订了《完全生命周期》，包含了第九个被称为"极老期"的心理社会发展阶段，这个阶段强调了希望和信仰在 80 多岁、90 岁及以上的生命中对于评价智慧所扮演的关键角色。

Studs Terkel，著作有《工作中》（*Working*），与其他著名口述历史作品的作者一起，在 88 岁时，完成了《循环将被打破吗？反省死亡、再生和信仰饥渴》，Terkel 在经历了 60 年

的婚姻后丧偶，因此将这本充满智慧、人性和幽默的作品呈献给他挚爱的妻子。来自社会各阶层的 63 位成年人，给出他们对宗教信念、信仰和以后生活的期待（或没有期待）的衷心证词，他们的生活历史反映出自己的人生经历的非凡性和复杂性。Terkel 得出结论说："这些拥有一种信仰的人们，不论是被称为宗教还是精神，都会无一例外地较易度过丧失"（Terkel，2001，p. xix）。

**思考题**

为什么老年人变得对宗教或精神仪式更感兴趣？你如何解释 Fowler 的信仰发展理论的第五阶段？

608 **续**

在世界的许多社会里，"极老者"成为生活质量高于过去且活得更久的逐渐增多的人群。有些哲学问题被用来探讨延展生命和老年人的资源分配问题，随着我们对生物老化越来越多的理解，我们现在知道长寿通常是与健康的基因、定期运动的生活方式、合理的健康习惯、定期的医疗检查和社会支持性网络有关的。近来对长寿和老化的研究开创了抗老化的医疗领域。

关于智力的功能方面，那些继续从事心智活动的老年人可能较少经历认知功能的下降，但是某种类型的记忆会在其他类型之前下降。老年人可能要花费更多的时间来记住近来发生的事件，但是他们通常对过去保存着很丰富的信息。此外，老年人典型地关注保持健康、维持独立而不依赖他人，也不想在晚年时被抛弃。最后，绝大多数要应对持续的丧失——失去朋友和所爱、失去健康、失去一生的家园、失去独立性——这些丧失会导致抑郁和心理疾病。为了应对这些丧失，许多人找到一种平和感，拥有或发展一种自身之后某种类型的精神生活信仰。在第 18 章我们将会看到，贯穿家庭支持、社交接触和成人日护等社会网络，能够极大程度地调适这些丧失，从而提高他们的生活质量。

608  **总结**

██ 老化：神话和现实

1. 人生不会停止在某个点而突然转变为老年人。老化并不会破坏我们过去、现在和未来是什

么样的连续性。

2. 关于老化，有许多与实际老化过程几乎没有关系的神话。这些神话包括把大部分老年人的生活状态描述成被遗弃的、入住机构养老的、无能的人，并有着严重的财务压力及生活在对犯罪的恐惧中。

3. 自从 1920 年开始，男性和女性的生命周期的差距逐渐变大。整体而言，女性会比男性多活几年，女性似乎是更加有耐受性的有机体，因为她们对某种类型的具有生命威胁性的疾病有着先天的和与性别相关的抵抗力。生活方式的差异也会导致生命预期的性别差异。男性抽烟较多是一个主要因素。

## 健康

4. 尽管老年人有着较高的慢性病发生率，但是绝大多数老年人并不认为他们在进行日常活动的时候，有严重的障碍。绝大多数引发慢性病的情形会随着年龄而增加，美国老年人经历的一些健康问题与药物的副作用有关。

5. 与老年相关的最明显的变化与个体身体特征有关，头发越来越稀薄，皮肤组织改变，一些在成年早期建构的大肌肉块开始减少，一些人身高会有所降低。感官能力也会随着年龄下降，老化也会伴随各种心理变化，最明显的变化是个体从事如体力工作及运动的能力下降，睡眠模式也会发生变化。

6. 在老年人中自我报告急性病（上呼吸道感染、受伤、消化问题等）的发生率较低于其他人群，但是，慢性病（心脏疾病、癌症、关节炎、糖尿病、静脉曲张等等）的发生率会随着年龄稳步上升。

7. 老年人会经历肌肉丧失、肌肉大小和力量减小、氧气摄入量下降，以及心脏效率的减弱。

8. 感觉能力如听觉、视觉、味觉、嗅觉等，会随着年龄衰退。

9. 触觉和温觉的敏感性也会减低，一些老人可能无法注意到上下 9 华氏度的温差。因此，老年人易患低温症——身体温度比正常低 4 华氏度以上，持续几小时后会有潜在的致命性。

10. 65 岁以上的老年人有超过 50％报告存在睡眠问题。老年人有较少的第三和第四阶段睡眠（深度睡眠），快速眼动睡眠（睡梦阶段）也较少。呼吸窒息症，一种在睡眠期间偶尔停止呼吸的疾病，会随着年龄增加。

11. 导致性行为减少的一些因素是性唤起的困难、老年人的整体健康状况及是否有伴侣。

12. 许多理论学家通过聚焦于细胞破坏机制来寻找解释老化的生理过程，许多机制是重叠的。尽管老化效应常常与疾病效应相混淆，但是老化与疾病并非一回事。

609 　## 认知功能

13. 60 岁以后成年人的智力下降变得越来越明显，主要是反应时变慢，且短时记忆下降。然而，不同的能力对不同的老化个体而言是十分不同的，通过操作和流体能力测验测得的智力成绩似乎是最受老化影响的。

14. 心理学家在传统上对于老化对智力功能的影响，抱持太过消极的观点，部分是因为研究者对横断研究依赖太重。

15. 记忆常常受到老化的影响，但是，假定记忆力必然随着年龄逐渐丧失，并不正确。老年人中的记忆丧失包含许多与知识的获得、保留及提取有关的原因。

16. 衰老典型地以逐渐的心智退化、记忆丧失及对时间、空间的无法定位为特征。在 65 岁以上的老年人中，有 20％～25％的衰老是由小中风引起的，也越来越归因于阿尔兹海默症——一种包含脑细胞恶化在内的逐渐退化的疾病，这种疾病不仅对患者而且对他们的亲属都会造成破坏性的影响。

## 道德发展

17. 道德、价值、信念常常通过正规的宗教组织传递给社会成员。随着年龄增长，他们的支持性系统（配偶、子女、朋友、熟人）会由于丧失或搬入新地方（养老院、与成年子女同住或看护）而削减，老年人可能从自我之外存在的更高级信念中找到意义且感到尤其舒适。

18. James Fowler 尝试结合神学和发展心理学来解释个体在度过生命历程中对信仰所采取的不同轨道。他的理论包含信仰发展的七阶段模型，涵盖宗教观点和非宗教观点。第五阶段和第六阶段显著出现在成年晚期。

## 关键词

老年歧视（580）　　老年学（580）　　提取（601）
阿尔兹海默症（604）　老年心理学（580）　衰老（584）
胶原蛋白（593）　　低温症（595）　　衰老（603）
死亡衰退（600）　　干扰理论（602）　　呼吸窒息症（596）
消退理论（602）　　小中风（604）　　储存（601）
编码（601）　　　　骨质疏松症（589）

## 网络资源

本章网站主要聚焦于成年晚期健康需要的变化、认知功能的下降、精神需求的增加等方面。请登录网站 www.mhhe.com/vzcrandell8，获取以下机构、主题和资源的最新网址：
　老化的管理
　老化研究连接（互联网）
　世界老化研究中心

美国老人病学机构
互联网寿命中心
美国老化学术机构
较老的美国人：2004 年耶稣再造论者健康研究关键指标
英国新百岁老人研究

# 第18章

# 成年晚期：
# 情绪和社会性发展

## 概要

### 批判性思考

1. 你认为 75 岁的人与 25 岁的人能够彼此相恋，并一起过上高质量的生活吗？为什么？

2. 如果社会将老年生活描绘成令人兴奋的或受人敬重的，那么你认为大多数老年人会以不同眼光看待自己的生命吗？媒体对老年人的描绘如何影响人们的自我知觉？

3. 养老院的存在大部分是因为多数人工作且无法整天照顾老年人。如果到了你需要照顾年迈父母的时候，你会辞掉工作全心照顾曾经为你做出很大牺牲的父母吗？为什么？

4. 如果从明天开始，你不能再去工作、上学，也没有任何家人或亲密的朋友，也不知道你自己还会再活多少年，那么你会怎么做或你会怎么想呢？对于可能会过着一种远离主流的"没着落"的生活，你会怎么想？

随着美国步入新世纪，我们正在经历着从工业时代向信息时代过渡的范式变化，这会明显影响到个人、社会和国家。在医疗、技术、教育、社会科学、人文服务方面取得的进步让更多人几乎没有什么病症而步入老年，过上高质量的生活。老年人人数会迅速增加的预测提前告知政府政策需要做出很大的调整，以及针对这个群体的产品和服务也需要有更多的选择项，以便他们能够保持尊严和活力地逐渐变老（Levine，2004）。在 2003 年，65 岁以上的老年人已经超过 3 600 万，占美国总人口数量的 12%，而且有望在 2030 年翻两番而突破 7 000 万（Federal Interagency Forum on Aging-Related Statistics，2004）。

值得一提的是，美国少数民族的老年人数量以更大的速度在增加，而这些老年人中有许多在他们的族群里是受到尊重的，且由家庭成员来照料，仅有大约 5% 的老年人患有严重的生理或心理病变，例如阿尔兹海默症，他们会被安置在疗养机构里度过晚年。如今，对于那些需要特殊帮助来维持独立生活的老年人及在自己家里照顾一位老年亲戚的人来说，家庭健康照料及其他生活安排都是可供选择的。根据生活的社会模式，如果老年人能够维持独立、控制、社会卷入，那么他们将会拥有更高质量的生活。

## 老化的社会反应

社会情感和行为因素不仅会影响本书第 17 章所提到的生理、健康、教育和经济因素，还会影响到老化的质量，这一点越来越明显。众所周知，那些消极的情绪，如抑郁、焦虑、敌对及愤怒，都是与疾病相关联的（Glazer，2005）。近期研究者聚焦于积极的健康因素，诸如希望、乐观、友善及日常生活中精神层面的重要性等。

一些美国老年人在晚年体验到更高的满意度。"在延长许多老年人寿命及提供给他们经济和社会资源使其过上更加令人满意的生活方面，工业社会已经证明其非凡的功效和弹性"（Baltes & Baltes，1998，p.13）。许多长寿者身体还很硬朗，精力也很充沛，社会参与也很持久，即使到现在，

八九十岁精力旺盛的老者，也有视力很正常的。根据目前的死亡趋势，大部分人可以活到 80 岁以上，而在 85 岁左右有着较高的死亡率。许多人都以持续性作为自己的目标来引导个人的发展（Atchley，1999）。最近"柏林老化研究"（Baltes & Smith，2003）报告说，"最年长的老者"处于功能的极限，目前的科学和社会政策都无法满足他们正在增长的需要。有几项研究开始聚焦于那些 65～70 岁的"最年轻的老者"的认知功能，在世界范围内对 80 岁以上的老者的研究越来越多，尤其是健康、认知、情绪健康及社会功能领域（Haynie et al，2001；Isaacowitz & Smith，2003；Mehta，Yaffee & Covinsky，2002；Perls，2004；

Smith et al.，2002；Stek et al.，2005)。

我们知道对于老年人而言，身体及智力衰退是很普遍的，这是否会造成情绪表现受到限制呢？如果是，我们预期老年人会有哪些情绪状态？如果不是，有哪些生活情况有助于老年人维持丰富的情绪反应，尤其是有助于增进有建设性地行事的情绪？不过，瑞典斯德哥尔摩的研究人员在"国王计划"（Kungsholmen Project）中发现，105

名 90~99 岁认知健全的老年人同时具有积极情感和消极情感（主观幸福感的情绪成分）（Hilleras et al.，1998)。积极情感（positive affect）被定义为个人感觉活跃、警觉和热情的程度；消极情感（negative affect）则被定义为个人感觉内疚、愤怒和恐惧的程度。近来研究发现，人格和一般智力是老年人最强有力的积极情感和消极情感的预测源（Isaacowitz & Smith，2003)。

## 错误的刻板印象

美国的文化总是对年轻人忧心忡忡，许多美国人常忽视老年期或是持有扭曲的观念（例如老年人是遭受痛苦折磨的，或老年痴呆的），但是你很可能听过"美国灰发化"、"黄金年代"或是"沉默的革命"等，这些阶段尤其是指哪些人呢？老年学家倾向于将老年分作"年轻的老年"（65~75 或 80 岁）与"年老的老年"（80 岁以上）（Baltes & Smith，1997)，历史老年学家兼美国老年委员会主席 Achenbaum（1998）提醒我们为什么历史上我们都对老年人持有消极的观点：

1. 老年总是被视为死亡之前的最后阶段，但是没有人愿意被提醒死亡。

2. 老年未被充分定义，很少有那些像庆祝青春期的仪式。并非所有的老年人都从结婚一直到庆祝金婚周年纪念日，也并非所有人都为人祖父母，或者退休。

3. 老年人具有逐渐多样化的身体、认知、行为、社会经济特征。关于"典型"的老年人的讨论是很困难的。许多老年人则是依靠政府津贴或家庭支持而生活。

这些刻板观点强调了老年人的自尊：大部分

老年人都有着与生理老化有关的疾病或损伤，也可能是过度用药所致（或在某种情况下故意服用镇静剂）。有些人遭受抑郁和孤独，自杀率在老年男性中最高。然而，随着对老年人群的实验研究，我们发现，进入老年期并不都意味着不健康，仔细回想，在整个世界范围内，人口增长最快的群体是超过 80 岁的老年人群。总的来说，到 2030 年为止，估计有 20% 的人口超过 65 岁。65 岁以上者到 2030 年预期会增长两倍，85 岁以上者到 2050 年可能达到 2 100 万（Federal Interagency Forum on Aging-Related Statistics，2004)。此外，女性和西班牙裔对于年龄和老化的态度，将成为美国人对此认知的一个决定性因素（Achenbaum，1998)。

### 思考题

为什么对于老年人的实验研究较少？为什么现在的行为科学家开始研究更多的老年问题？

## 积极和消极的态度

大众的刻板印象是，老年人是不快乐的，但是一些研究对这种神话提出质疑。其中一项由 Prenda 和 Lachman（2001）进行的研究发现，未来取向的计划可以增加生活满意度和控制感，这些效应对老年人是最明显的，该研究还指出，未来取向的计划的可能性是重要的生活管理策略

（过渡计划在老年心理学和老年学里是一项新的事业焦点）。积极情感是与赞成的生活事件、积极的健康状态和功能能力、有可利用的社会关系、较高水平的教育成就相关的（Hilleras et al.，1998)，而消极情感与老年人的相关却很少被研究。

Hilleras 及其同事（1998）利用积极和消极情

感量表（Positive and Negative Affect Schedule，PANAS）来调查老年人样本，研究相似的积极和消极情感模式与人格特质的关系。在该研究中，与情感相关的因素被划分成各类：人格、社会关系、主观健康、活动、生活事件、宗教信仰以及社会人口统计学变量。

**与积极情感相关的因素包括：**

- 社会关系，例如与朋友接触、与其他人生活在一起、参与宗教服务，以及参加俱乐部/社团/组织。
- 阅读和追踪新闻。
- 外向的人格。
- 确定的信仰和不信仰。
- 与他人生活在一起。

**与消极情感相关的因素包括：**

- 神经质。
- 重大疾病。
- 金钱问题。
- 独居。

斯德哥尔摩的研究也发现积极情感与消极情感是不相关的，即在积极情感上得分高的极老者（积极的、警觉的、热情的），在消极情感上的得分未必就低（内疚的、愤怒的、恐惧的）。这意味着这些老年被试在该量表中对情感做出彻底的反应，这一点不像年轻人。但是，在访谈中观察到被试回答每个问题都需要花费很长一段时间。该研究结果还强调极老者的情感健康程度有很大差异，还需要进一步研究这些成年人口的情感健康。

在过去几十年里，老年心理学、老年学及老年医学方面的研究已经提出关于老年人格发展和调适的几项理论。Perl（2004）对百岁老年人（大量来自新斯科舍）的研究显示，许多老年人仍然是很活跃的、相对健康的、自我满足的，且参加多种活动——长寿领跑家庭。因此，研究者现在调查长寿与基因的关系，"40%的百岁老年人可以避免患上长期疾病直到100岁以上"（Duenwald，2003，p.3）。来自阿尔波特·爱因斯坦医学院的Barzilai博士对来自Ashkenazi的超过200位犹太百岁老年人的研究报告了相似的健康结果，而这些老年人都有着很高却"很好的"胆固醇HDL（Duenwald，2003）。Yi和Vaupel（2002）对中国的极老者的研究结果也证实了与其他研究相似的日常活动、正常的认知功能和生活满意度，这种状况在90多岁时开始大量下降，100岁以上时则出现大量损伤。

## 自我概念和人格发展

我们在第17章中谈到基因、生化结构及生活方式因素在身体健康和长寿方面，扮演着不同的重要角色。在本章，我们继续从社会性和情绪视角来检视研究结果：存在一种能够提升生活质量又长寿的理想人格吗？在整个生命全程中，人格是连续的还是有明显改变的？

### 心理社会性理论

遗憾的是，许多理论家提出生命初期的社会性—情绪的发展不会扩展到成年期，尤其是不会到成年晚期。然而，整个世界的各个社会都在经历着相似的老龄化人口统计学转换，许多老年学家、老年心理学家和社会学家都在研究"防止老化"、"成功老化"、"老化满意度"、"生殖老化"以及"最优老化"这些概念，同时还提出了几个成年晚期的心理学理论。

**埃里克森：完善与失望** 埃里克森的著作中一再出现的主题是心理社会性的发展贯穿于整个生命全程的各种阶段。他认为老年人面临**完善与失望**（integrity versus despair）的任务，在这个第八阶段，埃里克森认为个人意识到自己生命即将结束，如果他们先前的发展阶段成功，老年人会以乐观和热情来面对晚年。他们能够从这个活跃、充实、完整的生命当中获得满足（参见本章专栏"可利用的信息"中的《回忆——生命回顾》一文）。这项认知促成满意来弥补逐渐衰退的健康，他们找到了人格的一致，产生完善感。

614

埃里克森自己到了晚年展现了这种自我完善（ego integrity）。87 岁的他发表了《老年重要卷入》（*Vital involvements in Old Age*）一书，报告了他亲自对美国八九十岁老年人的访谈，他最后的工作检视了为什么有些老年人尽管身体并不健康却过着充满希望、多产的生活，而那些身体相对强健的老年人却活得孤独、自怨自艾且失望（Woodward，1994）。92 岁时，他提出并且亲自经历人格发展最后阶段，在这个阶段每个人都要面对生命与存在的关系。1997 年，Joan Erikson（90 多岁）出版了修订的埃里克森的《完整生命周期》（*The Life Cycle Completed*），加入了第九个心理社会性发展阶段。她写到老年人面临失去自主与更有限生活选择的挑战，在埃里克森晚年时，他认为希望与信仰在最后生命阶段的智慧发展中扮演着关键的角色。

那些认为自己没有抓住的已经浪费掉的机会（另一条事业道路、结婚，或是与另一个人结婚、提早或推迟退休、生育小孩）的人，会体验一种失望感。他们意识到要想弥补以前的错误已经来不及了，因为时间已经消失殆尽。他们以失望、失落、迷失看待自己的生命。因此埃里克森认为这些人将会带着遗憾和恐惧走向死亡。

有些证据显示老年人在发展过程中出现的一些人格变化。从 1928 年起的"柏克莱纵向研究"发现，年龄越大，外向特质会逐渐降低（Field & Millsap，1991），这可能与"内向"（inner-directedness）或"内在"（interiority）的发展特质的增加有关（Field，1991；Neugarten，1973）。埃里克森认为智慧是"面对死亡本身，对生命的超然关怀"，同样暗示着相似的内向性（Erikson，Erikson & Kivnick，1986）。事实上，一些心理学家认为，若没有与整合相关的内部聚焦，老年人达到的埃里克森"自我完善"阶段则会受到置疑（Ryff，1982）。

**思考题**

根据埃里克森的观点，成年晚期要面对哪些心理社会任务？

**Peck 的老年心理社会性任务**　心理学家 Robert C. Peck（1968）提出了一个与成年晚期人格发展有某种相关的理论，比埃里克森的观点更加受到关注。Peck 认为老年将使男性和女性面临三个挑战或任务，我们将在此检视：

**自我分化与工作角色偏重**　此处的中心问题是从职场退休。老年人必须重新定义工作角色之外的自我价值，他们要面对这样的问题："我是一个有价值的人仅仅是因为我有份全职工作，还是因为我同时在其他方面所扮演的几个角色，还是因为我的人格类型？"（Peck，1968，p.90）能够以多方面看待自己的能力，促使个体走向新的道路，寻找满足感及价值感。

**身体超越与身体专注**　随着年龄增长，他们可能会得慢性病，身体机能也会出现衰退。那些把快乐和舒适等同于身体健康的人，会觉得健康和力量的衰退是一种莫大的侮辱。他们要么专注身体健康，要么寻找新的快乐源，许多老年人遭受巨大的疼痛折磨、身体不舒适，却还得以安享晚年。他们不会屈服于病痛或残障，反而从人际关系和心智活动中获得满足。这个超越的过程对于男性来说可能会更加困难，他们确实较为强壮而身体健康，却需要更多的照料。有资料证明，老年男性在生命全程中有着最高的自杀率（Hoyert Kung & Smith，2005）。

从 55 岁开始，你必须关注内在感受，而不仅仅是停留在外部上。在人们内心，需要有个账本，可以知道需要改善什么以及抛弃什么（C. Kermit Phelps，91，of Kansas City, Missouri, *Monitor on Psychology*，2000）。

**自我超越与自我专注**　较年轻的个体典型地定义死亡距离自己很遥远，但是，这种特权却不适合于老年人。他们必须向死亡妥协，不过他们的调适不必是消极退缩的，他们活在子女、自己的工作、对社会文化的贡献以及友谊之中，因此，他们视自己为超越仅存的世俗存在。大学设立的大

616 量奖学金都允许老年人或老年夫妇有机会对他们美好的未来有所"超越"，让其他人从中获得永久性益处。

　　埃里克森、Peck 及其他心理社会学家的心理发展理论的共同之处是，生命永远不会是静态的，且很少允许长期延缓（Shneidman, 1989）。推孟（Terman）的优质男女的追踪研究发现，中年发挥智力潜能与 30 年后对工作、家庭关系、生命感满意度有积极相关（Holahan, Holahan & Wona-

cott, 1999）。个体与环境都会不断改变，需要新的调整和新的生活结构。

**思考题**

　　Robert Peck 对于成年晚期人格发展持什么观点？

615 **可利用的信息**

### 回忆——生命回顾

　　在晚年进行生命回顾是一种很有意义的体验。**生命回顾**在一代代中重现和分享家族历史。这对于如今越来越多在地理上彼此分开居住的家庭显得尤其困难，他们都因工作很忙而鲜于见面。老年人可以从这个过程中获得自我价值感、人格连续及延续家族历史的欣慰，也可以发现其他人的有趣的生活经历和回忆："生命回顾确认生命体验和成就的重要性，对于一些个体而言，这给予了新的生命意义"（Moyer & Oliveri, 1996）。埃里克森指出，老年人试图整合过去的心理主题为新阶段的意义，他们对世界与人生有着比年轻人更加智慧的看法。生命回顾有助于老年人评估自己的一生，促进完善感。

　　有时，自然回顾会发生于家族团聚或葬礼等场合。然而，随着年龄增长，重要他人搬家、残障或死亡，人们接触越来越少，这样就很难发生自然回顾。这时候生命回顾可以与私人或群体环境融为一体，或构成治疗情境。John Kunz（1991）认为，在养老院、群体之家或成人日护机构进行访谈的研究人员，必须尊重老年来访者，且预期访谈会花费一段时间，因为老年人有着更长的历史要说，而这些历史是与治疗相关的。当在群体中进行生命回顾时，诸如成年日护，只要一个或两个人能够主导这个生命回顾，那么那些同龄人常常会彼此受益。

　　花费时间倾听别人有助于使他们知道自己是重要的，这里有一些建议或许能激发你所爱的或认识的人进行一次生命回顾：

　　**促进共享的条目**
- 照片（童年、家庭聚会、生日、周年纪念日）。
- 家庭剪贴本、杂志、书籍。
- 剪报和旧杂志。
- 生命成就的纪念品（奖杯、徽章、丝带、奖牌等）。
- 特殊的个人物品（纪念品、珠宝等）。

　　**一些良好的沟通技巧**
- 做个积极的倾听者。
- 保持视线接触。
- 问一些能够鼓励叙述者详细述说重要事件的问题。
- 观察非语言的手势、眼神、表情线索（舒服与否）。
- 接受老年人的说法，允许老年人持续讲话，而不要用自己的生活经验打断他们。
- 要意识到回顾过程中可能会出现沉默或者眼泪（这很正常，让说故事的人有时间重新理清思绪，继续倾诉）。

**生命回顾：分享人生**

当意识到即将死亡的时候，无论多大年纪，对生命的回顾是每个人都要经历的过程。个体会回顾自己的整个人生，试图解决还没有解决的问题，试图接受消极经历，并为好的经历喝彩，收获成就感，并最终走向生命的尽头。

有许多方法来记录生命回顾的内容，包括准备笔记本、录音带或录像带、报纸文章、信件或一本写给家庭成员或作为对当地博物馆、历史社团、图书馆做贡献的书，这些都是对这位特别人物的生命回顾。美国退休人士协会在网上的一个互动板块称为"穿越这些年"（Through the Years），在那里人们向这个世界诉说对20世纪的记忆，并成为历史的一部分。

来源：Adapted from John Kuzn, *Communicating with Older Adults*, 1996, and John S. Kunz, *Reminiscence Approaches Utilized in Counseling Older Adults*, in Illness, Crisis, and Loss, 1991, 48–54.

**维兰特的情绪健康理论**　之前已经提到斯德哥尔摩的研究及 Perl 的百岁老人研究发现，我们的人格特质在促进或压抑情绪健康上存在差异。这些近来的研究支持了先前的纵向研究。在20世纪40年代早期，研究人员每隔五年追踪一些毕业于哈佛大学的男生（Goleman，1990c），在他们65岁时，精神病学家维兰特（George Vaillant）等人对173名参与"格兰特研究"的人进行了追踪研究（Vaillant & Milofsky，1980）。

该项目研究了哪些人格特质对晚年的生活有影响。研究者将老年人的情绪健康定义为"明确具有游玩、工作与爱人的能力"，并对生活感到满意；能够处理生命中的消极、责怪或苦楚，这尤其重要。这些65岁的受访者报告说，情绪健康并不是以快乐的童年、满意的婚姻或职业成就及认可为根基，那些发展出心理弹性可吸收生命冲击和改变的人，才是能够享受最好生活的人。他们的自我意识驱使他们控制原始冲动，使用研究者所称的"成熟适应机制"（mature adaptive mechanisms）来平静地做出反应——取代暴怒或责怪——来促进情感满意度和健康的发展。

在大学时期，被精神病学家归为学业上的良好实践组织者（而并非有着理论的、冥想的或学究癖好）的人们，通常在老年时情绪调适得最好。那些在大二时被描述为"稳定、安全、可靠、精心、真诚、值得信赖"的人也是如此。有两种人格特质——务实与可靠，似乎比果断、容易交友等大学期间很重要的品质更加重要。许多生命初期的因素，即使是有着相对阴暗的童年（诸如贫穷、孤儿、父母离异的子女），对这些65岁的哈佛人的影响也很小，这些结果最近又被 Suh 和 Diener 所做的一项历时四年的研究所支持（1998）。他们发现，情感幸福由人格的韧性决定，而并非外在的生命环境。但是在格兰特研究中，早年严重的心理抑郁与后续出现的问题相关。如果大学时与兄弟姐妹亲近，与日后幸福也有很强的

相关。哈佛研究和其他最近的研究都证实，人类具有非凡的弹性，绝大多数人在半个世纪之后，

仍然保持着从逆境中康复而继续走自己人生道路的能力。

## 关于老化的特质理论

大多数人在日常生活中会基于他人在行为中特别明显的特质来"分类"或"归类"，他们会在与他人及环境互动中显露出这些特质。基于这项观察，大量心理学家，包括 Neugarten, Havighurst 及 Tobin（1968）等都试图确认与老化进程有关的主要人格模式，或者特质。他们花费六年时间研究堪萨斯市几百位 50～80 岁的人，指出有四种主要的人格类型：

- 整合型
- 防御固守型
- 被动依赖型
- 分裂型

整合型的老年人通常是机能运转较好的个体，具有复杂的内在生命、完整的认知能力及自信，他们有弹性、温和、成熟，不过他们的活动水平却各不相同。研究者发现整合型老年人可再分为三个子类。来自 25 年"冲绳岛百岁老年人研究"的结果显示，"极老的"日本人是乐观的、休闲的、适应生活情形的（Willcox, Willcox & Suzuki, 2000）。重整型的老年人把保持年轻、有活力且拒绝"变老"放在首位，当他们失去一种人生角色时，他们会寻找另一个，继续重新组织他们的活动模式。专注型的老年人显示出中等水平的活动，把精力放在所选择的几种活动和一两个角色领域里。脱俗型的老年人显示出完整的人格和很高的生活满意度。但是他们通常都是以一种平静的、退缩的、满足的方式来追求自己感兴趣的自我导向，很少需要复杂的社交互动模式和网路。

防御固守型的老年人都是努力奋斗、有报负心的、有成就取向的个体。他们建立抵御焦虑的防御机制，在生活事件中能够维持主控权。这一类型的人也有不同的分类：紧握型视老化为一种威胁，尽可能维持中年的生活状态，他们认为"我要工作到死"；只要他们能够继续旧的模式，他们就能够成功调适。闭锁型老年人构建自己的

世界，去除使严格的防御网临近崩溃的东西。他们倾向于专注"照顾自己"，但却是与他人和体验隔离而自闭的专注方式。

**对老化的不同反应**

Bernice Neugarten 界定了大量影响人们对老化进程反应的个性类型。"调整者"寻找能够允许他们保持活力生活完整性的环境。来自中国的这位老人已经 105 岁，正在进行百米赛跑。能够从事最喜欢的活动，可以帮助这些"最老者"保持生活激情。

第三种是被动依赖型：其中求助型老年人有着很强的依赖需求，引出他人的回应。只要有一两个人能让他们学习并满足其情感需求，他们好像也会做得挺好。而冷漠型老年人则是"摇椅族"，他们已经不再参与生命活动。这些人好像"活着"，却有着中低程度的满意度。最后，有些老年人的老化过程可以用"分裂"来描述。他们在心理功能上显露出重大的缺陷、思考过程整体的退化。他们的活动水平和生活满意度都很低。Neugarten, Havighurst, Tobin（1968）得出结论说，在人们如何适应老化方面，人格起到很重要的作用，当然还有其他的一些主要影响，包括预测与他人的关系、活动水平及生活满意度。

617

## 关于老化的其他理论

人们老化是否成功依赖于许多变量复杂的交互作用，包括身体和心理健康、教育成就、经济安全、对老化的个人态度及文化观点。人们需要社会环境来发展和表达人性。因此心理学家和社会学家根据美国老年人自我知觉和社会环境方面的变化，提出许多理论来描述美国老年人的变化。

**关于老化的脱离理论**（disengagement theory of aging） 该理论认为老化是身体、心理、社会方面逐步撤离世界的过程。老年人知道他们与世界的连接已经不深，因此，他们会平静地面对死亡，道别之后也不再留有什么其他想法。

**关于老化的活跃理论**（activity theory of aging） 大多数健康老年人尽可能久地维持稳定的活动水平，他们会找到其他活动来代替已经无法从事的活动。与老化进程相比，老年人对事物的投入程度似乎与过去的生活模式、社会经济地位、使用英语的语言能力及健康更加相关。

**关于老化的角色退出理论**（role exit theory of aging） 该理论认为退休与丧偶这两件事终止了老年人对社会主要机构的参与——工厂和家人，使老年人参与公开活动以保持社会有用性的机会消失。失去职业与婚姻地位都被视为重大灾难，因为这些位置是成年人的主要地位或核心角色。定义老年人行为预期的社会规范是很微弱的、有限的且模糊不清。此外，老年人很少有动力去确认实际上"没有角色"的角色，因为这是一种社会上认为没有价值的状态。

**关于老化的社会交换理论**（social exchange theory of aging） 这个理论指出，人们进入社会关系是因为从中可以得到好处——经济支持、认可、安全感、爱、社会赞许、感激等诸如此类。在寻求这些回馈的过程中，他们也要付出代价——他们体验消极的、不愉快的感受（努力、疲倦、尴尬等），或是为了追求回馈活动而被迫放弃追求其他积极的、令人愉悦的经验的机会。只要双方都能得到净回报（收入减去付出），关系就会维持。社会交换理论用在老年人身上时，似乎显示他们的边缘化的不利处境（Schulz, Heckhausen & Locher, 1991）。在工业化社会中，技术变革很快使先前的技能过时，结果导致老年人可利用的能量下降。老年人改变在劳动力中的位置以换取社会福利与医疗服务，即他们会"退休"。

**现代化理论**（modernization theory） 这个观点认为老年人的地位在传统社会中通常较高，而在都市化及工业社会则较低（Cowgill, 1974, 1986）。该理论假定传统社会老年人地位之所以高，是因为他们累积了许多知识经验并懂得如何处理状况。多数人相信亚洲文化仍然很尊敬老年人（Eyetsemitan, 1997）。Ingersoll-Dayton 和 Saengtienchai（1999）也在四个东亚国家里提出了对老者尊敬的跨文化观点，并显示这些态度是如何随着时间的推移而变化的。

虽然社会交换理论与现代化理论都有助于引起我们对社会中影响老年人位置的交换元素的关注，但这些理论并没有完全解释所有的现象（Ishii-Kuntz & Lee, 1987）。Van Willigen（2000）研究了老年志愿者的身体健康及心理作用，发现较年长的志愿者比年轻志愿者体验更高的生活满意度，在觉知健康方面也比年轻人有更加积极的变化。一项全美的调查揭示出，大约25％的65岁以上的成年人以越来越高的比例积极参与志愿活动，这些志愿者中几乎一半通过宗教联盟而这么做。此外，女性志愿者比男性志愿者数量要多，已婚人士比单身多，大学教育水平的成年人更可能会提供专业的和管理的帮助（见图18—1）（U. S. Bureau of Labor Statistics 2004c）。志愿活动允许老年人从事社区活动，让他们的生活更加有意义。其他文化的老年人通常继续投入生活，没有正式的"退休"日期或年龄，参见本章专栏"人类的多样性"中的《美国西班牙裔老年人》一文，来做进一步的讨论。

### 思考题

在关于老化的模型当中，哪些应对内部方面，而哪些应对外在方面？

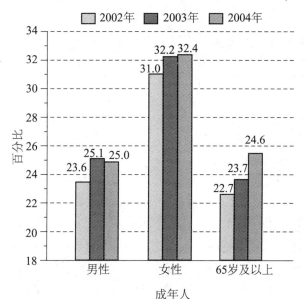

按年龄和性别划分的美国志愿者(2002—2004年)

图 18—1　成年晚期的志愿精神

从 2003 年 9 月至 2004 年 9 月，大约有 25％ 的 65 岁以上的美国老年人参与志愿活动，而且女性数量多于男性，随着婴儿潮世代越来越多的人退休，65 岁以上者从事志愿活动的人数越来越多。

来源：U. S. Bureau of Labor Statistics.（2004，December 16）. *Volunteering in the United States*，2004 . Washington，DC：U. S. Department of Labor.

## 带补偿的选择最优化

Paul 和 Margret Baltes 所支持的生命全程模型被称为**"带补偿的选择最优化"**（selective optimization with compensation）。在所有的生命阶段，尤其是老年，人们需要调整预期的标准。这很大程度上依赖于老年人如何看待老化问题。视年龄增长可以增加知识和智慧的人，通常会有较为健康、积极的自我概念，而认为老化是身体衰败、控制丧失的人，将会形成较为消极的自我概念。如果我们意识到自己的能力，并为丧失和限制做出补偿，我们将会更成功地享受老化。老年给生活带来许多变化，即我们证明自己有能力适应顺从现实，即使不像年轻时做得好。由于自我的非凡力量，老年人通常不会比年轻人更抑郁或焦虑（Baltes & Baltes，1998）。最近"柏林老化研究"发现，70～80 岁的老年人中大部分仍然认为生命是有目标的，他们以极大的精力生活，熟悉掌握日常生活中的各种任务（Baltes & Mayer，1999）。

620

619

## 人类的多样性

### 美国西班牙裔老年人

"这是个老化的年代"（Fried & Mehrotra，1998）。直到近来，关于老化和成年晚期的研究主要是以白种人为对象，他们在 1990 年时占美国老年人的 90％。然而，少数民族的老年人数量的增长速度在接下来的 50 年里，将会远远超过白种老年人。到现在为止，关于提高老年人生活问题的研究是很有限的，尤其是针对少数民族。美国人对老年人在老年医学、老年人护理、老年心理学、老年发展学、老化、人类服务、医疗保险、健康教育、公共健康、健康政策、家庭研究等相关领域，表现出越来越多的需要，这一点尤其重要。人口资料显示西班牙裔是目前美国数量最多的少数民族，在 2000 年人口普查时，占总人口的 12.5%（Toussaint-Comeau，2003）。此外，因为西班牙裔老年人口数量预期在 2050 年翻三番（National Hispanic Council on Aging，2004），我们将聚焦于近来以美国西班牙裔老年人为研究对象的研究结果。西班牙裔是指这样的一群人，他们的家族根源于中南美洲及加勒比海，可能是黑人、白人或亚洲人——但是都说西班牙语（Fried & Mehrotra，1998）。

### 文化交流

以来自古巴、墨西哥、波多黎各的移民为对象来研究多样性和心理压力之间的关系。根据国家西班牙裔族群调查的数据，Krause 和 Goldenhar（1992）采用电话调查了 1 300 多名老年人，发现经济压力与文化交流水平之间的相关，即同化程度高的西班牙裔美国人受到较少的社会隔离和经济困扰，也较少有抑郁症状。波多黎各裔美国老年人比古巴裔美国人报告出较多的抑郁症状。

### 心理健康和幸福

少数民族的老年人通常从他们的民族背景的其他成员而非社会服务机构寻求情感问题的帮助。Zamanian 及其同事（1992）调查了 159 名墨西哥裔老年人来决定抑郁症状与文化交流之间的关系。他们得出结论认为，"在没有吸收主流文化的情形下维持墨西哥固有的文化，最易造成抑郁情形"（Zamanian et al.，1992）。由于抑郁和自杀具有关系，因此备受关注。此外，少数民族的照料者较少可能使用那些为老年人痴呆和阿尔兹海默症提供服务的机构（Braun et al.，1995）。一项研究发现，与英国人相比，关于这些服务的认识和年龄在帮助拉丁裔老年人的护理方面，扮演更加重要的角色（Delgadillo，Sorensen & Coster，2004）。

### 健康护理

西班牙裔人口通常具有更高的患病危险，如心脏病、癌症、HIV 感染、中风、肺炎、糖尿病、流行性感冒等（U. S. Food and Drug Administration，2004）。此外，他们会面对住房、工作的缺失问题，无力购买食物、衣服及药物（National Hispanic Council on Aging，2004）。Gelfand（1994）提醒我们，西班牙裔美国老年人的健康存在很大的差异。他举例说，波多黎各裔美国男性有着比墨西哥裔美国男性更高的心血管疾病发病率；墨西哥裔美国人有着最高的脑血管疾病发病率；古巴裔美国人则有着更高的癌症发病率。墨西哥裔美国老年人对健康的信念更可能起源于民间医疗系统而非专业的医疗实践。在墨西哥裔美国人中的一个民间医疗系统是 Curanderismo（Gafner & Duckett，1992），它包含了天主教、中世纪医疗和印第安土著医疗。这个信仰体系的主要特点有：（1）相信上帝能够治疗人类的疾病，是一种被称为 Curanderos 的特殊才能，可以保佑人类；（2）大量病情确实能被治愈；（3）相信存在一些神秘病症诸如"中邪，意味着失去灵魂或恐慌"；（4）相信疾病和健康存在于物质、心理及精神层面；（5）使用非法的仪式或药物来实施治疗（Gafner & Duckett，1992）。巫医确实是有用的，且不需要医疗和保险单，说着同样的语言，和病人分享同样的信念。

### 照料者

成年子女可以提供非正式的帮助网络。一项对西班牙裔四代美国女性的研究（Garcia et al.，1992）揭示出这些成年子女应该照顾老年人的信念，子女应该和老年人同住一家，并且要保持与老年父母的接触。因为年长的西班牙裔被认为是智慧的、有知识的、值得尊敬的，他们会继续期待和接受成年子女的帮助，而并非寻求专业帮助（Cox & Gelfand，1987）。有研究者发现拉丁裔视家庭护理为更加有益的，倾向于延迟把他们所爱的却遭受痴呆痛苦的人送到养老院（Mausbach et al.，2004）。然而，对于需要照料痴呆症及阿尔兹海默症的老年父母的西班牙裔美国人来说，这种观点尤其是一种负担（Cox & Monk，1993）。近来的研究发现西班牙裔更难以承担照顾老年人的压力，这部分地归因于要照顾更多的受伤害的亲戚及较年轻的几代，同时也因为缺乏相对容易沟通的支持性网络（Cox & Monk，1996）。近期另一项研究发现拉丁裔比白人和非洲裔会花更多的时间来护理老年人非正式的日常起居。求助专业人士与孝道自相矛盾，因此寻求专业帮助成了一项非常困难的选择。

**社区服务**

西班牙裔老年人在使用社区服务方面可能存在差异，墨西哥裔美国人倾向于居住在城市，而许多人住在都市贫民区。然而，他们典型地不会使用老年人服务，诸如交通、老年人中心、送餐服务、教堂帮助、家务帮助或定期电话检查等。但是，当西班牙裔美国人卷入这些服务的时候，这种服务的使用率就会增加。民族团体的领导者应该参与社区服务的设计和传递，使社区服务不会违背或不尊敬文化的观念及实践（Fried & Mehrotra，1998）。

**退休/生活标准**

较老的墨西哥裔美国人倾向于比美国人有着低很多的收入。绝大多数墨西哥裔老年人是缺少技能的或半熟练工，长年受雇于农场、牧场、工厂或从事季节性的兼职（Fried & Mehrotra，1998）。传统的退休标准（65 岁、拥有退休金，则视自己已经退休）并不适用于墨西哥裔老年人，他们有着不同的退休体验，有着较少的退休金来源（Zsembik & Singer，1990）。那些在生命晚期才移民到美国的人没有社会安全福利，也不知道如何申请这些福利，因此可能暗地里被那些不报告雇员贡献的雇主所雇用（Garcia，1993）。

**宗教与精神**

年长的西班牙裔美国人所奉行的宗教混合了阿兹台克和欧洲的不同仪式和教条。阿兹台克人相信自然界所有的东西都是有价值的且都应该受到尊重。许多西班牙裔美国人信仰天主教，但是却有向其他宗教转变的倾向。宗教包含了许多老年人生命中的重要方面，许多人每周都参加宗教活动（Villa & Jaime，1993）。然而，信念代表了存在和生活的方式，能够增进精神层面的成长。"fe"这种概念体现的是一种生命方式（"fe"在西班牙语里是"信仰"或"宗教"的意思），包括不同程度的信仰、希望、精神、信念及文化价值。"fe"被每个人所定义，能够帮助个体应对不良的健康、贫困和死亡。"fe"帮助墨西哥裔美国老年人对生活维持一种积极的态度。任何与老年族群一起工作的人都必须理解"fe"作为一种有效的应对机制的重要性（Villa & Jaime，1993）。

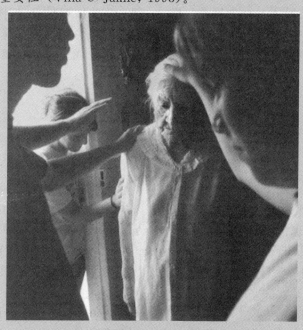

**治愈性的祈祷**

主流教堂现在提供"治愈性的祈祷"服务，需要治愈的人把手放在头上或肩上祈祷。在该照片中，来自得克萨斯州的传教士为 Maria Jesus Onterverros 的疼痛的后背祈祷。在西南部的西班牙裔还可能会拜访巫医——或称传统的治疗家，他们使用草本植物、香气、揉捏、仪式来对整个人进行治疗，包括他们身体、心理和精神方面的疾病（Glazer，2005）。

**第三年纪**　有研究发现，人格的特定层面确实在波蒂斯夫妇（Balteses）所称的"第三年纪"（the Third Age）期间有所改善，包括情绪智力和智慧。情绪智力包括理解情绪成因的能力（表达、暗含的感觉及有关的非言语线索）。**智慧**（wisdom）是"关于生命整体的熟练的知识，能够为面对复杂的、不确定的情境时如何做出应对，提供良好的判断和建议"（Baltes & Baltes, 1998）。波蒂斯夫妇认为："我们从与他人讨论生命难题、对新经验采取开放态度的个性中积累智慧，为人类生存的最好方式而努力奋斗"（Baltes & Baltes, 1998, p. 14）。

波蒂斯夫妇提出，在社会文化水平上，老年人仍然有一些没有被开发的潜能。我们能否将老年人的生产力过渡到别的社会生产方式上？为老年人做好准备存在更好的方法吗？哪些紧急的生物医学、基因治疗的新发展能够修补身体系统而预防疾病发生？

**第四年纪**　波蒂斯夫妇提出，当人们进入"第四年纪"（the Fourth Age, 80多岁晚期及更老）时，将会面临越来越多的困难障碍，从而易于变得更加脆弱。因为存在生物学上的缺陷，这些老年人需要更多的文化、技术、行为资源，以便获得和维持机能的高水平状态。波蒂斯夫妇（1998）指出，"柏林老化研究"中以70～100岁的老年人为研究对象的结果，认为极老者确实有着

较多的需求和压力来源，却有着较少的心理、情绪、社会资源来对这些状况做出弥补或应对。在柏林研究中，阿尔兹海默症尤其在70～80岁间很盛行，患病率为3%，80～90岁为10%～15%，而90岁以上则大约占50%。不过波蒂斯夫妇的研究也发现（1998），老年人仍然能够发现管理生命的有效策略。通过细心选择、最优化及补偿等，老年的消极结果最小化。他们提醒我们，当面临生命挑战时，永不停歇的人类精神总是会提出许多解决问题的方法。

21世纪将会面临的一个主要挑战是全世界极老者人口数量的增加。有项研究聚焦于来自不同文化的老年人的健康状况，检视了老化的几个方面（Antonucci, Okorodudu & Akiyama, 2003）。到目前为止，据记载最长寿者是法国的Jeanna Calment，活到122岁（1875－1997）。她于21岁时结婚，寿命超过了丈夫、女儿和仅有的一个孙子；在她85岁时，还参加击剑活动，在100岁时，仍然可以骑自行车并且独自居住；她喜欢葡萄酒、橄榄油和巧克力；114岁时，她在一部电影——《文森特·梵高和我》里专门描述了自己，她在14岁时遇见了梵高；在121岁时，她发行了一张关于她一生生活的CD——时间的女主人。尽管也有其他人声称寿命比她更长，但是他们都没有官方的生日证明或文件来打破由她保持的吉尼斯世界纪录（2005）。

## 生命全程发展调节模型

1996年，Schulz和Heckhausen提出以建构"控制"（control）为中心主题且适用于婴儿期至老年期的人生理论，他们声称该理论适用于各种文化和历史。其观点暗示，成功老化包含生命全程的主要控制的发展。Schulz和Heckhausen解释（1996, p. 708），"主要控制以外部世界为目标，试图在个体直接的外部环境里产生效果；而次要控制则以自我为目标，试图直接在个体内取得改变"。

主要及次要控制都包含认知和行动。Shulz和Heckhausen认为，因为主要控制是直接朝外的，因此受到个体的偏好，且对个体也有较大的适应价值，它能够使个体探索和塑造适合自身特殊需

要的环境来优化个体的发展潜力。主要控制提供了多样化与选择的基础。Adelman认为，多样化（反映在不同的表现领域）对于生命全程来说都是最好的，"多样化的原则对于促进儿童发展的社会化的代理人有很重要的意义。在早期发展中，儿童应该被暴露于各种机能领域，以便于发展出各种技能，并且有机会测验他们的基因潜能"（Adelman, quoted in Schulz & Heckhausen, 1996, p. 706）。

选择性原则是指个体必须选择投资时间、努力、能力、技巧——选择必须与多样性并行，以便于获得高水平的表现，而其他一般技能也能有

所发展。个体在一生中所要面对的一些主要挑战包括评估投资时间和努力，决定是否继续留在既定领域还是转换到另一领域（Schulz & Heckhausen,1996）。

例如，你现在作为一个大学生，正在准备为将来的事业投入时间与努力（学习英语、二外、数学、社会科学、生命科学、历史及主修科学系的专业课程的技能）。在选择多种科目的同时，你也开始为所选择的专业做准备。在青少年及成年早期，我们发展出大量的次要控制策略（这些策略聚焦于内部），包括改变抱负水平、否认、自我归因以及目标再诠释等。

**老化和智慧**

波蒂斯夫妇提出人格会在"第三年纪"期间发生改善的几个方面，包括智慧：对生命整体的精确认识，能够对处于复杂、不确定情况的个人提供良好的判断与建议。Alan Shalita 博士是纽约州立大学 Downstate 医学中心皮肤病学系的教授兼主席，建立了皮肤病学系，他本人也被称为著名的教学教授。由于自己的技术，他在网络上被认为是临床医生、研究者、教育家，最重要的是，他是他的项目中居民的智慧护理的指导者。

选择性会持续在整个成年期，而多样性则会逐渐减弱。选择性的维持和多样性的降低，是中老年的标志之一。例如，绝大多数老年人因为年龄问题而不能再打网球或篮球，却仍能从事不会消耗同样体能的高尔夫球。越来越多的与年龄相关的主要控制的生物与社会挑战，把次要控制策略（自我定向）放置到重要位置。老年人自己的能力与动机会导致消极或积极的结果，失败的经验可能会潜在地中伤自我概念，因此老年人会发展出各种补偿策略，诸如使用助听器、药物器皿、拐杖及其他调适设备。那些能够投入且更持久影响环境的老年人调适得最成功。

个人控制、选择、健康心理调适之间的关系从 20 世纪初期以来已经被研究，主要对象是成年年轻人。有研究对比了年轻人和老年人对生命遗憾的知觉控制，发现可控的内归因（以个人调整自己对个人责任和控制的知觉的方式）与老年期增多的遗憾和侵扰思想有关（Wrosh & Heckhausen，2002）。来自 Gould（1999）的批评则认为，主要控制的功能主体性并不适用于真正的跨文化中，也不存在历史上的普遍性。为了回应 Gould 的观点，来自进化、比较、发展和跨文化心理学的研究回顾发现，主要控制支撑生命全程、跨文化的功能主体性，并且贯穿于整个历史时期（Wrosch et al.，2002）。

## 个人控制和选择的影响

从阿德勒（Alfred Adler，1870－1937）以来的心理学家都提出，对命运的控制感对于大多数人的心理健康都做出了很大的贡献，似乎大多数人都更喜欢这样，并且多数时间都能从控制感中受益。心理学家弗洛姆（Erich Fromm，1941）认为，许多人并不希望成为自己命运的主人，因此，易于被吸收到极权主义的领导和运动当中，例如，在任何文化里，都可以看到大量人群自愿从军一辈子。此外，知觉控制及控制欲也会随着年龄下降（Mirowsky，1995）。Lang 和 Heckhausen（2001）研究了知觉控制的发展与主观幸福感之间的关系，基于此得出结论：对于老年人而言，当他们调整自身来适应不同形势及对他们的能力做出积极评估反映时，控制感变得更加有适应性。Wahl 及其同事（2004）报告说，老年人的视觉丧失与较高的抑郁症患病率相关，因为他们失去自我决断力而破坏生活规划和期望。我们将会看到，通常那些缺乏自理能力而被迫进入养老院的老年人有着严重的健康状况，并且失去了控制感、目的感，什么时候洗澡、吃饭、睡眠，以及吃什么和穿什么等日常生活中的决定都要由其他人来控制。

**目的感**　社会心理学家 Langer 和 Rodin（1976）研究强调责任感和目的感对成功老化做出的重要贡献。他们调查了康涅狄格州的一个高质量养老院中的居民，发现了控制感和个人选择对他们的影响。在养老院一楼的 47 位居住者聆听了来自养老院管理员的讲话，在这次谈话里，管理员对居住者照顾自己和改造养老院政策及计划感到有很大的压力和责任感，结束后，他提供给每位居住者一项计划："按照自己的意愿来照顾自己"，他还通知大家有场电影将会在两个晚上被上映，"你应该自己选择决定你想哪晚去看"。这位管理员还给这个四层建筑的另一层的 45 位居住者讲了话，然而，这次他强调全体员工都有很强的责任感，他给老年人植物，并说"护士们将会给它们浇水并照顾它们"。最后，他

告诉大家将会在下周上映一场电影，此后会通知他们具体是哪一天去看。

这次讲话的一周前及之后的三周后，一位训练有素的研究者逐个地访问这些居住者，为了预防偏见，这位研究者并未告诉被试实验的目的和本意。她问这些居住者的问题主要是他们一生感到有多强的控制感，以及他们相信自己有多么幸福和活跃。之后按照 8 点量表给居住者评分，同时，养老院的全体员工都要填写一份调查问卷，要求护士们根据自身的整体活动、幸福感、选择性、社会性和独立性来评估每位居住者，和访谈一样，护士们也不知道本研究的本意和目的。根据讲话之前的评定等级，这两群居住者在他们的控制感、选择感和满足感方面是非常相似的，然而，在讲话之后的三周，就出现了显著的差异。

尽管给予第二组（在这组里，全体员工保持控制及承担主要责任）高质量的关护，有几乎 3/4 的人明显变得更弱——仅仅隔了三周的时间。相反，在第一组里（在这组里，居住者被鼓励自己做决定，并被要求自己做出选择），有 93% 的人整体上显示出了改进。Langer 和 Rodin（1976，p.197）于是得出支持他们结果的结论，即"老化的一些消极结果可能会被抑制、颠覆，或者被正确的决定和竞争感所阻止"。Langer 和 Rodin（1976）发现，在实验期间，被赋予责任的那组居住者比以传统方式照顾的居住者更加健康。这两组还显示出不同的死亡率。进一步的追踪研究，与负责照顾的那组相比，传统照顾组的死亡率高出两倍。总之，医疗照料者在照顾过程中，那些合作的病人的选择可能是很妥当的。

> **思考题**
>
> 老年人如何从自我控制与选择中受益？

## 信仰和老化调适

有些研究揭示了精神对健康的积极影响，如有规律地去教堂、清真寺或者集会，可以使寿命延长（Glazer，2005）。一项全国性的调查显示，大量的美国人（95%）声称信仰上帝或相信存在

更高级的力量。十个人中有九个人会祈祷——绝大多数每天都祈祷。宗教/精神信仰和实践的需要对不同文化背景的人们的生活都很重要，并且这种重要性会继续增加（Glazer，2005；Mehta，1997；Miller & Thoresen，2003）。作为"第三年纪"的老年咨询顾问 Carter Catlett Williams（1998）提出，老年是一个需要探索的冒险工作，是上帝给予的神秘之物，并非是一件令人恐惧或蔑视的事情。她说这是一种"令人神往的内源生命"，能够承载人们过去的喜悦和甜蜜的悲痛，这些事情塑造了我们，还会影响到我们继续的发展。Dale Matthews（1998）阐述了大量实验研究的结果，他称之为"信仰因素"的催化剂，对所有年龄群的人们而言，有利于整体的健康。他还说，几个世纪以前，西方文化就把宗教和医药分离开来，但是如今，医药界已经承认这两者之间的关系。大多数美国医疗学校都开设了精神治疗的课程，有的医生保护他们自己的精神信仰或与他们的病人一起祈祷，越来越多的医院提供可供选择的冥想和祈祷治愈中心（Glazer，2005）。医学家和神职人员常常帮助病人应对精神危机（例如，急诊团队、肿瘤学、心脏学、老年医学等等）。在制度环境里，老年人追随他们的宗教信仰和实践会减轻抑郁、焦虑和压力，他们从由牧师、法师和传道士提供的支持中获取大量慰藉（Fry & Björkqvist，1996）。

Levin（1996）调查了"宗教流行病学"，并进行了导致疾病和不健康的一些因素的证据研究（信仰宗教情况下）。一些宗教信仰者（如"第七日耶稣再临论者"、"修女研究"中的修女们）所追随的健康生活方式，例如不吸烟、不喝酒及不吃猪肉，与低发病率和更加长寿相关（Danner，Snowdon & Frieson，2001；Fraser，2003）。

一项以 760 名美国中西部女性为对象的研究发现，她们比那些很少或根本不去教堂的人经历显著要少的抑郁和焦虑（Hertsgaard & Light，1984）。该研究结果被一项以 451 名非洲裔美国人为对象的研究所证实，该研究检查了定期规律地去教堂和抑郁的发生率之间的关系，"宗教高卷入度的人们报告显著少的抑郁"（Matthews，1998，p.25）。几项其他的类似研究也证实了宗教卷入程度可以帮助人们阻止抑郁，尤其是在压力特别大

的时候，例如生重病或失去亲人时。一项由 Golsworthy 和 Coyle（1999）进行的研究探索了精神信仰对那些伴侣亡后正在寻找生活意义的老年人所起的作用，宗教卷入度似乎在很大程度上加强了社会各界年轻人和老年人的生活质量。在世界范围内，研究者通过许多实证研究发现，宗教和健康之间有着治愈性的相关（Murphy，1997）。开始于宗教和精神能够且应该被科学地研究的假设，Miller 和 Thoresen（2003）得出这两者之间的差异，并且要求更多的研究来探索精神和宗教对健康的作用。

Powell，Shahabi 和 Thoresen（2003）回顾了宗教或精神和健康的关系。他们检视了以下几种假设：参加教堂/服务可以保护免受死亡；宗教或精神可以预防心血管病；宗教或精神可以预防癌症致死；笃信宗教者还可以保护自己免于死亡；宗教或精神可以预防残障；宗教或精神可以减慢癌症的进展；采用宗教应对困难的人们会活得更久；宗教或精神可以加快急病的康复；祈祷可以改善严重疾病的生理恢复。在这些结论当中，参加服务机构可以给予一种普遍的保护而免于死亡，他们要求对能够产生这种"保护"功能的因素做进一步的研究，这些参与者常常从事助人行为，可以产生一种自我价值感，鼓励有意义的社会互动（在宗教社区，大约有一半的美国老年志愿者参与那些保护性的公益事业）（U. S. Bureau of Labor Statistics，2004c）。

反过来，老年人可能会发现很需要来自宗教机构资源的支持。最有争议性的假设——祈祷的作用，被称作仲裁祈祷者，还没有被科学研究所证明（Carey，2004；Krause，2005；Roberts，Ahmed & Hall，2005）。尽管有结论认为，宗教或精神和健康之间存在关系，但是其他人提出这只是简单的"安慰剂"效应，也有人说精神层面是不可能被科学证实的。然而，这种联系是复杂的，进一步的研究需要着手于更加强有力的临床试验。

**思考题**

　　研究者发现宗教在成年晚期有怎样的作用？

## 家庭角色： 连续性和非连续性

如今，尽管大多数老年人都生活在家里，老年人的社会世界与成年早期和中期有显著不同（Profile of Older Americans，1998）。在身体精力、健康及认知功能方面的改变会产生社会影响。在婚姻角色和工作中的变化严重地影响了老年人本身允许的行为预期和生活（Smith & Moen，2004）。因此，老年人的"社会生活空间"提供了这样的情景：老年男性和女性，像他们年轻时一样，定义现实，形成自我映像，产生与其他人的互动。

在整个历史上，家庭的代与代之间的关系有很明显的连续性：父母照顾和养育子女，使他们独立生活，在即将死亡时，通常会传递自身的资源给子女和孙辈。但是，Pillemer 和 Suitor

（1998）却预言，当前的婴儿潮世代将经历一些特殊问题和挑战，不再像前几代那样，这归因于大量的家庭形式：离婚、再婚、单亲家庭、继父母、单身生活、同居、民事联姻，并且可选择的家庭形式创造了广泛的亲属关系。此外，较年轻的成年人普遍依靠劳动力市场谋生，而并非家庭资源。因此，代与代之间的支持与其说是一项责任，倒不如说是一种选择。然而，对于那些长期需要关心照顾的老年人而言，过去的文化经历证明，要想维持稳定的支持，只有那些关系很近的亲戚才能做到。整体上，大量老年人似乎有来自家庭的巨大支持性资源，包括更完整的婚姻及相对多的子女和孙子女（Pillemer & Suitor，1998）。

**代际支持**

对于那些媚居的、独居的或需要长期照料的老年人而言，文化的实践证明，兄弟姐妹、成年子女及孙辈常常为他们提供持续的、稳定的支持。Boreddu Casula 是一位 101 岁的曾祖父，仍然精力很旺盛地照料他在撒丁岛的扩展家庭。然而，在西方社会，夫妇有较少或没有子女，这预示着在未来社会有许多老年人需要更多的社会关照。

### 625  ■ 爱情和婚姻

婴儿潮的父母更可能维持婚姻，因为他们在 20 世纪的任何一代人中有着最高的结婚率（Pillemer et al.，2000）。此外，家庭护理研究表明，配偶是他们需要照顾时的第一人选。直到 75 岁，大多数美国家庭由已婚夫妇组成（见图 18－2），因此，社会与行为科学家会问："老年婚姻的本质是什么？"看起来好像大多数美国人都相信那些不会以离婚告终的婚姻，是开始于激情的爱，继而转

变为较冷静且亲切的关系。然而，研究者却描绘出一幅有点不同的画面，婚姻满意度和调适在婚姻初期就开始下降，每个研究对下降的速度和强度的结论各不相同。在家庭生活循环的中期和后期，这个下降趋势变得不明显（Vaillant & Vaillant，1993），而有些调查者发现存在持续的下降（Swensen & Trahaug，1985）。不过，他们通常报告，在早期这种满意度的下降呈现 U 形曲线，在

中年下降，在晚年又会增加（Glenn，1990）。

性活动仍然在老年人健全的关系里继续扮演很重要的角色（Zeiss & Kasl - Godley，2001）。然而，根据老年的性提出的几个问题包括：与老年相关的身体变化和补偿策略、性行为的变化形式、性的社会心理和文化因素、性无能、认知受损问题、身体残障的老年人。尽管婚姻质量在各对夫妻之间是不同的，不过大多数老年夫妇报告说，他们在晚年有着比除了新婚阶段之外的任何时候都更加幸福和满意的婚姻。Carstensen，Gottman和Levenson（1995）发现，老年夫妇比中年夫妇会对彼此表达更多的情感，解决婚姻冲突时更少发怒。

有很多因素似乎都可以改善晚年婚姻生活。一方面，子女们都长大成人。为人父母通常会增加婚姻关系的紧张度，年轻夫妇可能在养育子女和家庭责任上经历越来越多的冲突。另一方面，父母会产生越来越多的与教育和养育子女有关的经济负担（Coontz，1997）。在生命晚期，与岳父母（公婆）、金钱和性等有关的问题通常已被解决，随之而来的压力也已消失，就像我们在第15章讨论过的，老年人比年轻人更易于双性化，然而，退休却为夫妻创造了新的压力。有位退休者指出：

> 丈夫和妻子可能都对退休生活拥有各自的梦想，但是这些梦想并不一定都相互吻合。他们需要坐下来谈谈——列活动提纲、重构时间、定义领域。我发现我妻子很害怕我退休，因为她得时时看着我，从而失去所有的自由。（Brody，1981，p. 13）

一些女性因为丈夫退休有太多时间待在家而感到窒息，想要帮忙做家务的男性，可能被女性看作入侵者；即使这样，还是有许多女性欢迎丈夫的帮忙。隐私与独立的丧失，可以由供养与陪伴来补偿。另外，妻子通常将可以"做自己喜欢的事"以及更大的易变性来作为退休的优势。然而，影响妻子对丈夫退休后的满意度的最重要的因素是自己和丈夫的健康及是否良好的经济状况（Brubaker，1990）。

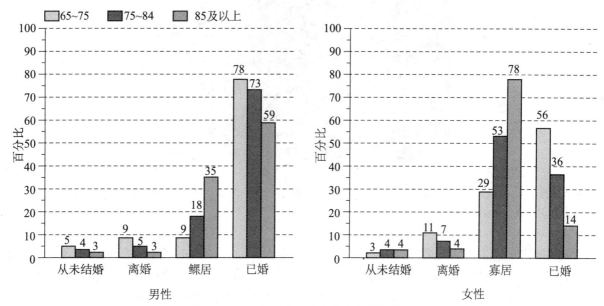

**图 18—2 美国 65 岁以上老年人的婚姻状况**

老年人的婚姻状况显著影响经济和情感的健康，比男性更多的女性孀居，可能缺乏经济和情感的支持，甚至在 85 岁以上的老年人中，男性比女性更多结婚，仅有少量的男性和女性直到老年还从未涉足婚姻。

来源：Federal Interagency Forum on Aging-Related Statistics.（2004）. *Older Americans 2004: Key indicators of well-being*. Population, p. 5. Retrieved April 18, 2005, from http://www.agingstats.gov/chartbook2004/population.pdf.

在过去几十年里，随着越来越多女性进入劳动力市场，许多夫妻面临是否同时或大约同时退休的问题（Pienta，Burr & Mutchler，1994）。一项对退休的纵向研究发现男性和女性正在经历不同的退休路径和时间，夫妻的决定是紧密相关的，而且比过去更少有可预测性和顺序性。婚姻满意度常常从主要职业中退休后转向下降，当一个配偶退休而另一个仍在工作时，婚姻质量是最受影响的（Moen，Kim & Hofmeister，2001）。那些退休后仍然做兼职工作的男性报告比彻底退休者有更高的幸福感，退休的女性常常在志愿活动中找到满足感。当两个人都退休几年的时候，婚姻质量会有所改善（Moen，Kim & Hofmeister，2001）。因为退休者寿命比以前更长，研究者在一些政策和实践中提出新的观点，例如提前退休计划、延迟退休、兼职退休、兼职工作/退休等等。

626

婚姻似乎还可以保护人们避免过于早死（Rogers，1995）。已婚人士比未婚人士更健康，在单身和社会孤立人群中，一直都有着较高的死亡率（即使对年龄、最初健康状况、吸烟、生理运动和肥胖等因素已做出调适后）。值得注意的是，尽管大众把婚姻描述为一种保护女性的状态和男性承受负担的困境，但仍然是男性从婚姻中受到最大的心理和生理益处，而并非女性（Anderson & McCulloch，1993）。例如，女性比男性更可能被丈夫称为知己，而女性通常更可能会选择成年女儿和女性朋友作为自己的知己（Antonucci，1994）。

> **思考题**
>
> 为什么已婚多年的夫妇的幸福感呈现U形曲线？对老年单身和老年夫妇的健康有怎样的研究结果？

**老年人婚姻满意度**

绝大多数老年人报告说有着自新婚以来最开心、满意的婚姻生活。许多人都说他们的婚姻在成年晚期得到改善。图中的夫妻正在庆祝他们结婚50周年。

627　　**寡妇和鳏夫**　大多数年老男性——约3/4与配偶生活在一起，但由于女性比男性长寿，寡妇要比鳏夫多得多，结果只有少于一半的老年女性与丈夫同住（见图18—3）。该统计结果呈现了世界广泛关注的独特的性别问题：（1）老年女性存在更大的生活在贫穷中的风险，尤其是在非工业化国家里，几乎没有养老金；（2）大多数偿付不起充足的医疗服务；（3）她们可能与年长子女住在一起；（4）她们处于更高的被忽视或虐待的风险中。65岁以上的老年人受此遭遇者，寡妇是鳏夫的三倍（Federal Interagency Forum on Aging-Related Statistics，2004）。

根据"健康的性和活力老化研究"的结果，老年男性（60%）比女性（几乎为40%）更多维持性活动（National Council on Aging，1998）。当老年人缺失伴侣、出现健康状况，或缺少隐私空间时，通常就不再有性活动。在该研究中，90%的调查者都确信，较高的道德品质、令人愉悦的个性特征、良好的幽默感及智力水平，是伴侣的重要品质。女性比男性更可能拥有伴侣的经济保障，也更愿意找一个有宗教信仰的伴侣，而男性更倾向找一位有吸引力且有性兴趣的伴侣（National Council on Aging, 1998）。美国老化委员会（NCOA）宣布了最新的"爱与生命：老年性的健康之道"计划，有四个主要目的：（1）教育老年人性是生活中的一个自然部分；（2）教育性无能、疾病及老化过程；（3）促使医师与老年病人之间讨论性需求；（4）为老年人进行整合式教育及组织性工作室实施培训。

**再婚和老人**　在生命晚期再婚是近来的另一种趋势，有研究结果提出，这对家庭有着很深远的影响，尤其是如果在中年或离异后再婚（Pett, Long & Gander, 1992；Shapiro, 2003）。家庭管理丧失，家庭聚会变得难以安排——与子女和孙辈之间的关系也可能会发生变化。在成年晚期离婚或丧偶通常会导致与成年子女一起居住，而且这种同住更可能是与处于次要地位且受到较少教育的母亲一起，然而，离婚的父亲与成年子女却有着较少的接触或同住一起。

另一方面，再婚可以改善老年人的自尊及其与成年子女之间的关系（Shapiro, 2003）。在美国65 岁以上的老年人中每年几乎有 50 万再婚（U. S. Department of Health and Human Sernces, 1998）。更多的人正在进入老年期——这样的话，就可能会发生更多再婚。随着越来越长寿及晚年的再婚，那些目前正处于中年的人可能感到应对几个群体负起责任：（外）祖父母、父母、子女、（外）孙子女、配偶父母（公婆、岳父母）、继子女、继父母等，而代际的研究已经证明，成年子女（尤其是女性）会感觉对老年父母要负起责任，却很少将这种责任感扩展到由于再婚而产生的继父母身上。事实上，当继子女成年后形成继养关系时，人们一般认为这些成年继子女没有责任帮助他们的继父母（Coleman, & Ganong, 2004；Shapiro, 2003）。

628

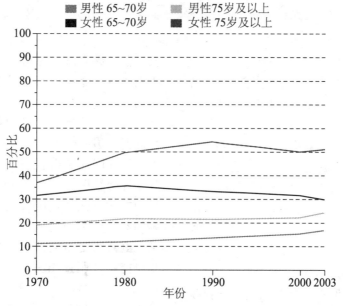

图 18—3　根据年龄和性别划分的 65 岁以上独居人口（1970—2003 年）

随着年龄的增长，守寡的比例也在上升，75 岁以上的老年女性越来越多地处于独居状态，而老年男性独居的比例却小得多，独居的老年人更可能生活贫困。这样的研究结果对社会政策、服务供应及维持独立生活的能力有着很重要的影响。

人口出处：这些数据是指城市的非集体户人口。

来源：Federal Interagency Forum on Aging-Related Statistics. （2004）. *Older Americans* 2004: *Key indicators of well-being*. Population, p. 9. Retrieved April 18, 2005, form http: //www. aging-stats. gov/chartbook2004/population. pdf.

## 单身

保持单身的老人倾向于比已婚的老人有更多的情绪和生理病变。这似乎是因为已婚意味着有持续的陪伴关系，配偶通常可以提供人际亲密性、滋养、情绪的满足及支撑和应对生活中的骚动与压力（Venkatraman，1995）。一项与婚姻状况和幸福感有关的针对 17 个国家的研究发现，高水平的个人健康、经济支撑、生理健康与社会整合有关（Stack & Eshleman，1998）。

代际社会支持的研究证实，人们总是更可能将父母或子女列为关键人际网络的成员。对于从未结婚也没有子女的单身来说，到了老年可能会失去有意义的社会网络，如果是已婚而又离婚的话，他们的社会网络是不稳定的。如前所提到的，即便排除年龄、最初健康状况、吸烟、运动、肥胖等因素，单身和与社会隔离的人的死亡率仍旧较高（Pillemer & Suitor，1998）。男性尤其易受到社会孤离的影响，这可能会导致他们更高的自杀率。但是老年女性通常会和其他女性或家庭成员建立社会支持网络。随着离婚、晚年丧偶所造成的单身逐渐增多，再婚也随之增加，这又会产生出许多继父母、继子女关系。这种新的家庭结构会给成年子女制造出更多压力和更不稳定的代际关系。

> **思考题**
>
> 男性还是女性在晚年更容易丧偶？丧偶的老年人倾向再婚还是保持单身？

## 老年女同性恋和男同性恋

老年的女同性恋、男同性恋、双性恋者已经被消极的刻板印象定型为孤独的、孤离的、痛苦的。然而，在老年男性和女性同性恋的自我报告调查发现，他们适应得很好，并且已经建立起社会网络，尽管他们比异性恋者更可能独自生活而没有伴侣，不过他们在家庭之外有着更强的社会网络（Cahill，South & Spade，2000）。在过去人们错误地相信，老年男女同性恋通常过着孤独的生活。Berger（1996）报告说男同性恋倾向于建立朋友网络——可能是由于家庭的拒绝所致，这些朋友网络会帮助男同性恋者应对以后的老化（Peacock，2000）。一项研究发现，朋友和熟人会提供社会化的支持，而父母、兄弟姐妹和其他的亲戚则会提供情感支持。那些报告说获得更多支持的人倾向于感觉到更少的孤独，而那些与家庭伴侣生活在一起的人不仅会有较少的孤独感，还比那些独自生活的人更加积极地评估他们的身体和心理健康（Grossman，D'Augelli & Hershberger，2000）。Quam 和 Whitford（1992）研究了老年男女同性恋并发现，那些在同性恋社区里维持高水平卷入者，有更高水平的生活满意度和老化进程接纳度。

发展中的历史事件的影响，造就了不同女同性恋群、男同性恋群及双性恋者（Slater，1995），例如以往同性恋群被社会学家所漠视，然而，现在同性恋社区为了公民的权利和能够受到法律保护而抗争，例如，民事联姻，并且会继续为了婚姻的益处而结婚的权利作战。男女同性恋者似乎从家庭获得更多支持，但是女同性恋比男同性恋更可能被"驱逐出去"（Solomon，Rothblum & Balsam，2004）。一项研究查看了经济上的劣势，这种劣势来自于当男同性恋、女同性恋或双性

> **思考题**
>
> 总的来说，男女同性恋者如何评价他们的生活满意度？什么样的因素会影响他们的健康？有子女或无子女？

的伴侣死后而没有合法的地位，例如，虽然被要求纳税，尚存活的伴侣却没有权利领取社会安全保障金，要像 401K 或者 IRAs（合法的已婚配偶不需要）为退休计划而付税，即使共同拥有也要被索取遗产房产税（Bennett & Gates，2004）。研究者继续调查影响男同性恋、女同性恋、双性恋和跨越性别的老年人的多方面的政策（Quam，2004）。

## 有子女或无子女

绝大多数人认为老年人是孤独的、被家庭和其他有意义的社会所孤立，这种观点是错误的（Hannson & Carpenter，1994）。此外，老年人常常与成年子女互相帮助，既作为提供者又是接受者。老年人常常会帮助子女照料孙辈或扮演其他家庭角色，而成年子女则会帮父母做繁重的家务、购物、进行烦琐的调解及解决父母出行问题等。在美国的中产阶级中，尚在人世的父母在改善成年子女的生活标准方面扮演很重要的角色。例如，经济学家已经估算出约有 1/4 的购房者会接受来自父母或其他亲人的帮助（Zachary，1995）。

此外，约有 80% 的老年人由家人照料，尤其是对于少数民族来说。尽管现代社会出现大量的变迁（地理迁徙增加、离婚、女性进入劳动力市场），这被许多人认为减弱了代际的家庭内聚力，然而成年子女尤其是女儿，仍然是父母重要支持的主要来源（Silverstein，Parrott & Bengtson，1995）。值得注意的是，美国的老年人比他们的成年子女更不认为，当老年父母不再有能力照顾自己时，最好的解决方法是移去与子女一起居住，因为他们很看重自己的隐私和独立性（Cherlin & Furstenberg，1986；Cicirelli，1992），那些有成年子女的老年人希望子女住在他们附近，但并非住在一起，这种距离被心理学家称为"亲密的距离"。总之，老年人并不像通常所认为的那样远离亲戚和友谊（Aldous，1987）。

## 祖父母和曾祖父母

儿童心理学家强调，儿童与祖父母能够花费时间相互陪伴在一起的话，他们都会感到更幸福（Smith，1991）。然而，在 20 世纪初，存活的祖父母已经较少。现在随着成年人寿命的增加，越来越多的儿童或成年人与祖父母、继祖父母及曾祖父母生活在一起。目前在美国，祖父母平均有 5～6 个孙子女。如今的祖父母身体比过去健康、活跃，并拥有较好的教育、钱财和闲暇时间（Szinovacz，1998）。

在 2002 年，大约有 130 万 18 岁以下的儿童与他们的祖父母生活在一起（Fields，2003）。美国 2002 年的儿童总数中，有 5% 与祖父母住在一起，这些儿童中有 45% 也与自己的母亲生活在一起，而有 35% 的儿童则没有与父母住在一起（"Grandchildren Living in the Home of Their Grandparents"，2005）。大多数祖父母身份现在被看作生命的连续阶段而非重叠阶段。在过去，人们常常在成为祖父母之后还要继续养育他们最小的子女，而如今，最小的子女通常在父母当上祖父母之前就离开了家（U. S. Bureau of the Census，2004i）。然而，许多中老年妇女持续工作，而不会花费全部时间来照顾婴儿。在世纪之交时，曾祖父母比祖父母显得更常见。

在过去几十年的另一个趋势是大约有 25% 的祖父母将会成为继祖父母，这是由于自己或子女离婚而形成的（Szinovacz，1998），由包括子女在内的多样化离婚创造出了更为复杂的家庭结构，也变得更为普遍。总的来说，有 3% 的祖父母与孙子女同住，而几乎有 5% 的祖父母三代以上同住，因此如今的祖父母经历更多生命转折，大多祖父母也比过去扮演更多角色（Szinovacz，1998）。那些拥有 40 岁以上子女的人群中几乎有 95% 已经成为祖父母。现代家庭中有 80% 包括三代，16% 是四世同堂（Szinovacz，1998）。

**美国越来越多的幼儿被祖父母抚养**

在当前美国的许多家庭中，祖父母在养育孙子女方面扮演着很重要的角色。事实上，在许多情况下，祖父母承担着看管的父母或监管人的角色。

尽管对祖父母存在这些刻板印象，研究者还是提出了祖父母履行角色的方式大不相同（Silverstein & Marenco, 2001），这很大程度上依赖于他们的年龄和健康、种族和民族背景以及地理距离。有些情况下，由于死亡、离婚、再婚、其他形式的家庭分裂，祖父母被迫要在他们的孙子女和继孙子女的生活中扮演更为重要的角色。超过4%的祖父母也会在其父母工作时，成为孙子女的替代父母或承担主要的监管责任（Szinovacz, 1998）。Fuller-Thomson 和 Minkler（2001）指出，政府决策对提供孙子女照料的祖父母有着重大的影响，由于子女因药物滥用、犯罪而堕落，使无数老年人必须担起责任拯救孙子女，他们也发现孙子女已经成为很大的压力源（Hayslip & Kaminski, 2005）。美国退休人士协会（AARP）在他们的网站上，为那些需要监管孙子女的祖父母们提供专门的资源（参见本章后面的"网络资源"）。因此，

虽然有些祖父母在情感上或距离上保持疏离，但是大多数还是与孙子女保持紧密关系（Jendrek, 1993）。

在当代社会，祖父母与孙子女之间最普通的关系是伙伴关系，在这种关系里，祖孙两代之间是重要的好伙伴。祖父母可能会与他们的孙辈一起玩耍、开玩笑、看电视，但是他们不会降低对孙辈的严格要求。同时祖父母也需要自由和满足——在他们高兴时度过他们的闲暇时间，不过也会与孙辈保持亲近但又不是时时刻刻的紧密联系（Hayslip et al., 1998; Smolowe, 1990）。已有研究检视了与祖父母的抑郁相关的代理父母角色的作用（Szinovacz, 1999）。

尽管祖父母的角色对不同的人有着不同的意义，但有些主题还是会被重现：对于许多个体来说，祖父母的身份是生物革新或连续的来源。成为祖父母会逐渐培养一种自我和家庭在未来的延伸感，也常常是一种情感自我满足的来源。通常在早期缺乏亲子关系的祖父母和孙子女之间，会产生同伴友谊和满足感。近来一项对养育孙子女的非洲裔祖父母的研究发现，非洲裔祖母尤其在情感上是脆弱的，大部分（80%）生活在贫困线以下，需要更多的关注（Minkler & Fuller-Thomson, 2005）。Szinovacz（1998）根据不同的种族、民族和性别身份进行了一项全国性调查，绘制出了祖父母的人口统计学轮廓，探索了祖父母的多重身份，如代理父母、祖父母扮演的其他角色以及继祖父母。总之，该研究建议以前对祖父母身份的描述需要更新以便来反映当前的关系。

**思考题**

20世纪，祖父母的角色在哪些方面需要重新定义？祖孙之间是如何从彼此的关系中受益的？

**成为祖父母或曾祖父母**

　　无论什么文化，祖父母和曾祖父母对他们的孙子女而言都是很重要的成长资源，他们能够从一起度过的时光中收获心理满足感。

## 兄弟姐妹

　　人们通常拥有的最持久的关系就是兄弟姐妹之间的关系，兄弟姐妹通常在老年人的生活中扮演重要的角色（Cicirelli，2001；Connidis & Campbell，2001；White，2001）。他们是家庭历史的延续，在其他家庭关系中是罕见的——而兄弟姐妹也可能是原来家庭中唯一存在的成员。共享家庭历史不断地提供着相互作用的根基，这种作用还提供同伴友谊和支持性网络，还可以为老年人的家庭事件回忆录提供证据。随着逐渐步入老年，许多兄弟姐妹报告说他们更多地为彼此着想，并发现彼此的接纳度、陪伴及亲密程度都加深了，住得越近则接触也越频繁，对于很少或没有子女的人们而言，兄弟姐妹是尤其重要的关系（Conni-dis & Campbell，2001）。目前已经确认五种类型的兄弟姐妹关系，从近到远为：情趣相投的、忠诚的、亲密的、冷漠的与敌对的（Gold，Woodbury & George，1990），大多数老年人表示与兄弟姐妹维持着情趣相投和忠诚的关系。姐妹关系常常是最强的兄弟姐妹关系，接着是姐弟或兄妹关系以及兄弟关系（Cicirelli，2001）。

### 思考题

　　有没有子女、孙子女及兄弟姐妹会如何影响老年人的情感幸福？

**兄弟姐妹与社会支持**

我们正常拥有最长久的关系是能够提供家庭历史延续而在其他家庭关系中并不常见的兄弟姐妹关系。共享家庭历史不断地提供相互作用的根基，来供给亲密、陪伴和支持性网络及帮助老年人对家庭事件的回忆。

 ## 社会和文化支持

大量科学研究的结果都支持这样的观点：频繁的社会接触与保持良好的健康、提升应对能力及更高的生活满意度有关（Cavanaugh，1998a；Matthews，1998）。一个有效的社会网络对于压力、疾病及老化是必须的——并且包括情感支持和实践需要的帮助。的确，正如学者 Herbert Benson 所说，"我们与其他人接触的需要是至关重要的"（Matthews，1998，p. 250）。

### 友谊

总体上来，说朋友对于老年人而言比子孙更重要且更令人满意（Antonucci，Okorodudu & Akiyama，2003；Cavanaugh，1998a）。事实上，有研究提出，与亲人生活在一起的单身老年人比独居的老年人有着更大的孤独感。与女儿同住的老年寡妇如果很少和同龄人接触的话，就会感到非常孤独。作为人类的各方面事务，个体与他人充分或者不充分的接触之间存在很大差异。生理受损的老年人很少有机会与朋友接触，这会导致更多的社会隔离和孤独感（Adams，Blieszner & Vries，2000）。

孤独不一定是由孤单引起的，在别人都在的时候仍然可能会感到很孤独。例如，住在养老院的人们常常抱怨很孤独，即使他们经常被人群环绕着，不过这只是表面上的相互接触。孤独是"意识到与其他个体或群体有意义融合的缺失，被排除在别人参与的机会和奖励系统之外的一种意识"（Busse & Pfeiffer，1969，p. 188）。

通常，关系的质量比接触的频率更重要（Field et al.，1993）。总的来说，在老年人中间，

632

维持一种有意义的、稳定的关系比一种高水平的社会接触会更紧密关系到良好的心理健康和较高的信念。自信作为一种抗拒在媚居和退休时逐渐消失的社会关系及联系的缓冲器而起作用（Sug-isawa, Liang & Liu, 1994）。对于老年人而言，与朋友的接触比与成年子女的接触会产生更强的社交幸福感（Pinquart & Soerensen, 2000）。

## 退休/就业

退休是相对近期的一种观念。事实上，我们今天理解的退休并不存在于美国工业化之前的社会——也不存在于今天的有些社会。以前的老年人并不会在主流职业中兼职，而且生命预期也很短。在 1900 年，美国男性的平均寿命是 47 岁，退休之后大约只能度过生命时程的 3%，而如今美国人的平均寿命是 77 岁，退休之后平均还能再活超过十年，或者说至少占生命全程的 13%。65 岁以上就业的男性比例从 1900 年的 68% 下降到 1940 年的 42%，到 2003 年大约只有 18%。不过 2003 年，65 岁以上的工人几乎有 500 万（见表 18—1）。

然而，退休已经逐渐成为一个模棱两可的字眼，因为它是一个频繁的过渡过程，指一个人离开一项"职业"而从事其他有偿活动，或者在完全离开劳动市场之前实现自我受雇（Karoly & Zissimopoulos, 2004）。近来，55 岁以上的男性劳动参与比例已经趋于稳定化且有微量增长。55 岁以上的女性参与劳动的比例自从 20 世纪 60 年代以来，一直在稳步上升（Federal Interagency Forum on Aging-Related Statistics, 2004）。美国大约 20% 的自我受雇者是 65 岁以上的老年人，而且男性多于女性（Karoly & Zissimopoulos, 2004）。

大约 3/4 的男性和超过 4/5 的女性退休于社会保障体系的公司或者公共事业单位（如警察工作或教学），在 65 岁之前便离开自己的工作。在 60 岁之前退休，可以享用很高的早退抚恤金（Boss, 1998）。在政府部门，几乎 2/3 的人在 62 岁之前退休，在 60～62 岁退休的工人预期还能活 15～20 年。女性常常在养育子女时离开工厂或做兼职，之后不得不重新进入劳动力市场，继续工作到成年晚期来弥补收入的损失而得到养老金。退休在美国男性和女性生活中成为一项意义越来越重大的复杂决定（见表 18—1）。

633

**友谊**

通常老年人退休后不再像年轻时那样需要养育子女，他们有着与年轻时不同的生活常规和活动。时间的易得性提供了重构老年友谊或交新朋友的机会。朋友常常比子孙更重要、更令老年人满意。随着逐渐变老，生理或认知逐渐受损或减少与朋友的互动。这些 BINGO 朋友相聚在七八十岁的时候。

**表 18—1** 美国老年人继续进入劳动力市场（2004 年）

在 55～64 岁者，大约 62% 做兼职；对于那些 65 岁以上者，大约 14% 做全职——预期到 2014 年增加到 20%；对于 75 岁以上者，6% 还在继续工作——预期到 2014 年增加到 10%。许多人从以前的全职过渡到兼职，有的人还开始了新的事业征程。

| 年龄群 | 劳动力百分比 |
| --- | --- |
| 55～64 岁 | 62 |
| 65～74 岁 | 22 |
| 75 岁以上 | 6 |

**坚持工作**

这位 90 岁的老年妇女仍然靠自己工作来补充她的社会保险收益。一位宾夕法尼亚大学的教授近来在 104 岁时退休了。

来源：Toossi, Mitra. （2005, November）. Labor force projections to 2014: Retiring boomers. *Monthly Labor Review*, 128 (11), 25-44.

退休后的老年人要么迅速地返回到工作岗位，要么根本就不再就业。一项对于退休工人（50～64 岁）未来打算的调查发现，有超过 2/3 的被调查者计划退休后从事有偿工作（D. Smith, 2000）。此外，自我受雇的比例开始在中老年人群中呈现上升趋势（Karoly & Zissimopoulos, 2004）。越来越长的寿命和更好的健康状况也会使工人们在他们目前的工作领域内，继续工作而超过传统的退休年龄，而有人则试图实现那些被推迟的梦想工作（Sherrid, 2000）。55 岁以上的退休男性中大约有 1/3 重返工厂。自我受雇、专业人士、销售商、农场劳动者都有着更高的平均再就业率（Karoly & Zissimopoulos, 2004）。但是这些大量再就业的人群在退休的第一年会这样做，在第二年、第三年则只有 18% 会再就业，大约有 2/3 的人退休后的职业是全职工作（Boss, 1998）。在老年，自我受雇可能是一种局部退休的形式，能够提供更高的满意度，在时间上也更灵活，获得可以调整社会保障体系限度的薪酬（Karoly & Zissimopoulos, 2004）。

**非自愿退休**　1978 年国会通过立法，颁布了禁止对绝大多数 70 岁之前的人进行强制性退休，1986 年通过了很大程度上废止在任何年龄强迫退休的法令。许多美国人视强迫工人退休的做法是对基本人权的限制。1978 年之前，大约有一半的美国雇用者执行在 65 岁时退休的政策。商业机构像美国商业总会等组织支持强迫退休，他们争辩说，取消强制性退休制度可能会严重中断公司的全体员工及养老金计划，也会阻止年轻人的进步和发展。然而考虑到这一代的人口统计数字，这些担忧并不会在未来实现。现在正要达到退休年龄的婴儿潮世代，可能会填满下一代需求量小得多的多余工作岗位，尽管婴儿潮世代大约有 7 700 万人，而 X 世代则仅有 4 400 万人。然而，由于许多产业（尤其是矿业和制造业）的高失业状态，还要应对裁员或难以寻找新工作，许多年龄较大的工人选择提早退休。还有一些情况是年龄较大的工人已经被挤出就业市场，或公司提供特殊刺激措施给他们以便给年轻人留出空间。同时，有些公司意识到年龄较大的工人是一笔有价值的财富——尤其是考虑到未来劳动力短缺的情形，为了满足继续维持这些工人的需要，一些研究者正在调查能够满足这些需要的工作设计和管理模式（Griffiths，1999）。

当代的雇用者尽管常常对老员工的工作习惯很满意，但是他们仍然隐藏着许多消极态度，因为担心健康保险费用太高，以及老员工缺乏新的技术经验，如电脑、机器人、电子通信等。表面上，指望老员工来弥补劳动力短缺的商业部门可能不得不提供相当多的经济诱惑来吸引他们不要退休——不过与薪酬或其他工作益处相比，许多人更重视时间自由及独立性（Parnes & Summers，1994）。一项 AARP 的调查显示，有 80% 的婴儿潮世代相信自己在退休期间，至少会从事兼职工作，有超过 1/3 的人希望是为兴趣及享受而继续工作，也有 1/4 的人觉得他们需要的是钱（Sherrid，2000）。

**退休满意度**　根据西方规范，人们根据自己的工作角色而与较大的社会融合。工作被看作自我认同及自尊的重要方面，可以提供给人们许多个人满意度、有意义的同伴关系及创造的机会——总之，是保持持久生活满意度的基础。退休后这些满意度的丧失，传统上被视为很有压力并导致老年人产生一些重大问题（Mowsesian，1987）。

近年来关于退休的消极观点已经受到挑战，不管是视为过渡期还是一个人生阶段，可能仅有 1/3 的美国人发现退休很有压力（Bosse，1998；Midanik et al.，1995）。随着在劳动市场停留越来越久的趋势——可能是兼职工作或在家工作——逐渐增加产生新的冒险行为的能力，使老龄工人绕过无用和缺乏刺激的感觉。一项对 5 000 名男性为对象的纵向调查发现，绝大多数由于健康之外的其他原因而退休的男性，是很"乐于"退休的，而如果不得不正常退休的话，他们也会选择在相同的年龄退休。仅有大约 13% 的白人和 17% 的黑人说，如果能够再选择一次，他们会选择较晚退休。

几项研究检视了退休对婚姻的影响。一项研究发现，妻子仍然在工作及在婚姻决策中更具影响力的退休男性感到较不满意。与此相似，丈夫仍然在工作及在婚姻决策中更具影响力的退休女性也感到较不满意（Szinovacz，2005）。另一项研究检视了与退休相关的婚姻冲突，结果发现这种过渡到退休的影响比先前所设想的较不明显（Davey & Szinovacz，2004）。不过另一项研究却发现过渡到退休和配偶的残障会导致抑郁症，还发现了与这些因素相关的性别差异。那些感觉退休太早或者是被迫退休的女性会感到更加抑郁，而同样的影响却并没有发生在男性身上（Szinovacz & Davey，2004）。

值得一提的是，越来越多的退休者重返校园，希望保持精力旺盛的老者常常作为一名旁听生参加大学课程。2004 年，这种听众的数量是前五年的两倍，因为旁听课程需要的增加，一些学院和大学已经规定了旁听生的数量上限。有的大学，像哈佛大学，不允许任何人旁听大学课程。另一方面，有的大学则包容旁听生，认为这是在社区和潜在的投资者视角下来提升自己形象的行为。有的大学提供专门的退休学习机构，比较适合年长者。从消费者的观点来看，年长者可能会为他们的孙子女推荐特别的大学，许多退休社区鼓吹他们要接近校园，这是一种令人舒适的资源（Bernstein，2004）。

社会科学家越来越意识到，退休前的生活方式和计划在退休满意度中扮演很重要的角色（Boss，1998）。积极应对退休、为人生的这个阶段制订具体而真实的计划与调整适应退休相关。总体上，自愿退休者比被迫提前退休者在退休后，更可能拥有积极的态度和较高的满意度。然而，其他并不总是可控的因素也会影响退休满意度。总之，那些有更好的健康和更高的社会经济地位的人，似乎可以更好地调整好自己来适应退休。

**思考题**

是否大多数退休者发现生活是充满压力的？哪种老年人最可能对退休不满意？

## 生活安排的变化

生活安排的变化，对老年人来说是一个重要的生活事件（VandenBos，1998），老年人的生活安排也会由于种族、性别和民族而存在差异（见图18—4）（Federal Interagency Forum on Aging -Related Statistics，2004）。丧偶的老年亚裔和西班牙裔男性和女性都更可能与家人住在一起，与老年女性相比，老年男性更可能与配偶同住，而老年女性则更可能孀居或独自居住，单身黑人男性也更可能独居。值得注意的是，仅有很少比例的老年人不与亲人住在一起而住在一些照护机构里。

几种因素可能促成美国老年人生活安排的变化，包括退休、经济状况改变、配偶死亡、再婚、体力下降或精力衰退等。潜在的生活安排包括：独自在家居住、由于再婚而搬到新居、靠协助生活服务居住在家、与可以进行日护的子女住在一起、机构照护、退休社区、团体之家、社区避难所、成人寄养照顾，或无家可归。大多数老年人更喜欢尽可能久地留在自己家里过着独立生活（VandenBos，1998）。

**独居与协助生活服务**　65岁以上的美国老年人有将近1 000万人独自居住，但是有200万人表明没有人能够提供他们需要的帮助（见图18—4）。住在家里的人中80％是女性，而85岁以上者几乎有一半独自居住（Profile of Older Americans，2001）。大量的老年人现在被更加舒适地照顾且经济上更加宽裕，还有上门服务护士、社会工作者、上门送餐服务志愿者的帮助，但是许多老年人却缺少照看者。美国目前正紧缺家庭健康帮助者，劳动部把它列为接下来十年需求最大的工作（Horrigan，2004）。依据这种情况，家庭医护帮助可能会在以下项目中有用：医疗保险、医疗补助、美国老年人法案及社会保障第20项。

绝大多数老年人因为虚弱、疾病、寡居、破坏的邻里关系、犯罪、乡村隔离而害怕被迫离开自己的家，或者害怕依赖别人。一项关于美国百岁老年人的报告指出，这些极老者害怕失去独立性而回避户口调查人员以及医师。虽然如今在老化领域内的哲学将会提升独立性，许多老年人最终还是会出现使他们不能安全留在家里的健康损害或认知问题。丹麦已经拥有基于家庭及社区的领先系统（Stuart & Weinrich，2001）。

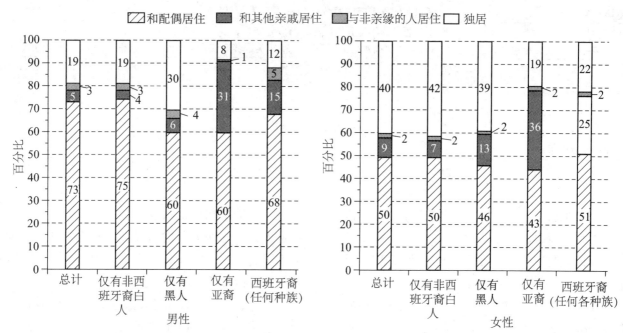

图 18—4　65 岁以上老年人的生活安排（2003 年）

　　老年男性比老年女性更可能与配偶居住在一起，而后者更可能是孀居的。孀居或者单身的亚裔会比西班牙裔女性更可能与其他亲戚住在一起。孀居的非西班牙裔白人女性和黑人女性，独居的比例很高。很少有老年人与非亲缘的人居住在一起——也就是说，依靠公共机构的照料。

　　注：与其他亲戚生活在一起表明配偶已经不在；与其他非亲缘的人生活在一起表明配偶已经不在，也没有其他亲人。"仅有非西班牙裔白人"通常是指那些报告是白人而非其他民族又不是西班牙裔的人；"仅有黑人"被用来指那些报告是黑人或非洲裔而非其他民族的人；"仅有亚裔"被用来指那些报告民族为亚洲的人。该报告中的单一民族人口并不能暗含着呈现或分析数据的更优方法，美国人口普查局使用了各种方法。参考人口：这些数据是指城市的非集体户人口。

　　来源：Federal Interagency Forum on Aging-Related Statistics.（2004）. *Older Americans* 2004：*Key indicators of well-being*. Retrieved April 18，2005，from http：//www. agingstats. gov/chartbook2004/population. pdf.

　　**与子女同住和成人日护**　对于与亲人同住的老年人来说，老年日护中心为忙碌的家庭成员提供休息及工作或追赶任务的机会。**成人日护**包括长期对生活在社区的老年人提供支持照顾，提供交通、健康、社会支持服务，几个小时或每天来进行社会化、娱乐、营养及专业监护，这视需要而定。一些身体患有严重疾病或患有痴呆的少数民族老年人，仍然期待与成年子女住在一起，他们的子女被预期要照顾父母或祖父母，而无须从更大的社区寻找帮助，因为寻找家庭外的帮助是可耻的，或表明成年子女没有尽到孝道（参见本章专栏"人类的多样性"中的《美国西班牙裔老年人》一文），这使成年子女或孙子女产生很大的心理、情感和经济负担。

　　**公共机构的照料**　"美国养老院调查"在 1999 年执行，而最近的调查开始于 2004 年。1999 年养老院调查揭示出，在美国的 18 000 所养老院里居住着 163 万名老人（Decker，2005）。到 1999 年为止，养老院居民的年龄可能是 85 岁以上，而 75～84 岁及更小的老年人则很少入住（见表 18—2）。其他可供选择的照料机构和社区成人日护早在 20 世纪 90 年代初期就已经出现。随着婴儿潮世代这批人年龄的逐渐增长，预计需要公共机构照料的人数将会大幅增长。良好的养老院照护的费用开支是很大的，而且预期 2030 年会增长三倍，到那时，婴儿潮世代这批人的最老者将会处于 85 岁左右（Friedland & Summer，1999）。

　　每个照护环境都有其自身显著的社会氛围，有些共有的社交气氛是友善的，更趋向于独立，有些则较重视组织性，在宗教和精神背景下提供大量的服务。毫无疑问，许多机构都尽力提供给老年人适宜的照护。美国的少数民族很少进入养老院（Fride & Mehrotra，1998），列举出的原因

表 18—2                                           美国入住养老院的百分比分布（1977—1999 年）

基于美国养老院调查：在 1977—1999 年，居民的年龄分布已经显著发生变化，到 1999 年为止，几乎一半的居民是 85 岁以上的老年人，而且更可能是虚弱伤残者且需要更高水平的照料。2004 年美国养老院调查的结果应该很快能被派上用场。

| 年龄组 | 1977 | 1985 | 1999 |
| --- | --- | --- | --- |
| 85 岁以上 | 34.8 | 40.9 | 46.5 |
| 75～84 岁 | 36.0 | 34.4 | 31.8 |
| 65～74 岁 | 16.2 | 13.8 | 12.0 |
| 65 岁以下 | 13.0 | 10.9 | 9.7 |

来源：Decker，F. H.（2005）. *Nursing homes*，1977—1999：*What has changed*，*what has not*? Hyattsville，MD：National Center for Health Statistics.

不仅包括加强代际责任的文化规范，还有语言、货币与官僚障碍。

即使如此，养老院也很难被称为"家"。因为成为养老院的居民时，把自己生命的控制权转移给"整个机构"，常常会受到身体和化学药品的限制（Mor et al.，1995）。一旦住在养老院，老年人的余生典型地在身体、情绪和经济上就都依赖于该机构（Wolinsky et al.，1992）。养老院全体员工也常常会助长病人的依赖性（Baltes，Neumann & Zank，1994）。事实上，一些特征频繁地出现在养老机构中，如抑郁、无助感、加速衰退等，这部分归因于老年人对生命控制权的丧失（Zarit，Dolan & Leitsch，1998）。在这样被迫依赖的环境下，老年人会逐渐把自己视为无力的——就像是被环境暗中操纵和摆布的被动受体一样。在许多养老院里，大多数居民与别人共用一间小卧室，在一间大的铺着地毯的餐厅吃着准备好的富含碳水化合物的食物，普遍的娱乐方式是看电视。

美国有许多技术型养老院不能满足提供干净的食物的联邦标准，也没有适当或按时管理药物。养老院违规操作的审察报告很难被找到，而究竟为亲人找哪间养老院，通常都是在紧急情况下按照医院人员的推荐在几天内做出决定的。由于没有足够的时间获得做个好决定的真相，所以大多数人会选择住在距家较近的养老院，以便能够就近拜访他们所爱的人。贫穷的老年人，尤其是少数民族，常常被安置到提供较差照护的公立机构。

虚弱和残障的老年人常常被推到被动地位，

有些病人被绑在床上或轮椅上，或是基于"安静的病人是个好病人"的假设，而给老病人服用高效镇静药。而研究显示，几乎没有必要限制那些遭受精神困境或身体极度虚弱的养老院病人（Brody，1994c）。大多数养老院都是私人营利机构，只有 1/4 多一点是志愿非营利机构，7% 由政府来操作。现在欧洲国家正在尝试以各种方法照顾老年人（Peck，2000），例如，在 1987 年，丹麦政府宣布停止养老院建设，而偏好于协助生活安排以提供长期照护（Valins，1995）。

职员人数不足及缺乏一直是许多养老院的主要问题。这些养老院通常雇用几乎没受过教育的、极少技术（有时还有犯罪记录）的人来做助手、清洁工、工友、厨工等，因为这些工作被认为是没有吸引力的、收入低的，且相当有压力。由于要帮助许多痴呆或多重照护需要的老年人，这些人可能不会对他们的工作很投入，反而有可能会虐待病人（Zarit，Dolan & Leitsch，1998）。

随着美国养老院产业的逐渐发展，养老院已经演变成各种理由的最后藏身所。它们被用来安置需要高强度照护的末期绝症患者、需要短暂休养的恢复病人、缺乏社会和经济来源必须住在社区里的虚弱老人。因此，养老院居民在身体障碍及心智混乱程度上有很大的差异。越来越多的老年人与子女正考虑选择协助生活方式来取代养老院。协助生活为住在个人公寓里的老年人提供较大的私人空间，员工还会提供必要的照顾。Shapiro（2001）提到，美国当前大约有 80 万人接受协助生活方式服务。

637

政府的法规已经让养老院变成小型医院的角色（Winslow，1990），它们所提供的生活质量很大程度上受限于医疗保险、医疗资助及各州执照标准等官僚规定。即使长期患病者进入养老院后，还是要继续"病人的角色"，长期过着没有功效的、丧失独立性和自主性的生活（Cohn & Sugar，1991）。当选择养老院时，要考虑哪些因素，请参见本章专栏"进一步的发展"中的《选择养老院》一文。

**退休社区**　越来越多的退休社区在中产阶级及健康良好的老年人中发展起来，尤其是在美国温暖的南方海岸各州及西南部有高尔夫球场的社区。美国北部许多州的政治家开始关注那些大量离去的、曾经具有生产力且为许多社区提供了稳定税源的退休老年移民。有些退休社区被称为"拖车社区"，在那里，老年人可以承担较少的家务责任而很舒适地生活着，且能继续与那些和像他们一样的资深者一起过着充满活力的生活。有些是在巨大的高尔夫球场及其他主要建筑群的边缘建起来的城镇住宅或公寓，然而，这些社区的本质，不同于各年龄层住在一起的典型社区。有些老年人尤其怀念每天与儿童和年轻人在一起的时光。

**成年人团体社区**　越来越多的社区正在体验诸如庇护所、协助生活机构及持续照护退休社区等较新的选择，来保护那些被安置在公寓群或隔离的村舍的社区，这里能够提供诸如主要餐饮、做家务、洗衣服、交通、娱乐及健康照顾等支持性服务（Jeffrey，1995）。这类生活方式在未来十年将会变得越来越常见，因为能够在允许大多老年人维持高度的自我依赖的同时又提供了安全感和支持性服务（Zarit，Dolan & Leitsch，1998）。

---

**思考题**

对那些需要监护或照料的老年人而言，协助生活安排能提供哪些替代选择？选择养老院时应该考虑哪些因素？

---

## 老年虐待

**老年虐待**和忽视都是导致老年人产生不必要的痛苦的违法和错误的行为（Teaster，2002）。老年虐待在国际上是一个逐渐蔓延且加重的问题（Lachs & Pillemer，2004）。至于有多少老年人受虐待现在尚属未知，因为还没有统一的汇报体系，难以收集全美性的数据。然而，据估计在美国有100万～200万65岁以上的老年人受到他们的照看者的虐待（National Council on Elder Abuse，2005）。另一项研究估计65岁以上的老年人有5%～6%经历过老年虐待，因为绝大多数案情没有被报道，所以这个问题的范围有多大还鲜为人知（Teaster，2002）。

传统上认为年轻的男性虐待虚弱的老年女性的这种刻板印象是不准确的。Pillemer 和 Finkelhor（1988）发现，配偶虐待比成年子女虐待更加盛行——该研究结果得到 Teaster（2002）的全美性调查数据的证实。残障而痴呆且受到社会隔离的配偶更可能处于这种虐待或忽视的危险当中。成年保护服务是对易受伤害的成年人的首次响应，这些人可能被虐待、忽视、剥削，而不能自我保护。在有些州，卫生保健医师、牙医、律师、社会工作者、神职人员和银行家都被认定为老年虐待或剥削的报告者。老年虐待至少是我们所知道的家庭暴力的一种形式——只是因为这些通常不被报道。虐待的法律定义包括以下几点。

● 虐待：身体虐待典型地意味着有意的冲突，或允许别人故意冲突、施加于其身体上的伤害或疼痛，不仅是性虐待，还包括鞭打、踢咬、捏、烧等伤害行为，可能还包括药物的不当使用和对身体的限制。

**进一步的发展**

### 选择养老院

逐渐增多的养老院对于那些需要获得手术康复和治疗的人们来说可以提供短期的照料，而长期或永久性的居住则有更加长久的照料。由于 85 岁以上的老年人越来越多居住在养老院内，他们也需要更加熟练的日常起居照料。越来越多的养老院还为阿尔兹海默症患者提供照料。

美国人对于变老有很大的恐惧，他们担心变得虚弱、失去心智、被安排到养老院，而大多数配偶及成年子女也典型地会尽可能拖延这种安排（Montgomery & Kosloski，1994）。安置配偶或亲人进养老院对照护者和病人而言，都是很有压力的（Gaugler et al.，2000），成年子女会发现这种决定极度令人苦恼，他们通常会感觉矛盾、羞耻或内疚。一位在东岸从事公共关系的 49 岁女性，阐述了她 80 岁的妈妈遭受小中风后所带来的痛苦（Moore，1983，p. 30）：

当她很明显不能独自生活时，我们雇用每周 400 美元的全时护士，但是第一个没出现，然后我妈妈又不喜欢另一个……所以我们把她带到我的家里一段时间，但是这对于我和其他家人来说都极度困难。我们谈到了养老院，尽管她不想去，但这显然是仅有的方法。她开始待在一家最少照护的机构，但是她变得越来越烦恼，所以他们决定把她送到技术型照护机构——我没有其他选择……我很难过，她一直问："我什么时候可以离开这里回到我自己的生活中？"

显然，养老院照护的前景对于老年父母及他们的成年子女来说，可能都是硬伤。如果需要到养老院，如果可能的话，应该让即将入住的人也参与计划。做决定前应该访问好几家养老院，通常可以从社会安全局或地方照护服务机关那里获得持有执照的养老院名单。养老院通常会更喜好那些需要最少关注和照料的人，而且绝大多数好的养老院还需要列队申请。这里有许多在寻找养老院时要注意的事项：

**设备**
- 该家养老院有政府机构颁发的执照吗？最近的检查报告有效吗？
- 将病人转到医院时有什么安排？需要申请吗？
- 房间干净、相对无味及舒适吗？
- 可以在哪个时间拜访？谁是受欢迎的？
- 每个房间都有窗户吗？房间门开时是对着走廊吗？

**安全**
- 建筑物防火吗？有漏水系统吗？紧急出口有清晰的逃生指示图吗？
- 给轮椅或残障者提供坡道了吗？
- 走道够亮吗？
- 地板能够防滑吗？安全吗？
- 有扶手吗？包括在浴室里。

**员工**
- 医生或登记护士随叫随到吗？
- 提供什么样的牙科医疗？
- 员工对问题有耐心吗？乐意让访客参观吗？
- 有合格的治疗师进行身体治疗计划吗？
- 大部分病人是否下床梳洗？（如果你看到许多病人的身体受限于床上或椅子上，或者看来很镇静时，就应产生怀疑。）
- 楼层里的全体员工确实是在协助养老院的居民吗？

### 活动

● 该机构安排娱乐活动吗？

● 大厅的秩序好吗？当天气允许时，病人被鼓励到户外活动吗？

● 在机构外和社区里有活动日程吗？

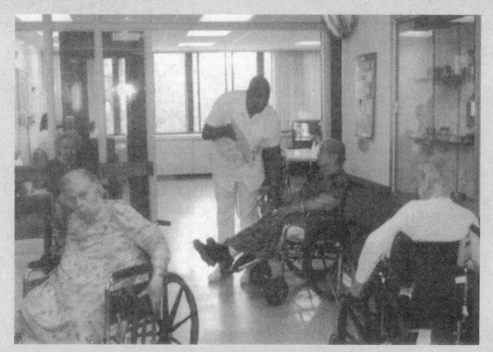

**养老院照料**

更多的居民是 85 岁以上者，较虚弱且受到较多伤害——他们需要高水平的照料。

639

### 食物

● 餐饭足够且让人有胃口吗？温度合适吗？

● 是由营养师来准备菜单吗？

● 菜单被贴出来了吗？真的就是所描述的饭菜吗？

● 如果有位居民没吃饭，会有人注意到吗？

● 对于难以自己进食的人，能提供什么服务？

● 对于需要特殊饮食的病人，有何安排？

### 气氛

● 病人在接电话、家人拜访及穿衣时有自己的隐私吗？

● 保证不打开居民的收发信件吗？

● 病人能被允许拥有个人财物，包括家具在内吗？

● 居民可以养植物吗？

● 有可以坐下休息的户外区域吗？

● 允许养老院的居民推荐吗？他们会说些什么？

● 允许病人穿自己的衣服吗？

● 病人梳洗得好吗？如果他们不能自己洗澡，有人每天且在需要时帮他们洗澡吗？

- 如何安排病人追随自己的宗教习俗？
- 病人能感受到温暖和有尊严的对待吗？

**费用**
- 费用可以由医疗保险/医疗救助偿付吗？
- 病人自己的保险涵盖各项费用吗？
- 列出的费用全都包含在内还是洗衣、吃药、特殊看护程序需要额外产生费用？
- 需要提前付费吗？当病人离开养老院时会退款吗？

来源：Adapeted from W. Andrew Achenbaum，Perceptions of Aging in America，National Forum；*Phi Kappa Phi Journal*，78，No. 2 (Spring 1998)，30-33；and Nursing Homes：When a Loved One Needs Care，*Consumer Reports*，60（Augst 1995），518-528.

- 心理虐待：包括言语骚扰、恐吓、玷污及孤立，可能包括重复施以遗弃威胁或身体伤害。
- 忽视：包括照料者没有提供维护脆弱成年人的健康或安全所必需的物品、服务以及照护。忽视可能是重复的行为，也可能是危及一个人的身体或心理幸福的事件（Morris，1998）。
- 剥削：利用老年人来获取金钱或利益（Lachs et al.，1997）。
- 自残：当独自生活的老年人心智受损且不能照顾自己的营养、卫生、日常生活需要时，这就是自我伤害。

老年虐待和忽视的法律和报道在各州之间也是不一致的（Teaster，2002）。从将近 3 000 名 65 岁以上来自康涅狄格州的不同种族、民族和社会背景的老年人报道和证实的老年虐待中，分析到了相关的危险因素。他们发现以下危险因素和老年虐待相关：贫穷、少数民族、功能性及认知障碍、严重的认知受损、与某人（配偶或家庭成员）同住。由于绝大多数受虐待者（80%）都是与他人生活在一起，考虑到社会网络因素，独居显然与保护老年人免受虐待有关系（Lachs et al.，1997）。

**长期照护机构的老年虐待** 提供照顾者现在意识到必须防止老年虐待和忽视——因为他们对受害者有着破坏性的影响，还影响到其他居民、他们的家庭及集体道德的信心（见表 18—3）。他们也激起了公众及法律执行人员的愤怒。马萨诸塞州已经创立培训的导航计划，包括视频培训、会议和成立教育员工意识到并防止老年虐待的工作室。美国卫生保健协会（AHCA）代表全美11 000家长期照护机构，分发这些视频，游说国会根据联邦数据库及记录 CORE（刑事犯罪记录信息）的调查结果，筛选出先前悬而未决的老年虐待指控罪、偷盗及其他严重犯罪候选者。1997 年 9 月在一件为了病人权利的重要案件中，亚利桑那最高法院支持被家庭照顾者虐待的老年人，可以复原受害者的痛苦及遭遇，即使在死后（Denton v. American Family Care Corp.）（Cassens，1998）。

640

表 18—3                                                                                    老年虐待的真实报道（2000 年）

在反馈的 44 个州里，59% 的受害者是 65 岁以上的女性。此外，大量的受害者是非西班牙裔白人。真实虐待的最大数量的年龄群是 80 以上老者（占 46%）。大量的老年人虐待更多发生于家庭环境而并非公共机构环境里，而作恶之人大多是男性或配偶。

| 类别 | 百分比 |
| --- | --- |
| 自我忽视 | 41.9 |
| 身体虐待 | 20.0 |
| 照料者忽视或遗弃 | 13.2 |

续前表

| | |
|---|---|
| 其他 | 10.0 |
| 经济虐待/剥削 | 9.8 |
| 情感/语言虐待 | 8.1 |
| 性虐待 | 0.08 |

来源：Adapted from Pamela B. Teaster, *A Response to the Abuse of Vulnerable Adults*：*The* 2000 *Survey of State Adult Protective Services*. Washington, DC：The National Center on Elder Abuse, 2002, p. 28. Used by permission of the National Center on Elder Abuse, 2002, p. 28. used by permission of the National Center on Elder Abuse.

**照护者倦怠**  那些照顾有认知及功能障碍老年人的照护者——即便是自己所爱及愿意为之奉献的人，也会出现很高的"照料者倦怠"（Marks & Lambert, 1998）。女性最可能成为照护残障老年人又得不到感激的人（Marks & Lambert, 1998）。在一项研究里，有20%的照护者表示他们的工作是如此充满挫折和困难，以至于使他们害怕自己会伤害病人（Lachs et al., 1998）。Pillemer说照护者必须首先承认问题，不必感觉内疚，但是必须要寻求帮助。照护者应该说清这些问题，"我抑郁吗？""我没有办法了吗？""我恨我的亲人吗？""我否认亲人的社交活动吗？""我威胁说要送他到养老院吗？"Pillemer（Lachs et al., 1998）建议使用以下策略来应对照护压力：

● 参加能够分享同样问题的支持性团体。

● 继续你所喜欢的活动。

● 为父母身体需要寻找专业帮助。

● 从地区老化机构获得更多有关照护者耗竭的信息。

● 调查社区里的成人日护或成人暂时照护选择。

**思考题**

老年人受到什么方式的虐待？谁最可能是实施虐待者？怎样可以预防老年虐待？

## 老年社会的政策问题和主张

为了回应逐渐增多的老年人群，最初的"美国老年福利法"于1965年通过。该法令成立了老年管理局（AOA），是美国的健康和人类服务部的一个机构。这个机构倡导管理全美资深公民计划，同时也发起了老化研究和培训计划，通过地区、州和区域办公室的有效服务来教育老年人及大众。全美国有660间AOA办公室，AOA的项目帮助老年人继续待在家里，并提供机会让他们在家庭及社区通过志愿服务及就业活动来促进健康、保持活跃。提供的支持性服务包括：

● 信息及参考、外展服务、个案管理、护送和交通。

● 居家服务，诸如个人照料、做家务、家庭送餐、家庭修理。

● 社区服务，诸如老年活动中心、成人日护、老年虐待预防、集中餐会、健康提升、工作咨询及推荐、身体健康。

● 照护者服务，诸如咨询、教育及暂时照护。

1992年，将近70类美国行为科学杂志和联邦事务机构制定了一个被称为"人类重要首创"的美国研究机构来说明那些由各类老年人对我们社会提出的越来越多的挑战和机遇。1993年，起草了"生命力方案"，为研究提出四项主要的老化因素：（1）改变行为来预防对身体系统和心理健康的损害；（2）极老者的心理健康；（3）最大化维持生产能力；（4）评估心理健康和治疗心理疾病。对这些领域的研究、培训、咨询可以提高我们对这个大群体的需要的理解，来提高他们的生活质量（参见本章专栏"实践中的启迪"中有关"教授和老年医师"的内容）。另一个重大的目标是改善老年移民的生活，使他们能够与"美国本地人"的生活方式趋同。美国社会正面临对各族群和文化背景的老年人更大的尊重和照料需求。

在 2000 年，美国国会通过法律再次审定了 1965 年的"美国老年福利法之 PL89 - 73"，该法案支持像送餐服务及社区服务这类工作。美国老年福利法的五年重新授权法继续为社区服务工作计划提供资金，引导一些组织机构的建立，包括 AARP、"绿拇指"及"美国自身公民委员会"，而创造出这些组织必须满足接收基金的条件更高的经费标准。这笔账单还创造出 1.25 亿美元的"全美家庭照护者支持计划"，通过补助暂时照护费用、提供咨询、支持性团体及获取服务的相关信息来帮助那些在家照护老年人的家庭（Nather，2000）。一个需要改善的主要领域是报告老年虐待和忽视的联邦系统（Teaster，2002）。

641

### 实践中的启迪

#### 教授和老年医师（William C. Lane 博士）

我是在纽约州立大学科特兰分校的一名社会学副教授，也是 GoldenLane 协会的副主席，该协会是一个坐落在纽约 Glenmont 的老年医学咨询公司。在纽约州立大学科特兰分校，我教授很多专业的大学课程，我还在人类服务处设计和教授高年级研讨会。五年前，我与我以前的一名学生一起创办了我的咨询公司。我们一起在几个国家创建项目来为老年人和养育孙子女的祖父母们提供照料。我们做培训、策略规划、开发资料和市场计划，研究老化政策问题。

作为一名大学教授，我教学生，做学术性的思考，执行大学服务规划。我还教授老年医学领域的学生，让他们参加专业会议，进入与老年人一起工作的环境。此外，我写了手册和配套的练习材料，办培训班，做聚焦于群体的市场，研究机构和服务供应者的策略规划。我是纽约州老化协会（以前叫 SAGE）的前主席，Sigma Phi Omega，是美国老年学荣誉学会、高等教育老化协会的前任财务负责人。

我从匹兹堡州立大学（KS）获得社会学硕士学位，并且辅修心理学。我一直停留在社会学领域，被批准发展 55 岁以上者的特殊教育计划，他们在堪萨斯州的 27 个校区和 6 所社区大学工作。这就是我如何被老年医学所吸引的过程。我在堪萨斯州立大学获得博士学位，在那里我被中西部委员会批准进行老化的社会研究，这是对社会学家的一个培训项目。作为一名专业人员，我不必完成认证考试，但是社会工作者、护士及其他职业都要通过与老年人一起工作来完成认证考试。我以前的职业是一位专业爵士乐音乐人兼做会计事务。

为了能在大学环境里教学，你必须热爱与各类学生在一起工作。有的学生在大学生涯中有着很艰难的开端，不过在毕业时则做得尤其好，甚至会超过教授。你还必须注重细节，作为一名老年医学咨询者，你需要大量的职业实践。

实习对于大学生和硕士生来说都是很重要的，实习和临床实践可以帮助个体确定他们的职业生涯方向。我建议你要获取各种实习、临床和志愿机会，这样的工作能提供你对你希望从事的领域的实践机会。你要通过与专业人员一起工作学习"专业语言"。我已经从每个研究项目、服务过的每一个板块、曾经遇到的每个老年群体那里逐渐成为一名较好的教授、研究者和咨询者。

我喜欢和大学生一起工作，不过我也确实喜欢和老年人以及为这个群体服务的专业人员一起工作。我发现这些老化服务的供应者是我曾遇到的最称职的专业人员，他们对改善老年人和他们的家人的生活品质真正感兴趣，并且，随着婴儿潮世代的老化，在未来50年都不会缺少一起工作的老年对象。

许多关于未来的复杂决定提前摆在了美国人面前，婴儿潮的第一股"潮波"会出现在2011年的65岁时。公关政策制定者使用对老年社会的人口统计学的估计，来改变公关政策和法律以便为社会的集体需要做出规划。随着活得更久的人数的剧增，会出现一些特殊的挑战，包括社会安全保障项目的政府资金担保、医疗保险、医疗补助（Friedland & Summer, 1999; Rice & Fineman, 2004）。老龄的、活得更久的人将会增加个人和公众的费用——尽管婴儿潮世代比以前的任何一代都受过更多教育，有更好的个人抚恤金计划及更大的个人财富（Rice & Fineman, 2004）。

经济学家预测美国经济的增长将会影响各种关于税收结构、特殊管理、购物和服务的能力、为"灰化"人口提供大量服务的能力、与所有美国人的消费方式的选择等相关的决定。政策制定者相信，年长的工作者将不得不工作更久，工作年龄的限制将会随着社会安全保障和其他公共协助计划的资助资格而上升（Wiatrowski, 2001）。此外，这些人口统计学的变化意味着需要增加有技能的老年工人（内科医师、外科医师、护士、治疗家、药剂师、社会工作者、老年医学专业人员、老年心理学家），也需要更多的能够提供长期照护的设备和供应者（日护、家庭保健、家庭主妇服务、暂时照料、康复治疗、收容所）（Rice & Fineman, 2004），还要相信未来科学配药的医疗突破会提高卫生保健并且拓展未来的生命预期。

**续**

现在你已经看到及讨论过有关美国老年人现况的研究结果，注意到在改善我们的自身公民的寿命和提高生活质量上取得的显著进步。美国老年人的数量仅次于中国、印度而居世界第三。许多老年人都从近年来在生理及社会科学的研究中受益。似乎仅在几年前我们才首次听说"老年学"这个字眼，而现在已经有无数研究者正在研究当步入老年时，出现的长寿、老化及生活质量等问题。1998年10月，格林（John Glenn）在77岁时再次踏上太空探索世界，为美国科学家提供了前所未有的老化效应资料。他通过严苛的体能及认知测验而被选中，他在太空的研究适当地象征着人类老化的研究确实处于婴儿阶段，即天空是活在世上的老年人的极限。在我们即将得出结论的一章里，我们将会检视人生在各个年龄层几段最终的情境，以及爱人所采用的应对策略。

# 总结

## 老化的社会反应

1. 工业化社会拓展了许多人的寿命，并提供经济和社会资源让老年人过得更满意。因此，许多美国老年人在晚年有着越来越高的满意度。

2. 由于美国文化重视年轻人，绝大多数美国人想要忽视成年晚期，或是对老年存在扭曲的知觉，这些刻板印象会对老年人的自尊有着消极的影响。

3. 在老年人中，积极情感与良好的生活事件、积极的健康状况、运作能力、社会接触的可利用性及较高的教育水平有关。

## 自我概念和人格发展

4. 老年人面临着完善与失望的任务，如果先前的发展阶段进展顺利，他们会以乐观和热情来面对晚年，而那些评估自己浪费了自己生命的人则会体验到失望感。

5. Peck 强调人们从他们对退休、生病及死亡的反应中经历着改变。

6. 老年人的情感健康被描述为"明确具有游玩、工作与爱人的能力"，并获取生活满意度。这种能力在能够不消极、责怪或怨恨地处理生活中的不顺上，显得尤其重要。

7. 纽佳藤及其同事指出四种主要人格类型或特质：整合型、防御固守型、被动依赖型、分裂型。

8. 其他老年理论集中在脱离、活跃程度、社会有用性、社会交换及社会的现代化等方面。

9. 有些研究显示，一些人格层面，包括情绪智力和智慧，确实会在波蒂斯夫妇所谓"第三年纪"时有所改善，但是到"第四年纪"时会显现出下降趋势。

10. 来自周围世界的研究提出，宗教与健康之间存在治愈性的联系。

## 家庭角色：连续性和非连续性

11. 婚姻的质量各对夫妻之间存在差异，绝大多数老年丈夫和妻子都报告说，晚年有着除了新婚以外最快乐、最令人满意的婚姻。

12. 不到一半的老年女性仍然和丈夫住在一起，这项统计证实了全球大量关注的特殊的性别问题。老年女性有着更高的风险生活在贫穷中。

13. 大量老年人和子女同住，老年人并不像通常所认为的那样被亲人和友谊网络所隔离，他们可以彼此交换帮助与亲情。

14. 儿童心理学家强调，儿童与祖父母如果能够花费大量的时间相互陪伴，则双方都能从中受益。

15. 兄弟姐妹通常在老年人的生活中扮演着重要的角色，他们是家庭历史的延续，在其他家庭关系中是罕见的——而兄弟姐妹也可能是原来家庭中唯一存在的成员。

## 社会和文化支持

16. 一些研究显示，与亲人同住的单身老年人比独居感到更孤独。与女儿一家同住的老年寡妇，如果很少跟同龄的伙伴接触，可能会感到非常孤独。

17. 如今我们所理解的退休并不存在于工业化前的美国社会，也不存在于现在的有些社会。以前年龄较大的人们并不会从主流职业中退到一旁。如今有许多工人预期退休后生命还能持续 15～20 年。

18. 美国65岁以上有1 000万人独自居住，而有200万人表明如果他们需要帮助的话，没有能够提供的来源。其他的安排有与家人同住、养老院、退休社区及成年人团体社区等。

19. 据估计，65 岁以上的老年人每年有 100万～200 万遭受家庭虐待。因为大部分案例都没有引起权威的注意，所以这个问题尚属未知。推荐使用较好的联邦报道体系。

20. 美国老年人的生活质量已经得到公共政策、老年人福利法、AARP 及其他社区支持性服务的改善。然而，还需要改变一些重要的政策来提前满足老化社会的集体需要。

## 关键词

关于老化的活跃理论（617） 完善与失望（613） 关于老化的社会交换理论（617）
成人日护（635） 生命回顾（615） 带补偿的选择最优化（618）
关于老化的脱离理论（617） 现代化理论（618） 智慧（621）
老年虐待（637） 关于老化的角色退出理论（617）

## 网络资源

本章网站主要聚焦于不断变化的人口统计数据和成年晚期的生活质量。请登录网站www.mhhe.com/vzcrandell8，获取以下机构、主题和资源的最新网址：

**AARP**
**新经济状况下的老年劳动力**

**APA 方案 20：成年发展和老化**
美国老化机构
美国老年医学学会
老化研究和组织
老年照护定位
美国老化学术研究会

## 视频梗概——www.mhhe.com/vzcrandell8

在本章，你已经看到成年晚期的情感和社会性发展问题。使用 OLC（www.mhhe.com/vzcrandell8）观看成年晚期的视频来看看这些概念，尤其是祖父母身份及整合与绝望问题，是如何走进祖母的生活来反映人们的生活事件的。这段视频作为拱顶石服务于本课，可以回顾人类发展的许多阶段。别忘了通过填空和批判性思考题来测试对这些概念的知识点的掌握。

# 第十部分
# 生命的尾声

## 第 19 章　临床与死亡

　　在过去的50多年里，越来越多的美国"隐藏死亡"的实践很大程度上已经被抛弃。大量事实表明，西方社会已经"重现"死亡。在社会学、心理学、死亡学、电视资源、平装书及报纸和杂志上的专题文章的学术研究（并非完全学术），已经对该话题的方方面面进行了关注。与此同时，公开辩论已经在全美的大众传媒、政界、法律公正所、法庭及我们自己家中展开，涉及死亡权利、门诊死亡、青少年他杀和自杀、死亡处罚、自杀及死后生活。人们更加愿意讨论将死和已死，这些讨论为家庭经历更有意义的生命结束铺平了道路。我们会逐渐认同死亡是发展中的一个自然阶段，这会将我们对有意义生活的理解导向更深层次。

# 第19章
# 临床与死亡

## 概要

### 对"健康临终"的探求

- 死亡学：对死亡和临终的研究
- 争取死亡权的运动
- 临终关怀运动

### 死亡的过程

- 定义死亡
- 直面自身的死亡
- 濒死体验
- 宗教信仰
- 临终
- 死因

### 悲伤、丧亲和服丧

- 适应亲人死亡
- 丧亲过程的阶段
- 丧亲过程中的个体差异
- 寡妇和鳏夫
- 孩子的死亡

### 批判性思考

1. 如果生命的历程中必将经历出生、成长、成熟、老去和死亡，换而言之，如果死亡是人生的必然组成部分，为什么会有这么多人认为死亡是一件坏事？

2. 如果你已身患绝症，你希望医生据实相告吗？为什么？

3. 为什么安慰一个失去至爱的人会那么困难？

4. 你会签署拒绝复苏术的协议或者生存意愿书吗？为什么？

专栏

- 可利用的信息：一份生存意愿书的范本
- 进一步的发展：生命结束——谁来决定？

在一生中，每个人都独自来到这个世界，然后，通常是在许多年后，独自离开。而来去之间的时间，就是人生。我们每个人都会经常思考生与死的奥秘，每当亲人离世，每当看到媒体描绘生离死别，选择战士、警官、消防队员、医务人员、僧侣或是临终关怀的志愿者等作为职业时更是如此。

从古至今，身处不同文化中的人们都在通过冒险和"嘲弄死亡"，通过与其斗争或是写下恐惧，通过设立精巧的准备仪式、建造纪念碑等各种形式来探寻死亡的秘密。在人类发展的最后一章，我们将讨论关于死亡学的文化意识、不同文化对死亡的观念以及悲伤、宗教信仰扮演的角色、死亡的阶段，以及如何适应亲人的死亡。从某种意义上，我们可以认为，如何面对死亡是我们个体人生观的体现。

## 对"健康临终"的探求

在19世纪后期以前，美国人通常坐在临终的亲人身边和他谈话，在其死亡后为他清理干净身体，换上最好的衣服（或者婚礼礼服），安置在家里的卧室中让人探望。当地的木匠或者家具工匠会制作一个木棺材，搬到他家供人瞻仰并为葬礼做准备。死者的部分头发会被剪下并扎成手镯，让亲人留念或佩戴。没有殡仪业者为死者进行防腐处理，没有殡仪馆，也没有制作昂贵棺材的企业。其他家庭、朋友以及社区的成员可以过来表达他们对死者的尊敬，并为"守灵"带来各式各样的食物。他们会"拜访"这个家庭（因此今天的出殡之家会有"拜访时间"）。

**将死和已死的传统仪式**

一个世纪前，在西方社会，死亡是日常生活中的一个自然部分，死者的家庭都会参与。拜访者带来食物、饮料及他们先于简单木制棺木仪式的尊敬。为了哀悼死者，家属穿上两年的黑色丧服是预计中的。现在家庭的个人准备和哀伤仪式仍然普遍存于世界各个地方。

关于死者的鬼魂有许多迷信的说法——人们认为它们会逗留徘徊，所以他们赞扬死者以避免厄运或报复。为了让灵魂离开，一扇窗户打开着，没有人会挡在窗前。通常家庭成员和朋友会围绕着死者彻夜长谈，怀念他（或者她）的一生。尤其是爱尔兰人，他们会庆祝和饮酒，通常非常吵闹并可能和死者的尸体一起跳舞。临终和死亡是生命的一个自然组成部分，孩子们长大了就会逐步懂得什么是死亡。活着的家庭成员参与哀悼仪式来表示他们对死者的爱和尊重，减轻他们的悲哀，也减少对可能伤害他们的鬼魂的恐惧（Kastenbaum, 2004a）。通常寡妇或者鳏夫要身着黑衣两年。家庭成员准备葬礼，进行交流和纪念，这些仍然是世界许多地方的葬礼礼节。

20 世纪初的西方社会，照顾临终者和安排后事逐渐从家庭成员的责任中消失。通常严重的病人被丢给了医院，而高龄老人则被送去养老院度过余生。殡仪馆出现了，殡葬业者从医院运回尸体，进行防腐和美容。家庭成员不再需要操心照顾病人、清理尸体、给死者更衣等事宜。葬礼的筹备由专业的殡葬业来运作，一切都变得和个人无关，也变得更加昂贵，死亡也变成了一件眼不见心不烦的事情。时移事易，家里的"客厅"（parlors）逐渐变成了"起居室"（living rooms），意指死者不再在此地徘徊。甚至医学院也避讳临终和死亡这个课题，医生尽可能地回避和临终病人及其家属的接触，因为他们的专业誓言是维持和延长生命。如今，一些社会学家宣称美国文化是一种"否认死亡的文化"。许多美国人看重年轻、美丽、力量、体力、美容手术和防衰老。不到 25% 的人会订立遗嘱，许多人在谈论死亡时会感到不快。另一些社会学家则认为美国文化是对死亡困惑的文化——有着迄今为止已有超过 4 500 万起流产案例、死刑、工业化国家普遍存在的高谋杀率，以及安乐死合法的俄勒冈州。

死亡的到来时而悄无声息时而明目张胆，如老年痴呆和癌症，以及像艾滋病或是 SARS 这样致命的传染病。当我们听到"9.11"恐怖袭击、俄克拉何马城炸弹爆炸、哥伦比恩中学和其他学校枪击事件、反恐战争传来的死讯、破坏力难以想象的 2005 年东南亚海啸、卡特里娜和丽塔飓风以及其他类似灾难时，死亡不禁让我们举国同悲、让我们无奈屈服也促使我们开始行动。我们给予了死亡很多隐晦的别名：流产、选择性减产、死产、SIDS（婴儿猝死综合征）、死亡率、凶杀、自杀、自杀式人体炸弹袭击、天灾、路过式枪击、校园枪击、工伤死亡、致命车祸、恐怖袭击、间接伤害、友军误杀等等。

很多能引起公众记忆的仪式一直在提醒我们死亡的不可避免，如约翰·保罗二世教皇、戴安娜王妃、特丽莎修女、前总统罗纳德·里根、马丁·路德·金、约翰·肯尼迪总统等著名人物的纪念仪式。在全国巡回的艾滋病纪念拼图或是越战纪念活动经过时，整个社区的人都会参与，为上千生命的逝去悲伤。在一生中，我们大部分人都经历过某种形式的结束，如由离婚或是丧偶导致的婚姻终结；退休或辞职导致的职业生涯或是团队成员身份的终止；或是当孩子代替父母开始准备每年的感恩节的大餐时，家庭传统习惯的结束。如果没有孩子，也许我们会决定和朋友、熟人共同去社区或教堂过感恩节。

甚至我们每天的谈话都和死亡相关："我的后背疼死我了！""我尴尬得要死！""你吓死我了！"许多人每天都有死亡的危险，如警察、消防员、战士、高速公路建筑队挥旗的员工、身陷火海或者是冒着生命危险跳出大楼的特技演员、在街上买卖毒品的人、和多个性伴侣进行无保护性生活的人等等。我们的电视剧、流行的动作电影、晚间新闻和当地的报纸都用夸张的手法表现死亡，结果令其看上去并不真实。死亡和生命真正的意义从早期的《圣经》、《伊利亚特》、《奥德赛》到莎士比亚的《罗密欧与朱丽叶》、《哈姆雷特》，一直是伟大文学作品的主题。我们将死亡拟人化地称为"严酷的收割者"、"温和的慰问者"、"永远的告别"、"最后的舞蹈"、"庄重的离开"，或是"骗子"（Kastenbaum, 1997）。

最近，A&E 电视台的真人秀《家庭阴谋》展示了加利福尼亚一家太平间里员工的常规工作、死者的后事以及悲痛的家庭成员。而最近在文学作品和媒体中和死亡有关的主题有濒死体验、往生、来生、和死者交流，以及天使的存在（如《灵媒缉凶》和《天使有约》等电视连续剧）。有一些相关作品成为畅销书，包括 Ray Moody 博士的《死后重生》、Betty J. Eadie 的《被光拥抱》、Neale Donald Walsch 的《与神对话》（第一、二、三部），还有 James Van Praagh 的《与天堂对话》和《抵达天国》。尽管这些都没有实证背景，但至少刺激我们开始正视我们对死亡的观点。医学的发展已经将很多人从死亡线上抢救回来。Koerner（1997）报告说，这些人里约有 1/3，也就是 1 500 万美国人，说他们有超自然的体验，即在濒临死亡的时候看到了死后一些栩栩如生的画面。精神病学家、实验心理学家、杰出的大学校长、《前世今生》的作者 Brian L. Weiss 说，在钻研他的专业传统、保守的方面多年后，人的头脑还有好多在我们理解能力之外的现象需要科学家们继续研究。"对意识、灵魂、死亡、死后生命的延续状态的严谨的科学研究目前仍处于幼年时期"（Weiss，1988，p.11）。

## 死亡学：对死亡和临终的研究

　　在过去的30年中，公众和专家们对临终者身心体验的关注与日俱增。"带着尊严死去！"已经成为一个重要的宣传口号，公众对**死亡学**（thanatology）领域（即对死亡的研究，thanatos即希腊语中死亡的意思）的兴趣日益增加，近年来，一些对临终、死亡、悲痛和丧亲之痛等进行跨文化研究的大学研究中心已经建立，而Daniel Leviton和Robert Kastenbaum就是这方面的先行者（Strack & Feifel，2003）。最近，也就是在Kastenbaum的《死亡心理学》第一版问世30年后，这本书的第三版正式发表。死亡知情权的倡导者坚持认为控制自身死亡过程的权力是一项基本人权，他们指出，在美国，大部分在养老院或者医院度过余生的人在其晚年生活中都饱含痛苦和孤独。然而，让一个人自然死亡往往需要一个能够做出是否终止药物治疗决定的专家团队，一些专家将常规治疗和特别治疗进行了区分，认为常规的方法，如营养和氧气要维持下去，而如肾脏透析或者人工维持血液循环等特殊治疗方法在一些没有希望的病例中可以被终止。死亡尊严的倡导者坚持，过分积极的治疗，以及不惜一切代价挽救生命的规范阻碍了人们快速而自然的死亡。

　　对"健康临终"的追求使得一些死亡学家对有益的、可以接受的，或者是自己施行的死亡进行了阐述（Kastenbaum，1979，1997，2003b）。根据这一观点，仅仅是没有疼痛和创伤的死亡并不能让人满意。他认为，绝症末期的个体应该有权选择符合其一生的风格的离去方式，如浪漫的死亡、勇敢的死亡，或者是一种结合和证明个人特殊身份的死亡形式（Humphry & Clement，1998）。

650

　　总体而言，似乎越来越多的美国人开始尝试着取回对自己死亡的时间、地点和环境的控制。我们有权做出预先的指示：购买墓地，定制墓碑，执行遗嘱和订立生存意愿书等等。有些人选择离开医院在家中离世。许多人给予家人或亲密的朋友在他们自己不能动弹时帮他做出结束末期药物治疗决定的权力，在许多州，死亡尊严的倡导者已经促使草拟**生存意愿书**的相关法律得到通过，所谓的生存意愿书即一份有法律效力的文件，表明了个体在自身失去做出是否继续进行药物治疗决定能力时对待治疗的愿望（比如在末期时拒绝采用激进的疗法来延长生命，参见本章专栏"可利用的信息"中的《一份生存意愿书的范本》）。

　　1994年，肯尼迪夫人（Jacqueline Kennedy Onassis）和理查德·尼克松（Richard Nixon）都选择了拒绝本可以延长他们生命的药物治疗，他们的死亡加速了美国人死亡方式的改变（Scott，1994）。而另外一些事件，如Derek Humphry于1991年发表的《最后的离去》这本教人自杀的小册子的热卖以及对Jack Kevorkian医生"协助自杀"行为的广泛争议，表明了一些美国人希望获得更多临终时的控制权。这些人和事件使得争取死亡权的运动更为突出。和任何一个重大道德问题一样，许多人反对结束一个人的生命或者帮助别人结束其生命，这些观点的主要支持者是大部分僧侣以及生命权利运动的支持者（Smith，1997）。

## 争取死亡权的运动

"健康临终"已经成为美国社会讨论的一个焦点问题,尤其是在《纽约时报》发表了关于一个名叫 Jo Roman 的妇女的文章之后。这位 62 岁的艺术家被确诊为癌症晚期,在去世前她召集了最好的朋友举办了一个庆典,随后服用过量的药物结束了她自己的生命(Johnston,1997)。随后,Jack Kevorkian 医生开始帮助疾病末期的病人结束他们的生命。而最近关于 Terri Schindler - Schiavo 案例的争论占据了 2005 年新闻的头条。2004 年的盖洛普民意调查发现,65% 的被调查人认为当病人患上不治之症而且极度痛苦时,应该允许医生协助其自杀。(也许 Schiavo 争议的核心问题是她是脑损伤,只需要一根饲管就能生存,既没有痛苦也没有处于疾病末期。)高学历的人在仔细回顾每个个案后更倾向于支持医生协助自杀。1997 年《新闻周刊》的调查则显示,52% 的高中毕业生赞成医生协助自杀,与之相比大学毕业生的支持率是 62%。《华盛顿邮报》在 2000 年进行了类似调查,对这一行为少数民族持更消极的态度,超过 3/4 的非洲裔美国人表示了反对,而白人反对率则不到一半("Final Request",2001)。

大多数批评针对的都是现代科技在疾病末期的应用。批评家认为,我们做了太多的事情使得死亡的过程延续得太长并为之付出了太大的代价,甚至不惜牺牲最基本的人文关怀。晚期的疾病成为医院的财产,丝毫不顾及个体的自主权、忍受能力、尊严和人格。现代的医学从某种意义上已经成为末期病人的敌人而非朋友(Nuland,1994)。此外,关于停止对临终者"无效"的治疗可以成为国家医疗系统"减负"的重要措施这一观点的争论也时有发生。所谓的无效医疗,就是指"任何使医生和专家顾问都确信将来的治疗在合理的可能性下已经不可能治愈、减轻、改善或使病人恢复到能令他满意的生活状态的临床状况"(Snider & Hasson,1993,p. 1A)。

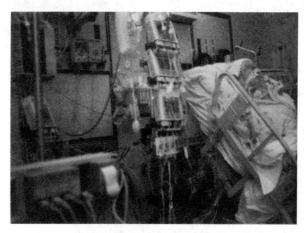

**通过额外的治疗方式延长生命**

尽管许多人声称他们不愿意自己的生命通过额外的技术方式得到延长,然而别人也没有声称他们的愿望应该在这样的环境中提升。加强照护联合(ICUs)和心脏照护联合(CCUs)通常会提供这样的额外生存方法。家庭成员通常不同意对所爱的人继续这样的额外照护。

651    **医生协助自杀(Physician - Assisted Suicide, PAS)** 对于要求医生协助自杀的呼吁并不新鲜,大多数的医生都有可能要面对这一挑战。医生们说他们不知道该选择什么医疗手段。有时,病人和家属太过烦恼和害怕,他们不会也不能说该怎么办。Cicirelli(1997)对 60~100 岁的被试进行了调查,发现有 1/3 的被访者希望家人、医生或是朋友能帮他们做出结束生命的决定。而对家人来说,这是一个进退两难的决定:我们真的要不惜一切代价挽救这个挚爱的人的生命吗?甚至是在他可能永远都不会苏醒或是恢复成那个我们所熟知的人的情况下？我们又怎么可以让我们所深爱的这个人就这么死去呢？

医生们经常会停止给已经引发了致命感染的绝症末期和老年病人使用抗生素，而担负着这一决定责任的往往是护士，她们可能在病人发烧时做出不报告医生的决定，或是通过言行影响医生放弃治疗。值得关注的是，据美国医院协会估计，美国每天发生的6 000起死亡中约有70%是按照病人、家庭成员和医生制定的时间表或是谈判结果发生的，他们达成了私人的协议，选择不尽全力治疗，让病危的病人死去（Malcolm，1990）。一项对全国范围内选取的1 900名医生进行的调查（Meier，1998）发现，在那些曾经面对病人要求协助自杀的请求的医生中，有些人承认自己已经这么做过。同时调查发现，如果协助自杀行为合法的话，会有更多医生愿意提供协助（Meier，1998）。

尽管历史上曾经有过医生帮助他们的病人结束生命的案例，但那些曾经加速过无药可救的病人死亡或是协助他们自杀的医务人员往往都会保持沉默。最近几年里，有不少医生向公众坦白他们曾经加速或协助病人死亡（Quill，1993，Snyder & Quill，2001）。然而，这种暗箱操作对病人来说是危险的，而且可能会潜在地损害一个医疗从业者的声誉。也正因为这样，许多自杀的绝症病人发现为了避免把别人扯入官司，只能选择孤独地死去。

而和新生儿相关的决定对医生来说尤为痛苦。随着接生技术的进步，大约有一半初生体重750g（1磅10盎司）的婴儿能存活下来。然而，他们患有严重生理或和心理疾病的风险非常大。另一个两难的处境是有些婴儿患有会危及其生命的并发症，如肠梗阻和心脏缺损，需要外科手术矫正。

类似的情况还有"脊髓脊膜膨出"的新生儿，这种病的症状是脊髓突出于身体之外。如果不采取手术治疗，婴儿会因为脊髓感染而死去，如果选择手术，他们往往会瘫痪，生活不能自理。所有的这些案例都需要做出复杂的生物伦理学决定：即是否要对严重残疾的婴儿采取治疗措施让他们存活下去。

美国医疗协会（AMA）1986年宣布，在病人已经永久昏迷甚至死亡已经逼近时，医生从伦理上可以停止任何延长生命的治疗手段，包括食物和水。但这只限于病人不能再醒来这点已经毋庸置疑，而且有足够的证据支持诊断的正确性的情况下。尽管这个拥有271 000名会员的协会的主张并没有成为医生的准则，但是这已经为医生停止延长生命的治疗措施开辟了道路，医生不再那么害怕因此成为被告，这一主张也能成为他们为自己辩护的依据。两个由Terri Schiavo丈夫雇用的医生声称她的昏迷已经不可逆转，然而她父母雇用的医生则认为情况并不是这样。这一诊断显得复杂且不明了。关于这类事件的争论已经扩大到艾滋病病人和老年痴呆患者的治疗中。

也许最有争议的是**安乐死**的实施，或者说是"好死"，也有人称之为"慈悲地剥夺生命"。安乐死的施行可以追溯到远古时期。被动的安乐死包括停用可以延长生命的设施让死亡自然发生。无意识的安乐死是指在病人已经被诊断为脑死亡的情况下家庭成员或是法律授权的个体决定停止治疗措施。而自愿的安乐死则是指病人授权移去医疗设施。一些人已经准备好并签署了一份法律文件，就是我们所说的"生存意愿书"，表述了签署人关于自己已经失去做决定能力时对于医疗治疗的愿望（参见本章专栏"可利用的信息"中的《一份生存意愿书的范本》）。

## 可利用的信息

### 一份生存意愿书的范本

对于我的家庭、我的医生、我的律师及其他相关人员：死亡和出生、成长、成熟、老化一样属于事实，是生命中确定的形态。如果这个时刻到了，我们将无法再继续为我们自己的未来做决

定，趁我还有意识的时候，写下这份声明表达我的愿望和指示。

如果出现这种情景，我对我的极端生理或心理障碍已经没有了对康复的合理的期待，那么，我

愿意接受死亡，不要通过药物、人工方式或者"英雄般的方法"来活着。然而，我要问的是，药物会不会加重我的病情而缩短我的余生。

这份声明是经过认真考虑后确定的，并且与我的强烈信念相一致。我想在此表达的这些愿望受到法律许可。在某种程度上他们无法按照法律实施，我希望我阐述的遗愿能够受到道义上的认可。

签名＿＿＿＿＿＿＿＿＿＿＿＿＿＿　日期＿＿＿＿＿＿＿＿＿＿＿＿＿

证人＿＿＿＿＿＿＿＿＿＿＿＿＿＿　证人＿＿＿＿＿＿＿＿＿＿＿＿＿

复本已经发送至＿＿＿＿＿＿＿＿＿＿＿＿＿＿＿＿＿＿＿＿＿＿＿＿＿＿＿

来源：From Judy Oaks & Gene Ezell, *Dying and Death: Coping, Caring, Understanding* (Scottsdale, AZ: Gorsuch Scarisbrick, 1993), p. 197. Reprinted by permission of Judy Oaks Davidson.

在澳大利亚，北领地通过了"1995 年晚期病人权利法案"，成为世界上第一个为自愿安乐死立法的州。然而在 1997 年，他们的联邦议会推翻了这一法案。2000 年，荷兰议会为安乐死立法（Howarth & Leaman, 2001）。2002 年，比利时宣布医生协助自杀的行为合法。而在美国，这种提议通常会遭到反对，唯一的例外是俄勒冈州选民在 1997 年 10 月通过的"尊严死亡法案"（Caplan, 1999）。1997—2004 年，俄勒冈健康管理处报告了 208 名居民选择使用致死的药物结束生命的案例（Niemeyer, 2005）。那些选择医生协助自杀的人往往是离婚或者从没有结婚，有更多近代教育背景，并被诊断出患有艾滋病、肌萎缩侧索硬化（ALS 或是 Lou Gehrig's disease）或是恶性肿瘤。不能自理、不能活动和没有尊严是病人做出这个选择的主要原因。

尽管俄勒冈以 51% 的赞成票通过了这一法案，反对医生协助自杀者仍然不在少数。大多数宗教团体坚持他们尊重生命权的立场。比如，罗马天主教教会正式重申了对安乐死的谴责，但是表示在这种情况下病人有权选择断开累赘且繁重的生命维持系统（Steinfels, 1992）。俄勒冈医生报告说他们更重视病人的疼痛和抑郁症状，所以更倾向于将绝症末期病人送到临终关怀医院。

就像你想的那样，这半个世纪世界各国将涌现出更多需要政府提供医疗服务或者长期居民护理的老年残疾居民。这个天文数字般的支出将是年轻一代的巨大负担。当任何一个社会已经为给老年人提供医疗而不堪重负时，他们的医疗机构（以他们法人的成本意识观点来看）是会决定结束那些卧床不起或是残疾并且不能言语（要求协助死亡）的病人的生命，还是会让他们过完一生？对患有严重疾病的新生儿实施安乐死的报道已经在荷兰、法国、英国、意大利、西班牙、德国和瑞典出现（Verhagen & Sauer, 2005）。此外荷兰已经批准对一个阿尔茨海默症早期的病人和一个痴呆患者实施安乐死。2005 年，一个荷兰的评估委员会决定他们关于安乐死的法律应该对那些"活着是受罪"的人都适用（Sheldon, 2005）。荷兰的医生提出了《格罗宁根协议》，由此一个医生和律师委员可以为婴儿和其他严重残疾者选择施行安乐死（Hewitt, 2004）。俄勒冈的死亡权运动支持者引用了荷兰的例子来支持和扩展他们的法律（Steinbock, 2005），只是不知道这条路将把他们引向何方。

在争取死亡权的运动中人们竞相提出自己的观点和态度，一方面，美国人更倾向于缩短死亡这一过程，许多人对介于生死之间，像植物人一样完全依靠生命维持系统的状态怀有深深的恐惧。伴随这些观点的是一种对痛苦的普遍惧怕和难以容忍，以及对生命的最后阶段应该在没有疼痛中度过的日益高涨的期望。医务人员通常让病人做疼痛量表来表达其疼痛程度（Leleszi & Lewandowski, 2005）（见表 19—1）。一些医生警告说，当前对病人自主权和有尊严的死去的迫切要求会导致医生和病人做出不正确的决定，他们警告说，按照病人的意愿去做是极其危险的，抑郁病患者尤其倾向于选择死亡，包括深度绝望和无助在内的精神疾病会严重影响理性决策的做出。

表 19—1　　　　　　　　　　　　　　对无法忍受的痛苦的最后求助项

| 项目 | 合法状态 | 是否符合伦理 | 决策者 |
|---|---|---|---|
| 适当加强症状管理 | 合法 | 符合 | 病人或代理人 |
| 停止或不要开始生命维持治疗 | 合法 | 符合 | 病人或代理人 |
| 睡眠到无意识减轻相互作用症状 | 合法 | 不确定 | 病人或代理人 |
| 自愿停止摄食和饮水 | 合法 | 不确定 | 仅有病人 |
| 医生帮助自杀 | 不合法（除了俄勒冈州） | 不确定 | 仅有病人 |

来源：Timothy E. Quill, "Dying and Decision Making: Evolution of End-of-Life Options," *New England Journal of Medicine*, Vol. 350, No. 20 (May 13, 2004), p. 2031. Copyright ©2004 Massachusetts Medical Society. All rights reserved.

有人认为，使对绝症末期病人施行医生协助自杀合法化只能使少数人受益，却会为其被滥用大开方便之门。事实上，一项荷兰政府委托的研究得出，每年有超过 1 000 起医生未经要求主动加速或导致病人死亡的案例（Hendin，1994）。一些伦理学家担心那些不能自己发表意见的病人——数以万计身在护理所罹患痴呆、阿尔茨海默症、帕金森和其他疾病的中老年人以及不分年龄的严重残疾者将最可能处于这一危险之中。

1983 年美国总统委员会做出了一个关于安乐死的公开声明，确认是否继续使用生命维持系统的决定通常应该由心智正常的患者做出，如果患者神志不清，则允许其家庭成员代为做出类似决定。但该委员会同时认为，就道德而言，故意结束一个病人的生命难以接受。尽管如此，当且仅当为了减轻患者的病痛这一情况，医生拥有为病人开具会加速死亡的止痛药的权利（Schmeck，1983）。一个相关的进步是关于生存意愿书的立法，这不仅避免了非人道死亡的发生，也授予了遵守病人意愿的医生和医院相关人员豁免权。最近，Linda Emanuel（1998）为那些请求进行医生协助死亡的病人提供了一个模板（见表 19—2）。她描述了评定一个病人是否有做出这一决定能力的一系列步骤，包括对抑郁水平、其他精神状态和决策能力的测量，列出了护理的目标，为病人提供足够的信息。医生和专业的同事商议随后的护理计划，撤掉所有不想要的生命维系介入，尽可能地缓解疼痛。病人最终有权要求减少营养、氧气和任何常规食物的摄入（Emanuel，1998）。

表 19—2　　需要医生帮助自杀的病人的 Emanuel 的八步法

**步骤和建议程序**

1. **评估抑郁：**
   如果是，治疗抑郁。
   如果不是，进入第 2 步。
2. **评估决策能力：**
   如果没有，则评估治疗因素；如果没有任何原因，则寻找代理人。
   如果有，进入第 3 步。
3. **进行商讨，包括提出照护计划，证实舒服和控制的形式：**
   对 PAS 的需要可能会被放弃，按照病人/代理人的讨论提供照护。
   对 PAS 的需要可能继续，进入第 4 步。
4. **建立和治疗需求的根本性因素：身体的、个人的还是社会的。安养院提供合适的照护技术：**
   需求放弃，按照病人/代理人的讨论提供照护。
   需求继续，进入第 5 步。
5. **确保对结果、风险和责任的全部信息，尝试劝阻 PAS：**
   需求放弃，按照病人/代理人的讨论提供照护。
   需求继续，进入第 6 步。
6. **需要合适的顾问或制度化委员会：**
   需求放弃，按照病人/代理人的讨论提供照护。
   需求继续，进入第 7 步。
7. **回顾目标和照护计划，支持移除非意愿的干预，提供完全舒服的照护：**
   需求放弃，按照病人/代理人的讨论提供照护。
   需求继续，进入第 8 步。
8. **减少 PAS（除了俄勒冈州）并解释原因，确认选择：**
   按照病人/代理人的讨论提供照护。

来源：Linda Emanual (1998). "Facing Requests for Physician-Assisted Suicide: Toward a Practical and Principled Clinical Skill Set," *Journal of the American Medical Association* (JAMA), Vol. 280, No. 7. Copyright© 1998 American Medical Association. All Rights Reserved.

**思考题**

美国对安乐死或医生协助自杀的立场是什么？其他国家在此问题上又有何看法和做法？

**自杀**　在许多国家，自杀是死亡的最主要原因之一（Oaks & Ezell, 1993）。自杀在美国大学生的死因中占据了第二的位置，而在 15～24 岁的年轻人中，只有事故和谋杀夺走了更多的生命（American Foundation for Suicide Prerention, 2005）自杀学家报告，在许多社会中，因为自杀被认为是见不得人的事，所以有许多案例被报告为意外或者未知原因。不幸的是，我们已经对发生在以色列、阿富汗、伊拉克和世界其他地方——如伦敦的公交汽车和地铁里那些以杀死尽可能多的无辜平民陪葬的自杀性爆炸袭击事件习以为常。除这种情绪上的压力外还有经济上的原因，因为保险公司对自杀者的保单缺乏尊重。而社会对自杀者的亲人的孤立较任何其他死因尤甚，如同一个正承受着儿子饮弹自尽痛苦的母亲所描述的：

> 那些认识多年的人们不再和我谈话了。在杂货店相遇时他们甚至不愿看我一眼，突然之间我们好像没有了朋友，没人来电，没人拜访，也没有人邀请我们，就像我们感染了某种可怕的疾病一样。（Oaks & Ezell, 1993，p.209）

自杀即故意杀死自己。国家心理健康中心对和自杀有关的三个概念进行了定义（Oaks & Ezell, 1993，p.209）：

● 自杀的想法。这一概念和观察、推论某人有自杀的倾向有关，可以是收到自杀的建议、写到或者谈论自杀，但是并没有付诸实施。

● 自杀的意图。指一个人表现出意图结束他/她自己生命的明显危害自身安全的行为（如割腕，从大桥上跳下，过量服药等）。这可能成为反复的行为，意图是给所爱的人传达某种信息或是寻求帮助，而非真的想要自杀。

● 自杀的完成。指所有成功结束自己生命的人，这有赖于死亡发生时的周边环境。

不同的文化对待自杀的态度仍然在两个极端之间摇摆不定，一个极端是早期的基督徒，他们给自杀贴上罪孽的标签，认为自杀者是疯子或者懦夫，拒绝为他们举行葬礼；另一个极端则认为当面对着被俘、失败和羞辱时，自杀是一个光荣的选择（如第二次世界大战时日本的神风敢死队飞行员）。自杀是一种罪孽的观点源于一些宗教中关于上帝造人的教义，他们认为要由上帝，也只能由上帝来决定我们的生死。另一方面，犯罪学家倾向于认为自杀者都有心理疾病，且其头脑存在某种缺陷，很不正常，如一些离婚的人杀死自己全家后自杀，或者是一些恐怖分子决心在毁灭自己的同时也杀死别人。

**自杀的都是什么人？为什么？**　我们该如何将每年数以千计以儿童、青少年和老年人为主的自杀者进行分类呢？（见图 19—1）尽管更多的女性试图自杀，但是自杀成功者却以男性居多（Oaks & Ezell, 1993）。自杀是美国死亡的第十大主要原因，2002 年，85 岁以上男人的自杀死亡率高达 50% 以上。老年男人之所以自杀，也许是因为身体不再强壮而感到消沉，或是发现生命中那些挚爱的人们已经所剩无几，或是刚被诊断出疾病末期或老年痴呆，或者是被过度治疗。2002 年，和 15～24 岁女性的 2.4% 的自杀死亡率相比，男性这一数字高达 16.5%（U. S. Bureau of the Census, 2004f）。对年轻男性来说，自杀往往是由和同伴接受相关的压力（哥伦比恩高中枪击事件的主要原因）、就业目标、孤独感和恶劣的健康状况引起的。

> 由于父亲工作的变动，他父母将搬家去休斯敦，但他声称不会和他们一起去。他是个优秀学生，积极参加运动和课外活动。他曾经向他的朋友展示他的枪，但是没人把这当回事，所以也没人向学校报告。他走到教室前，把枪放进嘴里，然后扣动了扳机。事后的处理包括为一些学生和老师提供私人心理咨询，参加由专业咨询师主持的支持性团队，以及在学校里举行纪念仪式。这一事件是如此具有创伤性，以至于几周后学校的气氛才恢复正常。（Martin & Dixon, 1986, p.265）

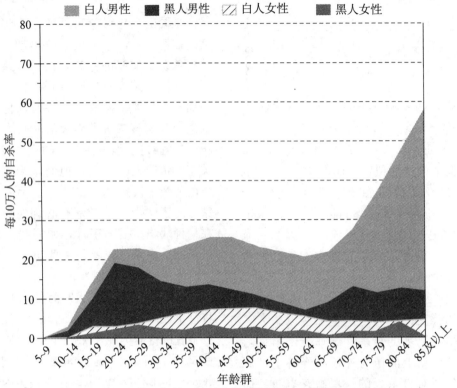

**图 19—1 基于年龄、性别和种族的美国自杀率（2000 年）**

自杀率在青少年和成年早期达到高峰，在成年晚期再次起伏，尤其是对于退休的男性白人而言。

来源：National Institute of Mental Health，National Center for Health Statistics.（2003）.
*In Harm's Way*：*Suicide in America*.

美国土著居民（包括阿拉斯加土著）历来在美国年龄标化自杀率上排名第一。年轻人自杀率最高的地区是阿拉斯加、阿伯丁和图森，是全国平均自杀率的 6～8 倍。非西班牙裔白人的自杀率排名第二，而非洲裔、西班牙裔及亚裔美国人自杀率约是白人和美国土著的一半（CDC，2001a，2005b）。然而，由于西班牙裔青年是美国人口增长最快的群体，他们的自杀率正得到越来越多的关注。自杀已经成为 10～24 岁西班牙裔青少年死亡的第三大原因（Ikeda et al.，2004）。

年龄在 40～80 岁的白人男性自杀率急剧增高。最近的一项研究以不同职业的自杀率为研究对象。研究发现，在调查的 32 种职业中，牙医、艺术家、机械师和木匠的自杀率要高于平均水平，而低于平均水平的有普通职员、小学教师和厨师（Stack，2001）。人们通常认为圣诞节期间和春季的自杀率最高。然而，对 678 个案例进行的分析显示时间和自杀人数的增长并没有什么相关（Bennett & Col-

lins，2000）。那些离婚、丧偶或是分居的人自杀率要比家庭美满、子女成群的人高不少。和别的群体相比，退休白人的自杀率明显偏高。此外，从 20 世纪 80 年代早期开始，青少年自杀率的增长引人注目。

美国健康与人类服务部划出了几种主要死亡方式的高发区域，疾病控制与预防中心（1998）揭示，在西部几个州以及全国的非都市地区白种人的自杀率最高。使用枪械是美国人自杀的最常见方式，相比之下妇女更倾向于选择服毒。一项人们对自杀态度的研究发现，不同年龄的被访者看法也有所不同。在年长的成人眼中，自杀更可接受，和信仰缺失的关联更强，更致命，更寻常，更永久，和个人问题相关更强，也更符合人口统计学结果（Segal et al.，2004）。

Kastenbaum（1991）提出，自杀者把自杀看成和上帝或是至爱的再次团聚，看成一种休息或是避难的场所，是对某人的报复或者伤害，是对

656

失败的惩罚，是吸引公众注意的方式，或者是对失去了继续生活的动力的终结。每一年，在美国有超过 40 万人试图自杀。2002 年全年，约有 29 000 人自杀身亡，留给人们难以置信的震惊和悲伤。青少年期和成年后期是自杀的高发期。人们在某些重要阶段的"通过仪式"时期显得尤为脆弱，比如毕业、重大事件的周年纪念、生日、退休、配偶或是孩子的死亡。十多岁的孩子在经历了被拒绝或是被羞辱的"危机"后也可能选择自杀。约有 30% 的孩子自杀，和性别认同有关（Russell & Joyner，2001）。如果有什么人同时表现出如下征兆，那就很有必要和他谈谈，表现对他的爱和关心，确保他获得心理咨询，并锁上家里所有的武器。表 19—3 列出了自杀的预警行为。

**思考题**

哪些行为改变是自杀前常见的？哪些事件有触发自杀意图的潜在可能？

## 临终关怀运动

有人把死亡叫作"未知的国度"。而在这个国度的边界，临终关怀方案为濒死者缓解死前的疼痛，有尊严地、优雅地结束生命提供了一个收费合理的选择。临终关怀的英语"hospice"在中世纪时指的是为生病和疲惫的旅行者提供舒适的服务和悉心照料，以便他们能重新上路的驿站。而现在的**安养院**同样也在为人们提供舒适、悉心的服务和照料，只是众所周知它的接受者们已经接近他们人生旅途的终点——他们已经濒临死亡（单词"hospice"是拉丁文"旅馆招待"或者"客人"的意思）。现代临终关怀组织的雏形是 1967 年在英国开业的圣克里斯多弗临终关怀机构，它包含了多种方案，意在为疾病末期，尤其是为癌症末期的病人提供除传统医院治疗外的另一种选择：

> 临终关怀既不加速也不拖延死亡的发生。它肯定生命，将死亡看成生命自然进程的一个组成部分，并关注于维持余生的生活质量。（P. North，1998）

民意调查显示，大多数人对痛苦、非人道地、毫无尊严地死在机器和陌生人中的恐惧，要远甚于对死亡本身的恐惧。尽管几乎没有人的死亡过程能称得上"完美"，但大多数人至少可以不受疼痛的折磨，而对恐怖、孤独的惧怕和混乱嘈杂完全可以改变成震惊和控制感。许多临终关怀组织的支持者认为，与其花大力气争论关于安乐死和协助自杀问题，还不如就临终关怀问题进行一场全民讨论（Chase，1995）。2003 年，美国大约有 3 300 个临终关怀组织（Hospice Foundation of America，2004）。必须要指出的是，临终关怀是一种照护的观点，而非一个具体的地方（Hospice Foundation of America，2005）。一个典型的临终关怀机构包括护士、牧师、社会工作者、医生以及一大群志愿者。

临终关怀机构对死亡的过程持积极态度。如果一些医疗措施，如化疗和放疗能让病人感觉更为舒适，那这些治疗将不会被中止，但是治疗着重于为患者提供"舒适护理"，而非延长其生命。舒适护理包括对身心疾病的积极治疗，其主要手段有：心理、信仰和营养学上的辅导，抗抑郁药物的使用以及大剂量吗啡的预备（以帮助晚期癌症病人从严重的、周期性的并发疼痛中解脱出来）。值得注意的是，一项对几个主要癌症治疗中心病人的研究发现，近半数的病人不愿意报告他们的疼痛。部分不愿意使用镇痛药物的病人是担心当疼痛真的发展到难以忍受时镇痛药会失去效果，另一些则是担心麻醉止痛剂会导致成瘾。许多医生也持这种错误观念。事实上在减轻癌症、艾滋病、退行性神经肌肉障碍等病人及其家人的痛苦方面，我们还能做得更多（Lang & Patt，1994）。临终关怀中心照顾小孩自然也不成问题（Himelstein et al.，2004）。

大多数临终关怀项目是以家庭护理为中心的。据报道，大多数人表示，如果他们自己或者家人已经病入膏肓，只有六个月生命时，他们更愿意选择在自己的家里接受照料并最终死去。2003 年，

所有死亡的美国人中约有 25％是在家中去世。而
选择临终关怀的病人的这一数字为 50％（National
Hospice and Palliatine Care Organization，2004）。
如今，大多数临终关怀服务在医院或是病人家中
都能够进行。在医院环境下，家庭成员也参与到
医疗过程中，没有探视时间的限制，病房设有坐
躺两用的长椅，方便他们在需要时伴随病人过夜。
无论是在病人家中还是在医院的特殊病房里，在
进行药物治疗的同时，医生、护士、社会工作者
以及志愿者们也都会为病人提供情感和精神上的
支持。

但是临终关怀的理念并非仅仅是一个项目或
护理模式那么简单。它希望能给予病人更多的自
由和对生活的控制，而非听任漠视个体的官僚组
织的摆布。因此，临终关怀服务可以为私人定制。
在一个临终关怀组织里有病人希望能够再次站起
来散步，所以他们安排了一个物理治疗专家来帮
助他重获步行能力。另一个病人希望去夏威夷进
行最后之旅，临终关怀组织协助他成行（Walter，
1991）。总而言之，临终关怀运动视重建危重病人
的生命尊严为己任。

表 19—3                                                                          自杀预警信号

| 老年人信号 | 十几岁人的典型行为特征 | 环境信号 | 语言线索 |
|---|---|---|---|
| 严重的生理疾病 | 缺乏能量或倦怠增加 | 家庭成员或朋友先前有过 | 直接发表需要立即注意的声明： |
| 长期的疼痛 | 厌倦活动或不感兴趣 | 自杀尝试 | "我想死。" |
| 身体形象显著变化 | 哭泣伤悲 | 在学校遇到问题 | "我不想再活了。" |
| 丧失有意义的情绪连接 | 难以集中精力或做决定、 | 家庭暴力 | "生活差劲极了，我想退出。" |
| 社会化退化 | 糊涂 | 性泛滥 | "我不想再有这个问题了。" |
| 缺乏宗教信仰 | 沉默或退缩 | 主要家庭发生变故 | "没有什么重要的事了。" |
| 生理残疾 | 生气且有毁灭性行为 | | |
| 认知缺陷 | 对常规活动缺乏兴趣 | | |
| 熟悉的环境发生变化或 | 放弃财产 | | |
| 失去 | 学业成绩差 | | |
| 疏离 | 沉浸于与死亡有关的创造 | | |
| 功能丧失 | 性活动中，如音乐、诗 | | |
| 责任感下降 | 歌、艺术工作 | | |
| | 难以入睡或变换睡眠方式 | | |
| | 寻求刺激和冒险行为增加 | | |
| | 药物滥用和酒精使用增加 | | |
| | 容貌或整洁度发生变化 | | |
| | 胃口或饮食习惯发生变化 | | |
| | 抑郁后突然兴奋 | | |

来源：From：Gary J. Kennedy, ed., *Suicide and Depression in Late Life*, p. 88. Copyright© 1996 by John Wiley et Sons,
Inc. Reprinted by permission of John Wiley et Sons, Inc.

一个临终关怀理念的倡导者单刀直入地说，
对于在医院工作的医生和护士来说，接受死亡
是不可避免的这一观点非常艰难。建立医院的
目的就是治疗疾病和延长生命，而每个绝症案
例都令人窘迫地证明了医疗的失败。因此，临
终关怀的支持者认为，接受死亡的必然性、关
注临终者及其家人的需要才是我们所需要的照
料方式。临终关怀项目希望能减少死亡给病人
及其亲人带来的感情创伤。事实上，组织大量
的工作都是为了帮助病人和家庭成员面对末期

疾病带来的各种问题。

登门护理的职工能够帮助病人的家人更换被
褥，固定必需的治疗器械，在病人感觉强烈不适
或者需要改变止疼方案时通知医生或护士，也可
能花几个小时陪病人或他的家人怀念美好时光，
或是讨论关于死亡和濒死的宗教问题。如果需要
的话他们也能给忙得晕头转向的家庭成员短暂喘
息的时间。对待每个病人和家属都满怀尊敬和热
情。而在病人死后，帮助其家属处理善后事宜的
服务仍在继续。如今，按照美国健康与人类服务

部的规定，大多数主要的健康保险计划，包括医疗保险，实际上都包含了临终关怀治疗的所有开销。然而，还是有很多病人（和其家属）对死亡和濒死感到焦虑，选择在传统医院中接受积极治疗来度过生命最后的时光。

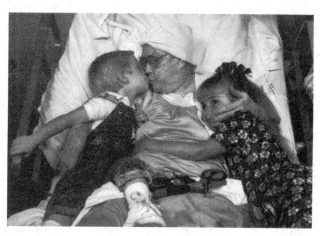

安养院

安养院提供舒适（包括止痛药）和短暂的病人照护，并不提供额外的方法。本图中，孙辈在一个安养院里与祖母共度时光，就像在家中一样。

# 死亡的过程

从历史角度来看，人类社会似乎给予死亡最为精心和虔诚的态度（Ariès，1978，1981；Ashenburg，2002；Rees，1996）。世界上一些最为庞大的建筑、最为华丽的艺术品以及最为精巧的仪式都与死亡相关。最近，至少约十亿观众通过电视共同见证了在罗马梵蒂冈举行的约翰·保罗二世教皇的葬礼以及来自世界各地庞大的送葬人群。50多万年前，北京人就已经开始为死去的同伴举行纪念仪式，时至今日，我们依然敬畏于埃及的金字塔（以及对图特卡门法老的着迷）、欧洲的西尔布利山这座巨大坟堆、美洲中部宇卡坦森林中高耸的金字塔形的大祭司坟墓、迈锡尼的蜂窝式墓葬、泰姬陵、欧洲西北部超过 40 000 个巨石坟山以及英国的巨石阵（曾经是为酋长或领袖举行葬礼仪式的地方）（"English Heritage"，2005）。

世界上一神论的宗教，如犹太教、基督教和伊斯兰教，在为死去的贤者举行土葬或火葬仪式的末尾，都要将他的妻、妾、奴隶、马匹、珠宝、盔甲和其他奢侈品陪葬，以保证他在去往另一个世界的途中能够愉快和舒适（Ashenburg，2002）。然而，在一次思想的大变革中，基督教摒弃了围绕临终、哀悼和葬礼举行盛大仪式的传统，取而代之的是上帝眼中众生平等、死亡是向陪伴着上帝的更好生活的目标前进这一观念指导下的葬礼。他们宣称基督教弥撒适用于所有的人，无论他富裕还是贫穷（Ashenburg，2002）。这种仪式包括许多祈祷者，他们给予死者光荣，帮助死者通过炼狱到达天堂，并使危机过后的家庭或者团体复兴。美国的殡葬业出现于内战以后，同时对尸体进行防腐处理以期让亲人做最后的告别的行为也开始被人接受（Laderman，2003）。而在工业化社会的今天，由于殡葬业已经形成了一个具有庞大规模

和控制力的企业集群，我们几乎不会和死者产生什么个人联系。而本地的葬礼承办人和牧师通常

会让生者感到舒适，并且为特殊的葬礼和宗教纪念仪式提供指导。

## 定义死亡

喜剧演员 George Carlin 曾经对这个令人恐惧的话题进行窥探，他说"死亡是长时间一小口一小口吞咽唾液导致的"，在随后的几个世纪中，因为只能使用单纯的观察法，许多人也许会认为这是一个似乎可信的答案。最早的《圣经》和英国的通用法一样认为个体独立呼吸的能力是生命的首要标志。这一观点与有机体的生理学陈述不谋而合。在过去，自主呼吸和心跳的停止会导致大脑的迅速死亡，反之，脑的死亡也会迅速导致呼吸和循环系统的停工。

在过去的 45 年中，科技的进步导致这些传统的死亡定义逐个过时。1962 年，约翰·霍普金斯大学的医生们发明了一种人工呼吸、心脏按摩和电击相结合的急救手术挽救了许多心脏停止患者的生命。呼吸辅助系统的发明则是另一项进步，这一仪器在大脑不能再给肺正确信号的情况下维持了呼吸的进行。还有一项技术创新是人工心脏起搏器的使用，在心脏自身搏动失败时让心脏保持正常跳动。透析仪器延长了肾病患者的生命。更为接近的一个被诊断为"脑死亡"的病人在遗嘱中同意将其器官作移植（或其家属同意），成功的器官移植也让生命得以延续。由于医学手段的不断进步，死亡的定义也变得更加复杂（参见本章专栏"进一步的发展"中的《生命结束——谁来决定》一文）。

生命延续技术迫使法院和立法机关在死亡的定义上与时俱进，将脑死亡作为标准的必要性已经被大多数州和美国医药协会、美国律师协会所接受，并在 1981 年由总统委托进行的一项关于医学伦理问题研究和死亡统一测定法案的制定中得以承认。**脑死亡**即大脑没有任何活动的情形，当大脑的思考部分（即皮层）和丘脑（连接脑干和脑皮层的部分）不再活动时就可以认为其已经脑死亡了。脑完全死亡的第一阶段是大脑皮层死亡

（即大脑皮层不再活动），然而病人可能仍然还有低级脑干组织的活动（这部分控制着呼吸、脉搏、血压和其他的生活技能）。一系列里程碑式的法庭判决显示了脑死亡标准的合法性，这些案件里包括器官移植（比如角膜、肾、肺、肝或心脏）。在器官摘取时，捐献者的心脏还在跳动，所以这些器官还有血液循环，并且众所周知的是捐献者的身体对器官摘取也有反应（摘取手术并没有麻醉，因为患者已经脑死亡。）

就像人们预料的那样，作为判断死亡标准的定义成了一个伦理的雷区，引发了一场有医务人员、生物伦理学家和法学家参与的旷日持久的争论（Truog, 2004）。这对处于**永久植物人状态**的个体来说尤为现实，他们的脑干功能（如呼吸、循环系统）完好无损，但却失去由大脑皮层管辖的高级机能。处于永久植物人状态的病人也有睡眠和清醒的周期交替，能对光线或者噪声有反应，病人可能也有吞咽反射。尽管有上述表现，病人却没有情绪反应、认知或是有意活动的能力（Quill, 2004）。在 Nancy Cruzan, Karen Ann Quinlan 和 Terri Schiavo 的案例中，尽管这些被诊断为永久植物人的病人在法律上是活着的，法庭却许可其家人停止提供食物和水分让他们死去。Terri Schiavo 的案例引起了公众空前的关注，普通群众、死亡权倡导群体、生命权倡导群体、法律社团、医疗社团以及政治社团争着各抒己见。由于媒体报道以及 Schiavo 的生物学家庭背景，这一案例的法律争论进入了公众的视线，继而产生了更多的争议和辩论（Annas, 2005）。最终，法庭的判决获得了刑事司法制度的认可，最终受到了支持。然而，这一案例中的患者在成为植物人时是如此年轻，并没有留下任何有关她认可的死亡方式的法律文件。

## 直面自身的死亡

人们在对死亡的认识程度上千差万别（Rees,       1997），一些人建立起强大的防御机制以避免面对自

己也终有一死这一现实。一些富裕的投资银行家参加了加利福尼亚干细胞研究，希望借此延长他们的生命。三家美国公司则提供通过人体冷冻技术将生命维持在一个暂停状态的服务，著名的棒球运动员 Ted Williams 的身体也正被冷冻着（Sandomir, 2005）。通过这种冷冻保存技术，生命暂停的研究者们期望未来的纳米技术能够从细胞或分子水平将这些冷冻着的身体加热（Drexler, 1986）。

> 药物使用：分子机械系统将能区分并重排人们的分子模式，不管疾病造成什么损害都能提供一个使其回到健康状态的工具。（在一次议会会议上，麻省理工学院化学家克里斯蒂安·皮特森如是说）

而在目前，不管是什么态度，每个人都必须适应他们自身也会死亡这一现实。事实上，对死亡现实的接受也许可以被看作个体情绪成熟的标志之一。而这一态度的意义则因人而异。一些老人把死亡看作肉体生活的结束，也是另一种新生活的开始，一个去另一个世界的通道。深信西方宗教的人们往往怀有这样的信念：死后他们能和已经死去的亲人们再次团聚。对这些人而言，死亡似乎是向一种更好的生活状态的转变；几乎没人认为死后会面对惩罚。一项回归分析的研究发现，自我效能感是老年人对临终和死后所未知的一切恐惧的重要预测变量。尽管个体在对死亡恐惧的程度上各不相同，对死亡过程的惧怕也许很普遍：

> 不，我不惧怕死亡，死亡对我来说只是一个完美的、正常的过程，但是你永远不会知道在人生谢幕时你的感觉如何，我也许会因此感到恐慌。（Jeffers & Verwoerdt, 1969, p. 170）

一个 90 岁的老人说："我对未知存在着恐惧，我不愿意死去，如果我能够自由选择的话"（quoted by Chase, 1995, p. B1）。健康从业者遇到的最为频繁的关于死亡的问题之一是（巧合的是这也是临产的母亲问的问题）："这需要多长时间？会痛吗？"通常情况下年轻人对死亡会比 65 岁及以上的老人有更大的恐惧。

照料老人的医生报告说，病人常常会说"在临终的时候我并没有那么害怕死亡"。AARP 进行的一项调查发现，只有 1/4 的被访者（大于 18 岁

的美国人）希望活到 100 岁，1/3 的人说他们不愿意，还有一成人没有回答或回答说他们不确定。这个调查测定人们平均希望活到 91 岁（"Study Finds Living to be 100 Isn't a Major Goal for Average American", 1999）。此外，调查发现，对年老的最大恐惧是健康状态下降（46％），随后是是否拥有足够的财产（38％），智力丧失（13％）和依赖他人（12％）（Levy, 1999）。一个世纪前，加拿大医生 William Osler 爵士对 500 个死亡案例进行研究后发现，只有 18％的人在死亡前忍受生理疼痛，并只有 2％感受到较大焦虑。Osler 总结道："我们总认为死亡是恐惧之王，事实上疼痛的临终却少之又少"（Ferris, 1991, p. 44）。

**回顾一生**　心理学家 Robert N. Butler（1971）认为老年人倾向于评估他们的一生，对其进行反省和回忆——这就是他所说的**"回顾一生"**的过程。通常这种回顾都是静静地进行，没有什么外在的表现，并为人格重组起到了积极的促进作用。然而在一些个案中也发现个体会产生强烈的罪恶感、自我否定、绝望和抑郁。回顾一生可以是对不同的危机的反应，比如退休、配偶去世或自身的死亡临近。Butler 认为，对一生的回顾是人们全面适应死亡的一个重要组成部分，是人格发展在生命末期的延续。Butler 对生命回顾的观点在许多年中都占据着主导地位（Merriam, 1993），尽管有很多批评存在。不过，由于要撰写自传，或者有近亲（通常是孙子）对其进行录像采访，有些人的生命回顾过程提前了。回顾一生让人们对过去有着更为深入的了解，从而给予了现今的生活以全新的意义（Birren, 1987）。在一定程度上老年人更能感受到生命的完整性、能动性以及连贯性。生命回顾的过程增强了他们对自身的了解程度、个人价值、自尊和生活满足感，从而保证老化的顺利进行（Staudinger, Smith & Baltes, 1992）。

**死前的变化**　众多研究者报告说，在死亡之前，人的心理会发生系统性的变化，有的甚至在死前数月就已出现，这被称为"死亡衰退"（death drop），而这种变化不能在那些身患重病最终康复的人身上观察到，以 Morton Lieberman 和 Annie S. Coplan（1970）的研究为例，和那些还有三年或三年以上寿命的老人相比，在一年或一年内死亡的人在人格测试中有着更差的认知表现、更低

…… 她帮助我勇敢面对困难问题……

…… 她迫使我不得不思考我自己的死亡性……

…… 她教育我法庭和政治的角色……

…… 她对我强调生存意志的重要性……

…… 她使我想起父母无止境的爱……

从来不说一个字。

的内省倾向、更低的攻击性以及更为温和的自我映像。大量的研究者也发现，一年内死亡的个体的智商测试得分和复杂信息加工能力都比几年后死去的老人低（White & Cunningham，1988）。心理运动效能测试、抑郁量表和自我报告健康评定都有一定的预测作用，并能让医生对病人的衰退产生警惕（American Geriatrics Society，1996）。此外，"柏林老年化研究"的结果表明，那些进入"第四年纪"

662

与自己的死亡达成一致

的老人往往会经历自理功能重大丧失，更高的抑郁症发病率，以及痴呆这些标志着需要帮助才能生存的事件（Baltes & Smith，2001）。

并不是所有知道自己处于生命末期，死亡正在逼近的人都会恐慌。有些人变得怀旧，约见久违的朋友，消除和亲人间的分歧，对生者更为体贴。有些则抓住这个机会增进感情，尽弃前嫌，消除误解。

**思考题**

临终体验是千篇一律还是千差万别的？人们对死亡的看法是否受文化因素的影响？

进一步的发展

## 生命结束——谁来决定？

绝大多数人希望远离疼痛和痛苦的死亡。然而，死亡是必然的，最好的死亡是"好死"。确切地说，这在个体之间必然存在差异。尽管有些人希望在睡眠中平静死去，但是别人可能会希望是有意识的、被所爱的人围绕着死去，也有的人可能希望能够在光荣中英雄般牺牲。虽然我们这样希望，但是我们中没有人确切知道死亡时是什么样子，只有当将要死去的时候才知道。我们每个人必须以自己的方式来面对死亡。

然而，死亡是生命的结束点。将死——在生与死之间的最后过程，会产生伦理、宗教、医疗、法律、社会及文化的问题（Searight&Gafford，2005）。如何死去以及谁来决定，成为一个人面临终期疾病时的问题，或者不必由自己来做决定，或者为最后的希望留下法律文件。2005 年，Terri Schindler-Schiavo 的案例，一个脑损伤妇女，把这些问题推到了公众的面前。随着婴儿潮世代开始面对生命的结束，这些将变成最主要的问题。

对最后的希望有一个清楚的、记录下来的声明会带来舒适。一个人可能希望描绘出所谓的"先进指令"，如"生存意愿"（参见本章专栏"可利用的信息"中的《一份生存意愿书的范本》）、器官捐赠证、DNR（不恢复知觉）、持久的代理权力（如果病人不能做决定的话，让某人为病人做出医疗决定）。一个人得出的伦理结论是极端重要的，对其爱人、医疗个体、教会及律师系统都有很大影响。为了澄清，可能有助于提出一些假设的情形。

让我们假设一个人面临终极疾病在心理上是能承受的，能够表达他的愿望的。这个人由于生理疼痛以及/或无能而面临着真实的、预料中的痛苦。可能要做出决定的第一点将会以这个人的道德/宗教信仰为中心，来决定安乐死还是自杀。与犯罪相比，这种痛苦可能只是一小部分。对 200 个老年人关于生命结束决定的研究发现，他们的决定很大程度上受到宗教、生命价值观、生命质量、对死亡的恐惧及控制信仰的核心等的影响（Cicirelli& MacLean，2000）。

考虑过宗教/道德觉知之后，一个人可能会考虑"这会如何影响我的家人及爱人"？法律方面要考虑保险及其他死亡受益金，也会考虑为家庭提供安全保障。如果缓冲治疗是无效的，还有什么医疗选择是可以用的？缓冲治疗是尝试减轻不舒服的症状，考虑结合疾病治疗。安养院照护，无论是在家还是在医院，都会提供症状缓解的措施。

根据 2004 年的 Gallup 的民意调查，65％的被调查者同意，当病人患有无法治愈的疾病且处于痛苦中时，医生应该被允许帮助病人实施自杀（Schwartz & Estrin，2005）。医生帮助自杀（PAS）仅在俄勒冈州是合法的。1997 年，俄勒冈州提出法案通过尊严死亡法。这曾经在法庭上通过公民投票受到挑战但未成功（Okie，2005）。法律允许医生描述医疗的致命剂量——但是病人必须监管他们。有研究发现，越来越多的受教育的成年人、单身或离异人士，更可能使用了 PAS（Wineberg &Werth，2003）。2004 年，37 名俄勒冈市民使用了 PAS（Niemeyer，2005）。

自愿拒绝食物和水果是结束自己生命的合法方式。亲眼目睹病人通过饥饿而死亡的护士受到了调研。被调查的护士使用从 0（非常坏的死亡）到 9（非常好的死亡）的量表评估这种死亡方式的质量，结果报告出的分数是 8 分（Ganzini et al.，2003）。然而，这种方法在年轻病人中需要花费几天时间才能死去，有些案例描述说这是死亡的可怕方式（Jacobs，2003）。（回想起当前饥饿的非洲儿童，或者由于严重的厌食症而死亡者，在第一次世界大战德国大屠杀中牺牲的人们）。最终的安详包括医生管理药物导致病人昏迷，伴随着远离水合物和营养。1997 年，美国最高法庭裁决这是合法的但是这种实践会引发很多问题。发誓要维持生命而不去伤害生命的医生，常常陷入道德两难的困境。另一项法律实践阻止维持生命的治疗。这种实践先于 84％的安养院死亡（Gellick，2004）。

任何包含于生命结束照护的决定都是困难的。但是知道并事先考虑好的话，一个人能够做出有根据的决定——但是与家庭成员分享这些愿望来减少困惑也是很重要的，且这种情形越来越多。无疑，这是有争论的，但是花费时间反思个人信仰和遗愿，能够让自己和爱人舒适地度过剩余时光。

## 濒死体验

人们往往把"美妙的死亡"这一主题和那些相信有来世的人联系在一起。Elisabeth Kübler Ross 博士、Ray Moody 博士、Brian L. Weiss 博士、Bruce Greyson 博士、Betty Eadie 等人的研究都支持了"轮回"这一观点。他们宣称有人们死后精神不灭的证据。Greyson（1999）提出了濒死体验的判定标准。一些已被诊断为临床死亡但是又通过治疗手段或奇迹发生挽救回来的人说在复苏前有离开自己身体来到另一个世界的感受经历。精神病学家、濒死体验研究者 Bruce Greyson 博士说，几个世纪前，柏拉图在他的《理想国》中就记载了相同事件。而类似事件似乎在所有文化中都普遍存在（Koerner，1997）。**濒死体验**（near-death experience，NDE）往往在生病、创伤性事故、外科手术、婴儿降生以及吸毒时发生。据估计，约有 700 万人报告说有过这种经历（"Brushes with Death"，2002）。"我有种漂浮感……我回过头望去，看见自己正躺在下方的床上"（Moody，1976）。

"典型"的报告通常如下文所述（Morse，1992；Rees，1997）：临终的个体感觉他们自己离开了身体，像一个观众一样从几码远的地方观看为挽回自己的生命而正在进行的努力。随后，约有 1/3 报告说他们通过一个隧道，来到一个和地球迥异的王国。"我极速穿过一片漆黑的真空"（Moody，1976）。一半人说他们看见了引路人或死去亲人的鬼魂，或是一个宗教人物，或一个"光芒四射的人"。"从光芒对我说话那一刻开始，我感到安全、被爱，这种感觉非常好"（Moody，1976）。许多人报告说到达了一个分界线，似乎是今生和来世之间的分界，但有人告诉他们现在还不能跨过这个边界，因为还不是时候。因为被一种爱、愉快和平和的心态包围，他们并不愿重回到人世，随后某种超自然的方式将他们与肉体组合在一起，于是他们又活过来了。

在经历濒死后的数月或数年间，这一体验会成为精神觉悟和发展的催化剂，很多人由此对上帝和来世产生了坚定的信仰，不再那么贪恋物质，而更加注重精神享受。对精神享受充满爱，并在更多时间寻找生命的意义（Rees，1997）。濒死体验被口耳相传的范围越广，宣称有过这一体验的人也越多。然而，在安大略 Sudbury 的 Laurentian 大学所进行的一项神经科学的研究通过刺激大脑的右颞叶使许多被试产生了濒死体验。这一处于右耳后的脑区和感觉有关（Koerner，1997）。一项最近的研究发现颞叶也许会在濒死体验的产生中有一定的作用，而能体验到的个体也许与采取积极应对方式的体格一样在生理上就存在着差异（Britton & Bootzin，2004）。

心脏病专家 Bruce Greyson 对那些报告有过濒死体验的心脏病患者进行了研究，发现和其他患者相比他们更为年轻，也更容易失去知觉。然而，他们在社会统计学变量上并没有什么不同（Greyson，2003）。心理学家 Ronald. K. Siegel（1981）认为，临终者描述的景象事实上和吸毒引起的幻觉基本相同，吸毒者也常报告他们听到声音，看到明亮的光芒并有穿过隧道的体验。他声称这种幻想起源于中央神经系统收到强烈刺激以及大脑正常信息处理机能的瓦解。另一位主要的质疑者为美国国立卫生研究院神经系统实验室主任 Daniel Alkon（Koerner，1997），他认为缺氧会导致这种精神状态。一位麻醉学家将看到光线以及隧道归因为视网膜缺氧，同时他认为漂浮或飞翔感是由肌梭（即肌肉纤维中负责将感觉传导到大脑的部分）的紧张和松弛造成的（Woerlee，2004）。

在英国，Karl Jansen 将研究重点集中在脑中一种叫"氯胺酮"的神经递质含量水平的改变上

（Koerner，1997）。一种相关解释认为，在生命垂危但大脑还在活动时，所有的精力都被汇集起来以维持直觉和身体的联系。意识到自己已经处于弥留状态的人可能会想和亲人重聚的可能性以及生命的更广阔的意义。而强烈的愉快感、深刻的认识以及爱的体验可能是由内啡肽作用的结果（一种既是神经递质又是激素的分子），这是一种进化产生的用以掩盖难以忍受的痛苦的机制（Irwin，1985）。

心理学家 Robert Kastenbaum（1977）提出，当前对"轮回"的迷恋只不过是又一次"心灵之旅"。他引用了一些心脏病突发的病例，病人已经被宣布临床死亡但最终复苏，他们并没有任何灵魂出窍的记忆。他还讲述了几个呼吸停止（被骨头噎到或是肺气肿突发）的人对当时体验的报告，他们说自己是在和死亡面对面徒手搏斗。Kastenbaum 表示了对死亡被"浪漫化"的担心，并提出警告：

> 和生存比起来，死亡似乎不那么苛刻，也许更加友好……我不认为脆弱的青少年、失业工人、悲伤的寡妇或者患病的老人需要我们提供用闪闪发光的银盘子装着的自杀请柬。

由此可见，在如何看待濒死体验问题上存在着巨大的分歧，而双方将继续使用尽可能科学的方法来证明自己的观点。

## 思考题

哪些成分是对濒死体验的描述中普遍存在的？科学家是如何对这一体验进行解释的？

## 宗教信仰

死后还有生命的观点由来已久。古希腊哲学中经常提到"冥府"，《圣经》记述了"天堂的王国"，而东方宗教里则有一个我们结束这辈子之后都要去的王国。许多东方宗教，如印度教，有来世投胎成为人或动物的教条，并由此劝导信徒不要伤害动物或人。美国和澳大利亚的土著同样相信有来生。在《新约》全书中，基督描述了一个作为最高奖赏的天堂王国：

> 我是去为你们准备地方。如果我去为你们准备好了地方，我就会再次回来接你们去我那里，我在那里，你们也会在那里。（John 14：2-3）

基督教神学家向来认为《启示录》一书提供了最栩栩如生的天堂画面："珍珠制成的门，黄金铺设的街，巨大洁白的宝座，成群结队的圣徒和天使围绕在上帝周围，盛况空前"（Sheler，1997）。在新世纪，"重生"题材的作品大量增多：天启的征兆，救世主的再次降临以及极乐世界等，这都对一些基督徒和其他人的来世观产生了重大影响。令人惊讶的是，"约有80％的美国人——不论宗教信仰如何——都说他们相信死后还有生命，而且有2/3的人确定存在天堂"（Sheler，1997）。在《告诉你的孩子关于上帝的事》一书中，Rabbi David Wolpe 的描绘让我们想起那出生在由一双满怀期盼的大手围成的未知世界中的体验，正如经典的来世观一样——出生在一个我们只能想象的地方。不可知论者不确定是否还有来生存在，而无神论者则坚信死亡就是他们存在的终结。

犹太人认为，既然没人知道死后到底是什么样，对这个问题的思索自然是毫无意义的，所以不建议就该问题进行研究。犹太教否认存在地狱的观点，但是东正教的犹太人相信，在救世主到来的时候将会有一场复苏——一个死者的灵魂和肉体重组的时代。

大部分佛教徒相信，在死亡之后8~12个小时内身体仍然是"活着"的，因此和死者进行有效的交流是可能的。死后个体依然存在这一观点对佛教徒来说意义重大，因为他们认为人的"识"每时每刻都在改变，而轮回也随之改变。在佛教徒看来，每个瞬间都包含着"识"的死亡和再生。在死亡前一刻，每个人回忆起他们的往生并窥见了未来。随后他们的意识归于沉寂，直至被再次唤醒进入六道轮回：地狱、恶鬼、牲畜、人、阿修罗以及天神。没有一个"道"是尽善尽美的，因而佛教教义中有从"因果报应"进入"涅槃"状态的解脱。这一刻画出的死后详尽的画面和西方对于死后经历的不确定性形成了巨大的反差。

## 临终

社会学家评论说，现代社会正试图通过运作一套庞大且烦琐的组织来控制死亡（Rees，1997）。仅仅几代之前，美国大部分人都在家人和密友的陪伴下死在家中。20世纪前，家里的门被设计得足够宽敞，以使棺材能够顺利抬出，家里的卧室也被设计得能够容纳哀悼的人。家庭成员被赋予陈列尸体和准备葬礼的责任。而现在通常是由养老院和医院为疾病末期的人提供照料并应对临终的危机，而婉称"家"的诸如太平间之类的设施则代为清理身体、安排葬礼或是火化。明显例外的是一小部分并不知道他们必须依照相关法规向众多机构通报每起死亡事件的移民，一部分这些家庭仍然试图按照自己的文化习俗应对死亡、安排葬礼。

"欢迎来到这里，Rogers先生。"

**Roger 先生的新邻居**

作家和艺术家常常将来生的情景描述为《圣经》中的天国之门的影像。一个巨大的白色宝座，一群群圣人和天使聚集在上帝周围。如何适合，这要想象美国人最爱的居住30年的邻居（长老）如此热情地向他的新邻居问候。

来源：Bill Schorr.© United Features Syndicate, Inc.

这种后事的机构化最大限度地避免了让普通人直面死亡。临终和死去的人被外人隔离开，交由那些已经将对死亡看成是例行公事、不带任何感情的专业人员来处理（Kamerman，1988）。但是正因为我们接触死亡的机会日益较少，我们学习如何有效应对死亡的机会也越来越少。经常发生在死亡临近时临终的人和他的家人朋友谁都不知所措的情况。这一情形引起了死亡学家的深思，他们指出，现在的人们缺乏处理亲人死去时的悲伤情感的必要技能。悲伤情绪在有些情况下会极大地延长，例如一个如约翰·肯尼迪般杰出的人物死去或是某个名人过早或是悲剧性地死去，比如猫王、玛丽莲·梦露、约翰·列侬、墨西哥裔美国流行歌手 Selena 以及戴安娜王妃，怀念他们的网站如同雨后春笋。专家同时认为，葬礼、纪念仪式和其他形式的哀悼活动能给予家庭和社交生活以延续性。

**临终的阶段**　在过去的30年中，屈布勒-罗丝

665

(Elisabeth Kübler-Ross，1969，1981）的研究为
重塑死者的人性和尊严、将死亡还原为完整人生
的构成部分做出了重大贡献。她注意到，当医务
人员和家庭试图隐瞒病人即将死亡的事实时，这
一行为也为所有人准备后事制造了障碍。而且，
这种伪装通常很难欺骗临终的人。屈布勒-罗丝发
现，尊重自己的真实情感并加以表达对所有的当
事人都大有裨益。这种情况下，临终的过程能为
他们提供一个人格成长的新契机。事实上，研究
发现，超过 4/5 的人希望一旦自己得了不治之症，
身边的人能够据实相告。而如今，医生们也往往
会告诉病人和他们的家属医疗的相关信息和预期
后果。

> 如果你能把死亡看成生命旅途中一个虽
> 然看不见但却友好的同伴——静静地提醒你
> 不要将想做的事拖到明天——这样你就不会
> 虚度一生。（Elisabeth Kübler-Ross，1993，
> p. 47）

死亡学家发现，临终和活着一样，是一个过
程。尽管和生活方式一样，临终的方式也各不相
同，但仍然会有一些共同的元素。根据 2004 年死
于严重中风的屈布勒-罗丝博士的划分，死亡有如
下五个阶段：

1. 否认。个体拒绝承认死亡在逼近这个
现实。他们往往会说"不，这不是真的"。

2. 愤怒。他们会问"为什么会是我"? 并
可能看着周围的人，对他们的健康和活力感
到羡慕、嫉妒和愤怒。这个阶段他们通常会
让身边的人，尤其是朋友、家人和医生难以
应付，而且没有任何理由。

3. 祈求。随后他们会开始向上帝、命运
或是病魔祈求，希望能再争取一些时间。如
临终的人可能会说"就让我活到参加我儿子
的婚礼吧"，或者是"让我把我的事业带入正
轨吧"。作为回报，病人会承诺在他剩余的
时间里"做个好人"，或是做一些有建设性
的事情。"祈求"的效果只维持了很短的时
间，因为病情的恶化很快就撕毁了所谓的
"协定"。

4. 沮丧。在这个阶段，即将死亡的人开
始悲伤，为了他们自己的死亡，也为了即将失

去身边所有对他们意义重大的人和物，以及
那些没能完成的计划和梦想。他们体验到了
屈布勒-罗丝所说的"提早的悲伤"。

5. 接受。这个时期他们在为即将到来的
死亡悲伤，并开始用一种平静的心态期待死
亡的来临。在大多数病例中他们都很疲惫和
虚弱，他们和死神讲和，放弃了抗争。屈布
勒-罗丝描绘第五阶段时指出：接受阶段不能
被误读成一个愉快的阶段。这个阶段几乎没
有什么感觉。就如同疼痛已经过去，抗争也
已结束，像一位病人形容的那样，已经到了
"远行前最后的小憩"的时间了。（Kübler-
Ross，1969，p. 113）

而且她指出，并不是每个人都会经历所有五
个阶段，有些人会在几个阶段来回徘徊，也有些
人会在同一时间体验到几个阶段的感受。

尽管大家都对屈布勒-罗丝关于死亡和临终的
开创性工作的贡献深表认同，但许多年来对数千
个病人的观察总结让人们觉得这种线性的阶段模
型存在着很大的局限性，需要进行更为深入的研
究（Corr，2001）。

**Kastenbaum 的死亡轨迹理论** 心理学家 Ro-
bert Kastenbaum（1975）指出，尽管屈布勒-罗丝
的理论的价值不容否认，但它却忽略了死亡的某
些方面。最重要的方面是疾病本身的性质，这往
往决定了患者的疼痛、活动能力、临终阶段的长
度等：

> 仅就癌症而言，患有头部或颈部肿瘤的
> 人的表现和感觉与白血病病人就有不同。那
> 些罹患肺气肿的人，忍受着可怕的病痛的侵
> 袭，每次呼吸都是一次挣扎，他的感觉和晚
> 期肾衰竭或是心血管疾病的病人又完全不
> 同。尽管屈布勒-罗丝的理论的落脚点是疾病
> 末期普遍的心理过程，但是如果对疾病本身
> 的性质不作全面考虑，那么必然会导致理论
> 的灵敏度不足。（Kastenbaum，1975，p. 43）

此外，性别、种族成员、人格特质、发展水
平以及死亡环境（在家或是医院）都是必须要考
虑的因素。Kastenbaum 认为屈布勒-罗丝的理论
太过狭隘和主观。他宣称在划分过程中屈布勒-罗
丝通过夸大的方法来突出这几个阶段，并且这一

理论忽视了个体以前的生活以及当时所处的环境的影响。他担心这一划分方法可能会引发一些不适当的行为，如医护人员或者家人会说"他刚刚度过了愤怒期"之类的话，这可能会成为引起病人愤怒的原因（Kastenbaum & Costa，1977）。

```
┌─────────────────────────────┐
│ 思考题                       │
│ ─────────────────────────── │
│   根据屈布勒-罗丝的理论，死亡 │
│ 前要经历的五个阶段分别是什么？│
│ Kastenbaum 所说的死亡的"轨迹"│
│ 是什么意思？                 │
└─────────────────────────────┘
```

## 死因

本书出版时关于死因的最新且最全面的统计数据是由"1993 年全国居民死亡追踪调查"（NMFS）得出的。这一调查始于 20 世纪 80 年代，通过以出生证明为主，对家属的采访为辅的方式来考察死亡的细节信息。疾病控制与预防中心 1998 年发布的这一调查结果考察了死亡的趋势，按照收入、教育程度、风险因素和死因以及死前一年医疗机构使用情况进行了分类。调查基于约 23 000 份 1993 年内死去且死者年龄在 15 岁以上的死亡记录。这一样本包括了除南达科他州以外的所有州（南达科他州的法律限制死亡证明的使用）。以下是这次主要发现的总结：

**死亡都发生在哪里？**
- 56% 的死亡发生在医院、门诊部，或者是医疗中心。
- 21% 的人死在家中。
- 19% 的人死于养老院。

**死去的人们都患有什么病？**
- 25% 的死者患有心脏病，这一数字和患有心绞痛的人数大致相当，而超过 40% 的人身患高血压。
- 其他常见的疾病还有癌症和关节炎，患有这两种病的死者约有 1/3。
- 15% 的死者生前饱受记忆衰退之苦。

**有多少死者抽烟、吸毒和喝酒？**
- 一半以上的死者在其生命的某个阶段抽过烟。
- 约有 25% 的死者在其生命的最后一年喝过酒。
- 29% 的酒徒每天喝酒。

- 约有 2% 的死者在其最后一年吸食大麻。
- 不到 1% 的人报告使用过其他非法毒品。

**他们生命的最后一年情况如何？**
- 58% 的死者由于存在某种功能性障碍以致最后一年在配偶的帮助下度过。
- 有一半功能性障碍是由生理或者心理问题造成的。
- 46% 的死者有女儿在身边照料。
- 39% 的死者在最后一年进行会引起疼痛的治疗。
- 31% 收到访视护士的帮助。
- 10% 的死者在其最后一年由于疾病或者受伤大部分时间都在床上度过。

**关于死于凶杀、自杀和致命的交通意外的死者**
- 33% 车祸致死的人没有系安全带。
- 19% 在死前 4 小时内饮用过含酒精的饮料。
- 17% 在死前 24 小时内吸过毒或者服用过药物。
- 在 36 000 例和武器相关的死亡中，72% 和手枪有关。

**谁是医疗服务的享用者和支付者？**
- 死者的国家医疗保险覆盖率为 75%。
- 一半以上的死者拥有私人保险或者健康保护组织（HMO）医疗保险。
- 在 46% 的案例中，国家医疗保险是医疗费用的主要来源。

- 20%的案例中医疗花费是由私人医疗保险支付的。
- 10%的死者的医疗费用由自己支付。
- 有10%的费用主要依赖于医疗援助。
- 10%的死者在其最后一年从未看过医生。
- 约10%的死者在最后一年看过50次或者更多的医生。

---

**思考题**

你认为死者的家人在面对诸如死者的吸毒或者酗酒史和是谁照料临终的亲人这些调查问题时会说实话吗？如果是你，你会据实回答吗？

---

癌症，主要是肺癌、前列腺癌以及结肠癌，已经成为85岁以下美国人最重要的死因（De-Noon，2005）。另一项CDC所做的研究指出，致死人数总体排名第二，在85岁及以上的人群中排第一的心脏病，美国东南诸州已经超过原来的死亡率最高的东北。在过去的30年中，因心脏病造成的死亡人数大范围下降。HIV的死亡率在美国东西海岸以及几乎每个城区都高居榜首。凶杀、自杀以及车祸也是各个地区主要的公众健康威胁因素。在城区中，年轻黑人的凶杀率很高，而在南部和西南几个州，年轻白人的凶杀率更高。在车祸死亡率方面，东南诸州和人口稀疏的地方更高（Centers for Disease Control and PreNention，1998）。

另有资料表明，儿童的主要死因是发生在学习场所的意外和受伤，现在一般将其归类为"行为导致"的受伤，正在进行详尽的研究（Midlife Passages，1998a）。表19—4列出了不同年龄段致死或致残的主要原因。

---

**思考题**

是否存在一个导致美国成年人死亡的主要原因？人一生各个阶段的主要死因是如何变化的？

---

表 19—4 　　　　　在美国各发展阶段的死亡原因（2003 年）
原因按照等级排序，最经常的原因列在第一位。*

| 青少年（15～24） | 成年早期（25～44） | 成年中期（45～64） | 老年（65 岁及以上） |
| --- | --- | --- | --- |
| 车祸 | 车祸 | 癌症（恶性肿瘤） | |
| 事故 | 其他事故 | 心脏疾病 | 心脏疾病** |
| 暴力（他杀） | 癌症（恶性肿瘤） | 车祸 | 癌症（恶性肿瘤） |
| 自杀 | 心脏疾病 | 其他事故 | 慢性下呼吸道疾病 |
| 癌症（致命肿瘤） | 自杀 | 糖尿病 | 阿尔兹海默症 |
| 心脏疾病 | 暴力（他杀） | 脑血管疾病 | 流行感冒和肺炎 |
| 先天畸形 | 艾滋病 | 慢性下呼吸道疾病 | 糖尿病 |
| 流行感冒和肺炎 | 慢性肝炎和肝硬化 | 慢性肝炎和肝硬化 | 肾炎 |
| 脑血管疾病 | 脑血管疾病 | 自杀 | 车辆意外事故 |
| 慢性下呼吸道疾病 | 糖尿病 | 艾滋病 | 其他事故 |
| 艾滋病 | 流行感冒和肺炎 | 败血症 | 败血症 |

\* 2005 年，疾病控制与预防中心报告癌症（恶性肿瘤）现在是导致除了85岁及以上老年人以外的成年人死亡的主要原因。
\*\* 心脏疾病仍然是导致"极老者"死亡的主要原因。
来源：Hoyert，D. L.，Kung，H. C.，et Smith，B. L.（2005，February 28）. Deaths：Preliminary Data for 2003. *National Vital Statistics Reports*，53（15），28-29.

喜丧：**Benjamin Spock** 博士

关于养育儿童经典作品的著名作者死于 1988 年，享年 94 岁。他过着精力充沛的生活，谈论关于重要的教养问题及其他社会问题。他要求为自己的葬礼举行"新奥尔良式"的送别仪式，由他的遗孀 Mary Morgan 主持。Ashenburg（2002）写到，聚集在一起的哀悼者是所有神圣葬礼仪式的一部分。

 ## 悲伤、丧亲和服丧

我们确信，在死亡之后生命依然存在——只不过是属于活着的亲人和朋友的。他们的生活还在继续，所以必须要接受亲人死去这一事实，并做出许多相应的调整。首先，是心理的适应，通常称为"悲伤期"（哀伤、谈论和承认死亡）。其次，还有数不胜数的琐碎程序需要——一一完成，如葬礼的筹备以及一些例行法律程序（如和律师打交道，处置遗产，申报保险、养老金和社会保障津贴等类似事务）。最后，家庭成员的死亡还导致

了一些集体事务没有人做，这就需要成员们修正生活方式和在家庭中扮演的角色（如主持家务、购物和维持生计）。当预计到一个亲人将要死亡时，个体经常会体验到**预期的悲伤**，"这是一种情感的地狱边界，不能确定我们将永失所爱，因为它尚未发生，但是面对着死亡即将来临的权威诊断又感到无能为力"（Stephenson，1985，p. 163）。面对失去亲人的生活依然艰难，即使是对那些认为自己已经为迎接宿命做好准备的人而言。

### 适应亲人死亡

**丧亲之痛**是一个人在经历亲戚或朋友死去后的状态。**悲伤**包含着因亲人死亡而产生的激烈的

心理痛苦和悲哀。处于悲伤初期的人往往表现得很"麻木"或者是"震惊"，在社交上更倾向于退

缩（Ashenburg，2002）。**服丧**是指在一个人死亡后为了表示哀悼而设立的一系列社会习俗（如哀号、唱圣歌、穿黑纱、将窗户和门口覆盖成黑色、下半旗、写讣告、每天去墓地以及类似的行为）。

668　　**宣泄痛苦**　在《麦克白》中莎士比亚写道："用言语把你的悲伤倾泻出来吧。无言的哀痛是会向那不堪重压的心低声耳语，将它撕成碎片。"一则土耳其谚语也说："隐藏自己悲伤的人无药可救"。许多当代临床和心理学家同意这些观点。同情的提供在痛苦宣泄中有着极为重要的作用，远胜于发表一些陈词滥调（如"她度过了一个完美的人生"）。心理学家认为，一个善意的人能够提供情感支持和倾听。如今，几乎在每个社区都有支持性团体，每当有死亡发生时他们就会帮助生者度过这个悲伤的过程。要和丧亲的人达到感同身受并不是一件很费脑筋的事情。一个丈夫在八年前心脏病突发过世，独自抚养三个年幼的孩子的社会工作者发现自己处于"发疯的边缘"时，她说："说什么坚强点，说什么振作起来，这都是胡扯，你并不想要振作，应该给我们时间来度过这个过程"（Gelman，1983，p.120）。丧亲的人如果能够得到家庭和朋友的支持和温暖，出现心理或生理紊乱的几率就会明显低很多。对大多数人来说，宣泄悲伤是亲人死后恢复过程中一个重要的组成部分。但是也有例外。那些悲伤中包含着对死者的强烈期盼或有着高度依赖的人会很难从他们的损失中恢复过来（Cleiren，1993）。

**文化和悲伤过程**　有时候文化期望、社会价值和社区惯例干扰了必要的悲伤过程。垂死的人往往交给了医疗技术，死亡也往往发生在医疗机构中，而非家里。葬礼总是很简短，而服丧则被看成精神病理的一种形式（文化中理想的情况是沉默寡言的寡妇表现得"冷静沉着"）。然而死亡学家认为，宣泄悲伤和服丧仪式是对生者的一种治疗。这类传统习俗，如爱尔兰守丧和犹太人的七日丧期帮助丧亲的人接受现实，并和家人朋友重建新的生活模式。对那些有着宗教信仰的人来说，教会组织能够提供重要的支持（Romanoff ＆ Terenzio，1998）。

670　　然而在日本，丧亲的人并不像西方提倡的那样在悲伤之后就切断和死者的关系。日本的文化鼓励生者通过家祠和逝者保持关系，他们通过家里的祭坛和死者的灵魂直接联系，就如同给他们打精神"电话"一样。通过这种方式，任何一个家庭成员都能拜访祖先，而祖先也能维持和仍在这个地球上的人的亲属关系（Rees，1997）。

**悲伤的结果**　丧亲之痛和悲伤的影响显然在紧随死亡发生后的一段时间内尤为突出。生者在生理或心理疾病甚至是死亡面前特别脆弱，尤其在亲人的死亡是突发的，出乎意料的时候。和普通人相比，丧亲的人生病、出意外、死亡、失业和其他有损生活事件的发生率都更高（Kasten-baum ＆ Costa，1977）。心理问题的影响，尤其是抑郁，甚至要比生理疾病更为严重（Norris ＆ Murrell，1990）。另外，配偶死亡造成的抑郁极大地增加了居丧过程中罹患心理并发症的风险，而如果配偶是死于自杀，那情况会尤为严重（Gilewski et al.，1991）。关于悲伤，一位研究丧亲方面的权威如是说：

> 这不是什么能被处理的问题或者治疗好的疾病。这就是为什么说"你能克服它，你能恢复过来"之类的话用在这里是极不适当的原因。事实上，人们不可能通过指望回到过去恢复过来，你必须做出改变，只有这样生活才能继续。死亡和丧亲折磨你、磨砺你，为你展现生命的另一面。（Silverman，1983，p.65）

**适应由暴力导致的过早死亡**　暴力事件和过早的死亡经常会导致最为严重的悲伤反应。自杀是生者最难接受的死亡方式之一。他们难以承认亲人的死亡是由于自杀，即使接受这个现实时，也会伴随有强烈的负罪感和羞耻感，自杀者的亲人经常自责：没有留意到征兆，没有满足死者提出的或是没有提出的需要，他们还会在死者认为他们不值得为之活这样的想法中煎熬。如果生者在经历了心理疾病或自杀威胁及企图的折磨之后体验到一种解脱感，他们的内疚可能会加深（Murphy et al.，1999）。

**适应父母的死亡**　年老的父母亲去世时，成年孩子所体验到的丧亲之痛至今仍然被媒体和学术界所忽视，尽管这一直是法学界所关注的问题。一项最近的研究探索了祖父死亡对他的孩子及整个家庭的影响（Abeles，Victor ＆ Delano-Wood，

2004）。如前几章所说，父母和成年孩子之间的联系可能一生都很紧密。照顾虚弱的父母，尤其是对女儿来说，是早年代际交流的延伸（Bodnar & Kiecolt-Glaster，1994）。

人们在幼小时代就明白有一天他们会失去父母，到了中年时常常看见朋友的父母过世。只有1/10的孩子在25岁时父母有一个过世，但是到了54岁时，一半的成人已经失去了双亲，62岁时，75%的人的父母都已离去（Winsborough，Bumpass & Aquilino，1991）。尽管"想象成为孤儿"能让成人明白他们的父母终有一天会死去，但是
671 心理的准备和真正面对其死亡是完全两码事（Moss & Moss，1983—1984）。因此，父母的离去将会造成巨大的痛苦（Umberson & Chen，1994）。

伴随着父母离世的丧亲之痛是一个复杂的情绪、认知和行为过程。大部分男人和女人都将母亲的死去看作一个重大的损失。而对于父亲的逝世，女性的触动往往比男性更大（Douglas，1990—1991），最后一个健在的长辈死去时，情况也是如此（Moss，Rubenstein & Moss，1997）。对父母死前亲手照顾他们的孩子来说，熬过悲痛的日子会更为艰难——尤其是在照料过程中感受到那种骨肉相连的亲情后（Pratt，Walker & Wood，1992）。对于中年人来说，父母的死亡往往是一个重要的象征性事件，使他们想到自己的死亡，丧亲的痛苦能塑造出更好的自我认同意识，加强他们与家庭成员间的联系，进而刺激他们人格的成长和发展（Bass & Bowman，1990）。但是丧亲之

痛往往是一种复杂和矛盾的感觉。例如，在母亲最后的日子里提供照料的女儿常常会表示在应对母亲死亡这个过程中感受到自己内心的坚强，但同时也伴随着震惊、愤怒和罪恶感（Pratt，Walker & Wood，1992）。Petersen 和 Rafuls（1998）最近进行的一项研究发现，正常成人面对父母去世时的痛苦感受可以分为三个步骤。他们选择六个父母辞世不久的成人作为研究对象，发现家庭价值转移的出现，他们称之为"接受家庭价值权杖的模型"。通过以下三个步骤，新的一代接掌了上一代的责任、角色和权威（Peterson & Rafuls，1998）：

第一步，回到原点。在父母死亡后最初的日子里，责任和义务成为最为重要的反应，伴随着的是一种无意识的想要"逃离"家庭的情绪。

第二步，重新评估阶段。这一阶段弥漫着一种悲伤，同时会伴随一两次痛哭的宣泄，并且与其他悲痛中的抑郁极不相同。这个阶段在参与者内心悄悄进行，没有互相交流，思考着人生最深刻的意义。同样，在家庭内部，最为显著的结果是这个阶段夫妻间性生活的减少。

第三步，担起责任。夫妻们通过提醒配偶对方在家庭中的重要性来达成第二阶段评估的共识。这个阶段带给他们从来没有过的坚强感，他们重新建立了秩序，开始赞美生活的丰富多彩。

## 丧亲过程的阶段

在标准的成人丧亲过程中，个体通常会经过一系列的阶段（Malinak，Hoyt & Patterson，1979）。第一个阶段的表现主要是震惊、麻木、否认、怀疑和逃避（Ashenburg，2002）。最强烈的震惊和麻木感往往持续数日，尽管和否认以及怀疑的抗争还要持续许多天，甚至好几个月——尤其是在死亡突如其来的情况下。

第二个阶段包括苦思、怀念和抑郁。这种情绪一般会在5~14天内达到顶点，但是能持续得更

久。哭泣、无助感、虚幻感、空虚感、逃避人群、无精打采、全神贯注于死者的形象这类行为和感受在这个阶段非常常见。其他的表现还可能有生气、易怒、害怕、失眠、回忆和集中注意困难、没有胃口以及体重降低。通常，死者会被完美化，对他们的尊重延续下来，而过错和失败会被遗忘。事实上，不幸的婚姻的生者可能会沉溺于悲伤中不能自拔，他们的悲伤不仅是因为婚姻本身，也是因为觉得原本一切可以更好，以及为什么他们

没有那样做。在配偶死亡引发的病态悲伤案例中，有三个因素尤为典型：毫无征兆的死亡，对婚姻的复杂态度，以及对配偶的过度依赖（Rees，1997）。在婚姻是美满的时候，从悲伤中恢复似乎要更加迅速和彻底。

第三个阶段包括从对挚爱的人的怀念中解脱出来，调整以适应新的环境。在这个阶段，个体动员他（或她）的资源，试图和人们重新建立联系，开始活跃，尽力寻求一种新的能提供满足感和舒适感的平衡。一些人可能在 6～8 个星期内完成这个心理和情绪的转变过程，有些人可能需要几个月，但是也有人这个过程可能要持续数年。

第四个阶段的特点是自我认同的重建。个体确立了新的关系，开始扮演一系列和死去的亲人无关的新角色。在这个阶段，约有一半的人表示从这次亲人离世的过程中体会到了某种收获或是感受到了某种成长。这种收获包括自立观念和坚强程度的增长，更加关心朋友和亲人，生活总体上更加积极，以及对生活发自内心的感激。

## 丧亲过程中的个体差异

不同的人在应对亲人死去的方式，各自悲伤的表现以及这种表现的强度和持续时间上都大相径庭（Johnson, Lund & Dimond, 1986）。最近对描写丧亲之痛的文学作品的批评指出，目前对正常悲伤反应的定义没有共识（Bonanno & Kaltman, 2001）。这种反应不能被清楚地划分成一系列定义得很完善的阶段，从死亡时刻开始到最终坚定过程中悲伤的程度也并不一定就是呈直线变化。尽管震惊、愤怒和消沉是对死亡的常见反应，但也不是每个人都会体会到，无论他们对死去的这个人是多么在乎。例如，一个六个月前妻子去世的男人可能会说他已经准备好再婚了，一个年轻的母亲可能会在失去孩子几天之后和朋友一起大笑。约有 1/4～2/3 的人在失去亲人后并没有表现出强烈的悲痛。事实上，没有极端悲痛的表现可能是心理强度和弹性较大的标志（Goleman, 1989b）。新的兴趣和强大的社会关系网络似乎能对调整和适应起促进作用（Norris & Murrell, 1990）。尽管传统研究强调完成悲伤过程以避免延发悲伤症状的重要性，但最近的大量研究并不能支持这一观点（Bonnano & Field, 2001）。

然而，对很大比例的人来说，某些悲伤过程似乎无穷无尽。他们感觉自己对死者深怀感情，每年的祭日都让他们难过不安，并且感觉生活空虚、惆怅。永失至爱的感觉掩盖了其他的感受，改变了他们对生活的理解，即使是开心的事件也会使其想起失去的亲人，想起不能和他们分享（Zautra, Reich & Guarnaccia, 1990）。在毫无防备的时候人们可能会掉进悲伤的陷阱不能自拔。一个鳏夫说起一次驾车看见一个妇女的发型和他死去的妻子相似的经历：

> 我对自己说"那是 Nola"。随后我大笑并告诉自己，"你真傻，Nola 已经死了"。然后我的下一个念头就是"我必须要回家告诉 Nola 刚才我有多么傻"。而这一切都发生在毫秒之间。（Gelman, 1983, p. 120）

总而言之，我们越来越强烈地意识到并没有如何应对悲伤的通用形式，人们应对悲伤的方式多种多样（Goleman, 1989b）。

**思考题**

为什么会有那么多人认为在死者的一周年祭时是该"结束悲伤"的时候？是否在很多社会中有一个结束悲伤的时间表？

## 寡妇和鳏夫

2000 年的数据显示，近 3/4 的 65 岁以上美国男人和配偶一起生活。而只有 40% 的 65 岁以上女人拥有配偶，在 75 岁及以上的妇女中则降到了 1/3（Administration on Aging，2001）。这一比例数据和年龄呈负相关，尤其是对妇女而言。因此，妇女在 65 岁及更大时处于寡居状态的可能性要远大于婚姻状态。产生这一现象的原因是妇女的预期寿命要比男性长五年或更多，而妇女往往会按照传统习俗选择年龄比她大的男人结婚（有意思的是，和比她年少的男人结婚的妇女往往活得比平均预期寿命要长，而结婚对象是比她年长的男人时，妇女的寿命要比预期寿命短）。（Klinger - Vartabedian & Wispe，1989）。因此，再婚似乎成为男人的特权。

**丧葬仪式**

在全世界各个社会都举行葬礼及其他仪式，帮助其他成员送别死去的所爱的人。这些仪式强调死亡的终结。此处 Hindu 的哀悼者准备了传统的神圣仪式，随后将骨灰撒入圣河当中。

在每年超过 80 万的丧偶人群中，有 1/4 的人在一年后仍然处于严重抑郁中。他们的饮食习惯频繁改变，从而导致了健康状态的恶化和营养不良（Rosenbloom & Whittington，1993）。同时饮酒、吸毒和抽烟的人数上升。那些原本就有身体或心理问题的生者情况更加恶化。一项研究发现，在经历丧偶之后个体的反应一般是从慢性的悲伤转为慢性抑郁，继而抑郁情况好转，最终康复这四个阶段（Bonanno，Wortma & Nesse，2004）。

在人的一生中，配偶的死亡是一个创伤事件。对丧偶的后果人们进行了大量的研究，其结果却大相径庭。McCrae 和 Costa 在 1993 年的研究发现，就长期来看，丧偶对人们的社会心理功能并没有什么显著且持久的影响。然而另一些研究则表明，丧偶确实存在着消极的影响（Gallagher - Thompson et al.，1993；Mendes de Leon，Kasl & Jacobs，1994）。不过，老年白人鳏夫的自杀率高居榜首的现状还在继续。

鳏夫面临的一个问题是传统观点认为男人不应该对情感和疼痛太敏感，也不该说"我需要帮助"，因而男人有情绪表达障碍的问题由来已久。此外，许多鳏夫在做饭和照顾自己上困难重重，他们养成了不良的饮食习惯，与之相伴的是其他不良健康习惯和孤独感、空虚感，这些情况往往导致了大量饮酒、失眠和慢性疾病。总体而言，独自生活的美国男人要比女人更为困难，他们得到帮助的可能性更小，自杀率也更高（National Institute of Mental Health，2003）。

和鳏夫相比我们对寡妇的了解要稍多一些，这很大程度上要归功于社会学家 Helena Lopata

（1981）的研究工作。Lopata 所研究的妇女住在芝加哥这个大城市，她们受到"国家舆论研究中心"工作人员的采访。Lopata 按照寡妇们社会关系卷入程度的不同将她们分为三类。一个极端是那些人受过良好教育，属于中产阶级，在丈夫在世时她们全身心地扮演着妻子的角色，在她们心中，丈夫还有着许多角色，如一个人，一个父亲，一个休闲时的伴侣。这类妻子有强烈的将前夫理想化的趋势，甚至到了神圣化的程度（Futterman et al.，1990）。〔前第一夫人南希·里根曾经说过，

"每件事都让人想到罗尼（里根）……到处都是他的身影"。〕另一个极端则是那些身处下层社会或是工人阶级的妇女，她们住在黑人或是别的种族的邻居中，沉浸在和别的妇女亲戚、邻居或是朋友的关系中，这是一个性别隔离的世界。而对处于这两个极端之间过着多维生活的妇女们来说，丈夫只是她们社会关系总集中的一个部分。妇女们面临的调整、适应和她们在社会关系中的卷入程度或是她们的社会关系和她丈夫有多大的相交有关。

**寡妇与鳏夫**

寡妇和鳏夫的调适异于不同程度地卷进社会关系或者整合配偶的社会关系。典型地，较差的社会经济地位是在应对中的最重要因素。孩子有时在应对所爱的人的死亡时比成年人有着更大的困难。

Lopata 通过她的数据得出的主要结论是，妇女的教育程度和社会经济地位越高，丈夫的死亡对其自我认同和生活的扰乱越大，但是出于同样

原因，在悲伤过后她们重建新生活的资源也越多。另一项研究则表明，丧偶的长期负面影响与其说是由于丧偶本身引起的，不如说是由丧偶引起的社

会经济地位的丧失所带来的（Bound et al.，1991）。

非常有趣的是，Lopata 发现约有一半的寡妇过着完全意义上的独身生活，且大部分都说她们更喜欢这样，只有一成寡妇搬去和她们已经成家的孩子一起居住。这个比例是如此之低的一个原因是，寡妇们不愿她们所珍视的独立性受到威胁，她们不愿放弃自己的家并进入一个陌生的关系网络中。此外，寡妇预测她们会出现与青春期亲子冲突类似的问题，即她们觉得如果不提出批评或

者提高音量说话会觉得在压抑自己，但是如果她们加大音量，孩子们会心烦。她们觉得和孙子孙女的关系与之类似。

### 思考题

寡妇和鳏夫在应对失去配偶的方式上存在着什么不同？

## 孩子的死亡

孩子的死亡同样和深度的抑郁、愤怒、罪恶感与绝望联系在一起。孩子的死亡并不符合自然规律，因而从中恢复需要很长时间。孩子的同龄人每一次里程碑式的发展无不在提醒着父母：生日、祭日、中学毕业的日子、大学毕业的日子、很可能结婚和生子的时间等等。父母们不得不接受他们保护能力有限这一事实。那些在母亲角色中得到最大满足的妇女失去了可以照料的人可能会产生无用感。而罪恶感在孩子死于婴儿猝死综合征（SIDS）之后尤为强烈。如果孩子死于癌症，父母可能会发现他们的悲伤在第二年更为强烈。那些感觉为了照顾孩子自己已经竭尽所能的父母似乎要恢复得快一些。有证据表明，那些选择医院而不是在家亲手照顾孩子的父母后来更可能抑郁、发生社会性退缩以及不适（Murphy，et al.，1999）。

Wheeler（2001）的定性研究发现，在孩子死后，父母会开始追寻生命的意义并重建生活的目标。通常人们会认为，孩子的死亡会最终导致婚姻的破裂，但是对超过 250 对夫妻的全国代表性样本的实证研究显示，只有很小比例的夫妻真正离婚了，而研究中的大多数父母都在共同寻找应对悲伤的方法（约有 1/4 曾经考虑过离婚，但是只有 9% 真正分手）（Hardt & Carroll，1999）。

**孩子死于流产**　孩子死于流产的父母往往不会受到什么重视，然而他们的悲伤也许会持续一生。支持性群体也许能让一些悲伤的父母感到宽慰。然而一项对围产期流产支持性群体的评估研究发现，参加这一群体的父母的悲伤反应和没有参加的相比，并没有表现出什么统计学意义上的

显著差异（DiMacro，Menke & McNamara，2001）。"至少你还能再生一个"或是"这个孩子注定不是你们的"之类的话对流产的父母不能起到一点安慰作用。每年的忌日都会让他们想起这个往往已起好名字，但却失去生存的机会已经被埋入墓地的孩子。母亲很可能会有很大的罪恶感，她们会一直想，如果自己那时候不那样做很可能孩子现在还会活着。大多数父亲则会沉默，努力让生活继续。反复的流产可能会导致母亲的严重抑郁和挫折感。现在有专门为流产和死产的婴儿制作的互联网网页，让父母可以纪念他们孩子短暂的一生。

**孩子死于谋杀或者暴力**　1994 年，和父母 Reg 和 Maggie Green 在意大利度假的美国男孩 Nicholas Green 在和家人连夜赶路时被公路劫匪枪杀，那年他才七岁。几个小时后他的父母做出了一个艰难的决定：将孩子的器官捐献给几个意大利人，最终挽救了他们的生命。时至今日，Reg Green 每天仍然要想念孩子上百回，尽管知道儿子挽救了生命垂危的人并不能消除丧子之痛，但他多少能感受到些慰藉。因为一个残忍的儿童杀手，John Walsh 和他妻子失去了他们的孩子 Adam，他们过去的日子一去不返。最近一项研究将因为暴力丧子和因其他原因的父母的悲伤情况进行了对比，发现两者悲伤的持续时间并没有太大差别，都约为 3～4 年（"Bereaved Parents' Outcome……，"2003）。丧子是人生最大的痛苦，即使父母们知道是由于疾病等不可控制的原因；但如果是有人无缘无故地夺走孩子的生命，这种丧子之痛将变得难以预料。

有人研究了因车祸、自杀或他杀而失去孩子的父母的应对措施（Murphy, Johnson & Weber, 2002）。一些家长为了体现对孩子的尊重开始参与了正义的活动，如支持为受害者权益立法，参与"全国失踪与受虐儿童服务中心"，或是参加 John 和 Reve Walsh 为了纪念他们被残忍杀害的孩子而创立的"美国最高通缉"栏目。Megan 法案要求当一个释放的性犯罪者搬入某个社区时必须要向该区居民申报。没有人希望他们孩子的生命牺牲得毫无意义，因而会参与一些活动，如捐献器官等人道措施，建立全国性的性犯罪少年数据库，为离家出走儿童建立热线和网站，为犯罪行为参与者设立更为严格的法律和严厉的处罚措施等，都能有助于他们保留关于孩子生前的记忆。悲剧性事件的通常结果之一是学者们呼吁进行更深入的研究或是扩大他们的研究范围。"9.11"事件造成的巨大伤亡是一门名叫"大规模死亡学"的学科发展的推动力之一，这一学科主要关注大规模的死亡和复杂、多领域因素造成的死亡（Kastenbaum, 2004a）。

我们热切地希望能够通过对死亡概念的人类发展研究来更好地了解人类、了解我们居住的环境，以此来改善自己和共同生存在这个地球上的人类的生活。

675

---

**续**

爱人死去后，任何一个人必须应对的最困难的过渡可能是经历从痛苦到悲伤的历程，并以此表示纪念和尊重。我们的失去似乎可以压倒我们，担心我们将会由于忘记我们所爱的人而显得对他们不够尊重，因此，我们培养痛苦，绝望地坚持着来安慰自己。但是，这种痛苦一定会送走我们的尊敬和纪念。因此，"继续你的生活"，常常被说给剩下的孤独的人听。前进并不代表忘记，那仍然是记住。那是记住所爱的人给的一切并与你的爱人分享。前进是为了庆祝这些馈赠，是为了知道你爱的人活在你的记忆当中。那是为了知道他/她接触你的生活有多深。

——Ted Menten 的《温和结束：如何向自己所爱的人说再见》，1991，p. 136。

---

 **总结**

---

### 对"健康临终"的探求

1. 直到近来，"死亡"还是西方社会的禁忌话题。在过去的 40 年间，这个局面有所逆转。大量的辩论围绕着死亡的权利、临床死亡、处死以及死后生活等问题。

2. 死亡学是死亡和临终的研究，而且对这个领域的兴趣也在逐渐增加。

3. 在过去的 30 年，对将死之人的经历公开的、专业的觉知正在显著增加。"有尊严地死去"已经成为大众的呼声。死亡觉知运动宣称，基本人权包含控制自己死亡过程的权力。大量的批评近来针对的都是现代科技在疾病末期的应用。根据这个立场，我们做了太多的事情使得死亡的过程延续得太长，并为之付出了太大的代价，甚至不惜牺牲最基本的人文关怀。

4. 对于自杀的文化态度仍然在各种极端中摇摆。早期的基督教称自杀是一种罪恶，并拒绝为那些自杀的人举行丧葬仪式。有些自杀者自杀于精神疾病或体弱多病。其他的自杀者自杀于当面临追捕、缺陷、羞耻、严重的长期疼痛时所做出的有尊严的选择。

5. 安养院提供了各式各样的活动供常规医疗照护终极疾病选择，尤其是癌症患者。这些运动的重点是为了提供"舒适照护"而并非尝试延长生命。舒适照护包含对症状的攻击性治疗，包括生理和情感，全程使用咨询、抗抑郁药物治疗和高剂量吗啡。大部分安养院项目围绕着在家照护将死之人。

## 死亡的过程

6. 不仅英国的常规法律，而且最早的《圣经》都认为一个人能够独立呼吸是生命的首要指标。在过去的 45 年里，科技进步使对死亡的传统界定显得过时。这些进步包括恢复心脏停止者、靠机械呼吸者、人工心脏起搏者、器官移植者。越来越需要对传统死亡标准的医学和法律文章，导致包含大脑自然功能停止的法律界定。

7. 真实地接受死亡标志着情感的成熟。然而，人们在有意识考虑死亡的程度上有所差异。而且，死亡是极端个人的事情，这意味着个人与个人之间有很大的差异。研究者指出，仅有相对较小一部分老年人表达出对死亡的恐惧。

8. Elisabeth Kübler-Ross 界定了将死过程会典型经历五个阶段：拒绝、愤怒、商讨、抑郁、接受。

9. 在有些情况下，宣布临床死亡且被医疗方法恢复的人们被告知留下他们的身体，体验来世。有人解释这些经历存在着超出死亡的精神存在的科学证据。持怀疑态度者认为，将死的人们报告能够看到东西，这种幻觉与中枢神经系统和无组织大脑功能的强烈唤醒有关。

## 悲伤、丧亲和服丧

10. 丧亲和悲伤对失去所爱的人后的一段时期有着很大的影响。生还者更易受到生理和心理疾病甚至死亡的影响。丧亲的成年人典型地会度过几个阶段。第一个阶段的典型特征是震惊、麻木、否认、怀疑。第二个阶段表现出苦思、怀念、抑郁。第三个阶段包括从对挚爱的人的怀念中解脱出来，调整以适应新的环境。第四个阶段是自我认同的重建。

11. 如何觉知死亡和将死，存在着文化差异。每种文化都有着独特的方式应对死亡，但是每种都包含对死亡、精神信仰、仪式、预期和禁忌的理解。

12. 死亡的主要原因各个国家都不相同。心脏疾病和癌症是美国成年人死亡的主要原因。事故是儿童死亡的主要原因。

13. 与结婚相比，65％及以上的妇女更可能成为寡妇。妇女在调适寡妇生活中遇到的困难依据他们卷入社会关系或整合丈夫社会关系的程度不同而存在差异。

14. 失去父母、配偶或子女都会对个人造成巨大的影响。典型地，父母和成年子女一生都会保持很强的关系。失去子女是一个人一生中最强烈、最痛苦的经历，许多人难以走出这种阴霾。

## 关键词

预期的悲伤（667）　　　　悲伤（667）　　　　　服丧（667）

丧亲（667）　　　　　　　安养院（656）　　　　濒死体验（NDE）（662）

脑死亡（659）　　　　　　回顾一生（661）　　　永久植物人状态（659）

安乐死（652）　　　　　　生存意愿（650）　　　死亡学（649）

## 网络资源

本章的网络资源聚焦于对"健康临终"、死亡的过程、生者应对的讨论。请登录网站 www. mhhe. com/vzcrandell8，获取以下组织、话题和资源的最新网址：

死亡研究和教育中心

死亡和临终社会学

美国安养院教育

美国自杀预防组织

美国紧急照护协会

濒死体验

生命结束决定防护

同情朋友

# 术语索引

## A

**人工流产（堕胎）** 在胚胎具有生存能力前自发的或引导的胚胎排出，大多于人类怀孕期的前 20 个星期进行。

**调节** 在皮亚杰的认知理论中，将一个图式改变以使其与现实更好的匹配的过程。

**老年活动论** 该理论认为，当一个老年人的活动水平下降时，其幸福感、满足感和愉快感也都会下降。

**适应** 从出生时的单一反应开始，并在儿童逐步调节行为来达到环境的要求中持续发展。

**青少年发育徒增** 在青少年早期时身高及体重的迅速增长。

**成人日托服务** 一项为生活在社区的成年人的长期照料及支持的项目，在一天的任何时间于一种保护的环境中提供健康、社会及支持服务。

**胞衣** 分娩后，从子宫通过阴道排出的胎盘及剩余的脐带。

**年龄群组（也叫群组或出生组）** 在相同时间段内出生的人的群体。

**年龄分级** 基于在生命周期中的位置将人们分配在不同的社会阶层中。

**年龄常模** 定义何为人们在寿命期限内的各个年龄段的恰当行为的社会标准。

**年龄阶层** 社会中基于时间顺序的年龄的社会阶层，用于将人们区分为是较高级或较低级、高等或低等的。

**年龄歧视** 刻板印象及仅根据年龄对一群人进行判断。

**攻击性** 社会定义为对一个人或一群人的伤害或破坏行为。

**老化** 在寿命期限内生物的和社会的改变过程。

**疏离感** 无处不在的无力感，无意义感，孤独感及与他人的疏远。

**等位基因** 一对发现于对应的染色体上的基因，对相同的特质有影响。

**阿尔法羟基** 润肤霜中的一种成分，用于预防或减轻皱纹。

**老年痴呆** 一种进行性的、退化的神经病学疾病，包括可能于成年晚期发生的大脑细胞退化。

**无月经** 有正常月经的妇女在非妊娠期的月经周期缺乏。这种症状更常见于患有神经性厌食症或暴食症的妇女，及那些处于更年期的妇女，还可见于从事耐力体育运动如马拉松的妇女。

**羊膜腔穿刺术** 一个经常用于在妊娠期第 14 到 20 周进行的入侵性检查，来确定胎儿的基因状况。它包括羊水抽取和分析。

**羊膜** 构成一个围绕胚胎的封闭的囊，并充满了水样的羊水，来保持胚胎湿润，并保护其免受撞击或粘连。

**过敏症** 威胁生命的多脏器剧烈反应，通常由特定食品引起。

**双性同体** 同时存在男性的和女性的特征。

**神经性厌食症** 一种潜在威胁生命的进食紊乱，主要影响女性及一小部分男性。症状表现为个体变得过度迷恋看上去苗条，并极大地改变她或他的进食行为以减轻体重。过度锻炼也与神经性厌食症有关。

**缺氧症** 在阵痛或分娩中，脐带受到挤压或围绕婴儿颈部导致的氧气剥夺。

**预期性悲伤** 当所爱之人被预期会死亡时一种情绪不稳定状态，个体会感到无法消除失去的悲伤，因为死亡还没有发生，并且死亡会发生的诊断无法避免。

**反社会行为**　一种坚持违背社会规定的行为方式的行为。

**焦虑**　一种不安、忧虑或担心未来不确定性的状态。

**阿普加评分系统**　由麻醉学家弗吉尼亚·阿普加开发的一种标准化评分系统，根据五个标准来客观地评估新生儿的标准健康状况。

**艾斯伯格症候群**　与孤独症有关的疾病的一种，被归于一种 PPD（全身性发育迟缓）。

**同化**　在皮亚杰的认知理论中，吸收新信息并将其通过与目前所持的世界模型相符的方法来解释的过程。

**人造胚胎技术（ARTs）**　一种科学技术方法用于当通过异性间性交无法受孕时，增加妇女受孕的几率。

**哮喘**　一种慢性肺病，特征为炎症及下肺气道狭窄。

**异步性**　身体不同部位的生长速率不同。例如，在青春期，手、脚和腿在躯体发育前先发育。

**注意缺陷多动障碍（ADHD）**　一种特征为冲动性及无法遵从指导、保持坐姿并专心于一项任务的失调。可能为活动过度冲动，注意力不集中，及活动过度与注意力不集中的集合。

**联结**　一个个体与另一个个体之间产生的一种情感纽带，具有跨时间和空间的稳定性。

**听觉测验**　用于检测听觉损耗的程度的测验。

**听神经病变**　一种听觉系统的疾病或反常情况。

**专制型教养**　教养方式的一种，其特点为依照传统和绝对服从的行为标准来试图塑造、控制并评价儿童的行为。

**权威型教养**　教养方式的一种，其特点为严格指导儿童的所有活动，但允许儿童在合理的限制和监督下自行做出一些决策。

**孤独症**　一种失调，通常出现于童年早期，其特点为沟通及社会互动的显著缺乏。

**自律道德**　皮亚杰的关于道德发展两阶段论的第二阶段，产生于同辈间关系相同的情况下的互动。

**常染色体**　除了性染色体外，每个人通常拥有的 22 对大小和形状相似的染色体。

## B

**基细胞癌**　皮肤癌的最常见形式。

**行为修正**　将学习理论及实验心理学应用于改变行为。

**行为遗传学**　对引起同种族的人们表现出不同行为的基因的研究。

**行为理论**　一种心理学理论，关注于可观察的行为——人们做什么和说什么——以及环境如何塑造他们的毕生发展。

**亲人丧亡**　被死亡夺走亲人或朋友。

**双语**　由精通母语和第二语言的教师用两种语言指导；精通两种或两种以上的语言。

**狂饮性饮酒**　男性连续喝掉五瓶或更多的酒精饮料，或女性连续喝掉四瓶或更多的酒精饮料。

**生物性老化**　随着时间的推移，人类器官的结构及功能的不断改变。

**出生**　胎儿由依附性存在于母体子宫内转变为一个独立的有机体生活。

**妇产中心**　主要是护理设施，不同于医院，通常位于市中心，用于低风险分娩。

**产房**　医院或其他环境中一种像家的环境，可以在其中进行分娩。

**胚泡**　在受精卵通过早期减数分裂后产生的凝胶状充满液体的细胞球。胚泡逐渐移动进入子宫并着床于子宫壁来滋养自己并发育为胚胎。

**脑死亡**　当大脑无法得到充足的氧气来维持功能时神经活动的停止。

**神经性贪食症**　也叫食欲异常亢进症。一种严重的饮食紊乱，其特点为重复的大吃大喝——尤其是高卡路里食品，如糖果、蛋糕、派和冰激凌；并且在进食后清空肠胃，通过强行催吐、服用泻药、灌肠剂、利尿剂或禁食。

**欺负行为**　一种针对另一个被视为弱者的人的故意的、重复的攻击行为，包括力量和权力的不平等。

# C

**降血钙素**　使骨骼强壮的荷尔蒙。

**心血管**　心脏及循环系统。

**保姆语**　当对婴儿及幼年儿童讲话时，成人使用的语言的简化形式。

**个案分析法**　一类特殊的纵向研究，关注于单一的个体而不是一组被试。

**白内障**　损害视力的晦暗的眼睛中的水晶体，常见于老年人；极少案例发现于婴儿或青年人。

**因果关系**　两个接连发生的配对事件之间的因果联系。皮亚杰总结出，小于 7 岁或 8 岁的儿童不能理解因果关系。

**共轴性（定中心）**　处于前运算阶段的儿童，年龄为 2～7 岁，只关注一种情境的一个特点而忽视其他方面的过程。其特点为前运算思维。

**首到尾的发展（头尾定律）**　从头部开始到脚的发展。

**剖宫产术（剖腹产）**　一种外科手术分娩技术。医生通过一个腹部切口进入子宫并取出胎儿。

**儿童虐待**　对儿童的故意忽视，人身攻击，性虐待或伤害。

**胆固醇**　身体中常见的一种白色蜡状物质，构成细胞壁并产生特定荷尔蒙。某些食物可以使胆固醇集结于血管中，可能导致心血管疾病。

**绒毛膜**　围绕着羊膜的一种薄膜，将胚胎与胎盘相连接。

**膜绒毛活检（CVS）**　一种在孕期 9 个半月到 12 个半月之间进行的入侵性检查，用于确定胎儿的基因特征。医生通过阴道和子宫颈将一个细导尿管插入子宫中，并取出一小块绒毛组织。

**染色体**　发现于所有细胞的核心，由蛋白质和核酸构成的长线状结构，其所包含的基因传递遗传物质。

**时间系统**　在布朗芬布伦纳的生态学理论中，提及与穿越时间的个体的改变和环境的改变，以及两种过程之间的关系。

**经典条件反射**　一种学习方式，其中一个新的、事先中性的刺激，例如一个铃声，可以激发一种反应，例如分泌唾液，可反复地与一个非条件性刺激配对，例如食物。

**更年期**　女性生命中的一个时期，特点为在彻底绝经前持续 2～5 年的卵巢及各种生化过程的变化。

**无性繁殖（克隆）**　一种无性的繁殖方式，它通过一个名为"体细胞核转移"（SCNT）的过程创造出一个胚胎。

**认知**　学习的行为或过程，包括理解及推理。

**认知发展**　发展中的一个主要领域，包括心理活动的改变，涉及感觉、知觉、记忆、思维、推理和言语。

**认知学习**　通过观察他人并习得新反应或行为的过程，无须首先有机会来使得反应变成我们自身的。

**认知阶段**　个体思考能力，获取知识及认识自身和环境的成长或成熟的过程中的序列时间段。

**认知风格**　使一个人如何组织、加工、回忆并使用信息的个体差异相一致。

**认知理论**　一个试图解释我们如何在修正我们的行为时应对表征、组织、处理并传递信息的理论。

**绞痛**　一种原因未知的不舒服状态，可以导致一个婴儿哭泣至少一个小时或更久（通常每天大约在相同的时间）。绞痛通常在发展的头几个月后消失。

**胶原蛋白**　身体细胞中联结组织的一种基本的结构成分，似乎与老化的过程有关。在成年晚期，身体中胶原蛋白的含量减少，因此一个人的皮肤看起来更加褶皱。

**集体主义**　一种培养儿童强烈的情感联结及与父母的情感并尊重权威的观点。

**初乳**　母乳中的一种物质，为建立新生儿的免疫系统提供抗体，保护新生儿免于得各种传染性或非传染性疾病。

**沟通**　人们互相传递信息、想法、态度及情感的过程。

**友谊之爱**　根据斯滕伯格的理论，指个体对一位非常亲密的朋友的一种爱。

**概念化**　基于特定的相似性将一组观点归纳并分类。相关的看法可集合到一起并形成一个概念。

**会聚理论**　该观点认为一个家庭的智力发展类似一条河流，每位家庭成员都流向其中。

**混淆变量**　当一个研究中的元素混在一起，无法被区分或分离时，该研究中可能出现的一个变量。

**统一意识**　一种赞同的认同，使群体成员感到他们的内部经验及情感反应都是相似的。

**守恒**　即使某事物的形状或位置发生改变，其质量或总量也保持相同。根据皮亚杰的理论，前运算阶段的儿童（2～7岁）不具有守恒的概念。通常上了小学的儿童才能理解这个概念。

**完美式爱情**　根据斯滕伯格，当他的爱情三角理论的三个方面都存在于一段关系中时，这种爱情就会出现。

**非直接性连续统一体**　遗传因素的作用在发展的某些方面比另一些方面更重要的观点。

**控制组**　在一个实验中，一组与实验组相似但不接受因变量（处理）的被试。通过将控制组的结果与实验组的相对比来获得实验结果。

**集合思维**　应用逻辑和推理来得到一个问题的唯一正确答案。

**应对**　个体为掌控、容忍或减轻压力所采取的反应、行为或行动。

**相关系数**　两个或更多变量或条件之间关系的程度的数字表现形式。

**拟娩综合征**　父亲们由于他们的伴侣的怀孕而导致的关于不舒服的身体症状、饮食改变及体重增加的抱怨。

**颅骶副交感神经系统**　一个封闭系统，包含影响神经系统功能的大脑和脊髓周围的薄膜内的脑脊髓液的抽吸或流入及流出。

**创造力**　特点为有用的反应及发明的独创性。

**关键期**　对于正在发育的胚胎来说，其每个器官及结构对破坏影响最脆弱的发育时期。也是一段相对较短的时期，其中的特定发展或印刻会发生。

**跨文化法**　一个研究中，研究者们对比来自两个或更多社会及文化的数据。分析的目标是文化，而不是人。

**代表性抽样法**　通过同时对比来自不同年龄群体的人来研究发展。

**婴儿头部初露**　分娩中的一个阶段，当婴儿头部的最宽直径处于母亲的阴户中的时刻。

**晶体智力**　将生命早期获得的知识用于日后的能力。晶体智力通常表现出随着年龄的增长而提高。

**文化错位**　一种无家可归感及对一种传统生活方式的疏远感。

**文化**　一个人的社会遗产——指那些代代相传的已知的思维方式、感受及行为。

## D

**死亡下降**　当个体将要死亡之前短暂地表现出一种显著的智力下降。

**消退理论**　一种认知下降理论，其中由于大脑中记忆痕迹的减退而导致的遗忘会发生。

**分娩（婴儿出生）**　从婴儿的头部通过母亲的子宫颈时开始，并当婴儿完全通过产道后结束的过程。

**脱氧核糖核酸（DNA）**　一种生物化学物质，为细胞编码，使其可以产生至关重要的蛋白质物质。

**因变量**　一个实验中，被试行为的一个客观测量标准——受自变量影响的变量。

**抑郁**　一种精神状态，其特点为长期的忧郁、绝望及无用感，严重的悲观，以及一种孤独愧疚及自我责备的倾向。

**发展**　伴随有机体从受精到死亡的时间过程发生有秩序的和序列的改变。

**发展心理学**　心理学的一个分支，考察人们如何随时间而改变，但却在某些方面始终保持不变。

**偏差认同**　一种生活方式，不同于或至少不被社会的价值观和期待所支持。

**DHEA（脱氢表雄酮）**　由身体产生的一种荷尔蒙，用于治疗抑郁症，增强记忆力并防止机体的免疫系统功能下降。

**辩证思维**　一种有条理的方法来分析并理解个体所经验的世界，这种分析与形式上的分析有着本质上的差异。

**舒张压**　当心脏处于休息状态时，在两次跳动之间的血压。

**老年减少参与论**　将老化视为一种与广阔世界不断进行的生理的、心理的及社会退出的过程。

**紊乱/无判断力婴儿**　那些在分离时期缺乏条理清楚的应对策略的婴儿，他们对他们的妈妈表现出困惑并忧虑。

**移位的主妇**　一位主要生活活动曾为家政的妇女，由于离婚或守寡而失去其主要收入来源。

**利尿剂**　导致失水及钙和锌在尿液中的流失的液体。

**分散思维**　开放式思维，其中多种解决方法被寻求、检验并调查，因此导致用来测量创造力的被认为是创新的反应。

**二卵性（异卵双生子）**　怀有多个非相同的同胞兄弟姐妹。

**优势遗传性质**　在基因中，一个等位基因完全掩盖或隐藏了其他配对等位基因，例如在 AA 或 Aa 中。

**药物滥用**　过度或强迫性地使用化学药剂至妨碍一个个体的健康、社会和工作功能，或其余社会功能的程度。

**目涩**　减少的眼泪分泌，可能很不舒服并可通常通过滴眼液来缓解；一种老年常见状况。

**失读症**　大脑机能不良的一种，表现为智力正常且其他方面健康的儿童或成人阅读学习的极度困难。

E

**折中法**　一种研究行为的方法，心理学家从各种理论和模型中选择与他们的任务的描述和分析最相符的那些。

**生态法**　布朗芬布伦纳的理解发展系统，根据这个理论，对发展影响的研究必须包括人们与环境的互动，人们改变的物理及社会情境，这些情境之间的关系，及整个过程是如何被包含这些情境的社会所影响的。

**外胚层**　构成神经系统、感觉器官、皮肤及直肠下部的胚胎细胞。

**体外发育**　发生在母体外环境的胚胎孕育过程。

**教育自我实现的预期**　教师期待效应，某些儿童学习不良是由于负责教育他们的教师不相信他们能学会，不期待他们能学会，并不向可以激励他们学习的方向来行动。

**自我中心**　缺乏除了自身的以外还有其他人的观点的意识。

**自我中心主义**　缺乏除了自身的以外还有其他人的观点的意识。青少年中有两种特点形式的自我中心主义思想：个人寓言及假象观众。

**老人虐待**　委托别人或忽略的行为，导致老年人不必要的疼痛或痛苦。

**胚胎**　发育的有机体，从胚泡着床于子宫壁开始，直到有机体变成一个可识别的人类胚胎。

**胚胎期**　出生前发育的第二阶段，从怀孕的第二个星期开始到第八个星期结束的这段时期。

**成人初显期**　青少年和成年之间的阶段。

**情绪智力（EI）**　一个相对较新的概念，由戈尔曼提出，包括如下能力：可以激励自己，面对挫折时坚持不懈，控制冲动并延迟满足，有同理心，充满希望并控制个人情绪以防苦恼使得个体无法思考。

**情绪—社会发展（也叫心理社会发展）** 发展的一个主要领域，包括个体人格，情绪及与他人关系的改变。

**感情** 包含于某些感觉，如爱、愉快、悲伤、愤怒及很多其他情感和生理上的改变。

**共情** 感到情感唤起，导致个体采取另一个人的角度并像那个人一样经验一个事件。

**空巢** 家庭生活周期中的一个时间段，即孩子们都长大成人并离开家。

**编码** 一个认知过程，包括信息觉察，从中提取分类所需的一个或多个特征，并为之创造出对应的记忆路径。

**内分泌专家** 专业从事治疗荷尔蒙失调病人的内科医生。

**内胚层** 发育为消化道、呼吸系统、膀胱及生殖器官的一部分胚胎细胞。

**子宫内膜癌** 雌激素引发的子宫内部的子宫内膜的癌症。

**英语作为第二语言（ESL）法** 关注于教不精通英语的儿童英语的指导方法。

**英语学习者（ELLs）** 指母语为非英语的学生，由于他们在说、理解、阅读及写英文上有困难，他们无法有效地参与学校学习。

**圆满实现** 一种特殊的激励，需要自我决定，及一种内部力量和重要力量来引导生活和成长，以达成一个人可能做到的一切。

**输送** 两个有机体间的一种生物反馈系统，其中一个个体的运动对另一个有影响。

**后成原理** 根据埃里克森，在生命期限内，人格的每个部分都有一个如果它要根本发展就必须具备特定的时间范围的原理。

**平衡** 在皮亚杰的理论中，这是同化和顺应过程之间的平衡的结果。

**动物行为学** 从生物学角度的一种有机体行为方式研究。

**安乐死** 出于仁慈而终结一个生病或受伤的人的生命的行为。也叫爱助自杀和无痛苦致死术。

**事件抽样** 记录在特定时间间隔中所观察到的一类行为的一种研究技术。

**执行策略** 整合或策划较低水平认知技能的策略。

**外系统** 布朗芬布伦纳的第三水平环境影响，由直接或间接地影响一个人生活的社会结构构成。

**实验** 一种严谨的研究，其中研究者操纵一个或更多变量并测量其他变量的结果变化，试图确定一个特定行为的原因。

**实验设计** 一种严格的客观科学的技术，使得一位研究者可以试图确定一种行为或一个事件的原因。

**实验组** 在一个实验中，接受自变量（处理）的组随后与控制组对比。

**情感性关系** 当我们将自身投入或奉献给另一个人时形成的一种社会联结。

**情感性词汇** 儿童为有效地传达含义、感受或情绪而使用的词汇。

**随机变量** 可以混淆一个实验结果的因素，例如被试的年龄和性别、研究进行的日期时间、被试的教育水平、实验的情境等等。

**外加激励** 工作时的一种动机，当为了某些非自身的原因采取一个行动时产生。如学校评分、工资及提升时外加奖励的例子。

## F

**发育停滞（FTT）** 一个婴儿或儿童在其年龄及性别相比于正常水平时严重重量不足。

**输卵管** 两个通向子宫的卵巢的通道，将卵子由卵巢送到子宫。受精如果发生，通常是在输卵管中进行。

**家庭生活周期** 发生于结婚时直到一位或配偶双方死亡之间的家庭生活结构和关系中的序列变化及重新排列。

**恐惧**    由迫在眉睫的危险、顺势、疼痛或不幸引发的一种不愉快的情绪。

**受精/融合**    一个卵子与一个精子的结合（或融合），通常发生于输卵管的上末端，导致一个名为受精卵的新的组织形成。

**胎儿酒精症候群（FASD）**    由于母亲在孕期饮酒所导致的一种胎儿出生缺陷。

**胎儿期**    出生前发育的第三阶段，从怀孕的第八个星期结束开始，直到出生。

**胎儿镜检查**    内科医生在将一根非常狭窄的管子插入子宫后，通过一个透镜来直接检验胎儿的一种过程。

**胎儿**    在母体的子宫中处于胚胎期的发育的有机体。

**固着**    根据精神分析理论，停留在一个特定的发展心理性欲阶段的倾向。

**漂浮物**    漂浮的小点，实际上是悬浮在填充眼球的凝胶状液体中的颗粒，但通常对视力没有损害。

**流体智力**    一种在新异情境下做出最初适应的认知能力。流体智力通常由测量一个个体的推理能力来检验。流体智力通常在生命后期随年龄增长而下降。

# G

**配偶子**    生殖细胞（精子和卵子）。

**性别**    是男性还是女性的状态。

**性别差异**    男孩与男孩来往，女孩与女孩来往的倾向。

**性别认同**    人们具有的他们自己是男性还是女性的概念。

**性别角色**    一种文化期待，定义了男性和女性应该表现出的行为方式。

**性别刻板印象**    关于女性或男性行为的夸张的概括。

**代沟**    年轻人与成年人之间互相的敌对，误解及分离。

**普遍关注**    年老一代的关心，体现在对下一代的规划和指导。

**繁殖感对停滞感**    根据埃里克森，中年期被用于解决"危机"。繁殖感（普遍）关注于指导下一代，主要通过抚养和指导的方式。如果未能做到则变为以自我为中心，结果导致心理病弱。

**基因**    遗传小单位，位于从生物学双亲传递遗传特征给孩子的染色体上。

**遗传咨询**    为夫妻对他们可能有的关于他们家族史中的遗传疾病的担忧提供咨询的医生及专家使用的咨询过程。

**遗传咨询师**    一个拥有硕士学位，经过训练并在医学遗传学和咨询方面有经验的专家，为那些可能有遗传病风险的人提供信息和支持。

**遗传学**    关于生物遗传特征的科学研究。

**基因型**    一个有机体的基因构成方式。

**胚胎期**    出生前发育的第一阶段，从怀孕开始到第二个星期结束。

**老年医学**    关于老化和与之相关的特殊问题的研究。

**老年心理学**    关于老年人的行为改变及心理需求的研究。

**青光眼**    一种视力损伤情况，其特点为由眼内的液体的累积导致，如果不予治疗，可损害视神经并导致失明。

**悲伤**    一种包括对爱人的死亡而心理极度痛苦和悲痛的经验。

**群体**    具有共同整体感的两个或更多的人，通过相对稳定的社会互动方式绑定在一起。

**生长**    随年龄增长而发生的体积增大。

**妇科医生**    专门从事妇女生殖健康的内科医生。

# H

**和谐型教养方式** 教养方式的一种，其特点是不愿对儿童施加直接的控制，试图培养一种平等的关系。

**遗传** 我们从我们的亲生父母那里继承的基因，帮助塑造我们的身体、智力、社会及情感发展。

**他律道德** 皮亚杰的道德发展两阶段理论的第一阶段，从儿童与成人间不平等的互动中产生。

**杂合子** 在生物遗传特征中，两个配对的等位基因的排列是不同的。

**需要层次** 亚伯拉罕·马斯洛的人本主义理论中的一个重要概念，它指出在自我发展及自尊的需要被满足之前，基本需求必须得到满足。

**整体分析** 人本主义观点，据此观点，人类身份必须在其整体方面来考虑，每个人都是一个整体而不仅仅是身体，以及社会和心理成分的集合。

**单词语** 用来传达完整思想或句子的单一词汇；幼年儿童在言语获得的早期阶段所特有。

**纯合子** 在生物遗传特征中，两个配对的等位基因的排列是相同的。

**水平滞差** 皮亚杰序列发展的一种，其中每个技能都是基于更早技能的获得。

**荷尔蒙替代疗法（HRT）** 医生经常推荐给绝经期后的妇女来维持心血管健康并减缓骨骼中钙流失及记忆力下降的一种医学养生法。

**临终关怀医院** 一种为癌症或其他晚期病症的病人提供安慰、关怀及疼痛缓解，以及为病人家属提供安慰的项目或模式。关怀可以在临终关怀中心进行，也可在病人家中进行。

**人体基因组** 广泛地被人体基因组计划的研究者们所研究的所有基因在其对应的染色体上的基因构成方式的图。

**人类生长素基因（HGH）** 一种强有力的荷尔蒙，最初被用来治疗患有侏儒症的儿童，但目前被某些社会精英当做一种时髦的防衰老饮料。

**人本主义心理学** 一个心理学理论，由亚伯拉罕·马斯洛和卡尔·罗杰斯等人提出，认为人类与其他所有有机体是不同的。人类积极地干预事件的发展过程来掌控他们的命运并塑造他们周围的世界。

**高血压** 高血压值。

**甲状腺机能减退** 一种不活跃的甲状腺，其症状包括：体重增加，脱发，劳累，抑郁，肌肉及关节痛，皮肤干燥和便秘。

**低体温** 一种体温较正常水平下降多于华氏 4 度并在此低水平持续数个小时的情况。

**假设** 一个研究中可被检验的暂时的论点；构成一个假设是科学方法中初期步骤中的一个。

**子宫切除手术** 一位妇女的卵巢及子宫被摘除的外科手术过程。

# I

**同一性** 根据埃里克森，认同被定义为一种幸福感，通过个体身体舒适、知道自己将去何方及被重要的他人认知来获得。

**同一性获得** 詹姆斯·玛西亚的四个同一性种类中的一种。如果个体自我评价与他人如何看待自己相符，个体可以达到内部稳定性。

**同一性混乱** 根据埃里克森，某些青少年所经历的无法使自己处于一种职业或意识形态的位置，并承担生命中一个可识别的身份。

**同一性拒斥** 詹姆斯·玛西亚的四个同一性种类中的一种。同一性拒斥的特征为个体避免自主选择。

**同一性延缓** 詹姆斯·玛西亚的四个同一性种类中的一种，当青少年尝试几个不同的角色，意识形态及承诺时发生。

**假想观众** 青少年的一种信念，即当地的每一个人都非常关注她或他的外表及行为。

**假想朋友** 一个幼年儿童命名的，在对话中提及的并与之一起玩的一个看不见的人物。

**着床**　胚泡将自己完全埋入子宫壁的过程。

**阳痿**　一位男性无法勃起或维持勃起状态。

**印刻**　只发生于一个相对很短的时间段内的一种联结过程，对改变有极强抵抗力以至于这种行为看起来是天生的。

**体外受精（IVF）**　受精发生于身体之外，通常在一个医学实验环境中的一个皮氏培养皿中进行，随后将一个受精卵植入一位妇女的子宫中，试图完成怀孕。

**包含**　将有特殊需要的学生融合到学校的常规教学活动中。

**自变量**　在一个实验中由研究者所操作的变量，以便观察它对因变量的影响。也通常被称作处理变量。

**个人主义**　个体至上的观点。

**残疾人教育法案（IDEA）**　提供早期干预服务的立法，希望增进残疾婴儿和幼童的发展及他们的家庭满足他们要求的能力。

**个性化教学方案（IEP）**　由学校心理学家，儿童的教师及父母或监护人共同努力开发的一个方案，是一个确保为有特殊学习需要的儿童在最小限制性学习环境中提供教育支持服务的合法文件。

**勤奋感对自卑感**　埃里克森的发展心理社会模型的第四阶段，其中儿童或者勤奋的学习并获得奖励，或失败并感到自卑。

**婴儿期**　在生命头两年的儿童发展时间段。

**婴儿死亡率**　一个婴儿在生命的第一年内死亡。

**信息加工**　将我们用于处理智力任务的心理操作通过一个逐步的方式来应用。

**知情同意**　一个道德标准，由美国心理学会建立，要求研究者通知每位被试有关研究的信息并取得每位被试自愿参与研究的同意书。

**主动感对内疚感**　根据埃里克森，童年早期（大约3～6岁）的心理社会阶段，儿童极其努力做事及检验他们自身的发展能力，有时超出了他们的能力范围。

**内细胞群**　构成胚泡的内部的一盘或一簇细胞，它们制造了胚胎。

**不安全型/回避型婴儿（联结方式A）**　当母亲们返回时，忽视或回避她们的婴儿。

**不安全型/反抗型婴儿（联结方式C）**　不愿探索新环境，只紧紧依偎着母亲并回避陌生人的婴儿。

**器械打结**　一种社会联结，当与另一个人合作来达到一个有限的目标时形成。

**完美感对绝望感**　埃里克森的成年晚期心理社会阶段，其中个体意识到他们在接近生命的终点。人们或者对度过了圆满完整的一生感到满意，或将他们的生活视为损失、失望及无意义的——取决于他们之前的发展阶段如何定向。

**智力**　根据韦克斯勒，一个全面的学习能力是通过对世界、理性思维的理解及机智地应对生活中的挑战来变现的。

**智力商数（IQ）**　由智力测验所获得的一个数字。

**干扰理论**　检索一个信号变得不再有效，因为更多较新的条目据此被分类或归类的理论。

**人际关系智力**　理解他人的能力：什么激励他们，他们如何工作以及如何与他们合作。

**亲密**　与另外一人经历一种信任的、支持的及亲切的关系的能力。

**亲密感对孤独感**　埃里克森的心理社会发展阶段，即当年轻人试图与他人形成密切联系的阶段。未能达到可能导致更多的缺乏有意义联结的孤独生活。

**自我认知智能**　指向内的相关的能力，形成一个准确的、诚实的自我模型，并可以运用这个模型有效地生活。

**内发动机**　当行动是为自身的目的而进行时的工作动机。

**体外受精**　在一位妇女身体以外的一个卵子与精子的受精过程，该过程产生了一个受精卵，它将会发育为一个胚胎并随后被移植到该妇女的子宫中。

## J

**工作疲惫**　对曾经有成就并满意的工作的不满意及缺乏成就感。

**共同监护权**　一种合法监护安排，其中父母双方共同决定重要的子女抚养决策，及共同分担常规儿童保育责任。

## K

**身体语言学**　通过肢体语言沟通。

**亲属抚养**　一位亲属或其他与儿童情感亲密的人对儿童抚养负主要责任的安排。

## L

**阵痛**　在分娩中，强有力的母体子宫的肌肉纤维有节奏地收缩并将婴儿向下推入产道的阶段。

**语言**　具有社会标准含义的语音模式的一个有结构的系统（词语和句子），使得人们可以将物体、事件归类，在他们的环境中加工，并与他人沟通有关它们的信息。

**言语获得装置（LAD）**　由乔姆斯基假设的一个人类天生的言语发生机制。乔姆斯基的语言发展理论的中心即幼年儿童，仅听到别人所说的单词和句子，就能产生言语。

**学习**　个体毕生发展中所处环境的经历所产生的或多或少的永久性行为改变。

**学习障碍（LDs）**　用于对学校相关教材学习有困难的儿童、青少年及大学生的分类，尽管他们表现出具有正常智力并没有明显的身体、情感或社会损伤。

**生活事件**　人们在其生活过程中改变方向的转折点。

**生命回顾**　由一代到另一代的家庭历时回顾和分享。

**生活方式**　一个人试图满足生理、社会及情感需求的综合生活方式。

**胎儿下降感**　婴儿的重新定位，发生于出生前的几个星期，将婴儿在子宫内转向下及向外，来减轻母亲的不适并确保婴儿头部先出生。

**英语能力有限（LEP）**　法定的教育词汇，用于描述那些非美国出生的学生，并且他们的母语不是英语，他们不能有效地参与学校的常规课程，因为他们在说英语、用英语理解、阅读和写作方面有困难。

**生前遗嘱**　一个声明了个体关于医疗意愿的合法文件，以防个体变得丧失能力并无法参与医疗决定（例如在晚期病症的事件中拒绝为延长她或他的生命而采取的孤注一掷的措施）。

**位置移动**　婴儿走路的能力，通常在11～15个月之间发展，是一系列长期的早期运动发展的顶点，在此之间一直是匍匐或爬行。

**控制点**　一个个体关于谁或什么为她或他生活中的事件及行为的结果负责的理解力。是个体压力经验的重要调节变量。

**纵向设计**　一种研究方法，其中科学家研究人们在其生活中的不同时间点上的状态，来评估随年龄增长而发生的发展的改变。

## M

**宏系统**　布朗芬布伦纳的环境影响的第四阶段，由一个表现在家庭、教育、经济、政治和宗教机构的社会的总体的文化方式构成。

**视网膜黄斑部退化**　视网膜狭缩及/或眼球内微小血管的破裂，产生退色的、扭曲的或模糊的中心视力，更多见于老年人。

**婚姻**　一种合法地、社交地及/或宗教地认可一位男性与一位女性的结合，期望他们将表现出妻子和丈夫的相互支持的职责。

**产妇取血样** 一种血液检查，可以通过分析流入孕妇血流中的胎儿细胞来检测出缺陷。

**产妇血清甲胎蛋白检验（MSAFP）** 一种产妇血液检查，用于检测特定的胎儿疾病，通过分析两种主要的血蛋白的浓度：胎儿所产生的白蛋白和甲胎蛋白（AFP）。

**成熟** 发展的一种组成部分，包括在一系列身体变化及行为方式中或多或少的自主控制生物电位。

**成年** 人类经受持续的改变的能力，以便成功地适应及应对生活中的要求及责任的灵活性。

**机能模型** 一种发展模型，将宇宙表征为一种运动中的基本粒子的机能组成。人类发展被描绘为一种逐渐的、链状的事件顺序。

**减数分裂** 生殖细胞的细胞分裂过程，产生出具有有机体正常染色体数目一半的配子。

**黑色素瘤** 一种可能威胁生命的严重皮肤癌。

**记忆** 保持曾经历过的信息的认知能力。

**初潮** 第一次月经周期。

**更年期** 正常的老化过程，在女性月经活动停止时达到顶峰。在西方国家，更年期的普遍年龄范围是 45～55 岁。

**月经周期** 妇女身体中一系列的荷尔蒙变化，从行经及排卵开始，通常 28 天为一个周期。

**行经** 卵子的成熟和排卵的过程，以及最终的子宫内膜脱落及通过阴道将未受精的卵子排出体外。

**精神发育迟滞（MR）** 对低于平均智力功能和适应技能限制的分类，这种诊断必须在 18 岁前进行。

**指导者** 一位与某人分享专业技能并指导某人学习新知识的教师、有经验的同事、上司或类似的人。

**中胚叶** 发育成骨骼、肌肉及循环系统和肾脏的胚胎细胞。

**中系统** 布朗芬布伦纳的环境影响论的第二水平，由正在发展的个体所处的各种不同情境之间的相互关系构成。

**元认知** 一种他或她对自身心理过程的个体意识及理解。

**元记忆** 一种他或她对自身记忆过程的个体意识及理解。

**哌醋甲酯（利他灵）** 一种温和的中枢神经系统兴奋剂，用于治疗注意力不足过动症（ADD）或注意缺陷多动障碍（ADHD）（商标名为利他灵）。

**微系统** 布朗芬布伦纳的环境影响论的第一水平，由社会关系网络及个体每天所处的物理情境构成。

**助产术** 由助产士为产前保健及分娩提供的合法供给。

**流产** 受精卵、胚胎或胎儿在能于母体子宫外存活前从子宫排出体外。

**有丝分裂** 普通的细胞分裂过程，会产生两个与母细胞相同的新细胞。

**现代化理论** 老年人的地位倾向于在传统社会中较高，而在城市化、工业化的社会中较低的理论。

**单合子（同卵双生子）** 怀有来自一个受精卵的多个相同的同胞兄弟姐妹。

**道德发展** 儿童接受指引他们评价行为为"对"或"错"的原则及价值观的过程，并从这些原则的角度来管理他们自身的行为。

**道德原型** 致力于道德行为的人。

**形态学** 词汇形成及改变的研究，如当一个儿童学习说"吉姆的和我的"而不是"吉姆的和我的的"。

**母亲语（保姆语）** 成年人倾向于用来与婴儿及幼年儿童讲话的语言；其特点为简单化、重复及高度符合语法规则。

**动机** 内部情绪或认知状态和激励、指导及维持一个人的活动的过程。

**哀悼** 文化地或社会地建立起来的对一个人死亡表达哀伤的习俗。

**多因素传播** 产生特质的环境因素与遗传因素的交互作用。例如，一个儿童对音乐天赋的先天倾向可能被环境力量所培养或抑制，比如父母或教师。

**多重梗塞** 摧毁小面积大脑组织的"小阻塞"。

**多元智能（MIs）**    九种不同的相互作用的智能：语言文字智能，数理逻辑智能，空间视觉智能，音乐智能，肢体动觉智能，人际智能，自然智能，自省智能及存在智能。

**多重母亲**    儿童护理的责任被分散到几个照顾者身上的一种安排。

# N

**自然分娩**    妇女在阵痛和分娩时是清醒的、有意识的及不用药物的一种分娩形式。

**自然选择**    达尔文的进化理论，认为最能适应环境的有机体存活并将其遗传特征传递给后代。

**自然观察**    包括在自然情境下，当行为发生时仔细观察并记录下来的一种研究方法。研究者必须很小心不打扰或影响被研究的事件。

**濒死体验（NDE）**    一种体验，例如某人好像精神上离开了身体，经历非现实世界的经验，并被"告诉回来"——通常由经历了疾病、创伤性事件、外科手术、分娩或毒品摄取的人所报告。

**反向认同**    一种减少的自我形象，经常与一种减少的社会职责有关。

**忽视**    一种虐待，照顾者未能提供充分的社交、情感及身体照顾来维持一个脆弱的人的健康或安全。

**新生儿**    一个处于生命中第一个月的新生的婴儿。

**新生儿重症监护病房（NICU）**    一种特殊的医疗单位，配有专业管理复杂的、高风险的孕妇、分娩及产后护理的围产期医生和新生儿学专家。

**非正常生活事件**    在事件的适时性模型中，一组包括在可预测年龄的身体的、认知的及心理的改变影响。

**普通逐级年龄影响**    在事件的适时性模型中，同时影响大量人的历史事件，例如战争、流行病及经济危机。

**规范**    在儿童发展中，用于评价与一个儿童相同年龄群体的平均水平相关的该儿童发展过程的标准。

**核心家庭**    一种由一位母亲、一位父亲及他们的亲生或收养的孩子构成的家庭。

# O

**肥胖症**    至少超过一个人性别、身高及身体结构的标准体重的 20%。

**客体永久性**    理解当物体在视线之外时也仍然存在，皮亚杰说这种认知能力在幼年晚期才有。

**产科医师**    专门从事生殖、产前发展、分娩及妇女产后护理的医师。

**职能治疗师**    一种帮助儿童增进基本运动机能及推理能力的治疗师，也可帮助补偿永久机能丧失。

**操作性条件反射**    一种学习，其中一种行为的结果改变这种行为的力量。

**口腔感觉期**    埃里克森的心理社会发展的第一阶段，其中如果一位照顾者是负责的并坚持喂养、安慰及照料婴儿，这个婴儿会发展出对他人的信任。

**机体论**    一种发展模型，将人类视为一种组织的完型。人类发展具有不连续的、逐步发展的特征。

**骨质疏松症**    一种严重的骨质疏松疾病，是一种"无声的"疾病，但是在老年期最明显。一个成年人的骨骼通常在 35 岁时开始疏松，但是承重锻炼及饮食中的钙可以防止或减缓这个过程。

**中耳炎**    幼年儿童的一种疼痛的耳朵感染，会导致中耳内的液体累积，如果不加治疗会有听觉丧失的潜在可能性。

**卵巢**    卵巢是在骨盆中的一对杏仁状的结构，是女性主要的生殖器官。卵巢产生成熟的卵子及雌性荷尔蒙、雌激素及黄体酮。

**排卵**    将一个成熟的卵子从卵巢中的一个卵泡排入输卵管中。

**卵子**    雌性配子（性细胞）或卵。

# P

**副语言**　是指通过发音的重音、音调及响度来交流表达的含义。

**保姆语（妈妈语）**　照顾者用于与婴儿谈话的一种简单化、重复及高度符合语法规则的语言。

**亲子联结**　一种互动及相互注意的过程，随着时间的推移而发生，在亲子之间建立起一种情感联结。

**同辈**　大约相同年龄的人们。

**阴茎**　一种男性的外生殖器官。

**更年期**　月经停止前的两到四年的时间段，其间有时会流量很大以及两次月经之间的间隔会延长。

**具体运算期**　皮亚杰的童年中期的认知阶段，其间儿童表现出认知功能的一种质的改变并发展出一套检验世界的规则或策略。

**形式运算期**　皮亚杰的认知功能发展的最高阶段，其特点为具有抽象思考的能力即为未来计划，大多数人通常在青少年期进入形式运算期。认知障碍的成年人可能永远无法达到形式运算阶段。

**牙周炎**　牙龈开始减退的情况。

**宽容型教养**　一种教养方式，其特点为儿童在一种非惩罚的、接受的及肯定的环境中尽量多地规范她或他自身的行为。

**持续性植物状态**　某人脑干的功能，例如呼吸及循环保持完好，但是此人丧失了大脑皮层的高级功能的状态。

**个人永久性**　一个个体的存在独立于立即可见性的观点。

**个人神话**　浪漫的想象，其中青少年倾向于将自己视为唯一的甚至有英雄气概的——就像命中注定具有不同寻常的名望及身份。

**显型**　一个有机体可观察到的（表达的）特点。

**恐怖症**　一种过度的、持续的及适应不良的恐惧反应——通常是对于良性的或不明确的刺激。

**音素**　语言的最小单位。

**音韵学**　对特定语言中的发音的研究。

**身体发育**　一个人身体发生的变化，包括体重和身高的改变；大脑、心脏及其他器官结构及过程的改变；骨骼、肌肉及神经特点的改变，会对运动、感觉及协调技巧有影响作用。

**胎盘**　一种由子宫组织和胚泡的滋养层构成的结构。它的功能是作为交换中枢，允许食物材料、氧气和荷尔蒙进入胚胎，并排出二氧化碳和新陈代谢废物。

**胎盘前置**　当胎盘在子宫中的位置低于胎儿的头部，部分或全部地包围子宫颈时，可能导致胎盘内出血或阻碍阴道分娩，因此导致剖宫产的情况。这种严重的情况可以通过超声波检测出来。

**游戏**　为了活动本身表现出的愉快的随意活动。

**多基因遗传**　由大量基因而非单一基因所共同决定的特质。例如人格、智力、资质及能力。

**后形势运算思维**　由新皮亚杰主意提出的认知发展的第五阶段，具有三个特征：成人开始意识到知识不是绝对的而是相对的，冲突是生活中固有的，他们必须发现某些包容的整体来组织他们的经验。

**过度成熟儿**　多于正常的孕期（40周）两个星期出生的婴儿。

**绝经后期**　一位已有一年没有月经的女性的生活期间。

**产后抑郁（PPD）**　某些新妈妈所经历的抑郁症状，例如感到无法应对不想照顾婴儿的想法，或想要伤害婴儿的想法。也叫产后情绪低潮。

**创伤后应激障碍（PTSD）**　一个人对严重的或持久的紧张的延迟的反应。症状可能包括：麻木感或无助感，增加的易怒性及攻击性，极度焦虑，恐慌及恐惧，夸张的惊吓反应，睡眠障碍及遗尿。

**语用学**　控制在不同的社会环境中的语言使用的规则。

**先兆子痫**　一种女性在孕期所经历的严重的失调，会导致高血压及血液中蛋白质的呈现——对母亲及胎儿都有影响。

**偏见** 针对一个特定宗教、种族或人种群体的消极概念、感觉及行为系统。

**早产儿** 根据正常标准，一个出生时体重少于 5 磅 8 盎司或孕期少于 37 周的婴儿。

**过早停经** 绝经过早（在 40 岁前），通常由于子宫切除引起。

**产前诊断** 对未出生的胎儿的健康及状况的确定。

**前运算期** 皮亚杰的 2～7 岁儿童的认知发展阶段。原则上到达这个阶段的表现是具有通过使用符号内部地表征外部世界的能力。

**老年性耳聋** 不能听到高音调声音，在成年早期更常见。

**老花眼** 一种眼球的水晶体开始随年龄的增长而变硬，丧失其像在早年时那种很快地收放的能力的常见情况。

**初级关系** 基于显著表达联结的社会互动，例如与父母、配偶、兄弟姐妹及孩子。

**自我话语** 通常被幼童及更大些的儿童使用的话语，其指向个体自我或非特定的人。

**亲社会行为** 有同情心的，合作的，乐于助人的，拯救，安慰及慷慨；学习这些行为被认为是道德发展的一个方面。

**前列腺** 一种男性具有的在尿道底部的小腺体，产生精液的前列腺液体。它通常在男性处于 50 或 60 岁时增大，产生排尿困难。

**前列腺炎** 一种前列腺感染。

**近远发展（近远原则）** 从身体的中心轴向外开始朝向远端的发展。

**前列腺特异性抗原检测** 测量一种由前列腺产生的叫做前列腺特异性抗原的物质的医学检测。

**精神分析理论** 基于弗洛伊德的观点，认为人格是当个体经过不同的心理性欲发展阶段所逐步形成的。

**心理卫生法** 用于鼓励妇女在阵痛期间发生子宫收缩时放松并将注意力集中于呼吸上的一种分娩准备技术。

**心理性欲阶段** 弗洛伊德相信所有人类经历的人格发展阶段：口唇期，肛门期，性器期，潜伏期及生殖期。

**心理社会发展** 一个个体在一种社会背景下一生的发展过程。

**青春期** 性别的及生殖的成熟开始明显的青少年早期。

**成年礼** 社会地象征着一个青少年由儿童变为成年的文化仪式。

## R

**随机抽样** 一种样本，其中总体中的每个成员都有相同的可能性被抽取；一种用于确认所研究的样本代表更大的总体的技术。

**强奸** 通过身体暴力、威胁或恐吓得到的性关系。

**儿童反应期障碍（RAD）** 一种临床诊断，包括被打乱的及与同辈间不适当发展的社会关系（类似孤独症的行为，活动过度）。

**回忆** 想起从前学习过的某事物的行为。

**领会词汇** 婴儿在发展出一种表达性的词汇前表现出来的对口语单词的理解（说出他们的第一个单词）。

**隐性特征** 只有当一个基因相对的另一部分也是隐性的时候，一个基因才可以确定一个个体的特质，例如在 aa 中。

**互惠** 使得每个儿童对于其他人的评价是通过一种让儿童记住他们之间的互动所带来的价值的方法的过程。皮亚杰认为，态度及价值观的互惠是儿童社会互动的基础。

**再认**　一种熟悉感或感到某事曾经遇到过的感觉。

**娱乐疗法**　一种物理疗法，用于帮助儿童恢复机能，增加机动性，缓解疼痛及预防或限制永久性的残障。

**反射**　对一个刺激的一种相对简单的、不自主的及非习得的生理反应。

**复述**　一种记忆过程，其中我们对自己重复信息来保持它们。

**强化**　一个事件加强了另一事件发生的可能性。被 B. F 斯金纳所推广的一种行为理论概念。

**引发刺激**　婴儿激发抚养的预先适应的生物行为及特点。

**繁殖**　有机体制造出更多同类有机体的过程。

**资源稀释假设**　在大家庭中，资源扩展得很少，到损害所有后代的程度的理论。

**反应**　行为主义理论家用于将行为分解成单元的术语。

**数据检索**　当需要再认或回忆时，信息从记忆中被收集的一种认知过程。

**运算可逆性**　儿童未能识别出运算可以从相反的方向进行来重新达到一个更早的状态。根据皮亚杰，这是前运算阶段最显著的特点。

**风湿性关节炎**　一种炎症性疾病，最常见于老年人，会导致疼痛、肿胀、僵硬及关节功能的丧失。

**隐私权**　由美国心理学会建立的一种道德标准，要求研究者们对所有研究参与者的行为或信息记录保密。

**角色冲突**　当人们经历与另一种角色压力不相容的角色压力时所体会到的一种紧张感（例如，必须工作，同时必须要照看生病的孩子）。

**老化的角色退出理论**　一种将退休及守寡视为终止了老年人参与社会体制结构的生活事件的理论——工作和家庭。

**角色超载**　当人们具有太多角色要求及太少的时间来满足它们时所体会到的一种压力。

**浪漫型爱情**　当我们说我们与某人"在热恋"时我们通常认为的爱情。

**新生儿母婴同室**　医院中的一种安排，新生儿躺在母亲床边的摇篮里，使得母亲及其他家庭成员可以照顾并熟悉新生儿。

# S

**中年夹心代**　处于中年期的人们，他们在抚养孩子的同时还要帮助年老的父母及亲属。

**脚手架**　帮助儿童通过预期现阶段功能相符的干预及教导来学习。

**图式**　皮亚杰的心理结构术语，即人们在他们所处的环境中发展出应对事件的能力。

**科学方法**　一种系统的及正式的进行研究的过程，包括选择一个研究问题，建立一个假设，检验该假设，得出结论并将结果公布。

**衍生关系**　基于工具型关系的社会互动，例如与一位机械师的关系，或者一位在教室中的教师，或一个商店中的员工。

**安全型依恋婴儿（B 型依恋）**　热烈欢迎母亲的婴儿，很少表现出生气，或表明渴求被抱起并安慰。

**选择性摩擦**　退出一个热门的研究倾向于与那些继续研究的人们有差异的理论。

**补偿的选择性优化**　保罗和玛格丽特·巴尔特斯赞成的生命期限模型。老年人通过一种策略来应对老化，这种策略包括关注于最需要的技巧，练习这些技巧并开发其他的方法来补偿其他的技巧。

**自我**　我们用于定义我们自己的概念系统；意识到我们自己作为思考及发起行动的不同的实体。自我提供给我们观察，回应及引导我们行为的能力。

**自我实现**　马斯洛的人本主义心理学概念，即每个人都需要最大地满足他或她的独特潜能。

**自我概念（自我形象）**　一个人对她或他自己的印象。

**自尊**　一个人对自我价值或自我形象的全方位感觉。

**自我形象**　人们对他们自身的总体看法，可能是积极的也可能是消极的。

**语义学**　一种语言的含义规则，通过这些规则单词具有意义并合成来表达完整的想法。

**衰老**　变老的过程，在身体上和认知上影响一个人。

**衰老的状态**　成年晚期时认知功能上的一种减退，其特点为缺乏人格及/或行为上的一致性。

**感觉运动期**　皮亚杰的认知发展第一阶段，从出生一直持续大约 2 年。婴儿使用行动——看、抓等等——来探索他们的世界。这个阶段的主要任务是在有感觉输入的情况下协调运动活动。

**感觉统合**　一种正常的发展过程，使得一个人理解、加工并组织从其身体及环境收到的感觉。

**感觉信息存贮**　感觉记录器中的感觉信息的保存，只够允许刺激被加工所需的扫描，通常小于 2 秒。

**分离焦虑**　一个婴儿害怕与照顾者分离，通过苦恼的行为表现。

**混合设计**　纵向的及横向的研究方法的结合。

**性染色体**　第 23 对染色体，或者为 XX 或者为 XY，它们决定婴儿的性别。

**伴性特征**　非性别的特质，受到在性染色体上发现的基因的影响。例如，血友病是一种在 X 染色体上的伴性特征。

**儿童性虐待**　一个儿童与一个成人之间的性行为，是成人通过暴力、强迫或欺骗进行的。

**性传播传染病（STIs）**　通过性交或某些口交案例传播的传染病（例如淋病、梅毒、衣原体、艾滋病）。使用安全套可极大地降低感染一种性传播传染病的风险。

**惊吓婴儿综合征（SBS）**　当一个婴儿的头部被剧烈地前后摇晃或敲击某物时所发生的严重的大脑损伤或死亡，会导致大脑碰伤或出血，脊髓受伤及眼球损伤。

**短时记忆**　将信息在记忆中保持非常短的一段时间，通常不超过 30 秒。

**睡眠呼吸暂停**　一种睡眠失调，个体在睡眠中偶尔停止呼吸。

**足月小婴儿**　一个低出生体重的婴儿，其在子宫内发育超过通常的 40 周怀孕期，但是出生体重低于预期值。

**社会老化**　一个个体在她或他的年纪时的想法及角色改变。

**社会时钟**　一种关于到达成年的里程碑的适当年龄的社会概念。

**社会护航**　那些与我们一起经历从出生到死亡的旅途的人们的陪伴。

**老化的社会交换理论**　人们进入社会关系以便获得奖励的（经济的、社会的、情感的）理论。人们也在社会关系中付出代价。只要双方阵营都得利关系就会持续存在。

**社会规范**　规定了在生命期限的不同时段中的恰当的和不恰当的行为的标准和期望。

**社会参照**　一个经验不足的人依靠一个更有经验的人关于一个事件的解释来调整她或他的行为的方法。

**社会关系**　在相对稳定的社会环境下与他人形成的联系。

**社会调查方法**　一种研究方法，用于研究特定行为、态度或信念在一个更大的群体中的发生率。

**社会化**　将文化传递给儿童的过程，以便他们可以成为完善的社会成员。

**社会文化理论**　心理功能，例如思考、推理及记忆都是通过语言促进的，并嵌入儿童的人际关系中的理论。

**社会关系图**　一种图表，描绘了同辈友谊及方式及特定时间内存在于一个群体的成员之间的关系。

**空间能力**　在不同维度上心理地操纵图像的能力。

**精子**　男性配子（性细胞）。

**自然流产**　流产的医学术语，通常流产之前会有腹部痉挛或出血。

**状态**　在儿童发展中，一个婴儿持续的从睡眠到有活力的行动改变，并包括如下行为：哭泣，睡眠，进食及排便。通过调节他们的内部状态，婴儿排除特定刺激或设定阶段来积极地对他们的环境做出反应。

**干细胞**　有复制他们自己及产生不同分化的组织的能力的细胞。

**刻板印象**　夸大的文化理解，引导我们识别控制社会交换的相互的期望。

**刺激**　行为理论家所使用的术语，来将环境分解为单元。

**存储**　将信息保持在记忆中，直到需要的时候。

**暴风骤雨**　霍尔的观点，认为青少年期是一个不可避免的混乱、失调、紧张、叛逆、依赖冲突及夸张的同辈群体一致性的阶段。

**陌生情境法**　一种研究技术，包括八个片段，其中研究者们在一个陌生的游戏室里观察婴儿以便研究其与母亲的依恋。

**陌生人焦虑**　婴儿在大约 8 个月时首次表现出的对陌生人的谨慎或恐惧，在大约 13～15 个月时达到顶峰，随后下降。

**中风**　一种威胁生命的流向大脑的血液阻塞。

**物质滥用**　对药物或酒精的有害使用，持续很长一段时间，可以对使用者或他人造成伤害。

**婴儿猝死综合征（SIDS）**　由于未知的原因，一个正在睡觉的婴儿突然死亡，也叫"摇篮死"。处于生命最初几个月的婴儿的死亡的主要原因之一。婴儿应该平躺睡觉以减少婴儿猝死综合征的风险。

**句法**　调节单词的适当顺序以形成句子的规则。

**收缩压**　当心脏收缩并泵血时的血压。

## T

**电报式语言**　使用两个或三个单词的话语来表达完成的思想，是幼年儿童语言的特点。

**性情**　人们固有的相对一致的基本的天性，构成人们行为的基础并调节人们的行为。

**畸胎剂**　一种导致出生缺陷或异常的药物成分。

**畸胎学**　研究畸胎及出生缺陷的学科。

**睾丸**　男性的一对主要生殖器官，通常位于体外一个叫做阴囊的袋装结构中。

**睾丸激素**　男性性荷尔蒙。

**死亡学**　对死亡及濒死的研究。

**理论**　意图解释一类事件的一套相互关联的主张。

**心理理论**　在儿童发展中，探究儿童的心理活动的主要成分的发展概念的研究。

**时间抽样**　一种观察技术，包括计算一种特定行为在以系统地排列的时间间隔中的发生。

**浸泡式项目**　将所有语言背景的儿童都集中到常规教学中，并且所有指导都用英语的教学方法（支持或不支持他们的母语）。

**传统婚姻**　女性作为主妇，男性作为维持家庭生计者的婚姻类型。

**转折点**　当个体放弃熟悉的角色并承担新角色时的发展时期。

**爱情三角形理论**　斯滕伯格的理论，即不同阶段和不同种类的爱可以被解释为亲密、激情和承诺这三种成分的集合。

**滋养层**　胚泡的外层细胞，负责将胚胎嵌入子宫壁中。

**智力的两因素理论**　斯皮尔曼的观点，认为智力是一种普遍的智能，用于抽象推理及问题解决。

**双向双语项目**　母语为英语的学生及非母语为英语的学生都接受英语及另一种语言的指导的教学方法；自愿参与并且指导被在两种语言中平分。

## U

**超声波检查法**　一种非入侵性诊断过程，允许医生看到身体内部——例如，来确定胚胎及胎盘的大小和形状、羊水量级、胚胎骨骼影像。

**脐带**　连接胚胎与胎盘的载有两条动脉及一条静脉的生命线。

**子宫**　女性体内一种空心的、厚壁的肌肉器官，可以容纳并滋养一个正在发育的胚胎及胎儿。

## V

**阴道**　女性生殖系统中的一条肌肉通道，可以相当大地扩张，使得性交及分娩得以进行。

**价值观**　个体用于判断事物的相对优点及吸引力的标准（例如对他们自己、他人、物体、事物、观点、行为及感受）。

## W

**智慧**　关于日常生活及好坏判断的知识和关于如何在复杂、不确定的环境下引导自己的建议。

## Y

**青年文化**　一大群变得标准化的思考、感受及行为的年轻人的特点。

## Z

**最近发展区（ZPD）**　维果茨基的概念，即当被一位更有技能的伙伴帮助时，儿童通过参与稍微超出他们能力的活动来发展。

**受精卵**　一个受精的卵细胞（卵子）。

# 参 考 文 献

A genome wide screen for autism: Strong evidence for linkage to chromosomes 2q, 7q, and 16p. (2001). *American Journal of Human Genetics, 69*, 570–581.

Abe, J. A., & Izard, C. E. (1999). A longitudinal study of emotion expression and personality relations in early development. *Journal of Personality and Social Psychology, 77*, 566–577.

Abeles, N., Victor, T. L., & Delano-Wood, L. (2004). The impact of an older adult's death on the family. *Professional Psychology: Research and Practice, 35*(3), 234–239.

Aboud, F. E. (2003, January). The formation of in-group favoritism and out-group prejudice in young children: Are they distinct attitudes? *Developmental Psychology, 39*, 48–60.

Aboulafia, M. (Ed.). (1991). *Philosophy, social theory, and the thought of George Herbert Mead.* Albany: State University of New York Press.

Abramov, I., Gordon, J., Hendrickson, A., Hainline, L., Dobson, V., & LaBossiere, E. (1982). The retina of the newborn human infant. *Science, 217*, 265–267.

Abrams, S., Prodromidis, M., Scafidi, F., & Field, T. (1995). Newborns of depressed mothers. *Infant Mental Health Journal, 16*, 233–239.

Academy for Eating Disorders. (2005). *About eating disorders.* Retrieved February 25, 2005, from http://www.aedweb.org/eating_disorders/index.cfm

Accardo, P., & Blondis, T. A. (2001). What's all the fuss about Ritalin? *The Journal of Pediatrics, 138*, 6–9.

Achenbaum, W. (1998). Perceptions of aging in America. *National Forum: Phi Kappa Phi Journal, 78*, 30–33.

Achieve. (2005, February). *National summary: Education pipeline data profile.* Retrieved March 31, 2005, from http://www.achieve.org/dstore.nsf/Lookup/poll/$file/poll.ppt

Acredolo, L. P., & Hake, J. K. (1982). Infant perception. In B. B. Wolman (Ed.), *Handbook of developmental psychology.* Englewood Cliffs, NJ: Prentice Hall.

Acs, G., & Nelson, S. (2002, July). *The kids are alright? Children's well-being and the rise in cohabitation.* Discussion paper B-48, New Federalism: National Survey of America's Families. Washington, DC: The Urban Institute. Retrieved September 15, 2004, from http://www.urban.org/UploadedPDF/310544_B48.pdf

Adair, J. (1775). *The history of the American Indians.* London: E. D. Dilly.

Adams, C., Labouvie-Vief, G., Hobart, C. J., & Dorosz, M. (1990). Adult age group differences in story recall style. *Journal of Gerontology, 45*, P17–P27.

Adams, R. G., & Blieszner, R. (1998, Spring). Baby boomer friendships. *Generations, 22*, 70–75.

Adams, R. G., Blieszner, R., & de Vries, B. (2000, January). Definitions of friendship in the third age: Age, gender, and study location effects. *Journal of Aging Studies, 14*(1), 117–133.

Adamson, L. (1996). *Communication development during infancy.* Boulder, CO: Westview Press.

Addison, S. (2004). Understanding early intervention services. *The Exceptional Parent, 34*(8), 63–65.

Adelman, K. (1991). The toughest thing. *Washingtonian, 26*, 23.

Adelson, J. (1972). The political imagination of the young adolescent. In J. Kagan & R. Coles (Eds.), *Twelve to sixteen.* New York: Norton.

Adelson, J. (1975). The development of ideology in adolescence. In S. E. Dragastin & G. H. Elder, Jr. (Eds.), *Adolescence in the life cycle: Psychological change and social context.* New York: Wiley.

Adler, L. L. (Ed.). (1989). *Cross-cultural research in human development: Life span perspectives.* New York: Praeger.

Administration on Aging. (2001). *A profile of older Americans: 2001.* Retrieved December 27, 2001, from http://www.aoa.dhhs.gov/aoa/stats/ prolfile/2001/8.html

Adolph, K. E. (2000). Specificity of learning: Why infants fall over a veritable cliff. *Psychological Science, 11*, 290–295.

Adolphs, R., & Damasio, A. (2001). The interaction of affect and cognition: A neurobiological perspective. In J. P. Forgas (Ed.), *The handbook of affect and social cognition.* Mahwah, NJ: Erlbaum.

Adoption Institute. (2005). *Private domestic adoption facts.* Retrieved February 15, 2005, from http://www.adoptioninstitute.org/FactOverview/domestic.html

Ahnert, L., & Lamb, M. (2001). The East German child care system: Associations with caretaking and caretaking beliefs, and children's early attachment and adjustment. *American Behavioral Scientist, 44*(11), 1843–1863.

Ai, A.L., Peterson, C., Bolling, S.F., & Koenig, H,. (2002). Private prayer and optimism in middle-aged and older patients awaiting cardiac surgery. *Gerontologist, 42*, 70–81.

AIDS epidemic update. (December 2001). UNAIDS/WHO. Retrieved January 11, 2002, from http://www.unaids.org

AIDS epidemic update: 2004. (2004, December). *Joint United Nations Programme on HIV/AIDS (UNAIDS) and World Health Organization (WHO).* Retrieved December 30, 2004, from http://www.unaids.org

Aiken, L. (1998). *Human development in adulthood.* New York: Plenum.

Ainsworth, M. D. S. (1967). *Infancy in Uganda: Infant care and the growth of attachment.* Baltimore: Johns Hopkins University Press.

Ainsworth, M. D. S. (1983). Patterns of infant-mother attachment as related to maternal care. In D. Magnusson & V. Allen (Eds.), *Human development: An interactional perspective.* New York: Academic Press.

Ainsworth, M. D. S. (1992). A consideration of social referencing in the context of attachment theory and research. In S. Feinman (Ed.), *Social referencing and the social construction of reality in infancy.* New York: Plenum.

Ainsworth, M. D. S. (1993). Attachment as related to mother-infant interaction. *Advances in Infancy Research, 8*, 1–50.

Ainsworth, M. D. S. (1995). On the shaping of attachment theory and research: An interview with Mary Ainsworth (Fall 1994). *Monographs of the Society for Research in Child Development, 60*, 3–21.

Ainsworth, M. D. S., & Wittig, B. A. (1969). Attachment and the exploratory behavior of one-year-olds in a strange situation. In B. M. Foss (Ed.), *Determinants of infant behavior* (Vol. 4). London: Methuen.

Ainsworth, M. D. S., Bell, S. M., & Stayton, D. J. (1974). Infant-mother attachment and social development. In M. P. M. Richards (Ed.), *The integration of a child into a social world.* Cambridge: Cambridge University Press.

Ainsworth, M. D. S., Blehar, M. C., Waters, E., & Wall, S. (1979). *Patterns of attachment: A psychological study of the strange situation.* New York: Halsted.

Ainsworth-Darnell, J. W., & Downey, D. B. (1998). Assessing the oppositional cultural explanation for racial/ethnic differences in school performance. *American Sociological Review, 63*, 536–553.

Akima, H., Kano, Y., Enomoto, Y., Ishizu, M., Okada, M., Oishi, Y., Katsuta, S., & Kuno, S. (2001). Muscle function in 164 men and women aged 20–84 years. *Medicine and Science in Sports and Exercise, 33*(2), 220–226.

Akos, P., & Levitt, D. H. (2002, December). Promoting healthy body image in middle school. *Professional School Counseling, 6*(2), 138–145.

Albert, W. (2003, December 16). *Teens continue to express cautious attitudes toward sex.* Washington, DC: The National Campaign to Prevent Teen Pregnancy.

Albus, K. E., & Dozier, M. (1999). Indiscriminate friendliness and terror of strangers in infancy: Contributions from the study of

更多参考文献，请在中国人民大学出版社人文分社网站上下载：www. crup. com. cn／rw

图书在版编目（CIP）数据

人类发展（第八版）/（美）范德赞登等著；俞国良等译；雷雳等审校．
北京：中国人民大学出版社，2010.
（心理学译丛·教材系列）
ISBN 978-7-300-12745-3

Ⅰ．①人…
Ⅱ．①范…　②俞…　③雷…
Ⅲ．①发展心理学
Ⅳ．①B844

中国版本图书馆 CIP 数据核字（2010）第 184035 号

心理学译丛·教材系列
**人类发展（第八版）**
詹姆斯·W·范德赞登
［美］托马斯·L·克兰德尔　　　著
科琳·海恩斯·克兰德尔
俞国良　黄　峥　樊召锋　译
雷　雳　俞国良　审校
Renlei Fazhan

| | | | |
|---|---|---|---|
| **出版发行** | 中国人民大学出版社 | | |
| **社　　址** | 北京中关村大街 31 号 | **邮政编码** | 100080 |
| **电　　话** | 010 - 62511242（总编室） | 010 - 62511398（质管部） | |
| | 010 - 82501766（邮购部） | 010 - 62514148（门市部） | |
| | 010 - 62515195（发行公司） | 010 - 62515275（盗版举报） | |
| **网　　址** | http://www.crup.com.cn | | |
| | http://www.ttrnet.com（人大教研网） | | |
| **经　　销** | 新华书店 | | |
| **印　　刷** | 涿州星河印刷有限公司 | | |
| **规　　格** | 215 mm×275 mm　16 开本 | **版　　次** | 2011 年 1 月第 1 版 |
| **印　　张** | 48.75 插页 2 | **印　　次** | 2011 年 1 月第 1 次印刷 |
| **字　　数** | 1 301 000 | **定　　价** | 88.00 元 |

# 教师反馈表

　　McGraw-Hill Education，麦格劳－希尔教育公司，美国著名教育图书出版与教育服务机构，以出版经典、高质量的理工科、经济管理、计算机、生命科学以及人文社科类高校教材享誉全球，更以网络化、数字化的丰富的教学辅助资源深受高校教师的欢迎。

　　为了更好地服务中国教育界，提升教学质量，2003年**麦格劳－希尔教师服务中心**在京成立。在您确认将本书作为指定教材后，请您填好以下表格并经系主任签字盖章后寄回，**麦格劳－希尔教师服务中心**将免费向您提供相应教学课件，或网络化课程管理资源。如果您需要订购或参阅本书的英文原版，我们也会竭诚为您服务。

| 书名： | |
|---|---|
| 所需要的教学资料： | |
| 您的姓名： | |
| 系： | |
| 院／校： | |
| 您所讲授的课程名称： | |
| 每学期学生人数： | ＿＿＿＿人 ＿＿＿年级　　学时： |
| 您目前采用的教材： | 作者：　　　　　　　出版社：<br><br>书名： |
| 您准备何时用此书授课： | |
| 您的联系地址： | |
| 邮政编码： | 联系电话： |
| E-mail：（**必填**） | |
| 您对本书的建议： | 系主任签字<br><br>盖章 |

## McGraw Hill Education

**麦格劳-希尔教育出版公司教师服务中心**

北京-清华科技园科技大厦 A 座 906 室

北京100084

电话：010-62790299-108

传真：010-62790292

教师服务热线：800-810-1936

教师服务信箱：instructorchina@mcgraw-hill.com

网址：http://www.mcgraw-hill.com.cn